土木工程应用型本科系列教材

土木工程施工技术

主　编　王利文　张立群
副主编　李章珍　郑显春
主　审　白润山

中国建材工业出版社

图书在版编目（CIP）数据

土木工程施工技术/王利文，张立群主编. —北京：中国建材工业出版社，2007.2（2013.1 重印）

（土木工程应用型本科系列教材）

ISBN 978-7-80227-226-2

Ⅰ. 土… Ⅱ. ①王…②张… Ⅲ. 土木工程—工程施工—施工技术—高等学校—教材 Ⅳ. TU74

中国版本图书馆 CIP 数据核字（2007）第 018679 号

内 容 简 介

本书是按照现行土木工程施工质量验收规范、土木工程勘察设计规范及部分土木工程现行标准、法规编写而成的。主要阐述了土木工程施工的基本知识，力求在规范、标准、规程的基础上反映当前成熟先进的施工技术。全书共 10 章，内容包括土方工程、基础工程、砌体工程、混凝土结构工程、预应力混凝土工程、建筑结构安装工程、钢结构工程、道路与桥梁工程、防水工程、建筑装饰工程。书中附录了大量的土木工程施工中应用到的规范、规程、标准。同时每章还附有思考题。

本书可作为高等院校土木工程专业、建筑工程技术专业及其他相关专业的教材，同时可作为土木工程施工技术人员学习用书。

土木工程施工技术

主　编　王利文　张立群

出版发行：中国建材工业出版社

地　　址：北京市西城区车公庄大街 6 号

邮　　编：100044

经　　销：全国各地新华书店

印　　刷：北京鑫正大印刷有限公司

开　　本：787mm×1092mm　1/16

印　　张：30

字　　数：814 千字

版　　次：2007 年 2 月第一版

印　　次：2013 年 1 月第四次

书　　号：ISBN 978-7-80227-226-2

定　　价：**66.00** 元

本社网址：www.jccbs.com.cn

本书如出现印装质量问题，由我社发行部负责调换。联系电话：（010）88386906

前　言

《土木工程施工技术》是土木工程专业学生的必修专业课之一。它是研究土木工程施工技术的一门实践性强、涉及面广、技术发展迅速的学科。本教材是依据教育部颁布的《普通高等学校本科专业目录和专业介绍》及高等学校土木工程专业指导委员会制定的《土木工程施工》课程教学大纲编写的。

本书主要介绍建筑、道桥的施工技术、工艺原理，定位是土木工程专业在校学生和土木工程施工技术人员。

本教材的特点是以施工技术实践为主线，在施工技术中适度补充现行施工、设计规范的具体内容。目的是在全面系统介绍土木工程施工技术的知识、理论、方法的同时，培养读者利用规范、规程、标准解决土木工程施工中技术问题的能力，加强对土木工程施工理论与应用的研究，以促进我国土木工程施工学科技术的发展。本教材为避免在介绍施工技术中出现"见相关规范"及类似的字眼，把土木工程施工中应用到的规范、规程、标准尽量附注在文中，让读者在学习施工技术的同时，了解和掌握相关规范的要求，达到一举两得的目的。

本教材的编写分工为：王利文编写第一章、第二章；郑显春编写第三章、第十章；李雪飞编写第七章、第九章；张立群编写第五章、第六章；李章珍、赵文娟编写第八章；崔宏环编写第四章

编者水平有限，书中难免有不足之处，恳请读者批评指正。

编者

2006 年 12 月

目　　录

第一章　土方工程

第一节　概　述

在土木施工中，常见的土方工程有：场地平整、基坑（槽）开挖、地坪填土、路基填筑及基坑回填、人防工程及地下构筑物的土方开挖等。土方工程的施工工艺过程包括：开挖、运输、填筑与压实等施工过程，以及排水、降水和土壁支撑等准备和辅助过程。

土方工程施工要求：标高、断面准确，土体有足够的强度和稳定性，工程量要少、工期要短、费用要省。

一、土方工程施工内容

依据《建筑地基基础工程施工质量验收规范》❶，土方工程的施工内容主要包括：

1. 根据工程条件，土方工程施工前应进行挖、填方的平衡计算，选择适宜的施工方案；

2. 合理调配土方，使总施工工作量最小；尽可能与城市规划和农田水利相结合将余土一次性运到指定弃土场，做到文明施工；

3. 合理组织机械施工，保证使用效率；

4. 安排好运输道路、排降水、土壁支撑等准备工作及辅助工作；

5. 合理安排施工计划，尽量避免雨季施工；

6. 做好土方施工的技术措施工作，如水位、流砂、管涌、边坡稳定问题的控制与处理；

7. 做好保证施工安全的措施。

根据《建筑工程施工质量验收统一标准》，地基基础分部按有无支护划分为不同的子分部，见表1-1。土方工程作为地基与基础子分部工程应该由总监理工程师（建设单位项目负责人）组织施工单位项目负责人和技术、质量负责人等进行验收，勘察、设计单位工程项目负责人和施工单位技术、质量部门负责人也应参加相关分部工程验收❷，在实践中主要体现在地基验槽工作中。

---

❶《建筑地基基础工程施工质量验收规范》（GB 50202—2002）规定：

6.1.2　当土方工程挖方较深时，施工单位应采取措施，防止基坑底部土的隆起并避免危害周边环境。

6.1.3　在挖方前，应做好地面排水和降低地下水位工作。

6.1.5　土方工程施工，应经常测量和校核其平面位置、水平标高和边坡坡度。平面控制桩和水准控制点应采取可靠的保护措施，定期复测和检查。土方不应堆在基坑边缘。

6.1.6　对雨季和冬季施工还应遵守国家现行有关标准。

❷《建筑工程施工质量验收统一标准》（GB 50300—2001）规定：

6.0.1　检验批及分项工程应由监理工程师（建设单位项目技术负责人）组织施工单位项目专业质量（技术）负责人等进行验收；

6.0.2　分部工程应由总监理工程师（建设单位项目负责人）组织施工单位项目负责人和技术质量负责人等进行验收，地基与基础、主体结构分部工程的勘察、设计单位工程项目负责人和施工单位技术、质量部门负责人也应参加相关分部工程验收。

表 1-1　土方子分部的划分

分部工程	子分部工程	分　项　工　程
地基与基础	无支护土方	土方开挖、土方回填
	有支护土方	排桩、降水、排水、地下连续墙、锚杆、土钉墙、水泥土桩、沉井与沉箱、钢及混凝土支撑

二、土方工程施工准备内容

1. 应具备建设单位提供的实测地形图（包括测量成果），原有地下管线或构筑物竣工图，土石方施工图以及工程地质、气象等技术资料，以便编制施工组织设计（或施工方案），并应提供平面控制点和水准点，作为施工测量和工程验收的依据。具体应包括：

（1）附有坐标和地形的拟建建（构）筑物的总平面布置图；

（2）拟建建（构）筑物的性质、结构特点及可能采取的基础形式、尺寸和埋置深度；

（3）边坡高度、坡底高程和边坡平面尺寸；

（4）拟建场地的整平标高和挖方、填方情况；

（5）场地及其附近已有的勘察资料和边坡支护形式与参数；

（6）边坡及其周边地区的场地等环境条件资料。

2. 根据规划部门规划的建筑界线、街道控制点和水准点进行土方工程施工测量及定位放线之后，方可进行土方施工。施工场地内机械行走的道路开工前要修筑好，并开辟适当的工作面，以利施工。

3. 对施工区域内的所有障碍物，如已有建筑物或构筑物、道路、沟渠、通讯、电力设备、地上和地下管道、坟墓、树木等，均应在施工前进行拆除或妥善处理。在施工区域内，影响工程质量的软弱土层、腐殖土、大卵石、草皮、垃圾等应进行处理。

4. 了解现场的水文地质情况，尤其对于山区施工，应了解当地地层岩石性质、地质构造和水文、地形、地貌等。如因土石方施工可能产生滑坡时，应采取措施。在山坡脚下施工，应事先检查山坡坡面情况，如有危岩、孤石、崩塌体、滑坡体等不稳定迹象，应做妥善处理。在施工区域内应设置临时性或永久性排水设施。山坡地区在较高处（离边坡上沿5～6m）设置截水沟，以阻止地面雨水流入挖填区域内。

5. 其他准备工作包括做好现场供水、供电，搭设临时生产和生活用的设施以及施工机具、材料进场等准备工作。

三、地质勘测

（一）勘测范围

基坑工程的勘察范围在基坑水平方向应达到基坑开挖深度的1～2倍。深基坑内拟建建筑物的详细勘察，大多数是沿建筑物外轮廓布置勘探工作，往往使基坑工程的设计和施工所依据的地质资料不足，所以要求勘察及勘探范围应超出建筑物轮廓线，一般取基坑周围相当基坑深度的2倍，当有特殊情况时，尚需扩大范围。

（二）勘察深度

勘察深度应按基坑的复杂程度及工程地质、水文地质条件确定，宜为基坑深度的2～3

倍。当在此深度内遇到厚层坚硬黏性土、碎石土及岩层时，可根据岩土类别及支护要求适当减少勘察深度。在软土中的基坑开挖，勘探点的深度即使相当于基坑深度的2倍也往往不够，这时，可结合地基详勘的深孔资料一并考虑，在必要时也可补充布置深孔。

（三）勘察含水层的水文地质、工程地质参数

勘察时应查明各含水层的水文地质、工程地质参数，包括含水层的类型、埋藏条件、补给条件及水力联系、各含水层的渗透系数、影响半径及压缩模量、孔隙比、水位变化，并对流砂、流土、管涌等现象可能产生的影响进行评价。

水文地质参数值宜采用抽水试验确定。基坑地下水的控制设计事先需仔细调查邻近地下管线的渗漏情况及地表水源的补给情况。

四、监测❶

大面积填方填海等地基处理工程应对地面沉降进行长期监测；施工过程中需要降水时，例如人工挖孔桩降水、基坑开挖降水等都对环境有一定的影响，为了确保周边环境的安全和正常使用，施工降水过程中应对地下水位变化、周边地形、建筑物的变形、沉降、倾斜、裂缝和水平位移等情况进行监测。

五、土方工程安全事故应急救援体系的建立

1. 建立应急救援领导小组，落实应急救援人员、通信联络设备、机械设备、交通车辆、救援材料和抢险物资，编制土方工程专项施工技术方案、安全方案及安全事故应急方案。

2. 当施工现场的监控人员发现土方或建筑物有裂纹或发出异常声音时，应立即报告给应急救援领导小组组长，并立即下令停止作业，组织施工人员快速撤离到安全地点。

3. 当土方发生坍塌，造成人员被埋、被压的情况，应急救援领导小组全员上岗。除应立即逐级报告给主管部门之外，还应保护好现场，立即组织抢救受伤人员。

4. 当少部分土方坍塌时，现场抢救组专业救护人员要用铁锹进行撮土挖掘，并注意不要伤及被埋人员；如采用吊车、挖掘机进行抢救，现场要有指挥并监控，防止机械伤及被埋或被压人员。

5. 被抢救出来的伤员，要由现场医疗室或急救中心的救护人员进行抢救，用担架把伤员抬到救护车上，对伤势严重的人员要立即进行吸氧和输液。同时将土方坍塌位置进行拍照或录像，禁止无关人员进入事故现场，等待事故调查组进行调查处理。

---

❶《建筑地基基础设计规范》（GB 50007—2002）第10.2条规定：

10.2.9 下列建筑物应在施工期间及使用期间进行变形观测：

1. 地基基础设计等级为甲级的建筑物；
2. 复合地基或软弱地基上的设计等级为乙级的建筑物；
3. 加层扩建建筑物；
4. 受邻近深基坑开挖施工影响或受场地地下水等环境因素变化影响的建筑物；
5. 需要积累建筑经验或进行设计反分析的工程。

（本条所指的建筑物沉降观测包括从施工开始，整个施工期内和使用期间对建筑物进行的沉降观测。并以实测资料作为建筑物地基基础工程质量检查的依据之一，建筑物施工期的观测日期和次数，应根据施工进度确定，建筑物竣工后的第一年内，每隔2～3个月观测一次，以后适当延长至4～6个月，直至达到沉降变形稳定标准为止。）

六、土方工程专项施工技术及安全方案的编制[1]

土方工程应合理选择施工方案，尽量采用新技术和机械化施工，必须单独编制专项的施工方案、安全技术措施，防止土方坍塌，尤其是制定防止毗邻建筑物坍塌安全技术措施。

1. 按土质放坡或护坡：施工中，要按土质的类别，较浅的基坑，要采取放坡的措施；较深的基坑，要考虑采取护壁桩、锚杆等技术措施。

2. 降水处理：当工程基底标高低于地下水位时，首先要降低地下水位，对毗邻建筑物必须采取有效的安全防护措施，并进行认真观测。

3. 土方挖掘过程中，要加强监控：基坑边堆土要有安全距离，严禁在坑边堆放建筑材料，防止动荷载对土体的震动造成原土层内部颗粒结构发生变化。

第二节　土的有关工程性质

一、土的分类

1. 土的种类繁多，分类的方法也不同。在建筑施工中按土开挖的难易程度将土分为松软土、普通土、坚土、砂砾坚土、软石、次坚石、坚石、特坚石等八类，前四类属于一般土，后四类属岩石。

2. 土的野外鉴别方法见表 1-2。

表 1-2　土的野外鉴别方法

项　目		黏　土	亚黏土	轻亚黏土	砂　土
湿润时用刀切		切面光滑 有粘刀阻力	稍有光滑 切面平整	无光滑面 切面稍粗糙	无光滑面 切面粗糙
湿土用手捻摸		滑腻粘手	稍滑腻粘滞 有少量砂粒	轻微粘滞 感砂粒较多	无粘滞粗糙 感觉全是砂粒
土态	干土	坚硬用锤击碎	用力压碎	手捏碎	松散
	湿土	粘物，干后难剥	能粘物，干后易剥	不粘物	不粘物
搓条		搓成 0.5mm 长条不断	0.5～2mm 短条	2～3mm 短条	不能搓条

二、土的有关工程性质

土的工程性质对土方工程的施工有直接影响，在进行土方量的计算、确定运土机具的数量等情况时，要考虑到土的可松性；在进行基坑、基槽的开挖，确定降水方案等情况时，要考虑到土的渗透性；在考虑土方边坡稳定、进行填土压实等情况时，要考虑到土的含水量和密实度。

[1] 《建设工程安全生产管理条例》第 26 条规定：施工单位应当在施工组织设计中编制安全技术措施和施工现场临时用电方案，对下列达到一定规模的危险性较大的分部分项工程编制专项施工方案，并附具安全验算结果，经施工单位技术负责人、总监理工程师签字后实施，由专职安全生产管理人员进行现场监督：基坑支护与降水工程；土方开挖工程；模板工程；起重吊装工程；脚手架工程；拆除、爆破工程；国务院建设行政主管部门或者其他有关部门规定的其他危险性较大的工程。对上述工程中涉及深基坑、地下暗挖工程、高大模板工程的专项施工方案，施工单位还应当组织专家进行论证、审查。

（一）土的可松性

土的可松性是指自然状态下的土，经过开挖后体积增大，回填压实不能恢复其原来的体积，这种性质称为土的可松性。土方工程量是以自然状态的体积来计算的，而土方挖运施工则是以松散体积来计算的，土的可松性与土质有关。在进行土方的平衡调配，计算填方所需挖方体积，确定基坑（槽）开挖时的留弃土量以及计算挖、运土机具数量时，应考虑土的可松性。土的可松性程度可用可松性系数表示，即：

最初可松性系数：

$$K_s = \frac{V_2}{V_1} \tag{1-1}$$

最终可松性系数：

$$K_s' = \frac{V_3}{V_1} \tag{1-2}$$

式中 K_s——最初可松性系数是选择土方机械的重要参数；

K_s'——最终可松性系数是场地平整、土方填筑的重要参数；

V_1——土在天然状态下的体积（m^3）；

V_2——土挖出后的松散状态下的体积（m^3）；

V_3——土经回填压实后的体积（m^3）。

【例 1-1】 某土坑 $25\times46m^2$，深 1.2m，需用黏土回填，问需多少土方，多大取土坑？（K_s=1.27，K_s'=1.05）

【解】 所需土坑 $V=\frac{25\times46\times1.2}{1.05}=1314$（$m^3$）

所需土方 $V=1314\times1.27=1668.8$（m^3）

（二）土的渗透性

1. 定义

土的渗透性是指土体被水透过的性质。土体孔隙中的水在重力作用下会发生流动，流动速度与土的渗透性有关。

2. 达西（Darcy）定律（直线渗透定律）

法国学者达西根据砂土渗透实验（图 1-1）发现水在土中的渗流速度 v 与 A，B 两点水位差成正比，与渗流路程长度 L 成反比。

$$v = \frac{Kh}{L} = Ki \tag{1-3}$$

$$i = h/L \tag{1-4}$$

式中 v——水在土中的渗流速度（m/d），单位时间内渗透过单位土截面的水量称为水在土中的渗透速度；

K——土的渗透系数（m/d），渗透系数 K 用来表示土的透水性。K 由试验确定，也可参考表 1-3；

i——水力坡度；

h——A、B 两点的水位差（m）；

L——渗流路程长度（m）。

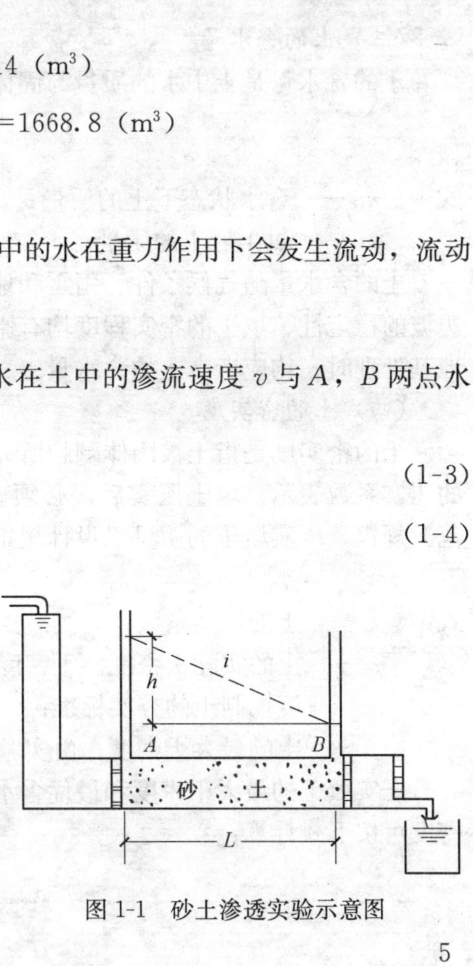

图 1-1 砂土渗透实验示意图

表 1-3　土的渗透系数参考表

土的名称	渗透系数（m/d）	土的名称	渗透系数（m/d）
黏土	<0.005	中砂	5.00～20.00
亚黏土	0.005～0.10	均质中砂	35～50
轻亚黏土	0.10～0.50	粗砂	20～50
黄土	0.25～0.50	圆砾石	50～100
粉砂	0.50～1.00	卵石	100～500
细砂	1.00～5.00		

注：1. 含水层含泥量多或颗粒不均匀系数大于 2 时，取小值。

2. 表中数据为试验室理想条件下获得，实际采用时，宜根据具体情况调整。

3. 渗透系数的试验确定

渗透系数 K 可通过室内渗透试验确定或现场抽水试验测定。K 现场测试方法如下：

设置一眼抽水井，距抽水井 X_1 与 X_2 处设置两个观测井（三井在同一直线上），根据抽水稳定后，观测井内的水深 Y_1 与 Y_2 及抽水孔相应的抽水量 Q，依据下面公式（1-4）解出渗透系数。

$$K=\frac{Q\lg\dfrac{X_2}{X_1}}{1.366({Y_2}^2-{Y_1}^2)} \tag{1-5}$$

（三）土的含水量

土的含水量是土中水的质量与固体颗粒质量之比，以相对百分比表示。

$$w=\frac{m_1-m_2}{m_2}\times100\% \tag{1-6}$$

式中　m_1——含水状态下土的质量；

m_2——烘干后土的质量。

土的含水量随气候条件、雨雪和地下水的影响而变化，土的含水量对挖土的难易、土方边坡的稳定性、填土的密实程度均有影响。所以在制定土方施工方案、选择土方机械和决定地基处理时，均应考虑土的含水量。

（四）土的密实度

土的密实度是指土被固体颗粒所充实的程度，反映了土的紧密程度，土的紧密程度用土的压实系数表示。填土压实后，必须要达到要求的密实度，现行的《建筑地基基础设计规范》规定，压实填土的质量以设计规定的压实系数 λ_c 的大小作为控制标准。

$$\lambda_c=\rho_d/\rho_{dmax} \tag{1-7}$$

式中　λ_c——土的压实系数；

ρ_d——土的实际干密度。干密度越大，表明土越坚实，在土方填筑时，常以土的干密度控制土的夯实标准；

ρ_{dmax}——土的最大干密度，由实验室击实试验测出。

压实填土的最大干密度和最优含水量，宜采用击实试验确定，当无试验资料时，最大干密度可按下式计算：

$$\rho_{dmax}=\eta\frac{\rho_w d_s}{1+0.01w_{op}d_s} \tag{1-8}$$

式中　ρ_{dmax}——分层压实填土的最大干密度；

η——经验系数；

ρ_w——水的密度；

d_s——土粒相对密度；

w_{op}——填料的最优含水量。

细颗粒黏性土的干密度可以用"环刀法"进行测定❶，即用环刀取样，测出天然密度 ρ，烘干后测出含水量（w），然后用式：$\rho_d=\rho/(1+0.01w)$ 计算实际干密度。而以粗颗粒砂石作填料的干密度可以用现场"灌砂法"进行测定。❷

第三节　土方量计算与土方调配

一、基坑、基槽土方量计算

（一）基坑土方量计算

基坑土方量是按立体几何拟柱体体积公式（即由两个平行的平面做底的一种多面体）来计算的（图 1-2）。

计算公式为：

$$V=\frac{H(A_1+4A_0+A_2)}{6} \tag{1-9}$$

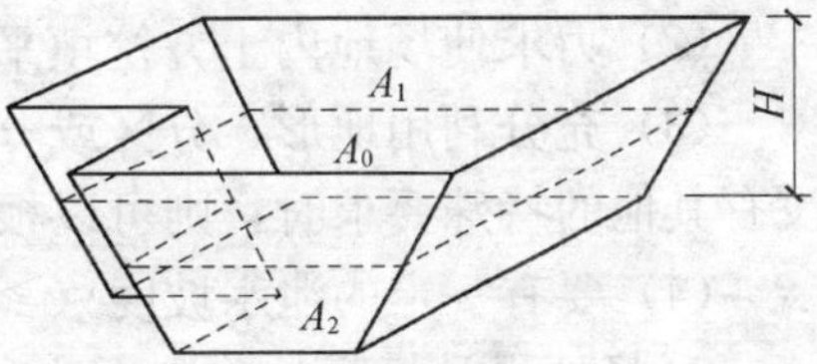

图 1-2　基坑土方量

式中　H——基坑深度（m）；

A_1，A_2——基坑上、下两底面积（m^2）；

A_0——基坑中截面面积（m^2）。

（二）基槽土方量计算

基槽或路堤的土方量计算，可以沿长度方向分段，分段后用前面的方法进行计算(图 1-3)。

计算公式为：

$$V_1=\frac{L_1(A_1+4A_0+A_2)}{6} \tag{1-10}$$

式中　V_1——第一段长度的土方量（m^3）；

L_1——第一段的长度（m）；

---

❶ 《土工试验方法标准》(GB/T 50123—1999) 规定：

3.1.4　第 2 条根据试验要求用环刀切取试样时，应在环刀内壁涂一薄层凡士林，刃口向下放在土样上，将环刀垂直下压，并用切土刀沿环刀外侧切削土样，边压边削至土样高出环刀，根据试样的软硬采用钢丝锯或切土刀整平环刀两端土样，擦净环刀外壁称环刀和土的总质量。

5.1.1　本试验方法适用于细粒土。

5.1.2　本试验所用的主要仪器设备应符合下列规定：环刀内径 61.8mm 和 79.8mm，高度 20mm。

5.1.5　试样的干密度应按式 $\rho_d=\rho/(1+0.01w)$ 计算。

5.1.6　本试验应进行两次平行测定，两次测定的差值不得大于 0.03g/cm^3，取两次测值的平均值。

❷ 《土工试验方法标准》(GB/T 50123—1999) 规定：

5.4.6　灌砂法试验应按下列步骤进行：

1. 按本标准第 5.3.3 条 1～3 款的步骤挖好规定的试坑尺寸，并称试样质量；

2. 向容砂瓶内注满砂，关阀门，称容砂瓶漏斗和砂的总质量；

3. 将密度测定器倒置（容砂瓶向上）于挖好的坑口上，打开阀门，使砂注入试坑。在注砂过程中不应震动。当砂注满试坑时关闭阀门，称容砂瓶、漏斗和余砂的总质量，准确至 10g，并计算注满试坑所用的标准砂质量。

A_1——此段基槽一端的面积（m^2）；

A_2——此段基槽另一端的面积（m^2）；

A_0——此段基槽中间截面面积（m^2）。

同样的方法，把各段体积的土方量计算出来，然后相加，即得到总的基槽土方量。

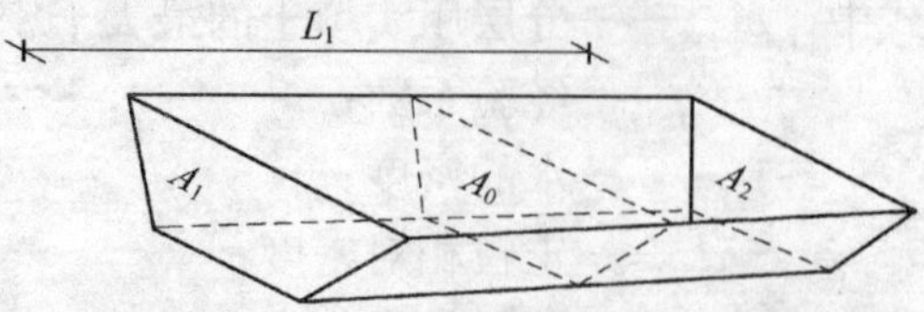

图 1-3　基槽土方量

二、场地平整土方量计算

对于在地形起伏的山区、丘陵地带修建较大厂房、体育场、车站等占地广阔工程的平整场地，主要是削凸填凹，移挖方做填方，将自然地面改造平整为场地设计要求的平面。场地上土方量计算方法有两种：方格网法和断面法。断面法计算精度较低，可用于地形起伏变化较大地区。对于地形较平坦地区，一般采用方格网法。

（一）场地设计标高的确定

1. 场地设计标高的确定原则

场地设计标高是进行场地平整和土方量计算的依据，也是总图规划和竖向设计的依据。在确定场地设计标高时，需考虑以下因素：

（1）应满足建筑规划、建筑功能、生产工艺和运输要求；

（2）力求使场地内土方挖填平衡且土方量最小；

（3）充分利用地形，分区或分台阶布置，分别确定不同的设计标高。如果场地设计标高没有其他的特殊要求时，则可以根据挖、填平衡的原则加以确定；

（4）要有一定的泄水坡度（≥2‰），使其能满足场地排水要求。

2. 场地设计标高的确定方法和步骤

（1）初步确定场地设计标高 H_0

初步确定场地设计标高是根据场地挖填土方量平衡的原则进行，即场内土方的绝对体积在平整前后是相等的。

1）在具有等高线的地形图上将施工区域划分为边长 a＝10～40m 的若干方格（图 1-4）。

2）确定各小方格的角点自然高程。可根据地形图上相邻两等高线的高程，用插入法计算求得，见图 1-5，$H_{13}=252.00-0.6\times(252.00-251.50)=251.7(\text{m})$。也可以用一张透明纸，在上面画上 6 根等距离的平行线，把透明纸放到标有方格网的地形图上，将 6 根平行线的最外两根分别对准两条等高线上的两点 A，B，这时 6 根等距离的平行线将 A，B 之间的高差分成 5 份，于是便可以读出 C 点的地面标高。

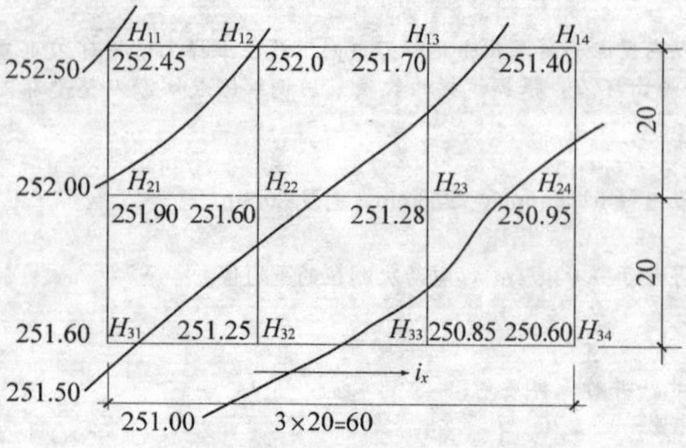

图 1-4　在等高线地形图上划分方格

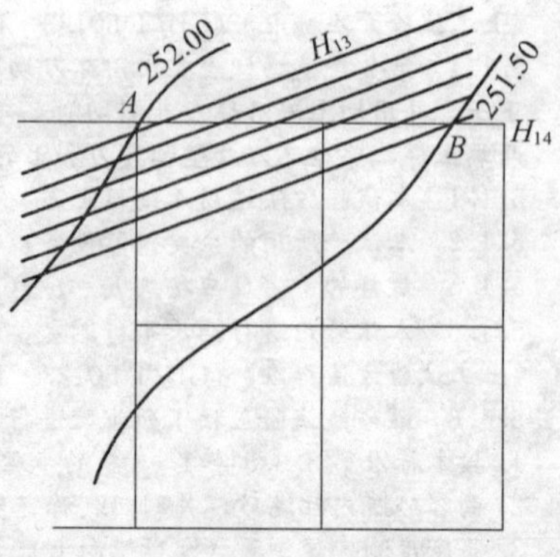

图 1-5　插入法计算方格角点高程

此外，在无地形图的情况下，也可以在地面上用木桩或钢钎打好方格网，然后用仪器直接测出方格网角点标高。场地初步设计标高即为各个方格平均标高的平均值。

从图 1-4 可知，H_{11}系一个方格的角点标高，H_{12}和 H_{21}均系两个方格公共的角点标高，H_{22}则是四个方格公共的角点标高，因此，有：

$$H_0 = \frac{\Sigma H_1 + 2\Sigma H_2 + 3\Sigma H_3 + 4\Sigma H_4}{4N} \tag{1-11}$$

式中 H_1——方格仅有的一个角点标高（m）；

H_2——两个方格共有的角点标高（m）；

H_3——三个方格共有的角点标高（m）；

H_4——四个方格共有的角点标高（m）；

N——方格数。

（2）场地设计标高 H_0 的调整

以上求出了设计标高 H_0，只是一个理论值，实际上还应该考虑一些其他的因素，对 H_0 进行调整，这些因素有：

1）土的可松性影响

由于土具有可松性，所以挖出一定体积的土，不可能等体积回填，出现多余。因此，应该考虑由于土的可松性而引起的设计标高增加值 Δh。

把 V_W，V_T 分别称为按理论设计计算的挖、填方的体积，把 F_W，F_T 分别称为按理论设计计算的挖、填方区的面积，把 V_W'，V_T'分别称为调整以后挖、填方的体积，K_s'是最终可松性系数。

如图 1-6 所示，设 Δh 为由于土的可松性引起的设计标高增加值，则设计标高调整以后总挖方体积 V_W'应为：

$$V_W' = V_W - F_W \Delta h \tag{a}$$

总填方体积应为：

$$V_T' = V_W' K_s' \tag{b}$$

（a）代入（b）：

$$V_T' = (V_W - F_W \Delta h) K_s' \tag{c}$$

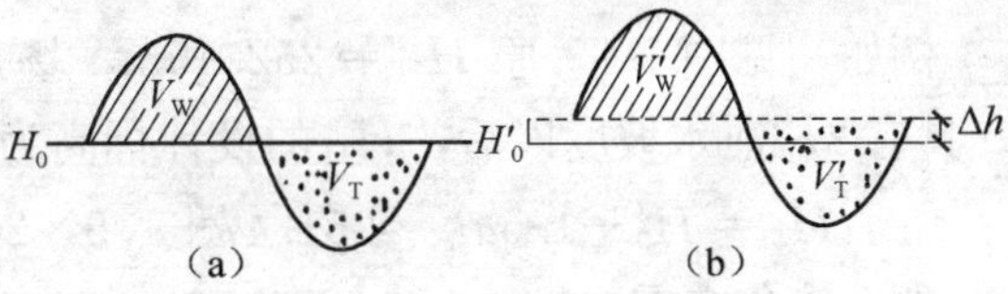

图 1-6 可松性引起的设计标高增加值

由于填方区的标高也应该和挖方区一样，要提高 Δh；$V_W = V_T$，则有：

$$H_0' = H_0 + \Delta h \tag{1-12}$$

求出 Δh 值，场地的设计标高应调整：

$$\Delta h = \frac{V_w (K_s' - 1)}{F_T + F_W K_s'} \tag{1-13}$$

2）规划场地内挖填方及就近取、弃土影响

由于场地内大型基坑挖出的土方、修路、筑堤填高的土方以及从经济角度考虑，部分土方就近弃土或就近借土，都会引起挖、填土方量的变化，有必要时，也要调整设计标高。

为了简化计算，场地设计标高调整可以按下面近似公式确定为：

$$H_0' = H_0 \pm Q/(Na^2) \tag{1-14}$$

式中 Q——假定按原设计标高平整以后，多余或不足的土方量；

N——方格数；

a——方格网边长。

3）泄水坡度影响

当按设计标高调整后的同一设计标高 H_0'进行平整时，则整个场地表面均处于同一水平面，但是，实际上由于排水的要求，场地表面需要有一定的泄水坡度。因此，还必须根据场地泄水坡度的要求，计算出场地内各方格角点实际施工所用的设计标高。

①场地为单向泄水坡度

场地具有单向泄水坡度时，设计标高的确定方法，是把已经调整后的设计标高 H_0'作为场地中心的标高（图 1-7a），场地内任意一点的设计标高则为：

$$H_{ij} = H_0' \pm li \tag{1-15}$$

式中 H_{ij}——场地内任意一点的设计标高；

l——场地任意一点至场地中心线设计标高 H_0'的距离；

i——场地泄水设计坡度（不少于 2‰）❶。

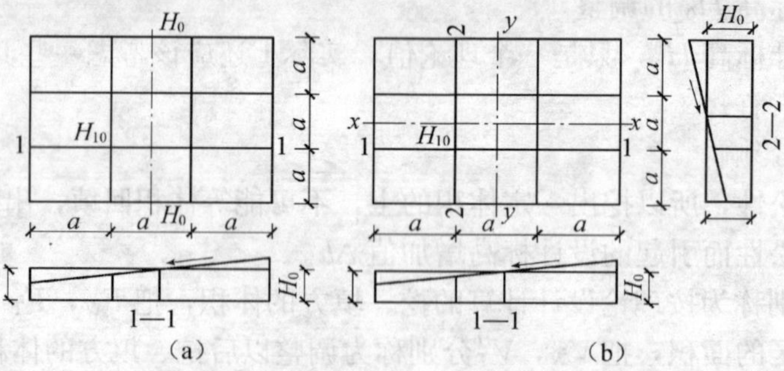

图 1-7 考虑泄水坡度角点标高示意图

（a）单向泄水坡度；（b）双向泄水坡度

例如，见图 1-4，原 $H_{11}=252.45$m，场地的设计标高 H_0'为 251.47m，那么，考虑沿 x-x 具有 2‰泄水坡度以后，H_{11}的设计标高为：

$$H_{11}=H_0'+1.5ai_x=251.47+1.5\times20\times2‰=251.47+0.06=251.53\ (\text{m})$$

那么该角点需要挖：　　251.53－252.45＝－0.92（m）

②场地具有双向泄水坡度

场地具有双向泄水坡度时，设计标高的确定方法同样是把已调整后的设计标高 H_0'，作为场地的纵向和横向中心点标高（图 1-7b），场地内任意一点的设计标高为：

$$H_{ij} = H_0' \pm l_{ix}i_x \pm l_{jy}i_y \tag{1-16}$$

式中 l_{ix}，l_{jy}——分别为任意一点沿 x-x，y-y 方向距场地中心的距离；

i_x，i_y——分别为任意一点沿 x-x，y-y 方向的泄水坡度。

例如，见图 1-4，原 $H_{34}=250.60$m，场地的设计标高为 251.47m，那么，考虑具有双向泄水坡度以后，如果沿 x-x，y-y 的坡度分别为 3‰，2‰，H_{34}角点的设计标高为：

$$H_{34}=H_0'-1.5ai_x-ai_y=251.47-1.5\times20\times3‰-20\times2‰=251.47-0.09-0.04=251.34\ (\text{m})$$

那么该角点需要填：　　251.34－250.60＝＋0.74（m）

---

❶《建筑地基基础工程施工质量验收规范》（GB 50202—2002）规定：

6.1.4 平整场地的表面坡度应符合设计要求，如设计无要求时，排水沟方向的坡度不应小于 2‰。平整后的场地表面应逐点检查。检查点为每 100～400m² 取 1 点，但不应少于 10 点；长度、宽度和边坡均为每 20m 取 1 点，每边不应少于 1 点。

（二）用方格网法计算场地土方量

首先把场地上各方格角点的自然标高与设计标高分别标注在方格角点上（图 1-15），计算各角点设计标高与自然标高的差值，并填在各角点上，即为各角点的施工高度，习惯上"+"号表示填方，"−"号表示挖方。施工高度有了以后，然后就可以计算每一个方格的挖、填土方量，还应计算场地边坡的土方量，最后将填方区域和挖方区域内所有的土方量以及边坡土方量进行汇总，就得到总的平整场地土方量。

1. 场地土方量计算步骤

（1）求各方格角点的施工高度

用 h_0 表示各角点的施工高度，亦即挖填高度，并且以"+"为填，以"−"为挖。H_{0ij} 表示各角点的设计标高，H_{ij} 表示各角点的自然标高，那么有：$h_{ij}=H_{0ij}-H_{ij}$。

（2）绘出"零线"

"零点"是某一方格的两个相邻挖、填角点连线与该方格边线的交点。两个相邻"零点"的连线即为"零线"。

（3）计算场地挖、填土方量

"零线"求出以后，场地内的挖、填方区域就可以标出来，然后用四方棱柱体法和三角棱柱体法进行计算。

2. 各种网格的土方量计算

（1）四方棱柱体法

1）全挖全填（图 1-8）

$$V=\frac{a^2}{4}\ (h_1+h_2+h_3+h_4) \tag{1-17}$$

式中　V——挖方或填方的土方量（m）；

h_1，h_2，h_3，h_4——方格四个角点的施工高度（m），以绝对值代入。

2）部分挖部分填（图 1-9）

$$V_{挖}=\frac{a^2}{4}\frac{(\Sigma h_{挖})^2}{\Sigma h} \tag{1-18}$$

$$V_{填}=\frac{a^2}{4}\frac{(\Sigma h_{填})^2}{\Sigma h} \tag{1-19}$$

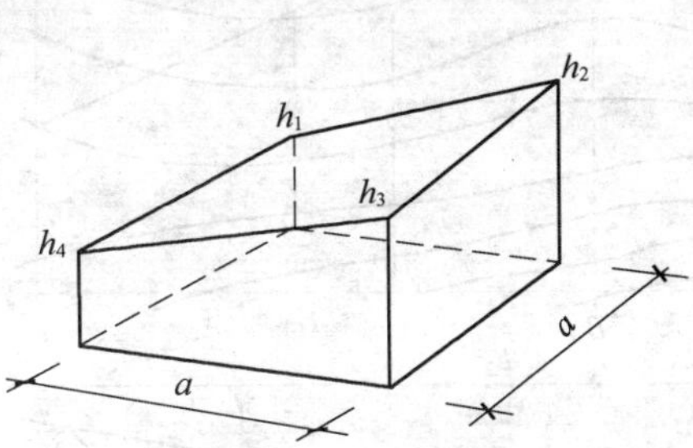

图 1-8　全挖全填

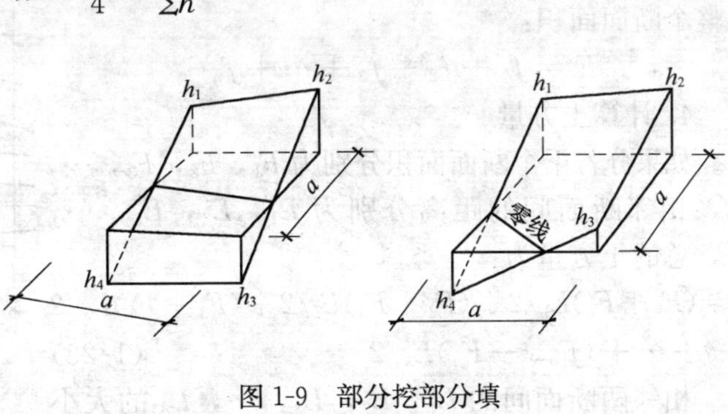

图 1-9　部分挖部分填

（2）三角棱柱体法

1）全挖全填（图 1-10）

$$V=\frac{a^2}{6}\ (h_1+h_2+h_3) \tag{1-20}$$

式中　　a——方格边长（m）；

h_l，h_2，h_3——三角形各角点的施工高度（m），用绝对值代入。

2）有挖有填（图 1-11）

锥体部分的体积为：

$$V_{锥}=\frac{a^2}{6}\times\frac{h_3^3}{(h_1+h_3)(h_2+h_3)} \tag{1-21}$$

楔体部分的体积为：

$$V_{楔}=\frac{a^2}{6}\left[\frac{h_3^3}{(h_1+h_3)(h_2+h_3)}-h_3+h_1+h_2\right] \tag{1-22}$$

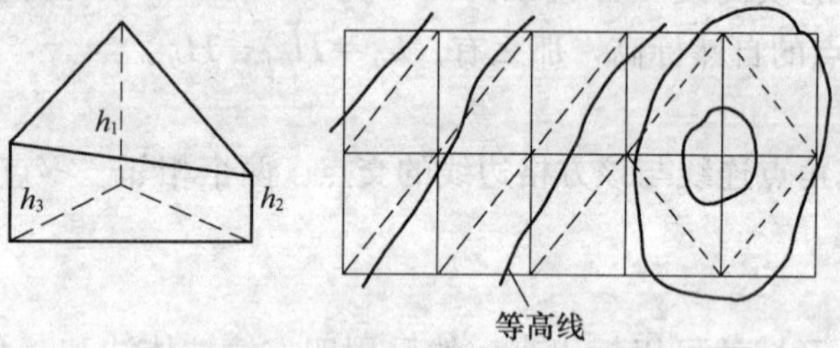

图 1-10　全挖全填

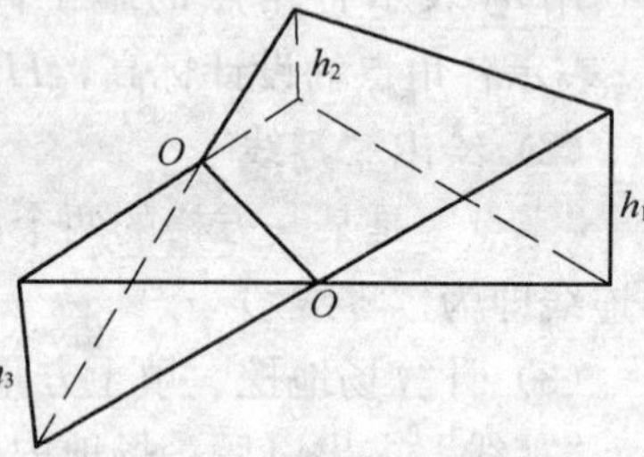

图 1-11　有挖有填

（三）用断面法计算场地土方量

如果当土方量计算精度要求不高时，还可以用断面法。断面法计算步骤如下：

1. 划分横截面

按垂直等高线或垂直主要建筑物的边长原则，将场地划分为 AA'，BB'，CC'，DD'（图 1-12），截面的间距通常取 10～15m。

2. 画横截面图形

按比例（水平为 1∶200～1∶500，垂直为 1∶100～1∶200）绘制每个横截面的自然地面和设计地面的轮廓线，两轮廓线之间的面积即为挖方或填方的截面。

3. 计算横截面面积（图 1-12）

将所取的截面划分成若干个三角形和梯形。

如果用 f_i 表示每一个小三角形或梯形的面积，则整个断面面积：

$$F=f_1+f_2+f_3+\cdots+f_n$$

4. 计算土方量

如果分若干个断面面积分别为 F_1，F_2，F_3，…，F_n，相邻断面间的距离分别为 L_1，L_2，L_3，…，L_n，总的土方量为：

$$V=(F_1+F_2)L_1/2+(F_2+F_3)L_2/2+(F_3+F_4)L_3/2+\cdots+(F_{n-1}+F_n)L_n/2 \tag{1-23}$$

相邻两断面间的 L_1，L_2，L_3，…，L_n 的大小与地形有关，地形平坦，距离可以大一些；地形起伏较大时，距离可取小一些，这时，一定要沿地形每一个起伏点的转折处取一断面，确定两断面间的距离，否则，会影响土方量计算的精确度。

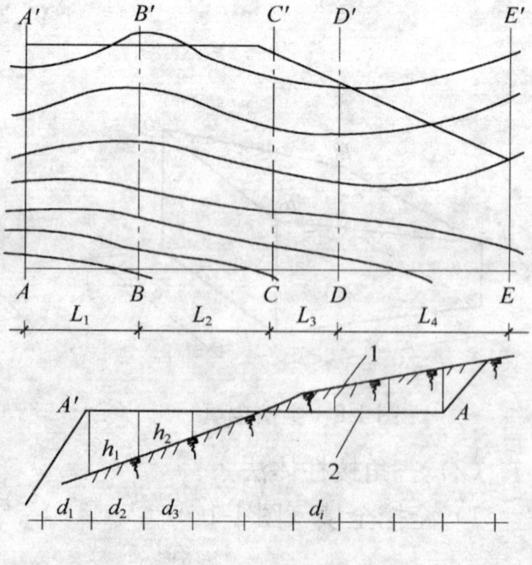

图 1-12　断面法

用断面法计算出土方量时，边坡土方量已经包括在内。

（四）场地边坡土方量计算（图 1-13）

场地平整时，还要计算边坡土方量，其计算步骤如下：

1. 标出场地四个角点 A，B，C，D 填挖高度和零线位置。

2. 根据土质确定填、挖方边坡的坡度系数 m_1 和 m_2（坡度系数含义见本章第四节）。

3. 计算四角点的放坡宽度，如图 1-13 所示，A 点的放坡宽度为 m_1h_a，D 点的放坡宽度为 m_2h_d。

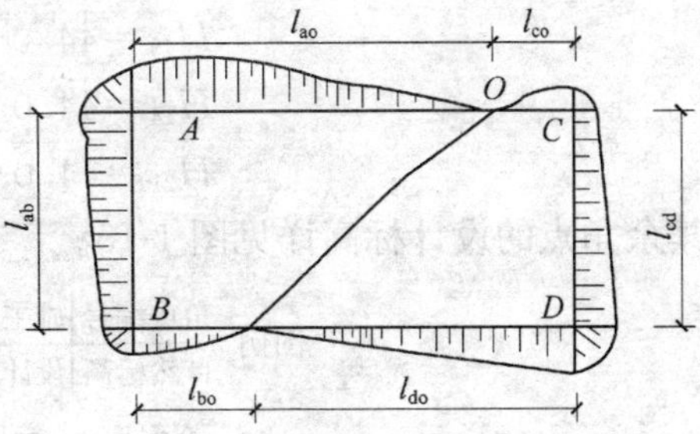

图 1-13　场地边坡平面图

4. 绘出边坡边线平面示意图。

5. 计算边坡土方量体积。

A，B，C，D 四个角点的土方量，近似地按正方锥体计算，如 A 点土方量为：

$$V_A = \frac{1}{3}(m_1h_a)^2h_a = \frac{1}{3}m_1h_a{}^3 \tag{1-24}$$

AB，CD 两边上土方量按平均断面法计算，例如：AB 边土方量为：

$$V_{ab} = \frac{F_a + F_b}{2}l_{ab} = \frac{m_1}{4}(h_a{}^2 + h_b{}^2)l_{ab} \tag{1-25}$$

AC，BD 两边分段按三角锥体计算，例如：AC 边 AO 段的土方量为：

$$V_{ao} = \frac{1}{3}\left(\frac{m_1h_a{}^2}{2}l_{ao}\right) = \frac{1}{6}m_1h_a{}^2l_{ao} \tag{1-26}$$

6. 统计挖、填土方量。将各断面间的挖、填计算土方量汇总，即得边坡的挖、填计算土方总量。

【例 1-2】　某场地方格网及角点原地面标高如图 1-14 所示，方格边长为 40m。设计要求场地泄水坡度沿长度方向为 2‰，沿宽度方向为 3‰，泄水方向根据原地形情况确定。

（1）试按填、挖平衡原则，确定场地平整的设计标高；

（2）绘出零线，并计算总的填方量和总的挖方量。

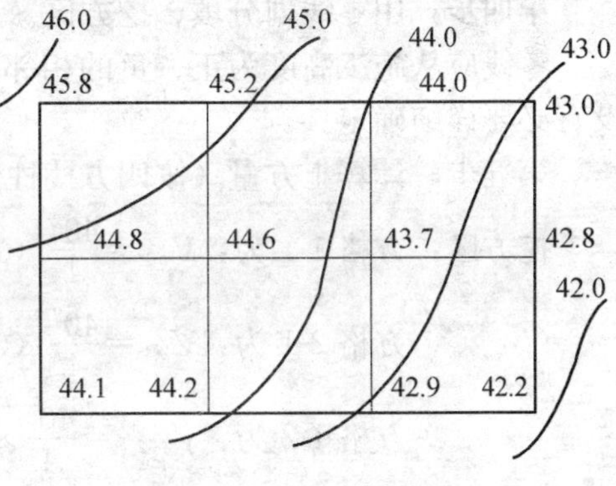

图 1-14　某场地示意图

【分析】　第一步，按填、挖平衡原则计算标高为 H_0 的水平面。由公式（1-11）知：

$$H_0 = [45.8+43.0+44.1+42.2+2\times(45.2+44.0+44.8+42.8+44.2+42.9)+4\times(44.6+43.7)]/(4\times6) = 44.0\ (\text{m})$$

第二步，场地设计标高需要按设计要求的泄水坡度进行调整。

泄水方向应尽量符合原地面的泄水方向，这样可使场地平整施工的土方量较小，因此，取沿场地长度泄水方向按图示为向右，$i_x=3‰$，沿场地宽度泄水方向按图示为向下 $i_y=2‰$。标高调整时，以场地中心的设计标高仍为 H_0，其他角点设计标高按公式（1-16）进行调整：

$$H_{11}=44.0+60\times2‰+40\times3‰=44.24\ (\mathrm{m})$$

$$H_{12}=44.0+20\times2‰+40\times3‰=44.16\ (\mathrm{m})$$

$$H_{13}=44.0-20\times2‰+40\times3‰=44.08\ (\mathrm{m})$$

$$H_{14}=44.0-60\times2‰+40\times3‰=44.0\ (\mathrm{m})$$

$$H_{21}=44.0+60\times2‰=44.12\ (\mathrm{m})$$

其余角点的设计标高详见图 1-15。

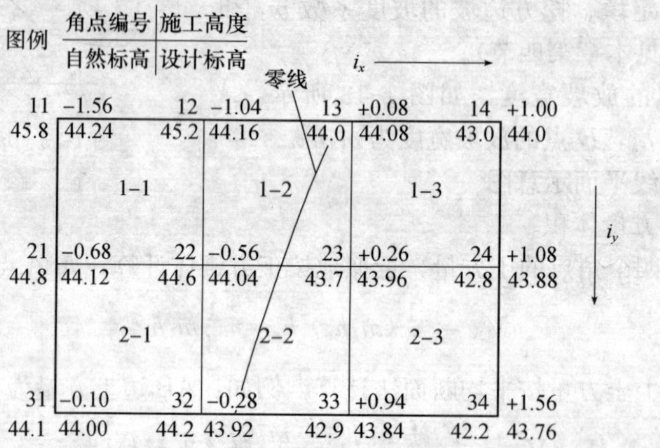

图 1-15　场地平整土方量计算图

第三步，计算角点的施工高度 h_{ij}：

$$h_{11}=44.24-45.8=-1.56\ (\mathrm{m})$$

$$h_{14}=44.0-43.0=1.0\ (\mathrm{m})$$

其余角点的施工高度详见图 1-15。

第四步，用零线划分填、挖方区。

零线应从施工高度为正、负的相邻两角点间通过，如图 1-15 所示。零线具体位置在此没有必要详细确定。

第五步，计算土方量（按四方棱柱体计算）：

挖方区：方格 1-1 为：$V_{1\text{-}1}=\frac{40^2}{4}(1.56+1.04+0.68+0.56)=1536\ (\mathrm{m}^3)$

方格 2-1 为：$V_{2\text{-}1}=\frac{40^2}{4}(0.68+0.56+0.1+0.28)=648\ (\mathrm{m}^3)$

方格 1-2 为：$V_{1\text{-}2挖}=\frac{40^2}{4}\times\frac{(1.04+0.56)^2}{1.04+0.56+0.26+0.08}=527.84\ (\mathrm{m}^3)$

方格 2-2 为：$V_{2\text{-}2挖}=\frac{40^2}{4}\times\frac{(0.56+0.28)^2}{0.56+0.28+0.94+0.26}=138.35\ (\mathrm{m}^3)$

填方区：方格 1-3 为：$V_{1\text{-}3}=\frac{40^2}{4}(0.08+1.00+1.08+0.26)=968\ (\mathrm{m}^3)$

方格 2-3 为：$V_{2\text{-}3}=\frac{40^2}{4}(0.26+1.08+1.56+0.94)=1536\ (\mathrm{m}^3)$

方格 1-2 为：$V_{1\text{-}2填}=\frac{40^2}{4}\times\frac{(0.08+0.26)^2}{1.04+0.56+0.26+0.08}=23.84\ (\mathrm{m}^3)$

方格 2-2 为：$V_{2\text{-}2填}=\frac{40^2}{4}\times\frac{(0.94+0.26)^2}{0.56+0.28+0.94+0.26}=282.35\ (\mathrm{m}^3)$

$V_{填}=968+1536+23.84+282.35=2810.19$（$m^3$）

$V_{挖}=1536+648+527.84+138.35=2850.19$（$m^3$）

理论上应有 $V_{填}=V_{挖}$，由于上述计算式的近似性，使计算结果存在一定误差是难免的。当方格边长减小、方格数量增多时，相对误差便会减小。

三、土方调配[1]

土方调配的原则是：应力求挖填平衡、运距最短、费用最省；便于改土造田；减少土方的重复挖、填和运输。土方调配的步骤：①划分调配区；②计算土方调配区之间的平均运距（或单位土方运价，或单位土方施工费用）；③确定土方的最优调配方案；④绘制土方调配图表。用“表上作业法”进行调配的具体调配步骤见图 1-16。

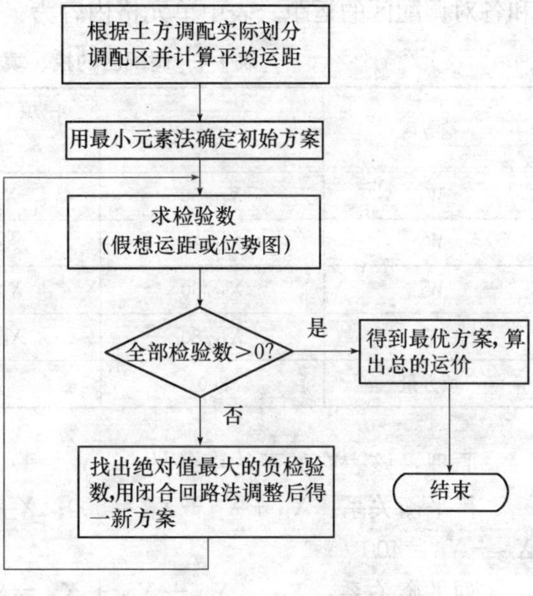

图 1-16　土方调配步骤

（一）土方调配区的划分

1. 调配区的划分应与房屋或构造的位置协调，满足工程施工顺序和分期施工的要求，使近期施工和后期利用相结合。

2. 调配区的大小应考虑土方及运输机械的技术性能，使其功能得到充分发挥。例如：调配区的长度应大于或等于机械的铲土长度。调配区的面积最好和施工段的大小相适应。

3. 调配区的范围应与计算土方量的方格网相协调。通常情况下可由若干个方格网组成一个调配区。

4. 从经济效益出发，考虑就近借土或就近弃土。此时，一个借土区或一个弃土区均作为一个独立的调配区。

（二）调配区之间的平均运距

当用铲运机或推土机在场地中进行平整时，平均运距即是指挖方调配区土方重心至填方调配区土方重心之间的距离。当挖、填方调配区之间的距离较远，采用汽车、自行式铲运机或其他运土工具沿工地道路或规定路线运土时，其运距应按实际情况计算。

对于第一种情况，求平均运距，需先求出每个调配区重心 $G(X_g, Y_g)$。为便于计算，一般假定调配区平面的几何中心即为其体积的重心。取场地或方格网中的纵横两边为坐标轴，按下式计算：

$$X_g=\frac{\Sigma(V_i\times x)}{\Sigma V};\quad Y_g=\frac{\Sigma(V_i\times y)}{\Sigma V} \tag{1-27}$$

式中　X_g，Y_g——挖或填方调配区的重心坐标；

---

[1]《建筑地基基础工程施工质量验收规范》（GB 50202—2002）条文说明：

6.1.1　土方的平衡与调配是土方工程施工的一项重要工作。一般先由设计单位提出基本平衡数据，然后由施工单位根据实际情况进行平衡计算。如工程量较大，在施工过程中还应进行多次平衡调整，在平衡计算中，应综合考虑土的松散率、压缩率、沉陷量等影响土方量变化的各种因素。为了配合城乡建设的发展，土方平衡调配应尽可能与当地市、镇规划和农田水利等结合，将余土一次性运到指定弃土场，做到文明施工。

V——每个方格的土方量；

x，y——每个方格的重心坐标。

重心求出以后，标于相应的调配区图上，然后用比例尺量出（或计算）每对调配区之间的平均运距。

（三）最优调配方案的确定

最优调配方案的确定是以线性规划理论为基础，用“表上作业法”来求解，现结合实例进行说明。

【例 1-3】 已知某施工场地有四个挖方区和三个填方区，表 1-4 是其相应的挖填土方量和各对调配区的运距。表中单元格内容为：挖、填土方量 X_{ij}/调配区间的平均运距 C_{ij}。

表 1-4 调配区的挖、填土方量和调配区间的平均运距

挖方区	填方区			挖方量
	T_1	T_2	T_3	
W_1	$X_{11}/50$	$X_{12}/70$	$X_{13}/100$	500
W_2	$X_{21}/70$	$X_{22}/40$	$X_{23}/90$	500
W_3	$X_{31}/60$	$X_{32}/110$	$X_{33}/70$	500
W_4	$X_{41}/80$	$X_{42}/100$	$X_{43}/40$	400
填方量	800	600	500	1900

原理：该表有如下约束条件：

行平衡关系：$X_{11}+X_{12}+X_{13}=500$；$X_{21}+X_{22}+X_{23}=500$；$X_{31}+X_{32}+X_{33}=500$；$X_{41}+X_{42}+X_{43}=400$

列平衡关系：$X_{11}+X_{21}+X_{31}+X_{41}=800$；$X_{12}+X_{22}+X_{32}+X_{42}=600$；$X_{13}+X_{23}+X_{33}+X_{43}=500$

目标函数运输量总和：

$S=50X_{11}+70X_{12}+100X_{13}+70X_{21}+40X_{22}+90X_{23}+60X_{31}+110X_{32}+70X_{33}+80X_{41}+100X_{42}+40X_{43}\rightarrow \min$

线性规划表上作业法就是利用先命 $m\times n-(m+n)$ 个未知量为零进行求解，然后检验，使 $S\rightarrow \min$。利用最小元素法求解，即优先满足最小运距的要求，来确定初始调配方案。

(1) 用“最小元素法”编制初始调配方案

运距是已知的，已填入各方格的斜线下，用 C_{ij} 来表示运距（或单位造价）。各方格内需要调配的土方量是未知的，用 X_{ij} 表示调配的土方量。

“最小元素法”即给最小运距方格尽可能多的土方。先在运距表的小方格中找一个运距最小的值，找出来之后先满足此最小的运距所对应的土方量，由表中可知 $C_{22}=C_{43}=40$ 最小，在这两个最小运距中任取一个，现取 $C_{43}=40$，那么所对应的需调配的土方量 X_{43}，从表中可知 X_{43}需要 400，即把 W_4 的挖方量全部运到 T_3 去，而 W_4 的土方已全部运往了 T_3，就不能满足 T_1 和 T_2 的需要了，即 X_{41}，$X_{42}=0$，在 X_{41} 和 X_{42}的格内画一个×。然后在没有填数字的和×的格内，再选一个运距最小的方格，重复以上步骤，确定了初始调配方案如表1-5所示，此时目标函数 $S=97000\text{m}^3\cdot\text{m}$。但是，这并不能保证其运输量最小，所以还要进行判别是否是最优方案。

表 1-5　初始调配方案

挖方区	填　方　区			挖方量（m³）
	T_1	T_2	T_3	
W_1	500	×	×	500
W_2	×	500	×	500
W_3	300	100	100	500
W_4	×	×	400	400
填方量（m³）	800	600	500	1900

（2）最优方案的判别法

最优方案的判别法有“假想运距法”和“位势法”，这里介绍假想运距法进行检验。利用假想运距法，就是初始调配方案确定了有数解的运距不变，其余的×解的运距用“假想运距法”确定，在计算×解的假想运距时，假想表格中相邻四个单元格对角线运距之和两两相等，从三个有解的相邻四个单元格开始，得出的×解的假想运距，逐一得出×解的运距，编出假想运距表，见表 1-6。然后用×解的原运距减假想的运距，若结果全为正，则证明调配方案最优；如检验表中出现负值则说明方案非最优，应进行调整。调整从负值开始进行调整，先满足负值要求，依次调整，直到检验表中全为正值。

如 X_{32}→X_{33}→X_{42}→X_{43}，X_{42}的假想运距为 110＋40－70＝80，X_{42}原运 100 减 X_{42}的假想运距 80 等于 20（＋）；X_{31}→X_{32}→X_{41}→X_{42}，X_{41}的假想运距为 60＋80－110＝30，X_{41}原运 80 减 X_{41}的假想运距 30 等于 50（＋）；X_{11}→X_{12}→X_{21}→X_{22}，X_{12}的假想运距为 50＋40－（－10）＝100，X_{12}原运 70 减 X_{12}的假想运距 100 等于－30（－）；……

表 1-6　假想运距

挖方区	填　方　区		
	T_1	T_2	T_3
W_1	X_{11}（500）/50	X_{12}（×）/100（70）	X_{13}（×）/60（100）
W_2	X_{21}（×）/－10（70）	X_{22}（500）/40	X_{23}（×）/0（90）
W_3	X_{31}（300）/60	X_{32}（100）/110	X_{33}（100）/70
W_4	X_{41}（×）/30（80）	X_{42}（×）/80（100）	X_{43}（400）/40

如上计算 X_{12}出现负值，所以初始方案非最优。

（3）方案的调整

用“闭合回路法”进行调整。从负值格出发（如出现多个负值，可选择其中绝对值大的先进行调配）沿水平或竖向方向前进，遇到适当的有解方格作 90°转弯，然后依次前进转回到出发点，形成闭合回路（表 1-7）。

表 1-7　闭合回路

	T_1	T_2	T_3
W_1	500	－	＋
W_2	＋	500	＋
W_3	300	100	100
W_4	＋	＋	400

在各奇数次转角点的数字中，挑出一个最小的（本表即为 500，100 中选出 100），各奇

数次转角点方格均减此数；各偶数次转角点均加此数。这样调整后，便可得如表 1-8 所示的新调配方案。

表 1-8 新调配方案

挖方区	填方区			挖方量（m^3）
	T_1	T_2	T_3	
W_1	(400)/50	(100)/70	×/100	500
W_2	×/70	(500)/40	×/90	500
W_3	(400)/60	×/110	(100)/70	500
W_4	×/80	×/100	(400)/40	400
填方量（m^3）	800	600	500	1900

对新调配方案，仍用“假想运距法”再进行检验，看其是否是最优方案。若检验仍有负数出现，那就仍按上述步骤继续调整，直到找出最优方案为止。

上表中所有检验数均为正号，故该方案即为最优方案。其土方的总运输量为：

$S=400\times50+100\times70+500\times40+400\times60+100\times70+400\times40=94000m^3\cdot m$

原目标函数 $S=97000m^3\cdot m$，显然该方案减少了 $3000m^3\cdot m$。

（4）土方调配图

最后将调配方案绘成土方调配图（图 1-17）。在土方调配图上应注明挖填调配区、调配方向、土方数量以及每对挖、填之间的平均运距。

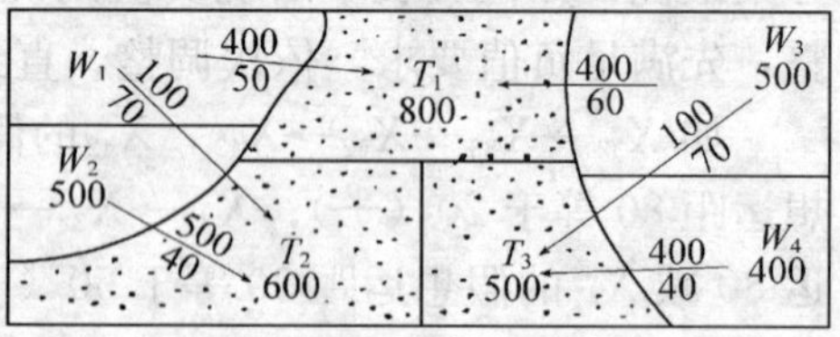

图 1-17 土方调配图

第四节 土方边坡与降水

一、土方边坡

（一）土方边坡❶

1. 土方边坡形式及边坡坡度

为了保证土体的稳定性和施工安全，基坑及各类挖方和填方的边沿，都做成一定形状的

❶《建筑边坡工程技术规范》(GB 50330—2002) 规定：

15.1.1 边坡工程应根据其安全等级、边坡环境、工程地质和水文地质等条件编制施工方案，采取合理、可行、有效的措施保证施工安全。

15.1.2 对土石方开挖后不稳定或欠稳定的边坡，应根据边坡的地质特征和可能发生的破坏等情况，采取自上而下、分段跳槽、及时支护的逆作法或部分逆作法施工。严禁无序大开挖、大爆破作业。

15.1.3 不应在边坡潜在塌滑区超量堆载，危及边坡稳定和安全。

15.1.4 边坡工程的临时性排水措施应满足地下水、暴雨和施工用水等的排放要求，有条件时宜结合边坡工程的永久性排水措施进行。

15.1.5 边坡工程开挖后，应及时按设计实施支护结构或采取封闭措施，避免长期裸露，降低边坡稳定性。

15.1.6 一级边坡工程施工应采用信息施工法。

15.5.1 边坡工程施工出现险情时，应做好边坡支护结构和边坡环境异常情况收集、整理及汇编等工作。

15.5.2 当边坡变形过大，变形速率过快，周边环境出现沉降开裂等险情时应暂停施工，根据险情原因选用如下应急措施：①坡脚被动区临时压重；②坡顶主动区卸土减载，并严格控制卸载程序；③做好临时排水、封面处理；④对支护结构临时加固；⑤对险情段加强监测；⑥尽快向勘察和设计等单位反馈信息，开展勘察和设计资料复审，按施工的现状工况验算。

边坡，边坡形式如图 1-18 所示。

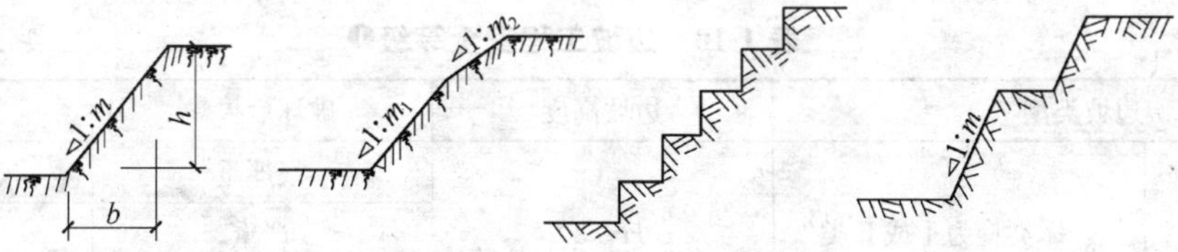

图 1-18　土方边坡形式

(a) 直线形；(b) 折线形；(c) 阶梯形；(d) 分级形

土方边坡的坡度以边坡深度 h 与边坡宽度 b 之比表示（图 1-18a），即：

$$土方边坡坡度=\frac{h}{b}=\frac{1}{b/h}=1:m$$

式中　$m=b/h$ 称为边坡系数。

边坡坡度因边坡高度、土质、工程性质等而异，一般施工时，边坡坡度可参见表 1-9。

表 1-9　深度在 5m 内的基坑（槽）、管沟边坡的最陡坡度（不加支撑）

土的类别	边坡坡度（高∶宽）		
	坡顶无荷载	坡顶有静载	坡顶有动载
中密的砂土	1∶1.00	1∶1.25	1∶1.50
中密的碎石类土（充填物为砂土）	1∶0.75	1∶1.00	1∶1.25
硬塑的素土	1∶0.67	1∶0.75	1∶1.00
中密的碎石类土（充填物为黏性土）	1∶0.50	1∶0.67	1∶0.75
硬塑的粉质黏土、黏土	1∶0.33	1∶0.50	1∶0.67
老黄土	1∶0.10	1∶0.25	1∶0.33
软土	1∶1.00	—	—

注：如果挖方要经过不同类别的土层或深度超过某一限值时，其边坡可以做成折线形或台阶形。

2. 边坡稳定条件及其影响因素

土方边坡在一定条件下，局部或一定范围内沿某一滑动面向下和向外移动而丧失其稳定性，这就是常常遇到的边坡失稳现象。

影响边坡稳定的因素很多，一般情况下，边坡失去稳定发生滑动，可以归结为土体内抗剪强度降低或剪应力增加，如图 1-19 所示。

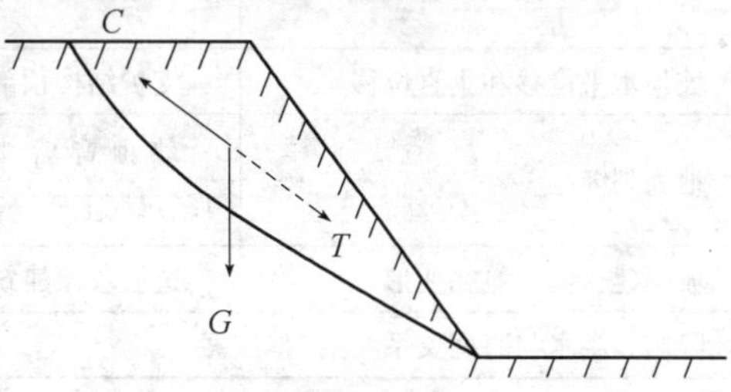

图 1-19　边坡稳定条件示意图

(1) 引起土体内抗剪强度降低的原因有：

1) 由于气候的影响，使土质松软；

2) 黏土中的夹层因浸水而产生润滑作用；

3) 饱和水的细砂、粉砂因振动而液化等。

(2) 引起土体内剪应力增加的原因有：

1) 高度或深度增加，剪应力增加；

2) 边坡上面增加荷载（静、动），尤其是有动荷载时；

3) 浸水一方面使土体自重增加，另一方面水在土体中渗流产生一定的动水压力；

4) 土体竖向裂缝中的水（地下水）产生静水压力。

3. 边坡工程安全等级（表 1-10）

表 1-10　边坡工程安全等级❶

边坡类型		边坡高度	破坏后果❷	安全等级
岩质边坡	岩体类型为Ⅰ或Ⅱ类	$H\leqslant30$	很严重	一级
			严重	二级
			不严重	三级
	岩体类型为Ⅲ或Ⅳ	$15<H\leqslant30$	很严重	一级
			严重	二级
		$H\leqslant15$	很严重	一级
			严重	二级
			不严重	三级
土质边坡		$10<H\leqslant15$	很严重	一级
			严重	二级
		$H\leqslant10$	很严重	一级
			严重	二级
			不严重	三级

注：1. 一个边坡工程的各段可根据实际情况采用不同的安全等级。

2. 对危害性极严重、环境和地质条件复杂的特殊边坡工程，其安全等级应根据工程情况适当提高。

4. 造成工程滑坡的常见的不恰当工程活动

主要有以下几个方面：

1）人工挖方切断坡脚或人工边坡造成过陡的临空面引起牵引式滑坡；

2）在斜坡上部加载过重引起推动式滑坡；

3）破坏自然斜坡排水系统或植被，造成地表水集中下渗，软化或泥化了岩土。

5. 边坡工程监测项目（表 1-11）

表 1-11　边坡工程监测项目

测试项目	测点布置位置	边坡工程安全等级		
		一级	二级	三级
坡顶水平位移和垂直位移	支护结构顶部	应测	应测	应测
地表裂缝	墙顶背后 $1.0H$（岩质）～$1.5H$（土质）范围内	应测	应测	选测
坡顶建（构）筑物变形	边坡坡顶建筑物基础、墙面	应测	应测	选测
降雨、洪水与时间关系		应测	应测	选测

❶《建筑地基基础工程施工质量验收规范》(GB 50202—2002) 安全等级划分标准 (7.1.7 条)：一级：重要工程或支护结构作为主体的一部分；开挖深度大于 10m；距邻近建筑物、重要设施小于开挖深度；基坑范围内有需要严加保护的内容。三级：开挖深度小于 7m，周围环境无特殊要求。其余为二级基坑。

❷《建筑地基基础工程施工质量验收规范》(GB 50202—2002) 规定：

3.2.2　后果很严重、严重的下列建筑边坡工程，其安全等级应定为一级：①由外倾软弱结构面控制的边坡工程；②危岩、滑坡地段的边坡工程；③边坡塌滑区内或边坡塌方影响区内有重要建（构）筑物的边坡工程。破坏后果不严重的上述边坡工程的安全等级可定为二级。

续表

测试项目	测点布置位置	边坡工程安全等级		
		一级	二级	三级
锚杆拉力	外锚头或锚杆主筋	应测	选测	可不测
支护结构变形	主要受力杆件	应测	选测	可不测
支护结构应力	应力最大处	选测	选测	可不测
地下水、渗水与降雨关系	出水点	应测	选测	可不测

注：1. 在边坡塌滑区内有重要建（构）筑物，破坏后果严重时，应加强对支护结构的应力监测。

2. H 为挡墙高度。

（1）边坡工程应由设计提出监测要求，由业主委托有资质的监测单位编制监测方案，经设计、监理和业主等共同认可后实施。方案应包括监测项目、监测目的、测试方法、测点布置、监测项目报警值、信息反馈制度和现场原始状态资料记录等内容。

（2）边坡工程监测应符合下列规定：

1）坡顶位移观测，应在每一典型边坡段的支护结构顶部设置不少于 3 个观测点的观测网，观测位移量、移动速度和方向；

2）锚杆拉力和预应力损失监测，应选择有代表性的锚杆，测定锚杆（索）应力和预应力损失；

3）非预应力锚杆的应力监测根数不宜少于锚杆总数的 5%，预应力锚索的应力监测根数不应少于锚索总数的 10%，且不应少于 3 根；

4）监测方案可根据设计要求、边坡稳定性、周边环境和施工进程等因素确定，当出现险情时应加强监测；

5）一级边坡工程竣工后的监测时间不应少于二年。

6. 边坡排水措施

（1）边坡工程应根据实际情况设置地表及内部排水系统。

（2）为减少地表水渗入边坡坡体内，应在边坡潜在塌滑区后缘设置截水沟。边坡表面应设地表排水系统，其设计应考虑汇水面积、排水路径、沟渠排水能力等因素。不宜在边坡上或边坡顶部设置沉淀池等可能造成渗水的设施，必须设置时应做好防渗处理。

（3）地下排水措施宜根据边坡水文地质和工程地质条件选择，可选用大口径管井、水平排水管或排水截槽等。当排水管在地下水位以上时，应采取措施防止渗漏。

（4）边坡工程应设泄水孔。对岩质边坡，其泄水孔宜优先设置于裂隙发育、渗水严重的部位。边坡坡脚、分级平台和支护结构前应设排水沟。当潜在破裂面渗水严重时，泄水孔宜深入至潜在滑裂面内。

（5）泄水孔边长或直径不宜小于 100mm，外倾坡度不宜小于 5%；间距宜为 2～3m，并宜按梅花形布置。最下一排泄水孔应高于地面或排水沟底面不小于 200mm。在地下水较多或有大股水流处，泄水孔应加密。

（6）在泄水孔进水侧应设置反滤层或反滤包。反滤层厚度不应小于 500mm，反滤包尺寸不应小于 500mm×500mm×500mm；反滤层顶部和底部应设厚度不小于 300mm 的黏土隔水层。

（二）基坑支护

当基坑开挖采用放坡无法保证施工安全或场地无放坡条件时，一般采用支护结构临时支挡，以保证基坑的土壁稳定、邻近建筑物与构筑物和管线的安全，同时考虑支护结构施工方便、经济合理、有利于土方开挖和地下工程的建造。

支护体系主要由挡土结构和撑锚结构两部分组成。挡土结构为垂直部分，主要承担土压力、水压力、边坡上的荷载，并将这些荷载传递到撑锚结构。撑锚结构为水平部分，除承受挡土结构传递来的荷载外，还要承受如施工机具、堆放材料、堆土等施工荷载。

1. 支护体系按挡土结构分类

围护结构的类型归纳有：木挡墙、钢板桩挡墙、钢筋混凝土板桩挡墙、H 型钢支柱（或钢筋混凝土桩支柱）木挡板支护墙、混凝土灌注桩挡墙、旋喷桩帷幕墙、深层搅拌水泥土挡墙、地下连续墙等（图 1-20）。

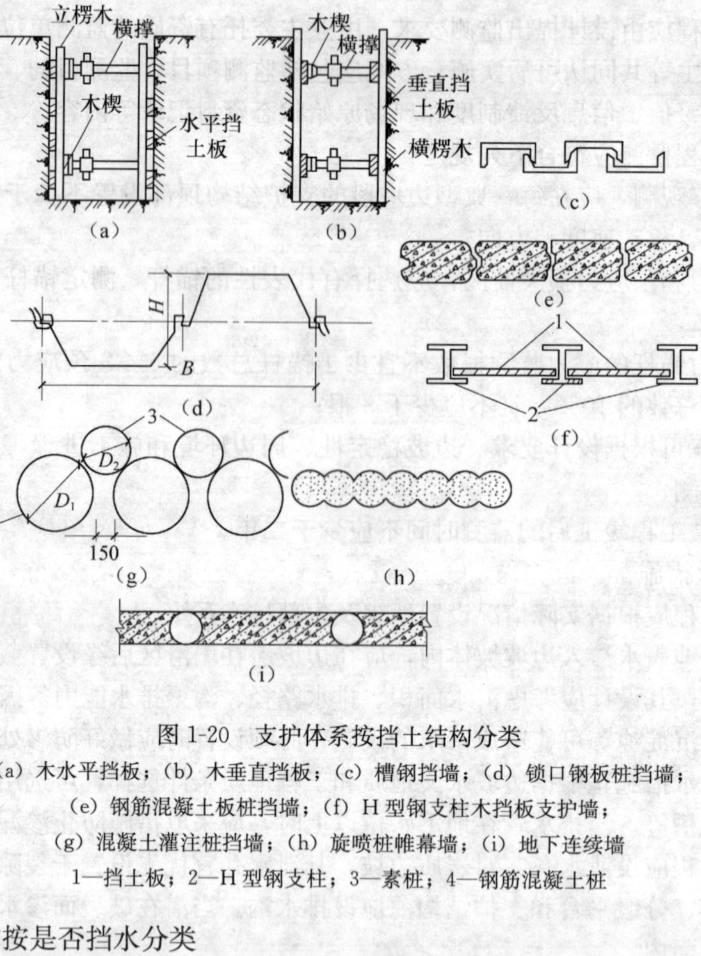

图 1-20　支护体系按挡土结构分类

(a) 木水平挡板；(b) 木垂直挡板；(c) 槽钢挡墙；(d) 锁口钢板桩挡墙；

(e) 钢筋混凝土板桩挡墙；(f) H 型钢支柱木挡板支护墙；

(g) 混凝土灌注桩挡墙；(h) 旋喷桩帷幕墙；(i) 地下连续墙

1—挡土板；2—H 型钢支柱；3—素桩；4—钢筋混凝土桩

(1) 挡土结构按是否挡水分类

1) 透水挡土结构。包括：①H 型钢（工字钢）桩加横插板挡土；②间隔式（疏排）混凝土灌注桩加钢丝网水泥抹面护壁；③密排式混凝土灌注桩（或预制桩）；④双排灌注桩；⑤连拱式灌注桩挡土；⑥桩墙合一，地下室逆作法；⑦土钉支护；⑧插筋补强支护。

2) 止水挡土结构。包括：①地下连续墙；②深层搅拌水泥土墙；③密排桩间加高压喷射水泥注浆桩或化学注浆桩；④钢板桩。

(2) 根据场地地质和环境条件、边坡高度以及边坡工程安全等级等因素划分，见表 1-12。

2. 支护体系按撑锚结构分类

包括悬臂式支护结构、拉锚式支护体系、内撑式支护体系、简易支撑支护结构（图 1-21）。

具体分为：①自立式（悬臂）支护；②锚拉式支护；③土层锚杆；④钢管、型钢水平支撑；⑤斜撑；⑥环梁支撑。

表 1-12　边坡支护结构常用形式

条件 结构类型	边坡环境	边坡高度 H（m）	边坡工程安全等级	说　明
重力式挡墙	场地允许，坡顶无重要建（构）筑物	土坡，$H\leqslant8$ 岩坡，$H\leqslant10$	一、二、三级	土方开挖后边坡稳定较差时不应采用
扶壁式挡墙	填方区	土坡，$H\leqslant10$	一、二、三级	土质边坡
悬臂式支护		土坡，$H\leqslant8$ 岩坡，$H\leqslant10$	一、二、三级	土层较差，或对挡墙变形要求较高时，不宜采用
板肋式或格构式锚杆挡墙支护		土坡，$H\leqslant15$ 岩坡，$H\leqslant30$	一、二、三级	坡高较大或稳定性较差时宜采用逆作法施工。对挡墙变形有较高要求的土质边坡，宜采用预应力锚杆
排桩式锚杆挡墙支护	坡顶建（构）筑物需要保护，场地狭窄	土坡，$H\leqslant15$ 岩坡，$H\leqslant30$	一、二级	严格按逆作法施工。对挡墙变形有较高要求的土质边坡，应采用预应力锚杆
岩石锚喷支护		Ⅰ类岩坡 $H\leqslant30$	一、二、三级	
		Ⅱ类岩坡 $H\leqslant30$	二、三级	
		Ⅲ类岩坡 $H\leqslant15$	二、三级	
放坡法	坡顶无重要建（构）筑物，场地有放坡条件	土坡，$H\leqslant10$ 岩坡，$H\leqslant25$	二、三级	不良地质段、地下水发育区、流塑状土时不应采用

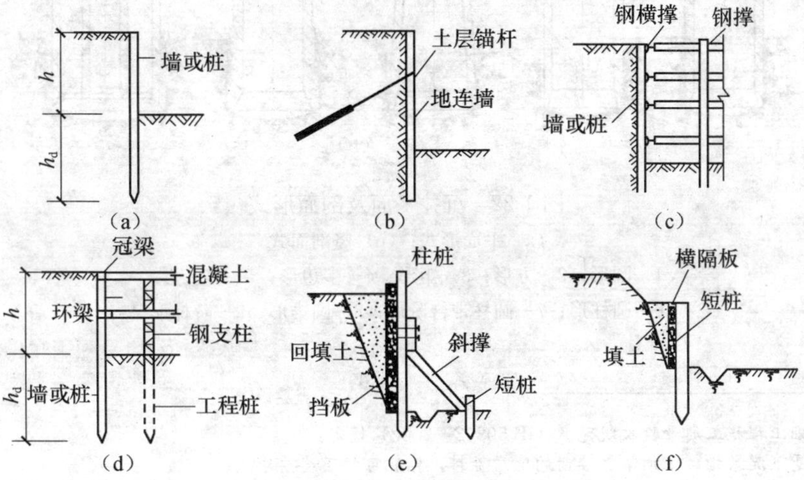

图 1-21　支护体系按撑锚结构分类

(a) 悬臂式支护结构；(b) 拉锚式支护体系；

(c)、(d) 内撑式支护体系；(e)、(f) 简易支撑支护结构

h—悬臂长度；h_d—嵌固长度

支护体系一般为临时结构，待建筑物或构筑物的基础及地下工程施工完毕，或管线施工完毕即失去作用。所以支护体系常采用可回收再利用的材料，如木桩、钢板桩等；也可使用永久埋在地下的材料，如钢筋混凝土板桩、混凝土灌注桩、旋喷桩、深层搅拌水泥土墙和地

下连续墙等，但费用要尽量低。设计时可将其作为地下结构的一部分，如地下连续墙支护体系可作为地下室墙体，以此降低工程造价。

二、沉井❶

沉井是修筑深基础和地下构筑物的一种支护施工工艺。施工时先在地面或基坑内制作开口的钢筋混凝土井身，待其达到规定强度后，在井身内挖土运出，随着挖土和土面的降低，沉井井身受其自重或在其他措施协助下克服井壁与土体间的摩阻力和刃脚反力，不断下沉，直至设计标高就位，然后进行封底。沉井工艺一般适用于工业建筑的深坑、设备基础、水泵房、桥墩、顶管的工作井、深地下室、取水口等工程施工。

沉井施工的优点是：可在场地狭窄情况下施工较深的地下工程，且对周围环境影响较小；可在地质、水文条件复杂地区施工；施工不需复杂的机具设备；与大开挖相比，可减少挖、运和回填的土方量。其缺点是施工工序较多；技术要求高、质量控制难。

沉井类型很多，按材料分有混凝土、钢筋混凝土等，但应用最多的还是钢筋混凝土沉井。按平面形状分有圆形、方形、矩形、多边形等，主要取决于其用途（图1-22）。由于圆形沉井受力性能好、易于控制下沉，应用最多。

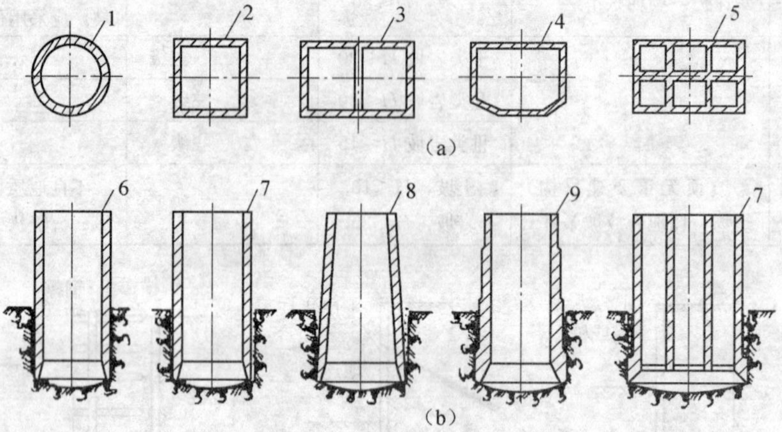

图1-22　沉井平面及剖面形式

(a) 平面形式；(b) 竖剖面式

1—圆形；2—方形；3—矩形；4—多边形；5—多孔形；

6—圆柱形；7—圆柱带台阶形；8—圆锥形；9—阶梯形

❶ 《建筑地基基础工程施工质量验收规范》(GB 50202—2002) 规定：

7.7.1　沉井是下沉结构，必须掌握确凿的地质资料，钻孔可按下述要求进行：

1. 面积在200m^{2}以下（包括200m^2）的沉井（箱），应有一个钻孔（可布置在中心位置）；

2. 面积在200m^{2}以上的沉井（箱），在四角（圆形为相互垂直的两直径端点）应各布置一个钻孔；

3. 特大沉井（箱）可根据具体情况增加钻孔；

4. 钻孔底标高应深于沉井的终沉标高；

5. 每座沉井（箱）应有一个钻孔提供土的各项物理力学指标、地下水位和地下水含量资料。

7.7.3　沉井制作时，承垫木或砂垫层的采用，与沉井的结构情况、地质条件、制作高度等有关。无论采用何种形式，均应有沉井制作时的稳定计算及措施。

7.7.4　多次制作和下沉的沉井（箱），在每次制作接高时，应对下卧层作稳定复核计算，并确定确保沉井接高的稳定措施。

7.7.5　沉井采用排水封底，应确保终沉时，井内不发生管涌、涌土及沉井止沉稳定。如不能保证时，应采用水下封底。

1. 沉井的构造

沉井是由刃脚、井筒、内隔墙或竖向框架、底板等组成的呈圆形或矩形的筒状钢筋混凝土结构。

(1) 刃脚。刃脚在井筒最下端，形如刀刃（图1-23），在沉井下沉时起切入土中的作用。为减少下沉摩阻力，井壁在刃脚外缘处常缩进20～30mm，呈圆柱带台阶形，井壁表面呈1/1000坡度。

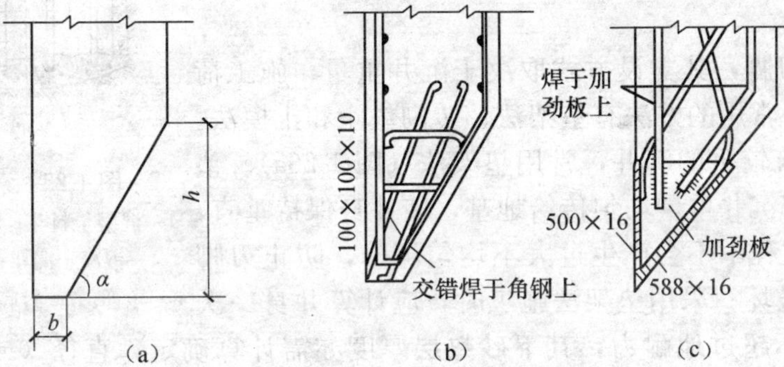

图1-23 沉井刃脚

(a) 刃脚外形；(b) 刃脚剖面；(c) 带加劲板刃脚剖面

(2) 井壁在下沉过程中起挡土作用，同时还需有足够的重量克服筒壁与土之间的摩阻力和刃脚底部的土阻力，使沉井能在自重作用下逐步下沉。

(3) 内隔墙的作用是把沉井分成许多小空间，使井壁变成多跨相当于连续梁，减小土的侧压力在井壁上产生的最大弯矩，施工时亦便于挖土、控制沉降和纠偏。

2. 沉井施工工艺

(1) 施工准备工作

沉井施工前的准备工作，除常规的场地平整，修建临时设施外，着重作好下述工作：

1) 地质勘察。在沉井施工处需进行钻探，钻孔设在井外，距外井壁距离宜大于2m，需有一定数量和深度的钻孔，以提供土层变化、地下水位、地下障碍物及有无承压水等情况，对各土层要提供详细的物理力学指标，为制定施工方案提供技术依据；

2) 编制施工方案。施工方案是指导沉井施工的核心技术文件，在方案中要重点解决沉井制作、下沉、封底等技术措施及保证质量的技术措施，对可能遇到的问题要有针对性的解决措施；

3) 布设测量控制网。事先要设置测量控制网和水准基点，用于定位放线、沉井制作和下沉的依据。如附近存在建（构）筑物等，要设沉降观测点，以便施工沉井时定期进行沉降观测。

(2) 沉井的施工工艺程序

平整场地→测量放线→开挖基坑→刃脚支设→井壁制作→布设降水井点或挖排水沟、集水井→抽出垫木→沉井下沉→…→封底→浇筑底板混凝土→施工内隔墙、梁、板、顶板及辅助设施，见图1-24。

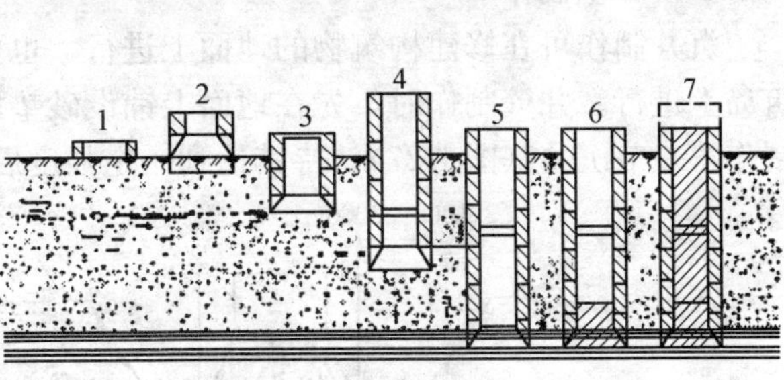

图1-24 沉井施工过程示意图

1—制作钢板或角钢刃脚后，浇筑第一节沉井；2—接高；3—沉井开始下沉；4—在井筒内边挖土边下沉边接高；5—下沉至设计标高；6—混凝土封底；7—沉井内部地下结构施工

第一节沉井沉入后，再加高制作第二节沉井，继续边挖土边下沉沉井；如此反复，沉井分段制作多次下沉，下沉到基础设计标高后，用素混凝土封底（图 1-25），浇筑钢筋混凝土底板，沉井过程结束。如以井筒作为基础则构成沉井深基础，如果在井筒内施工地下结构，沉井则变为支护结构。

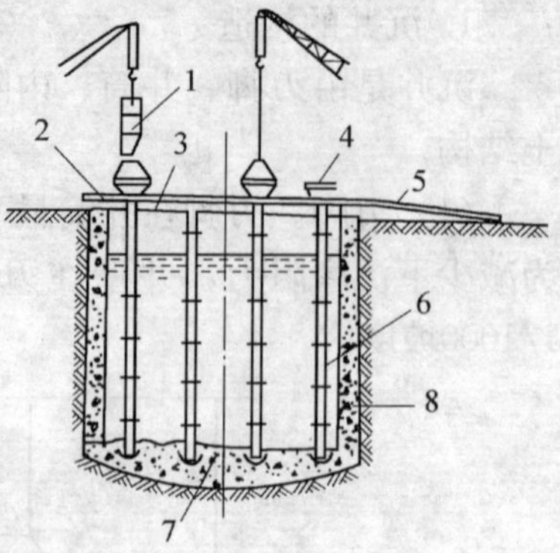

图 1-25 素混凝土封底

1—混凝土料斗；2—平台；3—大梁；4—混凝土漏斗；5—机动车跑道；6—导管；7—封底混凝土；8—沉井壁

3. 沉井制作

（1）刃脚支设

沉井下部为刃脚，其支设方式取决于沉井重量、施工荷载和地基承载力。常用的方法有垫架法、砖砌垫座和土模法。在软弱地基上浇筑较重的沉井，常用垫架法（图 1-26a）。垫架的作用是将上部沉井重量均匀传给地基，使井身保持垂直，沉井井身在浇筑过程中不会产生过大不均匀沉降，防止刃脚和井身产生裂缝破坏；采用垫架法施工时，应计算井身一次浇筑高度，使其不超过地耐力，其下砂垫层厚度亦需计算确定。直径（或边长）不超过 8m 的较小的沉井，土质较好时可采用砖垫座（图 1-26b），砖垫座沿周长分成 6～8 段，中间留 20mm 空隙，以便拆除，砖垫座内壁用水泥砂浆抹面。对重量轻的小型沉井，土质较好时，甚至可用土胎模（图 1-26c），土胎模内壁亦用水泥砂浆抹面。

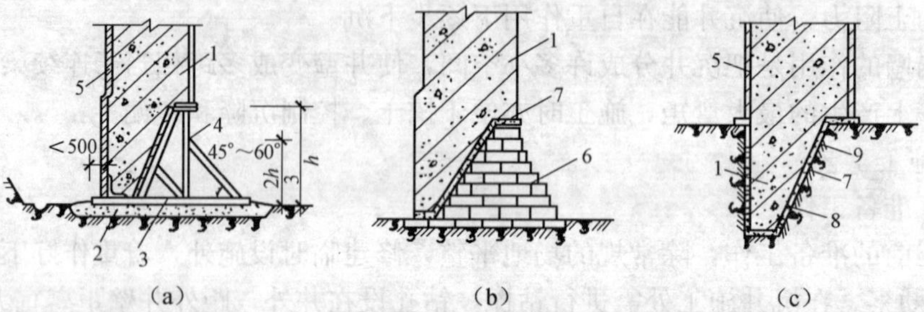

图 1-26 沉井刃脚支设

（a）垫架法；（b）砖垫座法；（c）土胎模法

1—刃脚；2—砂垫层；3—枕木；4—垫架；5—模板；6—砖垫座；7—水泥砂浆抹面；8—砂隔离层；9—土胎模

（2）井壁制作

沉井制作可在修建构筑物的地面上进行，也可在基坑中进行，如在水中施工还可在人工筑岛上进行。井壁制作时，先在地面上铺设砂垫层，设置枕木，制作钢板或角钢刃脚，然后制作第一节沉井（图 1-27），待其达到一定强度后，抽去枕木，在井筒内边挖土边下沉沉井。

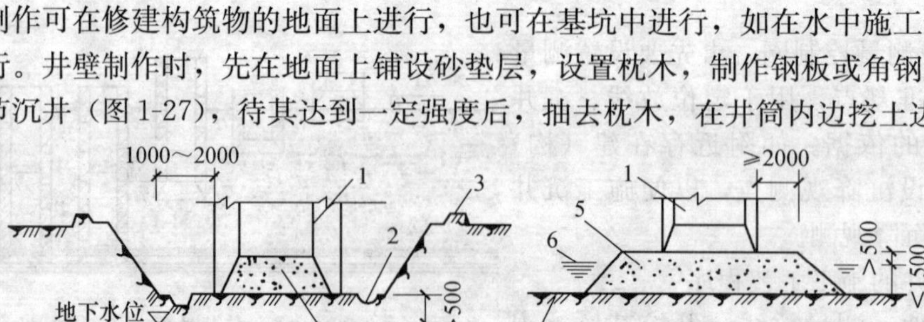

图 1-27 制作第一节沉井示意图

（a）地下水在沉井起始面下；（b）地下水在沉井起始面上

1—沉井；2—排水沟；3—挡水堤；4—砂垫层；5—人工岛；6—水位；7—土层

井壁制作有下列几种方式：一次制作，一次下沉；分节制作，一次下沉；分节制作，分节下沉（制作与下沉交替进行）。如沉井过高，下沉时易倾斜，宜分节制作、分节下沉。沉井分节制作的高度，应保证其稳定性并能使其顺利下沉。采用分节制作、一次下沉时，制作高度不宜大于沉井短边或直径，总高度超过 12m 时，需有可靠的计算依据和采取确保稳定的措施。分节下沉的沉井接高前，应进行稳定性计算。

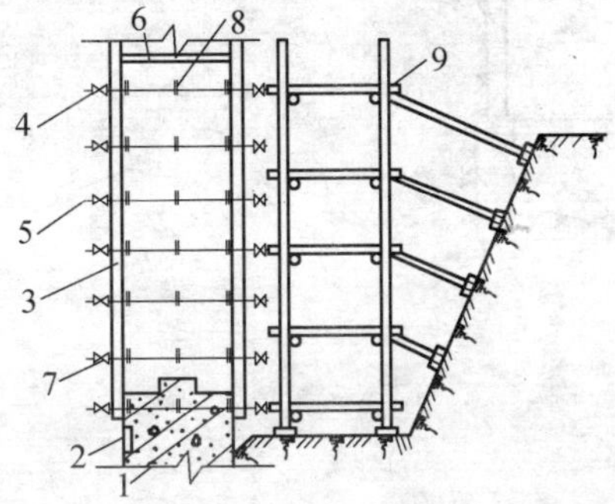

图 1-28　井壁组合式钢模板支设

1—下一节沉井；2—预埋铁件；3—组合钢模板；4—钢楞；5—对拉螺栓；6—顶撑；7—垫片；8—止水片；9—脚手架

井壁模板可用组合式定型模板（图 1-28），高度大的沉井用滑模浇筑。分节制作时，水平接缝做成企口型，以利防水。如沉井内有隔墙，隔墙底面比刃脚高，与井壁同时浇筑时需在隔墙下立排架或用砂堤支设隔墙底模。隔墙、横梁底面与刃脚底面的距离以 500mm 左右为宜。钢筋现场绑扎，亦可在沉井近处地面上预制成钢筋骨架或网片，用起重机进行大块安装。

混凝土浇筑用塔式起重机或履带式起重机吊运混凝土吊斗，亦可用混凝土泵车分层浇筑，每层厚不超过 300mm。浇筑混凝土时宜沿沉井周围对称、均匀地浇筑，避免造成不均匀沉降使沉井倾斜。每节沉井应一次连续浇筑完成，下节沉井的混凝土强度达到 70%后才允许浇筑上节沉井的混凝土。

4. 沉井下沉方案选择

沉井下沉有排水下沉和不排水下沉两种方案。一般应采用排水下沉。当土质条件较可能发生涌土、涌砂、冒水或沉井产生位移、倾斜及沉井终沉阶段下沉较快有超沉可能时，才向沉井内灌水，采用不排水下沉。

（1）排水下沉方法

1）明沟、集水井排水

在沉井内离刃脚 2～3m 挖一圈排水明沟，设 3～4 个集水井，深度比地下水深 1～1.5m，沟和井底深度随沉井挖土而不断加深，在井内或井壁上设水泵，把水排出井外。为不影响井内挖土操作和避免经常搬动水泵，一般采取在井壁上预埋铁件，焊钢操作平台安设水泵，或设木吊架安设水泵，用草垫或橡皮承垫，避免振动（图 1-29）。如果井内渗水量很少，则可直接在井内设高扬程潜水泵排出地下水。

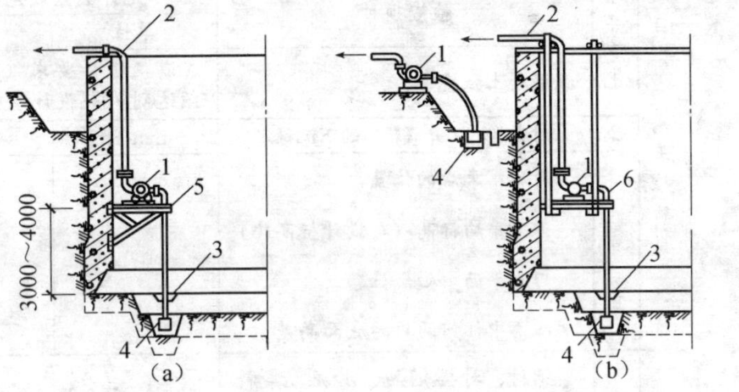

图 1-29　明沟、集水井排水

(a) 焊钢操作平台安设水泵；(b) 吊架安设水泵

1—水泵；2—胶管；3—排水沟；4—集水井；5—焊钢操作平台；6—吊架

2）井点降水

在沉井外部周围设置轻型井点、喷射井点或深井井点，以降低地下水位使井内保持挖干土。适于地质条件较差，有流砂发生的情况时使用。

3）井点降水与明沟排水相结合的方法

在沉井外部周围设井点降水；部分潜水，在沉井内再辅以明沟、集水井用泵排水。

(2) 不排水下沉方法

包括：用抓斗水中取土；用水力冲射器冲刷；用空气吸泥机吸泥等。

(3) 沉井施工时要注意均衡挖土、平稳下沉，如有倾斜则及时纠偏，见图 1-30。

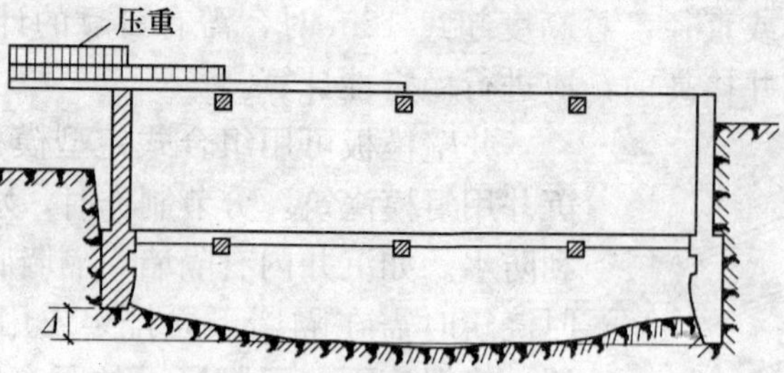

图 1-30　配重纠偏示意图

5. 沉井施工质量控制❶

---

❶ 《建筑地基基础工程施工质量验收规范》(GB 50202—2002) 规定：

(1) 沉井（箱）在施工前应对钢筋、电焊条及焊接成形的钢筋半成品进行检验。如不用商品混凝土，则应对现场的水泥、集料做检验。

(2) 混凝土浇筑前，应对模板尺寸、预埋件位置、模板的密封性进行检验。拆模后应检查浇筑质量（外观及强度），符合要求后方可下沉。浮运沉井尚需做起浮可能性检查。下沉过程中应对下沉偏差做过程控制检查。下沉后的接高应对地基强度、沉井的稳定做检查。封底结束后，应对底板的结构（有无裂缝）及渗漏做检查。有关渗漏验收标准应符合现行国家标准《地下防水工程施工质量验收规范》(GB 50208—2002) 的规定。

(3) 沉井（箱）竣工后的验收应包括沉井（箱）的平面位置、终端标高、结构完整性、渗水等进行综合检查。

(4) 沉井（箱）的质量检验标准应符合表 7.7.10 的要求。

表 7.7.10　沉井（箱）的质量检验标准

项目	序号	检查项目		允许偏差或允许值		检查方法
				单位	数值	
主控项目	1	混凝土强度		满足设计要求（下沉前必须达到70%设计强度）		查试件记录或抽样送检
	2	封底前，沉井（箱）的下沉稳定		mm/8h	<10	水准仪
	3	封底结束后的位置：		mm		
		刃脚平均标高（与设计标高比）			<100	水准仪
		刃脚平面中心线位移			<1%H	经纬仪，H 为下沉总深度，H<10m时，控制在 100mm 之内
		四角中任何两角的底面高差			<1%l	水准仪，l 为两角的距离，但不超过 300mm，l < 10m 时，控制在 100mm 之内
一般项目	1	钢材、对接钢筋、水泥、集料等原材料检查		符合设计要求		查出厂质保书或抽样送检
	2	结构体外观		无裂缝，无蜂窝、空洞，不露筋		直观
	3	平面尺寸：长与宽		%	±0.5	用钢尺量，最大控制在 100mm 之内
		曲线部分半径		%	±0.5	用钢尺量，最大控制在 50mm 之内
		两对角线差		%	1.0	用钢尺量
		预埋件		mm	20	用钢尺量
	4	下沉过程中的偏差	高差	%	1.5～2.0	水准仪，但最大不超过 1m
			平面轴线		<1.5%H	经纬仪，H 为下沉深度，最大应控制在 300mm 之内，此数值不包括高差引起的中线位移
	5	封底混凝土坍落度		cm	18～22	坍落度测定器

注：主控项目 3 的三项偏差可同时存在，下沉总深度，系指下沉前后刃脚之高差。

三、地下连续墙❶

地下连续墙按其用途可分为防渗墙、基坑支护、挡土墙、用作主体结构兼作临时挡土墙的地下连续墙、地下结构的边墙和建筑物的基础。地下连续墙的施工方法主要有两种：一种是开槽筑墙，另一种是密排桩墙。

（一）现浇地下连续墙施工工艺原理

现浇钢筋混凝土地下连续墙施工工艺的实质就是在地面上用专门的挖槽设备沿工程周边及已铺筑的导墙，在泥浆护壁的条件下，开挖一条窄而长的沟槽，每次开挖一个单元槽段，待挖至设计深度并清除沉淀下来的泥渣后，插入接头管，将在地面上加工好的钢筋笼用起重机械吊放入充满泥浆的沟槽内，用导管向沟槽内浇筑混凝土，混凝土是由沟槽底部开始逐渐向上浇筑，随着混凝土的浇筑即可将泥浆置换出来，待混凝土浇至设计标高并达到初凝后，拔出接头管，一个单元槽段即施工完毕。如此逐段施工形成一道连续的地下钢筋混凝土墙，供截水防渗、挡土或承重之用。现浇钢筋混凝土地下连续墙的施工工艺过程见图 1-31。

（二）现浇地下连续墙的施工工艺过程

1. 修筑导墙

导墙是地下连续墙挖槽之前修筑的临时结构，要求具有足够的强度、刚度和精度。槽段开挖前，要先沿连续墙设计轴线修筑导墙。导墙的作用是挖槽导向、防止槽段上口塌方、存蓄泥浆，同时还可作为施工时水平与竖直测量的基准，以及安装钢筋笼、设置混凝土导管、架设挖槽机具的支点。导墙一般可采用现浇、预制混凝土或钢筋混凝土等材料构筑。

如图 1-32 所示，导墙高 1～2m，导墙壁的厚度一般为 100～200mm，当土层松软、施工荷载较大时，导墙厚度还应大些。两片导墙墙面间距 B 为地下连续墙设计厚度加施工余量 40～60mm，导墙内墙面应垂直、顶面应水平，为了防止地面水流入槽段，顶面还要高出施工地面 100mm，基底和土面密贴，以防槽内泥浆渗入导墙后面。现浇钢筋混凝土导墙拆模后应立即在墙间加设支撑，并在混凝土达到设计强度以前，禁止重型机械设备在导墙附近

---

❶ 《建筑地基基础设计规范》(GB 50007—2002) 规定：

9.3.1 地下连续墙作为基坑支护结构适用于各种复杂施工环境和多种地质条件。

9.3.2 地下连续墙的墙厚应根据计算、并结合成槽机械的规格确定，但不宜小于 600mm。地下连续墙单元墙段（槽段）的长度、形状应根据整体平面布置、受力特性、槽壁稳定性、环境条件和施工要求等因素综合确定。当地下水位变动频繁或槽壁孔可能发生坍塌时，应进行成槽试验及槽壁的稳定性验算。

9.3.3 地下连续墙的构造应符合以下要求：

1. 墙体混凝土的强度等级不应低于 C20；
2. 受力钢筋应采用 HRB335 级钢筋，直径不宜小于 20mm。构造钢筋可采用 HPB235 级或 HRB335 级钢筋，直径不宜小于 14mm。竖向钢筋的净距不宜小于 75mm。构造钢筋的间距不应大于 300mm。单元槽段的钢筋笼宜装配成一个整体；必须分段时，宜采用焊接或机械连接，应在结构内力较小处布置接头位置，接头应相互错开；
3. 钢筋的保护层厚度，对临时性支护结构不宜小于 50mm，对永久性支护结构不宜小于 70mm；
4. 竖向受力钢筋应有一半以上通长配置；
5. 当地下连续墙与主体结构连接时，预埋在墙内的受力钢筋，连接螺栓或连接钢板，均应满足受力计算要求。锚固长度满足现行国家标准《混凝土结构设计规范》(GB 50010—2002) 要求。预埋钢筋应采用 HPB235 级钢筋，直径不宜大于 20mm；
6. 地下连续墙顶部应设置钢筋混凝土圈梁，梁宽不宜小于墙厚尺寸；梁高不宜小于 500mm；总配筋率不应小于 0.4%。墙的竖向主筋应锚入梁内；
7. 地下连续墙墙体混凝土的抗渗等级不得小于 0.6MPa。二层以上地下室不宜小于 0.8MPa。当墙段之间的接缝不设止水带时，应选用锁口圆弧型、槽型或 V 型等可靠的防渗止水接头，接头面应严格清刷，不得存有夹泥或沉渣；

10.1.9 对地下连续墙，应提交经确认的有关成墙记录和报告。地下连续墙完成后尚应进行质量检验，检验方法可采用钻孔抽芯或声波透射法，检验槽段数不得小于同条件下总槽段数 20%。

停置或进行作业，以防止导墙开裂和位移变形。如地下水位很高时，则宜采用预制的钢筋混凝土导墙。

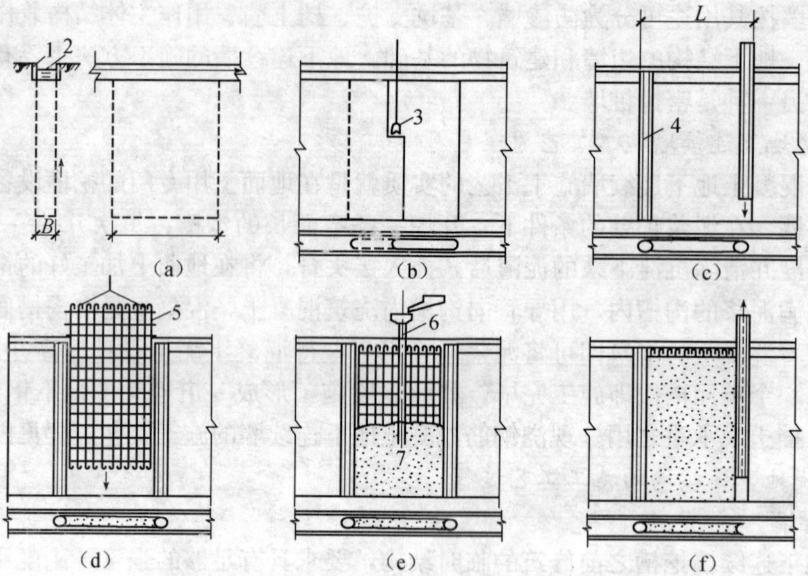

图 1-31　地下连续墙施工工艺过程

(a) 挖导沟、筑导墙；(b) 挖槽；(c) 吊放接头管；

(d) 吊放钢筋笼；(e) 浇筑混凝土；(f) 拔出接头管

1—导墙；2—泥浆液面；3—挖槽机具；4—接头管；

5—钢筋笼；6—导管；7—混凝土；B—墙厚；L—单元槽段长度

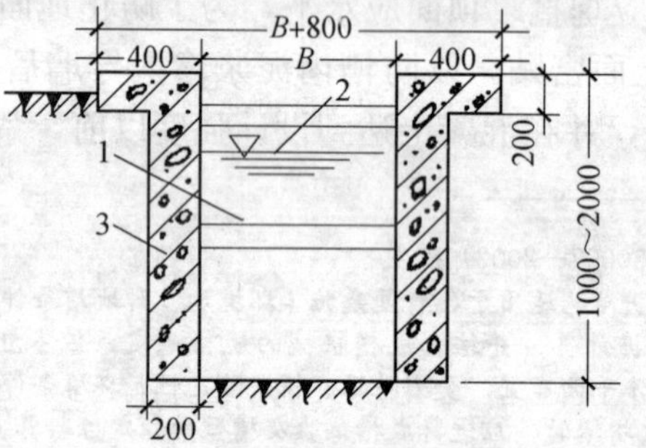

图 1-32　现浇钢筋混凝土导墙

1--支撑；2—泥浆护壁；3—钢筋混凝土导墙；B—两片导墙墙面间距

2. 泥浆护壁

地下连续墙挖槽过程中常采用泥浆护壁，即在挖槽时注入水泥浆或利用槽中黏性土成浆。为了使泥浆能适应多种要求和提高工作效能，可在泥浆中加入适量掺合物，以调整其性能。掺合物分为加重剂、增黏剂、分散剂和堵漏剂四类。

3. 槽段开挖

(1) 挖槽机械

目前国内外所用的挖槽机械种类很多，归纳起来可分为下列两大类：挖斗式挖槽机和钻头式挖槽机。常用的挖槽机械有：吊索式中心提拉式导板抓斗（图 1-33），导杆式液压抓斗（图 1-34），多头钻成槽机（图 1-35）和冲击钻等。

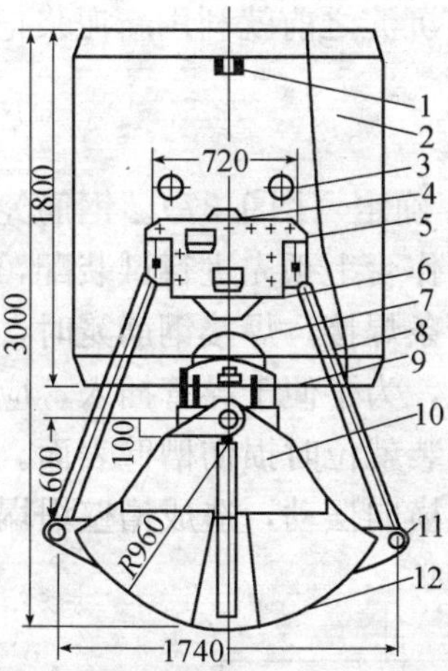

图 1-33　吊索式中心提拉导板抓斗

1—导向块；2—导板；3—撑管；4—导向辊；5—斗脑；6—上滑轮组；7—下滑轮组；8—提杆；9—滑轮座；10—斗体；11—斗耳；12—斗齿

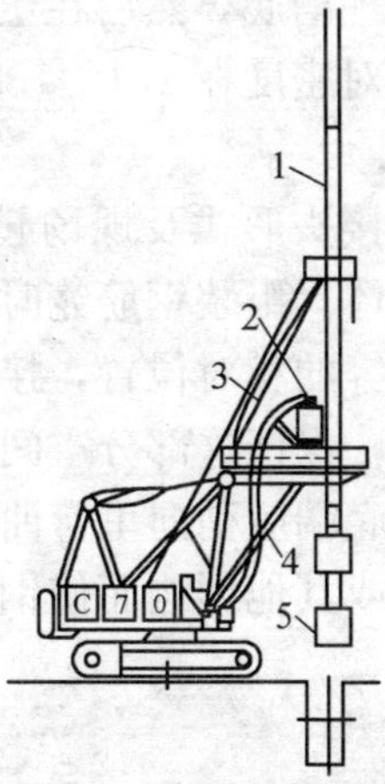

图 1-34　导杆式液压抓斗

1—导杆；2—液压管线回收轮；3—平台；4—调整倾斜度用的千斤顶；5—抓斗

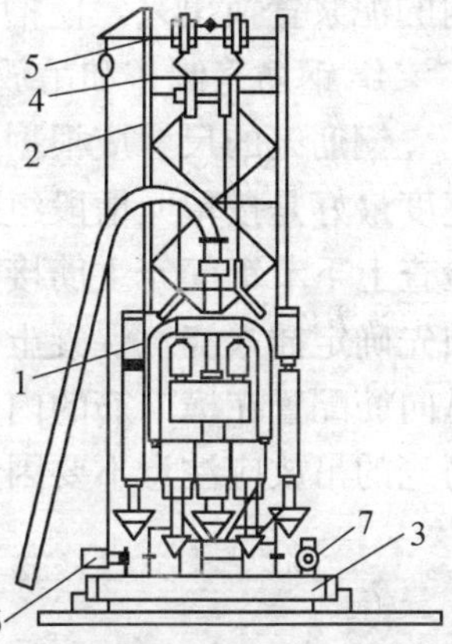

图 1-35　SF 型多头钻成槽机

1—多头钻；2—机架；3—底盘；4—顶部圈梁；5—顶梁；6—电缆收线盘；7—空气压缩机

（2）挖槽

挖槽是地下连续墙施工中的主要工序，挖槽约占地下连续墙施工工期的一半，因此提高挖槽效率是缩短工期的关键。同时，槽壁形状基本上决定了墙体外形，所以挖槽的精度又是保证地下连续墙质量的关键之一。地下连续墙挖槽的施工要点包括：

1）单元槽段的划分。地下连续墙施工时，预先沿墙体长度方向把地下连续墙划分为许多一定长度的施工单元，这种施工单元称为“单元槽段”。单元槽段长度一般可取 6～8m。

2）清底。槽段挖至设计标高后，先用超声波等方法测量槽段断面，而后清理槽底的土渣和沉淀物，以保证墙体质量，同时为后续工序提供良好的条件。清底的方法，一般有沉淀法和置换法。

沉淀法是在土渣基本都沉淀到槽底之后再进行清底。常用的方法有：砂石吸力泵排泥法；压缩空气升液排泥法；带搅动翼的潜水泥浆泵排泥法和抓斗直接排泥法。其工作原理如图 1-36 所示。

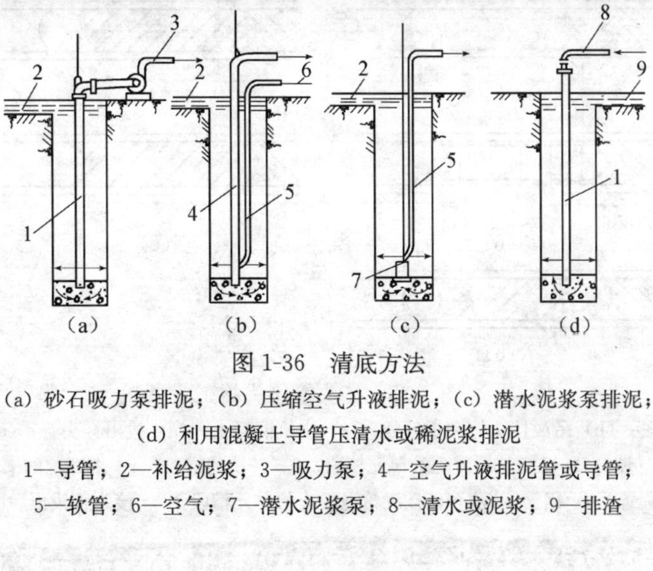

图 1-36　清底方法

（a）砂石吸力泵排泥；（b）压缩空气升液排泥；（c）潜水泥浆泵排泥；（d）利用混凝土导管压清水或稀泥浆排泥

1—导管；2—补给泥浆；3—吸力泵；4—空气升液排泥管或导管；5—软管；6—空气；7—潜水泥浆泵；8—清水或泥浆；9—排渣

置换法是在挖槽结束之后，先清理槽底，然后在土渣还没有沉淀之前就利用新泥浆把槽内的泥浆置换出来，使槽内泥浆的相对密度在 1.1～1.2 以下。

4. 钢筋笼制作和吊放

钢筋笼的尺寸应根据单元槽段、接头形式及现场起重能力等确定（图 1-37）。钢筋笼的宽度最好是按单元槽段组装成一个整体。组装钢筋笼时，应在制作台上预先进行试装配，以检查上下节钢筋笼主筋接头、预埋件等的相对位置，接头宜用帮条焊接。焊接钢筋笼时，要预先确定插入浇筑混凝土导管的位置，保证这部分空间上下贯通，为了便于导管插入，应将纵向筋配置在横向筋的内侧，纵向筋底端应稍向里弯曲，以免安装就位时损伤槽壁表面。钢筋笼的吊放应注意不要因起重臂摆动或其他影响而使钢筋笼产生横向摆动，造成槽壁坍塌。

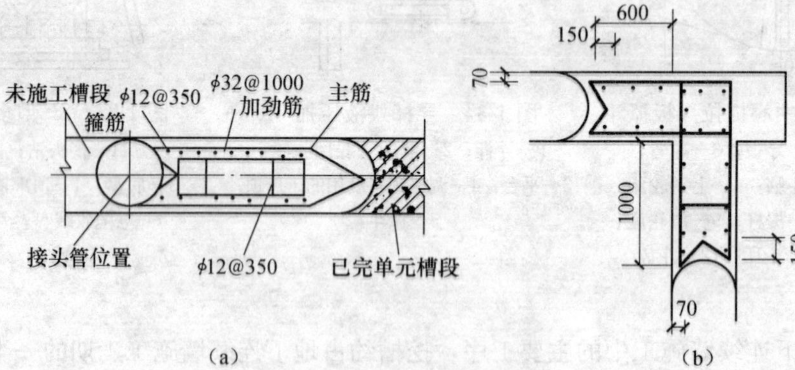

图 1-37　钢筋笼构造示意

(a) 直墙段；(b) L 墙段

5. 地下连续墙的接头

地下连续墙的接头，可分两大类：施工接头（竖向接头）和结构接头（水平接头）。施工接头是浇筑地下连续墙时，在墙的竖向连接两相邻单元墙段的接头；结构接头是已完工的地下连续墙在水平向与其内部结构的梁、板等相连接的接头。

(1) 施工接头

常用的施工接头有：接头管（亦称锁口管）接头（图 1-38）、接头箱接头（图 1-39）和隔板式接头（图 1-40）。

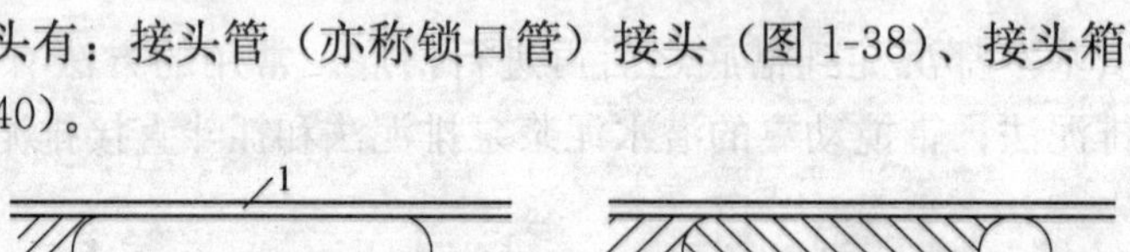

图 1-38　接头管接头施工

(a) 开挖槽段；(b) 吊放接头管和钢筋笼；(c) 浇筑混凝土；(d) 拔出接头管；(e) 形成接头

1—导墙；2—已浇筑混凝土的单元槽段；3—开挖的槽段；4—未开挖的槽段；

5—接头管；6—钢筋笼；7—正在浇筑混凝土的单元槽段；8—接头管拔出后的孔洞

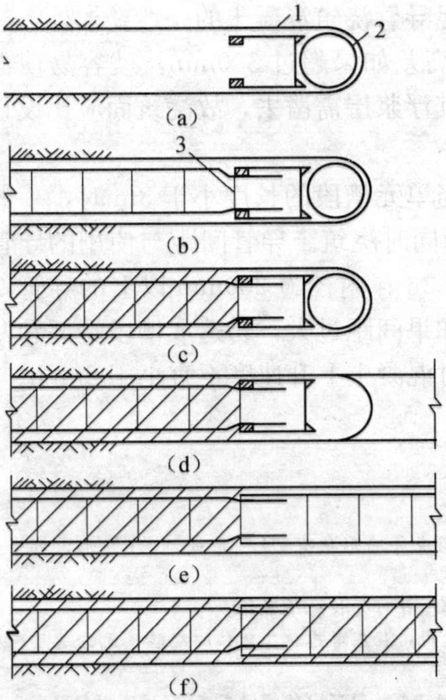

图 1-39　接头箱接头施工

(a) 插入接头箱；(b) 吊放钢筋笼；
(c) 浇筑混凝土；(d) 吊出接头管；
(e) 吊放后一槽段的钢筋笼；
(f) 浇筑后一槽段的混凝土，形成整体接头；
1—接头箱；2—接头管；
3—焊在钢筋笼上的钢板

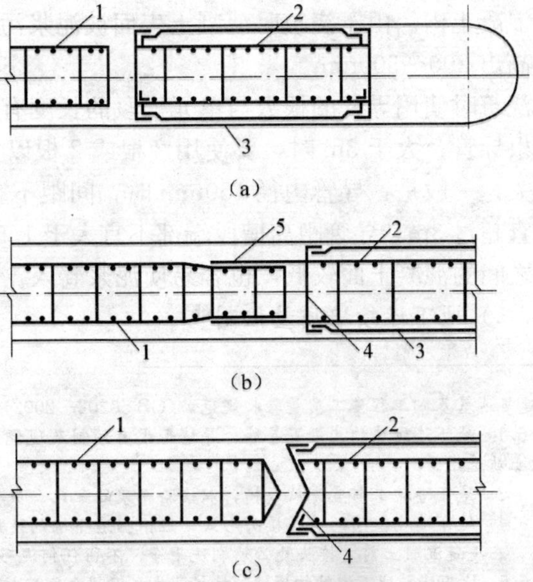

图 1-40　隔板式接头

(a) 平隔板；(b) 榫形隔板；(c) V 形隔板
1—正在施工槽段的钢筋笼；
2—已浇筑混凝土槽段的钢筋笼；
3—化纤布（罩布）；
4—钢隔板；5—接头钢筋

接头管（亦称锁口管）接头是最常用的接头方式。接头管为一个直径比槽段宽度约小 50mm 的钢管。接头管可用不同长度（如 6m，4m，2m 等）的钢管做成拼装式，以适应不同的槽深。在一个单元槽段挖好后，沿槽段的端头吊放入接头管（起始槽段放两根），然后吊放钢筋笼并浇筑混凝土，从混凝土浇筑完毕到旋转拔动和全部拔出的时间，是随混凝土的性能、接头管的长度、直径和形状以及气温等条件的不同而变化的。拔管过早，会导致混凝土坍塌；过迟会因粘结力过大而难以拔出。待混凝土强度达到 0.05～0.2MPa 时（一般在混凝土浇筑后 3～5h，视气温而定），开始用吊车或液压顶升架提拔接头管。浇筑混凝土后，为使接头管能顺利拔出，在槽段混凝土初凝前，应经常旋转拔动接头管，以防止接头管与混凝土粘结。在混凝土浇筑结束后 8h 以内将接头管全部拔出，接头管拔出后即可进行下一单元槽段的施工。接头管作用是：

1）起侧模的作用，阻止槽段内新浇的混凝土进入另一槽段或与相邻未开挖的土体固结；

2）混凝土浇筑后拔出接头管，形成一个与槽宽相同的圆孔，使相邻槽段的混凝土有一个半圆弧企口接头，形成较好的结合面，连接简便，可以增强整体性和防水能力。

（2）结构接头

常用的有预埋连接钢筋法、预埋连接钢板法、预埋剪力连接件法。

6. 地下连续墙混凝土浇筑

在泥浆中浇筑混凝土，深度大而无法直接观察，同时要在短时间内均匀地浇筑完毕，因此如何顺利浇筑入槽并保证质量，是地下连续墙施工中的关键。混凝土的浇筑方法常采用导管法水下浇筑混凝土。在混凝土浇筑过程中，除应满足导管浇筑混凝土的一般要求外，还要随时测量混凝土面的高程。各导管处的混凝土表面的高差如果超过 300mm，就容易使泥浆卷入混凝土内。由于浇筑时混凝土表面被泥浆污染，其浮浆层需凿去，故浇筑面应比设计墙顶面高出 200～300mm。

浇筑时使用导管的根数与单元槽段的长度有关，当单元槽段的长度小于 3m 时，一般采用 1 根导管；大于 3m 时，要使用 2 根或 2 根以上导管同时浇筑。导管间距与使用的导管直径有关，一般是：导管内径 150mm 时，间距不宜超过 2m；内径为 200mm 以上的导管，间距不宜超过 3m。导管距离槽段端部不宜大于 1.5m，如果间距过大，易造成槽段端部和两根导管之间的混凝土面较低，也容易使泥浆卷入。浇筑时混凝土上升速度不宜小于 2m/h。

（三）地下连续墙质量控制❶

---

❶《建筑地基基础工程施工质量验收规范》（GB 50202—2002）规定：

7.6.1 地下连续墙均应设置导墙，导墙形式有预制及现浇两种，现浇导墙形状有“L”形或倒“L”形，可根据不同土质选用。

7.6.2 地下墙施工前宜先试成槽，以检验泥浆的配比、成槽机的选型并可复核地质资料。

7.6.4 地下墙槽段间的连接接头形式，应根据地下墙的使用要求选用，且应考虑施工单位的经验，无论选用何种接头，在浇筑混凝土前，接头处必须刷洗干净，不留任何泥砂或污物。

7.6.5 地下墙与地下室结构顶板、楼板、底板及梁之间连接可预埋钢筋或接驳器（锥螺纹或直螺纹），对接驳器也应按原材料检验要求，抽样复验。数量每 500 套为一个检验批，每批应抽查 3 件，复验内容为外观、尺寸、抗拉试验等。

7.6.6 施工前应检验进场的钢材、电焊条。已完工的导墙应检查其净空尺寸，墙面平整度与垂直度。检查泥浆用的仪器、泥浆循环系统应完好。地下连续墙应用商品混凝土。

7.6.7 施工中应检查成槽的垂直度、槽底的淤积物厚度、泥浆比重、钢筋笼尺寸、浇筑导管位置、混凝土上升速度、浇筑面标高、地下墙连接面的清洗程度、商品混凝土的坍落度、锁口管或接头箱的拔出时间及速度等。

7.6.8 成槽结束后应对成槽的宽度、深度及倾斜度进行检验，重要结构每段槽段都应检查，一般结构可抽查总槽段数的 20%，每槽段应抽查 1 个段面。

7.6.9 永久性结构的地下墙，在钢筋笼沉放后，应做二次清孔，沉渣厚度应符合要求。

7.6.10 每 $50m^3$ 地下墙应做 1 组试件，每幅槽段不得少于 1 组，在强度满足设计要求后方可开挖土方。

7.6.12 地下墙的钢筋笼检验标准应符合本规范表 5.6.4-1 的规定。其他标准应符合表 7.6.12 的规定。

表 7.6.12 地下墙质量检验标准

项	序	检查项目		允许偏差或允许值		检查方法
				单位	数值	
主控项目	1	墙体强度		设计要求		查试件记录或取芯试压
	2	垂直度：永久结构 临时结构			1/300 1/150	测声波测槽仪或成槽机上的监测系统
一般项目	1	导墙尺寸	宽度 墙面平整度 导墙平面位置	mm mm mm	W+40 <5 10	用钢尺量，W 为地下墙设计厚度 用钢尺量 用钢尺量
	2	沉渣厚度：永久结构 临时结构		mm mm	≤100 ≤200	重锤测或沉积物测定仪测
	3	槽深		mm	+100	重锤测
	4	混凝土坍落度		mm	180～220	坍落度测定器
	5	钢筋笼尺寸		见本规范表 5.6.4-1		见本规范表 5.6.4-1
	6	地下墙表面平整度	永久结构 临时结构 插入式结构	mm mm mm	<100 <150 <20	此为均匀黏土层，松散及易坍土层由设计决定
	7	永久结构时的预埋件位置	水平向 垂直向	mm mm	≤10 ≤20	用钢尺量 水准仪

四、逆作法施工[1]

逆作法施工是以地面为起点，先建地下室的外墙和中间支撑柱，然后由上而下逐层建造梁、板或框架，利用它们做水平支承系统，进行下部地下工程的结构施工，同时按常规自下而上进行上部建筑物的施工。这种地下室施工不同于传统方法的先开挖土方到底，浇筑底板，然后自下而上逐层施工的方法，故称为“逆作法”。

目前深基础采用逆作法施工的围护结构有地下连续墙、密排桩、钢板桩等，而使用最多的为地下连续墙。利用地下连续墙和中间支承桩进行逆作法施工，对于市区建筑密度大，施工场地狭窄，施工工期紧，软土地基面积大，邻近建筑物及周围环境对沉降变形敏感，三层或多于三层的地下室结构施工是十分有效的。逆作法是施工高层建筑、多层地下室和其他多层地下结构的有效方法，如图 1-41 所示。

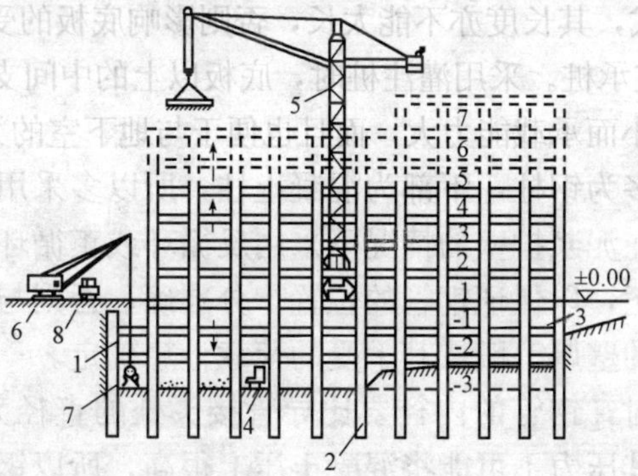

图 1-41　逆作法施工示意图

1—地下连续墙；2—中间支承桩；3—地下车库；4—小型推土机；
5—塔式起重机；6—抓斗挖土机；7—抓斗；8—运土自卸汽车

（一）逆作法施工过程

1. 逆作阶段的竖向承重体系的施工

作为地下室永久性承重外墙、基坑开挖挡土和止水的承重体系围护结构，首先沿建筑物地下室外墙四周施工；然后施工地下室的中间支承桩，其作用是在逆作法施工期间，于地下室底板未浇筑之前与地下连续墙一起承受地下和地上各层的结构自重和施工荷载。在地下室

---

[1] 《建筑地基基础设计规范》(GB 50007—2002）规定：

9.3.4　地下室逆作法施工时结构设计应符合下列规定：

1. 逆作法施工时，基坑支护结构宜采用地下连续墙。此支护结构可作为地下主体结构的一部分；

2. 当楼盖、梁和板整体浇筑作为水平支撑体系时，应符合承载力、刚度及抗裂要求。在出土口处先施工板下梁系形成水平支撑体时，应按平面框架方法计算内力和变形，其肋梁应按偏心受压杆件验算构件的承载力和稳定性。肋梁应留出插筋以与混凝土墙体的竖筋连接。当采用梁、板分次浇筑施工时，肋梁上应留出箍筋以便与后浇的混凝土楼板结合形成整体；

3. 竖向支撑宜采用钢结构构件（型钢钢管杆或格构柱）。梁柱节点的设计应满足梁板钢筋及后浇混凝土的施工要求；

4. 地下连续墙与地下结构梁、板的连接，应通过墙体的预埋构件满足主体结构的受力要求；与底板应采用整体连接；接头钢筋应采用焊接或机械连接。宜在墙内侧设置钢筋混凝土内衬墙，满足地下室使用要求；

5. 地下主体结构的梁、板当施工期间有超载时（如走车堆土等），应考虑其影响。在兼作施工平台和栈桥时，其构件的强度和刚度应按正常使用和施工两种工况分别进行验算。立柱和立柱桩的荷载应包括施工平台或栈桥所受的施工荷载；

6. 竖向立柱的沉降，应满足主体结构的受力和变形要求。

底板浇筑后，与底板连接成整体，作为地下室结构的一部分，将上部结构及承受的荷载传递给地基。中间支承桩的位置和数量，要根据地下室的结构布置和施工方案等详细考虑后经计算确定，一般布置在主体结构柱子位置或纵、横墙相交处。中间支承桩所承受的最大荷载，是地下室已修筑至最下一层而地面上已修筑至规定的最高层数时的荷载。

竖向承重体系围护结构可以是地下连续墙兼作地下室承重外墙，也可以是密排桩与内衬墙组成桩墙合一的地下室承重外墙。一般情况下，软土地基宜优先采用地下连续墙；地质条件较好，地下水位较低（当地下水位较高，密排桩外围需加止水帷幕），地下层数不超过三层，可采用密排桩（人工挖孔桩或钻孔灌注桩）。

（1）地下连续墙施工上一节已详细阐述，在此不再重述。

（2）中间支承桩是以支承桩四周与土的摩阻力和桩底的正应力来平衡其承受的上部荷载，因此，中间支承桩的直径一般都设计得较大。由于底板以下的中间支承桩要与底板结合成整体，多做成灌注桩形式，其长度亦不能太长，否则影响底板的受力形式。亦有的采用预制桩（钢管桩等）作为中间支承桩。采用灌注桩时，底板以上的中间支承柱的柱身，多为钢管混凝土柱或H型钢柱，断面小而承载能力大，而且也便于与地下室的梁、柱、墙、板等连接。

由于中间支承桩上部多为钢柱，下部为混凝土柱，所以多采用钻孔灌注桩方法施工。钻孔时首先埋设护筒，然后在泥浆护壁的情况下采用反循环或正循环潜水电钻机钻孔。钻孔后立即吊放钢管，并进行校正，以保证钢管的位置十分准确，否则与上部柱子不在同一垂线上会对结构受力不利。钢管的壁厚一般按其承受的荷载计算确定。

利用导管浇筑混凝土时，钢管的内径要比导管接头处的直径大50～100mm。而用钢管内的导管浇筑混凝土时，其压力不可能将混凝土压上很高，所以钢管底端埋入混凝土不可能很深，一般为1m左右。为使钢管下部与现浇混凝土柱能较好结合，应在钢管下端加焊适量竖向分布的钢筋。混凝土桩的顶端一般高出底板面30mm左右，高出部分可在浇筑底板时将其凿除，以保证底板与中间支承桩连成一体。由于钢管外面不浇筑混凝土，钻孔上段中的泥浆应进行固化处理，以便在清除开挖的土方时，防止泥浆四处流淌而污染施工场地。

此外，中间支承桩亦可用套管式灌注桩成孔方法或用挖孔桩施工方法进行施工。在中间支承桩的施工期间，要注意观察其沉降和升抬的数值。当中间支承桩用预制打入桩时，还要求打入桩的位置准确，以使其处于地下结构柱、墙的位置，且要便于与横向结构连接。

2. 逆作阶段的楼层施工

竖向承重结构施工完后，施工地下室纵、横框架梁和楼板。利用已施工并达到一定强度的地下室楼层梁板作为围护结构的内水平支撑，以满足继续往下开挖土方时抵抗土的侧压力，随之从上向下挖一层土方，利用地模或木模（钢模）浇筑下一层地下室楼层梁板结构，每一层留一定数量的混凝土楼板不浇筑，作为下层的出土口与下料口。

显然，根据逆作法的施工特点，地下室结构不论是墙板结构或框架结构，其内部结构构件墙、柱、梁等都是由上而下分层浇筑的，浇筑混凝土用的模板要支撑在刚开挖的土层上。地下室结构的浇筑方法主要有两种：

（1）利用支模方式浇筑梁板

用此方法施工时，应先挖去地下结构一层高的土层，然后按常规方法搭设梁板模板，浇筑梁板混凝土，再向下延伸竖向结构。但在施工中还应设法减少梁板支撑的沉降和结构的变形，并解决竖向构件的上、下连接和混凝土浇筑的问题。为了减少楼板支撑的沉降和结构变形，施工时需对土层采取措施进行临时加固。具体加固时可采取两种方法：一是浇筑一层素混凝土，以提高土层的承载能力和减少沉降，待墙、梁浇筑完毕，开挖下层土方时随土一同挖去；二是铺设砂垫层，上铺枕木以扩大支承面积（图 1-42），这样上层柱子或墙板的钢筋可插入砂垫层，以便与下层后浇筑结构的钢筋连接。逆作法施工时混凝土的浇筑一般是从顶部的侧面入仓，为便于浇筑和保证连接处的密实性，应对竖向钢筋的间距作适当调整，同时还应把构件顶部的模板做成喇叭形。浇筑混凝土时，由于上、下层构件的结合面在上层构件的底部，再加上地面土的沉降和刚浇混凝土的收缩，在结合面处易出现裂缝。为此，宜在结合面处的模板上预留若干压浆孔，以便用压力灌浆来消除缝隙，保证构件连接处的密实性。

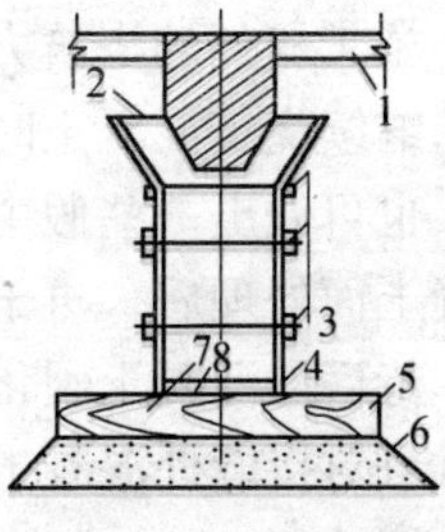

图 1-42　墙板浇筑时的模板

1—上层板；2—浇筑入仓口；3—螺栓；4—模板；5—枕木；6—砂垫层；7—插筋用木条；8—钢模

（2）利用土模浇筑梁板

如果土体较好，地下室结构的楼盖部分亦可用土模浇筑，待楼盖浇筑达到规定的强度后，再向下挖土，浇筑柱或墙。对于地面梁板或地下各层梁板，挖至其设计标高后，将土面整平夯实，浇筑一层厚约 50mm 的素混凝土，然后刷一层隔离层，即成楼板模板。对于梁模板，若土质好时，可用土胎模，按梁断面挖出槽穴即可，见图 1-43（a）；若土质较差则应用模板搭设梁模板，见图 1-43（b）。

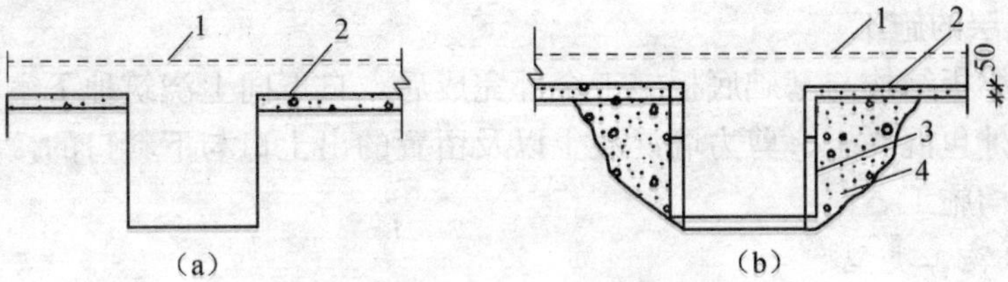

图 1-43　逆筑法施工时的梁、板模板

（a）梁模用土胎模；（b）用钢模板组成梁模

1—楼板面；2—素混凝土层与隔离层；3—钢模板；4—填土

在柱头部位的模板，施工时应先把柱头处的土挖至梁底以下 50mm 左右处，设置柱子的施工缝模板见图 1-44，为使下部柱子易于浇筑，该模板宜呈斜面安装，柱子钢筋通穿模板向下伸出接头长度。在施工缝模板上面组装柱头模板与梁模板相连接，若土质好，柱头可用土胎模，否则应用模板搭设。

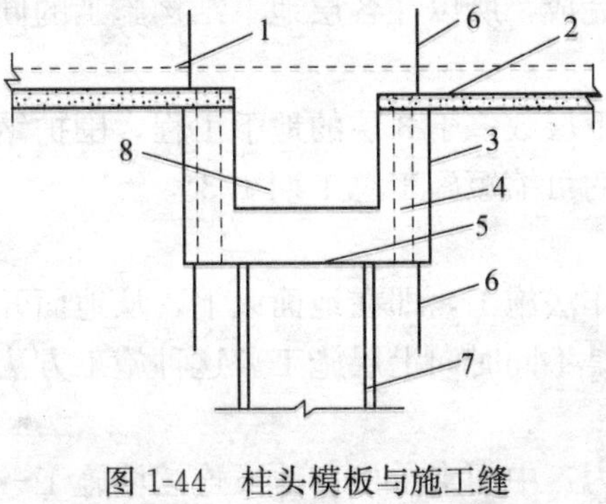

图 1-44　柱头模板与施工缝

1—楼板面；2—素混凝土层与隔离层；3—柱头模板；4—预留浇筑孔；5—施工缝；6—柱筋；7—H 型钢；8—梁

施工缝处的浇筑方法常用直接法、充填法和注浆法施工（图 1-45）。直接法是在施工缝下部继续浇筑混凝土时，仍然浇筑相同的混凝土，有时添加一些铝粉以减少收缩，为浇筑密实，也可做出一些假牛腿，混凝土硬化后可凿去。充填法是指在施工缝处留出充填接缝，待混凝土面处理后，再于接缝处充填膨胀混凝土或无浮浆混凝土。注浆法是在施工缝处留出缝隙，待后浇混凝土硬化后用压力压入水泥浆充填。上述三种方法中，直接法施工最简单。施工时可对接缝处混凝土进行二次振捣，以进一步排除混凝土中的气泡，确保混凝土密实和减少收缩。

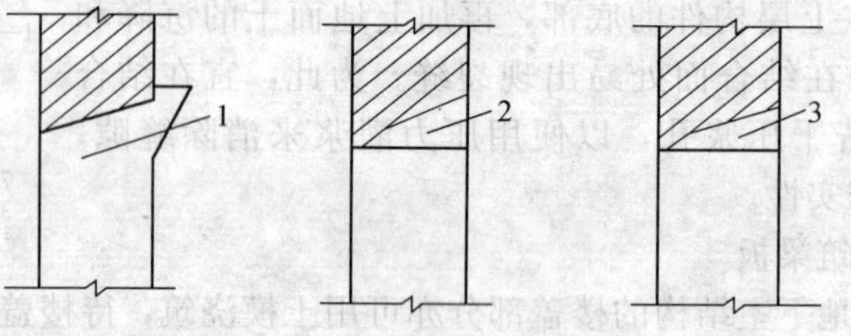

图 1-45　施工缝处理方法

(a) 直接法；(b) 充填法；(c) 注浆法

1—浇筑混凝土；2—充填无浮浆混凝土；3—压入水泥浆

3. 内衬外包层的施工

地下室各层梁板结构与基础底板施工全部完成后，自下向上浇筑地下室四周内衬墙混凝土、中间支承桩外包混凝土、剪力墙混凝土以及留置的出土口与下料口的楼板混凝土等，最终完成地下室结构施工。

（二）*逆作法施工类型*

逆作法施工一般要根据工程地质、水文地质、建筑规模、地下室层数、地下室承重结构体系与基础选型、建筑物周围环境以及施工机具与施工经验等因素确定逆作法施工方法，逆作法施工方法一般有封闭式逆作法施工、开敞式逆作法施工、“中顺边逆”法施工三种。

1. 封闭式逆作法

先沿建筑物地下室轴线施工地下连续墙，同时，在建筑物内部的有关位置浇筑或打下中间支承桩。由地下连续墙和中间支承桩组成的竖向承重体系，作为底板封底之前的承受上部结构自重和施工荷载的支撑，然后向下逐层开挖土方和浇筑各层地下结构，直至底板封底。由于地面一层的楼面结构已完成，所以在各层地下结构施工的同时，可以向上逐层进行地上结构的施工。

封闭式逆作法常用于地下层数多于 3 层的地下工程，围护结构采用地下连续墙，在建筑规模大、上下层数多时，大约可缩短施工总工期 1/3。

2. 开敞式逆作法

开敞式逆作法又称半逆作法施工，即在地面以下，从地面开始向地下室底面施工。其方法与封闭式逆作法相同，只是不同时向上层施工。这种施工方法主要节省材料，但对缩短施工工期很有限。

开敞式逆作法施工程序为：中间支承桩和地下连续墙施工→地下室负一层挖土→浇筑其楼盖的肋梁和板带混凝土→地下室负二层挖土→浇筑其楼盖的肋梁和板带混凝土→以此循环至土方全部挖完，地下室底板封底并养护至设计强度→从下而上逐层浇筑内衬墙、柱外包混凝土、剪力墙和未浇筑楼板。在各层地下结构施工结束后，再向上逐层进行地上结构的施工。

3.“中顺边逆”法

中顺边逆施工方法亦称为“中心岛——局部逆作法”，是以保留四周土方平衡围护结构侧压力，减小围护结构施工阶段的内力和变形，节省围护结构材料费用，使大量土方能进行机械化作业，加快施工进度，同时还可以降低逆作法施工中连接节点处理难度与减少工程量。适用于建筑规模大、一至二层地下室工程，围护结构可采用地下连续墙兼作地下室承重外墙，亦可采用密排桩与内衬墙组成桩墙合一的地下室承重外墙。

其施工程序为：工程桩与围护结构施工→地下一层以上土方开挖，围护结构悬臂受力，继续开挖地下室中部地下一层以下土方至基础底板垫层底，保留地下二层四周一跨土方，以平衡围护结构外侧压力→地下室中部桩承台板混凝土浇筑→混凝土养护→地下室中部二层柱与剪力墙及地下一层梁板混凝土浇筑→混凝土养护→开挖地下二层四周的保留土方→地下室四周底板、地下一层柱与剪力墙及首层梁板混凝土浇筑→完成地下室结构施工→地上结构开始施工。

（三）逆作法施工多层地下室的优点

1. 可节省支护结构的支撑

对深度较大的多层地下室，若用传统方法施工，需设置强大的内部支撑或外部拉锚，这样会增加费用，而用逆作法施工时，土方开挖后是利用地下室结构本身来支撑，作为支护结构的连续墙可省去支护结构的临时支撑。

2. 可以缩短工程施工的总工期

对带多层地下室的高层建筑，按传统方法施工时，其总工期为地下结构工期加地上结构工期，再加上装修等所占之工期。而用“逆作法”施工时，一般只有地下第一层占绝对工期，其他各层地下室可与地上结构同时施工，不占绝对工期，因此可以缩短工程的总工期。地下结构层数愈多，用逆作法施工，工期缩短越显著。

3. 基坑变形减小，对相邻建筑物的影响小

在逆作法施工中，是利用逐层浇筑的地下室结构作为周围支护结构的内部支撑。由于地下室结构与临时支撑相比刚度大得多，所以地下连续墙在侧压力作用下的变形就小得多。同时，由于中间支承桩的存在，使底板增加了支点，浇筑后的底板成为多跨连续板结构，与无中间支承桩的情况相比跨度较小，从而使底板的隆起的可能性减少。因此逆作法施工能减少基坑变形，且对相邻建（构）筑物、道路和地下管线等的影响减小。

4. 使底板设计更趋向合理

在地下结构中，钢筋混凝土底板要满足抗浮要求。用传统方法施工时，底板浇筑后支点少、跨度大，上浮力产生的弯矩值大，有时为了满足施工时的抗浮要求而需加大底板的厚度，或增强底板的配筋。而当地下和地上结构施工结束，上部荷载传下后，为满足抗浮要求而加厚的混凝土，反过来又作为自重荷载作用于底板上，因而使底板设计不尽合理。而用“逆作法”施工时，施工中底板的支点增多、跨度减小，比较容易满足抗浮要求，甚至可以减少底板配筋，使底板的结构设计更趋向合理。

五、基坑降水❶

开挖基坑时，流入坑内的地下水和地面水如不及时排走，不但会使施工条件恶化，造成土壁塌方，还会影响地基的承载力。基坑降水可分为集水井降水法和井点降水法。

（一）集水井降水

集水井降水（也称明排水）是在开挖基坑时，沿坑底周围或中央开挖排水沟，在沟底设集水井，使基坑内的水经排水沟流向集水井，然后用水泵抽走（图 1-46）。有些地方利用电

❶《建筑地基基础工程施工质量验收规范》（GB 50202—2002）规定：

7.8.1　降水与排水是配合基坑开挖的安全措施，施工前应有降水与排水设计。当在基坑外降水时，应有降水范围的估算，对重要建筑物或公共设施在降水过程中应监测。（降水会影响周边环境，应有降水范围估算，以估计对环境的影响，必要时需有回灌措施，尽可能减少对周边环境的影响。降水过程中要设水位观测井及沉降观测点，以估计降水的影响。）

7.8.2　对不同的土质应用不同的降水形式，表 7.8.2 为常用的降水形式。

表 7.8.2　降水类型及适用条件

适用条件 / 降水类型	渗透系数（cm/s）	可能降低的水位深度（m）
轻型井点 多级轻型井点	$10^{-2}\sim10^{-5}$	3～6 6～12
喷射井点	$10^{-3}\sim10^{-6}$	8～20
电渗井点	$<10^{-6}$	宜配合其他形式降水使用
深井井管	$\geqslant10^{-5}$	>10

注：电渗作为单独的降水措施已不多，在渗透系数不大的地区，为改善降水效果，可用电渗作为辅助手段。

7.8.3　降水系统施工完后，应试运转，如发现井管失效，应采取措施使其恢复正常，如无可能恢复则应报废，另行设置新的井管。（常在降水系统施工后，发现抽出的是混水或无抽水量的情况，这是降水系统的失效，应重新施工直至达到效果为止。）

7.8.4　降水系统运转过程中应随时检查观测孔中的水位。

7.8.5　基坑内明排水应设置排水沟及集水井，排水沟纵坡宜控制在 1‰～2‰。

7.8.6　降水与排水施工的质量检验标准应符合表 7.8.6 的规定。

表 7.8.6　降水与排水施工质量检验标准

序	检查项目	允许值或允许偏差		检查方法
		单位	数值	
1	排水沟坡度	‰	1～2	目测：坑内不积水，沟内排水畅通
2	井管（点）垂直度	%	1	插管时目测
3	井管（点）间距（与设计相比）	%	≤150	用钢尺量
4	井管（点）插入深度（与设计相比）	mm	≤200	水准仪
5	过滤砂砾料填灌（与计算值相比）	mm	≤5	检查回填料用量
6	井点真空度：轻型井点 喷射井点	kPa kPa	>60 >93	真空度表 真空度表
7	电渗井点阴阳极距离：轻型井点 喷射井点	mm mm	80～100 120～150	用钢尺量 用钢尺量

梯井坑作为集水井。

集水井应设置于基础范围之外，集水井间距，一般每隔 20～40m 设置一个。集水井的直径一般为 0.6～0.8m，低于挖土工作面 0.7～1.0m。当基坑挖至设计标高后，井底应低于坑底 1～2m，并铺设碎石滤水层，防止由于抽水时间较长而将泥砂抽出及井底土被搅动。井壁可用竹、木等材料进行简易加固。在建筑工地上，基坑排水用的水泵主要有离心泵、潜水泵等。

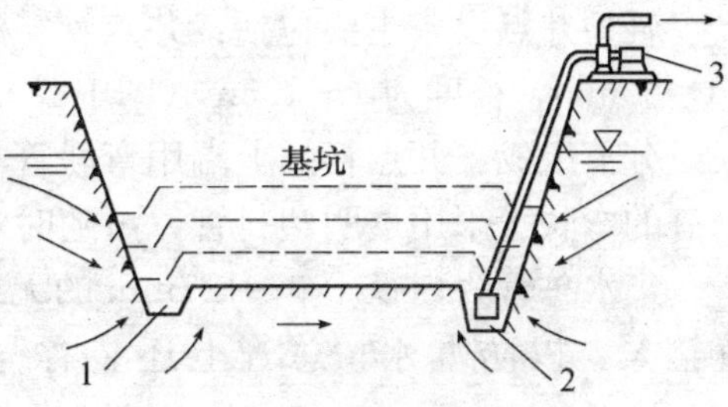

图 1-46　集水井降水法

1—排水沟；2—集水井；3—水泵

（二）井点降水❶

井点降水就是在基坑开挖前，先在基坑周围埋设一定数量的滤水管（井），利用抽水设备抽水，使地下水位降落在坑底以下，直至地下工程施工完毕为止。

井点降水有轻型井点、喷射井点、电渗井点和管井井点等。一般根据土的渗透系数、降水深度、设备条件及经济比较等因素确定，可参照《建筑地基基础工程施工质量验收规范》（GB 50202—2002）表 7.8.2 选择。

1. 轻型井点

轻型井点系统（图 1-47），就是沿基坑四周将许多井点管埋入蓄水层内，井点管上部与总管连接，通过总管利用抽水设备将地下水从井点管内不断抽出，将原有的地下水位降至坑底以下（0.5～1m）。此种方法用于土壤的渗透系数为 10^{-2}～10^{-5}cm/s 的土层中。

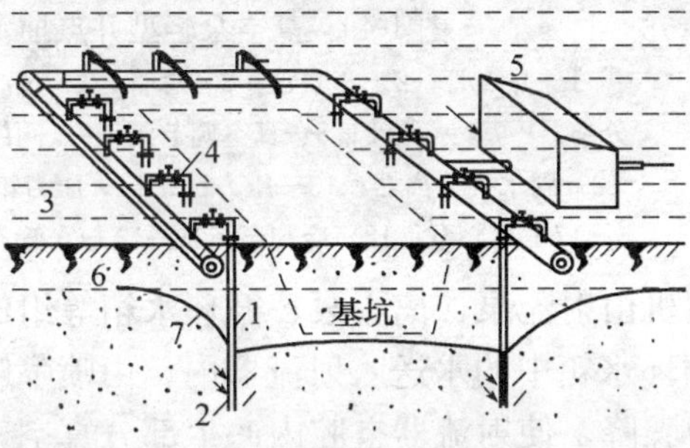

图 1-47　轻型井点降低地下水位全貌图

1—井点管；2—滤管；3—总管；4—弯联管；5—水泵房；

6—原地下水位线；7—降低后地下水位线

---

❶ 《建筑地基基础设计规范》（GB 50007—2002）规定：

9.2.6　基坑降水设计原则条文说明：

1. 降水井点宜尽量布置在基坑外，如需要在基坑内设井点，应仔细研究地下水及地层资料，采用砂（砾）渗井或短期使用的抽水井。含水层渗透系数较小、下部有渗透性较好的地层时，宜考虑抽水井、渗井综合作用；

2. 基坑支护结构采用分离排列的桩式结构，不设隔水帷幕时，降水井点应主要布置在基坑外，达到控制地下水进入基坑及降低承压水头的目的；基坑内可视基坑规模、地下水及地层情况，布置一定数量的自渗井和抽水井；

3. 基坑四周设竖向隔水帷幕（包括地下连续墙），隔水帷幕插入隔水层时，井点应设置在基坑内；隔水帷幕未进入隔水层时，降水井点宜设置在基坑外，如为降水对周围建筑物的影响，井点也可设置在基坑内；

4. 基坑设全封闭隔水帷幕，一般不需设井点降低地下水位，为正常开挖基坑，可在基坑内布设井点抽除坑内积水。基坑隔水是基坑围护的一部分，设计时是两者统一考虑的，必要时，应预先进行试验。

(1) 轻型井点系统组成

轻型井点设备主要包括：井点管、滤管、集水总管、弯联管及抽水设备等。滤管直径为38～50mm，长度为1～1.5m（图1-48）。井点管直径为38～50mm，其长度为3～7m，可整根或分节组成。井点管的上端用弯联管与总管相连。弯联管装有阀门，以便检修井点。近年来有的弯联管采用透明塑料管，可随时观察井点管的工作情况，有的采用橡胶管。

集水总管为内径100～127mm的无缝钢管，每节长4m，其间用橡皮套管联结，并用钢箍箍紧，以防漏水。总管上还装有与井点管联结的接头管，其间距为0.8m，1.2m，1.6m，2.0m。

轻型井点设备的主机由真空泵、离心水泵和水气分离器组成，称真空泵轻型井点（图1-49）。

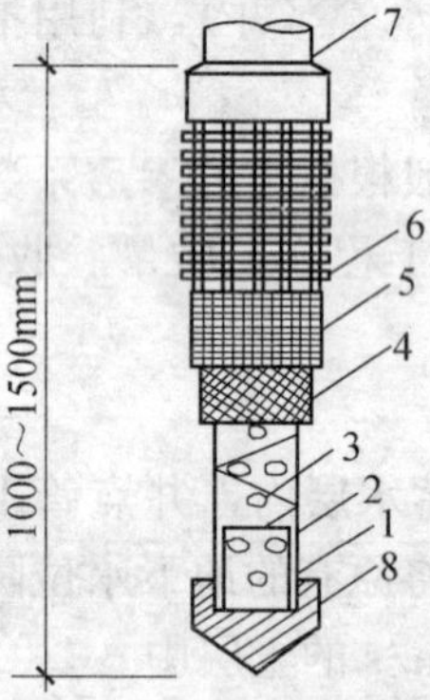

图1-48　滤管构造

1—钢管；2—管壁上小孔；3—缠绕的铁丝；4—细滤网；5—粗滤网；6—粗铁丝保护网；7—井点管；8—铸铁头

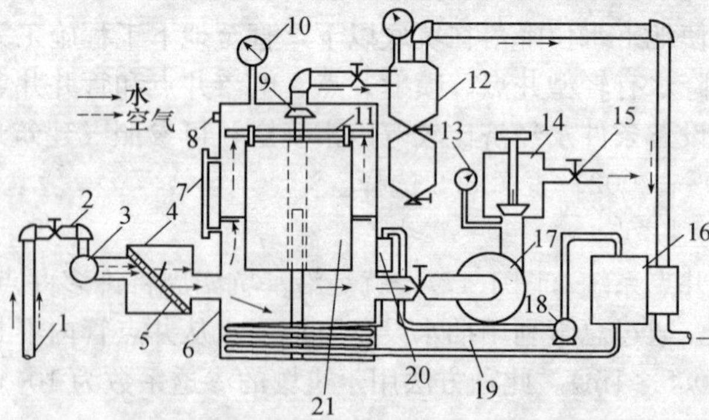

图1-49　真空泵轻型井点抽水设备工作简图

1—井点管；2—弯联管；3—总管；4—过滤箱；5—过滤网；6—水气分离器；7—水位计；8—真空调节阀；9—阀门；10—真空表；11—挡水布；12—副水气分离器；13—压力计；14—压力箱；15—出水管；16—真空泵；17—离心泵；18—冷却泵；19—冷却水管；20—冷却水箱；21—浮筒

如果轻型井点设备的主机由射流泵、离心泵、循环水箱等组成，则称为射流泵轻型井点（图1-50）。利用离心泵将循环水箱中的水送入射流器内，由喷嘴喷出时，由于喷嘴处断面收缩而使水流速度骤增，压力骤降，使射流器空腔内产生部分真空，把井点管内的气、水吸上来进入水箱，待水箱内的水位超过泄水口时即自动溢出，排到指定地点。

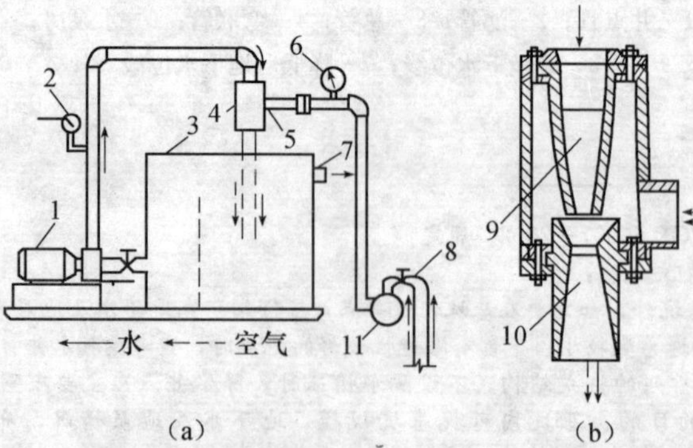

图1-50　射流泵轻型井点设备工作简图

(a) 总图；(b) 射流器剖面图

1—离心泵；2—压力计；3—循环水箱；4—射流器；5—进水管；6—真空表；7—泄水口；8—井点管；9—喷嘴；10—喉管；11—总管

射流泵井点系统的降水深度可达 6m，但其所带的井点管一般只有 30～40 根，采用两台离心泵和两个射流器联合工作，能带动井点管 70 根，总管 100m，基本上抵得上 W5 型真空泵机组，但真空度略差。这种设备与上述真空泵轻型井点相比，具有结构简单、制造容易、成本低、耗电少、使用维修方便等优点，便于推广。

（2）轻型井点的布置

1）平面布置。当基槽宽度小于 6m，且降水深度不超过 5m 时可采用单排井点，井点管必须布置在地下水流的上游一侧（图 1-51）；反之，则宜采用双排井点；当基坑面积较大时则应采用环形井点（图 1-52）。

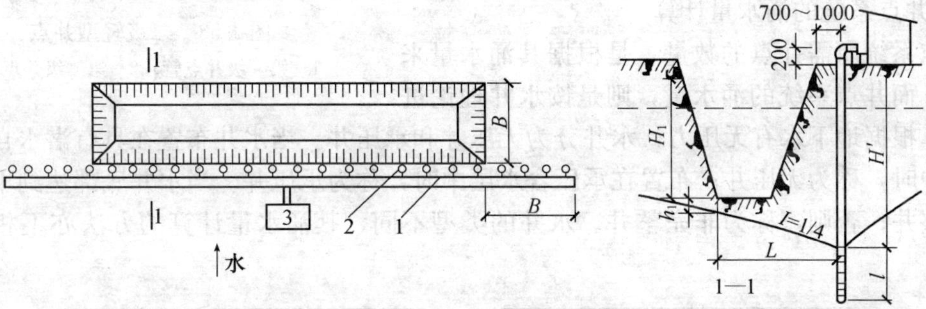

（a）　　　　（b）

图 1-51　单排井点的布置

（a）平面布置；（b）高程布置

1—总管；2—井点管；3—泵站

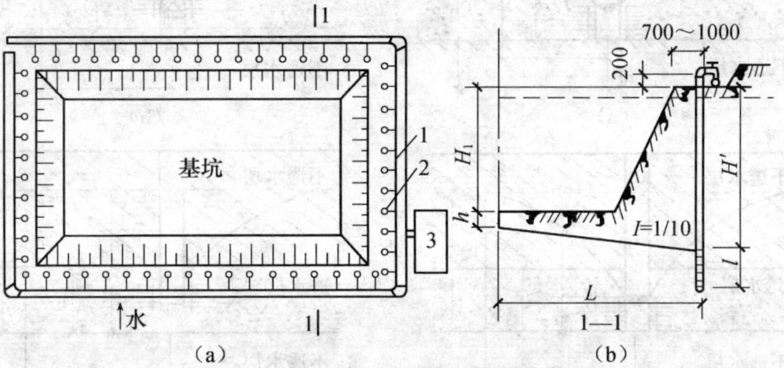

（a）　　　　（b）

图 1-52　环形井点的布置

（a）平面布置；（b）高程布置

1—总管；2—井点管；3—泵站

2）高程布置。轻型井点的降水深度，由于利用真空原理，从理论上讲可达 10.3m，但由于管路系统的真空度和水头损失的影响，其实际的降水深度一般不宜超过 6m。

井点管的埋置深度 H'（不包括滤管），可按下式计算（图 1-52a、图 1-52b）：

$$H' \geqslant H_1 + h + IL \tag{1-28}$$

式中　H_1——井点管埋设面至基坑底面的距离（m）；

h——降低后的地下水位距基坑中心底面的距离，一般为 0.5～1m；

I——地下水降落坡度，环形井点为 1/10，单排井点为 1/4；

L——井点管至基坑中心的水平距离（m）（单排井点为井点管至基坑另一侧的距离，如图 1-51b 所示；环形井点一般取基坑短边方向，因为短边方向满足，长边方向就能够满足）。

如“H'＋井点管外露长度”小于等于降水深度6m时，则可用一级井点；“H'＋井点管外露长度”稍大于6m时，如降低井点管的埋置面，可满足降水深度要求时，仍可采用一级井点；当一级井点达不到降水深度要求时，则可采用二级井点（图1-53）。在确定井点埋置深度时，还要考虑井点管露出地面0.2～0.3m，滤管必须埋在透水层内。

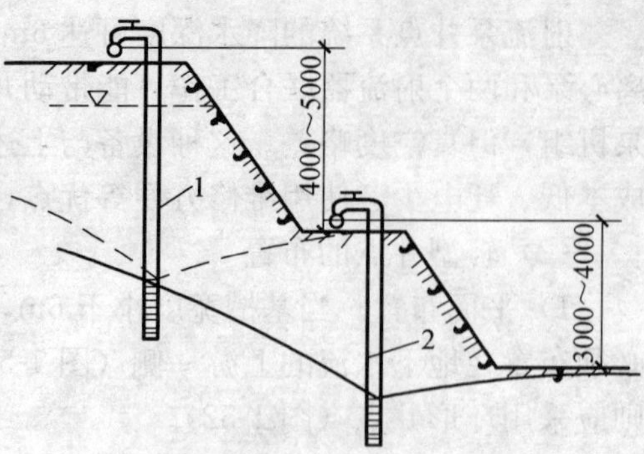

图1-53　二级轻型井点

1—第一级井点管；2—第二级井点管

（3）轻型井点的计算

1）井点系统的涌水量计算

井点系统所需井点的数量，是根据其涌水量来确定的；而井点系统的涌水量，则是按水井理论进行计算。根据地下水有无压力，水井分为无压井和承压井。当水井布置在具有潜水自由面的含水层中时，称为无压井；布置在承压含水层中时，称为承压井。当水井底部达到不透水层时称完整井；否则，称为非完整井。水井的类型不同，其涌水量计算的方法亦不相同（图1-54）。

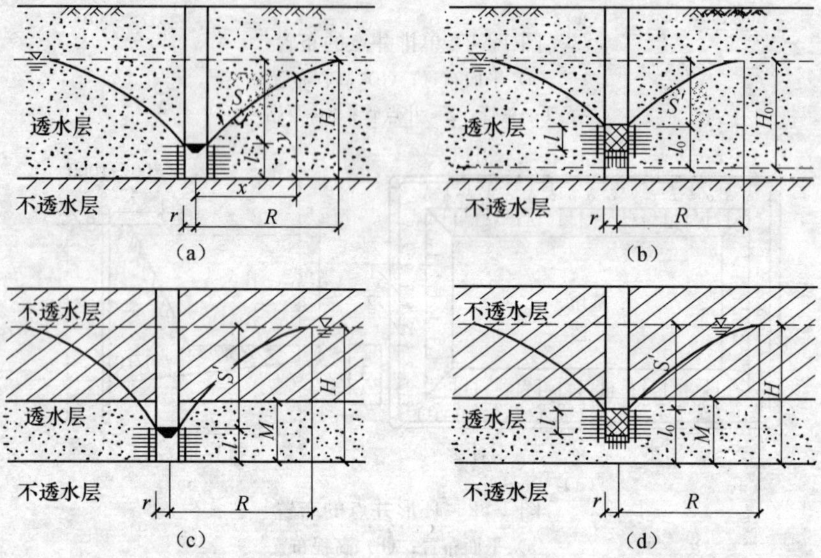

图1-54　水井类型

(a) 无压完整井；(b) 无压非完整井；(c) 承压完整井；(d) 承压非完整井

对于无压完整井的环状井点系统，涌水量计算公式为：

$$Q = 1.366K\frac{(2H-S)S}{\lg R - \lg X_0} \tag{1-29}$$

式中　Q——井点系统的涌水量（m^3/d）；

K——土壤的渗透系数（m/d）。因为渗透系数 K 的取值直接影响降水效果，所以最好通过现场试验确定，查表仅作为参考；

H——含水层厚度（m）。该值是随着季节变化的，在降水时应该考虑最大值；

S——基坑中心的水位降落值（m）。根据高程布置完成后确定，$S=S'-IL$，S'为井点管中的水位降落值，L为滤管长度。

F——环状井点系统所包围的面积。需要考虑基坑下口（基础尺寸＋工作面（可取0.5～1.0m））和基坑放坡、井点管距基坑上口的距离；

X_0——环状井点系统的假想圆半径（m）；

R——抽水影响半径（m）。

$$X_0=\sqrt{\frac{F}{\pi}} \tag{1-30}$$

$$R=1.95S\sqrt{HK} \tag{1-31}$$

因为公式（1-29）是把井点围成的区域看成一眼大水井，利用法国水力学家裘布依的水井理论积分而来的，所以它有一定的适用条件：降水基坑的长宽比不大于5，基坑宽度不大于2倍的抽水影响半径；如果不满足上述适用条件时，可把基坑分割成满足条件的区域，然后各区域分别计算各自的涌水量，再汇总出总涌水量。井点系统抽水后地下水位降落曲线稳定的时间视土壤的性质而定，一般为1～5d。

无压非完整井的井点系统，地下水不仅从井的侧面流入，还从井底渗入，因此涌水量要比完整井大。为了简化计算，仍可采用公式（1-29），仅将式中 H 换成有效深度 H_0；H_0 可查表1-13，当算得的 H_0 大于实际含水层的厚度 H 时，则仍取 H 值。

表1-13　抽水有效影响深度计算公式

$S'/(S'+l)$	0.2	0.3	0.5	0.8
H_0	$1.3(S'+l)$	$1.5(S'+l)$	$1.7(S'+l)$	$1.85(S'+l)$

对承压完整井井点系统涌水量按下式计算：

$$Q=\frac{2.73KMS}{\lg R-\lg X_0} \tag{1-32}$$

式中　M——承压含水层厚度（m）。

2）确定井管数量及井距

单根井管的最大出水量为：

$$q=65\pi dl\sqrt[3]{K} \tag{1-33}$$

式中　d——滤管直径（m）；

l——滤管长度（m）；

K——渗透系数（m/d）。

井点最少数量由下式确定：

$$n=1.1\frac{Q}{q} \tag{1-34}$$

式中　1.1——考虑井点堵塞等因素的井点管备用系数。

井点管最大间距为：

$$D=\frac{L}{n} \tag{1-35}$$

式中　L——总管长度（m）；环状井点系统所包围的周长。

间距应大于15d(井点管直径)，小于2m，并应与总管留设的接口相吻合(并由此反求 n)。

3）抽水设备的选择

真空泵有 $W5$、$W6$ 型，使用时应验算水泵的流量是否大于井点系统的涌水量（应增大

10%～20%），即水泵流量 $Q_1=1.1Q$。水泵的扬程是否能克服集水箱中的真空吸力，以免抽不出水，所以水泵的最小吸水扬程 $h_s=h+\Delta h$（m）（h 为降水深度（m），近似取集水总管至滤管的深度；Δh 为水头损失值（m），包括进入滤管的水头损失、管路阻力及漏气损失等，近似取 1～1.5m）。

采用 $W5$ 型泵时，总管长度不大于 100m，井点管数量约 80 根；采用 $W6$ 型泵时不大于 120m，井点管数量约 100 根。真空泵在抽水过程中所需的最低真空度 h_K 可由降水深度及各项水头损失计算得到，$h_K=10(h+\Delta h)$（kPa）。

（4）井点管的埋设与使用

井水管的埋设可以利用冲孔或钻孔，成孔后再将井点管沉放；也可以用带套管的水冲法及振动水冲法下沉。井孔冲成后，立即拔出冲管，插入井点管，并在井点管与孔壁之间迅速填灌砂滤层，以防孔壁塌土。砂滤层的填灌质量是保证轻型井点顺利抽水的关键。一般宜选用干净粗砂，填灌均匀，并填至距滤管顶 1～1.5m 处用黏土封口，以防漏气。

轻型井点安装完毕后，需进行试抽，以便检查抽水设备运转是否正常、管路有无漏气。

轻型井点使用时，一般应连续抽水（特别是开始阶段）。若时抽时停，滤管易于堵塞，出水混浊并引起附近建筑物由于土颗粒流失而沉降、开裂。同时由于中途停抽，地下水回升，也可能引起边坡塌方等事故。抽水过程中，应调节离心泵的出水量，使抽吸排水保持均匀，达到细水长流。正常的出水规律是“先大后小，先混后清”。真空度是判断井点系统工作情况是否良好的尺度，必须经常观察检查。造成真空度不足的原因很多，但多是井点系统有漏气现象，应及时采取措施。

在抽水过程中，还应检查有无“死井”（工作正常的井管，用手触摸时，应有冬暖夏凉的感觉，或从弯联管上的透明阀门观察），如死井太多，严重影响降水效果时，应逐个用高压水冲洗或拔出重埋。为观察地下水位的变化，可在影响半径内设观察孔。

井点系统的拆除必须在地下室或地下结构物竣工并将基坑进行回填土后，计算最大地下水的浮托力小于已施工的结构自重后方可拆除，且底板混凝土必须要有一定的强度，防止因水浮力引起地下结构浮起或破坏底板。拔管后所留的孔洞应用砂或土填塞，对有防渗要求的地基，地面以下 2m 范围用黏土填塞密实。

（5）周围环境保护

1）地下水位下降以后，降水漏斗范围内会造成地面沉降，该影响范围较大，有时影响半径可达百米。在实际工程中，由于井点管滤网及砂滤层结构不良，把土层中的黏土颗粒、粉土颗粒甚至细砂同地下水一同抽出地面的情况也是经常发生的，这种现象会使地面不均匀沉降加剧，造成附近建筑物及地下管线的不同程度的下沉。

2）防治措施[1]。在高水位地区开挖深基坑一方面要保证土方开挖及地下工程的施工，

---

[1] 《建筑地基基础设计规范》（GB 50007—2002）条文说明：

9.2.6　集水明排是在基坑内设置排水沟和集水井，用抽水设备将基坑中水从集水井排出，达到疏干基坑内积水的目的。井点降水是对基坑内的地下水或基坑底板以下的地下水进行疏干或减压。隔水是用地下连续墙及喷射注浆（旋喷）、深层搅拌或注浆形成具有一定强度和抗渗性能的截水墙或底板，阻止地下水流入基坑的方法，包括竖向隔水（悬持式和落底式）及水平封底隔水。为了保障周围建筑物、地下管线等的安全及正常使用，需综合考虑降排水对支护结构变形产生的影响。有时，为有效控制降低地下水位引起的沉陷，需考虑采用隔渗措施，常用的有：

1. 采用地下连续墙、连续排列的排桩墙挡水；

2. 采用分离式排桩墙，在桩间设旋喷、深层搅拌等与桩共同形成隔水帷幕或在桩后单独设隔渗墙；

3. 其他情况可考虑采用高压喷射注浆等方法形成封底隔渗。

另一方面又要防范对周围环境的不利影响。因此，在降水的同时，应采取相应的措施，减少井点降水对周围建筑物及地下管线造成的影响。主要应该采取下列措施：

①设置地下水位观测孔，在降水系统运转过程中随时检查观测孔中的水位，并对邻近建筑物、管线进行监测，发现沉降量达到报警值时，应及时采取措施；

②降水施工时，应做好井点管滤网及砂滤层结构，防止抽水带走土层中的细颗粒；

③如果施工区周围有湖、河、滨等贮水体时，应在井点和贮水体之间设置止水帷幕，以防抽水造成与贮水体穿通，引起大量涌水带出土颗粒；

④在建筑物和地下管线密集区或对地面沉降控制有严格要求的地区开挖深基坑，应尽可能采用止水帷幕，并进行坑内降水的方法，一方面可疏干坑内地下水，同时，可利用止水帷幕减少或切断坑外地下水的涌入，大大减小对周围环境的影响；

⑤场地外缘设置回灌系统也是减小降水对周围环境影响的有效方法，回灌系统包括井点回灌和砂沟砂井回灌两种形式。井点回灌是在抽水井点设置线外 4～5m 处，以间距 3～5m 插入注水管，将井点中抽取的水经过沉淀后用压力注入管内，形成一道水墙，以防止土体过量脱水，而基坑内仍可保持干燥；

⑥在降水井点与被保护的建（构）筑物之间设置砂井并作为回灌砂井，沿砂井布置一道砂沟，将降水井点抽出的水，适时适量排入砂沟，再经砂井回灌到地下，实践证明亦能收到良好的效果。回灌砂井的灌砂量，应取井孔体积的 95%，填料宜采用含泥量不大于 3%、不均匀系数在 3～5 之间的纯净中粗砂。

3）流砂现象及其防治。土质为细砂土或粉砂土时，如土方开挖施工方案不当，往往容易出现“流砂”的现象，即土颗粒随渗透水流一起不断从基坑边或基坑底冒出的现象。一旦出现流砂，不仅使施工条件恶化，基坑难以挖到设计标高，而且使地基的承载能力下降。严重时可以引起基坑边坡塌方、地面开裂沉陷、板桩崩塌，使邻近建筑开裂、下沉、倾斜甚至倒塌。

流砂现象的产生是水在土中渗流所产生的动水压力对土体作用的结果（图 1-55）。动水压力的大小 G_D 与水力坡度 I 成正比，比例系数是水的重度 γ_W，渗透压力的方向与渗透水流的切线方向相同。渗透压力计算公式如下：

$$G_D = I\gamma_W = \frac{\Delta h}{L}\gamma_W = \frac{h_1 - h_2}{L}\gamma_W \qquad (1\text{-}36)$$

式中 Δh——水位差；

L——渗流路径长度。

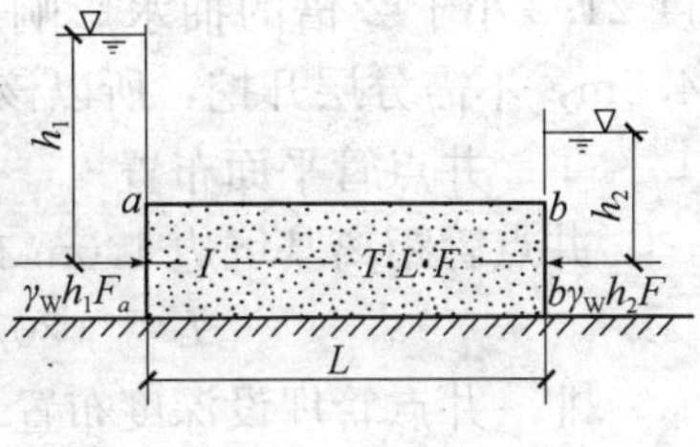

图 1-55 动水压力原理图

当渗透水流向上时，土颗粒受到的向上作用力不仅有水的浮力作用，还有向上的动水压力。当动水压力 G_D 等于或大于土的浮重度 γ' 时，即当 $G_D \geqslant \gamma'$ 时，则土粒处于悬浮状态，土颗粒往往会随渗流的水一起流动，涌入基坑，形成流砂。细颗粒、松散、饱和的非黏性土特别容易发生流砂现象。

当动水压力方向向上且足够大时，土颗粒被带出而形成流砂；当动水压力方向向下时，如发生土颗粒的流动，其方向向下，使土稳定。因此，防治流砂应从“治水”着手，防治流砂的基本原则是减少或平衡或消除动水压力，设法使动水压力方向向下。具体措施有：

①枯水期施工。枯水期地下水位较低，基坑内外水位差小，动水压力小，不易产生流砂；

②水下挖土。如不排（降）水可满足工程质量和施工安全要求，可采用水下挖土法。此时，动水压力非常小，不易出现流砂；

③井点降水。井点降水使地下水位低于基坑底面以下，地下水的渗流向下，动水压力方向向下，水不渗入基坑，可有效防止流砂发生；

④设止水帷幕❶。连续的止水支护结构形成封闭的止水帷幕增加地下水渗流路经，减少水力坡度，从而减少动水压力，防治流砂出现；

⑤抢挖并抛大石块。分段抢挖土方，使挖土速度超过冒砂速度，在挖至标高后立即铺竹席并抛大石块，以平衡动水压力，将流砂压住。此法适用于治理局部的或轻微的流砂。

(6) 轻型井点系统设计举例

【例 1-4】 某筏板基础施工，筏板尺寸为 20m×35m，基底标高为－4.500m，自然地坪为±0.000；经工程勘测得知地质情况如下：地下表层土为 0.8～0.9m 厚的杂填土，其下为含黏土的粗砂土层（渗透系数 K＝30m/d），地面以下 12m 为不透水层；地下水位在地面以下 1.05m 处（见图 1-56）。要求：

①轻型井点系统的布置；

②计算涌水量；

③确定井点管数量和间距；

④确定抽水设备。

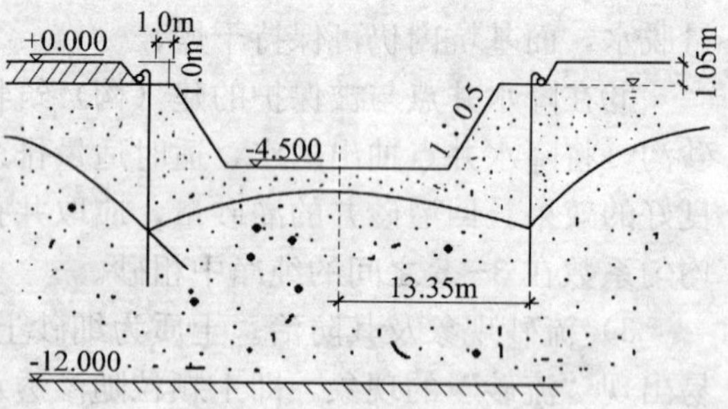

图 1-56　例题降水图

【分析】 首先选择井点管尺寸，而后对井点系统进行布置和计算。在此取井点管长 6m、直径 50mm；滤管长 1.2m、直径 50mm；

①井点系统的布置

根据筏板基础的尺寸，确定基坑下口尺寸：

筏板基础每边留 0.6m 的工作面，则下口为 $21.2 \times 36.2 \text{m}^2$。显然基坑长宽比小于 5，基坑宽度 21.2 小于 2 倍的抽水影响半径（见后计算），而且挖土机选用了反铲挖土机，基坑深 4.5m，不需分层开挖，所以该基坑可以采用环状（不开口）井点布置。

ⅰ　井点管平面布置

井点管距离基坑边 1.0m 布置。这样，基坑短边井点管中心至基坑中心的水平距离为：

$$L = (20/2 + 0.6) + 4.5 \times 0.5 + 1.0 = 13.85\ (\text{m})$$

ⅱ　井点管埋设深度布置

---

❶《建筑地基基础设计规范》(GB 50007—2002) 条文及说明：

9.2.5　因支护结构变形、岩土开挖及地下水条件引起的基坑内外土体变形应按以下条件控制：

1. 不得影响地下结构尺寸、形状和正常施工；
2. 不得影响既有桩基的正常使用；
3. 对周边已有建（构）筑物引起的沉降不得超过本规范有关章节规定的要求；
4. 不得影响周边管线的正常使用。

基坑问题过去往往作为地下室施工的一种临时性措施，支护结构设计一般由施工单位考虑，以不倒塌作为满足施工要求为目的。随着建设的发展，尤其在建筑群中间，周边又有复杂的管网分布，基坑设计的稳定性仅是必要条件，很多场合主要控制条件是变形，基坑的变形计算比较复杂，且不够成熟。

基坑工程设计时，应根据环境要求确定基坑位移的控制要求。如当基坑周边无永久性建筑或公用设施时，保证稳定即可满足要求。但为了保证基坑的安全，稳定仍需有一个允许的临界位移值。通过监测控制施工，以确保安全。

9.2.6　基坑开挖与支护应根据工程需要、周边环境及水文地质条件可采用降低地下水位、隔离地下水、坑内明排或组合方法等对地下水进行控制，设计时尚应考虑由于降水、排水引起的地层变形的影响，当采用明排水时应作反滤层。停止降水时应采取保证结构物不上浮的措施。

井点管上端外露地面 0.2m。

$H' \geqslant H_1 + h + IL$，所以 $h \leqslant H' - H_1 - LI$

$h = (6-0.2) - 4.5 - 13.85 \times 1/10 = -0.085(\mathrm{m}) < 0.5\mathrm{m}$（要求降水深度为基坑中心下不小于 0.5m）

可见直接将总管埋设在自然地面不能满足降水深度要求，故改为先挖去一层土，使总管埋设面降低 1.0m。由于已接近地下水位面而且比自然地面低，所以在施工中要注意在挖去土的沟中布置一些集水井，用于排除汇集的地表水和可能出现的上涌地下水。此时降水后距基坑中心处 h 为：

$$L = (20/2 + 0.6) + (4.5 - 1.0) \times 0.5 + 1.0 = 13.35(\mathrm{m})$$

$$h = (6-0.2) - (4.5-1.0) - 13.35 \times 1/10 = 0.965(\mathrm{m}) > 0.5\mathrm{m} \text{（满足要求）}$$

此时基坑中心处的水位降落值：

$$S = 4.5 + 0.965 - 1.05 = 4.415(\mathrm{m})$$

井点管内水位降落值：

$$S' = [1.0 + (6-0.2)] - 1.05 = 5.75(\mathrm{m})$$

或
$$S' = S + IL = 4.415 + 13.35 \times 1/10 = 5.75(\mathrm{m})$$

②计算涌水量

由上计算知滤管下端在地面以下 1.0＋5.8＋1.2＝8（m），而不透水层位于－12.0m 处。故水井类型为无压非完整井，需确定抽水有效影响深度 H_0。

$$S'/(S'+l) = 5.75/(5.75+1.2) = 0.83$$

查表插入算得：

$$H_0 = 1.865\ (S'+l)\ = 1.865\ (5.75+1.2)\ = 12.96\ (\mathrm{m})$$

$$H = 12 - 1.05 = 10.95\ (\mathrm{m})$$

由于 $H_0 > H$

所以取 $H_0 = H = 10.95\mathrm{m}$

抽水影响半径：$R = 1.95S\sqrt{H_0 K} = 1.95 \times 4.415 \times \sqrt{10.95 \times 30} = 156\ (\mathrm{m})$

环形井点的假想半径：$X_0 = \sqrt{\dfrac{F}{\pi}} = \sqrt{\dfrac{1113.39}{3.14}} = 18.83\ (\mathrm{m})$

其中 $F = (20 + 0.6 \times 2 + 3.5 \times 0.5 \times 2 + 1.0 \times 2) \times (35 + 0.6 \times 2 + 3.5 \times 0.5 \times 2 + 1.0 \times 2)$

$= 26.7 \times 41.7 = 1113.39\ (\mathrm{m}^2)$

基坑涌水量：

$$Q = 1.366K\frac{(2H_0 - S)S}{\lg R - \lg X_0} = 1.366 \times 30 \times \frac{(2 \times 10.95 - 4.415) \times 4.415}{\lg 156 - \lg 18.83}$$

$$= 3445(\mathrm{m}^3/\mathrm{d})$$

③确定井点管数量 n 和间距 D

$$q = 65\pi dl\sqrt[3]{K} = 65 \times 3.14 \times 0.05 \times 1.2 \times \sqrt[3]{30}$$

$$= 38.05(\mathrm{m}^3/\mathrm{d})$$

$$n = 1.1\frac{Q}{q} = 1.1\frac{3445}{38.05} \approx 100\text{(根)}$$

$D = \dfrac{L}{n} = \dfrac{(26.7 + 41.7) \times 2}{100} = \dfrac{136.8}{100} \approx 1.37(\mathrm{m})$；取 $D = 1.2\mathrm{m}$，则需井点管 114 根。

④抽水设备选用

抽水设备所带动的总管长度为 136.8m，所以选两台 W5 型干式真空泵，所能带总管 100×2＝200(m)＞136.8m，所能带井点 80×2＝160(根)＞114 根（或选四台 QJD-45 型射流泵，排水量 45×4＝180(m^3/h)＞3445/24＝143(m^3/h)，所能带井点 40×4＝160(根)＞114 根）。

水泵所需流量： $Q_1=1.1Q=1.1\times3445/2=1894.75$（$m^3$/d）

水泵的吸水扬程： $h_S\geqslant h+\Delta h=(6.0-0.2)+1.2=7.0$（m）

根据 Q_1，h_S 可查表（如《建筑施工手册》中）确定离心泵型号。

2. 深井（管井）井点

深井又称大口径井点，系由滤水井管、吸水管和抽水设备等组成。具有井距大、易于布置、排水量大、降水深(＞15m)、降水设备和操作工艺简单、可代替多组轻型井点作用等特点。适用于渗透系数大(＞10^{-5}cm/s)、土质为砂类土、地下水丰富、降水深、面积大、时间长的降水工程。

(1) 井点构造及布置

深井井点构造如图 1-57 所示两种，一般沿工程基坑周围离边坡上口 0.5～1.5m 呈环形布置，当基坑宽度较窄，亦可在一侧呈直线布置，但要布置在上水游。基坑开挖深 8m 以内，井距为 10～15m；8m 以上井距为 15～20m，每个管井单独用一台水泵不断抽水来降低地下水位。

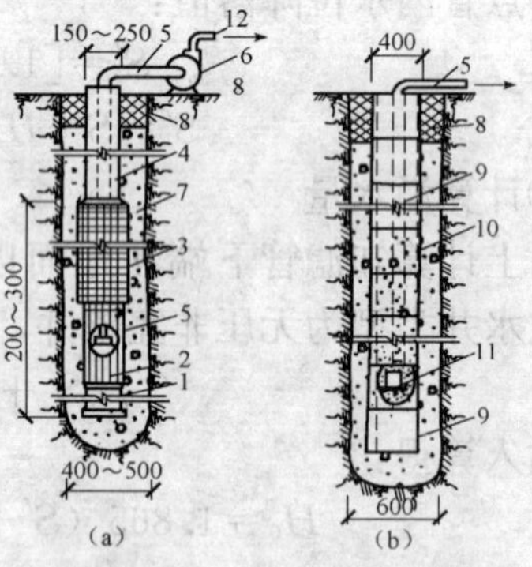

图 1-57 管井井点

(a) 钢管井点；(b) 混凝土管井点

1—沉砂管；2—钢筋焊接骨架；3—滤网；4—管身；5—吸水管；6—离心泵；7—小砾石过滤层

(2) 深井井点降水计算

深井井点计算内容包括：计算井点系统总涌水量、深井井点进水过滤器需要的总长度、群井抽水单个深井井点过滤器浸水部分长度、群井总涌水量、选择抽水设备和深井井点的布置等。

1) 深井井点系统总涌水量计算

深井井点涌水量的计算基本同轻型井点计算：

$$Q=1.366K\frac{(2H-S)S}{\lg R-\lg X_0} \tag{1-37}$$

式中 R——抽水影响半径（m），$R=R_0+X_0$；

R_0——深井影响半径（m），根据地层土质查《给水工程设计手册》。

2) 深井进水过滤器需要总长度计算

深井单位长度进水量：

$$q=2\pi rl\frac{\sqrt{k}}{15} \tag{1-38}$$

深井进水过滤器需要总长度：

$$L=\frac{Q}{q} \tag{1-39}$$

式中 k——土的渗透系数（m/s）；

l——过滤管长度（m）；

r——深井井点半径（m）；

Q——深井系统的总涌水量（m^3/d）。

3）群井抽水单个深井过滤器长度计算

浸水部分长度：

$$h_0=\sqrt{H^2-\frac{Q}{\pi Kn}\times\ln\frac{X_0}{nr}} \tag{1-40}$$

式中 Q——深井系统总涌水量（m^3/d）；

H——抽水影响半径为 R 点处的水位（m）；

K——土的渗透系数（m/d）；

n——深井数（个）；

X_0——深井井点系统的假想圆半径（m）；

r——深井井点半径（m）。

4）群井涌水量计算

多个相互之间距离在影响半径范围内的深井井点同时抽水时的总涌水量计算

$$Q=1.366K\frac{(2H-S)S}{\lg R-\frac{1}{n}(\lg x_1x_2\cdots x_n)} \tag{1-41}$$

式中 S——井点群重心处水位降底值（m）；

x_1，x_2，…，x_n——各井点至井点群重心的距离（m）。

【例 1-5】 某办公楼平面为 L 形，尺寸见图 1-58，该地基土层为粉土，已知渗透系数 $K=1.3$m/d；查《给水工程设计手册》知深井影响半径 $R=13$m，含水层厚度为 13.8m，其下为不透水层。要求建筑物中心的最低水位降低值 $S=6$m，已知深井井点管半径 $r=0.35$m，要求进行深井布置。

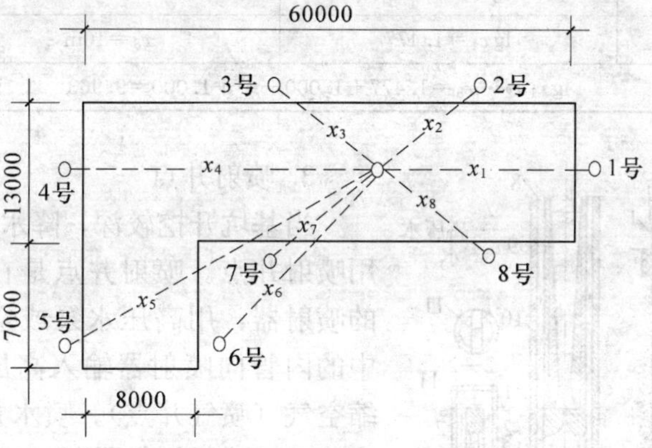

图 1-58 例题管井布置图

【分析】 根据平面计算假想半径：

$$X_0=\sqrt{\frac{A}{\pi}}=\sqrt{\frac{60\times13+7\times8}{3.14}}\approx17(\mathrm{m})$$

降水系统的总涌水量，可采用潜水完整井计算，那么抽水影响半径 $R=13+17=30$（m）

深井系统总涌水量：

$$Q=1.366K\frac{(2H-S)S}{\lg R-\lg X_0}=1.366\times1.3\frac{(2\times13.8-6)\times6}{\lg30-\lg17}$$

$$=932.9(\mathrm{m^3/d})=0.0108(\mathrm{m^3/s})$$

深井每米长度进水量：

$$q = 2\pi rl\frac{\sqrt{k}}{15} = 2 \times 3.14 \times 0.35 \times 1 \times \frac{\sqrt{0.000015}}{15} = 0.00057(\mathrm{m}^3/\mathrm{s})$$

深井进水过滤器需要总长度计算：

$$L = \frac{Q}{q} = \frac{0.0108}{0.00057} \approx 19(\mathrm{m})$$

选择 $n=8$ 个管井，取 $H=13.8-6=7.8$（m）

则：群井抽水单个深井过滤器浸水部分长度为：

$$h_0 = \sqrt{H^2 - \frac{Q}{\pi Kn} \times \ln\frac{X_0}{nr}} = \sqrt{7.8^2 - \frac{932.9}{3.14 \times 1.3 \times 8}\ln\frac{17}{8 \times 0.35}} = 3.0(\mathrm{m})$$

显然，满足 $nh_0=8\times3=24$（m）$\geqslant$19m 条件，考虑工程的平面尺寸见下表，8 个深井布置位置见图 1-58。8 个相互之间距离在影响半径范围内的深井井点同时抽水时的总涌水量计算：

$$Q = 1.366K\frac{(2H-S)S}{\lg R - \frac{1}{n}(\lg x_1 x_2 \cdots x_n)}$$

$$= 1.366 \times 1.3 \times \frac{(2 \times 13.8 - 6) \times 6}{\lg 30 - \frac{1}{8} \times 9.963} = 992(\mathrm{m}^3/\mathrm{d}) \approx 0.0114(\mathrm{m}^3/\mathrm{s})$$

显然，该布置满足降水量要求。

$x_1=30$m	$\lg x_1=1.477$	$x_5=34$m	$\lg x_5=1.532$
$x_2=10$m	$\lg x_2=1.000$	$x_6=30$m	$\lg x_6=1.477$
$x_3=10$m	$\lg x_3=1.000$	$x_7=10$m	$\lg x_7=1.000$
$x_4=30$m	$\lg x_4=1.477$	$x_8=10$m	$\lg x_8=1.000$
$\lg x_1 x_2 \cdots x_8=1.477+1.000+\cdots+1.000=9.963$			

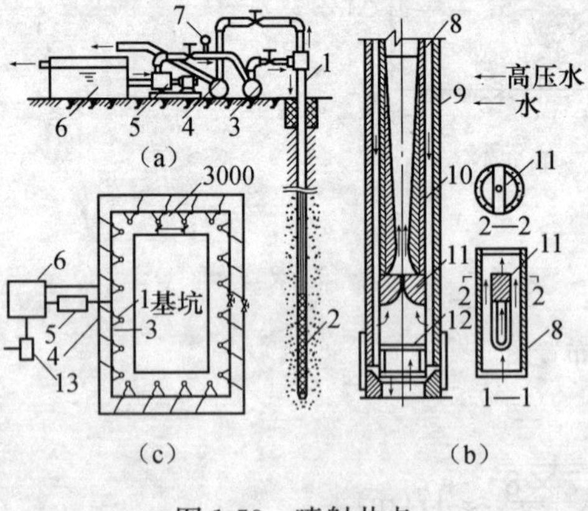

图 1-59　喷射井点

(a) 竖向布置；(b) 平面布置；(c) 喷射井管详图

1—喷射井管；2—滤管；3—进水总管；4—排水总管；5—高压力泵；6—水池；7—压力计；8—内管；9—外管；10—扩散器；11—喷嘴；12—混合室；13—水泵

3. 喷射井点

当基坑开挖较深，降水深度超过 8m 时，宜采用喷射井点。喷射井点是在井点管内部装设特制的喷射器，用高压水泵或空气压缩机通过井点管中的内管向喷射器输入高压水（喷水井点）或压缩空气（喷气井点）。喷水井点在内管下端装有升水装置（喷射扬水器）与滤管相连（图 1-59）。当高压水经内外管之间的环形空间由喷嘴喷出时，地下水即被吸入而压出地面。

喷射井点管布置、井点管的埋设等与轻型井点相同。基坑面积较大时，采用环形布置；基坑宽度小于 10m 时，采用单排线型布置；大于 10m 时作双排布置。井点间距一般为 2.0～3.5m，采用环形布置，施工设备进出口(道路)处的井点间距为 5～7m；冲孔直径为 400～600mm，冲孔深度比滤管底深1m以上。

该法由于设备较简单、排水强度大（其降水深度可达8～20m），比使用多层轻型井点降水设备少、基坑土方开挖量节省、施工速度快、费用低。

4. 电渗井点

电渗井点降水是在轻型井点或喷射井点管的内侧加设电极，通以直流电，利用黏土的电渗现象和电泳特性，使渗透系数较小（$K<0.1$m/d）的黏土空隙中的水流动加速，从而使地基排水效率得到提高。

电渗井点一般是利用轻型或喷射井点管本身作阴极，沿基坑（槽、沟）外围布置，直径50～70mm钢管或直径25mm以上钢筋作阳极，埋设在井点管环圈内侧1.25m处，上端露出地面20～40cm，入土深度比井点管深50cm。阴阳极间距：对轻型井点为0.8～1.0m；对喷射井点为1.2～1.5m，并成平行交错排列。阴阳极数量应相等，必要时阳极数量可多于阴极。阴阳极分别用BX型钢芯橡皮线或扁钢、钢筋等连成通路，并分别接到直流发电机的相应电极上，如图1-60所示，一般可用9.6～20kW的直流电焊机代替直流发电机使用；工作电压为45V或60V，土中电流密度为0.5～1.0A/m^2。为减少电耗，可在阳极上部涂以沥青绝缘。

用电渗井点排水的原理见图1-60，以井点管作负极、以打入的钢筋或钢管作正极，当通以直流电后，土颗粒即自负极向正极移动，水则自正极向负极移动后被集中排出。土颗粒的移动称电脉表现，水的移动称为电渗现象，故名电渗井点。

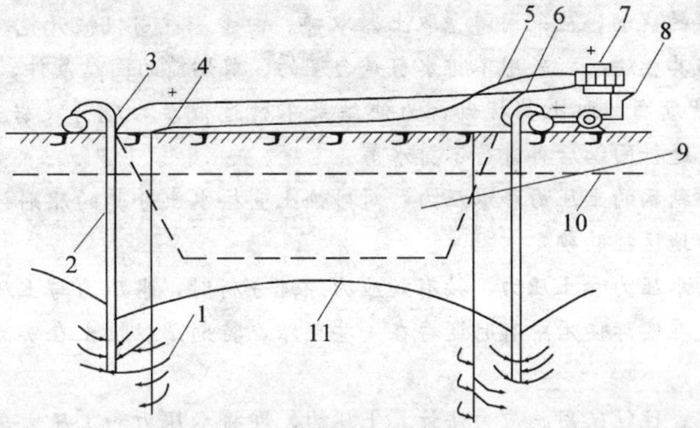

图1-60 电渗井点

1—阴极；2—阳极；3—用扁钢、螺栓或电线将阴极连通；4—用钢筋或电线将阳极连通；5—阳极与发电机连接电线；6—阴极与发电机连接电线；7—直流发动机（或直流电焊机）；8—水泵；9—基坑；10—原有地下水位线；11—降水后的地下水位线

◆ 土方边坡与降水施工相关规范链接

一、《建筑地基基础设计规范》（GB 50007—2002）关于基坑计算的一些规定：

9.1.3 基坑开挖与支护设计应包括下列内容：

1. 支护体系的方案技术经济比较和选型；

2. 支护结构的强度稳定和变形计算；

3. 基坑内外土体的稳定性验算；

4. 基坑降水或止水帷幕设计以及围护墙的抗渗设计；

5. 基坑开挖与地下水变化引起的基坑内外土体的变形及其对基础桩邻近建筑物和周边环境的影响；

6. 基坑开挖施工方法的可行性及基坑施工过程中的监测要求。

9.1.4 基坑支护结构设计应从稳定、强度和变形等三个方面满足设计要求：

1. 稳定：指基坑周围土体的稳定性，即不发生土体的滑动破坏，因渗流造成流砂、流土、管涌以及支护结构、支撑体系的失稳；

2. 强度：支护结构，包括支撑体系或锚杆结构的强度应满足构件强度设计的要求；

3. 变形：因基坑开挖造成的地层移动及地下水位变化引起的地面变形，不得超过基坑周围建筑物、地下设施的允许变形值，不得影响基坑工程基桩的安全或地下结构的施工。基坑工程施工过程中的监测应包括对支护结构的监测和对周边环境的监测。随基坑开挖，通过对支护结构桩、墙及其支撑系统的内力、变形的测试，掌握其工作性能和状态。通过对影响区域内的建筑物、地下管线的变形监测，了解基坑降水和开挖过程中对其影响的程度，作出在施工过程中基坑安全性的评价。

9.1.5 支护结构的荷载效应应包括下列各项：土压力；静水压力、渗流压力、承压水压力；基坑开挖影响范围以内建（构）筑物荷载、地面超载、施工荷载及邻近场地施工的作用影响；温度变化（包括冻胀）对支护结构产生的影响；临水支护结构尚应考虑波浪作用和水流退落时的渗透力；作为永久结构使用时尚应按有关规范考虑相关荷载作用。

9.1.8 饱和黏性土应采用在土的有效自重压力下预固结的不固结不排水三轴试验确定抗剪强度指标，并宜采用薄壁取土器取样。

基坑工程设计时，土性指标、计算方法、安全度是统一考虑的，故土的抗剪强度指标应慎重选取，这一点必须加以强调。三轴试验受力明确，又可控制排水条件，因此，在基坑工程中确定土的强度指标时规定应采用三轴剪切试验方法。

为减少取土时对土样的扰动，应采用薄壁取土器取样。由于基坑用机械开挖，速度较快，支护结构上的土压力形成很快，为与其相适应，采用不排水剪是合理的。剪切前的固结条件，应根据土的渗透性而定。对饱和软黏土，由于灵敏度高，取土易扰动，为使结果不致过低，按现行《岩土工程勘察规范》（GB 50021），可在自重压力下进行固结后再进行不排水剪。

9.1.10 作用于支护结构的土压力和水压力，对砂性土宜按水土分算的原则计算；对黏性土宜按水土合算的原则计算；也可按地区经验确定。

处于地下水位以下的水压力和土压力，按有效应力原理分析时，水压力与土压力是分开计算的。这种方法概念比较明确。但是在实际使用中有时还存在一些困难，特别是黏性土在实际工程中孔隙水压力往往难以确定。

因此，在许多情况下，往往采用总应力法计算土压力，即将水压力和土压力合算，各地对此都积累有一定的工程实践经验。然而，在这种方法中亦存在一些问题，如低估了水压力的作用，对这些复杂性必须有足够的认识。通常，由于黏性土渗透性弱，地下水对上颗粒不易形成浮力，故宜采用饱和重度，用总应力强度指标水土合算，其计算结果中已包括了水压力的作用。但当支护结构与周围土层之间能形成水头时，仍应单独考虑水压力的作用。对地下水位以下的粉土、砂土、碎石土，由于其渗透性强，地下水对土颗粒可形成浮力，故应采用水土分算。水压力可按静水压力计算。

9.1.11 主动土压力、被动土压力可采用库仑或朗肯土压力理论计算。当对支护结构水平位移有严格限制时，应采用静止土压力计算。

自然状态下的土体内水平向有效应力，可认为与静止土压力相等。土体侧向变形会改变其水平应力状态。最终的水平应力，随着变形的大小和方向可呈现出两种极限状态（主动极限平衡状态和被动极限平衡状态），支护结构处于主动极限平衡状态时，受主动土压力作用，是侧向土压力的最小值。库仑土压理论和朗肯土压理论是工程中常用的两种经典土压理论，无论用库仑或朗肯理论计算土压力，由于其理论的假设与实际工作情况有一定的出入，只能看作是近似的方法，与实测数据有一定差异。一些试验结果证明，库仑土压力理论在计算主动土压力时，与实际较为接近。在计算被动土压力时，其计算结果与实际相比，往往偏大。

静止土压力系数 k_0 值随土体密实度、固结程度的增加而增加，当土层处于超压密状态时，k_0 值的增大尤为显著。静止土压力系数 k_0 宜通过试验测定。当无试验条件时，对正常固结土可按表 9.1.11 估算。

表 9.1.11　静止土压力系数 k_0

土　类	坚硬土	硬—可塑黏性土 粉质黏土、砂土	可塑—软塑黏性土	软塑黏性土	流塑黏性土
k_0	0.2～0.4	0.4～0.5	0.5～0.6	0.6～0.75	0.75～0.8

对于不允许位移的支护结构，在设计中要按静止土压力作为侧向土压力。

9.1.12　当按变形控制原则设计支护结构时，作用在支护结构的计算土压力可按支护结构与土体的相互作用原理确定，也可按地区经验确定。

作用在支护结构上的土压力及其分布规律取决于支护体的刚度及横向位移条件。刚性支护结构的土压力分布可由经典的库仑和朗肯土压理论计算得到，实测结果表明，只要支护结构的顶部的位移不小于其底部的位移，土压力沿垂直方向分布可按三角形计算。但是，如果支护结构底部位移大于顶部位移，土压力将沿高度呈曲线分布，此时，土压力的合力较上述典型条件要大 10%～15%，在设计中应予注意。柔性支护结构的位移及土压力分布情况比较复杂，设计时应根据具体情况分析，选择适当的土压力值，有条件时土压力值应采用现场实测、反演分析等方法总结地区经验，使设计更加符合实际情况。

9.1.13　当地下水有渗流作用时，地下水的作用应通过渗流计算确定。

9.2　设计计算

9.2.1　基坑开挖与支护计算时，应根据场地的实际上层分布、地下水条件、环境控制条件，按基坑开挖施工过程的实际工况设计。支护结构构件截面设计时，荷载效应组合的设计值应按本规范公式 $S=1.35S_K\leqslant R$ 确定。

9.2.2　基坑开挖与支护应进行稳定性验算。基坑稳定安全系数取值，当有地区工程经验时应以地区经验为准。各项稳定验算要求如下：桩式、墙式支护结构的抗倾覆稳定和抗水平推移稳定，可按公式：

$$\frac{M_p}{M_a}=\frac{E_p b_p}{E_a b_a}\geqslant 1.3 \tag{T.0.1}$$

式中　E_p，b_p——分别为被动侧土压力的合力及合力对支护结构底端的力臂；

E_a，b_a——分别为主动侧土压力的合力及合力对支护结构底端的力臂。

$$\frac{E_{pk}b_k+\Sigma T_i a_i}{E_{ak}\cdot a_k}\geqslant 1.3 \tag{U.0.1}$$

T.0.1　悬臂，桩式、墙式悬臂支护结构的最大弯矩位置在基坑面以下可根据剪力为零的条件确定。

U.0.1　锚撑，锚撑式支护结构的计算尚应符合以下规定：

1. 应逐层计算基坑开挖过程中每层支撑设置前支护结构的内力，达到最终挖土深度后，应验算支护结构抗倾覆的稳定性；当基坑回填过程需要拆除或替换支撑时，尚应计算相应状态下支护结构的稳定性及内力；

2. 应根据支护结构嵌固段端点的支承条件合理选定计算方法，可按等值梁法、静力平衡法或弹性抗力法计算内力；

3. 假定支撑为不动支点，且下层支撑设置后，上层支撑的支撑力保持不变。

整体抗滑稳定按公式 5.4.1 验算：

$$M_R/M_S\geqslant 1.2 \tag{5.4.1}$$

式中　M_R——抗滑力矩；

M_S——滑动力矩。

坑底抗隆起稳定按公式 V.0.1 验算：

$$\frac{N_c\cdot\tau_0+\gamma\cdot t}{\gamma(h+t)+q}\geqslant 1.6 \tag{V.0.1}$$

式中　N_c——承载力系数，条形基础时取 $N_c=5.14$；

τ_0——抗剪强度，由十字板试验或三轴不固结不排水试验确定（kPa）；

γ——土的重度（kN/m³）；

t——支护结构入土深度（m）；

h——基坑开挖深度（m）；

q——地面荷载（kPa）。

坑底抗渗稳定按公式 W. 0. 1 验算：

$$\frac{\gamma_m(t+\Delta t)}{P_w}\geqslant 1.1 \tag{W. 0. 1}$$

式中 γ_m——透水层以上土的饱和重度（kN/m³）；

$t+\Delta t$——透水层顶面距基坑底面的深度（m）；

P_w——含水层水压力（kPa）。

深基坑的稳定问题直接与支护结构体系的变形、稳定以及基坑的工程地质、水文地质条件有关。基坑失稳的形态和原因是多种多样的，由于设计上的过错、漏项或施工不慎，均可造成基坑失稳。基坑失稳可分为两种主要的形态：

1. 因基坑土体的强度不足、地下水渗流作用而造成基坑失稳，包括基坑内外侧土体整体滑动失稳；基坑底土因承载力不足而隆起；地层因承压水作用、管涌、渗漏等等。

基坑的渗流稳定性可以分两种情况，一种是坑底面以下有透水层时，若抗渗流稳定安全系数不满足要求时应采取降水（降压）措施。另一种情况是当支护桩以下一定范围内无透水层时，以基坑底面处坑内外水头差 h' 作为计算压力差，但由于水头差至支护桩底已损失 50%，故支护桩底面处的水压力为：$\gamma_w(0.5h'+t)$，此值必须小于上覆土重一定数值作为安全储备。

2. 因支护结构（包括桩、墙、支撑系统等）的强度、刚度或稳定性不足引起支护结构系统破坏而造成基坑倒塌、破坏。

9. 2. 3 桩式、墙式支护结构可根据静力平衡条件初步选定墙体的入土深度，在进行整体稳定性和墙体变形验算后综合确定墙体的入土深度。当坑底为饱和土时，应进行坑底抗隆起验算，有渗流时尚应进行抗渗流稳定的验算。

为了基坑的安全施工和坑底周围土体的稳定，支护结构必须有一定的插入坑底以下土中的深度（又称嵌入深度），这个深度直接关系到基坑工程的稳定性，且较大程度地影响工程的造价。支护结构的嵌入深度，目前常采用极限平衡法计算确定。根据支护结构可能出现的位移条件，在桩墙的相应部位分别取主动土压力或被动土压力，形成静力极限平衡的计算简图。当入土深度较大时，桩、墙下端可能出现反弯点，反弯点下的力系考虑反弯点下桩墙段在土中出现的反向位移的情况。对于悬臂式支护桩，桩前后土压力分布如图 9.2.3 所示。计算得到的 t 值需乘以 1.1 的安全系数作为设计入土深度。

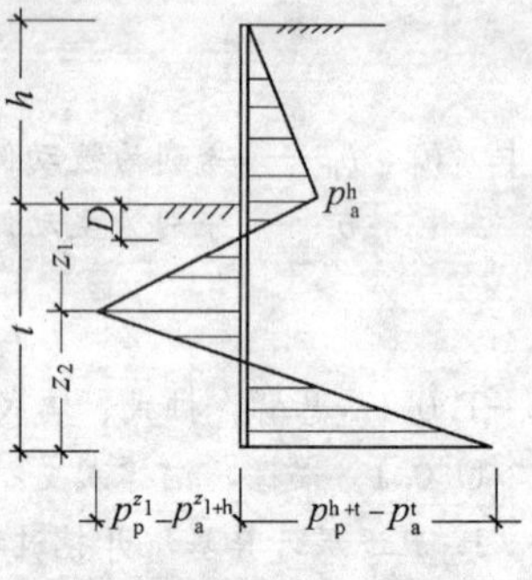

图 9. 2. 3 桩前后土压力分布

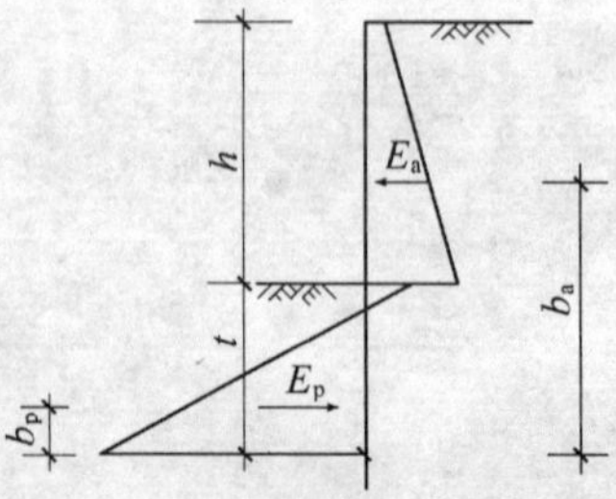

图 T. 0. 1 悬臂式结构计算简图

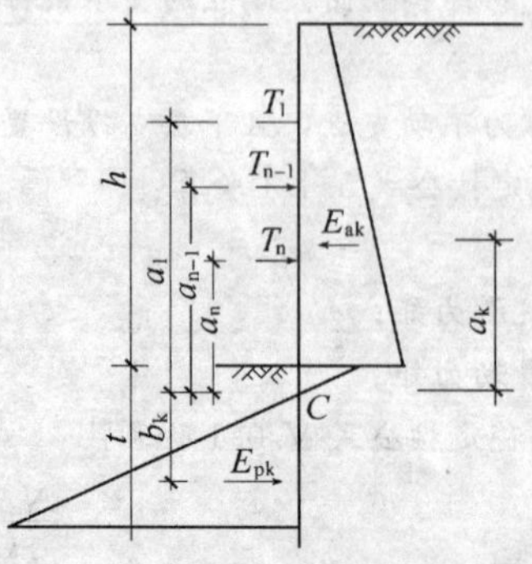

图 U. 0. 1 桩式、墙式锚撑支护结构计算

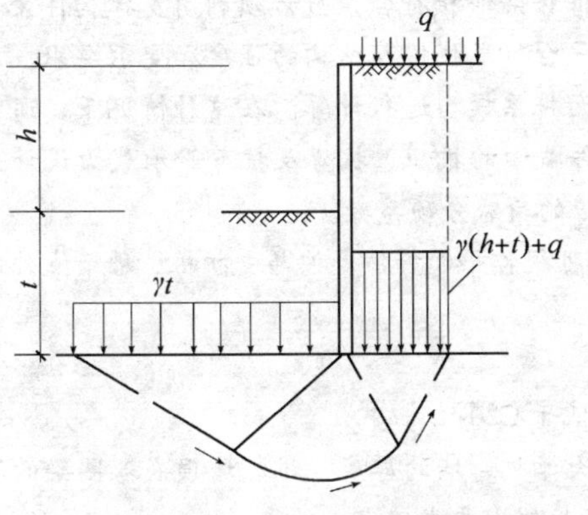

图 V.0.1　基坑底抗隆起稳定性验算示意

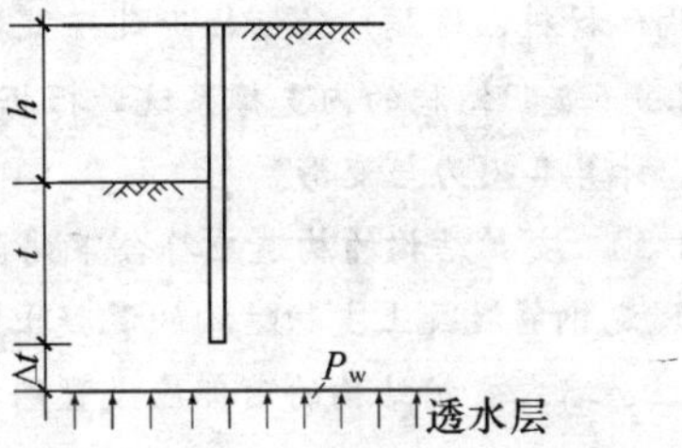

图 W.0.1　基坑底抗渗流稳定验算示意

9.2.4　悬臂支护结构，宜按静力平衡法进行计算分析并应符合本规范附录 T 的规定；带支撑或锚杆支护结构宜按侧向弹性地基反力法进行计算分析并应符合本规范附录 U 的规定，同时应考虑支撑或锚定点的位移、支撑刚度及施工工况等的影响。

9.2.7　预应力土层锚杆的设计应符合下列规定：

1. 土层锚杆锚固段不宜设置在未经处理的软弱土层、不稳定土层和不良地质地段。

2. 锚杆锚固体上排和下排间距不宜小于 2.5m；水平方向间距不宜小于 1.5m。锚杆锚固段上覆土层厚度不宜小于 4.0m；锚杆的倾角宜为 150°～350°。

3. 锚杆杆体材料宜选用钢绞线或热轧带肋钢筋，当锚杆抗拔极限承载力小于 500kN 时，可采用 HRB 335 级或 HRB 400 级钢筋。

4. 锚杆预应力筋的截面面积按下式确定：

$$A \geqslant 1.35 \frac{N_t}{\gamma_p \cdot f_{pt}}$$

式中　N_t——荷载效应标准组合下，单根锚杆所承受的拉力值；

γ_p——张拉应力控制系数，对热处理钢筋宜取 0.65，对钢绞线宜取 0.75；

f_{pt}——钢筋、钢绞线强度设计值。

5. 锚杆锚固段在最危险滑动面以外的有效计算长度应满足稳定计算要求，且自由段长度不得少于 5m。

6. 锚杆轴向拉力特征值应按本规范附录 X 土层锚杆试验确定。

7. 锚杆应在锚固体和外锚头强度达到 15.0MPa 以上后逐根进行张拉锁定，张拉荷载宜为设计轴向拉力的 1.05～1.1 倍，并应在稳定 5～10min 后，退至锁定荷载锁定。锚杆锁定拉力可取锚杆最大轴向拉力值的 0.7～0.85 倍。

考虑锚杆群锚效应，规定了锚杆上下、水平锚固体的最小距离。这里指的是锚固体间距而不是锚杆布置时的间距，当锚杆布置时的间距较小时，可考虑调整锚杆角度等方法确保锚固体的最小间距。保证锚杆自由段长度是为了施加预应力并防止预应力过大损失的需要。锚杆锚固段长度 L_a 应由基本试验确定。

9.2.8　支护结构的内支撑必须采用稳定的结构体系和连接构造，其刚度应满足变形计算要求。对排桩式支护结构应设置帽梁和腰梁。

柱列式或板墙式支护结构，墙体厚度通常较小，必须靠支撑结构才能建立起整体刚度。此外挡土结构所受的外力作用也不同于其他结构，除了场地的岩土工程性质外，还受到环境条件、施工方法、时空效应等诸多因素的影响。支撑结构的设计必须适应上述的特殊情况采用稳定的结构体系，连接构造必须确保传力和变形协调的可靠性。通常采用多次超静定结构形式，即使局部构件失效也不致影响整个支撑结构的稳定。平面支撑体系可以直接支撑两端围护墙上所受到的部分侧压力，且构造简单、受力明确，适用范围较广。但当构件长度较大时，应考虑弹性压缩对基坑位移的影响。此外，当基坑两侧的水平作用力相差悬殊时，支护结构计算模型的边界条件应与支护结构的实际位移条件相符合。当必须利用支撑构件兼作施工平台或栈桥时，除应满足本章有关规定外，尚应满足作业平台（或栈桥）结构的强度和变形要求。在目前条件下，国内大多数基坑支护结构的内力和变形都采用平面杆系模型进行计算。在这种情况下，通常把支撑结构视为平面框架，用平面杆系模型进行分析。支撑构件截面的抗压、抗弯及抗剪等承载力设计应根据所选择的构件材料，按相应的结构设计规范执行，采用相应的荷载分项系数。

9.2.9 支护结构的内支撑系统，根据其布置形式，可视作平面杆件，按与支护桩、墙节点处的变形协调条件，计算其内力与变形。

9.2.10 支护结构的构造应符合下列要求：

1. 现浇钢筋混凝土支护结构的混凝土强度等级不得低于C20；

2. 桩、墙式支护结构的顶部应设置圈梁，其宽度应大于桩、墙的厚度。桩、墙顶嵌入圈梁的深度不宜小于50mm；桩、墙内竖向钢筋锚入圈梁内的长度宜按受拉锚固要求确定；

3. 支撑和腰梁的纵向钢筋直径不宜小于16mm；箍筋直径不应小于8mm。

10.2.3 预应力锚杆施工完成后应对锁定的预应力进行监测，监测锚杆数量不得少于总数的10%，且不得少于6根。预应力锚杆施加的预应力实际值因锁定工艺不同和基坑及周边条件变化而发生改变，需要监测。

二、《建筑边坡工程技术规范》(GB 50330—2002) 部分规定：

3.4.2 一级边坡工程应采用动态设计法。应提出对施工方案的特殊要求和监测要求，应掌握施工现场的地质状况、施工情况和变形、应力监测的反馈信息，必要时对原设计做校核、修改和补充。

3.4.3 二级边坡工程宜采用动态设计法。

3.4.5 规模大、破坏后果很严重、难以处理的滑坡、危岩、泥石流及断层破碎带地区，不应修筑建筑边坡。

3.4.6 山区地区工程建设时宜根据地质、地形条件及工程要求，因地制宜设置边坡，避免形成深挖高填的边坡工程。对稳定性较差且坡高较大的边坡宜采用后仰放坡或分阶放坡。分阶放坡时水平台阶应有足够宽度，否则应考虑上阶边坡对下阶边坡的荷载影响。

3.4.7 当边坡坡体内洞室密集而对边坡产生不利影响时，应根据洞室大小、深度及与边坡的关系等因素采取相应的加强措施。

3.4.8 边坡工程的平面布置和立面设计应考虑对周边环境的影响，做到美化环境，体现生态保护要求。边坡坡面和坡脚应采取有效的保护措施，坡顶应设护栏。

3.4.9 下列边坡工程的设计及施工应进行专门论证：

1. 超过本规范适用范围的建筑边坡工程；

2. 地质和环境条件很复杂、稳定性极差的边坡工程；

3. 边坡邻近有重要建（构）筑物、地质条件复杂、破坏后果很严重的边坡工程；

4. 已发生过严重事故的边坡工程；

5. 采用新结构、新技术的一、二级边坡工程。

3.4.10 在边坡的施工期和使用期，应控制不利于边坡稳定的因素产生和发展。不应随意开挖坡脚，防止坡顶超载。应避免地表水及地下水大量渗入坡体，并应对有利于边坡稳定的相关环境进行有效保护。

三、坡顶有重要建（构）筑物的边坡工程设计

1. 坡顶有重要建（构）筑物的边坡工程设计应符合下列规定：

(1) 应根据基础方案、构造作法和基础到边坡的距离等因素，考虑建筑物基础与边坡支护结构的相互作用；

(2) 当坡顶建筑物基础位于边坡潜在塌滑区时，应考虑建筑物基础传递的垂直荷载、水平荷载和弯矩对边坡支护结构强度和变形的影响；

(3) 基础邻近边坡边缘时，应考虑边坡对地基承载力和基础变形的影响，并对基础稳定性进行验算；

(4) 应考虑建筑基础和施工过程引起地下水变化造成的影响。

2. 在已有重要建（构）筑物邻近新建永久性挖方边坡工程时，应采取下列措施防止边坡工程对建筑物产生不利影响：

(1) 不应使建（构）筑物的基础置于有临空且稳定性极差的外倾软弱结构面的岩体上和稳定性极差的

土质边坡塌滑区外边缘；

(2) 无外倾软弱结构面的岩质边坡和土质边坡，支护结构底部外边缘到基础间应有一定的水平安全距离，其值可根据不同计算方法综合比较并结合当地工程经验确定；

(3) 抗震设防烈度大于6度时，不宜使重要建（构）筑物基础位于高陡的边坡塌滑区边缘。当边坡坡顶塌滑区有荷载较大的高层建筑物时，边坡工程安全等级应适当提高。

3. 在已建边坡坡顶附近新建重要建（构）筑物时，边坡支护结构和建筑物基础设计应符合下列规定：

(1) 应避免新建高、重建（构）筑物产生的垂直荷载直接作用在边坡潜在塌滑体上；应采取桩基础、加深基础、增设地下室或降低边坡高度等措施，将建筑物的荷载传至边坡潜在破裂面以下足够深度的稳定岩土层内；

(2) 当新建建筑物的部分荷载作用于现有的边坡支护结构上而使后者的安全度和耐久性不满足要求时，尚应对现有支护结构进行加固处理，保证建筑物正常使用；

(3) 在已建挡墙坡脚新建建（构）筑物时，其基础和地下室等宜与边坡有一定的距离，避免对边坡稳定造成不利影响，否则应采取措施处理；

(4) 位于稳定土质或强风化岩层边坡坡顶的挡墙和建（构）筑物基础，其埋深和基础外边缘到坡顶边缘的水平距离应按现行有关标准的要求应进行局部稳定性验算。

4. 边坡工程监测报告应包括下列内容：

(1) 监测方案；

(2) 监测仪器的型号、规格和标定资料；

(3) 监测各阶段原始资料和应力、应变曲线图；

(4) 数据整理和监测结果评述；

(5) 使用期监测的主要内容和要求。

第五节　土方的挖填与压实

一、土方开挖[1]

(一) 土方开挖的技术要求

1. 土方开挖应遵循“大基坑、小开挖”的原则，挖土应分块、分层、对称进行。

2. 挖土必须以满足围护设计受力工况为前提条件，根据基坑监测情况适时调整挖土进度、流向和方法。

3. 土方开挖应在围护桩、支撑梁、压顶梁和围檩等支护结构强度达到设计强度的80%后进行，挖至坑底标高后进行局部深坑处理并尽快施工基础，尽量减少基坑暴露时间，以有效控制围护结构变形。

4. 支撑、围檩、压顶梁等支护结构上严禁挖土机直接碾压。不得不在支撑上通过时应在支撑上留有200mm厚土层，并在土层上设置路基箱板垫衬后方可通行。

5. 有降水需要的基坑开挖，要提前安排降水，降水持续运行稳定并使地下水降至设计位置，基坑土梳干后，再挖土，遵照先排水后挖土原则。

6. 挖土深度在机械挖土后留200～300mm厚由人工修整，严禁超挖。

---

[1] 《建筑地基基础设计规范》(GB 50007—2002) 规定：

9.1.4　基坑开挖与支护设计应具备下列资料：①岩土工程勘察报告；②建筑总平面图、地下管线图、地下结构的平面图和剖面图（为基坑工程设计而提供的建筑总平面图，应标明用地的红线范围）；③邻近建筑物和地下设施的类型、分布情况和结构质量的检测评价。

7. 深基坑挖土可用挖土机翻土，利用传送带上运的方案。

8. 挖土过程中严禁挖土机碰撞、冲抓、碾压工程桩和支撑梁、钢格构柱等结构构件。

9. 挖运土方过程中加强对各类监测点的保护工作，设置明显的保护标记。

10. 土方开挖期间，设专人定时检查基坑稳定情况，发现问题及时通知相关的技术人员以便及时处理。现场要有土方工程施工应急预案并配备必要的应急物资。

（二）土方开挖的方法

土方开挖常用的方法是直接分层开挖、有支撑的分层开挖、盆式开挖、岛式开挖及逆作法开挖等，工程中可根据具体条件选用。

1. 基坑土方开挖形式

（1）放坡直接分层开挖

放坡开挖适合于基坑四周空旷、有足够的放坡场地、周围没有建筑设施或地下管线的情况。在软弱地基条件下，不宜挖深过大，一般控制在 6～7m 左右；在坚硬土中，则不受此限制。临时性挖方的边坡值应符合表 1-14 的规定。

表 1-14　临时性挖方边坡值

土的类别		边坡值（高：宽）
砂土（不包括细砂、粉砂）		1∶1.25～1∶1.50
一般性黏土	硬	1∶0.75～1∶1.00
	硬、塑	1∶1.00～1∶1.25
	软	1∶1.50 或更缓
碎石类土	充填坚硬、硬塑黏性土	1∶0.50～1∶1.00
	充填砂土	1∶1.00～1∶1.50

注：1. 设计有要求时，应符合设计标准。
2. 如采用降水或其他加固措施，可不受本表限制，但应计算复核。
3. 开挖深度，对软土不应超过 4m，对硬土不应超过 8m。

放坡直接分层开挖施工方便，挖土机作业时没有障碍，工效高，可根据设计要求分层开挖或一次挖至坑底；基坑开挖后基础结构施工作业空间大，施工工期短。

（2）有支护的基坑开挖

有支护的基坑开挖包括有内支撑和无内支撑支护的基坑开挖。无内支撑支护有悬臂式、拉锚式、重力式、土钉墙等，该种支护的土壁可垂直向下开挖，不需要在基坑边四周有很大的场地，可用于场地狭小、土质又较差的情况。同时，在地下结构完成后，其基坑土方回填工作量也小。

有内支撑支护基坑土方开挖比较困难，其土方分层开挖主要考虑与支撑结构施工的相协调。图 1-61 是一个有 2 道支撑的基坑土方开挖及支撑设置的施工过程示意图，从图中可见：在有内支撑支护的基坑中进行土方开挖，受内支撑影响比较大，其施工困难。

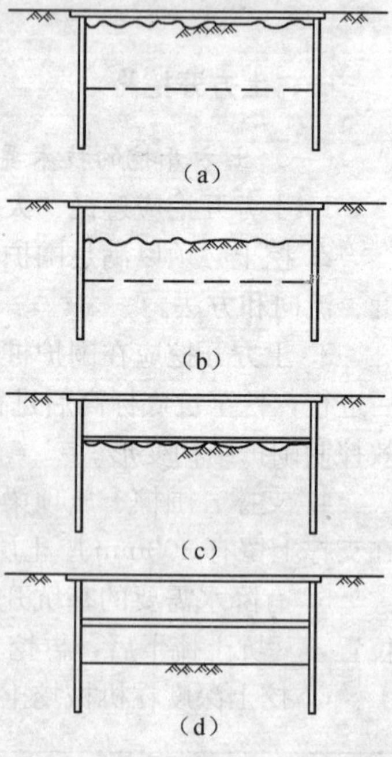

图 1-61　有内支撑支护土方开挖
(a) 浅层挖土、设置第一层支撑；(b) 第二层挖土；(c) 设置第二层支撑；(d) 开挖第三层土

（3）盆式开挖

盆式开挖适合于基坑面积大、支撑或拉锚作业困难且无法放坡的基坑。它的开挖过程是先开挖基坑中央部分，形成盆式

（图 1-62），此时可利用留下的土坡来保证支护结构的稳定，此时的土坡相当于“土边坡支撑”。在地下室结构达到一定强度后开挖留坡部位的土方，并按“随挖随撑、先撑后挖”的原则，在支护结构和“中心岛”之间设置支撑（图 1-62c）。最后再施工边缘部位的地下室结构（图 1-62d）。

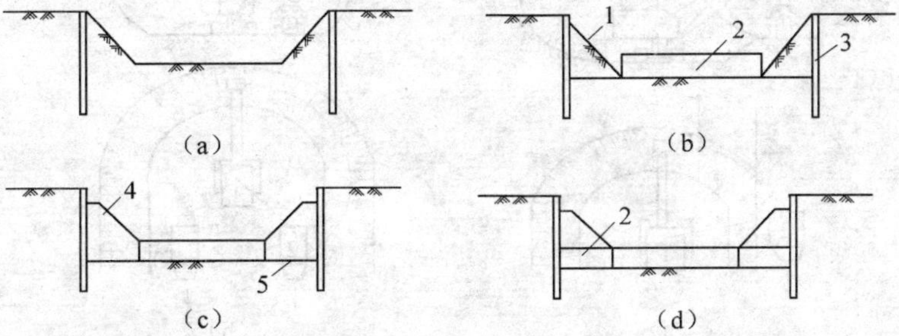

图 1-62　盆式开挖方法

（a）中心挖土；（b）中心地下结构施工；

（c）边缘土方开挖及支撑设置；（d）边缘地下结构施工

1—边坡留土；2—基础底板；3—支护墙；4—支撑；5—坑底

盆式开挖方法支撑用量小、费用低、盆式部位土方开挖方便，这在基坑面积很大的情况下尤显出优越性，因此，在大面积基坑施工中非常适用。但这种施工方法对地下室结构需设置后浇带或在施工中留设施工缝；地下结构分两阶段施工，对结构整体性及防水性有一定的影响。

（4）岛式开挖

当基坑面积较大，地下室底板设计有后浇带或可以留施工缝时，可采用岛式开挖方法（图 1-63）。

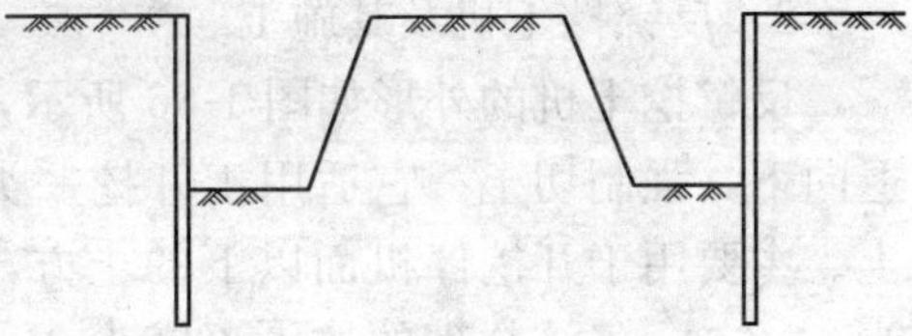

图 1-63　岛式开挖方法

这种方法与盆式开挖相反，是先开挖边缘部分的土方，将基坑中央的土方暂时留置，该土方具有反压作用，可有效地防止坑底土的隆起，有利于支护结构的稳定。必要时还可以在留土区与挡土墙之间架设支撑。在边缘土方开挖到基底以后，先浇筑该区域的底板，以形成底部支撑，再开挖中央部分的土方。

2. 土方机械开挖

基坑土方开挖一般采用挖土机进行施工，对大型的、较浅的基坑有时也可采用推土机。挖土机在施工中一般需有运土汽车与之配合作业。

（1）挖土机械

挖土机械按照行走方式分为履带式和轮胎式两种。按照传动方式分为机械传动式和液压传动两种。挖土机利用土斗直接挖土（因此也称为单斗挖土机），斗容量有 0.2m^3，0.4m^3，1.0m^3，1.5m^3，2.5m^3 等多种。单斗挖土机按照土斗作业方式分为正铲、反铲、拉铲和抓铲，使用较多的是前三种。

1）正铲挖土机及其施工

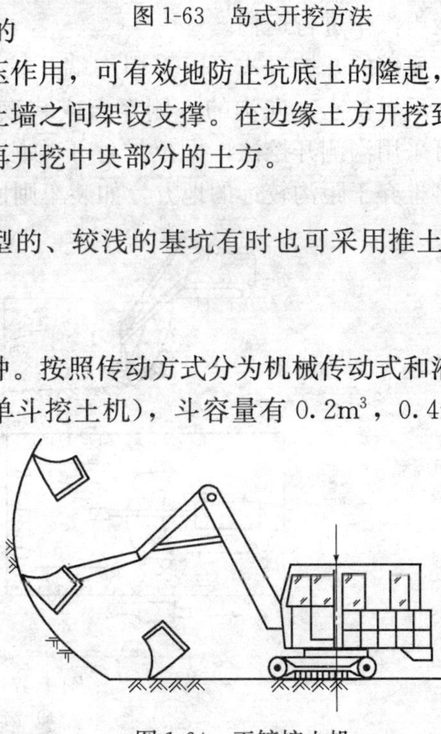

图 1-64　正铲挖土机

正铲挖土机外形如图 1-64 所示，其作业特点是：前进向上，强制切土。它适用于开挖停机面以上的土方，且需与汽车配合完成整个挖运工作。正铲挖土机挖掘力大，适用于开挖含水量较小的一类～四类土和经爆破的岩石及冻土。一般用于大型基坑开挖，也可用于场地平整施工。

正铲挖土机的开挖方式根据开挖路线与汽车相对位置的不同分为正向开挖、侧向卸土以及正向开挖、后方卸土两种（图 1-65），前者生产率较高。

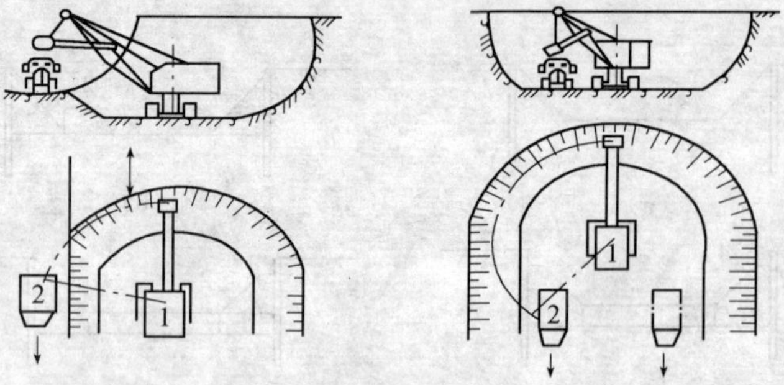

图 1-65　正铲挖土机作业方式

(a) 正向挖土、侧向卸土；(b) 正向挖土、后方卸土

1—正铲挖土机；2—自卸汽车

正铲挖土机的生产率主要取决于每斗作业的循环延续时间。为了提高其生产率，除了工作面高度必须满足装满土斗的要求之外，还要考虑开挖方式和与运土机械的配合，尽量减少回转角度，缩短每个循环的延续时间。

2）反铲挖土机及其施工

反铲挖土机的外形如图 1-66 所示，其作业特点是：后退向下，强制切土。它适用于开挖一类～三类的砂土或黏土。主要用于开挖停机面以下的土方，一般最大挖土深度为 4～6m，经济合理的挖土深度为 3～5m。反铲也需要配备运土汽车进行运输。

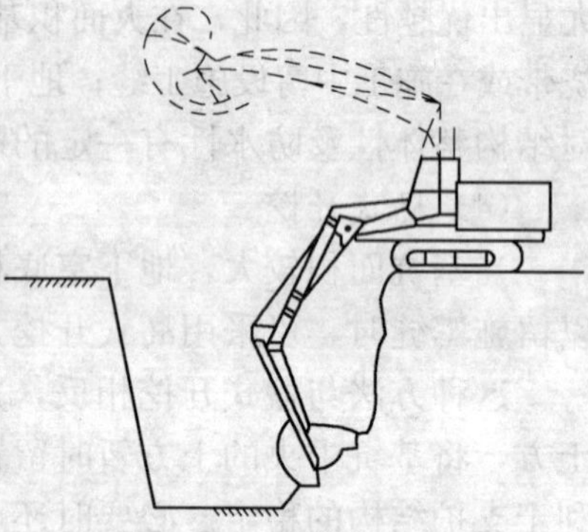

图 1-66　反铲挖土机

反铲的开挖方式可以采用沟端开挖法，即反铲停于沟端，后退挖土，向沟的一侧弃土或装汽车运走(图1-67a)；也可采用沟侧开挖法，即反铲停于沟侧，沿沟边开挖，它可将土弃于距沟较远的地方，如装车则回转角度较小，但边坡不易控制（图 1-67b)。

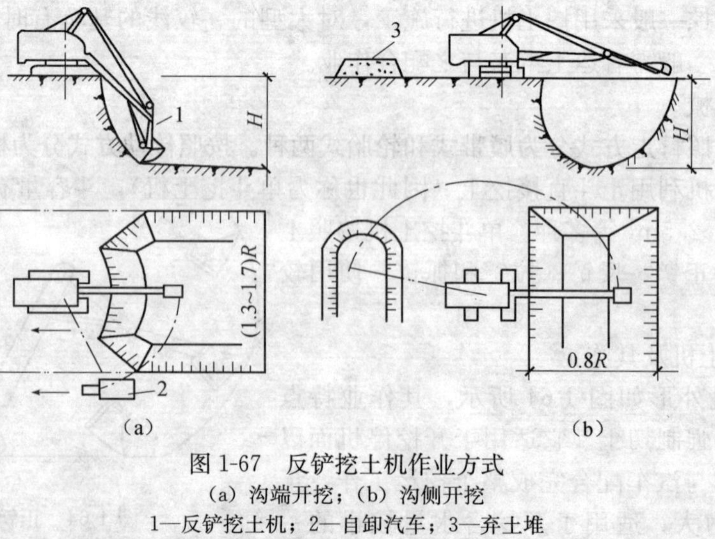

图 1-67　反铲挖土机作业方式

(a) 沟端开挖；(b) 沟侧开挖

1—反铲挖土机；2—自卸汽车；3—弃土堆

3）拉铲挖土机及其施工

拉铲挖土机的外形如图 1-68 所示，拉铲挖土时，依靠土斗自重及拉索拉力切土，卸土时斗齿朝下，利用惯性，较湿的黏土也能卸尽。但其开挖的边坡及坑底平整度较差，需更多的人工修坡（底）。它适用于开挖停机面以下的一类～三类土，其特点是开挖的深度和宽度均较大，可用于开挖较大的基坑（槽）和沟渠以及挖取水下泥土，也可用于大型场地平整、填筑路基和堤坝等。拉铲的开挖方式和反铲一样，也有沟端开挖和沟侧开挖两种。

4）抓铲挖土机及其施工

机械传动抓铲挖土机的外形如图 1-69 所示，它适用于开挖较松软的土。对施工面狭窄而深的基坑、深槽、深井采用抓铲可取得理想效果，也可用于场地平整中土堆与土丘的挖掘。抓铲还可用于挖取水中淤泥，装卸碎石、矿渣等松散材料。抓铲也有采用液压传动操纵抓斗的。

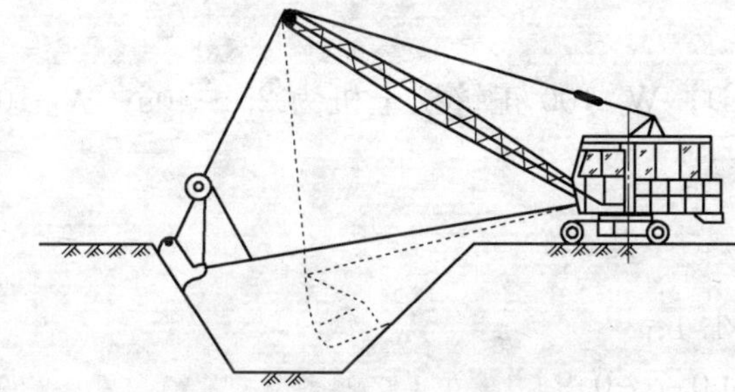

图 1-68　拉铲挖土机

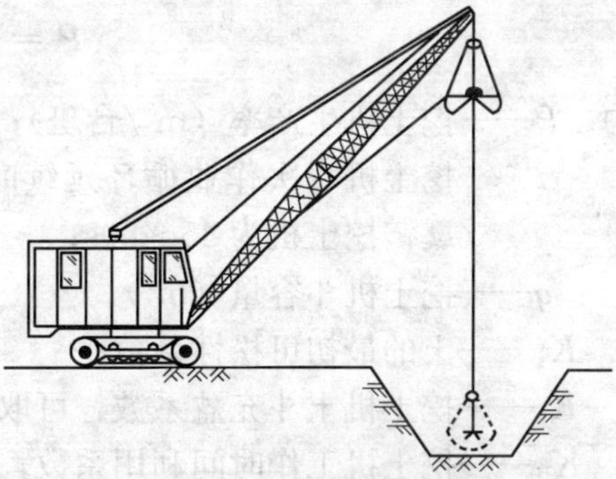

图 1-69　抓铲挖土机

抓铲挖土时，通常立于基坑一侧进行，对较宽的基坑则在两侧或四侧抓土。抓挖淤泥时，抓斗容易被淤泥“吸住”，应避免起吊用力过猛，以防翻车。

（2）水力和水中开挖

水力开挖是依靠水的力量开采土方，这类机械主要指水枪；水中开挖是指在水下开挖土方，水下开挖机械主要指吸泥船。

1）水枪开挖

①水枪开挖施工特点。水枪是由管道输送高压水，经过喷嘴形成高速射流（流速要达 20～30m/s），将干土冲成泥浆，泥浆再沿一定坡度的输泥渠自流到填筑地或弃土坑，泥浆也可以由吸泥泵经管道输送到填筑地或弃土坑。水力冲填坝就是利用该法施工的坝型。

②水枪开挖土方施工方法。根据土方施工特点的需要，可将水枪的基座支于地面上冲采开挖面的土方，也可以利用浮筒浮于水面上冲击基坑四壁的土方。水枪在平面上能回转 360°，在立面上也可仰俯 50°～60°，开采比较方便，但需要有充足的水源条件。

③水枪开挖注意问题。利用水枪进行基础开挖具有较高的经济效益，但开挖时应防止对地基的破坏，为此，开挖到离基底设计标高之前要预留一定厚度的保护层。

④水枪开挖适宜条件。水枪开挖最适合砂土、亚黏土、淤泥等，对于开采干硬黏上时，可先用爆破法、钻孔渗水法、松土机松土法将要开挖的土预先松软，水冲时，泥浆浓度就大，水枪冲土的生产效率就会提高。

2）吸泥船（也叫吸式挖泥船）

①使用范围。水下开挖、河道疏淤、水库清淤、湖泊清淤、港口清淤等。

②组成构造。主要有泥浆泵、动力设备（电动机）、各种输泥管道、绞刀等。

③工作原理。工作时启动泥浆泵，操纵铰车和钢索滑轮组，将绞刀架沉入水底，然后开动绞刀电动机，经传动轴带动绞刀旋转，将工作面处的泥砂翻松，并与水混成泥浆。在泥浆泵的吸取作用下，泥浆经吸泥管端部被吸入，然后由泥浆泵压出，经过架设在浮筒上的输泥管道，将泥浆送到排泥地点。挖泥时除吸泥管不断吸取外，还要借助船首两侧的边锚，配合船尾的定位桩，使船体和绞刀架左右摆动进行采挖。

3. 挖土机与运土车辆的配套计算

当挖土机挖出的土方需要运土车辆运走时，挖土机的生产率不仅取决于本身的技术性能，而且还取决于所选的运输工具是否与之协调。

(1) 挖土机台班生产率

根据挖土机的技术性能，其生产率可按下式计算：

$$P=\frac{8\times 3600}{t}q\frac{K_c}{K_s}K_B \tag{1-42}$$

式中 P——挖土机生产率（m^3/台班）；

t——挖土机每次作业循环延续时间（s）；W_1-100 正铲挖土机为 25～40s；W_1-100 反铲挖土机为 45～60s；

q——挖土机斗容量（m^3）；

K_s——土的最初可松性系数；

K_c——挖土机土斗充盈系数，可取 0.8～1.1；

K_B——挖土机工作时间利用系数，一般为 0.7～0.9。

(2) 挖土机数量计算

$$N=\frac{Q}{PTCK_B} \tag{1-43}$$

式中 Q——工程量（m^3）；

T——工期（d）；

C——每天工作班数；

P——挖土机生产率（m^3/台班）；

K_B——挖土机工作时间利用系数，一般为 0.7～0.9。

(3) 运土车辆数量计算

为了使挖土机械充分发挥生产能力，应使运土车辆的载重量与挖土机的每斗土重保持一定的倍数关系，并有足够数量车辆以保证挖土机械连续工作。从挖土机方面考虑，汽车的载重量越大越好，可以减少等待车辆调头的时间。从车辆方面考虑，载重量小的车辆台班费便宜但使用数量多；载重量大，则台班费高但数量可减少。最适合的车辆载重量应当是使土方施工单价为最低，可以通过核算确定。一般情况下，汽车的载重量以每斗土重的 3～5 倍为宜。运土车辆的数量 N，可按下式计算：

$$N=\frac{T}{t_1+t_2} \tag{1-44}$$

$$T=t_2+2L/v+t_3+t_4 \tag{1-45}$$

$$n=\frac{10Q}{q\times K_c\times \gamma}\times K_s \tag{1-46}$$

式中 T——运输车辆每一工作循环延续时间（s），由装车、重车运输、卸车、空车开回及等待时间组成；

t_1——运输车辆调头而使挖土机等待的时间（s）；

t_2——运输车辆装满一车土的时间（s），$t_2=nt$；

L——运土距离（km），即挖土地点至卸土地点间距离；

v——运土车辆往（重车）返（空车）的平均速度（km/h）；

t_3——卸土时间，可取 1min；

t_4——运输过程中耽搁时间，如等车、让车时间，可取 2～3min，也可根据交通运输情况而定；

n——运土车辆每车装土次数；

t——挖土机每次作业循环延续时间（s）；

Q——运土车辆的载重量（t）；

q——挖土机斗容量（m^3）；

K_s——土的最初可松性系数；

K_c——挖土机土斗充盈系数，可取 0.8～1.1；

γ——土的重度（kN/m^3）。

为了减少车辆的调头、等待和装土时间，装土场地必须考虑调头场地及停车位置。如在坑边设置两个通道，使汽车不用调头，可以缩短调头、等待时间。

【例 1-6】 某基坑拟用 W_1-100 正铲挖土机挖土，斗容量为 $1m^3$，每一挖土循环 t 为 40s，该基坑土的最初可松性系数为 1.27，求 P？

【解】 $P=\frac{8\times3600}{t}q\frac{K_c}{K_s}K_B=\frac{8\times3600}{40}\times1\times\frac{0.9}{1.27}\times0.7=357.2$（$m^3$/台班）

（三）土方开挖施工方法

1. 土方开挖施工顺序

施工测量→建立基坑中、边桩→场地清理→土方开挖和运输方案的确定（确定运往何处填筑或作弃方）→监理工程师签证→土石方开挖。

2. 机械开挖施工

深度 2m 以内的大面积基坑开挖可采用铲运机。面积大且深的基础，多采用正铲挖掘；操作面较狭窄，且有地下水可采用反铲挖掘机；深 5m 以上，宜分 2～3 层用反铲挖掘机接力开挖或正铲挖掘机下坑分层开挖，并修 10%～15% 坡道供挖土及运输车辆进出；在地下水中挖土可用拉铲或抓铲；大面积基坑底标高不一，采取先整片挖至平均标高，再挖个别较深部位。机械开挖应由深而浅，基底与边坡应预留一层 300～500mm 厚度土层，由人工清除找平。机械开挖施工应根据施工方案确定的开挖路线、顺序、土方堆放地点等方案进行挖土。

二、土方填筑与压实

为使填土满足强度和稳定性要求，土方填筑必须正确选择填方土料和填筑与压实方法。土方填筑最好采用同类土，并应分层填土压实。如果采用不同类土，应把透水性较大的土层置于透水性较小的土层下面。若不得已在透水性较小的土层上填筑透水性较大的土壤，必须将两层结合面做成中央高、四周低的弧面排水坡度或设置盲沟，以免填土内形成水囊。绝不能将各种土混杂在一起填筑。

（一）土料的选择❶

填方土料应符合设计要求，如设计无要求时，应符合下列规定：

（1）碎石类土、砂土和爆破石渣（粒径不大于每层铺厚的2/3）可用于表层下的填料；

（2）含水量符合压实要求的黏性土，可用作各层填料；

（3）碎块、草皮和有机质含量大于5%的土，仅用于无压实要求的填方；

（4）淤泥和淤泥质土一般不能用作填料，但在软土或沼泽地区，经过处理使含水量符合压实要求后，可用于填方中的次要部位；

（5）有水溶性硫酸盐大于2%的土，不能用作填土，因在地下水作用下，硫酸盐会逐渐溶解流失，形成孔洞，影响土的密实性；

（6）一般情况下，冻土、膨胀性土等不应作为填方土料。

（二）填土压实方法与压实机械

在选择好土料的前提下，回填土工序主要包括基底处理、铺土、平土、（洒水）、压实、（刨毛）、质检等。基坑回填的施工特点在于工作面狭窄、工种多、工序多、机械设备多，没有良好的施工组织，将导致相互干扰，引起窝工，延误进度，影响质量，造成浪费。为控制好各个施工工序，确保工程质量，一般的作法是“算方上料，定点卸料，随卸随平，定机定人，铺平把关，插杆检查”。

1. 填土压实操作工艺

（1）基底处理。回填土前应先清除基底积水和杂物；在施工前对原自然软弱土层进行处理；基底为含水量很大的松软土，应采取排水疏干或换土等措施。

（2）人工填土从场地最低处开始，由一端向另一端自下而上分层铺填。每层虚铺厚度，用人工木夯夯实时：砂质土不大于30cm，黏性土为20cm；用打夯机械夯实时不大于30cm。

（3）机械填土应由下而上分层铺填。推土机填土每层虚铺厚度不宜大于30cm；铲运机填土每层虚铺厚度不大于30～50cm；汽车填土每层虚铺厚度不大于30～50cm。

（4）回填土时应严格控制土的含水量，应使施工土料含水量接近最优含水量，黏性土料施工含水量与最优含水量之差控制在±2%。

（5）人工打夯应按一定方向进行，一夯压半夯，夯夯相接，行行相连，两遍纵横交叉，分层夯打。打夯路线应由四边开始，然后再夯中间。

（6）在碾压机械碾压之前，宜先用轻型推土机、拖拉机推平，低速预压4～5遍，使表面平实。采用振动平碾压碎石类土，应先静压后振压。碾压机械压实填方时，应控制行驶速度和压实遍数，使其符合要求。平碾碾压一层完后，应用人工或推土机将表面拉平，土层表面太干时，应洒水湿润后继续回填，碾压路线应从两边逐渐压向中间。

（7）对有密实度要求的填方，在压实或夯实后，对每层回填土的质量进行密实度检验。

---

❶ 《建筑地基基础设计规范》（GB 50007—2002）规定：

6.3.2 压实填土的填料，应符合下列规定：

1. 级配良好的砂土或碎石土；

2. 性能稳定的工业废料；

3. 以砾石、卵石或块石作填料时，分层夯实时其最大粒径不宜大于400mm；分层压实时其最大粒径不宜大于200mm；

4. 以粉质土、粉土作填料时，其含水量宜为最优含水量，可采用击实试验确定；

5. 挖高填低或开山填沟的土料和石料，应符合设计要求；

6. 不得使用淤泥、耕土、冻土、膨胀性土以及有机质含量大于5%的土。

（8）应适当注意基础两侧同时分层回填夯实，使受力平衡。两侧填土高差控制不超过30cm。如遇暖气沟或室内外回填标高相差较大，回填土时可在另一侧临时加木撑。基础墙体施工完毕，达到一定强度后再进行回填施工。同时避免在单侧临时大量堆料以及行走重型机械设备。

（9）使用要求较高的大面积房心回填土，应先用机械将原自然土压密实，然后再回填土。

（10）当填方位于倾斜的基层（坡度大于20%）时，应先将斜坡改成阶梯状，阶高0.2～0.3m，阶宽大于1m，然后分层填土以防填土滑移。

（11）填土时，若分段进行，每层分段接缝处应做成斜坡形，辗迹重迭0.5～1.0m；上、下层分段接缝应错开不小于1.0m。

2. 填土的压实方法❶及压实机械

土料的压实效果涉及到压实方法，压实方法涉及到压实机具。压实方法按其原理有四种：碾压法（也称静力法），它适宜各类土的压实；夯实法（也称冲击法），它适宜各类土的压实，更适宜砂性土的压实；振动法，它仅适宜砂性土的压实；综合法，它是将碾压法与振动法结合在一起的方法，有的适宜黏性土的压实，有的适宜砂性土的压实。（图1-70）。

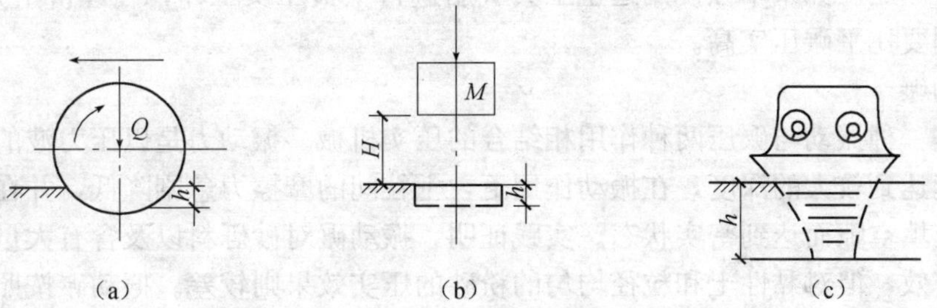

图1-70　填土压实方法
（a）碾压；（b）夯实；（c）振动压实

（1）碾压机械

碾压机械有平碾（压路机）、羊足碾和汽胎碾等，多用于大面积填土压实工程。

1）平碾碾压的特点是：单位压力小，表面土层易压成光滑硬壳，土层碾压上紧下松，底部不易压实，碾压质量不均匀，不利于上下土层之间的结合，易出现剪切裂缝，对防渗不利。使用条件：砂性土、风化料，碎砾石层的碾压；对含水量较大，干容重要求低的黏性土也可使用平碾，但铺土厚度不宜超过200～250mm，碾压不少于6～12遍。

2）羊足碾是碾压滚筒外设交错排列的“羊足”，滚筒为钢铁空心，滚筒侧面设有加载孔，加载大小根据设计确定。羊足的长度随碾滚的重量增加而增加，一般为碾滚直径的

---

❶《建筑地基基础设计规范》（GB 50007—2002）规定：

6.3.3　压实填土的施工，应符合下列规定：

1. 铺填料前，应清除或处理场地内填土层底面以下的耕土和软弱土层；

2. 分层填料的厚度、分层压实的遍数，应根据所选用的压实设备，并通过试验确定；

3. 在雨季、冬季进行压实填土施工时，应采用防雨、防冻措施，防止填料（粉质黏土、粉土）受雨水淋湿或冻结，并应采取措施防止出现“橡皮”土；

4. 压实填土的施工缝各层应错开搭接，在施工缝的搭接处，应适当增加压实遍数；

5. 压实填土施工结束后，宜及时进行基础施工。

1/6～1/7。重型羊足碾可达 30t。羊足碾的羊足插入土中，不仅使羊足底部的土料得到压实，并且使羊足侧向的土料受到挤压，同时有利于上下土层的结合，压实过程中羊足对表层土的翻松，省去了刨毛工序从而达到均匀压实的效果，增加了填方的整体性和抗渗性。但不适宜砂砾料的压实，因为压实过程中羊足从行进的后面由土中拔出时，会将压实的砂性土翻松，产生侧向滑移，因此达不到应有的压实效果。羊足碾需要较大的牵引力。

3）气胎碾分单轴（一排轮胎）和双轴（两排轮胎）两种。单轴的主要构造是由装载荷重的金属车厢和装在轴上的 4～6 个气胎轮组成。碾压时在金属车厢内加载，同时将气胎按设计压力充气。为避免气胎损坏，停工时，要用千斤顶将金属车厢支托起来，并把气胎的气放掉。气胎碾由拖拉机牵引，重量很大，一般几十吨到上百吨（20 世纪 60 年代美国就已生产了 200t 的超重型气胎碾），全部重量由一排充气轮胎传到土层上去。因轮胎具有弹性，压实土料时，气胎与土体同时变形，而且随着土体压实密度的增大，气胎变形相应也增大，气胎与土体接触面积也随之增大，始终能保持较为均匀的压实效果。与刚性碾比，气胎碾不仅对土体的接触压力分布均匀，而且作用时间长、压实效果好、压实土层厚度大，生产效率高。所以它可以适应要求不同单位压力的各类土壤的压实。

利用运土工具气胎碾压土壤也可取得较大的密实度，但必须很好地组织土方施工，利用运土过程进行碾压。如果单独使用运土工具气胎进行土壤压实工作，在经济上是不合理的，它的压实费用要比平碾压实高。

（2）振动碾

振动碾是一种振动与碾压两种作用相结合的压实机械。振动力是以压力波的方式向土体内传递，并能达到较大的深度，在振动作用下，土粒间的摩擦力急剧降低，并在静力作用下产生移动，充填空隙而达到密实状态。实践证明，振动碾对砂砾料以及含有大量石块的土料的压实非常有效，但对黏性土和粒径均匀的粉砂的压实效果则较差。振动碾按照振动滚筒的外形可分为振动平碾、振动羊足碾、振动凸块碾、振动轮胎碾等，这些碾可以适应不同土的压实，但使用最多的是振动平碾。按照行走方式可以分为拖式振动碾、自行式振动碾。振动平碾多用于砂砾料、堆石等非黏性土的压实。

（3）夯实机械

是利用冲击力压实土方的一类机械，主要使用于碾压机械难以施工的狭窄部位土方的压实。常用的夯实机械有蛙式打夯机、挖土机夯板、强夯机。人工夯土用的工具有木夯、石夯等。

1）蛙式打夯机是一种小型电动夯实机械。由电动机带动偏心块旋转，在不平衡离心力作用下使夯头上下跳动，冲击土层一般冲击频率 140～150 次/h，跳跃高度 100～260mm，铺土厚度 200～250mm，压实 3～4 遍。

2）挖土机夯板是用钢索悬吊一个铸铁制成的圆形或方形夯板。一般用起重机或正铲挖土机改装。夯板重 1～2t，落距 3～4m，铺土厚度 500～600mm，夯打 3～4 遍即可。

3）强夯机的工作原理与挖土机夯板相同，只是夯块更重（一般 10～40t）、落距更大（一般 10～40m），压实影响深度能达 4～5m。因此压实效果好，生产效率高，最适宜杂填土地基、软土地基等。

（三）影响填土压实效果的主要因素

填土压实效果与许多因素有关，其中主要影响因素有：压实功、土的含水量、每层铺土厚度，三者的最佳组合一般通过现场试验来确定。土料是由固相的土粒、液相的水、气象的空气所组成。土料压实实质就是排走空气占有的空间，使土料的孔隙率减少，密实度提高。显然，土料压实的过程，就是在外力作用下土料的三相重新组合的过程。

1. 压实功

填土压实后的密度与压实机械在其上所作的压实功（指压实工具的重量、碾压遍数或锤落高度、作用时间等）有一定的关系，如图 1-71 所示。在土的含水量一定时，开始压实时，随着压实功的增大，土的密度急剧增加，待到接近土的最大密度时，压实功虽然增加很多，而土的密度则没有多大变化。所以，在实际施工中，对不同的土应根据选择的压实机械和密实度要求选择合理的压实遍数。此外，松土不宜用重型碾压机械直接滚压，否则土层有强烈起伏现象，效率不高。先用轻碾，再用重碾压实就会取得较好效果。

2. 含水量

土力学研究证实，在同一压实功条件下，填土的含水量对压实效果有显著的影响。当含水量较小时，由于颗粒间引力（包括毛细管压力）使土保持着比较疏松的状态或凝聚结构，土中孔隙大都互相连通，水少而气多，在一定的外部压实功作用下，虽然土孔隙中气体易被排出，但由于水膜润滑作用不明显，外部压实功不易克服粒间引力，土粒相对移动不易，因此压实效果较差；含水量逐渐增大时，水膜变厚，引力缩小，水膜又起着润滑作用，外部压实功比较容易使土颗粒移动，压实效果渐佳；土中含水量过大时，孔隙中出现了自由水，压实功不可能使水排出，压实功部分被自由水抵消，减小了有效作用，压实效果反而又降低。实际上每种土壤都有其最佳含水量，土在这种含水量条件下，使用同样的压实功进行压实，所得到的干密度最大，称为最大干密度（图 1-72）。然而需要注意，含水量较小时土粒间引力较大，虽然干密度较小，但其强度可能比最佳含水量（最大干密度）时还要高。但是，此时因密实度较低、孔隙多，一经泡水，其强度会急剧下降。因此，用干密度作为表征填方密实程度的技术指标，而非强度；取干密度最大时的含水量为最佳含水量，而非强度最大时的含水量。

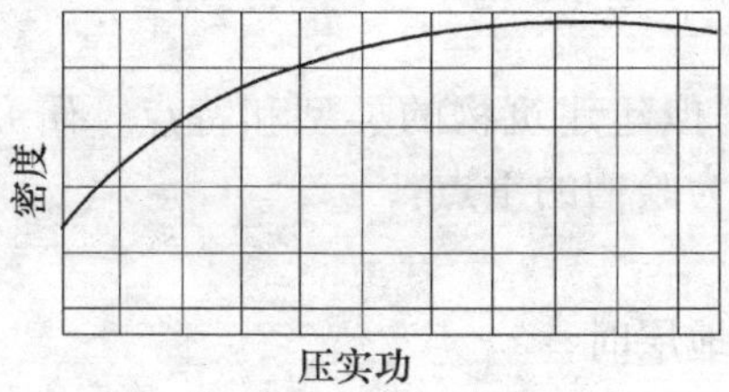

图 1-71　土的密度与压实功的关系

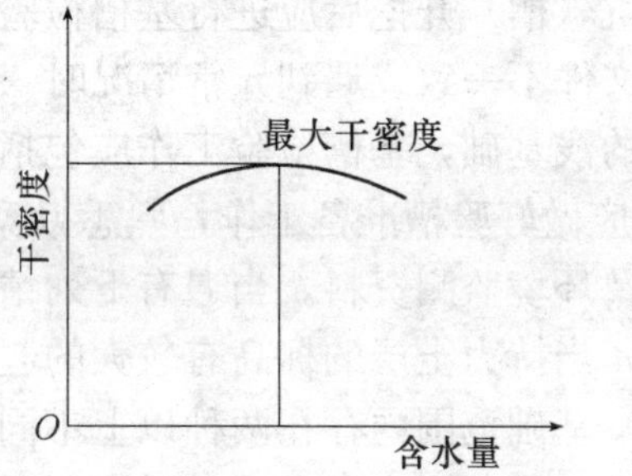

图 1-72　土的干密度与含水量的关系

土的最佳含水量和最大干密度，应由击实试验取得。一般砂土的最佳含水量为 8%～12%，粉土为 16%～22%，粉质黏土为 18%～21%，黏土为 19%～23%。

施工中，土料的含水量与其最佳含水量之差可控制在－4%～2%范围内（使用振动碾压时，可控制在－6%～2%范围内）。当含水量过大时，应采取翻松、晾干、风干、换土回填、掺入干土或其他吸水材料等措施；如土料过干，则应预先洒水润湿，每 $1m^3$ 铺好的土层需要补充水量可按下式计算：

$$V=\frac{\rho}{100+w}(w_{op}-w) \tag{1-47}$$

式中 V——单位体积内需要补充的水量（L）；

w——土的天然含水量（%）；

w_{op}——土的最佳含水量（%）；

ρ——填土碾压前的密度（kg/m^3）。

在气候干燥时，须采取加速挖土、运土、平土和碾压过程，以减少土中水分散失。当填料为碎石类土（充填物为砂土）时，碾压前应充分洒水湿润，以提高压实效果。

3. 每层铺土厚度

土在压实功的作用下，压应力随深度增加而减小，其影响深度与压实机械、土的性质和含水量有关。所以，每层铺土厚度应小于压实机械压土时的有效作用深度，而且还应考虑最优铺土厚度。铺土过厚，由于下部土体所受压实作用力小于土体本身的粘结力和摩擦力，土颗粒不能相互移动，无论压多少遍，填方也不能被压实；铺土过薄，下层土体容易受剪切破坏。最优的铺土厚度应能使填方被压实而机械的功耗费最小，所以规定一定的铺土厚度（表1-15）。

表 1-15 填土施工时的分层厚度及压实遍数

压实机具	分层厚度（mm）	每层压实遍数
平碾	250～300	6～8
振动压实机	250～350	3～4
柴油打夯机	200～250	3～4
人工打夯	＜200	3～4

三、有关其他土方工程内容与安全技术

（一）地基验槽

基坑（槽）开挖后应进行基槽检验，基槽检验可用触探或其他方法。当发现与勘察报告和设计文件不一致或遇到异常情况时，应结合地质条件提出处理意见。当以天然土层为地基持力层的浅基础，基槽检验工作应包括下列内容：

1. 应做好验槽准备工作，熟悉勘察报告，了解拟建建筑物的类型和特点，研究基础设计图纸及环境监测资料。当遇有下列情况时，应列为验槽的重点：

（1）当持力土层的标高有较大的起伏变化时；

（2）基础范围内存在两种以上不同成因类型的地层时；

（3）基础范围内存在局部异常土质或坑穴、古井、老地基或古迹遗址时；

（4）基础范围内遇有断层破碎带、软弱岩脉以及湮废河、湖、沟、坑等不良地质条件时；

（5）在雨季或冬季等不良气候条件下施工，基底土质可能受到影响时。

2. 验槽应首先核对基槽的施工位置。平面尺寸和槽底标高的允许误差，可视具体的工程情况和基础类型确定。验槽方法宜使用袖珍贯入仪等简便易行的方法为主，必要时可在槽底普遍进行轻便钎探，当持力层下埋藏有下卧砂层而承压水头高于基底时，则不宜进行钎探，以免造成涌砂。当施工发现岩土条件与勘察报告有较大差别或者验槽人员认为必要时，可有针对性地进行补充勘察工作。

3. 基槽检验报告是岩土工程的重要技术档案，应做到资料齐全，及时归档。

（二）基坑工程质量验收❶

1. 在基坑（槽）或管沟工程等开挖施工中，现场不宜进行放坡开挖，当对邻近建（构）筑物、地下管线、永久性道路产生危害时，应对基坑（槽）、管沟进行支护后再开挖。

2. 基坑（槽）、管沟开挖前应做好下述工作：

（1）基坑（槽）、管沟开挖前，应根据支护结构形式、挖深、地质条件、施工方法、周围环境、工期、气候和地面载荷等资料制定施工方案、环境保护措施、监测方案，经审批后方可施工；

（2）土方工程施工前，应对降水、排水措施进行设计，系统应经检查和试运转，一切正常时方可开始施工；

（3）有关围护结构的施工质量验收合格后方可进行土方开挖。

---

❶《建筑地基基础工程施工质量验收规范》（GB 50202—2002）7.1 规定：

7.1.7　基坑（槽）、管沟土方工程验收必须确保支护结构安全和周围环境安全为前提。当设计有指标时，以设计要求为依据，如无设计指标时应按表 7.1.7 的规定执行。

表 7.1.7　基坑变形的监控值（cm）

基坑类别	围护结构墙顶位移监控值	围护结构墙体最大位移监控值	地面最大沉降监控值
一级基坑	3	5	3
二级基坑	6	8	6
三级基坑	8	10	10

注：1. 符合下列情况之一，为一级基坑：

（1）重要工程或支护结构做主体结构的一部分；

（2）开挖深度大于 10m；

（3）与邻近建筑物，重要设施的距离在开挖深度以内的基坑；

（4）基坑范围内有历史文物、近代优秀建筑、重要管线等需严加保护的基坑。

2. 三级基坑为开挖深度小于 7m，且周围环境无特别要求时的基坑。

3. 除一级和三级外的基坑属二级基坑。

4. 当周围已有的设施有特殊要求时，尚应符合这些要求。

10.2.4　基坑开挖应根据设计要求进行监测实施动态设计和信息化施工。（由于设计、施工不当造成的基坑事故时有发生，人们认识到基坑工程的监测是实现信息化施工、避免事故发生的有效措施，又是完善、发展设计理论、设计方法和提高施工水平的重要手段。）

10.2.5　基坑开挖监测内容包括支护结构的内力和变形，地下水位变化及周边建（构）筑物地下管线等市政设施的沉降和位移等监测内容，可按照表 10.2.5 选择。（监测项目选择应根据基坑支护形式、地质条件、工程规模、施工工况与季节及环境保护的要求等因素综合而定。）

表 10.2.5　基坑监测项目选择表

监测项目 地基基础设计等级	支护结构水平位移	监控范围内建（构）筑物沉降与地下管线变形	土方分层开挖标高	地下水位	锚杆拉力	支撑轴力或变形	立柱变形	桩墙内力	基坑底隆起	土体侧向变形	孔隙水压力	土压力
甲级	√	√	√	√	√	√	√	√	√	√	△	△
乙级	√	√	√	√	√	△	△	△	△	△	△	△

注：1. 地基基础设计等级根据表 3.0.1 确定。

2. √为必测项目，△为宜测项目。

10.2.6　基坑开挖对邻近建（构）筑物的变形监控应考虑基坑开挖造成的附加沉降与原有沉降的叠加。（监测值的变化和周边建（构）筑物、管网允许的最大沉降变形是确定监控报警标准的主要因素，其中周边建（构）筑物原有的沉降与基坑开挖造成的附加沉降叠加后，不能超过允许的最大沉降变形值。）

3. 土方开挖的顺序、方法必须与设计工况相一致，并遵循“开槽支撑，先撑后挖，分层开挖，严禁超挖”的原则。

4. 基坑（槽）、管沟的挖土应分层进行；在施工过程中基坑（槽）、管沟边堆置土方不应超过设计荷载，挖方时不应碰撞或损伤支护结构、降水设施。

5. 基坑（槽）、管沟土方施工中应对支护结构、周围环境进行观察和监测，如出现异常情况应及时处理，待恢复正常后方可继续施工。

6. 基坑（槽）、管沟开挖至设计标高后，应对坑底进行保护，经验槽合格后，方可进行垫层施工。对特大型基坑，宜分区分块挖至设计标高，分区分块及时浇筑垫层。

7. 基坑（槽）、管沟土方工程验收必须以确保支护结构安全和周围环境安全为前提。当设计有指标时，以设计要求为依据，如无设计指标时应按规范规定执行。

（三）土方开挖质量验收

1. 土方开挖前应检查定位放线、排水和降低地下水位系统，合理安排土方运输车的行走路线及弃土场。

2. 施工过程中应检查平面位置、水平标高、边坡坡度、压实度、排水、降低地下水位系统，并随时观测周围的环境变化。

3. 临时性挖方的边坡值应符合表1-14的规定。

4. 土方开挖工程的质量检验标准符合表1-16的规定。

表1-16 土方开挖工程质量检验标准（mm）

项目	序号	项目	允许偏差或允许值					检验方法
			柱基基坑基槽	挖方场地平整		管沟	地（路）面基层	
				人工	机械			
主控项目	1	标高	−50	30	50	−50	−50	水准仪
	2	长度、宽度（由设计中心线向两边量）	+200 −50	+300 −100	+500 −150	+100	—	经纬仪，用钢尺量
	3	边坡	设计要求					观察或用坡度尺检查
一般项目	1	表面平整度	20	20	50	20	20	用2m靠尺和楔形塞尺检查
	2	基底土性	设计要求					观察或土样分析

注：地（路）面基层的偏差只适用于直接在挖、填方上做地（路）面的基层。

（四）土方回填质量验收❶

1. 土方回填前应清除基底垃圾、树根等杂物，抽除坑穴积水、淤泥，验收基底标高。如在耕植土或松土上填方，应在基底压实后再进行。

---

❶《建筑地基基础设计规范》（GB 50007—2002）规定：

6.3.4 压实填土的质量以压实系数λ_c控制，并应根据结构类型和压实填土所在部位按表6.3.4的数值确定。

表6.3.4 压实填土的质量控制

结构类型	填土部位	压实系数λ_c	控制含水量（%）
砌体承重结构和框架结构	在地基主要受力层范围内	≥0.97	$W_{op}\pm2$
	在地基主要受力层范围以下	≥0.95	
排架结构	在地基主要受力层范围内	≥0.96	
	在地基主要受力层范围以下	≥0.94	

注：1. 压实系数λ_c为压实填土的控制干密度ρ_d与最大干密度ρ_{dmax}的比值，W_{op}为最优含水量。

2. 地坪垫层以下及基础底面标高以上的压实填土，压实系数不应小于0.94。

2. 对填方土料应按设计要求验收后方可填入。

3. 填方施工过程中检查排水措施、每层填筑厚度、含水量控制、压实程度。填土厚度及压实遍数应根据土质、压实系数及所用机具确定。

4. 填方施工结束后，应检查标高、边坡坡度、压实程度，检验标准见表1-17的规定。

表1-17 填土工程质量检验标准（mm）

<table>
<tr><th rowspan="3">项　目</th><th rowspan="3">序　号</th><th rowspan="3">项　目</th><th colspan="5">允许偏差或允许值</th><th rowspan="3">检验方法</th></tr>
<tr><th rowspan="2">桩基基坑基槽</th><th colspan="2">场地平整</th><th rowspan="2">管沟</th><th rowspan="2">地（路）面基层</th></tr>
<tr><th>人工</th><th>机械</th></tr>
<tr><td rowspan="2">主控项目</td><td>1</td><td>标高</td><td>−50</td><td>30</td><td>50</td><td>−50</td><td>−50</td><td>水准仪</td></tr>
<tr><td>2</td><td>分层压实系数</td><td colspan="5">设计要求</td><td>按规定方法</td></tr>
<tr><td rowspan="3">一般项目</td><td>1</td><td>回填土料</td><td colspan="5">设计要求</td><td>取样检查或直观鉴别</td></tr>
<tr><td>2</td><td>分层厚度及含水量</td><td colspan="5">设计要求</td><td>水准仪及抽样检查</td></tr>
<tr><td>3</td><td>表面平整度</td><td>20</td><td>20</td><td>30</td><td>20</td><td>20</td><td>用靠尺或水准仪</td></tr>
</table>

5. 取样检验。在压实填土的过程中应分层取样检验土的干密度和含水量，每50～100m² 面积内应有一个检验点，根据检验结果求得的压实系数不得低于规范规定。对碎石土干密度不得低于2.0t/m³。

在压（或夯）实填土的过程中，取样检验分层土的厚度视施工机械而定，一般情况下宜按20～50cm分层进行检验。

（五）土方工程施工安全技术

1. 进入现场必须遵守安全生产法和劳动生产条例。

2. 开挖土方必须有挖土令。基坑开挖前，必须摸清基坑下的管线排列和地质开采资料，以利考虑开挖过程中的意外应急措施（流砂等特殊情况）。挖土中发现管道、电缆及其他埋设物应及时报告，不得擅自处理。场内道路应及时整修，确保车辆安全措施，各种车辆应有专人负责指挥引导。车辆进出门口的人行道下，如有地下管线（道）必须辅设厚钢板，或浇筑混凝土加固。

3. 在开挖基坑时，必须设有确实可行的排水措施，以免基坑积水，影响基坑土结构。相邻土方开挖要先深后浅，并及时做好基础。清坡清底人员必须根据设计标高做好清底工作，不得超挖。如果超挖不得将松土回填，以免影响基础的质量。人工挖土，前后操作人员间距离不应小于2～3m，堆土要在1m以外，并且不得超过1.5m。

4. 基坑四周必须设置1.2m高护拦并进行围档，要设置一定数量临时上下施工楼梯。边坡支护结构要经常检查，如有松动、变形、裂缝等现象，要及时加固或更换。挖土时要注意土壁的稳定性，防止土方边坡塌方，发现有裂缝及倾塌可能时，人员要立即离开并及时报告处理。钢筋混凝土桩支护要在桩身达一定强度后开挖土方。锚杆应验证其锚固力后方可受力。开挖土方不要伤及支护桩。

5. 每日或雨后必须检查土壁及支撑稳定情况，在确保安全的情况下继续工作，并且不得将土和其他物件堆在支撑上，不得在支撑下行走或站立。混凝土支撑梁底板上粘物必须及时清除。上下坑沟应先挖好阶梯或设木梯，不应踩踏土壁或支护上下。

6. 开挖出的土方，要严格按照组织设计堆放，不得堆于基坑外侧，以免引起地面荷载超载引起土体位移、板桩位移或支撑破坏。

7. 机械挖土，启动前应检查离合器、钢丝绳等，经空车试运转正常后再开始作业。机械操作中进铲不应过深，提升不应过猛。机械不得在输电线路下工作，在输电线路一侧工作，不论在任何情况下，机械的任何部位与架空输电线路的最近距离应符合安全操作规程要求。机械应停在坚实的地基上，如基础过差，应采取走道板等加固措施，不得将挖土机履带与挖空的基坑平行小于 2m 处停、驶。运土汽车不宜靠近基坑平行行驶，防止塌方翻车。向汽车上卸土应在车停稳定后进行，禁止铲斗从汽车驾驶室上越过。挖土机械不得在施工中碰撞支撑，以免引起支撑破坏或拉损。

8. 机械挖土不得超挖，至少留 0.3m 深不挖，而由人工挖至设计标高。配合挖土机的清坡、清底工人，不准在机械回转半径下工作。

9. 电缆两侧 1m 范围内应采用人工挖掘。

10. 多层支护拆除要自上而下进行，随拆随填。

思 考 题

1. 土是如何分类的，都有哪些类型？它们与土方工程施工有何关系？
2. 土的工程性质有哪些？它们对土方工程施工有何影响？
3. 试述场地平整设计标高的确定方法和步骤。
4. 对场地平整设计标高 H_0 进行调整，应考虑哪些因素？
5. 试述场地平整土方量计算的方法和步骤。
6. 土方调配应遵循哪些原则？调配区如何划分？平均运距怎样确定？
7. 试述“表上作业法”的方法和步骤。
8. 土方开挖工程量如何计算？
9. 试述土方边坡的形式、表示方法及影响边坡稳定的因素。
10. 土壁支护体系有哪些种类？
11. 简述现浇地下连续墙施工工艺原理？
12. 简述沉井的施工工艺程序？
13. 简述逆作法施工工艺？逆作法施工类型有哪些？
14. 试述流砂形成的原因及防治流砂的途径和方法。
15. 试述井点降水法的种类及适用范围。
16. 轻型井点系统设计布置的方法和步骤是哪些？
17. 试述水井的类型及井点系统涌水量的计算方法。
18. 基坑降水对周围环境有何影响？如何防治？
19. 单斗挖土机有哪些类型？它们的工作特点和适用范围如何？
20. 正铲、反铲挖土机的开挖方式分别有哪几种？如何正确选择？
21. 试述如何进行挖土机与运土车辆的配套计算。
22. 基坑土方开挖的常用施工方法是哪些？
23. 试述如何进行填方土料的选择，以及土方填筑应注意哪些问题。
24. 填土压实有几种方法？使用什么机械？各有什么特点？
25. 影响填土压实的主要因素有哪些？怎样检查填土压实的质量？

习　题

1. 某建筑物基坑土方体积为 2881.9m^3，在附近有个容积为 1776m^3 弃土坑，用基坑挖出的土将大坑填满夯实后，还能剩下多少土？（$K_s=1.26$，$K_s'=1.05$）

2. 某基坑挖深为 5.5m，基坑体积为 $6.82\times10^3m^3$，土的重度为 15kN/m^3，最初可松性系数为 1.27。企业有 W_1-100 型履带式单斗反铲挖掘机，斗容量为 1m^3，挖一斗土时间为 60s。根据施工进度计划安排，计划 5 天完成，每天 2 班。如用载重量为 10t 的自卸汽车向外运土，弃土位置距现场 8km，汽车平均速度为 25km/h。问选用履带式单斗反铲挖掘机 W_1-100型几台？自卸汽车多少辆？

3. 如图 1 所示 $a=40$m，按填挖平衡原则确定厂地平整的设计标高，并计算方格Ⅰ的土方量。

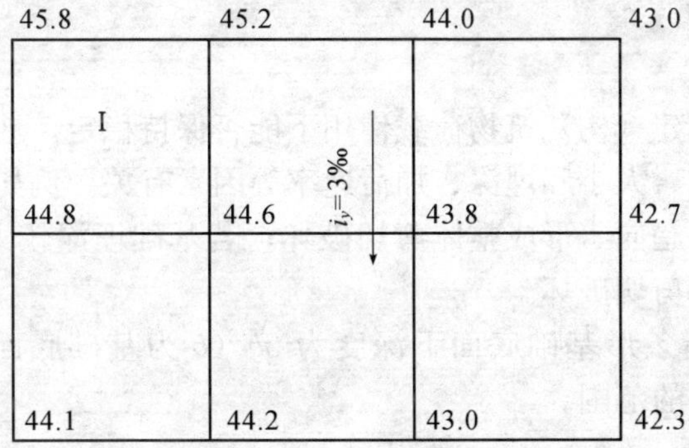

图 1

4. 某场地平整的方格网边长为 20m，角点的地面标高如图 2 所示，地面排水坡度 $i_x=3‰$，$i_y=2‰$，试确定场地平整达到挖填平衡的设计标高 H_0 和考虑排水坡度后的设计标高（H_0'）。

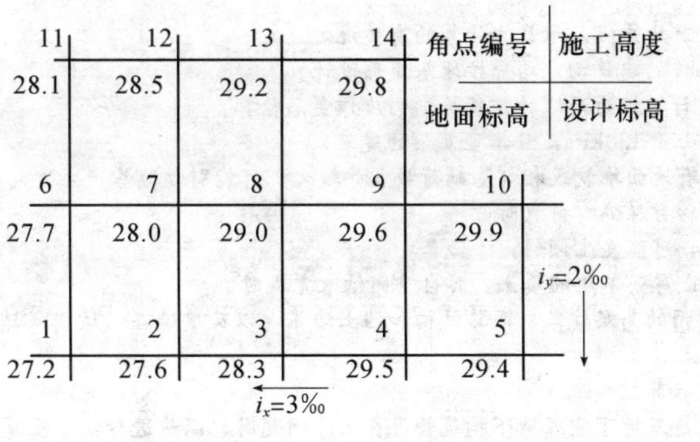

图 2

5. 某工程设备基础施工基坑底宽 10m，长 15m，深 4.2m，边坡坡度为 1∶0.5。经地质钻探查明，在靠近天然地面处有厚 0.5m 的黏土层，此土层下面为厚 7.4m 的极细砂层，再下面又是不透水的黏土层，地下水位在天然地面下 0.5m 处，渗透系数为 30m/d。现决定用一套轻型井点设备进行人工降低地下水位，然后开挖土方，试对该井点系统进行设计。

第二章 地基与基础工程

第一节 地基处理

一、建（构）筑物对地基的要求

地基可分为天然地基和人工地基两大类。建（构）筑物对地基的要求按其性质可概括为地基强度和变形两个方面。

（一）地基强度❶

地基强度是指地基在建（构）筑物荷载作用下能否保持稳定。地基强度主要与土的抗剪强度有关，也与基础形式、大小和埋深、加荷速率等因素有关。例如当基础埋深较浅，荷载为缓慢施加的恒载时，将趋向于形成整体剪切破坏；若基础埋深较大，荷载是快速施加的，则趋向于形成冲切或局部剪切破坏。

地基主要受力层系指条形基础底面下深度为 $3b$（b 为基础底面宽度），独立基础下为 $1.5b$ 且厚度均不小于 5m 的范围。

（二）地基变形❷

在建（构）筑物的荷载作用下，地基将产生沉降、水平位移以及不均匀沉降。若地基变

---

❶ 《建筑地基基础设计规范》（GB 50007—2002）规定：

3.0.2 根据建筑物地基基础设计等级及长期荷载作用下地基变形对上部结构的影响程度，地基基础设计应符合下列规定：

1. 所有建筑物的地基计算均应满足承载力计算的有关规定。
2. 设计等级为甲级、乙级的建筑物，均应按地基变形设计。
3. 如有下列情况时，设计等级为丙级的建筑物，仍应作变形验算：

(1) 地基承载力标准值小于 130kPa，且体型复杂的建筑；
(2) 在基础上及其附近有地面堆载或相邻基础荷载差异较大，可能引起地基产生过大的不均匀沉降时；
(3) 软弱地基上的建筑物存在偏心荷载时；
(4) 相邻建筑距离过近，可能发生倾斜；
(5) 地基内有厚度较大或厚薄不均的填土，其自重固结未完成时。

4. 对经常受水平荷载作用的高层建筑、高耸结构和挡土墙等，以及建造在斜坡上或边坡附近的建筑物和构筑物，尚应验算其稳定性。
5. 基坑工程应进行稳定验算。
6. 当地下水埋藏较浅，建筑地下室或地下构筑物存在上浮问题时，尚应进行抗浮验算。

❷ 《建筑地基基础设计规范》（GB 50007—2002）规定：

5.2.3 在计算地基变形时，应符合下列规定：

1. 由于建筑地基不均匀、荷载差异很大、体型复杂等因素引起的地基变形，对于砌体承重结构应由局部倾斜值控制；对于框架结构和单层排架结构应由相邻柱基的沉降差控制；对于多层或高层建筑和高耸结构应由倾斜值控制；必要时尚应控制平均沉降量；
2. 在必要情况下，需要分别预估建筑物在施工期间和使用期间的地基变形值，以便预留建筑物有关部分之间的净空，选择连接方法和施工顺序。一般多层建筑物在施工期间完成的沉降量，对于砂土可认为其最终沉降量已完成 80%以上，对于其他低压缩性土可认为已完成 50%～80%，对于中压缩性土可认为已完成 20%～50%，对于高压缩性土可认为已完成 5%～20%。

形超过允许值，将会影响建（构）筑物的安全与正常使用，严重的将造成建（构）筑物破坏。其中不均匀沉降超过允许值造成的工程事故比例最高，特别在深厚软黏土、湿陷性黄土、膨胀土、季节性冻土等地区。主要受地基含水量、场地的地形、地貌、工程与水文的地质条件、气候、施工等综合因素的影响。

1. 软弱地基变形的特点

（1）沉降大而不均匀。影响不均匀沉降的因素很多，如土质的不均匀性、上部结构的荷载差异、建筑物体型复杂、建筑物间相邻影响、地下水位变化及建筑物周围开挖基坑等。

（2）沉降速率大。建筑物的沉降速率是衡量地基变形发展程度与状况的一个重要标志。沉降速率随基础面积和荷载性质的变化而有所不同，并且随着时间的发展，逐渐衰减。一般在竣工半年至一年左右的时间内，是建筑物差异沉降发展最为迅速的时期，也是建筑物最容易出现裂缝的时期。在正常情况下，如沉降速率衰减到 0.05mm/d 以下时，差异沉降一般不再增加。

（3）沉降稳定历时长。建筑物沉降主要由于地基土受荷后，孔隙水压力逐渐消散，而有效应力不断增加，导致地基固结作用所引起的。因为软土的渗透性低，孔隙水不易排除，故建筑物沉降稳定历时均较长。有的建筑物建成后几年、十几年甚至几十年沉降尚未完全稳定。

2. 湿陷变形与胀缩变形❶

（1）湿陷变形只出现在受水浸湿部位，而没有浸水部位则基本不动，从而形成沉降差，整体刚度较大的房屋和构筑物，如烟囱、水塔等则易发生倾斜。当地基遇到多处湿陷时，基础往往产生较大弯曲变形，引起房屋基础和管道折断。当给排水干管折断时，对周围建筑物还会构成更大的危害。

（2）基础埋深浅于冻结深度时，在基础侧面作用着切向冻胀力 T，在基底作用着法向冻胀力 N。如果基础上荷载 F 和自重 G 不足以平衡法向和切向冻胀力，基础就被抬起来。融化时，冻胀力消失，冰变成水，土的强度降低，基础产生融陷。不论上抬还是融陷，一般是不均匀的，其结果必然造成建筑物的开裂破坏。

（三）环境及使用问题

1. 基础施工的环境效应

打桩、钻孔灌注及深基坑开挖对周围已有建筑物地基造成危害。

---

❶ 《建筑地基基础设计规范》(GB 50007—2002) 规定：

5.1.9 在冻胀、强冻胀、特强冻胀地基上，应采用下列防冻害措施：

1. 对在地下水位以上的基础，基础侧面应回填非冻胀性的中砂或粗砂，其厚度不应小于 10cm。对在地下水位以下的基础，可采用桩基础、自锚式基础（冻土层下有扩大板或扩底短桩）或采取其他有效措施；

2. 宜选择地势高、地下水位低、地表排水良好的建筑场地。对低洼场地，宜在建筑四周向外一倍冻深距离范围内，使室外地坪至少高出自然地面 300～500mm；

3. 防止雨水、地表水、生产废水、生活污水侵入建筑地基，应设置排水设施。在山区应设截水沟或在建筑物下设置暗沟，以排走地表水和潜水流；

4. 在强冻胀性和特强冻胀性地基上，其基础结构应设置钢筋混凝土圈梁和基础梁，并控制上部建筑的长高比，增强房屋的整体刚度；

5. 当独立基础联系梁下或桩基础承台下有冻土时，应在梁或承台下留有相当于该土层冻胀量的空隙，以防止因土的冻胀将梁或承台拱裂；

6. 外门斗、室外台阶和散水坡等部位宜与主体结构断开，散水坡分段不宜超过 1.5m，坡度不宜小于 3%，其不宜填入非冻胀性材料；

7. 对跨年度施工的建筑，入冻前应对地基采取相应的防护措施；按采暖设计的建筑物，当冬季不能正常采暖，也应对地基采取保温措施。

2. 地下水位变化

由于地质、气候、水文、人类的生产活动等因素的作用，地下水位经常会有很大的变化。当地下水位在基础底面以下压缩层范围内上升时，水能浸湿和软化岩土，从而使地基的强度降低、压缩性增大，建筑物就会产生过大沉降或不均匀沉降，最终导致其倾斜或开裂。对于结构不稳定的土，如湿陷性黄土、膨胀土等影响尤为严重。

在土木工程施工地区，因为局部的抽水或排水，使周围的土木工程基础底面下的地下水位突然下降，从而引起土木工程的地基变形。若地下水位在基础底面以下压缩层范围内下降时，水的渗流方向与土的重力方向一致，地基中的有效应力增加，基础就会产生附加沉降。如果地基土质不均匀，或者地下水位不是缓慢而均匀地下降，基础就会产生不均匀沉降，造成建筑物倾斜，甚至开裂和破坏。

土木工程师在工程设计中，遇到天然地基不满足建（构）筑物对地基的强度和变形要求时，为了保证其安全与正常使用，需要采用各种地基处理措施，形成人工地基。在确定地基处理措施时，应将上部结构、基础和地基视为一个整体，考虑它们的共同作用。

二、地基处理

天然地基是否属于软弱地基或不良地基是相对的。天然地基是否需要进行地基处理取决于地基能否满足建（构）筑物对地基的要求。在土木工程建设中经常遇到的软弱土和不良土主要包括：软黏土、杂填土、冲填土、饱和粉细砂、湿陷性黄土、泥炭土、膨胀土、多年冻土、盐渍土、岩溶、山洞、山区地基以及垃圾掩埋土地基等。

除了在上述各种软弱和不良地基上建造建（构）筑物时需要考虑地基处理外，当旧房改造、加层、道路加宽等造成荷载增大，原地基不能满足新的要求时，或者在开挖深基坑，建造地下商场、地下车库、地下铁道等工程中有土体稳定、变形问题时，也需要进行地基处理。地基处理也常用于减小或消除施工扰动对周围环境的影响。

随着土木工程的不断发展，越来越多的土木工程向高、大方向发展，而采用天然地基又不经济（超深），所以往往采用对天然地基进行处理的方法，以满足建（构）筑物对地基的要求。各种各样的建（构）筑物对地基的要求是不同的，各地区天然地基的情况差别也是很大的，这就决定了地基处理问题的复杂性。是采用天然地基，还是采用人工地基？采用人工地基时是采用什么地基处理方案？这是建造建筑物时首先需要解决的问题。处理是否恰当，不仅影响建筑物的安全和使用，而且对建设速度、工程造价有很大的影响。

很久以前，人类就已懂得对天然地层进行处理，采用人工地基建造构筑物。例如，灰土垫层在我国古代就已广泛使用。工业的发展、技术的进步促进了各种地基处理技术的发展。现代土木工程对地基处理提出了愈来愈高的要求。

（一）土木工程常用地基处理方法

土木工程常用地基处理方法见表 2-1，本书仅介绍换土垫层法。

表 2-1　常用地基处理方法

编号	分类	处理方法	原理及作用	适用范围
1	换土垫层	砂石垫层，素土垫层，灰土垫层，矿渣垫层	以砂石、素土、灰土和矿渣等强度较高的材料置换地基表层软弱土，提高持力层的承载力，扩散应力，减少沉降量	（1）软弱土层厚度不大的地基，适用于处理暗沟、暗塘等。 （2）垫层厚度不宜超过 3.0m

续表

编号	分类	处理方法	原理及作用	适用范围
2	碾压夯实	重锤夯实，机械碾压，振动压实，强夯（动力固结）	利用压实原理，通过机械碾压夯击，把表层地基土压实；强夯则利用强大的夯击能，在地基中产生强烈的冲击波和动应力，迫使土动力固结密实	适用于碎石土、砂土、粉土、低饱和度的黏性土、杂填土等，对饱和黏性土应慎重采用
3	排水固结	天然地基预压，砂井预压，塑料排水带预压，真空预压，降水预压	在地基中增设竖向排水体，加速地基的固结和强度增长，提高地基的稳定性；加速沉降发展，使基础沉降提前完成	适用于处理饱和软弱土层；对于渗透性极低的泥炭土，必须慎重对待
4	振密挤密	振冲挤密，灰土挤密桩，砂桩，石灰桩，爆破挤密，夯实水泥土桩	采用一定的技术措施，通过振动或挤密，使土体的孔隙减少，强度提高；必要时，在振动挤密的过程中，回填砂、砾石、灰土、水泥土、素土等，与地基土组成复合地基，从而提高地基的承载力，减少沉降量	适用于处理松砂、粉土、杂填土及湿陷性黄土
5	置换及拌入	振冲置换，深层搅拌，高压喷射注浆，石灰桩等	采用专门的技术措施，以砂、碎石等置换软弱土地基中部分软弱土，或在部分软弱土地基中掺入水泥、石灰或砂浆等形成加固体，与未处理部分土组成复合地基，从而提高地基承载力，减少沉降量	黏性土、冲填土、粉砂、细砂等。振冲置换法对于不排水抗剪强度小于 20kPa 时慎用
6	加筋	土工合成材料加筋，锚固，树根桩，加筋土	在地基或土体中埋设强度较大的土工合成材料、钢片等加筋材料，使地基或土体能承受抗拉力，防止断裂，保持整体性，提高刚度，改变地基土体的应力场和应变场，从而提高地基的承载力，改善变形特性	软弱土地基、填土及陡坡填土、砂土
7	其他	灌浆，冻结，托换技术，纠偏技术	通过独特的技术措施处理软弱土地基	根据实际情况确定

（二）换土垫层法

换土垫层法适用于浅层软弱地基及不均匀地基的处理。

1. 垫层的设计

换土垫层应根据建筑体型、结构特点、荷载性质、岩土工程条件、施工机械设备及填料性质和来源等进行综合分析后进行设计，并确定合理的施工方法。

（1）垫层厚度的确定

垫层的厚度应根据需置换软弱土的深度或下卧土层的承载力确定，可由公式(2-1)和式(2-2)（或式（2-3))并通过试算法确定。换填垫层的厚度不宜小于 0.5m，也不宜大于 3m。

$$p_z + p_{cz} \leqslant f_{az} \tag{2-1}$$

式中 p_z——相应于荷载效应标准组合时，垫层底面处的附加压力值（kPa）；

p_{cz}——垫层底面处土的自重压力标准值（kPa）；

f_{az}——垫层底面处经深度修正后的地基承载力特征值（kPa）。

垫层底面处的附加压力值可分别按式（2-2）和式（2-3）计算：

条形基础：
$$p_z=\frac{b\ (p_k-p_c)}{b+2z\tan\theta} \tag{2-2}$$

矩形基础：
$$p_z=\frac{bl\ (p_k-p_c)}{(b+2z\tan\theta)\ (l+2z\tan\theta)} \tag{2-3}$$

式中　b——矩形基础或条形基础底面的宽度（m）；

l——矩形基础底面的长度（m）；

p_k——相应于荷载效应标准组合时，基础底面处的平均压力值（kPa）；

p_c——基础底面处土的自重压力值（kPa）；

z——基础底面下垫层的厚度（m）；

θ——垫层的压力扩散角（°），通过试验确定，当无试验资料时，可按表 2-2 采用。

表 2-2　垫层压力扩散角 θ（°）

换填材料 / z/b	中砂、粗砂、砾砂、圆砾、角砾、石屑、卵石、碎石、矿渣	粉质黏土、粉土	灰土
0.25	20	6	28
≥0.50	30	23	

注：1. 当 $z/b<0.25$，除灰土取 $\theta=28°$外，其余材料均取 $\theta=0°$，必要时，宜由试验确定。

2. 当 $0.25<z/b<0.5$ 时，θ 值可内插求得。

（2）垫层宽度的确定

垫层底面的宽度应满足基础底面应力扩散的要求，可按下式确定：

$$b'\geqslant b+2z\tan\theta \tag{2-4}$$

式中　b'——垫层底面宽度（m）；

b——基础宽度（m）；

θ——垫层压力扩散角，按表 2-2 采用；当 $z/b<0.25$ 时，仍按表中 $z/b=0.25$ 取值。

整片垫层底面的宽度可根据施工的要求适当加宽。

垫层顶面宽度可从垫层底面两侧向上，按基坑开挖期间保持边坡稳定的当地经验放坡确定。垫层顶面每边超出基础底边不宜小于 300mm。

（3）垫层的承载力

垫层的承载力宜通过现场载荷试验确定，并应进行下卧层承载力的验算。

（4）垫层地基的变形

对于垫层下存在软弱下卧层的建筑，在进行地基变形计算时应考虑邻近基础对软弱下卧层顶面应力叠加的影响。当超出原地面标高的垫层或换填材料的重度高于天然土层重度时，宜早换填，并应考虑其附加的荷载对建筑及邻近建筑的影响。垫层地基的变形由垫层自身变形和下卧层变形组成，一般情况下，垫层地基的变形可仅考虑其下卧层的变形。对沉降要求严的或垫层厚的建筑，应计算垫层自身的变形。

垫层下卧层的变形量按现行国家规范《建筑地基基础设计规范》（GB 50007—2002）第 5.3 条的有关规定计算。

2. 垫层材料要求

（1）砂石。宜选用碎石、卵石、角砾、圆砾、砾砂、粗砂、中砂或石屑(粒径小于 2mm 的部分不应超过总重的 45%)，应级配良好，不含植物残体、垃圾等杂质。当使用粉细砂或石粉(粒径小于 0.075mm 的部分不超过总重的 9%)时，应掺入不少于总重 30%的碎石或卵石。砂石的最大粒径不宜大于50mm。对湿陷性黄土地基，不得选用砂石等透水材料。

(2) 粉质黏土。土料中有机质含量不得超过5%，亦不得含有冻土或膨胀土。当含有碎石时，其粒径不宜大于50mm。用于湿陷性黄土或膨胀土地基的粉质黏土垫层，土料中不得夹有砖、瓦和石块。

(3) 灰土。体积配合比宜为2:8或3:7。土料宜用粉质黏土，不宜使用块状黏土和砂质粉土，不得含有松软杂质，并应过筛，其颗粒不得大于15mm。石灰宜用新鲜的消石灰，其颗粒不得大于5mm。

石灰的性质决定于其活性物质的含量，即含CaO与MgO的含量百分率，含量越高，则活性越大，胶结力越强。一般常用的熟石灰粉末的质量应符合Ⅲ级以上的标准，活性CaO+MgO含量不低于50%，如要拌制强度较高的灰土，宜选用Ⅰ级或Ⅱ级石灰。当活性氧化物含量不高时，应相应增加石灰的用量。石灰的储存时间不宜超过三个月，长期存放将会使其活性降低。

灰土中石灰的用量在一定的范围内，其强度随用灰量的增大而提高，但当超过一定限值后，则强度增加很小，并有逐渐减小的趋势。1:9灰土强度较低，只能改变土的压实性能，当承载力要求不高时采用；2:8和3:7灰土，一般作为最佳含灰率，但与石灰的等级有关，通常应以CaO+MgO所含总量达到8%左右为佳。石灰应以生石灰块消解（闷透）3～4d后过筛使用，生石灰标准见表2-3。

表2-3 生石灰的技术标准

类别 / 项目	钙质生石灰			镁质生石灰		
	一等	二等	三等	一等	二等	三等
有效钙加氧化镁含量不小于（%）	85	80	70	80	75	65
未消化残渣含量（5mm圆孔筛的筛孔）不大于（%）	7	11	17	10	14	20

(4) 粉煤灰。可用于道路、堆场和小型建筑、构筑物等的换填垫层。粉煤灰垫层上宜覆土0.3～0.5m。粉煤灰垫层中采用掺加剂时，应通过试验确定其性能及适用条件。作为建筑物垫层的粉煤灰应符合有关放射性安全标准的要求。粉煤灰垫层中的金属构件、管网宜采取适当防腐措施。大量填筑粉煤灰时应考虑对地下水和土壤的环境影响。

(5) 矿渣。垫层使用的矿渣是指高炉重矿渣，可分为分级矿渣、混合矿渣及原状矿渣。矿渣垫层主要用于堆场、道路和地坪，也可用于小型建筑、构筑物地基。选用矿渣的松散重度不小于11kN/m^3，有机质及含泥总量不超过5%。设计、施工前必须对选用的矿渣进行试验，在确认其性能稳定并符合安全规定后方可使用。作为建筑物垫层的矿渣应符合对放射性安全标准的要求。易受酸、碱影响的基础或地下管网不得采用矿渣垫层。大量填筑矿渣时，应考虑对地下水和土壤的环境影响。

(6) 其他工业废渣。在有可靠试验结果或成功工程经验时，对质地坚硬、性能稳定、无腐蚀性、无放射性危害的工业废渣等均可用于填筑换填垫层。被选用工业废渣的粒径、级配和施工工艺等应通过试验确定。

(7) 土工合成材料。由分层铺设的土工合成材料与地基土构成加筋垫层。所用土工合成材料的品种的性能及填料的土类应根据工程特性和地基土条件，按照现行国家标准《土工合成材料应用技术规范》(GB 50290—98)的要求，通过设计并进行现场试验后确定。作为加筋的土工合成材料应采用抗拉强度较高、受力时伸长率不大于4%～5%、耐久性好、抗腐蚀的土工搁栅或土工织物等土工合成材料；垫层填料宜用碎石、角砾、砾砂、粗砂、中砂或粉质黏土等材料。

当工程要求垫层具有排水功能时，垫层材料应具有良好的透水性。在软土地基上使用加筋垫层时，应保证建筑稳定并满足允许变形的要求。

3. 垫层的压实标准

垫层的压实标准可按表2-4选用：

表2-4　各种垫层的压实标准

施工方法	换填材料类别	压实系数
碾压、振密或夯实	碎石、卵石	0.94～0.97
	砂夹石（其中碎石、卵石占全重的30%～50%）	
	土夹石（其中碎石、卵石占全重的30%～50%）	
碾压、振密或夯实	中砂、粗砂、砾砂、角砾、圆砾、石屑	0.94～0.97
	粉质黏土	
	灰土	0.95
	粉煤灰	0.90～0.95

注：1. 压实系数 λ_c 为土的控制干密度与最大干密度的比值；土的最大干密度宜采用击实试验确定，碎石或卵石的最大干密度可取2.0～2.2t/m³。

2. 当采用轻型击实试验时，压实系数 λ_c 宜取高值，采用重型击实试验时，可取低值。

3. 矿渣垫层的压实指标为最后二遍压实的压陷差小于2mm。

4. 对于工程量较大的换填垫层，应按所选用的施工机械、换填材料及场地的土质条件现场试验，以确定压实效果。

4. 施工注意事项

(1) 垫层施工应根据不同的换填材料选择施工机械。粉质黏土、灰土宜采用平碾、振动碾或羊足碾；中小型工程也可采用蛙式夯、柴油夯；砂石等宜用振动碾；粉煤灰宜采用平碾、振动碾、平板振动器、蛙式夯；矿渣宜采用平板振动器或平碾，也可采用振动碾。

(2) 垫层的施工方法，分层铺填厚度，每层压实遍数等宜通过试验确定。除接触下卧软土层的垫层底部应根据施工机械设备及下卧层土质条件确定厚度外，一般情况下，垫层的分层铺填厚度可取200～300mm。为保证分层压实质量，应控制机械碾压速度。

(3) 粉质黏土和灰土垫层土料的施工含水量宜控制在最优含水量 $\omega_{op}\pm2\%$ 的范围内，粉煤灰垫层的施工含水量宜控制在 $\omega_{op}\pm4\%$ 范围内，最优含水量可通过击实试验确定，也可按当地经验取用。灰土翻拌要均匀，现场控制含水量以“手搓成团，两指轻捏即散”为宜。

(4) 当垫层底部存在古井、古墓、洞穴、旧基础、暗塘等软硬不均的部位时，应根据建筑对不均匀沉降的要求予以处理，并经检验合格后，方可铺填垫层。

(5) 基坑开挖时应避免坑底土层受扰动，可保留约200mm厚的土层暂不挖去，待铺填垫层前再挖至设计标高。严禁扰动垫层下的软弱土层，防止其被践踏、受冻或受水浸泡。在碎石或卵石垫层底部宜设置 150～300mm 厚的砂垫层或铺一层土工织物，以防止软弱土层表面的局部破坏，同时必须防止基坑边坡塌土混入垫层。刚打完的灰土，如突然遇雨应将松软灰土除去，并补填夯实，稍受湿的灰土可在晾干后补夯。

（6）换填垫层施工应注意基坑排水，除采用水沉法施工砂垫层外，不得用水沉法施工，必要时应采用降低地下水位的措施。

（7）垫层底面宜设在同一标高上，如深度不同，基坑底土面应挖成阶梯或斜坡搭接，并按先深后浅的顺序进行垫层施工，搭接处应夯压密实。粉质黏土及灰土垫层分段施工时，不得在柱基、墙角及承重窗间墙下接缝。上下两层的缝距不得小于 500mm，接缝时，用铁锹在留缝处垂直切齐再铺。

灰土应拌合均匀并应当日铺填夯压，入槽（坑）灰土不得隔日夯打，灰土夯压密实后 3d 内不得受水浸泡。粉煤灰垫层铺填后宜当天压实，每层验收后应及时铺填上层，同时应禁止车辆碾压通行。垫层竣工验收合格后，应及时进行基础施工。

（8）铺设土工合成材料时，下铺地基土层顶面应平整，防止土工合成材料被刺穿、顶破。铺设时应把土工合成材料张拉平直、绷紧，严禁有折皱；端头应固定或回折锚固；严禁暴晒或裸露土工合成材料；连接宜用搭接法、缝接法和胶结法，并均应保证主要受力方向的连接强度不低于所采用材料的抗拉强度。

（9）冬季施工，必须在基层不冻的状态下进行，冻土及夹有冻块的土料不得使用；已熟化的石灰应在次日用完，以充分利用石灰熟化时的热量，当日拌合灰土应当日铺填夯实，表面应用塑料布及草袋覆盖保温，以防灰土垫层早期受冻降低强度。

5. 质量检验

（1）对粉质黏土、灰土、粉煤灰和砂石垫层的施工质量检验可用环刀法、贯入仪、静力触探、轻型动力触探或标准贯入试验检验；对砂石、矿渣垫层可用重型动力触探检验，并均应通过现场试验，以设计压实系数所对应的贯入度为标准检验垫层的施工质量。压实系数也可采用环刀法、灌砂法、灌水法或其他方法检验。

（2）垫层施工质量检验必须分层进行。应在每层的压实系数符合设计要求后铺填上层土。

（3）采用环刀法检验垫层的施工质量时，取样点应位于每层厚度的 2/3 深度处。检验点数量，对大基坑每 50～100m^2 不应少于 1 个检验点；对基槽每 10～20m 不应少于 1 个点；每个独立柱基不应少于 1 个点。采用贯入仪或动力触探检验垫层的施工质量时，每分层检验点的间距应小于 4m。

（4）竣工验收采用载荷试验检验垫层承载力时，每个单体工程不宜少于 3 点；对于大型工程则应按单体工程的数量或工程的面积确定检验点数。

◆ 地基处理施工相关规范链接

一、《岩土工程勘察规范》（GB 50021—2001）

详细勘察的勘探深度自基础底面算起，应符合下列规定：

1. 勘探孔深度应能控制地基主要受力层，当基础底面宽度不大于 5m 时，勘探孔的深度对条形基础不应小于基础底面宽度的 3 倍，对单独柱基不应小于 1.5 倍，且不应小于 5m；

2. 对高层建筑和需作变形计算的地基，控制性勘探孔的深度应超过地基变形计算深度；高层建筑的一般性勘探孔应达到基底下 0.5～1.0 倍的基础宽度，并深入稳定分布的地层；

3. 对仅有地下室的建筑或高层建筑的裙房，当不能满足抗浮设计要求，需设置抗浮桩或锚杆时，勘探孔深度应满足抗拔承载力评价的要求；

4. 当有大面积地面堆载或软弱下卧层时，应适当加深控制性勘探孔的深度；

5. 详细勘察的单栋高层建筑勘探点的布置，应满足对地基均匀性评价的要求，且不应少于4个，对密集的高层建筑群，勘探点可适当减少，但每栋建筑物至少应有1个控制性勘探点；

6. 详细勘察采取土试样和进行原位测试应符合下列要求：

采取土试样和进行原位测试的勘探点数量，应根据地层结构、地基土的均匀性和设计要求确定，对地基基础设计等级为甲级的建筑物每栋不应少于3个；每个场地每一主要土层的原状土试样或原位测试数据不应少于6件（组）；在地基主要受力层内，对厚度大于0.5m的夹层或透镜体，应采取土试样或进行原位测试；当土层性质不均匀时，应增加取土数量或原位测试工作量。地震液化的进一步判别应在地面以下15m的范围内进行；对于桩基和基础埋深大于5m的天然地基，判别深度应加深至20m。对判别液化而布置的勘探点不应少于3个，勘探孔深度应大于液化判别深度。

二、《建筑抗震设计规范》（GB 50011—2001）

3.3.4　地基和基础设计应符合下列要求：

1. 同一结构单元的基础不宜设置在性质截然不同的地基上；

2. 同一结构单元不宜部分采用天然地基部分采用桩基；

3. 地基为软弱黏性土、液化土、新近填土或严重不均匀土时，应估计地震时地基不均匀沉降或其他不利影响，并采取相应的措施。

3.4.6　防震缝应根据抗震设防烈度、结构材料种类、结构类型、结构单元的高度和高差情况，留有足够的宽度，其两侧的上部结构应完全分开。当设置伸缩缝和沉降缝时，其宽度应符合防震缝的要求。

4.2.1　下列建筑可不进行天然地基及基础的抗震承载力验算：

1. 砌体房屋。

2. 地基主要受力层范围内不存在软弱黏性土层的下列建筑：

(1) 一般的单层厂房和单层空旷房屋；

(2) 不超过8层且高度在25m以下的一般民用框架房屋；

(3) 基础荷载与2）项相当的多层框架厂房。

3. 本规范规定可不进行上部结构抗震验算的建筑。

注：软弱黏性土层指抗震设防烈度为7度、8度和9度时地基承载力特征值分别小于80kPa、100kPa和120kPa的土层。

4.2.2　天然地基基础抗震验算时，应采用地震作用效应标准组合，且地基抗震承载力应取地基承载力特征值乘以地基抗震承载力调整系数计算。

4.2.4　……高宽比大于4的高层建筑，在地震作用下基础底面不宜出现拉应力；其他建筑，基础底面与地基土之间零应力区面积不应超过基础底面面积的15%。

4.3.1　饱和砂土和饱和粉土（不含黄土）的液化判别和地基处理，6度时，一般情况下可不进行判别和处理，但对液化沉陷敏感的乙类建筑可按7度的要求进行判别和处理，7～9度时，乙类建筑可按本地区抗震设防烈度的要求进行判别和处理。

4.3.2　存在饱和砂土和饱和粉土（不含黄土）的地基，除6度设防外，应进行液化判别；存在液化土层的地基，应根据建筑的抗震设防类别、地基的液化等级，结合具体情况采取相应的措施。

4.3.3　饱和砂土或粉土（不含黄土），当符合下列条件之一时，可初步判别为不液化或可不考虑液化影响：

地质年代为第四纪晚更新世（Q_3）及其以前时，7度、8度时可判为不液化。粉土的黏粒（粒径小于0.005mm的颗粒）含量百分率，7度、8度和9度分别不小于10%、13%和16%时，可判为不液化土（用于液化判别的黏粒含量系采用六偏磷酸钠作分散剂测定，采用其他方法时应按有关规定换算）。天然地基的建筑，当上覆非液化土层厚度和地下水位深度符合下列条件之一时，可不考虑液化影响：（略）。

4.3.4　当初步判别认为需进一步进行液化判别时，应采用标准贯入试验判别法判别地面下15m深度范围内的液化；当采用桩基或埋深大于5m的深基础时，尚应判别15～20m范围内土的液化。当饱和土标准贯入锤击数（未经杆长修正）小于液化判别标准贯入锤击数临界值时，应判为液化土。当有成熟经验时尚可采用其他判别方法。

4.3.6　当液化土层较平坦且均匀时，宜按表4.3.6选用地基抗液化措施；尚可计入上部结构重力荷载对液化危害的影响，根据液化震陷量的估计适当调整抗液化措施。不宜将未经处理的液化土层作为天然地基持力层。

表4.3.6　抗液化措施

建筑抗震设防类别	地基的液化等级		
	轻微	中等	严重
乙类	部分消除液化沉陷，或对基础和上部结构处理	全部消除液化沉陷，或部分消除液化沉陷且对基础和上部结构处理	全部消除液化沉陷
丙类	基础和上部结构处理，亦可不采取措施	基础和上部结构处理，或更高要求的措施	全部消除液化沉陷，或部分消除液化沉陷且对基础和上部结构处理
丁类	可不采取措施	可不采取措施	基础和上部结构处理，或其他经济的措施

4.3.7　全部消除地基液化沉陷的措施应符合下列要求：

1. 采用桩基时，桩端伸入液化深度以下稳定土层中的长度（不包括桩尖部分），应按计算确定，且对碎石土，砾、粗、中砂，坚硬黏性土和密实粉土尚不应小于0.5m，对其他非岩石土尚不宜小于1.5m；

2. 采用深基础时，基础底面应埋入液化深度以下的稳定土层中，其深度不应小于0.5m；

3. 采用加密法（如振冲、振动加密、挤密碎石桩、强夯等）加固时，应处理至液化深度下界；振冲或挤密碎石桩加固后，桩间土的标准贯入锤击数不宜小于本节第4.3.4条规定的液化判别标准贯入锤击数临界值；

4. 用非液化土替换全部液化土层；

5. 采用加密法或换土法处理时，在基础边缘以外的处理宽度，应超过基础底面下处理深度的1/2且不小于基础宽度的1/5。

三、《建筑地基基础设计规范》（GB 50007—2002）

3.0.1　根据地基复杂程度、建筑物规模和功能特征以及由于地基问题可能造成建筑物破坏或影响正常使用的程度，将地基基础设计分为三个设计等级，设计时应根据具体情况，按表3.0.1选用。

表3.0.1　地基基础设计等级

设计等级	建筑和地基类型
甲级	重要的工业与民用建筑物 30层以上大的高层建筑 体型复杂，层数相差超过10层的高低层连成一体建筑物 大面积的多层地下建筑物（如地下车库商场运动场等） 对地基变形有特殊要求的建筑物 复杂地质条件下的坡上建筑物（包括高边坡） 对原有工程影响较大的新建建筑物 场地和地基条件复杂的一般建筑物 位于复杂地质条件及软土地区的二层及二层以上地下室的基坑工程
乙级	除甲级、丙级以外的工业与民用建筑物
丙级	场地和地基条件简单、荷载分布均匀的七层及七层以下民用建筑及一般工业建筑物次要的轻型建筑物

3.0.4　地基基础设计时，所采用的荷载效应最不利组合与相应的抗力限值应按下列规定：

1. 按地基承载力确定基础底面积及埋深或按单桩承载力确定桩数时，传至基础或承台底面上的荷载效应应按正常使用极限状下荷载效应标准组合。相应抗力应采用地基承载力特征值或单桩承载力特征值；

2. 计算地基变形时，传至基础底面上的荷载效应应按正常使用极限状态下荷载效应的准永久组合，不应计入风荷载和地震作用。相应的限值应为地基变形允许值；

3. 计算挡土墙的土压力、地基或斜坡稳定及滑坡推力时，荷载效应应按承载能力极限状态下荷载效应的基本组合，但其分项系数均为1.0；

4. 在确定基础或桩台高度、支挡结构截面，计算基础或支挡结构内力，确定配筋和验算材料强度时，上部结构传来的荷载效应组合和相应的基底反力，应按承载能力级限状态下荷载效应的基本组合，采用相应的分项系数。当需要验算基础裂缝宽度时，应按正常使用极限状态荷载效应标准组合；

5. 基础设计安全等级、结构设计使用年限、结构重要性系数应按有关规范的规定采用，但结构重要性系数 γ_0 应小于1.0。

5.1.1　基础的埋置深度，应按下列条件确定：

1. 建筑物的用途，有无地下室、设备基础和地下设施，基础的形式和构造；

2. 作用在地基上的荷载大小和性质；

3. 工程地质和水文地质条件；

4. 相邻建筑物的基础埋深；

5. 地基土冻胀和融陷的影响。

5.1.2　在满足地基稳定和变形要求的前提下，地基宜浅埋，当上层地基的承载力大于下层土时，宜利用上层做持力层。除岩石地基外，基础埋深不宜小于0.5m。

5.1.3　高层建筑筏形和箱形基础的埋置深度应满足地基承载力、变形和稳定性要求。在抗震设防区，除岩石地基外，天然地基上的箱形和筏形基础其埋置深度不宜小于建筑物高度的1/15；桩箱或桩筏基础的埋置深度（不计桩长）不宜小于建筑物高度的1/18～1/20。位于岩石地基上的高层建筑，其基础埋置深度应满足抗滑要求。

5.1.4　基础宜埋置在地下水位以上，当必须埋置在地下水位以下时，应采取地基土在施工时不受扰动的措施。当基础埋置在易风化的岩层上，施工时应在基坑开挖后立即铺筑垫层。

5.1.5　当存在相邻建筑物时，新建建筑物的基础埋置深度不宜大于原有建筑基础。当埋置大于原有建筑基础时，两基础间应保持一定净距，其数值应根据原有建筑荷载大小、基础形式和土质情况确定。当上述要求不能满足时，应采取分段施工，设临时加固支撑、打板桩、地下连续墙等施工措施，或加固原有建筑物基础。

5.3.4　建筑物的地基变形允许值，可按表5.3.4规定采用。对表中未包括的建筑物，其地基变形允许值应根据上部结构对地基变形的适应能力和使用上的要求确定。

表5.3.4　建筑物的地基变形允许值

变形特征	地基土类型	
	中、低压缩性土	高压缩性土
砌体承重结构基础的局部倾斜	0.002	0.003
工业与民用建筑相邻柱基的沉降差		
(1) 框架结构	0.002l	0.003l
(2) 砌体墙填充的边排柱	0.0007l	0.001l
(3) 当基础不均匀沉降时不产生附加应力的结构	0.005l	0.005l
单层排架结构（柱距为6m）柱基的沉降量（mm）	(120)	200

续表

变形特征	地基土类型	
	中、低压缩性土	高压缩性土
桥式吊车轨面的倾斜（按不调整轨道考虑）		
纵向	0.004	
横向	0.003	
多层和高层建筑的整体倾斜		
$H_g \leqslant 24$	0.004	
$24 < H_g \leqslant 60$	0.003	
$60 < H_g \leqslant 100$	0.0025	
$H_g > 100$	0.002	
体型简单的高层建筑基础的平均沉降量（mm）	200	
高耸结构基础的倾斜		
$H_g \leqslant 20$	0.008	
$20 < H_g \leqslant 50$	0.006	
$50 < H_g \leqslant 100$	0.005	
$100 < H_g \leqslant 150$	0.004	
$150 < H_g \leqslant 200$	0.003	
$200 < H_g \leqslant 250$	0.002	
高耸结构基础的沉降量（mm）		
$H_g \leqslant 100$	400	
$100 < H_g \leqslant 200$	300	
$200 < H_g \leqslant 250$	200	

注：1. 本表数值为建筑物地基实际最终变形允许值。
2. 有括号者仅适用于中压缩性土。
3. l 为相邻柱基的中心距离（mm）；H_g 为自室外地面起算的建筑物高度（m）。
4. 倾斜指基础倾斜方向两端点的沉降差与其距离的比值。
5. 局部倾斜指砌体承重结构沿纵向 6～10m 内基础两点的沉降差与其距离的比值。

5.3.10　在同一整体大面积基础上建有多栋高层的低层建筑，应该按照上部结构、基础与地基的共同作用进行变形计算。

6.1.1　山区（包括丘陵地带）地基的设计，应考虑下列因素：

1. 建设场区内，在自然条件下，有无滑坡现象，有无断层破碎带；
2. 施工过程中，因挖方、填方、堆载和卸载等对山坡稳定性的影响；
3. 建筑地基的不均匀性；
4. 岩溶、土洞的发育程度；
5. 出现崩塌、泥石流等不良地质现象的可能性；
6. 地面水、地下水对建筑地基和建设场区的影响。

10.2.9　下列建筑应在施工期间及使用期间进行变形观测：

1. 地基基础设计等级为甲级的建筑物；

2. 复合地基或软弱地基上的设等级为乙级的建筑物；

3. 加层、扩建建筑物；

4. 受邻近深基坑开挖施工影响或受场地地下水等环境因素变化影响的建筑物；

5. 需要积累建筑经验或进行设计反分析的工程。

四、《建筑地基处理技术规范》（JGJ 79—2002）

3.0.1 在选择地基处理方案前，应完成下列工作：

搜集详细的岩土工程勘察资料、上部结构及基础设计资料等；根据工程的要求和采用天然地基存在的主要问题，确定地基处理的目的、处理范围和处理后要求达到的各项技术经济指标等；结合工程情况，了解当地地基处理经验和施工条件，对于有特殊要求的工程，尚应了解其他地区相似场地上同类工程的地基处理经验和使用情况等；调查邻近建筑、地下工程和有关管线等情况；了解建筑场地的环境情况。

3.0.2 在选择地基处理方案时，应考虑上部结构、基础和地基的共同作用，并经过技术经济比较，选用处理地基或加强上部结构和处理地基相结合的方案。

3.0.3 地基处理方法的确定宜按下列步骤进行：

1. 根据结构类型、荷载大小及使用要求，结合地形地貌、地层结构、土质条件、地下水特征、环境情况和对邻近建筑的影响等因素进行综合分析，初步选出几种可供考虑的地基处理方案，包括选择两种或多种地基处理措施组成的综合处理方案；

2. 对初步选出的各种地基处理方案，分别从加固原理、适用范围、预期处理效果、耗用材料、施工机械、工期要求和对环境的影响等方面进行技术经济分析和对比，选择最佳的地基处理方法；

3. 对已选定的地基处理方法，宜按建筑物地基基础设计等级和场地复杂程度，在有代表性的场地上进行相应的现场试验或试验性施工，并进行必要的测试，以检验设计参数和处理效果。如达不到设计要求时，应查明原因，修改设计参数或调整地基处理方法。

3.0.7 施工技术人员应掌握所承担工程的地基处理目的、加固原理、技术要求和质量标准等。施工中应有专人负责质量控制和监测，并做好施工记录。当出现异常情况时，必须及时会同有关部门妥善解决。施工过程中应进行质量监理，施工结束后必须按国家有关规定进行工程质量检验和验收。

3.0.8 复合地基载荷试验应符合本规范附录A的规定。

3.0.9 对于现行国家标准《建筑地基基础设计规范》（GB 50007—2002）规定需要进行地基变形计算的建筑物或构筑物，经地基处理后，应进行沉降观测，直至沉降达到稳定为止。

附录A 复合地基载荷试验要点

A.0.1 本试验要点适用于单桩复合地基载荷试验和多桩复合地基载荷试验。

A.0.2 复合地基载荷试验用于测定承压板下应力主要影响范围内复合土层的承载力和变形参数。复合地基载荷试验承压板应具有足够刚度。单桩复合地基载荷试验的承压板可用圆形或方形。面积为一根桩承担的处理面积；多桩复合地基载荷试验的承压板可用方形或矩形，其尺寸按实际桩数所承担的处理面积确定。桩的中心（或形心）应与承压板中心保持一致，并与荷载作用点相重合。

A.0.3 承压板底面标高应与桩顶设计标高相适应。承压板底面下宜铺设粗砂或中砂垫层，垫层厚度取50～150mm，桩身强度高时宜取大值。试验标高处的试坑长度和宽度，应不小于承压板尺寸的3倍。基准梁的支点应设在试坑之外。

A.0.4 试验前应采取措施，防止试验场地地基土含水量变化或地基土扰动，以免影响试验结果。

A.0.5 加载等级可分为8～12级。最大加载压力不应小于设计要求压力值的2倍。

A.0.6 每加一级荷载前后均应各读记承压板沉降量一次，以后每半个小时读记一次。当一小时内沉降量小于0.1mm时，即可加下一级荷载。

A.0.7 当出现下列现象之一时可终止试验：

沉降急剧增大，土被挤出或承压板周围出现明显的隆起；承压板的累计沉降量已大于其宽度或直径的6%；当达不到极限荷载，而最大加载压力已大子设计要求压力值的2倍。

A.0.8 卸载级数可为加载级数的一半，等量进行，每卸一级，间隔半小时，读记回弹量，待卸完全部荷载后间隔三小时读记总回弹量。

五、《建筑地基基础工程施工质量验收规范》（GB 50202—2002）

4.1.1　建筑物地基的施工应具备下述资料：

岩土工程勘察资料；邻近建筑物和地下设施类型、分布及结构质量情况；工程设计图纸、设计要求及需达到的标准，检验手段。

4.1.2　砂、石子、水泥、钢材、石灰、粉煤灰等原材料的质量、检验项目、批量和检验方法，应符合国家现行标准的规定。

4.1.3　地基施工结束，宜在一个间歇期后，进行质量验收，间歇期由设计确定。

4.1.4　地基加固工程，应在正式施工前进行试验段施工，论证设定的施工参数及加固效果。为验证加固效果所进行的载荷试验，其施加载荷应不低于设计载荷的 2 倍。

4.1.5　对灰土地基、砂和砂石地基、土工合成材料地基、粉煤灰地基、强夯地基、注浆地基、预压地基，其竣工后的结果（地基强度或承载力）必须达到设计要求的标准。检验数量，每单位工程不应少于 3 点，1000m^2 以上工程，每 100m^2 至少应有 1 点，3000m^2 以上工程，每 300m^2 至少应有 1 点。每一独立基础下至少应有 1 点，基槽每 20 延米应有 1 点。

4.1.6　对水泥土搅拌桩复合地基、高压喷射注浆桩复合地基、砂桩地基、振冲桩复合地基、土和灰土挤密桩复合地基、水泥粉煤灰碎石桩复合地基及夯实水泥土桩复合地基，其承载力检验，数量为总数的 0.5%～1%，但不应少于 3 处。有单桩强度检验要求时，数量为总数的 0.5%～1%，但不应少于 3 根。

4.1.7　除本规范第 4.1.5、第 4.1.6 条指定的主控项目外，其他主控项目及一般项目可随意抽查，但复合地基中的水泥土搅拌桩、高压喷射注浆桩、振冲桩、土和灰土挤密桩、水泥粉煤灰碎石桩及夯实水泥土桩至少应抽查 20%。

第二节　桩基础[1]

桩基础是由设置于地基中的桩和连接于桩顶端的承台组成的基础，简称桩基。在一般房屋基础工程中，桩主要承受垂直的竖向荷载；但在港口、桥梁、近海钻采平台、支挡结构等工程中，桩还要承受侧向的风力、波浪力、土压力等水平荷载。

当场地浅层土质很差，不能作为浅层天然地基；或上部荷载太大，无法采用浅层天然地基；或要严格控制建筑物不同部位的沉降时，常用桩基础解决这些问题。若考虑桩穿越软弱土层时能挤密加固软弱土层，则桩和周围土体构成人工复合地基（如水泥土、灰土、砂石等挤密桩）；若考虑通过桩将上部结构荷载传给坚硬土持力层，则桩成为深基础。

按承载性质，桩分为摩擦桩和端承桩，端承桩的桩顶竖向荷载主要由桩端可靠持力层承担（图 2-1a），摩擦桩的桩顶竖向荷载主要由桩的侧表面和土体之间的摩擦阻力承受（图

---

[1] 《建筑地基基础设计规范》（GB 50007—2002）规定：

7.5.6　具有地面荷载的建筑地基遇到下列情况之一时，宜采用桩基：

1. 不符合本规范第 7.5.4 条（对于在使用过程中允许调整吊车轨道的单层钢筋混凝土工业厂房和露天车间的天然地基设计，由地面荷载引起柱基内侧边缘中点的地基附加沉降是否满足允许值）要求；

2. 车间内设有起重量 30t 以上、工作级别大于 A5 的吊车；

3. 基底下软弱土层较薄，采用桩基较经济者。

《建筑抗震设计规范》（GB 50011—2001）规定：

7.1.8.5　底部框架-抗震墙房屋的抗震墙应设置条形基础、筏式基础或桩基。

7.1.9.3　多排柱内框架房屋的抗震墙应设置条形基础、筏式基础或桩基。

8.1.10　超过 12 层的钢结构应设置地下室。其基础埋置深度，当采用天然地基时不宜小于房屋总高度的 1/15；当采用桩基时，桩承台埋深不宜小于房屋总高度的 1/20。

2-1b)。按所用材料，桩可分为混凝土桩、钢桩和组合材料（例如闭口钢管混凝土）桩；按成桩方法，桩分为挤土桩（如打入预制桩）、非挤土桩（如灌注桩）、部分挤土桩（如打入式敞口桩）；按桩径大小，分为小桩（$d\leqslant 250$mm）、中等桩（250mm$<d<$800mm）、大直径桩（$d\geqslant 800$mm）；按照施工方法的不同，桩可分为预制桩和灌注桩。

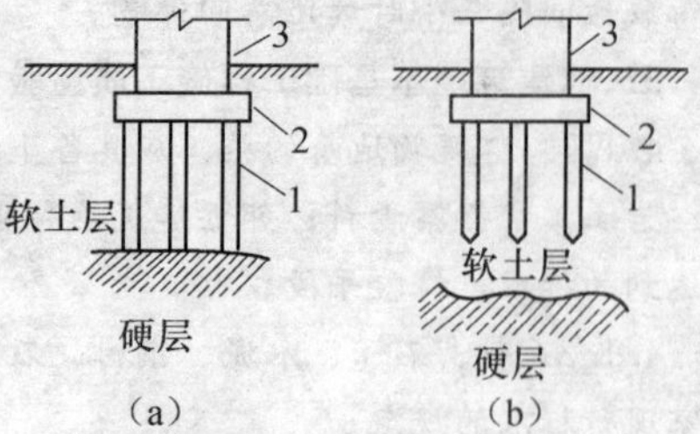

图 2-1 桩基础

（a）端承桩；（b）摩擦桩

1—桩；2—承台；3—上部结构

预制桩是在工厂或施工现场制成的各种材料和形式的桩，按桩的形状不同有方形桩、圆形桩、管桩。灌注桩是在施工现场的桩位上先成孔，在桩孔内放入钢筋笼，浇筑混凝土而形成的桩。根据成孔方法的不同又可分为钻孔灌注桩、人工挖孔灌注桩、水冲成孔灌注桩，套管成孔灌注桩和爆扩成孔灌注桩等。

一、钢筋混凝土预制桩

混凝土预制桩能承受较大的荷载、坚固耐久、施工速度快，是我国广泛应用的桩型之一，但其施工对周围环境影响较大。常用的为混凝土实心方桩、预应力混凝土空心管桩、钢管桩和锥形桩，其中以钢筋混凝土实心方桩和钢管桩应用较多。其沉桩方法有锤击沉桩、振动沉桩、水冲成桩和静力压桩等。

（一）混凝土预制桩的制作、运输和堆放

1. 钢筋混凝土预制桩的制作❶

混凝土方桩的截面边长多为 250～550mm，单根桩或多节桩的单节长度，应根据桩架高度、制作场地、运输和装卸能力而定。多节桩如用电焊或法兰接桩时，接桩节点的竖向位置尚应避开土层中的硬夹层。如在工厂制作，长度不宜超过 12m；如在现场预制，长度不宜超过 30m。混凝土强度等级不宜低于 C30。混凝土预制方桩多数是在打桩现场或附近就地预制，较短的桩亦可在预制厂生产。桩的预制先后次序应与打桩次序对应，以缩短养护时间。为防止桩顶击碎，预制桩的混凝土浇筑，宜从桩顶开始浇筑，严禁中断并应防止另一端的砂浆积聚过多。锤击预制桩，其粗集料粒径宜为 5～40mm，且应在强度与龄期均达到要求后，方可锤击。

桩身配筋与沉桩方法有关。锤击沉桩的纵向钢筋配筋率不宜小于 0.8%，桩的纵向钢筋直径不宜小于 ϕ14mm，桩身宽度或直径大于或等于 350mm 时，纵向钢筋不应少于 8 根。纵向钢筋在同一截面内的接头数量不超过钢筋数量的 50%，在同一截面内，同一根钢筋不得有两个接头。同一截面指的是 35d（d 为主筋直径），并不得小于 500mm 的区段范围内。预制桩纵向钢筋连接宜采用对焊或电弧焊；箍筋直径为 ϕ6～8mm，间距不大于 200mm，在桩尖和桩顶一定范围内箍筋要加密，根据设计计算配置，间距不大于 100mm，并且在桩头要设置加强钢筋网片。桩的主筋、桩顶和桩尖处的配筋示例见图 2-2。

---

❶ 《建筑桩基技术规范》(JGJ 94—94) 规定：

4.1.6 混凝土预制桩的截面边长不应小于 200mm；预应力混凝土预制桩的截面边长不宜小于 350mm；预应力混凝土离心管桩的外径不宜小于 300mm。

4.1.7 预制桩的桩身配筋应按吊运、打桩及桩在建筑物中受力等条件计算确定。预制桩的最小配筋率不宜小于 0.8%。主筋直径不宜小于 ϕ14，打入桩柱顶 2～3d 长度范围内箍筋应加密，并设置钢筋网片。

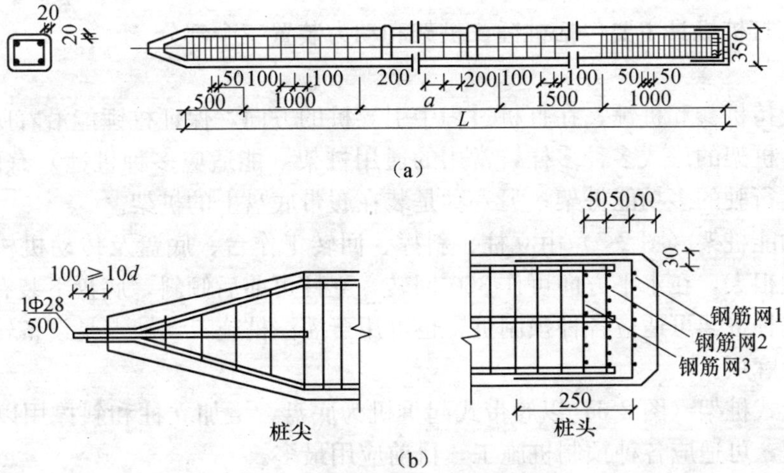

图 2-2　钢筋混凝土预制桩

(a) 截面；(b) 桩头与桩尖

2. 钢筋混凝土预制桩起吊、运输和堆放

钢筋混凝土预制桩应在混凝土达到设计强度的 70%方可起吊；达到设计强度的 100%才能运输和打桩。如提前吊运，应采取措施并经验算合格后方可进行。

运输过程中垫木与吊点应保持一致性，且各层垫木应上下对齐（图 2-3）。严禁在场地上以直接拖拉桩体方式代替装车运输。

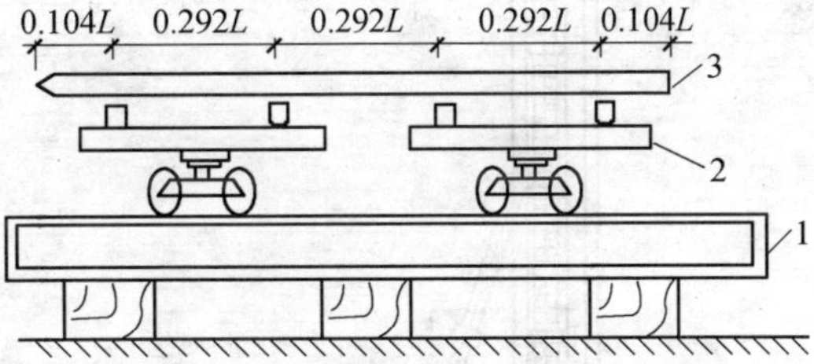

图 2-3　平台车运输示意图

1—运输道轨；2—平台车；3—预制桩

桩在施工现场的堆放场地应平整、坚实、排水良好，并不得产生不均匀沉陷。堆放时应设垫木，垫木的位置同运输要求，堆放层数不宜超过 4 层。

桩在起吊和搬运时，必须平稳，并且不得损坏。吊点应符合设计要求，如无设计规定，吊点位置的选择随桩长而异，原则是计算起吊弯矩最小，一般吊点的设置如图 2-4 所示。

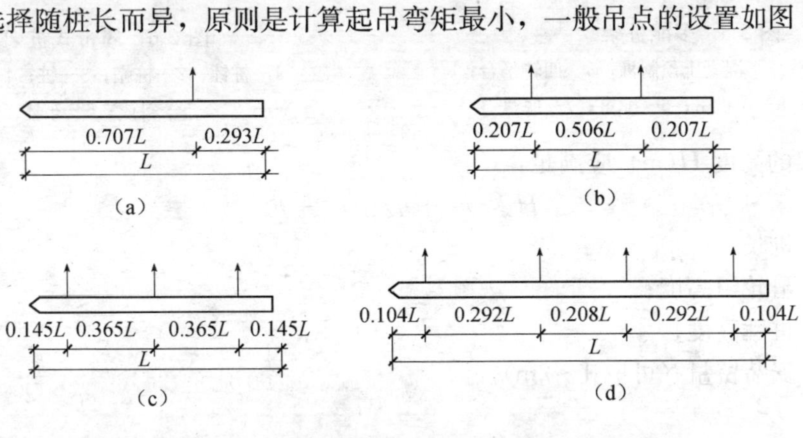

图 2-4　钢筋混凝土预制桩的合理吊点位置

(a) 1 个吊点的合理位置；(b) 2 个吊点的合理位置；

(c) 3 个吊点的合理位置；(d) 4 个吊点的合理位置

（二）锤击沉桩打桩机械的选择

锤击沉桩打桩机具主要包括桩锤、桩架和动力装置三个部分。

1. 桩架

桩架是支持桩身和桩锤，在打桩过程中引导桩的方向，保证桩锤能沿着所要求方向冲击的打桩设备。桩架的形式多种多样，常用的通用桩架（能适应多种桩锤）有两种基本形式：一种是沿轨道行驶的多功能桩架；另一种是装在履带底盘上的桩架。

（1）多功能桩架（图 2-5）由立柱、斜撑、回转工作台、底盘及传动机构组成。它的机动性和适应性很大，在水平方向可作 360°回转，立柱可前后倾斜，底盘下装有铁轮，可在轨道上行走。这种桩架可适应各种预制桩，也可用于灌注桩施工。缺点是设备较庞大，现场组装和拆迁比较麻烦。

（2）履带式桩架（图 2-6）以履带式起重机为底盘，增加立柱和斜撑用以打桩。桩架灵活，移动方便，可适应各种预制桩施工，目前应用最多。

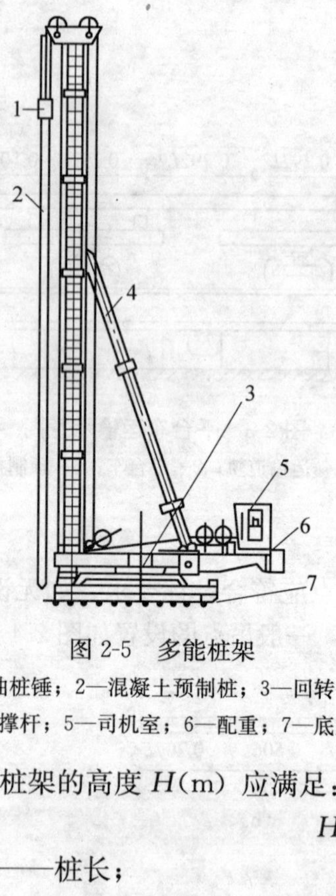

图 2-5 多能桩架

1—柴油桩锤；2—混凝土预制桩；3—回转平台；4—撑杆；5—司机室；6—配重；7—底盘

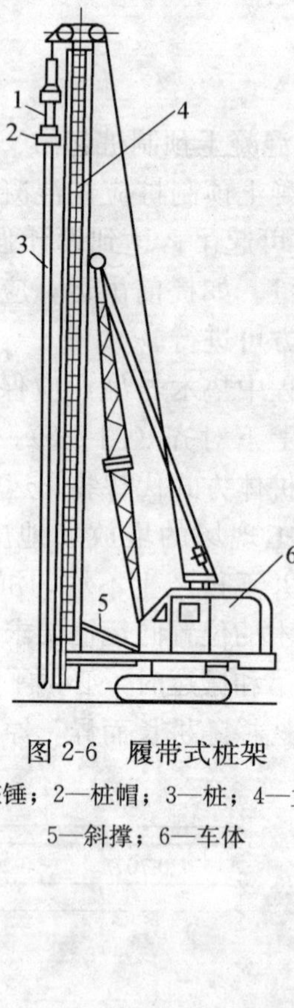

图 2-6 履带式桩架

1—桩锤；2—桩帽；3—桩；4—立柱；5—斜撑；6—车体

（3）桩架的高度 H(m) 应满足：

$$H \geqslant h_1 + h_2 + h_3 + h_4 \tag{2-5}$$

式中 h_1——桩长；

h_2——滑轮组高度；

h_3——桩锤高度；

h_4——安装留量（可取 1～2m）。

2. 桩锤

施工中常用的桩锤有落锤、单动汽锤、双动汽锤、柴油桩锤、液压锤和振动桩锤，液压锤是最新型桩锤。桩锤的适用范围及优缺点见表 2-5。施工时，需要通过现场试锤沉桩来验证所选择桩锤的正确性。实践证明：当桩锤重大于桩重的 1.5～2 倍，能取得较好的效果。

表 2-5　桩锤适用范围

桩锤种类	定义及适用范围	优　缺　点	工作原理示意图
落锤	落锤是指桩锤用人力或机械拉升，然后自由落下，利用自重夯击桩顶。 宜打各种桩；土、含砾石的土和一般土层均可使用	构造简单、使用方便、冲击力大，能随意调整落距，但锤打速度慢，效率较低	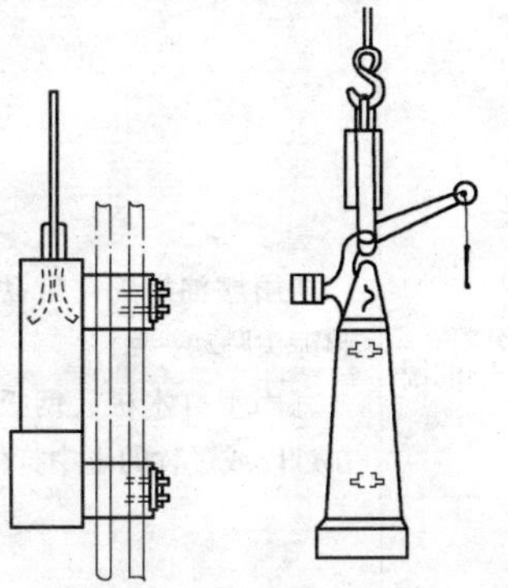 (a) 普通落锤　(b) 自动挂钩落锤
单动汽锤	利用蒸汽或压缩空气的压力将锤头上举，然后由锤的自重向下冲击沉桩。 适于打各种桩	构造简单、落距短，对设备和桩头不易损坏，打桩速度及冲击力较落锤大，效率较高	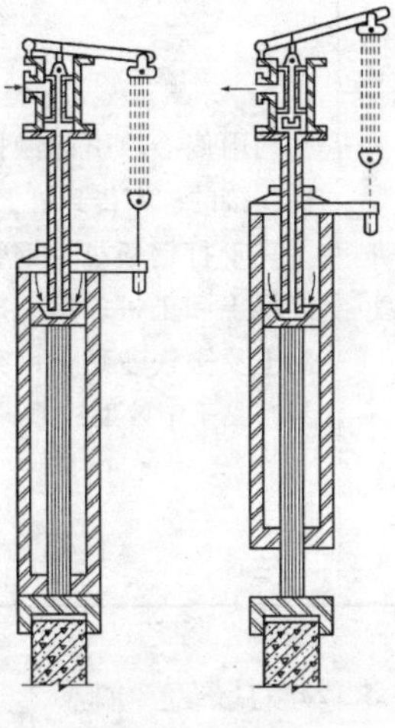
双动汽锤	利用蒸汽或压缩空气的压力将锤头上举及下冲，增加夯击能量。 宜打各种桩，便于打斜桩；用压缩空气时可在水下打桩；也可用于拔桩	冲击次数多、冲击力大、工作效率高，可不用桩架打桩，但需锅炉或空压机，设备笨重，移动较困难	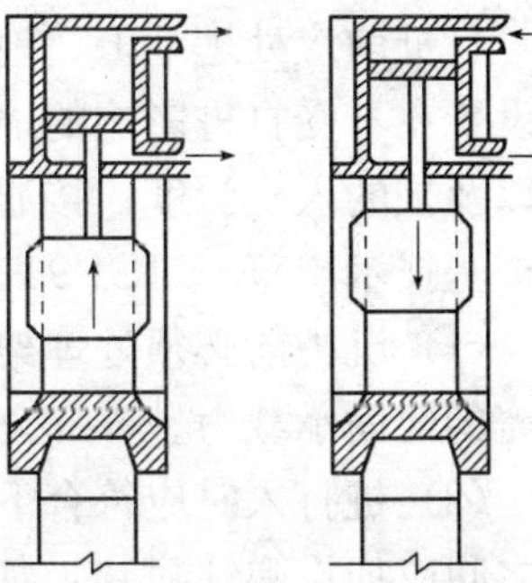

续表

桩锤种类	定义及适用范围	优　缺　点	工作原理示意图
柴油锤	利用燃油爆炸，推动活塞，引起锤头跳动。 宜用于打木桩、钢板桩；适于在过硬或过软的土中打桩	附有桩架、动力等设备，机架轻、移动便利、打桩快、燃料消耗少，有重量轻和不需要外部能源等优点；但有油烟和噪声污染	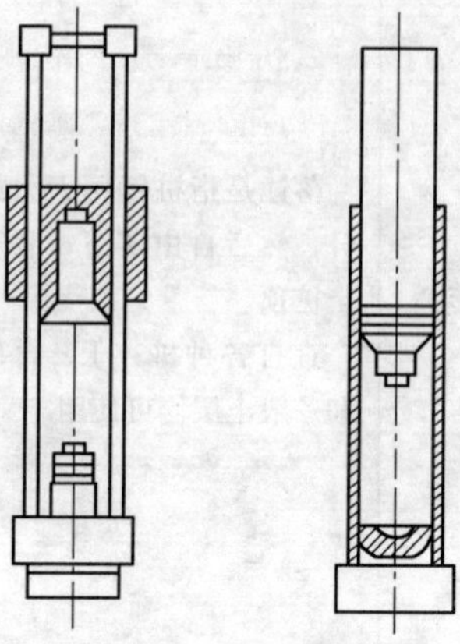 (a) 杆式柴油锤　(b) 筒式柴油锤
振动桩锤	利用偏心轮引起激振，通过刚性连接的桩帽传到桩上。 宜于打钢板桩、钢管桩、钢筋混凝土和土桩；用于砂土，塑性黏土及松软砂黏土；卵石夹砂及紧密黏土中效果较差	沉桩速度快、适应性大、施工操作简易安全，能打各种桩并帮助卷扬机拔桩	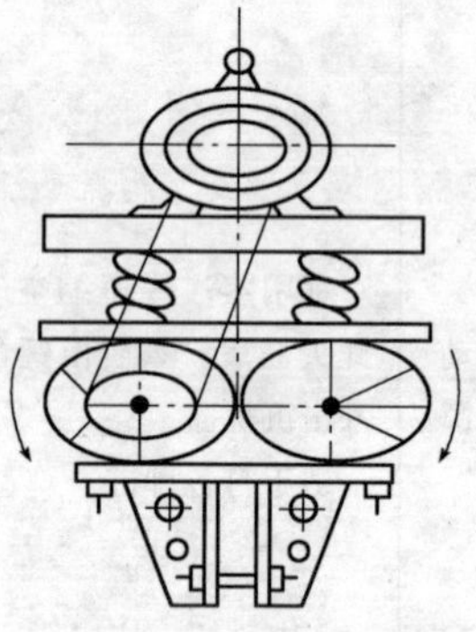

3. 动力装置

动力装置的配置取决于所选的桩锤。如当选用蒸汽锤时，则需配备蒸汽锅炉和卷扬机。

（三）锤击沉桩施工

1. 打桩前的准备工作

打桩前应处理地上、地下障碍物，对场地进行平整压实；桩基轴线的定位点及水准点，应设置在不受打桩影响的地点，水准点设置不少于2个，在施工过程中可据此检查桩位的偏差以及桩的入土深度；接通现场的水、电管线，准备好施工机具；做好桩的质量检验。《建筑桩基技术规范》（JGJ 94—94）的7.4条规定：

（1）沉桩前必须处理架空高压线和地下障碍物，场地应平整，排水应畅通，并满足打桩所需的地面承载力。

（2）桩打入时应符合下列规定：桩帽或送桩帽与桩周围的间隙应为5～10mm；桩帽与桩之间应加设弹性衬垫，如硬木、麻袋、草垫等；桩锤、桩帽或送桩和桩身在同一中心线上；桩插入时的垂直度偏差不得超过0.5%。

（3）正式打桩前，最好进行打桩试验，以便检验设备和工艺是否符合要求。

2. 打桩顺序❶

打桩顺序合理与否，影响打桩速度、打桩质量，及周围环境。根据桩的设计标高，先深后浅；根据桩的规格，先大后小，先长后短。一般情况下，当桩的中心距小于 4 倍桩径时，就要拟定打桩顺序。打桩顺序一般分为：逐排打、自中央向边缘打、自边缘向中央打和分段打等四种（图 2-7）。

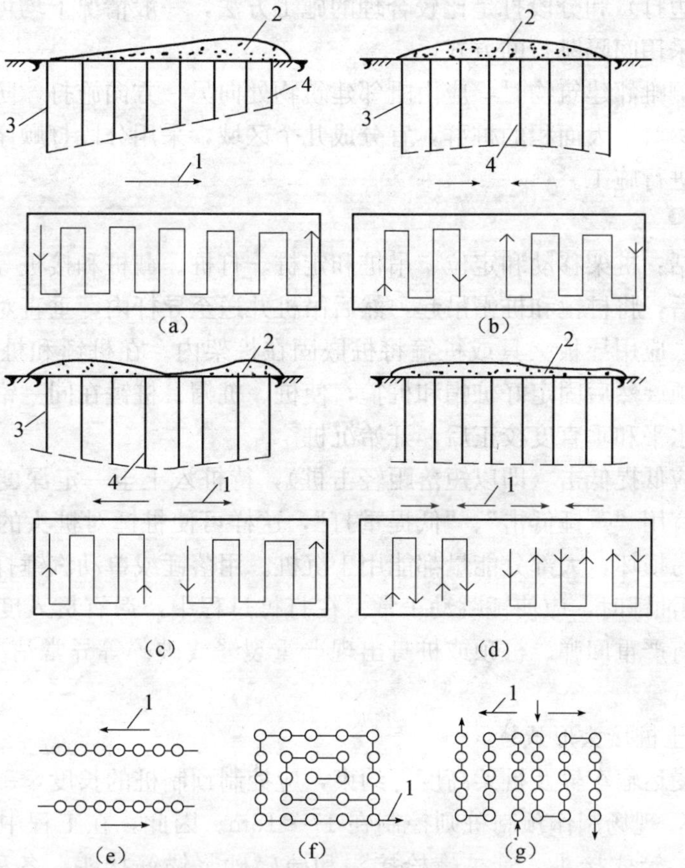

图 2-7　打桩顺序和土体挤密情况

（a）逐排单向打设；（b）两侧向中心打设；（c）中部向两侧打设；

（d）分段相对打设；（e）逐排打设；（f）自中部向边没打设；（g）分段打设

1—打设方向；2—土壤挤密情况；3—沉降量小；4—沉陷量大

---

❶ 《建筑桩基技术规范》（JGJ 94—94）规定：

7.4.4　打桩顺序应按下列规定执行：对于密集桩群，自中间向两个方向或向四周对称施打；当一侧毗邻建筑物时，由毗邻建筑物处向另一方向施打；根据基础的设计标高，宜先深后浅；根据桩的规格，宜先大后小，先长后短。

7.4.8　为避免或减小沉桩挤土效应和对邻近建筑物、地下管线等的影响，施打大面积密集桩群时，可采取下列辅助措施：预钻孔沉桩，孔径约比桩径（或方桩对角线）小 50～100mm，深度视桩距和土的密实度、渗透性而定，深度宜为桩长的 1/3～1/2，施工时应随钻随打，桩架宜具备钻孔锤击双重性能；设置袋装砂井或塑料排水板，以消除部分超孔隙水压力，减少挤土现象。袋装砂井直径一般为 70～80mm，间距 1～1.5m，深度 10～12m，塑料排水板深度、间距与袋装砂井相同；设置隔离板桩或地下连续墙；开挖地面防震沟可消除部分地面震动，可与其他措施结合使用，沟宽 0.5～0.8m，深度按土质情况以边坡能自立为准；限制打桩速率；沉桩过程应加强邻近建筑物、地下管线等的观测、监护。

打桩顺序影响挤土方向。打桩向哪个方向推进，则向哪个方向挤土（图 2-7）。逐排打桩，桩架系单向移动，桩的就位与起吊均很方便，故打桩效率较高，但它会使土壤向一个方向挤压，导致土壤挤压不均匀，后面桩的打入深度将逐渐减小，最终会引起建筑物的不均匀沉降；自边缘向中央打，中间部分土壤挤压较密实，不仅使桩难以打入，而且在打中间桩时，还有可能使外侧已打的桩被挤压而浮起，同样影响桩基质量。因此上述两种打法仅适用于桩距较大（≥4 倍桩径），即桩不太密集时施工。而自中央向边缘打（又可自中央向四周打或自中央向两边打）和分段打是比较合理的施工方法，一般情况下均可采用。对于同一排桩，必要时还可采用间隔跳打的方式。

另外，当一侧毗邻建筑物时，应由毗邻建筑物处向另一方向施打，防止锤击沉桩过程中影响毗邻建筑物。对于大面积的桩群，宜分成几个区域，采用分段打顺序由多台打桩机采用合理的顺序同时进行施工。

3. 打桩施工❶

打桩过程包括：桩架移动和定位、吊桩和定桩、打桩、截桩和接桩等。

打桩机就位后，将桩锤和桩帽吊起，然后吊桩并送至导杆内，垂直对准桩位缓缓送下插入土中。打桩时，应用导板夹具或桩箍将桩嵌固在桩架内。在桩锤和桩帽之间应加弹性衬垫，以防损伤桩顶。然后固定好桩帽和桩箍，使桩、桩帽、桩锤在同一铅垂线上，将桩锤缓落于桩顶上，经水平和垂直度校正后，开始沉桩。

开始沉桩时应低提低击（即以短落距轻击桩），待桩入土至一定深度且稳定后，再按要求的落距锤击，宜用"重锤低击"、"低提重打"，这样可使桩锤对桩头的冲击减小，也减小了回弹，桩头不易损坏，大部分能量都能用于沉桩。用落锤或单动汽锤打桩时，最大落距不宜大于 1m，用柴油锤时，应使锤跳动正常。在打桩过程中，遇有贯入度剧变、桩身突然发生倾斜、移位或有严重回弹、桩顶或桩身出现严重裂缝或破碎等异常情况时，应暂停打桩，及时研究处理。

4. 预制混凝土桩接头形式❷

由于预制桩受运输车辆及桩架高度等约束，应控制预制桩的长度，一般预制桩的长度宜控制在 13m 左右，现场制作预制桩则控制在 17～18m。因此，在工程中往往要接桩。接头形式有焊接接头、管式接头、管桩螺栓接头和硫磺砂浆锚筋接头。各种接头形式如图2-8所示。

目前焊接接桩应用最多。接桩的预埋铁件表面应清洁，上、下节桩之间如有间隙应用垫

---

❶ 《建筑桩基技术规范》（JGJ 94—94）规定：

7.4.5 桩停止锤击的控制原则如下：桩端（指桩的全断面）位于一般土层时，以控制桩端设计标高为主，贯入度可作参考；桩端达到坚硬、硬塑的黏性土、中密以上粉土、砂土、碎石类土、风化岩时，以贯入度控制为主，桩端标高可作参考；贯入度已达到而桩端标高未达到时，应继续锤击 3 阵，按每阵 10 击的贯入度不大于设计规定的数值加以确认，必要时施工控制贯入度应通过试验与有关单位会商确定。

7.4.6 当遇到贯入度剧变，桩身突然发生倾斜、移位或有严重回弹，桩顶或桩身出现严重裂缝、破碎等情况时，应暂停打桩，并分析原因，采取相应措施。

❷ 《建筑桩基技术规范》（JGJ 94—94）规定：

7.3.1 桩的连接方法有焊接、法兰接及硫磺胶泥锚接三种，前二种可用于各类土层；硫磺胶泥锚接适用于软土层，且对一级建筑桩基或承受拔力的桩宜慎重选用。焊接接桩钢钣宜用低碳钢，焊条宜用 F43；法兰接桩钢钣和螺栓宜用低碳钢；硫磺胶泥锚接桩，硫磺胶泥配合比应通过试验确定。

7.3.3 采用焊接接桩时，应先将四角点焊固定，然后对称焊接，并确保焊缝质量和设计尺寸。

7.3.4 硫磺胶泥接桩时接点的平面和锚筋孔内应灌满胶泥，灌注时间不得超过两分钟，灌注后停歇时间应规定。

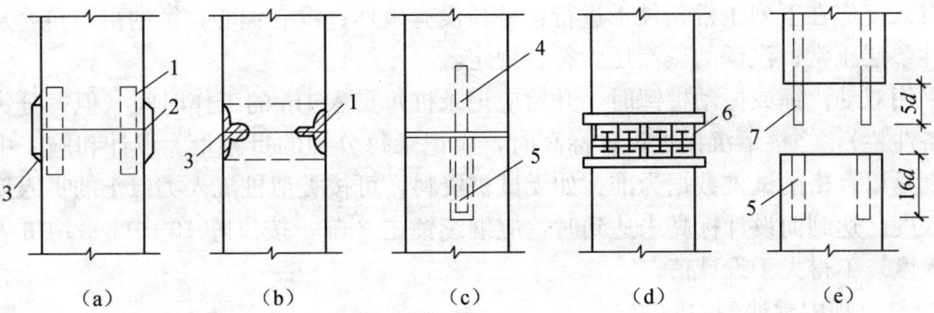

图 2-8　预制混凝土桩接头形式

(a)、(b) 焊接接合；(c) 管式接合；(d) 管柱螺栓接合；(e) 硫磺砂浆锚筋接合

1—角钢与主筋焊接；2—钢板；3—焊缝；4—预埋钢管；5—浆锚孔；

6—预埋法兰；7—预埋锚筋

铁填实焊牢，焊接时焊缝应连续饱满，并采取措施减少焊接变形。接桩时，上、下节桩的中心线偏差不得大于 10mm，节点弯曲矢高不得大于 1‰桩长。

如桩顶标高低于自然土面，则需用送桩器将桩送入土中，桩与送桩器的纵轴线应在同一直线上，拔出送桩器后，桩孔应及时回填或加盖。

5. 打桩的质量控制

打桩的质量检查包括桩的偏差、最后贯入度与沉桩标高，桩顶、桩身是否打坏以及对周围环境有无造成严重危害。打桩是隐蔽工程，施工时，应注意做好打桩施工记录。

桩的垂直偏差应控制在 1%之内，桩位偏移必须满足表 2-6（GB 50202—2002 表 5.1.3）的要求。

表 2-6　预制桩（钢桩）桩位的允许偏差（mm）

序　号	项　目	允许偏差
1	盖有基础梁的桩：(1) 垂直基础梁的中心线 (2) 沿基础梁的中心线	$100+0.01H$ $150+0.01H$
2	桩数为 1～3 根桩基中的桩	100
3	桩数为 4～16 根桩基中的桩	1/2 桩径或边长
4	桩数大于 16 根桩基中的桩：(1) 最外边的桩 (2) 中间桩	1/3 桩径或边长 1/2 桩径或边长

注：H 为施工现场地面标高与桩顶设计标高的距离。

桩的入土深度的控制，对于桩尖位于坚硬土层的端承型桩，以贯入度控制为主，桩尖进入持力层深度或桩尖标高可作参考；桩尖位于软土层的摩擦型桩，应以桩尖设计标高控制为主，贯入度可作参考。如控制指标已符合要求，而其他指标与要求相差较大时，应会同有关单位研究解决。

同时注意选择不同的桩锤，对入土深度控制的影响也不同，若采用落锤、单动汽锤或柴油锤，应测量记录桩身每贯入 1m 所需锤击的次数及桩锤落距的平均高度，当桩贯入深度接近设计标高时，则应实测每 10 击的桩入土深度，该贯入度适逢停锤时称为最后贯入度；测量最后贯入度应在下列正常条件下进行：桩顶没有破坏；没有偏心；锤的落距符合规定；桩帽和弹性垫层正常；汽锤的蒸汽压力符合规定。

当采用双动汽锤或振动桩锤时，开始应记录桩每贯入 1m 的工作时间（但每分钟锤击次数记入备注栏），当桩下沉接近设计标高时，应记录每分钟的贯入量。设计和施工中所控制的贯入度是以合格的试桩数据为准，如无试桩资料，可按类似桩沉入类似土的贯入度作为参考。贯入度已达到而设计标高未达到时，应继续锤击 3 阵，按每阵 10 击的平均贯入度（即最后贯入度）不得大于设计值。

6. 打桩过程中常遇到的问题

(1) 打入深度不够、桩打不下或锤击时回弹。导致承载力不足；桩锤严重回弹，贯入度突然变小，则可能与土层中夹有较厚砂层或其他硬土层以及钢渣，孤石等障碍物有关，此时切勿盲目施打，应会同设计勘察部门共同研究解决。当桩顶或桩身已被打坏，锤的冲击能不能有效传给桩时，也会发生桩打不下的现象。

此外，由于土的固结作用，打桩过程中断停歇一段时间后再打，会使桩难以打入，因此应保证在各方面做好准备，保证施打的连续进行。

(2) 最后贯入度太大。说明持力层不能满足要求。

(3) 贯入度剧变。可能桩已折断或遇到与预计不一的土层或墓穴。

(4) 桩身上拥、已就位桩身移位。往往因软土中桩距过小，打桩时周围土层受到急剧挤压扰动，其靠近地面的部分将在地表隆起和水平移动，当桩较密，打桩顺序又欠合理时，土体被压缩到极限，就会发生一桩打下，周围土体带动邻桩上升的现象。

(5) 桩身倾斜。桩尖遇到倾斜基岩面，当桩顶不平、桩尖偏心、接桩不正、土中有障碍物时或桩与送桩纵轴线不一造成偏心都容易发生桩位偏斜，因此施工时应严格检查桩的就位质量。

(6) 桩顶被击碎、桩身折断。桩头钢筋设置不合理、桩顶与桩轴线不垂直、混凝土强度低抗锤击力不足、桩尖通过过硬土层等都是造成锤击时严重偏心的原因，进而引起桩顶被击碎、桩身折断。锤击动能过大或接桩处连接质量差如焊缝不足、连接角钢脱落、接头有空隙等也是桩顶被击碎、桩身折断的主要原因。打桩时，桩顶破碎或桩身严重裂缝，应立即暂停，在采取相应的技术措施后，方可继续施打。

(7) 桩出现水平裂缝。在软土中打桩，在桩顶以下 1/3 桩长范围内常会因反射的张力波使桩身受拉而引起水平裂缝。开裂的地方往往出现在吊点和混凝土缺陷处，这些地方容易形成应力集中。采用“重锤低击”和较软的桩垫可减少反射的张力波产生的拉应力。

(四) 预制桩的其他沉桩施工方法

1. 静力压桩❶

静力压桩适用于软弱土层和邻近有怕振动的建（构）筑物的情况。这种沉桩方法无振动、无噪声、对周围环境影响小，适合在繁华的闹市中施工。

压桩时利用压桩架（型钢制作）的自重和配重，通过卷扬机的牵引传到桩顶，将桩逐节压入土中。静力压桩机有机械式和液压式之分，目前使用的多为液压式静力压桩机，压力可达 5000kN，如图 2-9 所示。

---

❶《建筑桩基技术规范》(JGJ 94—94) 规定：

7.4.9 静力压桩适用于软弱土层，当存在厚度大于 2m 的中密以上砂夹层时，不宜采用静力压桩。

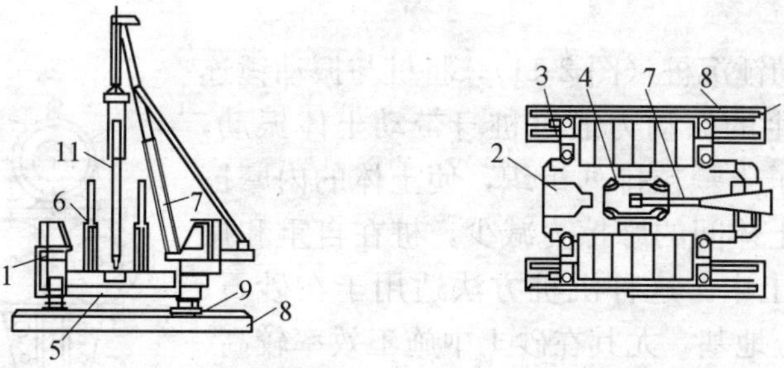

图 2-9 液压式静力压桩机

1—操纵室；2—电气控制台；3—液压系统；4—导向架；5—配重；6—夹持装置；
7—吊桩把杆；8—支腿平台；9—横向行走与回转装置；10—纵向行走装置；11—桩

（1）静力压桩的施工工艺

施工工艺流程：测量定位→压桩机就位→吊桩、插桩→桩身对中调直→静压沉桩→接桩→再静压沉桩→送桩→终止压桩→截桩或用送桩器压到指定标高。

压桩一般是分节压入，逐段接长。为此，桩需分节预制，每节桩的长度根据压桩架的高度而定。施工时，先将第一节桩压入土中，当其上端与压桩机操作平台齐平时，进行接桩，一般其上端距地面 2m 左右时将第二节桩接上。接桩后，将第二节桩继续压入土中。对每一根桩的压入，各工序应连续进行（图 2-10）。如初压时桩身发生较大移位、倾斜；压入过程中桩身突然下沉或倾斜；桩顶混凝土破坏或压桩阻力剧变时，应暂停压桩。

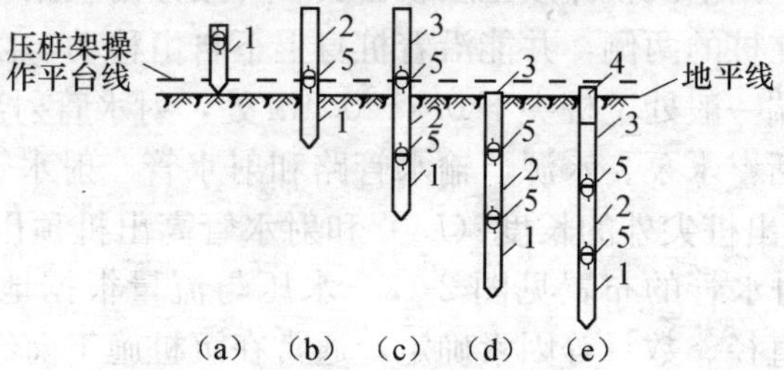

图 2-10 静力压桩的施工程序

(a) 准备压第一节桩；(b) 接第二节桩；(c) 接第三节桩；
(d) 该根桩压入地平线下；(e) 用送桩器压到指定标高
1—第一节桩；2—第二节桩；3—第三节桩；4—送桩器；5—接桩处

压桩与打桩相比，由于避免了锤击应力，桩的混凝土强度及其配筋只要满足吊装弯矩和使用期受力要求就可以，因而桩的断面和配筋可以减小，同时压桩引起的桩周土体和水平挤动也小得多，因此压桩是软土地区一种较好的沉桩方法。

（2）静力压桩的施工注意事项

1）压桩施工时应随时注意使桩保持轴心受压，接桩时也应保证上下接桩的轴线一致，并使接桩时间尽可能地缩短，否则，间歇时间过长，会导致因土体固结而发生的压不下去的施工质量事故。

2）当桩接近设计标高时，不可过早停压，否则，在补压时也会发生压不下去或压入过少的现象。

3）压桩过程中，当桩尖碰到夹砂层时，压桩阻力可能突然增大，可采取变频加压的方法。忽停忽开的办法，是解决穿过砂层的较好的方法。

2. 振动沉桩

振动法是利用振动锤沉桩（图 2-11），将桩与振动锤连接在一起，振动锤产生的振动力通过桩身带动土体振动，土颗粒受迫振动改变了土颗粒排列组织，使土体的内摩擦角减小、使桩表面与土体间的摩擦力减少，桩在自重和振动力共同作用下沉入土中。这种沉桩方法适用于在砂石、松散砂土及黄土和软土地基，尤其在砂土中施工效率较高。也适用于地下水位较高的地基，更适合于打钢板桩，同时借助起重设备可以拔桩。

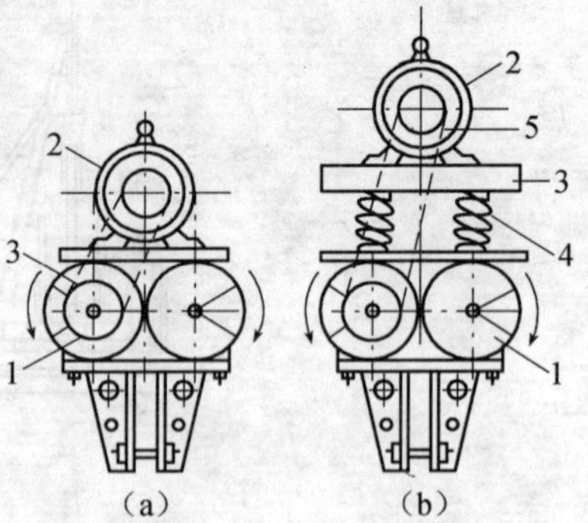

图 2-11　振动锤示意图

(a) 刚性锤；(b) 柔性锤

1—振动器；2—电动机；3—传送横梁；4—弹簧；5—加荷板

3. 射水沉桩法

射水法沉桩又称水冲法沉桩，是将射水管附在桩身上，用高压水流束将桩尖附近的土体冲液化，以减少土对桩端的正面阻力，同时水流及土的颗粒沿桩身表面涌出地面，减少了土与桩身的摩擦力，使桩借自重（或稍加外力）沉入土中。但在沉桩附近有建筑物时，由于水的冲刷将会引起地基湿陷，所以在未采取有效防护措施前严禁用此法。

射水沉桩方法往往与锤击（或振动）法同时使用，具体选择应视土质情况：在砂夹卵石层或坚硬土层中，一般以射水为主，以锤击或振动为辅；在粉质黏土或黏土中，为避免降低承载力，一般以锤击或振动为主，以射水为辅，并应适当控制射水时间和水量。下沉空心桩，一般用单管内射水。当下沉较深或土层较密实，可用锤击或振动，配合射水；下沉实心桩，将射水管对称地装在桩的两侧，并能沿着桩身上下自由移动，以便在任何高度上射水冲土。施工时，射水管末端一般处于桩尖下 0.3～0.4m 处，射水管射出压力为 0.4MPa。

射水沉桩的设备包括：水泵、水源、输水管路和射水管。射水管内射水的长度（L）应为桩长（L_1）、射水嘴伸出桩尖外的长度（L_2）和射水管高出桩顶以上高度（L_3）之和，即 $L=L_1+L_2+L_3$。内外射水管的布置见图 2-12。水压与流量根据地质条件、桩锤或振动机具、沉桩深度和射水管直径、数目等因素确定，通常在沉桩施工前经过试桩选定。

射水沉桩的施工要点是：吊插桩时要注意及时引送输水胶管，防止拉断与脱落；桩插正立稳后，压上桩帽桩锤，开始用较小水压，使桩靠自重下沉。初期控制桩身下沉不应过快，

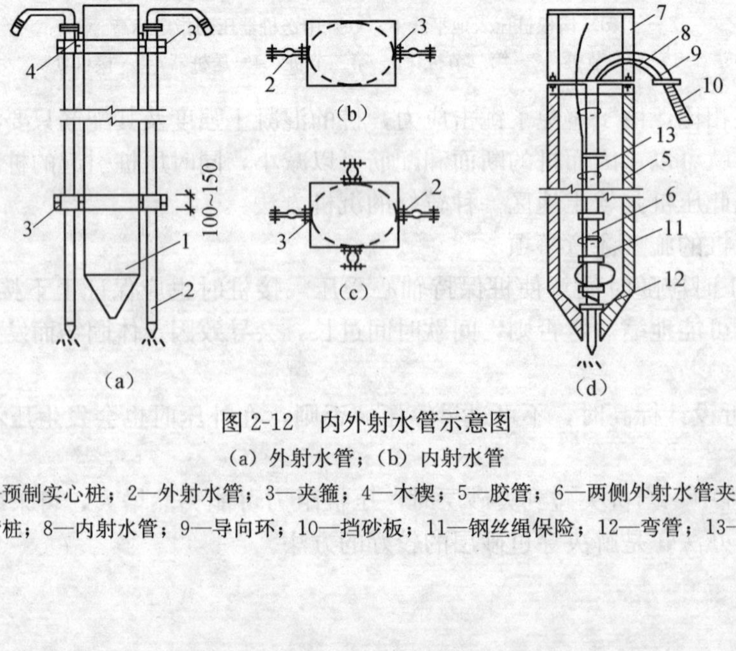

图 2-12　内外射水管示意图

(a) 外射水管；(b) 内射水管

1—预制实心桩；2—外射水管；3—夹箍；4—木楔；5—胶管；6—两侧外射水管夹箍；7—管桩；8—内射水管；9—导向环；10—挡砂板；11—钢丝绳保险；12—弯管；13—胶管

以免阻塞射水管嘴，并注意随时控制和校正桩的垂直度。下沉渐趋缓慢时，可开锤轻击。沉至一定深度（8～10m）已能保持桩身稳定后，可逐步加大水压和锤的冲击动能。沉桩至距设计标高一定距离（1～1.5m）停止射水，拔出射水管，进行锤击或振动，使桩下沉至设计要求标高。

（五）钢筋混凝土预制桩的质量检验标准

见本节《桩基础施工相关规范链接》。

二、混凝土灌注桩施工

混凝土灌注桩施工时无振动、无挤土、噪声小，宜在建筑物密集地区使用。与预制桩相比由于避免了锤击应力和沉桩的挤压应力，桩的混凝土强度及配筋只要满足使用要求就可以，因而具有节约材料、成本低廉的特点，灌注桩能适应各种地层的变化，无须接桩。但成孔时有大量土渣或泥浆排出，在软土地基中易缩颈、断桩等缺点。

（一）混凝土灌注桩的种类和施工工艺

混凝土灌注桩是一种直接在现场桩位上就地成孔，然后在孔内浇筑混凝土或安放钢筋笼再浇筑混凝土而成的桩。根据成孔方法的不同，灌注桩可以分为干作业成孔灌注桩、泥浆护壁成孔灌注桩、套管成孔灌注桩、人工挖孔灌注桩、爆扩成孔灌注桩等。近年来还出现了夯扩沉管灌注桩、钻孔压浆成桩等一些新工艺。

混凝土灌注桩施工应符合下列规程要求：

（1）摩擦桩以设计桩长控制成孔深度；端承摩擦桩必须保证设计桩长及桩端进入持力层深度；当采用锤击沉管法成孔时，桩管入土深度控制以标高为主，以贯入度控制为辅。

（2）端承型桩。当采用钻（冲）、挖掘成孔时，必须保证桩孔进入设计持力层的深度；当采用锤击沉管法成孔时，沉管深度控制以贯入度为主，与设计持力层标高相对照为辅。

（3）分段制作的钢筋笼，其接头宜采用焊接并应符合下列要求：

1）主筋净距必须大于混凝土粗集料粒径 3 倍以上；

2）加劲箍宜设在主筋外侧，主筋一般不设弯钩，根据施工工艺要求所设弯钩不得向内圆伸露，以免妨碍导管工作；

3）钢筋笼的内径应比导管接头处外径大 100mm 以上；

4）搬运和吊装时，应防止变形，安放要对准孔位，避免碰撞孔壁，就位后应立即固定；

5）钢筋笼主筋的保护层允许偏差：水下浇筑混凝土桩±20mm；非水下浇筑±10mm。

（4）灌注桩混凝土的质量要求：

1）粗集料可选用卵石或碎石，其最大粒径对于沉管灌注桩不宜大于 50mm，并不得大于钢筋间最小净距的 1/3；对于素混凝土桩，不得大于桩径的 1/4，并不宜大于 70mm。

2）桩身混凝土必须留有试件，直径大于 1m 的桩，每根桩应有 1 组试块，且每个灌注台班不得少于 1 组。

1. 干作业成孔灌注桩施工

干作业成孔灌注桩适用于地下水位较低、在成孔深度内无地下水的土质，无须护壁可直接取土成孔。目前干式成孔一般采用螺旋钻机，亦有用洛阳铲成孔的。

（1）螺旋钻机成孔

螺旋钻机由主机、滑轮组、螺旋钻杆、钻头、滑动支架、出土装置等组成，见图 2-13。其成孔效率高、无振动、无噪声，宜用于匀质黏土层，亦能穿透砂层，成孔直径一般为

400～600mm，成孔深度在12m以内。成孔时螺旋钻机利用动力旋转钻杆，使钻头的螺旋叶片旋转切削土体，切下的土随钻头旋转并沿螺旋叶片上升而排出孔外，在软塑土层，含水量大时，可用疏纹叶片钻杆，以便较快地钻进。在可塑或硬塑黏土中，或含水量较小的砂土中应用密纹叶片钻杆。操作时要求钻杆垂直，钻孔过程中如发现钻杆摇晃或难钻进时，可能是遇到石块等异物，应立即停机检查。全叶片螺旋钻机成孔直径一般为300～600mm，钻孔深度为8～20m。在钻进过程中，应随时清理孔口积土，遇到塌孔、缩孔等异常情况，应及时研究解决。螺旋钻机施工过程见图2-14。

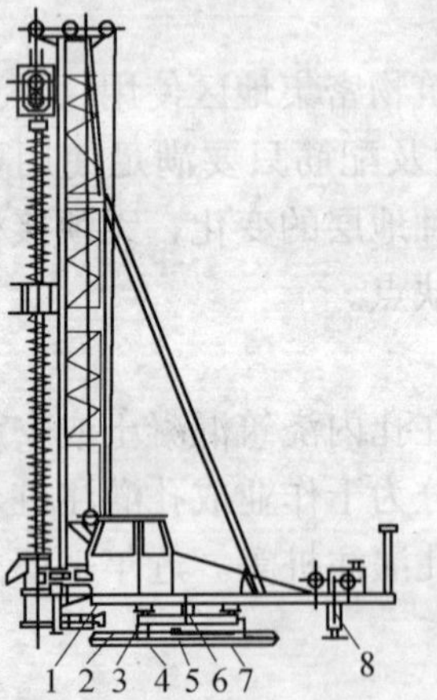

图2-13 步履式螺旋钻机

1—上底盘；2—下底盘；3—回转滚轮；4—行车滚轮；5—钢丝滑轮；6—回转轴；7—行车油缸；8—支盘

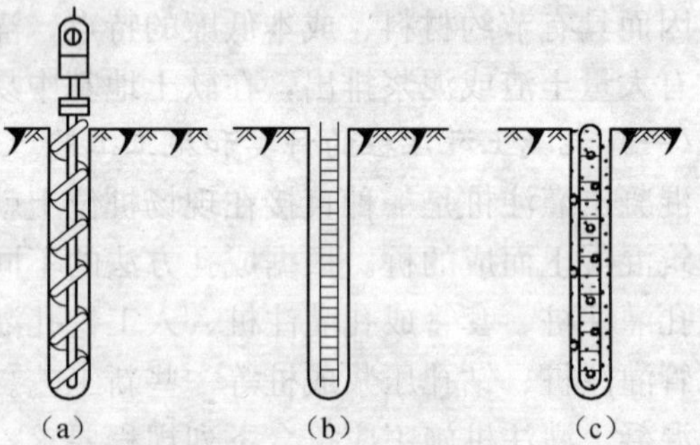

图2-14 螺旋钻机钻孔灌注桩施工过程示意图

(a) 钻机进行钻孔；(b) 放入钢筋骨架；(c) 浇筑混凝土

当螺旋钻机钻至设计标高时，在原位空转清土，停钻后提出钻杆弃土，钻出的土应及时清除，不可堆在孔口。钢筋骨架绑好后，一次整体吊入孔内。如过长可分段吊，两段焊接后再徐徐沉放孔内。钢筋笼吊放完毕，应及时灌注混凝土。灌注时应分层灌注分层捣实。

(2) 钻孔压浆成孔

目前，螺旋钻孔灌注桩在国内外发展很快，我国技术人员近年发展的钻孔压浆成孔法较好的解决了不同地质土层中螺旋钻机成孔的诸多技术难题，是一种先进的施工工艺。

这种施工工艺的原理是：先用螺旋钻机钻孔至预定深度，通过钻杆芯管利用钻头处的喷嘴向孔内自下而上高压喷注制备好的混凝土，使混凝土升至地下水位或无塌孔危险的位置处，提出全部钻杆后，向孔内沉放钢筋笼。

该法连续一次成孔，多次由下而上高压注浆成桩，具有无振动、无噪声、无护壁泥浆排污的优点，又能在流砂、卵石、地下水位高、易塌孔等复杂地质条件下顺利成孔成桩，而且由于高压注浆时水泥浆的渗透扩散，解决了断桩、缩颈、桩间虚土等问题，还有局部膨胀扩径的特点，因此单桩承载力由摩擦力、支承力和端承力复合而成，比普通灌注桩的承载力大大提高。该法成桩的桩径为300～1000mm，深度可达50m。

2. 湿作业成孔灌注桩施工

软土地基的深层钻进，会遇到地下水问题。采用泥浆护壁湿作业成孔能够解决施工中地下水带来的孔壁塌落、钻具磨损发热及沉渣问题。泥浆护壁成孔是用泥浆保护孔壁并排出土渣而成孔，不论地下水位高或低的土层皆适用。

成孔机械有回转钻机、潜水钻机、冲击钻、冲抓锥成孔等，其中回转钻机是目前灌注桩施工用得最多的施工机械，该钻机配有移动装置，设备性能可靠，噪声和振动小，效率高，质量好。适用于松散土层、黏土层、砂砾层、软岩层等地质条件。

(1) 回转钻机成孔

回转钻机是由动力装置带动钻机的回转装置转动，由钻头切削土壤。切削形成的土渣，通过泥浆循环排出桩孔。根据泥浆循环方式的不同，分为正循环和反循环。正循环回转钻机成孔的工艺如图 2-15 (a) 所示，泥浆由钻杆内部注入，并从钻杆底部喷出，携带钻下的土渣沿孔壁向上流动，由孔口将土渣带出流入沉淀池，经沉淀的泥浆流入泥浆池再注入钻杆，不断循环。当孔深不太深，孔径小于 800mm 时钻进效率比较高。

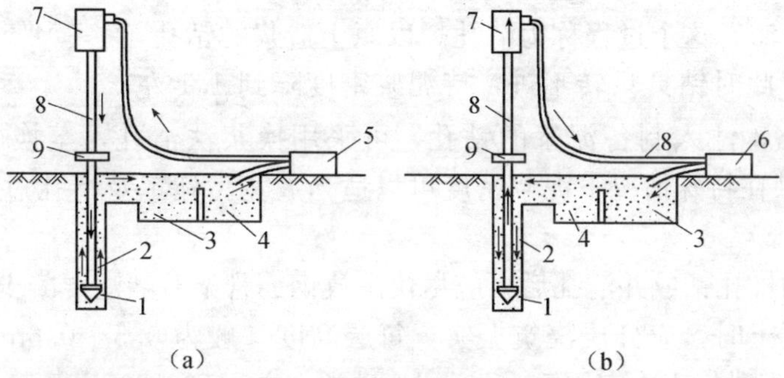

图 2-15 泥浆循环成孔工艺

(a) 正循环；(b) 反循环

1—钻头；2—泥浆循环方向；3—沉淀池；4—泥浆池；5—泥浆泵；

6—砂石泵；7—水龙头；8—钻杆；9—钻机回转装置

反循环回转钻机成孔的工艺如图 2-15 (b) 所示。泥浆由钻杆与孔壁间的环状间隙流入钻孔，然后，由砂石泵在钻杆内形成真空，使钻下的土渣由钻杆内腔吸出至地面而流向沉淀池，沉淀后流入泥浆池再流入钻孔。反循环工艺的泥浆上流的速度较高，排放土渣的能力强。这种成孔工艺是目前大直径成孔施工的一种有效的成孔工艺，因而应用较多。对孔深大于 30m 的端承型桩，宜采用反循环。

回转钻机钻孔前，应先在桩位孔口处埋设护筒，护筒的作用是固定桩孔位置、保护孔口、防止塌孔。护筒由 3～5mm 钢板制成，其内径比钻头直径大 100mm，埋在桩位处，埋入土中深度通常不宜小于 1.0～1.5m，特殊情况下埋深需要更大。其顶面应高出地面或水面 400～600mm，周围用黏土填实。在护筒顶部应开设 1～2 个溢浆口，在钻孔过程中，应保持护筒内泥浆液面高于地下水位。

在水深小于 3m 的浅水区域施工，可采用围堰筑岛埋设护筒，见图 2-16。如岛底河床为淤泥或软土，宜挖除换以砂土；若排淤换土工作量大，则可用长护筒，使其沉入河底土层中。在水深超过 3m 的深水区，宜搭设工作平台（支架平台、浮船、围堰、木排、浮运沉井等），下沉护筒的定位导向架与下沉护筒见图 2-17。

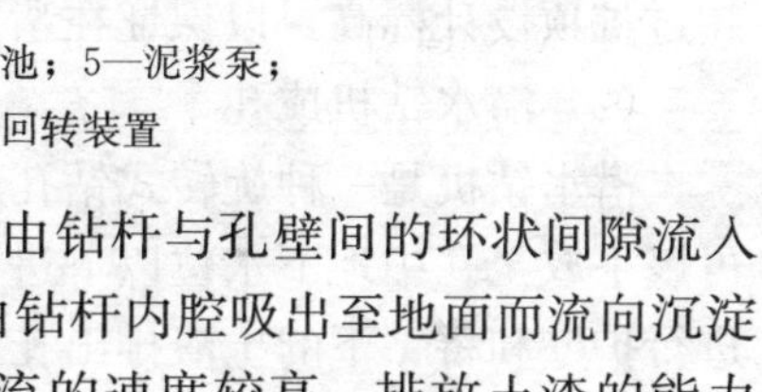

图 2-16 围堰筑岛埋设护筒

1—夯填黏土；2—护筒

在黏土中钻孔，可采用自造泥浆护壁，护壁泥浆是由高塑性黏土或膨润土和水拌合的混合物，还可在其中掺入其他掺合剂，如羧甲基纤维；在砂土中钻孔，则应注入制备泥浆。泥浆的作用是将土中空隙渗填密实，避免孔内漏水，同时也加大了护筒内水压，对孔壁起到支撑作用，因而可以防止塌孔。另外，泥浆还能起到携碴、冷却机具和切土润滑等作用。

泥浆的性能指标如相对密度、黏度、含砂量、pH 值、稳定性等要符合规定的要求。泥浆的选料既要考虑护壁效果，又要考虑经济性，尽可能使用当地材料。注入的泥浆比重控制在 1.1 左右，排出泥浆的比重宜为 1.2～1.4。

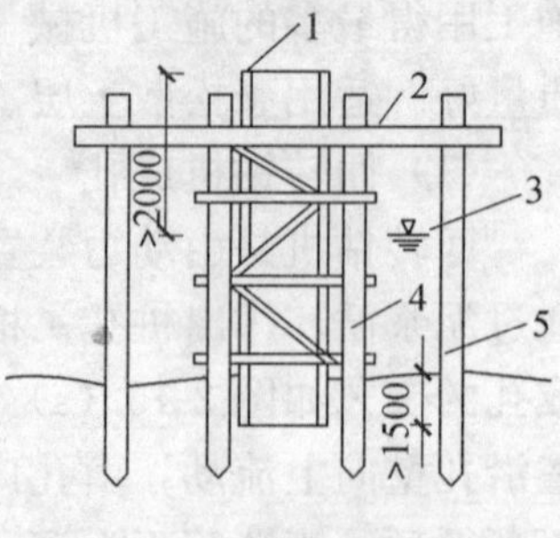

图 2-17　搭设平台固定护筒

1—护筒；2—工作平台；3—施工水位；4—导向架；5—支架

钻孔达到要求的深度后为防止灌注桩沉降加大、承载力降低，要清除孔底沉渣，这个过程称为清孔。以原土造浆的钻孔，清孔可用射水法，此时钻具只转不进，待泥浆密度降到 1.1 左右即认为清孔合格；注入制备泥浆的钻孔，可采用换浆法清孔，至换出泥浆的密度小于 1.15 时方为合格，在特殊情况下泥浆密度可以适当放宽。施工及清孔过程中应经常测定泥浆的相对密度。

钻孔灌注桩的桩孔钻成并清孔后，应尽快吊放钢筋骨架并灌注混凝土。在无水或少水的浅桩孔中灌注混凝土时，应分层浇筑振实，每层高度一般为 0.5～0.6m，不得大于 1.5m。混凝土坍落度在一般黏性土中宜用 50～70mm；砂类土中用 70～90mm；黄土中用 60～90mm。水下灌注混凝土时，常用垂直导管灌注法进行水下施工。水下灌注混凝土至桩顶时，应适当超过桩顶设计标高，以保证在凿除含有泥浆的桩段后，桩顶标高和质量能符合设计要求。

(2) 潜水钻机成孔

潜水钻机是一种旋转式钻孔机械，其动力、变速机构和钻头连在一起，加以密封，因而可以下放至孔中地下水位以下进行切削土壤成孔（图 2-18）。用正、反循环工艺输入泥浆，进行护壁和将钻下的土渣排出孔外。潜水钻机成孔，亦需先埋设护筒，其他施工过程皆与回转钻机成孔相似。

(3) 冲击钻成孔

冲击钻主要用于在岩土层中成孔，成孔时将冲锥式钻头提升一定高度后以自由下落的冲击力来破碎岩层，然后用掏渣筒来掏取孔内的渣浆（图 2-19）。

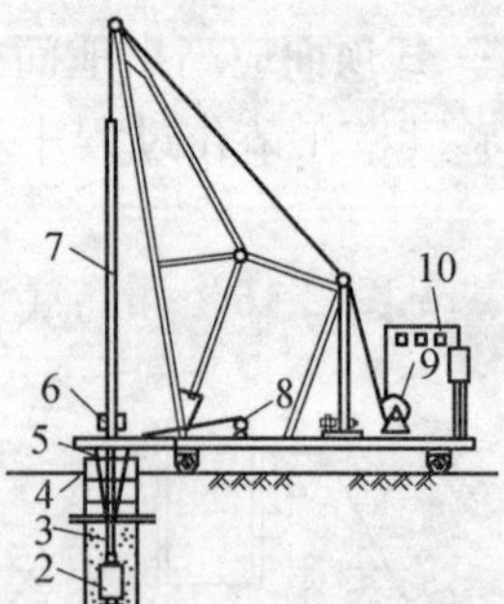

图 2-18　潜水钻机

1—钻头；2—潜水钻机；3—电缆；4—护筒；5—水管；6—滚轮支点；7—钻杆；8—电缆盘；9—卷扬机；10—控制箱

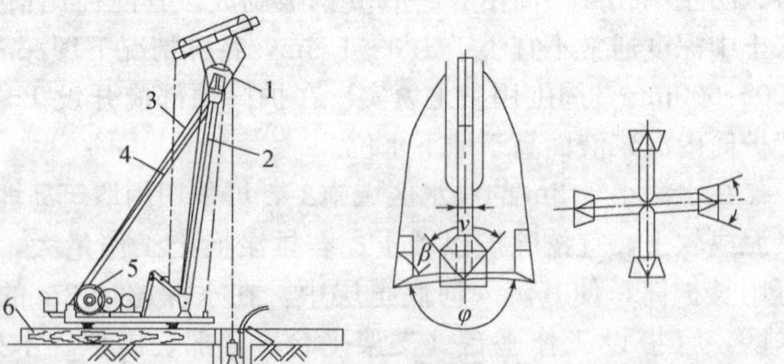

图 2-19　冲击钻机成孔

(a) 冲击钻机成孔；(b) 十字形冲头

1—滑轮；2—主杆；3—拉索；4—斜撑；5—卷扬机；6—垫木；7—十字形冲头

(4) 冲抓锥成孔

冲抓锥头见图 2-20，锥头内有重铁块和活动抓片，下落松开卷扬机刹车，抓片张开，锥头自由下落冲入土中，然后开动卷扬机拉升锥头，此时抓片闭合抓土，将冲抓锥整体提升至地面卸土，依次循环成孔。

3. 套管成孔灌注桩施工

套管成孔灌注桩又称为打拔管灌注桩，是采用锤击或振动的方法将一根与桩的设计尺寸相适应的钢套管沉入土中，将钢筋笼放入钢套管内，然后灌注混凝土，最后拔出套管，拔管时利用锤击（或振动）钢管将混凝土捣实成桩。利用锤击沉桩设备沉管的称为锤击沉管灌注桩；利用激振器的振动沉管的称为振动沉管灌注桩。套管成孔灌注桩施工过程如图 2-21 所示。

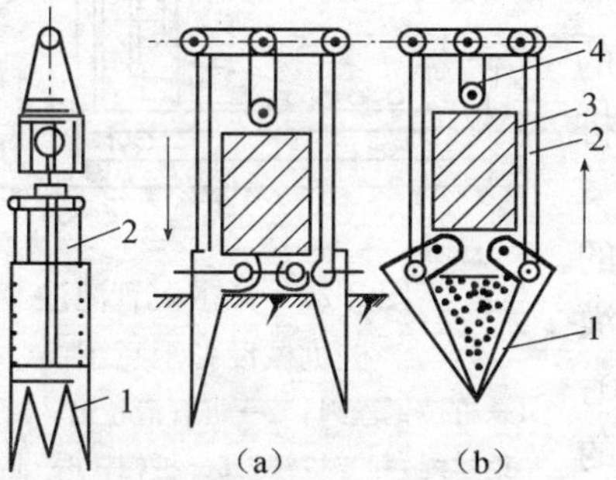

图 2-20　冲抓锥头

(a) 抓土；(b) 提土

1—抓片；2—连杆；3—压重；4—滑轮组

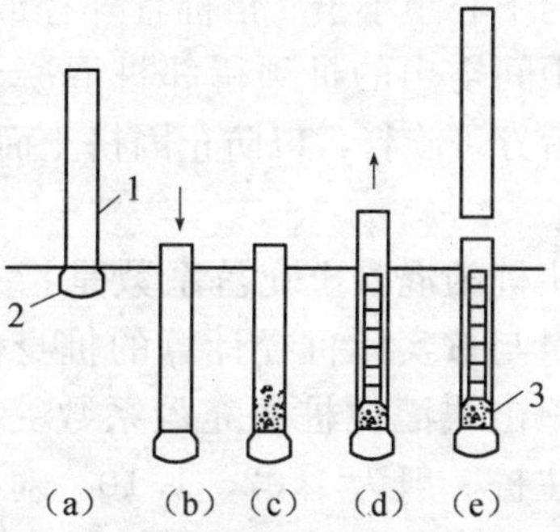

图 2-21　套管沉孔灌注桩施工过程

(a) 就位；(b) 沉套管；(c) 初灌混凝土；

(d) 放置钢筋笼、灌注混凝土；(e) 拔管成桩

1—钢管；2—桩靴；3—桩

(1) 锤击沉管

锤击沉管灌注桩宜用于一般黏性土、淤泥质土、砂土和人工填土地基。锤击灌注桩施工时，用桩架吊起钢套管，合拢桩尖处活瓣（图 2-22）或对准预先设在桩位处的预制混凝土桩靴，套管与桩靴连接处要垫以麻、草绳，以防止地下水渗入管内，然后缓缓放下套管套进桩靴，压进土中。套管上端扣上桩帽，检查套管与桩帽、桩锤是否在一垂直线上，套管偏斜不大于 0.5%时，即可锤沉套管。先用低锤轻击，观察如无偏移后，才正常施打，直至符合设计要求的贯入度或沉入标高，并检查管内无泥浆或水进入后，即可用吊斗向套管内灌注混凝土。其设备见图 2-23。

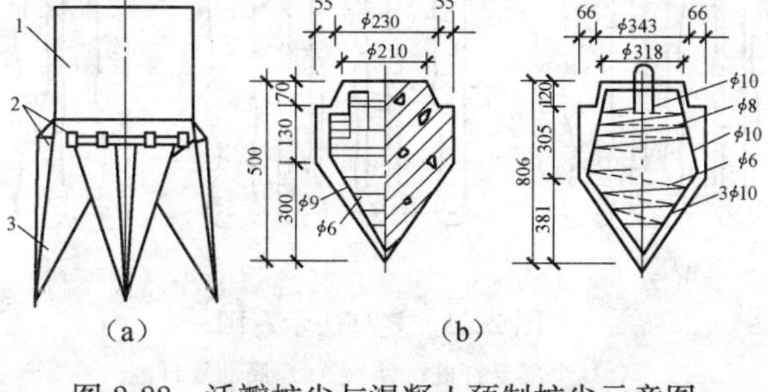

图 2-22　活瓣桩尖与混凝土预制桩尖示意图

(a) 活瓣桩尖；(b) 混凝土预制桩尖

1—钢套管；2—锁轴；3—活瓣

套管内混凝土应尽量灌满，然后开始拔管，拔管要均匀，不宜拔管过高。拔管时应保持连续密锤低击不停。控制拔出速度，对一般土层，以不大于 1m/min 为宜；在软弱土层及软硬土层交界处，应控制在 0.8m/min 以内。桩锤冲击频率，视锤的类型而定：单动汽锤采用反插拔管，频率不低于 70 次/min；自由落锤轻击不得少于 50 次/min。在管底未拔到桩顶设计标高之前，反插或轻击不得中断。拔管时还要经常探测混凝土的充盈系数，同时注意使管内的混凝土保持静压高度，一般不小于 2m，这样一直到全管拔出为止。

桩的中心距小于 4 倍桩管外径或小于 2m 时，均应跳打。中间空出的桩须待邻桩混凝土达到设计强度的 50%以后方可施打，以防止因挤土而使前面的桩发生桩身断裂。

灌注桩的混凝土充盈系数是指一根桩实际灌注的混凝土量与按实际桩径计算的桩身体积之比。振动灌注桩和锤击式灌注桩的充盈系数一般为 1.05～1.20；静压灌注桩一般为 1.02～1.10。对充盈系数小于 1 的桩，应立即实行复打，但复打时应防止桩壁土体混入混凝土桩身内。泥浆护壁成孔灌注桩的混凝土充盈系数不得小于 1，在一般土质中为 1.1，在软土中为 1.2～1.3。

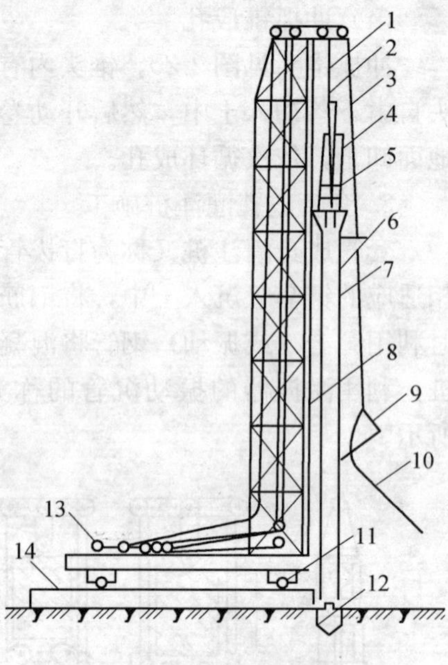

图 2-23　锤击沉管灌注桩机械设备示意图

1—桩锤钢丝绳；2—桩管滑轮组；3—吊斗钢丝绳；4—桩锤；5—桩帽；6—混凝土漏斗；7—桩管；8—桩架；9—混凝土吊斗；10—回绳；11—行驶用钢管；12—预制桩靴；13—卷扬机；14—枕木

为了提高桩的质量和承载能力，利用锤击打桩法拔管的方法，根据承载力的要求不同，可分别采用单打法、复打法和反插法。

1）单打法。即一次拔管法。

2）复打法。常采用复打扩大灌注桩。复打就是在同一桩孔内进行两次单打，或根据要求进行局部复打，见图 2-24。

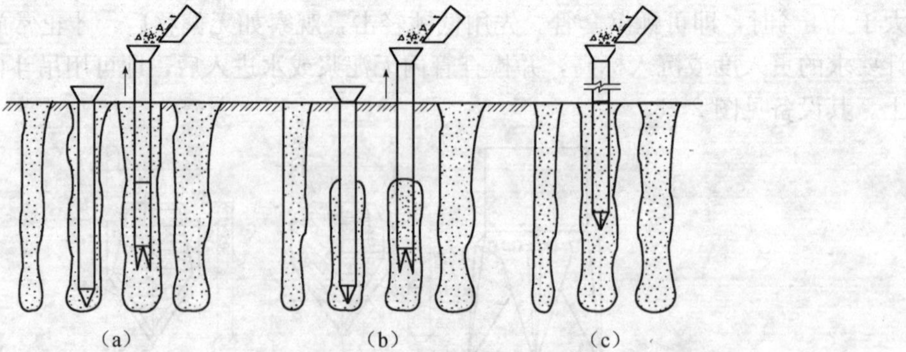

图 2-24　复打法示意图

(a) 全部复打桩；(b)、(c) 局部复打桩

其施工顺序如下：在第一次灌注桩施工完毕，拔出套管后，清除管外壁上的污泥，再在原桩位埋预制桩靴或合好活瓣第二次沉管复打，使未凝固的混凝土向四周挤压扩大桩径，然

后第二次灌注混凝土。拔管方法与初打时相同。施工时要注意：前后两次沉管的轴线应一致；复打施工必须在第一次灌注的混凝土初凝之前进行，也有采用内夯管进行夯扩的施工方法。如配有钢筋，复打法第一次灌注混凝土前不能放置钢筋笼，应在第二次灌注混凝土前放置。

3）反插法。将钢管每提升 0.5m，再下沉 0.3m，（或提升 1m，下沉 0.5m），如此反复进行，直至拔离地面。此种方法，在淤泥层中可有效消除缩颈现象。

（2）振动沉管

振动灌注桩的适用范围除与锤击灌注桩相同外，并适用于稍密及中密的碎石土地基。振动灌注桩采用振动锤或振动冲击锤沉管，其设备见图 2-25，施工程序见图 2-26。施工前，先安装好桩机，将桩管下端活瓣合拢或套入桩靴，对准桩位，徐徐放下套管，压入土中，勿使偏斜，即可开动激振器沉管。桩管受振后与土体之间摩阻力减小，同时利用振动锤自重在套管上加压，套管即能沉入土中。

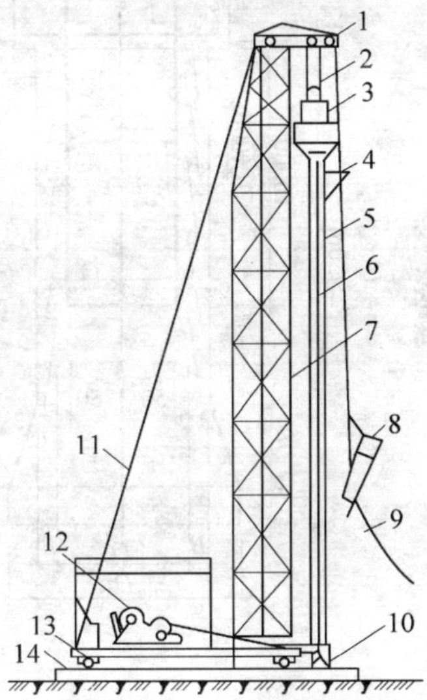

图 2-25　振动沉管灌注桩桩机示意图

1—导向滑轮；2—滑轮组；3—激振器；4—混凝土漏斗；5—桩管；6—加压钢丝绳；7—桩架；8—混凝土吊斗；9—回绳；10—活瓣桩靴；11—缆风绳；12—卷扬机；13—行驶用钢管；14—枕木

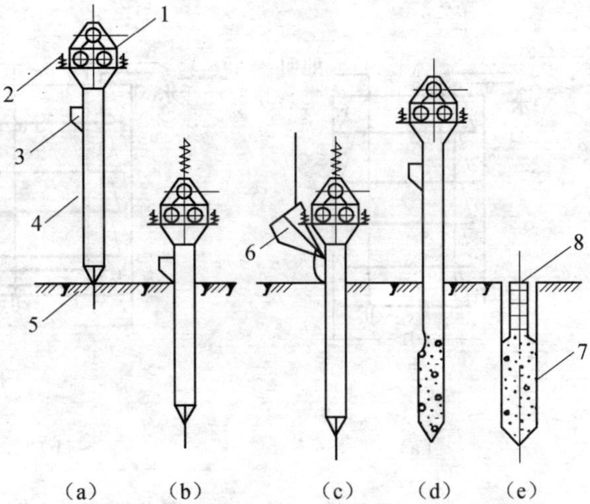

图 2-26　振动沉管灌注桩

(a)就位；(b)振动沉管；(c)第一次灌注混凝土；(d)边振边拔边继续灌注混凝土；(e)成桩

1—振动锤；2—加压减震弹簧；3—加料口；4—桩管；5—活瓣桩尖；6—上料斗；7—混凝土桩；8—短钢筋骨架

沉管时，必须严格控制最后的贯入速度，其值按设计要求，或根据试桩和当地的施工经验确定。振动沉管灌注桩也可采用单打法、复打法或反插法施工。

单打施工时，在沉入土中的套管内灌满混凝土，开动激振器，振动 5～10s，开始拔管，边振边拔。每拔 0.5～1m，停拔振动 5～10s，如此反复，直到套管全部拔出。在一般土层内拔管速度宜为 1.2～1.5m/min，在较软弱土层中，不得大于 0.8m/min。

复打法、反插法施工要求与锤击灌注桩相同。

4. 人工挖孔灌注桩施工

人工挖孔灌注桩的桩径一般为 0.8～3m，桩深 6～40m，最深可达 60m，直径较大的桩也称为墩。桩身直径大，有很大的强度和刚度，能穿过深厚的软土层直接支承在岩石或密实土层上。在地下水位高的软土地区开挖桩身，要注意隔水。否则，在开挖桩身时大量排水，会使地下水位大量下降，有可能造成附近周围地面的下沉，影响附近已有的建筑物和管线的安全。

人工开挖桩孔，为防止塌方造成事故，需制作护圈。否则对每一墩身则需事先施工围护，然后才能开挖。护圈多为钢筋混凝土现浇的，每开挖一段则浇筑一段护圈，如此反复向下挖至设计标高。人工挖孔时，一般由一人在孔内挖土，故桩的直径除应满足设计承载力要求外，还应满足人在下面操作的空间要求，所以桩径（不含护壁）不得小于 800mm。当桩净距小于 2 倍桩径且小于 2.5m 时，应采用间隔开挖，排桩跳挖的最小施工净距不得小于 4.5m，孔深不宜大于 40m，桩底一般都有扩大头。图 2-27 为采用现浇钢筋混凝土护壁的人工挖孔桩施工示意图。混凝土护壁的厚度不宜小于 100mm，混凝土强度等级不得低于桩身混凝土强度等级，采用多节护壁时，上下节护壁间宜用钢筋拉结。

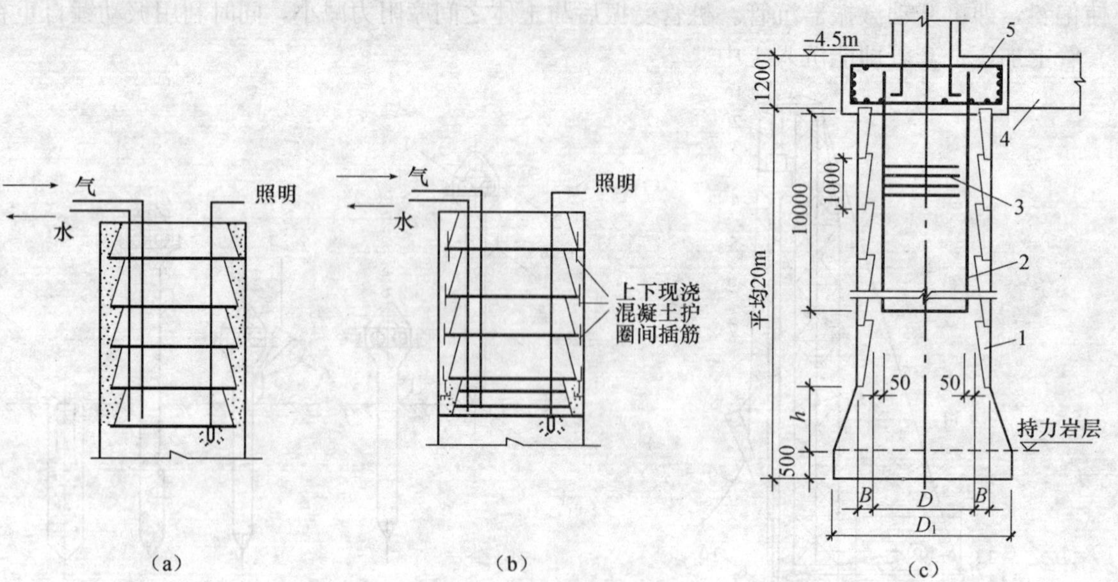

图 2-27　人工挖孔灌注桩施工

(a) 在护圈保护下开挖土方；(b) 支模板浇筑混凝土护圈；(c) 浇筑混凝土桩墩

1—护壁；2—主筋；3—箍筋；4—承台梁；5—桩头

(1) 人工挖孔灌注桩的优缺点

人工挖孔灌注桩的优点是设备简单；施工时无噪声、无振动，对施工现场周围的原有建筑物影响小；在挖孔时，可直接观察土层变化情况，直接检查成孔质量；易于清除孔底虚土；可同时开挖若干个桩孔加快施工进度；施工成本低等。特别在施工现场狭窄的市区修建高层建筑时，更显示其优越性。其缺点是劳动力消耗大，开挖效率低。人工开挖还需注意通风、照明和排水。

(2) 人工挖孔灌注桩施工用的机具设备

人工挖（扩）孔灌注桩施工用的机具设备比较简单，主要有：

1) 电动葫芦或手动卷扬机（或手摇辘轳）和提土桶及三脚支架，用于材料和弃土的垂直运输以及供施工人员上下的应急软爬梯；

2) 扶壁钢模板（国内常用）或波纹模板（日本施工人工挖孔桩时用）；

3) 潜水泵，用于抽出桩孔中积水；

4）鼓风机和送风管，用于向桩孔中强制送入新鲜空气；

5）镐、锹、土筐等挖土工具，若遇到硬土或岩石还需准备风镐；

6）插捣工具，以插捣护壁混凝土；

7）照明灯、对讲机、电铃等。

（3）井壁支护

为确保人工挖（扩）孔桩施工过程中的安全，必须考虑防止土体塌滑的支护措施。支护的方法很多，常用的井壁护圈有下列几种：

1）混凝土护圈。采用这种护圈进行挖孔桩施工见图 2-28，应分段开挖，分段浇筑混凝土护圈，到达井底设计标高后，再将桩的钢筋骨架放入护圈井筒内，然后灌筑桩基混凝土。护壁的结构形式为斜阶形，每阶高 1m 左右，护壁厚度一般为 100～200mm，可用素混凝土，土质较差时可加少量钢筋（环筋Φ 10～Φ 12，间距 200mm，竖筋Φ 10～Φ 12，间距 400mm）。如果为素混凝土护壁时，一般每阶护壁插入下层护壁内 8 根Φ 6～Φ 8、长 1m 左右的直钢筋，使上下护壁有拉结，避免当某段护壁出现流砂、淤泥等情况造成护壁由于自重而塌陷的现象。浇筑护壁的模板宜用工具式弧形钢模板拼成，也可用喷射混凝土施工，以节省模板。

2）沉井护圈。当采用沉井护圈时（图 2-29），是先在桩位上制作钢筋混凝土井筒，然后在筒内挖土，沉井井筒靠其自重或附加荷载来克服筒壁与土壁之间的摩阻力，使其下沉至设计标高，再在筒内吊放钢筋笼，浇筑桩身混凝土。

3）钢套管护圈。当采用钢套管护圈时（图 2-30）。是在桩位先测量定位并构筑井圈后，用桩锤将钢套管强行打入土层中至设计标高，再在钢套管的保护下，将套管内的土挖出并进行底部扩孔，吊放钢筋笼，浇筑桩基混凝土，待混凝土浇筑完毕，用振动锤和人字拔杆将钢管立即强行拔出移至下一桩位使用。亦可边浇筑，边拔套管，以减少阻力。钢套管由 12～16mm 厚的钢板卷焊而成，长度由设计需求而定。采用这种方法施工，可穿越流砂等强透水层，可避免产生流砂和管涌现象，能保证施工安全进行。

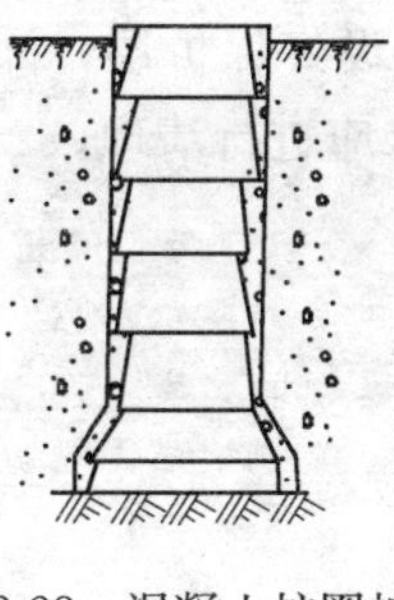

图 2-28　混凝土护圈挖孔

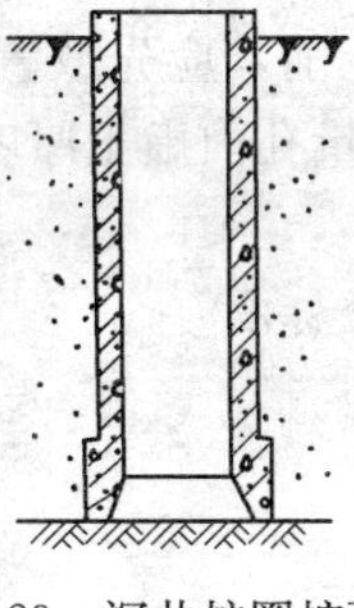

图 2-29　沉井护圈挖孔桩

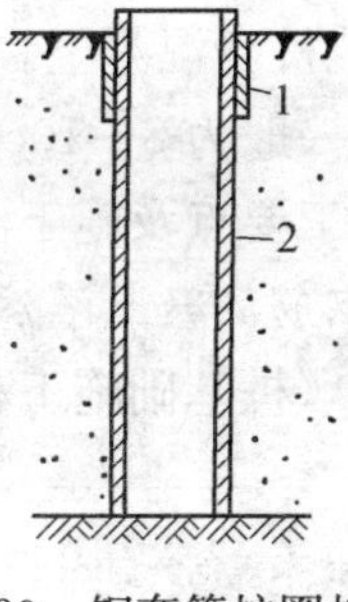

图 2-30　钢套管护圈挖孔桩

1—井圈；2—钢套管

（4）人工挖孔灌注桩施工工艺

采用现浇混凝土分段护壁的人工挖孔桩的施工工艺流程如下：

按设计图纸放线、定桩位→开挖土方→测量控制→支设护壁模板→在模板顶放置操作平台→浇筑护壁混凝土→拆除护壁模板继续下一段的施工→排除孔底积水→钢筋笼吊放→浇筑桩身混凝土。

1）放线定位。按基础平面图，设置桩位轴线、定位点；在桩位四周撒灰线；测定高程水准点；放线工序完成后，办理预检手续。

2）开挖土方。桩孔采用分段开挖，每段高度视土壁直立的能力，一般以 0.8～1.0m 为一施工段，开挖直径为桩径加护壁厚度。挖土由人工从上到下逐段用镐、锹进行，遇坚硬土层用锤、钎破碎。扩底部分采取先挖桩身圆柱体，再按扩底尺寸从上到下削土修成设计的扩大头，修孔并清理孔底虚土。弃土装入吊桶或罗筐内。垂直运输则在孔口安支架、工字轨道、电葫芦等，用 10～20kN 慢速卷扬机提升。桩孔较浅时，用木吊架或木辘轳提升。

在地下水以下施工应及时用吊桶将泥水吊出。如遇大量渗水，则在孔底一侧挖集水坑，用高扬程潜水泵把水从桩孔排出。

3）测量控制。桩位轴线采取在地面设十字控制网、基准点，并引测到每个桩孔上口的护壁上，边挖边检查桩孔的垂直度和桩径大小。安装提升设备时，使吊桶的钢丝绳中心与桩孔中心线一致，以作挖土时粗略控制中心线用。

4）支设护壁模板。模板高度取决于挖土施工段的高度，一般为 1m，由 4 块或 8 块活动钢模板组合而成。护壁支模时，将桩控制轴线、高度引到第一节混凝土护壁上，每节以十字线对中，吊大线锤控制中心点位置，用尺杆找圆周，然后由基准点测量孔深。

5）设置操作平台。在模板顶放置操作平台，平台可用角钢和钢板制成半圆形，两个合起来即为一个整圆，用来临时放置混凝土拌合料和灌注护壁混凝土用。

6）灌注护壁混凝土。护壁混凝土要注意捣实，因它起着护壁与防水双重作用，在护壁混凝土中放入 8 根竖直插筋，上下护壁间搭接 50～75mm。

7）拆除模板继续下一段的施工。当护壁混凝土达到一定强度（按承受土的侧向压力计算）后，便可拆除模板，一般在常温情况下约 24h 可以拆除模板，再开挖下一段土方，然后继续支模灌注护壁混凝土，如此循环，直到挖到设计要求的深度。

8）钢筋笼吊放。钢筋笼就位，对质量 1000kg 以内的小型钢筋笼，可用带有小卷扬机和活动三脚拔杆等小型吊运机具吊放入孔就位；对直径、长度、重量大的钢筋笼，可用履带吊或汽车吊进行吊放；也可用塔式起重机吊放，则更方便。

9）浇筑桩身混凝土。在灌注混凝土前，应先放置钢筋笼，垫设好保护层，灌注桩身混凝土坍落度一般为 8～10cm。并再次测量孔内虚土厚度，超过要求应进行清理。

（5）施工要点及施工注意事项❶

（二）钢筋混凝土灌注桩的质量检验标准

见本节《桩基础施工相关规范链接》。

---

❶《建筑桩基技术规范》（JGJ 94—94）规定：

6.2.13 人工挖孔桩施工应采取下列安全措施：

1. 孔内必须设置应急软爬梯，供人员上下井使用的电葫芦、吊笼等应安全可靠并配有自动卡紧保险装置，不得使用麻绳和尼龙绳吊挂或脚踏井壁凸缘上下。电葫芦宜用按扭式开关，使用前必须检验安全起吊能力；
2. 每日开工前必须检测井下的有毒有害气体。并应有足够的安全防护措施。桩孔开挖深度超过 10m 时，应有专门向井下送风的设备，风量不宜少于 25L/s；
3. 孔口四周必须设置护栏，一般加 0.8m 高围栏围护；
4. 挖出土石方及时运离孔口，不得堆放在孔口四周 1m 范围内，机动车辆的通行不得对井壁安全造成影响。
5. 施工现场的一切电源、电路的安装和拆除必须由持证电工操作，电器必须严格接地、接零和使用漏电保护器。各孔用电必须分闸，严禁一闸多用。孔上电缆必须架空 2.0m 以上，严禁拖地和埋压土中，孔内电缆、电线必须有防磨损、防潮、防断等保护措施。照明应采用安全矿灯或 12V 以下的安全灯。并遵守《施工现场临时用电安全技术规范》（JGJ 46）的规定。

◆ 桩基础施工相关规范链接

一、《建筑地基基础工程施工质量验收规范》(GB 50202—2002) 规定：

5.1.1 桩位的放样允许偏差如下：群桩 20mm；单排桩 10mm。

5.1.2 桩基工程的桩位验收，除设计有规定外，应按下述要求进行：

1. 当桩顶设计标高与施工场地标高相同时，或桩基施工结束后，有可能对桩位进行检查时，桩基工程的验收应在施工结束后进行；

2. 当桩顶设计标高低于施工场地标高，送桩后无法对桩位进行检查时，对打入桩可在每根桩桩顶沉至场地标高时，进行中间验收，待全部桩施工结束，承台或底板开挖到设计标高后，再做最终验收。对灌注桩可对护筒位置做中间验收。

5.1.3 打（压）入桩（预制混凝土方桩、先张法预应力管桩、钢桩）的桩位偏差，必须符合表 5.1.3 的规定。斜桩倾斜度的偏差不得大于倾斜角正切值的 15%（倾斜角系桩的纵向中心线与铅垂线间夹角）。

5.1.5 工程桩应进行承载力检验。对于地基基础设计等级为甲级或地质条件复杂，成桩质量可靠性低的灌注桩，应采用静载荷试验的方法进行检验，检验桩数不应少于总数的 1%，且不应少于 3 根，当总桩数少于 50 根时，不应少于 2 根。

5.1.6 桩身质量应进行检验。对设计等级为甲级或地质条件复杂，成检质量可靠性低的灌注桩，抽检数量不应少于总数的 30%，且不应少于 20 根；其他桩基工程的抽检数量不应少于总数的 20%，且不应少于 10 根；对混凝土预制桩及地下水位以上且终孔后经过核验的灌注桩，检验数量不应少于总桩数的 10%，且不得少于 10 根。每个柱子承台下不得少于 1 根。

5.1.7 对砂、石子、钢材、水泥等原材料质量、检验项目、批量和检验方法，应符合国家现行标准的规定。

5.1.8 除本规范第 5.1.5、第 5.1.6 条规定的主控项目外，其他主控项目应全部检查，对一般项目，除已明确规定外，其他可按 20% 抽查，但混凝土灌注桩应全部检查。

表 5.1.3 预制桩桩位的允许偏差（mm）

序 号	项 目	允许偏差（mm）
1	盖有基础梁的桩： (1) 垂直基础梁的中心线 (2) 沿基础梁的中心线	 100+0.01H 150+0.01H
2	桩数为 1～3 根桩基中的桩	100
3	桩数为 4～16 根桩基中的桩	1/2 桩径或边长
4	桩数大于 16 根桩基中的桩： (1) 最外边的桩 (2) 中间桩	 1/3 桩径或边长 1/2 桩径或边长

注：H 为施工现场地面标高与桩顶设计标高的距离。

5.4 混凝土预制桩

5.4.1 桩在现场预制时，应对原材料、钢筋骨架（见表 5.4.1)、混凝土强度进行检查；采用工厂生产的成品桩时，桩进场后应进行外观及尺寸检查。

5.4.2 施工中应对桩体垂直度、沉桩情况、桩顶完整状况、接桩质量等进行检查，对电焊接桩，重要工程应做 10% 的焊缝探伤检查。

5.4.3 施工结束后，应对承载力及桩体质量做检验。

5.4.4 对长桩或总锤击数超过 500 击的锤击桩，应符合桩体强度及 28d 龄期的两项条件才能锤击。

5.4.5 钢筋混凝土预制桩的质量检验标准应符合表 5.4.5 的规定。

表 5.4.1　预制桩钢筋骨架质量检验标准（mm）

项　目	序　号	检查项目	允许偏差或允许值	检查方法
主控项目	1	主筋距桩顶距离	±5	用钢尺量
	2	多节桩锚固钢筋位置	5	用钢尺量
	3	多节桩预埋铁件	±3	用钢尺量
	4	主筋保护层厚度	±5	用钢尺量
一般项目	1	主筋间距	±5	用钢尺量
	2	桩尖中心线	10	用钢尺量
	3	箍筋间距	±20	用钢尺量
	4	桩顶钢筋网片	±10	用钢尺量
	5	多节桩锚固钢筋长度	±10	用钢尺量

表 5.4.5　钢筋混凝土预制桩的质量检验标准

项目	序号	检查项目	允许偏差或允许值		检查方法
			单位	数值	
主控项目	1	桩体质量检验	按基桩检测技术规范		按基桩检测技术规范
	2	桩位偏差	见本规范表 5.1.3		用钢尺量
	3	承载力	按基桩检测技术规范		按基桩检测技术规范
一般项目	1	砂、石、水泥、钢材等原材料（现场预制时）	符合设计要求		查出厂质保文件或抽样送检
	2	混凝土配合比及强度（现场预制时）	符合设计要求		检查称量及查试块记录
	3	成品桩外形	表面平整，颜色均匀，掉角深度＜10mm，蜂窝面积小于总面积 0.5％		直观
	4	成品桩裂缝（收缩裂缝或起吊、装运、堆放引起的裂缝）	深度＜20mm，宽度＜0.25mm，横向裂缝不超过边长的一半		裂缝测定仪，该项在地下水有侵蚀地区及锤击数超过 500 击的长桩不适用
	5	成品桩尺寸：横截面边长 桩顶对角线差 桩尖中心线 桩身弯曲矢高 桩顶平整度	mm mm mm mm	±5 ＜10 ＜10 ＜1/1000l ＜2	用钢尺量 用钢尺量 用钢尺量 用钢尺量，l 为桩长 用水平尺量
	6	电焊接桩：焊缝质量	见本规范表 5.5.4-2		见本规范表 5.5.4-2
		电焊结束后停歇时间 上下节平面偏差 节点弯曲矢高	min mm 	＞1.0 ＜10 ＜1/1000l	秒表测定 用钢尺量 用钢尺量，l 为两节桩长
	7	硫磺胶泥接桩： 胶泥浇筑时间 浇筑后停歇时间	 min min	 ＜2 ＞7	 秒表测定 秒表测定
	8	桩顶标高	mm	±50	水准仪
	9	停锤标准	设计要求		现场实测或查沉桩记录

表 5.5.4-2 焊缝质量部分

检查项目	允许偏差或允许值		检查方法
	单位	数值	
电焊接桩焊缝：			
(1) 上下节端部错口			
外径≥700mm	mm	≤3	用钢尺量
外径＜700mm	mm	≤2	用钢尺量
(2) 焊缝咬边深度	mm	≤0.5	焊缝检查仪
(3) 焊缝加强层高度	mm	2	焊缝检查仪
(4) 焊缝加强层宽度	mm	2	焊缝检查仪
(5) 焊缝电焊质量外观	无气孔，无焊瘤，无裂缝		直观
(6) 焊缝探伤检验满足设计要求按设计要求	满足设计要求		按设计要求
电焊结束后停歇时间	min	＞1.0	秒表测定

5.1.4 灌注桩的桩位偏差必须符合表 5.1.4 的规定，桩顶标高至少要比设计标高高出 0.5m，桩底清孔质量按不同的成桩工艺有不同的要求。每浇筑 50m^3 必须有 1 组试件，小于 50m^3 的桩，每根桩必须有 1 组试件。

表 5.1.4 灌注桩的平面位置和垂直度的允许偏差

序号	成孔方法		桩径允许偏差（mm）	垂直度允许偏差（%）	桩位允许偏差（mm）	
					1～3 根、单排桩基垂直于中心线方向和群桩基础的边桩	条形桩基沿中心线方向和群桩基础的中间桩
1	泥浆护壁钻孔桩	D≤1000mm	±50	＜1	D/6，且不大于 100	D/6，且不大于 150
		D＞1000mm	±50		100＋0.01H	150＋0.01H
2	套管成孔灌注桩	D≤500mm	－20	＜1	70	150
		D＞500mm			100	150
3	干成孔灌注桩		－20	＜1	70	150
4	人工挖孔桩	混凝土护壁	±50	＜0.5	50	150
		钢套管护壁	±50	＜1	100	200

注：1. 桩径允许偏差的负值是指个别断面。

2. 采用复打、反插法施工的桩，其桩径允许偏差不受上表限制。

3. H 为施工现场地面标高与桩顶设计标高的距离，D 为设计桩径。

5.1.5 工程桩应进行承载力检验。对于地基基础设计等级为甲级或地质条件复杂，成桩质量可靠性低的灌注桩，应采用静载荷试验的方法进行检验，检验桩数不应少于总桩数的 1%，且不应少于 3 根，当总桩数少于 50 根时，应不少于 2 根。

5.6.1 施工前应对水泥、砂、石子（如现场搅拌）、钢材等原材料进行检查，对施工组织设计中制定的施工顺序、监测手段（包括仪器、方法）也应检查。

5.6.2 施工中应对成孔、清渣、放置钢筋笼、灌注混凝土等进行全过程检查，人工挖孔桩尚应复验孔底持力层土（岩）性。嵌岩桩必须有桩端持力层的岩性报告。

5.6.3 施工结束后，应检查混凝土强度，并应做桩体质量及承载力的检验。

5.6.4 混凝土灌注桩的质量检验标准应符合表 5.6.4-1、表 5.6.4-2 的规定。

表 5.6.4-1 混凝土灌注桩钢筋笼质量检验标准（mm）

项目	序号	检查项目	允许偏差或允许值	检查方法
主控项目	1	主筋间距	±10	用钢尺量
	2	长度	±100	用钢尺量
一般项目	1	钢筋材质检验	设计要求	抽样送检
	2	箍筋间距	±20	用钢尺量
	3	直径	±10	用钢尺量

表 5.6.4-2 混凝土灌注桩质量检验标准

项目	序号	检查项目	允许偏差或允许值		检查方法
			单位	数值	
主控项目	1	桩位	见本规范表 5.1.4		基坑开挖前量护筒，开挖后量桩中心
	2	孔深	mm	+300	只深不浅，用重锤测，或测钻杆、套管长度，嵌岩桩应确保进入设计要求的嵌岩深度
	3	桩体质量检验	按基桩检测技术规范。如钻芯取样，大直径嵌岩桩应钻至桩尖下 50cm		按基桩检测技术规范
	4	混凝土强度	设计要求		试件报告或钻芯取样送检
	5	承载力	按基桩检测技术规范		按基桩检测技术规范
一般项目	1	垂直度	见本规范表 5.1.4		测套管或钻杆，或用超声波探测，干施工时吊垂球
	2	桩径	见本规范表 5.1.4		井径仪或超声波检测，干施工时用钢尺量，人工挖孔桩不包括内衬厚度
	3	泥浆比重（黏土或砂性土中）	1.15～1.20		用比重计测，清孔后在距孔底 50cm 处取样
	4	泥浆面标高（高于地下水位）	m	0.5～1.0	目测
	5	沉渣厚度：端承桩 摩擦桩	mm mm	≤50 ≤150	用沉渣仪或重锤测量
	6	混凝土坍落度： 水下灌注 干施工	 mm mm	 160～220 70～100	坍落度仪
	7	钢筋笼安装深度	mm	±100	用钢尺量
	8	混凝土充盈系数	>1		检查每根桩的实际灌注量
	9	桩顶标高	mm	+30 −50	水准仪，需扣除桩顶浮浆层及劣质桩体

二、《建筑地基基础设计规范》(GB 50007—2002) 规定：

8.5.2 桩和桩基的构造，应符合下列要求：

1. 摩擦型桩的中心距不宜小于桩身直径的 3 倍；扩底灌注桩的中心距不宜小于扩底直径的 1.5 倍，当扩底直径大于 2m 时，桩端净距不宜小于 1m。在确定桩距时尚应考虑施工工艺中挤土等效应对邻近桩的影响。

2. 扩底灌注桩的扩底直径，不应大于桩身直径的 3 倍。

3. 桩底进入持力层的深度，根据地质条件、荷载及施工工艺确定，宜为桩身直径的 1～3 倍。在确定桩底进入持力层深度时，尚应考虑特殊土、岩溶以及震陷液化等影响。嵌岩灌注桩周边嵌入完整和较完整的未风化、微风化、中风化硬质岩体的最小深度，不宜小于 0.5m。

4. 布置桩位时宜使桩基承载力合力点与竖向永久荷载合力作用点重合。

5. 预制桩的混凝土强度等级不应低于 C30；灌注桩不应低于 C20；预应力桩不应低于 C40。

6. 桩的主筋应经计算确定。打入式预制桩的最小配筋率不宜小于 0.8%；静压预制桩的最小配筋率不宜小于 0.6%；灌注桩最小配筋率不宜小于 0.2%～0.65%（小直径桩取大值）。

7. 配筋长度：

(1) 受水平荷载和弯矩较大的桩，配筋长度应通过计算确定；

(2) 桩基承台下存在淤泥、淤泥质土或液化土层时，配筋长度应穿过淤泥、淤泥质土层或液化土层；

(3) 坡地岸边的桩、8 度及 8 度以上地震区的桩、抗拔桩、嵌岩端承桩应通长配筋；

(4) 桩径大于 600mm 的钻孔灌注桩，构造钢筋的长度不宜小于桩长的 2/3。

8. 桩顶嵌入承台内的长度不宜小于 50mm。主筋伸入承台内的锚固长度不宜小于钢筋直径（HPB235 级钢）的 30 倍和钢筋直径（HRB335 级钢和 HRB400 级钢）的 35 倍。对于大直径灌注桩，当采用一柱一桩时，可设置承台或将桩和柱直接连接。桩和柱的连接可按高杯口基础的要求选择截面尺寸和配筋，柱纵筋插入桩身的长度应满足锚固长度的要求：

(1) 高杯口基础短柱的纵向钢筋，除满足计算要求外，在非地震区及抗震设防烈度低于 9 度地区，短柱四角纵向钢筋的直径不宜小于 20mm，并延伸至基础底板的钢筋网上；

(2) 短柱长边的纵向钢筋，当长边尺寸小于或等于 1000mm 时，其钢筋直径不应小于 12mm，间距不应大于 300mm；当长边尺寸大于 1000mm 时，其钢筋直径不应小于 16mm，间距不应大于 300mm，且每隔一米左右伸下一根并作 150mm 的直钩支承在基础底部的钢筋网上，其余钢筋锚固至基础底板顶面下 L_a 处（图 2-45）；

(3) 短柱短边每隔 300mm 应配置直径不小于 12mm 的纵向钢筋，且每边的配筋率不少于 0.05% 短柱的截面面积。短柱中的箍筋直径不应小于 8mm，间距不应大于 300mm；当抗震设防烈度为 8 度和 9 度时，箍筋直径不应小于 8mm，间距不应大于 150mm。

9. 在承台及地下室周围的回填中，应满足填土密实性的要求。

8.5.15 桩基承台的构造，除满足抗冲切、抗剪切、抗弯承载力和上部结构的要求外，尚应符合下列要求：

1. 承台的宽度不应小于 500mm。边桩中心至承台边缘的距离不宜小于桩的直径或边长，且桩的外边缘至承台边缘的距离不小于 150mm。对于条形承台梁，桩的外边缘至承台梁边缘的距离不小于 75mm；

2. 承台的最小厚度不应小于 300mm；

3. 承台的配筋，对于矩形承台其钢筋应按双向均匀通长布置（图 8.5.15a）钢筋直径不宜小于 10mm，间距不宜大于 200mm；对于三桩承台，钢筋应按三向板带均匀布置，且最里面的三根钢筋围成的三角形应在柱截面范围内（图 8.5.15b）。承台梁的主筋除满足计算要求外，尚应符合现行《混凝土结构设计规范》(GB 50010—2002) 关于最小配筋率的规定，主筋直径不宜小于 12mm，架立筋不宜小于 10mm，箍筋直径不宜小于 6mm（图 8.5.15c）；

4. 承台混凝土强度等级不应低于 C20，纵向钢筋的混凝土保护层厚度不应小于 70mm，当有混凝土垫

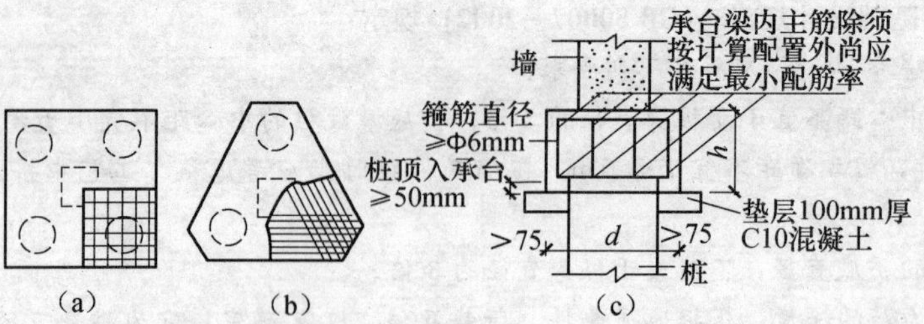

图 8.5.15 承台配筋示意图

(a) 矩形承台配筋；(b) 三桩承台配筋

层时，不应小于 40mm。

10.1.4 对预制打入桩、静力压桩，应提供经确认的施工过程有关参数。施工完成后尚应进行桩顶标高、桩位偏差等检验。

10.1.5 对混凝土灌注桩，应提供经确认的施工过程有关参数，包括原材料的力学性能检验报告、试件留置数量及制作养护方法、混凝土抗压强度试验报告、钢筋笼制作质量检查报告。施工完成后尚应进行桩顶标高、桩位偏差等检验。

10.1.6 人工挖孔桩终孔时，应进行桩端持力层检验。单柱单桩的大直径嵌岩桩，应视岩性检验桩底下 3d 或 5m 深度范围内有无空洞、破碎带、软弱夹层等不良地质条件。

10.1.7 施工完成后的工程桩应进行桩身质量检验。直径大于 800mm 的混凝土嵌岩桩应采用钻孔抽芯法或声波透射法检测，桩数不得少于总桩数的 10%，且每根柱下承台的抽检桩数不得少于 1 根。直径小于和等于 800mm 的桩及直径大于 800mm 的非嵌岩桩，可根据桩径和桩长的大小，结合桩的类型和实际需要采用钻孔抽芯法或声波透射法或可靠的动测法进行检测，桩数不得少于总桩数的 10%。

10.1.8 施工完成后的工程桩应进行竖向承载力检验。竖向承载力检验的方法和数量可根据地基基础设计等级和现场条件，结合当地可靠的经验和技术确定。复杂地质条件下的工程桩竖向承载力的检验宜采用静载荷试验检，验桩数不得少于同条件下总桩数的 1%，且不得少于 3 根。大直径嵌岩桩的承载力可根据终孔时桩端持力层岩性报告结合桩身质量检验报告核验。

三、《建筑抗震设计规范》（GB 50011—2001）规定：

4.4.1 承受竖向荷载为主的低承台桩基，当地面下无液化土层，且桩承台周围无淤泥、淤泥质土和地基承载力特征值不大于 100kPa 的填土时，下列建筑可不进行桩基抗震承载力验算：

1. 本章第 4.2.1 条之 1、3 款规定的建筑。

2. 7 度和 8 度时的下列建筑：

(1) 一般的单层厂房和单层空旷房屋；

(2) 不超过 8 层且高度在 25m 以下的一般民用框架房屋；

(3) 基础荷载与 (2) 项相当的多层框架厂房。

4.4.2 非液化土中低承台桩基的抗震验算，应符合下列规定：

1. 单桩的竖向和水平向抗震承载力特征值可均比非抗震设计时提高 25%；

2. 当承台周围的回填土夯实至干密度不小于《建筑地基基础设计规范》对填土的要求时，可由承台正面填土与桩共同承担水平地震作用；但不应计入承台底面与地基土间的摩擦力。

4.4.3 存在液化土层的低承台桩基抗震验算，应符合下列规定：

1. 对一般浅基础，不宜计入承台周围土的抗力或刚性地坪对水平地震作用的分担作用。

2. 当桩承台底面上、下分别有厚度不小于 1.5m、1.0m 的非液化土层或非软弱土层时，可按下列两种情况进行桩的抗震验算，并按不利情况设计：

(1) 桩承受全部地震作用，桩承载力按本节第 4.4.2 条取用，液化土的桩周摩阻力及桩水平抗力均应乘以表 4.4.3 的折减系数；

表 4.4.3 土层液化影响折减系数

实际标贯锤击数/临界标贯锤击数	深度 d_s（m）	折减系数
≤0.6	$d_s \leqslant 10$	0
	$10 < d_s \leqslant 20$	1/3
>0.6～0.8	$d_s \leqslant 10$	1/3
	$10 < d_s \leqslant 20$	2/3
>0.8～1.0	$d_s \leqslant 10$	2/3
	$10 < d_s \leqslant 20$	1

(2) 地震作用按水平地震影响系数最大值的10%采用，桩承载力仍按本节第 4.4.2 条 1 款取用，但应扣除液化土层的全部摩阻力及桩承台下 2m 深度范围内非液化土的桩周摩阻力。

3. 打入式预制桩及其他挤土桩，当平均桩距为 2.5～4 倍桩径且桩数不少于 5×5 时，可计入打桩对土的加密作用及桩身对液化土变形限制的有利影响。当打桩后桩间土的标准贯入锤击数值达到不液化的要求时，单桩承载力可不折减，但对桩尖持力层作强度校核时，桩群外侧的应力扩散角应取为零。打桩后桩间土的标准贯入锤击数宜由试验确定。

4.4.4 处于液化土中的桩基承台周围，宜用非液化土填筑夯实，若用砂土或粉土则应使土层的标准贯入锤击数不小于本章第 4.3.4 条规定的液化判别标准贯入锤击数临界值。

4.4.5 液化土中桩的配筋范围，应自桩顶至液化深度以下符合全部消除液化沉陷所要求的深度，其纵向钢筋应与桩顶部相同，箍筋应加密。

4.4.6 在有液化侧向扩展的地段，距常时水线 100m 范围内的桩基除应满足本节中的其他规定外，尚应考虑土流动时的侧向作用力，且承受侧向推力的面积应按边桩外缘间的宽度计算。

6.1.11 框架单独柱基有下列情况之一时，宜沿两个主轴方向设置基础系梁：

1. 一级框架和Ⅳ类场地的二级框架；

2. 各柱基承受的重力荷载代表值差别较大；

3. 基础埋置较深，或各基础埋置深度差别较大；

4. 地基主要受力层范围内存在软弱黏性土层、液化土层和严重不均匀土层；

5. 桩基承台之间。

四、《建筑桩基技术规范》(JGJ 94—94) 的规定：

3.1.2 桩基的详细勘察除满足现行勘察规范有关要求外，尚应满足以下要求：

1. 勘探点间距：

(1) 对于端承桩和嵌岩桩主要根据桩端持力层顶面坡度决定，宜为 12～24m，当相邻两个勘探点揭露出的层面坡度大于10%时，应根据具体工程条件适当加密勘探点；

(2) 对于摩擦桩宜为 20～30m 布置勘探点，但遇到土层的性质或状态在水平方向分布变化较大，或存在可能影响成桩的土层存在时，应适当加密勘探点；

(3) 复杂地质条件下的柱下单桩基础应按桩列线布置勘探点，并宜每桩设一勘探点。

2. 勘探深度：

(1) 布置 1/3～1/2 的勘探孔为控制性孔，且安全等级为一级建筑桩基，场地至少应布置 3 个控制性孔，安全等级为二级的建筑桩基应不少于 2 个控制性孔。控制性孔深度应穿透桩端平面以下压缩层厚度，一般性勘探孔应深入桩端平面以下 3～5m；

(2) 嵌岩桩钻孔应深入持力岩层不小于 3～5 倍桩径，当持力岩层较薄时，应有部分钻孔钻穿持力岩层。岩溶地区，应查明溶洞、溶沟、溶槽、石笋等的分布情况。

3. 在勘察深度范围内的每一地层，均应进行室内试验或原位测试，提供设计所需参数。

3.2.2 桩型与工艺选择应根据建筑结构类型、荷载性质、桩的使用功能、穿越土层、桩端持力层土类、地下水位、施工设备、施工环境、施工经验、制桩材料供应条件等，选择经济合理、安全适用的桩型和成桩工艺。选择时可参考附录 A。

3.2.3 桩的布置需符合下列要求：

3.2.3.1　桩的中心距：桩的最小中心距应符合表3.2.3.1的规定。对于大面积桩群，尤其是挤土桩，桩的最小中心距宜按表列值适当加大；

表3.2.3.1　桩的最小中心距表

土类与成桩工艺		排数不少于3排且桩数不少于8根的摩擦型桩基	其他情况
非挤土和部分挤土灌注桩		3.0d	2.5d
挤土灌注桩	穿越非饱和土	3.5d	3.0d
	穿越饱和软土	4.0d	3.5d
挤土预制桩		3.5d	3.0d
打入式敞口管桩和型钢桩		3.5d	3.0d

注：d—圆桩直径或方桩边长。扩底灌注桩除应符合表的要求外尚应满足表3.2.3.2的规定。

表3.2.3.2　灌注桩扩底端最小中心距表

成桩方法	最小中心距
钻、挖孔灌注桩	1.5D或D+1m（当D>2m时）
沉管夯扩灌注桩	2.0D

注：D—扩大端设计直径。

3.2.3.2　排列基桩时，宜使桩群承载力合力点与长期荷载重心重合，并使桩基受水平力和力矩较大方向有较大的截面模量；

3.2.3.3　对于桩箱基础，宜将桩布置于墙下；对于带梁肋桩筏基础，宜将桩布置于梁（肋）下；对于大直径桩宜采用一柱一桩；

3.2.3.4　同一结构单元宜避免采用不同类型的桩，同一基础相邻桩的桩底标高差：对于非嵌岩端承型桩，不宜超过相邻桩的中心距；对于摩擦型桩，在相同土层中不宜超过桩长的1/10；

3.2.3.5　一般应选择较硬土层作为桩端持力层。桩端全断面进入持力层的深度，对于黏性土、粉土不宜小于2d，砂土不宜小于1.5d，碎石类土不宜小于1d。当存在软弱下卧层时，桩基以下硬持力层厚度不宜小于4d。当硬持力层较厚且施工条件许可时，桩端全断面进入持力层的深度宜达到桩端阻力的临界深度（再加深，桩端阻力增加不明显）。

4.1.2　符合本规范4.1.1条规定的灌注桩，桩身构造配筋的：

4.1.2.1　一级（建筑桩基安全等级）建筑桩基，应配置桩顶与承台的连接钢筋笼，其主筋采用6～10根Φ12～14，配筋率不小于0.2%，锚入承台30倍主筋直径，伸入桩身长度不小于10倍桩身直径，且不小于承台下软弱土层层底深度。

4.1.2.2　二级建筑桩基，根据桩径大小配置4～8根Φ10～12的桩顶与承台连接钢筋，锚入承台至少30倍主筋直径且伸入桩身长度不小于5倍桩身直径，对于沉管灌注桩，配筋长度不应小于承台软弱土层层底深度；三级建筑桩基可不配构造钢筋。不符合本规范第4.1.1条规定的灌注桩，应按下列规定配筋：当桩身直径为800～2000mm时，截面配筋率可取0.65%～0.2%（小桩径取高值，大桩径取低值）；对受水平荷载特别大的桩、抗拔桩和嵌岩端承桩根据计算确定配筋率；配筋长度：

1. 端承桩宜沿桩身通长配筋；

2. 受水平荷载的摩擦型桩（包括受地震作用的桩基），配筋长度宜采用4.0/a（a见本规范第5.4.5条）；对于单桩竖向承载力较高的摩擦端承桩宜沿深度分段变截面配通长或局部长度筋；对承受负摩阻力和位于坡地岸边的基桩应通长配筋；

3. 专用抗拔桩应通长配筋；因地震作用、冻胀或膨胀力作用而受拔力的桩，按计算配置通长或局部长度的抗拉筋。

4.1.2.3　对于受水平荷载的桩，主筋不宜小于8Φ10，对于抗压桩和抗拔桩，主筋不应少于6Φ10，纵向主筋应沿桩身周边均匀布置，其净距不应小于60mm，并尽量减少钢筋接头。

4.1.2.4　箍筋采用Φ6～8@200～300mm，宜采用螺旋式箍筋，受水平荷载较大的桩基和抗震桩基，桩顶3～5倍桩身直径范围内箍筋应适当加密；当钢筋笼长度超过4m时，应每隔2m左右设一道Φ12～18

焊接加劲箍筋。

4.1.4 桩身混凝土及混凝土保护层厚度应符合下列要求：

4.1.4.1 混凝土强度等级，不得低于C20，混凝土预制桩尖不得低于C30；

4.1.4.2 主筋的混凝土保护层厚度不应小于35mm，水下灌注混凝土，不得小于50mm。

4.1.5 扩底灌注桩扩底端尺寸宜按下列规定确定（图4.1.5）：

4.1.5.1 当持力层承载力低于桩身混凝土受压承载力时，可采用扩底；扩底端直径与桩身直径比D/d，应根据承载力要求及扩底端部侧面和桩端持力层土性确定，最大不超过3；

4.1.5.2 扩底端侧面的斜率应根据实际成孔及支护条件确定，a/h_c一般取1/3～1/2，砂土取约1/3，粉土、黏性土取约1/2；

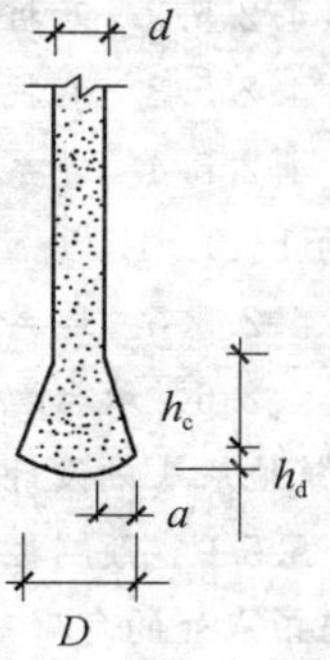

图4.1.5 扩底桩构造

4.1.5.3 扩底端底面一般呈锅底形，矢高h_d取（0.1～0.15）D。

4.2 承台构造

4.2.1 桩基承台的构造尺寸，除满足抗冲切、抗剪切、抗弯和上部结构需要外，尚应符合下列规定：

4.2.1.1 承台最小宽度不应小于500mm，承台边缘至桩中心的距离不宜小于桩的直径或边长，且边缘挑出部分不应小于150mm。对于条形承台梁边缘挑出部分不应小于75mm；

4.2.1.2 条形承台和柱下独立桩基承台的厚度不应小于300mm；

4.2.1.3 筏形、箱形承台板的厚度应满足整体刚度、施工条件及防水要求。对于桩布置于墙下或基础梁下的情况，承台板厚度不宜小于250mm，且板厚与计算区段最小跨度之比不宜小于1/20；

4.2.1.4 柱下单桩基础，宜按连接柱、连系梁的构造要求将连系梁高度范围内桩的圆形截面改变成方形截面。

4.2.2 承台混凝土强度等级不宜小于C15，采用Ⅱ级钢筋时，混凝土强度等级不宜低于C20，承台底面钢筋的混凝土保护层厚度不宜小于70mm，当设素混凝土垫层时，保护层厚度可适当减小，垫层厚度宜为100mm。

4.2.3 承台的钢筋配置除满足计算要求外，尚应符合下列规定：

4.2.3.1 承台梁的纵向主筋直径不宜小于Φ12，架立筋直径不宜小于Φ10，箍筋直径不宜小于Φ6；

4.2.3.2 柱下独立桩基承台的受力钢筋应通长配置，矩形承台板配筋宜按双向均匀布置，钢筋直径不宜小于Φ10，间距应满足100～200mm。对于三桩承台，应按三向板带均匀配置，最里面三根钢筋相交围成的三角形应位于柱截面范围以内；

4.2.3.3 筏形承台板的分布构造钢筋，可采用Φ10～12，间距150～200mm。当仅考虑局部弯曲作用按倒楼盖法计算内力时，考虑到整体弯矩的影响，纵横两方向的支座钢筋尚应有1/2～1/3且配筋率不小于0.15%，贯通全跨配置；跨中钢筋应按计算配筋率全部连通；

4.2.3.4 箱形承台顶、底板的配筋，应综合考虑承受整体弯曲钢筋的配置部位，以充分发挥各截面钢筋的作用。当仅按局部弯曲作用计算内力时，考虑到整体弯曲的影响，钢筋配置量除符合局部弯曲计算要求外，纵横两方向支座钢筋尚应有1/2～1/3且配筋率分别不小于0.15%、0.10%贯通全跨配置，跨中钢筋应按实际配筋率全部连通。

4.2.4 桩与承台的连接宜符合下列要求：

4.2.4.1 桩顶嵌入承台的长度对于大直径桩，不宜小于100mm；对于中等直径桩不宜小于50mm；

4.2.4.2 混凝土桩的桩顶主筋应伸入承台内，其锚固长度不宜小于30倍主筋直径，对于抗拔桩基不应小于40倍主筋直径。预应力混凝土桩可采用钢筋与桩头钢钣焊接的连接方法。钢桩可采用在桩头加焊锅型钣或钢筋的连接方法。

4.2.5 承台之间的连接宜符合下列要求：

4.2.5.1 柱下单桩宜在桩顶两个互相垂直方向上设置连系梁，当桩柱截面面积之比较大（一般大于2）且桩底剪力和弯矩较小时可不设连系梁；

4.2.5.2　两桩桩基的承台，宜在其短向设置连系梁，当短向的柱底剪力和弯矩较小时可不设连系梁；

4.2.5.3　有抗震要求的柱下独立桩基承台，纵横方向宜设置连系梁；

4.2.5.4　连系梁顶面宜与承台顶位于同一标高。连系梁宽度不宜小于200mm，其高度可取承台中心距的1/10～1/15；

4.2.5.5　连系梁配筋应根据计算确定，不宜小于4Φ12。

4.2.6　承台埋深应不小于600mm。在季节性冻土及膨胀土地区。其承台埋深及处理措施，应按现行《建筑地基基础设计规范》和《膨胀土地区建筑技术规范》等有关规定执行。

5.5.9　预制桩桩身配筋可按计算确定。吊运时单吊点和双吊点的设置，应按吊点（或支点）跨间正弯距与吊点处的负弯矩相等的原则进行布置。考虑预制桩吊运时可能受到冲击和振动的影响，计算吊运弯矩和吊运拉力时，宜将桩身重力乘以1.3的动力系数。

第三节　筏形与箱形基础

一、筏形基础❶

筏形基础分为梁板式和平板式两种类型（图2-31），其选型应根据工程地质、上部结构体系、柱距、荷载大小以及施工条件等因素确定。

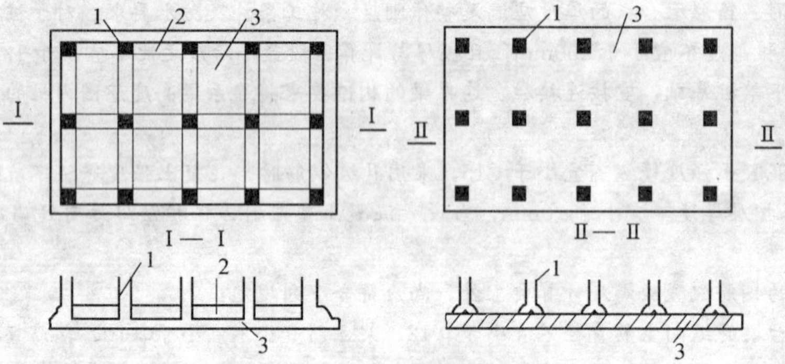

图2-31　筏板基础

1—柱；2—梁；3—底板

---

❶《高层建筑混凝土结构技术规程》(JGJ 3—2002) 规定：

12.1.12　筏形基础及箱形基础，当采用粉煤灰混凝土时，其设计强度等级的龄期宜为60d或90d。在满足设计要求的条件下，地下室内、外墙和柱子采用粉煤灰混凝土时，其设计强度等级的龄期也可采用相应的较长龄期。

12.2.1　筏形基础的平面尺寸应根据地基土的承载力、上部结构的布置及其荷载的分布等因素确定。

12.2.2　平板式筏基的板厚可根据受冲切承载力计算确定，板厚不宜小于400mm。冲切计算时，应考虑作用在冲切临界截面重心上的不平衡弯矩所产生的附加剪力。当个别柱的冲切力较大而不能满足板的冲切承载力要求时，可将该柱下筏板局部加厚或配置抗冲切钢筋。

12.2.3　当地基比较均匀、上部结构刚度较好、筏板的厚跨比不小于1/6、柱间距及柱荷载的变化不超过20%时，高层建筑的筏形基础可仅考虑局部弯曲作用，按倒楼盖法进行计算。当不符合上述条件时，宜按弹性地基板理论进行计算。

12.2.4　筏形基础的钢筋间距不应小于150mm，宜为200～300mm，受力钢筋直径不宜小于Φ12mm。采用双向钢筋网片配置在板的顶面和底面。

12.2.5　梁板式筏基的肋梁宽度不宜过大，在满足设计剪力V不大于$0.25\beta_c f_c bh_0$的条件下，当梁宽小于柱宽时，可将肋梁在柱边加腋以满足构造要求。墙柱的纵向钢筋要贯通基础梁而插入筏板中，并且应从梁上皮起满足锚固长度的要求。

12.2.6　梁板式筏基的梁高取值应包括底板厚度在内，梁高不宜小于平均柱距的1/6。应综合考虑荷载大小、柱距、地质条件等因素，经计算满足承载力的要求。

12.2.7　当满足地基承载力时，筏形基础的周边不宜向外有较大的伸挑扩大。当需要外挑时，有肋梁的筏基宜将梁一同挑出。周边有墙体的筏基，筏板可不外伸。

（一）一般要求

筏形基础的平面尺寸，应根据地基土的承载力、上部结构的布置及荷载分布等因素确定。对单幢建筑物，在地基土比较均匀的条件下，基底平面形心宜与结构竖向永久荷载重心重合。

筏形基础的混凝土强度等级不应低于C30。当有地下室时应采用防水混凝土，防水混凝土的抗渗等级应根据地下水的最大水头与防渗混凝土厚度的比值，按现行《地下工程防水技术规范》选用，但不应小于0.6MPa。必要时宜设架空排水层。

采用筏形基础的地下室，地下室钢筋混凝土外墙厚度不应小于250mm，内墙厚度不应小于200mm。墙的截面设计除满足承载力要求外，尚应考虑变形、抗裂及防渗等要求。墙体内应设置双面钢筋，竖向和水平钢筋的直径不应小于12mm，间距不应大于300mm。筏形基础地下室施工完毕后，应及时进行基坑回填工作。回填基坑时，应先清除基坑中的杂物，并应在相对的两侧或四周同时回填并分层夯实。

筏板与地下室外墙的接缝、地下室外墙沿高度处的水平接缝应严格按施工缝要求施工，必要时可设通长止水带。高层建筑筏形基础与裙房基础之间的构造应符合下列要求：

1. 当高层建筑与相连的裙房之间设置沉降缝时，高层建筑的基础埋深应大于裙房基础的埋深至少2m。当不满足要求时必须采取有效措施。沉降缝地面以下处应用粗砂填实（图2-32）；

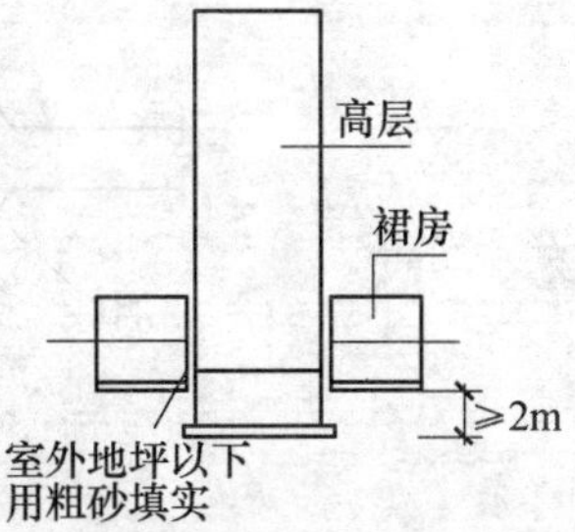

图2-32　高层主体与裙房沉降缝处理

2. 当高层建筑与相连的裙房之间不设置沉降缝时，宜在裙房一侧设置后浇带，后浇带的位置宜设在距主楼边柱的第二跨内。后浇带混凝土宜根据实测沉降值并计算后期沉降差能满足设计要求后方可进行浇筑；

3. 当高层建筑与相连的裙房之间不允许设置沉降缝和后浇带时，应考虑地基与结构变形的相互影响并采取相应的有效措施❶。

（二）筏基分类及构造

1. 平板式筏基

平板式筏基见图2-31（b），筏基的板厚应满足受冲切承载力的要求。当柱荷载较大，等厚度筏板的受冲切承载力不能满足要求时，可在筏板上面增设柱墩或在筏板下局部增加板

---

❶《建筑抗震设计规范》（GB 50011—2001）规定：

6.1.3.2　裙房与主楼相连，除应按裙房本身确定外，不应低于主楼的抗震等级；主楼结构在裙房顶层及相邻上下各一层应适当加强抗震构造措施。裙房与主楼分离时，应按裙房本身确定抗震等级。

6.1.4　高层钢筋混凝土房屋宜避免采用本规范第3.4节规定的不规则建筑结构方案，不设防震缝；当需要设置防震缝时，应符合下列规定：

1. 防震缝最小宽度应符合下列要求：

（1）框架结构房屋的防震缝宽度当高度不超过15m时可采用70mm；超过15m时，6度、7度、8度和9度相应每增加高度5m、4m、3m和2m，宜加宽20mm；

（2）框架-抗震墙结构房屋的防震缝宽度可采用（1）项规定数值的70%，抗震墙结构房屋的防震缝宽度可采用（1）项规定数值的50%；且均不宜小于70mm；

（3）防震缝两侧结构类型不同时，宜按需要较宽防震缝的结构类型和较低房屋高度确定缝宽。

2. 8、9度框架结构房屋防震缝两侧结构高度、刚度或层高相差较大时，可在缝两侧房屋的尽端沿全高设置垂直于防震缝的抗撞墙，每一侧抗撞墙的数量不应少于两道，宜分别对称布置，墙肢长度可不大于一个柱距，框架和抗撞墙的内力应按设置和不设置抗撞墙两种情况分别进行分析，并按不利情况取值。防震缝两侧抗撞墙的端柱和框架的边柱，箍筋应沿房屋全高加密。

厚或采用抗冲切箍筋来提高受冲切承载能力。对12层以上建筑的梁板式筏基，其底板厚度与最大双向板格的短边净跨之比不应小于1/14，且板厚不应小于400mm。当筏板变厚度时，尚应验算变厚度处筏板的受剪承载力。当筏板的厚度大于2000mm时，宜在板厚中间部位设置直径不小于12mm、间距不大于300mm的双向钢筋网。

柱下板带中，柱宽及其两侧各0.5倍板厚且不大于1/4板跨的有效宽度范围内，其钢筋配置量不应小于柱下板带钢筋数量的一半，平板式筏基柱下板带和跨中板带的底部钢筋应有1/2～1/3贯通全跨，且配筋率不应小于0.15%；顶部钢筋应按计算配筋全部连通。

2. 梁板式筏基

梁板式筏基见图2-31（a），梁板式筏基的底板和基础梁的配筋除满足计算要求外，构造配筋同平板式筏基。地下室底层柱、剪力墙与梁板式筏基的基础梁连接的构造应符合下列要求：

（1）柱、墙的边缘至基础梁边缘的距离不应小于50mm（图2-33）；

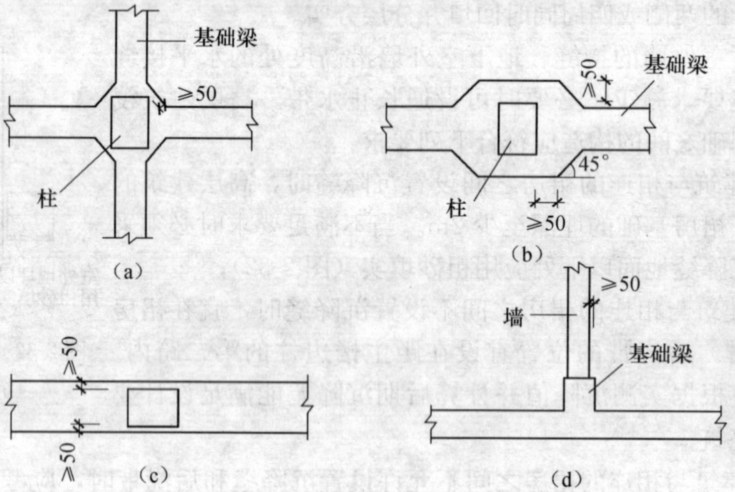

图2-33 地下室底层柱或剪力墙与基础梁连接的构造

（a）梁宽度小于柱边长加八字角的连接；（b）单向基础梁与柱连接；（c）单向基础梁与柱连接；（d）基础梁与剪力墙的连接

（2）当交叉基础梁的宽度小于柱截面的边长时，交叉基础梁连接处应设置八字角。柱角与八字角之间的净距不宜小于50mm，见图2-33（a）；

（3）单向基础梁与柱的连接，可按图2-33（b）、（c）采用；

（4）基础梁与剪力墙的连接，可按图2-33（d）采用。

（三）施工工艺

1. 工艺流程：

基坑降水（若有）→基坑开挖→验槽→垫层施工→筏基边240mm砖胎模施工（外防外贴保护墙施工）→后浇带设置→地下防水平面施工（→地下防水立面外防外贴施工）→平面、立面防水保护层施工→筏基底部钢筋连接（优选直螺纹机械连接）与绑扎→梁板式筏基的梁底部钢筋连接（优选直螺纹机械连接）与绑扎→筏基上部钢筋连接（优选直螺纹机械连接）与绑扎→梁板式筏基的梁上部钢筋连接（优选直螺纹机械连接）与绑扎→柱、墙插筋定位→外墙及基坑模板支设→止水带安装→筏基混凝土浇筑。

2. 主要工序应注意的问题

（1）绑底板下层网片钢筋

1）根据在防水保护层弹好的钢筋位置线，先铺下层网片的长向钢筋，钢筋接头尽量采用焊接或机械连接，要求接头在同一截面相互错开50%，同一根钢筋在35d或500mm的长度内不得有两个接头。

2）后铺下层网片上面的短向钢筋，钢筋接头尽量采用焊接或机械连接，要求接头在同一截面相互错开50%，同一根钢筋尽量减少接头。

3）防止出现质量通病。由于底板钢筋施工要求较复杂，此处一定要注意钢筋绑扎接头和焊接接头按要求错开问题。

4）绑扎加强筋。根据图纸设计依次绑扎局部加强筋。

（2）绑扎地梁钢筋

1）在放平的梁下层水平主钢筋上，用粉笔画出箍筋间距。箍筋与主筋要垂直，箍筋转角与主筋交点均要绑扎，主筋与箍筋非转角部分的相交点成梅花交错绑扎。箍筋的接头，即弯钩叠合处沿梁水平筋交错布置绑扎。

2）地梁也可在槽上预先绑扎好后，根据已画好的梁位置线用塔吊直接吊装到位。与底板钢筋绑扎牢固。但必须注意地梁钢筋笼骨不得出现变形。

（3）绑扎底板上层网片钢筋

1）铺设铁马凳。马凳用剩余短料焊制成，马凳短向放置，间距1.2～1.5m。

2）绑扎上层钢筋下铁。先在马凳上绑架立筋，在架立筋上画好的钢筋位置线，按图纸要求，顺序放置上层钢筋的下铁，钢筋接头尽量采用焊接或机械连接，要求接头在同一截面相互错开50%，同一根钢筋尽量减少接头。

3）绑扎上层钢筋上铁。根据在上层下铁上画好的钢筋位置线，顺序放置上层钢筋，钢筋接头尽量采用机械连接，要求接头在同一截面相互错开50%，同一根钢筋尽量减少接头。

4）绑扎暗柱和墙体插筋。根据放好的柱和墙体位置线，将暗柱和墙体插筋绑扎就位，并和底板钢筋点焊固定，要求接头均错开50%，根据设计要求执行，设计无要求时，甩出底板面的长度≥45d，暗柱绑扎两道箍筋，墙体绑扎一道水平筋。

5）垫保护层。底板钢筋保护层为35mm，梁、柱主筋保护层为25mm，外墙迎水面为35mm，外墙内侧及内墙均为15mm。保护层垫块间距为600mm，梅花型布置。

6）成品保护。绑扎钢筋时钢筋不能直接抵到外砖模上，并注意保护防水。钢筋绑扎前，导墙内侧防水必须甩浆做保护层，导墙上部的防水浮铺油毡加盖红机砖保护，以免防水卷材在钢筋施工时被破坏。

（4）240mm砖胎模

1）砖胎模砌筑前，先在垫层面上将砌砖线放出，比基础底板外轮廓大40mm，砌筑时要求拉直线，砖模内侧、墙顶面抹15mm厚的水泥砂浆并压光，同时阴阳角做成圆弧形。

2）底板外墙侧模采用240mm厚砖胎模，高度同底板厚度，内侧及顶面采用1∶2.5水泥砂浆抹面。

3）考虑混凝土浇筑时侧压力较大，砖胎模外侧面必须采用木方及钢管进行支撑加固，支撑间距不大于1.5m。

（5）外墙高出底板300mm部分

1）墙体高出部分模板采用10mm厚竹胶板事先拼装而成，外绑两道水平向木方（50mm×100mm）。

2）在防水保护层上弹好墙边线，在墙两边焊钢筋预埋竖向和斜向筋，以便进行加固。

3）用小线拉外墙通长水平线，保证截面尺寸为外墙厚，将配好的模板就位，然后用架子和预埋铁进行加固。

4）模板固定完毕后拉通线检查板面顺直。

（6）混凝土浇筑

1）每次浇筑混凝土前1.5h左右，由土建工长或混凝土工长填写“混凝土浇筑申请书”，一式3份，施工技术负责人签字后，土建工长留一份，交试验员一份，资料员一份归档。

2）试验员依据混凝土浇筑申请书填写有关资料，做砂石含水率试验。调整混凝土配合比中的材料用量，换算每盘的材料用量，写配合比板，经施工技术负责人校核后，挂在搅拌机旁醒目处。定磅秤或电子秤及水继电器。

3）当一个配合比第一次使用时，应由施工技术负责人主持，做混凝土开盘鉴定。如果混凝土和易性不好，可以在维持水灰比不变的前提下，适当调整砂率、水及水泥量，至和易性良好为止。

4）混凝土输送管线宜直，转弯宜缓，防止混凝土输送管线直接大于45°下弯造成气堵，影响施工。每个接头必须加密封垫以确保严密。泵管支撑必须牢固。泵送前先用适量与混凝土强度同等级的减石子水泥砂浆润管，并压入混凝土。砂浆输送到基坑内，要抛散开，不允许水泥砂浆堆在一个地方。

5）基础底板一般一次性浇筑，不允许出现施工缝。但是不得不间断不能整体浇灌完成时，则应留设垂直施工缝，并用木板挡住。施工缝留设位置：当平行于次梁长度方向浇筑时，应留在次梁中部1/3跨度范围内；对平板式可留设在任何位置，但施工缝应平行于底板短边且不应在柱脚范围内。在施工缝处继续浇灌混凝土时，应将施工缝表面清扫干净，清除水泥薄层和松动石子，并浇水湿润，铺上一层水泥浆或与混凝土成分相同的水泥砂浆，再继续浇筑混凝土。当底板上或梁上有立柱时，混凝土应浇筑到柱脚顶面，留设水平施工缝，并预埋连接立柱的插筋，水平施工缝处理与垂直施工缝相同。

混凝土浇筑顺序由一端向另一端浇筑，平行于次梁长度方向；对于平板式片筏基础则应平行于基础长边方向。混凝土采用踏步式分层浇筑，分层振捣密实，以使混凝土的水化热尽量散失。如此依次向前浇筑以上各层，边角处要多加注意，防止漏振。振捣棒不宜靠近模板振捣，且要尽量避免碰撞钢筋、止水带、预埋件等。

6）混凝土浇筑完毕要进行多次搓平，保证混凝土表面不产生裂纹，具体方法是振捣完后先用长刮杠刮平，待表面收浆后，用木抹再搓平表面，并覆盖塑料布以防表面出现裂缝，在终凝前掀开塑料布再进行搓平，要求搓压三遍，最后一遍抹压要掌握好时间，以终凝前为准，终凝时间可用手压法把握。混凝土搓平完毕后立即用塑料布覆盖养护，浇水养护时间为14d。

（7）后浇带的设置❶

对于大体积混凝土，目前我国无严格的规定。日本建筑学会的标准定义为：“结构断面最小尺寸在80cm以上，水化热引起混凝土内的最高温度与外界气温之差，预计超过25℃的混凝土，称为大体积混凝土。”大体积混凝土除了结构最小断面尺寸和内外温差有一定规定外，对于水平尺寸也有一些限制。我国的《混凝土结构设计规范》（GB 50010—2002）第

---

❶ 《高层建筑混凝土结构技术规程》（JGJ 3—2002）规定：

12.1.10 当采用刚性防水方案时，同一建筑的基础应避免设置变形缝，可沿基础长度每隔30～40m留一道贯通顶板底板及墙板的施工后浇缝，缝宽不宜小于800mm，且宜设置在柱距三等分的中间范围内。后浇缝处底板及外墙宜采用附加防水层，后浇缝混凝土宜在其两侧混凝土浇灌完毕两个月后再进行浇灌。其强度等级应提高一级，且宜采用早强补偿收缩的混凝土。

9.1条对各类钢筋混凝土结构规定了允许伸缩缝最大间距。工程实践表明：混凝土的温升和温差与表面系数有关，单面散热的结构断面最小厚度在75cm以上，双面散热的结构断面最小厚度在100cm以上，水化热引起的混凝土内外最大温差预计可能超过25℃，应按大体积混凝土施工。

箱形与筏形基础的底板一般属于大体积混凝土。其施工时，可采用掺合料和外加剂改善混凝土和易性、减少水泥用量、降低水化热。其用量应通过试验确定。大体积混凝土宜采用蓄热养护法养护，其内外温差不宜大于25℃，大体积混凝土宜采用斜面式薄层浇捣，利用自然流淌形成斜坡，并应采取有效措施防止混凝土将钢筋推离设计位置。大体积混凝土必须进行二次抹面工作，减少表面收缩裂缝，混凝土的泌水宜采用抽水机抽吸或在侧模上开设泌水孔排除，基础施工完毕后，基坑应及时回填，回填前应清除基坑中的杂物，回填应在相对的两侧或四周同时均匀进行并分层夯实。施工中应进行大体积混凝土的测温工作，测温点的布置应便于绘制温度变化梯度图，可布置在基础平面的对称轴和对角线上，测温点应设在混凝土结构厚度的1/2～1/4和表面处，离钢筋的距离应大于30mm。

新的观点指出，所谓大体积混凝土、是指其结构尺寸已经大到必须采取相应技术措施，妥善处理温度差值，合理解决温度应力并控制裂缝开展的混凝土。由于目前预拌混凝土和泵送混凝土的不断发展，混凝土的浇筑强度已不成为影响大体积混凝土浇筑方案的主要因素，而大体积混凝土由于浇筑强度大而出现浇筑面积、长度无限增大，引起大体积混凝土的收缩裂缝的情况越来越多。通过近年来的工程实践，设置后浇带的方法是一种防止大体积混凝土收缩裂缝的有效措施。

1）后浇带间距

后浇带间距首先应考虑能有效地削减温度收缩应力，其次考虑与施工缝结合。通过计算及实践经验调查，在正常施工条件下，后浇带的间距约为30～40m。

2）后浇带保留时间

后浇缝保留时间当然越长越好，但必须在施工期间不致影响设备安装，一般不应少于40d，最宜60d（考虑施工可能），在此期间，“早期温差”以及至少有30%的收缩都已完成。

3）后浇带的宽度及构造

后浇带的理论宽度，只须1cm已足够保证温度收缩变形，但是考虑施工方便，并避免应力集中，使后浇带在填充后承受第二部分温差及收缩作用下的内应力（即约束变形），一般宽度为70～100cm左右，实践中较多采用60cm。后浇带处钢筋连续不断，不必担心附加应力引起钢筋破断（为便于清理凿毛亦可断开钢筋）。后浇带可做成企口式，见图2-34。无论何种形式，后浇前都必须凿毛清理干净。

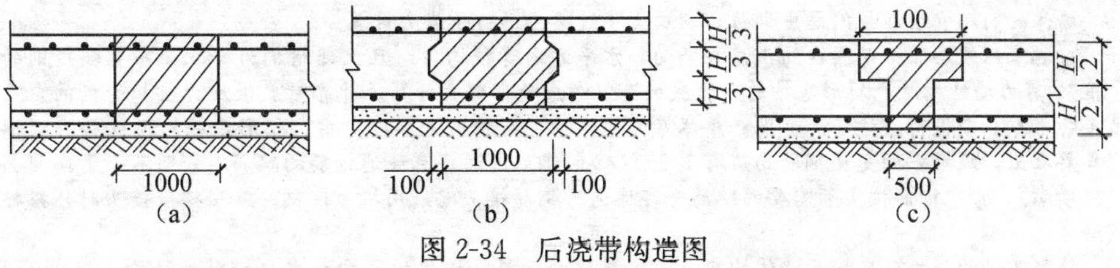

图2-34　后浇带构造图

(a) 平接式；(b) 企口式；(c) 台阶式

4）后浇带的填充材料

最宜采用浇筑水泥及其他微膨胀水泥，例如，普通水泥掺加铝粉配制混凝土或掺加UEA微膨胀剂的混凝土。当现场缺乏这类掺加剂时，亦可采用普通水泥拌制的混凝土，但要求混凝土比原结构的强度等级提高一个等级，长期潮湿养护（不少于15d）。我国早期工程的后浇带大多是用普通混凝土填充的，没有发现问题。

后浇带的模板过去都用木模，支模及拆模都比较麻烦，钢筋从板条拼成的模板中穿过。近年来，国内外成功地采用了不必拆除的、以钢筋为骨架制成的钢板网模板。

设计中，当地下地上均为现浇结构时，后浇带应贯通地下及地上结构，遇梁断梁，遇墙断墙（钢筋不断）。必须在设计中标定留缝位置，施工中还应注意拆模后支撑。墙的后浇带与底板相同，可做企口式。有防水要求的结构宜做企口式。后浇带应尽力设在梁或墙中内力较小位置，尽量避开主梁位置，具体位置需经过设计单位认可，基本和施工缝留设要求一致。

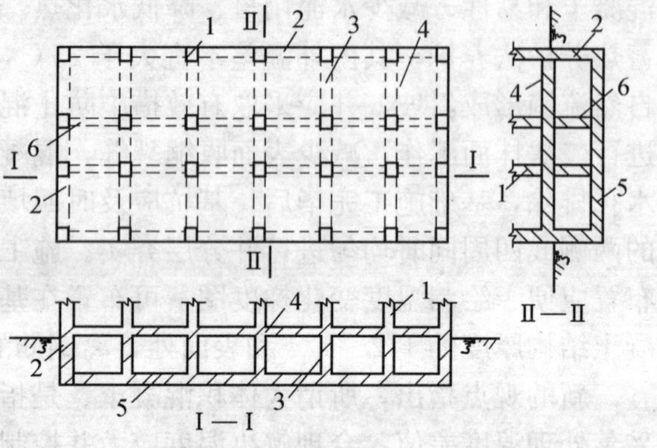

图 2-35　箱形基础

1—柱；2—外墙；3—内横墙；4—顶板；5—底板；6—内纵墙

二、箱形基础❶

箱形基础有底板、剪力墙、顶板三部分组成（图 2-35）。箱形基础的平面尺寸应根据地基土承载力和上部结构布置以及荷载大小等因素确定。内外墙间距见表 2-7。

表 2-7　内外墙间距

非抗震设计	抗震设防烈度		
	6～7度（取小者）	8度（取小者）	9度（取小者）
≤4B且≤50m	≤4B且≤50m	≤3B且≤40m	≤2B且≤30m

注：B—地下一层结构楼面宽度。

❶《高层建筑混凝土结构技术规程》（JGJ 3—2002）规定：

12.3.1　箱形基础的平面尺寸应根据地基土承载力和上部结构布置以及荷载大小等因素确定。外墙宜沿建筑物周边布置，内墙沿上部结构的柱网或剪力墙位置纵横均匀布置，墙体水平截面总面积不宜小于箱形基础外墙外包尺寸的水平投影面积的1/10。对基础平面长宽比大于4的箱形基础，其纵墙水平截面面积不应小于箱基外墙外包尺寸水平投影面积的1/8。箱基的偏心距应符合本规程第12.1.5条的规定。

12.3.2　箱形基础的高度应满足结构的承载力和刚度要求，并根据建筑使用要求确定。一般不宜小于箱基长度的1/20，且不宜小于3m。此外箱基长度不计墙外悬挑板部分。

12.3.3　箱形基础的顶板、底板及墙体的厚度，应根据受力情况、整体刚度和防水要求确定。无人防设计要求的箱基，基础底板不应小于300mm，外墙厚度不应小于250mm，内墙的厚度不应小于200mm，顶板厚度不应小于200mm，可用合理的简化方法计算箱形基础的承载力。

12.3.5　墙体的门洞宜设在柱间居中部位，洞口上下过梁应进行承载力计算。

12.3.6　当地基压缩层深度范围内的土层在竖向和水平方向皆较均匀，且上部结构为平立面布置较规则的框架、剪力墙、框架-剪力墙结构时，箱形基础的顶、底板可仅考虑局部弯曲计算。计算时底板反力应扣除板的自重及其上面层和填土的自重，顶板荷载按实际考虑。整体弯曲的影响可在构造上加以考虑。箱形基础的顶板和底板钢筋配置除符合计算要求上，纵横方向支座钢筋尚应有1/3～1/2的钢筋连通，且连通钢筋的配筋率分别不小于0.15%（纵向），0.10%（横向），跨中钢筋按实际需要的配筋全部连通。钢筋接头宜采用机械连接；采用搭接接头时，搭接长度应按受拉钢筋考虑。

12.3.7　箱形基础的顶板、底板及墙体均应采用双层双向配筋。墙体的竖向和水平钢筋直径均不应小于10mm，间距均不应大于200mm。除上部为剪力墙外，内、外墙的墙顶处宜配置两根直径不小于20mm的通长构造钢筋。

12.3.8　上部结构底层柱纵向钢筋伸入箱形基础墙体的长度应符合下列要求：

1. 柱下三面或四面有箱形基础墙的内柱，除柱四角纵向钢筋直通到基底外，其余钢筋可伸入顶板底面以下40倍纵向钢筋直径处；
2. 外柱、与剪力墙相连的柱及其他内柱的纵向钢筋应直通到基底。

基础长度超过 40m 时，宜设置后浇带，在后浇带处钢筋必须贯通。当主楼与裙房为整体基础，采用后浇带时，后浇带的处理方法应与施工缝相同，施工缝或后浇带及整体基础底面的防水处理应同时做好，并注意保护。后浇带保留时间应根据沉降分析确定。

高层建筑同一结构单元内箱形基础的埋置深度宜一致，且不得局部采用箱形基础。箱形基础的底板厚度应根据实际受力情况、整体刚度及防水要求确定。底板厚度不应小于 300mm。在确定高层建筑的基础埋置深度时，应考虑建筑物的高度、体型、地基土质、抗震设防烈度等因素，并应满足抗倾覆和抗滑移的要求。抗震设防区天然土质地基上的箱形和筏形基础其埋深不宜小于建筑物高度的 1/15；当桩与箱基底板或筏板连接时，桩箱或桩筏基础的埋置深度（不计桩长）不宜小于建筑物高度的 1/18。

（一）一般要求及构造

箱形基础的混凝土强度等级不应低于 C20，筏形基础和桩箱、桩筏基础的混凝土强度等级不应低于 C30。箱形基础的墙体应符合下列要求：

墙体内应设置双面钢筋，竖向和水平钢筋的直径不应小于 10mm，间距不应大于 200mm。除上部为剪力墙外，内外墙的墙顶处宜配置两根直径不小于 20mm 的通长构造钢筋。顶、底板钢筋配置量除满足局部弯曲的计算要求外，纵横方向的支座钢筋尚应有 1/2～1/3贯通全跨，且贯通钢筋的配筋率分别不应小于 0.15％～0.1％；跨中钢筋应按实际配筋全部连通。门洞宜设在柱间居中部位，洞边至上层柱中心的水平距离不宜小于 1.2m。

洞口上过梁的高度不宜小于层高的 1/5，洞口面积不宜大于柱距与箱形基础全高乘积的 1/6，墙体洞口周围应设置加强钢筋，洞口四周附加钢筋面积不应小于洞口内被切断钢筋面积的一半，且不少于 2 根直径为 16mm 的钢筋，此钢筋应从洞口边缘处延长 40 倍钢筋直径。

当箱基的外墙设有窗井时，窗井的分隔墙应与内墙连成整体，视作箱形基础伸出的挑梁，窗井底板应按支承在箱基外墙、窗井外墙和分隔墙上的单向板或双向板计。与高层建筑相连的门厅等低矮单元基础，可采用从箱形基础挑出的基础梁方案，见图 2-36，挑出长度不宜大于 0.15 倍箱基宽度，并考虑偏心影响。挑出部分下面应采取挑梁自由下沉的措施。

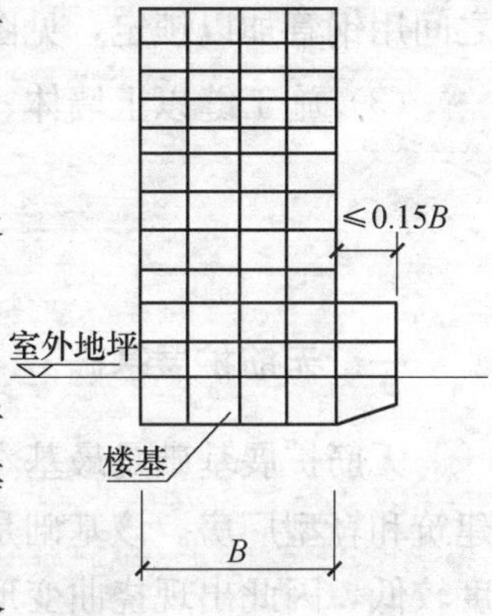

图 2-36　箱基挑出部分

当底层柱与箱形基础接触处局部承压强度不满足时，应增加墙体的局部承压面积，且墙边和柱边及柱角与八字角之间的净距不宜小于 50mm。底层柱主筋伸入箱形基础的深度，应保证主筋直通到基底，对预制长柱，应设置杯口，按高杯口基础设计要求处理。

箱基防水采用密实混凝土刚性防水，外围结构混凝土强度等级不应低于 C15，抗渗等级不应低于 P6，必要时可采用架空隔水层方法或柔性防水方案。箱基在施工、使用阶段均应验算抗浮稳定性，地下水对箱形基础的浮力，一般不考虑折减，抗浮安全系数 K_w 宜取 1.2。

当高层建筑箱形与筏形基础下天然地基承载力或沉降变形不能满足设计要求时，可采用桩加箱形或筏形基础，桩的纵向钢筋锚入箱基或筏基底板内的长度不宜小于钢筋直径的 35 倍，对于抗拔桩基不应少于钢筋直径的 45 倍。

(二) 施工工艺

1. 工艺流程

箱基底板施工→柱、墙插筋定位→箱基施工缝以下墙体施工→箱基施工缝以上墙体施工（同钢筋混凝土剪力墙施工）→箱基顶板模板支设、设备安装或留洞→箱基顶板钢筋绑扎及混凝土浇筑（同钢筋混凝土楼板施工）。

2. 主要工序应注意的问题

(1) 箱基底板施工同筏基，注意墙柱预埋甩出钢筋必须用塑料套管加以保护，避免混凝土污染钢筋。

(2) 施工缝以下墙体模板安装

由于箱型基础底板与墙体分开施工，且一般具有防水要求，考虑防水、应力集中、施工缝留设的要求，一般在施工箱基底板时，要施工一定高度的墙体，所以墙体施工缝一般留在距底板顶部 30cm 处，此处的止水带安装是关键。因此，墙体模板必须和底板模板同时安装一部分。这部分模板一般高度为 600mm 即可。采用吊模施工内侧模板，在内侧模板底部用钢筋马凳支撑，内侧模板和外侧模板用穿墙螺栓加以连接，外侧模板用斜撑与基坑侧壁撑牢。如底板中有基础梁，则梁侧模全部采用吊模施工，梁与梁之间用钢管加以锁定，见图2-37。

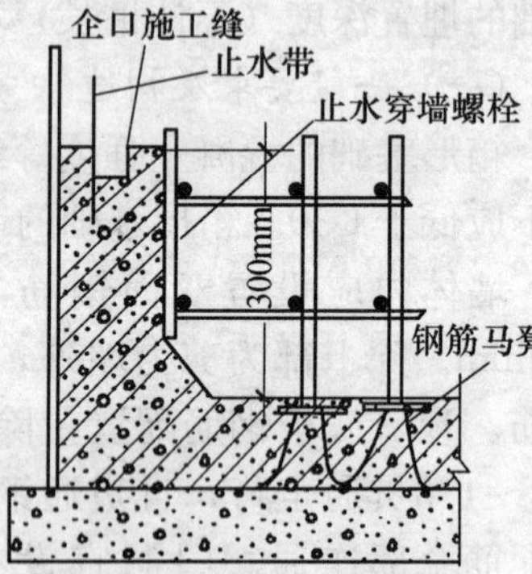

图 2-37 箱型基础底板与墙体的施工缝示意图

(3) 施工缝以上墙体、顶板模板和混凝土浇筑、振捣详见钢筋混凝土章节。

第四节 扩展基础

一、无筋扩展基础

无筋扩展基础是最基本的形式，具有施工简单、便于就地取材等特点，适用于多层民用建筑和轻型厂房。该基础是用脆性材料砌筑而成。由于材料的抗压强度较高，抗拉、抗剪强度较低，因此出现挠曲变形，基础内拉应力就会超过材料的抗拉强度，在基础的一边（条形基础）或一角（柱下独立基础）产生裂缝。裂缝发展很快，随后基底反力和基础内力重分布，其他部分也相继出现裂缝，直至贯通，基础破坏。

为弥补脆性材料这一弱点，保证基础正常工作，设计时采取了限定基础和每个台阶的相对高度（高度与相应宽度之比）的措施，使基础具有足够的刚度。这样，在荷载作用下，基础几乎就不会发生挠曲变形。

(一) 无筋扩展基础常用的基础类型

无筋扩展基础系指由砖、毛石、混凝土或毛石混凝土、灰土和三合土等材料组成的墙下条形基础，或柱下独立基础。刚性无筋扩展基础所用材料带有明显的地方性、区域性。最常使用的机制砖（强度≥MU10）和混凝土（强度≥C15）；北方干燥地区也多用灰土，即石灰（块状生石灰为宜，消化 1～2 天后使用）与塑性指数较低的黏性土配制而成（体积比 3:7 或 2:8）；在南方则常采用三合土，即石灰、砂和集料（碎砖、碎石、矿渣等）配制而成（体积比 1:2:4 或 1:3:6）。常用的基础类型剖面参见表 2-8。

表 2-8　常用的无筋扩展基础类型剖面

序号	名称	剖面形式	序号	名称	剖面形式
1	灰土基础	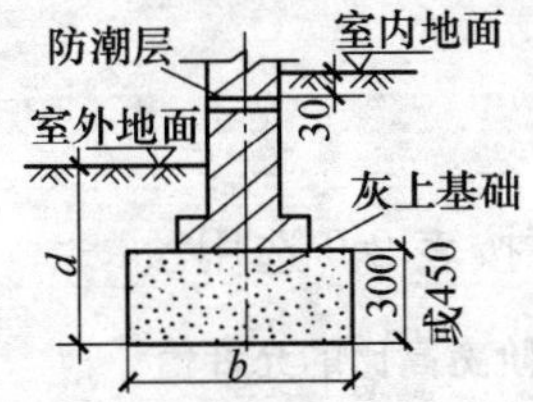	4	毛石混凝土基础	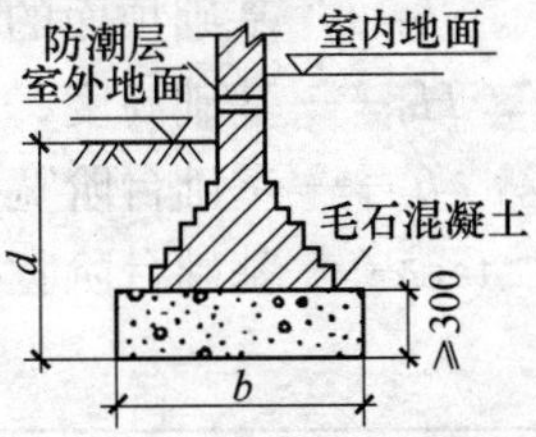
2	三合土基础	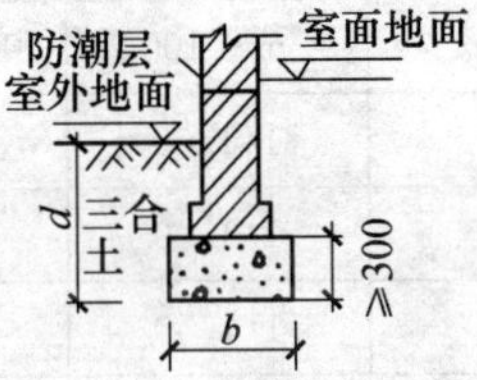	5	砖基础	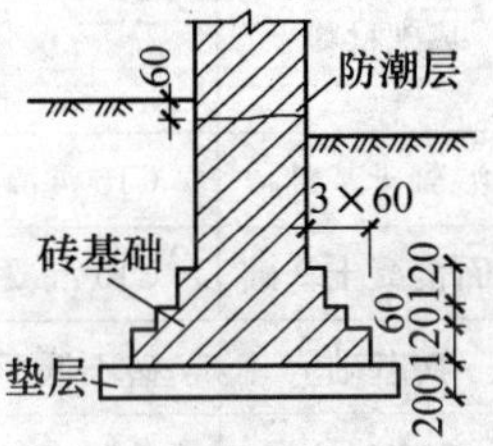
3	毛石基础	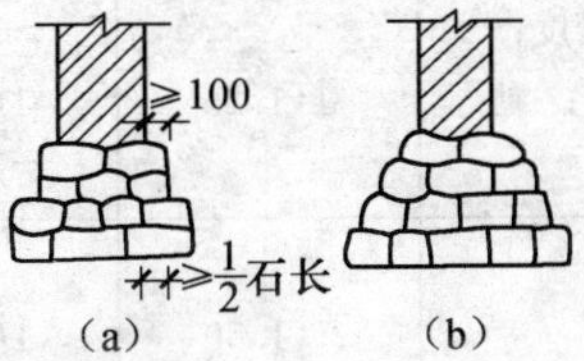(a) 阶梯形；(b) 梯形	6	叠合基础	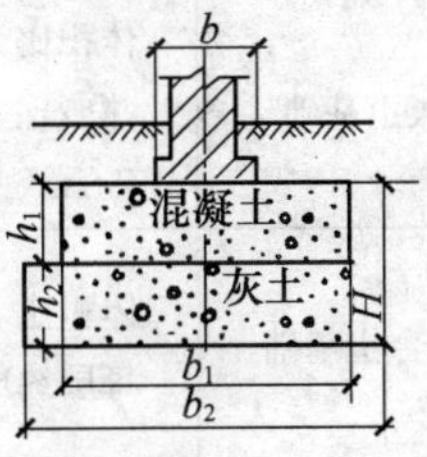
7	素混凝土基础	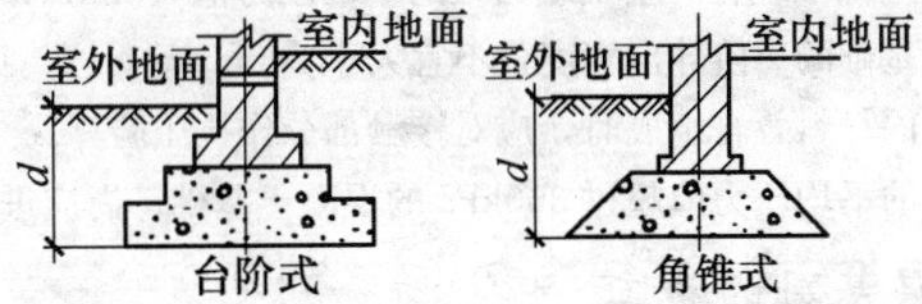			

（二）无筋扩展基础构造

基础高度应符合下式要求（图 2-38）：采用无筋扩展基础的钢筋混凝土柱，其柱脚高度 h_1 不得小于柱脚宽度 b_1，并不应小于 300mm 且不小于 $20d$（d 为柱中的纵向受力钢筋的最大直径）。当柱纵向钢筋在柱脚内的竖向锚固长度不满足锚固要求时，可沿水平方向弯折，弯折后的水平锚固长度不应小于 $10d$ 也不应大于 $20d$。

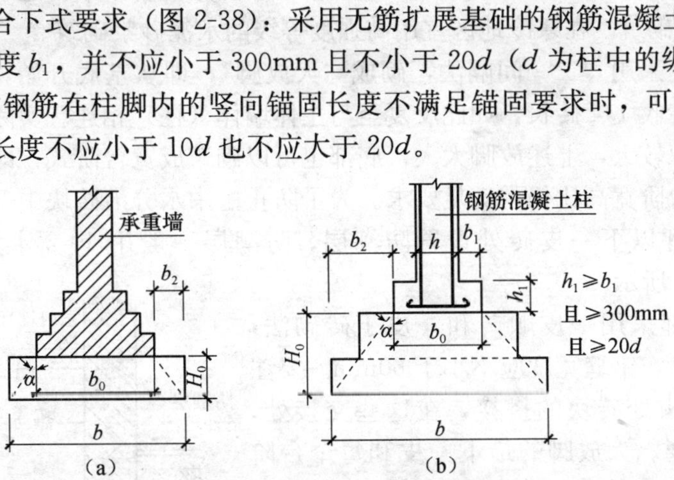

图 2-38　无筋扩展基础构造

(a) 砖条形基础；(b) 素混凝土独立基础

$$H_0 \geqslant (b-b_0)/2\tan\alpha \tag{2-6}$$

式中　b——基础底面宽度；

b_0——基础顶面的墙体宽度或柱脚宽度；

H_0——基础高度；

b_2——基础台阶宽度；

$\tan\alpha$——基础台阶宽高比 $b_2 : H_0$，其允许值可按表 2-9 选用。

表 2-9　无筋扩展基础台阶宽高比的允许值

基础材料	质量要求	台阶宽高比的允许值		
		$p_k \leqslant 100$	$100 < p_k \leqslant 200$	$200 < p_k \leqslant 300$
混凝土基础	C15 混凝土	1∶1.00	1∶1.00	1∶1.25
毛石混凝土基础	C15 混凝土	1∶1.00	1∶1.25	1∶1.50
砖基础	砖不低于 MU10、砂浆不低于 M5	1∶1.50	1∶1.50	1∶1.50
毛石基础	砂浆不低于 M5	1∶1.25	1∶1.50	—
灰土基础	体积比为 3∶7 或 2∶8 的灰土，其最小干密度：粉土 1.55t/m³；粉质黏土 1.50t/m³；黏土 1.45t/m³	1∶1.25	1∶1.50	—
三合土基础	体积比 1∶2∶4～1∶3∶6（石灰、砂集料）每层约虚铺 220mm，夯至 150mm	1∶1.50	1∶2.00	—

注：1. p_k 为荷载效应标准组合时基础底面处的平均压力值（kPa）。

2. 阶梯形毛石基础的每阶伸出宽度，不宜大于 200mm。

3. 当基础由不同材料叠合组成时，应对接触部分作抗压验算。

4. 基础底面处的平均压力值超过 300kPa 的混凝土基础，尚应进行抗剪验算。

（三）无筋扩展基础的施工

1. 砖和毛石基础

这两种基础均为砌筑成形。砖基础在地下水位以上用混合砂浆，地下水位以下用水泥砂浆（不低于 M5）砌筑。在寒冷地区宜用高强度等级的水泥砂浆砌筑。

砖基础习惯上采用“二一间隔法”砌成“大放脚”，即从基底开始，每砌二皮砖收 1/4 砖长，再砌一皮砖收 1/4 砖长，如此反复至与主体墙体（柱）相连。实际上是将砖砌体作为整体考虑。如埋深较大，上述放脚太大，底部也可以砌筑成宽台阶式，即与混凝土、灰土等基础形式相似。台阶宽高比仍需满足要求。为了防止土中水分沿砖块中毛细管上升而侵蚀墙身，应在室内地坪以下一皮砖处设置防潮层。防潮层一般用 1∶2 水泥防水砂浆，厚约 20mm，如图 2-39 所示。

一般大放脚都采用一皮顺砖和一皮丁砖砌法，上、下层应错开缝，错缝宽度应不小于 60mm。要注意十字及丁字接头处砖块的搭接，在这些交接处，纵横墙要隔皮砌通。大放脚的最下一皮和每个台阶的上面一皮应以丁砖为主，这样传力较好，砌筑及回填时，也不易碰坏。

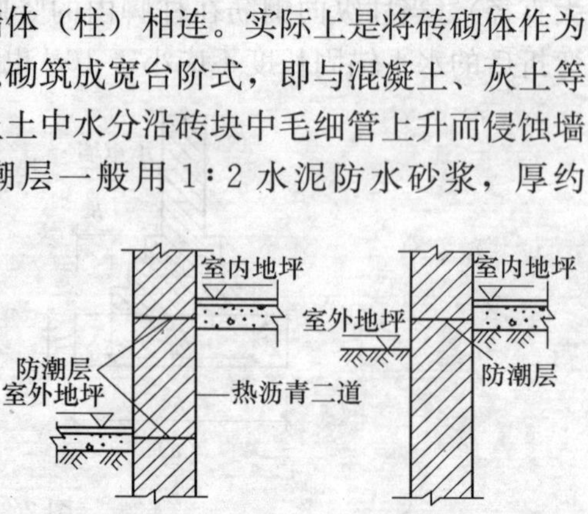

图 2-39　基础防潮层

基底可铺设垫层（灰土、三合土均可），一般不超过 10cm 厚。不计入基础总高。在南方，垫层厚度可达 15～25cm，此时垫层作为基础的一部分考虑。垫层宽度两侧各宽出基础 5～10cm，垫层的作用主要是整平砌筑基础底面。砌筑前必须先铺底灰，提前用水将砖湿润，并保证砂浆饱满。

毛石基础是用毛石与砂浆砌筑而成。毛石用平毛石和乱毛石，其强度等级不低于 MU20。砂浆一般采用水泥砂浆或水泥混合砂浆。

毛石基础的断面有阶梯形和梯形等形状，如图 2-38 所示。施工时要设置好砌筑控制线见图 2-40，依线收退。毛石基础的顶面宽度应比墙厚大 200mm，即每边宽出 100mm。台阶的高度一般控制在 300～400mm，每阶内至少砌二皮毛石。每砌完一阶，退台时应注意退台的尺寸要符合设计高宽比。对于阶梯形毛石基础，上一级台阶最外边的石块至少压砌下面石块的 1/2。石砌筑将大面朝下，先砌里、外石，后砌中间石。要分批卧砌，并注意上、下错缝，内外搭砌，不得采用外面侧立石块中间填心的砌筑方法。每层灰缝的厚度宜为 20～30mm，砂浆应饱满。石块间较大的空隙应先填塞砂浆，后用石块嵌实，不能先摆碎石块后填砂浆或不填砂浆先塞碎块。基础外墙转角、横纵墙交接处及基础最上一层，应选用较大的平毛石砌筑。每隔 0.7m^2 须砌一块拉结石，上、下两皮拉结石的位置要错开，立面砌成梅花形。毛石基础每天砌筑高度，不应超过 1.2m。每天砌完应在当天砌的砌体上铺一层灰浆，表面应粗糙。夏季施工时，对刚砌完的砌体，应用草袋覆盖养护 5～7d，避免风吹、日晒、雨淋。毛石基础全部砌完，要及时在基础两边均匀分层回填，分层夯实。毛石基础轴线位置允许偏差 20mm；基础顶面标高允许偏差±25mm。

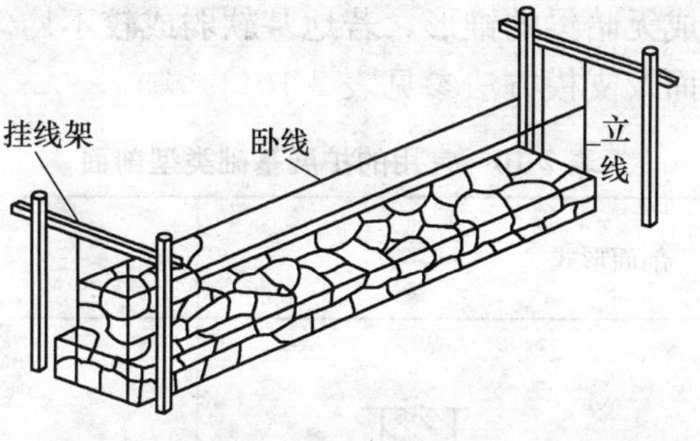

图 2-40　石砌筑控制线

2. 素混凝土和毛石混凝土基础

素混凝土基础为现场浇筑成形，在混凝土中加入少量毛石（小于基础体积的 30%）即为毛石混凝土基础，混凝土和毛石强度等级不低于 C15 和 MU20，其长度不大于 300mm。在寒冷地区，混凝土和毛石强度等级相应提高一级。三层以上房屋若地基潮湿、地下水位较高不宜做灰土基础时，多采用这种材料，但应注意地下水质对混凝土的侵蚀作用。基础剖面为阶梯形和角锥形两种（表 2-8）。毛石混凝土基础的底层应先铺设 120～150mm 的混凝土层，再铺设毛石。毛石插入混凝土约一半深度后，再灌混凝土，充填所有空隙，反复施工。

3. 灰土和三合土基础

这两种基础是在基槽内分层铺土夯实而成。施工时应注意保持基坑干燥，控制灰土的含水量，灰土含水量过大或过小均不易夯实，施工前应通过实验求得压实最佳含水量。在最佳含水量下夯实达到最大密实度（粉质黏土 15～15.5kN/m^3，黏土为 14.5kN/m^3）。

如在水下施工，应排干基坑内积水。若地基过分软弱，底部灰土不易夯实，可先铺设薄砂层作为垫层。基础夯实后应及时回填，以避免雨水冲蚀。若遇雨水侵蚀，则应刮去软弱表层，重新铺设夯实。

灰土强度受冻结影响不大。在－15℃以下的冻融试验表明，不饱和灰土解冻后强度仍可增加。有水供给时，龄期超过三个月，冻结强度无明显下降，故在寒冷地区宜使用。但应注意防止灰土早期受冻。灰土基础上皮距室内设计地面的距离应视土质、当地冻深及灰土龄期而定。

灰土基础在我国应用历史悠久，因其造价低廉（仅为砖石或混凝土基础的 1/2～1/3）、耐久性强而被广泛采用。灰土基础与砖墙衔接部分，要做砖放脚。

三合土基础夯实至设计标高后，最后一遍夯打宜浇浓灰浆，待其表面略为风干后，再铺一层薄砂，最后整平夯实。因三合土强度低，仅限于低层（四层以下）房屋使用。

二、扩展基础

扩展基础系指柱下钢筋混凝土独立基础和墙下钢筋混凝土条形基础。钢筋混凝土基础具有较大的抗拉、抗弯能力，相对于无筋扩展基础具有一定的柔性。在多层砖混结构、单层或多层框架结构中常被采用。

（一）扩展基础常用的基础类型

扩展基础一般有墙下条形基础、柱下条形基础、柱下独立基础、预制柱下杯形基础、预制柱下高杯形基础几种。柱下基础多做成对称式，但对某些偏心荷载下的柱基，或两相邻柱过近时，也可做成不对称的，即偏心基础。基础剖面可做成台阶式或角锥形。

墙下条形基础一般做成无暗梁的锥形，若地基软弱或较不均匀，可加暗梁以调整不均匀沉降。常用的基础类型剖面及支模方法参见表 2-10。

表 2-10　常用的扩展基础类型剖面

<table>
<tr><th>序号</th><th>名称</th><th>剖面形式</th><th>支模形式</th></tr>
<tr><td>1</td><td>墙下条基</td><td>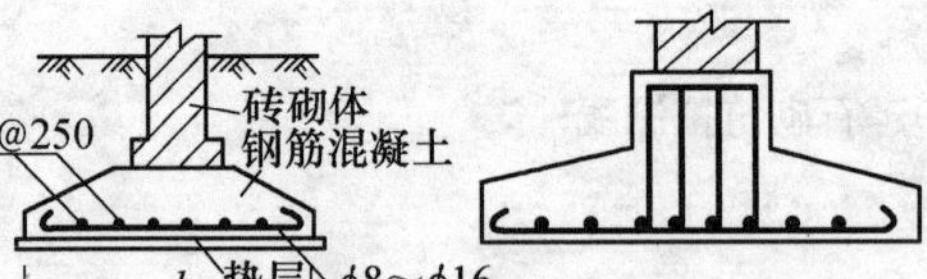

(a) 墙下无暗梁条形基础；(b) 墙下有暗梁条形基础</td><td rowspan="2">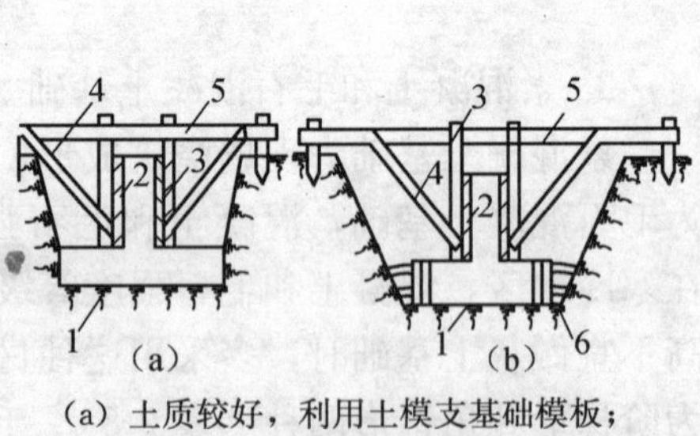

(a) 土质较好，利用土模支基础模板；
(b) 土质差时支基础模板
1—原土夯实；2—模板；3—背楞；
4—斜撑；5—吊模板；6—下台阶模板</td></tr>
<tr><td>2</td><td>柱下条基</td><td>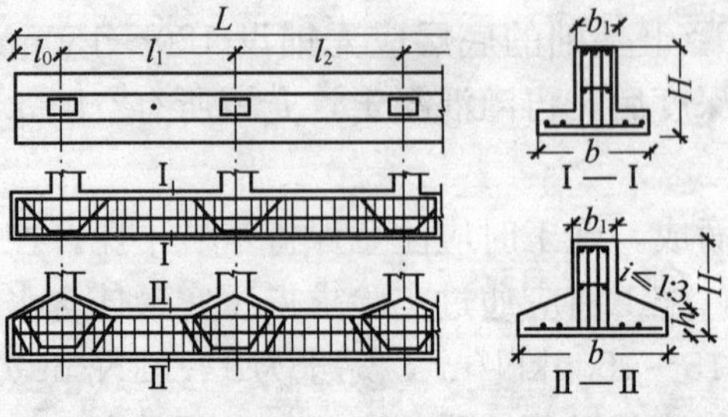
</td></tr>
</table>

序号	名称	剖面形式	支模形式
3	柱下独立基础	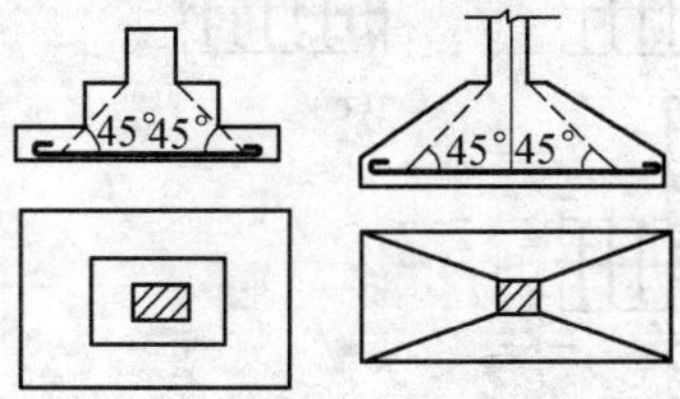 （a）　（b） （a）台阶形；（b）锥形	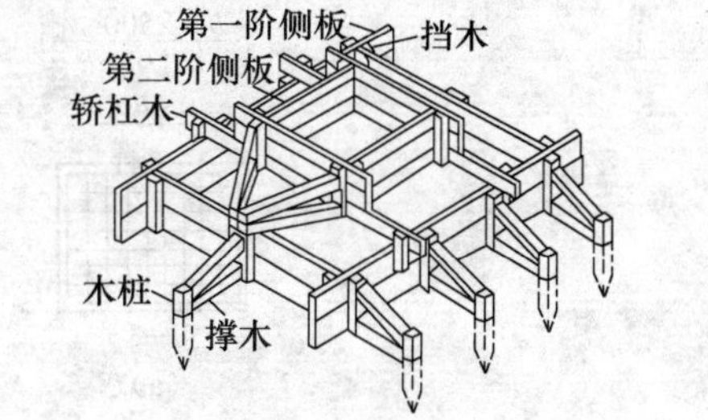
4	杯形基础	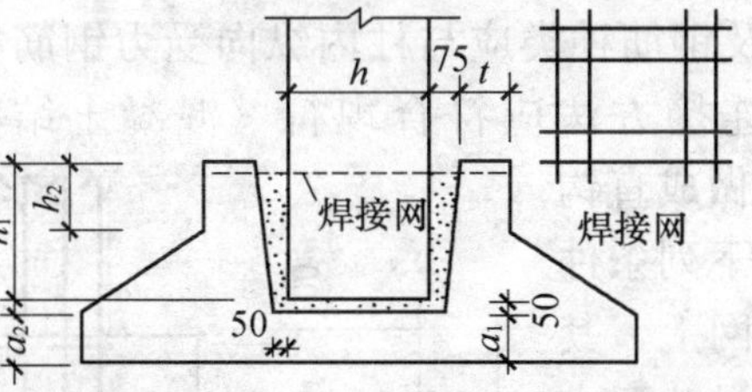	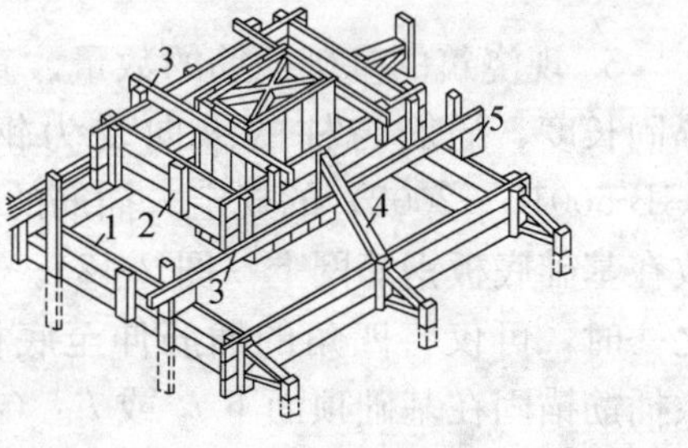 （a）
5	高杯基础及双杯基础	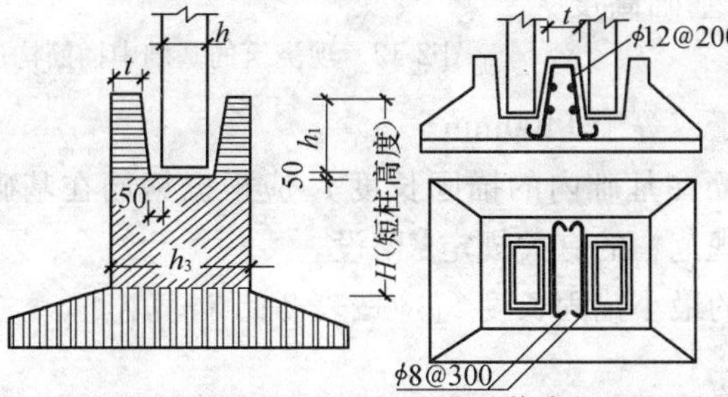 双杯口基础（t≤400m）	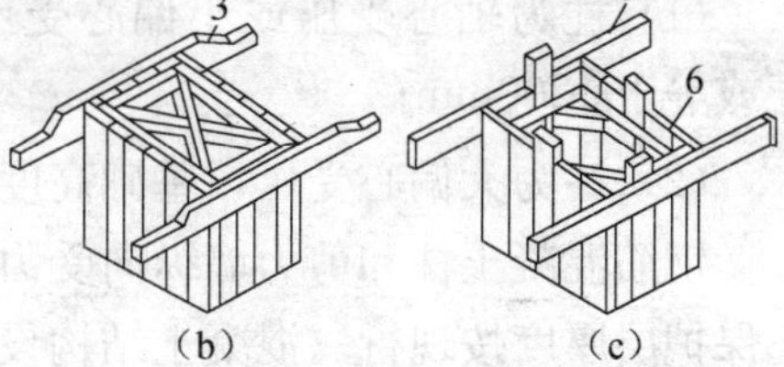 （b）　（c） （a）杯形基础模板；（b）整体式杯芯模板； （c）装配式杯芯模板 1—箍板；2—立挡；3—吊帮方木； 4—斜撑；5—托木；6—杯芯侧板

（二）扩展基础的构造

扩展基础的构造，应符合下列要求：

1. 锥形基础的边缘高度，不宜小于 200mm；阶梯形基础的每阶高度，宜为 300～500mm；垫层的厚度不宜小于 70mm；垫层混凝土强度等级应为 C15（现行规范无 C10）；

2. 扩展基础底板受力钢筋的最小直径不宜小于 10mm；间距不宜大于 200mm，也不宜小于 100mm。墙下钢筋混凝土条形基础纵向分布钢筋的直径不小于 8mm；间距不大于 300mm；每延米分布钢筋的面积应不小于受力钢筋面积的 1/10。当有垫层时钢筋保护层的厚度不小于 40mm；无垫层时不小于 70mm；混凝土强度等级不应低于 C20；

3. 当柱下钢筋混凝土独立基础的边长和墙下钢筋混凝土条形基础的宽度大于或等于 2.5m 时，底板受力钢筋的长度可取边长或宽度的 0.9 倍，并宜交错布置（图 2-41a）；

4. 钢筋混凝土条形基础底板在 T 形及十字形交接处，底板横向受力钢筋仅沿一个主要受力方向通长布置，另一方向的横向受力钢筋可布置到主要受力方向底板宽度 1/4 处（图

2-41b）在拐角处底板横向受力钢筋应沿两个方向布置（图 2-41c）。

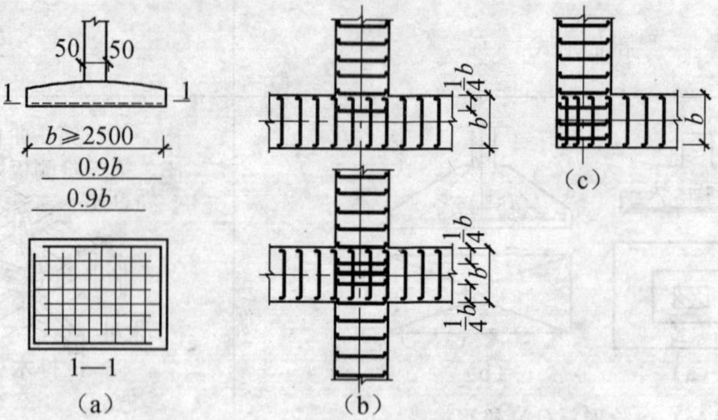

图 2-41 扩展基础底板受力钢筋构造

5. 现浇筑的基础插筋的数量、直径以及钢筋种类应与柱内纵向受力钢筋相同。插筋的锚固长度、插筋与柱的纵向受力钢筋的连接方法应符合现行《混凝土结构设计规范》（GB 50010—2002）的规定。插筋的下端宜做成直钩放在基础底板钢筋网上（图 2-42）。当符合下列条件之一时，可仅将四角的插筋伸至底板钢筋网上，其余插筋锚固在基础顶面下 l_a 或 l_{aE}（有抗震设防要求时）处。

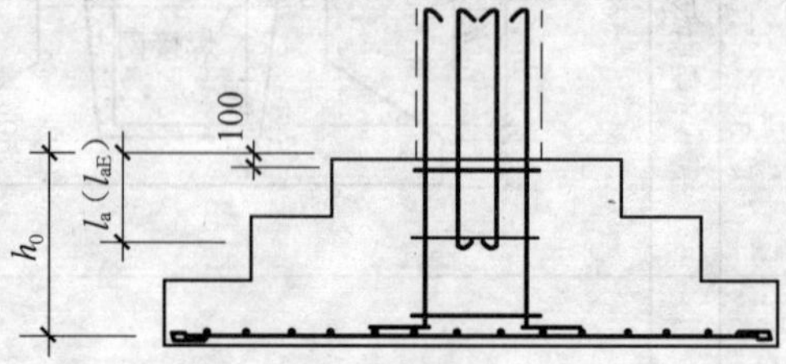

图 2-42 现浇筑的基础中插筋构造示意

（1）柱为轴心受压或小偏心受压，基础高度大于或等于 1200mm；

（2）柱为大偏心受压，基础高度大于或等于 1400mm。

钢筋混凝土柱和剪力墙纵向受力钢筋在基础内的锚固长度 l_a 应根据钢筋在基础内的最小保护层厚度按现行《混凝土结构设计规范》的有关规定[1]留设。

有抗震设防要求时，纵向受力钢筋的最小锚固长度 l_{aE} 应按表 2-11 计算：

---

[1] 《混凝土结构设计规范》（GB 50010—2002）规定：

9.3.1 当计算中充分利用钢筋的抗拉强度时受拉钢筋的锚固长度应按下列公式计算：普通钢筋 $l_a=\alpha d f_y/f_t$；预应力钢筋：$l_a=\alpha d f_{py}/f_t$；式中 l_a 为受拉钢筋的锚固长度；f_y、f_{py} 为普通钢筋、预应力钢筋的抗拉强度设计值；f_t 为混凝土轴心抗拉强度设计值；d 为钢筋的公称直径；α 为钢筋外形系数，按表 9.3.1 取用：

表 9.3.1 钢筋的外形系数

钢筋类型	光面钢筋	带肋钢筋	刻痕钢丝	螺旋肋钢丝	三股钢绞线	七股钢绞线
α	0.16	0.14	0.19	0.13	0.16	0.17

注：光面钢筋系指 HPB235 级钢筋，其末端应做 180°弯钩，弯后平直段长度不应小于 $3d$，但作受压钢筋时可不做弯钩；带肋钢筋系指 HRB335 级 HRB400 级钢筋及 RRB400 级余热处理钢筋。

当符合下列条件时计算的锚固长度应进行修正：

1. 当 HRB335、HRB400 和 RRB400 级钢筋的直径大于 25mm 时其锚固长度应乘以修正系数 1.1；
2. HRB335、HRB400 和 RRB400 级的环氧树脂涂层钢筋其锚固长度应乘以修正系数 1.25；
3. 当钢筋在混凝土施工过程中易受扰动（如滑模施工）时，其锚固长度应乘以修正系数 1.1；
4. 当 HRB335、HRB400 和 RRB400 级钢筋在锚固区的混凝土保护层厚度大于钢筋直径的 3 倍且配有箍筋时，其锚固长度可乘以修正系数 0.8；
5. 除构造需要的锚固长度外，当纵向受力钢筋的实际配筋面积大于其设计计算面积时，如有充分依据和可靠措施，其锚固长度可乘以设计计算面积与实际配筋面积的比值。但对有抗震设防要求及直接承受动力荷载的结构构件不得采用此项修正。

表 2-11　纵向受力钢筋的最小锚固长度

	一、二级抗震等级	三级抗震等级	四级抗震等级
锚固长度	$l_{aE}=1.15l_a$	$l_{aE}=1.05l_a$	$l_{aE}=l_a$

注：l_a—无抗震设防要求时纵向受拉钢筋的锚固长度。

6. 预制钢筋混凝土柱与杯口基础的连接，应符合下列要求（图 2-41）：

（1）柱的插入深度，可按表 2-12 选用，并应满足钢筋锚固长度要求及吊装时柱的稳定性；

表 2-12　柱的插入深度 h_1（mm）

矩形或工字形柱				双肢柱
$h<500$	$500\leqslant h<800$	$800\leqslant h<1000$	$h>1000$	
$H\sim1.2h$	h	$0.9h$ 且$\geqslant800$	$0.8h$ 且$\geqslant1000$	$(1/3\sim2/3)\ h_a$ $(1.5\sim1.8)\ h_b$

注：1. h 为柱截面长边尺寸；h_a 为双肢柱全截面长边尺寸；h_b 为双肢柱全截面短边尺寸。
2. 柱轴心受压或小偏心受压时，h_1 可适当减小，偏心距大于 $2h$ 时，h_1 应适当加大。

（2）基础的杯底厚度和杯壁厚度，可按表 2-13 选用；

表 2-13　基础的杯底厚度和杯壁厚度

柱截面长边尺寸 h（mm）	杯底厚度 a_1（mm）	杯壁厚度 t（mm）
$h<500$	$\geqslant150$	$150\sim200$
$500\leqslant h<800$	$\geqslant200$	$\geqslant200$
$800\leqslant h<1000$	$\geqslant200$	$\geqslant300$
$1000\leqslant h<1500$	$\geqslant250$	$\geqslant350$
$1500\leqslant h<2000$	$\geqslant300$	$\geqslant400$

注：1. 双肢柱的杯底厚度值，可适当加大。
2. 当有基础梁时，基础梁下的杯壁厚度，应满足其支承宽度的要求。
3. 柱子插入杯口部分的表面应凿毛，柱子与杯口之间的空隙，应用比基础混凝土强度等级高一级的细石混凝土充填密实，当达到材料设计强度的 70%以上时，方能进行上部吊装。

（3）当柱为轴心受压或小偏心受压且 $t/h_2\geqslant0.65$ 时，或大偏心受压且 $t/h_2\geqslant0.75$ 时，杯壁可不配筋；当柱为轴心受压或小偏心受压且 $0.5\leqslant t/h_2<0.65$ 时，杯壁可按表 2-14 构造配筋；其他情况下，应按计算配筋。

表 2-14　杯壁构造配筋

柱截面长边尺寸（mm）	$h<1000$	$1000\leqslant h<1500$	$1500\leqslant h<2000$
钢筋直径（mm）	$8\sim10$	$10\sim12$	$12\sim16$

注：表中钢筋置于杯口顶部，每边两根。

预制钢筋混凝土柱（包括双肢柱）与高杯口基础的连接（图 2-43），应符合表 2-12 插入深度的规定。杯壁厚度符合表 2-13 的规定且符合下列条件时，杯壁和短柱配筋。

高杯口基础短柱的纵向钢筋，除满足计算要求外，在非地震区及抗震设防烈度低于 9 度地区，短柱四角纵向钢筋的直径不宜小于 20mm，并延伸至基础底板的钢筋网上。短柱长边的纵向钢筋，当长边尺寸小于或等于 1000mm 时，其钢筋直径不应小于 12mm，间距不应大于 300mm；当长边尺寸大于 1000mm 时，其钢筋直径不应小于 16mm，间距不应大于 300mm，且每隔 1m 左右伸下一根并做 150mm 的直钩支承在基础底部的钢筋网上，其余钢筋锚固至基础底板顶面下 l_a 处（图 2-43）。短柱短边每隔 300mm 应配置直径不小于 12mm 的纵向钢筋，且每边的配筋率不少于 0.05％短柱的截面面积。短柱中的箍筋直径不应小于 8mm，间距不应大于 300mm；当抗震设防烈度为 8 度和 9 度时，箍筋直径不应小于 8mm，间距不应大于 150mm。高杯口基础的杯壁厚度见表 2-15。

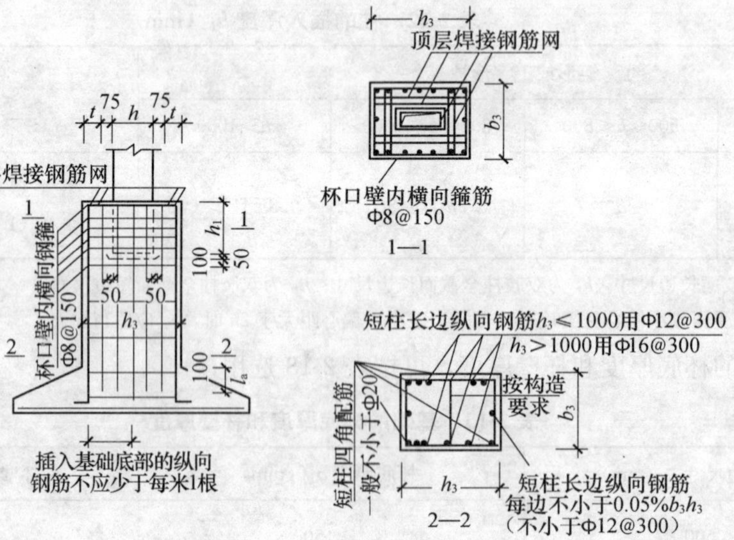

图 2-43　高杯口基础

表 2-15　高杯口基础的杯壁厚度 t

h（mm）	t（mm）	h（mm）	t（mm）
$600<h\leqslant800$	≥250	$1000<h\leqslant1400$	≥350
$800<h\leqslant1000$	≥300	$1400<h\leqslant1600$	≥400

（三）扩展基础的施工

扩展基础的施工主要是钢筋混凝土的施工技术，内容详见钢筋混凝土章节。下面简要介绍扩展基础的施工注意事项。

1. 扩展基础的施工注意事项

（1）在混凝土浇灌前应先行验槽，基坑尺寸应符合设计要求，对局部软弱土层应挖除，用灰土或砂砾回填夯实与基底相平。注意要和原地基的压缩变形保持一致，不能出现软硬不同的地基。在地基或基土上浇筑混凝土时，应清除淤泥和杂物，并应有排水和防水措施。对干燥的黏性土，应用水湿润；对未风化的岩石，应用水清洗，但其表面不得留有积水。

（2）垫层混凝土在验槽后应立即浇灌，以保护地基。当垫层素混凝土达到一定强度后，在其上弹线、支模、铺放钢筋。

（3）钢筋上的泥土、油污，模板内的垃圾、杂物应清除干净。木模板应浇水湿润，缝隙应堵严，基坑积水应排除干净。

(4) 混凝土自高处倾落时，其自由倾落高度不应超过 2m，如高度超过 2m，应设料斗、漏斗、串筒、斜槽、溜管，以防止混凝土产生分层离析。

(5) 混凝土宜分段分层灌筑，每层厚度应符合钢筋混凝土的施工技术规定。各段各层间应互相衔接，每段长 2～3m，使远段远层呈阶梯形推进，并注意先使混凝土充满模板边角，然后浇灌中间部分。

(6) 混凝土应连续浇灌，以保证结构良好的整体性，如必须间歇，间歇时间不应超过相关规定。

2. 预制柱杯口基础的施工，除按上述施工要求外，还应注意以下几点：

(1) 杯口模板可采用木模板或定型模板，可做成整体的，也可做成两半形式，中间各加楔形板一块，拆模时，先取出楔形板，然后分别将两半杯口模取出。为拆模方便，杯口模外可包一层薄铁皮。支模时杯口模板要固定牢固；

(2) 按台阶分层浇灌混凝土。对高杯口基础的高台阶部分，按整段分层浇灌混凝土；

(3) 由于杯口模板仅在上端固定，浇捣混凝土时，应四周对称均匀进行，避免将杯口模板挤向一侧；

(4) 杯口基础一般在杯底均留有 50mm 厚的细石混凝土找平层，在浇灌基础混凝土时要仔细留出。基础浇捣完，在混凝土初凝后终凝前用倒链将杯口模板取出，并将杯口内侧表面混凝土毛化处理；

(5) 在浇灌高杯口基础混凝土时，由于其最上一台阶较高，施工不方便，可采用后安装杯口模板的方法施工。也就是说，当混凝土浇捣接近杯口底时，再安装杯口模板，然后浇灌杯口混凝土。

思考题

1. 试述钢筋混凝土预制桩的制作、起吊、运输、堆放等环节的主要工艺要求。

2. 为什么要确定打桩顺序？打桩顺序和哪些因素有关？试分析打桩顺序、土壤挤压与桩距的关系。

3. 桩锤有哪几种类型？桩锤的工作原理和适用范围是什么？

4. 什么情况下控制贯入度或桩头设计标高？

5. 正循环回转钻成孔和反循环回转钻成孔，泥浆循环有何区别？有何优缺点？

6. 试述沉管灌注桩的施工工艺。其常见的质量问题有哪些？如何预防？

7. 什么是沉管灌注桩的复打法？起什么作用？

8. 套管成孔灌注桩施工中常遇到哪些质量问题？如何处理？

9. 预制桩和灌注桩的特点和各自的适用范围是什么？

10. 筏型基础有哪两种类型，各有哪些构造要求？试述筏型基础的施工工艺。

11. 简述后浇带的留设原因和留设方法。

12. 箱型基础和筏型基础有什么区别？试述箱型基础的组成即施工工艺。

13. 无筋扩展基础常用的基础类型有哪些？有哪些构造要求？

14. 扩展基础常用的基础类型有哪些？有哪些构造要求？

第三章　砌体工程

砌体工程是指用砌筑砂浆将块材（砖或各种砌块）粘结成整体，以满足使用功能或承受荷载。这种结构虽然取材易、造价低、施工简便，但其自重大；用小块体组砌，多为手工操作劳动强度大，生产率低，且烧砖废田。因而采用轻质、高强、空心、大块、多功能的新型墙体材料是砌筑工程改革的重点。

第一节　脚手架及垂直运输设施

一、脚手架

脚手架是在施工现场为安全防护以及方便工人操作等而搭设的支架。在砌筑施工中，考虑工作效率及施工组织等因素，每次搭设脚手架的高度确定为 1.2～1.4m 左右，称为“一步架高度”，又叫做砖墙的可砌高度。脚手架的种类很多，按用途可分为操作脚手架、防护用脚手架、承重和支撑用脚手架；按其搭设位置分为外脚手架和里脚手架两大类；按其所用材料分为木脚手架、竹脚手架与金属脚手架；按其构造形式分为多立杆式、门式、吊式、挂式、悬挑式、附着升降式以及用于楼层间操作的工具式脚手架等。

对脚手架的基本要求是：构造合理，有足够的强度、刚度、稳定性和可靠的安全防护措施；搭拆方便，能多次周转使用；因地制宜，就地取材，尽量节约材料；有足够的宽度，能满足工人操作、材料堆放及运输的需要。脚手架的宽度一般为 1.5～2.0m。另外，脚手架所用材料的规格、质量应符合有关规定，搭设后要严格验收，且在使用过程中应经常检查，防止失稳。

（一）外脚手架

外脚手架的形式有多立杆式、门式、悬挑式、吊式、挂式、升降式脚手架等。

1. 多立杆式脚手架

多立杆式外脚手架是最常用的一种落地式脚手架，现多用钢管搭设，可搭成单排或双排。

钢管多立杆式脚手架有扣件式和碗扣式两种。扣件式钢管脚手架各杆件之间是用扣件连接起来的，扣件基本形式有三种，如图 3-1 所示。碗扣式钢管脚手架其杆件接点处采用碗扣连接，如图 3-2 所示。碗扣式钢管脚手架，构件全部轴向连接，力学性能好，连接可靠，组成的脚手架整体性好。由于碗扣是固定在钢管上的，不存在扣件丢失问题，但造价高，故不如扣

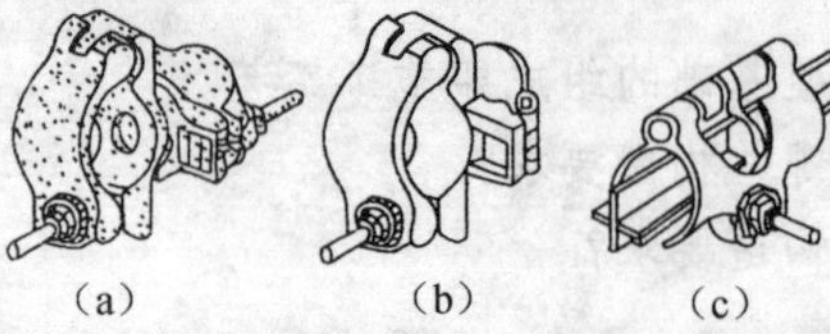

图 3-1　扣件形式

(a) 直角扣件；(b) 回转扣件；(c) 对接扣件

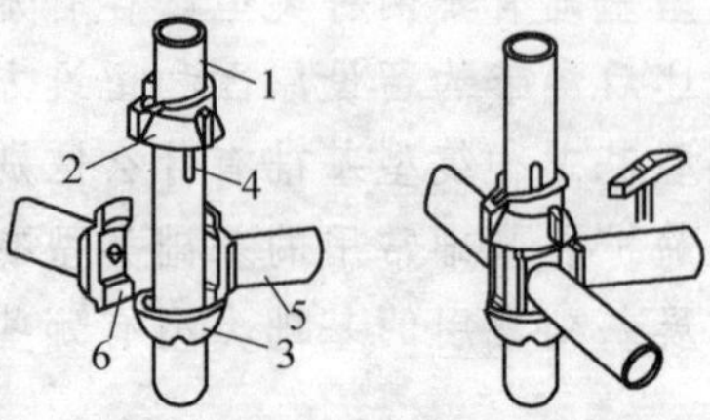

图 3-2　碗扣接头

1—立杆；2—上碗扣；3—下碗扣；4—限位销；5—横杆；6—横杆接头

件式钢管脚手架多用。

扣件式钢管脚手架搭设如图 3-3 所示，其构造要求以及搭设、拆除应严格按照《建筑施工扣件式钢管脚手架安全技术规范》（JGJ 130—2001）的规定进行❶。

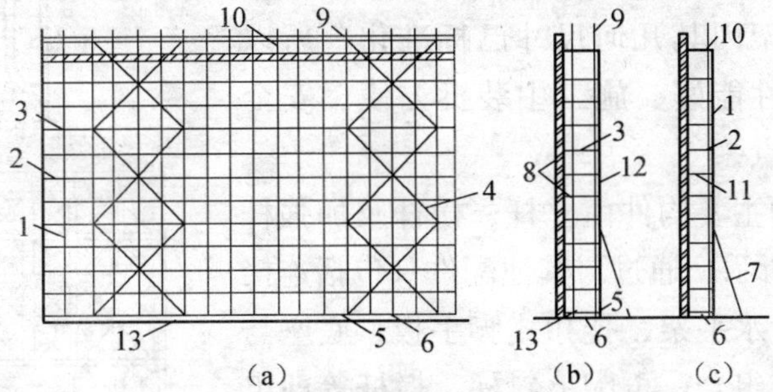

图 3-3　扣件式钢管外脚手架搭设示意图

（a）立面图；（b）双排；（c）单排

1—立杆；2—纵向水平杆；3—横向水平杆；4—剪刀撑；5—纵向扫地杆；6—横向扫地杆；7—抛撑；8—连墙件；9—栏杆；10—脚手板；11—水平安全网；12—竖向安全网；13—垫板

---

❶《建筑施工扣件式钢管脚手架安全技术规范》（JGJ 130—2001）规定：

6.3.1　每根立杆底部应设置底座或垫板。

6.3.2　脚手架必须设置纵、横向扫地杆。纵向扫地杆应采用直角扣件固定在距底座上皮不大于 200mm 处的立杆上。横向扫地杆亦应采用直角扣件固定在紧靠纵向扫地杆下方的立杆上。当立杆基础不在同一高度上时，必须将高处的纵向扫地杆向低处延长两跨与立杆固定，高低差不应大于 1m。靠边坡上方的立杆轴线到边坡的距离不应小于 500mm（图 6.3.2）。

6.3.3　脚手架底层步距不应大于 2m（图 6.3.2）。

6.3.4　立杆必须用连墙件与建筑物可靠连接，连墙件布置间距宜按本规范表 6.4.1 采用。

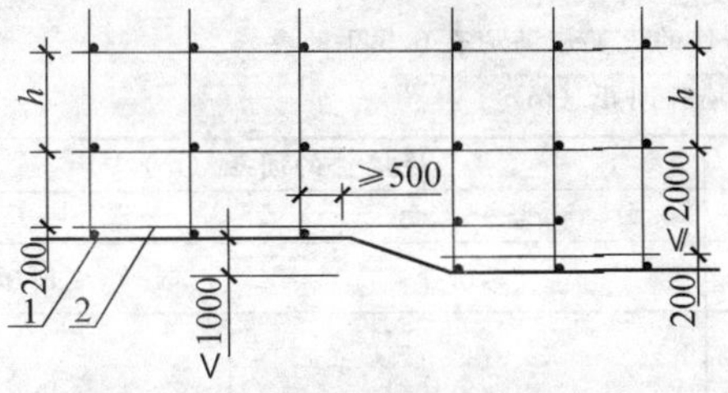

图 6.3.2　纵、横向扫地杆构造

1—横向扫地杆；2—纵向扫地杆

表 6.4.1　连墙件布置最大间距

脚手架高度		竖向间距（h）	水平间距（l_a）	没根连墙件覆盖面积（m^2）
双排	≤50m	$3h$	$3l_a$	≤40
	>50m	$2h$	$3l_a$	≤27
单排	≤24m	$3h$	$3l_a$	≤40

注：h—步距；l_a—纵距。

6.3.6　立杆顶端宜高出女儿墙上皮 1m，高出檐口上皮 1.5m。

6.3.7　双管立杆中副立杆的高度不应低于 3 步，钢管长度不应小于 6m。

6.4.6　当脚手架下部暂不能设连墙件时可搭设抛撑。抛撑应采用通长杆件与脚手架可靠连接，与地面的倾角应在 45°～60°之间；连接点中心至主节点距离不应大于 300mm。抛撑应在连墙件搭设后方可拆除。

6.6.1　双排脚手架应设剪刀撑与横向斜撑，单排脚手架应设剪刀撑。

6.6.2　高度在 24m 以下的单、双排脚手架，均必须在外侧立面的两端各设置一道剪刀撑，并应由底至顶连续设置；中间各道剪刀撑之间的净距不应大于 15m；高度在 24m 以上的双排脚手架应在外侧立面整个长度和高度上连续设置剪刀撑。

6.6.3　横向斜撑应在同一节间，由底至顶层呈之字型连续布置；一字型、开口型双排脚手架的两端均必须设置横向斜撑，中间宜每隔 6 跨设置一道；高度在 24m 以下的封闭型双排脚手架可不设横向斜撑，高度在 24m 以上的封闭型脚手架，除拐角应设置横向斜撑外，中间应每隔 6 跨设置一道。

7.3.3　垫板宜采用长度不少于 2 跨、厚度不小于 50mm 的木垫板，也可采用槽钢。

7.4.2　拆除脚手架时，应符合下列规定：

(1) 拆除作业必须由上而下逐层进行，严禁上下同时作业；

(2) 连墙件必须随脚手架逐层拆除，严禁先将连墙件整层或数层拆除后再拆脚手架；分段拆除高差不应大于 2 步，如高差大于 2 步，应增设连墙件加固；

(3) 当脚手架拆至下部最后一根长立杆的高度（约 6.5m）时，应先在适当位置搭设临时抛撑加固后，再拆除连墙件；

(4) 当脚手架采取分段、分立面拆除时，对不拆除的脚手架两端，应先按本规范规定设置连墙件和横向斜撑加固。

2. 门式脚手架

门式脚手架是不仅可作为外脚手架，也可作为移动式里脚手架或满堂脚手架，还可用于搭设垂直运输的井字架。门式脚手架因其几何尺寸已标准化，所以具有结构合理、受力性能好、施工中装拆方便、安全可靠、经济实用等特点。

门式钢管脚手架的主要构件由立杆、横杆及加强杆焊接组成，如图 3-4a 所示，通过与其他配件（包括连接棒、锁臂、交叉支撑、水平架、挂扣式脚手板、底座与托座等）及加固件连接组合，再配上斜梯、栏杆等即组成上下步相通的脚手架，如图 3-4b 所示。

门式脚手架的构造要求以及搭设、拆除必须遵守《建筑施工门式钢管脚手架安全技术规范》（JGJ 128—2000）中的规定❶。

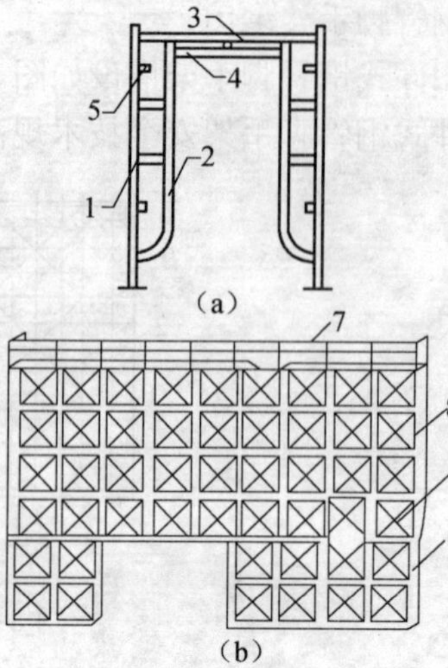

图 3-4 门式脚手架

（a）门架；（b）整片脚手架

1—立杆；2—立杆加强杆；3—横杆；4—横杆加强杆；5—锁销；6—梯子；7—栏杆；8—脚手板；9—交叉支撑

❶《建筑施工门式钢管脚手架安全技术规范》（JGJ 128—2000）规定：

6.1.2 门架立杆离墙面净距不宜大于 150mm，大于 150mm 时应采取内挑架板或其他离口防护的安全措施。

6.3.1 脚手架高度超过 20m 时，应在脚手架外侧连续设置剪刀撑。

6.3.2 当脚手架高度超过 20m 时，应在脚手架外侧每隔 4 步设置一道水平加固杆，并宜在有连墙件的水平层设置；在脚手架的底步门架下端应加封口杆，门架的内、外两侧应设通长扫地杆。

6.5.1 脚手架必须采用连墙件与建筑物做到可靠连接。连墙件的设置应满足表 6.5.1 的要求。

表 6.5.1 连墙件间距（m）

脚手架搭设高度（m）	基本风压 ω_0（kN/m²）	连墙件的间距（m）	
		竖 向	水 平 向
≤45	≤0.55	≤6.0	≤8.0
	>0.55	≤4.0	≤6.0
>45	—		

7.3.2 加固杆、剪刀撑必须与脚手架同步搭设；水平加固杆应设于门架立杆内侧，剪刀撑应设于门架立杆外侧并连牢。

7.3.3 连墙件的搭设必须随脚手架搭设同步进行，严禁滞后设置或搭设完毕后补做；连墙件宜垂直于墙面，不得向上倾斜，连墙件埋入墙身的部分必须锚固可靠。

7.3.5 脚手架应沿建筑物周围连续、同步搭设升高，在建筑物周围形成封闭结构；如不能封闭时，在脚手架两端应按规范增设连墙件。

7.4.1 脚手架搭设完毕或分段搭设完毕，应按本规范第 7.3 节和本规范第 7.4.5 条的规定对脚手架工程的质量进行检查，经检查合格后方可交付使用。

7.4.5 脚手架搭设的垂直度与水平度允许偏差应符合本规范表 7.4.5 的要求。

表 7.4.5 脚手架搭设垂直度与水平度允许偏差

项 目		允许偏差（mm）
垂直度	每步架	h/1000 及±2.0
	脚手架整体	H/600 及±50
水平度	一跨距内水平架两端高差	±l/600 及±3.0
	脚手架整体	±L/600 及±50

注：h—步距；H—脚手架高度；l—跨距；L—脚手架长度。

8.0.8 临街搭设的脚手架外侧应有防护措施，以防坠物伤人。

3. 吊式脚手架

吊式脚手架（图 3-5）又称吊篮，是一种能自升的悬吊式脚手架，主要由悬挑部件、吊篮、操作平台、升降设备等组成，适用于外墙装修。悬吊支承点设置在主体结构上，悬挑构件的安设务必牢固可靠，以防出现倾翻事故。吊篮的升降有手扳葫芦升降、电动葫芦升降、卷扬机升降等方式。

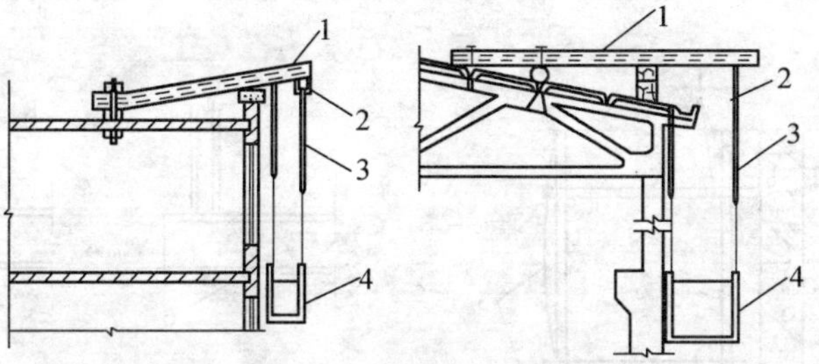

图 3-5　吊式脚手架示意图

(a) 在平屋顶的安装；(b) 在坡屋顶的安装

1—挑梁；2—吊环；3—吊索；4—吊篮

4. 挂式脚手架

挂式脚手架（图 3-6）为外挂防护架，在主体结构施工阶段使用，随主体结构逐层向上施工，用塔吊吊升悬挂在结构上，主要适用于全现浇剪力墙结构，也可用于框架、框剪结构的施工。

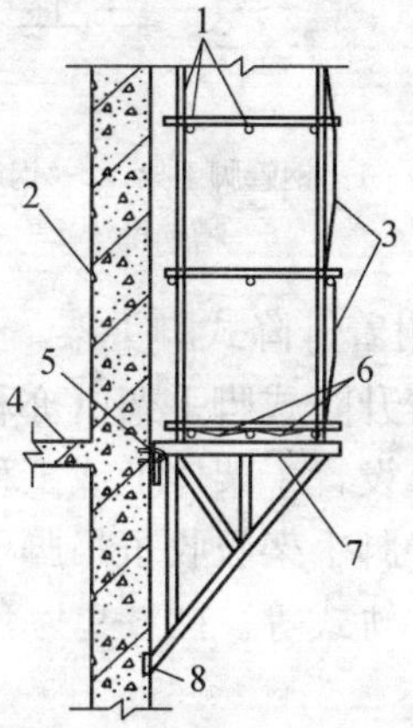

图 3-6　挂式脚手架示意图

1—钢管脚手架；2—钢筋混凝土墙(或柱)；3—竖向安全网；4—现浇楼板；5—预埋挂环；6—水平安全网；7—三角挂架；8—预埋件

5. 悬挑式脚手架

悬挑式脚手架简称挑架，适用于高层建筑主体阶段的施工。是在建筑结构边缘向外伸出临时悬挑结构来支承外脚手架，并将脚手架的荷载全部或部分传递给建筑结构。悬挑式脚手架的关键是悬挑支承结构（挑梁），它必须有足够的强度、刚度和稳定性，并能将脚手架的荷载传递给建筑结构。架体可用扣件式钢管脚手架、碗扣式钢管脚手架和门式脚手架等搭设，一般为双排，架体高度可依据施工要求、结构承载力和塔吊的提升能力（当采取塔吊分段整体提升时）确定，最高可搭设至 12 步架，约 20m 高，可同时进行 2～3 层作业。

挑梁形式有三种：①悬挂式挑梁（图 3-7a），型钢挑梁一端固定在结构上，另一端用拉

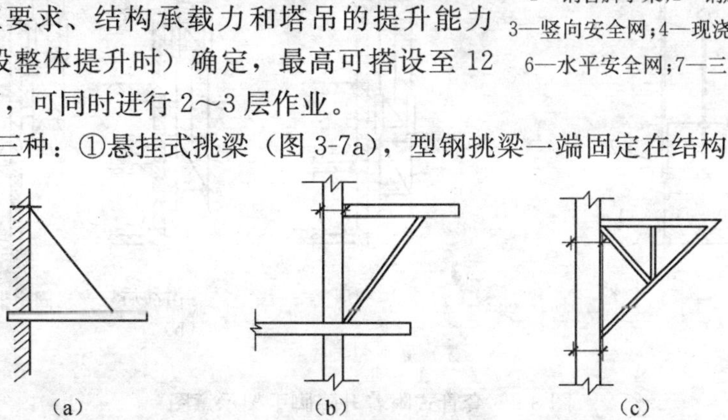

图 3-7　挑梁形式

(a) 悬挂式挑梁；(b) 下撑式挑梁；(c) 桁架式挑梁

杆或拉绳拉结到结构的可靠部位上。拉杆或拉绳应有收紧措施，以使在收紧以后承担脚手架荷载；②下撑式挑梁（图3-7b），其挑梁受拉；③桁架式挑梁（图 3-7c），一般采用型钢制作支撑三角桁架，通过螺栓与结构连接，螺栓穿在刚性墙体或柱的预留孔洞或预埋套管中，可以方便地拆除和重复使用。

目前，常用的悬挑式脚手架多为槽钢挑梁，如图 3-8 所示，楼板上预埋钢环对挑梁进行固定。

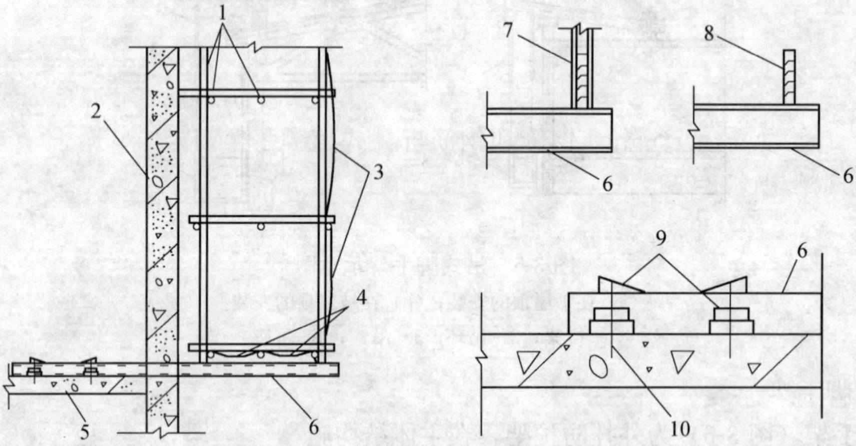

图 3-8　悬挑式脚手架示意图

1—钢管脚手架；2—钢筋混凝土墙（或柱）；3—竖向安全网；4—水平安全网；5—现浇楼板；6—槽钢挑梁；7—钢管立柱；8—短钢筋（焊于槽钢上）；9—木楔；10—预埋钢环

6. 附着升降式脚手架

附着升降式脚手架（亦称爬升式脚手架）是指采用各种形式的架体结构及附着支承结构，依靠设置于架体上或工程结构上的专用升降设备，实现沿建筑物的外墙升降的施工脚手架。这种脚手架吸收了吊脚手架和挂脚手架的优点，按爬升方式可分为套管式、悬挑式、互爬式和导轨式等。图 3-9 为套管式附着升降脚手架。

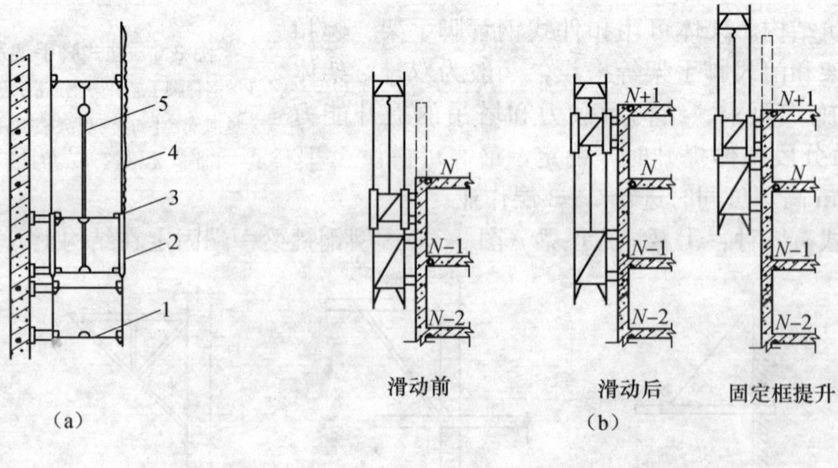

图 3-9　套管式附着升降脚手架示意图

(a) 套管式附着升降脚手架的基本结构；(b) 套管式附着升降脚手架的升降原理

1—固定框；2—滑动框；3—纵向水平杆；4—安全网；5—提升机具

附着升降式脚手架的构造、制作以及安装、拆除必须遵守《建筑施工附着升降脚手架管理暂行规定》中的规定❶。

（二）里脚手架

搭设于建筑物内部的脚手架称为里脚手架。里脚手架在每砌筑完一个楼层的墙体后，就将其转移到上一层楼上去重新搭设。由于里脚手架装拆频繁，故要求其结构轻便灵活、装拆方便，一般多采用工具式里脚手架。常用的工具式里脚手架有折叠式、支柱式、门架式等。

1. 折叠式里脚手架

根据材料不同，分为角钢、钢管和钢筋折叠式里脚手架。图 3-10 所示为角钢折叠式里脚手架，其架设间距，砌墙时不超过 2m，粉刷时不超过 2.5m，可以搭设两步脚手架，第一步高约 1m，第二步高约 1.65m。钢管和钢筋折叠式里脚手架的架设间距，砌墙时不超过 1.8m，粉刷时不超过 2.2m。

---

❶《建筑施工附着升降脚手架管理暂行规定》规定：

第十八条　附着升降脚手架的架体尺寸应符合以下规定：

1. 架体高度不应大于5倍楼层高；
2. 架体宽度不应大于1.2m；
3. 直线布置的架体支承跨度不应大于8m，折线或曲线布置的架体支承跨度不应大于5.4m；
4. 整体式附着升降脚手架架体的悬挑长度不得大于1/2水平支承跨度和3m，单片式附着升降脚手架架体的悬挑长度不应大于1/4水平支承跨度；
5. 升降和使用工况下，架体悬臂高度均不应大于6.0m和2/5架体高度；
6. 架体全高与支承跨度的乘积不应大于110m。

第十九条　附着升降脚手架应具有足够强度和适当刚度的架体结构；应具有安全可靠的能够适应工程结构特点的附着支承结构；应具有安全可靠的防倾覆装置、防坠落装置；应具有保证架体同步升降和监控升降荷载的控制系统；应具有可靠的升降动力设备；应设置有效的安全防护，以确保架体上操作人员的安全，并防止架体上的物料坠落伤人。

第二十八条　附着升降脚手架的安全防护措施应满足以下要求：

1. 架体外侧必须用密目安全网（≥800目/100cm^2）围挡；密目安全网必须可靠固定在架体上；
2. 架体底层的脚手板必须铺设严密，且应用平网及密目安全网兜底。应设置架体升降时底层脚手板可折起的翻板构造，保持架体底层脚手板与建筑物表面在升降和正常使用中的间隙，防止物料坠落；
3. 在每一作业层架体外侧必须设置上、下两道防护栏杆（上杆高度1.2m，下杆高度0.6m）和挡脚板（高度180mm）；
4. 单片式和中间断开的整体式附着升降脚手架，在使用工况下，其断开处必须封闭并加设栏杆；在升降工况下，架体开口处必须有可靠的防止人员及物料坠落的措施。

第三十九条　附着升降脚手架在每次升降以及拆卸前应根据专项施工组织设计要求对施工人员进行安全技术交底。

第四十五条　附着升降脚手架升降到位架体固定后，必须通过以下检查项目：

1. 附着支承和架体已按使用状况下的设计要求固定完毕，所有螺栓连接处已拧紧；各承力件预紧程度应一致；
2. 碗扣和扣件接头无松动；
3. 所有安全防护已齐备；
4. 其他必要的检查项目。

第四十七条　附着升降脚手架在使用过程中严禁进行下列作业：

1. 利用架体吊运物料；
2. 在架体上拉结吊装缆绳（索）；
3. 在架体上推车；
4. 任意拆除结构件或松动连接件；
5. 拆除或移动架体上的安全防护设施；
6. 起吊物料碰撞或扯动架体；
7. 利用架体支顶模板；
8. 使用中的物料平台与架体仍连接在一起；
9. 其他影响架体安全的作业。

第五十四条　遇五级（含五级）以上大风和大雨、大雪、浓雾和雷雨等恶劣天气时，禁止进行升降和拆卸作业。并应预先对架体采取加固措施。夜间禁止进行升降作业。

2. 支柱式里脚手架

支柱式里脚手架由若干支柱和横杆组成，图 3-11 所示为套管式支柱，将插管插入立管中，以销孔间距调节高度，在插管顶端的凹形支托内搁置方木横杆，横杆上铺设脚手板。其搭设间距砌墙时不超过 2.0m，粉刷时不超过 2.5m。架设高度一般为 1.5～2.1m。

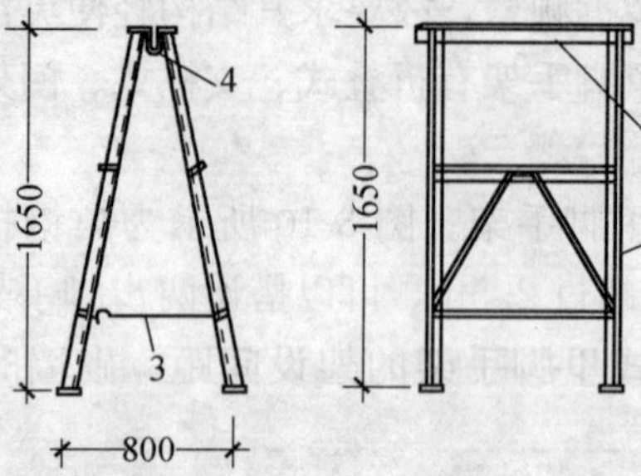

图 3-10　角钢折叠式里脚手架

1—立柱；2—横楞；3—挂钩；4—铰链

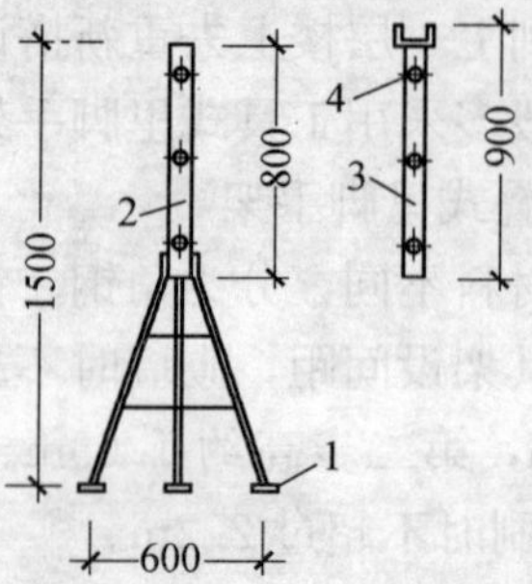

图 3-11　套管式支柱

1—支脚；2—立管；3—插管；4—销孔

3. 门架式里脚手架

门架式里脚手架由两片 A 形支架与门架组成（图 3-12），适用于砌墙和粉刷。其架设高度为 1.5～2.4m，A 形支架的间距，砌墙时不超过 2.2m，粉刷时不超过 2.5m。

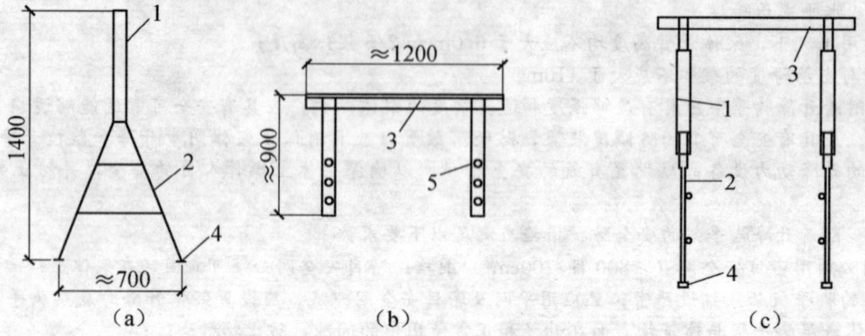

图 3-12　门架式里脚手架

(a) A 形支架；(b) 门架；(c) 安装示意

1—立管；2—支脚；3—门架；4—垫板；5—销孔

二、垂直运输设施

建筑工程施工过程中，大量的建筑材料、施工工具和各种构配件均需要运到各楼层的施工操作面上才能完成施工。因此，合理选择垂直运输机械是建筑工程中最先需要解决的问题之一。目前，常用的垂直运输机械有塔式起重机、井架、龙门架、施工电梯等。

（一）塔式起重机

塔式起重机的塔身直立，起重臂安在塔身顶部可作 360°回转，具有提升、回转、水平运输等功能。它具有较高的起重高度、工作幅度和起重能力，工作速度快、生产效率高，机械运转安全可靠，操作和装拆方便，在完成垂直运输的同时完成水平运输等优点，是重要的垂直运输设备，尤其在主体施工时吊运长、大、重的物料时有明显的优势，故在多层、高层建筑施工中应用最广。

1. 塔式起重机分类

塔式起重机按行走机构、变幅方式、回转机构位置及爬升方式的不同可分成轨道式、附着式和内爬式塔式起重机。

(1) 轨道式塔式起重机

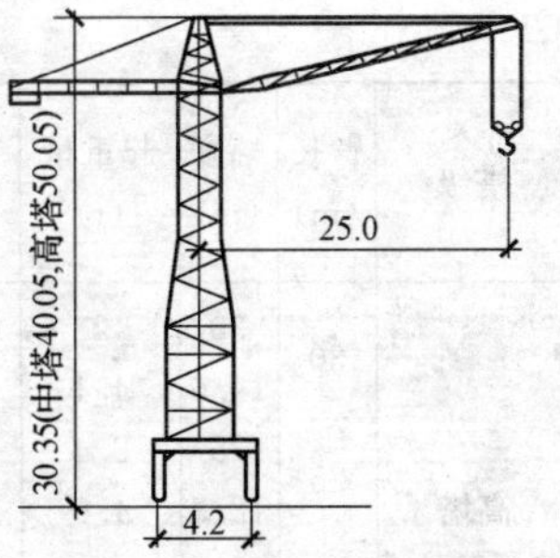

图 3-13　QT60/80 塔式起重机

轨道式塔式起重机能负荷行走，能同时完成水平运输和垂直运输，且能在直线和曲线轨道上运行，使用安全，生产效率高，起重高度可按需要增减塔身、互换节架。但因需要铺设轨道，装拆及转移耗费工时多，台班费较高。常用的型号有 QT1-2、QT1-6、QT60/80、QT20 型等。QT60/80 塔式起重机为上回转动臂变幅式起重机（图 3-13），起重量 10t，起重力矩 600～800kN·m，起升高度可达 70m 左右，其起重性能见表 3-1。

表 3-1　QT60/80 型塔式起重机起重性能

塔级	臂长(m)	幅度(m)	起重量(t)	起升高度(m)	塔级	臂长(m)	幅度(m)	起重量(t)	起升高度(m)	塔级	臂长(m)	幅度(m)	起重量(t)	起升高度(m)
高塔 600kN·m	30	30	2	50	中塔 700kN·m	30①	30	2	40	低塔 800kN·m	30②	30	2	30
		14.6	4.1	68			14.6	4.1	58			14.6	4.1	48
	25	25	2.4	49		25	25	2.8	39		25	25	3.2	29
		12.3	4.9	65			12.3	5.7	55			12.3	6.5	45
	20	20	3	48		20	20	3.5	38		20	20	4	28
		10	6	60			10	7	50			10	8	40
	15	15	4	47		15	15	4.7	37		15	15	5.3	27
		7.7	7.8	56			7.7	9	46			7.7	10.4	36

①30m 臂杆为加长臂，只作 600kN·m 使用。

②该机是以北京地区情况设计的，工作风压 250Pa，非工作风压 450Pa，对其他地区，如沿海风大地区，使用时应作稳定验算。

(2) 附着式塔式起重机

附着式塔式起重机是固定在建筑物近旁混凝土基础上的起重机械，塔身可借助顶升系统自行向上接高，故也称自升式塔式起重机。随着建筑物和塔身的升高，每隔 20m 左右采用附着支架装置，将塔身固定在建筑物上，以保持稳定。图 3-14 所示为 QT4-10 型附着式四用塔式起重机（可附着、可固定、可行走、可爬升），其主要起重技术性能见表 3-2。附着式塔式起重机的自升系统包括顶升套架、长行程液压千斤顶、承座、顶升横梁及定位销等。液压千斤顶的缸体安装在塔顶底部的承座上，其顶升过程分为五个步骤（图 3-15）。

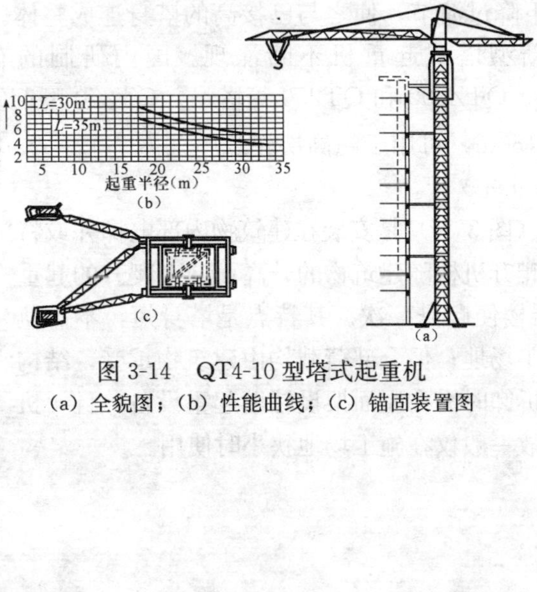

图 3-14　QT4-10 型塔式起重机

(a) 全貌图；(b) 性能曲线；(c) 锚固装置图

表 3-2　QT4-10 型附着式塔式起重机起重性能

塔级	臂长（m）	幅度（m）	起重量（t）	起升高度（m）	塔级	臂长（m）	幅度（m）	起重量（t）	起升高度（m）	塔级	臂长（m）	幅度（m）	起重量（t）	起升高度（m）
高塔 600kN·m	30	30	2	50	中塔 700kN·m	30①	30	2	40	低塔 800kN·m	30②	30	2	30
		14.6	4.1	68			14.6	4.1	58			14.6	4.1	48
	25	25	2.4	49		25	25	2.8	39		25	25	3.2	29
		12.3	4.9	65			12.3	5.7	55			12.3	6.5	45
	20	20	3	48		20	20	3.5	38		20	20	4	28
		10	6	60			10	7	50			10	8	40
	15	15	4	47		15	15	4.7	37		15	15	5.3	27
		7.7	7.8	56			7.7	9	46			7.7	10.4	36

①30m 臂杆为加长臂，只作 600kN·m 使用。

②该机是以北京地区情况设计的，工作风压 250Pa，非工作风压 450Pa，对其他地区，如沿海风大地区，使用时应作稳定验算。

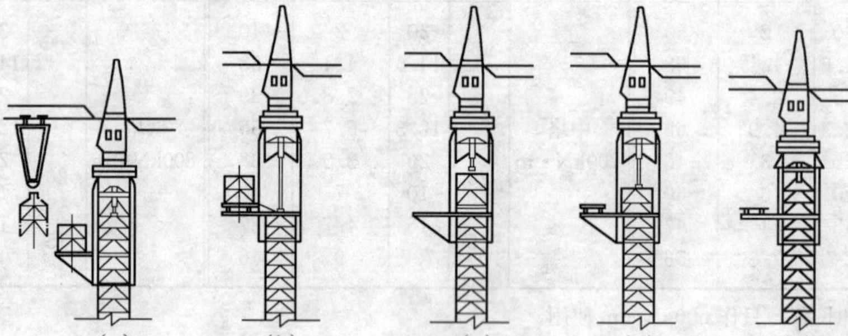

图 3-15　附着式塔式起重机的自升过程

（a）准备状态；（b）顶升塔顶；（c）推入标准节；（d）安装标准节；（e）塔顶与塔身联成整体

1）将标准节吊到摆渡小车上，并将过渡节与塔身标准节相连的螺栓松开，准备顶升；

2）开动液压千斤顶，将塔式起重机上部结构包括顶升套架向上升到超过一个标准节的高度，然后用定位销将套架固定，这时，塔式起重机的重量便通过定位销传给塔身；

3）将液压千斤顶回缩，形成引进空间，此时便将装有标准节的摆渡车推入；

4）用千斤顶顶起接高的标准节，退出摆渡小车，将待接的标准节平稳地落到下面的塔身上，用螺栓拧紧；

5）拔出定位销，下降过渡节，使之与已接高的塔身连成整体。

近来年，国内外新型塔式起重机不断涌现。国内研制的有 QT15、QT25、QT45、QT60、QT80、QT100、QTZ200 和 QT250 等塔吊。QT250 型起重臂长 60m，最大起重量达 16t，最大起重高度 160m，可用于超高层建筑施工。

（3）内爬式塔式起重机

内爬式塔式起重机（图 3-16）是安装在建筑物内部电梯井或特设开间的结构上，借助爬升机构随建筑物的升高而向上爬升的起重机械。一般每隔 1～2 层楼便爬升一次。其特点是塔身短，不需轨道和附着装置，不占施工场地；但全部荷载均由建筑物承受，结构加固复杂，装拆不便，拆卸时需在屋面架设辅助起重设备；且司机视线受阻，操作不便，故一般仅在施工场地狭小时使用。

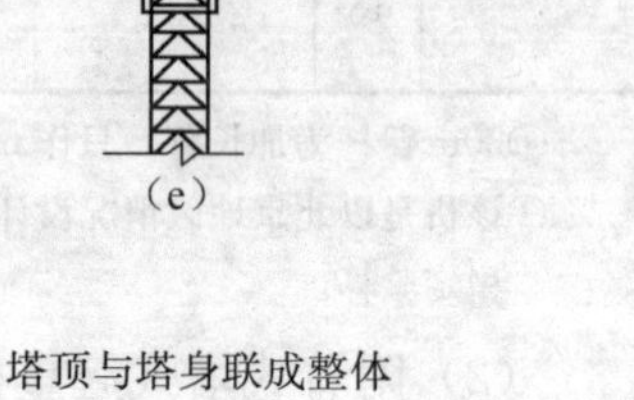

图 3-16　内爬式塔式起重机

内爬式塔式起重机由底座、套架、塔身、塔顶、起重臂和平衡臂等组成。常用型号及其性能见表 3-3。

表 3-3　内爬式塔式起重机起重性能

型　号	起重量（t）	幅　度（m）	起重高度（m）	一次爬升高度（m）
QT5-4/40	4	2～11	110	8.6
	4～2	11～20		
QT3-4	4	2.2～15	80	8.87
	3	15～20		

内爬式塔式起重机的爬升过程如图 3-17 所示，先用起重钩将套架提升到一个塔位处予以固定（图 3-17b），然后松开塔身底座梁与建筑物骨架的连接螺栓，收回支腿，将塔身提至需要位置（图 3-17c）；最后旋出支腿，扭紧连接螺栓，即可再次进行安装作业（图3-17a）。

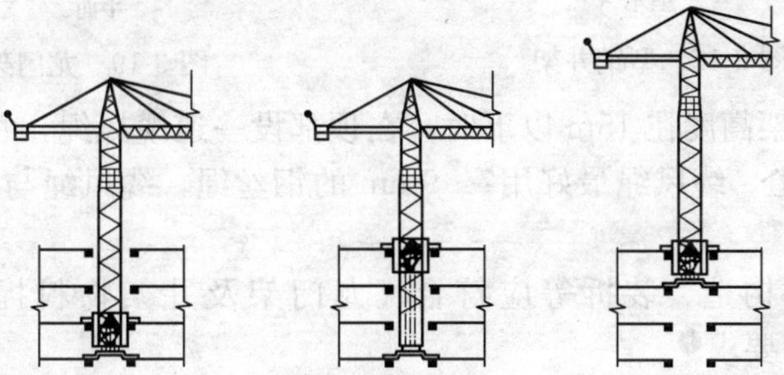

图 3-17　爬升过程示意图

2. 塔式起重机的安全

塔式起重机的安全必须符合《塔式起重机安全规程》（GB 5144—2006）的要求。

（二）井架

井架稳定性好、运输量大，是砌体工程施工中最常用的垂直运输设施。为扩大起重运输的服务范围，常在井架上根据需要安装起重臂，臂长 5～10m。井架起重量一般为 0.5～1.0t，搭设高度可达 40m，但需设缆风绳保持井架的稳定，若为附墙式井架可不设缆风绳仅设附墙立柱。

常用的井架有木井架、扣件式钢井架、门架组合井架、型钢井架、碗扣式钢井架等，图 3-18 为型钢井架。一般井架为单孔，但也有双孔或多孔井架。井架内设吊盘（或混凝土料斗）；两孔或多孔井架可以分别设置吊盘和混凝土料斗，以满足同时运输多种材料需要。

（三）龙门架

龙门架是由两个矩形截面的格构式钢结构立柱及天轮、天轮横梁组成的门式架，在龙门架上装设滑轮（天轮及地轮）、导轨、吊盘（上料平台）、安全装置以及起重索、缆风绳等即构成一个完整的垂直运输体系（图 3-19）。龙门架构造简单、制作容易、用材少、装拆方便，但刚度和稳定性较差，一般适用于低层或多层建筑。

龙门架一般单独设置。在有外脚手架的情况下，可设在脚手架的外侧或转角部位，其稳定靠拉设缆风绳解决。亦可以设在外脚手架中间用拉杆将龙门架的立柱与脚手架拉结起来，以确保龙门架和脚手架的稳定。但在垂直脚手架的方向仍需设置缆风绳并设置附墙拉结。与龙门架相接的脚手架加设必要的剪刀撑予以加强。

龙门架起重高度为 15～30m，起重量为0.6～1.2t，不能做水平运输，因此，在地面、楼面上均要配手推车进行水平运输。

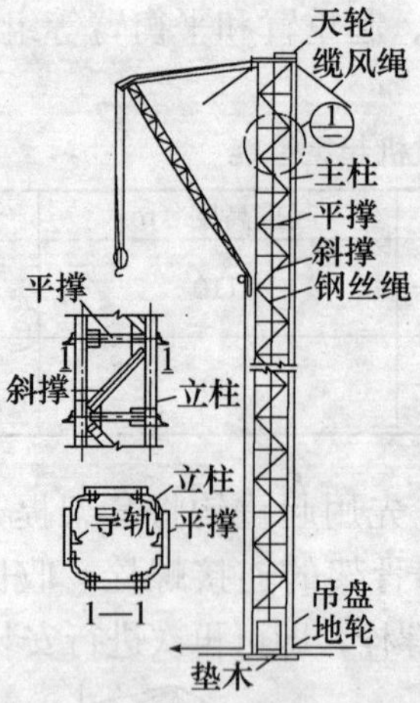

图 3-18 型钢井架

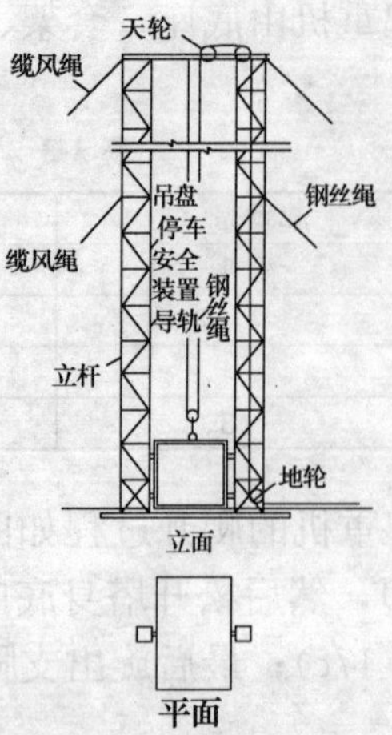

图 3-19 龙门架

对于井架及龙门架高度在 15m 以下时，在顶部设一道缆风绳，每角一根；15m 以上每增高 7～10m 增设一道。缆风绳最好用7～9mm 的钢丝绳，缆风绳与地面成 45°夹角。缆风锚碇要有足够力量。

井架与龙门架的构造、装拆等应符合《龙门架及井架物料提升机安全技术规范》(JGJ 88—1992) 中的要求❶。

（四）施工电梯

建筑施工外用电梯是高层建筑施工中主要的垂直运输设备。它附着在外墙或其他结构部位上，随建筑物升高，电梯架设高度可达 100m 以上。常用的外用电梯一般为人、货两用，

❶ 《龙门架及井架物料提升机安全技术规范》(JGJ 88—1992) 规定：

1.0.2 提升高度 30m 以下（含 30m）为低架；提升高度 31～150m 为高架。

3.1.8 井架式提升机的架体，在与各楼层通道相接的开口处，应采取加强措施。

3.1.9 提升机架体顶部的自由高度不得大于 6m。

7.2.1 提升机附墙架的设置应符合设计要求，其间隔一般不宜大于 9m，且在建筑物的顶层必须设置一组。

7.3.1 提升机受到条件限制无法设置附墙架时，应采用缆风绳稳固架体。高架提升机在任何情况下均不得采用缆风绳。

8.1.1 安装与拆除作业前，应根据现场工作条件及设备情况编制作业方案。对作业人员进行分工交底，确定指挥人员，划定安全警戒区域并设监护人员，排除作业障碍。

8.2.2 安装龙门架时，两边立柱应交替进行，每安装 2 节，除将单肢柱进行临时固定外，尚应将两立柱横向连接成一体。

10.1.2 使用提升机时应符合下列规定：

一、物料在吊篮内应均匀分布，不得超出吊篮。当长料在吊篮中立放时，应采取防滚落措施；散料应装箱或装笼。严禁超载使用；

二、严禁人员攀登、穿越提升机架体和乘吊篮上下；

三、高架提升作业时，应使用通讯装置联系。低架提升机在多工种、多楼层同时使用时，应专设指挥人员，信号不清不得开机。作业中不论任何人发出紧急停车信号，应立即执行；

四、闭合主电源前或作业中突然断电时，应将所有开关扳回零位。在重新恢复作业前，应在确认提升机工作正常后方可继续使用；

五、发现安全装置、通讯装置失灵时，应立即停机修复。作业中不得随意使用极限限位装置；

六、使用中要经常检查钢丝绳、滑轮工作情况。如发现磨损严重，必须按照有关规定及时更换；

七、采用摩擦式卷扬机为动力的提升机，吊篮下降时，应在吊篮行至离地面 1～2m 处，控制缓缓落地，不允许吊篮自由落下直接降至地面；

八、装设摇臂把杆的提升机，作业时，吊篮与摇臂把杆不得同时使用；

九、作业后，将吊篮吊至地面，各控制开关扳至零位，切断主电源，锁好闸箱。

10.2.2 提升机应由设备部门统一管理，不得对卷扬机和架体分开管理。

梯笼可载12～15人或载重1.0～1.2t。

外用电梯主要由底笼（外笼）、驱动机构、安全装置、附墙架、起重装置和起重拔杆等构成。按驱动方式可分为齿条驱动和绳轮驱动两种。齿条驱动电梯又有单吊箱（笼）式（图3-20）和双吊箱（笼）式两种，并装有可靠的限速装置，适于20层以上建筑工程使用；绳轮驱动电梯为单吊箱（笼），无限速装置，轻巧便宜，适于20层以下的建筑工程使用。

施工电梯的使用应符合有关规范的规定❶。

第二节　砌体材料

一、砖

砌筑工程所用的砖种类较多，根据制作方法的不同，有烧结砖和非烧结砖两大类。

（一）烧结砖

烧结砖是以黏土、页岩、煤矸石、粉煤灰为主要原料，经压制成型、焙烧而成。常用的有：

1. 烧结普通砖

即实心砖，其规格为240mm×115mm×53mm，根据抗压强度分为MU10，MU15，MU20，MU25，MU30五个强度等级。

2. 烧结多孔砖

烧结多孔砖的规格较多，其长度有290mm，240mm；宽度有190mm，180mm，175mm，140mm，115mm；厚度有115mm，90mm，孔型多为竖孔，此外还有长条孔、圆孔、椭圆孔、方形孔、菱形孔等。其抗压强度等级同烧结普通砖，可用于砌筑承重墙。

3. 烧结空心砖

烧结空心砖的孔洞率大于35%，孔形主要有矩形条孔、方形孔及菱形孔，其尺寸规格较

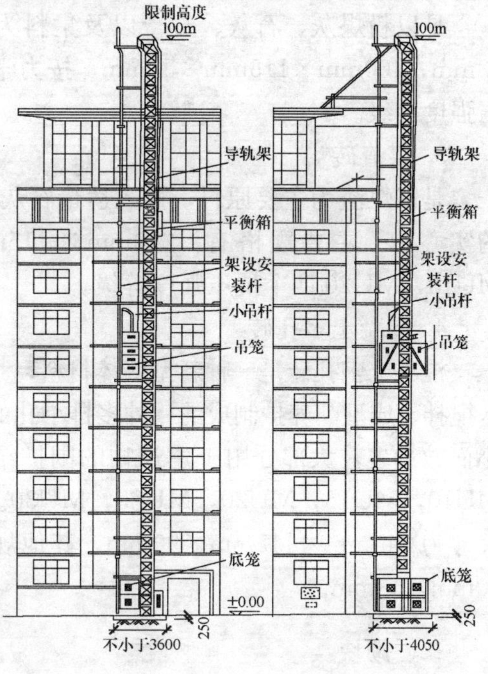

图3-20　单笼外用施工电梯

❶《建筑施工机械安全操作规程》规定：

1. 施工电梯安装后，安全装置要经试验、检测合格后方可操作使用，电梯必须由持证的专业司机操作。
2. 电梯底笼周围2.5m范围内，必须设置稳固的防护栏杆，各停靠层的过桥和运输通道应平整牢固，出入口的栏杆应安全可靠。
3. 电梯每班首次运行时，应空载及满载试运行，将电梯笼升离地面1m左右停车、检查制动器灵活性，确认正常后方可投入运行。
4. 限速器、制动器等安全装置必须由专人管理，并按规定进行调试检查，保持其灵敏度可靠。
5. 电梯笼乘人载物时应使荷载均匀分布，严禁超载使用，严格控制载运重量。
6. 电梯运行至最上层和最下层时仍要操纵按钮，严禁以行程限位开关自动碰撞的方法停车。
7. 多层施工交叉作业同时使用电梯时，要明确联络信号。风力达6级以上应停止使用电梯，并将电梯降到底层。
8. 各停靠层通道口处应安装栏杆或安全门，其他周边各处应用栏杆和立网等材料封闭。
9. 当电梯未切断总源开关前，司机不能离开操作岗位。作业完后、将电梯降到底层，各控制开关扳至零位，切断电源，锁好闸箱门和电梯门。

多，长度有 290mm，240mm；宽度有 190mm，180mm，175mm，140mm，厚度有 115mm，90mm。抗压强度等级较低，分为 MU2.0，MU3.0，MU5.0 三个强度等级，因而只能用于非承重砌体。

（二）非烧结砖

非烧结砖一般采用蒸汽养护或蒸压养护的方法生产，根据主要原材料的不同，分为灰砂砖、粉煤灰砖、煤渣砖、炉渣砖、煤矸石砖等。

1. 蒸压灰砂砖

是以石灰和砂为主要原料，经坯料制备、压制成型、蒸压养护而制成的实心砖或空心砖(孔洞率大于 15%)。现主要以实心砖为主，其长度为 240mm；宽度有 115mm，180mm；高度有 175mm，115mm，103mm，53mm 等。按力学性能分为 MU10，MU15，MU20，MU25 四个抗压强度等级。

2. 蒸压粉煤灰砖

是以粉煤灰、石灰、石膏以及集料为原料的实心砖。主要规格有：240mm×115mm×53mm，400mm×115mm×53mm。按力学性能分为 MU10，MU15，MU20，MU25 四个抗压强度等级。

3. 煤渣砖

是以煤渣为主要原料，掺入适量石灰、石膏，经混合、压制成型、蒸养或蒸压养护制成的实心砖。主要规格有：240mm×115mm×53mm。按力学性能分为 MU7.5，MU10，MU15，MU20 四个抗压强度等级。

4. 混凝土多孔砖

混凝土多孔砖是一种新型墙体材料，是以水泥为胶结材料，以砂、石子等为主要集料，加水搅拌、成型、养护制成的一种多排小孔的混凝土砖。其孔洞率等于或大于 25%，孔的尺寸小而数量多，大部分用于建筑物的围护结构、隔墙，少量用于承重结构。按强度等级分为 MU10，MU15，MU20，MU25，MU30。混凝土多孔砖的外型尺寸为直角六面体。主规格尺寸为 240mm×115mm×90mm，其他规格尺寸为：240mm×190mm×180mm，115mm×90mm×53mm。

二、砌块

目前我国砌块的种类规格较多，按有无孔洞分有实心砌块和空心砌块两种。按规格分有小型砌块、中型砌块和大型砌块，砌块高度在 115～380mm 称小型砌块；高度在 380～980mm 的称中型砌块；高度大于 980mm 称大型砌块。按制作原料可分为粉煤灰硅酸盐砌块、煤矸石硅酸盐空心砌块、混凝土空心砌块、炉渣空心砌块等。按用途分有承重砌块和非承重砌块。

（一）承重砌块

以普通混凝土小型空心砌块为主，它有竖向方孔，主规格尺寸为 390mm×190mm×190mm，还有一些辅助规格的砌块以配合使用，最小壁肋厚度为 30mm。按力学性能分为 MU3.5，MU5，MU7.5，MU10，MU15，MU20 六个强度等级。砌块可以制作成半封底和不封底两种，半封底的砌块用于一般砌体，不封底的砌块主要用于填实插筋砌体。

（二）非承重砌块

主要包括蒸压加气混凝土砌块、轻集料混凝土小型空心砌块、粉煤灰硅酸盐砌块及各种工业废渣砌块等。

1. 蒸压加气混凝土砌块A系列尺寸为600mm×75(100，125，150，200，250，300)mm×200(250，300)mm；B系列尺寸为600mm×60(120，180，240)mm×240(300)mm，强度等级分为MU1，MU2，MU2.5，MU3.5，MU5，MU7.5，MU10七个级别。

2. 粉煤灰硅酸盐砌块的主规格尺寸为880mm×380mm×240mm和880mm×430mm×240mm两种，需用其他规格尺寸时，可由供需双方协商确定。强度等级分为MU5，MU7.5，MU10，MU15，其中常用的有MU10和MU15两个级别。

3. 其他工业废渣砌块，规格不一，以主规格尺寸为390mm×190mm×190mm的居多，其强度等级也各不相同，最高的可达MU10，最低的为MU2.5。

三、砌筑砂浆

砌筑砂浆主要起粘结块材和传递荷载的作用。

（一）分类

按组成材料不同可以分为水泥砂浆、水泥混合砂浆和非水泥砂浆三类。

1. 水泥砂浆

用水泥和砂拌合成的水泥砂浆具有较高的强度和耐久性，但和易性差，多用于高强度和潮湿环境的砌体中。

2. 水泥混合砂浆

为了节约水泥和改善砂浆性能，在水泥砂浆中掺入一定数量的石灰膏而成的水泥混合砂浆具有一定的强度和耐久性，且和易性和保水性好，其多用于一般砌体中。

3. 非水泥砂浆

不含有水泥的砂浆，如石灰砂浆、黏土砂浆等，其强度低且耐久性差，可用于简易或临时建筑的砌体中。

（二）对砂浆组成原材料的要求❶

（三）砂浆的稠度和保水性

砌筑用砂浆的种类、强度等级应符合设计要求，此外还应有适宜的稠度和良好的保水性。砂浆的稠度越大，流动性越好，越便于操作，使灰缝平整、密实，从而既可提高劳动生产率，又能保证砌筑质量。砂浆的稠度应符合表3-4的规定。

---

❶《砌体工程施工质量验收规范》(GB 50203—2002) 规定：

1. 水泥进场使用前，应分批对其强度、安定性进行复验。检验批应以同一生产厂家、同一编号为一批。当在使用中对水泥质量有怀疑或水泥出厂超过三个月（快硬硅酸盐水泥超过一个月）时，应复查试验，并按其结果使用。不同品种的水泥，不得混合使用。

2. 砂浆用砂不得含有有害杂物。砂浆用砂的含泥量应满足下列要求：

(1) 对水泥砂浆和强度等级不小于M5的水泥混合砂浆，不应超过5%；

(2) 对强度等级小于M5的水泥混合砂浆，不应超过10%；

(3) 人工砂、山砂及特细砂，应经试配能满足砌筑砂浆技术条件要求。

3. 配制水泥石灰砂浆时，不得采用脱水硬化的石灰膏。消石灰粉不得直接使用于砌筑砂浆中。

4. 拌制砂浆用水，水质应符合国家现行标准《混凝土用水标准》(JGJ 63) 的规定。

5. 凡在砂浆中掺入有机塑化剂、早强剂、缓凝剂、防冻剂等，应经检验和试配符合要求后，方可使用。有机塑化剂应有砌体强度的型式检验报告。

表 3-4 砌筑砂浆的稠度

项次	砌体种类	砂浆稠度（mm）
1	烧结普通砖砌体	70～100
2	轻集料混凝土小型空心砌块砌体	60～90
3	烧结多孔砖、空心砖砌体	60～80
4	烧结普通砖平拱式过梁 空斗墙、筒拱 普通混凝土小型空心砌块砌体 加气混凝土砌块砌体	50～70
5	石砌体	30～50

保水性能较好的砂浆被砖吸走的水分少，可保持良好的工作性能，易使砌体灰缝饱满均匀、密实，并能提高水硬性砂浆的强度。为改善砂浆的保水性，可在砂浆中掺石灰膏、粉煤灰、磨细生石灰粉等无机塑化剂或皂化松香（微沫剂）等有机塑化剂。

（四）砂浆的拌制和使用❶

（五）砂浆的强度等级

砂浆的强度等级是用边长为70.7mm的立方体试块，以标准养护，龄期为28d的抗压强度为准，可分为M20，M15，M10，M7.5，M5，M2.5六个等级。

（六）砂浆的强度检验❷

砂浆应做强度检验。每一层楼或每250m³砌体中各种强度等级的砂浆，每台搅拌机至

❶《砌体工程施工质量验收规范》（GB 50203—2002）规定：

1. 砌筑砂浆应采用机械搅拌，自投料完算起，搅拌时间应符合下列规定：

(1) 水泥砂浆和水泥混合砂浆不得小于2min；

(2) 水泥粉煤灰砂浆和掺用外加剂的砂浆不得少于3min；

(3) 掺用有机塑化剂的砂浆，应为3～5min。

2. 砂浆应随拌随用，水泥砂浆和水泥混合砂浆应分别在3h和4h内使用完毕；当施工期间最高气温超过30℃时，应分别在拌成后2h和3h内使用完毕。

❷《砌体工程施工质量验收规范》（GB 50203—2002）规定：

4.0.12 砌筑砂浆试块强度验收时其强度合格标准必须符合以下规定：同一验收批砂浆试块抗压强度平均值必须大于或等于设计强度等级所对应的立方体抗压强度；同一验收批砂浆试块抗压强度的最小一组平均值必须大于或等于设计强度等级所对应的立方体抗压强度的0.75倍。

注：①砌筑砂浆的验收批，同一类型、强度等级的砂浆试块应不少于3组。当同一验收批只有一组试块时，该组试块抗压强度的平均值必须大于或等于设计强度等级所对应的立方体抗压强度；②砂浆强度应以标准养护，龄期为28d的试块抗压试验结果为准。抽检数量：每一检验批且不超过250m³砌体的各种类型及强度等级的砌筑砂浆，每台搅拌应至少抽检一次。检验方法：在砂浆搅拌机出料口随机取样制作砂浆试块（同盘砂浆只应制作一组试块），最后检查试块强度试验报告单。

4.0.13 当施工中或验收时出现下列情况，可采用现场检验方法对砂浆和砌体强度进行原位检测或取样检测，并判定其强度：

1. 砂浆试块缺乏代表性或试块数量不足；

2. 对砂浆试块的试验结果有怀疑或有争议；

3. 砂浆试块的试验结果，不能满足设计要求。

少检查一次，每次至少留一组（6 块）试块，如砂浆强度等级或配合比变更，还应另作试块，做抗压试验。

第三节　砌体工程施工

一、砖砌体施工

（一）对砖的技术要求❶

1. 砖的品种、强度等级必须符合设计要求，无裂纹、翘曲、掉角和断裂现象。用于清水墙、柱表面的砖，尚应边角整齐，色泽均匀。

2. 施工时施砌的蒸压（养）砖的产品龄期不应小于 28d。

3. 有冻胀环境和条件的地区，地面以下或防潮层以下的砌体，不宜采用多孔砖。

4. 常温下，砖在砌筑前应提前 1～2d 浇水湿润。严禁干砖上墙或砌筑前临时浇水。

（二）砖墙砌筑的组砌形式

普通砖墙厚度有半砖、一砖、一砖半和二砖等，组砌形式通常有一顺一丁、三顺一丁和梅花丁等，如图 3-21 所示，此外还有全顺砌法、全丁砌法和两平一侧砌法等。

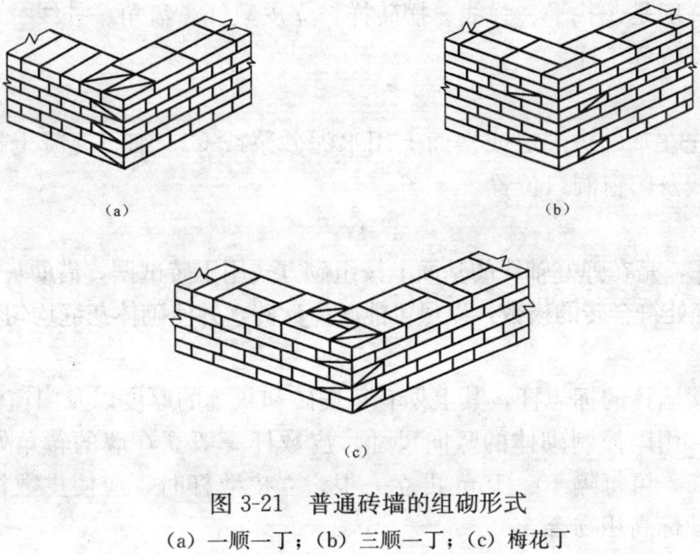

图 3-21　普通砖墙的组砌形式

(a) 一顺一丁；(b) 三顺一丁；(c) 梅花丁

---

❶《砌体工程施工质量验收规范》(GB 50203—2002) 规定：

5.1.10 条文说明：灰砂砖、粉煤灰砖出窑后早期收缩值大，如果这时用于墙体上，将很容易出现明显的收缩裂缝。因而要求出窑后停放时间不应小于 28d，使其早期收缩值在此期间内完成大部分，这是预防墙体早期开裂的一个重要技术措施。

5.1.4 条文说明：砖砌筑前浇水是砖砌体施工工艺的一个部分，砖的湿润程序对砌体的施工质量影响较大。对比试验证明，适宜的含水率不仅可以提高砖与砂浆之间的粘结力，提高砌体的抗剪强度，也可以使砂浆强度保持正常增长，提高砌体的抗压强度。同时，适宜的含水率还可以使砂浆在操作面上保持一定的摊铺流动性能，便于施工操作，有利于保证砂浆的饱满度。这些对确保砌体施工质量和力学性能都是十分有利的。

适宜含水率的数值是根据有关科研单位的对比试验和施工企业的实验提出的，对烧结普通砖、多孔砖含水率宜为 10%～15%；对灰砂砖、粉煤灰砖含水率宜为 8%～12%。现场检验砖含水率的简易方法采用断砖法，当砖截面四周融水深度为 15～20mm 时，视为符合要求的适宜含水率。

1. 一顺一丁砌法

也称满丁满条组砌法，由一皮顺砖、一皮丁砖组砌而成，上下皮之间竖向灰缝都相互错开 1/4 砖长。这种砌法整体性较好且砌筑效率较高，是最常用的一种组砌形式。

2. 三顺一丁砌法

三顺一丁砌法是采用三皮顺砖间隔一皮丁砖的组砌方法。上下皮顺砖搭接半砖长，丁砖与顺砖搭接 1/4 砖长，同时要求山墙与檐墙的丁砖层不在同一皮砖上，以利于错缝搭接。这种砌法砌筑效率高，墙面易平整，多用于混水墙。

3. 梅花丁砌法

是在同一皮砖上采用两块顺砖夹一块丁砖的砌法，上下两皮砖的竖向灰缝错开 1/4 砖长。这种砌法整体性较好，灰缝整齐美观，但砌筑效率较低。

4. 其他砌法

全顺砌法。适用于半砖墙的砌筑。

全丁砌法。适用于圆形烟囱与窨井的砌筑。

两平一侧砌法。适用于 180mm 或 300mm 厚砖墙的砌筑。

（三）砖墙的砌筑工艺

砖墙砌筑工艺一般是：找平、弹线、摆砖样、立皮数杆、盘角、挂线、砌筑、勾缝、楼层轴线标高引测及检查等工序。

1. 找平、弹线

砌砖墙前，应先在基础防潮层或楼面上用水泥砂浆或 C15 细石混凝土找平，然后弹出墙身中心轴线、边线及门窗洞口位置。

2. 摆砖样

摆砖样也称撂底，是在弹好轴线的基面上按组砌方式用干砖试摆，借助灰缝调整，尽量使门窗洞口、附墙垛等处符合砖的模数，以尽可能减少砍砖，并使砌体灰缝均匀、组砌得当。

3. 立皮数杆

皮数杆是一层楼墙体的标志杆，其上划有每皮砖和灰缝的厚度以及门窗洞口、过梁、楼板、梁底等的标高，用以控制砌体的竖向尺寸。皮数杆一般立在墙的转角处及纵横墙交接处，如墙身长度很长，可每隔 10～15m 再立一根。立皮数杆时，应使皮数杆上所示标高线与抄平所确定的设计标高相吻合。

4. 盘角、挂线

墙角是确定墙面横平竖直的主要依据，故可以根据皮数杆先砌墙角部分，并保证其垂直平整，称为盘角。盘角时，不要超过 5 皮砖，应随砌随盘，然后再在其间拉线（称为挂准线），依准线逐皮砌筑中间墙身。砌一砖墙可以单面挂线，砌一砖半及其以上的墙体则应双面挂线。

5. 砌筑

砌筑墙体的操作方法各地不一，但为保证砌筑质量，一般以“三一”砌筑法为宜，即一铲灰、一块砖、一挤揉。对砌筑质量要求不高的墙体，也可采用铺浆法砌筑[1]。

---

[1] 《砌体工程施工质量验收规范》（GB 50203—2002）规定：

5.1.5 砌体工程当采用铺浆法砌筑时，铺浆长度不得超过 750mm；施工期间气温超过 30℃时，铺浆长度不得超过 500mm。

6. 勾缝

勾缝是砌清水墙的最后一道工序，具有保护墙面和增加墙面美观的作用。内墙面可采用砌筑砂浆随砌随勾缝，称为原浆勾缝；外墙面应待砌完整个墙体后，再用细砂拌制1∶1.5的水泥砂浆或加色砂浆勾缝，称加浆勾缝。

勾缝前，应清除墙面上粘结的砂浆、灰尘等，并洒水湿润。勾缝要求横平竖直，色泽深浅一致。不得有瞎缝、丢缝、裂缝和粘结不牢等现象。

7. 楼层轴线引测及标高控制

砌上层墙时，应先弹出该层墙轴线，这可利用引测在外墙面上的墙身轴线，用经纬仪或线锤把墙身轴线引测到楼层上去。各层墙轴线应重合。

各层标高除可用皮数杆控制外，还可用在室内弹出的水平线来控制。即当底层砌到一定高度后，用水准仪根据龙门板上的±0.000标高，在室内墙角引测出标高控制点，一般比室内地坪高200～500mm（多为500mm），然后根据该控制点弹出水平线，用以控制过梁、圈梁及楼板的标高。第二层墙体砌到一定高度后，先从底层水平线用钢尺往上量出第二层水平线的第一个标志，然后以此标志为准，定出各墙面的水平线，以控制第三层的标高，依次类推。但各层轴线及标高均应从首层引测，以避免误差累积。

（四）砌筑的质量要求及保证措施

砖砌体质量的好坏取决于组成原材料质量和砌筑质量，故砌体应采用符合质量要求的原材料，还必须有良好的砌筑质量，以使砌体有良好的整体性、稳定性和良好的受力性能。

1. 砌筑工程质量的基本要求

砌筑工程质量的基本要求是：横平竖直、厚薄均匀、砂浆饱满、上下错缝、内外搭砌、接槎可靠。

（1）横平竖直、厚薄均匀❶

砖砌体抗压性能好，而抗剪抗拉性能差。为使砌体均匀受压，不产生剪切及水平推力，墙、柱等承受竖向荷载的砌体，其灰缝应横平竖直、厚薄均匀，否则，在竖向荷载作用下，沿水平灰缝与砖块的结合面会产生剪应力。当剪应力超过抗剪强度时，灰缝受剪破坏，随之对相邻砖块形成推力或挤压作用，致使结构受力情况恶化。

横平，即要求每一皮砖必须在同一水平面上。为此，首先应将基础或楼面找平，砌筑时严格按皮数杆层层挂水平准线并要拉紧，将每皮砖砌平，砌不平出现“螺丝墙”，影响墙体受力。竖直，即竖向灰缝（隔皮灰缝）必须垂直对齐。对不齐而错位，称“游丁走缝”，影响墙体外观质量。

砖砌体水平灰缝厚度和竖向灰缝宽度宜为10mm，不得小于8mm，也不应大于12mm。水平灰缝过厚不仅易使砖块浮滑、墙身侧倾，同时由于砌体受压时，砂浆和砖的横向膨胀不一致，而使砖块受拉，且灰缝越厚，则砖块拉力越大，砌体强度降低越多。当灰缝过薄时，则会降低砖块之间的粘结力。

---

❶ 《砌体工程施工质量验收规范》（GB 50203—2002）规定：

5.3.2 砖砌体的灰缝应横平竖直，厚薄均匀。水平灰缝厚度宜为10mm，但不应小于8mm，也不应大于12mm。抽检数量：每步脚手架施工的砌体，每20m抽查1处。检验方法：用尺量10皮砖砌高度折算。

(2) 砂浆饱满❶

为保证砖块均匀受力和使块体紧密结合，要求水平灰缝砂浆饱满，否则砖块不能均匀传力，而产生弯曲、剪切破坏作用。砂浆饱满程度以砂浆饱满度表示，为保证砌体的抗压强度，要求水平灰缝砂浆饱满度不低于80%。竖向灰缝对砌体的抗压强度影响不大，但对抗剪强度有明显影响，况且竖缝砂浆饱满，可避免透风漏水，改善保温性能，竖向灰缝宜采用挤浆或加浆方法使其饱满，不得出现透明缝、瞎缝和假缝。

(3) 上下错缝、内外搭砌❷

为提高砌体的整体性、稳定性和承载能力，砖块排列应遵守上下错缝、内外搭砌的原则，应避免出现连续的竖向"通缝"。错缝或搭砌长度一般不小于60mm，同时还应考虑砌筑方便，砍砖少的要求。对于砖柱严禁采用包心砌法。

(4) 接槎可靠❸

接槎是指相邻砌体不能同时砌筑而又必须设置的临时间断，以便于先、后砌筑的砌体之间的接合。为保证砌体的整体性，砖墙转角处和纵横墙交接处一般应同时砌筑。对不能同时砌筑而必须留槎时，宜留斜槎，如图3-22 (a) 所示，其高度不宜超过一步架高，长度不小于高度的2/3。斜槎操作简便，接槎砂浆饱满，质量容易得到保证。如留斜槎有困难时，除抗震设防区或转角处外，也可留直槎，但必须做成凸槎，如图3-22 (b) 所示，并加设拉结筋。

2. 其他保证质量措施

(1) 为减少灰缝变形砌体沉降，一般每日砌筑高度不宜超过1.8m，雨天时不宜超过1.2m。

(2) 为保证墙面垂直、平整，砌筑过程中应随时检查，做到"三皮一吊、五皮一靠"。

(3) 房屋相邻部分高差较大时，应先建高层部分；分段施工时，砌体相邻施工段的高差，不得超过一层楼，也不得大于4m。

---

❶ 《砌体工程施工质量验收规范》(GB 50203—2002) 规定：

5.2.2 砖砌体水平灰缝的砂浆饱满度不得小于80%。抽检数量：每检验批抽查不应少于5处。检验方法：用百格网检查砖底面与砂浆的粘结痕迹面积。每处检测3块砖，取其平均值。

5.1.11 竖向灰缝不得出现透明缝、瞎缝和假缝。

❷ 《砌体工程施工质量验收规范》(GB 50203—2002) 规定：

5.3.1 砖砌体组砌方法应正确，上、下错缝，内外搭砌，砖柱不得采用包心砌法。抽检数量：外墙每20m抽查一处，每处3～5m，且不应少于3处；内墙按有代表性的自然间抽10%，且不应少于3间。检验方法：观察检查。合格标准：除符合本条要求外，清水墙、窗间墙无通缝；混水墙中长度大于或等于300mm的通缝每间不超过3处，且不得位于同一面墙体上。

5.3.1条文说明：本条是从确保砌体结构整体性和有利于结构承载出发，对组砌方法提出的基本要求，施工中应予满足，"通缝"指上下二皮砖搭接长度小于25mm的部位。

❸ 《砌体工程施工质量验收规范》(GB 50203—2002) 规定：

5.2.3 砖砌体的转角处和交接处应同时砌筑，严禁无可靠措施的内外墙分砌施工。对不能同时砌筑而又必须留置临时间断处应砌成斜槎，斜槎水平投影长度不小高度的2/3。抽检数量：每检验批抽20%接槎，且不应少于5处。检验方法：观察检查。说明：多孔砖砌体根据砖规格尺寸，留置斜槎长高比一般为1∶2。

5.2.4 非抗震设防及抗震设防烈度为6度、7度地区的临时间断处，当不能留斜槎时，除转角处外，可留直槎，但直槎必须做成凸槎。留直槎处应加设拉结钢筋，拉结钢筋的数量为每120mm墙厚放置1Φ6拉结钢筋（120mm厚墙放置2Φ6拉结钢筋），间距沿墙高不应超过500mm；埋入长度从留槎处算起每边均不应小于500mm，对抗震设防烈度6度、7度的地区，不应小于1000mm；末端应有90°弯钩。抽检数量：每检验批抽20%接槎，且不应少于5处；检验方法：观察和尺量检查。

5.1.12 砖砌体施工临时间断处补砌时，必须将接槎处表面清理干净，浇水湿润，并填实砂浆，保持灰缝平直。

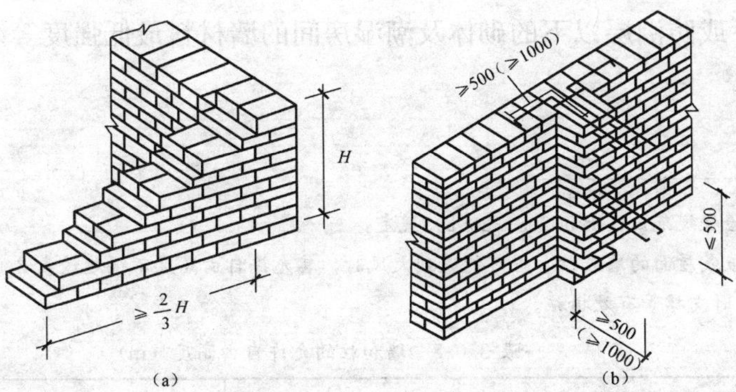

图 3-22　砖墙接槎

(a) 斜槎；(b) 直槎

(4) 多孔砖的孔洞应垂直于受压面砌筑❶。

(5) 砌体施工时，楼面和屋面堆载不得超过楼板的允许荷载值。施工层进料口楼板下，宜采取临时加撑措施。

(6) 砖墙体砌筑时，各层承重墙的最上一皮砖应砌丁砖层，以使楼板支承点牢靠稳定，锚固和受力均较合理。在梁或梁垫的下面，变截面砖砌体的台阶水平面及砌体的挑出层（挑檐、腰线）等处，也应用丁砖层砌筑，以保证砌体的整体强度。

(7) 在墙上留置临时施工洞口时应符合规范要求❷。

(8) 设计要求的洞口、管道、沟槽应于砌筑时正确留出或预埋，未经设计同意，不得打凿墙体和在墙体上开凿水平沟槽。宽度超过 300mm 的洞口上部，应设置过梁。砖过梁底部的模板，应在灰缝砂浆强度不低于设计强度的 50％时，方可拆除。搁置预制梁、板的砌体顶面应找平，安装时应座浆。当设计无具体要求时，应采用 1∶2.5 的水泥砂浆。

(9) 砖砌平拱过梁的灰缝应砌成楔形缝。灰缝的宽度，在过梁的底面不应小于 5mm；在过梁的顶面不应大于 15mm。拱脚下面应伸入墙内不小于 20mm，拱底应有 1％的起拱。

(10) 设置在潮湿环境或有化学侵蚀性介质的环境中的砌体灰缝内的钢筋应采取防腐措施。

(11) 在某些墙体或部位不得留置脚手眼❸。(此条也适用于砌块砌体和石砌体)

---

❶ 《砌体工程施工质量验收规范》(GB 50203—2002) 规定：

5.1.9　多孔砖的孔洞应垂直于受压面砌筑。说明：5.1.9 多孔砖的孔洞垂直于受压面，能使砌体有较大的有效受压面积，有利于砂浆结合层进入上下砖块的孔洞产生“销键”作用，提高砌体的抗剪强度和砌体的整体性。

❷ 《砌体工程施工质量验收规范》(GB 50203—2002) 规定：

3.0.4　在墙上留置临时施工洞口，其侧边离交接处墙面不应小于 500mm，洞口净宽度不应超过 1m。抗震设防烈度为 9 度的地区建筑物的临时施工洞口位置，应会同设计单位确定。临时施工洞口应做好补砌。

❸ 《砌体工程施工质量验收规范》(GB 50203—2002) 规定：

3.0.5　不得在下列墙体或部位设置脚手眼：

120mm 厚墙、料石清水墙和独立柱；过梁上与过梁成 60°角的三角形范围及过梁净跨度 1/2 的高度范围内；宽度小于 1m 的窗间墙；砌体门窗洞口两侧 200mm（石砌体为 300mm）和转角处 450mm（石砌体为 600mm）范围内；梁或梁垫下及其左右 500mm 范围内；设计不允许设置脚手眼的部位。

(12) 墙和柱的允许自由高度❶。

(13) 地面以下或防潮层以下的砌体及潮湿房间的墙材料最低强度等级的要求❷。

---

❶《砌体工程施工质量验收规范》(GB 50203—2002) 规定：

3.0.8 尚未施工楼板或屋面的墙或柱，当可能遇到大风时，其允许自由高度不得超过表3.0.8的规定。如超过表中限值时，必须采用临时支撑等有效措施。

表3.0.8 墙和柱的允许自由高度 (m)

墙(柱)厚(mm)	砌体密度>1600(kg/m^3)			砌体密度1300～1600(kg/m^3)		
	风载(kN/m^2)			风载(kN/m^2)		
	0.3(约7级风)	0.4(约8级风)	0.5(约9级风)	0.3(约7级风)	0.4(约8级风)	0.5(约9级风)
190	—	—	—	1.4	1.1	0.7
240	2.8	2.1	1.4	2.2	1.7	1.1
370	5.2	3.9	2.6	4.2	3.2	2.1
490	8.6	6.5	4.3	7.0	5.2	3.5
620	14.0	10.5	7.0	11.4	8.6	5.7

注：1. 本表适用于施工处相对标高 (H) 在10m范围内的情况。如 $10m<H\leqslant 15m$，$15m<H\leqslant 20m$ 时，表中的允许自由高度应分别乘以0.9、0.8的系数；如 $H>20m$ 时，应通过抗倾覆验算确定其允许自由高度。

2. 当所砌筑的墙有横墙或其他结构与其连接，而且间距小于表列限值的2倍时，砌筑高度可不受本表的限制。

❷《砌体结构设计规范》(GB 50003—2001) 规定：

6.2.2 地面以下或防潮层以下的砌体、潮湿房间的墙，所用材料的最低强度等级应符合表6.2.2的要求。

表6.2.2 地面以下或防潮层以下的砌体、潮湿房间墙所用材料的最低强度等级

基土的潮湿程度	烧结普通砖、蒸压灰砂砖		混凝土砌块	石材	水泥砂浆
	严寒地区	一般地区			
稍潮湿的	MU10	MU10	MU7.5	MU30	M5
很潮湿的	MU15	MU10	MU7.5	MU30	M7.5
含水饱和的	MU20	MU15	MU10	MU40	M10

注：1. 在冻胀地区，地面以下或防潮层以下的砌体，不宜采用多孔砖，如采用时，其孔洞应用水泥砂浆灌实。当采用混凝土砌块砌体时，其孔洞应采用强度等级不低于C20的混凝土灌实。

2. 对安全等级为一级或设计使用年限大于50年的房屋，表中材料强度等级应至少提高一级。

3. 砖砌体工程的质量检验

（1）砖砌体的位置及垂直度允许偏差的规定❶。

（2）砖砌体的一般尺寸允许偏差的规定❷。

二、混凝土小型空心砌块砌体施工

近年来，我国采用新型墙体材料建成了一大批具有不同风格和不同墙体构造类型的建筑物，使墙体改革工作发展到了一个新的阶段。

砌块的生产工艺简单；设备系通用机械，投资少、收效快；成本可接近或低于黏土砖。采用由粉煤灰（或其他工业废渣）、混凝土为主要原材料制作的中、小型块体代替普通黏土砖施工，劳动生产率比黏土砖高两倍多，施工进度加快；而且可以大量利用工业废渣，节约堆放废渣的场地，不用耕作土。另外，建筑物自重减轻到 1～0.4t/m^2，墙体厚度减薄，可增加建筑使用面积 4%～8%。

建筑施工中常用的混凝土小型空心砌块包括普通混凝土小型空心砌块和轻集料混凝土小型空心砌块，这两种砌块砌体的构造和施工要求基本一致。

---

❶ 《砌体工程施工质量验收规范》(GB 50203—2002) 规定：

5.2.5 砖砌体的位置及垂直度允许偏差应符合表 5.2.5 的规定。

表 5.2.5 砖砌体的位置及垂直度允许偏差

项次	项目			允许偏差（mm）	检验方法
1	轴线位置偏移			10	用经纬仪和尺检查或用其他测量仪器检查
2	垂直度	每层		5	用 2m 托线板检查
		全高	≤10m	10	用经纬仪、吊线和尺检查，或用其他测量仪器检查
			>10m	20	

注：抽检数量：轴线查全部承重墙柱；外墙垂直度全高查阳角，不应少于 4 处，每层 20m 查一处；内墙按有代表性的自然间抽 10%，但不应少于 3 间，每间不应少于 2 处，柱不少于 5 根。

❷ 《砌体工程施工质量验收规范》(GB 50203—2002) 规定：

5.3.3 砖砌体的一般尺寸允许偏差应符合表 5.3.3 的规定。

表 5.3.3 砖砌体一般尺寸允许偏差

项次	项　目		允许偏差（mm）	检验方法	抽检数量
1	基础顶面和楼面标高		±15	用水平仪和尺检查	不应少于 5 处
2	表面平整度	清水墙、柱	5	用 2m 靠尺和楔形塞尺检查	有代表性自然间 10%，但不应少于 3 间，每间不应少于 2 处
		混水墙、柱	8		
3	门窗洞口高、宽（后塞口）		±5	用尺检查	检验批洞口的 10%，且不应少于 5 处
4	外墙上下窗口偏移		20	以底层窗口为准，用经纬仪或吊线检查	检验批的 10%，且不应少于 5 处
5	水平灰缝平直度	清水墙	7	拉 10m 线和尺检查	有代表性自然间 10%，但不应少于 3 间，每间不应少于 2 处
		混水墙	10		
6	清水墙游丁走缝		20	吊线和尺检查，以每层第一皮砖为准	有代表性自然间 10%，但不应少于 3 间，每间不应少于 2 处

（一）砌体构造要求

1. 对室内地面以下的砌体，应采用普通混凝土小砌块和不低于 M5 的水泥砂浆。

2. 五层及五层以上民用建筑的底层墙体，应采用不低于 MU5 的混凝土小砌块和 M5 的砌筑砂浆。

3. 在墙体的下列部位，应用 C20 混凝土灌实砌块的孔洞：

(1) 底层室内地面以下或防潮层以下的砌体；

(2) 无圈梁的楼板支承面以下的一皮砌块；

(3) 没有设置混凝土垫块的屋架、梁等构件支承面下，高度不应小于 600mm，长度不应小于 600mm 的区域；

(4) 挑梁支承面下，距墙中心线每边不应小于 300mm，高度不应小于 600mm 的砌体。

4. 砌块砌体应分皮错缝搭砌，上下皮搭砌长度不得小于 90mm。当搭砌长度不满足上述要求时，应在水平灰缝内设置不少于 2Φ4 的焊接钢筋网片（横向钢筋的间距不宜大于 200mm），网片每端均应超过该垂直缝，其长度不得小于 300mm。

5. 砌块墙与后砌隔墙交接处，应沿墙高每隔 400mm 在水平灰缝内设置不少于 2Φ4、横筋间距不大于 200mm 的焊接钢筋网片，钢筋网片伸入后砌隔墙内不应小于 600mm，如图3-23 所示。

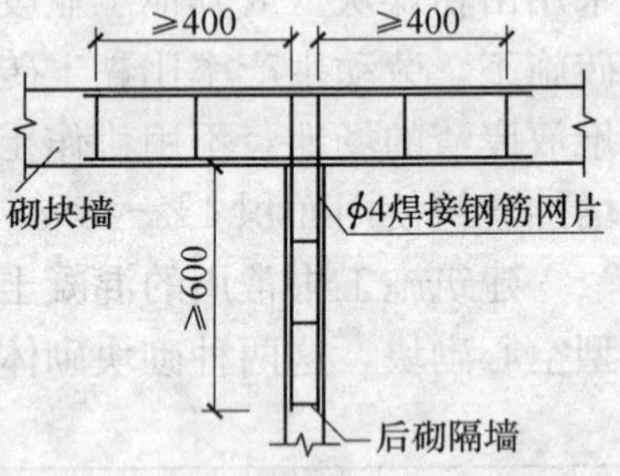

图 3-23 砌块墙与后砌隔墙交接处钢筋网片

（二）砌块排列设计

为减少施工中的现场切锯工作量，避免浪费，并便于备料，砌块砌筑前均应进行砌块排列设计，并画出砌块排列图，如图 3-24 所示。砌块排列设计应按下列原则：

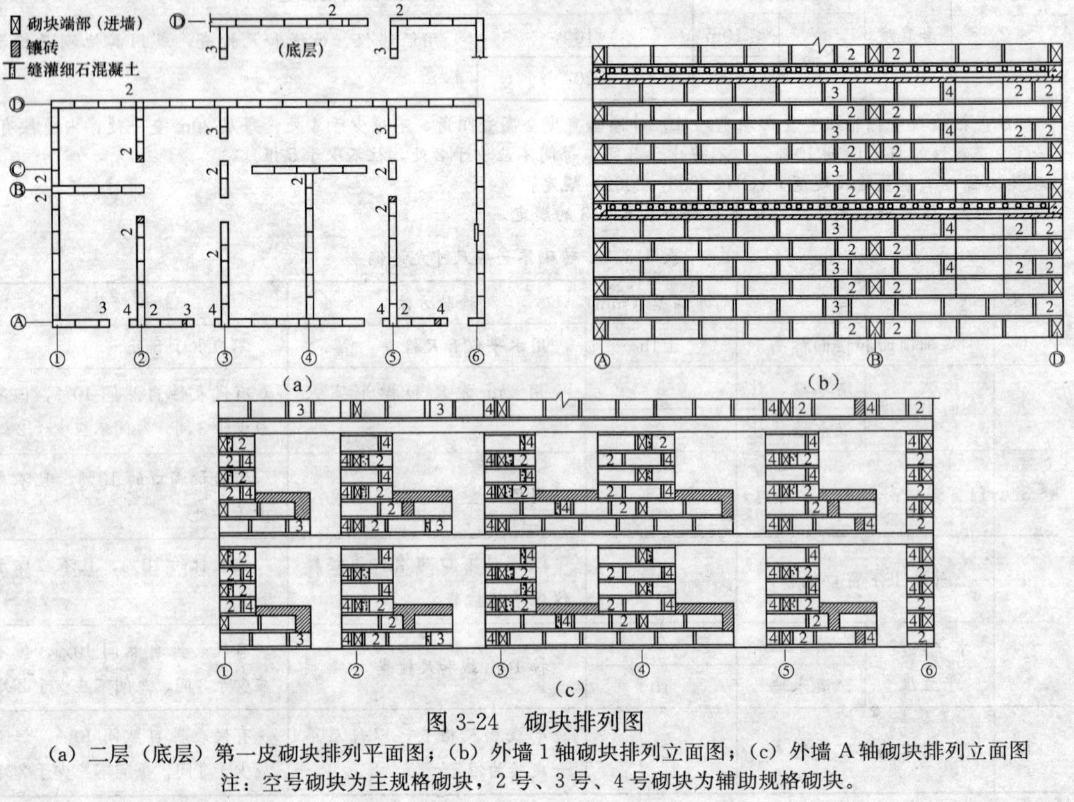

图 3-24 砌块排列图

(a) 二层（底层）第一皮砌块排列平面图；(b) 外墙 1 轴砌块排列立面图；(c) 外墙 A 轴砌块排列立面图

注：空号砌块为主规格砌块，2 号、3 号、4 号砌块为辅助规格砌块。

1. 排列时，根据门窗洞口位置，过梁、构造柱位置，楼层高度，砌块规格和灰缝厚度等统筹考虑；

2. 便于施工人员识图，便于操作工人记忆，方便施工和易于保证质量；

3. 尽量采用主规格砌块，减少辅助规格砌块的种类与数量，避免采用异型砌块；应尽量少镶砖或不镶砖，局部必须镶砖时，应尽可能分散布置；探索出排列规律，减少砌块生产厂砌块生产品种。

4. 混凝土小型空心砌块排列应使墙体具有良好的受力性能，满足结构设计规范对排列的要求，尽量做到孔对孔、肋对肋地排，以提高砌块墙体的整体性和良好的受力状态。

（三）小砌块施工

1. 混凝土小型空心砌块砌体施工工艺流程，如图 3-25 所示。

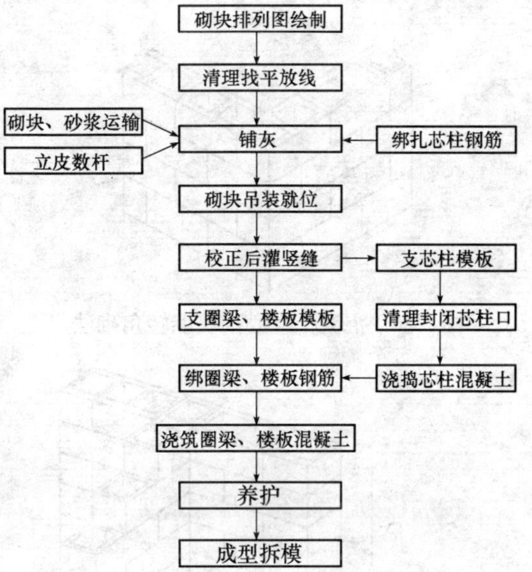

图 3-25 混凝土小型空心砌块砌体施工工艺流程

2. 混凝土小型空心砌块砌体施工质量要求：

（1）满足《砌体工程施工质量验收规范》（GB 50203—2002）规定❶。

（2）空心砌块墙的转角处，纵、横墙砌块应相互搭砌，即纵、横墙砌块均应隔皮端面露头，如图 3-26 所示。砌块墙的丁字交接处，应使横墙砌块隔皮端面露头，为避免出现通缝，应在纵墙上交接处砌一块三孔的大规格砌块，砌块的中间孔正对横墙露头砌块靠外的孔洞，如图 3-27 所示。

（3）墙转角处和纵横墙交接处应同时砌筑。临时间断处应砌成斜槎，斜槎呈踏步状，其水平投影长度不应小于高度的 2/3，一般斜槎高度不超过一步脚手架的高度，如图 3-28（a）所示。如留斜槎有困难，除外墙转角处及抗震设防地区砌体临时间断处不应留直槎外，可从砌体面伸出 200mm 砌成直槎，并应沿墙高每隔 600mm 设 2Φ6 钢筋或钢筋网片拉结，拉结钢筋或网片伸入墙内的长度应不小于 600mm，如图 3-28（b）所示。

---

❶ 《砌体工程施工质量验收规范》（GB 50203—2002）规定：

6.1.2 施工时所用的小砌块的产品龄期不应小于 28d。

6.1.3 砌筑小砌块时，应清除表面污物和芯柱用小砌块孔洞底部的毛边，剔除外观质量不合格的小砌块。

6.1.4 施工时所用的砂浆，宜选用专用的小砌块砌筑砂浆。（说明：专用的小砌块砌筑砂浆是指符合国家现行标准《混凝土小型空心砌块砌筑砂浆》（JC 860）的砌筑砂浆，该砂浆可提高小砌块与砂浆间的粘结力，且施工性能好。）

6.1.6 小砌块砌筑时，在天气干燥炎热的情况下，可提前洒水湿润小砌块；对轻集料混凝土小砌块，可提前浇水湿润。小砌块表面有浮水时，不得施工。

6.1.7 承重墙体严禁使用断裂小砌块。

6.1.8 小砌块墙体应对孔错缝搭砌，搭接长度不应小于 90mm。墙体的个别部位不能满足上述要求时，应在灰缝中设置拉结钢筋或钢筋网片，但竖向通缝仍不得超过两皮小砌块。

6.1.9 小砌块应底面朝上反砌于墙上。

6.1.12 需要移动砌体中的砌块或小砌块被撞动时，应重新铺砌。

6.2.1 小砌块和砂浆的强度等级必须符合设计要求。

6.2.2 砌体水平灰缝的砂浆饱满度，应按净面积计算不得低于 90%；竖向灰缝饱满度不得小于 80%，竖缝凹槽部位应用砌筑砂浆填实；不得出现瞎缝、透明缝。抽检数量：每检验批不应少于 3 处。检验方法：用专用百格网检测小砌块与砂浆粘结痕迹，每处检测 3 块小砌块，取其平均值。

6.3.1 墙体的水平灰缝厚度和竖向灰缝宽度宜为 10mm，但不应大于 12mm，也不应小于 8mm。抽检数量：每层楼的检测点不应少于 3 处。抽检方法：用尺量 5 皮小砌块的高度和 2m 砌体长度折算。

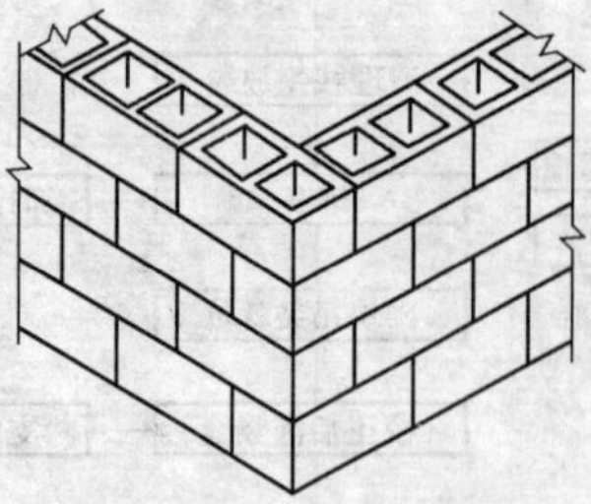

图 3-26　混凝土空心砌块墙转角砌法

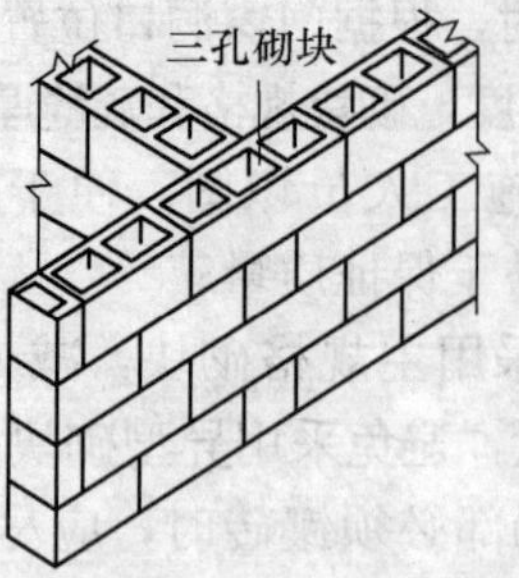

图 3-27　混凝土空心砌块墙 T 字交接处砌法

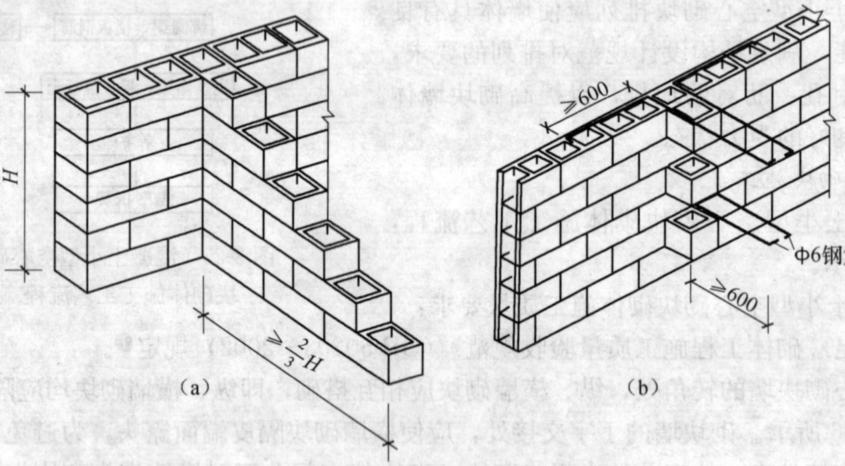

图 3-28　混凝土小型空心砌块墙接槎

(a) 斜槎；(b) 直槎

3. 小砌块砌体相邻工作段的高度差不得大于一个楼层高度或 4m。常温条件下，普通混凝土小砌块的日砌筑高度控制在 1.8m 内；轻集料混凝土小砌块的日砌筑高度应控制在 2.4m 内。

（四）小砌块砌体工程的质量检验

小砌块砌体工程的质量检验同前面砖砌体。

三、配筋砌体工程

（一）配筋砌体

在国外，配筋砌体已有 100 多年的历史，已经建成许多多层、十几层乃至 20 多层的高层建筑，并经受了地震的考验。我国从 20 世纪 80 年代初期开始，已经在一些地区进行了高层配筋小砌块砌体的研究及试点，这些砌体是利用小砌块竖向孔洞和专用的带水平沟槽的异型小砌块配置钢筋，并浇筑混凝土，而使砌块砌体结构性能大大改善。

当砌体中按体积配筋率达到或超过 0.07%时，这样的砌体称为配筋砌体。常用配筋砌体包括面层和砖组合砌体、构造柱和砖组合砌体、网状配筋砖砌体、配筋砌块砌体、芯柱和砌块组合砌体等。

（二）面层和砖组合砌体

1. 构造要求

面层和砖组合砌体由砖砌体、混凝土或砂浆面层以及钢筋等组成，见图 3-29。

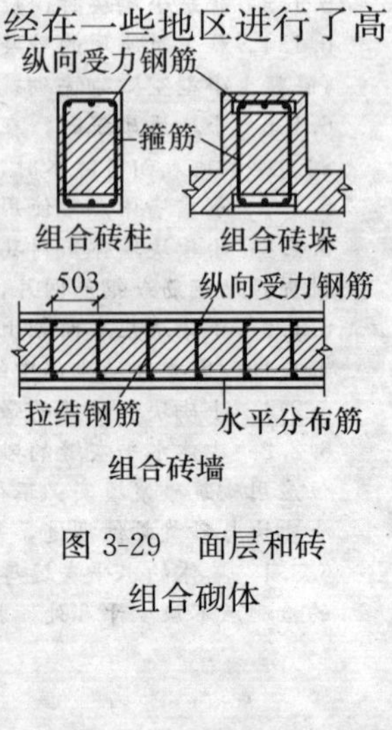

图 3-29　面层和砖组合砌体

砖砌体，所用砖的强度等级不宜低于 MU10，砌筑砂浆强度等级不得低于 M7.5。混凝土面层厚度应大于 45mm，混凝土强度等级应采用 C20。竖向受力钢筋宜采用 HPB235 级钢筋，受力钢筋的直径不应小于 8mm，距砖砌体表面的距离不应小于 5mm。箍筋的直径，不宜小于 4mm 及 0.2 倍的受压钢筋直径，并不宜大于 6mm。箍筋的间距，不应大于 20 倍受压钢筋的直径及 500mm，并不应小于 120mm。

2. 组合砌体施工工艺

（1）砌砖、铺筋。砌筑砖砌体，同时按照箍筋或拉结钢筋的竖向间距，在水平灰缝中铺置箍筋或拉结钢筋。

（2）绑扎钢筋。将纵向受力钢筋与箍筋绑牢，在组合砖墙中，将纵向受力箍筋与拉结钢筋绑牢，将水平分布钢筋与纵向受力钢筋绑牢。

（3）支设模板。在面层部分的外围分段支设模板，每段支模高度宜在 500mm 以内。

（4）浇灌混凝土或砂浆。浇水润湿模板及砖砌体面，分层浇灌混凝土或砂浆，并用插棒捣实。

（5）拆模。待面层混凝土或砂浆的强度达到其设计强度的 30%以上，方可拆除模板。如有缺陷应及时修整。

（三）构造柱和砖组合砌体

1. 构造要求❶

构造柱和砖组合砌体由钢筋混凝土构造柱、砖墙以及拉结钢筋等组成，如图 3-30 所示。

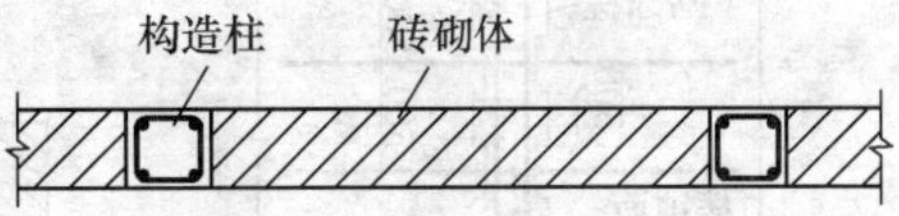

图 3-30　构造柱和砖组合墙

构造柱和砖组合墙的房屋，应在纵横墙交接处、墙端部和较大洞口的洞边设置构造柱，其间距不宜大

---

❶ 《设置钢筋混凝土构造柱多层砖房抗震技术规程》（JGJ/T 13—94）规定：

3.1.4　构造柱应沿整个建筑物高度对正贯通，不应使层与层之间构造柱相互错位。突出屋顶的楼梯、电梯间，构造柱应伸到顶部，并与顶部圈梁连接，内外墙交接处应沿墙高每隔 500mm 设 2Φ6 拉结钢筋，且每边伸入墙内不应小于 1m。局部突出的屋顶间的顶部及底部均应设置圈梁。

3.1.7　构造柱和圈梁的混凝土强度等级不应低于 C15，构造柱混凝土集料的粒径不宜大于 20mm。钢筋宜采用Ⅰ级钢筋。

5.1.1　多层黏土砖房设置构造柱最小截面可采用 240mm×180mm。纵向钢筋可采用 4Φ12；箍筋采用Φ4～Φ6，其间距不宜大于 250mm。当设防烈度为 7 度时，多层砖房超过六层，8 度时多层砖房超过五层及 9 度时，构造柱的纵向钢筋宜采用 4Φ14，箍筋间距不应大于 200mm。房屋四角的构造柱截面和钢筋可适当增大。为便于检查混凝土浇灌质量，应沿构造柱全高留有一定的混凝土外露面。若柱身外露有困难时，可利用马牙槎作为混凝土外露面。

5.1.3　墙与构造柱连接处应砌成马牙槎，每一马牙槎高度不宜超过 300mm，且应沿高每 500mm 设置 2Φ6 水平拉结钢筋，每边伸入墙内不宜小于 1.0m。

注：拉结钢筋伸入墙内的长度是指从墙的马牙槎外齿边（即构造柱边）算起的长度。当墙上门窗洞边到构造柱边（即墙马牙槎外齿边）的长度小于 1.0m 时，则伸至洞边止。

6.0.2　马牙槎在墙体施工中，从每层柱脚开始，先退后进。

6.0.12.2　构造柱从基础到顶层必须垂直，对准轴线。在逐层安装模板前，必须根据柱轴线随时校正竖筋的位置和垂直度。构造柱混凝土保护层宜为 20mm，且不小于 15mm。

6.0.4　在浇灌构造柱混凝土前，必须将砖砌体和模板浇水润湿，并将模板内的落地灰、砖渣和其他杂物清除干净。在砌墙时，应在各层柱底部（圈梁面上）以及该层二次浇灌段的下端位置，留出 2 皮砖的洞眼，以便清除模板内的落地灰、砖渣和其他杂物。清除完毕应立即封闭洞眼。

《砌体工程施工质量验收规范》（GB 50203—2002）规定：

8.1.2　构造柱浇灌混凝土前，必须将砌体留槎部位和模板浇水湿润，将模板内的落地灰、砖渣和其他杂物清理干净，并在结合面处注入适量与构造柱混凝土相同的去石水泥砂浆。振捣时，应避免触碰墙体，严禁通过墙体传震。

于 4m。各层洞口宜设置在对应位置，并宜上下对齐。

构造柱和砖组合墙的房屋，应在基础顶面、有组合墙的楼层处设置现浇钢筋混凝土圈梁。圈梁的截面高度不宜小于 240mm。

构造柱必须牢固地生根于基础或圈梁上，砌筑墙体时应保证构造柱截面尺寸，构造柱最小截面可采用 240mm×180mm。构造柱与圈梁连接处，构造柱的纵筋应穿过圈梁，保证构造柱纵筋上下贯通，且层与层之间构造柱不得相互错位。

砖墙所用砖的强度等级不宜低于 MU10，砌筑砂浆强度等级不得低于 M5。构造柱的混凝土强度等级不应低于 C15，钢筋宜用 HPB235 级钢筋。钢筋混凝土保护层厚度宜为 20mm，且不小于 15mm。

砖墙与构造柱的连接处应砌成马牙槎，每个马牙槎沿高度方向的尺寸不宜超过 300mm（5 皮砖高），每个马牙槎退进应不小于 60mm，故可留四退四进的大马牙槎，从每层柱脚开始，先退后进，如图 3-31 所示。砖墙与构造柱连接处，应按要求砌入拉结钢筋，拉结钢筋的数量为每 120mm 墙厚放置一根Φ 6 钢筋，间距沿墙高不得超过 500mm，每边伸入墙内均不应小于 1000mm，且钢筋末端应做成 90°弯钩，如图 3-32 所示。

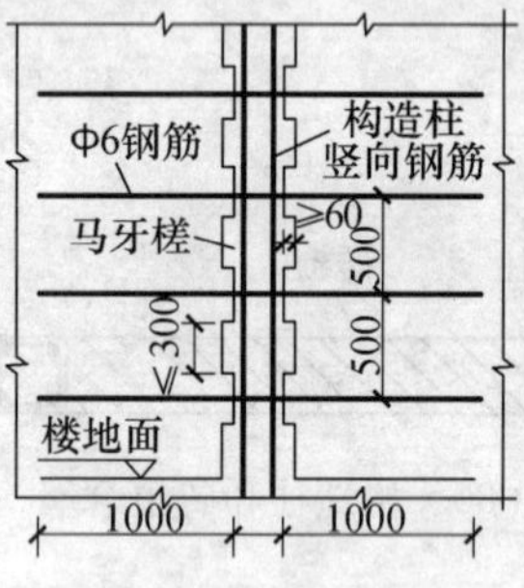

图 3-31　砖墙的马牙槎布置

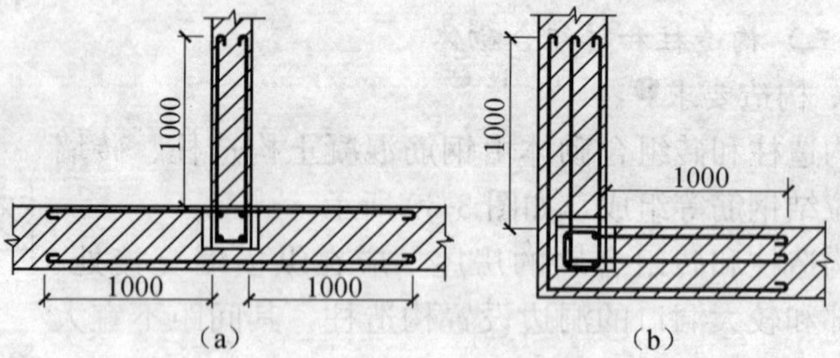

图 3-32　砖墙与构造柱水平拉结钢筋的布置

(a) T 字接头处；(b) 转角处

2. 砌体施工

构造柱和砖组合墙的施工程序应为先砌墙后浇筑混凝土构造柱。构造柱施工程序为：绑扎钢筋、砌砖墙、支模板、浇混凝土、拆模。

支模时，模板必须与所在墙的两侧严密贴紧，防止漏浆。

构造柱在浇筑混凝土前，应清除干净钢筋上的干砂浆块，清除柱内落地灰、砖渣等杂物。构造柱底部（圈梁面上）应留出 2 皮砖高的孔洞，以便清除模板内的杂物，清除后封闭。先在结合面处注入适量与构造柱混凝土配比相同的去石混凝土，然后分层浇筑混凝土，并振捣密实。振捣时，应避免触碰墙体，严禁通过墙体传振。

（四）网状配筋砖砌体

网状配筋砖砌体有配筋砖柱、墙，即在砖砌体的水平灰缝中配置钢筋网，见图 3-33。钢筋网可采用方格网或连弯网，钢筋网中钢筋的间距，不应大于 120mm，并不应小于 30mm。钢筋网在砖砌体中的竖向间距，不应大于五皮砖高，并不应大于 400mm。

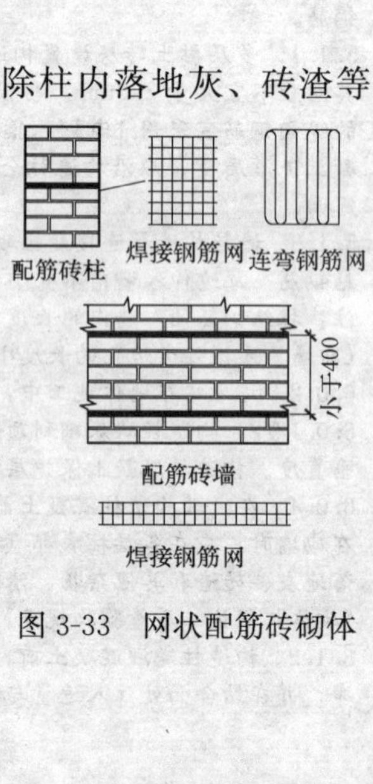

图 3-33　网状配筋砖砌体

设置钢筋网的水平灰缝厚度，应保证钢筋上下至少各有

2mm 厚的砂浆层❶。在配置钢筋网的水平灰缝中，应先铺一半厚的砂浆层，放入钢筋网后再铺一半厚砂浆层，使钢筋网居于砂浆层厚度中间。网状配筋砖砌体外表面宜用 1∶1 水泥砂浆勾缝或进行抹灰。

（五）配筋砌块砌体

配筋砌块砌体有配筋砌块剪力墙、配筋砌块柱。

配筋砌块砌体，所用砌块强度等级不应低于 MU10；砌筑砂浆强度等级不应低于 M7.5；灌孔混凝土强度等级不应低于 C20。

配筋砌块剪力墙应在墙的转角、端部和孔洞的两侧配置竖向连续的钢筋，钢筋直径不宜小于 12mm；应在洞口的底部和顶部设置不小于 2Φ10 的水平钢筋，其伸入墙内的长度不宜小于 $35d$ 和 400mm（d 为钢筋直径）。配筋砌块柱截面边长不宜小于 400mm，纵向钢筋（图 3-34）的直径不宜小于 12mm，数量不少于 4 根。

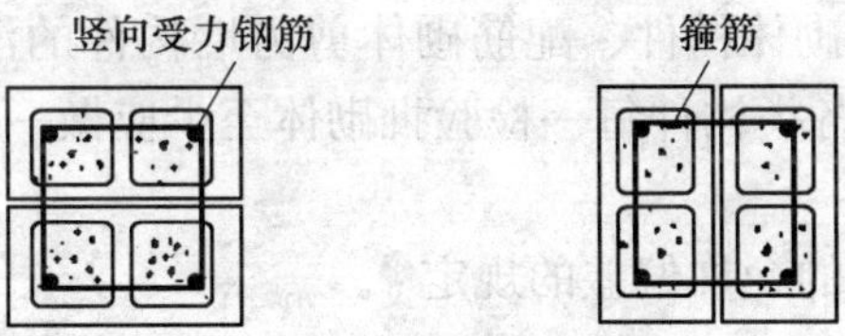

图 3-34　配筋砌块柱配筋

配筋砌块砌体施工前，应按设计要求，将所配置钢筋加工成型，砌块的砌筑应与钢筋设置互相配合。砌块的砌筑应采用专用的小砌块砌筑砂浆和专用的小砌块灌孔混凝土❷。灰缝中钢筋外露砂浆保护层厚度不宜小于 15mm。

（六）芯柱和砌块组合砌体

1. 构造要求

（1）砌块墙体的下列部位宜设置芯柱：

1）在外墙转角、楼梯间四角的纵横墙交接处的三个孔洞，宜设置素混凝土芯柱；

2）五层及五层以上的房屋，应在上述部位设置钢筋混凝土芯柱。

（2）芯柱的构造要求如下：

1）芯柱截面不宜小于 120mm×120mm，宜用不低于 C20 的细石混凝土浇灌；

2）钢筋混凝土芯柱每孔内插竖筋不应小于 1Φ10（抗震设防地区不应小于 1Φ12），底部应伸入室内地面下 500mm 或与基础圈梁锚固，顶部与屋盖圈梁锚固；

3）在钢筋混凝土芯柱处，沿墙高每隔 600mm 应设Φ4 钢筋网片拉结，每边伸入墙体不小于 600mm（抗震设防地区不小于 1000mm）；

4）芯柱应沿房屋的全高贯通，并与各层圈梁整体现浇，上下楼层的插筋可在楼板面上搭接，搭接长度不小于 40 倍插筋直径。

---

❶ 《砌体工程施工质量验收规范》（GB 50203—2002）规定：

8.3.1　设置在砌体水平灰缝内的钢筋，应居中置于灰缝中。水平灰缝厚度应大于钢筋直径 4mm 以上。砌体外露砂浆保护层的厚度不应小于 15mm。抽检数量：每检验批抽检 3 个构件，每个构件检查 3 处。抽验方法：观察检查，辅于钢尺检测。

❷ 《砌体工程施工质量验收规范》（GB 50203—2002）规定：

8.1.4　配筋砌块体剪力墙，应采用专用的小砌块砌筑砂浆和专用的小砌块灌孔混凝土。

8.3.5　配筋砌块砌体剪力墙中，采用搭接头的受力钢筋搭接长度不应小于 $35d$，且不应少于 300mm。

2. 芯柱施工❶

（1）在芯柱部位，每层楼的第一皮砌块，应采用开口小砌块或U形小砌块砌筑，以形成清理口，为便于施工操作，开口一般应朝向室内，以便清理杂物、绑扎和固定钢筋。

（2）浇筑混凝土前，从清理口掏出孔洞内的落地灰等杂物，校正钢筋位置；并用水冲洗孔洞内壁，将积水排出，用混凝土预制块封闭清理口。

（3）为了保证混凝土密实，应分层浇灌混凝土，并分层用插入式混凝土振动器加以捣实。

（4）浇捣后的芯柱混凝土上表面，应低于最上一皮砌块表面（上口）50～80mm，以使圈梁与芯柱交接处形成一个暗键或上下层混凝土得以结合密实，加强抗震能力。

（七）配筋砌体工程的质量检验

1. 钢筋的品种、规格和数量应符合设计要求。检验方法：检查钢筋的合格证书、钢筋性能试验报告、隐蔽工程记录。

2. 构造柱、芯柱、组合砌体构件、配筋砌体剪力墙构件的混凝土或砂浆的强度等级应符合设计要求。抽检数量：各类构件每一检验批砌体至少应做一组试块。检验方法：检查混凝土或砂浆试块试验报告。

3. 构造柱位置及垂直度的允许偏差的规定❷。

四、填充墙砌体工程

目前，可以砌筑填充墙的砌体材料包括空心砖、蒸压加气混凝土砌块、轻集料混凝土小型空心砌块等。轻集料混凝土小型空心砌块的构造、施工工艺及质量要求同普通混凝土小型空心砌块。

（一）空心砖墙

空心砖墙应侧砌，其孔洞呈水平方向，上下皮垂直灰缝相互错开1/2砖长。空心砖墙底部宜砌3皮烧结普通砖，如图3-35所示。

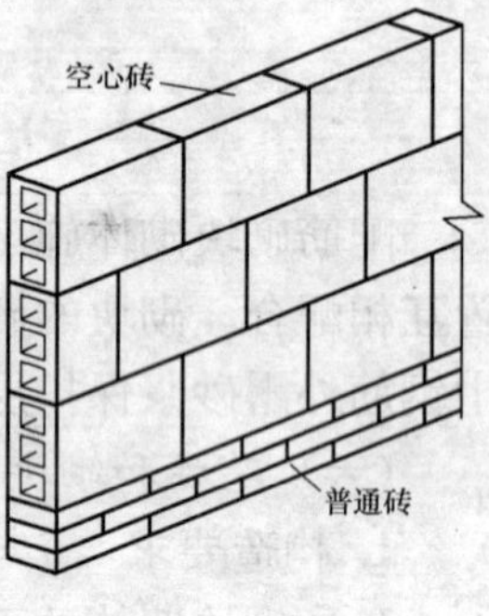

图3-35　空心砖墙

---

❶ 《砌体工程施工质量验收规范》(GB 50203—2002）规定：

6.1.10　浇灌芯柱的混凝土，宜选用专用的小砌块灌孔混凝土，当采用普通混凝土时，其坍落度不应小于90mm。说明：小砌块孔洞的设计尺寸为120mm×120mm，由于产品生产误差和施工误差，墙体上的孔洞截面还要小些，因此，芯柱用混凝土的坍落度应尽量大一点，避免出现“卡颈”和振捣不密实。本条要求的坍落度90mm是最低控制指标。专用的小砌块灌孔混凝土坍落度不小于180mm，拌合物不离析、不泌水、施工性能好，故宜采用。专用的小砌块灌孔混凝土是指符合国家现行标准《混凝土小型空心砌块灌孔混凝土》(JC 861）的混凝土。

6.1.11　浇灌芯柱混凝土，应遵守下列规定：

1. 清除孔洞内的砂浆等杂物，并用水冲洗；2. 砌筑砂浆强度大于1MPa时，方可浇灌芯柱混凝土；3. 在浇灌芯柱混凝土前应先注入适量与芯柱混凝土相同的去石水泥砂浆，再浇灌混凝土。

说明：6.1.11振捣芯柱时的震动力和施工过程中难以避免的冲撞，都可对墙体的整体性带来不利影响，为此规定了砌筑砂浆大于1MPa时方可浇灌芯柱混凝土。对于素混凝土芯柱，可在砌筑砌块的同时浇灌芯柱混凝土，此时混凝土振捣十分方便且震动力很小。

❷ 《砌体工程施工质量验收规范》(GB 50203—2002）规定：

8.2.4　构造柱位置及垂直度的允许偏差应符合表8.2.4。抽检数量：每检验批抽10%，且不应少于5处。

表8.2.4　构造柱尺寸允许偏差

项次	项目			允许偏差（mm）	抽检方法
1	柱中心线位置			10	用经纬仪和尺检查或用其他测量仪器检查
2	柱层间错位			8	用经纬仪和尺检查或用其他测量仪器检查
3	柱垂直度	每层		10	用2m托线板检查
		全高	≤10m	15	用经纬仪、吊线和尺检查，或用其他测量仪器检查
			>10m	20	

空心砖墙与烧结普通砖交接处，应以普通砖墙引出不小于 240mm 长与空心砖墙相接，并每隔 2 皮空心砖高交接处的水平灰缝中设置 2Φ6 钢筋作为拉结筋，拉结钢筋在空心砖墙中的长度不小于空心砖长加 240mm，如图 3-36 所示。

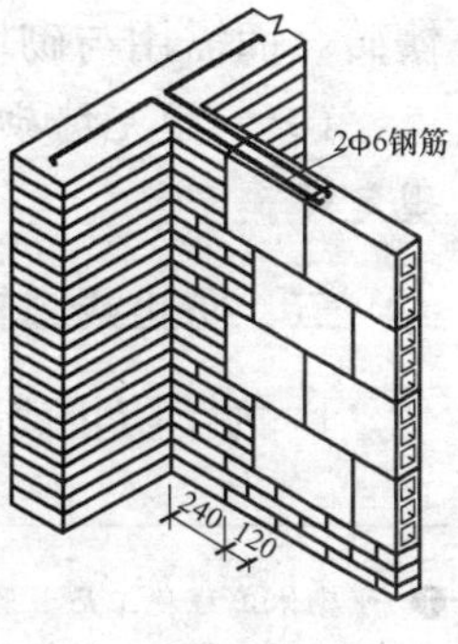

图 3-36　空心砖墙与普通砖墙交接

空心砖墙的转角处，应用烧结普通砖砌筑，砌筑长度角边不小于 240mm。空心砖墙砌筑不得留置斜槎或直槎，中途停歇时，应将墙顶砌平。在转角处、交接处，空心砖与普通砖应同时砌起。空心砖墙中不得留置脚手眼，不得对空心砖进行砍凿。

（二）蒸压加气混凝土砌块墙

1. 构造要求

加气混凝土砌块一般不得使用于建筑物标高±0.000 以下及制品表面温度高于 800℃的部位；也不得使用于受酸碱化学物质侵蚀的部位。

加气混凝土砌块外墙墙面水平方向的凹凸部分（如线脚、雨罩、出檐、窗台等），应做泛水和滴水，以避免积水。墙表面应做饰面保护层。

后砌的非承重墙、填充墙或隔墙与外承重墙相交处，应沿墙高 900～1000mm 与外墙以 3Φ4钢筋拉结，且每边伸入墙内的长度不得小于 700mm。

2. 砌筑施工工艺

砌筑的主要工序为：铺灰、砌块吊装就位、校正、灌竖缝、镶砖等。

（1）铺灰。水平灰缝宜用水泥石灰混合砂浆，砂浆应有良好的和易性，其稠度为 70～80mm（炎热或干燥环境下）或 50～60mm（寒冷或潮湿环境下）。铺灰应平整饱满，每次铺灰长度一般为 3～5m，炎热天气及严寒季节应适当缩短。

（2）砌块吊装就位。由于砌块重量不大，而块数多，为充分发挥起重机的效能，一般将简易起重机台灵架置于地面或楼面吊装该层砌块；吊完一层后，再转移至上一层，台灵架的转移可由塔吊来完成。砌块及砂浆则用塔吊或带起重臂的井架作垂直运输。用井架时，还需借助于少先吊、手推车或砌块车进行地面及楼面的水平运输，如图 3-37 所示。

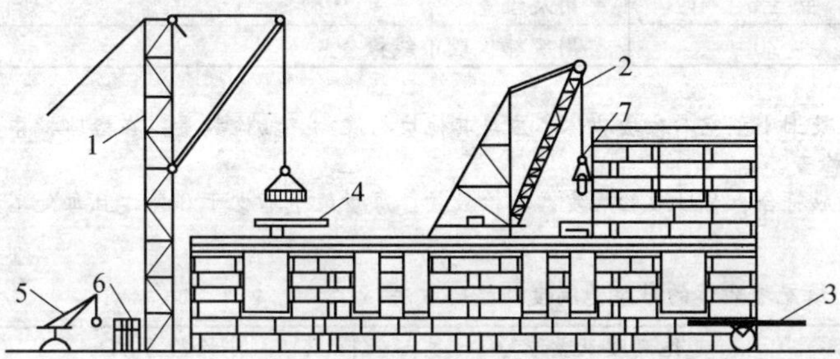

图 3-37　砌块吊装示意图

1—井架；2—台灵架；3—杠杆车；4—砌块车；5—少先吊；6—砌块；7—砌块夹

吊装时应从转角处或砌块定位处开始，按砌块排列图依次吊装。为减少台灵架的移动，常根据台灵架的起重半径及建筑物开间的大小，按 1～2 开间划分施工段，逐段吊装，段间应留阶梯形斜搓。

（3）校正。砌块吊装就位后，如发现偏斜、高低不同时，可用人工校正，直至校正为止。如人工不能校正，应将砌块吊起，重新铺平灰缝砂浆，再重新安装。不得用石块或楔块等垫在砌块底部，以求平整。

（4）灌浆。校正后即灌竖缝，应做到随砌随灌，灌缝应密实。超过 30mm 的竖缝应用强度等级不低于 C15 的细石混凝土灌实。砌块灌缝后，不得碰撞或撬动，如发生错位，应重新铺砌。

（5）镶砖。用于较大的竖缝和梁底找平，镶砖的强度不应低于 MU10。砖间的灰缝厚为 6～15mm，砖与砌块间的竖缝为 15～30mm。在两砌块之间凡是不足 145mm 的竖直缝不得镶砖，而需用与砌块强度等级相同的细石混凝土灌注。

（三）填充墙砌体工程的质量要求应符合《砌体工程施工质量验收规范》(GB 50203—2002) 规定[1]

五、防止或减轻墙体可裂的主要措施

1. 为了防止或减轻房屋在正常使用条件下，由温差和砌体干缩引起的墙体竖向裂缝，

---

[1] 《砌体工程施工质量验收规范》(GB 50203—2002) 规定：

9.1.2　蒸压加气混凝土砌块、轻集料混凝土小型空心砌块砌筑时，其产品龄期应超过28d。

9.1.3　空心砖、蒸压加气混凝土砌块、轻集料混凝土小型空心砌块等的运输、装卸过程中，严禁抛掷和倾倒。进场后应按品种、规格分别堆放整齐，堆置高度不宜超过2m。加气混凝土砌块应防止雨淋。

9.1.4　填充墙砌体砌筑砌块材应提前2d浇水湿润。蒸压加气混凝土砌块砌筑时，应向砌筑面适量浇水。（条文说明：块材砌筑前浇水湿润是为了使其与砌体有较好的粘结。根据空心砖、轻集料混凝土小砌块的吸水、失水特性合适的含水率分别为：空心砖宜为10%～15%；轻集料混凝土小砌块宜为5%～8%。加气混凝土砌块出窑时的含水率为35%左右，以后砌块逐渐干燥，施工时的含水率宜控制在小于15%（对粉煤灰加气混凝土砌块宜小于20%）。加气混凝土砌块砌筑时在砌筑面适量浇水是为了保证砌筑砂浆的强度及砌体的整体性。）

9.1.5　用轻集料混凝土小型空心砌块或蒸压加气混凝土砌块砌筑墙体时，墙底部应砌烧结普通砖或多孔砖，或普通混凝土小型空心砌块，或现浇混凝土坎台等，其高度不宜小于200mm。

9.3.1　填充墙砌体一般尺寸的允许偏差应符合表9.3.1的规定。

表9.3.1　填充墙砌体一般尺寸允许偏差

项次	项目		允许偏差（mm）	检验方法
1	轴线位移		10	用尺检查
	垂直度	≤3m	5	用2m托线板或吊线、尺检查
		＞3m	10	用2m托线板或吊线、尺检查
2	表面平整度		8	用2m靠尺和楔形塞尺检查
3	门窗洞口高、宽（后塞口）		±5	用尺检查
4	外墙上、下窗口偏移		20	用经纬仪或吊线检查

9.3.2　蒸压加气混凝土砌块砌体和轻集料混凝土小型空心砌块砌体不应与其他块材混砌。抽检数量：在检验批中抽检20%，且不应少于5处。检验方法：外观检查。

9.3.3　填充墙砌体的砂浆饱满度及检验方法应符合表9.3.3的规定。抽检数量：每步架子不少于3处，且每处不应少于3块。

表9.3.3　填充墙砌体的砂浆饱满度及检验方法

砌体分类	灰缝	饱满度及要求	检验方法
空心砖砌体	水平	≥80%	采用百格网检查块材底面砂浆的粘结痕迹面积
	垂直	填满砂浆，不得有透明缝、瞎缝、假缝	
加气混凝土砌块和轻集料混凝土小砌块砌体	水平	≥80%	
	垂直	≥80%	

9.3.4　填充墙砌体留置的拉结钢筋或网片的位置应与块体皮数相符合。拉结钢筋或网片应置于灰缝中，埋置长度应符合设计要求，竖向位置偏差不应超过一皮高度。抽检数量：在检验批中抽检20%，且不应少于5处。检验方法：观察和用尺量检查。

9.3.5　填充墙砌筑时应错缝搭砌，蒸压加气混凝土砌块搭砌长度不应小于砌块长度的1/3；轻集料混凝土小型空心砌块搭砌长度不应小于90mm；竖向通缝不应大于2皮。抽检数量：在检验批的标准间中抽查10%，且不应少于3间。检查方法：观察和用尺检查。

9.3.6　填充墙砌体的灰缝厚度和宽度应正确。空心砖、轻集料混凝土小型空心砌块的砌体灰缝应为8～12mm。蒸压加气混凝土砌块砌体的水平灰缝厚度及竖向灰缝宽度分别宜为15mm和20mm。抽检数量：在检验批的标准间中抽查10%，且不应少于3间。检查方法：用尺量5皮空心砖或小砌块的高度和2m砌体长度折算。（条文说明：加气混凝土砌块尺寸比空心砖、轻集料混凝土小砌块大，故对其砌体水平灰缝厚度和竖向灰缝宽度的规定稍大一些。灰缝过厚或过宽，不仅浪费砌筑砂浆，而且砌体灰缝的收缩也将加大，不利砌体裂缝的控制。）

9.3.7　填充墙砌至接近梁、板底时，应留一定空隙，待填充墙砌完并应至少间隔7d后，再将其补砌挤紧。

应在墙体中设置伸缩缝。伸缩缝应设在因温度和收缩变形可能引起应力集中、砌体产生裂缝可能性最大的地方。

2. 为了防止或减轻房屋顶层墙体的裂缝，可根据情况采取：在钢筋混凝土屋面板与墙体圈梁的接触面处设置水平滑动层，滑动层可采用两层油毡夹滑石粉或橡胶片等；对于长纵墙，可只在其两端的2～3个开间内设置，对于横墙可只在其两端各$L/4$范围内设置（L为横墙长度）；顶层屋面板下设置现浇钢筋混凝土圈梁，并沿内外墙拉通，房屋两端圈梁下的墙体内宜适当设置水平钢筋；顶层挑梁末端下墙体灰缝内设置3道焊接钢筋网片（纵向钢筋不宜少于2Φ4，横筋间距不宜大于200mm）或2Φ6钢筋，钢筋网片或钢筋应自挑梁末端伸入两边墙体不小于1m；顶层墙体有门窗等洞口时，在过梁上的水平灰缝内设置2～3道焊接钢筋网片或2Φ6钢筋，并应伸入过梁两端墙内不小于600mm；顶层及女儿墙砂浆强度等级不低于M5；女儿墙应设置构造柱，构造柱间距不宜大于4m，构造柱应伸至女儿墙顶并与现浇钢筋混凝土压顶整浇在一起；房屋顶层端部墙体内适当增设构造柱。

3. 为防止或减轻房屋底层墙体裂缝，可根据情况采取：增大基础圈梁的刚度；在底层的窗台下墙体灰缝内设置3道焊接钢筋网片或2Φ6钢筋，并伸入两边窗间墙内不小于600mm；采用钢筋混凝土窗台板，窗台板嵌入窗间墙内不小于600mm。

4. 对灰砂砖、粉煤灰砖、混凝土砌块或其他非烧结砖，宜在各层门、窗过梁上方的水平灰缝内及窗台下第一和第二道水平灰缝内设置焊接钢筋网片或2Φ6钢筋，焊接钢筋网片或钢筋应伸入两边窗间墙内不小于600mm。当灰砂砖、粉煤灰砖、混凝土砌块或其他非烧结砖实体墙长大于5m时，宜在每层墙高度中部设置2～3道焊接钢筋网片或3Φ6的通长水平钢筋，竖向间距宜为500mm。

5. 为防止或减轻混凝土砌块房屋顶层两端和底层第一、第二开间门窗洞处的裂缝，可采取：在门窗洞口两侧不少于一个孔洞中设置不小于1Φ12钢筋，钢筋应在楼层圈梁或基础锚固，并采用不低于C20灌孔混凝土灌实；在门窗洞口两边的墙体的水平灰缝中，设置长度不小于900mm、竖向间距为400mm的2Φ4焊接钢筋网片；在顶层和底层设置通长钢筋混凝土窗台梁，窗台梁的高度宜为块高的模数，纵筋不少于4Φ10、箍筋Φ6@200，C20混凝土。

6. 当房屋刚度较大时，可在窗台下或窗台角处墙体内设置竖向控制缝。在墙体高度或厚度突然变化处也宜设置竖向控制缝，或采取其他可靠的防裂措施。竖向控制缝的构造和嵌缝材料应能满足墙体平面外传力和防护的要求。

7. 灰砂砖、粉煤灰砖砌体宜采用粘结性好的砂浆砌筑，混凝土砌块砌体应采用砌块专用砂浆砌筑。

8. 对防裂要求较高的墙体，可根据情况采取专门措施。

第四节　砌体工程冬期施工❶

冬期施工时，砌体砂浆会在负温下冻结，砂浆中的水泥由于水分冻结而停止水化作用，这将影响砂浆后期强度和粘结力。且砂浆体积膨胀，产生冻胀应力，使水泥石结构遭受破

---

❶ 《砌体工程施工质量验收规范》（GB 50203—2002）规定：

10.0.1　当室外日平均气温连续5d稳定低于5℃时，砌体工程应采取冬期施工措施。

坏。解冻后，砂浆的强度虽仍可继续增长，但其最终强度将显著降低，而且由于砂浆的压缩变形大，砌体沉降量大，稳定性也随之降低。实践证明，砂浆的用水量越多，遭受冻结越早，气温越低，冻结时间越长，灰缝越厚，则冻结的危害程度也越大；反之，越小。当砂浆具有 20%以上的设计强度后再遭冻结，则冻结对砂浆的最终强度影响不大。

因此，砌体在冬期施工时，必须拟定合理的施工方案，采取有效的措施，尽可能减少冻害程度。砌筑工程冬期施工常用方法有掺盐砂浆法、冻结法和暖棚法。

一、对材料的要求❶

冬期施工不得使用无水泥配制的砂浆，水泥宜用普通硅酸盐水泥；拌制砂浆所用的砂不得有冰块。砖和砌块在砌筑前，应清除表面污物、冰雪等，遭水浸后冻结的砖和砌块不得使用。普通砖在正温条件下砌筑时，可用喷壶适当浇水湿润；在负温条件下可不浇水砌筑，但应增大砂浆的稠度，可通过增加石灰膏的办法来解决。为使砂浆有一定的正温度，拌合前，水及砂可预先加热，但水的加热温度不得超过 80℃（防止水温过高，拌制时使水泥产生假凝现象），砂加热温度不得超过 40℃。与常温情况相比，搅拌时间增长 0.5～1 倍。

二、掺盐砂浆法

掺盐砂浆法即加外加剂法，是在水泥砂浆或水泥混合砂浆中掺入一定数量的外加剂，以降低冰点，使砂浆中的水分在一定的负温下不冻结，水泥继续水化，砂浆强度能继续缓慢增长的施工方法。

掺盐砂浆法常用的外加剂通常用氯化钠和氯化钙，对配筋砌体或有预埋铁件的砌体，为防止铁件锈蚀，可采用氯化钠＋亚硝酸钠复合抗冻化学剂，抗冻化学剂的掺量应符合《建筑工程冬期施工规程》(JGJ 104—97) 中的规定。

(一) 掺盐砂浆法适用范围

掺盐砂浆法适用于工业与民用建筑的一般建筑工程，但由于氯盐会使砌体产生析盐、吸湿现象，并对钢筋和预埋铁件有锈蚀作用，故下列工程不允许采用掺盐砂浆法施工：

1. 对装饰工程有特殊要求的建筑物；
2. 使用湿度大于 80%的建筑物；
3. 配筋、钢埋件无可靠的防腐处理措施的砌体；
4. 接近高压电线的建筑物（如变电所、发电站等）；
5. 经常处于地下水位变化范围内以及在地下未设防水层的结构。

---

❶ 《砌体工程施工质量验收规范》(GB 50203—2002) 规定：

10.0.4 冬期施工所用材料应符合下列规定：

1. 石灰膏、电石膏等应防止受冻，如遭冻结，应经融化后使用；
2. 拌制砂浆用砂，不得含有冰块和大于 10mm 的冻结块；
3. 砌体用砖或其他块材不得遭水浸冻。

10.0.5 冬期施工砂浆试块的留置，除应按常温规定要求外，尚应增应不少于 1 组与砌体同条件养护的试块，测试检验 28d 强度。

10.0.7 普通砖、多孔砖和空心砖在气温高于 0℃条件下砌筑时，应浇水湿润。在气温低于、等于 0℃条件下砌筑时，可不浇水，但必须增大砂浆稠度。抗震设防烈度为 9 度的建筑物，普通砖、多孔砖和空心砖无法浇水湿润时，如无特殊措施，不得砌筑。

10.0.8 拌合砂浆宜采用两步投料法。水的温度不得超过 80℃；砂的温度不得超过 40℃。

（二）掺盐砂浆法施工要点

1. 掺盐砂浆法的砌筑砂浆出罐温度不宜超过 35℃，砌筑时的最低温度不应低于 5℃。砌块砌筑时宜采用水泥混合砂浆，稠度控制在 50～60mm。

2. 掺盐砂浆法砌筑砂浆中的氯盐对钢筋和预埋铁件有锈蚀作用，故钢筋和预埋铁件表面涂刷防锈涂料，涂樟丹漆 2～3 道或防锈漆 2 道；也可涂热沥青或水泥净浆，形成防氯离子锈蚀的保护层。

3. 严禁使用已遭冻结的砂浆，不准以热水掺入冻结砂浆内重新搅拌使用，也不宜在砌筑时向砂浆内掺水使用。为保证砌体质量，不允许在有冻胀性的冻土地基上砌筑。氯盐砂浆砌体施工时每日砌筑高度不宜超过 1.2m，墙体留置的洞口，距交接墙处不应小于 50cm。

4. 每日砌筑后，应在砌体表面覆盖保温材料。

三、冻结法[1]

冻结法是采用不掺外加剂的水泥砂浆或水泥混合砂浆砌筑砌体，允许砂浆在砌筑后很快就遭受冻结。解冻时砂浆的强度为零或接近于零。气温回升至 0℃以上后，水泥水化作用又重新进行，砂浆强度可继续增长。

砌筑砂浆遭受冻结后强度将会降低 40%～60%，粘结力下降，砌体的抗压、抗弯、抗折和抗剪强度也将随之降低。为此，冻结法施工时可根据实际气温情况适当提高砂浆强度等级 1～2 级。

（一）冻结法适用范围

冻结法适用于对保温、绝缘、装饰等有特殊要求的工程，受力配筋的砌体，不受地震区条件限制的工程等。

由于砂浆经过冻结、融化、硬化三个阶段，其强度及与砖石的粘结力都有不同程度的降低，且砌体在解冻时变形大、稳定性差，因此使用范围受到限制，下列砖石砌体工程不允许采用冻结法施工：

1. 空斗墙、毛石砌体；砖薄壳、双曲砖拱、筒式拱及承受侧压力的砌体；
2. 在解冻期间可能受到振动或其他动力荷载的砌体；
3. 在解冻时砌体不允许产生沉降的结构；
4. 钢筋砖过梁的跨度大于 1.2m 的砖砌平拱；
5. 以轻质混凝土和其他填充料填充，但无丁砖砌合，无金属拉结条的轻型墙体；
6. 按烈度 9 级以上设防的地震区多层房屋或较高的建筑物，两个稳定结构间的砌体长

---

[1] 《建筑工程冬期施工规程》（JGJ 104—97）规定：

5.3.1 采用冻结法施工的砌体，在解冻期内应制定观测加固措施，并应保证对强度、稳定和均匀沉降要求。在验算解冻期的砌体强度和稳定时，可按砂浆强度为零进行计算。

5.3.2 当设计无要求，且日最低气温高于－25℃时，砌筑承重砌体砂浆强度等级应较常温施工提高一级；当日最低气温等于或低于－25℃时，应提高 2 级。砂浆强度等级不得小于 M2.5，重要结构其等级不得小于 M5。

5.3.4.1 在楼板水平面位置墙的拐角、交接和交叉处应配置拉结筋，并按墙厚计算，每 12 cm配 1Φ6，其伸入相邻墙内的长度不得小于 1m，在拉结筋末端应设置弯钩。

5.3.5.1 施工应按水平分段进行，施工段宜划在变形缝处。每日的砌筑高度及临时间断处的高度差，均不得大于 1.2m。

5.3.5.5 留置在砌体中的洞口和沟槽等，宜在解冻前填砌完毕。

度超过 25m 或 40 倍墙厚的砌体，建筑物超过砌体规定的极限高度（表 3-5），均不得采用冻结法施工；

表 3-5　冻结法砌筑砌体极限高度

砌体类别	楼层高度（m）	极限高度（m）
实心砌体	<4m 且不大于墙厚的 12 倍	24
	4～5m 且不大于墙厚的 12 倍	20
	5～6m 且不大于墙厚的 12 倍	12
	6～8m 且不大于墙厚的 12 倍	16
中型空心砌块砌体	<4m 且不大于墙厚的 10 倍	16

7. 其他设计不允许采用冻结法施工的砌体结构。

（二）冻结法施工要点

冻结法施工的砌体，应采用“三一”砌筑法砌筑。对于外墙转角处和内外墙交接处灰缝应精细砌合，砌筑时采用一顺一丁的组砌形式。冻结法施工时，承重砌体的砂浆强度等级，应比常温施工时有所提高。采用冻结法砌筑时砂浆使用最低温度应符合表 3-6 的规定。

表 3-6　冻结法砌筑时砂浆使用最低温度（℃）

室外空气温度	砂浆使用最低温度
0～－10	10
－11～－25	15
低于－25	20

解冻期间应经常对砌体进行观测和检查，观测多层房屋下层的柱和窗间墙、梁端支承处、墙的交接处的变形、沉降的大小、方向和均匀性，砌体灰缝内砂浆的硬化情况，观测时间不少于 15d。在解冻期内应制定观测加固措施，并应保证对强度、稳定和均匀沉降要求。

四、暖棚法

暖棚法适用于地下工程、基础工程以及量小又急需砌筑使用的砖体结构。

采用暖棚法施工时，砖石和砂浆在砌筑时的温度不应低于 5℃，而距离所砌的结构底面 0.5m 处的棚内温度也不应低于 5℃。

砌体在暖棚内的养护时间根据暖棚内的温度应按表 3-7 确定。

表 3-7　暖棚法砌体的养护时间

暖棚内温度（℃）	5	10	15	20
养护时间（d）	≥6	≥5	≥4	≥3

思考题

1. 脚手架如何分类？分为哪几类？对脚手架的基本要求是什么？
2. 悬挑式脚手架的挑梁形式有哪些？附着升降式脚手架按爬升方式可分为哪几类？
3. 常用的工具式里脚手架有哪些形式？
4. 常用的垂直运输机械有哪些？

5. 砌筑工程用砖有哪几类？普通黏土砖的规格？砖的强度等级根据什么确定？分为哪几级？

6. 砌筑用砌块是如何分类的？

7. 砌砖工程对砖和砂浆有什么要求？对砂浆制备和使用有什么要求？

8. 简述砖墙砌筑施工工艺。

9. 砖砌体砌筑质量有哪些要求？影响砌体质量的因素有哪些？

10. 什么是砂浆饱满度？对砂浆饱满度有什么要求？如何检查？用什么砌筑方法易使砂浆饱满？

11. 砖砌体临时间断处的接搓方式有哪几种？各有什么要求？

12. 砖砌体有哪几种组砌形式？各有什么优缺点？

13. 什么是皮数杆？有何作用？其位置及间距是如何规定的？

14. 砖墙砌筑前，轴线、标高应如何引测？

15. 砌块砌筑前为什么要绘制排列图？砌块排列时应按照哪些原则？

16. 简述加气混凝土砌块砌筑施工工艺。

17. 简述加气混凝土砌块及混凝土空心小砌块的施工要点。

18. 常用配筋砌体包括哪些种类？芯柱和构造柱有哪些构造要求？简述其施工要点？

19. 砖砌体冬期施工有什么要求？常用哪些方法？

20. 掺盐砂浆法施工有什么特点？适用范围怎样？应注意什么问题？

第四章　混凝土结构工程

钢筋混凝土是一种复合性材料，它通过钢筋和混凝土的共同工作，使这两种不同性质的材料都能较好地发挥作用，同时使自己的不足得到弥补。混凝土属于脆性材料，抗压强度很高，但抗拉强度较低（约为抗压强度的1/10），受拉时极易开裂，钢筋的加入改善了混凝土构件的受拉性能，提高了承载能力同时延缓了裂缝的发生。混凝土结构工程一般由模板工程、钢筋工程和混凝土工程三部分组成，其施工工艺程序如图4-1所示。

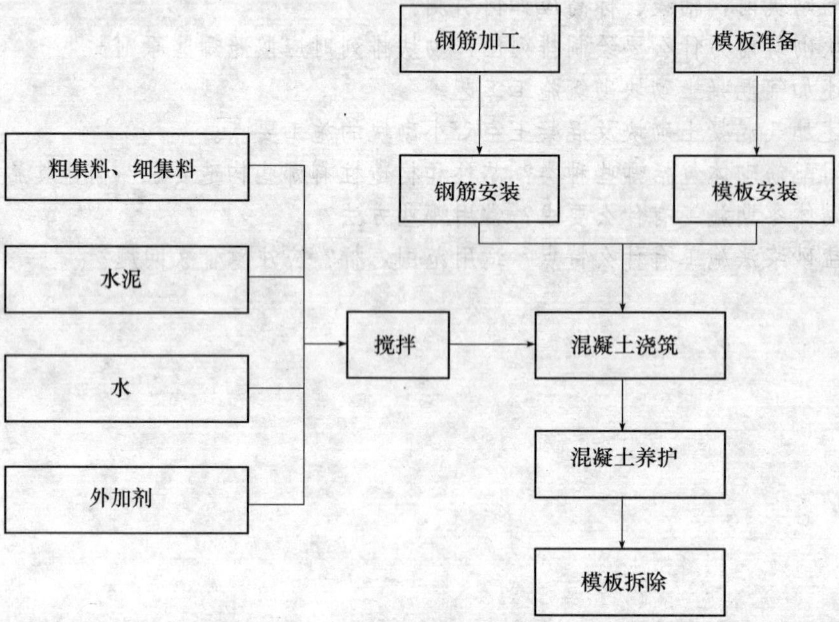

图4-1　混凝土结构工程一般的工艺程序

第一节　模板工程

一、模板系统的基本要求和分类

模板系统由模板和支架两部分组成，模板的作用就是保证混凝土构件所需要的形状和几何尺寸；支架则是用来保持模板的设计位置。模板系统的搭设和拆除过程占用了混凝土结构工程施工的大部分工期，因此先进合理的模板系统可保证工程的提前或按时完工。模板系统的费用一般要占混凝土结构工程费用的30%以上，它对工程造价的影响也是不容忽视的。因此尽管模板系统只是混凝土结构工程施工过程中的临时性设施，但它对混凝土结构工程的质量、工期及成本都有着重要影响。

（一）对模板系统的基本要求

1. 保证工程结构构件各部分形状尺寸和相互位置的正确。

2. 模板及其支架应具有足够的承载能力、刚度和稳定性，能可靠地承受新浇筑混凝土的重量、侧压力以及施工荷载。

3. 构造简单、装拆方便，便于钢筋的绑扎、安装和混凝土的浇筑、养护等要求。

4. 模板的接缝应不漏浆❶。

（二）模板系统的分类

1. 按材料分类

模板按所用的材料不同，分为木模板、钢木模板、胶合板模板、钢竹模板、钢模板、塑料模板、玻璃钢模板、铝合金模板等。

（1）木模板一般多选用松木和杉木。由于木模板木材消耗量大、重复使用率低，为节约木材，在现浇钢筋混凝土结构中应尽量少用或不用木模板。

（2）钢木模板是以角钢为边框，以木板作面板的定型模板，其优点是可以充分利用短木料，并能多次周转使用。

（3）胶合板模板是以胶合板为面板，角钢为边框的定型模板。以胶合板为面板，克服了木材的不等方向性的缺点，受力性能好。这种模板具有强度高、自重小、不翘曲、不开裂及板幅大、接缝少的优点。

（4）钢竹模板是以角钢为边框，以竹编胶合板为面板的定型模板。这种模板刚度较大，不易变形，重量轻、操作方便。

（5）钢模板一般均做成定型模板。用连接构件拼装成各种形状和尺寸，适用于多种结构形式，在现浇钢筋混凝土结构施工中被广泛应用。钢模板一次投资量大，但周转率高，在使用过程中应注意保管和维护，防止生锈，以延长钢模板的使用寿命。

（6）塑料模板、玻璃钢模板、铝合金模板重量轻、刚度大、拼装方便、周转率高，但由于造价较高，在施工中尚未普遍使用。

2. 按结构类型分类

各种现浇钢筋混凝土结构构件的形状、尺寸不同，模板的构造及组装方法也不同，一般可分为：基础模板、柱模板、梁模板、楼板模板、楼梯模板、墙模板、壳模板、烟囱模板等。

3. 按施工方法分类

（1）现场装拆式模板。在施工现场按照设计要求的结构形状、尺寸及空间位置，在现场组装。当混凝土达到拆模强度后拆除模板。现场装拆式模板多用定型模板和工具式支撑。

（2）固定式模板。按照构件的形状、尺寸在现场制作的胎模，如土胎模、砖胎模、混凝土胎模等。预制厂制作的构件定型模板，生产成批构件。如预制楼板模板。

（3）移动式模板。随着混凝土的浇筑，模板可沿垂直方向或水平方向移动，称为移动式模板。如烟囱、水塔、墙柱混凝土浇筑采用的滑升模板、提升模板；筒壳浇筑混凝土采用的水平移动式模板等。

---

❶ 《混凝土结构工程施工质量验收规范》(GB 50204—2002) 规定：

4.2.3 无论是采用何种材料制作的模板，其接缝都应保证不漏浆。木模板浇水湿润有利于接缝闭合而不致漏浆，但因浇水湿润后膨胀，木模板安装时的接缝不宜过于严密。

二、模板系统的构造、安装与拆除

（一）木模板

木模板通常事先做成拼板或定型板形式的基本构件，再把它们进行拼装形成所需要的模板系统。

拼板一般用宽度小于200mm的木板，再用25mm×35mm的拼条钉成。由于使用位置不同，荷载差异较大，拼板的厚度也不一致。作梁侧模使用时，荷载较小，一般采用25mm厚的木板制作；作承受较大荷载的梁底模使用时，拼板厚度加大到40～50mm。拼板的尺寸应与混凝土构件尺寸相适应，同时考虑拼接时相互搭接的情况，应对一部分拼板增加长度或宽度。

定型板则是将木板钉在边框上，制成固定尺寸的模板。定型板的尺寸一般长度为700～1200mm，宽度为200～400mm。定型板可用短料制作，刚度也较好，不易损坏，利用率高。

1. 木模板的构造

对于混凝土结构不同部位的构件，模板的拼装方法也有所不同，下面介绍几种常见结构构件的模板构造。

（1）基础模板

如图4-2所示，为一阶梯形基础模板。如果地质良好、地下水位较低，可取消阶梯形模板的最下一阶，利用土模进行原槽浇筑。模板安装时应牢固可靠，保证混凝土浇筑后不变形和发生位移。

（2）柱模板

柱模板由内、外拼板（共四块）组成，如图4-3所示。两块内拼板宽度与柱截面相同。两块外拼板的宽度则为柱截面宽度与两块内拼板厚度之和。拼板长度等于基础面（或楼面）至上一层楼板底面的距离，若柱与梁相接，还应该留出梁的缺口。

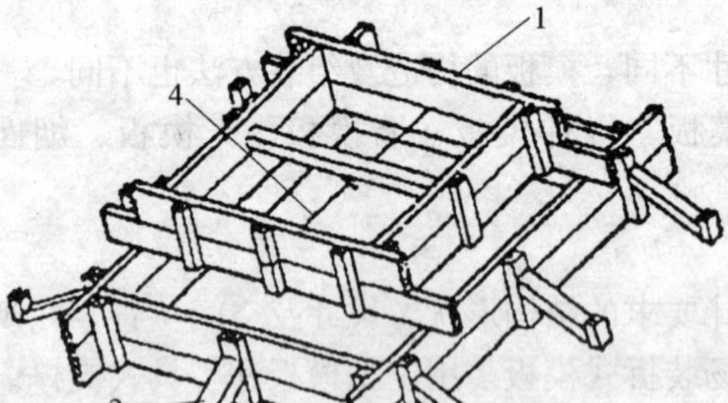

图4-2 阶梯形基础模板

1—拼板；2—斜撑；3—木桩；4—铁丝

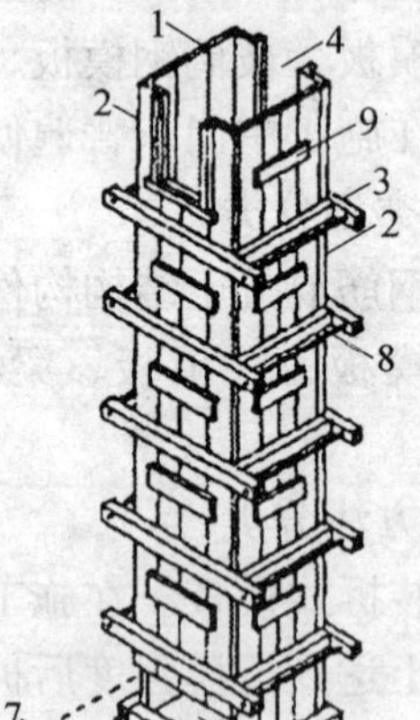

图4-3 矩形柱模板

1—内拼板；2—外拼板；3—柱箍；4—梁缺口；
5—清理孔；6—底部木框；7—盖板；
8—拉紧螺栓；9—拼条

（3）梁模板

梁模板主要由侧模、底模及支撑系统组成，如图4-4所示。

底模板的宽度同梁宽，侧模的高度则与其所处位置有关，边梁外侧模高度为梁高加梁底模厚度，一般梁侧模则为梁高加底模厚度再减去混凝土板厚，梁模板的长度则为梁净长减去两块柱模厚度。

梁下支撑常采用木支柱、钢支柱、组合钢支柱、组合钢管支撑、金属支架等，图 4-5 为钢管支柱构造。

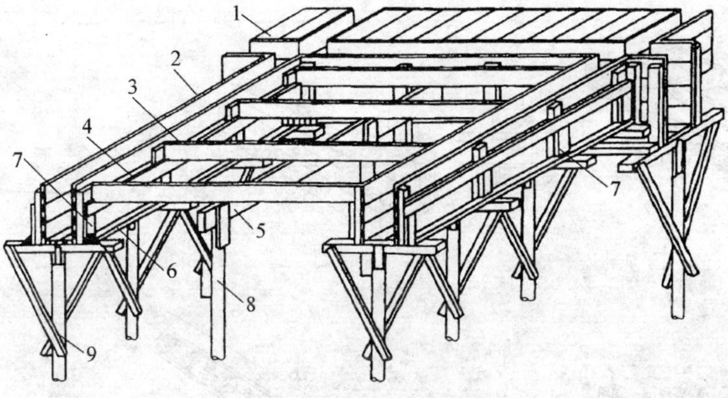

图 4-4 梁、楼板模板

1—楼板模板；2—梁侧模板；3—搁栅；4—横挡；5—牵杠；6—夹条；7—短撑木；8—牵杠撑；9—支撑

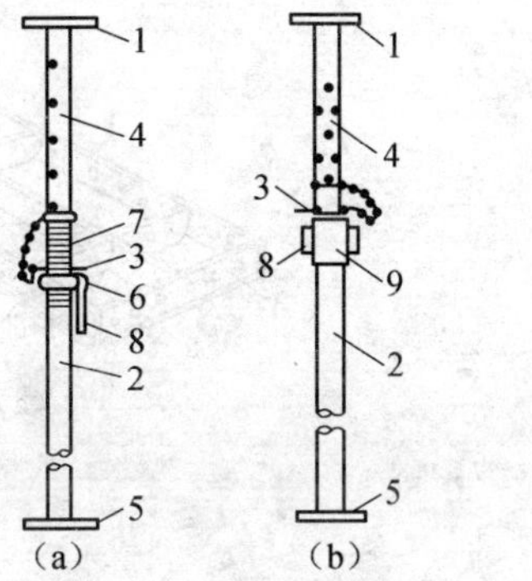

图 4-5 钢管支柱构造

(a) CH 型；(b) YJ 型

1—顶板；2—套管；3—插销；4—插管；5—底板；6—转盘；7—螺管；8—手柄；9—螺旋套

(4) 现浇楼板模板

楼板的特点是面积大、厚度薄，因而模板产生的侧压力较小，底模所受荷载也不大，故模板的厚度一般为 2.5mm，安装时多采用定型板，以提高安装效率。尺寸不足处用零星木材补足。模板支撑在楞木上，楞木端面尺寸一般为 60mm×120mm，间距不大于 600mm，楞木再支撑在梁侧模的托楞上，通过托楞把力传给梁的支撑系统，如板的跨度大于 2m，楞木中间应增设几排支撑排架，如图 4-4 所示。

2. 木模板的安装与拆除

按图纸尺寸制作模板后，弹出构件中心线、边线，将模板对准边线和中心线进行安装，并用水准仪抄测校正，经检测无误后，按放线位置用斜撑、水平撑及拉撑钉牢。最后检查模板是否稳固，校核模板几何尺寸及轴线位置。

当模板支承在基土面上时，应对基土平整夯实，满足承载力要求，并加木垫板或混凝土垫板等有效措施，确保混凝土在浇筑过程中不会发生支撑下沉。

对梁底模板，当其跨度≥4m 时，跨中梁底处应按设计要求起拱，如设计无要求时，起拱高度为梁跨度的 1/1000～3/1000。主次梁交接时，先主梁起拱，后次梁起拱。

当强度符合要求时，拆除模板的顺序和方法应按照模板设计的规定进行。若设计无规定时，应遵循先支后拆，后支先拆；先拆不承重的模板，后拆承重部分的模板；自上而下，先拆侧向支撑，后拆竖向支撑等原则。

(二) 组合钢模板

组合钢模板可组合成多种尺寸和几何形状，以适应各种类型建筑的柱、梁、板、墙基础和设备基础等施工的需要。在钢筋混凝土结构施工中，可在现场直接组装，也可预先拼装成大块模板整体吊装。组合钢模板具有组装灵活、通用性强、装拆方便、工效高、周转次数多、成本较低、加工精度高、混凝土成型后尺寸准确、棱角整齐、表面光滑等特点，这是目前使用广泛的一种模板。

定型组合钢模板是一种工具式定型模板，由钢模板、连接件和支承件等部分组成。

1. 组合钢模板构造

（1）钢模板包括平面模板、阴角模板、阳角模板和连接角模，如图 4-6 所示。此外，还有一些异型模板。

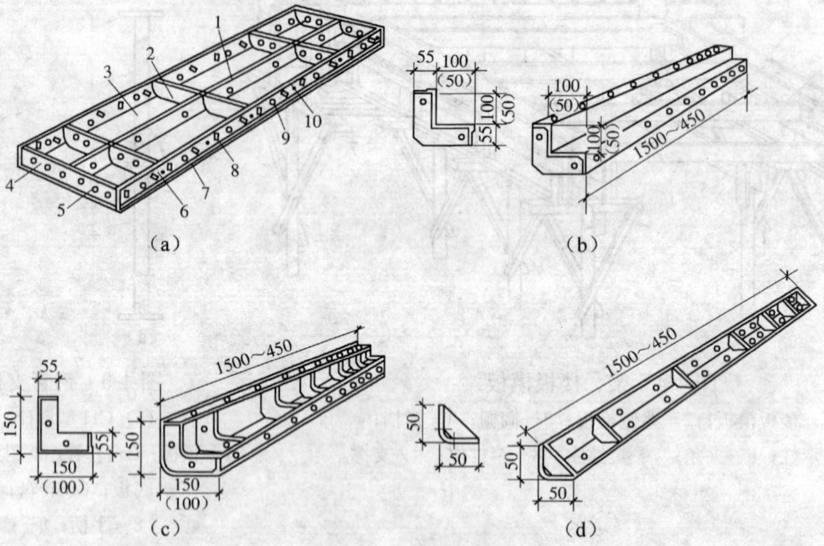

图 4-6 钢模板类型

（a）平面模板；（b）阳角模板；（c）阴角模板；（d）连接角膜

1—中纵肋；2—中横肋；3—面板；4—横肋；5—插销孔；

6—纵肋；7—凸棱；8—凸鼓；9—U 形卡孔；10—钉子孔

钢模板采用模数制设计，通用模板的宽度模数以 50mm 进级，长度模数以 150mm 进级（长度超过 900mm 时，以 300mm 进级），可以拼接成以 50mm 进级的任何尺寸的模板。钢模板的规格见表 4-1。如拼装时出现不足模数的空缺，则用镶嵌木条补缺，用钉子或螺栓将木条与钢模板边框上的孔洞连接。

表 4-1 钢模板规格编码表

模板名称			模板长度（mm）					
			450		600		750	
			代号	尺寸	代号	尺寸	代号	尺寸
平面模板（代号 P）	宽度（mm）	300	P3004	300×450	P3006	300×600	P3007	300×750
		250	P2504	250×450	P2506	250×600	P2507	250×750
		200	P2004	200×450	P2006	200×600	P2007	200×750
		150	P1504	150×450	P1506	150×600	P1507	150×750
		100	P1004	100×450	P1006	100×600	P1007	100×750
阴角模板（代号 E）			E1504	150×150×450	E1506	150×150×600	E1507	150×150×750
			E1004	100×150×450	E1006	100×150×600	E1007	100×150×750
阳角模板（代号 Y）			Y1004	100×100×450	Y1006	100×100×600	Y1007	100×100×750
			Y0504	50×50×450	Y0506	50×50×600	Y0507	50×50×750
连接角模（代号 J）			J0004	50×50×450	J0006	50×506×00	J0007	50×50×750

续表

模板名称			模板长度（mm）					
			900		1200		1500	
			代号	尺寸	代号	尺寸	代号	尺寸
平面模板（代号 P）	宽度（mm）	300	P3009	300×900	P3012	300×1200	P3015	300×1500
		250	P2509	250×900	P2512	250×1200	P2515	250×1500
		200	P2009	200×900	P2012	200×1200	P2015	200×1500
		150	P1509	150×900	P1512	150×1200	P1515	150×1500
		100	P1009	100×900	P1012	100×1200	P1015	100×1500
阴角模板（代号 E）			E1509	150×150×900	E1512	150×150×1200	E1515	150×150×1500
			E1009	100×150×900	E1012	100×150×1200	E1015	100×150×1500
阳角模板（代号 Y）			Y1009	100×100×900	Y1012	100×100×1200	Y1015	100×100×1500
			Y0509	50×50×900	Y0512	50×50×1200	Y0515	50×50×1500
连接角模（代号 J）			J0009	50×50×900	J0012	50×50×1200	J0015	50×50×1500

为了便于板块之间的连接，钢模板边框上设连接孔，孔距均为 150mm，端部孔距边肋为 75mm。

（2）连接件。定型组合钢模板的连接件包括 U 形卡、L 形插销、钩头螺栓、对拉螺栓、紧固螺栓和扣件等。

1）U 形卡。如图 4-7（a）所示，用于相邻模板的拼接。其安装的距离不大于 300mm，即每隔一孔卡插一个，安装方向一顺一倒相互交错，以抵消因打紧 U 形卡可能产生的位移。

2）L 形插销。如图 4-7（b）所示，用于插入钢模板端部横肋的插孔内，以加强两相邻模板接头处的刚度和保证接头处板面平整。

3）钩头螺栓。钩头螺栓用于钢模板与内外钢楞的加固。安装间距一般不大于 600mm，长度应与采用的钢楞尺寸相适应，如图 4-7（c）所示。

4）紧固螺栓。紧固螺栓用于紧固内外钢楞，长度应与采用的钢楞尺寸相适应，如图4-7（d）所示。

5）对拉螺栓。对拉螺栓用于连接墙壁两侧模板，保持模板与模板之间的设计厚度，并承受混凝土侧压力及水平荷载，使模板不致变形，如图 4-7（e）所示。

6）扣件。扣件用于钢楞与钢楞或钢楞与钢模板之间的扣紧。按钢楞的不同形状，分别采用蝶形扣件和“3”形扣件，如图 4-7（c）中的件 2、5 所示。

（3）支承件。定型组合钢模板的支承件包括柱箍、钢楞、钢支架、斜撑、钢桁架等。

1）钢桁架。如图 4-8 所示，其两端可支承在钢筋托具、墙和梁侧模板的横楞以及柱顶梁底楞上，以支承梁或板的模板。图 4-8（a）所示为整榀式，一个桁架的承载能力约为 30kN（均匀放置）；图 4-8（b）所示为组合式桁架，可调范围为 2.5～3.5m，一榀桁架的承载能力约为 20kN（均匀放置）。

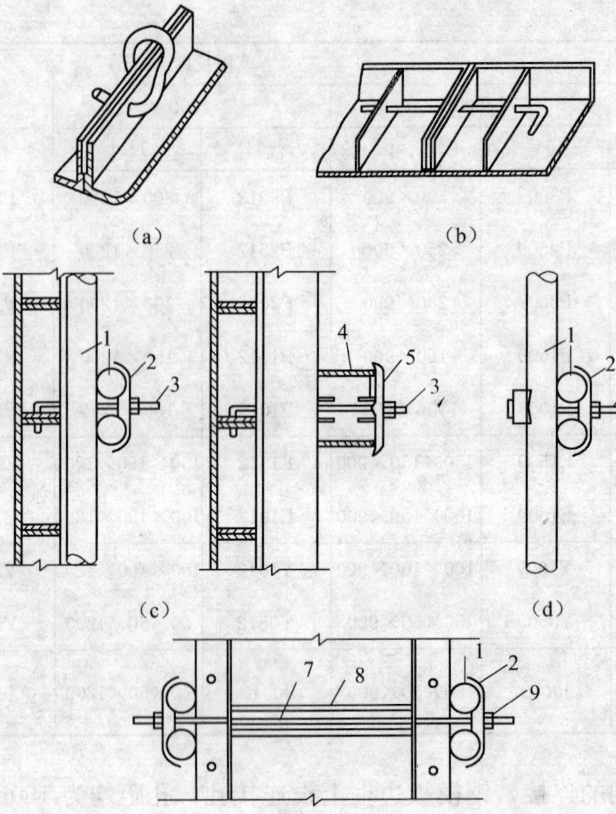

图 4-7　钢模板连接件

(a) U形卡连接；(b) L形插销连接；(c) 钩头螺栓连接；(d) 紧固螺栓连接；(e) 对拉螺栓连接

1—圆钢管钢楞；2—“3”形扣件；3—钩头螺栓；4—内卷边槽钢钢楞；

5—碟形扣件；6—紧固螺栓；7—对拉螺栓；8—塑料套管；9—螺母

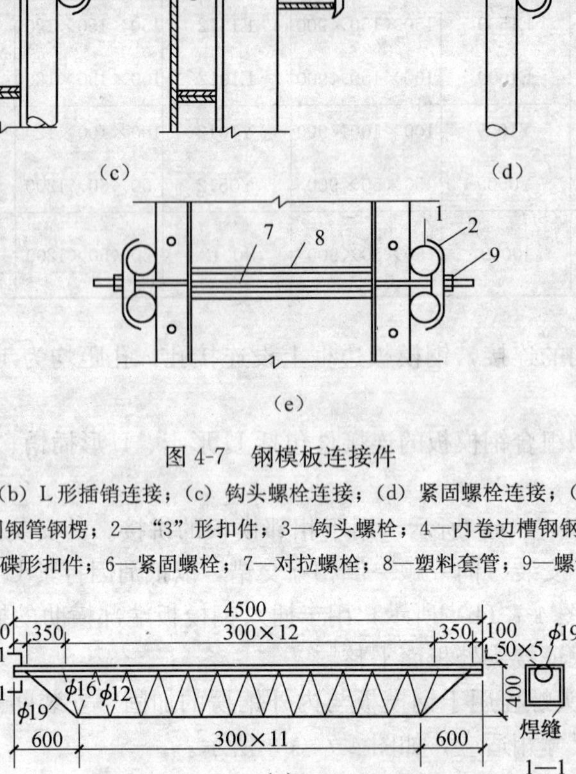

图 4-8　钢桁架示意图

(a) 整榀式；(b) 组合式

2）钢支架。常用钢支架如图 4-9（a）所示，它由内外两节钢管制成，其高低调节模数为 100mm，支架底部除垫板外，均用木楔调整，以利于拆除。另一种钢管支架本身装有调节螺杆，能调节一个孔距的高度，使用方便，但成本较高，如图 4-9（b）所示。当荷载较大单根支架承载力不足时，可用组合钢支架或钢管支架，如图 4-9（c）所示。还可以用扣件式钢管脚手架、门型脚手架作支架，如图 4-9（d）所示。钢管之间的连接采用的扣件及碗扣接头。

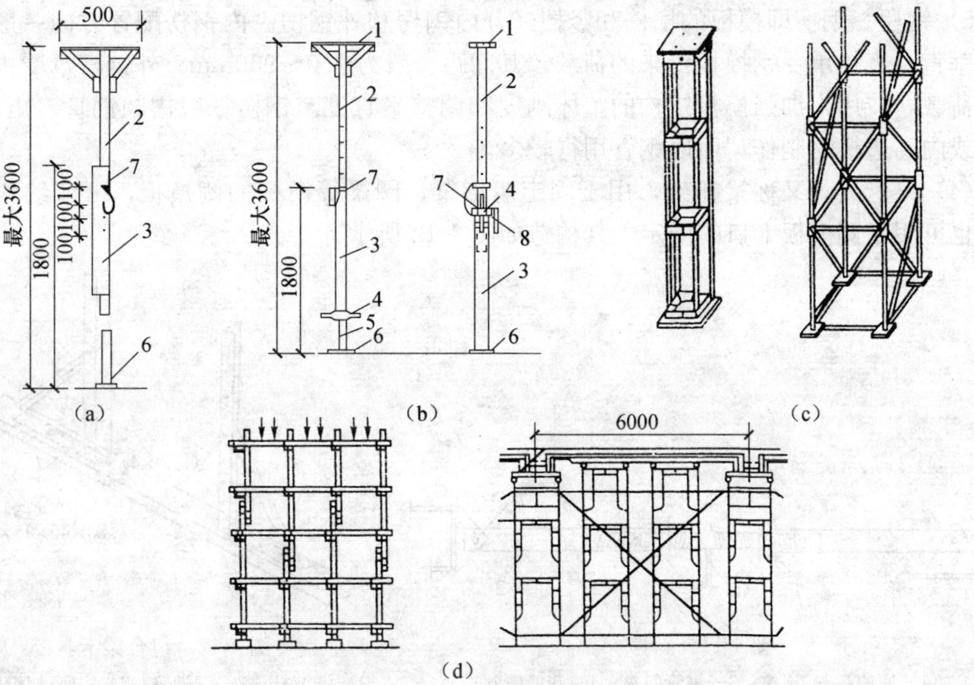

图 4-9 钢支架

(a) 钢管支架；(b) 调节螺杆钢管支架；(c) 组合钢支架和钢管支架；(d) 扣件式钢管和门型脚手架支架

1—顶板；2—插管；3—套管；4—转盘；5—螺杆；6—底板；7—插销；8—转动手柄

3）早拆模板体系。近些年在建筑工程中广泛使用的早拆模板体系，可以加快模板的周转速度、缩短工期。早拆模板体系由模板块、托梁、升降头、可调支柱、支撑系统等组成（图 4-10）。可调钢支柱是其主要部件之一，其上端安装有升降头（也称早拆柱头，见图4-10 a、b），当新浇混凝土达设计强度的 50%时，既可通过升降头的使用拆除模板，投入周转，但支柱仍然继续支撑混凝土结构，待混凝土强度增长到足以承担自重和施工荷载时（达到设计强度的 75%或 100%）再将支柱拆除。

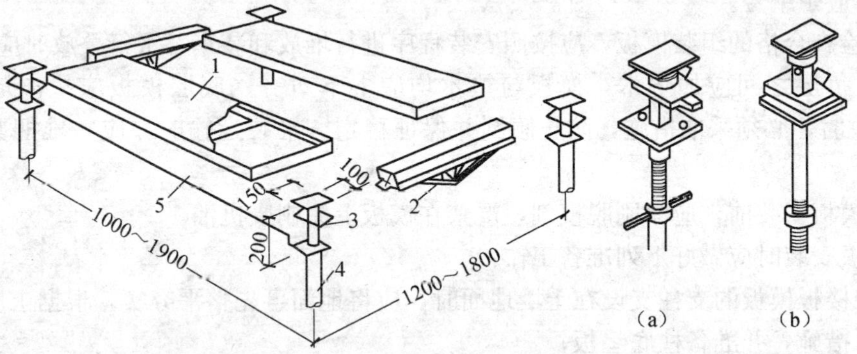

图 4-10 早拆模板体系

(a) 使用状状；(b) 降落状态

1—模板块；2—托梁；3—升降头；4—可调支柱；5—跨度定位杆

4）斜撑。由组合钢模板拼成的整片墙模或柱模，在吊装就位后，应用斜撑调整和固定其垂直位置。斜撑构造如图 4-11 所示。

5）钢楞。钢楞即模板的横档和竖档，分内钢楞和外钢楞。内钢楞配置方向一般应与钢模板垂直，直接承受钢模板传来的荷载，其间距一般为 700～900mm。外钢楞承受内钢楞传来的荷载，或用来加强模板结构的整体刚度和调整平直度。钢楞一般用圆钢管、矩形钢管、槽钢或内卷边槽钢制作，而以钢管用得较多。

（4）梁卡具。又称梁托架，用于固定矩形梁、圈梁等模板的侧模板，可节约斜撑等材料。也可用于侧模板上口的固定。其构造如图 4-12 所示。

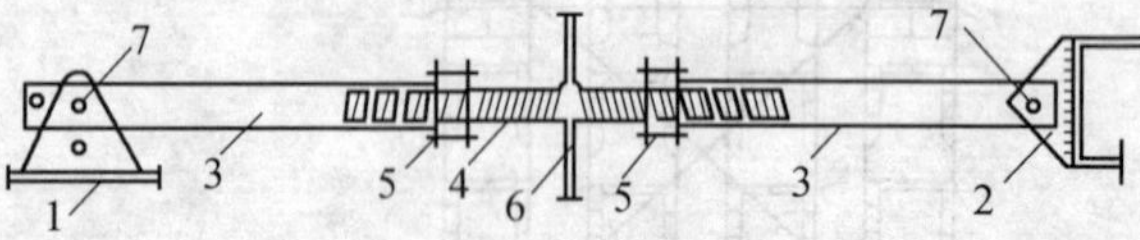

图 4-11　斜撑

1—底座；2—顶撑；3—钢管斜撑；4—花篮螺丝；5—螺母；6—悬杆；7—销钉

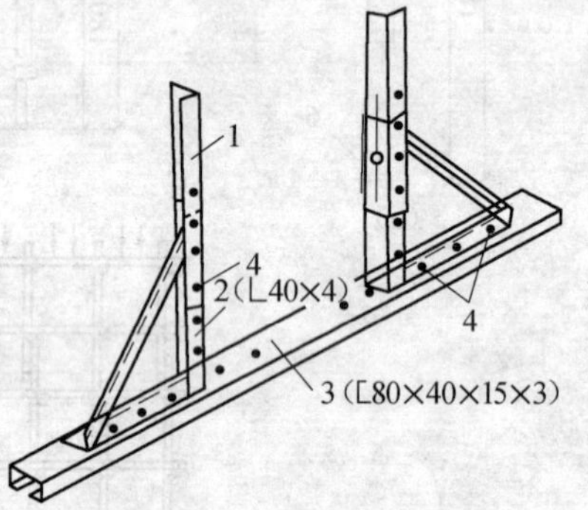

图 4-12　组合梁卡具

1—调节杆；2—三脚架；3—底座；4—螺栓

2. 组合钢模板安装与拆除

（1）模板安装前施工准备工作

《组合钢模板技术规范》（GB 50214—2001）规定：

1）组合钢模板安装前应向施工班组进行技术交底。有关施工及操作人员应熟悉施工图及模板工程的施工设计。

2）施工现场应有可靠的能满足模板安装和检查需用的测量控制点。

3）现场使用的模板及配件应按规格的数量逐项清点和检查，未经修复的部件不得使用。

4）采用预组装模板施工时，模板的预组装应在组装平台或经平整处理过的场地上进行。组装完毕后应予编号。

5）经检查合格的组装模板，应按照安装程序进行堆放和装车。平行叠放时应稳当妥贴，避免碰撞，每层之间应加垫木，模板与垫木均应上下对齐，底层模板应垫离地面不小于 10cm。立放时，必须采取措施，防止倾倒并保证稳定。平装运输时，应整堆捆紧，防止摇晃摩擦。

6）钢模板安装前，应涂刷脱模剂，严禁在模板上涂刷废机油。

7）模板安装时应做好下列准备工作：

①梁和楼板模板的支柱支设在土壤地面时，应将地面事先整平夯实，根据土质情况考虑排水或防水措施，并准备柱底垫板；

②竖向模板的安装底面应平整坚实，清理干净，并采取可靠的定位措施；

③竖向模板应按施工设计要求预埋支承锚固件。

8）现场安装组合钢模板时应遵守下列规定：

①按配板图与施工说明书顺序拼装，保证模板系统的整体稳定；

②配件必须装插牢固，支柱和斜撑下的支承面应平整垫实，并有足够的受压面积，支撑件应着力于外钢楞；

③预埋件与预留孔洞必须位置准确，安设牢固；

④基础模板必须支拉牢固，防止变形，侧模斜撑的底部应加设垫木；

⑤墙和柱子模板的底面应找平，下端应与事先做好的定位基准靠紧垫平，在墙、柱上继续安装模板时，模板应有可靠的支承点，其平直度应进行校正；

⑥楼板模板支模时，应先完成一个格构的水平支撑及斜撑安装，再逐渐向外扩展，以保持支撑系统的稳定性；

⑦墙柱与梁板同时施工时，应先支设墙柱模板，调整固定后，再在其上架设梁板模板；

⑧当墙柱混凝土已经浇灌完毕时，可以利用已灌注的混凝土结构来支承梁板模板；

⑨预组装墙模板吊装就位后，下端应垫平，紧靠定位基准；两侧模板均应利用斜撑调整和固定其垂直度；

⑩支柱在高度方向所设的水平撑与剪刀撑，应按构造与整体稳定性布置；多层及高层建筑中，上下层对应的模板支柱应设置在同一竖向中心线上。

9）模板安装的程序应根据构件类型和特点、施工方法和机械选择、施工条件和环境等确定。一般为先下后上，先内后外，先支模，后支撑，再紧固。

10）基础模板安装一般是分层安装阶梯模板，并用角钢三角撑分层固定。如果土质较好，下层可利用原土削平不另支模，但开挖基坑（槽）必须准确。

11）柱模板安装前先在模板底面用水泥砂浆找平，并调整好柱模板安装底面的标高。或设木框，在木框上安装钢模板。边柱外侧模板需支承在承垫板条上，板条用螺栓固定在下层结构上，如图 4-13 所示；柱模板下端应设清理口，由楼地面起每隔 1～2m 留一道浇筑口。

12）有梁楼板模板安装时要注意桁架之间要设拉结，以保持桁架垂直；模板两端应牢固，中间尽量少设或不设固定点，以便拆模，如图 4-14 所示。

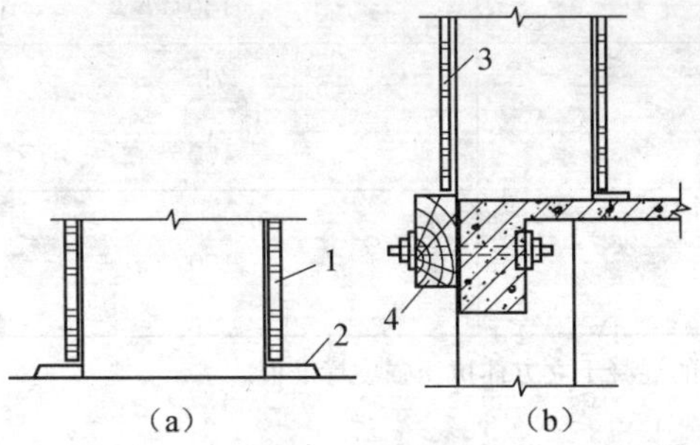

图 4-13　柱模板安装

（a）柱模板安装底面处理；

（b）边柱外侧模板的固定方法

1—柱模板；2—砂浆找平层；

3—边柱外侧模板；4—承垫板条

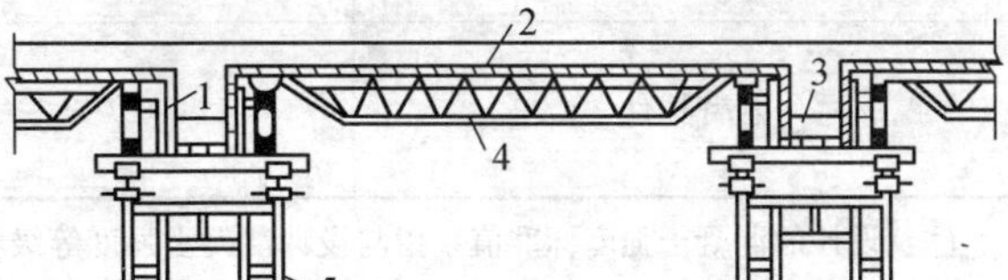

图 4-14　梁楼板模板

1—梁模板；2—楼板模板；

3—对拉螺栓；4—伸缩式桁架

（2）模板及其支架拆除❶

模板及其支架拆除的顺序及安全措施应按施工技术方案执行。应根据混凝土的强度、各个模板的用途、结构的性质、水泥品种及混凝土硬化时的气温等确定。侧模板为非承重模板，可在混凝土强度能保证其表面及棱角不因拆除而损坏时将侧模板拆除。具体时间可参考表 4-2。底模及其支架拆除时的混凝土强度应符合设计要求；当设计无具体要求时，混凝土强度应符合表 4-3 的规定。达到规定强度标准值所需时间可参考表 4-4。现场拆除组合钢模板时应遵守下列规定：

表 4-2　混凝土强度增长时间参考表

水泥的强度等级及品种	混凝土达到设计强度标准值的百分率（%）	硬化时昼夜平均温度（℃）					
		5	10	15	20	25	30
32.5 级普通水泥	50	12	8	6	4	3	2
	75	26	18	14	9	7	6
	100	55	45	35	28	21	18
42.5 级普通水泥	50	10	7	6	5	4	3
	75	20	14	11	8	7	6
	100	50	40	30	28	20	18

表 4-3　拆除底模板时所需混凝土强度

结构类型	结构跨度（m）	按设计的混凝土强度标准值的百分率计（%）
板	≤2	50
	>2，≤8	75
	>8	100
梁、拱、壳	≤8	75
	>8	100
悬臂构件	—	100

注：设计的混凝土强度标准值系指与设计混凝土强度等级相应的混凝土立方体抗压强度标准值。

❶ 《混凝土结构工程施工及验收规范》（GB 50204—2002）规定：

4.1.3　模板及其支架拆除的顺序及相应的施工安全措施对避免重大工程事故非常重要，在制订施工技术方案时应考虑周全。模板及其支架拆除时，混凝土结构可能尚未形成设计要求的受力体系，必要时应加设临时支撑。后浇带模板的拆除及支顶易被忽视而造成结构缺陷，应特别注意。本条为强制性条文，应严格执行。

4.3.1　由于过早拆模、混凝土强度不足而造成混凝土结构构件沉降变形、缺棱掉角、开裂、甚至塌陷的情况时有发生。为保证结构的安全和作用功能，提出了拆模时混凝土强度的要求。该强度通常反映为同条件养护混凝土试件的强度。考虑到悬臂构件更容易因混凝土强度不足而引发事故，对其拆模时的混凝土强度应从严要求。

4.3.5　拆模时重量较大的模板倾砸楼面或模板及支架集中堆放可能造成楼板或其他构件的裂缝等损伤，故应避免。

表 4-4　拆除侧模板的时间参考表

水泥品种	混凝土强度等级	混凝土的平均硬化温度（℃）					
		5	10	15	20	25	30
		混凝土强度达到 2.5MPa 所需天数（d）					
普通水泥	C10	5	4	3	2	1.5	1
	C15	4.5	3	2.5	2	1.5	1
	≥C20	3	2.5	2	1.5	1.0	1
矿渣及火山灰质水泥	C10	8	6	4.5	3.5	2.5	2
	C15	6	4.5	3.5	2.5	2	1.5

1）拆模前应制定拆模程序、拆模方法及安全措施；

2）先拆除侧面模板，再拆除承重模板；

3）组合大模板宜大块整体拆除；

4）支承件和连接件应逐件拆卸，模板应逐块拆卸传递，拆除时不得损伤模板和混凝土；

5）拆下的模板和配件均应分类堆放整齐，附件应放在工具箱内；

6）侧模拆除时的混凝土强度应能保证其表面及棱角不受损伤。模板拆除时，不应对楼层形成冲击荷载。拆除的模板和支架宜分散堆放并及时清运。

（三）大模板

大模板是采用定型化的设计和工厂加工制作而成的一种工具式模板，它的单块模板面积较大，通常是以一面现浇混凝土墙体为一块模板。施工时配以相应的吊装和运输机械，用于现浇钢筋混凝土墙体。它具有安装和拆除简便、施工速度快、尺寸准确、板面平整、结构整体性和抗震性能好、能够进行清水混凝土施工等特点。由于它的工厂化、机械化施工程度高，综合经济技术效益好，因而被广泛应用于各种剪力墙结构的多高层建筑、桥墩和筒仓等结构体系中。

1. 大模板的组成

大模板（图 4-15）由面板构架系统、支撑系统、操作平台系统及连接件等组成。根据大模板对墙面的分块方式的不同，可分为平模、角模和筒形模（又叫筒子模）三种类型，现按模板类型分述其构造如下：

（1）平模

平模一般取房间的一个墙面为一块模板，其板面构架系统由面板、横肋和竖肋组成。面板所用的材料有钢板、胶合板、木板、木纤维板、铝板等。以钢板（厚 3～5mm）和胶合板用得最普遍。横肋和竖肋一般用 6.5～8 号槽钢。

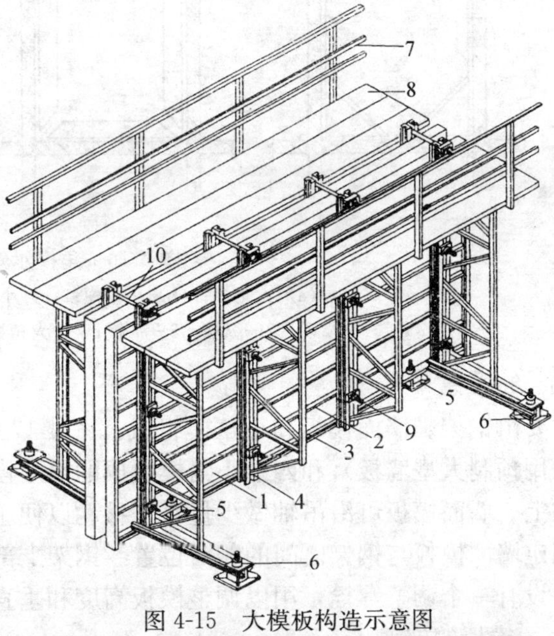

图 4-15　大模板构造示意图

1—面板；2—水平加劲肋；3—支撑桁架；4—竖楞；5—调整水平用的螺旋千斤顶；6—调整垂直用的螺旋千斤顶；7—栏杆；8—脚手板；9—穿墙螺栓；10—卡具

支撑调整系统的作用，是用以保证模板堆放时的稳定性和调整模板的垂直度，由支撑桁架、支腿和调整螺栓组成。支撑桁架由角钢构成，桁架与竖肋相连接，借以加强竖肋的刚度。在模板两侧的支撑桁架底部各伸出一支腿，支腿端部装设一调整螺栓。另在模板下部横肋的两端也各设一调整螺栓。利用这四个调整螺栓即可在模板安装时调整模板的垂直度、水平度和标高，在堆放时可保证模板有一定的倾斜度以防止倾覆。脱模时，只要将支腿端部的两个调整螺栓提起，使模板后斜，待模板脱离混凝土表面后，即可起吊脱模。

操作平台是利用支撑桁架在其上满铺脚手板构成。平台外围有护身栏杆，以保证安全。为便于操作人员上下，在每块模板背后可设上人爬梯。

主要的锚固连接件是穿墙螺栓。它是用以固定墙体两侧模板之间的间距，以保证墙体的准确厚度，并承受混凝土作用于模板的侧压力。在模板各竖肋的上、中、下部各设一道。中间和下部穿墙螺栓因穿过墙体，为了抽卸方便和保证墙体厚度，可在穿墙螺栓外加硬塑料套管（或钢管、预制混凝土管）。竖肋上部的穿墙螺栓一般设在面板高度之外。穿墙螺栓一般用圆钢制成，端部车有丝扣，用螺母拧紧。

（2）角模

角模可分为大角模和小角模两种。大角模是由两块平模组成（4-16a），模板拼缝在墙面中间，影响美观，装拆也较麻烦，已很少采用。小角模则是一个房间由四块平模和四个等边角钢组装而成（图 4-16b），模板拼缝在房间四角。采用角模施工，房间墙角方正，但模板拼接处难以保证平整，因此在接缝处墙面上难免会出现错缝和凹凸现象，拆模后需加以修补。小角模的固定方式是用平模压小角模，用螺栓、压板与平模连接（图 4-16c）。

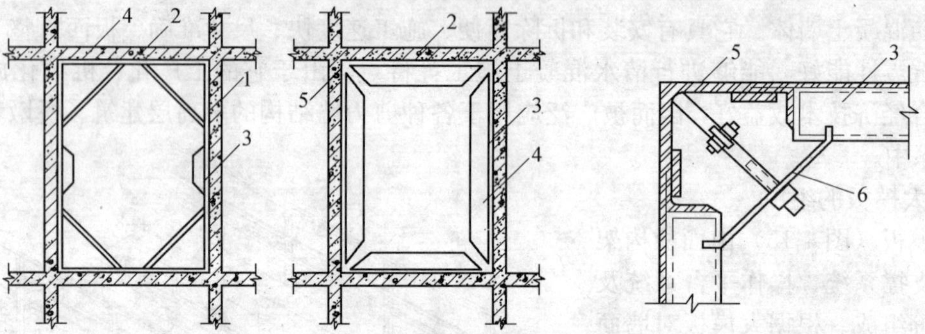

图 4-16　角模示意图

(a) 大角模；(b) 小角模；(c) 小角模与平模连接图

1—横墙；2—纵墙；3—平模；4—大角模；5—小角模；6—压板

（3）筒形模

主要由钢架、墙面模板和小角模组成。图 4-17 所示为由三块墙面模板（另一墙面为外墙，采用预制大型墙板）和四个小角模组成的筒形模。每块墙面模板用两个吊轴悬挂在钢架的立柱上，墙面模板可沿吊轴做少量水平移动以便于拆模起吊。花篮螺丝拉杆和支杆用以调整和固定墙面模板与钢架之间的相对位置。钢架上部铺上木板即为操作平台。钢架四根立柱下端各设有一个调整螺栓，用以调整模板高度和垂直度。

2. 大模板的施工

（1）安装前准备工作

1）大模板安装前应进行施工技术交底。

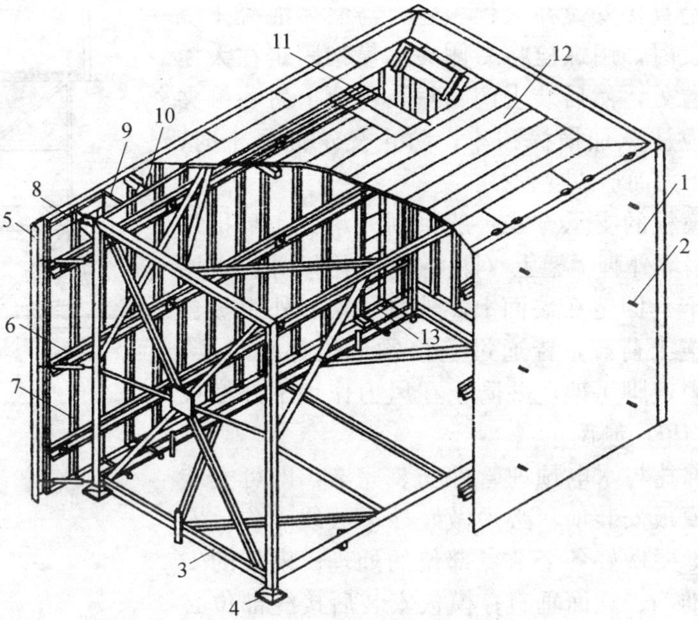

图 4-17 筒形模构造示意图

1—墙面模板；2—穿墙螺栓；3—钢架；4—调整螺栓；5—小角模；6—横肋；7—纵肋；8—吊轴；9—拉杆；10—支杆；11—出入孔；12—操作平台；13—爬梯

2）模板进现场后，应依据配板设计要求清点数量，核对型号。

3）组拼式大模板现场组拼时，应用醒目字体按模位对模板重新编号。

4）大模板应进行样板间的试安装，经验证模板几何尺寸、接缝处理、零部件等准确后方可正式安装。

5）大模板安装前应放出模板内侧线及外侧控制线作为安装基准。

6）合模前必须将模板内部杂物清理干净。

7）合模前必须通过隐蔽工程验收。

8）模板与混凝土接触面应清理干净、涂刷隔离剂，刷过隔离剂的模板遇雨淋或其他因素失效后必须补刷；使用的隔离剂不得影响结构工程及装修工程质量。

9）已浇筑的混凝土强度未达到 $1.2N/mm^2$ 以前不得踩踏和进行下道工序作业。

10）使用外挂架时，墙体混凝土强度必须达到 $7.5N/mm^2$ 以上方可安装，挂架之间的水平连接必须牢靠，稳定。

（2）大模板的安装

1）大模板安装应符合模板配板设计要求。

2）模板安装时应按模板编号顺序遵循先内侧、后外侧，先横墙、后纵墙的原则安装就位。

3）大模板安装时根部和顶部要有固定措施。

4）门窗洞口模板的安装应按定位基准调整固定，保证混凝土浇筑时不移位。

5）大模板支撑必须牢固、稳定，支撑点应设在坚固可靠处，不得与脚手架拉结。

6）紧固对拉螺栓时应用力得当，不得使模板表面产生局部变形。

7）大模板安装就位后，对缝隙及连接部位可采取堵缝措施，防止漏浆、错台现象。

门窗框一般是直接安设在大模板上，与墙体混凝土浇筑成一整体。安设时，用螺栓将一侧夹框模架固定在大模板内面门窗洞位置处，然后装上门窗框，再覆上另一侧夹框模架。门窗框应注意加横撑顶牢，防止浇筑混凝土时，由于混凝土的侧压力而造成变形。

现浇外墙外模板的支承方式一般采用外承式，是指外墙外模板支承在附墙外脚手架上（图 4-18）。附墙外脚手架通过上挂钩和下卡具固定在墙面上。外脚手架、外模板自重、风力和其他施工荷载，皆通过上挂钩传给外墙承受，下卡具主要用来固定脚手架，并防止在风力作用下外模板和脚手架朝建筑物里面倾倒。

当墙体钢筋绑扎与水电预埋管件安装完毕，即可安装墙体大模板；大模板安装前，必须做好抄平放线工作；安装大模板时，关键要做好各个节点部位的处理；模板的安装必须保证位置准确、立面垂直；模板安装后接缝部位必须严密，防止漏浆。

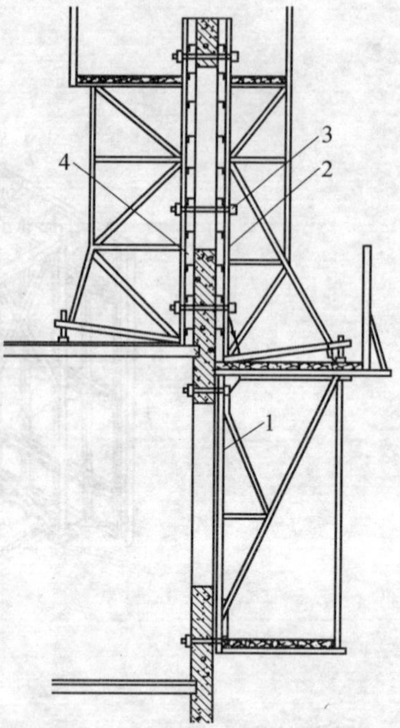

图 4-18　外模板的外承式支撑
1—附墙外脚手架；2—外模板；
3—穿墙螺栓；4—内模板

外墙大模板安装之前，必须先安装三角挂架和平台板；要放好模板的位置线，保证大模板就位准确；外侧大模板经校正固定后，以外侧模板为准，安装内侧大模板。当外墙采取后浇混凝土时，应在内墙、外墙留好连接钢筋，并用堵头模板将内墙端部封严，外墙大模板上的门窗洞口模板必须安装牢固，垂直方正。

装饰混凝土衬模要安装牢固，在大模板安装前认真进行检查，发现松动应及时进行修理，防止在施工中发生位移和变形，防止拆模时将衬模拔出。

（3）大模板安装质量

大模板安装质量应符合下列要求：

1）大模板安装后应保证整体的稳定性，确保施工中模板不变形、不错位、不胀模；

2）模板间的拼缝要平整、严密，不得漏浆；

3）模板板面应清理干净，隔离剂涂刷应均匀，不得漏刷。

（4）大模板的拆除顺序

拆除内侧外墙大模板的连接固定装置→拆除穿墙螺栓及上口卡子→拆除相邻模板之间的连接→拆除门窗洞口模板与大模板的连接件→松开外侧大模板滑动轨道的地脚螺丝紧固件→用撬棍向外侧拔动大模板，使其平稳脱离墙面→松动大模板地脚螺栓，使模板外倾→拆除内侧大模板→拆除门窗洞口模板→清理模板、刷脱模剂→拆除平台板及三角挂架。

脱模后要及时清理模板及衬模上的残渣，刷好脱模剂。

（四）液压滑升模板

液压滑升模板简称滑模，是一种能随混凝土的浇筑自行向上滑升的模板装置。用于现场浇筑高耸的构筑物和建筑物，尤其适于浇筑烟囱、筒仓、电视塔、双曲线冷却塔、竖井、沉井和剪力墙体系等截面变动较小的混凝土结构。

滑模可节省大量模板和脚手架，加快施工进度，降低工程费用，但滑模设备一次性投资较多，耗钢量较大，对建筑物截面变化频繁者施工起来比较麻烦。

1. 滑模的构造

滑模由模板系统、操作平台系统和提升系统三部分组成，如图 4-19 所示。

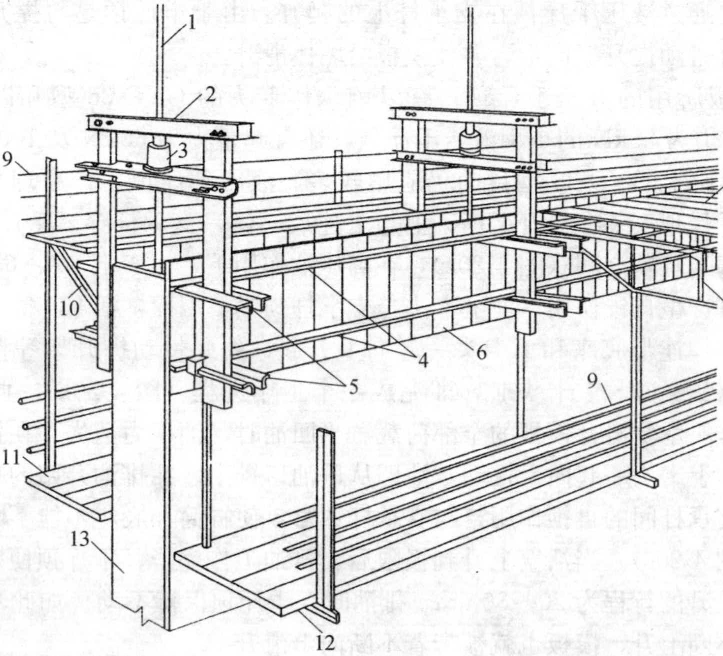

图 4-19　滑升模板

1—支撑杆；2—提升架；3—液压千斤顶；4—围圈；5—围圈支托；6—模板；7—内操作平台；8—平台桁架；9—栏杆；10—外挑三脚架；11—外吊脚手；12—内吊脚手；13—混凝土墙体

（1）模板系统

模板系统包括模板、围圈和提升架等。模板用于成型混凝土，承受新浇混凝土的侧压力，多用钢模或钢木组合模板。模板的高度取决于滑升速度和混凝土达到出模强度（0.2～0.4N/mm^2）所需的时间，一般高 1.0～1.2m。为防止滑升过程中混凝土与模板的粘结引起滑升困难，应将模板做成上口小、下口大的锥形，单面锥度约 0.2%～0.5%。两块模板的间距控制则以模板上口以下 2/3 模板高度处的净间距为结构断面的厚度。围圈用于支承和固定模板，一般情况下，模板上下各布置一道，它承受模板传来的水平侧压力（混凝土的侧压力和浇筑混凝土时的水平冲击力）和由摩阻力、模板与围圈自重（如操作平台支承在围圈上，还包括平台自重和施工荷载）等产生的竖向力。围圈可视为以提升架为支承的双向弯曲的多跨连续梁，材料多用角钢或槽钢，以其最不利受力情况计算确定其截面。提升架的作用是固定围圈，把模板系统和操作平台系统连成整体，承受整个模板系统和操作平台系统的全部荷载并将其传递给液压千斤顶。提升架分单横梁式与双横梁式两种，多用型钢制作，其截面按框架计算确定。

（2）操作平台系统

操作平台系统包括操作平台、内外吊脚手架和外挑脚手架，它是施工操作的场所。其承重构件（平台桁架、钢梁、铺板、吊杆等）根据其受力情况按一般的钢结构进行计算。

（3）液压系统

液压系统包括支承杆、液压千斤顶和液压操纵装置等，它是使滑升模板向上滑升的动力装置。支承杆既是液压千斤顶向上爬升的轨道，又是滑升模板的承重支柱，它承受施工过程中的全部荷载，其规格要与选用的千斤顶相适应。

2. 滑升原理

滑模的滑升是通过液压千斤顶在支承杆上的爬升。由于千斤顶是与提升架连接在一起的，千斤顶的爬升带动提升架向上，并使模板沿墙体滑升。

目前滑升模板所用的液压千斤顶，有以钢珠作卡头的 GYD-35 型和以楔块作卡头的 QYD-35 型等起重力为 35kN 的小型液压千斤顶，还有起重力为 60kN 及 100kN 的中型液压千斤顶 YL50-10 型等。GYD-35 型目前仍应用较多。液压千斤顶工作原理如图 4-20 所示。施工时，将液压千斤顶安装在提升架横梁上与之连成一体，支承杆穿入千斤顶的中心孔内。当高压油压入活塞与缸盖之间（图 4-20a），在高压油作用下，由于上卡头（与活塞相连）内的小钢珠与支承杆产生自锁作用，使上卡头与支承杆锁紧，因而，活塞不能下行。于是在油压作用下，迫使缸体连带底座和下卡头一起向上升起，由此带动提升架等整个滑升模板上升。当上升到下卡头紧碰着上卡头时，即完成一个工作进程（图 4-20b）。此时排油弹簧处于压缩状态，上卡头承受滑升模板的全部荷载。当回油时，油压力消失，在排油弹簧的弹力作用下，把活塞与上卡头一起向上推动，油即从进油口排出。在排油开始的瞬间，下卡头又由于其小钢珠与支承杆间的自锁作用，与支承杆锁紧，使缸筒和底座不能下降，接替上卡头所承受的荷载（图 4-20c）。当活塞上升到极限后，排油工作完毕，千斤顶便完成一个上升的工作循环。一次上升的行程为 20～30mm。排油时，千斤顶保持不动。如此不断循环，千斤顶就沿着支承杆不断上升，模板也就被带着不断向上滑升。

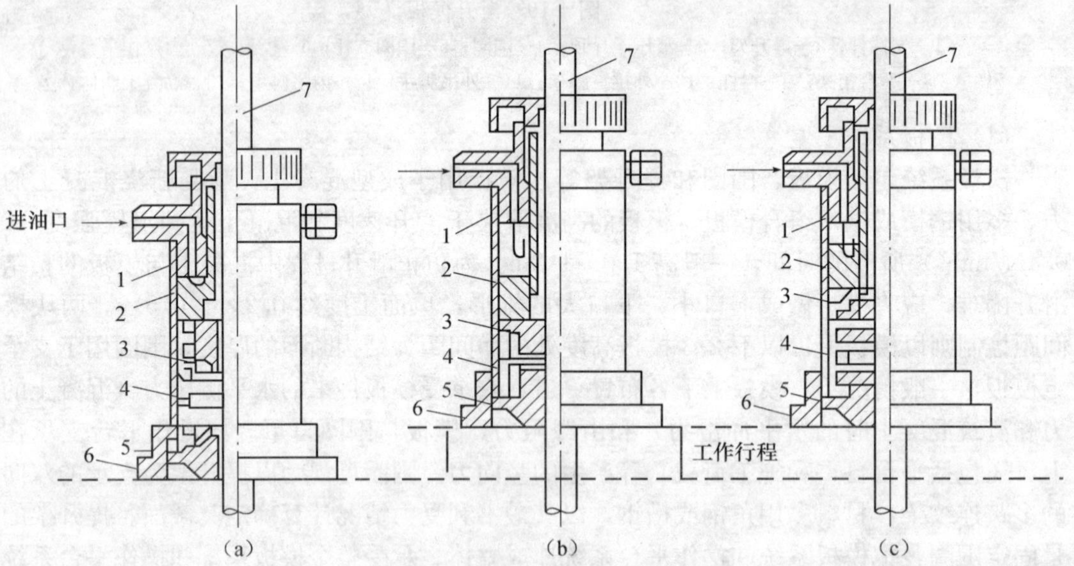

图 4-20　液压千斤顶工作原理

(a) 进油；(b) 加压上升；(c) 回油

1—缸筒；2—活塞；3—上卡头；4—排油弹簧；5—下卡头；6—底座；7—支承杆

液压千斤顶的进油、回油是由油泵、油箱、电动机和换向阀、溢流阀等集中安装在一起的液压控制台操纵进行。液压控制台放在操作平台上，随滑升模板装置一起同时上升。

滑升模板施工一般为连续作业，中途不停歇，机械化程度较高。因此，要求有严密的施工组织，施工机具、劳动力和材料应按连续施工的要求做好充分准备，供水、供电必须安全可靠，施工过程中必须加强施工管理，各工种要紧密配合协作，精心操作，才能确保工程质量、施工进度和施工安全。

施工时，先进行滑升模板装置的组装工作。组装工作完成，经过检查核对，证明组装质量符合要求后，即可进入混凝土的浇筑等滑升施工阶段。

在滑升模板施工过程中，绑扎钢筋、浇筑混凝土、提升模板这三个工序是相互配合地进行工作的。在上述主要工序之间，穿插进行其他各项工作，如接长支承杆、留设门窗孔洞和预埋件、支设梁底模板、特殊部位处理、修饰混凝土表面、养护混凝土、观测和控制建筑物垂直度的偏差等。滑升完毕后，最后进行模板装置的拆除。

（五）爬升模板

爬升模板简称爬模，它是施工剪力墙和筒体结构的混凝土结构高层建筑和桥墩、桥塔等的一种有效的模板体系，我国已推广应用。由于模板能自爬，不需起重运输机械吊运，减少了施工中的起重运输机械的工作量，能避免大模板受大风的影响。由于自爬的模板上还可悬挂脚手架，所以可省去结构施工阶段的外脚手架，因此其经济效益较好。

爬升工艺可选用模板与爬架互爬、模板与模板互爬及整体爬升等。模板与爬架互爬称为有爬架爬模，模板与模板互爬称为无爬架爬模。

1. 有爬架爬模

有爬架爬模一般由爬升模板、爬架和爬升设备三部分组成。如图 4-21 所示为一种有爬架爬模。其下部设有附墙架，附墙架用螺栓固定在下层混凝土结构上；上部支承立柱坐落在附墙架上，与之成为整体。支承立柱上端有挑横梁，用以悬吊提升爬升模板用的动力装置（如电动葫芦等），通过动力装置起动模板提升。模板顶端有提升爬架用动力设备，在模板固定后，通过它提升爬架。由此，爬架与模板相互提升，向上施工。爬升模板的背面还可悬挂外脚手架，为模板、钢筋及混凝土等施工提供作业平台。

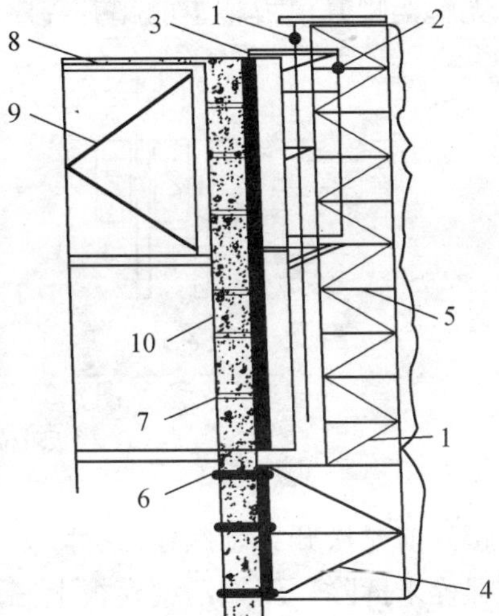

图 4-21　有爬架爬升模板

1—提升模板的动力装置；2—提升爬架的动力装置；3—外模板；4—爬架的附属架；5—爬架的支承立柱；6—附属螺栓；7—预留孔；8—楼板模板；9—楼板模板支架；10—混凝土墙体

内外墙体爬模施工顺序为：第一层墙体混凝土的浇筑，采用大模板工程一般常规方法进行。待第一层外墙拆模后，即可进行外爬架和外侧外墙模板的安装。待一层楼板浇筑混凝土后，即可安装内爬架及外墙外侧模板和内墙模板。内爬架的安装，应先将控制轴线引测到楼层，并弹出各开间墙体中心线，才能做内爬架限位。水平标高的控制，可采取在每根内爬架上画出 50cm 高的红色标记。爬架的提升靠外墙的内爬架，作为以后提升内、外模板的连接依靠。为了施工安全和便于绑扎外墙钢筋，当外爬架提升后应立即提升外墙外侧模板，并在模板到位后立即用螺栓与内爬架连接，随即清理模板和涂刷脱模剂。

2. 无爬架爬模

无爬架爬模的特点是取消了爬架，模板有甲、乙两类，爬升时两类模板互为依托，用提升设备使两类相邻模板交替爬生。

无爬架爬模的甲型模板为窄板，高度大于两个层高；乙型模板要按建筑物外墙尺寸配制，高度略大于层高，与下层外墙稍有搭接，避免漏浆和错台。两种模板交替布置，甲型模板布置在内外墙交接处，或大开间外墙的中部，每块模板的左右均拼接有调节板缝的钢板以调节板缝，并使模板两侧形成轨槽以利模板的爬升。模板的背部设有背楞加强模板的整体刚度，同时作为模板爬升的依托。内外模板用直径 16mm 的 HPB235 级钢筋做穿墙螺栓连接固定。在乙型模板的下面用竖向背楞做生根处理，背楞上端设有连接板，用以支撑其上的乙型模板（图 4-22）。连接板与模板、生根背楞均用螺栓连接，以便调整模板的垂直度。

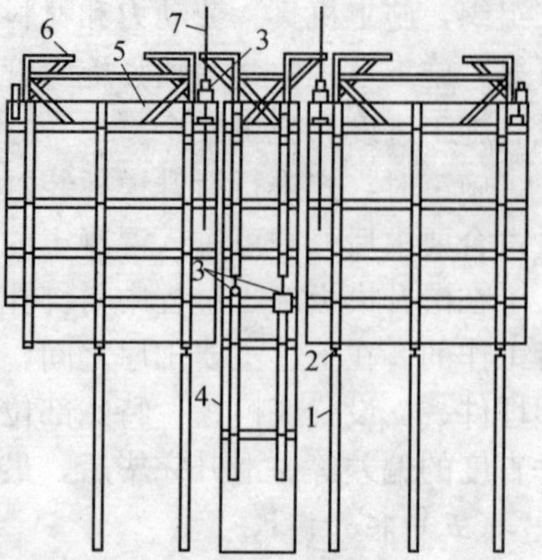

图 4-22　无爬架模板构造示意图

1—“生根”背楞；2—连接板；
3—液压千斤顶；4—甲型模板；
5—乙型模板；6—三角爬架；7—卡座

无爬架爬模的爬升装置由三角爬架、爬杆、卡座和液压千斤顶组成。三角爬架插在模板上口两端套筒内，套筒用“U”形螺栓与竖向背楞连接，三角爬架可自由回转，用以支承卡座和爬杆。爬杆用直径为 25mm 的圆钢制成，上端用卡座固定在三角爬架上。每块模板上装两台起重量为 3.5t 的液压千斤顶，甲型模板安装在模板中间偏下处，乙型模板安装在模板上口两端。供油用齿轮泵，输油管用高压胶管。

无爬架爬模的操作平台用三角挑架作支撑。安装在乙型模板竖向背楞和它下面的生根背楞上，共设置三道，上面铺脚手板，外测设护栏和安全网。上、中层平台供安装、拆除模板时使用，并在中层平台上加设模板支撑一道，使模板、挑架和支撑形成稳固的整体，并用来调整模板的角度，也便于拆模时松动模板；下层平台供修理墙面用。

无爬架爬升模板施工的爬升程序如图 4-23 所示。

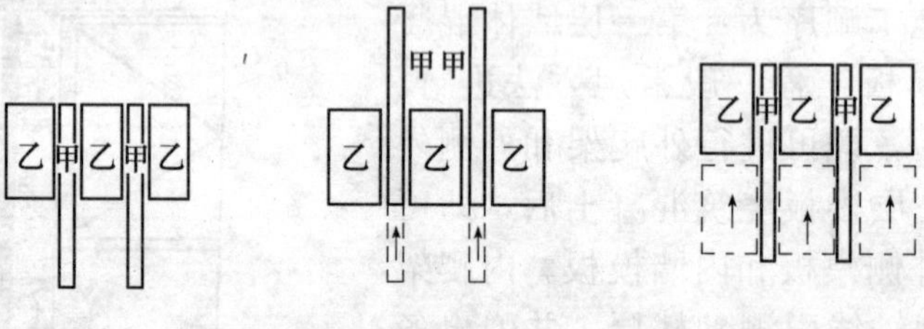

图 4-23　无爬架爬升模板施工爬升程序

(a) 模板就位、浇筑混凝土；(b) 甲型模板爬升；
(c) 乙型模板爬升就位，浇筑混凝土

爬升前先松开穿墙螺栓，拆除内模板，并使外墙外侧的甲、乙型模板与混凝土脱离，但穿墙螺栓未拆除。调整乙型模板上三角架的角度，装上爬杆并用卡座卡紧，爬杆下端穿入甲型模板中部的千斤顶中。然后拆除甲型模板底部的穿墙螺栓，装好限位卡，启动液压泵，将甲型模板爬至预定高度，随即用穿墙螺栓与墙体固定。待甲型模板爬升后，再爬升乙型模板，首先松开卡座，取出乙型模板上的爬杆，然后调整甲型模板三角爬架的角度，装上爬杆，用卡座卡紧，并使爬杆下端穿入乙型模板上端的千斤顶中，再拆除乙型模板上上口的穿墙螺栓，使模板与墙体脱离，即可爬升乙型模板。校正甲、乙两种模板，安装好内模，装好穿墙螺栓并紧固，即可浇筑混凝土。施工时，应使每个流水段内的乙型模板同时爬升，模板不得单块爬升。模板的爬升，可安排在楼板支模和绑扎钢筋的同时进行，故不占用施工工期，有利于加快工程进度。

（六）隧道模施工

1. 隧道模组成及构造

隧道模系由大模板和台模相结合而构成，可用作同时浇筑墙体和楼板的混凝土。它由顶板、墙板、横梁、支撑和滚轮等组成，用后放松支撑，使模板回缩，可从开间内整体移出。每个房间的模板，先用若干个单元角模连接成半隧道模，再由两个半隧道模拼成门型模板。脱模后形似矩形隧道，故称隧道模。隧道模最适用于标准开间，对于非标准开间，可以通过加入插板或台模结合而使用。它还可解体改装作其他模板使用。其使用效率较高、施工周期短。

（1）全隧道模

全隧道模中以德国的全钢隧道模最为典型。该隧道模由墙模板、楼板模板、连接件和支撑件等组成，如图 4-24 所示。

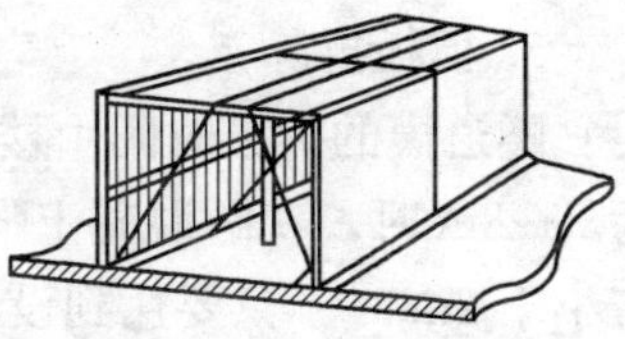

图 4-24　全隧道模

墙模板和楼板模板均用钢板为面板，槽钢为背楞组焊而成，墙模板与楼板模板组拼成“[ ]”形。隧道模装拆时的升降以及板面标高的调整依靠设置在墙模板底下的底座千斤顶。装拆模板时，水平方向的伸缩依靠楼板模板跨中拼缝处的可调连接钩（铰接松动装置）及墙模板下部的水平可调支撑。楼板模板的撑紧和起拱依靠墙模和楼板模间的可调斜撑。隧道模拆除降落后，依靠设置在墙模底部的滚轮移出吊运至新的支模位置。

（2）半隧道模

半隧道模墙模板与不到二分之一楼板宽度的楼板模板组合拼接成“［”形整体模板，即组合式半隧道模。

2. 隧道模安装

全隧道模与半隧道模的施工工艺流程大致相同，其流程如下：

施工放线→导墙支模、浇混凝土、拆模→绑扎墙体钢筋→安装走道芯模、门窗及各种预留孔洞模框→隧道模吊装就位、校正、紧固连接件和支承件等→绑扎楼板钢筋→浇筑墙、板混凝土→养护（同时做上一层的导墙）→脱模、吊运至下一个支模位置。

（1）导墙施工

隧道模就位位置正确与否取决于导墙。导墙是先于隧道模安装而浇筑的，墙下部距楼地面约 100mm 高范围内的一段混凝土墙。

导墙施工要控制其几何尺寸、中线标高、门洞尺寸等，并注意保证混凝土浇筑质量。每个楼层施工前，均应用经纬仪将纵横轴线投测到楼地面上，并认真弹好各墙边线及门洞位置线。支模时，内撑及外夹具应对称设置，撑夹牢固。拆模时应避免损伤边角。拆模后，用水准仪将楼层标高线投测在导墙两侧并弹上墨线，作为安装隧道模时控制标高的依据。

（2）模板安装

隧道模的组装选择在施工现场的平整场地上进行。对于半隧道模，先立墙模板，在其下面用方木或混凝土垫块垫三个支点，并设防止倾倒的临时支撑，装上行走机构，然后吊装楼板模板，架设临时垂直支撑，用螺栓临时将墙模和楼板模两端连接，最后安装垂直和水平模板的斜撑，调平楼板模板，拧紧全部连接螺栓。

在墙钢筋绑扎后，按顺序逐个房间安装隧道模。将隧道模吊装就位后，先放置于方垫木上，再调整底座千斤顶，使墙模离开短方垫木，模板下口与导墙的水平标高控制线平齐，用木楔对楔紧，调紧水平支撑杆和斜撑杆等。相邻两房间的隧道模安装后，即可用穿墙对拉螺栓将两墙模拉结紧固在一起。

全套隧道模安装完毕后，必须对模板间的几何尺寸、模板的垂直度和水平偏差等进行详细检查，并进行校正。

(3) 墙、板混凝土浇筑

浇筑混凝土按先墙后板的顺序进行。为防止或减少隧道模在浇筑混凝土过程中移位和变形，浇筑墙体混凝土时，先浇走道墙，后浇横墙；先浇中部墙，后浇边缘墙；并注意分组对称浇筑。在浇筑墙体混凝土时，可穿插楼面上的埋设电线管以及受绑扎板面负弯矩钢筋等作业，在浇完墙体混凝土后，即可着手浇筑楼板混凝土。楼板混凝土浇筑按先走道后房间、先中部后边缘的次序进行。

3. 模板拆除

隧道模的拆模时间由楼板混凝土实际强度控制。按照规范规定，现浇混凝土板，当板跨为2～8m时，实际混凝土强度必须达到设计混凝土强度标准值的75%时，方可拆模；当板跨小于2m时，只要达到设计混凝土强度标准值的50%即可拆模。全隧道模必须满足前者要求，半隧道模因设置了保留的中间模板带，只要满足后者要求即可拆模。具体拆模时间的把握由同条件养护的试块试验确定。

隧道模拆模的顺序可按照先走道后房间、先外模后内模以及混凝土先浇筑的模板先拆、后浇筑的后拆的原则进行。隧道模拆模的方法为：先松开所有的对拉螺栓和不需要保留的垂直支撑，松动底座千斤顶，取掉木垫块，使模板在自重下脱模，降落在混凝土楼地面上。

三、模板系统设计

模板系统的设计，包括选型、选材、荷载计算、拟定制作安装和拆除方案、绘制模板图等。模板及其支架应根据工程结构形式、荷载大小、地基土类别、施工设备和材料供应等条件进行设计。模板及其支架应具有足够的承载能力、刚度和稳定性，能可靠地承受浇筑混凝土的重量、侧压力以及施工荷载❶。

常用定型模板在其适用范围内一般无须进行设计或验算。而对一些特殊结构、新型体系模板，或超出适用范围的一般模板，则应进行设计或验算。

(一) 组合钢模板配板设计

组合钢模板的配板设计是指根据需要对不同规格的模板进行合理组合的过程，配板设计的原则是要保证构件的形状尺寸及相互位置尺寸的正确，使模板能够承担新浇筑混凝土的重量和侧压力及施工荷载。模板配置应优先选用通用、大块模板，使其达到型号少、数量少、镶拼木条数量少，结构简单，拆装方便，不妨碍其他工序的施工。模板沿板长方向拼接应错开布置，以增强模板的整体性；模板的支撑系统应能够承担模板的荷载，保证模板在各种荷载作用下的变形在允许范围以内。

钢模板的配板组合排列，要结合工程实际参照表4-5和表4-6选配模板。表4-5和表4-6是以长度为1500mm，900mm，600mm，450mm，宽度为300mm，200mm，150mm，

---

❶ 《混凝土结构工程施工及验收规范》(GB 50204—2002) 规定：

4.1.1 本条提出了对模板及其支架的基本要求，这是保证模板及其支架的安全并对混凝土成型质量起重要作用的项目。多年的工程实践证明，这些要求对保证混凝土结构的施工质量是必需的。本条为强制性条文，应严格执行。

100mm 的常用规格为例，并以 300mm×1500mm×55mm 的钢模板为主规格模板的配板表。

表 4-5　横排时基本长度配板表（mm）

配模长度＼主板 序号	0／1	1／2	2／3	3／4	4／5	5／6	6／7	7／8	8／9	其余规格块数
1	1500	3000	4500	6000	7500	9000	10500	12000	13500	
2	1650	3150	4650	6150	7650	9150	10650	12150	13650	2×600＋1×450＝1650
3	1800	3300	4800	6300	7800	9300	10800	12300	13800	2×900＝1800
4	1950	3450	4950	6450	7950	9450	10950	12450	12450	1×450＝450
5	2100	3600	5100	6600	8100	9600	11100	12600	14100	1×600＝600
6	2250	3750	5250	6750	8250	9750	11250	12750	14250	2×900＋1×450＝2250
7	2400	3900	5400	6900	8400	9900	11400	12900	14400	1×900＝900
8	2550	4050	5550	7050	8850	10050	11550	13050	14550	1×600＋1×450＝1050
9	2700	4200	5700	7200	8700	10200	11700	13200	14700	2×600＝1200
10	2850	4350	5850	7350	8850	10350	11850	13350	14850	1×900＋1×450＝1350

表 4-6　横排时基本高度配板表（mm）

配模长度＼主板 序号	0／1	1／2	2／3	3／4	4／5	5／6	6／7	7／8	8／9	9／10	其余规格块数
1	300	600	900	1200	1500	1800	2100	2400	2700	3000	
2	350	650	950	1250	1550	1850	2150	2450	2750	3050	1×200＋1×150＝360
3	400	700	1000	1300	1600	1900	2200	2500	2800	3100	1×100＝100
4	450	750	1050	1350	1650	1950	2250	2550	2850	3150	1×150＝150
5	500	800	1100	1400	1700	2000	2300	2600	2900	3200	1×200＝200
6	550	850	1150	1450	1750	2050	2350	2650	2950	3250	1×150＋1×100＝250

注：高度 3.3m 以上照此类推。

1. 模板横向排列合理方式的选用

当模板以 300mm×1500mm×55mm 为主板做横向排列时，各适用长度列于表 4-5。使用此表时，首先从上而下、从左到右，找到配板长度的范围，然后由最上一行找到所需钢模板主规格的模板数量，不足之处，再由其余规格数栏中查找。表中斜线分为两种情况，分别对应采用。

2. 模板竖向排列合理方式的选用。当模板竖排时，可看作将该配板平面旋转 90°，即将高度当作横向长度，仍可采用表 4-5 配板。然后将长度方向当作高度，再按表 4-6 查出主规格模板块数，不足部分，再以 200mm，150mm，100mm 宽的钢模板补足，其组合方式及所需块数由其余规格块数一列中查出。任何高度需镶拼的木板的宽度，均不超过 40mm。

3. 梁、柱模板的排列

梁、柱模板的排列，可按梁、柱及条形基础的配板平面，接构件长度方向配置。表 4-7 按边宽或边高列出模板数量最少的排列方案，另外列出三种参考方案供选用。

表 4-7 梁、柱端面按模板宽度的配板表（mm）

序号	断面边长	排列方案	参考方案		
			Ⅰ	Ⅱ	Ⅲ
1	150	150			
2	200	200			
3	250	150+100			
4	300	300	200+100	150×2	
5	350	200+150	150+100×2		
6	400	300+100	200×2	150×2+100	
7	450	300+150	200+150+100	150×3	
8	500	300+200	300+100×2	200×2+100	200+150×2
9	550	300+150+100	200×2+150	150×3+100	
10	600	300×2	300+200+100	200×3	
11	650	300+200+150	200+150×3	200×2+150+100	300+150+100×2
12	700	300×2+100	300+200×2	200×3+100	
13	750	300×2+150	300+200+150+100	200×3+150	
14	800	300×2+200	300+200×2+100	300+200+150×2	300+200×2+100
15	850	300×2+150+100	300+200×2+150	200×3+150+100	
16	900	300×3	300×2+200+100	300+200×3	200×4+100
17	950	300×2+200+150	300+200×2+150+100	300+200+150×3	150+200×4
18	1000	300×3+100	300×2+200×2	300+200×3+100	200×5
19	1050	300×3+150	300×2+200+150+100	300×2+150×3	

4. 钢模板配板示例

【例 4-1】 某钢筋混凝土柱的断面尺寸为 600mm×500mm，净高为 3.24m，做配板设计。

【分析】 柱模板的配板应沿柱高竖向配板，具体方法为：首先根据柱高尺寸，按照表 4-5 选用长度方向的模板规格组配方案；再依照柱断面尺寸，按照表 4-7 选用宽度方向模板规格组配方案。

（1）按表 4-5，高度方向选用 2 块 P3015 钢模板。在柱宽 600mm 方向上，设置横向 200mm×600mm 的钢模板一块，这样，配板总高为 3.2m，余下 40mm 拼接木板；在宽度 500mm 方向上，设置横向 200mm×450mm 的钢模板一块，余 40mm 及模板旁 200mm×50mm 处均拼接木板。

（2）按表 4-7，宽度 600mm 方向用 2×300mm，即选用 2 块宽度为 300mm 的钢模板并列，宽度 500mm 方向用 300mm＋200mm，即选用宽度为 300mm 和 200mm 的钢模板各一块并列。配板方法如图 4-25 所示，柱的四角采用连接角模连接两侧的钢模板。

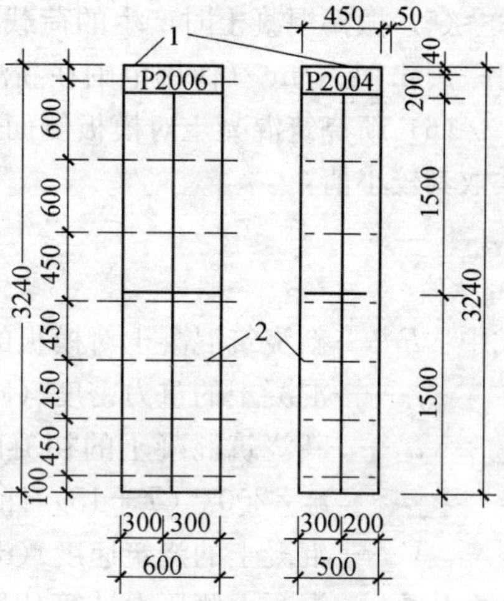

图 4-25 柱模配板

1—拼镶木料；2—柱箍

（二）模板结构荷载设计

1. 荷载

计算模板及其支架的荷载，应根据构件的特点及模板的用途考虑下列荷载的标准值。

（1）模板及支架自重标准值。肋形楼板及无梁楼板模板的自重标准值见表 4-8。

表 4-8 模板及支架自重标准值（kN/m^3）

模板构件的名称	木模板	组合钢模板	钢框胶合板模板
平板的模板及小楞	0.30	0.50	0.40
楼板模板（其中包括梁的模板）	0.50	0.75	0.60
楼板模板及其支架（楼层高度为 4m 以下）	0.75	1.10	0.95

（2）新浇混凝土自重标准值。对普通混凝土，可采用 $24kN/m^3$；对其他混凝土，可根据实际重力密度确定。

（3）钢筋自重标准值。按设计图纸计算确定。一般按每立方米混凝土含钢量计算：框架梁为 $1.5kN/m^3$；楼板为 $1.1kN/m^3$。

（4）施工人员及设备荷载标准值：

计算模板及直接支承模板的小楞时，对均布荷载取 $2.5kN/m^2$，另应以集中荷载 2.5kN 再行验算，比较两者所得的弯矩值，按其中较大者采用；

计算直接支承小楞结构构件时，均布活荷载取 $1.5kN/m^2$；

计算支架立柱及其他支承结构构件时，均布活荷载取 $1.0kN/m^2$。

对大型浇筑设备如上料平台、混凝土输送泵等，按实际情况计算。混凝土堆集料高度超过 100mm 以上者，按实际高度计算。模板单块宽度小于 150mm 时，集中荷载可分布在相邻的两块板上。

（5）振捣混凝土时产生的荷载标准值。对水平面模板可采用 2.0kN/m²；对垂直面模板可采用 4.0kN/m²（作用范围在新浇筑混凝土侧压力的有效压头高度以内）。

（6）新浇筑混凝土对模板侧面的压力标准值。采用内部振捣器时，可按以下两式计算，并取其较小值：

$$F = 0.22\gamma_c t_0 \beta_1 \beta_2 V^{\frac{1}{2}} \tag{4-1}$$

$$F = \gamma_c H \tag{4-2}$$

式中 F——新浇筑混凝土对模板的最大侧压力（kN/m²）；

γ_c——混凝土的重力密度（kN/m³）；

t_0——新浇筑混凝土的初凝时间（h），可按实测确定。当缺乏试验资料时，可采用 $t_0=200/(T+15)$ 计算（T 为混凝土的温度℃）；

V——混凝土的浇筑速度（m³/h）；

H——混凝土侧压力计算位置处至新浇筑混凝土顶面的总高度（m）；

β_1——外加剂影响修正系数，不掺外加剂时取 1.0；掺具有缓凝作用的外加剂时取 1.2；

β_2——混凝土坍落度影响修正系数，当坍落度小于 30mm 时，取 0.85；坍落度为 50～90mm 时，取 1.0；坍落度为 110～150mm 时，取 1.15。

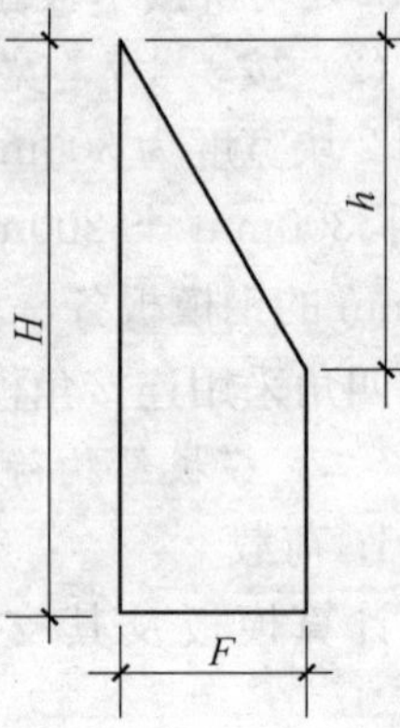

图 4-26 侧压力计算分布图

混凝土侧压力的计算分布图形，如图 4-26 所示。图中 h 为有效压头高度：

$$h = F/\gamma_c \tag{4-3}$$

（7）倾倒混凝土时产生的荷载标准值。倾倒混凝土时对垂直面模板产生的水平荷载标准值，可按表 4-9 采用。

表 4-9 倾倒混凝土时产生的水平荷载标准值（kN/m²）

向模板内供料方法	水平荷载
溜槽、串筒或导管	2
容积小于 0.2m³ 的运输器具	2
容积为 0.2～0.8m³ 的运输器具	4
容积为大于 0.8m³ 的运输器具	6

注：作用范围在有效压头高度以内。

除上述 7 项荷载外，当水平模板支撑结构的上部继续浇筑混凝土时，还应考虑由上部传递下来的荷载。计算模板及其支架的荷载设计值，应为荷载标准值乘以相应的荷载分项系数，见表 4-10。

表 4-10　模板及支架荷载分项系数

项次	荷载类别	γ_i
1	模板及支架自重	1.2
2	新浇筑混凝土自重	
3	钢筋自重	
4	施工人员及施工设备荷载	1.4
5	振捣混凝土时产生的荷载	
6	新浇筑混凝土对模板侧面的压力	1.2
7	倾倒混凝土时产生的荷载	1.4

2. 荷载折减（调整）系数

由于模板工程属临时性工程，因此对钢模板及其支架的设计，其荷载设计值可乘以 0.85 系数予以折减，但其截面塑性发展系数取 1.0；采用冷弯薄壁型钢材，荷载设计值不予折减；对木模板及其支架的设计，当木材含水率小于 25%时，其荷载设计值可乘以 0.9 系数予以折减；在风荷载作用下，验算模板及其支架的稳定性时，其基本风压值可乘以 0.8 系数予以折减。

3. 荷载组合

荷载类别及编号见表 4-11；荷载组合见表 4-12。

表 4-11　荷载类别及编号

名称	类别	编号
模板结构自重	恒载	①
新浇筑混凝土自重	恒载	②
钢筋自重	恒载	③
施工人员及施工设备荷载	活载	④
振捣混凝土时产生的荷载	活载	⑤
新浇筑混凝土对模板侧面的压力	恒载	⑥
倾倒混凝土时产生的荷载	活载	⑦

表 4-12　荷载组合

构件模板组成	参与组合的荷载项	
	计算承载能力	验算刚度
平板和薄壳的模板及其支架	①+②+③+④	①+②+③
梁和拱模板的底板及支架	①+②+③+⑤	①+②+③
梁、拱、柱（边长≤300mm）、墙（厚≤100mm）的侧面模板	⑤+⑥	⑥
厚大结构、柱（边长>300mm）、墙（厚>100mm）的侧面模板	⑥+⑦	⑥

4. 模板结构的挠度要求

模板结构除必须保证足够的承载能力外，还应保证有足够的刚度。因此，应验算模板及其支架的挠度，其最大变形值不得超过下列允许值：

（1）对结构表面外露（不做装修）的模板，为模板构件计算跨度的 1/400；

（2）对结构表面隐蔽（做装修）的模板，为模板构件计算跨度的 1/250；

（3）支架的压缩变形值或弹性挠度，为相应的结构计算跨度的 1/1000。

对跨度不小于 4m 的现浇钢筋混凝土梁、板，其模板应按设计要求起拱；当设计无具体要求时，起拱高度宜为跨度的 1/1000～3/1000❶。

四、现浇混凝土模板简易计算

模板是现浇混凝土工程量大而广的临时性结构，根据《混凝土结构工程施工质量及验收规范》（GB 50204—2002）的要求，在支模前，应对模板结构进行承载力计算和刚度验算，以保证工程质量和施工操作安全，但精确计算较为烦琐和费时，以下介绍简化计算方法。当作用在模板上的荷载值确定后，即可快速、简易地计算出模板结构的各项有关技术数据或对已有或已支设的模板结构进行校核，可做到胸中有数，不致出现质量和安全问题。

（一）梁模采用组合钢模板计算

1. 组合钢模板底模

梁模采用组合钢模板时，多用钢管脚手支模，由梁模、小楞、大楞和立柱组成（图4-27）。梁底模受均布线荷载作用按简支梁计算，按强度和刚度的要求，允许的跨度按下式计算：

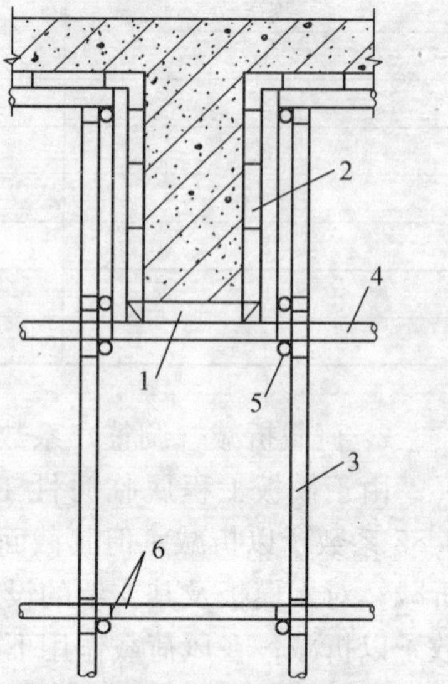

图 4-27　梁组合钢模板底模板

1—梁底模；2—梁侧模板；3—钢管立柱；4—小楞；5—大楞；6—纵横向支撑

按强度要求

$$M=\frac{1}{8}q_1l^2\leqslant[\sigma]W$$

$$l=\sqrt{\frac{8M}{q_1}}\leqslant\sqrt{\frac{8[\sigma]W}{q_1}}=\sqrt{\frac{8\times 215W}{q_1}}$$

即

$$l\leqslant 41.5\sqrt{\frac{W}{q_1}} \tag{4-4}$$

按刚度要求

$$w=\frac{5q_1'l^4}{384EI}\leqslant[w]=\frac{l}{400}$$

$$l\leqslant 34.3\sqrt[3]{\frac{I}{q_1'}} \tag{4-5}$$

式中　M——计算最大弯矩（N·mm）；

q_1——作用在梁底模上的均布荷载设计值（N/mm）；

q_1'——验算刚度时，作用在梁底模上的均布荷载标准值（N/mm）；

l——计算跨距，对底板为顶撑立柱纵向间距（mm）；

$[\sigma]$ ——钢材的抗拉、抗压、抗弯强度设计值，Q235 钢取 215N/mm^2；

---

❶ 《混凝土结构工程施工质量验收规范》（GB 50204—2002）规定：

4.2.5　检查数量：在同一检验批内，对梁，应抽查构件数量的 10%，且不少于 3 件；对板，应按有代表性的自然间抽查 10%，且不少于 3 间；对大空间结构，板可按纵、横轴线划分检查面，抽查 10%，且不少于 3 面。

对跨度较大的现浇混凝土梁、板，考虑到自重的影响，适度起拱有利于保证构件的开头和尺寸。执行时应注意本条的起拱高度未包括设计起拱值，而只考虑模板本身在荷载下的下垂，因此对钢模板可取偏小值，对木模板可取偏大值。

本规范中，凡规定抽样检查的项目，应在全数观察的基础上，对重要部位和观察难以判定的部位进行抽样检查。抽样检查的数量通常采用“双控”方法，即在按比例抽样的同时，还限定了检查的最小数量。检验方法：水准仪或拉线、钢尺检查。

W——组合钢模底模的截面抵抗矩（mm^3）；

w——梁底模的挠度（mm）；

$[w]$——梁底模的容许挠度（mm），取 1/400；

E——钢材的弹性模量，取 $2.1\times10^5 N/mm^2$；

I——组合钢模板底模的截面惯性矩（mm^4）。

2. 钢管小楞

钢管小楞的间距一般取 30cm、40cm、50cm、60cm 四种，小楞按简支梁计算。在计算刚度时，梁作用在小楞上的荷载，可简化为一个集中荷载，按强度和刚度要求，容许的跨度按下式计算：

按强度要求

$$M=\frac{1}{8}Pl\left(2-\frac{b}{l}\right)\leqslant[\sigma]W$$

$$l\leqslant 860\,\frac{W}{P}+\frac{b}{2} \tag{4-6}$$

其中 $$W=\frac{\pi}{32}\left(\frac{d^4-d_1^4}{d}\right)$$

按刚度要求

$$w=\frac{P'l^3}{48EI}\leqslant\frac{l}{400}$$

$$l\leqslant 158.7\sqrt{\frac{I}{P'}} \tag{4-7}$$

其中 $$I=\frac{\pi}{64}(d^4-d_1^4)$$

式中 M——计算最大弯矩（N·mm）；

P——作用在小楞上的集中荷载设计值（N）；

P'——验算刚度时，作用在小楞上的集中荷载标准值（N）；

l——计算跨距，对小楞为钢管立柱横向间距（mm）；

b——梁的宽度（mm）；

W——钢管截面抵抗矩，$\phi48\times3.5$mm 钢管，$W=5.08\times10^3 mm^3$；

I——钢管截面惯性矩，$\phi48\times3.5$mm 钢管，$I=12.18\times10^4 mm^4$；

d——钢管外径（mm）；

d_1——钢管内径（mm）。

3. 钢管大楞

大楞多用 $\phi48\times3.5$mm 钢管，按连续梁计算，承受小楞传来的集中荷载，为简化计算，转换为均布荷载，精度可以满足要求。大楞按强度和刚度要求，容许跨度可按下式计算：

按强度要求

$$M=\frac{1}{10}q_2l^2\leqslant[\sigma]W$$

$$l\leqslant 3305\sqrt{\frac{1}{q_2}} \tag{4-8}$$

按刚度要求

$$w=\frac{q_2'l^4}{150EI}\leqslant\frac{l}{400}$$

$$l \leqslant 2124.7\sqrt[3]{\frac{1}{q_2'}} \tag{4-9}$$

式中 M——计算最大弯矩（N·mm）；

q_2——小楞作用在大楞上的均布荷载设计值（N/mm）；

q_2'——验算刚度时，小楞作用在大楞上的均布荷载标准值（N/mm）；

l——大楞计算跨矩（mm）。

4. 钢管立柱

钢管立柱多用于 $\phi 48 \times 3.5$mm 钢管，其连接有对接和搭接两种。前者的偏心假定为 $1D$（D 为钢管直径，单位为 mm），即为 48mm；后者的偏心假定为 $2D$，即为 96mm；立柱一般由稳定性控制，按下式计算：

$$N = \varphi_1 A_1 [\sigma]$$

$$N = 105135\varphi_1 \tag{4-10}$$

式中 N——钢管立柱的容许荷载（N）；

φ_1——钢构件轴心受压稳定系数，查表 4-13 求得；

A_1——钢管净截面面积（mm^2），$\phi 48 \times 3.5$mm 钢管，$A_1 = 489mm^2$；

$[\sigma]$——钢材的抗拉、抗压、抗弯强度设计值，Q235 钢取 $215N/mm^2$。

表 4-13 Q235 钢 a 类截面轴心受压构件的稳定系数 φ_1

λ	0	1	2	3	4	5	6	7	8	9
0	1.000	1.000	1.000	1.000	0.999	0.999	0.998	0.998	0.997	0.996
10	0.995	0.994	0.993	0.992	0.991	0.989	0.988	0.986	0.985	0.983
20	0.981	0.979	0.977	0.976	0.974	0.972	0.970	0.968	0.966	0.964
30	0.963	0.961	0.959	0.957	0.955	0.952	0.950	0.948	0.946	0.944
40	0.941	0.939	0.937	0.934	0.932	0.929	0.927	0.924	0.921	0.919
50	0.916	0.913	0.910	0.907	0.904	0.900	0.897	0.894	0.890	0.886
60	0.883	0.879	0.875	0.871	0.867	0.863	0.858	0.854	0.849	0.844
70	0.839	0.834	0.829	0.824	0.818	0.813	0.807	0.801	0.795	0.789
80	0.783	0.776	0.770	0.763	0.757	0.750	0.743	0.736	0.728	0.721
90	0.714	0.706	0.699	0.691	0.684	0.676	0.668	0.661	0.653	0.645
100	0.638	0.630	0.622	0.615	0.607	0.600	0.592	0.585	0.577	0.570
110	0.563	0.555	0.548	0.541	0.534	0.527	0.520	0.514	0.507	0.500
120	0.494	0.488	0.481	0.475	0.469	0.463	0.457	0.451	0.445	0.440
130	0.434	0.429	0.423	0.418	0.412	0.407	0.402	0.397	0.392	0.387
140	0.383	0.378	0.373	0.369	0.364	0.360	0.356	0.351	0.347	0.343
150	0.339	0.335	0.331	0.327	0.323	0.320	0.316	0.312	0.309	0.305
160	0.302	0.298	0.295	0.292	0.289	0.285	0.282	0.279	0.276	0.273
170	0.270	0.267	0.264	0.262	0.259	0.256	0.253	0.251	0.248	0.246
180	0.243	0.241	0.238	0.236	0.233	0.231	0.229	0.226	0.224	0.222
190	0.220	0.218	0.215	0.213	0.211	0.209	0.207	0.205	0.203	0.201
200	0.199	0.198	0.196	0.194	0.192	0.190	0.189	0.187	0.185	0.183
210	0.182	0.180	0.179	0.177	0.175	0.174	0.172	0.171	0.169	0.168
220	0.166	0.165	0.164	0.162	0.161	0.159	0.158	0.157	0.155	0.154
230	0.153	0.152	0.150	0.149	0.148	0.147	0.146	0.144	0.143	0.142
240	0.141	0.140	0.139	0.138	0.136	0.135	0.134	0.133	0.132	0.131
250	0.130									

【例 4-2】 写字楼矩形梁长 6.8m，截面尺寸 600mm×250mm，离地面高 4.0m，采用组合钢模板，用钢管脚手支模，试计算确定底（小）楞间距（跨距）、大楞跨距，并验算钢管立柱承载力。

【解】 1. 荷载统计

新浇混凝土自重标准值：	$600\times250\times10^{-6}\times24=3.6(\text{kN/m})$
钢筋自重标准值：	$600\times250\times10^{-6}\times1.5=0.225(\text{kN/m})$
振捣混凝土时产生的荷载标准值：	$250\times10^{-3}\times2.0=0.5(\text{kN/m})$

强度验算梁底模承受的均布荷载设计值：$q_1=(3.6+0.225)\times1.2+0.5\times1.4=5.3(\text{kN/m})$

刚度验算梁底模承受的均布荷载设计值：$q_1'=3.6+0.225=3.825(\text{kN/m})$

2. 梁底模

梁底模选用 P2515 型组合钢模板，$I_x=25.98\times10^4\text{mm}^4$，$W_x=5.86\times10^3\text{mm}^3$

按强度要求，允许底楞间（跨）距由式（4-4）得：

$$l\leqslant41.5\sqrt{\frac{W}{q_1}}=41.5\times\sqrt{\frac{5.86\times10^3}{5.3}}=1380(\text{mm})$$

按刚度要求，允许底楞间（跨）距，由式（4-5）得：

$$l\leqslant34.3\sqrt[3]{\frac{I}{q_1'}}=34.3\times\sqrt[3]{\frac{25.98\times10^4}{3.825}}=1400(\text{mm})$$

取两者较小值，$l=1380\text{mm}$，用 750mm。

3. 钢管小楞

钢管小楞选用 $\phi48\times3.5\text{mm}$ 钢管，$W_x=5.08\times10^3\text{mm}^3$，$I_x=12.18\times10^4\text{mm}^4$。作用在小楞上的集中荷载设计值为：$P=[5.3+0.75\times1.2]\times0.75=4.65(\text{kN})$

作用在小楞上的刚度验算集中荷载标准值为：$P'=(3.825+0.75)\times0.75=3.431(\text{kN})$

钢管小楞的容许跨度按强度要求由式（4-6）得：

$$l\leqslant860\,\frac{W}{P}+\frac{b}{2}=860\times\frac{5.08\times10^3}{4.65\times10^3}+\frac{250}{2}=1065(\text{mm})$$

按刚度要求的容许跨度由式（4-7）得：

$$l\leqslant158.7\sqrt{\frac{I}{P'}}=158.7\times\sqrt{\frac{12.18\times10^4}{3.431\times10^3}}=946(\text{mm})$$

取两者较小值，$l=946\text{mm}$，用 900mm。

4. 钢管大楞

钢管大楞亦用 $\phi48\times3.5\text{mm}$ 钢管，作用在大楞上的均布荷载设计值为：$q_2=1/2\times(5.3+0.75\times1.2)=3.1(\text{kN/m})$

作用在大楞上的刚度验算均布荷载标准值为：$q_2'=1/2\times(3.825+0.75)=2.3(\text{kN/m})$

钢管大楞的容许跨度，按强度要求由式（4-8）得：

$$l\leqslant3305\sqrt{\frac{1}{q_2}}=3305\times\sqrt{\frac{1}{3.1}}=1877(\text{mm})$$

按刚度要求的容许跨度由式（4-9）得：

$$l\leqslant2124.7\sqrt[3]{\frac{1}{q_2'}}=2124.7\sqrt[3]{\frac{1}{2.3}}=1610(\text{mm})$$

取两者较小值，$l=1610\text{mm}$，用 1500mm。

5. 钢管立柱

钢管立柱亦选用 $\phi48\times3.5\text{mm}$，净截面积 $A=489\text{mm}^2$，钢管使用长度 $l=4000\text{mm}$，在中间设水平横杆，取

$$l_0=\frac{l}{2}=2000(\text{mm}),i=\frac{1}{4}\sqrt{48^2+41^2}=15.78(\text{mm}),\lambda=\frac{l_0}{i}=\frac{2000}{15.78}=126.7$$

查表4-13得稳定系数 $\varphi_1=0.453$，由式（4-10）容许荷载为：

$$N=105135\varphi_1=105135\times0.453=47626(\text{N})\approx47.6(\text{kN})$$

钢管承受的荷载 $N=\frac{1}{2}\times1.5\times(5.3+1.1\times1.2)=4.97(\text{kN})<47.6(\text{kN})$

故满足要求。

（二）柱模板简易计算

柱模板主要承受新浇混凝土的侧压力和倾倒混凝土时产生的荷载，柱模板的设计及验算通过下面的两个例题来介绍。

【例 4-3】 某框架办公楼的矩形柱，截面积尺寸为 700mm×700mm，柱高为3.0m，浇筑速度为 $V=2\text{m/h}$，浇筑时气温 $T=25℃$，试对柱模进行设计。

【解】 柱模板选用规格为 2440mm×1220mm×12mm 的竹胶合板（四川产地），其弹性模量为 $E=10.4\times10^3\text{N/mm}^2$，$f_m=16\text{N/mm}^2$。模板外沿竖向布置4根 50mm×100mm 的方木（红松），间距为（700－2×25）/3＝217mm，其弹性模量为 $E=9.0\times10^3\text{N/mm}^2$，$f_m=13\text{N/mm}^2$。柱箍采用［80×43×5的轧制槽钢，其截面积为 $A=1024\text{mm}^2$，截面惯性矩为 $I=101.3\times10^4\text{mm}^4$，截面最小抵抗矩为 $W=25.3\times10^3\text{mm}^3$，柱箍间距取为750mm。

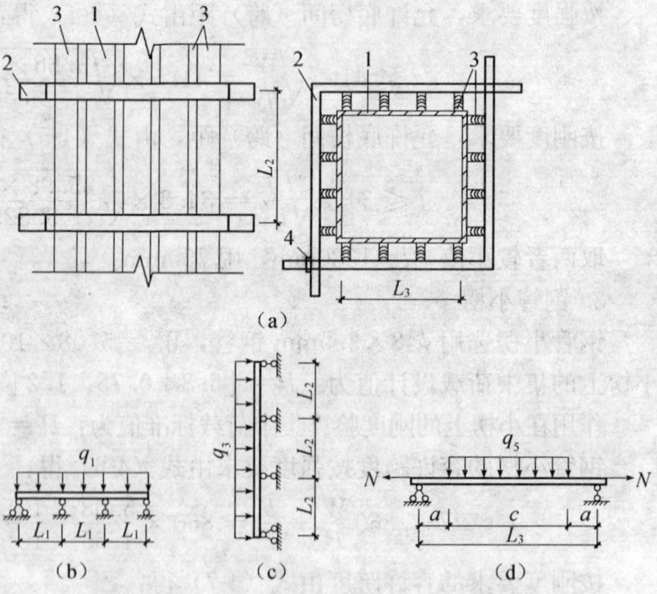

图4-28 柱模板构造及设计简图

(a) 柱模配板图；(b) 柱模计算简图；
(c) 木楞计算简图；(d) 柱箍计算简图
1—胶合板模板；2—柱箍；3—木楞；4—限位器

1. 荷载计算

(1) 混凝土的侧压力

$$F=0.22\gamma_c t_0\beta_1\beta_2V^{\frac{1}{2}}=0.22\times24\times\frac{200}{25+15}\times1.2\times1.15\times\sqrt{2}=51.52(\text{kN/m}^2)$$

$$F=\gamma_c H=24\times3=72(\text{kN/m}^2)$$

取两者中的小值，F＝51.52kN/m²

(2) 倾倒混凝土时，对侧面模板产生的水平荷载按 2kN/m² 采用，考虑折减，则荷载设计值为：

$$q=(51.52\times1.2+2.0\times1.4)\times0.9=58.16(\text{kN/m}^2)$$

2. 验算模板

可按三跨连续梁计算，如图4-28（b）所示。

取1m高模板作为计算单元，则线荷载为：

$$q_1=58.16\times1=58.16(\text{kN/m}),\ q_2=51.52\times1=51.52(\text{kN/m})$$

(1) 强度验算

$$M=0.1q_1l_1{}^2=0.1\times58.16\times217^2=273870(\text{N}\cdot\text{mm})$$

$$W=\frac{bh^2}{6}=\frac{1000\times12^2}{6}=24000(\text{mm}^3)$$

$$\sigma = \frac{M}{W} = \frac{273870}{24000} = 11.4(\text{N/mm}^2) < 15\text{N/mm}^2$$

满足要求。

(2) 挠度验算

$$I = \frac{1}{12}bh^3 = \frac{1}{12} \times 1000 \times 12^3 = 144000(\text{N/mm}^2)$$

$$\omega = \frac{0.677q_2 l_1^4}{100EI} = \frac{0.677 \times 51.52 \times 217^4}{100 \times 10.4 \times 10^3 \times 144000} = 0.52(\text{mm}) < \frac{217}{250} = 0.87(\text{mm})$$

满足要求。

3. 验算木楞

可按三跨连续梁计算，如图 4-28 (c) 所示。

$q_3 = 58.16 \times 0.217 = 12.62$ (kN/m)，$q_4 = 51.52 \times 0.217 = 11.18$ (kN/m)

(1) 强度验算

$$M = 0.1q_3 l_2^2 = 0.1 \times 12.62 \times 750^2 = 709875(\text{N} \cdot \text{mm})$$

$$W = \frac{bh^2}{6} = \frac{50 \times 100^2}{6} = 83333(\text{mm}^3)$$

$$\sigma = \frac{M}{W} = \frac{709875}{83333} = 8.52(\text{N/mm}^2) < 13\text{N/mm}^2$$

满足要求。

(2) 挠度验算

$$I = \frac{1}{12}bh^3 = \frac{1}{12} \times 50 \times 100^3 = 4166667(\text{N/mm}^2)$$

$$\omega = \frac{0.677q_4 l_2^4}{100EI} = \frac{0.677 \times 11.18 \times 750^4}{100 \times 9.0 \times 10^3 \times 4166667} = 0.63(\text{mm}) < \frac{750}{250} = 3(\text{mm})$$

满足要求。

4. 验算柱箍

计算简图如图 4-28 (d) 所示。

$q_5 = 58.16 \times 0.75 = 43.62(\text{kN/m})$，$q_6 = 51.12 \times 0.75 = 38.34(\text{kN/m})$

(1) 强度验算

需满足下式：

$$\frac{N}{A_n} + \frac{M_x}{\gamma_x W_{nx}} \leqslant f$$

式中 N——柱箍承受的轴向拉力设计值 (N)；

A_n——柱箍杆件净截面面积 (mm^2)；

M_x——柱箍杆件最大弯矩设计值 (N·mm)；

γ_x——弯矩作用平面内，截面塑性发展系数，因受振动荷载，取 $\gamma_x = 1.0$；

W_{nx}——弯矩作用平面内，受拉纤维净截面抵抗矩 (mm^3)；

f——柱箍钢杆件抗拉强度设计值 (N/mm^2)，$f = 215\text{N/mm}^2$。

由于竹胶合板厚 12mm，木楞高 100mm，故：

$$l_3 = c + 2a = 700 + 2 \times (12 + 100) = 924(\text{mm})$$

$$N = \frac{c}{2}q_5 = \frac{700}{2} \times 43.62 = 15267(\text{N})$$

$$M_x = \frac{q_5 c(2l_3 - c)}{8} = \frac{43.62 \times 700 \times (2 \times 924 - 700)}{8} = 4381629(\text{N} \cdot \text{m})$$

则 $\dfrac{N}{A_n}+\dfrac{M_x}{\gamma_x W_{nx}}=\dfrac{15267}{1024}+\dfrac{4381629}{1.0\times 25.3\times 10^3}=188.1(N/mm^2)<f=215N/mm^2$

满足要求。

（2）挠度验算

$$\omega=\frac{q_6 c(8l_3^3-4c^2 l_3+c^3)}{384EI}=\frac{38.34\times 700\times(8\times 924^3-4\times 700^2\times 924+700^3)}{384\times 2.05\times 10^5\times 101.3\times 10^4}$$

$$=1.63(mm)<[\omega]=\frac{924}{500}=1.85(mm)$$

满足要求。

【例 4-4】 厂房矩形柱，截面积尺寸为 800mm×1000mm，柱高为 6m，采用 12mm 厚的竹胶合板模板，模板外沿竖向布置 50mm×100mm 的方木（红松），柱箍采用［100×48×5.3 的轧制槽钢，其截面惯性矩为 $I=198.3\times 10^4 mm^4$，截面最小抵抗矩为 $W=39.7\times 10^3 mm^3$，柱箍间距取为 600mm。采取分节浇筑混凝土，每节浇筑高度为 3m，浇筑速度 $V=2m/h$，浇筑时气温 $T=25°$，试验算柱箍是否满足要求。

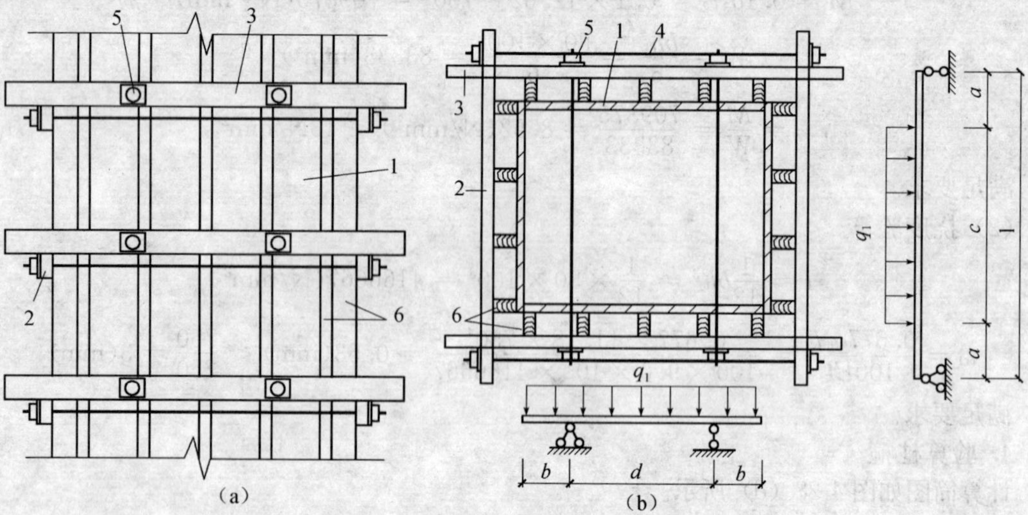

图 4-29 柱模板构造及计算简图

（a）柱模板构造及计算简图；（b）栓箍长、短边计算简图

1—柱模板；2—短边方向柱箍；3—长边方向柱箍；4—拉杆螺栓；5—对拉螺栓；6—木楞

【解】 1. 计算荷载

（1）混凝土的侧压力

$$F=0.22\gamma_c t_0\beta_1\beta_2 V^{\frac{1}{2}}=0.22\times 24\times\frac{200}{25+15}\times 1.2\times 1.15\times\sqrt{2}=51.52(kN/m^2)$$

$$F=\gamma_c H=24\times 3=72(kN/m^2)$$

取两者中的小值，$F=51.52kN/m^2$

（2）倾倒混凝土时，对侧面模板产生的水平荷载按 $2kN/m^2$ 采用，考虑折减，则荷载设计值为：

$$q=(51.52\times 1.2+2.0\times 1.4)\times 0.9=58.16(kN/m^2)$$

2. 验算柱箍

计算线荷载：

$$q_1=58.16\times 0.6=34.90(kN/m),\ q_2=51.12\times 0.6=30.67(kN/m)$$

（1）长边方向

如图 4-29(b)所示，取 $b=200mm$，$d=600mm$

1）强度验算

$$M=\frac{q_1(d^2-4b^2)}{8}=\frac{34.90\times(600^2-4\times200^2)}{8}=872500(\text{N}\cdot\text{m})$$

$$\sigma=\frac{M}{W}=\frac{872500}{39.7\times10^3}=21.98(\text{N/mm}^2)<f=215\text{N/mm}^2$$

满足要求。

2）挠度验算

$$\omega=\frac{q_2(5d^4-24b^2d^2)}{384EI}=\frac{30.67\times(5\times600^4-24\times200^2\times600^2)}{384\times2.05\times10^5\times198.3\times10^4}$$

$$=0.06(\text{mm})<[\omega]=\frac{1000}{500}=2(\text{mm})$$

（2）短边方向

如图 4-29(b)所示，取 $c=800\text{mm}$，$a=250\text{mm}$

1）强度验算

$$M=\frac{q_1c(2l-c)}{8}=\frac{34.9\times800\times(2\times1300-800)}{8}=6282000(\text{N}\cdot\text{m})$$

$$\sigma=\frac{M}{W}=\frac{6282000}{39.7\times10^3}=158.24(\text{N/mm}^2)<f=215\text{N/mm}^2$$

满足要求。

2）挠度验算

$$\omega=\frac{q_2c(8l^3-4c^2l+c^3)}{384EI}=\frac{30.67\times800\times(8\times1300^3-4\times800^2\times1300+800^3)}{384\times2.05\times10^5\times198.3\times10^4}$$

$$=2.32(\text{mm})<[\omega]=\frac{1300}{500}=2.6(\text{mm})$$

3. 确定螺栓

（1）长边方向

每根螺栓受到的拉力为：

$$N_1=\frac{1}{2}q_1(2b+d)=\frac{1}{2}\times34.9\times(2\times0.2+0.6)=17.45(\text{kN})$$

螺栓需要净截面积　　$A_0=\frac{N_1}{f_t^b}=\frac{17450}{170}=102.65\ (\text{mm}^2)$

选用 M14 螺栓，$A_0=105\text{mm}^2$，满足要求。

（2）短边方向

每根螺栓受到的拉力为：

$$N_2=\frac{1}{2}q_1c=\frac{1}{2}\times34.9\times0.8=13.96(\text{kN})$$

螺栓需要净截面积　　$A_0=\frac{N_2}{f_t^b}=\frac{13960}{170}=82.12\ (\text{mm}^2)$

选用 M14 螺栓，$A_0=105\text{mm}^2$，满足要求。

第二节　钢筋工程

一、钢筋的种类及性能

（一）钢筋的种类

1. 按化学成分划分

钢筋按化学成分划分可分为碳素钢钢筋和普通低合金钢钢筋。

碳素钢钢筋按其含碳量多少又可分为低碳钢钢筋（含碳量小于 0.25%）、中碳钢钢筋（0.25%～0.60%）和高碳钢钢筋（含碳量大于 0.60%）。普通低合金钢钢筋是在低碳钢和中碳钢中加入某些合金元素（如钛、钒、锰等，其含量一般不超过总量的 3%）冶炼而成，锰（Mn）可提高钢筋的强度、硬度，改善其焊接性能；钛（Ti）和钒（V）可提高钢筋的强度，改善其塑性、韧性和可焊性；硅（Si）能增强钢筋的弹性、强度和硬度，但会降低钢筋的塑性和韧性。

2. 钢筋按轧制外形划分

钢筋按轧制外形可分为光面钢筋、变形钢筋（螺纹、人字纹及月牙纹）。

3. 钢筋按生产加工工艺划分

钢筋按生产加工工艺可分为热轧钢筋、冷拉钢筋、冷拔低碳钢丝、热处理钢筋、冷轧扭钢筋、精轧螺旋钢筋、刻痕钢丝及钢绞线等。

4. 钢筋按供应方式划分

为便于运输，通常将直径为 6～10mm 的钢筋卷成圆盘，称盘条钢筋；将直径大于 12mm 的钢筋轧成 6～12m 长一根，称直条或定尺钢筋。

5. 钢筋按强度划分

钢筋按强度分为 HPB235、HRB335、HRB400 及 RRB400 等，而且级别越高，其强度及硬度越高，塑性逐级降低。为便于识别，在不同级别的钢材端头涂有不同颜色的油漆。

6. 钢筋按直径大小划分

钢筋按直径大小可分为钢丝（直径 3～5mm）、细钢筋（直径 6～10mm）、中粗钢筋（12～20mm）和粗钢筋（直径大于 20mm）。

此外，按钢筋在结构中的作用不同可分为受力钢筋、架立钢筋和分布钢筋。

（二）钢筋的性能

钢筋的性能包括钢筋的化学成分及力学性能（屈服点、抗拉强度伸长率及冷弯指标）。常用钢筋的力学性能见表 4-14 和表 4-15。

表 4-14　普通钢筋强度标准值

种　类		符　号	d（mm）	f_{yk}（N/mm²）
热轧钢筋	HPB235（Q235）	Φ	8～20	235
	HRB335（20MnSi）	Φ	6～50	335
	HRB400（20MnSiV、20MnSiNb、20MnTi）	Φ	6～50	400
	RRB400（20MnSi）	Φ^R	8～40	400

表 4-15　钢筋弹性模量

种　类	E_s（N/mm²）
HPB235 级钢筋	2.1×10^5
HRB335 级钢筋、HRB400 级钢筋、RRB400 级钢筋、热处理钢筋	2.0×10^5
消除应力钢丝、螺旋肋钢丝、刻痕钢丝	2.05×10^5
钢绞线	1.95×10^5

注：必要时钢绞线可采用实测的弹性模量。

钢筋进场应有出厂质量证明书或实验报告，并按照品种、批号及直径分批验收。应按现行国家标准《钢筋混凝土用热轧带肋钢筋》（GB 1499—1998）等的规定抽取试件做力学性能检验，其质量必须符合有关标准的规定❶。

由于工程量、运输条件和各种钢筋的用量等的差异，很难对各种钢筋的进场检查数量作出统一规定。实际检查时，若有关标准中对进场检验数量作了具体规定，应遵照执行；若有关标准中只有对产品出厂检验数量的规定，则在进场检验时，检查数量可按下列情况确定：

1. 当一次进场的数量大于该产品的出厂检验批量时，应划分为若干个出厂检验批量，然后按出厂检验的抽样方案执行；

2. 当一次进场的数量小于或等于该产品的出厂检验批量时，应作为一个检验批量，然后按出厂检验的抽样方案执行；

3. 对连续进场的同批钢筋，当有可靠依据时，可按一次进场的钢筋处理。

检验方法中，产品合格证、出厂检验报告是对产品质量的证明资料，通常应列出产品的主要性能指标；当用户有特别要求时，还应列出某些专门检验数据。有时，产品合格证、出厂检验报告可以合并；进场复验报告是进场抽样检验的结果，并作为判断材料能否在工程中应用的依据。

每批热轧钢筋重量不超过 60t，钢绞线为 20t，验收内容包括钢筋标牌和外观检查，并按照有关规定取样，进行机械性能试验。

外观检查要求热轧钢筋表面不得有裂缝、结疤和折叠，表面凸块不得超过横肋的最大高度，外形尺寸应符合规定；钢绞线表面不得有折断、横裂和相互交叉的钢丝，并无润滑剂、油渍和锈坑。钢筋应平直、无损伤，表面不得有裂纹、油污、颗粒状或片状老锈。做机械性能试验时，热轧钢筋、钢绞线应从每批外观尺寸检查合格的钢筋中任选两根，每根取两个试件分别进行拉力试验（包括屈服点、抗拉强度和伸长率的测定）和冷弯或反弯次数试验。如有一项试验结果不符合规定，则应从同一批钢筋另取双倍数量的试件重做各项试验，如果仍有一个试件不合格，则该批钢筋为不合格品，应不予验收或降级使用。

钢筋在加工使用中如发现焊接性能或机械性能不良，还应进行化学成分分析，检验有害成分如硫（S）、磷（P）、砷（As）的含量是否超过规定范围。

进场后钢筋在运输和储存时，不得损坏标志，并应根据品种、规格按批分别挂牌堆放，并标明数量。

二、钢筋的加工

钢筋加工过程包括调直、切断、镦头、弯曲、焊接、机械连接和绑扎等。

（一）钢筋除锈

钢筋的表面应洁净。油渍、漆污和用锤敲击时能剥落的浮皮、铁锈等应在使用前清除干净。在焊接前，焊点处的水锈应清除干净。钢筋的除锈，一般可通过以下两个途径：一是在钢筋冷拉或钢丝调直过程中除锈，对大量钢筋的除锈较为经济省力；二是用机械方法除锈，

---

❶ 《混凝土结构工程施工质量验收规范》（GB 50204—2002）规定：

5.2.1 检查数量：按进场的批次和产品的抽样检验方案确定。检验方法：检查产品合格证、出厂检验报告和进场复验报告。

钢筋对混凝土结构构件的承载力至关重要，对其质量应从严要求。普通钢筋应符合现行国家标准《钢筋混凝土用热轧带肋钢筋》（GB 1499）、《钢筋混凝土用热轧光圆钢筋》（GB 13013）和《钢筋混凝土用余热处理钢筋》（GB 13014）的要求。钢筋进场时，应检查产品合格证和出厂检验报告，并按规定进行抽样检验。本条为强制性条文，应严格执行。

如采用电动除锈机（图 4-30）除锈，对钢筋的局部除锈较为方便。此外，还可采用手工除锈（用钢丝刷、砂盘）、喷砂和酸洗除锈等。

在除锈过程中发现钢筋表面的氧化铁皮鳞落现象严重并已损伤钢筋截面，或在除锈后钢筋表面有严重的麻坑、斑点伤蚀截面时，应降级使用或剔除不用。

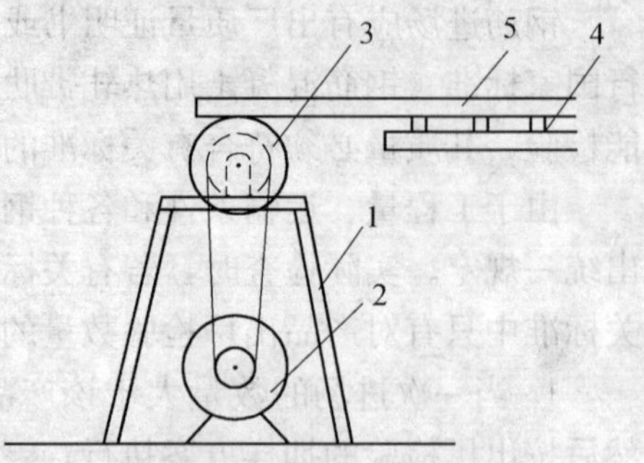

图 4-30　电动除锈机

1—支架；2—电动机；3—圆盘钢丝刷；4—滚轴台；5—钢筋

（二）钢筋调直[1]

1. 钢筋调直机

钢筋调直机的技术性能，见表 4-16。图 4-31 为 GT3/8 型钢筋调直机外形。

表 4-16　钢筋调直机技术性能

机械型号	钢筋直径（mm）	调直速度（m/min）	断料长度（mm）	电机功率（kW）	外形尺寸（mm）长×宽×高	机重（kg）
GT3/8	3～8	40，65	300～6500	9.25	1854×741×1400	1280
GT6/12	6～12	36，54，72	300～6500	12.6	1770×535×1457	1230

注：表中所列的钢筋调直机断料长度误差均小于或等于 3mm。

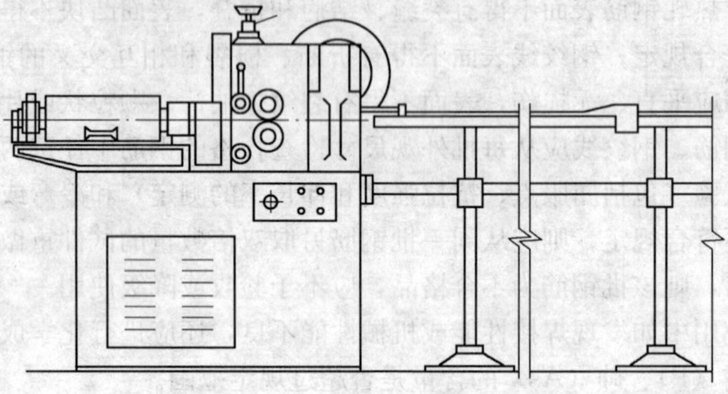
图 4-31　GT3/8 型钢筋调直机

在调直冷拔钢丝和细钢筋时，要根据钢筋的直径选用调直模和传送压辊，并要正确掌握调直模的偏移量和压辊的压紧程度。调直模的偏移量如图 4-32 所示，根据其磨耗程度及钢筋品种通过试验确定；调直筒两端的调直模一定要在调直前后导孔的轴心线上，这是钢筋能否调直的一个关键。如果发现钢筋调得不直就要从以上两方面检查原因，并及时调整调直模的偏移量。

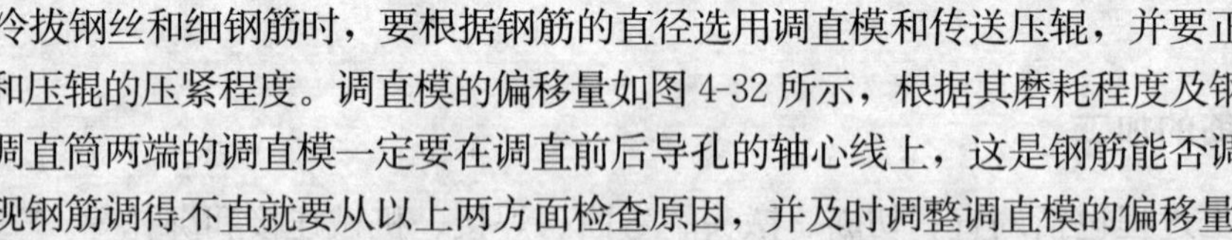

图 4-32　调直模的安装

[1] 《混凝土结构工程施工质量验收规范》（GB 50204—2002）规定：

5.3.3　钢筋调直宜采用机械方法，也可采用冷拉方法。当采用冷拉方法调直钢筋时，HPB235 级钢筋的冷拉率不宜大于 4%，HRB335 级、HRB400 级和 RRB400 级钢筋的冷拉率不宜大于 1%。检查数量：按每工作班同一类型钢筋、同一加工设备抽查不应少于 3 件。检验方法：观察，钢尺检查。

条文说明：盘条供应的钢筋使用前需要调直。调直宜优先采用机械方法，以有效控制调直钢筋的质量；也可采用冷拉方法，但应控制冷拉伸长率，以免影响钢筋的力学性能。

2. 数控钢筋调直切断机

数控钢筋调直切断机是在原有调直机的基础上应用电子控制仪，准确控制钢丝断料长度，并自动计数。该机的工作原理，如图 4-33 所示。在该机摩擦轮（周长 100mm）的同轴上装有一个穿孔光电盘（分为 100 等份），光电盘的一侧装有一只小灯泡，另一侧装有一只光电管，当钢筋通过摩擦轮带动光电盘时，灯泡光线通过每个小孔照射光电管，就被光电管接收而产生脉冲讯号（每次讯号为钢筋长 1mm），控制仪长度部位数字上立即显示出相应读数。当信号积累到给定数字（即钢丝调直到所指定长度）时，控制仪立即发出指令，使切断装置切断钢筋。与此同时长度部位数字回到零，根数部位数字示出根数，这样连续作业，当根数信号积累至给定数字时，即自动切断电源，停止运转。

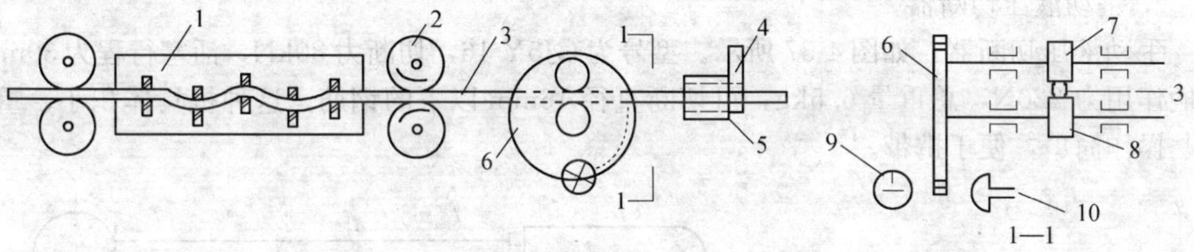

图 4-33　数控钢筋调直切断机工作简图

1—调直装置；2—牵引轮；3—钢筋；4—上刀口；5—下刀口；6—光电盘；7—压轮；8—摩擦轮；9—灯泡；10—光电管

钢筋数控调直切断机断料精度高（偏差仅约 1～2mm），并实现了钢丝调直切断自动化。采用此机时，要求钢筋表面光洁、截面均匀，以免钢筋移动时速度不匀，影响切断长度的精确性。

3. 卷扬机拉直设备

卷扬机拉直设备，如图 4-34 所示。两端采用地锚承力。冷拉滑轮组回程采用荷重架，标尺量伸长。该法设备简单，宜用于施工现场或小型构件厂。

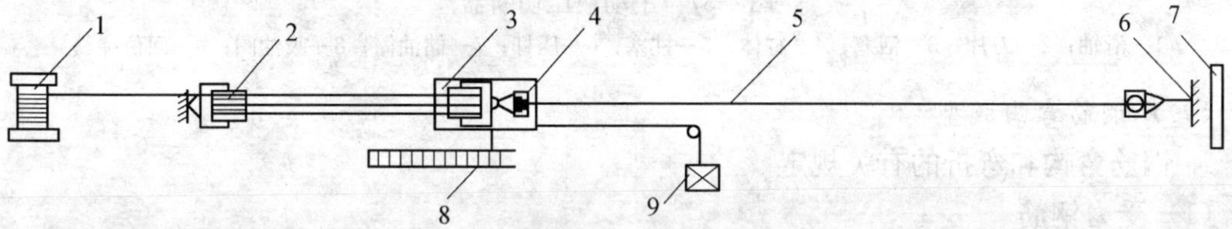

图 4-34　卷扬机拉直设备布置

1—卷扬机；2—滑轮组；3—冷拉小车；4—钢筋夹具；5—钢筋；6　地锚；7—防护壁；8—标尺；9—荷重架

（三）钢筋切断

钢筋切断时应将同规格钢筋根据不同长度长短搭配，统筹排料；一般应先断长料，后断短料，减少短头，减少损耗。

1. 钢筋切断机

钢筋切断机的技术性能见表 4-17。图 4-35 与图 4-36 为钢筋切断机外形。

表 4-17　钢筋切断机技术性能

机械型号	钢筋直径（mm）	每分钟切断次数	切断力（kN）	工作压力（N/mm^2）	电机功率（kW）	外形尺寸（mm）长×宽×高	质量（kg）
GQ40	6～40	40	—	—	3.0	1150×430×750	600
GQ40B	6～40	40	—	—	3.0	1200×490×570	450
GQ50	6～50	30	—	—	5.5	1600×690×915	950
DYQ32B	6～32	—	320	45.5	3.0	900×340×380	145

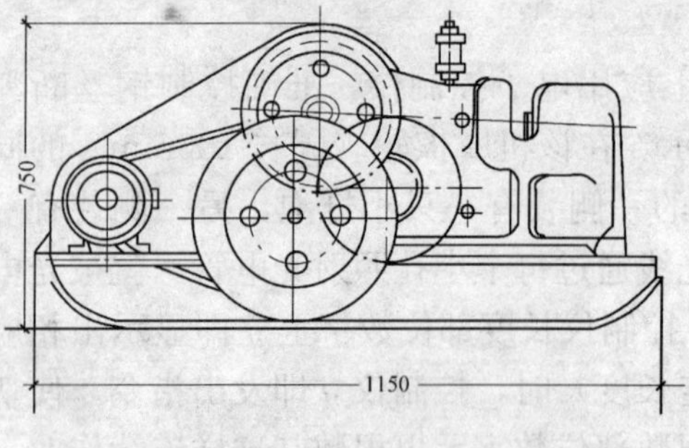

图 4-35　CQ40 型钢筋切断机

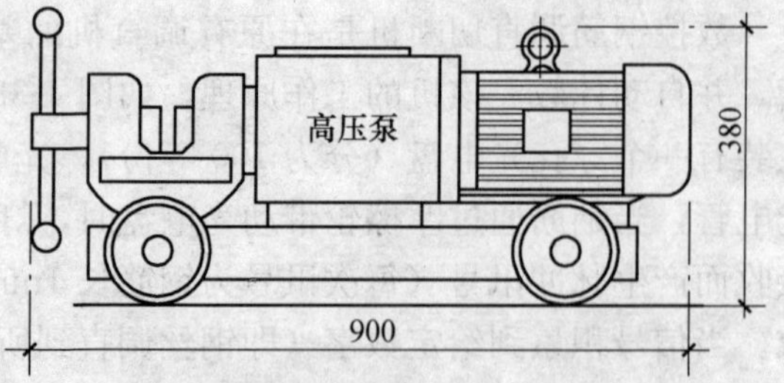

图 4-36　DYQ32B 电动液压切断机

2. 手动液压切断器

手动液压切断器，如图 4-37 所示。型号为 GJ5Y-16，切断力 80kN，活塞行程为 30mm，压柄作用力 220N，总重量 6.5kg，可切断直径 16mm 以下的钢筋。这种机具体积小、重量轻，操作简单，便于携带。

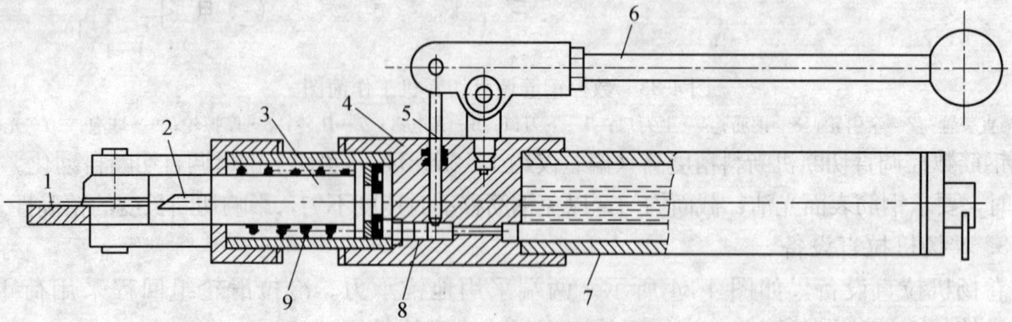

图 4-37　手动液压切断器

1—滑轴；2—刀片；3—活塞；4—缸体；5—柱塞；6—压杆；7—储油筒；8—吸油阀；9—回位弹簧

（四）钢筋弯曲成型

1. 钢筋弯钩和弯折的有关规定

（1）受力钢筋

《混凝土结构工程施工质量验收规范》（GB 50204—2002）规定：HPB235 级钢筋末端应做 180°弯钩，其弯弧内直径 D 不应小于钢筋直径的 2.5 倍，弯钩的弯后平直部分长度不应小于钢筋直径的 3 倍，如图 4-38 所示。钢筋做不大于 90°的弯折时（图 4-39a），弯折处的弯心直径 D 不应小于钢筋直径的 5 倍。当设计要求钢筋末端需做 135°弯钩时（图 4-39b），HRB335 级、HRB400 级钢筋的弯心直径 D 不应小于钢筋直径的 4 倍，弯钩的弯后平直部分长度应符合设计要求。

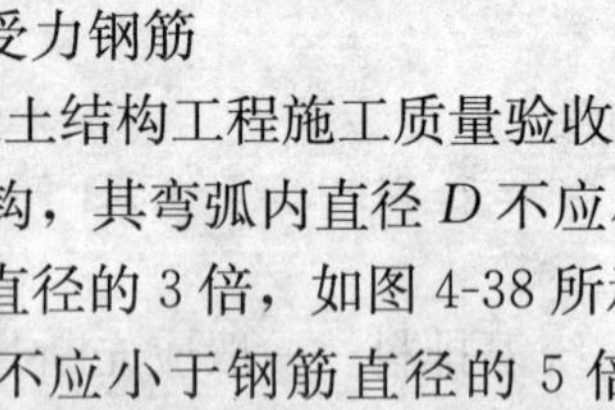

图 4-38　钢筋半圆弯钩简图

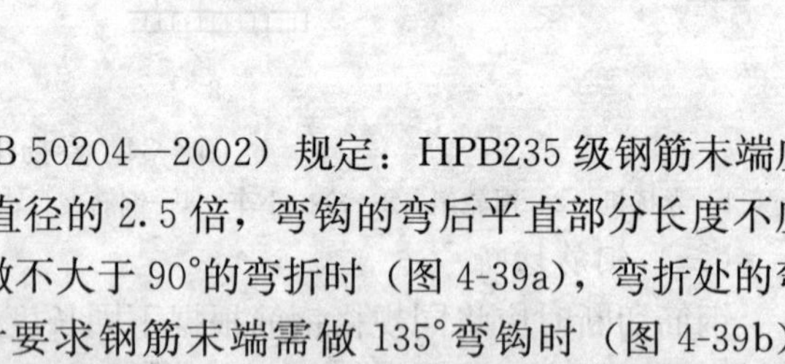

图 4-39　受力钢筋弯折

（a）90°；（b）135°

（2）箍筋

《混凝土结构工程施工质量验收规范》（GB 50204—2002）规定：除焊接封闭环式箍筋外，箍筋的末端应做弯钩。弯钩形式应符合设计要求；当设计无具体要求时，应符合下列规定：箍筋弯钩的弯弧内直径应不小于受力钢筋的直径；箍筋弯钩的弯折角度：对一般结构，不应小于90°；对有抗震等要求的结构应为135°，如图4-40所示。箍筋弯后的平直部分长度：对一般结构，不宜小于箍筋直径的5倍；对有抗震等要求的结构，不应小于箍筋直径的10倍。

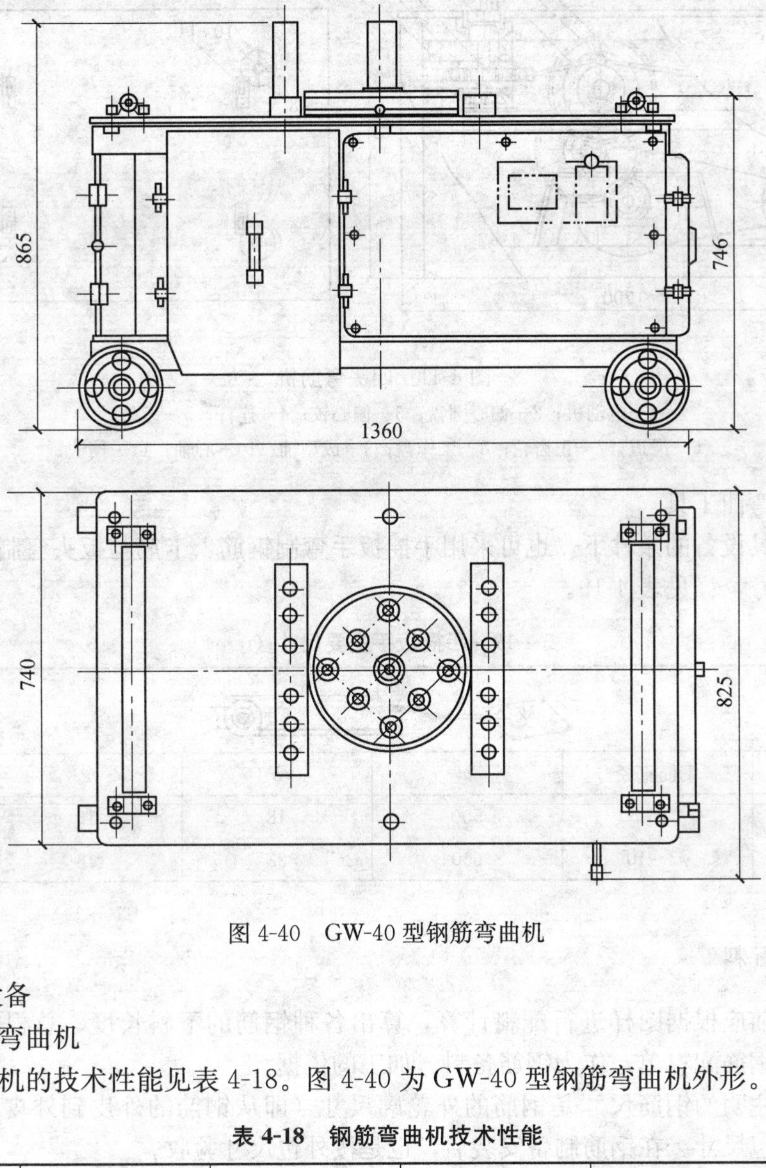

图4-40　GW-40型钢筋弯曲机

2. 机具设备

（1）钢筋弯曲机

钢筋弯曲机的技术性能见表4-18。图4-40为GW-40型钢筋弯曲机外形。

表4-18　钢筋弯曲机技术性能

弯曲机类型	钢筋直径（mm）	弯曲速度（r/min）	电机功率（kW）	外形尺寸（mm）长×宽×高	质量（kg）
GW32	6～32	10/20	2.2	875×615×945	340
GW40	6～40	5	3.0	1360×740×865	400
GW40A	6～40	0	3.0	1050×760×828	450
GW50	25～50	2.5	4.0	1450×760×800	580

（2）四头弯筋机

四头弯筋机，如图 4-41 所示，是由一台电动机通过三级变速带动圆盘，再通过圆盘上的偏心铰带动连杆与齿条，使四个工作盘转动。每个工作盘上装有心轴与成型轴，但与钢筋弯曲机不同的是：工作盘不停地往复运动，且转动角度一定（事先可调整）。四头弯筋机工效比手工操作提高约 7 倍，加工质量稳定，弯折角度偏差小。

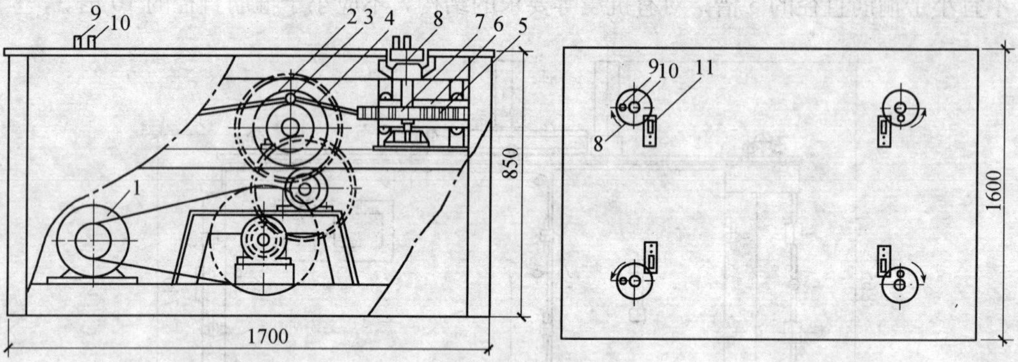

图 4-41 四头弯筋机

1—电动机；2—偏心圆盘；3—偏心铰；4—连杆；5—齿条；
6—滑道；7—正齿轮；8—工作盘；9—成型轴；10—心轴；11—挡铁

（3）手工弯曲工具

在缺少机具设备的条件下，也可采用手摇扳手弯制钢筋、卡筋与扳头弯制粗钢筋。手动弯曲工具的尺寸，详见表 4-19。

表 4-19 手摇扳手主要尺寸（mm）

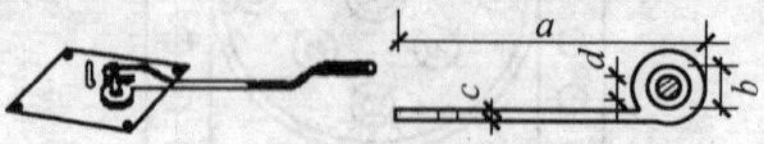

项 次	钢筋直径	*a*	*b*	*c*	*d*
1	ϕ6	500	18	16	16
2	ϕ8～10	600	22	18	20

三、钢筋配料

钢筋加工前应根据图样进行配料计算，算出各种钢筋的下料长度、总根数及钢筋总重量，然后编制钢筋配料单，作为钢筋备料、加工的依据。

施工图中注明的钢筋尺寸是钢筋的外轮廓尺寸（即从钢筋的外皮到外皮量得的尺寸），称为钢筋的外包尺寸。在钢筋制备安装后，也是按外包尺寸验收。

钢筋在制备前是按直线下料，如果下料长度按外包尺寸总和进行计算，则加工后钢筋的尺寸必然大于设计要求的外包尺寸，这是因为钢筋在弯曲时，外皮伸长，内皮缩短，只有中轴线长度不变，钢筋的外包尺寸和轴线长度之间存在一个差值，称为“量度差值”，按外包尺寸总和下料是不准确的。只有钢筋的直线段部分，其外包尺寸等于轴线长度，两者无量度差值。因此，钢筋下料时，其下料长度应为各段外包尺寸之和减去弯曲处的量度差值，再加上两端弯钩的增长值。

（一）钢筋中部弯曲处的量度差值

钢筋中部弯曲处的量度差值与钢筋弯心直径及弯曲角度有关。

弯起钢筋中间部位弯折处的弯心直径 D，不小于钢筋直径 d 的 5 倍，如图 4-42 所示。

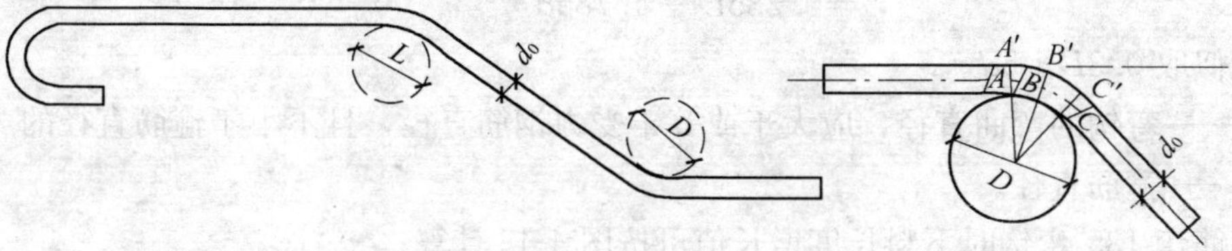

图 4-42 钢筋弯折处量度差值计算简图

当 $D=5d$ 时，弯折处的外包尺寸为：

$$A'B'+B'C'=2A'B'=2\left(\frac{D}{2}+d\right)\tan\frac{\alpha}{2}=2\left(\frac{5d}{2}+d\right)\tan\frac{\alpha}{2}=7d\tan\frac{\alpha}{2}$$

钢筋弯折处中线长度 ABC 为：$ABC=(D+d)\times\frac{\alpha\pi}{360°}=(5d+d)\times\frac{\alpha\pi}{360°}=6d\pi\frac{\alpha}{360°}$

则弯折处量度差值为：$7d\tan\frac{\alpha}{2}-6\pi d\frac{\alpha}{360°}=\left(7\tan\frac{\alpha}{2}-6\pi\frac{\alpha}{360°}\right)d$

由上式，当弯曲 45°时，即以 $\alpha=45°$ 代入

量度差值为：

$$\left(7\tan\frac{45°}{2}-6\pi\frac{45°}{360°}\right)d=(7\times 0.414-6\times 3.14\times\frac{1}{8})d=(2.898\times 2.355)d=0.543d$$

取为 $0.5d$；

同理，当弯折 30°时，量度差值为 $0.306d$，取 $0.3d$；

当弯折 60°时，量度差值为 $0.90d$，取 $1d$；

当弯折 90°时，量度差值为 $2.29d$，取 $2d$；

当弯折 135°时，量度差值为 $3d$。

（二）钢筋末端弯钩时下料长度的增长值

1. HPB235 级钢筋末端需要做 180°弯钩，其圆弧弯心直径 D 不应小于钢筋直径 d 的 2.5 倍，平直部分长度不宜小于钢筋直径 d 的 3 倍（用于轻集料混凝土结构时，其弯心直径 D 不应小于钢筋直径 d 的 3.5 倍），如图 4-43 所示。

当弯曲直径 $D=2.5d$ 时：$AE'=\frac{\pi}{2}(2.5d+d)+3d=8.5d$

钢筋的外包尺寸是 A 量到 F'：$AF'=\frac{D}{2}+d=\frac{1}{2}(2.5d)+d=2.25d$

故每一个 180°弯钩，钢筋下料时应增加的长度（增长值）为：

$AE'-AF'=8.5d-2.25d=6.25d$（包括量度差值）

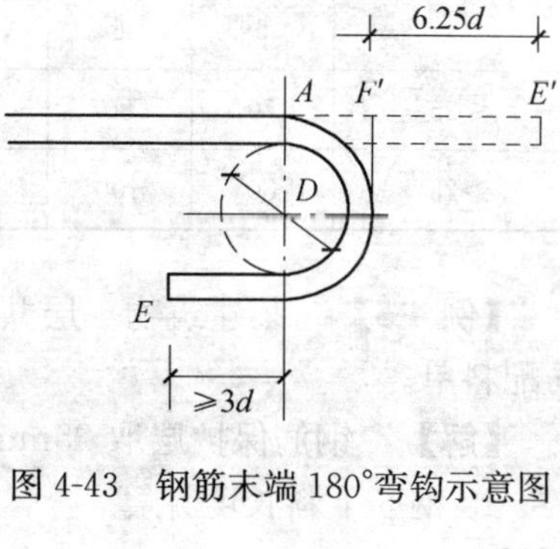

图 4-43 钢筋末端 180°弯钩示意图

2. 箍筋弯钩增长值

箍筋弯钩的形式，无抗震要求的结构可按图 4-39（a）加工；有抗震要求的结构应按图 4-39（b）加工。

当箍筋弯 90°弯钩时，下料长度增长值可按图 4-44 计算。

一个弯钩增长值为：$AC-AB=(A'D'+5d)-\left(\frac{D}{2}+d\right)=\frac{\pi}{4}(D+d)+5d-\left(\frac{D}{2}+d\right)$

$$=0.785D+0.785d+5d-0.5D-d$$
$$=0.285D+4.785d$$

可近似取 $0.3D+5d$。

式中　D——弯钩的弯曲直径，应大于或等于受力钢筋直径，且不小于箍筋直径的 2.5 倍；

d——箍筋直径。

当箍筋弯 135°弯钩时下料长度增长值可按图 4-45 计算。

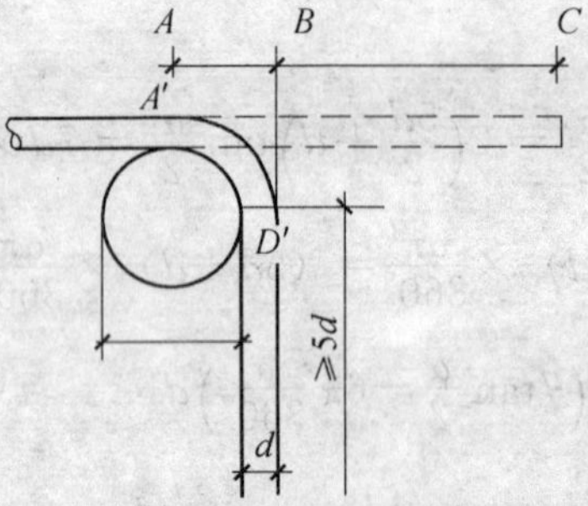

图 4-44　箍筋端部 90°弯钩计算简图

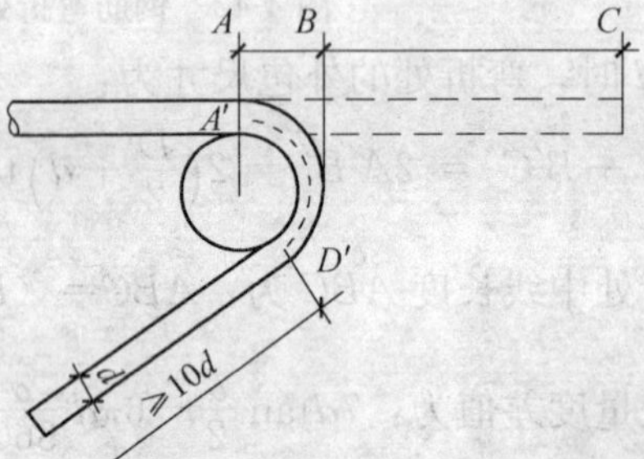

图 4-45　箍筋端部 135°弯钩计算简图

一个弯钩增长值为：

$$AC-AB=(A'D'+10d)-\left(\frac{D}{2}+d\right)=\frac{135°}{360°}\pi(D+d)+10d-\left(\frac{D}{2}+d\right)$$

$$=1.18(D+d)+10d-\left(\frac{D}{2}+d\right)=1.18D+1.18d+10d-0.5D-d$$

$$=0.68D+10.18d$$

可近似取 $0.7D+10d$。

式中　D——弯钩的弯曲直径，应大于受力钢筋直径，且不小于箍筋直径的 5 倍；

d——箍筋直径。

计算箍筋下料长度时，一个弯钩增长值可按上式计算，也可查表 4-20 取近似值。

表 4-20　箍筋两个弯钩下料增长值

受力钢筋直径（mm）	90°/90°弯钩					135°/135°弯钩				
	箍筋直径（mm）					箍筋直径（mm）				
	5	6	8	10	12	5	6	8	10	12
≤25	70	80	100	120	140	140	160	200	240	280
>25	80	100	120	140	150	160	180	210	260	300

【例 4-5】　某建筑物一层共有 10 根 L_1 梁（图 4-46），试计算各钢筋下料长度并绘制钢筋配料单。

【解】　钢筋保护层取 25mm。

1. 钢筋下料长度计算

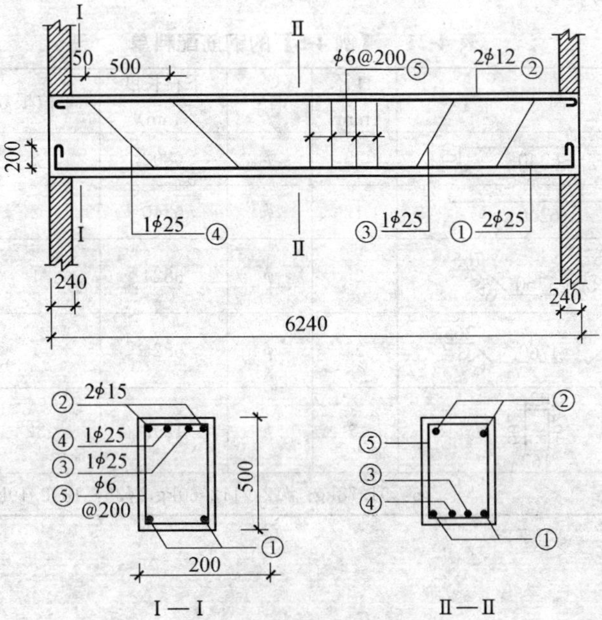

图 4-46 L_1 梁配筋图

① 号钢筋外包尺寸： $6240+2\times200-2\times25=6590$(mm)

下料长度：$6590-2\times2d+2\times6.25d=6590-2\times2\times25+2\times6.25\times25=6802$ (mm)

② 号钢筋外包尺寸： $6240-2\times25=6190$(mm)

下料长度： $6190+2\times6.25d=6190+2\times6.25\times12=6340$(mm)

③号弯起钢筋外包尺寸分段计算：

端面平直段长度： $240+50+500-25=765$(mm)

斜段长： $(500-2\times25)\times1.414=636$(mm)

中间直段长： $6240-2\times(240+50+500+450)=3760$(mm)

外包尺寸为： $(765+636)\times2+3760=6562$(mm)

下料长度：$6562-4\times0.5\times d+2\times6.25d=6562-4\times0.5\times25+2\times6.25\times25=6824$ (mm)

④号弯起钢筋外包尺寸分段计算：

端部平直段长度： $240+50-25=265$(mm)

斜段长同 ③ 号钢筋为： 636(mm)

中间直段长： $6240-2(240+50+450)=4760$(mm)

外包尺寸： $(265+636)\times2+4760=6562$(mm)

下料长度：$6562-4\times0.5d+2\times6.25d=6562-4\times0.5\times25+2\times6.25\times25=6824$ (mm)

⑤号箍筋

宽度： $200-2\times25+2\times6=162$(mm)

高度： $500-2\times25+2\times6=462$(mm)

外包尺寸为： $(162+462)\times2=1248$(mm)

⑤号筋端部为两个 90°/90°弯钩，主筋直径为 25mm，箍筋直径为 6mm，查表 4-20，两个弯钩增长值为 80mm。

⑤号筋下料长度： $1248-3\times2d+80=1248-3\times2\times6+80=1292$(mm)

2. 配料单见表 4-21。

表 4-21 【例 4-5】的钢筋配料单

项次	构件名称	简 图	直径 (mm)	钢号	下料长度 (mm)	单位根数	合计根数	质量 (kg)
1	L1 梁 共 10 根	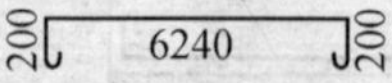	25	ϕ	6802	2	20	523.75
2			12	ϕ	6340	2	20	112.60
3			25	ϕ	6824	1	10	262.72
4		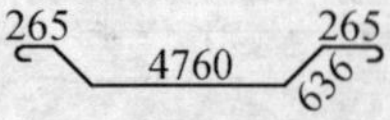	25	ϕ	6824	1	10	262.72
5			6	ϕ	1292	32	320	91.78
6	合计	ϕ6：91.78kg；ϕ12：112.60kg；ϕ25：1049.19kg						

四、钢筋的连接

钢筋作为一种重要建筑材料受运输工具长度的限制，当钢筋直径小于或等于 12mm 时，一般以圆盘形式供货；当钢筋直径大于 12mm 时，则以直条形式供货，直条长度一般为 6～12m，由此带来了混凝土结构施工中不可避免的钢筋连接问题。目前钢筋的连接方法有机械连接、焊接连接和绑扎连接三类。机械连接具有连接可靠、作业不受气候影响、连接速度快等优点，目前已广泛应用于粗钢筋的连接。焊接连接和绑扎连接是传统的钢筋连接方法。与绑扎连接相比，焊接连接可节约钢材、改善结构受力性能、提高工效、降低成本，目前对直径大于 28mm 的受拉钢筋和直径大于 32mm 的受压钢筋已不推荐采用绑扎连接。

（一）焊接连接

焊接连接是利用焊接技术将钢筋连接起来的传统钢筋连接方法，与机械连接相比最大的优点是接头成本低。但焊接是一项专门技术，要求对焊工进行专门培训，持证上岗；施工受气候、电流稳定性的影响；接头质量也不如机械连接可靠。

钢筋焊接常用方法有电焊、闪光对焊、电阻点焊和电渣压力焊。此外，还有气压焊、埋弧压力焊等。

1. 电弧焊

《钢筋焊接及验收规程》（JGJ 18—2003）第 2.0.3 条定义：电弧焊是以焊条作为一极，钢筋为另一极，利用焊接电流通过产生的电弧热进行焊接的一种熔焊方法，如图 4-47 所示。其应用较广，如整体式钢筋混凝土结构中钢筋的接长、装配式钢筋接头、钢筋骨架焊接及钢筋与钢板的焊接等。

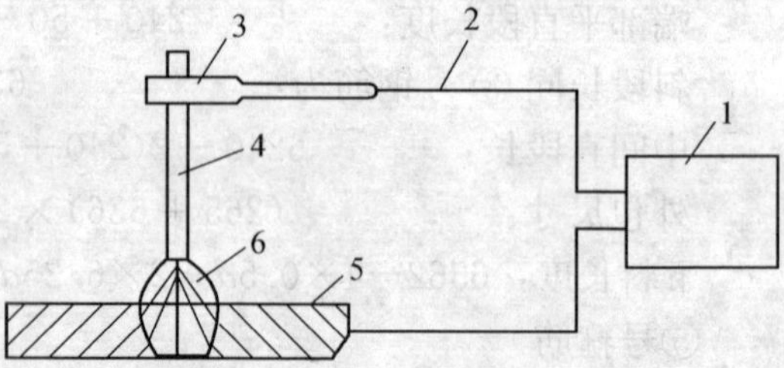

图 4-47 电弧焊示意图

1—电源；2—导线；3—焊钳；4—焊条

电弧焊所使用的弧焊机有直流与交流之分，常用的交流弧焊机有：BX-300、BX-500 型；直流电弧焊机有：AX-300、AX-500 型。电弧焊所用焊条，其直径为 1.6～5.8mm，长度为 215～400mm。《钢筋焊接及验收规程》（JGJ 18—2003）第 3.0.3 条规定：若设计无规定时，可按表 3.0.3 选用电弧焊所采用的焊条，应符合现行国家标准《碳钢焊条》（GB/T 5117—1995）或《低合金钢焊条》（GB/T 5118—1995）的规定，其型号应根据设计确定。

（1）电弧焊的接头形式

电弧焊的接头形式有搭接接头（图 4-48）、帮条接头（图 4-49）、坡口（剖口）接头（图 4-50）等。

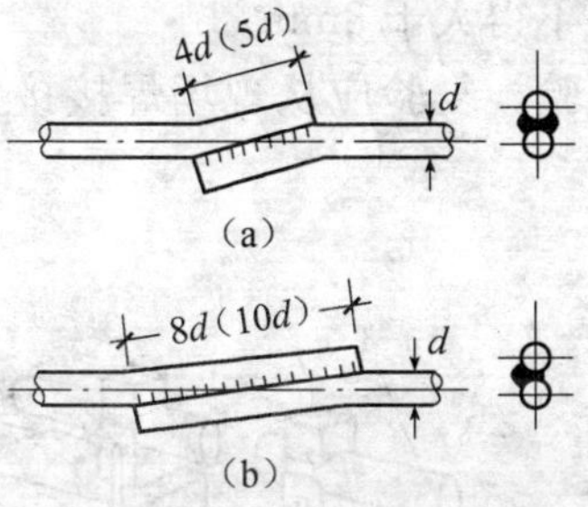

图 4-48 搭接接头

（a）双面焊缝；（b）单面焊缝

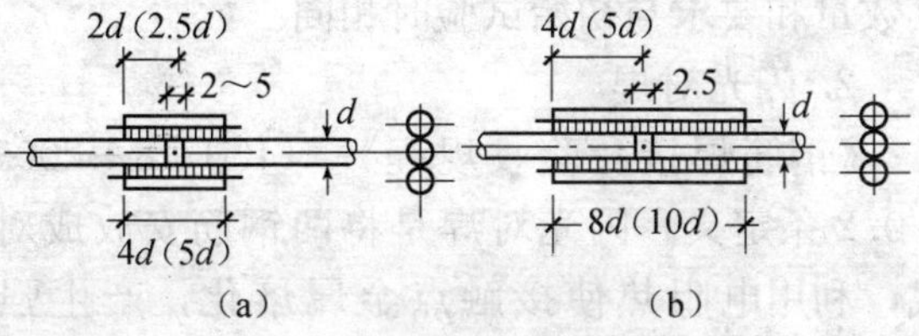

图 4-49 帮条接头

（a）双面焊缝；（b）单面焊缝

搭接接头适用于直径 10～40mm 的 HPB235、HRB335 级钢筋连接。帮条接头适用于直径 10～40mm 的 HPB235、HRB335、HRB400 和 HRB500 级钢筋连接。帮条钢筋宜与被连接主筋同级别、同直径。坡口（剖口）接头适用于直径 10～40mm 的 HPB235、HRB335、HRB400 和 HRB500 级钢筋连接。有平焊和立焊两种。坡口接头较以上两种接头节约钢材。

钢筋与预埋件接头。可分对接接头和搭接接头两种。对接接头又分为角焊和穿孔塞焊，如图 4-51 所示。当钢筋直径为 10～25mm 时，可采用角焊；当钢筋直径为 20～40mm 时，宜采用穿孔塞焊。角焊缝焊脚 K 不小于 0.5d（HPB235 级钢筋）～0.6d（HRB335 级以上钢筋）。

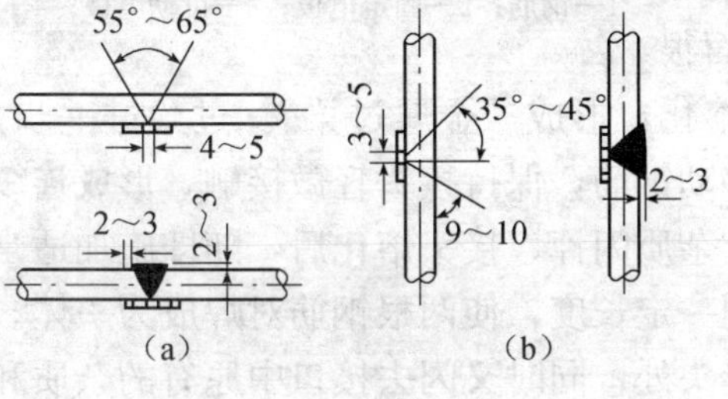

图 4-50 坡口接头

（a）坡口平焊；（b）坡口立焊

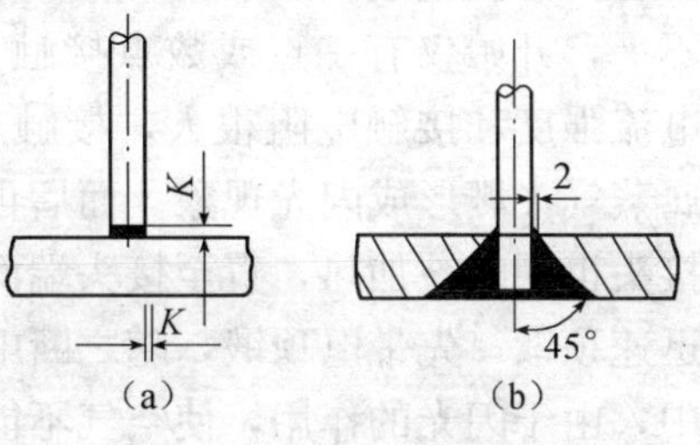

图 4-51 钢筋与预埋件焊接

（a）角焊；（b）穿孔塞焊

（2）电弧焊接头的质量检验

《钢筋焊接及验收规程》（JGJ 18—2003）中规定：

1）电弧焊接头的质量检验，应分批进行外观检查和力学性能检验，并应按下列规定作为一个检验批：

①在现浇混凝土结构中，应以 300 个同牌号钢筋、同形式接头作为一批；在房屋结构中，应在不超过二楼层中 300 个同牌号钢筋、同形式接头作为一批。每批随机切取 3 个接头，做拉伸试验；

②在装配式结构中，可按生产条件制作模拟试件，每批 3 个，做拉伸试验；

③钢筋与钢板电弧搭接焊接头可只进行外观检查。

注：在同一批中若有几种不同直径的钢筋焊接接头，应在最大直径钢筋接头中切取 3 个试件。以下电

渣压力焊接头、气压焊接头取样均同。

2）电弧焊接头外观检查结果，应符合下列要求：

①焊缝表面应平整，不得有凹陷或焊瘤；

②焊接接头区域不得有肉眼可见的裂纹；

③咬边深度、气孔、夹渣等缺陷允许值及接头尺寸的允许偏差，应符合规范的规定；

④坡口焊、熔槽帮条焊和窄间隙焊接头的焊缝余高不得大于 3mm。

3）当模拟试件试验结果不符合要求时，应进行复验。复验应从现场焊接接头中切取，其数量和要求与初始试验时相同。

2. 闪光对焊

《钢筋焊接及验收规程》（JGJ 18—2003）第 2.0.2 条定义：闪光对焊是将两钢筋安放成对接形式，利用电阻热使接触点金属熔化，产生强烈飞溅，形成闪光，迅速施加顶锻力完成的一种压焊方法，如图 4-52 所示。

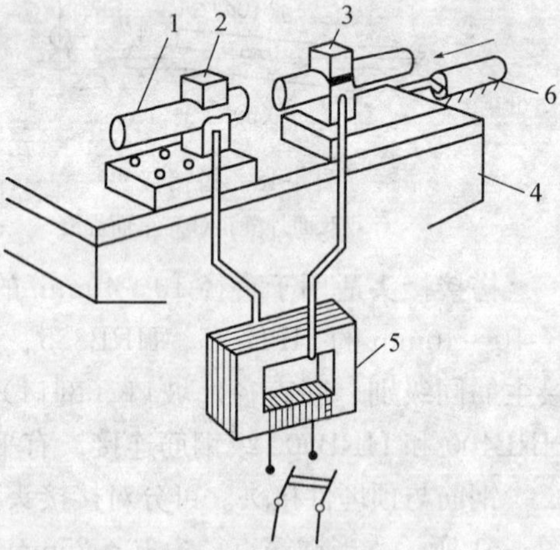

图 4-52 钢筋闪光对焊

1—钢筋；2—固定电极；3—可动电极；4—机座

（1）闪光对焊工艺

闪光对焊可分为连续闪光焊、预热闪光焊、闪光-预热-闪光焊三种工艺。可根据钢筋品种、直径和所用焊机功率等选用。

连续闪光焊。工艺过程包括连续闪光和顶锻过程，即先将钢筋夹在焊机电极钳口上（钢筋与电极接触处应清除锈污，电极内应通入循环冷却水），然后闭合电源，使两端钢筋轻微接触，由于钢筋端部凸凹不平，开始仅有一点或数点接触，接触面很小，故电流强度和接触电阻很大，接触点很快熔化，形成“金属过梁”。过梁进一步加热，产生金属蒸气飞溅形成闪光现象。而后再徐徐移动钢筋，保持接头轻微接触，形成连续闪光过程，接头也同时被加热，直至接头端面烧平、杂质闪掉、接头熔化后，随即施加适当的轴向压力迅速顶锻，先带电顶锻，随之断电顶锻到一定长度，使两根钢筋对焊成为一体。在焊接过程中，由于闪光的作用，使空气不能进入接头处；同时又闪去接口中原有的杂质和氧化膜，通过挤压，把已熔化的氧化物全部挤出，因而接头质量得到保证。连续闪光焊一般用于焊接直径在 22mm 以内的 HPB235、HRB335、HRB400 和 RRB400 级钢筋和直径在 16mm 以内的 HRB500 级钢筋。不同直径钢筋焊接时，截面比不宜超过 1.5。

预热闪光焊是在连续闪光焊接之前，增加一次预热过程，方法是在闭合电源后使两钢筋端面交替地接触和分开，这时在钢筋端面的间隙中即发出断续的闪光而形成预热过程。适用于焊接直径 16～32mm 的 HRB335、HRB400 和 RRB400 级钢筋及直径 12～28mm 的 HRB500 级钢筋。特别适用于直径为 25mm 以上且端面较平整的钢筋。

闪光-预热-闪光焊即在预热闪光焊前再增加一次闪光过程，使钢筋预热均匀。闪光-预热-闪光焊比较适应焊接直径大于 25mm、且端面不够平整的钢筋，这是闪光对焊中最常用的一种方法。

（2）钢筋闪光对焊接头质量检查

《钢筋焊接及验收规程》（JGJ 18—2003）规定：

1）闪光对焊接头的质量检验，应分批进行外观检查和力学性能检验，并应按下列规定作为一个检验批：

①在同一台班内，由同一焊工完成的300个同牌号、同直径钢筋焊接接头应作为一批。当同一台班内焊接的接头数量较少，可在一周之内累计计算；累计仍不足300个接头时，应按一批计算；

②力学性能检验时，应从每批接头中随机切取6个接头，其中3个做拉伸试验，3个做弯曲试验；

③焊接等长的预应力钢筋（包括螺丝端杆与钢筋）时，可按生产时同等条件制作模拟试件；

④螺丝端杆接头可只做拉伸试验；

⑤封闭环式箍筋闪光对焊接头，以600个同牌号。同规格的接头作为一批，只做拉伸试验。

2）外观检查：

①钢筋闪光对焊接头的外观检查，每批抽查10%的接头，并不得少于10个。闪光对焊接头处不得有横向裂纹；

②与电极接触处的钢筋表面，对于HPB235、HRB335、HRB400和RRB400级钢筋，不得有明显的烧伤，对于HRB500级钢筋不得有烧伤；

③低温对焊时，对于HRB335、HRB400和RRB400、HRB500级钢筋，均不得有烧伤，接头处的弯折不得大于4°；接头处的钢筋轴线偏移量不得大于0.1倍钢筋直径，也不得大于2mm；

④当有一个接头外观质量不符合要求时，应对全部接头进行检查，剔出不合格品。不合格接头经切除重焊后，可提交二次验收。

3）钢筋闪光对焊接头的力学性能试验包括拉伸试验和弯曲试验。

钢筋闪光对焊接头、电弧焊接头、电渣压力焊接头、气压焊接头拉伸试验结果均应符合下列要求：

①三个热轧钢筋接头试件的抗拉强度均不得小于该牌号钢筋规定的抗拉强度；RRB400钢筋接头试件的抗拉强度均不得小于570N/mm^2；

②至少应有2个试件断于焊缝之外，并应呈延性断裂。当达到上述2项要求时，应评定该批接头为抗拉强度合格。当试验结果有2个试件抗拉强度小于钢筋规定的抗拉强度，或3个试件均在焊缝或热影响区发生脆性断裂时，则一次判定该批接头为不合格品。当试验结果有1个试件的抗拉强度小于规定值，或2个试件在焊缝或热影响区发生脆性断裂，其抗拉强度均小于钢筋规定抗拉强度的1.10倍时，应进行复验。复验时，应再切取6个试作。复验结果，当仍有1个试件的抗拉强度小于规定值，或有3个试件断于焊缝或热影响区呈脆性断裂，其抗拉强度小于钢筋规定抗拉强度的1.10倍时，应判定该批接头为不合格品；

③当接头试件虽断于焊缝或热影响区，呈脆性断裂，但其抗拉强度大干或等于钢筋规定抗拉强度的1.10倍时，可按断于焊缝或热影响区之外，称延性断裂同等对待；

④闪光对焊接头、气压焊接头进行弯曲试验时，应将受压面的全面毛刺和镦粗起部分消除，且应与钢筋的外表齐平；

⑤弯曲试验可在万能试验机、手动或电动液压弯曲试验器上进行，焊缝应处于弯曲中心点，弯心直径和弯曲角应符合表4-22的要求；

表 4-22　钢筋对焊接头弯曲试验指标

项　次	钢筋级别	弯心直径（mm）	弯曲角（°）
1	HPB235	$2d$	90
2	HRB335	$4d$	90
3	HRB400 和 RRB400	$5d$	90
4	HRB500	$7d$	90

注：1. d 为钢筋直径。

2. 直径大于 28mm 的钢筋对焊接头，做弯曲试验时弯心直径应增加一个钢筋直径，弯曲试验结果如有两个试件未达到上述要求，应取双倍数量的试件进行复验，复验结果如有三个试件不符合要求，该批试件即为不合格品。

⑥当试验结果弯至 90°，有 2 个或 3 个试件外侧（含焊缝和热影响区）未发生破裂，应评定该批接头弯曲试验合格。当 3 个试件均发生破裂，则一次判定该批接头为不合格品。当有 2 个试件发生破裂，应进行复验。复验时，应再切取 6 个试件。复验结果，当有 3 个试件发生破裂，应判定该接头为不合格品。（当试件外侧横向裂纹宽度达到 0.5mm 时，应认定已经破裂。）

4）当模拟试件试验结果不符合要求时，应进行复验。复验应从现场焊接接头中切取，其数量和要求与初始试验相同。

闪光对焊具有成本低、质量好、工效高、并对各种钢筋均能适用的特点，因而得到普遍应用。

3. 电阻点焊

《钢筋焊接及验收规程》（JGJ 18—2003）第 2.0.1 条定义：电阻点焊就是将两钢筋安放成交叉叠接形式，压紧于两电极之间，利用电阻热熔化母材金属，加压形成焊点的一种压焊方法。如图 4-53 所示。

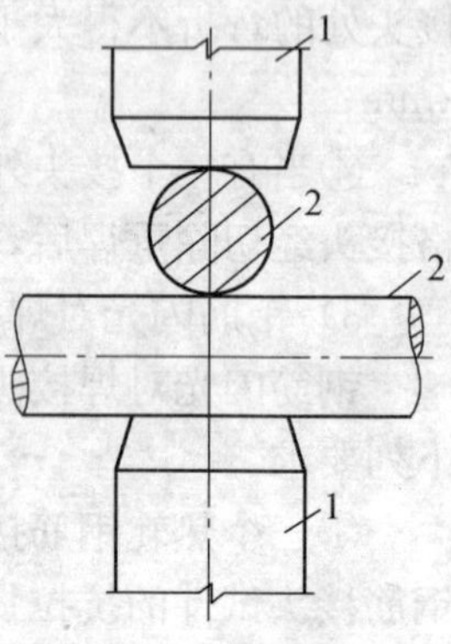

图 4-53　钢筋电阻点焊

1—电极；2—钢筋

（1）电阻点焊一般规定

《钢筋焊接及验收规程》（JGJ 18—2003）规定：混凝土结构中的钢筋焊接骨架和钢筋焊接网，宜采用电阻点焊制作；钢筋焊接骨架和钢筋焊接网可由 HPB235、HRB335、HRB400、CRB550 钢筋制成。当两根钢筋直径不同时，焊接骨架较小钢筋直径小于或等于 10mm 时，大、小钢筋直径之比不宜大于 3；当较小钢筋直径为12～16mm 时，大、小钢筋直径之比，不宜大于 2。焊接网较小钢筋直径不得小于较大钢筋直径的 0.6 倍。

在各种预制构件中，利用点焊机进行交叉钢筋焊接，使若干单根钢筋成型为各种网片、骨架，以代替人工绑扎，是实现生产机械化、提高工效、节约劳动力和材料（因钢筋端部不需弯钩）、保证质量、降低成本的一种有效措施。而且采用焊接骨架和焊接网，可使钢筋在混凝土中能更好地锚固，可提高构件的刚度和抗裂性，因此钢筋网片成型应优先采用点焊。

（2）电阻点焊焊接骨架和焊接网的质量检验

《钢筋焊接及验收规程》（JGJ 18—2003）规定：

1）抽取试件

①当焊接骨架所切取试件的尺寸小于规定的试件尺寸，或受力钢筋直径大于 8mm 时，可在生产过程中制作模拟焊接试验网片（图 4-54），从中切取试件。

②凡钢筋牌号、直径及尺寸相同的焊接骨架和焊接网应视为同一类型制品，且每 300 件

作为一批，一周内不足 300 件的亦应按一批计算。

③外观检查应按同一类型制品分批检查，每批抽查 5%，且不得少于 5 件。

④力学性能检验的试件，应从每批成品中切取；切取过试件的制品，应补焊同牌号、同直径的钢筋，其每边的搭接长度不应小于 2 个孔格的长度。

⑤由几种直径钢筋组合的焊接骨架或焊接网，应对每种组合的焊点作力学性能检验。

⑥热轧钢筋的焊点应做剪切试验，试件应为 3 件；冷轧带肋钢筋焊点除做剪切试验外，尚应对纵向和横向冷轧带肋钢筋做拉伸试验，试件应各为 1 件。剪切试件纵筋长度应大于或等于 290mm，横筋长度应大于或等于 50mm（图 4-54b）；拉伸试件纵筋长度应大于或等于 300mm（图 4-54c）。

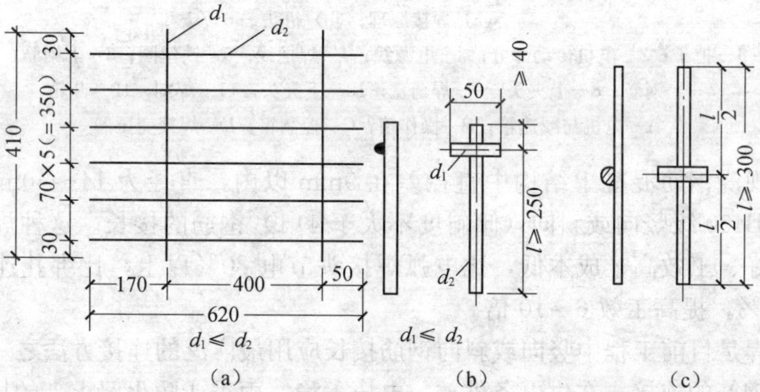

图 4-54　钢筋模拟焊接试验网片与试件

（a）模拟焊接试验网片简图；（b）钢筋焊点剪切试件；（c）钢筋焊点拉伸试件

⑦焊接网剪切试件应沿同一横向钢筋随机切取。

⑧切取剪切试件时，应使制品中的纵向钢筋成为试件的受拉钢筋。

2）焊接网外形尺寸检查和外观质量检查结果，应符合下列要求：

①焊接网的长度。宽度及网格尺寸的允许偏差均为±10mm；网片两对角线之差不得大于 10mm；网格数量应符合设计规定；

②焊接网交叉点开焊数量不得大于整个网片交叉点总数的 1%，并且任一根横筋上开焊点数不得大于该根横筋交叉点总数的 1/2；焊接网最外边钢筋上的交叉点不得开焊；

③焊接网组成的钢筋表面不得有裂纹、折叠、结疤、凹坑、油污及其他影响使用的缺陷；但焊点处可有不大的毛刺和表面浮锈。

3）焊接骨架外观质量检查结果，应符合下列要求：

①每件制品的焊点脱落。漏焊数量不得超过焊点总数的 4%，且相邻两焊点不得有漏焊及脱落；

②应量测焊接骨架的长度和宽度，并应抽查纵、横方向 3～5 个网格的尺寸，其允许偏差应符合规范的规定。当外观检查结果不符合上述要求时，应逐件检查，并剔出不合格品。对不合格品经整修后，可提交二次验收。

4. 电渣压力焊

《钢筋焊接及验收规程》（JGJ 18—2003）第 2.0.5 条定义：电渣压力焊是将两钢筋安放成竖向对接形式，利用焊接电流通过两钢筋端面间隙，在焊剂层下形成电弧过程和电渣过程，产生电弧热和电阻热，熔化钢筋，加压完成的一种压焊方法，如图 4-55 所示。

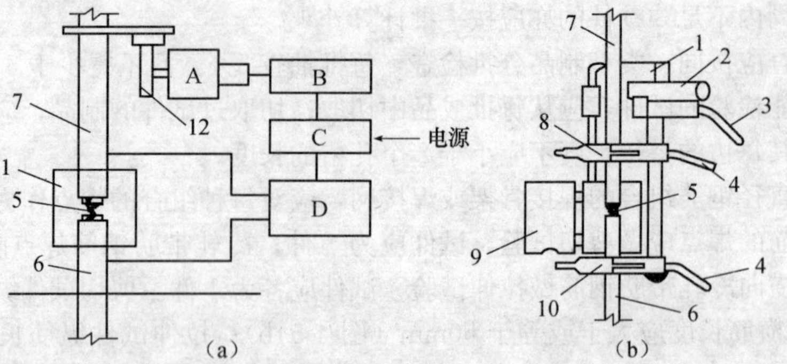

图 4-55　电动凸轮式钢筋自动电渣压力焊示意图

(a) 焊接原理；(b) 机头

1—把子；2—电机传动部分；3—电源线；4—焊把线；5—铁丝圈；6—下钢筋；

7—上钢筋；8—上夹头；9—焊药盒；10—下夹头；11—焊剂；12—凸轮；

A—电机与减速箱；B—操作箱；C—控制箱；D—焊接变压器

主要用于现浇钢筋混凝土结构中直径差在 9mm 以内，直径为 14～40mm 的 HPB235、HRB335、HRB400 级竖向或斜向（倾斜度不大于 4∶1）钢筋的接长。这种焊接方法操作简单、工作条件好、工效高、成本低，比电弧焊接头节电 80%以上，比绑扎连接和帮条焊接节约钢筋约 30%，提高工效 6～10 倍。

电渣压力焊是目前工程中竖向或斜向钢筋接长应用最广泛的连接方法之一。但它不宜用于 RRB400 级钢筋的连接；在供电条件差、电压不稳、雨季或防火要求高的场合应慎用。

(1) 电渣压力焊焊接工艺

电渣压力焊焊接工艺包括引弧、造渣、电渣和挤压四个过程，如图 4-56 所示。

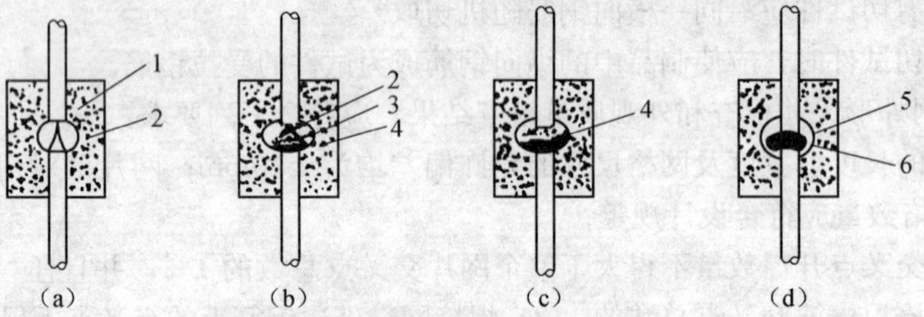

图 4-56　钢筋电渣压力焊工艺过程

(a) 引弧过程；(b) 造渣过程；(c) 电渣过程；(d) 挤压过程

1—焊剂；2—电弧；3—渣池；4—熔池；5—渣壳；6—熔化的钢筋

引弧过程是在通电后迅速将上钢筋提起，使两端头之间的距离为 2～4mm 以引弧。造渣过程是靠电弧的高温作用，将钢筋端头的凸出部分不断烧化；同时将接口周围的焊剂充分熔化，形成一定深度的渣池。电渣过程是在渣池形成一定深度后，将上钢筋缓缓插入渣池中，由于电流直接通过渣池，产生大量的电阻热，使渣池温度升到近 2000℃，将钢筋端头迅速而均匀地熔化。熔化后的上钢筋端面呈微凸形，并在钢筋的端面上形成一个由液态向固态转化的过渡薄层。电渣压力焊的接头，是利用过渡层使钢筋端部的分子与原子产生巨大的结合力完成的。挤压过程是在停止供电的瞬间，对钢筋施加挤压力，把焊口部分熔化的金属、熔渣及氧化物等杂质全部挤出结合面。

(2) 电渣压力焊接头的质量检验

《钢筋焊接及验收规程》(JGJ 18—2003) 规定：

1）电渣压力焊接头的质量检验，应分批进行外观检查和力学性能检验，并应按下列规定作为一个检验批：

①在现浇钢筋混凝土结构中，应以300个同牌号钢筋接头作为一批；

②在房屋结构中，应在不超过二楼层中300个同牌号钢筋接头作为一批；

③当不足300个接头时，仍应作为一批。每批随机切取3个接头做拉伸试验。

2）电渣压力焊接头外观检查结果，应符合下列要求：

①四周焊包凸出钢筋表面的高度不得小于4mm；

②钢筋与电极接触处，应无烧伤缺陷；

③接头处的弯折角不得大于3°；接头处的轴线偏移不得大于钢筋直径的0.1倍，且不得大于2mm；

④外观检查不合格的接头，应切除重焊或采取补强措施。

3）强度检验

强度检验一般从每批成品中切取3个试件进行拉伸试验。3个试件的抗拉强度均不得低于该级别钢筋的抗拉强度标准值；如有1个试件的抗拉强度低于规定数值，应取双倍数量的试件进行复验。复验结果如仍有1个试件的强度达不到上述要求，则该批接头为不合格品。

（二）机械连接

《钢筋机械连接通用技术规程》（JGJ 107—2003）第2.0.1条定义：钢筋机械连接就是通过钢筋与连接件的机械咬合作用或钢筋端面的承压作用，将一根钢筋中的力传递至另一根钢筋的连接方法。

20世纪80年代，钢筋机械连接的概念在我国就已出现，但工程应用不多。到90年代，机械连接技术在我国发展迅猛，成果显著，是土木工程施工领域技术进步最大的方面之一，技术达到了国际先进水平，目前已形成规模化和产业化。

钢筋机械连接相继出现了套筒挤压连接、锥螺纹套筒连接、直螺纹套筒连接、活塞式组合带肋钢筋连接等技术，其分类及适用范围见表4-23。

表4-23　钢筋机械连接方法分类及适用范围

机械连接方法		适用范围	
		钢筋级别	钢筋直径（mm）
钢筋套筒挤压连接		HRB335、HRB400	16～40
		RRB400	16～40
钢筋锥螺纹套筒连接		HRB335、HRB400	16～40
		RRB400	16～40
钢筋镦粗直螺纹套筒连接		HRB335、HRB400	16～40
钢筋滚压直螺纹套筒连接	直接滚压	HRB335、HRB400	16～40
	挤肋滚压		16～40
	剥肋滚压		16～50

1. 套筒挤压连接

这是我国最早出现的一种钢筋机械连接方法。按挤压方向不同，分为套筒径向挤压连接和套筒轴向挤压连接两种，以套筒径向挤压连接为多用。

（1）套筒径向挤压连接。套筒径向挤压连接是将两根待接钢筋插入优质钢套筒，用挤压设备沿径向挤压钢套筒，使之产生塑性变形，依靠变形后的钢套筒与被连接钢筋纵、横肋产生的机械咬合作用使套筒与钢筋成为整体的连接方法，如图4-57～图4-58所示。这种方法适用于直径 18～40mm 的带肋钢筋的连接，所连接的两根钢筋的直径之差不宜大于 5mm。该方法具有接头性能可靠、质量稳定、不受气候的影响、连接速度快、安全、无明火、节能等优点。但设备笨重，工人劳动强度大，不适合在高密度布筋的场合使用。

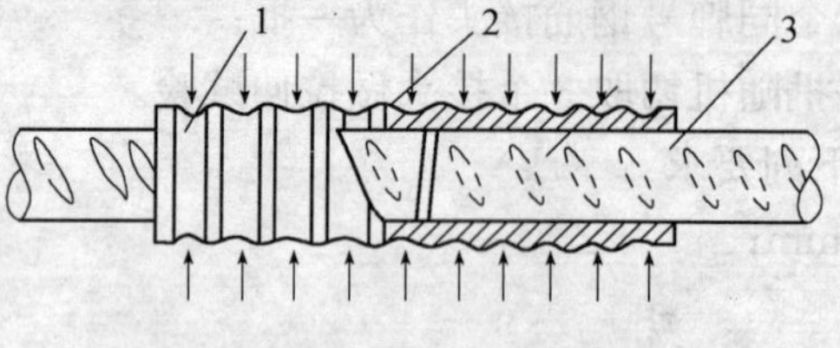

图 4-57 钢筋套筒径向挤压连接

1—压痕；2—钢套筒；3—变形钢筋

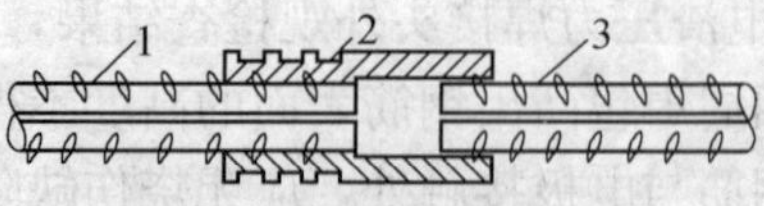

图 4-58 钢筋套筒挤压连接

1—已挤压的套筒；2—钢套筒；3—未挤压的钢筋

钢筋套筒径向挤压设备主要由超高压油泵、挤压机、超高压软管、压接钳等组成，如图 4-59 所示。

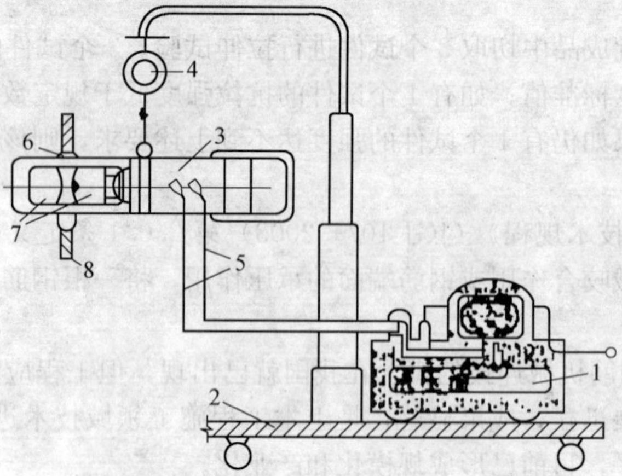

图 4-59 钢筋套筒径向挤压设备示意图

1—超高压油泵；2—吊挂小车；3—挤压机；4—平衡器；
5—超高压软管；6—钢套管；7—压接钳；8—被连接的钢筋

(2) 套筒轴向挤压连接。套筒轴向挤压连接是将两根待接钢筋插入优质钢套筒，用挤压设备沿轴向挤压钢套筒，使之产生塑性变形，依靠变形后的钢套筒与被连接钢筋纵、横肋产生的机械咬合作用使套筒与钢筋成为整体的连接方法，如图 4-60 所示。这种方法一般用于直径 25～32mm 的同直径或相差一个型号直径的带肋钢筋连接。

钢套筒应符合优质碳素结构钢要求，与钢筋直径要配套。挤压用设备主要有挤压机、超高压泵等。挤压机由油缸、压模、压模座、导杆等组成，如图 4-61 所示。

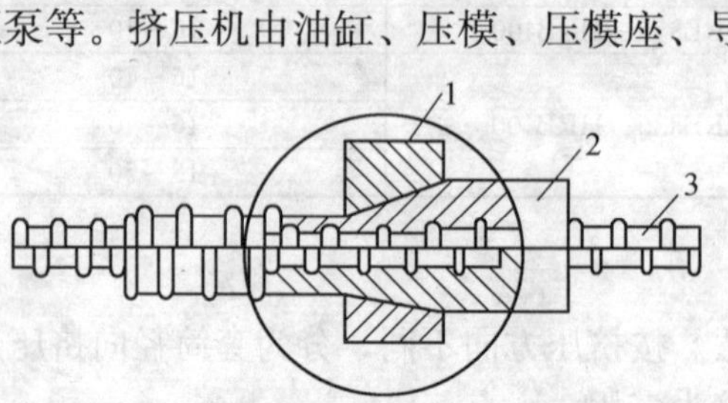

图 4-60 钢筋套筒轴向挤压连接

1—压模；2—钢套筒；3—变形钢筋

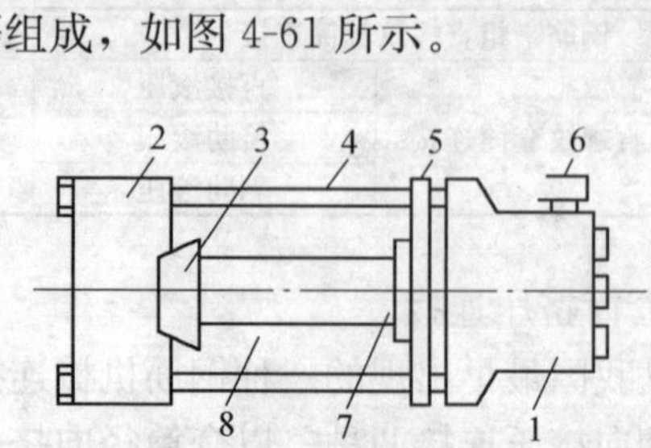

图 4-61 GTZ32 型挤压机简图

1—油缸；2—压模座；3—压模；4—导杆；
5—撑力架；6—接头；7—垫块座；8—钢套筒

(3) 挤压接头的施工现场检验与验收

《带肋钢筋套筒挤压连接技术规程》(JGJ 108—96) 规定:

1) 工程中应用带肋钢筋套筒挤压接头时，应由该技术提供单位提交有效的形式检验报告。

2) 钢筋连接工程开始前及施工过程中，应对每批进场钢筋进行挤压连接工艺检验，工艺检验应符合要求❶。

3) 现场检验应对挤压接头进行外观质量检查和单向拉伸试验。对挤压接头有特殊要求的结构，应在设计图纸中另行注明相应的检验项目。

4) 挤压接头质量检查验收批。

①挤压接头的现场检验按验收批进行。同一施工条件下采用同一批材料的同等级、同形式、同规格接头，以500个为一个验收批进行检验与验收，不足500个也作为一个验收批。

②对每一验收批，均应按设计要求的接头性能等级，在工程中随机抽3个试件做单向拉伸试验。按附录A的格式记录，并作出评定。

当3个试件检验结果均符合现行行业标准《钢筋机械连接通用技术规程》表3.0.5中的强度要求时，该验收批为合格。

如有一个试件的抗拉强度不符合要求，应再取6个试件进行复检。复检中如仍有一个试件检验结果不符合要求，则该验收批单向拉伸检验为不合格。

5) 挤压接头的外观质量检验应符合要求❷。

①每一验收批中应对随机抽取的挤压接头做外观质量检验，如外观质量不合格数少于抽检数的10%，则该批挤压接头外观质量评为合格。

当不合格数超过抽检数的10%时，应对该批挤压接头逐个进行复检，对外观不合格的挤压接头采取补救措施；不能补救的挤压接头应做标记，在外观不合格的接头中抽取六个试件做抗拉强度试验，若有一个试件的抗拉强度低于规定值，则该批外观不合格的挤压接头，应会同设计单位商定处理，并记录存档。

②在现场连续检验十个验收批，全部单向拉伸试验一次抽样均合格时，验收批接头数量可扩大一倍。

2. 锥螺纹套筒连接

锥螺纹套筒连接是将两根待接钢筋端头用套丝机做出锥形丝扣，然后用带锥形内丝的钢套筒将钢筋两端拧紧的连接方法，如图4-62所示。这种方法适用于直径16～40mm的各种钢筋的连接，所连接钢筋的直径之差不宜大于9mm。该方法具有接头可靠、操作简单、不

---

❶ 《带肋钢筋套筒挤压连接技术规程》(JGJ 108—96) 规定:

6.0.2 工艺检验应符合下列要求:

6.0.2.1 每种规格钢筋的接头试件不应少于三根;

6.0.2.2 接头试件的钢筋母材应进行抗拉强度试验;

6.0.2.3 三根接头试件的抗拉强度均应符合现行行业标准《钢筋机械连接通用技术规程》(JGJ 107) 表3.0.5中的强度要求；对于A级接头试件抗拉强度尚应大于或等于0.9倍钢筋母材的实际抗拉强度 f_{st}^{0}，计算实际抗拉强度时，应采用钢筋的实际横截面面积。

❷ 《带肋钢筋套筒挤压连接技术规程》(JGJ 108—96) 规定:

6.0.6 外观质量检验应符合下列要求:

6.0.6.1 外形尺寸：挤压后套筒长度应为原套筒长度的1.10～1.15倍；或压痕处套筒的外径波动范围为原套筒外径的0.8～0.9倍;

6.0.6.2 挤压接头的压痕道数应符合形式检验确定的道数;

6.0.6.3 接头处弯折不得大于4°;

6.0.6.4 挤压后的套筒不得有肉眼可见裂缝。

用电源、全天候施工、对中性好、施工速度快等优点。接头的价格适中，低于挤压套筒接头，高于电渣压力焊和气压焊接头。

钢筋锥螺纹的加工是在钢筋套丝机上进行。为保证丝扣精度，对已加工的丝扣端要用牙形规及卡规逐个进行自检，要求钢筋丝扣的牙形必须与牙形规吻合，小端直径不超过卡规的允许误差，丝扣完整牙数不得小于规定值。锥螺纹套筒加工宜在专业工厂进行，以保证产品质量。

钢筋锥螺纹连接预先将套筒拧入钢筋的一端，在施工现场再拧入待接钢筋。如图 4-63 所示。连接钢筋前，将钢筋未拧套筒的一端的塑料保护帽拧下来露出丝扣，并将丝扣上的污物清理干净。连接钢筋时，将已拧套筒的钢筋拧到被连接的钢筋上，并用扭力扳手按规定的力矩值连接钢筋，扭力扳手是保证钢筋连接质量的测力扳手，它可以按照钢筋直径大小规定的力矩值，把钢筋与连接套筒拧紧，直至扭力扳手在调定的力矩值发出响声，并随手画上油漆标记，以防有的钢筋接头漏拧。力矩扳手应每半年标定一次。

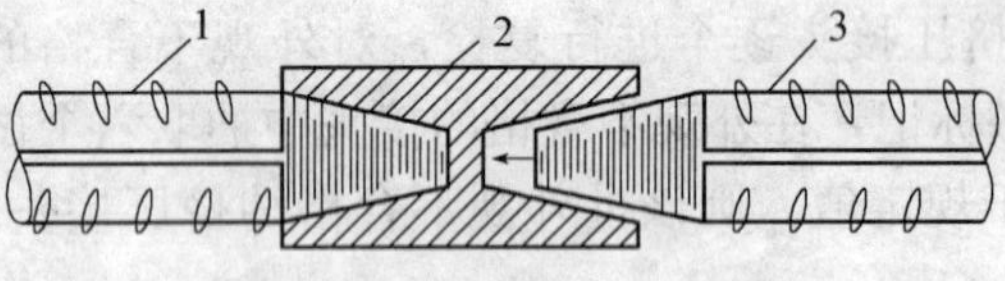

图 4-62　钢筋锥螺纹套筒连接

1—已连接的钢筋；2—锥螺纹套筒；

3—未连接的钢筋

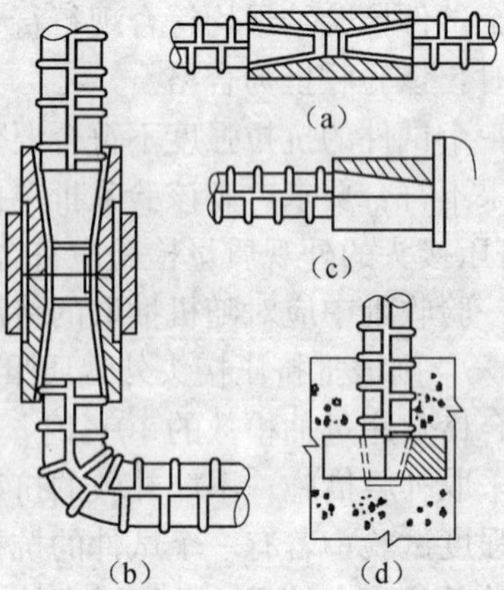

图 4-63　钢筋锥螺纹连接示意图

(a) 两根直钢筋连接；(b) 一根直钢筋与一根弯钢筋连接；

(c) 在金属结构上接装钢筋；(d) 在混凝土构件中插接钢筋

3. 直螺纹套筒连接

直螺纹套筒连接是将两根待接钢筋端头切削或滚压出直螺纹，然后用带直内丝的钢套筒将钢筋两端拧紧的连接方法，见图 4-64～图 4-66。这种方法适用直径 16～40mm 的各种钢筋的连接。该方法是综合了套筒挤压连接和锥螺纹连接的优点，于 20 世纪 90 年代后期才发展起来的一种钢筋连接新技术。它具有接头强度高、质量稳定、施工方便、不用电源、全天候施工、对中性好、施工速度快等优点，是目前工程应用最广泛的粗钢筋连接方法。

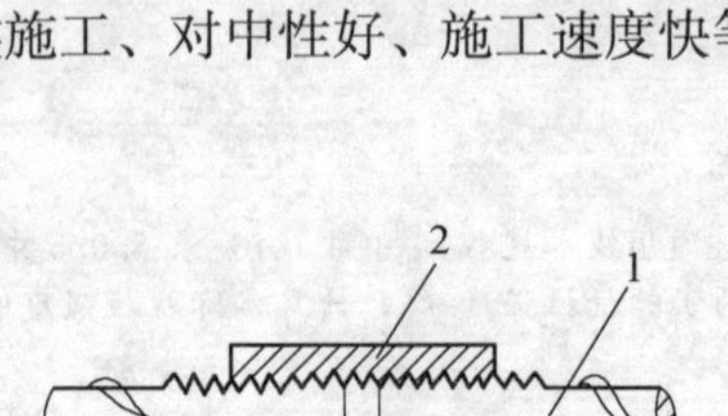

图 4-64　钢筋直螺纹连接接头剖面图

1—待接钢筋；2—套筒

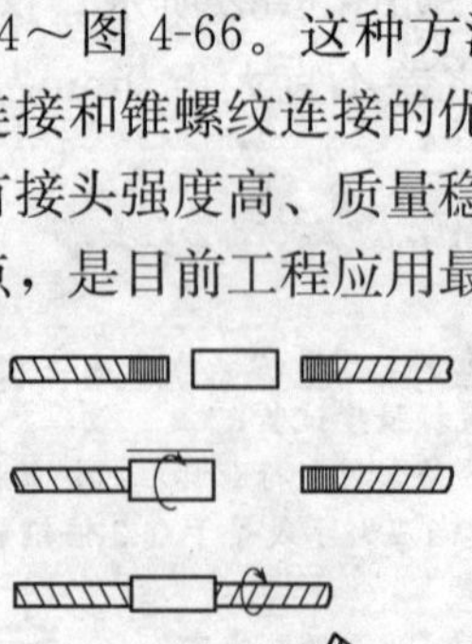

图 4-65　标准型接头安装

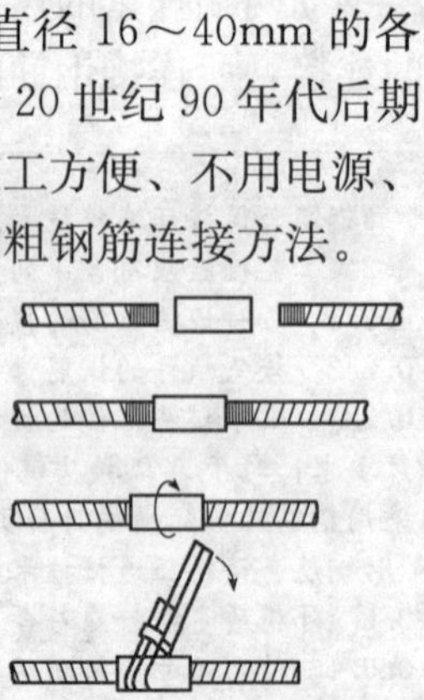

图 4-66　正反丝扣型接头安装

按螺纹丝扣加工工艺不同，可分为镦粗直螺纹套筒连接、滚压直螺纹套筒连接和剥肋滚压直螺纹套筒连接三种。

镦粗直螺纹是将钢筋端头冷镦扩粗，再在镦粗段上切削直螺纹，目的是不因切削直螺纹而造成钢筋母材横截面的削弱，能保证充分发挥钢筋母材的强度。但钢筋端头经冷镦扩粗后，金相组织发生了变化，延伸率降低，易产生脆断；此外，加工工艺复杂，增加了辅助用工，加大了接头成本。

滚压直螺纹是先在一平台上将钢筋端头的纵横肋滚掉，然后再滚压出丝头，较镦粗直螺纹经济，但因滚压纵横肋时，铁屑不可避免地会挤压在钢筋表面上，使滚压丝扣时易产生虚扣，造成丝扣直径不一，连接操作要相对困难些。

剥肋滚压直螺纹是将钢筋端头的纵横肋先行切削圆滑后，再滚压丝头。这样可避免产生虚扣，从而保证丝扣直径均匀。

4. 活塞式组合带肋钢筋连接

活塞式组合带肋钢筋连接的接头是由两个特制的半圆形套筒和箍组成。连接时将半圆形套筒扣合在两根待接的钢筋端头上，再将套筒两端的箍用专用压钳沿轴向压紧，使之与钢筋母材形成一个整体，达到与钢筋共同作用。这是最近研制和开发的又一种新型的钢筋机械连接方式，是对等强钢筋连接技术又一次质的飞跃，比较适合我国的工程现状，也是迄今为止除精轧螺纹钢筋连接外，唯一一种不改变钢筋母材几何形状及机械力学性能的连接方式。其主要特点有：不破坏母材，连接强度高；套筒内壁凹槽与钢筋肋吻合，呈锁紧状态，提高了接头强度；施工操作便捷；接头工厂化生产，现场装配，不占用施工场地；压接工具简单，设备投资少，维护费用低；减少了辅助用工；接头质量可靠，易于检验和控制。

五、钢筋代换❶

钢筋安装时，受力钢筋的品种、级别、规格和数量必须符合设计要求。当钢筋的品种、级别或规格需做变更时，应办理设计变更文件。

（一）代换原则

当施工中遇有钢筋的品种或规格与设计要求不符时，可参照以下原则进行钢筋代换：

1. 等强度代换。当构件受强度控制时，钢筋可按强度相等原则进行代换。

2. 等面积代换。当构件按最小配筋率配筋时，钢筋可按面积相等原则进行代换。

3. 当构件受裂缝宽度或挠度控制时，代换后应进行裂缝宽度或挠度验算。

（二）等强代换方法

$$n_2 \geqslant \frac{n_1 d_1^2 f_{y1}}{d_2^2 f_{y2}} \tag{4-21}$$

式中　n_2——代换钢筋根数；

n_1——原设计钢筋根数；

---

❶ 《混凝土结构工程施工质量验收规范》（GB 50204—2002）规定：

5.1.1　在施工过程中，当施工单位缺乏设计所要求的钢筋品种、级别或规格时，可进行钢筋代换。为了保证对设计意图的理解不产生偏差，规定当需要作钢筋代换时应办理设计变更文件，以确保满足原结构设计的要求，并明确钢筋代换由设计单位负责。本条为强制性条文，应严格执行。

5.5.1　受力钢筋的品种、级别、规格和数量对结构构件的受力性能有重要影响，必须符合设计要求。本条为强制性条文，应严格执行。

d_2——代换钢筋直径；

d_1——原设计钢筋直径；

f_{y2}——代换钢筋抗拉强度设计值；

f_{y1}——原设计钢筋抗拉强度设计值。

（三）等面积代换方法

$$A_{s1} = A_{s2} \tag{4-22}$$

式中 A_{s1}——原设计钢筋的截面计算面积；

A_{s2}——拟代换钢筋的截面计算面积。

（四）构件截面的有效高度影响

钢筋代换后，有时由于受力钢筋直径加大或根数增多而需要增加排数，则构件截面的有效高度 h_0 减小，截面强度降低。通常对这种影响可凭经验适当增加钢筋面积，然后再作截面强度复核。

对矩形截面的受弯构件，可根据弯矩相等，按下式复核截面强度：

$$N_2\left(h_{02}-\frac{N_2}{2f_c b}\right) \geqslant N_1\left(h_{01}-\frac{N_1}{2f_c b}\right) \tag{4-23}$$

$$N_1 = A_{s1} f_{y1} \tag{4-24}$$

式中 N_1——原设计的钢筋拉力；

A_{s1}——原设计钢筋的截面面积；

f_{y1}——原设计钢筋的抗拉强度设计值；

N_2——代换钢筋拉力，同上；

h_{01}——原设计钢筋的合力点至构件截面受压边缘的距离；

h_{02}——代换钢筋的合力点至构件截面受压边缘的距离；

f_c——混凝土的抗压强度设计值，对 C20 混凝土为 9.6N/mm^2，对 C25 混凝土为 11.9N/mm^2，对 C30 混凝土为 14.3N/mm^2；

b——构件截面宽度。

（五）代换注意事项

钢筋代换时，必须充分了解设计意图和代换材料性能，并严格遵守现行混凝土结构设计规范的各项规定；凡重要结构中的钢筋代换应征得设计单位同意。

1. 对某些重要构件，如吊车梁、薄腹梁、桁架下弦等，不宜用 HPB235 级光圆钢筋代替 HRB335 和 HRB400 级带肋钢筋。

2. 钢筋代换后，应满足配筋构造规定，如钢筋的最小直径、间距、根数、锚固长度等。

3. 同一截面内，可同时配有不同种类和直径的代换钢筋，但每根钢筋的拉力差不应过大（如同品种钢筋的直径差值一般不大于 5mm），以免构件受力不均。

4. 梁的纵向受力钢筋与弯起钢筋应分别代换，以保证正截面与斜截面强度。

5. 偏心受压构件（如框架柱、有吊车厂房柱、桁架上弦等）或偏心受拉构件做钢筋代换时，不取整个截面配筋量计算，应按受力面（受压或受拉）分别代换。

6. 当构件受裂缝宽度控制时，如以小直径钢筋代换大直径钢筋，强度等级低的钢筋代替强度等级高的钢筋，则可不做裂缝宽度验算。

六、钢筋的安装

在钢筋混凝土的浇筑、振捣过程中，为了使钢筋不发生变形和位移，充分发挥钢筋在混凝土中的作用，必须采用绑扎或焊接的方法把不同形状的若干单根钢筋组合成钢筋网片或骨架。钢筋网片、骨架的制作方法有预制法和现场绑扎法两种。钢筋网片和骨架绑扎成型，简便易行，是土木工程中普遍采用的方法。

（一）钢筋网片、骨架制作前的准备工作

钢筋网片、骨架制作成型的正确与否，直接影响着结构构件的受力性能。因此必须重视并妥善组织这一技术工作。

1. 熟悉施工图纸。在学习施工图纸时，要明确各个单根钢筋的形状及各个细部的尺寸，确定各类结构的绑扎程序。如发现图纸中有错误或不当之处，应及时与工程设计部门联系解决。

2. 核对钢筋配料单及料牌。学习施工图纸的同时，应核对钢筋配料单及料牌，再根据料单和料牌，核对钢筋半成品的钢号、形状、直径和规格数量是否正确，有无错配、漏配及变形。如发现问题，应及时整修增补。

3. 工具、附件的准备。绑扎钢筋用的工具和附件主要有扳手、铁丝、小撬棒、马架、划线尺等，还要准备水泥砂浆垫块或塑料卡等保证保护层厚度的附件，以及钢筋撑脚或混凝土撑脚等保证钢筋网片位置正确的附件等。

钢筋绑扎用的铁丝，可采用20～22号铁丝或镀锌铁丝，其中22号铁丝只用于绑扎直径12mm以下的钢筋。

水泥砂浆垫块的厚度，应等于保护层厚度。垫块的平面尺寸：当保护层厚度等于或小于20mm时为30mm×30mm，大于20mm时为50mm×50mm。当在垂直方向使用垫块时，可在垫块中埋入20号铁丝，以便将垫块捆绑在钢筋上。水泥砂浆垫块呈梅花形均匀布置。

塑料卡的形状有两种：塑料垫块和塑料环圈。塑料垫块在两个方向均有凹槽，能适应两种保护层厚度，用于水平构件（如梁、板）。塑料环圈用于垂直构件（如柱、墙），使用时钢筋从卡嘴进入卡腔。由于塑料环圈有弹性，可使卡腔的大小能适应钢筋直径的变化，见图4-67。

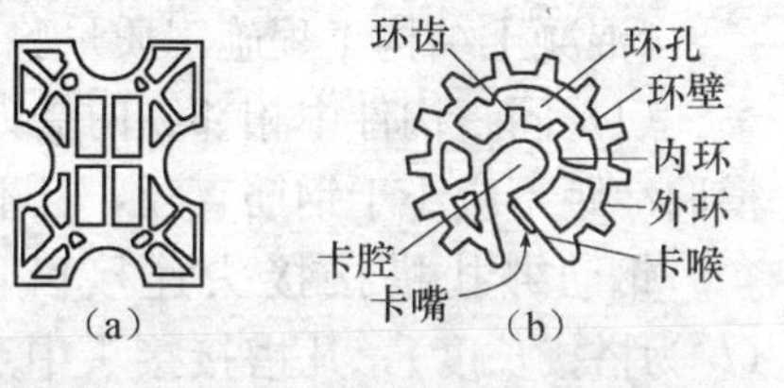

图4-67　控制混凝土保护层用的塑料卡
(a) 塑料垫块；(b) 塑料环圈

钢筋撑脚所用钢筋直径根据浇筑的混凝土构件的厚度确定。通常每隔1m放置一个，呈梅花形交错布置。

4. 划钢筋位置线。平板或墙板的钢筋，在模板上划线；柱的箍筋，在两根对角线主筋上划点；梁的箍筋，在架立筋上划点；基础的钢筋，在两向各取一根钢筋上划点或在固定架上划线。

钢筋接头的划线，应根据到料规格，结合规范对有关接头位置、数量的规定，使其错开，并在模板上划线。

5. 研究钢筋安装顺序，确定施工方法。在熟悉施工图纸的基础上，要仔细研究钢筋安装的顺序，特别是在比较复杂的钢筋安装工程中，应先研究逐根钢筋穿插就位的顺序，并与模板工联系讨论支模与绑扎钢筋的配合关系，以减少绑扎困难。

（二）钢筋网片骨架的制作与安装

由于受到钢筋网片、骨架运输条件和变形控制的限制，多采用在现场进行绑扎安装钢筋的方法。现场绑扎安装钢筋时，要根据不同构件的特点和现场条件，确定绑扎顺序。如：厂房柱，一般是先绑下柱，再绑牛腿，后绑上柱；桁架，一般是先绑腹杆，再绑上、下弦，后绑结点；在框架结构中总是先绑柱，其次是主梁、次梁、过梁，再最后是楼板钢筋。

1. 钢筋接头的有关规定❶

《混凝土结构工程施工质量验收规范》(GB 50204—2002) 规定：

1) 当受力钢筋采用机械连接接头或焊接接头时，设置在同一构件内的接头宜相互错开。纵向受力钢筋机械连接接头及焊接接头连接区段的长度为 35d（d 为纵向受力钢筋的较大直径）且不小于 500mm，凡接头中点位于该连接区段长度内的接头均属于同一连接区段。同一连接区段内，纵向受力钢筋机械连接及焊接的接头面积百分率为该区段内有接头的纵向受力钢筋截面面积与全部纵向受力钢筋截面面积的比值。

2) 同一连接区段内，纵向受力钢筋的接头面积百分率应符合设计要求；当设计无具体要求时，应符合下列规定：

①在受拉区不宜大于 50%；

②接头不宜设置在有抗震设防要求的框架梁端、柱端的箍筋加密区；当无法避开时，对等强度质量机械连接接头，不应大于 50%；

③直接承受动力荷载的结构构件中，不宜采用焊接接头；当采用机械连接接头时，不应大于 50%。

3) 检查数量：在同一检验批内，对梁、柱和独立基础，应抽查构件数量的 10%，且不少于 3 件；对墙和板，应按有代表性的自然间抽查 10%且不少于 3 间；对大空间结构，墙可按相邻轴线间高度 5m 左右划分检查面，板可按纵横轴线划分检查面，抽查 10%，且均不少于 3 面。检验方法：观察，钢尺检查。

2. 钢筋网片、骨架的钢筋搭接长度

《混凝土结构工程施工质量验收规范》(GB 50204—2002) 规定：

(1) 同一构件中相邻纵向受力钢筋的绑扎搭接接头宜相互错开。绑扎搭接接头中钢筋的横向净距不应小于钢筋直径，且不应小于 25mm。

钢筋绑扎搭接接头连接区段的长度为 1.3l_l（l_l 为搭接长度），凡搭接接头中点位于该连接区段长度内的搭接接头均属于同一连接区段。同一连接区段内，纵向钢筋搭接接头面积百分率为该区段内有搭接接头的纵向受力钢筋截面面积与全部纵向受力钢筋截面面积的比值（图 4-68）。

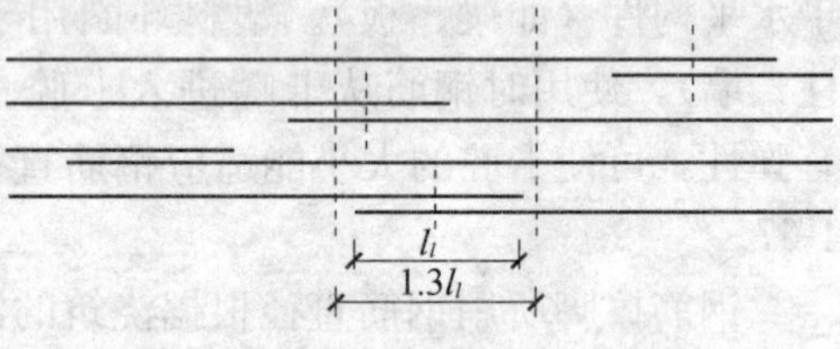

图 4-68 钢筋绑扎搭接接头连接区段及接头面积百分率

注：图中所示搭接接头同一连接区段内的搭接钢筋为两根，当各钢筋直径相同时，接头面积百分率为 50%。

同一连接区段内，纵向受拉钢筋搭接接头面积百分率应符合设计要求；当设计无具体要求时，应符合下列规定：

❶《混凝土结构工程施工质量验收规范》(GB 50204—2002) 规定：

5.4.2 近年来，钢筋机械连接和焊接的技术发展较快，国家现行标准《钢筋机械连接通用技术规程》(JGJ 107)、《钢筋焊接及验收规程》(JGJ 18) 对其应用、质量验收等都有明确的规定，验收时应遵照执行。对钢筋机械连接和焊接，除应按相应规定进行形式、工艺检验外，还应从结构中抽取试件进行力学性能检验。检查数量：按有关规程确定。检验方法：检查产品合格证、接头力学性能试验报告。

5.4.3 受力钢筋的连接接头宜设置在受力较小处，同一纵向受力钢筋不宜设置两个或两个以上接头。接头末端至钢筋弯起点的距离不应小于钢筋直径的 10 倍。同一钢筋在同一受力区段内不宜多次连接，以保证钢筋的承载、传力性能。本条还对接头距钢筋弯起点的距离做出了规定。

1）对梁类、板类及墙类构件，不宜大于25％；

2）对柱类构件，不宜大于50％；

3）当工程中确有必要增大接头面积百分率时，对梁类构件，不应大于50％；对其他构件，可根据实际情况放宽。

（2）纵向受力钢筋的最小搭接长度

1）当纵向受拉钢筋的绑扎搭接接头面各百分率不大于25％时，其最小搭接长度应符合表4-24的规定。

表4-24　纵向受拉钢筋的最小搭接长度

钢筋类型		混凝土强度等级			
		C15	C20～C25	C30～C35	≥C40
光圆钢筋	HPB235级	45*d*	35*d*	30*d*	25*d*
带肋钢筋	HRB335级	55*d*	45*d*	35*d*	30*d*
	HRB400级、RRB400级	—	55*d*	40*d*	35*d*

注：两根直径不同钢筋的搭接长度，以较细钢筋的直径计算。

2）当纵向受拉钢筋搭接接头面积百分率大于25％，但不大于50％时，其最小搭接接长度应按表4-24中的数值乘以系数1.2取用；当接头面积百分率大于50％时，应按表4-23中的数值乘以1.35取用。

3）当符合下列条件时，纵向受拉钢筋的最小搭接长度应根据1）条、2）条确定后按下列规定进行修正：

①当带肋钢筋的直径大于25mm时，其最小搭接长度应按相应数值乘以系数1.1取用；

②对环氧树脂涂层的带肋钢筋，其最小搭接长度应按相应数值乘以系数1.25取用；

③当在混凝土凝固过程中受力钢筋易受扰动时（如滑模施工），其最小搭接长度应按相应数值乘以系数1.1取用；

④对末端采用机械锚固措施的带肋钢筋，其最小搭接长度可按相应数值乘以系数0.7取用；

⑤当带肋钢筋的混凝土保护层厚度大于搭接钢筋直径的3倍且配有箍筋时，其最小搭接长度可按相应数值乘以系数0.8取用；

⑥对有抗震设防要求的结构构件，其受力钢筋的最小搭接长度对一、二级抗震等级应按相应数值乘以系数1.15采用；对三级抗震等级应按相应数值乘以系数1.05采用。在任何情况下，受拉钢筋的搭接长度不应小于300mm；

⑦纵向受压钢筋搭接时，其最小搭接长度应根据本附录①条至③条的规定确定相应数值后，乘以系数0.7取用。在任何情况下，受压钢筋的搭接长度不应小于200mm。

（3）在梁、柱类构件的纵向受力钢筋搭接长度范围内，应按设计要求配置箍筋。搭接区域的箍筋对于约束搭接传力区域的混凝土、保证搭接钢筋传力至关重要。根据现行国家标准《混凝土结构设计规范》（GB 50010—2002）的规定，给出了搭接长度范围内的箍筋直径、间距等构造要求：

1）箍筋直径不应小于搭接钢筋较大直径的0.25倍；

2）受拉搭接区段的箍筋间距不应大于搭接钢筋较小直径的5倍，且不应大于100mm；

3）受压搭接区段的箍筋间距不应大于搭接钢筋较小直径的10倍，且不应大于200mm；

4）当柱中纵向受力钢筋直径大于25mm时，应在搭接接头两个端面外100mm范围内各设置两个箍筋，其间距宜为50mm。

3. 钢筋绑扎的一般要求

（1）钢筋的交叉点应采用20～22号铁丝绑扣，绑扎不仅要牢固可靠，而且铁丝长度要适宜。

（2）板和墙的钢筋网，除靠近外围两行钢筋的交叉点全部扎牢外，中间部分交叉点可间隔交错绑扎，但必须保证受力钢筋不产生位置偏移；对双向受力钢筋，必须全部绑扎牢固。

（3）梁和柱的箍筋，除设计有特殊要求外，应与受力钢筋垂直设置；箍筋弯钩叠合处，应沿受力钢筋方向错开设置。

（4）在柱中竖向钢筋搭接时，角部钢筋的弯钩平面与模板面的夹角，对矩形柱应为45°角，对多边形柱应为模板内角的平分角；对圆形柱钢筋的弯钩平面应与模板的切线平面垂直；中间钢筋的弯钩平面应与模板面垂直；当采用插入式振捣器浇筑小型截面柱时，弯钩平面与模板面的夹角不得小于15°。

（5）板、次梁与主梁交接处，板的钢筋在上，次梁钢筋居中，主梁钢筋在下；主梁与圈梁交接处，主梁钢筋在上，圈梁钢筋在下，绑扎时切不可放错位置。

（三）大型钢筋网片、骨架的吊装

预制钢筋网片和钢筋骨架应根据结构配筋特点及起重运输能力来分段，一般钢筋网片的分块面积为6～20m²，钢筋骨架分段长度为6～12m。为了防止钢筋网片、骨架在运输和安装过程中发生歪斜变形，应采取临时加固措施。钢筋网片和骨架的吊点应根据其尺寸、重量、刚度确定。宽度大于1m的水平钢筋网片采用四点起吊；跨度小于6m的钢筋骨架采用两点起吊；跨度大，刚度差的钢筋骨架应采用横吊梁四点起吊。

（四）钢筋网片、骨架的验收

钢筋网片，骨架绑扎安装完毕后，浇筑混凝土前应进行验收，并做好隐蔽工程记录。检查的内容主要有以下几方面：

1. 钢筋的级别、直径、根数、间距、位置和预埋件的规格、位置、数量是否与设计图相符，要特别注意悬挑结构如阳台、挑梁、雨篷等的上部钢筋位置是否正确，浇筑混凝土时是否会被踩下；

2. 钢筋接头位置、数量、搭接长度是否符合规定；

3. 钢筋绑扎是否牢固，钢筋表面是否清洁，有无污物、铁锈等；

4. 混凝土保护层是否符合要求等。

七、混凝土结构平法施工图

建筑结构施工图平面整体设计方法（平法），对我国传统混凝土结构施工图的设计表示方法作了重大改革，既简化了施工图，又统一了表示方法，以确保设计与施工质量。

本节是根据国家建筑标准设计图集《混凝土结构施工图平面整体表示方法制图规则和构造详图》（03G101）编写的。

（一）一般规定

1. 按平法设计绘制的施工图，一般是由各类结构构件的平法施工图和标准构造详图两个部分构成。但对于复杂的房屋建筑，尚需要增加模板、开洞和预埋件等平面图。只有在特殊情况下，才需要增加剖面配筋图。

2. 按平法设计绘制结构施工图时，必须根据具体工程设计，按照各类构件的平法制图规则，在按结构层绘制的平面布置图上直接表示各构件的尺寸、配筋和所选用的标准构造详图。

3. 在平法施工图上表示各构件尺寸和配筋的方式，分为平面注写方式、列表注写方式和截面注写方式等三种。

4. 在平面施工图上，应将所有构件进行编号，编号中含有类型代号和序号等。其中，类型代号应与标准构造详图上所注类型代号一致，使两者结合构成完整的结构设计图。

5. 在平法施工图上，应注明各结构层楼地面标高、结构层高及相应的结构层号等。

6. 为了确保施工人员准确无误地按平法施工图进行施工，在具体工程的结构设计总说明中必须注明所选用平法标准图的图集号，以免在施工中用错版本。

（二）梁平法施工图

1. 梁平法施工图是在梁平面布置图上，通常采用平面注写方式表达。对于轴线未居中的梁应标注其偏心定位尺寸（贴柱边的梁可不注）。

2. 平面标注方式，系在梁平面布置图上，分别在不同编号的梁中各选一根表达。

平面注写分为别集中标注与原位标注两类（图 4-69）。集中标注表达梁的通用数值，原位标注表达梁的特殊数值。当集中标注中的某项数值不适用梁的某部为时，则将该项数值原位标注。施工时，原位标注取值优先。

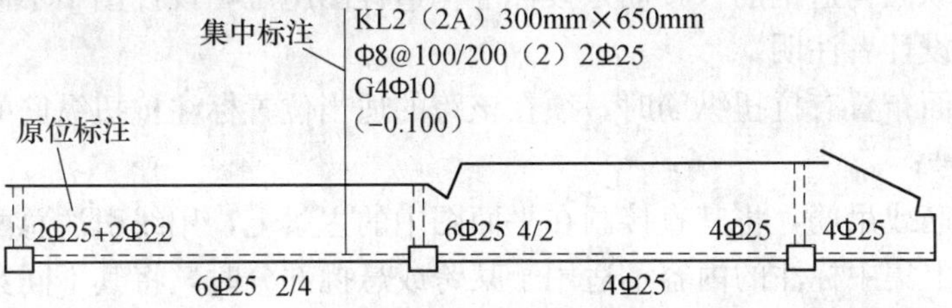

图 4-69 梁平面注写方式示例

3. 梁集中标注的内容有四项必注值及一项选注值（集中标注可以从梁的任一跨引出），规定如下：

（1）梁编号为必注值，由梁类型代号、序号、跨数及有无悬挑代号组成。例 KL2（2A）表示第 2 号框架梁，两跨，一端有悬挑（A 为一端悬挑，B 为两端悬挑）；

（2）梁截面尺寸未必注值，用 $b\times h$ 表示；当为加腋梁时，用 $b\times h$、$yc_1\times c_2$ 表示，其中 c_1 为腋长，c_2 为腋高；当有悬挑两且根部和端部的高度不同时，用斜线分隔根部与端部的高度值，即为 $b\times h_1/h_2$；

（3）梁箍筋，包括钢筋级别、直径、加密区与非加密区间距及肢数，该项为必注值。箍筋加密区与非加密区的不同间距及肢数需用斜线“/”分隔，箍筋肢数应写在括号内。

例：Φ 8@100/200（2）表示箍筋为 HPB235 级钢筋，直径 8mm，加密区间距 100mm，非加密区间距为 200mm，均为两肢箍。

对非抗震结构中的各类梁，采用不同的箍筋间距及肢数时，也可用斜线“/”隔开先注写支座端部的箍筋，在斜线后注写梁跨中部的箍筋；

(4) 梁上部贯通筋或梁立筋根数为必注值，所注根数应根据结构受力要求及箍筋肢数等构造要求而定。当同排钢筋中既有贯通筋又有架立筋时，应用加号“+”将贯通筋和架立筋相连。注写时须将角部纵筋写在加号前面，架立筋写在加号后面的括号内。

例：2Φ22+（4Φ12）用于六肢筋，其中2Φ22为贯通筋，4Φ12为架立筋。

当梁的上部纵筋和下部纵筋均为贯通筋且多数跨配筋相同时，此项可加注下部钢筋的配筋值，用分号“;”隔开。

例：3Φ22；3Φ20表示梁的上部配置3Φ22的贯通筋，梁的下部配置3Φ20的贯通筋；

(5) 梁顶面标高高差（该项为选注值）。

梁顶面标高的高差，系指相对于结构层楼面标高的高差值。有高差时，须将其写入括号内，无高差时不注。

4. 梁原位标注的内容规定如下：

(1) 梁支座上部纵筋含贯通筋在内的所有纵筋，当上部纵筋多于一排时，用斜线“/”将各排纵筋自上而下分开；当同排纵筋有两种直径时，用加号“+”将两种直径的纵筋相连；当梁中间支座两边的上部纵筋不同时，须在支座两边分别标注；

(2) 梁下部纵筋多于一排时，用斜线“/”隔开；当同排纵筋有两种直径时，用加号“+”并连；当梁下部纵筋不全部伸入支座时，将梁支座下部纵筋减少数量写在括号内，例2Φ25+3Φ22(−3)/5Φ25；

(3) 梁侧面纵向构造钢筋（腰筋）按标准构造详图施工，设计图中不注。具体工程有不同要求时，应由设计者注明。

当梁某跨侧面布置有抗扭纵筋时，须在该跨的适当位置标注抗扭纵筋的总配筋值，并在其前面加“N”号；

(4) 附加箍筋或吊筋，将其直接画在平面图中的主梁上，用线引注总配筋值；

(5) 当在梁上集中标注的内容不适用于某跨或悬挑部分时，将其不同数值原位标注在该跨或该悬挑部位，并下划实线。

(三) 柱平法施工图

1. 柱平法施工图是在柱平面布置图上采用列表注写方法或截面注写方式表达。

2. 列表注写方式，系在柱平面布置图上，分别在同一编号的柱中选择一个（有时需要选择几个）截面标准几何参数代号；在柱表中注写柱号、柱段起止标高、几何尺寸（含柱截面对轴线的偏心情况）与配筋的具体数值，并配以各种柱截面形状及其箍筋类型图。

注写柱纵筋，分角筋、截面 b 边中部筋和 h 边中部筋（对于采用对称配筋的矩形截面柱，可仅注写一侧中部筋）。当为圆柱时，表中角筋一栏注写圆柱的全部纵筋。

注写箍筋类型号及箍筋肢数、箍筋级别、直径和间距等。当为抗震设计时，用斜线“/”区分柱端箍筋加密区与柱身非加密区长度范围内箍筋的不同间距。

具体工程所设计的各种箍筋类型图以及箍筋复合的具体方式，须画在表的上部或图中的适当位置，并在其上标注与表中相对应的 b，h 和编上类型号。

3. 截面注写方式，系在柱平面布置图的柱截面上，分别在同一编号的柱中选择一个截面，原位放大，直接注写截面尺寸 $b\times h$，角筋或全部纵筋、箍筋具体数值，以及柱截面配筋图上标注柱截面与轴线关系的具体数值（图 4-70）。

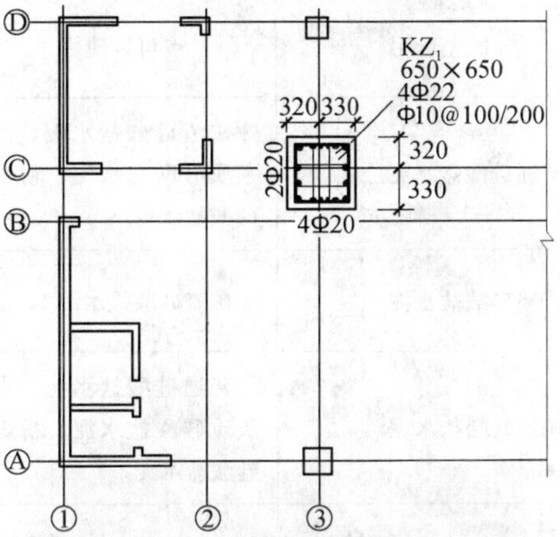

图 4-70　37.470-59.07 柱平法施工图

当纵筋采用两种直径时，须再注写截面各边中部筋的具体数值（对于采用对称配筋的矩形截面柱，可仅在一侧注写中部筋）。

当采用截面注写方式时，可以根据具体情况，在一个柱平面布置图上加括号来区分表达不同标准层的注写数值。

（四）剪力墙平法施工图

剪力墙平法施工图是在剪力墙平面布置图上采用列表注写方式或截面注写方式表达。

采用列表注写方式时，分别列出剪力墙柱、剪力墙身和剪力墙梁表，对应于剪力墙平面布置图上的编号，注写几何尺寸与配筋具体数值。

采用截面注写方式时，直接在墙柱、墙身、墙梁上注写截面尺寸和配筋具体数值。

剪力墙平法施工图的上述两种注写方式具体表达，与柱平法施工图类似，从略。

第三节　混凝土工程

混凝土是由胶凝材料、水、细集料、粗集料组成的，需要时掺入外加剂和矿物掺合料，按适当比例配合，经过均匀拌制、密实成型及养护硬化而成的人工石材。

混凝土按施工工艺分类主要有：预拌混凝土、现场搅拌混凝土、离心成型混凝土、喷射混凝土、泵送混凝土等；按拌合料的流动程度分类有：干硬性混凝土、半干硬性混凝土、塑性混凝土、流动性混凝土、大流动性混凝土、自流平混凝土等。本节主要介绍用于一般土木工程、构筑物等的普通混凝土的施工。

一、混凝土的配料

（一）原材料的选择

1. 水泥

常用的水泥的种类有：硅酸盐水泥、普通硅酸盐水泥、矿渣硅酸盐水泥、火山灰质硅酸盐水泥、粉煤灰硅酸盐水泥和复合硅酸盐水泥。各种水泥的适用范围见表 4-25。

表 4-25 常用水泥的选用

混凝土工程特点或所处环境条件		优先选用	可以使用	不得使用
环境条件	在普通气候环境中的混凝土	普通硅酸盐水泥	矿渣硅酸盐水泥、火山灰质硅酸盐水泥、粉煤灰硅酸盐水泥	
	在干燥环境中的混凝土	普通硅酸盐水泥	矿渣硅酸盐水泥	火山灰质硅酸盐水泥、粉煤灰硅酸盐水泥
	在高湿度环境中或永远处在水下的混凝土	矿渣硅酸盐水泥	普通硅酸盐水泥、火山灰质硅酸盐水泥、粉煤灰硅酸盐水泥	
	严寒地区的露天混凝土、寒冷地区的处在水位升降范围内的混凝土	普通硅酸盐水泥	矿渣硅酸盐水泥	火山灰质硅酸盐水泥、粉煤灰硅酸盐水泥
	严寒地区处在水位升降范围内的混凝土	普通硅酸盐水泥		火山灰质硅酸盐水泥、粉煤灰硅酸盐水泥、矿渣硅酸盐水泥
	受侵蚀性环境水或侵蚀性气体作用的混凝土	根据侵蚀性介质的种类、浓度等具体条件按专门（或设计）规定选用		
	厚大体积的混凝土	粉煤灰硅酸盐水泥、矿渣硅酸盐水泥	普通硅酸盐水泥、火山灰质硅酸盐水泥	硅酸盐水泥、快硬硅酸盐水泥
工程特点	要求快硬的混凝土	快硬硅酸盐水泥、硅酸盐水泥	普通硅酸盐水泥	矿渣硅酸盐水泥、火山灰质硅酸盐水泥、粉煤灰硅酸盐水泥
	高强（大于 C60）的混凝土	硅酸盐水泥	普通硅酸盐水泥、矿渣硅酸盐水泥	火山灰质硅酸盐水泥、粉煤灰硅酸盐水泥
	有抗渗性要求的混凝土	普通硅酸盐水泥、火山灰质硅酸盐水泥		不宜使用矿渣硅酸盐水泥
	有耐磨性要求的混凝土	硅酸盐水泥、普通硅酸盐水泥	矿渣硅酸盐水泥	火山灰质硅酸盐水泥、粉煤灰硅酸盐水泥

注：1. 蒸汽养护时用的水泥品种，宜根据具体条件通过试验确定。
2. 复合硅酸盐水泥选用应根据其混合材的比例确定。

水泥进场时应对其品种、级别、包装或散装仓号、出厂日期等进行检查，并应对其强度、安定性及其他必要的性能指标进行复验，其质量必须符合现行国家标准《硅酸盐水泥、普通硅酸盐水泥》（GB 175—1999）的规定。当在使用中对水泥质量有怀疑或水泥出厂超过三个月（快硬硅酸盐水泥超过一个月）时，应进行复验，并按复验结果使用。钢筋混凝土结构、预应力混凝土结构中，严禁使用含氯化物的水泥❶。

入库的水泥应按品种、强度等级、出厂日期分别堆放，并设置标志。做到先到先用，并防止混掺使用。

2. 砂

砂按其产源可分为天然砂、人工砂。由自然条件作用而形成的，粒径在 5mm 以下的岩石颗粒，称为天然砂。天然砂可分为河砂、湖砂、海砂和山砂。人工砂为经除土处理的砂，分机制砂、混合砂。机制砂是由机械破碎、筛分制成的，粒径小于 4.75mm 的岩石颗粒，但不包括软质岩、风化岩石的颗粒。混合砂是天然砂混合制成的砂。

按砂的粒径可分为粗砂、中砂和细砂，对于混凝土用砂，宜选用中砂。

砂的验收主要是进行颗粒级配和含泥量的检验。如为海砂，还应检验其氯盐含量。在发现砂的质量有明显变化时，应按其变化情况，随时进行取样检验。

3. 石子

普通混凝土所用的石子可分为碎石和卵石。由天然岩石或卵石经破碎、筛分而得的粒径大于 5mm 的岩石颗粒，称为碎石；由自然条件作用而形成的粒径大于 5mm 的岩石颗粒，称为卵石。

对石子进行验收时，每批至少应进行颗粒级配、含泥量、泥块含量及针、片状颗粒含量检验。对重要工程或特殊工程应根据工程要求增加检测项目。对其他指标的合格性有怀疑时应予检验。

普通混凝土所用的粗、细集料的质量应符合现行标准《普通混凝土用碎石或卵石质量标准及检验方法》（JGJ 53—92）、《普通混凝土用砂质量标准及检验方法》（JGJ 52—92）规定❷。

4. 水

《混凝土结构工程施工质量验收规范》（GB 50204—2002）第 7.2.6 条规定：拌制混凝土宜采用饮用水；当采用其他水源时，水质应符合国家现行标准《混凝土拌合用水标准》（JGJ 63）的规定。

海水可用于拌制素混凝土，但不得用于拌制钢筋混凝土和预应力混凝土。有饰面要求的混凝土也不应用海水拌制。

5. 外加剂

为了改善混凝土的性能，提高其经济效果，以适应新结构、新技术发展的需要，人们广泛地采用掺外加剂的办法。外加剂的种类繁多，按其作用不同可分为减水剂（塑化剂）、引

---

❶ 《混凝土结构工程施工质量验收规范》（GB 50204—2002）规定：

7.2.1 检查数量：按同一生产厂家、同一等级、同一品种、同一批号且连续进场的水泥，袋装不超过 200t 为一批，散装不超过 500t 为一批，每批抽样不少于一次。检验方法：检查产品合格证、出厂检验报告和进场复验报告。水泥进场时，应根据产品合格证检查其品种、级别等，并有序存放，以免造成混料错批。强度、安定性等是水泥的重要性能指标，进场时应做复验，其质量应符合现行国家标准《硅酸盐水泥、普通硅酸盐水泥》（GB 175）、《矿渣硅酸盐水泥、火山灰质硅酸盐水泥及粉煤灰硅酸盐水泥》（GB 1344）、《复合硅酸盐水泥》（GB 12958）等的要求。水泥是混凝土的重要组成成分，若其中含有氯化物，可能引起混凝土结构中钢筋的锈蚀，故应严格控制。本条为强制性条文，应严格执行

❷ 《混凝土结构工程施工质量验收规范》（GB 50204—2002）规定：

7.2.5 检查数量：按进场的批次和产品的抽样检验方案确定。检验方法：检查进场复验报告。

注：1. 混凝土用的粗集料，其最大颗粒粒径不得超过构件截面最小尺寸的 1/4，且不得超过钢筋最小净间距的 3/4；
2. 对混凝土实心板，集料的最大粒径不宜超过板厚的 1/3，且不得超过 40mm。

气剂（加气剂）、促凝剂、缓凝剂、防水剂、抗冻剂、保水剂、膨胀剂和阻锈剂等。具体外加剂的介绍见第九章防水工程。

混凝土中掺用外加剂的质量及应用技术应符合现行国家标准《混凝土外加剂》（GB 8076—1997)、《混凝土外加剂应用技术规范》（GB 50119—2003）等和有关环境保护的规定。预应力混凝土结构中，严禁使用含氯化物的外加剂。钢筋混凝土结构中，当使用含氯化物的外加剂时，混凝土中氯化物的总含量应符合现行国家标准《混凝土质量控制标准》(GB 50164—92）的规定❶。

（二）混凝土配合比的确定

混凝土应按国家现行标准《普通混凝土配合比设计规程》(JGJ 55—2000）的有关规定，根据混凝土强度等级、耐久性和工作性等要求进行配合比设计。对有特殊要求的混凝土，其配合比设计尚应符合国家现行有关标准的专门规定❷。

合理的混凝土配合比应能满足两个基本要求：既要保证混凝土的设计强度；又要满足施工所需要的和易性。普通混凝土的配合比，应按国家有关标准进行计算，并通过试配确定。对于有抗冻、抗渗等要求的混凝土，尚应符合相关的规定。

1. 试配强度

《普通混凝土配合比设计规程》(JGJ 55—2000）第 3.0.1 条规定：混凝土的施工配制强度可按下式确定：

$$f_{cu,o} = f_{cu,k} + 1.645\sigma \tag{4-25}$$

式中 $f_{cu,o}$——混凝土的施工配制强度（N/mm^2）；

$f_{cu,k}$——混凝土设计强度标准值（N/mm^2）；

σ——施工单位的混凝土强度标准差（N/mm^2）。

《普通混凝土配合比设计规程》(JGJ 55—2000）第 3.0.2 条规定：遇有下列情况时应提高混凝土配制强度：现场条件与试验室条件有显著差异时；C30 级及其以上强度等级的混凝土，采用非统计方法评定时。

当施工单位具有近期的同一品种混凝土强度资料时，其混凝土强度标准差按下式计算：

$$\sigma = \sqrt{\frac{\sum_{i=1}^{N} f_{cu,i}^2 - N\mu_{f_{cu}}^2}{N-1}} \tag{4-26}$$

式中 $f_{cu,i}$——统计周期内同一品种混凝土第 i 组试件的强度值（N/mm^2）；

$\mu_{f_{cu}}$——统计周期内同一品种混凝土 N 组强度的平均值（N/mm^2）；

N——统计周期内同一品种混凝土试件的总组数，$N \geqslant 25$。

注：“同一品种混凝土”系指混凝土强度等级相同且生产工艺和配合比基本相同的混凝土；

❶《混凝土结构工程施工质量验收规范》(GB 50204—2002）规定：

7.2.2 检查数量：按进场的批次和产品的抽样检验方案确定。检验方法：检查产品合格证、出厂检验报告和进场复验报告。混凝土外加剂种类较多，且均有相应的质量标准，使用时其质量及应用技术应符合国家现行标准的规定。外加剂的检验项目、方法和批量应符合相应标准的规定。若外加剂中含有氯化物，同样可能引起混凝土结构中钢筋的锈蚀，故应严格控制。本条为强制性条文，应严格执行。

❷《混凝土结构工程施工质量验收规范》(GB 50204—2002）规定：

7.3.1 混凝土应根据实际采用的原材料进行配合比设计并按普通混凝土拌合物性能试验方法等标准进行试验、试配，以满足混凝土强度、耐久性和工作性（坍落度等）的要求，不得采用经验配合比。同时，应符合经济、合理的原则。

对预拌混凝土工厂和预制混凝土构件厂，统计周期可取为一个月，如计算得到的$\sigma<2.5(\mathrm{N/mm^2})$，取$\sigma=2.5(\mathrm{N/mm^2})$；当混凝土强度等级高于C25时，如计算得到的$\sigma<3.0$（$\mathrm{N/mm^2}$），取$\sigma=3.0$（$\mathrm{N/mm^2}$）。

当施工单位不具有近期的同一品种混凝土强度资料时，其混凝土强度标准差可按表4-26查用。

表 4-26　σ 取值（$\mathrm{N/mm^2}$）

混凝土强度等级	低于C20	C20～C35	高于C35
σ	4.0	5.0	6.0

注：在采用本表时，施工单位可根据实际情况，对σ值作适当调整。

2. 和易性

混凝土的和易性是指混凝土拌合后既便于浇筑，又能保持其匀质性，不出现离析现象，即具有一定的黏聚性和流动性的性质。为了保持混凝土的和易性，《普通混凝土配合比设计规程》（JGJ 55—2000）4.0.4条规定：当进行混凝土配合比设计时，混凝土的最大水灰比和最小水泥用量应符合表4-27中的规定。混凝土的最大水泥用量不宜超过550kg/m³。

表 4-27　混凝土的最大水灰比、最小水泥用量

<table>
<tr><th rowspan="2" colspan="2">环境条件</th><th rowspan="2">结构物类别</th><th colspan="3">最大水灰比</th><th colspan="3">最小水泥用量（kg）</th></tr>
<tr><th>素混凝土</th><th>钢筋混凝土</th><th>预应力混凝土</th><th>素混凝土</th><th>钢筋混凝土</th><th>预应力混凝土</th></tr>
<tr><td colspan="2">1. 干燥环境</td><td>正常的居住或办公用房屋内部件</td><td>不作规定</td><td>0.65</td><td>0.60</td><td>200</td><td>260</td><td>300</td></tr>
<tr><td rowspan="2">2. 潮湿环境</td><td>无冻害</td><td>高湿度的室内部件
室外部件
在非侵蚀性土和（或）水中的部件</td><td>0.70</td><td>0.60</td><td>0.60</td><td>225</td><td>280</td><td>300</td></tr>
<tr><td>有冻害</td><td>经受冻害的室外部件
在非侵蚀性土和（或）水中且经受冻害的部件
高湿度且经受冻害的室内部件</td><td>0.55</td><td>0.55</td><td>0.55</td><td>250</td><td>280</td><td>300</td></tr>
<tr><td colspan="2">3. 有冻害和除冰剂的潮湿环境</td><td>经受冻害和除冰剂作用的室内和室外部件</td><td>0.50</td><td>0.50</td><td>0.50</td><td>300</td><td>300</td><td>300</td></tr>
</table>

注：1. 当用活性掺合料取代部分水泥时，表中的最大水灰比及最小水泥用量即为替代前的水灰比和水泥用量。
2. 配制C15级及其以下等级的混凝土，可不受本表限制。

（二）混凝土施工配料

施工配料是根据施工配合比及工地搅拌机的型号，确定搅拌时原材料的一次投料量。施工配料是保证混凝土质量的重要环节之一，必须加以严格控制。影响施工配料的因素主要有两方面：一是称量不准；二是未按砂、石集料实际含水率的变化进行施工配合比的换算。为了确保混凝土的质量，《混凝土结构工程施工质量验收规范》（GB 50204—2002）第7.3.3条规定：混凝土拌制前，应测定、石含水率并根据测试结果调整材料用量，提出施工配合比。

1. 施工配合比的换算

混凝土设计配合比是根据完全干燥的砂、石集料制定的，但实际使用的砂、石集料一般都含有一些水分，而且含水量亦经常随气象条件发生变化。所以，在拌制时应及时测定砂、石集料的含水率，并将设计配合比换算为集料在实际含水量情况下的施工配合比。

例：已知设计配合比为 $C:S:G:W=439:566:1202:193$；经测定砂子含水率 W_s 为 3%，石子的含水率 W_G 为 1%，则每立方米混凝土的材料用量为：

水泥： $C'=439(\text{kg})$（不变）

砂： $S'=S(1+W_s)=566(1+3\%)=583(\text{kg})$

石子： $G'=G(1+W_G)=1202(1+1\%)=1214(\text{kg})$

水： $W'=W-SW_s-GW_G=193-566\times3\%-1202\times1\%=164(\text{kg})$

故施工配合比为：439:583:1214:164。

2. 施工配料

求出混凝土施工配合比后，根据工地现有搅拌机的装料容量确定搅拌时原材料的一次投料量。如搅拌机的出料容量为 400L 时，则每搅拌一次（即一盘）的装料数量为：

水泥： $439\times0.4=175.6(\text{kg})$（实用 150kg，即三袋水泥）

砂子： $583\times\dfrac{150}{439}=199.2(\text{kg})$

石子： $1214\times\dfrac{150}{439}=414.8(\text{kg})$

水： $164\times\dfrac{150}{439}=56(\text{kg})$

为了严格控制混凝土的配合比，用料称量必须准确，《混凝土结构工程施工质量验收规范》（GB 50204—2002）第 7.4.3 条规定：混凝土原材料每盘称量的偏差不得超过以下规定：水泥和混合材料为±2%；砂石为±3%；水及外加剂为±2%。各种衡器应定期校验，每次使用前应进行零点校核，保持计量准确；当遇雨天含水率有显著变化时，应增加含水率检测次数，并及时调整水和集料的用量。

二、混凝土的制备

（一）现场搅拌

混凝土的拌制就是水泥、水、粗细集料和外加剂等原材料混和在一起进行均匀拌和的过程。搅拌后的混凝土要求匀质，且达到设计要求的和易性和强度。

1. 搅拌机

目前普遍使用的搅拌机根据其搅拌机理可分为自落式搅拌机和强制式搅拌机两大类。

(1) 自落式搅拌机。自落式搅拌机主要是利用拌筒内材料的自重进行工作，比较节约能源。图 4-71 所示为一种应用较广的自落式搅拌机，称为反转出料式搅拌机。其拌筒为双锥形，内壁焊有叶片，可带动物料上升到一定高度后，再利用自重下落，不断循环从而完成搅拌工作。其工作特点是正转搅拌、反转出料，结构较简单。由于材料粘着力和摩擦力的影响，自落式搅拌机只适用于搅拌塑性混凝土和低流动性混凝土。自落式搅拌机在使用中对筒体和叶片的摩擦较小，易于清洁。由于搅拌过程对混凝土集料有较大的磨损，从而对混凝土质量产生不良影响，故自落式搅拌机正逐渐被强制式搅拌机所替代。

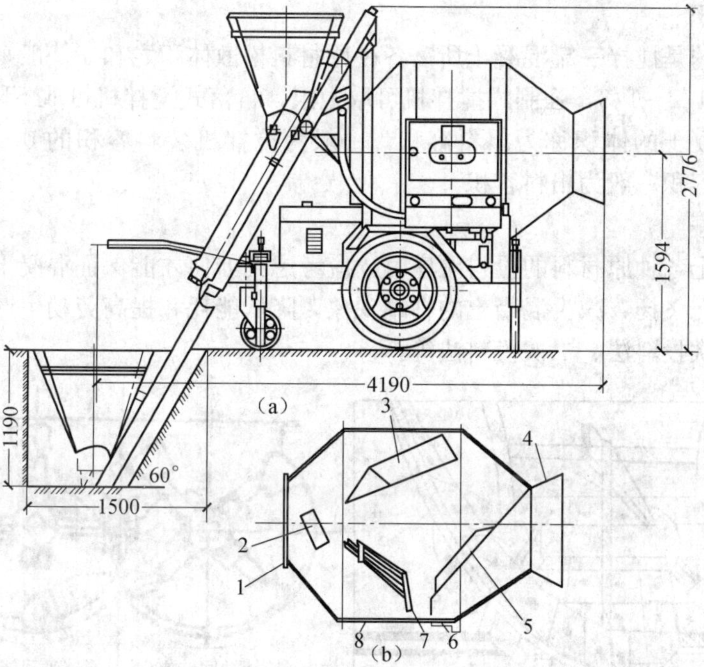

图 4-71　自落式搅拌机（单位：mm）

(a) 外形图；(b) 拌筒构造

1—进料口圈；2—挡料叶片；3—主叶片；4—出料口圈；

5—出料叶片；6—滚道；7—副叶片；8—筒身

(2) 强制式搅拌机。强制式搅拌机是利用拌筒内运动着的叶片强迫物料朝着各个方向运动，由于各物料颗粒的运动方向、速度各不相同，相互之间产生剪切滑移而相互穿插、扩散，从而在很短的时间内，使物料拌合均匀，其搅拌机理被称为剪切搅拌机理。强制式搅拌机适用于搅拌坍落度在 3cm 以下的普通混凝土和轻集料混凝土。强制式搅拌机在构造上可分为立轴式和卧轴式两类。

立轴式搅拌机的拌筒为一个水平放置的圆盘，圆盘有内外筒壁，内筒壁轴心装有立轴，立轴上又装有搅拌叶片，一般为 2～3 组，当立轴旋转时，叶片即带动物料按复杂的轨迹运动，搅拌强烈，在短时间内即可完成搅拌。其构造如图 4-72 所示。

卧轴式搅拌机是一种较为新型的搅拌机，可分为单轴式和双轴式两类。其工作原理大致相同，只是双轴式采用双筒双轴工作，生产效率更高。卧轴式搅拌机具有体积小、容量大、搅拌时间短、生产效率高等优点。卧轴式搅拌机构造如图 4-73 所示。

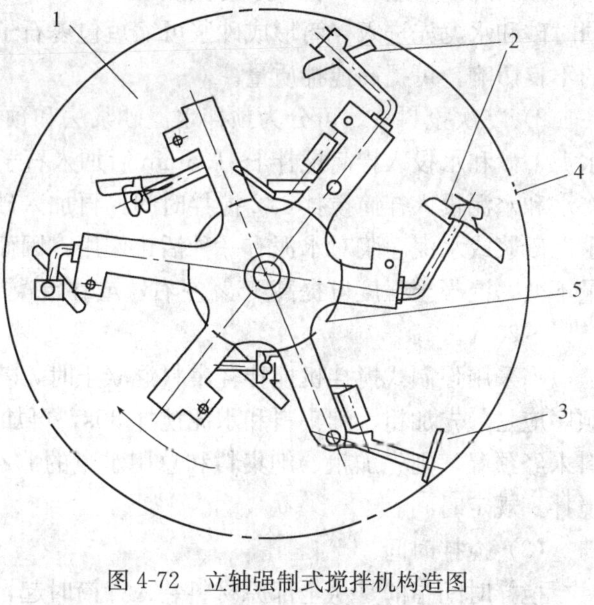

图 4-72　立轴强制式搅拌机构造图

1—搅拌盘；2—拌合铲；3—刮刀；4—外筒壁；5—内筒壁

2. 搅拌制度

(1) 装料容积

装料容积指的是搅拌一罐混凝土所需各种原材料松散体积之和。一般来说装料容积是搅拌筒几何容积的1/2～1/3，强制式搅拌机可取上限，自落式搅拌机可取下限。

搅拌完毕混凝土的体积称为出料容积，一般为搅拌机装料容积的0.55～0.75。目前，搅拌机上标明的容积一般为出料容积。

(2) 装料顺序

在确定混凝土各种原材料的投料顺序时，应考虑到如何才能保证混凝土的搅拌质量。减少机械磨损和水泥飞扬，减少混凝土的粘罐现象，降低能耗和提高劳动生产率等。目前采用的装料顺序有一次投料法、二次投料法等。

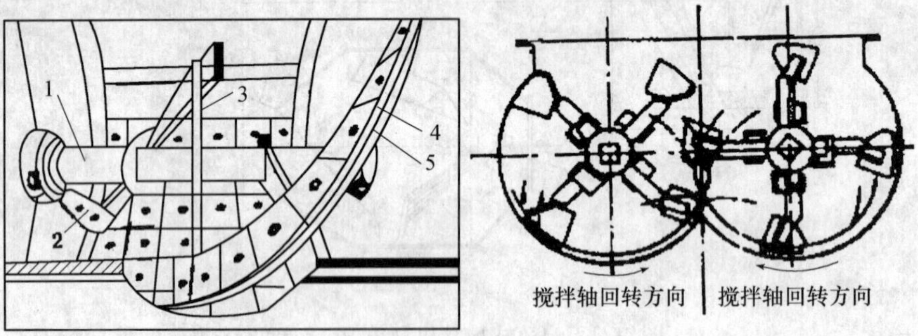

(a) (b)

图4-73 卧轴强制式搅拌机构造

(a) 拌筒内部构造；(b) 双轴卧式构造

1—搅拌轴；2—侧叶片；3—搅拌臂；4—小叶片；5—衬带

1) 一次投料法。是将砂、石、水泥依次放入料斗后再和水一起进入搅拌筒进行搅拌。这种方法工艺简单、操作方便。当采用自落式搅拌机时常用的加料顺序是先倒石子，再加水泥，最后加砂。这种加料顺序的优点就是水泥位于砂石之间，进入拌筒时可减少水泥飞扬，同时砂和水泥先进入拌筒形成砂浆可缩短包裹石子的时间，也避免了水向石子表面聚集产生的不良影响，可提高搅拌质量。

2) 二次投料法。可分为预拌水泥砂浆法和预拌水泥净浆法。预拌水泥砂浆法是指先将水泥、砂和水投入拌筒搅拌1～1.5min后加入石子再搅拌1～1.5min。预拌水泥净浆法是先将水和水泥投入拌筒搅拌1/2搅拌时间，再加入砂石搅拌到规定时间。实验表明，由于预拌水泥砂浆或水泥净浆对水泥有一种活化作用，因而搅拌质量明显高于一次加料法。若水泥用量不变，混凝土强度可提高15%左右，或在混凝土强度相同的情况下，可减少水泥用量约15%～20%。

当采用强制式搅拌机搅拌轻集料混凝土时，若轻集料在搅拌前已经预湿，则合理的加料顺序应是：先加粗、细集料和水泥搅拌30s，再加水继续搅拌到规定时间；若在搅拌前轻集料未经预湿，则先加粗、细集料和总用水量的1/2搅拌60s后，再加水泥和剩余1/2用水量搅拌到规定时间。

(3) 搅拌时间

搅拌时间指的是从全部原材料装入拌筒时起，到开始卸料时为止的时间。一般来说，随着搅拌时间的延长，混凝土的匀质性有所增加，相应地混凝土的强度也随着有所提高。但时间过长，将导致混凝土出现离析现象，多耗费电能，增加机械磨损，降低搅拌机生产效率。我国规范规定不同情况下搅拌混凝土的最短时间见表4-28。

表4-28　混凝土搅拌的最短时间

混凝土坍落度（mm）	搅拌机机型	搅拌机出料量（L）			混凝土坍落度（mm）	搅拌机机型	搅拌机出料量（L）		
		＜250	250～500	＞500			＜250	250～500	＞500
≤30	强制式	60	90	120	＞30	强制式	60	60	90
	自落式	90	120	150		自落式	90	90	120

注：1. 当掺有外加剂时，搅拌时间应适当延长。

2. 全轻混凝土宜采用强制式搅拌机搅拌，砂轻混凝土可采用自落式搅拌机搅拌，但搅拌时间应延长60～90s。

3. 当采用其他形式的搅拌设备时，搅拌的最短时间应按设备说明书的规定或经试验确定。

（二）混凝土搅拌站

搅拌站是生产混凝土的场所，根据混凝土生产能力、工艺安排、服务对象的不同，搅拌站可分为施工现场临时搅拌站和大型预拌混凝土搅拌站两类。

图4-74所示为一个简易的现场混凝土搅拌站示意图，其设备简单，安拆方便，不需要专门的设备，采用人工上料。平面布置时水泥库布置在搅拌机的一侧、地表水流向的上游，注意防潮；砂、石布置较为灵活，只是需尽量靠近搅拌机的上料平台，由于石子用量较多，宜先布置且离磅秤和料斗较近。各种原材料的堆放位置都要便于运输，可直接卸货，不需倒运。

大型混凝土搅拌站有单阶式和双阶式两种。

单阶式混凝土搅拌站是由皮带螺旋输送机等运输设备一次将原材料提升到需要高度后，靠自重下落，依次经过储料、称量、集料、搅拌等程序，完成整个搅拌生产流程，如图4-75所示。单阶式搅拌站具有工作效率高、自动化程度高、占地面积小等优点，但一次投资大。

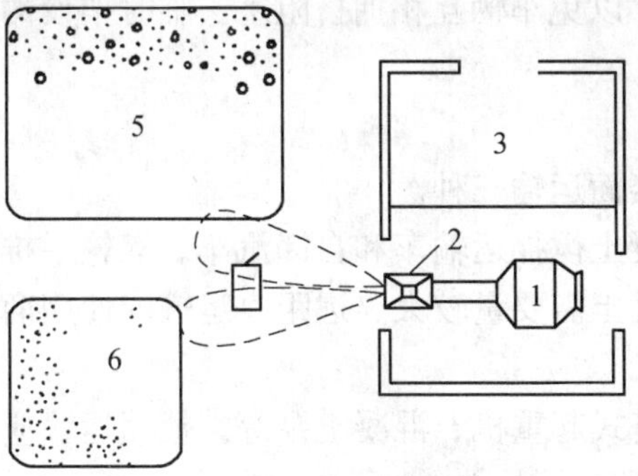

图4-74　现场小型混凝土搅拌站

1—搅拌机；2—上料斗；3—水泥库；4—磅秤；5—石料堆；6—砂堆

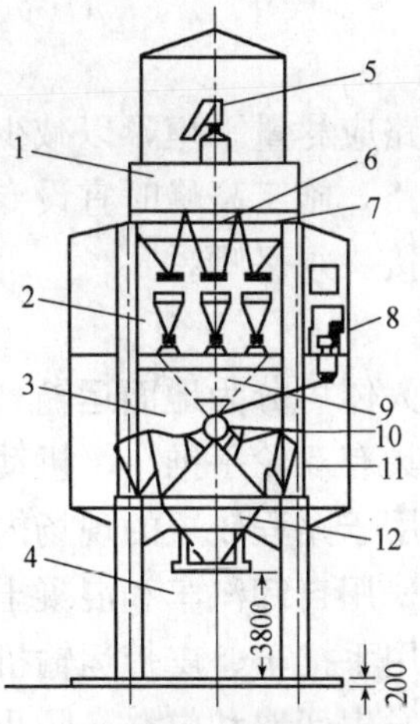

图4-75　单阶式混凝土搅拌站

1—料仓层；2—称量层；3—搅拌层；4—底层；5—旋转布料器；6—水泥料仓；7—砂、石料仓；8—集中控制室；9—集料斗；10—两路滑槽；11—搅拌机；12—混凝土漏斗

双阶式混凝土搅拌站是将原材料一次提升后，依靠材料的自重完成储料、称量、集料等工艺，再经第二次提升进入搅拌机进行搅拌，如图 4-76 所示。双阶式搅拌站的建筑物总高度较小，运输设备较简单，和单阶式相比投资相对要少，但材料需经两次提升进入拌筒，其生产效率和自动化程度较低，占地面积较大。

三、混凝土运输

混凝土自搅拌机中卸出后，应及时运至浇筑地点，为保证混凝土的质量，对混凝土运输的要求是：

（1）混凝土运输过程中，要能保持良好的均匀性，不离析、不漏浆；

（2）保证混凝土具有设计配合比所规定的坍落度；

（3）使混凝土在初凝之前浇入模板内，并捣实完毕；

（4）保证混凝土浇筑能连续进行。

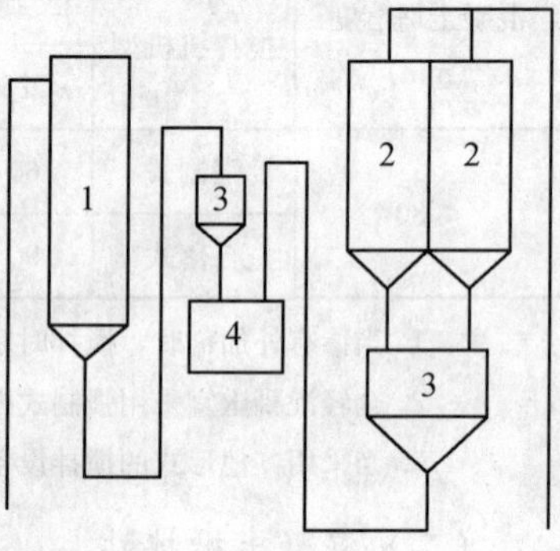

图 4-76　双阶式混凝土搅拌站

1—水泥仓；2—集料储料斗；3—称量系统；4—搅拌机

1. 输送时间

混凝土应以最少的转载次数和最短的时间，从搅拌地点运至浇筑地点。混凝土从搅拌机中卸出后到浇筑完毕的延续时间应符合表 4-29 的要求。

表 4-29　混凝土从搅拌机中卸出到浇筑完毕的延续时间

气　温	延续时间（min）			
	采用搅拌车		其他运输设备	
	≤C30	＞C30	≤C30	＞C30
≤25℃	120	90	90	75
＞25℃	90	60	60	45

注：掺有外加剂或采用快硬水泥时延续时间应通过试验确定。

2. 输送道路

场内输送道路应尽量平坦，以减少运输时的振荡，避免造成混凝土分层离析。同时还应考虑布置环形回路，施工高峰时宜设专人管理指挥，以免车辆互相拥挤阻塞。临时架设的桥道要牢固，桥板接头须平顺。

3. 运输工具

混凝土运输大体可分为地面运输、垂直运输和楼面运输三种。

地面运输工具有双轮手推车、机动翻斗车、混凝土搅拌运输车和自卸汽车。双轮手推车和机动翻斗车多用于路程较短的现场内运输。当混凝土需要量较大、远距离运输或使用商品混凝土时，则多采用自卸汽车和混凝土搅拌运输车。

楼面运输可用手推车、皮带运输机，也可以用塔式起重机、混凝土泵等。楼面运输应保证模板和钢筋不发生变形和位移，防止混凝土离析等。

（1）井架

井架用于建筑高度不大于 45m 的工业与民用建筑，井架装有升降平台，用双轮手推车将混凝土推到升降平台，然后提升到施工的楼层上。再将手推车沿铺在楼面上的跳板推到浇筑地点。

(2) 塔式起重机

塔式起重机工作幅度大，当搅拌机在其工作幅度范围之内，则可以完成水平运输和垂直运输。若搅拌站较远，可用翻斗车将混凝土从搅拌站运到起重机起重范围之内，装入如图4-77所示料斗，运至浇筑地点直接浇入模板内。这种垂直运输方式效率较高，可用于多层和高层建筑施工。

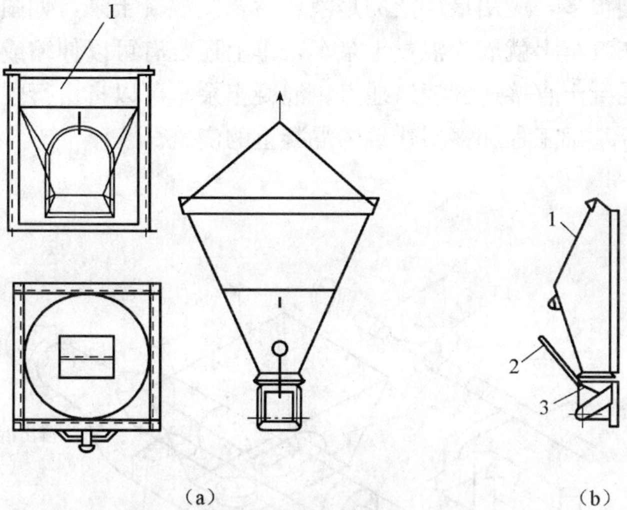

图 4-77 混凝土浇筑料斗

(a) 立式料斗；(b) 卧式料斗

1—人料口；2—手柄；3—卸料口的扇形门

(3) 混凝土搅拌运输车

混凝土搅拌输送车是一种用于长距离输送混凝土的高效能机械，如图 4-78 所示。它是将混凝土搅拌筒安装在汽车底盘上，搅拌筒在运输过程中可按规定要求慢速转动，从而使装入筒内的混凝土拌合物连续得到搅拌，使之不致产生离析现象。在长距离运输时，也可将配合好的混凝土干料装入筒内，在运输途中加水搅拌，以减少因长途运输而引起的混凝土坍落度损失。

图 4-78 混凝土搅拌运输车

1—搅拌筒；2—轴承座；3—水箱；4—进料斗；

5—卸料槽；6—引料槽；7—托轮；8—轮圈

（4）混凝土泵送

泵送混凝土是将混凝土搅拌运输车或储存料斗中的混凝土卸入泵料斗后，利用泵的压力将混凝土沿管道直接输送到浇筑地点。它可以同时完成水平和垂直运输，并可经布料杆布料。混凝土泵具有输送能力大、速度快、效率高、能连续作业等特点，是目前混凝土运输的重要方法。

混凝土泵的类型很多，应用最广泛的是液压活塞式混凝土泵，如图 4-79 所示。

将混凝土泵装在汽车上就成为混凝土泵车，车上还装有可以伸缩或屈折的布料杆，其末端是一软管，可将混凝土直接送到浇筑地点。混凝土泵车可以自由行驶到浇筑位置，使用十分方便，特别适用于基础工程和多层建筑的混凝土的浇筑。

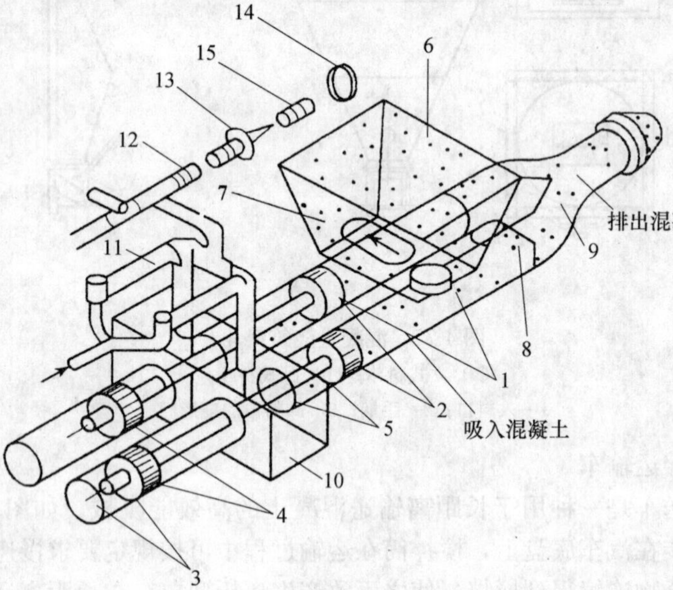

图 4-79　液压活塞式混凝土泵工作原理图

1—混凝土缸；2—推压混凝土活塞；3—液压缸；4—液压活塞；5—活塞杆；6—料斗；7—吸入阀门；8—排出阀门；9—Y 形管；10—水箱；11—水洗装置换向阀；12—水洗高压软管；13—水洗用法兰；14—海绵球；15—清洗活塞

1）泵送混凝土原材料

①水泥。拌制泵送混凝土所用的水泥应符合下列现行国家标准：《硅酸盐水泥、普通硅酸盐水泥》（GB 175—1999）；《矿渣硅酸盐水泥、火山灰硅酸盐水泥及粉煤灰硅酸盐水泥》（GB 1344—1999）。配制泵送混凝土应采用硅酸盐水泥、普通硅酸盐水泥、矿渣硅酸盐水泥和粉煤灰硅酸盐水泥，不宜采用火山灰质硅酸盐水泥。

②粗集料。粗集料应符合现行标准《普通混凝土用碎石或卵石质量标准及检验方法》（JGJ 53—92）的规定。粗集料应采用连续级配，针片状颗粒含量不宜大于 10%。粗集料的粒径、级配和形状对混凝土拌合物的可泵性有着十分重要的影响。粗集料的最大粒径与输送管的管径之比应符合表 4-30 的规定。

表 4-30 粗集料的最大粒径与输送管的管径之比

石子品种	泵送高度（m）	粗集料的最大粒径与输送管径之比
碎 石	<50	≤1∶30
	50～100	≤1∶4.0
	>100	≤1∶5.0
卵 石	<50	≤1∶2.5
	50～100	≤1∶3.0
	>100	≤1∶4.0

③细集料。细集料应符合现行标准《普通混凝土用砂质量标准及检验方法》（JGJ 52—92）的规定。细集料宜采用中砂，通过 0.315mm 筛孔的砂，不应少于 15%，并应有良好的级配。细集料对混凝土拌合物的可泵性也有很大影响。混凝土拌合物之所以能在输送管中顺利流动，主要是由于粗集料被包裹在砂浆中，而由砂浆直接与管壁接触起到的润滑作用。

④掺合料。泵送混凝土中常用的掺合料为粉煤灰，掺入混凝土拌合物中，能使泵送混凝土的流动性显著增加，且能减少混凝土拌合物的泌水和收缩，大大改善混凝土的泵送性能。当泵送混凝土中水泥用量较少或细集料中通过 0.315mm 筛孔的颗粒小于 15%时，掺加粉煤灰是很适宜的。对于大体积混凝土结构，掺加一定数量的粉煤灰还可以降低水泥的水化热，有利于控制温度裂缝的产生。

⑤外加剂。泵送混凝土中的外加剂，主要有泵送剂、减水剂和引气剂，对于大体积混凝土结构，为防止产生收缩裂缝，还可掺入适量的膨胀剂。

2）泵送混凝土配合比设计

为使混凝土泵送时的阻力最小，泵送混凝土应具有良好的流动性。保持泵送混凝土具有合适的坍落度是泵送混凝土配合比设计的重要内容。对不同泵送高度，入泵时混凝土的坍落度，可按表 4-31 选用。

表 4-31 不同泵送高度入泵时混凝土的坍落度选用值

泵送高度（m）	30 以下	30～60	60～100	100 以上
坍落度（mm）	100～140	140～160	160～180	180～200

泵送混凝土配合比设计应根据混凝土原材料、混凝土运输距离、混凝土泵与混凝土输送管径、泵送距离、气温等具体施工条件试配。必要时，应通过试泵送确定泵送混凝土的配合比。

泵送混凝土配合比设计时，一般应满足下列要求：泵送混凝土的用水量与水泥和矿物掺合料的总量之比不宜大于 0.60；泵送混凝土的砂率宜为 35%～45%；泵送混凝土的水泥和矿物掺合料的总量不宜小于 300kg/m^3；泵送混凝土应掺适量外加剂，并应符合现行标准《混凝土泵送剂》的规定。外加剂的品种和掺量宜由试验确定，不得任意使用。掺用引气型外加剂时，其混凝土的含气量不宜大于 4%；掺粉煤灰的泵送混凝土配合比设计，必须经过试配确定，并应符合现行国家标准的有关规定。

3）混凝土泵的选择

在选择混凝土泵和计算泵送能力时，通常是将混凝土输送管的各种工作状态（包括直管、弯管、锥形管、软管、管接头和截止阀）换算成水平长度。换算长度可按表4-32换算。混凝土输送管道的配管整体水平换算长度，应不超过计算所得的最大水平泵送距离。混凝土泵的最大水平输送距离可以参照产品的性能表（曲线）确定，必要时可以由试验确定，也可以根据计算确定。

表4-32　混凝土输送管的水平换算长度

类　别	单　位	规　格	水平换算长度（m）
向上垂直管	每米	100mm	3
		125mm	4
		150mm	5
锥形管	每根	175→150mm	4
		150→125mm	8
		125→100mm	16
弯管	每根	90°R=0.5m	12
		R=1.0m	9
软管	每5～8m长的1根		20

注：1. R—曲率半径。

2. 弯管的弯曲角度小于90°时，需将表列数值乘以该角度与90°角的比值。

3. 向下垂直管，其水平换算长度等于其自身长度。

4. 斜向配管时，根据其水平及垂直投影长度，分别按水平、垂直配管计算。

混凝土泵的台数根据混凝土浇筑的数量和混凝土泵单机的实际平均输出量和施工作业时间确定。重要工程的混凝土泵送施工，混凝土泵所需台数，除根据计算确定外，宜有一定台数的备用。

4）混凝土泵的布置要求

在泵送混凝土的施工中，混凝土泵车设置处应场地平整、坚实，具有重车行走条件；混凝土泵应尽可能靠近浇筑地点。在使用布料杆工作时，应使浇筑部位尽可能地在布料杆的工作范围内，尽量少移动泵车即能完成浇筑；多台混凝土泵或泵车同时浇筑时，选定的位置要使其各自承担的浇筑最接近，最好能同时浇筑完毕，避免留置施工缝；混凝土泵或泵车布置停放的地点要有足够的场地，以保证混凝土搅拌输送车的供料、调车的方便；为便于混凝土泵或泵车，以及搅拌输送车的清洗，其停放位置应接近排水设施，并且供水、供电方便；在混凝土泵的作业范围内，不得有碍阻物、高压电线，同时要有防范高空坠物的措施；当在施工高层建筑或高耸构筑物采用接力泵泵送混凝土时，接力泵的设置位置应使上、下泵的输送能力匹配。设置接力泵的楼面或其他结构部位，应验算其结构所能承受的荷载，必要时应采取加固措施；混凝土泵转移运输时要注意安全要求，应符合产品说明及有关标准的规定。

4. 季节施工

在风雨或暴热天气输送混凝土，容器上应加遮盖，以防进水或水分蒸发。冬期施工应加以保温。夏季最高气温超过40℃时，应有隔热措施。

5. 质量要求

（1）混凝土运送至浇筑地点，如混凝土拌合物出现离析或分层现象，应对混凝土拌合物进行二次搅拌。

（2）混凝土运至浇筑地点时，应检测其稠度，所测稠度值应符合设计和施工要求。其允许偏差值应符合有关标准的规定。

(3) 混凝土拌合物运至浇筑地点时的温度，最高不宜超过35℃；最低不宜低于5℃。

四、混凝土成型

混凝土成型就是将混凝土拌合料浇筑在符合设计尺寸要求的模板内，加以捣实，使其具有良好的密实性，达到设计要求的强度。混凝土成型过程包括浇筑与捣实，是混凝土工程施工的关键，将直接影响构件的质量和整体性。

(一) 混凝土浇筑

1. 浇筑前施工准备

浇筑前要根据工程对象、结构特点，结合具体条件，制定混凝土浇筑的施工方案。按需要准备充足搅拌机、运输车、料斗、串筒、振动器等机具设备。核实一次浇筑完毕或浇筑至某施工缝前的工程材料，以免停工待料。检查和控制模板、钢筋、保护层和预埋件等的尺寸、规格、数量和位置，检查模板支撑的稳定性以及模板接缝的严密情况。对模板内的垃圾、木片、刨花、锯屑、泥土和钢筋上的油污等杂物，应清除干净。模板和隐蔽工程项目应分别进行预检和隐蔽验收，符合要求后，方可进行浇筑。检查安全设施、劳动配备是否妥当，能否满足浇筑速度的要求。

在混凝土浇筑期间，要保证水、电、照明不中断。随时掌握天气的变化情况，特别在雷雨台风季节和寒流突然袭击之际，应准备好在浇筑过程中所必须的抽水设备和防雨、防暑、防寒等物资。

2. 混凝土的浇筑

混凝土应在初凝前浇筑，如已有初凝现象，则应进行一次强力搅拌，才能入模；如混凝土在浇筑前有离析现象，亦须重新拌和才能浇筑。浇筑竖向结构混凝土结构前，底部应先浇入50～100mm厚与混凝土成分相同的水泥砂浆，以避免产生蜂窝及麻面现象。

混凝土浇筑时的坍落度应符合表4-33的规定。混凝土浇筑过程中，要分批做坍落度试验，如坍落度与原规定不符时，应予调整配合比。

表4-33 混凝土浇筑时的坍落度

结构种类	坍落度（mm）
基础或地面等的垫层、无配筋和大体积结构（挡土墙、基础等）或配筋稀疏的结构	10～30
板、梁和大型及中型截面的柱子等	30～50
配筋密列的结构（薄壁、斗仓、筒仓、细柱等）	50～70
配筋特密的结构	70～90

注：1. 本表采用机械振捣混凝土时的坍落度，当采用人工捣实混凝土时，其值可适当增大。
2. 当需要配制大坍落度混凝土时，应掺用外加剂。

混凝土浇筑时，对于素混凝土或少筋混凝土，由料斗、漏斗进行浇筑时，混凝土的自由倾落高度不应超过2m；对竖向结构（如柱、墙），浇筑混凝土的高度不超过3m；对于配筋较密或不便捣实的结构，不宜超过60cm。否则应采用串筒、溜槽和振动串筒下料，以防产生离析。

为了使混凝土振捣密实，混凝土必须分层浇筑，其浇筑层的厚度应符合表4-34的规定。

表 4-34　混凝土浇筑层厚度（mm）

捣实混凝土的方法		浇筑层的厚度
插入式振捣		振捣器作用部分长度的 1.25 倍
表面振动		200
人工捣固	在基础、无筋混凝土或配筋稀疏的结构中	250
	在梁、墙板、柱结构中	200
	在配筋密列的结构中	150
轻集料混凝土	插入式振捣	300
	表面振动（振动时需加荷）	200

混凝土浇筑过程中，要保证混凝土保护层厚度及钢筋位置的正确性。不得踩踏钢筋，不得移动预埋件和预留孔洞的原来位置。如发现偏差和位移，应及时校正。特别要重视竖向结构的保护层和板、雨篷结构负弯矩部分钢筋的位置。

混凝土运输、浇筑及间歇的全部时间不应超过混凝土的初凝时间。同一施工段的混凝土应连续浇筑，并应在底层混凝土初凝之前将上一层混凝土浇筑完毕。当底层混凝土初凝后浇筑上一层混凝土时，应按施工技术方案中对施工缝的要求进行处理❶。

为保证混凝土的整体性，浇筑工作应连续进行。在混凝土浇筑过程中，因设计要求或施工需要分段浇筑而在先、后浇筑的混凝土之间所形成的接缝称为施工缝。当由于技术上或施工组织上原因必须间歇时，其间歇时间应尽可能缩短，并应在上层混凝土凝结之前，将下层混凝土浇筑完毕。

间歇的最长时间应按所用水泥品种及混凝土条件确定，且不超过表 4-35 的规定，当超过时应留置施工缝。

表 4-35　混凝土浇筑允许间歇时间（min）

混凝土强度等级	气　温	
	≤25℃	>25℃
C30 及 C30 以下	210	180
C30 以上	180	150

注：1. 本表数值包括混凝土的运输和浇筑时间。

2. 当混凝土掺有促凝或缓凝型外加剂时，浇筑中的最大间歇时间应根据试验结果确定。

施工缝的位置应在混凝土浇筑前按设计要求和施工技术方案确定，一般施工缝位置宜留置在结构受剪力较小且便于施工的部位❷。柱应留水平缝，梁、扳、墙应留垂直缝。柱子施

❶《混凝土结构工程施工质量验收规范》(GB 50204—2002) 规定：

7.4.4　混凝土的初凝时间与水泥品种、凝结条件、掺用外加剂的品种和数量等因素有关，应由试验确定。当施工环境气温较高时，还应考虑气温对混凝土初凝时间的影响。规定混凝土应连续浇筑并在底层初凝之前将上一层浇筑完毕，主要是为了防止扰动已初凝的混凝土而出现质量缺陷。当因停电等意外原因造成底层混凝土已初凝时，则应在继续浇筑混凝土之前，按照施工技术方案对混凝土接槎的要求进行处理，使新旧混凝土结合紧密，保证混凝土结构的整体性。检查数量：全数检查。检验方法：观察，检查施工记录。

❷《混凝土结构工程施工质量验收规范》(GB 50204—2002) 规定：

7.4.5　混凝土施工缝不应随意留置，其位置应事先在施工技术方案中确定。确定施工缝位置的原则为：尽可能留置在受剪力较小的部位；留置部位应便于施工。承受动力作用的设备基础，原则上不应留置施工缝，当必须留置时，应符合设计要求并按施工技术方案执行。检查数量：全数检查。检验方法：观察，检查施工记录。

工缝宜留在基础的顶面，梁或吊车梁牛腿的下面、吊车梁的上面、无梁楼板柱帽的下面，如图4-80所示。与板连成整体的大截面梁，或当梁的高度大于1m时，允许单独浇筑，施工缝留置在板底面以下20～30mm处，当板下有梁托时，留在梁托下部。单向板的施工缝留置在平行于板的短边的任何位置。有主次梁的楼板宜顺着次梁方向浇筑，施工缝应留置在次梁跨度的中间1/3范围内，如图4-81所示。墙体的施工缝留置在门洞口过梁跨中1/3范围内，也可留置在纵横墙的交接处。

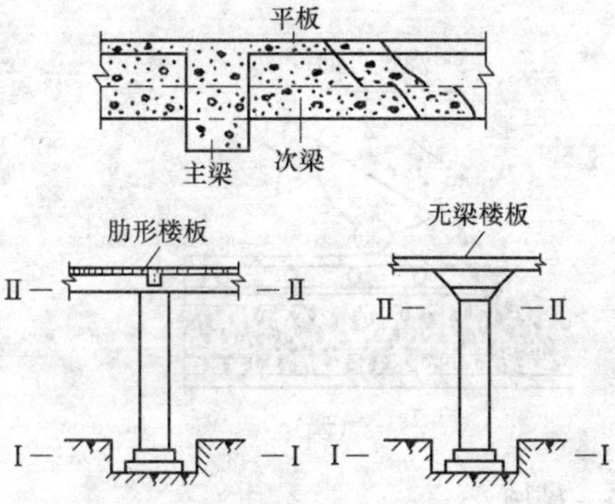

图4-80　浇筑柱的施工缝位置图

注：Ⅰ—Ⅰ、Ⅱ—Ⅱ表示施工缝位置

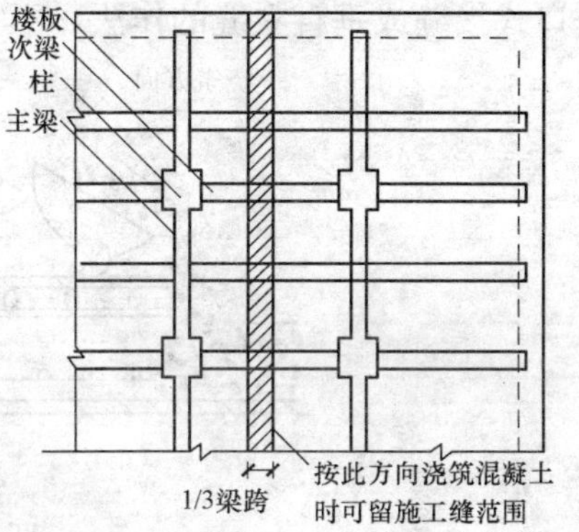

图4-81　浇筑有主次梁楼板施工缝位置图

在施工缝处继续浇筑前，为解决新旧混凝土的结合问题，应对已硬化的施工缝表面进行处理。即清除表层的水泥薄膜和松动石子及软弱混凝土层，必要时还要加以凿毛；钢筋上的油污、水泥砂浆及浮锈等杂物也应加以清除，然后用水冲洗干净，并保持充分湿润，且不得积水；在浇筑前，宜先在施工缝处铺一层水泥砂浆或与混凝土成分相同的水泥砂浆；施工缝处的混凝土应细致捣实，使新旧混凝土紧密结合。

后浇带是为在现浇钢筋混凝土结构施工过程中，克服由于温度、收缩而可能产生有害裂缝而设置的临时施工缝。该缝需根据设计要求保留一段时间后再浇筑，将整个结构连成整体。后浇带的设置距离，应考虑在有效降低温差和收缩应力的条件下，通过计算来获得。后浇带的留置位置应按设计要求和施工技术方案确定。后浇带混凝土浇筑应按施工技术方案进行。在正常的施工条件下，有关规范对此的规定是：如混凝土置于室内和土中，则为30m；如在露天，则为20m。后浇带的保留时间应根据设计确定，若设计无要求时，一般至少保留28d以上。后浇带的宽度应考虑施工简便，避免应力集中。一般其宽度为70～100cm。后浇带内的钢筋应完好保存。后浇带的具体内容见第二章箱形基础的有关内容。

3. 框架结构混凝土浇筑

多层框架应分层分段施工，水平方向以结构平面的伸缩缝分段。垂直方向按结构层次分层。在每层中先浇筑柱，再浇筑梁、板。柱子浇筑宜在梁板模板安装后，钢筋未绑扎前进行，以便利用梁板模板稳定柱模和作为浇筑柱混凝土操作平台之用。

浇筑混凝土时，浇筑层的厚度不得超过表4-34的数值。浇筑混凝土时应连续进行，如必须间歇时，应按表4-35规定执行。

肋形楼板的梁板应同时浇筑，浇筑方法应先将梁根据高度分层浇捣成阶梯形，当达到板底位置时即与板的混凝土一起浇捣，随着阶梯形的不断延长，则可连续向前推进，如图4-82所示。倾倒混凝土的方向也与浇筑方向相反，如图4-83所示。

浇筑无梁楼盖时，在离柱帽下5cm处暂停，然后分层浇筑柱帽，下料必须倒在柱帽中心，待混凝土接近楼板底面时，即可连同楼板一起浇筑。当浇筑柱、梁及主次梁交叉处的混凝土时，一般钢筋较密集，特别是上部负钢筋又粗又多，因此，既要防止混凝土下料困难，又要注意砂浆挡住石子不下去。必要时，这一部分可改用细石混凝土进行浇筑，与此同时，振捣棒头可改用片式并辅以人工捣固配合。梁板施工缝可采用企口式接缝或垂直立缝的作法，不宜留坡搓。

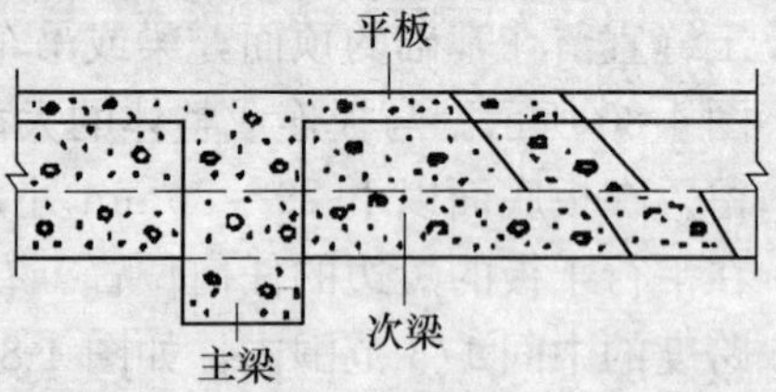

图 4-82　梁板同时浇筑方法示意图

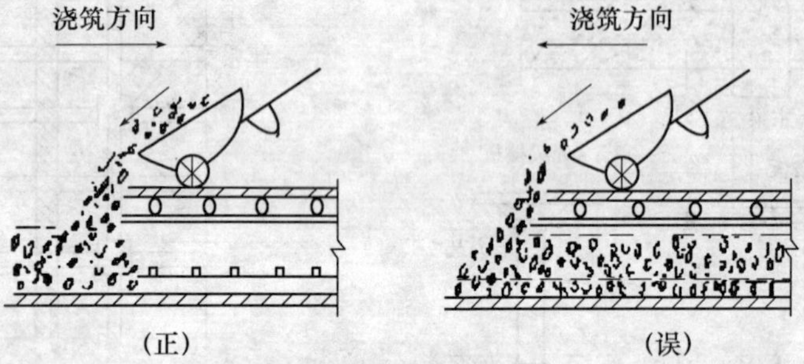

图 4-83　混凝土倾倒方法

在预定留施工缝的地方，在板上按板厚放一木条，在梁上闸以木板，其中间要留切口通过钢筋。

(二) 混凝土成型方法

混凝土入模时呈疏松状，里面含有大量的空洞与气泡，必须采用适当的方法在其初凝前捣实成型。成型方法主要有以下几种。

1. 振捣法

振捣方法分人工捣实和机械捣实两种方式。

人工捣实是利用捣锤、插钎等工具的冲击力来使混凝土密实成型。捣实时必须分层浇筑混凝土，每层厚宜在 150mm 左右，并应注意布料均匀，每层确保捣实后方能浇筑上一层。

机械捣实系振动器的振动力以一定的方式传给混凝土，使之发生强迫振动破坏水泥浆的凝胶结构，降低了水泥浆的黏度和集料之间的摩擦力，提高了混凝土拌合物的流动性，使混凝土密实成型，机械捣实混凝土效率高、密实度大、质量好，且能振实低流动性或干硬性混凝土。因此，一般应尽可能使用机械捣实。

混凝土的振动机械按其工作方式不同，可分为内部振动器、表面振动器、外部振动器和振动台等，这些振动机械的构造原理基本相同，如图 4-84 所示，主要是利用偏心锤的高速旋转，使振动设备因离心力而产生振动。

(1) 内部振动器

内部振动器又称插入式振动器，它由电动机、软轴和振动棒三部分组成。工作时依靠振动棒插入混凝土产生振动力而捣实混凝土。插入式振动器是工地用得最多的一种，常用以振捣梁、柱、墙等尺寸较小而深度较大构件和体积较大的混凝土。

在选用插入振动器时，应根据混凝土性能而定。混凝土坍落度小时宜选用高频（图 4-85），坍落度大时选用低频；对同一种混凝土，集料粒径大的宜用低频，粒径小的宜用高频。当振动频率接近于混凝土颗粒的自振频率时，其效果最好。但因集料颗粒大小不一，所以最理想的振动应为多频振动。

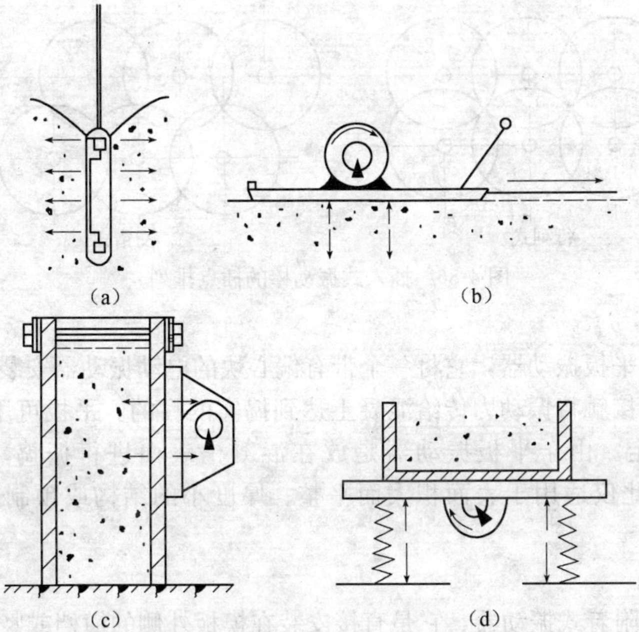

图 4-84　振动器的原理

(a) 内部振动器；(b) 表面振动器；(c) 外部振动器；(d) 振动台

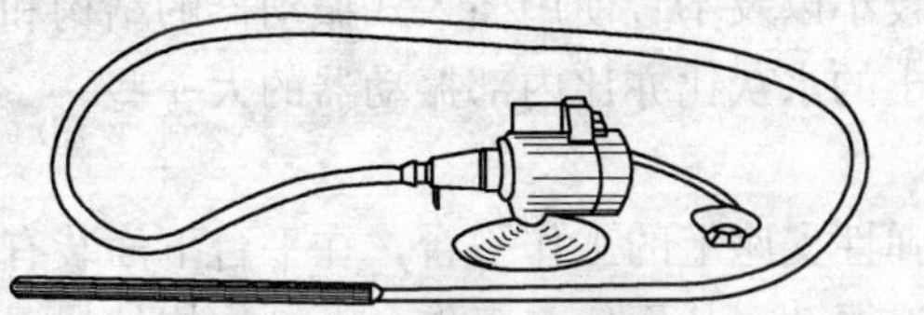

图 4-85　行星高频插入式振动器

插入式振动器的振捣方法有垂直振捣和斜向振捣两种，可根据具体情况采用，一般以采用垂直振捣为多。垂直振捣容易掌握插点距离，控制插入深度（不得超过振动棒长度的 1.25 倍）；不易产生漏振，不易触及钢筋和模板；混凝土受振后能自然沉实、均匀密实。而斜向振捣是将振动棒与混凝土表面成 40°～50°角插入，操作省力，效率高，出浆快，易于排出空气，不会发生严重的离析现象，振动棒拔出时不会形成孔洞。

使用插入式振动器垂直振捣的操作要点是："直上和直下，快插与慢拔；插点要均布，切勿漏点插；上下要振动，层层要扣搭；时间掌握好，密实质量佳"。

操作要点中"快插"是为了防止先将混凝土表面振实，与下面混凝土产生分层离析现象；"慢拔"是为了使混凝土填满振动棒抽出时形成的插孔，振动器插点要均匀排列，可采用"行列式"或"交错式"的次序移动，如图 4-86 所示，防止漏振；每次移动两个插点的间距不宜大于振动器作用半径的 1.5 倍（振动器的作用半径一般为 300～400mm）；振动棒与模板的距离，不应大于其作用半径的 0.5 倍，并应避免碰撞钢筋、模板、芯管、吊环、预埋件等。为了保证每一层混凝土上下振捣均匀，应将振动棒上下来回抽动 50～100mm；同时还应将振动棒插入下一层未初凝的混凝土中，深度不应小于 50mm。混凝土振捣时间要掌握好，振动时间过短，不能使混凝土充分捣实；过长，则可能产生分层离析。一般每点振捣时间为 20～30s，使用高频振动器时亦应大于 10s，以混凝土不下沉、气泡不上升、表面泛浆为准。

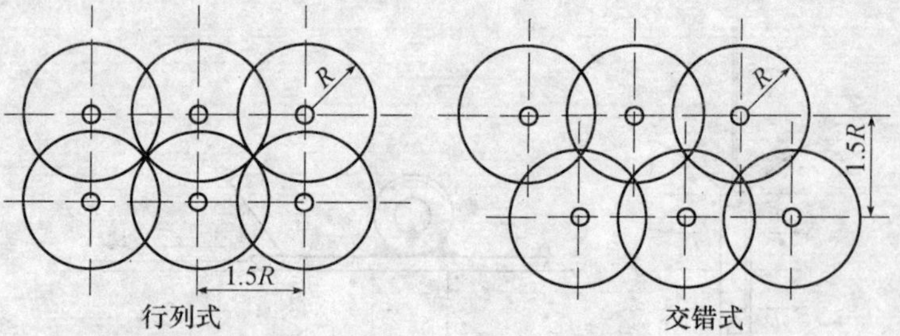

图 4-86 插入式振动棒的插点排列

(2) 表面振动器

表面振动器又称平板振动器，它将一个带有偏心块的电动振动器安装在一块平板上，通过平板与混凝土表面接触将振动力传给混凝土达到捣实的目的。平板可用木板或铁板制成，尺寸依具体需要而定。由于平板振动器是放在混凝土表面进行振捣，其作用深度较小(150～250mm)，因此仅适用于表面积大而平整、厚度小的结构或预制件，如楼地面、屋面等。

(3) 外部振动器

外部振动器又称附着式振动器，它是直接安装在模板外侧的横档或竖档上，利用偏心块旋转时所产生的振动力通过模板传递给混凝土，使之振实。附着式振动器体积小、结构简单、操作方便。可以改制成平板振动器。它的缺点是振动作用的深度小（约 250mm)，因此仅适用于钢筋较密、厚度较小以及不宜使用插入式振动器的结构和构件中，并要求模板有足够的刚度。一般要求混凝土的水灰比亦比内部振动器的大一些。

(4) 振动台

振动台是一个支承在弹性支座上的工作平台，在平台下面装有振动机构，当振动机构运转时，即带动工作台作强迫振动，从而使在工作台上制作构件的混凝土得到振实。振动台是成型工艺中生产效率较高的一种设备。是预制构件常用的振动机械。利用振动台生产构件，当混凝土厚度小于 200mm 时，可将混凝土一次装满振捣；如厚度大于 200mm 则可分层浇筑，每层厚度不大于 200mm，亦可随浇随振。

2. 离心法

离心法成型，就是将装有混凝土的钢制模板放在离心机上，当模板旋转时，由于摩擦力和离心力的作用，使混凝土分布于模板的外侧内壁，并将混凝土中的部分水分排出，使混凝土密实。适用于管柱、管桩、管式屋架，电杆及上下水管等构件的生产。离心法成型过程分为三个阶段：第一阶段离心机转速为 80～150r/min，延续时间 2～15min，使混凝土沿模板内壁均匀分布，内部形成空腔；第二阶段是过渡阶段，转速 250～400r/min，延续时间 2～5min，可起到继续布料作用，并能减少分层；第三阶段加大转速至 400～900r/min，延续 15～30min，增大离心力，以成型密实混凝土。

采用离心法成型，石子最大粒径不应超过构件壁厚的 1/3～1/4，并不得大于 15～20mm；砂率应为 40%～50%；水泥用量不应低于 350kg/m^3，且不宜使用火山灰水泥；坍落度控制在 30～70mm 以内。

3. 混凝土真空吸水

在混凝土浇筑施工中，有时为了使混凝土易于成型，常采用加大水灰比，提高混凝土流动性的方式，但随之降低了混凝土的密实性和强度，真空吸水就是利用真空吸水设备，将已浇筑完毕的混凝土中的游离水和气泡吸出，以达到降低水灰比、提高混凝十强度、改善混凝土物埋力学性能、加快施工进度的目的。经过真空吸水的混凝土，密实度大，抗压强度可提高 25%～40%，与钢筋的握裹力可提高 20%～25%，可减少收缩，增大弹性模量。混凝土真空吸水技术主要由真空泵机组、真空吸盘、连接软管等组成，如图 4-87 所示。

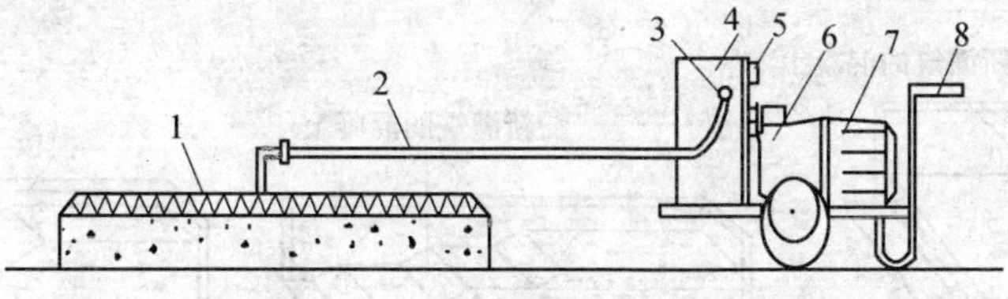

图 4-87　真空吸水设备工作示意图

1—真空吸盘；2—软管；3—吸水进门；4—集水箱；5—真空；6—真空泵；7—电动机；8—手推小车

采用混凝土真空吸水技术，一般初始水灰比以不超过 0.6 为宜，最大不超过 0.7，坍落度可取 50～90mm，由于真空吸水后混凝土体积会相应缩小，因此振平后的混凝土表面应比设计略高 2～4mm。

在放置真空吸盘前应先铺设过滤网，过滤网必须平整紧贴在混凝土上，真空吸盘放置时应注意其周边的密封是否严密，防止漏气，并保证两次抽吸区域有 30mm 的搭接。

开机吸水的延续时间取决于真空度、混凝土厚度、水泥品种和用量、混凝土浇筑前的坍落度和温度等因素。真空度越高，抽吸量越大，混凝土越密实，一般真空度为 66.661～69.993kPa。在真空度一定时，混凝土层越厚，需开机的时间越长。

（三）大体积混凝土浇筑

《普通混凝土配合比设计规程》（JGJ 55—2000）第 2.1.10 条定义：大体积混凝土是指混凝土结构物实体最小尺寸等于或大于 1m，或预计会因水泥水化热引起混凝土内外温差过大而导致裂缝的混凝土。一般多为建筑物、构筑物的基础，如高层建筑中常用的整体钢筋混凝土箱形基础、高炉转炉设备基础等。

大体积混凝土结构由于其结构截面大，水泥用量多，水泥水化所释放的水化热会产生较大的温度变化和收缩作用，由此形成的温度收缩应力是导致钢筋混凝土产生裂缝的主要原因。这种裂缝有表面裂缝和贯通裂缝两种。表面裂缝是由于混凝土表面和内部的散热条件不同、温度外低内高，形成了温度梯度，使混凝土内部产生压应力、表面产生拉应力，表面的拉应力超过混凝土抗拉强度而引起的。贯通裂缝是由于大体积混凝土在强度发展到一定程度，混凝土逐渐降温，这个降温差引起的变形加上混凝土失水引起的体积收缩变形，受到地基和其他结构边界条件的约束时引起的拉应力，超过混凝土抗拉强度时所可能产生的贯通整个截面的裂缝。这两种裂缝都属有害裂缝。

1. 大体积混凝土浇筑方案

大体积混凝土结构整体性要求较高，通常不允许留施工缝。因此，必须保证混凝土搅拌、运输、浇筑、振捣各工序协调配合，并在此基础上，根据结构大小、钢筋疏密等具体情况，选用如下浇筑方案：

（1）全面分层，如图 4-88（a）所示。在整个结构内全面分层浇筑混凝土，要做到第一层全部浇筑完毕，在初凝前浇筑第二层，如此逐层进行，直至浇筑完成。采用此方案，结构平面尺寸不宜过大，施工时从短边开始，沿长边进行。必要时亦可从中间向两端或从两端向中间同时进行。

（2）分段分层，如图 4-88（b）所示。混凝土从底层开始浇筑，进行一定距离后回来浇筑第二层，如此依次向上浇筑以上各层。分段分层浇筑方案适用于厚度不太大而面积或长度较大的结构。

（3）斜面分层，如图 4-88（c）所示。适用于结构的长度超过厚度 3 倍的情况。斜面坡度为 1∶3，施工时应从浇筑层下端开始，逐渐上移，以保证混凝土施工质量。

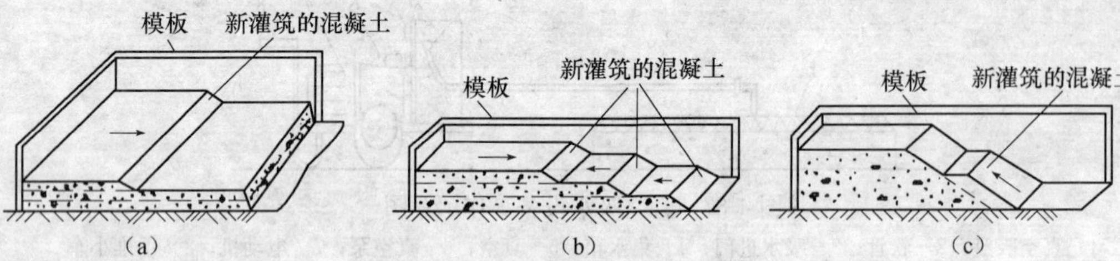

图 4-88　大体积混凝土浇筑方案
（a）全面分层；（b）分段分层；（c）斜面分层

2. 大体积混凝土控制温度和收缩裂缝的技术措施

为了有效地控制有害裂缝的出现和发展，必须从控制混凝土的水化升温、延缓降温速率、减小混凝土收缩、提高混凝土的极限拉伸强度、改善约束条件和设计构造等方面全面考虑，结合实际采取措施。

（1）合理选择原材料，降低水泥水化热

1）水泥应选用水化热低和凝结时间长的水泥，如低热矿渣硅酸盐水泥、中热硅酸盐水泥、矿渣硅酸盐水泥、粉煤灰硅酸盐水泥、火山灰质硅酸盐水泥等；当采用硅酸盐水泥或普通硅酸盐水泥时，应采取相应措施延缓水化热的释放。

2）粗集料宜采用连续级配，细集料宜采用中砂。

3）大体积混凝土应掺用缓凝剂、减水剂和减少水泥水化热的掺合料，例如：掺加木质素磺酸钙等。在拌和混凝土时，还可掺入适量的微膨胀剂或膨胀水泥，使混凝土得到补偿收缩，减少混凝土的温度应力。

4）大体积混凝土在保证混凝土强度及坍落度要求的前提下，应提高掺合料及集料的含量，以降低每立方米混凝土的水泥用量。例如：在厚大无筋或少筋的大体积混凝土中，掺加总量不超过 20%的大石块，减少混凝土的用量，以达到节省水泥和降低水化热的目的。

（2）降低混凝土温度差

1）尽量避开炎热天气浇筑混凝土。夏季可采用低温水或冰水搅拌混凝土，可对集料喷冷水雾或冷气进行预冷，或对集料进行覆盖或设置遮阳装置避免日光直晒，运输工具如具备条件也应搭设避阳设施，以降低混凝土拌合物的入模温度。

2）在混凝土入模时，采取措施改善和加强模内的通风，加速模内热量的散发；在基础内部预埋冷却水管，通入循环冷却水，强制降低混凝土水化热温度。

（3）改善约束条件，削减温度应力

采取分层或分块浇筑大体积混凝土，合理设置水平或垂直施工缝，或在适当的位置设置施工后浇带，以放松约束程度，减少每次浇筑长度的蓄热量，防止水化热的积聚，减少温度应力。对大体积混凝土基础与岩石地基，或基础与厚大的混凝土垫层之间设置滑动层，如采用平面浇沥青胶铺砂、或刷热沥青或铺卷材。在垂直面、键槽部位设置缓冲层，如铺设 300～50mm 厚沥青木丝板或聚苯乙烯泡沫塑料，以消除嵌固作用，释放约束应力。

(4) 提高混凝土的极限拉伸强度

在大体积混凝土基础内设置必要的温度配筋，在截面突变和转折处，底、顶板与墙转折处，孔洞转角及周边，增加斜向构造配筋，以改善应力集中，防止裂缝的出现。

(5) 加强施工中的温度控制

施工中要加强测温和温度监测与管理，实行信息化控制，随时控制混凝土内的温度变化，内外温差控制在25℃以内，基面温差和基底面温差均控制在20℃以内，及时调整保温及养护措施，使混凝土的温度梯度和湿度不至过大，以有效控制有害裂缝的出现。要合理安排施工顺序，控制混凝土温度在浇筑过程中均匀上升，避免混凝土拌合物堆积过高。

(四) 水下浇筑混凝土

在灌注桩、地下连续墙等基础以及水工结构工程中，常要直接在水下浇筑混凝土。其方法是利用导管输送混凝土并使之与环境水隔离，依靠管中混凝土的自重，压管口周围的混凝土在已浇筑的混凝土内部流动、扩散，以完成混凝土的浇筑工作，如图4-89所示。

导管由每段长度为1.5～2.5m（脚管2～3m）、管径200～300mm、厚3～6mm的钢管，用法兰盘加止水胶垫与螺栓连接而成。承料漏斗位于导管顶端，漏斗上方装有振动设备以防混凝土在导管中阻塞。提升机具用来控制导管的提升与下降，常用的提升机具有卷扬机、电动葫芦、起重机等。球塞可用橡胶、泡沫塑料等制成，其直径比导管内径小15～20mm。

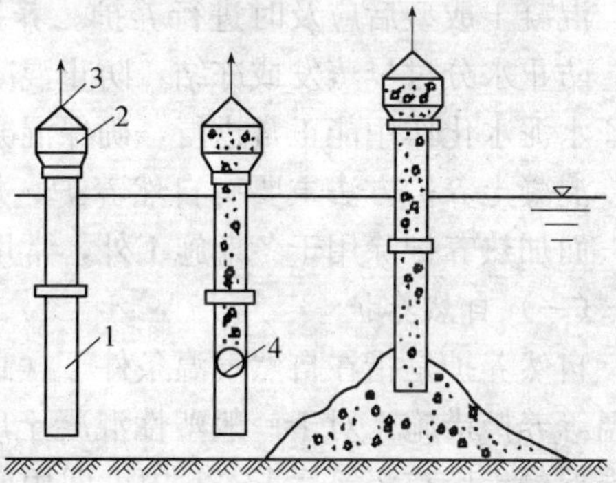

图4-89 导管法浇筑水下混凝土示意图

1—导管；2—承料漏斗；3—提升机具；4—球塞

在施工时，先将导管放入水中（其下部距离底面约100mm），用麻绳或铅丝将球塞悬吊在导管内水位以上的0.2m（塞顶铺2～3层稍大于导管内径的水泥纸袋，再散铺一些干水泥，以防混凝土中集料卡住球塞），然后浇入混凝土，当球塞以上导管和承料漏斗装满混凝土后，剪断球塞吊绳，混凝土靠自重推动球塞下落，冲向基底，并向四周扩散。球塞冲出导管，浮至水面，可重复使用。冲入基底的混凝土将管口包住，形成混凝土堆，同时不断地将混凝土浇入导管中，管外混凝土面不断被管内的凝混土挤压上升。随着管外混凝土面的上升，导管也逐渐提高（到一定高度，可将导管顶段拆下），但不能提升过快，必须保证导管下端始终埋入混凝土内，其最小埋入深度参见表4-36，其最小埋置深度不宜超过5m。混凝土浇筑的最终高程应高于设计标高约100mm，以便清除强度低的表层混凝土（清除应在混凝土强度达到2～2.5N/mm^{2}后方可进行）。

表4-36 导管的最小埋入深度

混凝土水下浇筑深度（m）	导管埋入混凝土的最小深度（m）
≤10	0.8
10～15	1.1
15～20	1.3
>20	1.5

水下浇筑的混凝土必须具有抵抗泌水和离析的能力，故混凝土中水泥用量宜适当增加，

砂率应不少于40%，泌水率控制在1%～2%以内；粗集料粒径不得大于导管的1/5或钢筋间距的1/4，并不宜超过60mm；混凝土水灰比应为0.55～0.66；坍落度为150～180mm，开始时采用低坍落度，正常施工则用较大的坍落度，且维持坍落度的时间不得少于1h，以便混凝土靠自重和自身的流动实现密实成型。

每根导管的作用半径一般不大于3m，所浇混凝土覆盖面积不宜大于30m²，当面积过大时，可用多根导管同时浇筑。混凝土浇筑应从最深处开始，相邻导管下口的标高差不应超过导管间距的1/15～1/20，并保证混凝土表面均匀上升。

导管法浇筑水下混凝土的关键：一是保证混凝土的供应量应大于导管内混凝土必须保持的高度和开始浇筑时导管埋入混凝土堆内必须的埋置深度所要求的混凝土量；二是严格控制导管提升高度，且只能上下升降，不能左右移动，以避免造成管内进水事故。

五、混凝土的养护

混凝土成型后应及时进行养护。养护的目的是为混凝土硬化创造必需的湿度、温度条件，防止水分过早蒸发或冻结，防止混凝土强度降低和出现收缩裂缝、剥皮、起砂等现象，保证水泥水化作用能正常进行，确保混凝土质量。

混凝土养护方法主要有自然养护、加热养护和蓄热养护。其中蓄热养护多用于冬期施工，而加热养护除用于冬期施工外，常用于预制构件养护。

（一）自然养护

自然养护是指在自然气温条件下（高于+5℃），对混凝土采取覆盖、浇水润湿、挡风、保温等养护措施。对于一般塑性混凝土应在浇筑后10～12h内（炎夏时缩短至2～3h），对高强混凝土应在浇筑后1～2h内，即用麻袋、草帘、锯末或砂进行覆盖，并及时浇水养护，以保持混凝土具有足够润湿状态。

混凝土浇筑完毕后，应按施工技术方案及时采取有效的养护措施，并应符合下列规定：

1. 应在浇筑完毕后的12h以内对混凝土加以覆盖并保湿养护；

2. 混凝土浇水养护的时间：对采用硅酸盐水泥、普通硅酸盐水泥或矿渣硅酸盐水泥拌制的混凝土，不得少于7d；对掺用缓凝型外加剂或有抗渗要求的混凝土，不得少于14d；

3. 浇水次数应能保持混凝土处于湿润状态；混凝土养护用水应与拌制用水相同；

4. 采用塑料布覆盖养护的混凝土，其敞露的全部表面应覆盖严密，并应保持塑料面布内有凝结水；

5. 混凝土强度达到1.2N/mm² 前，不得在其上踩踏或安装模板及支架。

注：(1) 当日平均气温低于5°C时，不得浇水；

(2) 当采用其他品种水泥时，混凝土的养护时间应根据所采用水泥的技术性能确定；

(3) 混凝土表面不便浇水或使用塑料布时，宜涂刷养护剂；

(4) 对大体积混凝土的养护，应根据气候条件按施工技术方案采取控温措施。

对大面积结构，如地坪、楼屋面板等可采用蓄水养护；对于贮水池一类工程可在拆除内模、混凝土达到一定强度后注水养护；对于一些地下结构或基础，可在其表而涂刷沥青乳液或用土回填以代替洒水养护。

在有条件的情况下，可采用不透水、气的薄膜布（如塑料薄膜布）养护。用薄膜布把混凝土表面敞露的部分全部严密地覆盖起来，保证混凝土在不失水的情况下得到充足的养护。

这种养护方法的优点是不必浇水，操作方便，能重复使用，能提高混凝土的早期强度，加速模具的周转。但应该保持薄膜布内有凝结水。

混凝土的表面不便浇水或使用塑料薄膜布养护时，可采用涂刷薄膜养生液养护。薄膜养生液养护是将可成膜的溶液喷洒在混凝土表面上，溶液挥发后在混凝土表面凝结成一层薄膜，使混凝土表面与空气隔绝，封闭混凝土中的水分不再被蒸发，而完成水化作用。这种养护方法一般适用于表面积大的混凝土施工和缺水地区，但应注意薄膜的保护。

当气候炎热、空气干燥、湿度小、日晒风吹或遭遇人为的干燥时，混凝土会出现脱水现象，使混凝土在凝结硬化期间所需要的水分蒸发过快，已形成凝胶体中的水泥颗粒不能充分水化，也不能转化成为稳定的结晶，缺乏足够的粘结力，在混凝土表面会出现片状或粉状剥落（即剥皮、起砂现象），甚至引起水泥石结构破坏、松散，将严重地影响混凝土的强度。脱水现象在高温季节容易出现在：干硬性的混凝土工程中；薄壁结构和蒸发面较大的工程中；当使用发热量较高的矾土水泥或高标号水泥，或使用需水量多的矿渣水泥时或当使用吸水性强的集料时。

新浇筑的混凝土，当它还未达到充分的强度时，如湿度低、遭遇干燥，使混凝土中多余的水分过早蒸发，就会产生很大的收缩变形，出现干缩裂纹，从而影响混凝土的整体性和耐久性。但当混凝土已有充分的强度后，再遭遇干燥，就不致产生裂纹现象。所以，应当设法使混凝土的收缩现象尽量推迟到混凝土充分硬化后再出现，这是因为混凝土的收缩在初级阶段最为强烈，而随混凝土龄期的增长则逐渐减弱。

从上述可知，混凝土的脱水现象和干缩裂纹，主要与湿度和温度有关，如能加强养护，使混凝土在初凝硬化期经常处于潮湿状态，避免水分过早的蒸发，或使混凝土在较高的温度和湿度条件下，加速其硬化过程，即可防止出现脱水和减轻干缩的影响，或不再受到干缩的影响。

（二）加热养护

1. 蒸汽养护

混凝土在较高温度和温度条件下，可迅速达到要求的强度。蒸汽养护就是将构件放在充有饱和蒸汽或蒸汽空气混合物的养护室内，在较高的温度和相对湿度的环境中进行养护，以加速混凝土的硬化。预制构件厂生产的预制构件一般多采用常压蒸汽养护。施工现场由于条件限制，现浇预制构件一般可采用临时性地面或地下的养护坑，上盖养护罩或用简易的帆布、油布覆盖。

2. 热模养护

将蒸汽通在模板内进行养护。此法用汽少，加热均匀，既可用于预制构件，又可用于现浇墙体，用于现浇框架结构柱的养护方法，如图4-90所示。

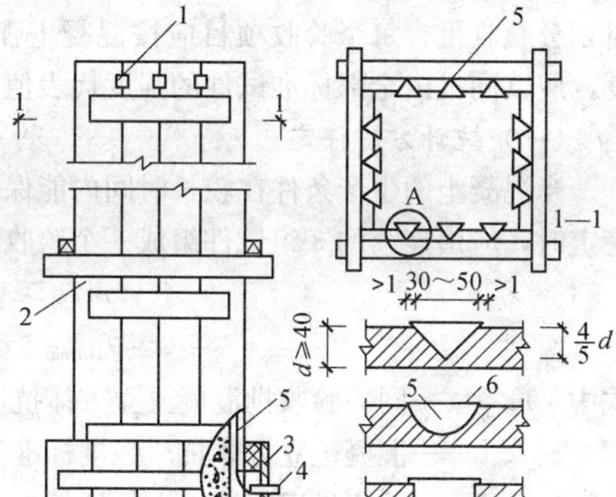

图 4-90　柱子用热模法养护

1—出气孔；2—模板；3—分汽箱；4—进气管；5—蒸汽管；6—薄铁皮

3. 棚罩式养护

棚罩式养护是在混凝土构件上加盖养护棚罩。棚罩的材料有玻璃、透明玻璃钢、聚酯薄膜、聚乙烯薄膜等。其中以透明玻璃钢和透明塑料薄膜为佳。棚式的形式有单坡、双坡、拱形等，一般多用单坡或双坡。棚罩内的空腔不宜过大，一般略大于混凝土构件即可。棚罩内的温度，夏季可达60～75℃，春秋季可达35～45℃，冬季约为20℃。

六、混凝土的质量检查

为了保证混凝土的质量，必须对混凝土生产的各个环节进行检查，检查内容包括：水泥品种及标号、砂石的质量及含泥量、混凝土配合比、搅拌时间、坍落度、混凝土的振捣等环节。检查频率一般要求在每一工作班至少两次，如混凝土配合比有变化时，还应随时检查。

采用预拌商品混凝土时，应在商定的交货地点进行坍落度的质量检查，要求运来的混凝土坍落度与指定坍落度之间的允许偏差值应在规定的范围内。

检查混凝土质量应做抗压强度试验。当有特殊要求时，还需做混凝土的抗冻性、抗渗性等试验。

混凝土抗压强度通过留置试块做抗压强度试验判定。每组3个试块应在浇筑现场同盘混凝土中，就地取样用钢模制作成边长15cm的立方体。当试块用于评定结构或构件的强度时，试块必须进行标准养护，即在温度为20±3℃和相对湿度为90%以上的潮湿环境或水中养护28d。当试块作为施工的辅助手段，用于检查结构或构件的强度以确定拆模、出池、吊装、张拉及临时负荷时，应将试块置于欲测定构件同等条件下养护。并按下列规定确定该组试件的混凝土强度代表值：取3个试块强度的算术平均值；当3个试块强度中的最大值或最小值与中间值之差超过中间值的15%时，取中间值；当3个试块强度中的最大值和最小值与中间值之差均超过15%时，该组试块不应作为强度评定的依据。

混凝土强度应分批进行验收。同一验收批的混凝土应由强度等级相同、龄期相同以及生产工艺和配合比基本相同且不超过三个月的若干组混凝土试块组成，并按单位工程的验收项目划分验收批，每个验收项目应按混凝土强度检验评定标准确定。同一验收批的混凝土强度，应以同批内全部标准试件的强度代表值来评定。

（一）统计方法评定

当混凝土的生产条件在较长时间内能保持一致，且同一品种混凝土的强度变异性能保持稳定时，应由连续的3组试件组成一个验收批，其强度应同时满足下列要求：

$$m_{f_{cu}} \geqslant f_{cu,k} + 0.7\sigma_0 \tag{4-27}$$

$$f_{cu,min} \geqslant f_{cu,k} - 0.7\sigma_0 \tag{4-28}$$

式中 $m_{f_{cu}}$——同一验收批混凝土立方体抗压强度的平均值（N/mm^2）；

$f_{cu,k}$——混凝土立方体抗压强度标准值差（N/mm^2）；

σ_0——验收批混凝土立方体抗压强度的标准差（N/mm^2）；

$f_{cu,min}$——同一验收批混凝土立方体抗压强度的最小值（N/mm^2）。

当混凝土强度等级不高于C20时，其强度的最小值尚应满足下式要求：

$$f_{cu,min} \geqslant 0.85 f_{cu,k} \tag{4-29}$$

当混凝土强度等级高于C20时，其强度的最小值尚应满足下式要求：

$$f_{cu,min} \geqslant 0.90 f_{cu,k} \tag{4-30}$$

验收批混凝土立方体抗压强度的标准差，应根据前一个检验期间同一品种混凝土试件的强度数据，按下式确定：

$$\sigma_0 = \frac{0.59}{m}\sum_{i=1}^{m}\Delta f_{\mathrm{cu},i} \tag{4-31}$$

式中　$\Delta f_{\mathrm{cu},i}$——第 i 批试件立方体抗压强度中最大值和最小值之差；

　　m——用以确定该验收批混凝土立方体抗压强度标准差的数据总批数。

上述检验期不应超过三个月，且在该期间内强度数据的总批数不得少于 15。当混凝土的生产条件不能满足上述规定，或在前一个检验期内的同一品种混凝土没有足够的数据用以确定验收批混凝土立方体抗压强度标准差时，应由不少于 10 组的试件代表一个验收批，其强度应同时满足下列要求：

$$m_{f_{\mathrm{cu}}} - \lambda_1 s_{f_{\mathrm{cu}}} \geqslant 0.9 f_{\mathrm{cu,k}} \tag{4-32}$$

$$f_{\mathrm{cu,min}} \geqslant \lambda_2 f_{\mathrm{cu,k}} \tag{4-33}$$

式中　$s_{f_{\mathrm{cu}}}$——同一验收批混凝土立方体抗压强度的标准差（$\mathrm{N/mm^2}$）。当 $s_{f_{\mathrm{cu}}}$ 的计算值小于 $0.06 f_{\mathrm{cu,k}}$时，取 $s_{f_{\mathrm{cu}}} = 0.06 f_{\mathrm{cu,k}}$；

λ_1，λ_2——合格判定系数，按表 4-37 取用。

表 4-37　混凝土强度的合格判定系数

试件组数	10～14	15～24	≥25
λ_1	1.70	1.65	1.60
λ_2	0.90	0.85	

混凝土立方体抗压强度的标准差 $s_{f_{\mathrm{cu}}}$ 可按下列公式计算：

$$s_{f_{\mathrm{cu}}} \sqrt{\frac{\sum_{i=1}^{m} f_{\mathrm{cu},i}{}^2 - n m_{f_{\mathrm{cu}}}^2}{n-1}} \tag{4-34}$$

式中　$f_{\mathrm{cu},i}$——第 i 组混凝土试件的立方体抗压强度值（$\mathrm{N/mm^2}$）；

　　n——一个验收批混凝土试件的组数。

（二）非统计方法评定

对零星生产的构件混凝土或现场搅拌的批量不大的混凝土，验收批混凝土的强度必须同时满足下列要求：

$$m_{f_{\mathrm{cu}}} \geqslant 1.15 f_{\mathrm{cu,k}} \tag{4-35}$$

$$f_{\mathrm{cu,min}} \geqslant 0.95 f_{\mathrm{cu,k}} \tag{4-36}$$

（三）混凝土生产质量水平

预拌混凝土厂、预制混凝土构件厂和采用现场集中搅拌混凝土的施工单位，应定期对混凝土强度进行统计分析，控制混凝土质量，确定混凝土生产质量水平。

混凝土生产质量水平，可依据统计周期内混凝土强度标准差（式 4-31）和试件强度不低于要求强度等级的百分率确定：

$$P = \frac{N_0}{N} \times 100\% \tag{4-37}$$

式中　N_0——统计周期内试件强度不低于要求强度等级的组数；

　　N——统计周期内相同强度等级的混凝土试件组数，该值不得少于 25 组。

《混凝土质量控制标准》（GB 50164—92）第 2.2.6 条规定：盘内混凝土强度的变异系数 δ_b 不宜大于 5%，其值可按下式确定：

$$\delta_b = \frac{\sigma_b}{\mu_{f_{cu}}} \times 100\% \tag{4-38}$$

式中 δ_b——盘内混凝土强度的变异系数；

σ_b——盘内混凝土强度的标准差（N/mm^2）。

盘内混凝土强度的标准差可按下列规定确定：

在混凝土搅拌地点连续从 15 盘混凝土中分别取样，每盘混凝土试样各成型一组试件，根据试件强度按下式计算：

$$\sigma_b = 0.04\sum_{i=1}^{15}\Delta f_{cu,i} \tag{4-39}$$

式中 $\Delta f_{cu,i}$——第 i 组三个试件强度中最大值与最小值之差（N/mm^2）。

当不能连续从 15 盘混凝土中取样时，每盘混凝土强度标准差可利用正常生产连续积累的强度资料进行统计，但试件组数不应少于 30 组。

七、混凝土冬期施工

为防止新浇筑混凝土受冻，须采取一系列防范措施，提前做好各种准备，以保证混凝土的质量。《建筑工程冬期施工规程》（JGJ 104—97）第 1.0.3 条规定：冬期施工期限划分原则是：根据当地多年气象资料统计，当室外日平均气温连续 5d 稳定低于 5℃即进入冬期施工；当室外日平均气温连续 5d 高于 5℃时解除冬期施工。

（一）混凝土冬期施工及其原理

1. 温度与混凝土硬化的关系

温度的高低对混凝土强度增长有很大影响。在湿度合适的条件下，温度越高，水泥水化作用就越迅速、完全，混凝土硬化速度和强度增长就越快。当温度较低时，混凝土凝结硬化速度慢，特别是接近 0℃时，混凝土硬化和强度增长就更慢。当温度低于－3℃时，混凝土中的水会结冰，水泥颗粒不能和冰发生化学反应，水化作用几乎停止，强度也就无法增长。因此，为确保混凝土结构工程质量，应收集工程所在地多年气温资料，当室外平均气温连续 5d 稳定低于 5℃时，应采取冬期施工措施，并及时采取气温突然下降的防冻措施。

2. 冻结对混凝土质量的影响

混凝土在初凝前或刚一初凝即遭冻结，此时水泥来不及水化或水化刚开始，本身尚无强度，水泥受冻后处于“休眠”状态；恢复正常养护后，强度可以重新发展直到与未受冻基本相同，没有什么强度损失。

若混凝土在初凝后，本身强度很小时遭冻结，此时混凝土内部存在两种应力：一种是水泥水化作用产生的粘结应力；另一种是混凝土内部自由水结冻，体积膨胀（8%～9%）所产生的冻胀应力。由于粘结应力小于冻胀应力，很容易破坏刚形成水泥石的内部结构，产生一些微裂纹，这些微裂纹是不可逆的。加之冰块融化后会形成孔隙，这将严重降低混凝土的密实度和耐久性。在混凝土解冻后，其强度虽然能继续增长，但混凝土的强度将不可能达到原设计的强度等级。

若混凝土在冻结前达到某一强度值，此时混凝土内部水化作用产生的粘结应力足以抵抗自由水结冰产生的冻胀应力，则混凝土解冻后其强度还能继续增长，对后期强度的影响也不大。因此，为避免混凝土遭受冻结带来的危害，《建筑工程冬期施工规程》（JGJ 104—97）第 2.0.5 条规定：冬期浇筑的混凝土在受冻以前必须达到的最低强度，这一强度值通常称为混凝土冬期施工的临界强度。

临界强度与水泥的品种、混凝土强度等级有关。硅酸盐水泥或普通硅酸盐水泥配制的混凝土为设计混凝土强度标准值的30%；矿渣硅酸盐水泥配制的混凝土为40%，但对C10及C10以下的混凝土，不得小于5.0MPa。

（二）冬期施工的工艺要求

1. 混凝土材料选择及要求

配制冬期施工的混凝土，应优先选用硅酸盐水泥或普通硅酸盐水泥。水泥强度等级不应低于42.5级，最小水泥用量不宜少于300kg/m^3，水灰比不应大于0.6。使用矿渣硅酸盐水泥，宜采用蒸汽养护；使用其他品种水泥，应注意其中掺合材料对混凝土抗冻、抗渗等性能的影响。掺用防冻剂的混凝土，严禁使用高铝水泥。

冬期浇筑的混凝土，宜使用无氯盐类防冻剂。对抗冻性要求高的混凝土，宜使用引气剂或引气减水剂。掺用防冻剂、引气剂或引气减水剂的混凝土施工，应符合国家标准的规定。

2. 混凝土材料的加热

冬期拌制混凝土时应优先采用加热水的方法，当水加热仍不能满足要求时，再对集料进行加热。水及集料的加热温度应根据热工计算确定，但不得超过表4-38的规定。

表4-38　拌合水及集料最高温度

项　目	拌合水	集料
标号小于525号的普通硅酸盐水泥、矿渣硅酸盐水泥	80	60
标号等于或大于525号的硅酸盐水泥、普通硅酸盐水泥	60	40

3. 混凝土的搅拌

搅拌前，应用热水或蒸汽冲洗搅拌机，搅拌时间应较常温延长50%。投料顺序为先投入集料和已加热的水，然后再投入水泥。水泥不应与80℃以上的水直接接触，避免水泥假凝。混凝土拌合物的出机温度不宜低于10℃，入模温度不得低于5℃。对搅拌好的混凝土应经常检查其温度及和易性，若有较大差异，应检查材料加热温度和集料含水率是否有误，并及时加以调整。在运输过程中要防止混凝土热量的散失和冻结。

4. 混凝土的浇筑

混凝土在浇筑前，应清除模板和钢筋上的冰雪和污垢，并不得在强冻胀性地基上浇筑混凝土；当在弱冻胀性地基上浇筑混凝土时，基土不得遭冻；当在非冻胀性地基土上浇筑混凝土时，混凝土在受冻前，其抗压强度不得低于临界强度。

当分层浇筑大体积结构时，已浇筑层的混凝土温度，在被上一层混凝土覆盖前，不得低于按热工计算的温度，且不得低于2℃。

对加热养护的现浇混凝土结构，混凝土的浇筑程序和施工缝的位置，应能防止在加热养护时产生较大的温度应力；当加热温度在40℃以上时，应征得设计人员的同意。

（三）混凝土冬期养护方法

混凝上冬期养护方法有蓄热法、蒸汽加热法、电热法、暖棚法以及掺外加剂法等。但无论采用什么方法，均应保证混凝土在冻结以前，至少应达到临界强度。

1. 蓄热法

《建筑工程冬期施工规程》（JGJ 104—97）第2.0.6条定义：蓄热法是混凝土浇筑后，利用原材料加热及水泥水化热的热量，通过适当保温延缓混凝土冷却，使混凝土冷却到0℃

以前达到预期要求强度的施工方法。适用于室外最低温度不低于−15℃的地面以下工程或表面系数（指结构冷却的表面积与其全部面积的比值）不大于15的结构。

蓄热法养护具有施工简单、不需外加热源、节能、冬期施工费用低等特点。因此，在混凝土冬期施工时应优先考虑采用。只有当确定蓄热法不能满足要求时，才考虑选择其他方法。

2. 蒸汽加热法

蒸汽加热养护分为湿热养护和干热养护两类。湿热养护是让蒸汽与混凝土直接接触，利用蒸汽的湿热作用来养护混凝土，常用的有棚罩法、蒸汽套法、内部通汽法以及毛管法。而干热养护则是将蒸汽作为热载体，通过某种形式的散热器，将热量传导给混凝土使其升温，毛管法和热模法就属这类。

3. 电加热法

电加热法施工主要有电极法、电热毯法、工频涡流加热法、远红外线养护法等。

4. 暖棚法。

《建筑工程冬期施工规程》（JGJ 104—97）第2.0.13条定义：暖棚法是将被养护的混凝土构件或结构置于搭设的棚中，内部设置散热器、排管、电热器或火炉等加热棚内空气，使混凝土处于正温环境下养护的方法。但暖棚搭设需大量材料和人工，能耗高，费用较大，一般只用于建筑物面积不大而混凝土工程又很集中的工程。采取暖棚法养护混凝土时，棚内温度不得低于5℃，并应保持混凝土表面湿润。

5. 掺外加剂法

在冬期混凝土施工中掺入适量的外加剂，使混凝土强度迅速增长，在冻结前达到要求的临界强度；或降低水的冰点，使混凝土能在负温下凝结、硬化。这是混凝土冬期施工的有效方法，可简化施工工艺、节约能源，还可改善其性能。但掺用外加剂的混凝土应符合冬期施工工艺要求的有关规定。

思考题

1. 简述钢筋混凝土施工工艺过程。
2. 试述钢筋的种类及其主要性能。
3. 试述钢筋加工工艺及要求。
4. 试述钢筋的焊接方法。如何保证焊接质量？
5. 简述钢筋机械连接方法。
6. 如何计算钢筋的下料长度？
7. 试述钢筋代换的原则及方法。
8. 对模板有何要求？设计模板应考虑哪些原则？
9. 试述钢定型模板的特点及组成。
10. 简述现浇结构工具式支撑的类型及构造。
11. 不同结构的模板（基础、柱、梁板、楼梯）的构造有什么特点？
12. 模板设计应考虑哪些荷载？
13. 现浇结构拆模时应注意哪些问题？
14. 试述常用水泥的特性及适用范围。
15. 简述外加剂的种类和作用。
16. 试分析水灰比、砂率对混凝土质量的影响。

17. 混凝土配料时为什么要进行施工配合比换算？如何换算？

18. 搅拌机为何不宜超载？试述进料容量与出料容量的关系。

19. 如何使混凝土搅拌均匀？为何要控制搅拌机的转速和搅拌时间？

20. 如何确定搅拌混凝土时的投料顺序？

21. 混凝土运输有何要求？混凝土在运输和浇筑中如何避免产生分层离析？

22. 混凝土浇筑时应注意哪些事项？

23. 试述施工缝留设的原则和处理方法。

24. 大体积混凝土施工应注意哪些问题？

25. 如何进行水下混凝土浇筑？

26. 混凝土成型方法有哪几种？如何使混凝土振捣密实？

27. 试述振动器的种类、工作原理及适用范围。

28. 使用插入式振捣器时，为何要上下抽动、快插慢拔？插点布置方式有哪几种？

29. 试述湿度，温度与混凝土硬化的关系。自然养护和加热养护应注意哪些问题？

30. 如何检查和评定混凝土的质量？

31. 为什么要规定冬期施工的“临界温度”？冬期施工应采用哪些措施？

习　题

1. 已知一个 3m 高钢筋混凝土柱，截面 300mm×300mm，混凝土坍落度为 50mm，v=0.5m/h，T=20℃，不加外加剂，试计算侧模所受的水平荷载。

2. 一根有抗震要求的梁，截面高度为 600mm，宽度为 300mm，纵向受力钢筋采用 3 根直径为 25mm 的 HPB235 级钢筋，箍筋直径为 6mm，试计算一根箍筋的下料长度。

3. 已知某 C20 混凝土的试验室配合比为 0.61∶1∶2.54∶5.12（水∶水泥∶砂∶石），每立方米混凝土水泥用量 310kg。经测定砂的含水率为 4%，石子的含水率为 2%。试求该混凝土的施工配合比。若用 JZ250 型混凝土搅拌机，试计算拌制一盘混凝土，各种材料的需用量。水泥按袋装考虑。

4. 已知有一钢筋混凝土梁高 1.2m，混凝土坍落度为 80mm，温度为 20℃，不用外加剂，混凝土浇筑速度为 1m/h，试计算作用于侧模的混凝土侧压力。

5. 某矩形梁截面尺寸为 450mm×200mm，跨长为 6m，试用定型模板进行配板设计并绘出配板图。

6. 有一 6.24m 长筒支梁，如下图所示，试计算钢筋下料长度。

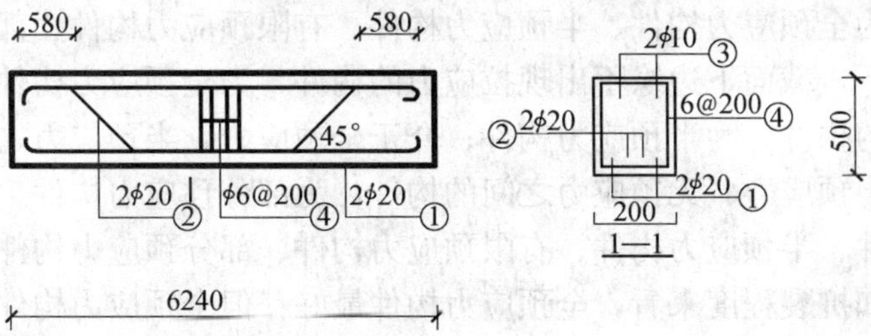

7. 零星混凝土质量检查，混凝土设计强度等级为 C30，立方体试件抗压强度分别为 34N/mm²，35N/mm²，33N/mm²，36.5N/mm²，36N/mm²，34.5N/mm²，试评定混凝土质量是否合格。

第五章 预应力混凝土工程施工

第一节 概 述

预应力混凝土是近几十年发展起来的一门新技术，目前在世界各地都得到广泛的应用。我国预应力技术起步于20世纪50年代初。近年来，随着预应力混凝土设计理论和施工工艺与设备的不断完善和发展，高强材料性能的不断改进，预应力混凝土得到进一步的推广应用。预应力混凝土与普通混凝土相比，具有抗裂性好、刚度大、材料省、自重轻、结构寿命长等优点，为建造大跨度结构创造了条件。预应力混凝土已由单个预应力混凝土构件发展到整体预应力混凝土结构，广泛用于土建、桥梁、管道、水塔、电杆和轨枕等领域。

目前我国预应力技术水平有了很大提高。不仅预应力混凝土用钢丝和钢绞线的标准（GB/T 5223和GB/T 5224）已与国际接轨，而且高强度低松弛钢绞线的强度已达到国际先进水平（1860MPa）。另外，大吨位锚固体系与张拉设备的开发与完善，金属螺旋管（波纹管）留孔技术的开发与无粘结预应力成套技术的发展（包括开发了环向、竖向和超长束预应力工艺），将我国现代预应力技术从构件推向结构新阶段。采用预应力混凝土大柱网结构，满足高层建筑下部大空间功能的要求；无粘结预应力平板技术，可比梁板结构降低层高0.2～0.4m，具有显著的经济和社会效益。由于研制开发了环向、竖向和超长束预应力工艺，使预应力混凝土技术用于高耸构筑物成为可能。如居世界第三、第四、第五位的上海东方明珠电视塔（高450m）、天津电视塔（高415.2m）和北京中央电视塔（高405m），均采用了上述技术。采用预应力技术建造整体装配式板柱结构（简称IMS体系），已用于北京建筑设计研究院科研楼和北京工业大学基础楼（均为12层）以及成都珠峰宾馆（15层）。近几年，我国预应力技术在解决特大跨度钢结构建筑中（如北京西站45m跨钢桁架门楼），对节约钢材和提高结构刚度，均发挥了重要作用。

一、预应力混凝土的分类

按预应力混凝土构件在使用荷载弯矩作用下，截面下边缘拉应力或开裂情况的不同，预应力混凝土构件分为全预应力构件、半预应力构件、有限预应力构件、部分预应力构件。在使用荷载弯矩作用下，截面下边缘不出现拉应力的构件，为全预应力构件；截面下边缘出现拉应力、刚要开裂的构件，为半预应力构件；介于全预应力、半预应力之间的构件，为有限预应力构件；介于半预应力、无预应力之间的构件，为部分预应力构件。从构件的强度要求来看，全预应力构件、半预应力构件、有限预应力构件、部分预应力构件基本相同。从使用荷载下构件的刚度和抗裂程度来看，全预应力构件最好；但全预应力构件也有缺点，如全预应力构件要求全部纵向钢筋都必须施加预应力，且张拉控制应力较高，对张拉设备、锚夹具的要求高，锚具下承压钢筋网片或螺旋筋较多、构件需配非预应力钢筋或放大构件下边缘截面积，截面上边缘需设预应力钢筋以防裂，施加预应力后构件反拱大。而部分预应力构件可以全部或部分地克服上述全预应力构件缺点。所以，对于一般要求不出现裂缝的构件就不要设计成严格要求不出现裂缝的构件，对使用过程中允许出现裂缝的构件就不要设计成一般或严格要求不出现裂缝的构件。

预应力混凝土施工，施加预应力的方式分为机械张拉和电热张拉；按施加预应力的时间分为先张法、后张法。在后张法中，预应力筋按其与构件混凝土是否粘结又分为有粘结和无粘结。

二、预应力高强钢材的品种

在建筑工程领域中，由于受到高强钢材的限制，长期以来主要发展以冷拉钢筋和冷拔低碳钢丝等，中、低强钢材为预应力筋的中小型预制构件和用这些构件组成的装配楼面和屋面。预应力高强钢材包括预应力钢丝、预应力钢绞线、热处理钢筋、精轧螺纹钢筋、冷扎带肋钢筋。预应力钢丝又称高强钢丝或碳素钢丝，交货状态分冷拉钢丝Φ^{l}、消除应力钢丝Φ^{s}、刻痕钢丝Φ^{k}。消除应力钢丝有好的伸直性。刻痕钢丝外表面为凹痕，与混凝土粘结性能较好。预应力钢绞线一般是 7 根钢丝在绞线机上以 1 根钢丝为中心，其余 6 根钢丝围绕着进行螺旋状绞合。热处理钢筋由热轧钢筋处理而成，具有高强度、高韧性、高粘结力等优点，成品为盘卷，开盘后自然伸直，外表螺纹又分带纵肋和无纵肋，如图 5-1 所示。精轧螺纹钢筋的表面为无纵肋的螺纹，如图 5-2 所示。冷扎带肋钢筋于 1968 年出现于国外，1987 年引进国内，外表为三面或二面的月牙形横肋，直径较小（范围为 4～12mm）；550 级强度冷扎带肋钢筋，直径 4～12mm，用于非预应力混凝土构件。无粘结预应力筋，由钢绞线或 7ϕ5 高强钢丝涂包而成。

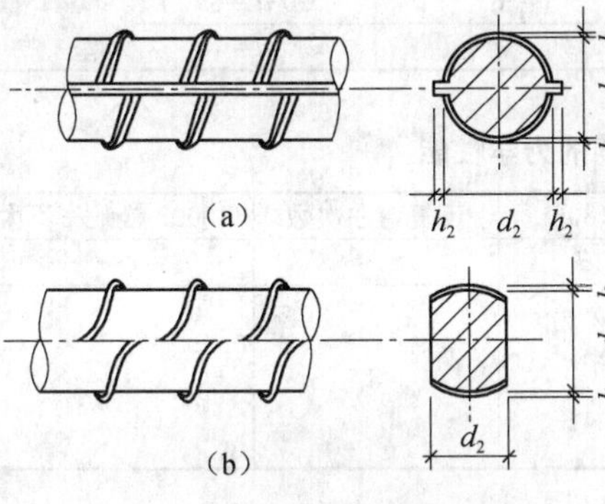

图 5-1　热处理钢筋的外形

（a）带纵肋；（b）无纵肋

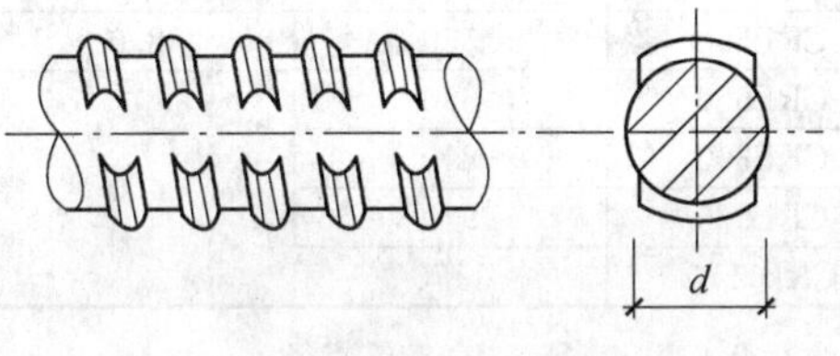

图 5-2　精轧螺纹钢筋

预应力筋的力学性能分别如表 5-1、表 5-2、表 5-3、表 5-4、表 5-5 所示。

表 5-1　消除应力钢丝（ϕ^{s}）的力学性能

公称直径（mm）	抗拉强度（MPa）	屈服强度（MPa）	伸长率（L=100）（%）	弯曲次数		松弛		
				次数/180°	弯曲半径（mm）	初始应力相当于公称抗拉强度的百分数（%）	1000h 损失（%）不大于	
不小于							Ⅰ级松弛	Ⅱ级松弛
5.00	1470 1570 1670 1770	1250 1330 1420 1500	4	4	15	70	8.0	2.5
7.00	1470 1570	1250 1330			20	80	12.0	4.5

注：Ⅰ级松弛即普通松弛，Ⅱ级松弛即低松弛。

表 5-2　热处理钢筋的力学性能

公称直径（mm）	牌号	屈服强度（MPa）	抗拉强度（MPa）	伸长率（%）
		不小于		
6	40Si2Mn	1325	1470	6
8.2	48Si2Mn			
10	45Si2Cr			

表 5-3　预应力钢绞线（Φ^{j}）的力学性能

钢绞线结构	钢绞线公称直径（mm）	强度级别（MPa）	整根钢绞线的最大负荷（kN）	屈服负荷（kN）	伸长率（%）	1000h 松弛率不大于（%）			
						Ⅰ级松弛		Ⅱ级松弛	
						初始负荷			
			不小于			70%公称最大负荷	80%公称最大负荷	70%公称最大负荷	80%公称最大负荷
1×7	12.7	1860	184	156	3.5	8.0	12	2.5	4.5
	15.2	1720	239	203					
		1860	259	220					

注：1. Ⅰ级松弛即普通松弛，Ⅱ级松弛即低松弛。

2. 钢绞线结构 1×7，表示钢绞线由 7 根钢丝绞合而成。

表 5-4　精轧螺纹钢筋的力学性能

直径（mm）	牌号	屈服强度（MPa）	抗拉强度（MPa）	伸长率（%）	冷弯	1000h 松弛率不大于（%）
			不小于			
25	40Si2MnV	735	885	8	90°$d=6a$	3
	15Mn2SiB	930	1080	8	90°$d=8a$	
32	40Si2MnV	735	885	7	90°$d=7a$	

表 5-5　冷扎带肋钢筋的力学性能

牌号	抗拉强度（MPa）	伸长率（%）	弯曲 180°	反复弯曲次数	1000h 松弛率不大于（%）
CRB550	550	8.0	$D=3d$	—	—
CRB650	650	4.0	—	3	8
CRB800	800				
CRB970	970				
CRB1170	1170				

注：D—弯心直径，d—钢筋直径。

预应力筋进场时，按现行国家标准《预应力混凝土用钢绞线》（GB/T 5224）等的规定抽取试件做力学性能检验，其质量必须符合有关标准的规定❶。预应力筋应按进场批次和产品的抽样检验方案确定检验批，进行进场复验。各厂家的产品合格证不尽相同，但都应有产品合格证及预应力筋主要性能检验报告（两者可合并）。进场复验仅做主要力学性能试验。

---

❶《混凝土结构工程施工质量验收规范》（GB 50204—2002）规定：

6.2.1　常用的预应力筋有钢丝、钢绞线、热处理钢筋等，其质量应符合相应的现行国家标准《预应力混凝土用钢丝》（GB/T 5223）、《预应力混凝土用钢绞线》（GB/T 5224）、《预应力混凝土用热处理钢筋》（GB 4463）等的要求。预应力筋是预应力分项工程中最重要的原材料，进场时应根据进场批次和产品的抽样检验方案确定检验批，进行进场复验。由于各厂家提供的预应力筋产品合格证内容与格式不尽相同，为统一及明确有关内容，要求厂家除了提供产品合格证外，还应提供反映预应力筋主要性能的出厂检验报告，两者也可合并提供。进场复验可仅做主要的力学性能试验。本章中，涉及原材料进场检查数量和检验方法时，除有明确规定外，都应按本规范第 5.2.1 条的说明理解、执行。本条为强制性条文，应严格执行。检查数量：按进场的批次和产品的抽样检验方案确定。检验方法：检查产品合格证、出厂检验报告和进场复验报告。

第二节　先张法施工

先张法施工工艺是先将预应力筋张拉到设计控制应力，用夹具临时固定在台座或钢模上，然后浇筑混凝土；待混凝土达到一定强度后，放松预应力筋，靠预应力筋与混凝土之间的粘结力使混凝土构件获得预应力，先张法施工工艺流程如图 5-3 所示。

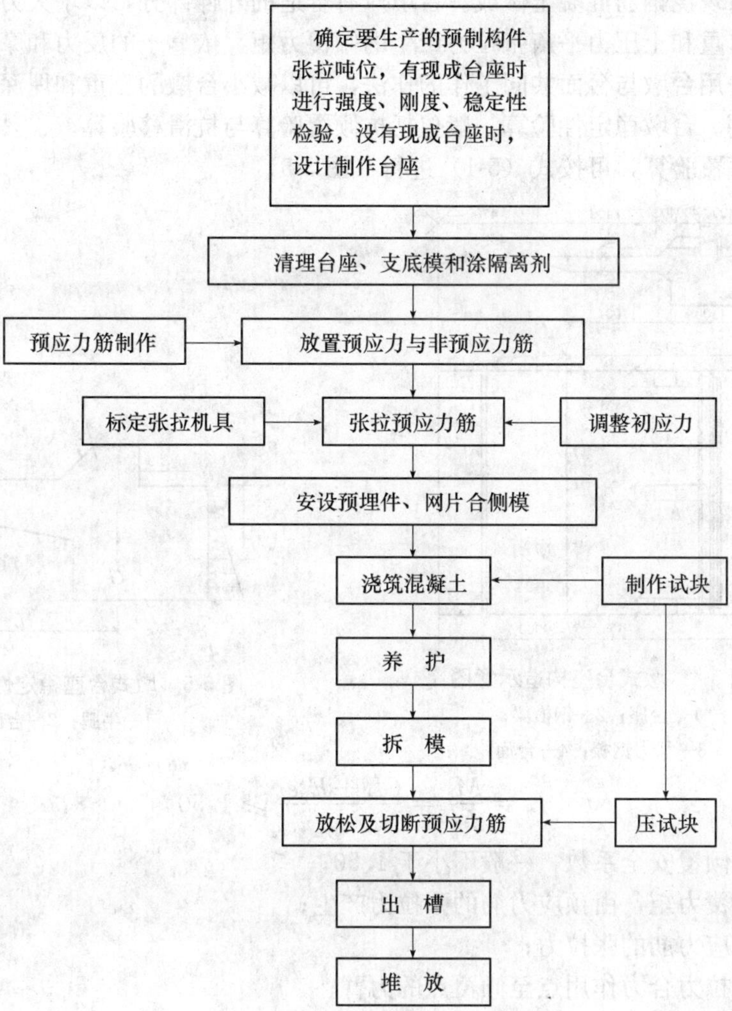

图 5-3　先张法施工工艺流程

一、台座

台座是先张法生产的主要设备之一，它承受预应力筋的全部张拉力，因此，台座应有足够的强度、刚度和稳定性，以免台座变形、倾覆、滑移而引起预应力值的损失。台座按构造形式不同分为墩式台座和槽式台座两类，选用时应根据构件的种类、张拉吨位和施工条件而定。

（一）墩式台座

墩式台座由台墩、台面和横梁等组成（图 5-4）。墩式台座一般用于平卧生产的中小型构件，如屋架、空心板、平板等。台座尺寸由场地大小、构件类型和产量等因素确定。一般长度为 100～150m，这样可利用预应力钢丝长的特点，张拉一次可生产多根构件，减少张拉及临时固定工作，又可减少因钢丝滑动或台座横梁变形引起的应力损失，故又称长线台座。台座宽度约 2m，主要取决于构件的布筋宽度及张拉和浇筑是否方便。

在台座的端部应留出张拉操作用地和通道，两侧要有构件运输和堆放的场地。

1. 台墩

台墩一般由现浇钢筋混凝土做成。台墩应有合适的外伸部分，以增大力臂而减少台墩自重；台墩依靠自重和土压力平衡张拉力产生的倾覆力矩，依靠土的反力和摩阻力平衡张拉力产生的滑移；采用台墩与台面共同工作的作法，可以减小台墩的自重和埋深，减少投资、缩短台墩建造工期。台墩稳定性验算一般包括抗倾覆验算与抗滑移验算。

台墩的抗倾覆验算，可按式（5-1）进行（图 5-5）：

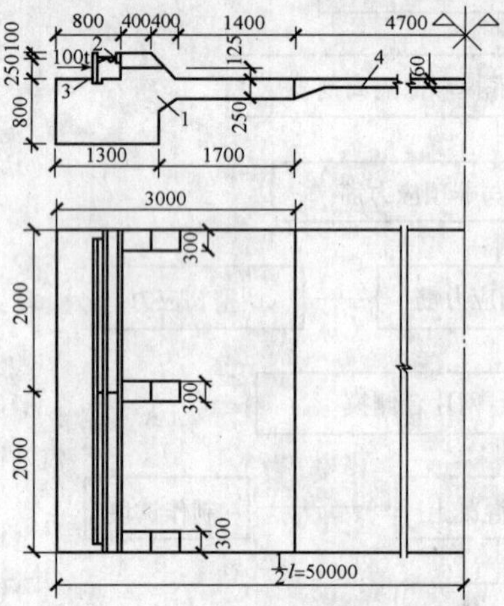

图 5-4　墩式台座构造示意图

1—台座；2—钢横梁；3—承力钢板；4—台面

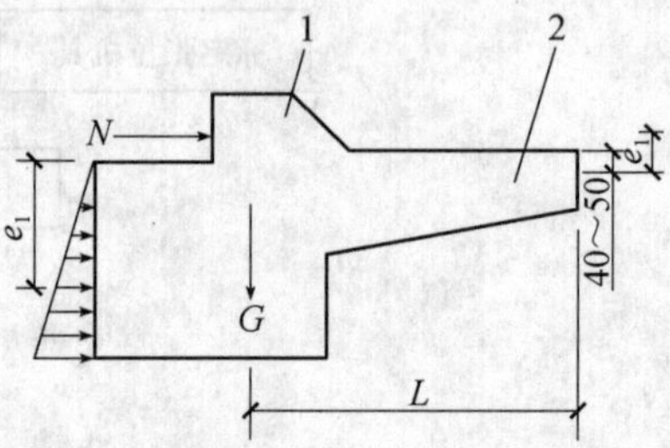

图 5-5　墩式台座稳定性验算简图

1—牛腿；2—台面

$$K=\frac{M_1}{M}=\frac{GL+E_{\mathrm{p}}e_2}{Ne_1}\geqslant 1.50 \tag{5-1}$$

式中　K——抗倾覆安全系数，一般不小于 1.50；

M——倾覆力矩，由预应力筋的张拉力产生；

N——预应力筋的张拉力；

e_1——张拉力合力作用点至倾覆点的力臂；

M_1——抗倾覆力矩，由台座自重力和土压力等产生；

G——台座的自重力；

L——台墩重心至倾覆点的力臂；

E_{P}——台墩后面的被动土压力合力，当台墩埋置深度较浅时，可忽略不计；

e_2——被动土压力合力至倾覆点的力臂。

按理论计算，台墩与台面共同工作时，台墩倾覆点的位置应在混凝土台面的表面处，但考虑到台墩的倾覆趋势使得台面端部顶点出现局部应力集中和混凝土面抹面层的施工质量，倾覆点的位置宜取在混凝土台面往下 4～5cm 处。

台墩的抗滑移验算，可按式（5-2）进行：

$$K_{\mathrm{C}}=\frac{N_1}{N}\geqslant 1.30 \tag{5-2}$$

式中　K_C——抗滑移安全系数，一般不小于 1.30；

N_1——抗滑移力，对独立的台墩，由侧壁土压力和底部摩阻力产生。对与台面共同工作的台墩，以往在抗滑移验算中考虑台面的水平力、侧壁土压力和底部摩阻力共同工作。通过分析认为混凝土的弹性模量（C20 混凝土 $E_C=2.6\times10^4\text{N/mm}^2$）和土的压缩模量（低压缩土 $E_S=20\text{N/mm}^2$）相差极大，两者不可能共同工作；而底部摩阻力也较小（约占 5%），可略去不计；实际上台墩的水平推力几乎全部传给台面，不存在滑移问题。因此，台墩与台面共同工作时，可不作抗滑移计算，而应验算台面的承载力。

台墩的牛腿和延伸部分，分别按钢筋混凝土的牛腿和偏心受压构件计算。

台墩横梁的挠度不应大于 2mm，并不得产生翘曲。预应力筋的定位板必须安装准确，其挠度不大于 1mm。

2. 台面

台面一般是在夯实的碎石垫层上浇筑一层厚度为 6～10cm 的混凝土而成，是预应力混凝土构件成型的胎模。当其与台墩共同工作时其水平承载力 P 可按式（5-3）计算：

$$P=\frac{\phi A f_c}{K_1 K_2} \tag{5-3}$$

式中　ϕ——轴心受压纵向弯曲系数，取 $\phi=1$；

A——台面截面面积；

f_c——混凝土轴心抗压强度设计值；

K_1——超载系数，取 1.25；

K_2——考虑台面截面不均匀和其他影响因素的附加安全系数，$K_2=1.5$。

台面伸缩缝可根据当地温差和经验设置，一般约为 10m 设置一条，也可采用预应力混凝土滑动台面，不留施工缝。

（二）槽式台座

槽式台座由端柱、传力柱、横梁和台面等组成，既可承受张拉力，又可作蒸气养护槽，适用于张拉吨位较大的大型构件，如吊车梁、屋架等。

1. 槽式台座的构造

（1）台座的长度一般为 45～76m，宽度随构件外形及制作方式而定，一般不小于 1m（图 5-6）。

（2）槽式台座一般与地面相平，以便运送混凝土和蒸汽养护，砖墙挡水和防水。

（3）端柱、传力柱的端面必须平整，对接接头必须紧密。

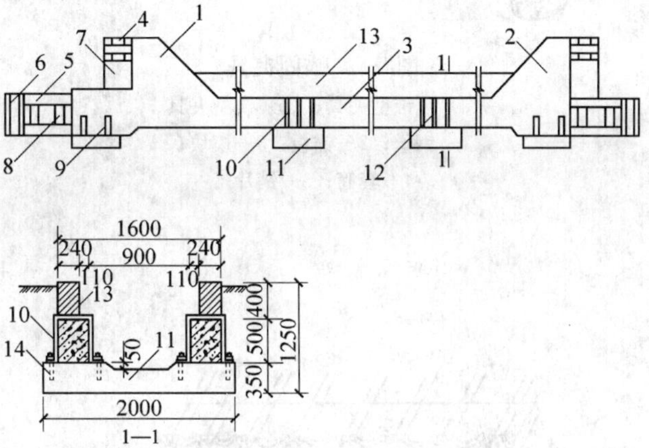

图 5-6　槽式台座构造示意图

1—张拉端柱；2—锚固端柱；3—中间传力柱；4—上横梁；5—下横梁；6—横梁；7、8—垫块；9—连接板；10—卡环；11—基础板；12—砂浆嵌逢；13—砖墙；14—螺栓

2. 槽式台座计算要点

槽式台座亦需进行强度和稳定性计算。端柱和传力柱的强度按钢筋混凝土结构偏心受压构件计算；端柱的牛腿按钢筋混凝土的牛腿计算；槽式台座端柱抗倾覆力矩由端柱、横梁自

重力及部分张拉力组成。

二、张拉设备及夹具

（一）夹具

《预应力筋用锚具、夹具和连接器应用技术规程》（JGJ 85—2002）第 2.1.2 条定义：夹具是在先张法预应力混凝土构件施工时，为保持预应力筋的拉力并将其固定在生产台座（或设备）上的临时性锚固装置；在后张法预应力混凝土结构或构件施工时，在张拉千斤顶或设备上夹持预应力筋的临时性锚固装置。

为了使钢筋张拉时达到设计控制应力，夹具应具有良好的自锚性能，不能在锚固装置达极限拉力时出现肉眼可见的裂缝和破坏。夹具应有良好的放松性能且能多次重复使用。

1. 钢丝夹具

钢丝夹具种类繁多，一般分为锚固夹具（图 5-7）和张拉夹具（图 5-8）。当在预制厂以机组流水法或传送带法生产预应力多孔板时，还可以在钢模上用镦头梳筋板夹具成批张拉（图 5-9）。钢丝两端镦粗，一端卡在固定梳筋板上，另一端卡在张拉端的活动梳筋板上。在长线台座上生产刻痕钢丝配筋的预应力薄板时，成组钢丝张拉用的镦头梳筋板夹具见图 5-10。

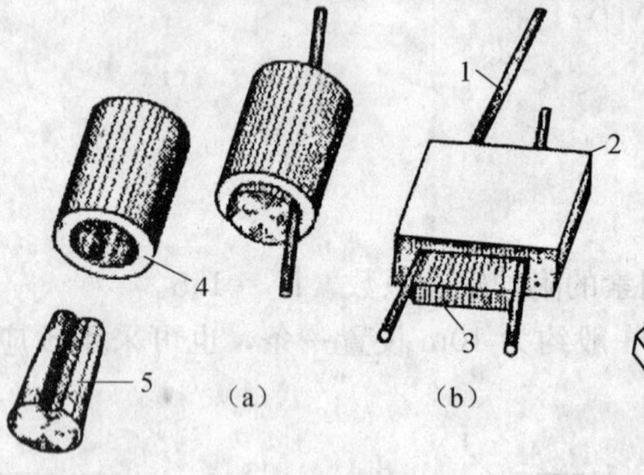

图 5-7 锚固夹具

（a）圆锥型夹具；（b）楔型夹具

1—钢丝；2—锚板；3—楔块；

4—套筒；5—销片

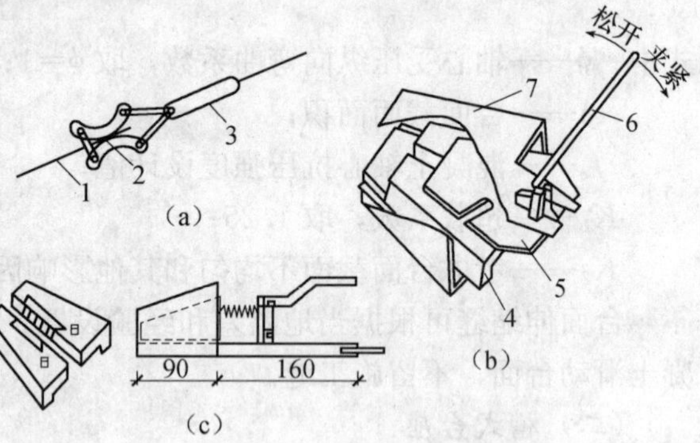

图 5-8 张拉夹具

（a）偏心式；（b）销片式；（c）钳式

1—钢丝；2—偏心块；3—环（与张拉机连接）；

4—两片销片；5—活动斑；6—手柄；7—外壳

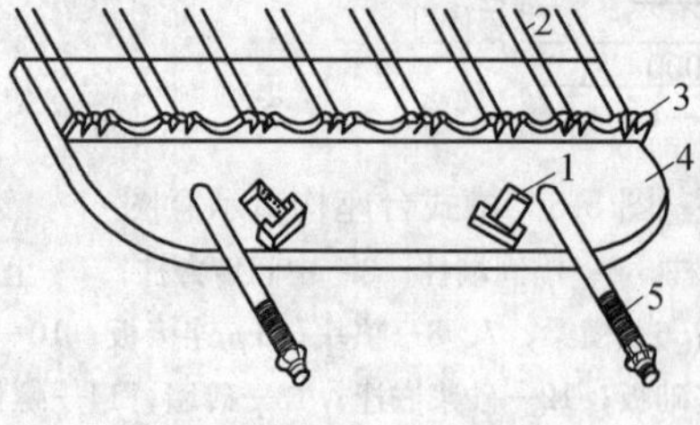

图 5-9 镦头梳筋板夹具

1—张拉钩槽口；2—钢丝；3—钢丝镦头；

4—活动梳筋板；5—锚固螺杆

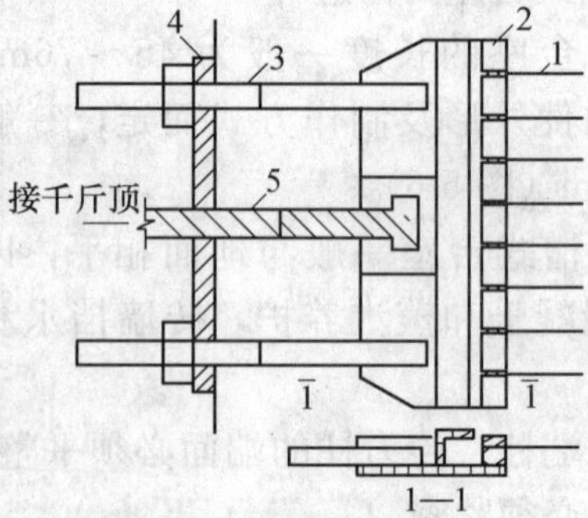

图 5-10 刻痕钢丝用的镦头梳筋板夹具

1—带镦头的钢丝；2—梳子板；3—固定螺杆；

4—U 形垫板；5—张拉连接杆

2. 钢筋夹具

单根钢筋夹具可采用螺杆式夹具或夹片式夹具，钢筋还可通过对焊机将端头热镦或冷镦成镦头锚。当需要对成组钢筋进行张拉时，可采用三横梁装置，见图 5-11。

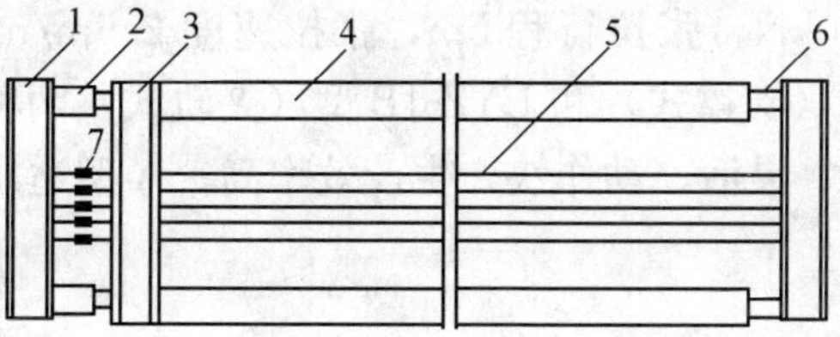

图 5-11　三横梁式成组张拉装置

1—活动横梁；2—千斤顶；3—固定横梁；4—槽式台座；

5—预应力筋；6—放张装置；7—连接器

（二）张拉设备

预应力用液压千斤顶，按机型不同可分为：拉杆式千斤顶、穿心式千斤顶、锥锚式千斤顶和台座式千斤顶等；按使用功能不同可分为：单作用千斤顶和双作用千斤顶；按张拉吨位大小可分为：小吨位（≤250kN），中吨位（>250kN，<1000kN）和大吨位（≥1000kN）千斤顶。此外，还有前置内卡式千斤顶和开口式双缸千斤顶，供单根钢绞线张拉用。

在先张法施工中，单根冷拔钢丝的张拉还可采用电动螺杆张拉机与电动卷扬张拉机等。

张拉设备应装有测力仪表，以准确建立张拉力。张拉设备应由专人使用和保管，并定期维护与标定。预应力筋张拉机具设备及仪表，应定期维护和校验。张拉设备应配套标定，并配套使用。张拉设备的标定期限不应超过半年。当在使用过程中出现反常现象时或在千斤顶检修后，应重新标定❶。张拉设备标定时，千斤顶活塞的运行方向应与实际张拉工作状态一致；压力表的精度不应低于 1.5 级，标定张拉设备用的试验机或测力计精度不应低于±2%。

1. 拉杆式千斤顶

拉杆式千斤顶是利用单活塞张拉预应力筋的单作用千斤顶，主要用于张拉带螺丝端杆锚具的冷拉 HRB 钢筋和带镦头锚具的钢丝束。YL60 型千斤顶是一种常用的拉杆式千斤顶。

2. 穿心式千斤顶

穿心式千斤顶具有一个穿心孔，是利用双液压缸张拉预应力筋和顶压锚具的双作用千斤顶。这种千斤顶适应性强，既适用于张拉带 JM 型锚具的钢筋束或钢绞线束；配上撑脚与拉杆后，也可作为拉杆式穿心千斤顶。系列产品有：YC20D、YC60 与 YC120 型千斤顶。

3. 电动螺杆张拉机

电动螺杆张拉机（图 5-12）主要适用于预制厂，在长线台座上张拉冷拔低碳钢丝。其工作原理：电动机正向旋转时，通过减速箱带动螺母旋转，螺母即推动螺杆沿轴向向后运动，张拉钢筋。弹簧测力计上装有计量标尺和微动开关，当张拉力达到要求数值时，电动机能够自动停止转动。锚固好钢丝后，使电动机反向旋转，螺杆即向前运动，放松钢丝，完成张拉操作。DL_1 型电动螺杆张拉机的最大张拉力为 10kN，最大张拉行程 780mm，张拉速度

---

❶《混凝土结构工程施工质量验收规范》（GB 50204—2002）规定：

6.1.2　本条规定了预应力张拉设备的校验和标定要求。张拉设备（千斤顶、油泵及压力表等）应配套标定，以确定压力表读数与千斤顶输出力之间的关系曲线。这种关系曲线对应于特定的一套张拉设备，故配套标定后应配套使用。由于千斤顶主动工作和被动工作时，压力表读数与千斤顶输出力之间的关系是不一致的，故要求标定时千斤顶活塞的运行方向应与实际张拉工作状态一致。

2m/min；适于Φ^b3～Φ^b5的钢丝张拉。为便于张拉和转移，常将其装置在带轮的小车上。

4. 电动卷扬张拉机

电动卷扬机（图5-13）主要用在长线台座上张拉冷拔低碳钢丝。常用的LYZ-1型电动卷扬机的最大张拉力为10kN，张拉行程5m，张拉速度2.5m/min，电动机功率0.75kW。该机型号分为LYZ-1A型（支撑式）和LYZ-1B型（夹轨式）两种：B型适用于固定式大型预制场地，左右移动轻便、灵活、动作快，生产效率高；A型适用于多处预制场地，移动变换场地方便。

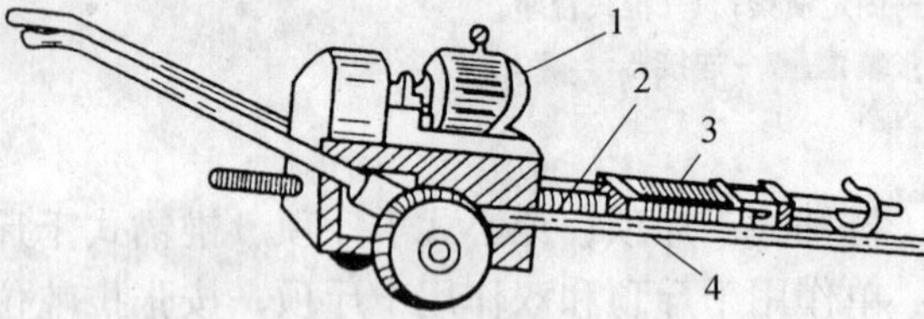

图5-12 电动螺杆张拉机构造图

1—电动机；2—螺杆；

3—弹簧测力器；4—撑脚

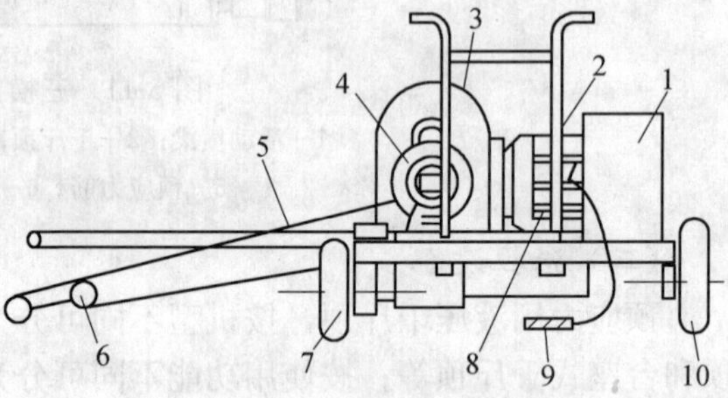

图5-13 LYZ-1A型张拉机

1—电气箱；2—电动机；3—减速箱；4—卷筒；5—撑杆；

6—夹钳；7—前轮；8—测力计；9—开关；10—后轮

三、预应力筋的张拉

（一）张拉控制应力σ_{con}

预应力筋张拉应根据设计规定的张拉控制应力进行。钢筋张拉控制应力不能过高，否则会使钢筋应力接近破坏应力，易发生脆性破坏。《混凝土结构设计规范》（GB 50010—2002）第6.1.3条规定：预应力钢筋的张拉控制应力值σ_{con}不宜超过表5-6规定的张拉控制应力限值，且不应小于$0.4f_{ptk}$。当符合下列情况之一时，表5-6中的张拉控制应力限值可提高$0.05f_{ptk}$：

表5-6 张拉控制应力限值

钢筋种类	张拉方法	
	先张法	后张法
消除应力钢丝、钢绞线	$0.75f_{ptk}$	$0.75f_{ptk}$
热处理钢筋	$0.70f_{ptk}$	$0.65f_{ptk}$

1. 要求提高构件在施工阶段的抗裂性能而在使用阶段受压区内设置的预应力钢筋；

2. 要求部分抵消由于应力松弛、摩擦、钢筋分批张拉以及预应力钢筋与张拉台座之间的温差等因素产生的预应力损失。

（二）张拉程序

预应力钢筋的张拉程序主要根据构件类型、张拉锚固体系，松弛损失取值等因素确定。分为以下三种情况：

1. 设计时松弛损失按一次张拉程序取值：$0\rightarrow\sigma_{con}$锚固；

2. $0\rightarrow1.05\sigma_{con}$（持荷2min）$\rightarrow\sigma_{con}\rightarrow$锚固；

3. 设计时松弛损失按超张拉程序，但采用锥销锚具或夹片锚具：$0\rightarrow1.03\sigma_{con}$。

以上各种张拉操作程序，均可分级加载。对曲线束，一般以0.2σ_{con}为起点，分二级加载（0.6σ_{con}，1.0σ_{con}）或四级加载（0.4σ_{con}，0.6σ_{con}，0.8σ_{con}和1.0σ_{con}），每级加载均应量测伸长值。从0→1.05σ_{con}或从0→1.03σ_{con}均为对钢筋进行超张拉，超张拉的目的在于补足由于钢筋松弛、台座横梁或定位板刚度不足、台座长度不符合设计取值、温度影响、弹簧测力计的误差、工人操作影响等使钢筋应力产生的应力损失。

钢筋松弛是指钢材在常温、高应力状态下随时间不断产生塑性变形的特性。松弛造成的钢筋应力损失与张拉控制应力有关，控制应力高，松弛也大，同时在高应力状态下较短时间内松弛的发展可以达到较低应力状态下较长时间内松弛的发展程度，因此超张拉状态下持荷2min可以消除钢筋松弛的后期发展程度，从而减少由于钢筋应力松弛造成的应力损失。

（三）预应力值校核

当采用应力控制方法张拉时，应校核预应力筋的伸长值。实际伸长值与设计计算理论伸长值的相对允许偏差为±6%。实际张拉时通常采用张拉力控制方法，但为了确保张拉质量，还应对实际伸长值进行校核，相对允许偏差±6%是基于工程实践提出的，有利于保证张拉质量。

预应力钢丝张拉时，伸长值不作校核。钢丝张拉锚固后，应采用钢丝内力测定仪（图5-14）检查钢丝的预应力值。

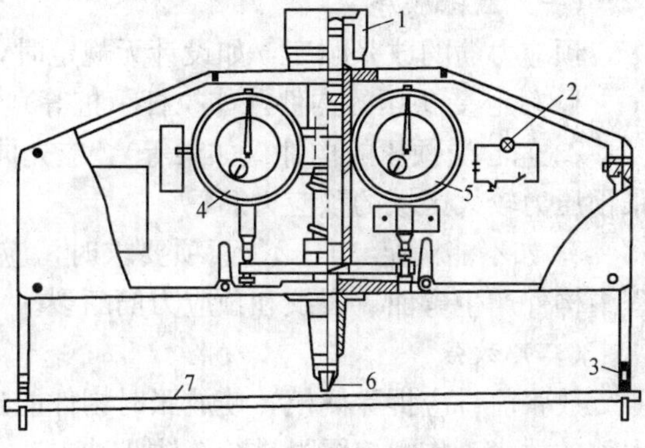

图5-14　2CN-1型双控钢丝内力测定仪

1—旋钮；2—指示灯；3—测钩；4—内力表；5—挠度表；6—测头；7—钢丝

使用2CN-1型双控钢丝内力测定仪器时，将测钩勾住钢丝，扭转旋扭，待测头与钢丝接触，指示灯亮，此时即为挠度的起点（记下挠度表上读数）；继续扭转旋扭，在钢丝跨中施加横向力，将钢丝压弯，当挠度表上的读数表明钢丝的挠度为2mm时，内力表上的读数即为钢丝的内力值（百分表上每0.01mm为10N）。一根钢丝要反复测定4次，取后3次的平均值为钢丝内力。

预应力钢丝内力的检测，一般在张拉锚固后1h进行。此时，锚固损失已完成，钢筋松弛损失也部分产生。检测时预应力设计规定值应在设计图纸上注明，当设计无规定时，可按表5-7取用。

表5-7　钢丝预应力值检测时的设计规定值

张拉方法	检测值
长线张拉	0.94σ_{con}
短线张拉	（0.91～0.93）σ_{con}

（四）张拉注意事项

1. 张拉时，张拉机具与预应力筋应在一条直线上，同时在台面上每隔一定距离放一根圆钢筋头或相当于保护层厚度的其他垫块，以防止预应力筋因自重而下垂，接触隔离剂污染预应力筋。

2. 顶紧锚塞时，用力不要过猛，以防钢丝折断；在拧紧螺母时，应注意压力表读数始终保持所需的张拉力。

3. 多根预应力筋同时张拉时，必须事先调整初应力，使相互间的应力一致。预应力筋张拉锚固后的实际预应力值与设计规定的检验值的相对允许偏差为±5%。

4. 预应力筋张拉完毕后，对设计位置的偏差不得大于5mm，也不得大于构件截面积最短边长的4%。

5.《混凝土结构设计规范》(GB 50010—2002) 第6.4.4条规定：张拉过程中应避免预应力筋断裂或滑脱；当发生断裂或滑脱时，对先张法预应力构件，在浇筑混凝土前发生断裂或滑脱的预应力筋必须予以更换。

6. 台座两端应有防护设施。张拉时沿台座长度方向每隔4～5m放一个防护架，两端严禁站人，也不准许进入台座。

四、预应力筋放张

预应力筋放张时，混凝土强度应符合设计要求；当设计无具体要求时，不应低于设计的混凝土立方体抗压强度标准值的75%❶。

(一) 放张顺序

预应力筋的放张顺序，如设计无规定时，可按下列要求进行：

1. 轴心受预压的构件（如拉杆、桩等），所有预应力筋应同时放张；

2. 偏心受预压的构件（如梁等），应先同时放张预压力较小区域的预应力筋，再同时放张预压力较大区域的预应力筋；

3. 如不能满足“1、2”两项要求时，应分阶段、对称、交错地放张，以防止在放张过程中构件产生弯曲、裂纹和预应力筋断裂。

(二) 放张

放张前，应拆除侧模，使放张时构件能自由压缩，否则将损坏模板或使构件开裂。预应力筋的放张工作，应缓慢进行，防止冲击。

对预应力筋为钢丝或细钢筋的板类构件，放张时可直接用钢丝钳或氧炔焰切割，并宜从生产线中间处切断，以减少回弹量，且有利于脱模；对每一块板，应从外向内对称放张，以免构件扭转两端开裂，对预应力筋为数量较少的粗钢筋的构件，可采用乙炔焰在烘烤区轮换加热每根粗钢筋，使其同步升温，此时钢筋内力徐徐下降，外形慢慢伸长，待钢筋出现缩颈，即可切断。此法应采取隔热措施，防止烧伤构件端部混凝土。

对预应力筋配置较多的构件，不允许采用剪断或割断等方式突然放张，以避免最后放张的几根预应力筋产生过大的冲击而断裂，致使构件开裂。为此应采用千斤顶或在台座与横梁之间设置楔块（图5-15）和砂箱（图5-16）或在准备切割的一端预先浇筑一块混凝土块（作为切割时冲击力的缓冲体，使构件不受或少受冲击）进行缓慢放张。

用千斤顶逐根放张，应拟定合理的放张顺序并控制每一循环的放张力，以免构件在放张过程中受力不均。防止先放张的预应力筋引起后放张的预应力筋内力增大，而造成最后几根拉不动或拉断。在四横梁长线台座上，也可用台座式千斤顶推动拉力架逐步放大螺杆上的螺母，达到整体放张预应力筋的目的。

---

❶《混凝土结构设计规范》(GB 50010—2002) 规定：

6.4.1 过早地对混凝土施加预应力，会引起较大的收缩和徐变预应力损失，同时可能因局部承压过大而引起混凝土损伤。本条规定的预应力筋张拉及放张时混凝土强度，是根据现行国家标准《混凝土结构设计规范》(GB 50010) 的规定确定的。若设计对此有明确要求，则应按设计要求执行。检查数量：全数检查。检验方法：检查同条件养护试件试验报告。

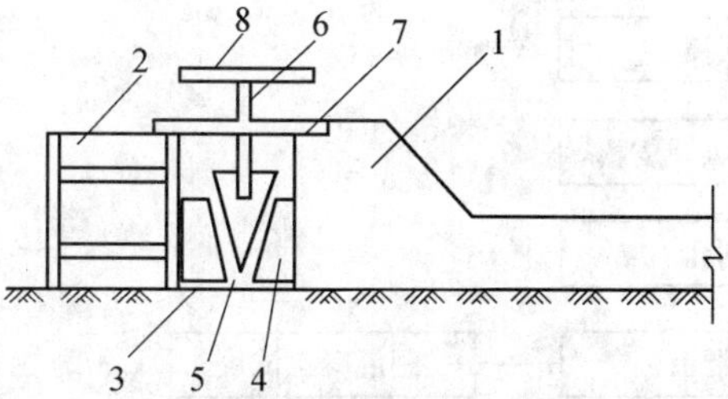

图 5-15　楔块放张

1—台座；2—横梁；3、4—钢块；5—钢楔块；6—螺杆；7—承力板；8—螺母

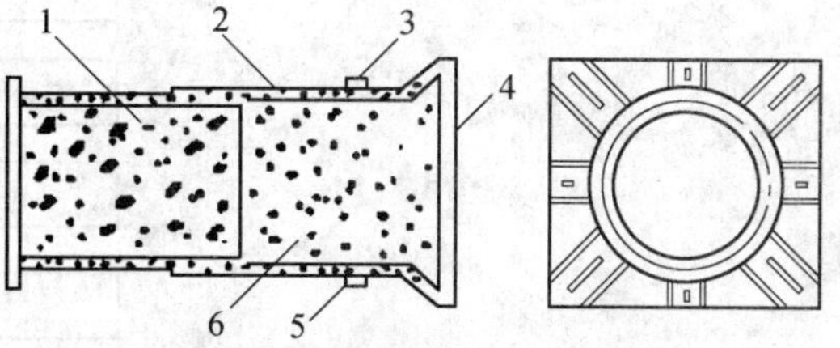

图 5-16　砂箱装置构造图

1—活塞；2—钢套箱；3—进砂口；4—钢套箱底板；5—出砂口；6—砂子

采用砂箱放张方法，在预应力筋张拉时，箱内砂被压实，承受横梁的反力，预应力筋放张时，将出砂口打开，砂慢慢流出，从而使整批预应力筋徐徐放张。此放张方法能控制放张速度，工作可靠、施工方便，可用于张拉力大于 1000kN 的情况。

采用楔块放张时，旋转螺母使螺杆向上运动，带动楔块向上移动，钢块间距变小，横梁向台座方向移动，从而同时放张预应力筋。楔块放张一般用于张拉力不大于 300kN 的情况。

为了检查构件放张时钢丝与混凝土的粘结是否可靠，切断钢丝时应测定钢丝往混凝土内的回缩情况。钢丝回缩值的简易测试方法是在板端贴玻璃片和在靠近板端的钢丝上贴胶带纸用游标卡尺读数，其精度可达 0.1mm。钢丝回缩值：对冷拔低碳钢丝不应大于 0.6mm，对碳素钢不应大于 1.2mm。如果最多只有 20%的测试数据超过上述规定值的 20%，则检查结果是令人满意的。否则应加强构件端部区域分布钢筋、提高放张时混凝土强度等。

第三节　后张法施工

后张法是先制作构件（或块体），并在预应力筋的位置预留出相应的孔道，待混凝土强度达到设计规定的数值后，穿入预应力筋并施加预应力，最后进行孔道灌浆，张拉力由锚具传给混凝土构件而使之产生预压力。后张法工艺流程如图 5-17 所示。后张法不需要台座设备，大型构件可分块制作，运到现场拼装，利用预应力筋连成整体。因此，后张法灵活性大；但工序较多，锚具耗钢量较大。对于块体拼装构件，还应增加块体验收、拼装、立缝灌浆和连接板焊接等工序。

一、锚具

《预应力筋用锚具、夹具和连接器应用技术规程》（JGJ85—2002）第 2.1.1 条定义：锚具是在后张法预应力混凝土结构或构件中，为保持预应力筋的拉力并将其传递到混凝土上所用的永久性锚固装置。通常由若干个机械部件组成。

（一）常用锚具

锚具的类型很多，各有其一定的适用范围，按使用锚具常分为锚固单根钢筋的锚具、锚固成束钢筋的锚具和锚固钢丝束的锚具等。

1. 单根钢筋锚具

（1）螺丝端杆锚具

由螺丝端杆、螺母及垫板组成（图 5-18）。是单根预应力粗钢筋张拉端常用的锚具。此锚具也可作先张法夹具使用，电热张拉时也可采用。型号有 LM18～LM36，适用于直径 18～36mm 的预应力筋。

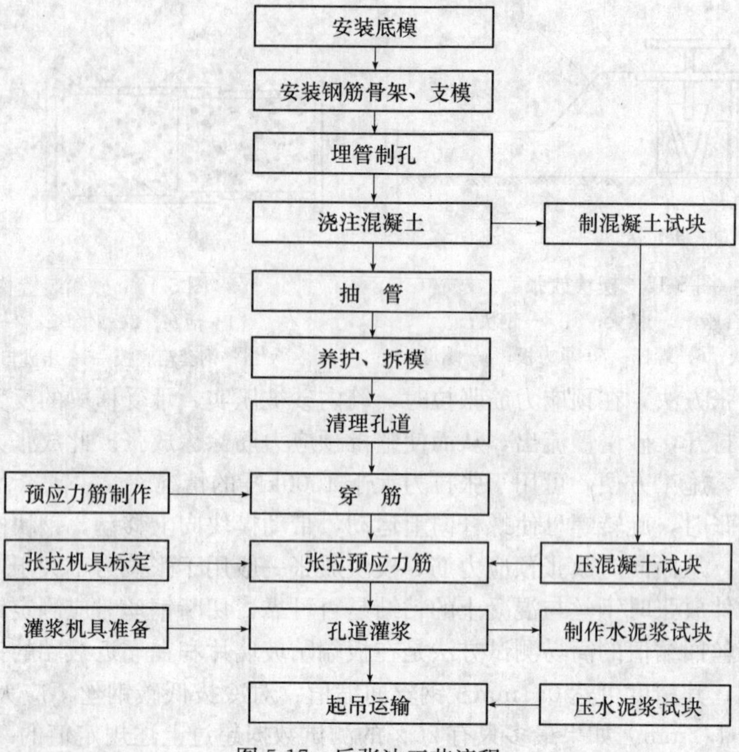

图 5-17　后张法工艺流程

螺丝端杆锚具的特点是将螺丝端杆与预应力筋对焊成一个整体，用张拉设备张拉螺丝杆，用螺母锚固预应力钢筋。螺丝端杆锚具的强度不得低于预应力钢筋的抗拉强度实测值。

螺丝端杆可采用与预应力钢筋同级冷拉钢筋制作，也可采用冷拉或热处理 45 号钢制作。端杆的长度一般用 320mm，当构件长度超过 30m 时，一般采用 370mm；其净截面积应大于或等于所对焊的预应力钢筋截面面积。对焊应在预应力钢筋冷拉前进行，以检验焊接质量。冷拉时螺母的位置应在螺丝端杆的端部，经冷拉后螺丝端杆不得发生塑性变形。

(2) 帮条锚具

由衬板和三根帮条焊接而成（图 5-19)，是单根预应力粗钢筋非张拉端用锚具。帮条采用与预应力钢筋同级别的钢筋，衬板采用 3 号钢。

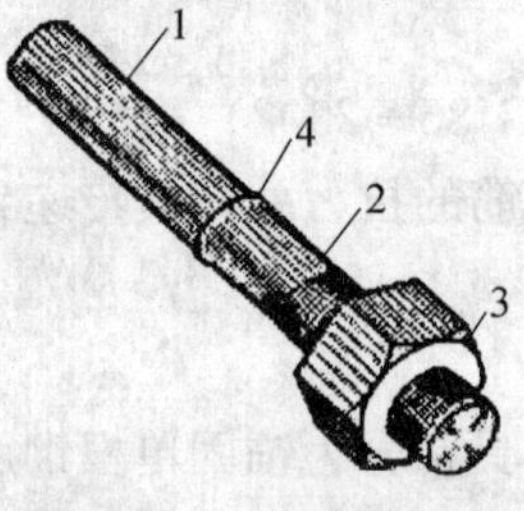

图 5-18　螺丝端杆锚具

1—钢筋；2—螺丝端杆；3—螺母；4—焊

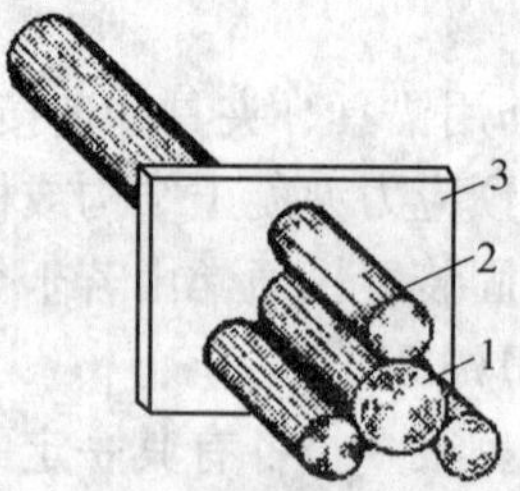

图 5-19　帮条锚具

1—预应力钢筋；2—帮条；3—垫

帮条安装时，三根帮条应互成 120°，其与衬板相接触的截面应在一个垂直平面上，以免受力时产生扭曲。帮条的焊接可在预应力钢筋冷拉前或冷拉后进行，施焊方向应由里向外，引弧及熄弧均应在帮条上，严禁在预应力钢筋上引弧，并严禁将地线搭在预应力钢筋上。

(3) 精轧螺纹钢筋锚具

由螺母和垫板组成端头锚具直接采用螺母，无须另焊接螺丝端杆，适用于锚固直径25mm和32mm的高强精轧螺纹钢筋。

(4) 单根钢绞线锚具

由锚环与夹片组成（图5-20）。夹片形状为三片式，斜角为4°。夹片的齿形为“短牙三角螺纹”，这是一种齿顶较宽、齿高较矮的特殊螺纹，强度高、耐腐性强。适用于锚固直径为12～15mm的钢绞线，也可用作先张法夹具。锚具尺寸按钢绞线直径而定。

2. 预应力钢筋束锚具

(1) KT-Z型锚具（可锻铸铁锥型锚具）

由锚环与锚塞组成（图5-21）。适用于锚固3～6根直径12mm的冷拉螺纹钢筋与钢绞线束。锚环和锚塞均用KT37-12或KT35-10可锻铸铁铸造成型。

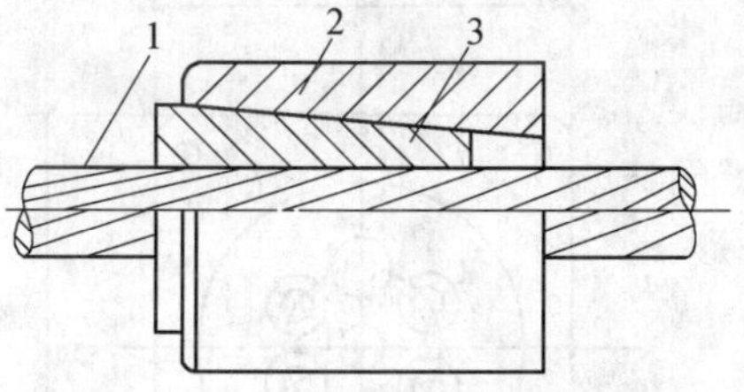

图5-20 单根钢绞线锚具

1—钢绞线；2—锚环；3—夹片

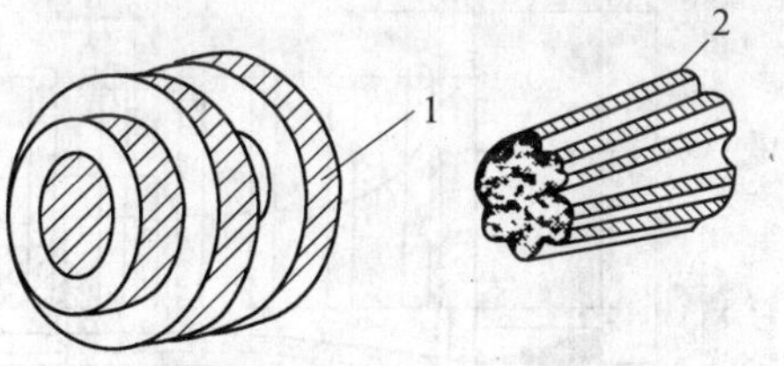

图5-21 KT-Z型锚具

1—锚环；2—锚塞

(2) JM锚具

由锚环与夹片组成（图5-22）。JM型锚具的夹片属于分体组合型，组合起来的夹片形成一个整体截锥形楔块，可以锚固多根预应力筋，因此锚环是单孔的。锚固时，用穿心式千斤顶张拉钢筋后随即顶进夹片。JM型锚具的特点是尺寸小、端部不需扩孔，锚下构造简单，但对吨位较大的锚固单元不能胜任，故JM型锚具主要用于锚固3～6根直径为12mm的钢筋束与4～6根直径为12～15mm的钢绞线束，也可兼作工具锚用，但以使用专用工具锚为好。

JM型锚具根据所锚固的预应力筋的种类、强度及外形的不同，其尺寸、材料、齿形及硬度等有所差异，使用时应注意。

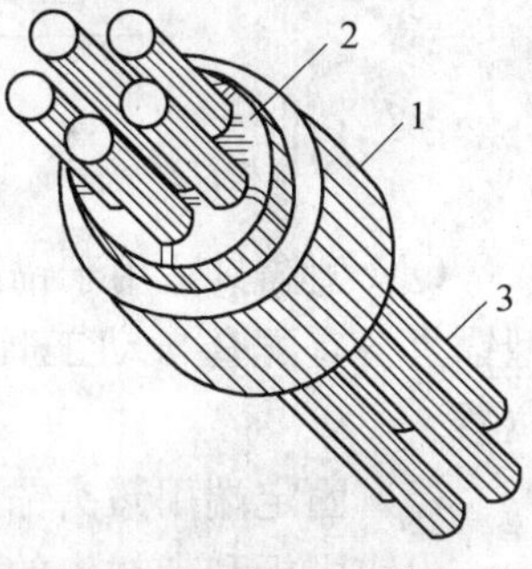

图5-22 JM12型锚具

1—锚环；2—夹片；3—钢筋束

(3) XM型锚具

由锚板和夹片组成（图5-23）。锚板尺寸由锚孔数确定，锚孔沿锚板圆周排列，中心线倾角1∶20，与锚板顶面垂直。夹片为120°，均分斜开缝三片式。开缝沿轴向的偏转角与钢绞线的扭角相反。

XM型锚具适用于锚固1～12根直径为15mm的钢绞线，也可用于锚固钢丝束。其特点是每根钢绞线都是分开锚固的，任何一根钢绞线的锚固失效（如钢绞线拉断、夹片碎裂等），不会引起整束锚固失效。

XM型锚具可作工具锚与工作锚使用。当用于工具锚时，可在夹片和锚板之间涂抹一层固体润滑剂（如石墨、石蜡等），以利夹片松脱。用于工作锚时，具有连续反复张拉的功能，可用行程不大的千斤顶张拉任意长度的钢绞线。

(4) QM型锚具

由锚板与夹片组成（图5-24）。但与XM型锚具不同之点：锚孔是直的，锚板顶面是平

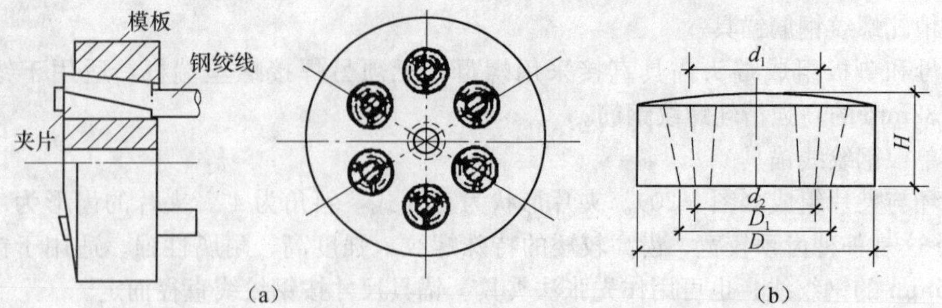

图 5-23 XM 型锚具
(a) 装配图；(b) 锚板

的，夹片垂直开缝，备有配套喇叭形铸铁垫板与弹簧圈等。由于灌浆孔设在垫板上，锚板尺寸可稍小。

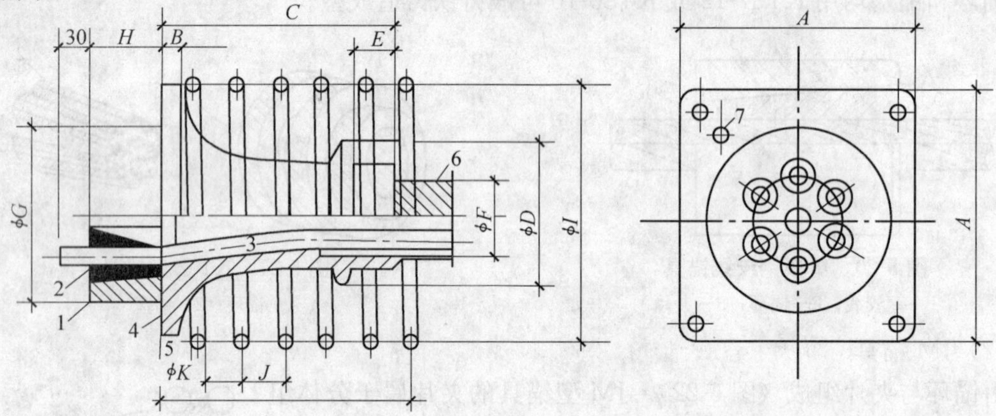

图 5-24 QM 型锚具及配件
1—锚板；2—夹片；3—钢绞线；4—铸铁垫板；5—弹簧圈；6—预留孔道用的波纹管；7—灌浆孔

QM 型锚具适用于锚固 4～31 根直径为 12mm 和 3～19 根直径为 15mm 钢绞线束。QM 型锚具备有配套自动工具锚，张拉和退出十分方便。张拉时要使用 QM 型锚具的配套限位器。

(5) 固定端用镦头锚具

由锚固板和带镦头的预应力筋组成（图 5-25）。当预应力钢筋束一端张拉时，在固定端可用这种锚具代替 KT-Z 型锚具或 JM 型锚具，以降低成本。

3. 预应力钢丝束锚具

(1) 锥形螺杆锚具

由锥形螺杆、套筒、螺母、垫板组成（图 5-26）。适用于锚固 14～28 根直径为 5mm 钢丝

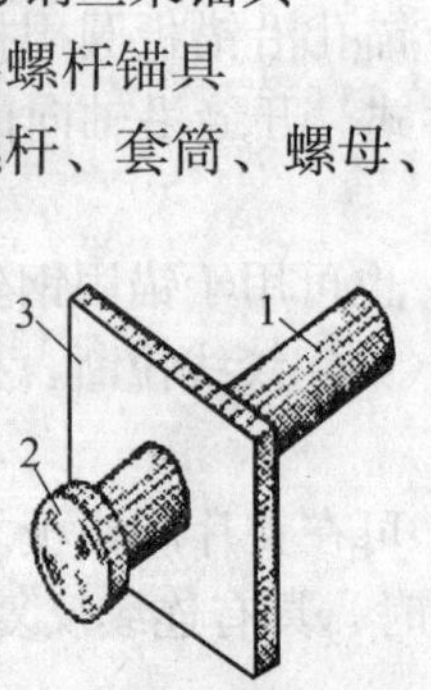

图 5-25 固定端镦头锚具
1—预应力筋；2—镦粗头；3—锚固板

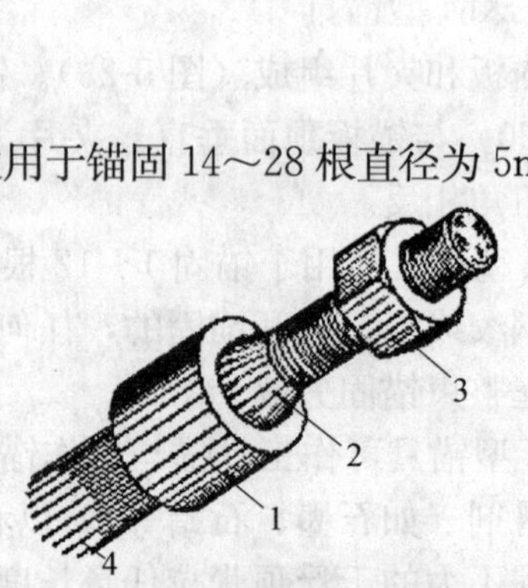

图 5-26 锥形螺杆锚具
1—套筒；2—锥形螺杆；3—螺母；4—钢丝

束。使用时，先将钢丝束均匀整齐地紧贴在螺杆锥体部分，然后套上套筒，用拉杆式千斤顶使端杆锥通过钢丝挤压套筒，从而锚紧钢丝。由于锥形螺杆锚具不能自锚，必须事先加力顶压套筒才能锚固钢丝。锚具的预紧力取张拉力的120%～130%。

（2）钢丝束镦头锚具

适用于锚固任意根数直径为5mm钢丝束。镦头锚具的形式与规格，可根据需要自行设计。常用的镦头锚具为A型和B型（图5-27）：A型由锚环与螺母组成，用于张拉端；B型为锚板，用于固定端；利用钢丝两端的镦头进行锚固。

锚环与锚板采用45号钢制作，螺母采用30号钢或45号钢制作。锚环与锚板上的孔数由钢丝根数而定，孔洞间距应力求准确，尤其要保证锚环内螺纹一面的孔距准确。

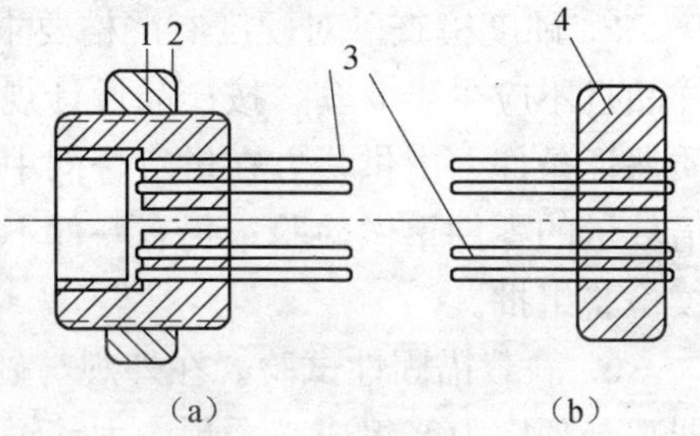

图5-27 钢丝束镦头锚具

（a）A型；（b）B型

1—锚环；2—螺母；3—钢丝束；4—锚板

钢丝镦头要在穿入锚环或锚板后进行，镦头采用钢丝镦头机冷镦成型。镦头的头型分为鼓型和蘑菇型两种（图5-28）。鼓型受锚环或板的硬度影响较大，如硬度较软，镦头易陷入锚孔而断于镦头处。蘑菇型因有平台，受力性能较好。对镦头的技术要求为：镦粗头的直径为0.7～7.5mm，高度为4.8～5.3mm，头型应圆整、不偏歪，颈部母材不受损伤，钢丝的镦头强度不得低于钢丝标准抗拉强度的98%。

预应力钢丝束张拉时，在锚环内口拧上工具式拉杆，通过拉杆式千斤顶进行张拉，然后拧紧螺母将锚环锚固。钢丝束镦头锚具构造简单、加工容易、锚夹可靠、施工方便，但对下料长度要求较严，尤其当锚固的钢丝较多时，长度的准确性和一致性更须重视，这将直接影响预应力筋的受力状况。

（3）钢质锥型锚具（又称弗氏锚具）由锚环和锚塞组成（图5-29）。适用锚固6根、12根、18根与24根直径为5mm钢丝束。

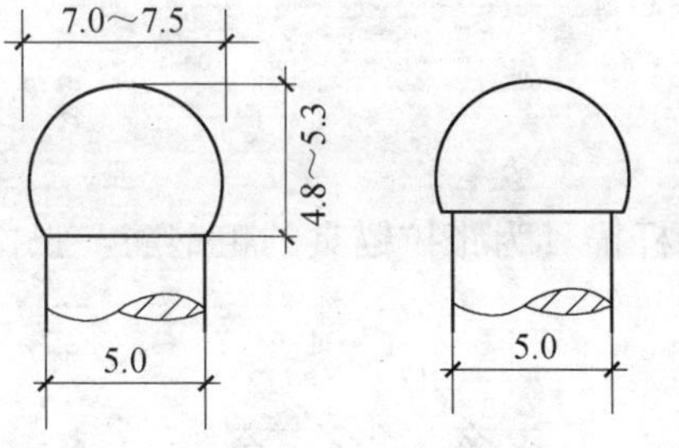

图5-28 镦头头型

（a）鼓型；（b）蘑菇型

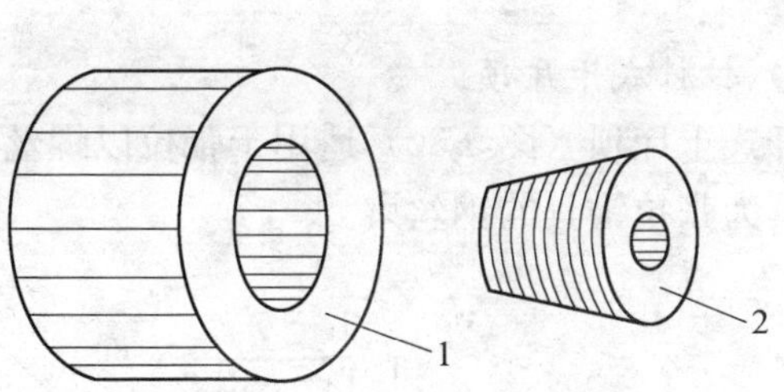

图5-29 钢质锥型锚具

1—锚环；2—锚塞

锚环采用45号钢制作，锚塞采用45号钢或T7，T8碳素工具钢制作。锚环与锚塞的锥度应严格保证一致。锚环与锚塞配套时，锚环锚形孔与锚塞的大小头只允许同时出现正偏差或负偏差。钢质锥形锚具尺寸按钢丝数量确定。

（二）锚具质量检验

预应力筋锚具、夹具和连接器，应有产品合格证、出厂检验报告。在同种材料和同一生产条件下，锚具、夹具应以不超过1000套组为一个验收批；连接器应以不超过500套组为一个验收批。《预应力筋用锚具、夹具和连接器应用技术规程》(JGJ 85—2002)第 5.0.1 条规定：锚具进场验收时，需方应按合同核对产品质量证明书中所列的型号、数量及适用于何种强度等级的预应力钢材，确认无误后应按下列三项规定进行检验。检验合格后方可在工程中应用。

1. 外观检查。从每批中抽 10%的锚具且不应少于 10 套，检查其外观质量和外形尺寸；并按产品技术条件确定是否合格。所抽全部样品均不得有裂纹出现，当有一套表面有裂纹时，则本批应逐套检查，合格者方可进入后续检验组批。

2. 硬度检查。对硬度有严格要求的锚具零件，应进行硬度检验。应从每批中抽取 5%的样品且不应少于 5 套，按产品设计规定的表面位置和硬度范围（该表面位置和硬度范围是品质保证条件，由供货方在供货合同中注明）做硬度检验。有一个零件不合格时，则应另取双倍数量的零件重做检验；仍有一件不合格时，则应对本批产品逐个检验，合格者方可进入后续检验组批。

3. 静载锚固性试验。在外观与硬度检查合格后，应从同批中抽 6 套锚具（夹具或连接器）与预应力筋组成三个预应力筋锚具（夹具、连接器）组装件，进行静载锚固性能试验。并应由国家或省级质量技术监督部门授权的专业质量检测机构进行静载锚固性能试验。试验结果应单独评定。组装件应符合设计要求，当设计无具体要求时，不得在锚固零件上添加影响锚固性能的物质，如金刚砂、石墨等。预应力筋应等长平行，使之受力均匀，其受力长度不得小于 3m（单根预应力筋的锚具组装件，预应力筋的受力长度不得小于 0.6m）。试验时，先用张拉设备分四级张拉至预应力筋标准抗压强度的 80%并进行锚固（对支承式锚具，也可直接用试验设备加荷），然后持荷 1h 再用试验设备逐步加荷至破坏。当有一套试件不符合要求，应另取双倍数量的锚具（夹具或连接器）重做试验，如仍有一套不合格，则该批锚具（夹具或连接器）为不合格品。

对常用的定型锚具（夹具或连接器）进场验收时，如由质量可靠信誉好的专业锚具厂生产，其静载锚固性能，可由锚具生产厂提供试验报告。对单位自制锚具，应加倍抽样。

二、张拉机械

(一) 拉杆式千斤顶

拉杆式千斤顶（图 5-30）适用于张拉以螺丝端杆锚具为张拉锚具的粗钢筋，张拉以锥型螺杆锚具为张拉锚具的钢丝束。

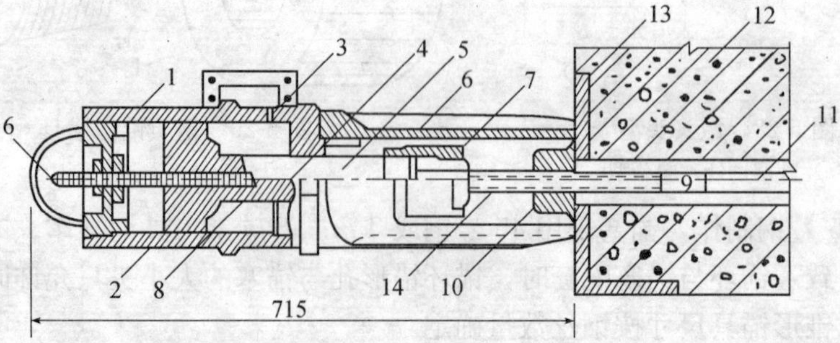

图 5-30 拉杆式千斤顶构造示意图

1—主缸；2—主缸活塞；3—主缸油嘴；4—副缸；5—副缸活塞；6—副缸油嘴；7—连接器；8—顶杆；9—拉杆；10—螺帽；11—预应力筋；12—混凝土构件；13—预埋钢板；14—螺丝端杆

拉杆式千斤顶张拉预应力筋时，首先使连接器与预应力筋的螺丝端杆相连接，顶杆支撑在构件端部的预埋钢板上。高压油进入主缸时，则推动主缸活塞向左移动，并带动拉杆和连接器以及螺丝端杆同时向左移动，对预应力筋进行张拉。达到张拉力时，拧紧预应力筋的螺帽，将预应力筋锚固在构件的端部。高压油再进入副缸，推动副缸使主缸活塞和拉杆向右移动，使其恢复初始位置。此时主缸的高压油流回高压泵中去，完成一次张拉过程。

（二）锥锚式双作用千斤顶

锥锚式双作用千斤顶（图 5-31）适用于张拉以 KT-Z 型锚具为张拉锚具的钢筋束和钢绞线束，张拉以钢质锥型锚具为张拉锚具的钢丝束。

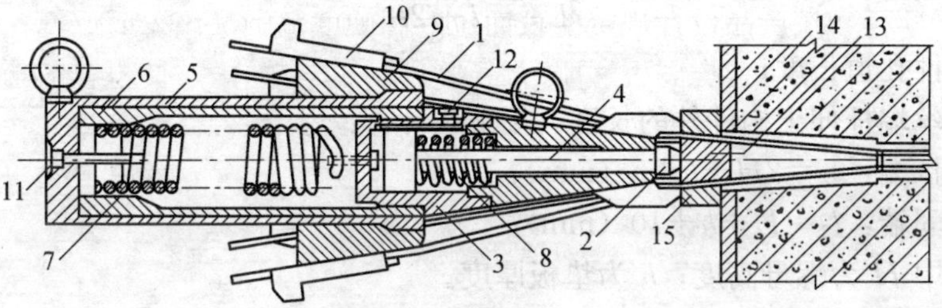

图 5-31　锥锚式双作用千斤顶构造示意图

1—预应力筋；2—顶压头；3—副缸；4—副缸活塞；5—主缸；6—主缸活塞；7—主缸拉力弹簧；8—副缸压力弹簧；9—锥形卡环；10—楔块；11—主缸油嘴；12—副缸油嘴；13—锚塞；14—构件；15—锚环

（三）YC-60 型穿心式千斤顶

YC-60 型穿心式千斤顶（图 5-32）适用于张拉各种形式的预应力筋，是目前我国预应力混凝土构件施工中应用最为广泛的张拉机械。YC-60 型穿心式千斤顶加装撑脚、张拉杆和连接器后，就可以张拉以螺丝端杆锚具为张拉锚具的单根粗钢筋，张拉以锥型螺杆锚具和 DM5A 型墩头锚具为张拉锚具的钢丝束。YC-60 型穿心式千斤顶增设顶压分束器，就可以张拉以 KT-Z 型锚具为张拉锚具的钢筋束和钢绞线束。

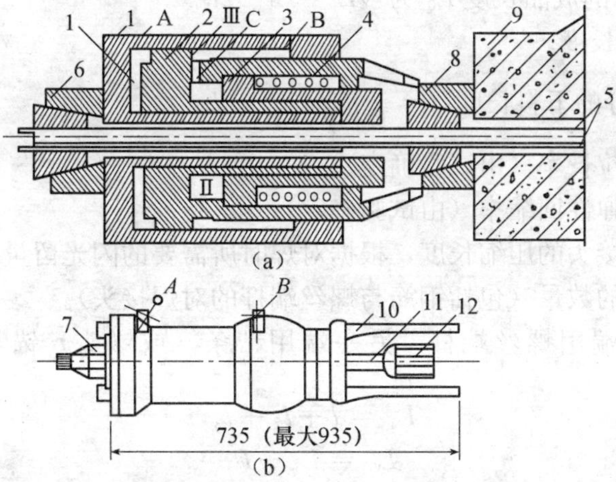

图 5-32　YC-60 型穿心式千斤顶的构造示意图

1—张拉油缸；2—顶压油缸（即张拉活塞）；3—顶压活塞；4—弹簧；5—预应力筋；6—工具式锚具；7—螺帽；8—工作锚具；9—混凝土构件；10—顶杆；11—拉杆；12—连接器

Ⅰ—张拉工作油室；Ⅱ—顶压工作油室；Ⅲ—张拉回程油室

A—张拉缸油嘴；B—顶压缸油嘴；C—油孔

三、预应力筋制作

预应力筋的制作，主要根据所用预应力钢材品种、锚（夹）具形式及生产工艺等确定。

预应力筋的下料长度应由计算确定。计算时应考虑结构的孔道长度、锚夹具厚度、千斤顶长度、焊接接头或镦头的预留量、冷拉伸长率、弹性回缩值、张拉伸长值等。

（一）单根预应力粗钢筋下料长度

1. 当预应力筋两端采用螺丝端杆锚具（图 5-33a）时，其成品全长 L_1（包括螺丝端杆在内冷拉后的全长）为：

$$L_1 = l + 2l_2$$

式中 l——构件孔道长度；

l_2——螺丝端杆伸出构件外的长度，按下式计算：

张拉端：$l_2 = 2H + h + 5$（mm）；

锚固端：$l_2 = H + h + 10$（mm）；

其中 H 为螺母高度；h 为垫板厚度。

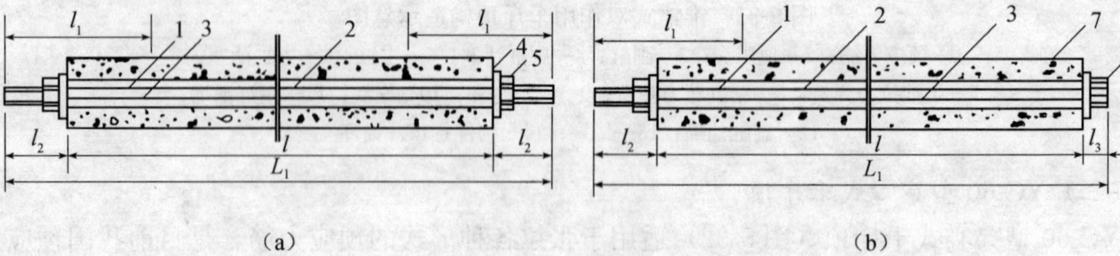

图 5-33 粗钢筋下料长度计算示意图

(a) 两端用螺丝端杆锚具；(b) 一端用螺丝端杆锚具

1—螺丝端杆；2—预应力钢筋；3—对焊接头；4—垫板；5—螺母；6—帮条锚具；7—混凝土构件

预应力筋钢筋部分的成品长度 L_0 为：$L_0 = L_1 - 2l_1$

式中 l_1——螺丝端杆长度。

预应力筋钢筋部分的下料长度：$L = \dfrac{L_0}{1+\gamma-\delta} + nl_0$ (5-4)

式中 γ——钢筋冷拉拉长率（由试验确定）；

δ——钢筋冷拉弹性回缩率（由试验确定）；

l_0——每个对焊接头的压缩长度，根据对焊时所需要的闪光留量和顶锻留量而定；

n——对焊接头的数量（包括钢筋与螺丝端杆的对焊接头）。

2. 当预应力筋一端用螺丝端杆，另一端用帮条（或镦头）锚具时，如图 5-33（b）所示：

$$L_1 = l + l_2 + l_3$$

$$L_0 = L_1 - l_1$$

$$L = \frac{L_0}{1+\gamma-\delta} + nl_0 \quad (5\text{-}5)$$

式中 l_3——镦头或帮条锚具长度（包括垫板厚度 h）。

为保证质量，冷拉宜采用控制应力的方法。若在一批钢筋中冷拉率分散性较大时，应尽可能把冷拉率相近的钢筋对焊在一起，以保证钢筋冷拉应力的均匀性。

（二）预应力钢丝束下料长度

1. 采用钢质锥形锚具，以锥锚式千斤顶张拉时，如图5-34所示钢丝的下料长度 L 为：

两端张拉：
$$L = l + 2(l_4 + l_5 + 80) \tag{5-6}$$

一端张拉：
$$L = l + 2(l_4 + 80) + l_5 \tag{5-7}$$

式中 l_4——锚环厚度；

l_5——千斤顶分丝头至卡盘外端距离，对YZ850型千斤顶为470mm。

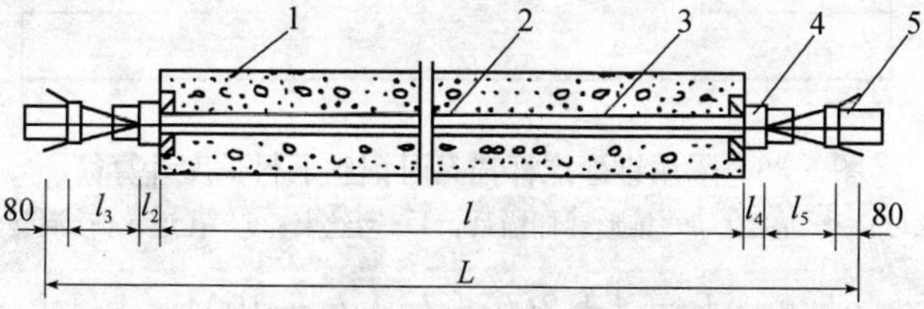

图5-34　采用钢质锥形锚具时钢丝下料长度计算简图

1—混凝土构件；2—孔道；3—钢丝束；4—钢质锥形锚具；5—锥锚式千斤顶

2. 采用镦头锚具，以拉杆式或穿心式千斤顶在构件上张拉时，如图5-35所示钢丝的下料长度 L 为：

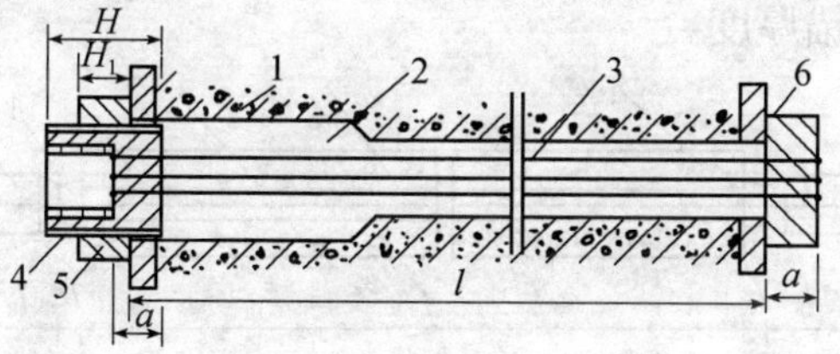

图5-35　采用镦头锚时钢丝下料长度计算简图

1—混凝土构件；2—孔道；3—钢丝束；4—锚环；5—螺母；6—锚板

两端张拉：
$$L = l + 2h_1 + 2b - (H_1 - H) - \Delta L - c \tag{5-8}$$

一端张拉：
$$L = l + 2h_1 + 2b - 0.5(H_1 - H) - \Delta L - c \tag{5-9}$$

式中 h_1——锚环底部厚度或锚板厚度；

b——钢丝镦头留量，对Φ^s5取10mm；

H_1——锚环高度；

H——锚环高度；

ΔL——钢丝束张拉伸长值，是 L 的函数；

c——张拉时构件混凝土的弹性压缩值，轴压构件易于计算，其他不易计算者可估算或实测。

3. 采用锥形螺杆锚具，以拉杆式千斤顶在构件上张拉（图5-36）时，钢丝的下料长度 L 为：

$$L = l + 2l_2 - 2l_1 + 2(l_6 + a) \tag{5－10}$$

式中 l_6——锥形螺杆锚具的套筒长度；

a——钢丝伸出套筒的长度，取 a=20mm。

（三）钢筋束或钢绞线束的下料长度

当采用夹片式锚具，以穿心式千斤顶在构件上张拉（图5-37）时，钢筋束钢绞线束的下料长度 L 为：

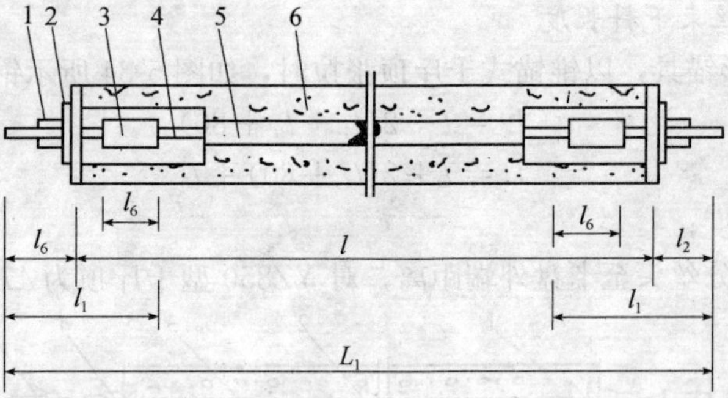

图 5-36　采用锥形螺杆锚具时钢丝下料长度计算简图

1—螺母；2—垫板；3—锥形螺杆锚具；4—钢丝束；5—孔道；6—混凝土构件

两端张拉：
$$L = l + 2(l_7 + l_8 + l_9 + 100) \tag{5-11}$$

一端张拉：
$$L = l + 2(l_7 + 100) + l_8 + l_9 \tag{5-12}$$

式中　l_7——夹片式工作锚厚度；

l_8——穿心式千斤顶长度；

l_9——夹片式工具锚厚度。

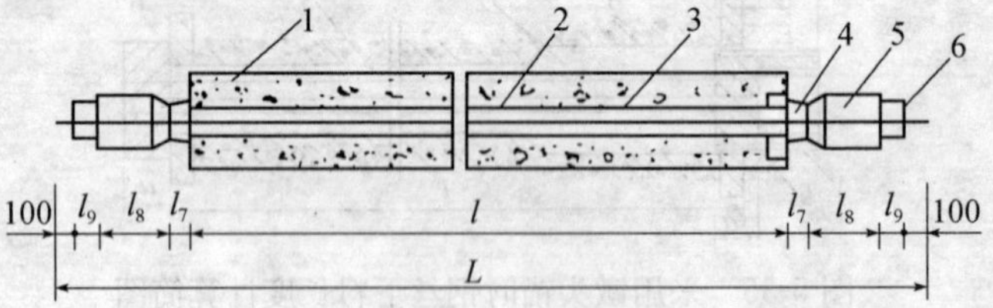

图 5-37　钢筋束下料长度计算简图

1—混凝土构件；2—孔道；3—钢筋束；

4—夹片式工作锚；5—穿心式千斤顶；6—夹片式工具锚

（四）下料❶

预应力筋下料应符合下列要求：钢丝、钢绞线、热处理钢筋及冷拉 HRB500 级预应力筋应采用砂轮锯或切断机切断，不得采用电弧切割；用砂轮切割机下料具有操作方便、效率高、切口规则无毛头等优点，尤其适合现场使用。当钢丝束两端采用镦头锚具时，同一束中各根钢丝长度的极差不应大于钢丝长度的 1/5000，且不应大于 5mm。当成组张拉长度不大于 10m 的钢丝时，同组钢丝长度的极差不得大于 2mm。为了达到这一要求，钢丝下料可用钢管限位法或牵引索在拉紧状态下进行。

钢筋束、热处理钢筋和钢绞线是成盘状供应的，长度较长，不需对焊接长。其制作工序是：开盘、下料和编束。矫直回火钢丝放开后是直的，可直接下料。钢绞线在出厂前经过低温回火处理，因此在进场后无须预拉。钢绞线下料前应在切割口两侧各 50mm 处用 20 号铁丝绑扎牢固，以免切割后松散。

---

❶ 《混凝土结构工程施工质量验收规范》(GB 50204—2002) 规定：

6.3.4　预应力筋常采用无齿锯或机械切断机切割。当采用电弧切割时，电弧可能损伤高强度钢丝、钢绞线，引起预应力筋拉断，故应禁止采用。对同一束中各根钢丝下料长度的极差（最大值与最小值之差）的规定，仅适用于钢丝束两端均采用镦头锚具的情况，目的是为了保证同一束中各根钢丝的预加力均匀一致。本章中，对规定抽样检查项目，应在全数观察的基础上，对重要部位和观察难以判定的部位进行抽样检查。检查数量：每工作班抽查预应力筋总数的 3%，且不少于 3 束。检验方法：观察，钢尺检查。

四、后张法的施工工艺

（一）预留孔道

1. 预应力筋孔道布置❶

预应力筋的孔道形状有直线、曲线和折线三种。孔道的直径与布置，主要根据预应力混凝土构件或结构的受力性能，并参考预应力筋张拉锚固体系特点与尺寸确定。后张法预应力筋预留孔道的规格、数量、位置和端头除应符合设计要求外，尚应符合下列规定：预留孔道的定位应牢固，浇筑混凝土时不应出现移位和变形；孔道应平顺，端部的预埋锚垫板应垂直于孔道中心线；成孔用管道应密封良好，接头应严密且不得漏浆。灌浆孔的间距：对预埋金属螺旋管不宜大于30m；对抽芯成形孔道不宜大于12m。在曲线孔道的曲线波峰部位应设置排气兼泌水管，必要时可在最低点设置排水孔；灌浆孔及泌水管的孔径应能保证浆液畅通。

（1）孔道直径。对粗钢筋，孔道的直径应比预应力筋直径、钢筋对焊接头处外径或需穿过孔道的锚具或连接器外径大10～15mm。

对钢丝或钢绞线，孔道的直径应比预应力束外径或锚具外径大5～10mm，且孔道面积应大于预应力筋面积的两倍。

（2）孔道布置。预应力筋孔道之间的净距不应小于50mm，孔道至构件边缘的净距不应小于40mm，凡需起拱的构件，预留孔道宜随构件同时起拱。

（3）灌浆孔的间距。对预埋金属螺旋管不宜大于30m；对抽芯成形孔道不宜大于12m。

2. 孔道成型方法

预应力筋的孔道可采用钢管抽芯、胶管抽芯和预埋管等方法成型。对孔道成型的基本要求是：孔道的尺寸与位置应正确，孔道应平顺，接头不漏浆，端部预埋钢板应垂直于孔道中心线等。孔道成型的质量，对孔道摩阻损失的影响较大，应严格把关。

（1）钢管抽芯法。钢管抽芯用于直线孔道。钢管表面必须圆滑，预埋前应除锈、刷油，如用弯曲的钢管，转动时会沿孔道方向产生裂缝，甚至塌陷。钢管在构件中用钢筋井字架（图5-38）固定位置，井字架每隔1.0～1.5m一个，与钢筋骨架扎牢。两根钢管接头处可用0.5mm厚铁皮做成的套管连接（图5-39），套管内表面要与钢管外表面紧密贴合，以防漏浆堵塞孔道。钢管一端钻16mm的小孔，以备插入钢筋棒，转动钢管。抽管前每隔10～15min应转管一次。如发现表面混凝土产生裂纹，应用铁抹子压实抹平。

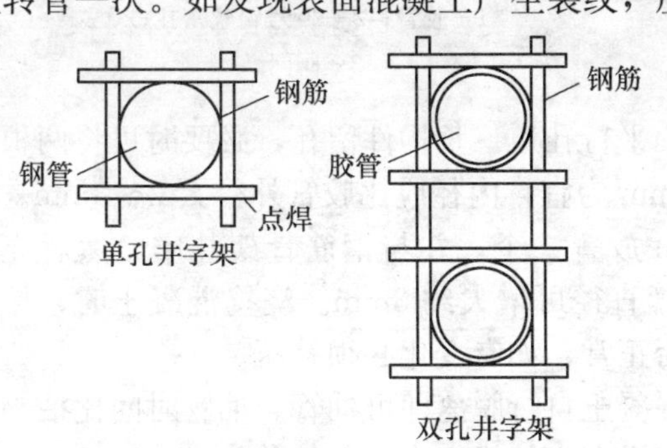

图5-38 固定钢管或胶管位置用的井字

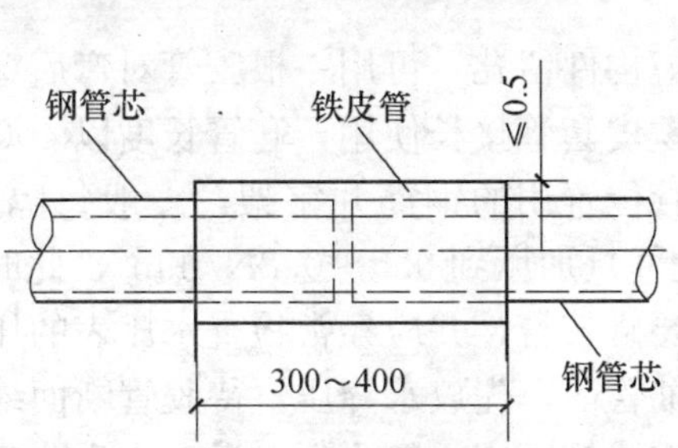

图5-39 铁皮套管

---

❶《混凝土结构工程施工质量验收规范》（GB 50204—2002）规定：

6.3.6 浇筑混凝土时，预留孔道定位不牢固会发生移位，影响建立预应力的效果。为确保孔道成型质量，除应符合设计要求外，还应符合本条对预留孔道安装质量作出的相应规定。对先张法预应力混凝土结构中预留孔道的灌浆孔及泌水管等的间距和位置要求，是为了保证灌浆质量。检查数量：全数检查。检验方法：观察，钢尺检查。

抽管时间与水泥的品种、气温和养护条件有关。抽管宜在混凝土初凝之后，终凝以前进行，以用手指按压混凝土表面不显指纹时为宜。抽管过早，会造成塌孔事故；太晚，混凝土与钢管粘结牢固，抽管困难，甚至抽不出来。常温下抽管时间约在混凝土灌筑后3～5h。抽管顺序宜先上后下地进行。抽管方法可用人工或卷扬机。抽管时必须速度均匀、边抽边转，并与孔道保持在一直线。抽管后，应及时检查孔道情况，并做好孔道清理工作，防止以后穿筋困难。

采用钢丝束镦头锚具时，张拉端的扩大孔也可用钢管抽芯成型（图5-40）。留孔时应注意，端部扩大孔应与中间孔道同心。抽管时先抽中间钢管，后抽扩孔钢管，以免碰坏扩孔部分并保持孔道清洁和尺寸准确。

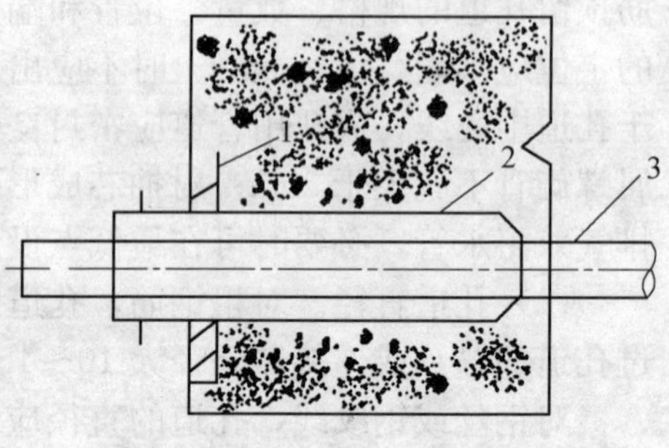

图5-40 张拉端扩大孔用钢管抽芯成型

1—预埋钢板；2—端部扩大孔的钢管；3—中间孔的成型

(2) 胶管抽芯法。留孔用胶管采用5～7层帆布夹层、壁厚6～7mm的普通橡皮管，可用于直线、曲线或折线孔道。使用前，把胶管一头密封，勿使漏水漏气。密封的方法是将胶管一端外表面削去1～3层胶皮及帆布，然后将外表面带有粗丝扣的钢管（钢管一端用铁板密封焊牢）插入胶管端头孔内，再用20号铅丝在胶管外表面密缠牢固，铅丝头用锡焊牢（图5-41），胶管另一端接上阀门，其接法与密封基本相同（图5-42）。

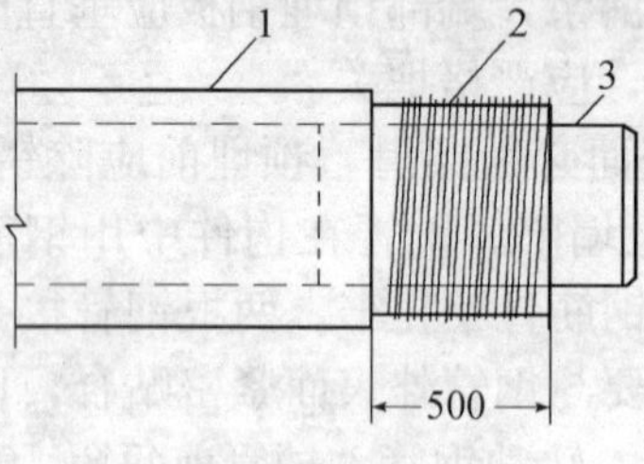

图5-41 胶管封端

1—胶管；2—20号铅丝密扎；3—钢管堵头

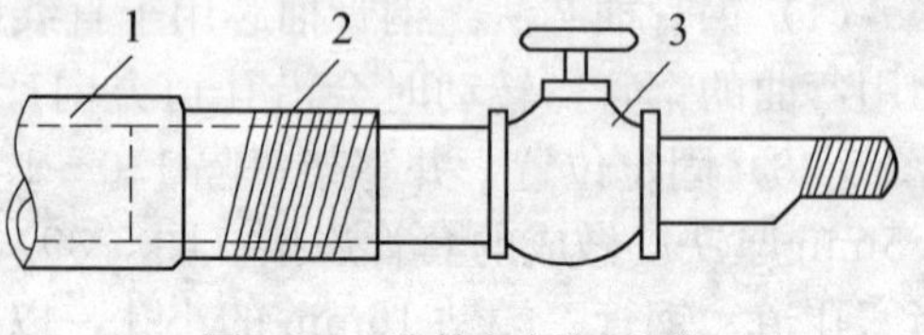

图5-42 胶管与阀门连接

1—胶管；2—20号铅丝密扎；3—阀门

短构件留孔，可用一根胶管对弯后穿入两个平行孔道。长构件留孔，必要时可将两根胶管用铁皮套管接长使用，套管长度以400～500mm为宜，内径应比胶管外径大2～3mm。固定胶管位置用的钢筋井字架，一般每隔600mm放置一个，并与钢筋骨架扎牢。然后充水（或充气）加压到0.5～0.8N/mm^2，此时胶皮管直径可增大约3mm。浇捣混凝土时，振动棒不要碰胶管，并应经常检查水压表的压力是否正常，如有变化必须补压。

抽管前，先放水降压，待胶管断面缩小与混凝土自行脱离即可抽管。抽管时间比抽钢管略迟。抽管顺序一般为先上后下，先曲后直。在没有充气或充水设备的单位或地区，也可在胶皮管内满塞细钢筋，能收到同样效果。

(3) 预埋管法。预埋管法可采用薄钢管，镀锌钢管与金属螺旋管（波纹管）等。金属螺旋管具有重量轻、刚度好、弯折方便、连接容易、与混凝土粘结良好等优点，可做成各种形状的预应力筋孔道，是现代后张预应力筋孔道成型用的理想材料，镀锌钢管仅用于施工周期长的超高竖向孔道或有特殊要求的部位。

（二）预应力筋张拉方式

预应力筋张拉时，混凝土强度应符合设计要求。当设计无具体要求时，不应低于设计的混凝土立方体抗压强度标准值的75%。

根据预应力混凝土结构特点、预应力筋形状与长度，以及施工方法的不同，预应力筋张拉方式有以下几种：

1. 一端张拉方式

张拉设备放置在预应力筋一端的张拉方式。适用于长度小于30m的直线预应力筋与锚固损失影响长度 $L_f \geq L/2$（L——预应力筋长度）的曲线预应力筋。

2. 两端张拉方式

张拉设备放置在预应力筋两端的张拉方式。适用于长度大于30m的直线预应力筋与锚固损失影响长度 $L_f < L/2$ 的曲线预应力筋。当张拉设备不足或由于张拉顺序安排关系，也可先在一端张拉完成后，再移至另端张拉，补足张拉力后锚固。

3. 分批张拉方式

对配有多束预应力筋的构件或结构分批进行张拉的方式。由于后批预应力筋张拉所产生的混凝土弹性压缩对先批张拉的预应力筋造成预应力的损失；所以先批张拉的预应力筋张拉力应加上该弹性压缩损失值或将弹性压缩损失平均值统一增加到每根预应力筋的张拉力内。

4. 分段张拉方式

在多跨连续梁板分段施工时，统长的预应力筋需要逐段进行张拉的方式。对大跨度多跨连续梁，在第一段混凝土浇筑与预应力筋张拉锚固后，第二段预应力筋利用锚头连接器接长，以形成统长的预应力筋。

5. 分阶段张拉方式

在后张传力梁等结构中，为了平衡各阶段的荷载，采取分阶段逐步施加预应力的方式。所加荷载不仅是外载（如楼层重量），也包括由内部体积变化（如弹性压缩、收缩与徐变）产生的荷载。梁在跨中处下部与上部应力应控制在容许范围内。这种张拉方式具有应力、挠度与反拱容易控制、材料省等优点。

6. 补偿张拉方式

在早期预应力损失基本完成后，再进行张拉的方式。采用这种补偿张拉，可克服弹性压缩损失，减少钢材应力松弛损失、混凝土收缩徐变损失等，以达到预期的预应力效果。此法在水利工程与岩土锚杆中应用较多。

（三）预应力筋张拉顺序

预应力筋的张拉顺序，应使混凝土不产生超应力、构件不扭转与侧弯、结构不变位等为目的。因此，对称张拉是一项重要原则，同时，还应考虑到尽量减少张拉设备的移动次数。图5-43所示为预应力混凝土屋架下弦杆钢丝束的张拉顺序。钢丝束的长度不大于30m，采用一端张拉方式。图5-43（a）预应力筋为两束，用两台千斤顶分别设置在构件两端对称张拉，一次完成。图5-43（b）预应力筋为四束，需要分两批张拉，用两台千斤顶分别张拉对角线上的两束，然后张拉另两束。由于分批张拉引起的预应力损失，统一增加到先批张拉的预

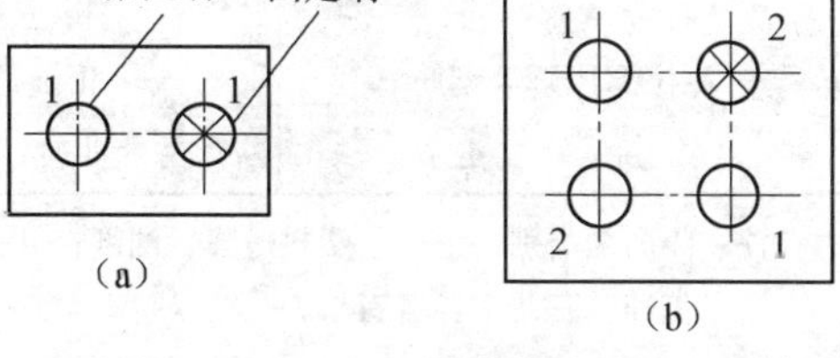

图5-43　屋架下弦杆预应力筋张拉顺序

（a）两束；（b）四束

1，2—预应力筋分批张拉顺序

应力筋的张拉力内，为此先批张拉的预应力筋的张拉应力应增加 $\alpha_E\sigma_{pc}$。

$$\alpha_E = \frac{E_s}{E_c} \tag{5-13}$$

$$\sigma_{pc} = \frac{(\sigma_{con} - \sigma_{l1})A_p}{A_n} \tag{5-14}$$

式中 E_s——预应力筋的弹性模量；

E_c——混凝土的弹性模量；

σ_{pc}——张拉后批预应力筋时，对已张拉的预应力重心处混凝土产生的法向应力；

σ_{con}——张拉控制应力；

σ_{l1}——预应力筋的第一批应力损失（包括锚具变形和摩擦损失）；

A_p——后批张拉的预应力筋的截面积；

A_n——构件混凝土的净截面面积（包括构件钢筋的折算面积）。

图 5-44 所示为双跨预应力混凝土框架梁钢绞线束的张拉顺序。钢绞线束为双跨曲线筋，长度达 40m，采用两端张拉方式。图中四束钢绞线分为两批张拉，两台千斤顶分别设置在梁的两端，按左右对称各张拉一束，待两批四束均进行一端张拉后，再分批在另端补张拉。这种张拉顺序，还可减少先批张拉预应力筋的弹性压缩损失。

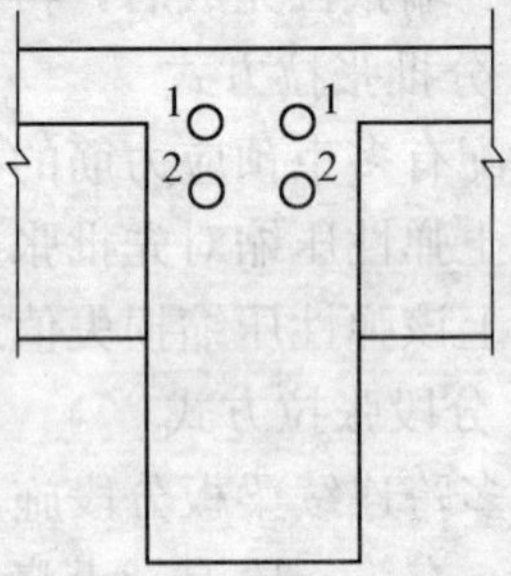

图 5-44 框架梁预应力筋张拉顺序

1，2—预应力筋分批张拉顺序

（四）平卧重叠构件张拉

后张法预应力混凝土屋架等构件一般在施工现场平卧重叠制作，重叠层数为 3～4 层。其张拉顺序宜先上后下逐层进行。为了减少上下层之间因摩擦引起的预应力损失，可逐层加大张拉力。根据有关单位试验研究与大量工程实践，得出不同预应力筋与不同隔离层的平卧重叠构件逐层增加的张拉力百分数，列于表 5-8。

表 5-8 平卧重叠浇筑构件逐层增加的张拉力百分数

预应力筋类别	隔离剂类别	逐层增加的张拉力百分数			
		顶层	第二层	第三层	底层
高强钢丝束	Ⅰ	0	1.0	2.0	3.0
	Ⅱ	0	1.5	3.0	4.0
	Ⅲ	0	2.0	3.5	5.0
冷拉 HRB335 钢筋	Ⅰ	0	2.0	4.0	6.0
	Ⅱ	1.0	3.0	6.0	9.0
	Ⅲ	2.0	4.0	7.0	10.0

注：隔离剂类别：Ⅰ——塑料薄膜、油纸；Ⅱ——废机油滑石粉、纸筋灰、石灰水、废机油、柴油石蜡；Ⅲ——废机油、石灰水、滑石粉。

高强钢丝束与冷拉 HRB335 钢筋由于张拉控制应力不同，在相同隔离层的条件下，所需的超张拉力不同。冷拉 HRB335 钢筋的张拉控制应力较低，其所需的超张拉力百分数比高强钢丝束大。

（五）张拉程序

见本章第二节先张法。

（六）张拉伸长值校核

预应力筋张拉时，通过伸长值的校核，可以综合反映张拉力是否足够，孔道摩阻损失是否偏大以及预应力筋是否有异常现象等。因此，对张拉伸长值的校核，要引起重视。

预应力筋张拉伸长值的量测，应在建立初应力之后进行。其实际伸长值 ΔL 应为：

$$\Delta L=\Delta L_1+\Delta L_2-A-B-C \tag{5-15}$$

式中 ΔL_1——从初应力至最大张拉力之间的实测伸长值；

ΔL_2——初应力以下的推算伸长值；

A——张拉过程中锚具楔紧引起的预应力筋内缩值；

B——千斤顶体内预应力筋的张拉伸长值；

C——施加应力时，后张法混凝土构件的弹性压缩值（其值微小时可略去不计）。

关于初应力以下的推算伸长值 ΔL_2，可根据弹性范围内张拉力与伸长值成正比的关系，用计算法或图解法确定。

采用图解法时（图 5-45），以伸长值为横坐标，张拉力为纵坐标，将各级张拉力的实测伸长值标在图上，绘成张拉力与伸长值关系线 CAB，然后延长此线与横坐标交于 O'点，则 OO'段即为推算伸长值。此法以实测值为依据，比计算法准确。

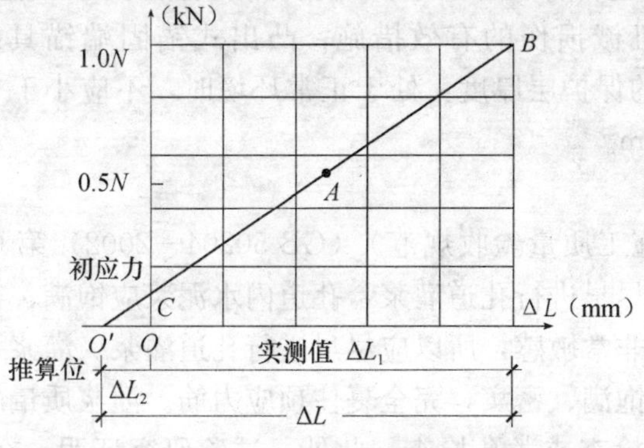

图 5-45 预应力筋实际伸长值图

预应力筋的计算伸长值 Δl（mm），可按下式计算：

$$\Delta l=\frac{F_{\mathrm{p}}l}{A_{\mathrm{p}}E_{\mathrm{s}}} \tag{5-16}$$

式中 F_{p}——预应力筋的平均张拉力（kN），直线筋取张拉端的拉力；两端张拉的曲线筋取张拉端的拉力与跨中扣除孔道摩阻力损失后的平均值；

l——预应力筋的长度（mm）；

A_{p}——预应力筋的截面面积（mm）；

E_{s}——预应力筋的弹性模量（$\mathrm{kN/mm^2}$）。

如实际伸长值比计算伸长值超出限值，应暂停张拉，在采取措施予以调整后，方可继续张拉。此外，在锚固时应检查张拉端预应力筋的内缩值，以免由于锚固引起的预应力损失超过设计值。如实测的预应力筋内缩量大于规定值，则应改善操作工艺，更换锚具或采取超张拉办法弥补。

（七）张拉注意事项❶

1. 张拉时应认真做到孔道、锚环与千斤顶三对中，以便张拉工作顺利进行，不致增加孔道摩擦损失。

2. 采用锥锚式千斤顶张拉钢丝束时，先使千斤顶张拉缸进油，至压力表略有起动时暂停，检查每根钢丝的松紧并进行调整，然后再打紧楔块。

3. 工具锚的夹片，应注意保持清洁和良好的润滑状态。新的工具锚夹片第一次使用前，应在夹片背面涂上润滑剂，以后每使用 5～10 次，应将工具锚上的挡板连同夹片一同卸下，向锚板的锥形孔中重新涂上一层润滑剂，以防夹片在退楔时卡住。润滑剂可采用石墨、二硫化钼、石蜡或专用退锚灵等。

4. 多根钢绞线束夹片锚固体系如遇到个别钢绞线滑移，可更换夹片，用小型千斤顶单根张拉。多根钢丝同时张拉时，构件截面中断丝和滑脱钢丝的数量不得大于钢丝总数 3%，且每束钢丝不得超过一根。

5. 每根构件张拉完毕后，应检查端部和其他部位是否有裂缝，并填写张拉记录表。

6. 后张法预应力筋锚固后的外露部分宜采用机械方法切割，其外露长度不宜小于预应力筋直径的 1.5 倍，且不宜小于 30mm。长期外露的锚具，可涂刷防锈油漆，或用混凝土封裹，以防腐蚀。

7. 锚具的封闭保护应符合设计要求。当设计无具体要求时，应符合下列规定：应采取防止锚具腐蚀和遭受机械损伤的有效措施；凸出式锚固端锚具的保护层厚度不应小于 50mm；外露预应力筋的保护层厚度：处于正常环境时，不应小于 20mm；处于易受腐蚀的环境时，不应小于 50mm。

（八）孔道灌浆❷

《混凝土结构工程施工质量验收规范》（GB 50204—2002）第 6.5.1 条规定：后张法有粘结预应力筋张拉后应尽早进行孔道灌浆，孔道内水泥浆应饱满、密实。预应力筋张拉后处于高应力状态，对腐蚀非常敏感，所以应尽早进行孔道灌浆。灌浆是对预应力筋的永久性保护措施。故要求水泥浆饱满、密实，完全裹住预应力筋。灌浆质量的检验应着重于现场观察检查，必要时采用无损检查或凿孔检查。此外，试验研究证明，在预应力筋张拉后立即灌浆，可减少预应力松弛损失 20%～30%。因此，对孔道灌浆的质量，必须重视。

---

❶ 《混凝土结构工程施工质量验收规范》（GB 50204—2002）规定：

6.5.3 锚具外多余预应力筋常采用无齿锯或机械切断机切断。实际工程中，也可采用氧-乙炔焰切割方法切断多余预应力筋，但为了确保锚具正常工作及考虑切断时热影响可能波及锚具部位，应采取锚具降温等措施。考虑到锚具正常工作及可能的热影响，本条对预应力筋外露部分长度作出了规定。切割位置不宜距离锚具太近，同时也不应影响构件安装。检查数量：在同一检验批内，抽查预应力筋总数的 3%，且不少于 5 束。检验方法：观察，钢尺检查。

6.5.2 封闭保护应遵照设计要求执行，并在施工技术方案中作出具体规定。后张预应力筋的锚具多配置在结构的端面，所以常处于易受外力冲击和雨水浸入的状态，此外，预应力筋张拉锚固后，锚具及预应力筋处于高应力状态，为确保暴露于结构外的锚具能够永久性地正常工作，不致受外力冲击和雨水浸入而遭受破损或腐蚀，应采取防止锚具锈蚀和遭受机械损伤的有效措施。检查数量：在同一检验批内，抽查预应力筋总数的 5%，且不少于 5 处。检验方法：观察，钢尺检查。

❷ 《混凝土结构工程施工质量验收规范》（GB 50204—2002）规定：

6.5.4 本条规定浇灌浆用水泥水灰比的限值，其目的是为了在满足必要的水泥浆稠度的同时，尽量减小泌水率，以获得饱满、密实的灌浆效果。水泥浆中水的泌出往往造成孔道内的空腔，并引起预应力筋腐蚀。2% 左右的泌水一般可被水泥浆吸收，因此应按本条的规定控制泌水率。如果有可靠的工程经验，也可以提供以往工程中相同配合比的水泥浆性能试验报告。检查数量：同一配合比检查一次。检验方法：检查水泥浆性能试验报告。

1. 灌浆材料

灌浆所用的水泥浆，既应有足够强度和粘结力，也应有较大的流动性和较小的干缩性及泌水性。故配制灌浆用水泥浆应采用强度等级不低于 42.5 的普通硅酸盐水泥；灌浆用水泥浆的水灰比不应大于 0.45，搅拌后 3h 泌水率不宜大于 2%，且不应大于 3%。泌水应能在 24h 内全部重新被水泥吸收。当需要增加孔道灌浆的密实性时，水泥浆中可掺入对预应力筋无腐蚀作用的外加剂（如掺入占水泥重量 0.25%的木质素磺酸钙、0.25%的 FDN、0.5%的 NNO，一般可减水 10%～15%，泌水小、收缩微、早期强度高；而掺入 0.05‰的铝粉，可使水泥浆获得 2%～3%膨胀率，提高孔道灌浆饱度同时也能满足强度要求）；对空隙大的孔道，可采用砂浆灌浆。《混凝土结构工程施工质量验收规范》（GB 50204—2002）第 6.5.5 条规定：灌浆用水泥浆的抗压强度不应小于 30N/mm²。

2. 灌浆施工

灌浆顺序应先下后上，以免上层孔道漏浆把下层孔道堵塞；直线孔道灌浆，应从构件的一端到另一端；在曲线孔道中灌浆，应从孔道最低处开始向两端进行。用连接器连接的多跨连续预应力筋的孔道灌浆，应张拉完一跨随即灌注一跨，不得在各跨全部张拉完毕后，一次连续灌浆。

搅拌好的水泥浆必须通过过渡器，置于贮浆桶内，并不断搅拌，以防泌水沉淀。

灌浆工作应缓慢均匀地进行，不得中断，并应排气通顺；在孔道两端冒出浓浆并封闭排气孔后，宜再继续加压至 0.5～0.6N/mm²，稍后再封闭灌浆孔。

不掺外加剂的水泥浆，可采用二次灌浆法。二次灌浆时间要掌握恰当，一般在水泥浆泌水基本完成、初凝尚未开始时进行（夏季约 30～45min，冬季约 1～2h）。

预应力混凝土的孔道灌浆，应在常温下进行。在低温灌浆前，宜通入 50℃的温水，洗净孔道并提高孔道周边的温度（应在 5℃以上）；灌浆时水泥的温度宜为 10～25℃；水泥浆的温度在灌浆后至少有 5d 保持在 5℃以上；且应养护到强度不小于 15N/mm²。此外，在水泥浆中加适量的加气剂、减水剂、甲基酒精以及采取二次灌浆工艺，都有助于免除冻害。

第四节　无粘结预应力混凝土工程施工

《无粘结预应力混凝土结构技术规程》（JGJ 92—2004）第 2.1.1 条定义：无粘结预应力筋是采用专用防腐润滑油和塑料涂包的单根预应力钢绞线，其与被施加预应力的混凝土之间可保持相对滑动。无粘结预应力混凝土施工是将预先加工好的无粘结预应力筋和普通钢筋一样直接放置在模板内，然后浇筑混凝土，待混凝土达到设计规定强度后，进行张拉锚固的一种施工工艺。这种施工工艺与普通后张法施工的区别在于：不需在放置预应力筋的部位预留孔道和穿筋，预应力筋张拉完毕后，也不需进行孔道灌浆。这种施工工艺广泛应用于各种结构的梁与连续梁、双向连续平板和密肋板中。

一、无粘结预应力筋的生产

无粘结预应力筋是指施加预应力后沿全长与周围混凝土不粘结的预应力筋。它由预应力钢材、涂料层和护套层组成，见图 5-46。

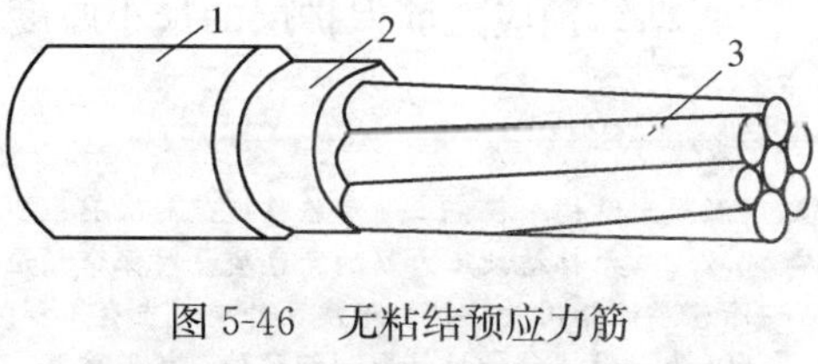

图 5-46　无粘结预应力筋

1—塑料护套；2—油脂；3—钢绞线或钢丝束

无粘结预应力筋一般由钢丝、钢绞线等钢材制作成束使用。

无粘结预应力筋的涂料层应具有良好的化学稳定性，对周围材料无侵蚀作用；不透水，不吸湿，抗腐蚀性能强；润滑性能好，摩擦阻力小；在规定温度范围内高温（70℃）不流淌，低温（－20℃）不变脆，并有一定韧性。目前一般选用1号和2号建筑油脂作为涂料层使用。

护套材料应具有足够的韧性、抗磨及抗冲击性，对周围材料应无侵蚀作用，在规定的温度范围内，低温应不脆化，高温化学稳定性好。宜采用高密度聚乙烯，有可靠实践经验时，也可采用聚丙烯，但不得采用聚氯乙烯。

钢丝束（7Φ^{S}5）、钢绞线涂料层的涂敷，以及护套的制作应一次完成，一般有缠纸工艺和挤塑涂层工艺两种制作方法。缠纸工艺是在缠纸机上连续作业完成编束、涂油、镦头、缠塑料布和切断等工艺。挤塑涂层工艺设备主要由放线盘、给油装置、塑料挤出机、水冷装置、牵引机、收线机等组成，见图5-47。钢丝束（或钢绞线）经给油装置涂油后，通过塑料挤出机的机头出口处，塑料熔融物被挤成管状包覆在钢绞线上，经冷却水槽塑料套管硬化，即形成无粘结预应力筋；牵引机继续将钢绞线牵引至收线装置，自动排列成盘卷，适用于专业化生产单根钢绞线或7Φ^{S}5钢丝束。

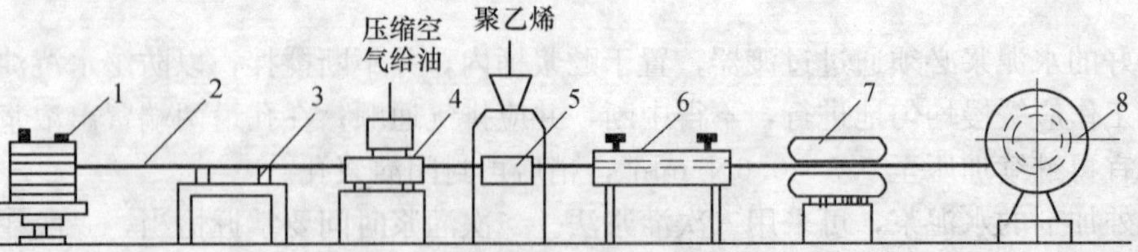

图5-47　挤塑涂层工艺生产线

1—放线盘；2—钢绞线；3—滚动支架；4—给油装置；5—塑料挤出机；6—水冷装置；7—牵引机；8—收线装置

无粘结预应力筋应连续生产，钢绞线或钢丝束中的每根钢丝应由整根钢丝组成，不得有接头与死弯。无粘结预应力筋应具有良好的伸直性，盘内径不宜小于2000mm。无粘结预应力筋出厂时，每盘上都挂有标牌，并附有出厂说明书。无粘结预应力筋的涂包质量应符合无粘结预应力钢绞线标准的规定❶。

无粘结预应力筋进场时应以每个用户每次同规格订货为一检验批（每批重量不大于30t），逐盘检查。产品外观应油脂饱满均匀，不漏涂；护套圆整光滑，松紧恰当。油脂与塑料护套检查，每批抽样3根。每根长1m，称出产品重后，用刀剖开塑料护套，分别用柴油清洗擦净，再分别用天平称出钢材与塑料护套重，即得油脂重；再用千分卡量取塑料每段端口最薄和最厚处的两个厚度取平均值。

二、无粘结预应力混凝土施工工艺

无粘结预应力筋保护层的最小厚度，考虑耐火要求，应符合表5-9与表5-10的规定。

❶《混凝土结构工程施工质量验收规范》（GB 50204—2002）规定：

6.2.2　无粘结预应力筋的涂包质量对保证预应力筋防腐及准确地建立预应力非常重要。涂包质量的检验内容主要有涂包层油脂用量、护套厚度及外观。当有工程经验，并经观察确认质量有保证时，可仅做外观检查。检查数量：每60t为一批，每一批抽取一组试件。检验方法：观察，检查产品合格证、出厂检验报告和进场复验报告。注：当有工程经验，并经观察认为质量有保证时，可不做油脂用量和护套厚度的进场复验。

表 5-9　板的混凝土保护层最小厚度（mm）

约束条件	耐火极限（h）			
	1	1.5	2	3
简　支	25	30	40	55
连　续	20	20	25	30

表 5-10　梁的混凝土保护层最小厚度（mm）

约束条件	梁　宽	耐火极限（h）			
		1	1.5	2	3
简　支	200	45	50	65	采取特殊措施
	≥300	40	45	50	65
连　续	200	40	40	45	50
	≥300	40	40	40	45

注：当混凝土保护层厚度不能满足表列要求时，应使用防火涂料。

对无粘结预应力混凝土平板，混凝土平均预压应力不宜小于 1.0N/mm²，也不宜大于 3.5N/mm²。在裂缝控制较严的情况下，平均预压应力值应小于 1.4N/mm²。对抵抗收缩与温度变形的预应力筋，混凝土平均预压应力值不宜小于 0.7N/mm²。

（一）无粘结预应力筋铺设与固定❶

无粘结预应力筋的铺设，通常是在底部钢筋铺设后进行。梁和单向板中无粘结预应力筋的铺设比较简单，与非预应力筋铺设基本相同。在双向板中，无粘结预应力筋需要配置成两个方向的悬垂曲线。无粘结筋相互穿插，施工操作较为困难，必须事先编出无粘结筋的铺设顺序。其方法是将各向无粘结筋各搭接点的标高标出，对各搭接点相应的两个标高分别进行比较，若一个方向某一无粘结筋的各点标高均分别低于与其相交的各筋相应点标高时，则此筋可先放置。按此规律编出全部无粘结筋的铺设顺序。

无粘结预应力筋的铺设除应符合《混凝土结构工程施工质量验收规范》（GB 50204—2002）关于预应力筋束形控制点的竖向位置偏差规定外，尚应符合下列要求：无粘结预应力筋的定位应牢固，浇筑混凝土时不应出现移位和变形；端部的预埋锚垫板应垂直于预应力筋；内埋式固定端垫板不应重叠，锚具与垫板应贴紧；无粘结预应力筋成束布置时应能保证混凝土密实并能裹住预应力筋；无粘结预应力筋的护套应完整，局部破损处应采用防水胶带缠绕紧密。

无粘结预应力筋应严格按设计要求的曲线形状就位并固定：在双向连续平板中，各无粘结筋曲线高度的控制点用铁马凳垫好并扎牢，跨中部位的无粘结筋可直接绑扎在板的底部钢筋上。无粘结筋的水平位置应保持顺直。

张拉端模板应按施工图中规定的无粘结预应力筋的位置钻孔。张拉端的承压板应采用钉子固定在端模板上或用点焊固定在钢筋上。无粘结预应力曲线筋或折线筋末端的切线应与承

❶ 《混凝土结构工程施工质量验收规范》（GB 50204—2002）规定：

6.3.8　实际工程中常将无粘结预应力筋成束布置，以全数施工控制，但其数量及排列形状应能保证混凝土能够握裹预应力筋。此外，内埋式挤压锚具在使用中常出现垫板重叠、垫板与锚具脱离等现象，故本条作出了相应规定。检查数量：全数检查。检验方法：观察。

压板相垂直，曲线段的起始点至张拉锚固点应有不小于 300mm 的直线段。无粘结预应力铺设固定完毕后，应进行隐蔽工程验收，当确认合格后，方可浇筑混凝土。

混凝土浇筑时，严禁踏压撞碰无粘结预应力筋、支撑钢筋及端部预埋件；张拉端与固定端混凝土必须振捣密实。

（二）无粘结预应力筋张拉

无粘结预应力筋张拉前，应清理承压板面，并检查承压板后面的混凝土质量。如有空鼓现象，应在无粘结预应力筋张拉前修补。

无粘结预应力筋张拉与普通预应力钢丝束张拉相似，张拉程序一般采用为 0→103%σ_{con}。板中的无粘结筋一般采用前卡式千斤顶单根依次张拉，并用单孔夹片锚具锚固。梁中的无粘结筋宜对称张拉。

当无粘结预应力筋长度超过 30m 时，宜采取两端张拉；当筋长超过 60m 时，宜采取分段张拉和锚固。如遇到摩擦损失较大，则宜先松动一次再张拉。

在梁板顶面或墙壁侧面的斜槽内张拉无粘结预应力筋时，宜采用变角张拉装置。

变角张拉装置是由顶压器、变角块、千斤顶等组成，见图 5-48。其关键部位是变角块。变角块可以是整体的或分块的。前者仅为某一特定工程用，后者通用性强。分块式变角块的搭接，采用阶梯形定位方式，如图 5-49 所示。每一变角块的变角量为 5°，通过叠加不同数量的变角块，可以满足 5°～60°的变角要求。变角块与顶压器和千斤顶的连接都要一个过渡块。如顶压器重新设计，则可省去过渡块。安装变角块时要注意块与块之间的槽口搭接，一定要保证变角轴线向结构外侧弯曲。

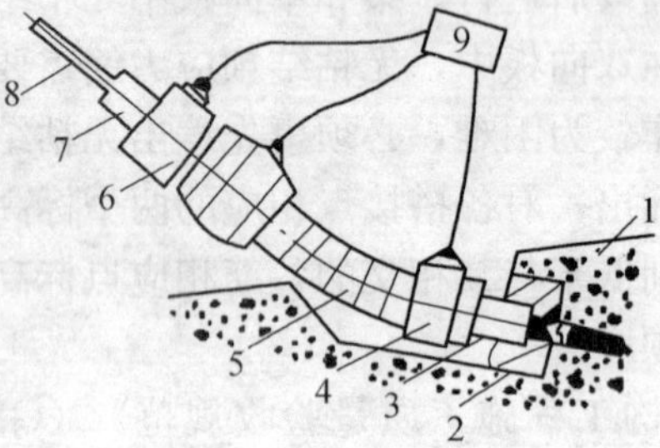

图 5-48　变角张拉装置

1—凹口；2—锚垫板；3—锚具；4—液压顶压器；5—变角块；6—千斤顶；7—工具锚；8—顶应力筋；9—油泵

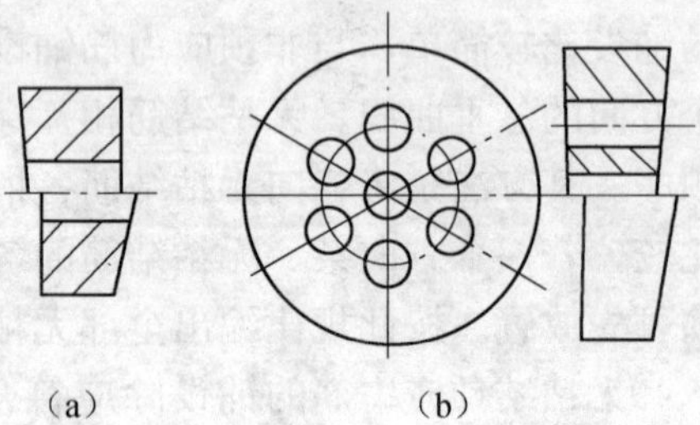

图 5-49　变角块

(a) 单孔变角块；(b) 多孔变角块

无粘结预应力筋张拉伸长值校核与有粘结预应力筋相同。对超长无粘结筋，由于张拉初期的阻力大，初拉力以下的伸长值比常规推算伸长值小，应通过试验修正。

（三）无粘结预应力筋锚固❶

1. 在平板中单根无粘结预应力筋的张拉端可设在边梁或墙体外侧，有凸出式或凹入式作法（图 5-50 与图 5-51）。前者利用外包钢筋混凝土圈梁封裹，后者利用掺膨胀剂的砂浆封口。承压钢板的参考尺寸为 80mm×80mm×12mm 或 90mm×90mm×12mm，根据预应力筋规格与锚固区混凝土强度确定。螺旋筋为Φ 6 钢筋，直径 70mm，可直接点焊在承压钢板上。

❶ 《无粘结预应力混凝土结构技术规程》(JGJ 92—2004) 规定：

4.1.3　当有可靠的设计依据和工程经验时，无粘结预应力筋的长度可不受此限制。

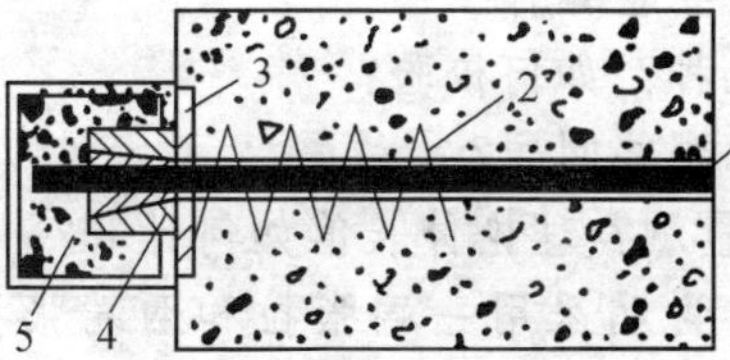

图 5-50　张拉端凸出式构造

1—无粘结预应力筋；2—螺旋筋；3—承压钢板；

4—夹片锚具；5—混凝土圈梁

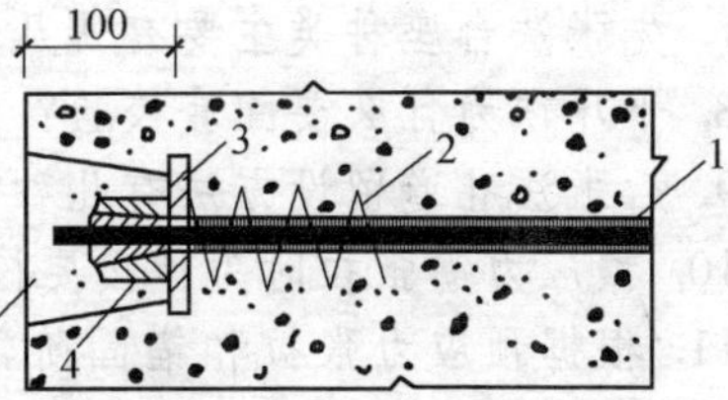

图 5-51　凹入式构造

1—无粘结预应力筋；2—螺旋筋；

3—承压钢板；4—夹片锚具；5—砂浆

2. 在梁中成束布置的无粘结预应力筋，宜在张拉端分散为单根布置，承压钢板上预应力筋的间距为 60～70mm。当一块钢板上预应力筋根数较多时，宜采用钢筋网片。网片采用Φ6～Φ8 钢筋 4 片～6 片。

3. 无粘结预应力筋的固定端可利用镦头锚板或挤压锚具采取内埋式作法，见图 5-52。

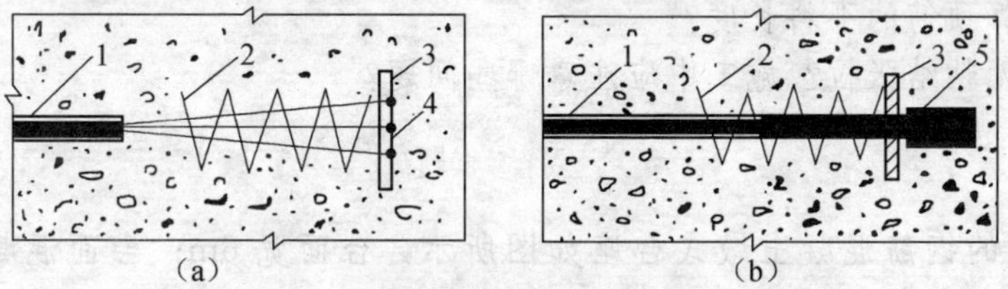

图 5-52　无粘结预应力筋固定端内埋式构造

(a) 钢丝束镦头锚板；(b) 钢绞线挤压锚具

1—无粘结筋；2—螺旋筋；3—承压钢板；4—冷镦头；5—挤压锚具

对多根无粘结预应力筋，为避免内埋式固定端拉力集中使混凝土开裂，可采取错开位置锚固。

4. 当无粘结预应力筋搭接铺设分段张拉时，预应力筋的张拉端设在板面的凹槽处，其固定端埋设在板内。在预应力筋搭接处，由于无粘结筋的有效高度减少而影响截面的抗弯能力，可增加非预应力钢筋补足，见图 5-53。

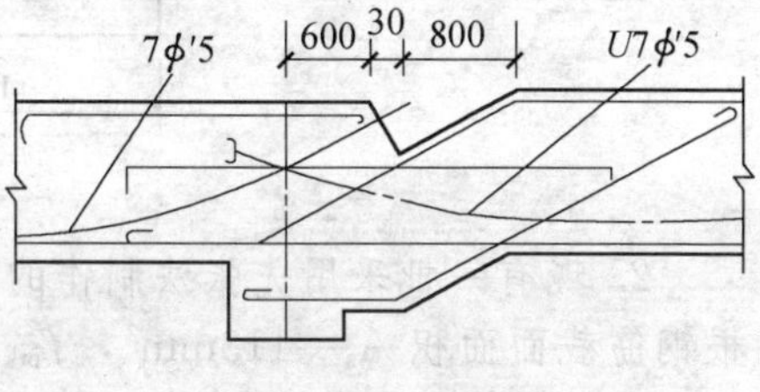

图 5-53　无粘结预应力筋搭接铺设分段张拉构造

无粘结预应力筋的锚固区，必须有严格的密封防护措施，严防水汽进入锈蚀预应力筋。一般是在锚具与承压板表面涂以防水涂料。为了使无粘结筋端头全封闭，在锚具端头涂防腐润滑油脂后，罩上封端塑料盖帽，或在两端留设的孔道内注入环氧树脂水泥砂浆，其抗压强度不低于 35MPa，灌浆时同时将锚头封闭。

思考题

1. 试述预应力后张拉法施工过程中可能发生的预应力损失及其防止或补偿方法。
2. 后张预应力筋张拉过程中可能发生哪几方面的预应力损失？
3. 试述后张法预应力平卧叠浇构件的张拉要求。
4. 预应力混凝土的主要施工工艺及其施工过程如何？
5. 锚具和夹具有哪些种类？其适用范围如何？
6. 预应力的张拉程序有几种？为什么要超张拉？

7. 先张法台座种类主要有哪几种？设计台座时主要要验算什么？

8. 千斤顶为什么要配套校验？常用校验方法有哪几种？如何校验？

9. 后张法孔道留设方法有几种？留设孔道时应注意哪些问题？

10. 预应力筋张拉时为什么要校核其伸长值？如何量测？理论伸长值如何计算？

11. 根据预应力张拉和锚固阶段的应力分布规律，说明采用一端张拉和两端张拉基本原理？

12. 后张法孔道灌浆的作用是什么？对灌浆材料的要求如何？怎样设置灌浆孔和泌水孔？

13. 无粘结筋的张拉端和锚固端的构造如何？铺设无粘结筋时应注意哪些问题？

14. 试比较先张法与后张法施工工艺的不同特点及其适用范围。

15. 先张法的张拉控制应力与后张法有何不同？为什么？

16. 在张拉程序中为什么要超张拉、持荷 2min？建立张拉程序的依据是什么？

17. 先张法施工中预应力筋放张时应注意哪些问题？

18. 怎样计算预筋的下料长度？

19. 什么叫无粘结张拉？施工中应注意哪些问题？

习　题

1. 某预制厂的钢筋混凝土墩式台座如图所示，台面宽 6m；台面混凝土为 C20，厚度 10cm（混凝土容积密度为 25000kN/m³）。现需在其上张拉 6 组预应力筋，每组筋的总拉应力为 300kN，试计算该台座的稳定性和台面的承载能力能否满足需要。

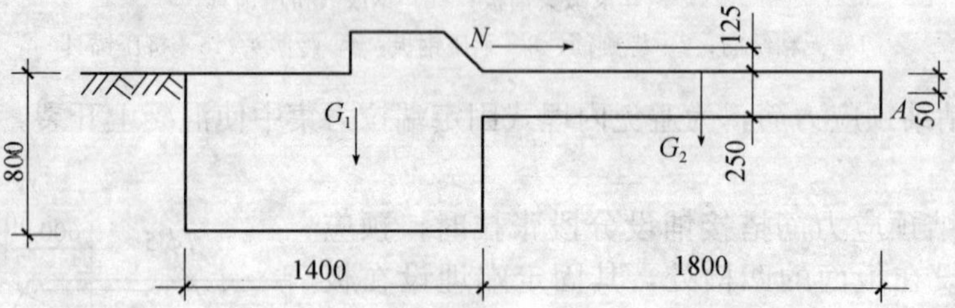

习题 1 图

2. 现有一批采用先张法制作的 1.5m×6m 预应力大型面板，预应力筋为 2 根 $\Phi^l 14$，单根钢筋截面面积 $A_s = 113mm^2$，$f_{ptk} = 450N/mm^2$。

试求：(1) 预应力筋张拉控制应力 σ_{con}；

(2) 确定张拉程序并计算单根预应力筋的张拉力 P_j。

3. 某单层工业厂房预应力屋架跨度 24m，后张法施工，其下弦截面如图所示，孔道长度 23800mm，预应力筋为 4 根冷拉 HRB 400 $\Phi^l 25$ 粗钢筋，两端为螺丝端杆锚具，螺杆长 320mm，外露长度 120mm，螺母厚度 45mm，垫板厚度 16mm。进场的钢筋长度均为 9m 一根，经对焊接长（每个接头压缩量取 25mm）、冷拉制成。冷拉时实测冷拉率为 4.2%，弹性回缩率为 0.4%，试计算制作每根预应力筋所需的钢筋下料长度。

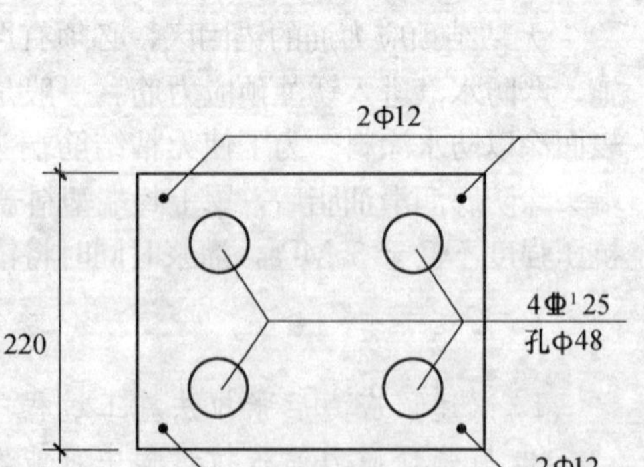

习题 3 图

第六章　建筑结构安装工程

将建筑结构构件分别在施工现场或工厂预制成型，用起重机械在施工现场把它们吊运并安装到设计位置上，形成装配式结构，此即建筑结构安装工程。

建筑结构安装工程类型多、体量大，高空作业安全问题突出，要求协同配合施工的专业工种多，构件在吊装过程中内力变化大，需对构件进行吊装验算。

第一节　起重机械及选用

起重机械在结构吊装施工中起主导作用，是保证建筑工程施工工期、质量等的关键因素之一。起重机械的选择合理与否直接影响到整个施工现场的管理乃至工程的成本。建筑结构吊装施工常用的起重机械有：桅杆式起重机、自行式起重机、塔式起重机等几大类。

一、桅杆式起重机

桅杆式起重机制作简单，装拆方便，起重量较大（可达 100t 以上），受地形限制小，能用于其他起重机械不能安装的一些特殊结构设备；缺点是服务半径小、移动困难，需要拉设较多的缆风绳。适用于安装工程量集中、结构重量大以及现场狭窄的情况。

桅杆式起重机按其构造不同，可分为独脚拔杆、人字拔杆、悬臂拔杆和牵缆式拔杆起重机等。

（一）独脚拔杆

由拔杆、起重滑轮组、卷扬机、缆风绳和锚碇等组成（图 6-1）。使用时，拔杆应保持不大于 10°的倾角，以便吊装的构件不致碰撞拔杆，底部要设置拖子以便移动。缆风绳数量一般为 6～12 根，与地面夹角为 30°～45°，角度过大则对拔杆产生较大的压力。拔杆起重能力，应按实际情况加以验算。木独脚拔杆常用圆木制作，圆木梢直径 20～32cm，起重高度为 15m 以内，起重量 10t 以下；钢管独脚拔杆，一般起重高度在 30m 以内，起重量可达 30t；金属格构式独脚拔杆起重高度达 70～80m，起重量可达 100t 以上。

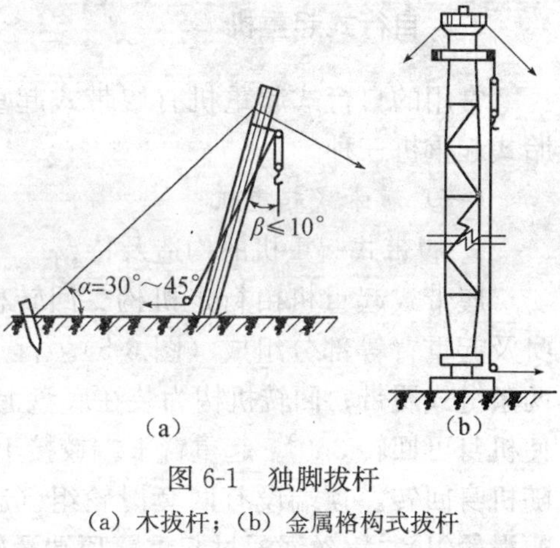

图 6-1　独脚拔杆

（a）木拔杆；（b）金属格构式拔杆

（二）人字拔杆

人字拔杆由两根圆木或钢管或格构式构件，在顶部相交成 20°～30°夹角，用钢丝绳绑扎或铁件铰接成人字形（图 6-2），下悬起重滑轮组，底部设有拉杆或拉绳，以平衡拔杆本身的水平推力。拔杆下端两脚距离约为高度的 1/2～1/3。人字拔杆的优点是侧向稳定性好，缆风绳较少（一般不少于 5 根）；缺点是构件起吊后活动范围小，一般仅用于安装重型构件或辅助吊装厂房屋盖系统的轻型构件。

（三）悬臂拔杆

在独脚拔杆的中部或2/3高度处装上一根起重臂，即成悬臂拔杆。起重杆可以回转和起伏，可以固定在某一部位，亦可根据需要沿杆升降（图6-3）。为了使起重臂铰接处的拔杆部分得到加强，可用撑杆和拉条（或钢丝绳）进行加固。其特点是有较大的起重高度和相应的起重半径；悬臂起重杆左右摆动角度大（120°～270°），使用方便。但因起重量较小，故多用于轻型构件的吊装。

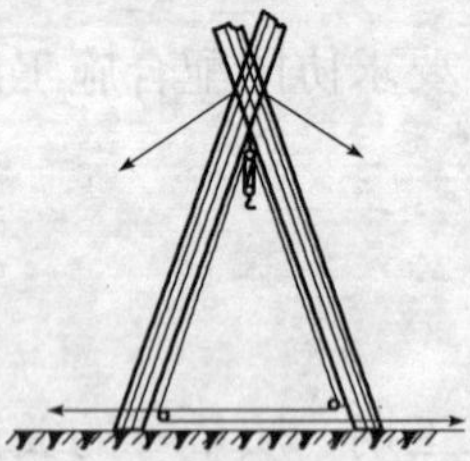

图6-2 人字拔

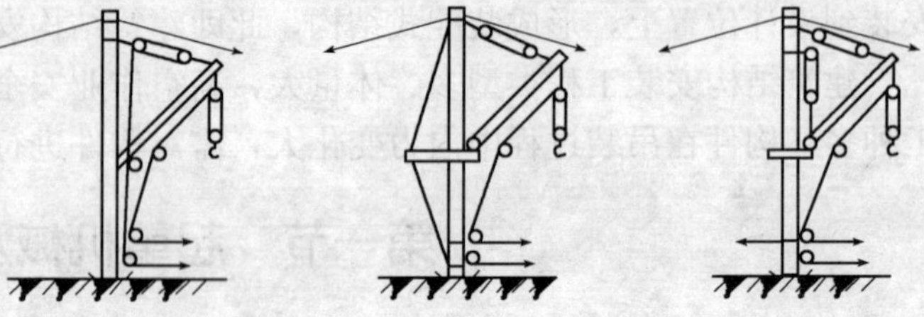

（a） （b） （c）

图6-3 悬臂拔杆

（a）一般形式；（b）带加劲杆；（c）起重臂杆可沿拔杆

（四）牵缆式拔杆起重机

是在独脚拔杆的下端装上一根可以回转和起伏的起重臂而组成（图6-4）。整个机身可作360°回转，具有较大的起重半径和起重量，并有较好的灵活性。该起重机的起重量一般为15～60t，起重高度可达80m，多用于构件多、重量大且集中的结构安装工程。其缺点是缆风绳用量较多。

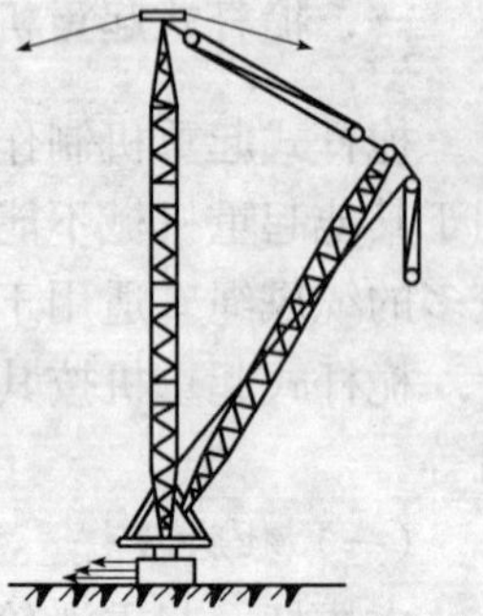

图6-4 牵缆式拔杆起重机

二、自行式起重机

常用的自行式起重机有履带式起重机、汽车式起重机和轮胎式起重机三种。

（一）履带式起重机

1. 履带式起重机的构造及特点

履带式起重机由行走机构、回转机构、机身及起重臂等部分组成（图6-5）。行走机构为两条链式履带；回转机构为装在底盘上的转盘，使机身可回转360°。起重臂下端铰接于机身上，随机身回转，顶端设有两套滑轮组（起重及变幅滑轮组），钢丝绳通过起重臂顶端滑轮组连接到机身内的卷扬机上，起重臂可分节制作并接长。

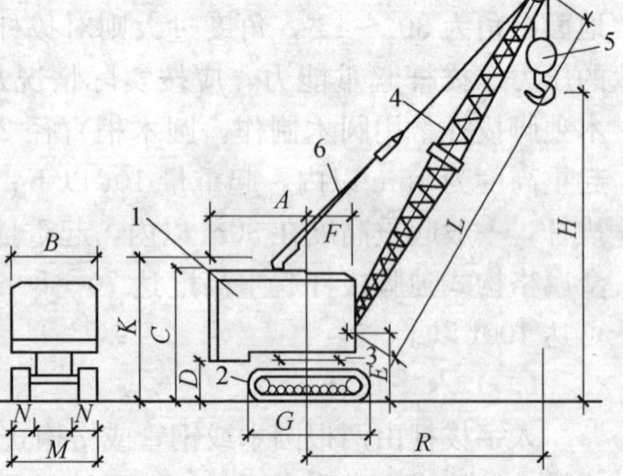

图6-5 履带式起重机

1—机身；2—行走机构；3—回转机构；4—起重臂；5—起重滑轮组；6—变幅滑轮组

履带式起重机操作灵活、使用方便，有较大的起重能力，在平坦坚实的道路上还可负载行走，更换工作装置后可成为挖土机或打桩机，是一种多功能机械。但履带式起重机行走速度慢，对路面破坏性大，在进行长距离转移时，应用平板拖车或铁路平板车运输。

在结构安装工程中，常用的履带式起重机有国产 W_1-50 型、W_1-100 型、W_1-200 型和西北 78D（80D）型以及一些进口机械，不同型号履带式起重机的外形尺寸见表 6-1。

表 6-1　履带式起重机外型尺寸（mm）

符号	名　称	型　号			
		W_1-50	W_1-100	W_1-200	西北 78D（80D）
A	机身尾部到回转中心距离	2900	3300	4500	3450
B	机身宽度	2700	3120	3200	3500
C	机身顶部到地面的距离	3220	3675	4125	—
D	机身底部到地面的高度	1000	1045	1190	1220
E	起重臂下铰中心距地面的高度	1555	1700	2100	1850
F	起重臂下铰中心至回转中心距离	1000	1300	1600	1340
G	履带长度	3420	4005	4950	4500（4450）
M	履带架宽度	2850	3200	4050	3250（3500）
N	履带板宽度	550	675	800	680（760）
J	行走底架距地面高度	300	275	390	310
K	机身上部支架距地面高度	3480	4170	6300	4720（5270）

2. 履带式起重机的技术性能

（1）W_1-50 型起重机

最大起重量为 10t，起重杆可接长到 18m。该机机身小、自重轻、运转灵活，可在较狭窄的场地工作，适用于安装跨度 18m 以内、高度 10m 左右的小型车间或做一些辅助工作，如装卸构件等。

（2）W_1-100 型起重机

最大起重量为 15t，机身较大，行驶速度较慢，但它有较大的起重量和可接长的起重臂，可用于安装 18～24m 跨度的厂房。

（3）W_1-200 型起重机

最大起重量为 50t，起重臂可接长至 40m，适于大型厂房的结构安装工程。

（4）西北 78D（80D）型起重机

最大起重量为 20t，起重臂接长后可达 37m，宜用于大型结构的安装。

履带式起重机的主要技术性能见表 6-2。起重机的技术性能还可以用性能曲线表示，如图 6-6 为 W_1-50 型起重机的性能曲线。

从起重机性能表和性能曲线中可看出：起重量、起重半径和起重高度的大小，取决于起重臂长度及其仰角大小。即当起重臂长度一定时，随着仰角的增加，起重量和起重高度增加，而起重半径减小。当起重臂仰角不变时，随着起重臂长度增加，则起重半径和起重高度增加，而起重量减小。

表 6-2　履带式起重机性能参数表

参数		单位	图号											
			W_1-50			W_1-100		W_1-200			西北 78D（80D）			
起重臂长度		m	10	18	18m 带鸟嘴	13	23	15	30	40	18.3	24.4	30.25	37
最大起重半径		m	10.0	17.0	10.0	12.5	17.0	15.5	22.5	30.0	18	18	17	17
最小起重半径		m	3.7	4.5	6.0	4.23	6.5	4.5	8.0	10.0	4.7	7.5	8	10
起重量	最小起重半径时	t	10.0	7.5	2.0	15	8.0	50.0	20.0	8.0	20.0	10	9	3
	最大起重半径时	t	2.6	1.0	1.0	3.5	1.7	8.2	4.3	1.5	3.3	2.9	3.5	1.0
起重高度	最小起重半径时	m	9.2	17.2	17.2	11.0	19.0	12.0	26.8	36.0	18	23	29.1	36.0
	最大起重半径时	m	3.7	7.6	14.0	5.8.	16.0	3.0	19.0	25.0	7	16.4	24.3	34.0

履带式起重机主要技术性能包括三个主要参数：起重量 Q，起重半径 R，起重高度 H。起重量不包括吊钩、滑轮组的重量，起重半径 R 指起重机回转中心至吊钩的水平距离，起重高度 H 是指起重吊钩中心至停机面的垂直距离。

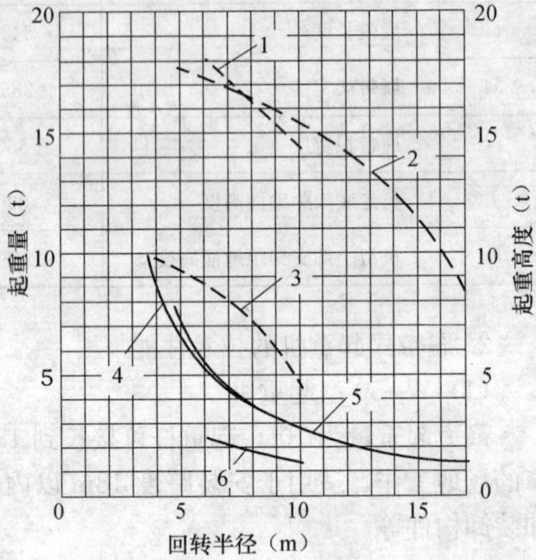

图 6-6　W_1-50 型起重机性能曲线

1—起重臂长 18m 带鸟嘴时起重高度曲线；
2—起重臂长 18m 时起重高度曲线；
3—起重臂长 10m 时起重高度曲线；
4—起重臂长 10m 时起重量曲线；
5—起重臂长 18m 时起重量曲线；
6—起重臂长 18m 带鸟嘴时起重量曲线

为了保证履带式起重机安全工作，在使用上要注意以下要求：在安装时需保证起重吊钩中心与臂架顶部定滑轮之间有一定的最小安全距离，一般为 2.5～3.5m。起重机工作时的地面允许最大坡度不应超过 3°，臂杆的最大仰角一般不得超过 78°。起重机不宜同时进行起重和旋转操作，也不宜边起重边改变臂架的幅度。起重机如必须负载行驶，荷载不得超过允许起重量的 70%，且道路应坚实平整，施工场地应满足履带对地面的压强要求，当空车停置时为 80～100kPa，空车行驶时为 100～190kPa，起重时为 170～300kPa。若起重机在松软土壤上面工作，宜采用枕木或钢板焊成的路基箱垫好道路，以加快施工速度。起重机负载行驶时重物应在行走的正前方向，离地面不得超过 50cm，并拴好拉绳。

3. 履带式起重机稳定验算

履带式起重机在正常条件下工作，机身可以保持稳定。当起重机进行超载吊装或接长臂杆时，为了保证起重机在吊装过程中不发生倾覆事故，应对起重机进行整机稳定验算。

履带式起重机稳定性应以起重机处于最不利工作状态即车身与行驶方向垂直的位置进行验算，图 6-7 所示情况的稳定性最差，此时应以履带中心 A 为倾覆点，分别按以下条件进行验算。

（1）当考虑吊装荷载及附加荷载时

稳定性安全系数

$$K_1=\frac{M_{稳}}{M_{倾}}\geqslant 1.15$$

（2）当仅考虑吊装荷载，不考虑附加荷载时

稳定安全系数

$$K_2=\frac{M_{稳}}{M_{倾}}\geqslant 1.4$$

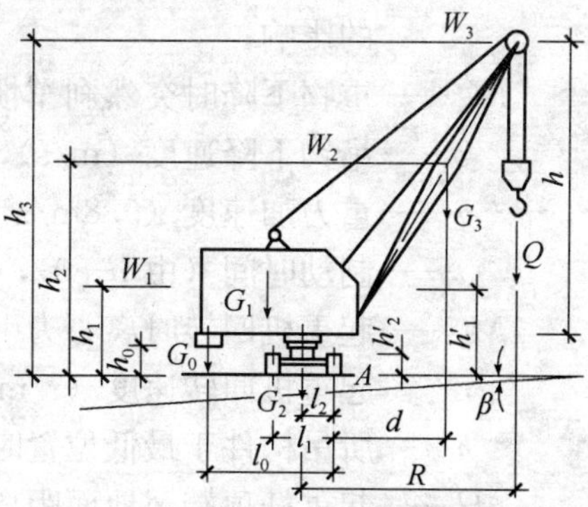

图 6-7　履带式起重机稳定性验算

由图 6-7 可得：

$$K_1=\frac{G_1l_1+G_2l_2+G_0l_0-(G_1h_1+G_2h_2+G_0h_0+G_3h_3)\sin\beta-G_3l_3-M_F-M_G-M_L}{(Q+q)(R-l_2)}\geqslant 1.15 \tag{6-1}$$

$$K_2=\frac{G_1l_1+G_2l_2+G_0l_0-G_3l_3}{(Q+q)(R-l_3)}\geqslant 1.4 \tag{6-2}$$

$$M_G=\frac{(Q+q)v}{gt}(R-l_2) \tag{6-3}$$

$$M_L=\frac{(Q+q)Rn^2}{900-n^2h}H \tag{6-4}$$

式中　G_0——起重机平衡重的重量；

G_1——起重机机身可转动部分重量；

G_2——起重机机身不转动部分重量；

G_3——起重臂重量（起重臂接长时，为接长后的重量）；

Q——起重荷载（包括构件及索具重量）；

q——起重滑轮组重量；

l_1——G_1 重心至 A 点距离（地面倾斜影响忽略不计，下同）；

l_2——G_2 重心至 A 点距离；

l_3——G_3 重心至 A 点距离；

l_0——G_0 重心至 A 点距离；

h_1——G_1 重心至地面距离；

h_2——G_2 重心至地面距离；

h_3——G_3 重心至地面距离；

h_0——G_0 重心至地面距离；

β——地面倾斜角（$\leqslant 3°$）；

R——起重半径；

M_F——风载引起的倾覆力矩。考虑 6 级以上风时，不能进行高空安装作业，而 6 级以下风对起重机影响较小。因此，当起重机的臂长小于 25m 时，不计风载力矩

的影响；

M_G——重物下降时突然刹车惯性力引起的倾覆力矩；

v——吊钩下降速度（m/s），取吊钩起重速度的 1.5 倍；

g——重力加速度（$9.8m/s^2$）；

t——制动时间（由 $v\to0$），取 1s；

M_L——起重机回转时离心力引起的倾覆力矩；

n——起重机回转速度（r/min）；

h——所吊构件于最低位置时，其重心至起重杆顶端距离；

H——起重杆顶端至地面距离。

（3）起重臂接长验算

当起重机的起重高度或起重半径不能满足需要时，则可采用接长臂杆的方法予以解决。此时起重机的最大起重量 Q' 可根据 $\sum M_A=0$ 求得（图 6-8）：

$$Q'\left(R'-\frac{M}{2}\right)+G'\left(\frac{R+R'}{2}-\frac{M}{2}\right)\leqslant Q\left(R-\frac{M}{2}\right) \tag{6-5}$$

整理后得：

$$Q'=\frac{1}{2R'-M}[Q(2R-M)-G'(R+R'-M)] \tag{6-6}$$

式中 R'——起重臂接长后的起重半径；

G'——起重臂接长部分的重量。

当计算 Q' 值大于所吊构件重量时，即满足稳定安全条件；反之，则应采取相应措施，如增加平衡重，或在起重臂顶端拉设两根临时性缆风绳，以加强起重机的稳定性。必要时，尚应考虑对起重机其他部件的验算和加固。

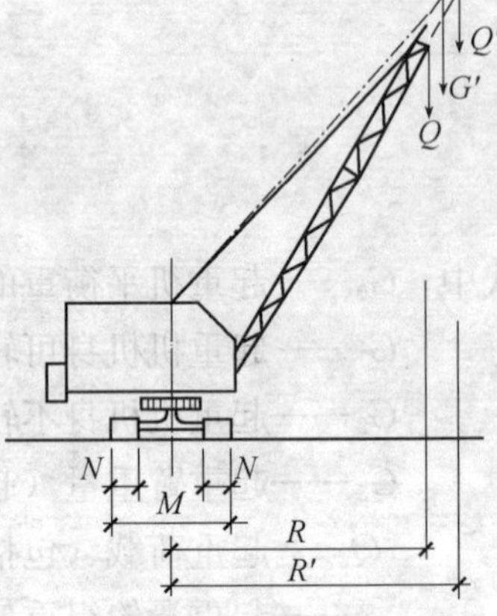

图 6-8 起重臂接长计算

（二）汽车式起重机

汽车式起重机常用于构件运输、装卸和结构吊装，其特点是转移迅速，对路面损伤小；但吊装时需使用支腿，不能负载行驶，也不适于在松软或泥泞的场地上工作。

我国生产的汽车式起重机有 Q_2 系列、QY（图 6-9）系列等。如 QY-32 型汽车式起重机，臂长 32m，最大起重量 32t，起重臂分四节，外面一节固定，里面三节可以伸缩，可用于一般工业厂房的结构安装。

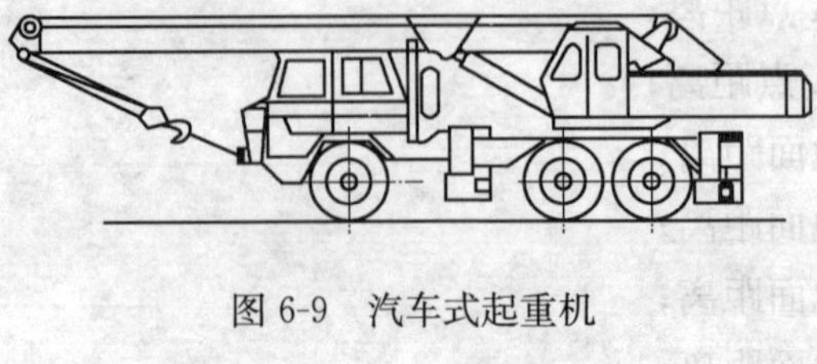

图 6-9 汽车式起重机

（三）轮胎式起重机

轮胎式起重机在构造上与履带式起重机基本相似，但其行走装置采用轮胎。起重机构及机身装在特制的底盘上，能全回转。随着起重量的大小不同，底盘上装有若干根轮轴，配有 4～10 个或更多个轮胎，并有可伸缩的支腿（图 6-10）；起重时，利用支腿增加机身的稳定，并保护轮胎。必要时，支腿下可加垫块，以扩大支承面。

轮胎式起重机的特点与汽车式起重机相同。我国常用的轮胎式起重机有 QL_3 系列及 QLY 系列等，均可用于一般工业厂房结构安装。

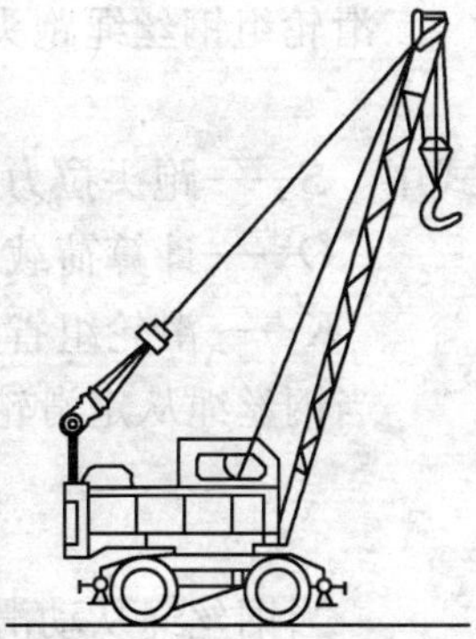

图 6-10 轮胎式起重机

三、塔式起重机

塔式起重机已在第三章中介绍，本章不再赘述。

四、索具设备

结构吊装工程施工中除了起重机外，还要使用许多辅助工具及设备，如卷扬机、钢丝绳、滑轮组、横吊梁等。

（一）卷扬机

在建筑施工中常用的卷扬机有快速和慢速两种。快速卷扬机（JJK 型）又有单筒和双筒之分，其牵引力为 4.0～50kN，主要用于垂直、水平运输和打桩作业；慢速卷扬机（JJM 型）多为单筒式，其牵引力为 30～200kN，主要用于结构吊装、钢筋冷拉和预应力筋张拉作业。

卷扬机的主要技术参数为卷筒牵引力、钢丝绳的速度和卷筒绳容量。

卷扬机在使用时必须用地锚予以固定，以防止工作时产生滑移或倾覆。根据受力大小，固定卷扬机的方法分为螺栓锚固法、水平锚固法、立桩锚固法和压重锚固法四种（图 6-11）。

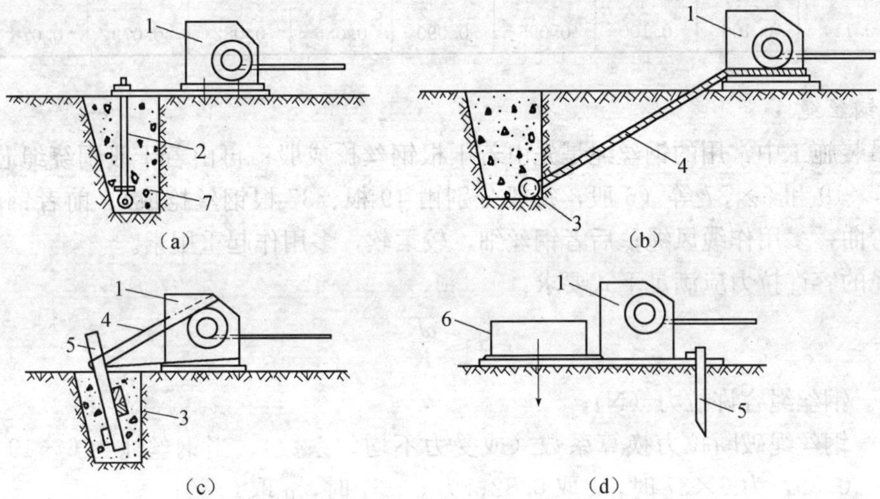

图 6-11 卷扬机的固定方法

(a) 螺栓锚固法；(b) 水平锚固法；(c) 立桩锚固法；(d) 压重锚固法

1—卷扬机；2—地脚螺栓；3—横木；4—拉索；5—木桩；6—压重；7—压板

（二）滑轮组

滑轮组是由一定数量的定滑轮和动滑轮以及绕过它们的绳索组成。滑轮组具有省力和改变力的方向的功能，是起重机械的重要组成部分。滑轮组中共同负担构件重量的绳索根数，称为工作线数。通常，滑轮组的名称，以组成滑轮组的定滑轮与动滑轮的数目表示，如由五个定滑轮和四个动滑轮组成的滑轮组称为五四滑轮组。

滑轮组钢丝绳跑头拉力 S，可按下式计算：

$$S = KQ \tag{6-7}$$

式中 S——跑头拉力（kN）；

Q——计算荷载；

K——滑轮组省力系数。

当钢丝绳从定滑轮绕出：

$$K = \frac{f^{n}(f-1)}{f^{n}-1} \tag{6-8}$$

当钢丝绳从动滑轮绕出：

$$K = \frac{f^{n-1}(f-1)}{f^{n}-1} \tag{6-9}$$

式中 f——单个滑轮的阻力系数。对青铜轴套轴承 $f=1.04$；对滚珠轴承 $f=1.02$；对无轴套轴承 $f=1.06$；

n——工作线数。

起重机械所用滑轮组通常都是青铜轴套，其滑轮组的省力系数 K 值见表 6-3。

表 6-3　青铜轴套滑轮组省力系数

工作线数	1	2	3	4	5	6	7	8	9	10
省力系数	1.04	0.529	0.360	0.275	0.224	0.190	0.166	0.148	0.134	0.123
工作线数	11	12	13	14	15	16	17	18	19	20
省力系数	0.114	0.106	0.100	0.095	0.090	0.086	0.082	0.079	0.076	0.074

（三）钢丝绳

结构吊装施工中常用的钢丝绳是先由若干根钢丝捻成股；再由若干股围绕绳芯捻成绳，其规格有 6×19 和 6×37 等（6 股，每股分别由 19 根、37 根钢丝捻成）。前者钢丝粗、较硬、不易弯曲，多用作缆风绳；后者钢丝细，较柔软，多用作起重用索。

钢丝绳的容许拉力应满足下式要求：

$$S \leqslant \frac{\alpha R}{K} \tag{6-10}$$

式中 S——钢丝绳容许拉力（N）；

α——钢丝绳破断拉力换算系数（或受力不均匀系数）。当钢丝绳为 6×19 时，α 取 0.85，为 6×37 时，α 取 0.82；为 6×61 时，α 取 0.80；

R——钢丝绳的破断拉力总和；

K——钢丝绳安全系数，按表 6-4 取值。

表 6-4　钢丝绳安全系数 *K*

用　途	安全系数	用　途	安全系数
作缆风绳	3.5	作吊索、无弯曲时	6～7
用于手动起重设备	4.5	作捆绑吊索	8～10
用于电动起重设备	5～6	用于载人升降机	14

（四）横吊梁

横吊梁亦称铁扁担，常用于柱和屋架等构件的吊装。用横吊梁吊柱可使柱身保持垂直，便于安装；用横吊梁吊屋架则可降低起吊高度和减少吊索的水平分力对屋架的压力。

横吊梁有滑轮横吊梁（图 6-12a）、钢板横吊梁（图 6-12b）、桁架横吊梁（图 6-12c）和钢管横吊梁（图 6-13）等形式。滑轮横吊梁由吊环、滑轮和轮轴等部分组成。一般用于吊装 8t 以内的柱。钢板横吊梁由 Q235 钢板制作而成，一般用于 10t 以下柱的吊装。桁架横吊梁用于双机抬吊安装柱子。钢管横吊梁的钢管长 6～12m，一般用于吊屋架。

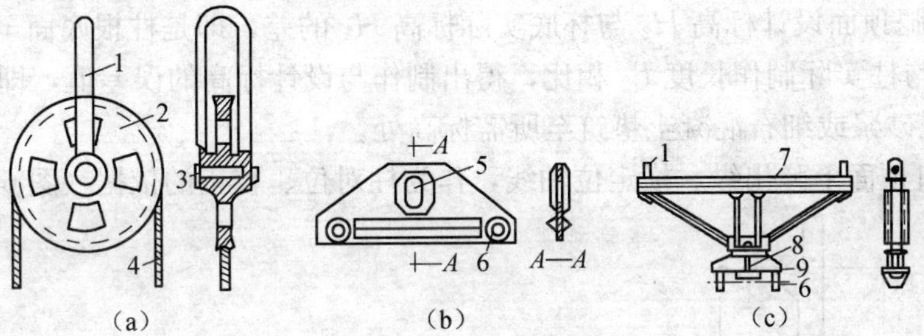

图 6-12　横吊梁

(a) 滑轮横吊梁；(b) 钢板横吊梁；(c) 桁架横吊梁

1—吊环；2—滑轮；3—轮轴；4—吊索；5—挂钩孔；

6—挂吊索的孔眼；7—桁架；8—转轴；9—横梁

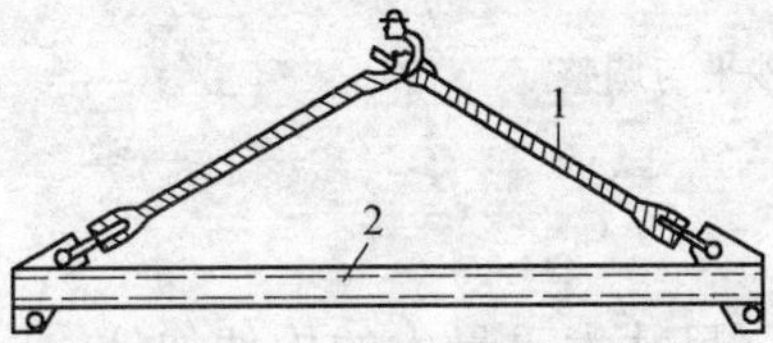

图 6-13　钢管横吊梁

1—吊索；2—钢管

第二节　单层工业厂房结构安装

单层工业厂房结构一般由大型预制钢筋混凝土柱（或大型钢组合柱、轻钢柱）、预制吊车梁和连系梁、预制屋面梁（或屋架）、预制天窗架和屋面板组成。结构安装工程主要是采用大型起重机械安装上述厂房结构构件。

在拟定单层工业厂房结构安装方案时，首先应根据厂房的平面尺寸、跨度大小、结构特点，构件的类型、重量和安装的位置标高，设备基础施工方案（封闭式或敞开式施工），现有起重机械的性能，以及施工现场的具体条件等，来合理选择起重机械，使其能满足起重量、起重高度和起重半径的要求。然后根据所选起重机械的性能，来确定构件吊装工艺、结构安装方法、起重机开行路线和停机位置，再据此进行构件现场预制的平面布置和就位布置。

一、准备工作

厂房结构安装前的准备工作包括平整场地、修筑临时道路、敷设水电管线，吊索吊具的准备，构件的制作、就位排放，基础的准备，构件安装前的准备等。

（一）基础的准备

钢筋混凝土柱一般为杯形基础，其准备工作主要是在柱吊装前对杯底抄平和在杯口顶面弹线。杯底抄平，即对所有杯形基础底面标高进行测量，确定杯底找平的标高和尺寸，以保证安装后柱牛腿顶面标高的准确和一致。在实际施工中，杯底标高在制作时一般比设计要求低 50mm，以便柱子长度有误差时能进行调整。

杯底抄平与调整的方法见图 6-14。首先在杯口内壁抄平弹出比杯口顶面设计标高低 100mm的水平准线，用尺测量杯底实际标高尺寸 H_1（大柱应测量四个角点，小柱可测中间一点）。牛腿顶面设计标高 H_2 与杯底实际标高 H_1 的差，即是柱根底面至牛腿顶面的应有长度 L_1，再与柱实际制作长度 L_2 相比，得出制作与设计标高的误差值，即杯底标高调整值 ΔH。用水泥砂浆或细石混凝土垫筑至所需标高处。

在基础杯口顶面上弹出纵、横定位轴线，作为柱对位、校正的依据（图 6-15）。

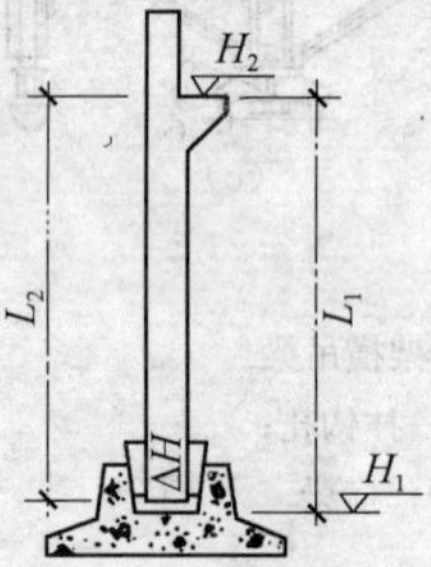

图 6-14　杯形基础杯底抄平与调整

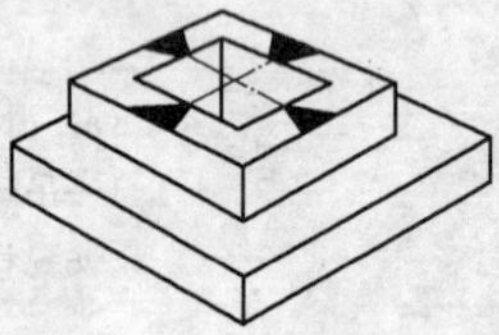
图 6-15　基础的准线

（二）构件的准备

1. 构件的运输和堆放

单层工业厂房的大型构件（尺寸大重量大的构件如柱、屋架）一般在施工现场就地制作，以减少大型构件运输的困难。其他小型构件多在预制厂制作，运至现场进行就位排放。

现场预制构件时，应按照构件吊装的方法、要求确定预制排放的位置。尽可能在预制位置原地起吊，避免二次排放和搬运。制作时应遵守钢筋混凝土工程的有关规定，预制构件码放和运输时的支承位置和方法应符合标准图或设计的要求❶。

由预制厂制作的构件应采用适宜的车辆，直接运送到构件安装的地点。钢筋混凝土预制构件的起运强度不得低于设计强度等级的 75%，运输过程中构件不能产生过大变形，也不得发生倾倒或损坏。行车应平稳减少颠簸，构件的装卸要平稳，堆放的支垫位置要正确，堆放场地应坚实可靠，以免因局部沉陷引起构件断裂。对于屋架等截面较小的构件应进行必要的加固，以免在起吊、扶直和安装过程中产生变形裂缝等事故。

2. 构件的检查

进入现场预制构件，其外观质量、尺寸偏差及结构性能应符合标准图或设计的要求❷。

预制构件在吊装前，要严格检查构件的各部位尺寸、形状、清理预埋铁件和插筋。应按

---

❶《混凝土结构施工质量验收规范》（GB 50204—2002）规定：

9.4.4　检查数量：全数检查。检验方法：观察检查。预制构件往往因码放或运输时支垫不当而引起非设计裂缝或其他缺陷，实际操作时应根据标准图或设计的要求进行支垫。

❷《混凝土结构施工质量验收规范》（GB 50204—2002）规定：

9.4.1　检查数量：按批检查。检验方法：检查构件合格证。预制构件作为产品，进入装配式结构施工现场时，应按批检查合格证件，以保证其外观质量、尺寸偏差和结构性能符合要求。

设计要求在构件和相应的支承结构上标志中心线、标高等控制尺寸，按标准图或设计文件校核预埋件及连接钢筋等，并做出标志❶。

3. 构件的弹线与编号

构件经检查及清理后，吊装之前要在构件表面弹出吊装准线，作为构件对位、校正的依据。对形状复杂的构件，尚需标出它的重心及绑扎点的位置。

柱子应在柱身的 3 个面上弹出吊装准线（图 6-16）：矩形截面柱按几何中心线弹；工字形截面柱，为便于观测及避免视差，则应靠柱边弹吊装准线。柱身所弹吊装准线的位置应与基础杯口面上所弹的吊装准线相吻合，此外，在柱顶与牛腿面上要弹出屋架及吊车梁安装准线。

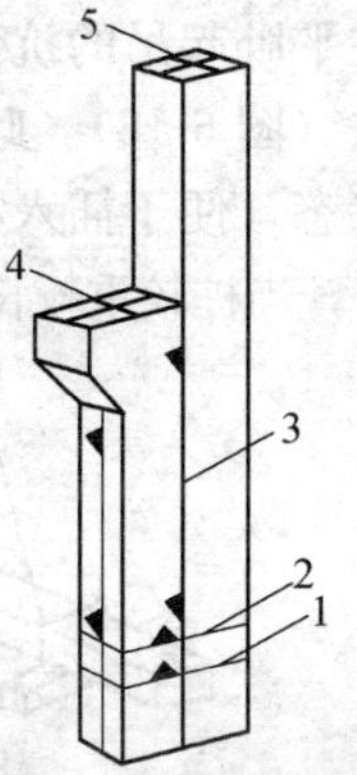

图 6-16 柱的吊装准线

1—基础顶面线；2—地坪标高线；3—柱子中心线；4—吊车梁对位线；5—柱顶中心线

屋架上弦顶面应弹出几何中心线，并从跨度中央向两端分别弹出天窗架、屋面板或檩条的吊装准线，端头应弹出屋架的纵、横吊装准线。

梁的两端及顶面应弹出几何中心线。

在构件弹线的同时，应根据设计图纸将构件进行编号。对不易辨别上下、左右的构件，还应在构件上加以注明，以免吊装时搞错。

二、构件的吊装工艺

单层工业厂房预制构件的吊装工艺过程包括绑扎、起吊、对位、临时固定、校正、最后固定等。上部构件吊装需要搭设脚手台，以供安装操作人员使用。

（一）柱的吊装

1. 柱的绑扎

柱的绑扎方法、绑扎位置和绑扎点数，应根据柱的形状、长度、截面、配筋、起吊方法和起重机性能等因素确定。由于柱起吊时吊离地面的瞬间由自重产生的弯矩最大，其最合理的绑扎点位置，应按柱子产生的正负弯矩绝对值相等的原则来确定。一般中小型柱（自重 13t 以下）大多数绑扎一点；重型柱或配筋少而细长的柱（如抗风柱），为防止起吊过程中柱的断裂，常需绑扎两点甚至三点。对于有牛腿的柱，其绑扎点应选在牛腿以下 200mm 处；工字形断面和双肢柱，应选在矩形断面处，否则应在绑扎位置用方木加固翼缘，防止翼缘在起吊时损坏。根据柱起吊后柱身是否垂直，分为斜吊法和直吊法。

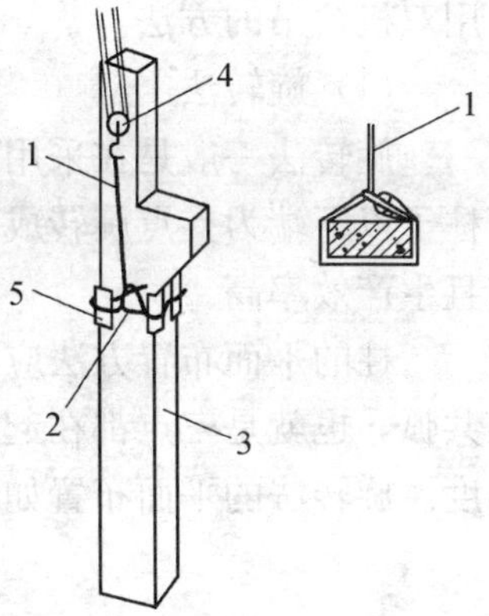

图 6-17 柱的斜吊绑扎法

1—吊索；2—活络卡环；3—柱；4—滑车；5—方木

（1）斜吊绑扎法

当柱平卧起吊的抗弯强度满足要求时，可采用斜吊绑扎法（图 6-17）。此法的特点是柱不需翻身，起重钩可低于柱顶，当柱

---

❶ 《混凝土结构施工质量验收规范》（GB 50204—2002）规定：

9.4.5 检查数量：全数检查。检验方法：观察，钢尺检查。为了保证预制构件安装就位准确，吊装前应在预制构件和相应的安装位置上做出必要的控制标志。

身较长，起重机臂长不够时，用此法较方便，但因柱身倾斜，就位对中比较困难。

(2) 直吊绑扎法

当柱平卧起吊的抗弯强度不足时，吊装前需先将柱翻身后再绑扎起吊，这时就要采取直吊绑扎法（图 6-18）。此法吊索从柱子两侧引出，上端通过卡环或滑轮挂在铁扁担上，柱身成垂直状态，便于插入杯口，就位校正。但由于铁扁担高于柱顶，须用较长的起重臂。

此外，当柱较重较长、需采用两点起吊时，也可采用两点斜吊和直吊绑扎法（图 6-19）。

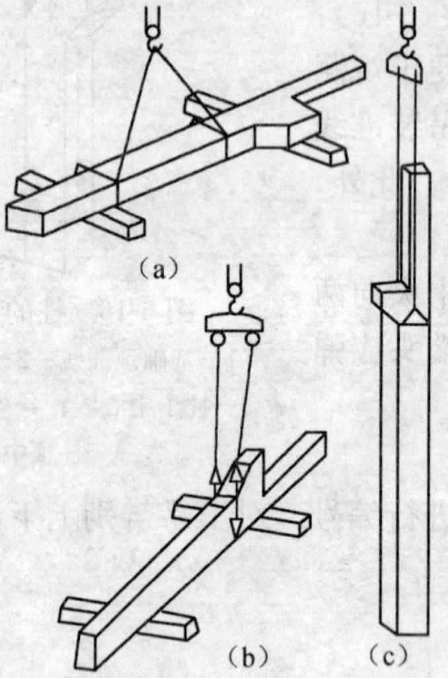

图 6-18　柱的翻身及直吊绑扎法

(a) 柱翻身的绑扎法；(b) 柱直吊时绑扎法；(c) 柱的吊升

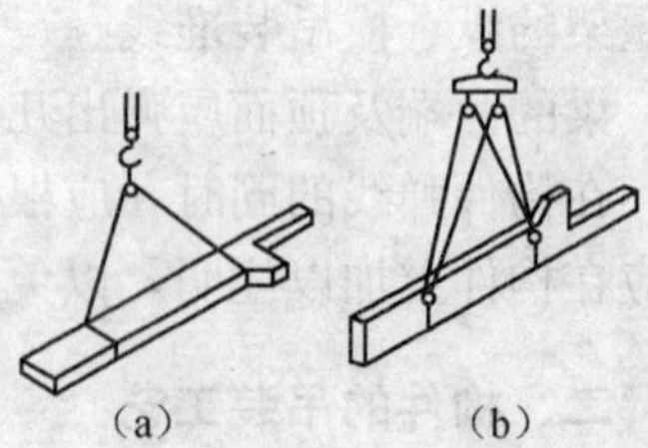

图 6-19　柱的两点绑扎法

(a) 斜吊；(b) 直吊

2. 柱的吊升

根据柱在吊升过程中的特点，柱的吊升可分为旋转法和滑行法两种。对于重型柱还可采用双机抬吊的方法。

(1) 旋转法

旋转法一般是在采用带起重臂杆的起重机时选用。吊升特点是边升钩、边回转臂杆，使柱子以下端为支点旋转成竖直状态，随即插入基础杯口。这种方法操作简单，柱身受震动小且生产效率高。

柱的平面布置方法应满足旋转法吊装要求，即原则上应使绑扎点、柱脚、杯基中心三点共弧，也就是三点都在起重机工作半径的圆弧上。同时柱脚靠近杯口，尽可能加快安装速度。旋转法的平面布置如图 6-20 所示。

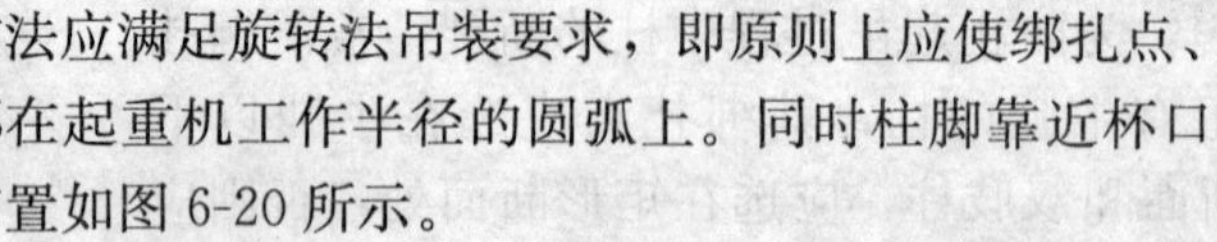

图 6-20　旋转法吊柱示意图

(a) 柱吊升过程；(b) 柱平面布置

(2) 滑行法

滑行法可用于有臂杆和无臂杆的不同起重机进行柱的吊装。滑行法吊柱的特点是吊钩对准杯口，只提升吊钩而臂杆不转动，柱随吊钩提升逐渐竖直滑向杯口，竖直后即吊入杯口。这种方法因柱脚与地面滑动摩擦力大而受震动，并且在滑起的瞬间产生冲击而“串动”，应注意吊升安全。可在柱的下端垫一枕木或滚筒，拉一溜绳，以减小阻力和避免“串动”。滑行法可以起吊较重、较长的柱子；适用于现场较窄或采用桅杆式起重机吊装。

滑行法柱的布置特点：柱的绑扎点（牛腿下部）靠近杯口，要求绑扎点和杯口中点共弧（所谓两点共弧），以便使柱吊离地面后稍作旋转即可落入杯口内（图 6-21）。

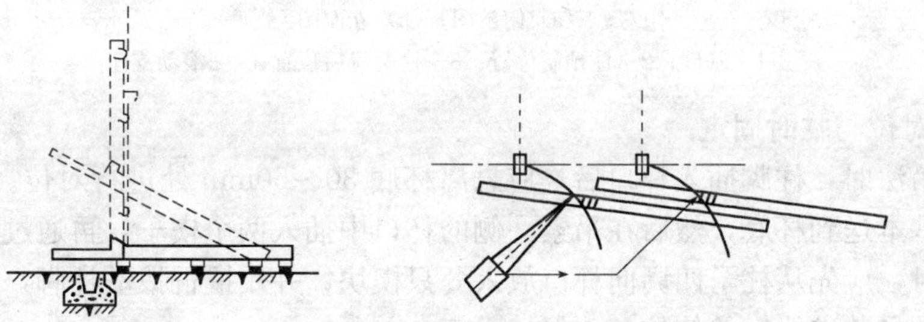

图 6-21 滑行法吊柱示意图

(a) 柱吊升过程；(b) 柱平面布置

(3) 双机抬吊

当柱的重量较大，使用一台起重机无法吊装时，可以采用双机抬吊。双机抬吊仍可采用旋转法（两点抬吊）和滑行法（一点抬吊）。

双机抬吊旋转法，是用一台起重机抬柱的上吊点，另一台抬柱的下吊点，柱的布置应使两个吊点与基础中心分别处于起重半径的圆弧上，两台起重机并列于柱的一侧（图 6-22）。起吊时，两机同时同速升钩，将柱吊离地面为（$m+0.3$）m，然后两台起重机起重臂同时向杯口旋转，此时，从动起重机 A 只旋转不提升，主动起重机 B 则边旋转边升钩直至柱直立，双机以等速缓慢落钩，将柱插入杯口中。

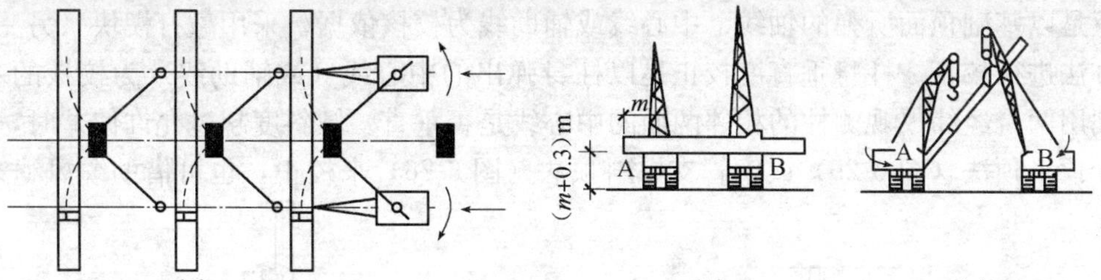

图 6-22 双机抬吊旋转法

(a) 柱的平面布置；(b) 双机同时提升吊钩，(c) 双机同时向杯口旋转

双机抬吊滑行法其柱的平面布置与单机起吊滑行法基本相同。两台起重机停放位置相对而立，其吊钩均应位于基础上方（图 6-23）。起吊时，两台起重机以相同的升钩、降钩、旋转速度工作，故宜选择型号相同的起重机。采用双机抬吊时，为使各机的负荷均不超过该机的起重能力，应进行负荷分配计算，保证吊装安全。

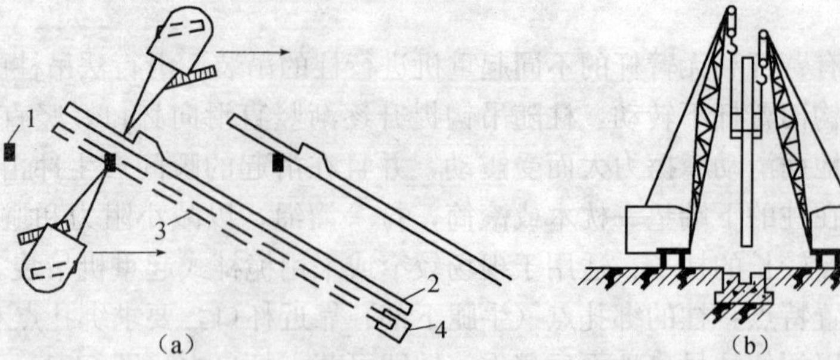

图 6-23　双机抬吊滑行法

(a) 俯视图；(b) 立面图

1—基础；2—柱预制位置；3—柱翻身后位置；4—滚动支座

3. 柱的对位与临时固定

如用直吊法时，柱脚插入杯口后，应悬离杯底 30～50mm 处进行对位。若用斜吊法时，则需将柱脚基本送到杯底，然后在吊索一侧的杯口中插入两个楔子，再通过起重机回转使其对位。对位时，应先从柱子四周向杯口放入 8 只楔块，并用撬棍拨动柱脚，使柱的吊装准线对准杯口上的吊装准线，并使柱基本保持垂直。

柱子对位后，应先将楔块略为打紧，待松钩后观察柱子沉至杯底后的对中情况，若已符合要求即可将楔块打紧，使之临时固定（图 6-24）。当柱基杯口深度与柱长之比小于 1/20，或具有较大牛腿的重型柱，还应增设带花篮螺丝的缆风绳或加斜撑措施来加强柱临时固定的稳定性。

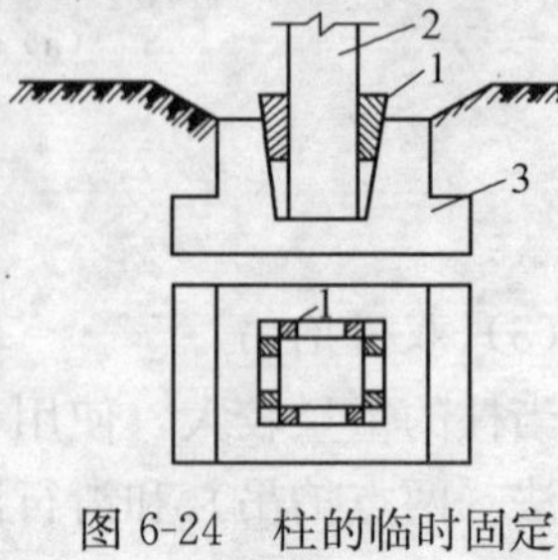

图 6-24　柱的临时固定

1—楔块；2—柱子；3—基础

4. 柱的校正

柱的校正包括平面位置、垂直度和标高的校正。标高的校正应在与柱基杯底找平时同时进行，故吊装时只需校正柱的平面位置和垂直度。

柱子安装位置的准确性和垂直度的精度，影响着吊车梁和屋架等构件的安装质量，必须进行严格的校正并使其误差限制在规范允许的范围内。

柱的平面位置和垂直度的校正是互相影响的两个过程，应互相呼应同时进行。平面位置的校正是以基础顶面所弹的轴线、中心线或辅助线为校核依据，采用敲打楔块（另一侧松楔块）办法进行校正。柱身垂直度校正是以柱身弹出的中心线（或辅助线）为校核的基准线，通常利用两台经纬仪观测柱的相邻两面的中心线是否垂直。倾斜度超过允许偏差时，可用螺旋千斤顶平顶法（图 6-25）或钢管支撑斜顶法（图 6-26）来校正，也可借助缆风绳来校正，

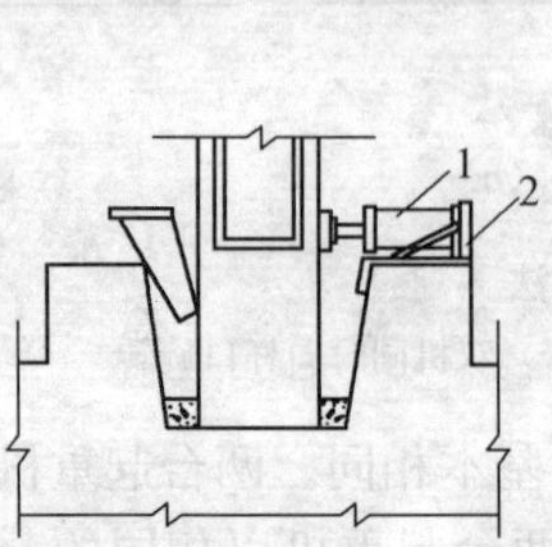

图 6-25　螺旋千斤顶校正法

1—螺旋千斤顶；2—千斤顶支座

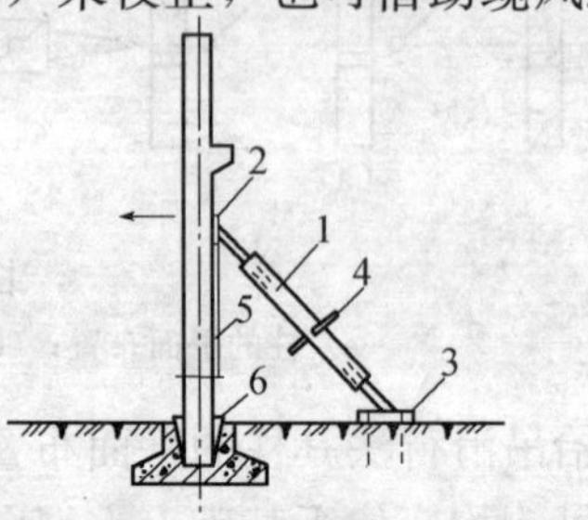

图 6-26　钢管支撑斜顶法

1—钢管；2—头部摩擦板；3—底板；4—转动手柄；5—钢丝绳；6—卡环

校正垂直偏差时要同时松开或打紧楔块，防止硬拉或硬推柱身引起弯曲或裂缝。

5. 柱的最后固定

柱经过校正后立即进行最后固定。其方法是在柱脚与杯口的空隙内浇筑比柱子混凝土强度等级高一级的细石混凝土。混凝土应分两次浇筑，首次浇至楔底，待混凝土强度达到设计强度等级的 25%后，再拔掉楔块浇至杯口顶面，并加强养护，待第二次浇筑混凝土强度达到 70%后，方能在柱上安装其他构件。

（二）吊车梁的吊装

吊车梁一般用两点绑扎，对称起吊（图 6-27)。就位时要使吊车梁上所弹安装准线对准牛腿顶面弹出的轴线（十字线）。吊车梁较高时应与柱牢固拉结。

吊车梁的校正多在屋盖吊装完毕后进行。吊车梁校正的内容包括平面位置、垂直度和标高的校正。吊车梁的标高取决于柱牛腿标高，在柱吊装前已经调整，如仍存在偏差，可待安装吊车轨道时进行调整。吊车梁的垂直度可用垂球检测，偏差在支座处加薄钢板垫平。

吊车梁的平面位置的校正，主要是校核吊车梁的纵向轴线，常用通线法和平移轴线法进行校正。通线法（俗称拉钢丝法）如图 6-28 所示。根据柱的定位轴线在厂房两端地面上测设吊车梁轴线桩，用经纬仪将吊车梁轴线投测到端柱的横杆上，在横杆投测点上拉钢丝通线（此线即是吊车梁轴线），依此逐一检查和拨正吊车梁的轴线。

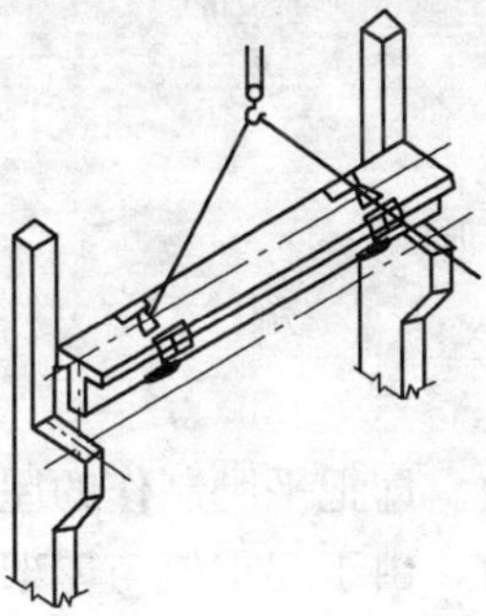

图 6-27　吊车梁吊装

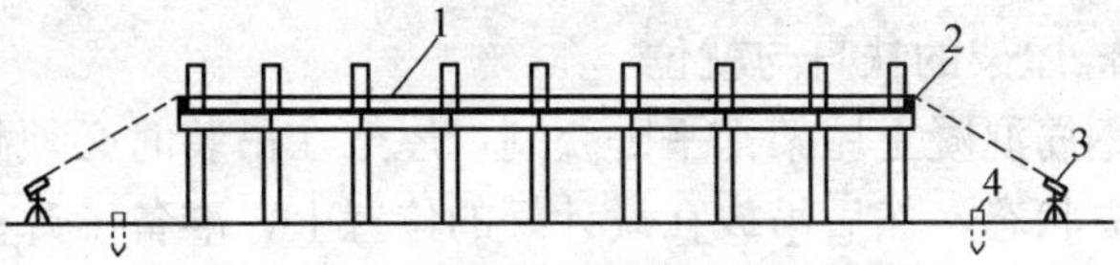

图 6-28　通线法校正吊车梁轴线

1—通线；2—横杆；3—经纬仪；4—轴线桩

平移轴线法是在柱列边设置经纬仪（图 6-29)，逐根将杯口上柱的吊装准线投射到吊车梁顶面处的柱身上（或在各柱侧面放一条与吊车梁中线距离相等的校正基准线)，并做出标志，若标志线至柱定位轴线的距离为 a，则标志到吊车梁定位轴线的距离应为 λ-a（λ 为柱定位轴线到吊车梁定位轴线之间的距离，一般 $\lambda=750$mm)。可据此来逐根校正吊车梁的安装中心线，并检查两列吊车梁之间的轨距是否符合要求。

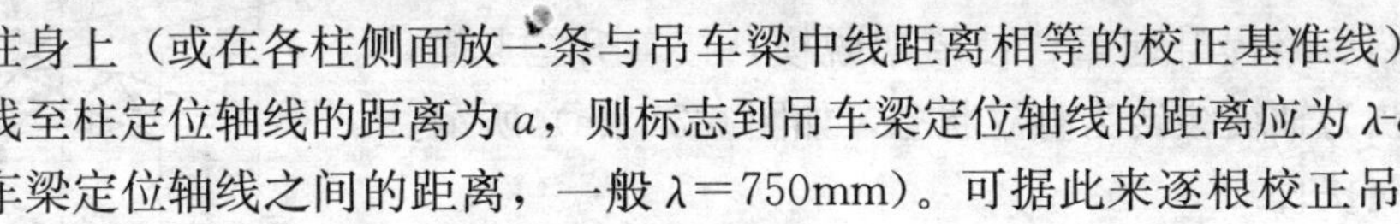

图 6-29　平移轴线法校正吊车梁

1—经纬仪；2—标志；3—柱；4—柱基；5—吊车梁

吊车梁校正合格后，应立即进行最后固定，焊好连接钢板并浇筑接头处细石混凝土。

（三）屋架的吊装

1. 屋架的绑扎

屋架起吊的绑扎点应选择在屋架上弦节点处，且左右对称，并高于屋架重心。吊索与水平线的夹角不宜小于45°，否则应采用横吊梁。屋架吊点的数目和位置与屋架的形式及跨度有关，一般屋架跨度在18m以内者多用两点绑扎；其跨度超过18m者可用四点绑扎；跨度等于和大于30m者，则应四点绑扎并采用横吊梁辅助吊装，以减小吊索高度和吊装时对杆件的压力；屋架跨度过大且构件刚度较差时，应对腹杆及下弦进行加固；对于组合屋架，因其刚度差、下弦不能承受压力，故绑扎时也应用横吊梁，屋架绑扎如图6-30所示。

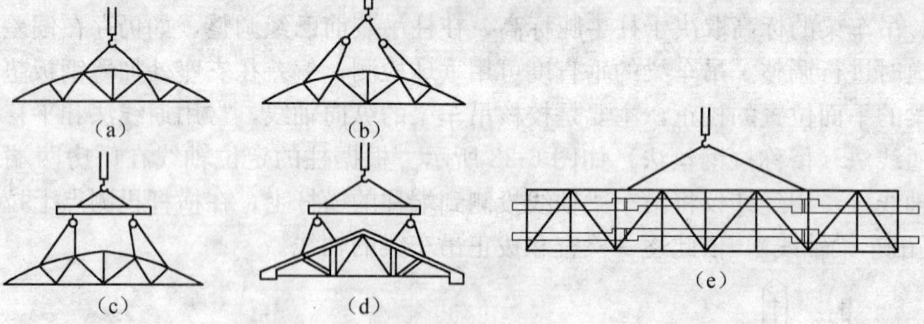

图6-30　屋架绑扎

(a) 跨度≤18m时；(b) 跨度>18m时；(c) 跨度≥30m时；(d) 三角形组合屋架；(e) 屋架加固

2. 屋架的扶直与就位

钢筋混凝土屋架都平卧叠制，屋架在吊装时必须翻身扶直排放。即把平卧制作的屋架扶成竖立状态，然后吊放在设计好的位置上，准备吊升；扶直屋架时，由于起重机与屋架相对位置不同，可分为正向扶直与反向扶直。

(1) 正向扶直

起重机立于屋架下弦一边，首先以吊钩对准屋架中心，收紧吊钩，然后略提升起重臂使屋架脱模，接着升钩起臂，使屋架以下弦为轴缓缓转为直立状态，如图6-31 (a) 所示。

(2) 反向扶直

是起重机立于屋架上弦一边，首先以吊钩对准屋架中心，收紧吊钩，接着升钩并降低起重臂，使屋架以下弦为轴缓缓转为直立状态，如图6-31 (b) 所示。

这两种方法的不同点是在扶直过程中，一为升钩起臂，一为降钩降臂，以保持吊钩始终在屋架上弦的垂直上方。起重机升臂易于降臂，且操作较安全，故应尽可能采用正向扶直。

屋架扶直后，应立即进行就位（后面详述）。屋架就位位置，当与屋架预制位置在起重机开行路线的同一侧时，叫同侧就位（图6-31a）；当与屋架预制位置不是在起重机开行路线的同一侧时，叫异侧就位（图6-31b）。

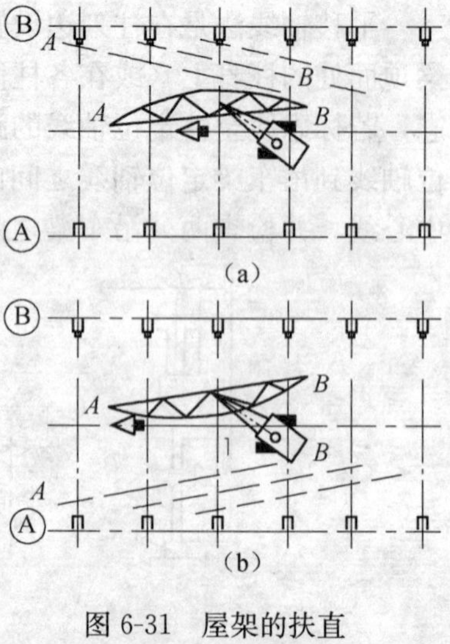

图6-31　屋架的扶直

(a) 正向扶直；(b) 反向扶直

（虚线表示屋架排放的位置）

3. 屋架的吊升、对位与临时固定

屋架吊升时离开地面约 500mm 后，应停车检查吊索是否稳妥，然后旋转至安装位置下方，再沿垂直方向吊升超过柱顶约 300mm，然后缓缓落在柱顶就位，力求对准柱顶的轴线，同时检查和调整屋架的间距和垂直度，随后做好临时固定，稳妥后起重机才能脱钩。

第一榀屋架的临时固定必须可靠。一方面一榀屋架形成不稳定结构，侧向稳定性很差，另外第二榀屋架要以它为依托进行固定，所以第一榀的固定是关键且难度较大。常见的临时固定方法有两种：一种是利用四根缆风绳从两侧将屋架拉牢，另一种是与已安装好的抗风柱连接固定。第二榀及以后各榀屋架的固定，常采用工具式卡具临时固定到前一榀屋架上。工具式卡具还可用于校正屋架间距。屋架的临时固定如图 6-32 所示。

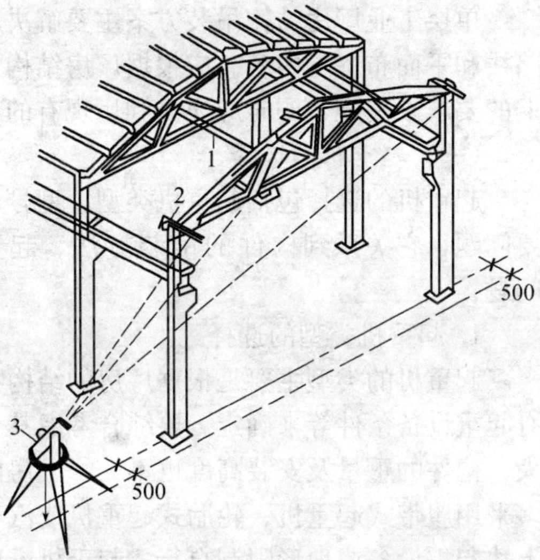

图 6-32　屋架的临时固定与校正

1—工具式支撑；2—卡尺；3—经纬仪

4. 屋架的校正和最后固定

屋架主要校正垂直度，可用经纬仪或锤球进行检测。用经纬仪检查屋架垂直度时，预先在屋架上弦两端和中央固定三根方木，并在方木上画出距上弦中心线定长（一般为 500mm）的标志。在地面上作一条平行于屋架横向轴线，且与其间距为 a 的辅助线，利用辅助线支经纬仪测定三根方木上的标志是否在同一垂直面上。如偏差值超出规范规定，应用屋架校正器（图 6-33）加以纠正，并将屋架支座用铁片垫实，最后进行焊接固定。

图 6-33　屋架校正器

1—钢管；2—撑脚；3—屋架上弦；

4—螺母；5—螺杆；6—摇把

（四）天窗架及屋面板的吊装

天窗架常采用单独吊装，也可与屋架拼装成整体同时吊装，以减少高空作业，但对起重机的起重量和起重高度要求较高。天窗架单独吊装时，需待两侧屋面板安装后进行，并应用工具式夹具或绑扎圆木进行临时加固（图 6-34）。

屋面板的吊装，一般多采用一钩多块叠吊或平吊法（图 6-35），以发挥起重机的效能，

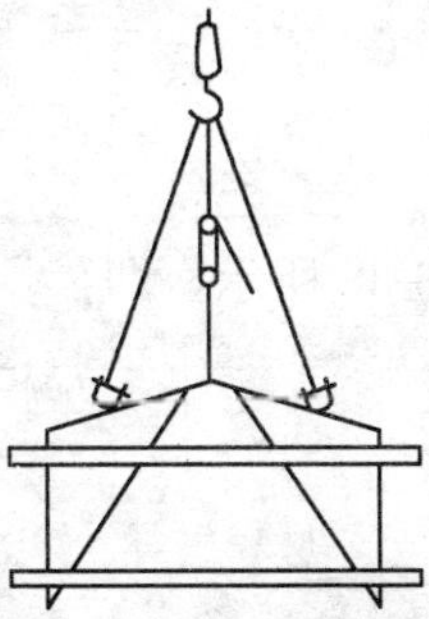

(a)　(b)

图 6-34　天窗架的绑扎

(a) 两点绑扎；(b) 四点绑扎

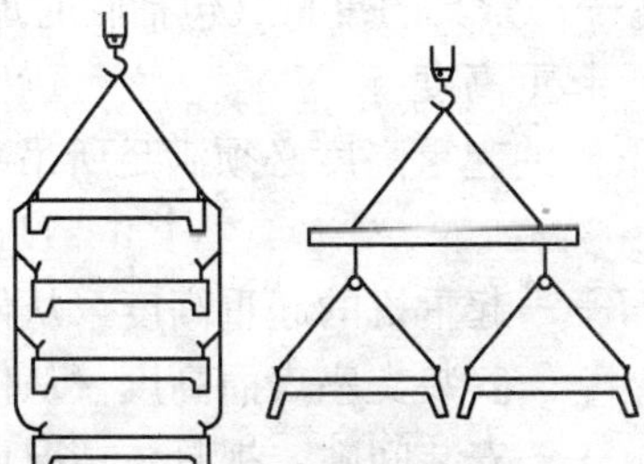

(a)　(b)

图 6-35　屋面板吊装

(a) 多块叠吊；(b) 多块平吊

提高生产率。吊装顺序，应由两边檐口左右对称逐块吊向屋脊，避免屋架承受半跨荷载。屋面板对位后，应立即焊接固定，并应保证有三个角点焊接。

三、结构吊装方案

单层工业厂房结构吊装方案主要解决起重机的选择、结构吊装方法，确定起重机的开行路线和平面布置等内容。应根据厂房结构形式，构件的尺寸、重量、安装高度，工程量和工期的要求来确定，同时应充分利用现有的起重设备。

（一）起重机的选择

起重机的选择包括起重机类型、型号、臂长及起重机数量的确定，是结构安装工程的重要问题，它关系到构件的吊装方法、起重机的开行路线和停机点、构件的平面布置等问题。

1. 起重机类型的选择

起重机的类型主要是根据厂房的结构特点、跨度、构件重量、吊装高度、吊装方法及现有起重设备条件等来确定。要综合考虑其合理性、可行性和经济性。一般中小型厂房跨度不大，构件的重量及安装高度也不大，厂房内的设备多在厂房结构安装完毕后进行安装，所以多采用履带式起重机、轮胎式起重机或汽车式起重机，以履带式起重机应用最为普遍。缺乏上述起重设备或地形限制自行式起重机难以到达的地方，可采用桅杆式起重机（独脚拔杆、人字拔杆等）。重型厂房跨度大、构件重、安装高度大、厂房内的设备往往要同结构吊装穿插进行，所以一般采用大型履带式起重机、轮胎式起重机、重型汽车式起重机以及重型塔式起重机与其他起重机械配合使用。

2. 起重机型号的选择

确定起重机的类型以后，要根据构件的尺寸、重量及安装高度来确定起重机型号。所选定的起重机的三个工作参数起重量 Q、起重高度 H、起重半径 R 要满足构件吊装的要求。一台起重机一般都有几种不同长度的起重臂，在厂房结构吊装过程中，如各构件的起重量、起重高度相差较大时，可选用同一型号的起重机，以不同的臂长进行吊装；充分发挥起重机的功能。

（1）起重量

起重机的起重量必须大于或等于所安装构件的重量与索具重量之和，即：

$$Q \geqslant Q_1 + Q_2 \tag{6-11}$$

式中 Q——起重机的起重量（kN）；

Q_1——构件的重量（kN）；

Q_2——索具的重量（包括临时加固件重量）（kN）。

（2）起重高度

起重机的起重高度必须满足所吊装的构件的安装高度要求，如图 6-36 所示，即：

$$H \geqslant h_1 + h_2 + h_3 + h_4 \tag{6-12}$$

式中 H——起重机的起重高度（从停机面算起至吊钩中心）（m）；

h_1——安装支座表面高度（从停机面算起）（m）；

h_2——安装间隙，视具体情况而定，但不小于 0.3m；

h_3——绑扎点至构件起吊后底面的距离（m）；

h_4——索具高度（从绑扎点到吊钩中心距离）（m）。

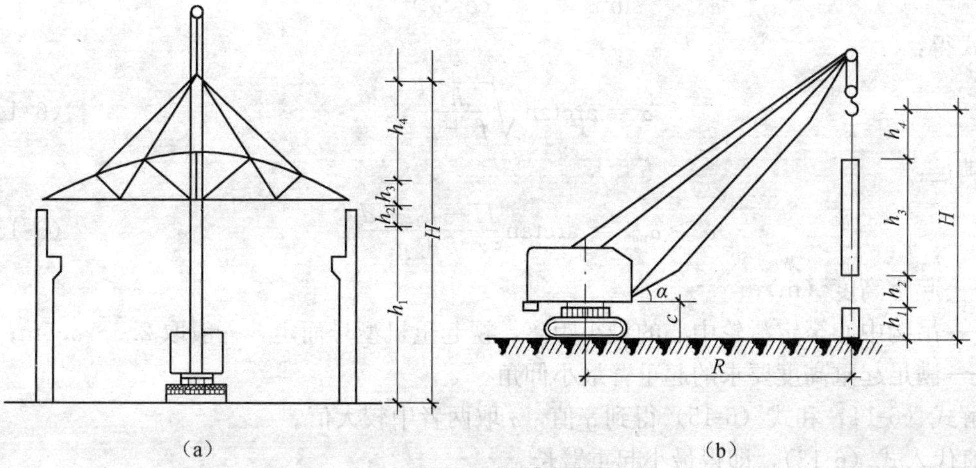

图 6-36　起重高度计算简图

(a) 安装屋架；(b) 安装柱子

(3) 起重半径

起重半径的确定，可以按 3 种情况考虑：

1) 一般情况下，当起重机可以不受限制地开到构件吊装位置附近去吊构件时，对起重半径没有什么要求，可根据计算的起重量 Q 和起重高度 H，查阅起重机工作性能表或曲线图来选择起重机型号及起重臂长度，并可查得在一定起重量 Q 和起重高度 H 下的起重半径 R，作为确定起重机开行路线及停机点的依据。

2) 在某些情况下，当起重机停机位置受到限制而不能直接开到构件吊装位置附近去吊装构件时，需根据实际情况确定起吊时的最小起重半径 R，根据起重量 Q、起重高度 H 和起重半径 R 三个参数，查阅起重机工作性能表或曲线来选择起重机的型号及起重臂长，所选择的起重机必须同时满足计算的起重量 Q、起重高度 H 和起重半径 R 的要求。

3) 当起重机的起重臂需跨过已安装好的构件去吊装构件时（如跨过屋架去吊装屋面板），为了不使起重臂与已安装好的构件相碰，需求出起重机起吊该构件的最小臂长 L 和相应的起重半径 R，并据此及起重量 Q 和起重高度 H 查起重机性能表或曲线，来选择起重机的型号及臂长。

确定起重机的最小臂长，可用数解法，也可用图解法。

①数解法

由图 6-37（a）所示的几何关系，起重臂长 L 可表示为其仰角 α 的函数

$$L \geqslant l_1 + l_2 = \frac{h}{\sin\alpha} + \frac{f+g}{\cos\alpha} \tag{6-13}$$

式中　h——起重臂下铰点至吊装构件支座顶面的高度（m），$h=h_1-E$；

h_1——安装支座表面高度（从停机面算起）（m）；

E——初步选定的起重机的臂下铰点至停机面的距离（m）；

f——起重钩需跨过已安装好的构件的水平距离（m）；

g——起重臂轴线与已安装好构件间的水平距离（至少取 1m）（m）；

确定最小起重臂长度，就是求式（6-13）中 L 的极小值，令 $dL/d\alpha=0$，即：

$$\frac{dL}{d\alpha} = \frac{-h\cos\alpha}{\sin^2\alpha} + \frac{(f+g)\sin\alpha}{\cos^2\alpha} = 0$$

解上式得：

$$\alpha = \arctan\sqrt[3]{\frac{h}{f+g}} \tag{6-14}$$

且应满足：

$$\alpha \geqslant \alpha_{min} = \arctan\frac{H-h_1+d}{f+g} \tag{6-15}$$

式中 H——起重高度（m）；

d——吊钩中心至定滑轮中心的最小距离，视起重机型号而定，一般取 2.5～3.5m；

α_{min}——满足起重高度要求的起重臂最小仰角。

解式（6-14）和式（6-15）得到 α 值，α 取两者中较大值。

将 α 值代入式（6-13），即得最小起重臂长。

②图解法

如图 6-37（b）所示，可按以下方法、步骤求最小臂长：

第一步，按一定比例（不小于 1∶200）画出欲吊装厂房一个节间的纵剖面图，并画出起重机吊装屋面板时起重钩位置处的垂线 Y-Y；画平行于停机面的线 H-H，该线距停机面的距离为 E（E 为初步选定的起重机的臂下铰点至停机面的距离）。

第二步，自屋架顶面中心线向起重机方向水平量出一距离 $g=1$m，定出 P 点；按满足吊装要求的起重臂上定滑轮中心线的最小高度，在垂线 Y-Y 上定出 A 点（A 点距停机面的距离为 $H+d$）。

第三步，连接 A，P 两点，其延长线与 H-H 相交于一点 B，线段 AB 即起重臂的轴线长度。然后，以 P 点为圆心，向顺时针方向略旋转与 Y-Y、H-H 相交后得线段 A_1B_1。比较 AB 与 A_1B_1，若 $A_1B_1<AB$ 则应继续旋转，以找到其最小值 A_iB_i，所得的最小值 A_iB_i 即为最小起重臂长度 L_{min}。若始终都有 $A_iB_i>AB$，则 AB 即为最小起重臂长度 L_{min}。

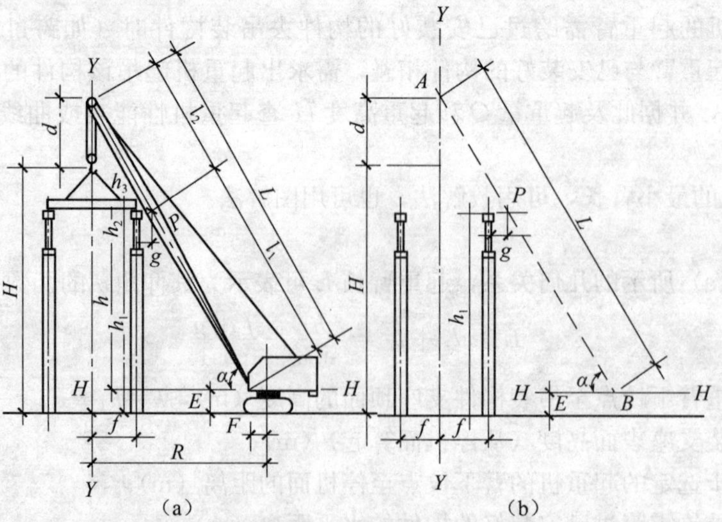

图 6-37　吊装屋面板时，起重机最小臂长计算简图

(a) 数解法；(b) 图解法

根据数解法或图解法所求得的最小起重臂长度为理论值 L_{min}，查起重机的性能表或性能曲线，从规定的几种臂长中选择一种臂长 $L > L_{min}$ 即为吊装屋面板时所选的起重臂长度。

根据实际采用的 L 及相应的 α 值，计算起重半径 R：

$$R = F + L\cos\alpha \tag{6-16}$$

按计算出的 R 值及已选定的起重臂长度 L 查起重机工作性能表或曲线，复核起重量 Q 和起重高度 H，如满足要求，即可根据 R 值确定起重机吊装屋面板时的停机位置。

3. 起重机台数的确定

所需起重机台数，根据厂房的工程量、工期和起重机的台班产量定额按下式计算：

$$N = \frac{1}{TCK_B}\Sigma\frac{Q_i}{P_i} \tag{6-17}$$

式中 N——起重机台数；

T——工期（d）；

C——每天工作班数；

K_B——时间利用系数，取 0.8～0.9；

Q_i——每种构件的吊装工程量（件或 t）；

P_i——起重机相应的台班产量定额［件/(台·班) 或 t/(台·班)］。

此外，在决定起重机数量时，还应考虑构件装卸、拼装和排放的工作量。

（二）结构吊装方法

单层工业厂房结构吊装方法，要考虑整个厂房结构全部预制构件的总体安装顺序。安装方法应在结构安装方案中确定，以指导厂房结构构件的制作、排放和安装。厂房结构安装方法通常分为分件吊装法（俗称大流水）和综合吊装法（俗称节间法）。

1. 分件吊装法

分件吊装法是指起重机每开行一次仅吊装一种（或两种）构件，厂房结构的全部构件需要起重机多次开行才能完成装配工作。例如，第一次开行吊装全部柱子，并进行校正和最后固定；第二次开行吊装吊车梁、连系梁及柱间支撑；第三次开行吊装屋架、天窗架、屋面板及屋面支撑等。

分件吊装时应根据所吊构件确定起重机的起重参数，以充分发挥机械效能。分件吊装法的优点是：由于每次吊装一种构件，构件可以分批进场，供应亦较单一，构件的平面布置比较简单，现场不致拥挤；吊装时不需要经常更换索具，工人操作熟练可加快吊装速度；此外，由于两种构件吊装的时间间隔长，能为柱的校正和永久固定的混凝土养护留出充裕时间。所以，分件吊装法是单层厂房结构安装的常用方法。其缺点是不能为后续工作及早提供工作面，起重机的开行路线长。

2. 综合吊装法

综合吊装法是指起重机在跨内一次开行中，分节间（四根柱和屋盖等全部构件为一节间）安装完所有各种类型构件。即先吊装 4～6 根柱子，随即加以校正和最后固定，接着安装吊车梁、连系梁、屋架、屋面板等构件。安装完一个节间所有构件后，起重机再移至下一节间进行安装。

综合吊装法的优点是：起重机开行路线短、停机次数少，可以为后续工作创造工作面，有利于组织立体交叉平行流水作业，以加快工程进度。其缺点是：因一次停机要吊装多种构件，索具更换频繁，影响吊装效率；轻重构件同时吊装，起重机性能不能充分发挥；构件的校正要相互穿插进行，时间紧迫，校正困难；构件类型多，供应紧张，平面布置困难较大；安装技术比较复杂，必须要有严密的施工组织，否则会造成施工混乱。所以在吊装轻型厂房结构、钢结构或采用桅杆起重机时才可能采用，一般中型以上的厂房用得较少。

（三）起重机的开行路线及停机位置

起重机开行路线及停机位置与起重机性能、构件的尺寸和重量、构件的平面布置、构件的供应方式和吊装方法等多种因素有关。采用分件吊装法，起重机开行路线有以下几种：

(1) 吊装柱时，起重机开行路线有跨内开行和跨外开行，跨内开行又有跨边开行和跨中开行，究竟用哪种，应根据具体条件确定。

1）跨内开行

①当起重半径$\frac{L}{2}\leqslant R\pi\sqrt{\left(\frac{L}{2}\right)^2+\left(\frac{b}{2}\right)^2}$（$L$为厂房跨度，$b$为柱距）时，起重机可沿跨中开行，停机点位置在以基础中心为圆心，以R为半径的圆弧与跨中开行路线的交点处，每个停机点可吊装2根柱（图6-38a）。

②当起重半径$R\geqslant\sqrt{\left(\frac{L}{2}\right)^2+\left(\frac{b}{2}\right)^2}$时，起重机沿跨中开行，停机点在该柱网对角线中点处，每个停机点可吊装4根柱（图6-38b）。

③当起重半径$R<\sqrt{a^2+\left(\frac{b}{2}\right)^2}$时（$a$为开行路线至柱列纵轴线距离，$a\leqslant R$），起重机需沿跨边开行，每个停机点只吊1根柱（图6-38c）。

④当$R\geqslant\sqrt{a^2+\left(\frac{b}{2}\right)^2}$时，停机点在开行路线上柱距中点处（图6-38d），每个停机点可吊装2根柱。

2）跨外开行

①当起重半径$R<\sqrt{a^2+\left(\frac{b}{2}\right)^2}$时，每个停机点吊1根柱（图6-38e）。

②当$R\geqslant\sqrt{a^2+\left(\frac{b}{2}\right)^2}$时，则一个停机点可吊2根柱（图6-38f）。

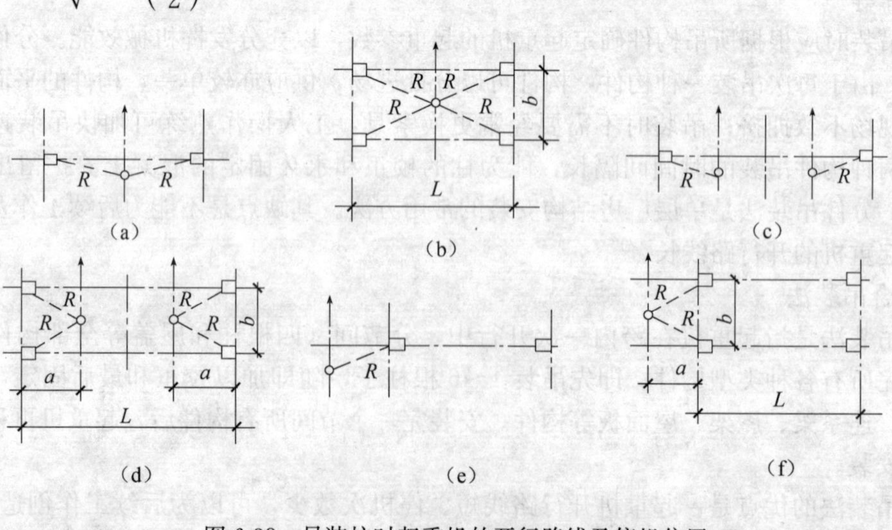

图6-38　吊装柱时起重机的开行路线及停机位置

(a)、(b) 跨中开行；(c)、(d) 跨边开行；(e)、(f) 跨外开行

(2) 屋架扶直就位及吊装屋架、屋面板等屋面构件时，起重机大多沿跨中开行。

图 6-39 为采用分件吊装法时起重机的开行路线及停机位置举例。

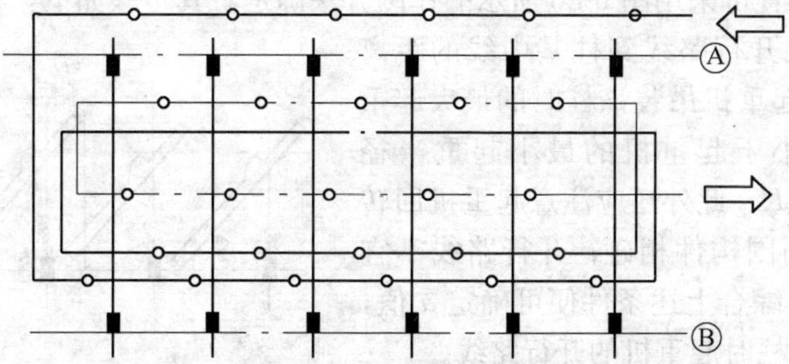

图 6-39 起重机的开行路线及停机位置举例

当厂房具有多跨并列，且有纵横跨时，可先吊装各纵向跨，后吊装横向跨，以保证在各纵向跨吊装时，起重机械、运输车辆通畅。如各纵跨有高低跨时，则应先吊装高跨，然后逐步向两边吊装。

当厂房面积较大或多跨时，为加速工程进度，可将厂房划分为若干施工段，选用多台起重机同时进行施工。每台起重机可独立作业，负责完成一个区段的全部吊装工作，也可选用不同性能的起重机协同作业，分别吊装柱和屋盖系统，组织大流水施工。

(四) 构件的平面布置

构件的平面布置与吊装方法、起重机性能、构件制作方法有关。在选定起重机型号，确定施工方案后，可根据施工现场实际情况制定。

1. 构件的平面布置原则

(1) 各跨构件应尽可能布置在本跨内，如布置有困难，才考虑布置在跨外。

(2) 构件的布置方式应满足吊装工艺要求，首先考虑重型构件的布置，尽可能布置在起重机的起重半径内，以减少起重机负荷行走及起重臂的起伏次数。

(3) 现场预制构件的布置应便于支模及混凝土的浇筑，对预应力构件还应考虑抽管、穿筋等操作场地。

(4) 各种构件均应力求少占地，要保证起重机械、运输车辆道路畅通，起重机回转时尾部不致与构件相碰撞。

(5) 构件的布置要考虑吊装时的朝向，以避免吊装时在空中调头，影响进度和安全。

(6) 构件应布置在坚实的地基上，在新填土上布置时，必须夯实，并采取一定措施防止下沉而影响构件质量。

构件的平面布置可分为预制阶段的构件平面布置和吊装阶段的构件平面布置，两者之间有密切关系，应同时考虑。

2. 预制阶段的构件平面布置

(1) 柱子的布置

柱子的布置一般可视厂房场地条件决定起重机沿柱列跨内或跨外开行，而柱子也随之排放在跨内或跨外。起重机开行路线距柱列轴线的距离取决于起重机的起重半径和机车回转的安全要求，以保证柱子能顺利插入杯口内。柱子的布置方式有斜向布置和纵向布置两种。

1）斜向布置

采用旋转法吊柱子时，柱宜斜向布置，按三点共弧或两点共弧布置。按三点共弧作斜向布置时，其预制位置可采用图6-40所示的作图方法确定。其步骤如下：

①确定起重机开行路线到柱基中线的距离 a，其值不应超过起重机吊装该柱时的最大起重半径 R，也不能小于起重机的最小起重半径 R_{min}，即 $R_{min}<a\leqslant R$。此外还应注意起重机回转时其尾部不得与周围构件相碰；开行路线不宜通过回填土地段。综合上述条件便可确定 a 值，并在图上画出吊装柱时起重机的开行路线。

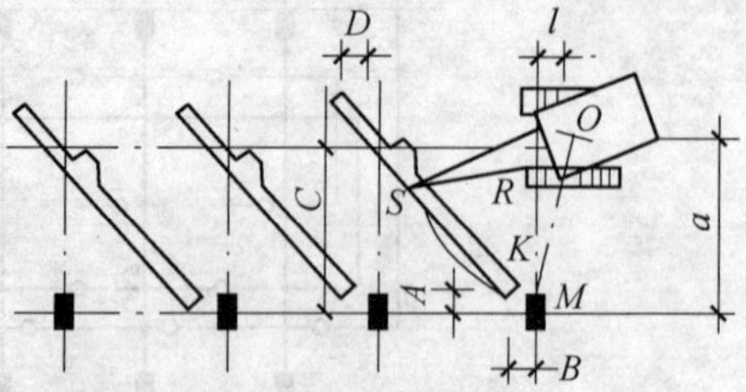

图6-40　柱子斜向布置方法之一（三点并弧）

②确定起重机的停机位置。以柱基中心 M 为圆心、以吊装该柱的起重半径 R 为半径画弧，交起重机开行路线于 O 点，O 点即为吊装该柱的停机点。

③确定柱预制位置。以停机点 O 为圆心、以 R 为半径画弧，在靠近柱基的弧线上选一点 K 做柱脚中心的位置；再以 K 为圆心，以柱脚到吊点距离为半径画弧，与 OM 半径所画弧相交于 S，连接 KS，以 KS 为中心线，按柱尺寸画出柱的模板图，即为柱的预制位置图。同时标出柱顶、柱脚与柱到纵横线的距离 A，B，C，D，作为支模的依据。

布置柱子时尚应注意牛腿的朝向。当柱子在跨内预制或就位时，牛腿应朝向起重机；若柱子布置在跨外，牛腿则应背向起重机。

若场地受限制或柱过长，难以做到三点共弧时，可按两点共弧布置。一种是将柱脚与柱基安排在起重半径 R 的同一圆弧上，将吊点放在圆弧之外（图6-41a）。吊装时先用较大的起重半径 R' 吊起柱子，并升臂。当起重臂由 R' 变为 R 后，停止升臂，在按旋转法吊装柱。另一种是将吊点与柱基安排在起重半径 R 的同一圆弧上，柱脚可斜向任意方向（图6-41b）。吊装时，柱可用旋转法或滑行法吊升。

图6-41　柱子斜向布置方法之二（两点共弧）

（a）柱脚与柱基两点共弧；（b）吊点与柱基两点共弧

2）纵向布置

吊装柱子采用滑行法时，柱子可以纵向布置，预制时与厂房纵轴平行排列（图6-42）。若柱长小于12m，可以排成一行，为了节约模板及场地，对于矩形柱可以采用叠浇；如果柱长大于12m，可以排成两行进行预制，也可采用叠浇。起重机停在两柱基中间，每停机一次，可吊装2根。柱子排放的位置应把吊点放在以 R 为半径的圆弧线上。

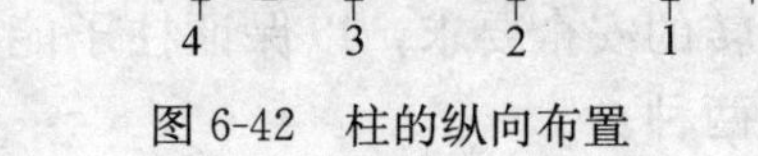

图6-42　柱的纵向布置

（2）屋架的布置

屋架一般在跨内平卧叠浇进行预制，每叠 3～4 榀。布置方式有三种：斜向布置、正反斜向布置、正反纵向布置（图 6-43）。

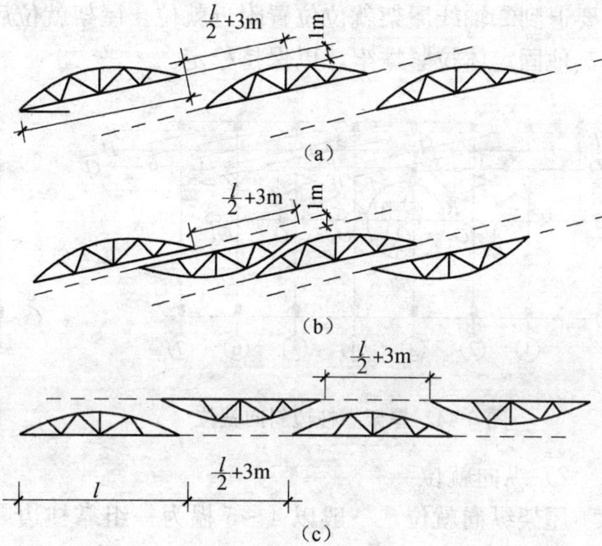

图 6-43　屋架预制布置

(a) 斜向布置；(b) 正反斜向布置；(c) 正反纵向布置

上述三种布置形式中，应优先考虑采用斜向布置，因为它便于屋架的扶直和就位。只有当场地受限制时，才用后两种布置形式。

在屋架预制布置时，还应考虑屋架扶直就位要求及扶直的先后顺序，应将先扶直的放在上层。另外也要考虑屋架两端的朝向、预埋件的位置等，要符合吊装时对朝向的要求。

（3）吊车梁的布置

吊车梁可靠近柱基顺纵轴方向或略为倾斜布置，也可以插在柱的空档中预制。如有运输条件，一般在工厂制作。

3. 吊装阶段的平面布置

由于柱子在预制阶段已按吊装阶段的堆放要求进行了布置，所以柱子在两个阶段的布置是一致的。一般先吊柱子，以便空出场地布置其他构件。所以吊装阶段构件的布置，主要是指屋架扶直就位以及吊车梁、连系梁、屋面板等构件的运输就位。

（1）屋架的扶直就位

屋架扶直后，用起重机把屋架吊起并移放在吊装前最近的便于操作位置，叫就位。屋架就位时应考虑安装顺序，两端朝向。屋架就位方式一般有两种：斜向就位和纵向就位。

1）斜向就位

屋架靠柱边斜向就位，可按下述作图方法确定其就位位置（图 6-44）。

①确定起重机吊装屋架时的开行路线及停机位置

吊装屋盖系统构件时，起重机一般沿跨中开行。在图上画出开行路线。然后以欲吊装的某轴线（例如②轴线）屋架的中点 M_2 为圆心，以所选择的起重半径 R 为半径画弧线交开行路线于 O_2 点，O_2 点即为吊装②轴线屋架时的停机点。

②确定屋架的就位范围

屋架宜靠柱边就位，即可利用柱子作为屋架就位后的临时支撑。所以要求屋架离开柱边的净距不小于 0.2m。当场地受限制时，屋架端头也可少许伸出跨外一些。这样，首先可以定出屋架就位的外边线 P-P。起重机在吊装时要回转，若起重机尾部至回转中心距离为 A，则在距离起重机开行路线 $A+0.5$m 范围内不宜有构件堆放，由此可定出内边线 Q-Q。在 P-P 和 Q-Q 两虚线间即为屋架的就位范围，根据实际需要定 Q-Q。

③确定屋架的就位位置

屋架实际就位范围确定之后，画出 P-P 与 Q-Q 的中心线 H-H，屋架就位后的中点均应在 H-H 线上。以②轴线屋架的停机点 M_2 为圆心，以起重半径 R 为半径，画弧线交 H-H 线于 G 点，G 点即为②轴线屋架就位后的中点。再以 G 点为圆心，以屋架跨度的 1/2 为半径，画弧交 P-P，Q-Q 两线于 E 和 F 两点，连接 E，F 即为②轴线屋架就位的位置。其他屋架就位位置均应平行此屋架，端点相距 6m。只有①轴线的屋架，当已安装好抗风柱时，需要退到②轴线屋架就位位置附近就位。屋架就位后，应用 8 号铁丝、支撑等与已安装好柱或其他固定体拉紧撑牢，以保持稳定。

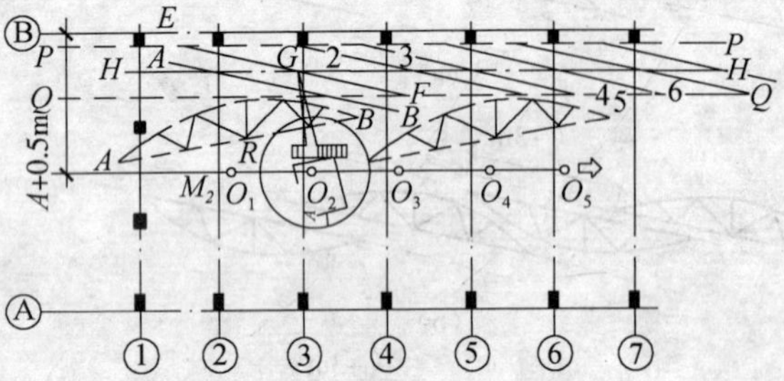

图 6-44 屋架靠柱边斜向就位

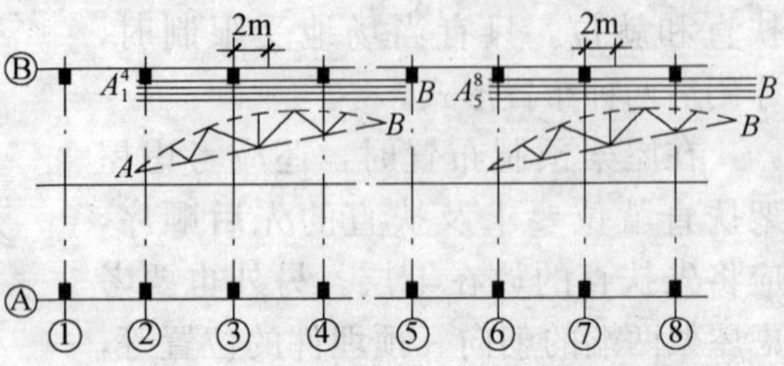

图 6-45 屋架成组纵向就位

2）纵向就位

屋架纵向就位，一般以 4～5 榀为一组靠柱边顺轴线纵向排列（图 6-45）。屋架与柱之间、屋架与屋架之间的净距不小于 0.2m，每组之间应留出 3m 左右的间距，作为横向通道。每组屋架就位中心线，应安排在该组屋架倒数第二榀吊装轴线之后 2m 处，这样可以避免在已安装好的屋架下绑扎和起吊屋架，起吊以后也不会和已安装好的屋架相碰。

（2）吊车梁、连系梁和屋面板的运输堆放

单层工业厂房的吊车梁、连系梁和屋面板等，一般在预制厂集中生产，然后运至工地安装。构件运至现场后，应按施工组织设计规定位置，按编号及吊装顺序进行堆放。

吊车梁、连系梁的就位位置，一般在其吊装位置的柱列附近，跨内跨外均可，条件允许时也可随运输随吊装。

屋面板则由起重机吊装时的起重半径确定。当在跨内布置时，应后退 3～4 个节间靠柱边堆放；在跨外布置时，应后退 1～2 个节间靠柱边堆放，每 6～8 块为一叠，并应支垫平稳。

思考题

1. 试述桅杆式起重机的分类、构造及性能。

2. 自行式起重机有哪几种类型，各有何特点？

3. 试述履带式起重机的主要技术参数及其相互关系，如何使用起重机的特性曲线及性能表？

4. 如何对履带式起重机进行稳定验算？

5. 当起重机的起重量 Q 不能满足要求时，应采取什么措施？

6. 单层工业厂房结构吊装前的准备工作是什么？

7. 分件吊装法如何吊装？

8. 试述柱子斜吊法和直吊法各有什么特点。

9. 试比较柱的旋转法和滑升法吊升过程的区别及这两种方法的优缺点。

10. 当柱子宽面抗弯能力不能满足吊装要求时，可采用何种绑扎方法？它有哪些优缺点？

11. 屋架绑扎时，吊索与水平面夹角应如何选取？为什么？

12. 在设备及施工场地许可的条件下，下列的吊装方案中宜优先考虑哪一种，简单说明理由。

(1) 预制柱。斜向布置与纵向布置。

(2) 屋架扶直。正向扶直与反向扶直。

13. 试述柱的吊升工艺及方法，吊点选择应考虑什么原则？

14. 试比较旋转法和滑行法的优缺点及适用范围，对柱的布置各有何要求？

15. 试述柱子三点共弧（或两点共弧）进行斜向布置的方法。

16. 当柱采用双机抬吊时，应注意什么问题？试述双机抬吊的方法。

17. 如何对柱进行固定和校正？

18. 对屋架预制布置有何要求，其布置方式有哪几种？试比较其优缺点。

19. 屋架正向扶直和反向扶直有何区别？

20. 屋架就位方法有几种？斜向就位的位置如何确定？对成组就位有何要求？

21. 屋架的吊点如何选择？对屋架绑扎有何要求？在哪种情况下应采用横吊梁？

22. 试述屋架吊升、校正和固定方法。

23. 对屋面板就位、吊装顺序和固定有何要求？

24. 试比较分件吊装和综合吊装的优缺点。

25. 起重机开行路线与构件预制平面布置和就位平面布置有何关系？

第七章　钢结构工程

从广义上讲钢结构是指以钢铁为基材，经过机械加工组装而成的结构。一般意义上的钢结构主要用于工业厂房、高层建筑、大跨屋面结构、桥梁等，即建筑钢结构。由于钢结构具有强度高、结构轻、施工周期短和精度高等特点，因而在其他土木工程也被广泛采用。

第一节　钢结构加工

一、放样、号料与切割下料

（一）放样

钢结构是按照结构的实物缩小比例绘制成设计施工图来制造的。钢结构是由许多构件组成，结构的形状复杂，在施工图上很难反映出来某些构件的真实形状，甚至有时标注的尺寸也不好表示。放样是根据钢结构施工详图或构件加工图，以1∶1的比例把产品或零部件的实形画在放样台上，核对图纸的安装尺寸和孔距，根据实样制作样板和样杆，作为号料、切割和制孔的依据。放样工作十分重要，事先必须仔细阅读结构、构件的施工详图，并进行核对。放样是钢结构制作工艺中的第一道工序，只有放样尺寸精确，才能避免以后各道加工工序的累积误差，才能保证整个工程的质量。

1. 放样准备

放样前，应校对图纸各部尺寸有无不符之处，与土建和其他安装工程分部有无矛盾。如果图纸标注不清，与有关标准有出入或有疑问，自已不能解决时，应与有关部门联系，妥善解决，以免产生错误。如发现图纸设计不合理，需变动图纸上的主要尺寸或发生材料代用时，应向有关部门联系取得一致意见，并在图纸上注明更改内容和更改时间，填写技术变更核定（洽商）单等签证。

2. 放样操作

根据施工图中的具体技术要求，按照1∶1的比例尺寸和基准画线以及正投影的作图步骤，画出构件相互之间的尺寸及真实图形。产品放样经检查无误后，采用0.5～1mm的薄钢板或油毡纸及马粪纸等材料，以实样尺寸为依据，制出零件的样杆、样板，用样杆和样板进行号料。放样时，要先打出构件的中心线，然后再画出零件尺寸。焊接构件放样重点控制连接焊缝长度和型钢重心，并根据工艺要求预留切割余量，加工余量或焊接收缩量。放样时，桁架上、下弦应同时起拱，竖直腹杆尺寸保持不变，方向仍垂直于水平线。吊车梁按1/500起拱。

3. 样板标注

样板制出后，必须在上面注明图号、零件名称、件数、位置、材料牌号、坡口部位、弯折线及弯折方向、孔径和滚圆半径及加工符号等内容，以便使下料工作有序进行。同时，应妥善保管样板，防止折叠和锈蚀，以便进行校核。由于零件的形状不同，所制出样板的用途也就不同。

4. 加工裕量

为了保证产品质量，防止由于下料不当造成废品，样板应注意适当预放加工裕量，一般可根据不同的加工量按下列数据预放：

（1）自动气割切断的加工裕量为3mm；

（2）手工气割切断的加工裕量为4mm；

（3）气割后需铣端或刨边者，其加工裕量为4～5mm；

（4）剪切后无须铣端或刨边的加工裕量为零；

（5）对焊接结构零件的样板，除放出上述加工裕量外，还须考虑焊接零件的收缩量。一般沿焊缝长度纵向收缩率为0.03%～0.2%；沿焊缝宽度横向收缩，每条焊缝为0.03～0.75mm；加强肋的焊缝引起的构件纵向收缩，每肋每条焊缝为0.25mm。加工余量和焊接收缩量，应以组合工艺中的拼装方法、焊接方法及钢材种类、焊接环境等决定。

5. 节点放样及制作

焊接球节点和螺栓球节点有专门工厂生产，一般只需按规定要求进行验收，而焊接钢板节点，一般都根据各工程单独制造。焊接钢板节点放样时，先按图纸用硬纸剪成足尺样板，并在样板上标出杆件及螺栓中心线，钢板即按此样板下料。

制作时，钢板相互间先根据设计图纸用电焊点上，然后以角尺及样板为标准，用锤轻击逐渐校正，使钢板间的夹角符合设计要求，检查合格后再进行全面焊接。为了防止焊接变形，带有盖板的节点，在点焊定位后，可用夹紧器夹紧，再全面施焊，见图7-1。节点板的焊接顺序，见图7-2，同时施焊时应严格控制电流并分皮焊接，例如用$\phi 4$的焊条，电流控制在210A以下，当焊缝高度为6mm时，分成两皮焊接。

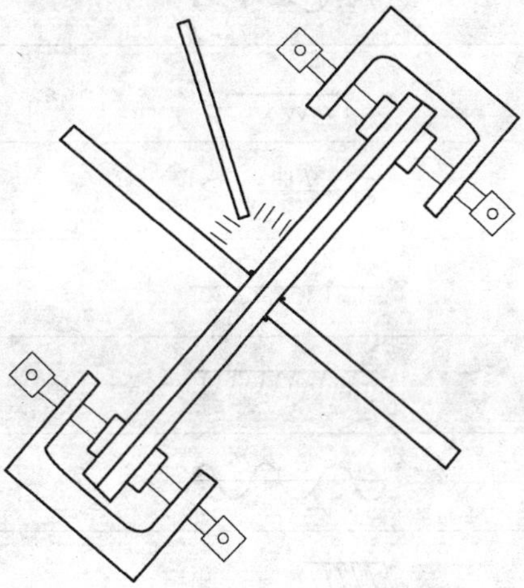

图7-1　用夹紧器辅助焊接板

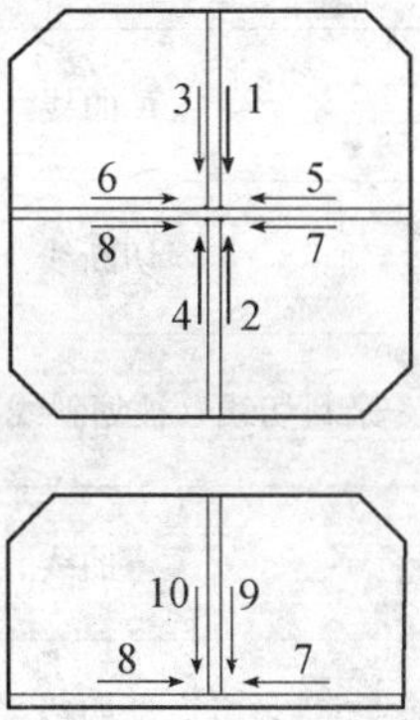

图7-2　钢板节点焊接顺序

（图中1～10表示焊接顺序）

为了使焊缝左右均匀，应用船形焊接法，见图7-3。

（二）号料

号料（也称划线）是采用经检查合格的样板（样杆）在钢板或型钢上划出零件的形状及切割、铣、刨、弯曲等加工线以及钻孔、打冲孔位置，并标出零件编号。

号料要根据图纸用料要求和材料尺寸合理配料。尺寸大、数量多的零件，应统筹安排、长短搭配，先大后小或套材号料，以节约原材料和提高利用率。大型构件的板材宜使用定尺料，使定尺的宽度或长

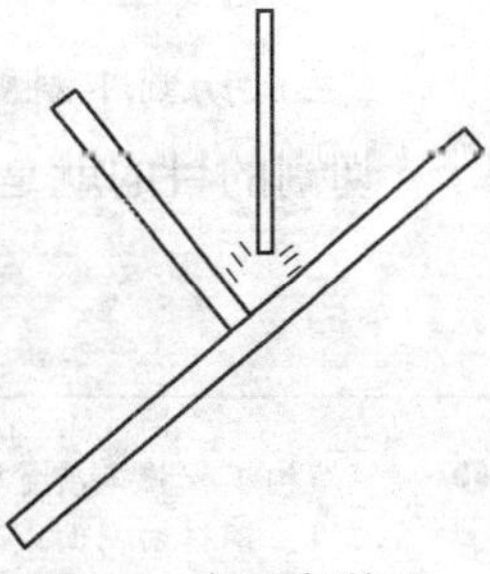

图7-3　船形焊接法

度为零件宽度或长度的倍数。

为了合理使用和节约原材料，必须最大限度地提高原材料的利用率。常用以下几种号料方法：

1. 集中号料法。把同厚度的钢板零件和相同规格的型钢零件，集中在一起进行号料；

2. 套料法。精心安排板料零件的形状位置，把同厚度的各种不同形状的零件，组合在同一材料上，进行“套料”；

3. 统计计算法。在线形材料（如型钢）下料时将所有同规格零件归纳在一起，按零件的长度，先长后短的顺序排列。根据最长零件号料算出余料的长度，排上次长的零件，直至整根料被充分利用为止；

4. 余料统一号料法。在号料后剩下的余料上进行较小零件的号料。

号料公差：长、宽 1.0mm；两端眼心距：1.0mm；对角线差：1.0mm；相邻眼心距：0.5mm；两排眼心距：0.5mm；冲点与眼心距位移：0.5mm。

在下料工作完成后，在零件的加工线、拼缝线及孔的中心位置上，应打冲印或凿印，同时用标记笔或色漆在材料的图形上注明加工内容，为以下工序的剪切、冲裁和气割等加工提供方便条件。下料常用的下料符号见表 7-1。

表 7-1　常用下料符号

序　号	名　称	符　号
1	板缝线	
2	中心线	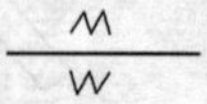
3	R 曲线	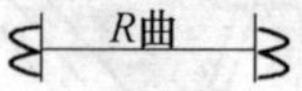
4	切断线	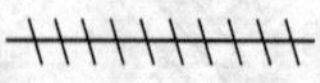
5	余料切线（被划斜线面为余料）	
6	弯曲线	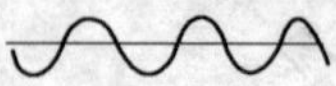
7	结构线	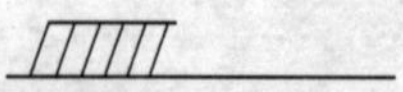
8	刨边符号	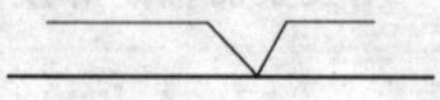

（三）切割下料[1]

切割的目的就是将放样和号料的零件形状从原材料上进行下料分离。钢材的切割可以通

[1] 《钢结构工程施工质量验收规范》（GB 50205—2001）规定：

7.2.1　钢材切割面或剪切面应无裂纹、夹渣、分层和大于 1mm 的缺棱。检查数量：全数检查。检验方法：观察或用放大镜及百分尺检查，有疑义时做渗透、磁粉或超声波探伤检查。

过切削、冲剪、摩擦机械力和热切割来实现。常用的切割方法有：机械剪切❶、气割和等离子切割三种方法。

二、矫正、制孔

（一）钢材矫正

钢材使用前，由于存放、运输、吊运不当等原因，会引起钢材变形；在加工成型过程中，由于操作和工艺原因会引起成型件变形；构件连接过程会存在焊接变形等。

钢结构的矫正，就是通过外力或加热作用，使钢材较短部分的纤维伸长，或使较长的纤维缩短，迫使钢材变形，造成新的变形去抵消已经发生的变形。使材料或构件达到平直及一定几何形状的要求并符合技术标准的工艺方法。为保证钢结构的制作及安装质量，必须对不符合标准的材料、构件进行矫正。钢材矫正的内容有钢板的平直度、型钢的挠曲度以及翼缘对腹板的不垂直度等。

矫正后的钢材表面，不应有明显的凹面或损伤，划痕深度不得大于 0.5mm，且不应大于该钢材厚度负允许偏差的 1/2。钢材矫正后的允许偏差，应符合表 7-2 的规定。

表 7-2　钢材矫正后的允许偏差

项　目		允许偏差	图　例
钢板的局部平面度	$t \leqslant 14$	1.5	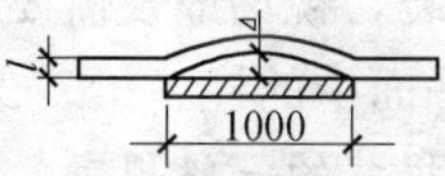
	$t > 14$	1.0	
型钢弯曲矢高		l/1000 且不应大于 5.0	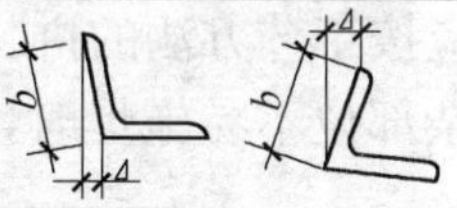
角钢肢的垂直度		b/100 双肢栓接角钢的角度不得大于 90°	
槽钢翼缘对腹板的垂直度		b/80	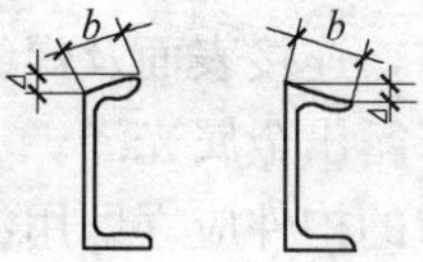
工字钢、H 型钢翼缘对腹板的垂直度		b/100 且不大于 2.0	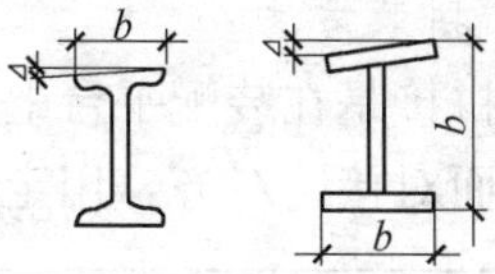

❶ 《钢结构工程施工质量验收规范》（GB 50205—2001）规定：

表 7.2.3　机械剪切的允许偏差（mm）

项　　目	允　许　偏　差
零件宽度、长度	3.0
边缘缺棱	1.0
型钢端部垂直度	2.0

（二）制孔❶

当钢结构的连接节点采用螺栓连接或螺栓与焊接并用的连接时，钢构件制孔质量的好坏，直接影响到钢结构的安装精度以及安装的顺利与否。制孔的方法有冲孔、钻孔两种。

冲孔在冲床上进行，冲孔只能冲较薄的钢板，孔径的大小一般大于钢材的厚度，冲孔的周围会产生冷作硬化。冲孔生产效率高，但质量较差，只有在不重要的部位才能使用。

钻孔有人工钻孔和机床钻孔两种方式，人工钻孔是用手枪式或手提式电钻由人工直接钻孔，多用于钻直径较小，板材较薄的孔；机床钻孔是采用台式或立式摇臂式钻床钻孔，施钻方便，工效和精度高。

第二节　钢结构的拼装和连接

一、拼装❷

由于现代工业建筑大型、重型、多层的增加和民用建筑高层的兴建，有很多构件由于运输、起吊等条件限制，不可能整体安装。工程实践中，为了检验其制作的整体性及准确性，往往由设计规定或合同要求在出厂前进行拼装。拼装分构件单体拼装和构件立、平面总体拼装两种方式。构件单体拼装是指本属一个构件而分成若干段（件）后，两段（件）或多段（件）的拼装，视场地及需要而定；而构件立、平面总体预拼装是指建筑物在某一个或数个柱到立、平面中的柱、梁、支撑等的平面拼装。预拼装均须在工厂支承凳或平台上进行。

（一）拼装的一般规定

拼装应按工艺方法的拼装顺序进行，当有隐蔽焊缝时，必须先施焊，经检验合格方可覆盖。当复杂部位不易施焊时，亦应按工艺顺序分别拼装和施焊。严禁不按次序拼装和强力组对。

为减少大件拼装焊接的变形，一般应先采取小件组焊，经矫正后，再整体大部件拼装。台模及装出的首件须经过严格检验，方可大批进行拼装工作。

拼装前，连接表面及焊缝每边 30～50mm 范围内的铁锈、毛刺、油污及潮气等必须清除干净，并露出金属光泽。

拼装后的构件应立即用油漆在明显部位编号、写明图号、构件号和件数，以便查找。

（二）拼装方法

钢板拼接是在装配平台上进行，将钢板零件摆列在平台板上，调整粉线，用撬杠等工具将钢板平面对接缝对齐，用定位焊固定。在对接焊缝两端设引弧板。重要构件的钢板需用埋

---

❶ 《钢结构工程施工质量验收规范》(GB 50205—2001）规定：

7.6.1　A、B级螺栓孔（Ⅰ类孔）应具有 H12 的精度，孔壁表面粗糙度 R_a 不应大于 12.5μm。C级螺栓孔（Ⅱ类孔），孔壁表面粗糙度 R_a 不应大于 25μm。

7.6　条文说明

7.6.1　为了与现行国家标准《钢结构设计规范》一致，保证加工质量对A、B级螺栓孔的质量作了规定，根据现行国家标准《紧固件公差螺栓、螺钉和螺母》(GB/T 3103.1）规定产品等级为A、B、C三级，为了便于操作和严格控制，对螺栓孔直径 10～18、18～30 和 30～50 三个级别的偏差值直接作为条文。条文中 R_a 是根据现行国家标准《表面粗糙度参数及其数值》确定的。A、B级螺栓孔的精度偏差和孔壁表面精糙度是指先钻小孔、组装后绞孔或铣孔应达到的质量标准，C级螺栓孔，包括普通螺栓孔和高强度螺栓孔。现行国家标准《钢结构设计规范》规定摩擦型高强度螺栓孔径比杆径大 1.5～2.0mm，承压型高强度螺栓孔径比杆径大 1.0～1.5mm 并包括普通螺栓。

❷ 《钢结构工程施工质量验收规范》(GB 50205—2001）规定：

9.1.2　钢构件预拼装工程可按钢结构制作工程检验批的划分原则划分为一个或若干个检验批。

弧自动焊接。焊后进行变形矫正，并需做无损伤检测。❶

桁架是在装配平台上放实样拼装，应预放焊接收缩量。设计有起拱要求的桁架，应放出起拱线；无起拱要求的，也应起拱 10mm 左右，防止下挠。

桁架拼装多采用仿形装配法，即先在平台上放实样，据此装配出第一个单面桁架。并施行定位焊；之后再用它做胎模，在它上面进行复制、装配出第二个单面桁架。在定位焊完了之后，将第二个桁架翻面 180°下胎，再在第二桁架上，以下面角钢为准，装完对称的单面桁架，即完成一个桁架的拼装。同样以第一个单面桁架为底样（样板），依此法逐个装配其他桁架。

（三）拼装允许偏差见表 7-3

表 7-3　钢构件拼装的允许偏差（mm）

构件类型	项目	允许偏差	检验方法
多节柱	预拼装单元总长	5.0	用钢尺检查
	预拼装单元弯曲矢高	$l/1500$，且不应大于 10.0	用拉线和钢尺检查
	接口错边	2.0	用焊缝量规检查
	预拼装单元柱身扭曲	$h/200$，且不应大于 5.0	用拉线、吊线和钢尺检查
	顶紧面至任一牛腿距离	2.0	用钢尺检查
梁、桁架	跨度最外两端安装孔或两端支承面最外侧距离	+5.0 −10.0	
	接口截面错位	2.0	用焊缝量规检查
	拱度　设计要求起拱	$l/5000$	用拉线和钢尺检查
	拱度　设计要求未起拱	$l/2000$ 0	
	节点处杆件轴线错位	4.0	划线后用钢尺检查
管构件	预拼装单元总长	+5.0	用钢尺检查
	预拼装单元弯曲矢高	$l/1500$，且不应大于 10.0	用拉线和钢尺检查
	对口错边	$t/10$，且不应大于 3.0	用焊缝量规检查
	坡口间隙	+2.0 −1.0	
构件平面总体预拼装	各楼层柱距	4.0	用钢尺检查
	相邻楼层梁与梁之间距离	3.0	
	各层间框架两对角线之差	$H/2000$，且不应大于 5.0	
	任意两对角线之差	$\Sigma H/2000$，且不应大于 8.0	

二、连接

钢结构构件连接方法，通常有焊接连接，铆钉连接和螺栓连接。

❶《钢结构工程施工质量验收规范》（GB 50205—2001）规定：

9.1.3　预拼装所用的支承凳或平台应测量找平，检查时应拆除全部临时固定和拉紧装置。

(一) 焊接连接❶

焊接连接是现代钢结构主要的连接方式，它的优点是任何形状的结构都可用焊接连接，构造简单。焊接连接一般不需要拼接材料，省钢省工，而且能实现自动化操作，生产效率较高。但是，焊缝质量易受材料，操作的影响。

钢结构的焊接方法最常用的有电弧焊、电阻焊和气焊。电弧焊是工程中应用最普遍的焊接方式。本节主要讨论其施工方法❷。

电弧焊是利用通电后焊条和焊件之间产生强大的电弧提供热源熔化焊条，滴落在焊件中被电弧吹成的小凹槽的熔池中，并与焊件熔化部分结成焊缝，将两焊件连成一整体❸。

电弧焊分为手工电弧焊（图 7-4）和自动或半自动电弧焊（图 7-5）。

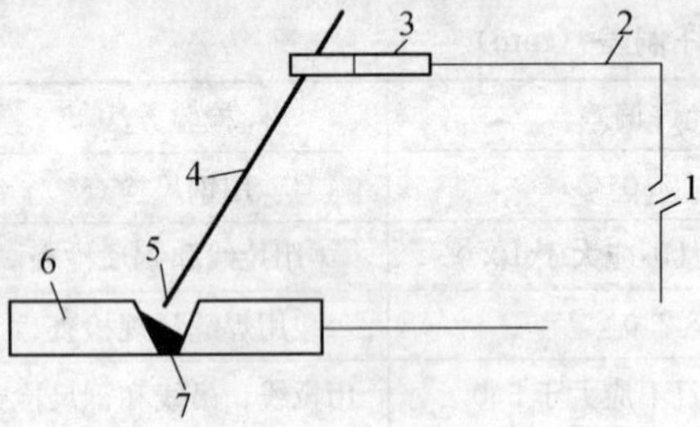

图 7-4　手工电弧焊

1—电源；2—导线；3—夹具；4—焊条；5—电弧；6—焊件；7—焊缝

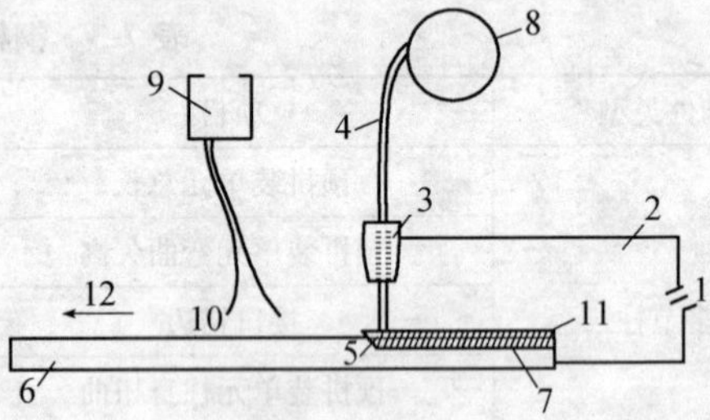

图 7-5　自动电弧焊

1—电源；2—导线；3—夹具；4—焊丝；5—电弧；6—焊件；7—焊缝；8—转盘；9—漏斗；10—溶剂；11—熔化的熔剂；12—移动方向

手工电弧焊在通电后，涂有焊药的焊条与焊件之间产生电弧，熔化焊条而形成焊缝。焊药则随焊条熔化而形成熔渣覆盖在焊缝上，同时产生一种气体，隔离空气与熔化的液体金属，使它不与外界空气接触，保护焊缝不受空气中有害气体影响。手工电弧焊条应与焊件的金属强度相适应。

自动或半自动埋弧焊条采用没有涂层的焊丝，插入从漏斗中流出的覆盖在被焊金属上面的焊剂中，通电后由于电弧作用熔化焊剂，溶化后的焊剂浮在熔化金属表面保护熔化金属不与外界空气接触，有时焊剂还可提供给焊缝必要的合金元素，以此改善焊缝质量。焊接进行时，焊接设备或焊体自行移动，焊剂不断由漏斗漏下，电弧完全被埋在焊剂之内。同时，绕在转盘上的焊丝也不断自动熔化和下降进行焊接。自动焊的焊缝质量均匀，塑性好，冲击韧性高，抗腐蚀性强。半自动焊除前后移动系人工操作外，其余与自动焊相同。

1. 焊接接头

钢板与钢板间的熔化焊接接头根据焊件的厚度、使用条件、结构形状的不同主要有对接

---

❶ 《钢结构工程施工质量验收规范》(GB 50205—2001) 规定：

5.1.1　本章适用于钢结构制作和安装中的钢构件焊接和焊钉焊接的工程质量验收。

❷ 《钢结构工程施工质量验收规范》(GB 50205—2001) 规定：

5.2.3　施工单位对其首次采用的钢材、焊接材料、焊接方法、焊后热处理等，应进行焊接工艺评定，并应根据评定报告确定焊接工艺。检查数量：全数检查。检验方法：检查焊接工艺评定报告。

❸ 《钢结构工程施工质量验收规范》(GB 50205—2001) 规定：

5.2.1　焊条、焊丝、焊剂、电渣焊熔嘴等焊接材料与母材的匹配应符合设计要求及国家现行行业标准《建筑钢结构焊接技术规程》(JGJ 81) 的规定。焊条、焊剂、药芯焊丝、熔嘴等在使用前，应按其产品说明书及焊接工艺文件的规定进行烘焙和存放。检查数量：全数检查。检验方法：检查质量证明书和烘焙记录。

接头、角接接头、T形接头等形式。在各种形式的接头中，为了提高焊接质量，较厚的钢板焊接前需开坡口。开坡口的目的是保证电弧能深入焊缝的根部，使根部能焊透，以便清除熔渣，获得较好的焊缝形态。

2. 焊缝形式

(1) 按施焊的空间位置分，焊缝形式可分为平焊缝、横焊缝、立焊缝和仰焊缝四种。平焊的熔滴靠自重过渡，操作简单，质量稳定。横焊时，由于重力熔化金属容易下淌，而使焊缝上侧产生咬边，下侧产生焊瘤或未焊透等缺陷。立焊焊缝成形更为困难，易产生咬边、焊瘤、夹渣、表面不平等缺陷。仰焊时，必须保持最短的弧长，因此易出现未焊透、凹陷等质量问题。

(2) 按结合形式分，焊缝可分为对接焊缝、角焊缝和塞焊缝三种，如图 7-6 所示。对接焊缝主要尺寸有：焊缝有效高度 s、焊缝宽度 c、余高 h。角焊缝主要以高度 k 表示，塞焊缝常以熔核直径 d 表示。

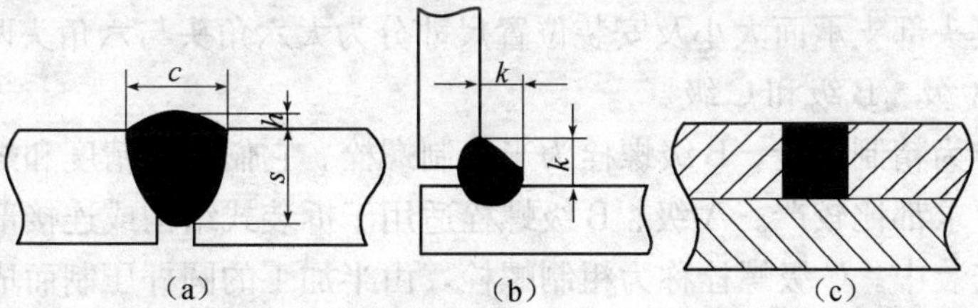

图 7-6　焊缝形式

(a) 对接焊缝；(b) 角焊缝；(c) 塞焊缝

3. 焊缝的质量检查方法[1]

钢结构的焊缝质量检验分三级，各级检验项目、检查数量和检查方法见表 7-4。

表 7-4　焊缝质量检验分级表

等级	检查项目	检查数量	检查方法
一级	外观检查	全部	检查外观缺陷及几何尺寸，有疑点时用磁粉探伤复验
	超声波检查	全部	
	X射线检查	抽查焊缝长度 2%，至少应有一张底片	缺陷超标时应加倍透照，如仍不合格时应 100%透照
二级	外观检查	全部	检查外观缺陷及几何尺寸
	超声波检查	抽查焊缝长度 50%	有疑点时，用 X 射线透照复验，如发现有超标缺陷，应用超声波全部检验
三级	外观检查	全部	检查外观缺陷及几何尺寸

[1] 《钢结构工程施工质量验收规范》(GB 50205—2001) 规定：

5.2.4　设计要求全焊透的一、二级焊缝应采用超声波探伤进行内部缺陷的检验，超声波探伤不能对缺陷做出判断时，应采用射线探伤，其内部缺陷分级及探伤方法应符合现行国家标准《钢焊缝手工超声波探伤方法和探伤结果分级法》(GB 11345) 或《钢熔化焊对接接头射线照相和质量分级》(GB 3323) 的规定。

（二）螺栓连接❶

螺栓连接采用的螺栓有普通螺栓和高强螺栓之分。普通螺栓的优点是装卸便利，不需特殊设备。高强螺栓是用强度较高的钢材制作，安装时通过特别的扳手，以较大的扭矩拧紧螺帽，使螺杆产生很大的预应力，把被连接的部件夹紧，使部件的接触面间产生很大的摩擦力，外力通过摩擦力来传递。这种连接称为高强度螺栓摩擦型连接，它的优点是加工方便、对构件的削弱小、可拆换、能承受动力荷载、耐疲劳、韧性和塑性好，包含了普通螺栓和铆钉的各自优点，目前已成为代替铆钉连接的首选方式。此外，高强螺栓也可同普通螺栓一样依靠螺杆和螺孔之间的承压来受力。这种连接称为高强度螺栓承压型连接。

1. 普通螺栓连接❷

（1）普通螺栓的种类和用途

普通螺栓常用作钢结构中构件间的连接、固定，或将结构固定到基础上。常用的普通螺栓有六角螺栓，双头螺栓和地脚螺栓等。

六角螺栓按其头部支承面大小及安装位置尺寸分为大六角头与六角头两种，按制造质量和产品等级分为A级、B级和C级。

A级螺栓通称为精制螺栓，B级螺栓为半精制螺栓。它们制作精度和螺栓孔的精度、孔壁表面粗糙度等要求都比较严。A级、B级螺栓适用于拆装式结构或连接部位需传递较大剪力的重要结构的安装中。C级螺栓称为粗制螺栓，由半加工的圆杆压制而成，其制作精度和螺栓的允许偏差、孔壁表面粗糙度等要求都比A级、B级普通螺栓低，适用于钢结构加工中临时固定。对于重要的连接，当采用粗制螺栓连接时，必须另加特殊支托（牛腿或剪力板）来承受剪力。

双头螺栓又称螺柱。多用于连接厚板和不便使用六角螺栓连接的地方，如混凝土屋架、屋面梁悬挂单轨梁吊挂件等。

地脚螺栓分为一般地脚螺栓、直角地脚螺栓、锤头螺栓和锚固地脚螺栓。

（2）普通螺栓连接施工❸

普通螺栓连接时应符合下列要求：

①永久螺栓的螺栓头和螺母的下面应放置平垫圈，垫置在螺母下面的垫圈不应多于2个，垫置在螺栓头部下面的垫圈不应多于1个；

②螺栓头和螺母应与结构构件的表面及垫圈密贴；

③对于槽钢和工字钢翼缘之类倾斜面的螺栓连接，则应放置斜垫片垫平，以使螺母和螺栓的头部支承面垂直于螺杆，避免螺栓紧固时螺杆受到弯曲力；

④永久螺栓和锚固螺栓的螺母应根据施工图中的设计规定，采用有防松装置的螺母或弹

---

❶ 《钢结构工程施工质量验收规范》(GB 50205—2001) 规定：

6.1.1 本章适用于钢结构制作和安装中的普通螺栓、扭剪型高强度螺栓、高强度大六角头螺栓、钢网架螺栓球节点用高强度螺栓及射钉、自攻钉、拉铆钉等连接工程的质量验收。

❷ 《钢结构工程施工质量验收规范》(GB 50205—2001) 规定：

6.2.1 普通螺栓作为永久性连接螺栓时，当设计有要求或对其质量有疑义时，应进行螺栓实物最小拉力载荷复验，试验方法见本规范附录B，其结果应符合现行国家标准《紧固件机械性能螺栓、螺钉和螺柱》(GB 3098) 的规定。检查数量：每一规格螺栓抽查8个。检验方法：检查螺栓实物复验报告。

❸ 《钢结构工程施工质量验收规范》(GB 50205—2001) 规定：

6.2.3 永久性普通螺栓紧固应牢固、可靠，外露丝扣不应少于2扣。检查数量：按连接节点数抽查10%，且不应少于3个。检验方法：观察和用小锤敲击检查。

簧垫圈；

⑤对于动荷载或重要部位的螺栓连接，应在螺母的下面按设计要求放置弹簧垫圈；

⑥各种螺栓连接，从螺母一侧伸出螺栓的长度应保持在不小于两个完整螺纹的长度；

⑦连接中使用螺栓等级和材质应符合施工图的要求。

2. 高强度螺栓连接

高强度螺栓的连接形式可分为摩擦连接、承压连接和张拉连接三种，如图 7-7 所示。

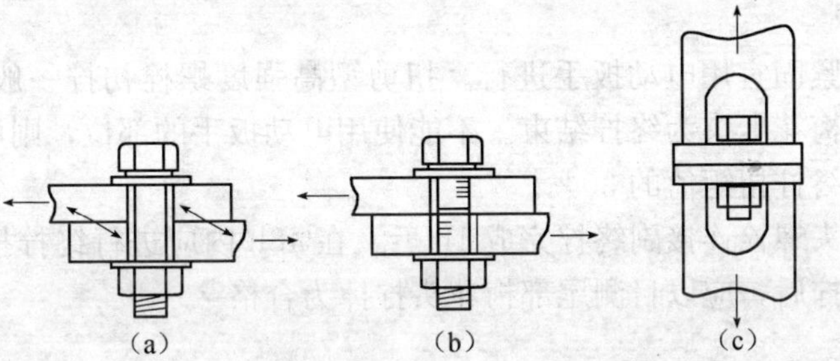

图 7-7　高强度螺栓的连接形式

(a) 摩擦连接；(b) 承压连接；(c) 张拉连接

(1) 高强度螺栓的分类

高强度螺栓有大六角高强度螺栓和扭剪型高强度螺栓两类。

大六角高强度螺栓也称为扭矩形高强度螺栓。一个连接副由一个螺栓杆、两个垫圈和一个螺母组成。高强度螺栓连接副❶应同批制作，保证扭矩系数的稳定。其紧固采用电动定扭矩扳手或指钉式扭矩扳手施拧。

扭剪型高强度螺栓，一个连接副为一个螺栓杆、一个垫圈和一个螺母。它与大六角高强度螺栓的不同之处在于它的丝扣端头设置了一个梅花头，梅花头与螺栓杆有一道能控制紧面扭矩的环形凹口。当扭固螺栓时，电动紧固工具有两个大小不同的套筒，大套筒卡住螺母，小套筒卡住梅花头，两个套筒按相反方向扭转，螺母拧到规定的扭矩时，梅花头颈部凹口处正好拧断，梅花头掉下，螺栓达到预计的轴拉力，如图 7-8 所示。扭矩型高强度螺栓具有紧固轴力受人为因素影响小、检查直观、不会漏拧等优点，在钢结构连接中应用普遍。

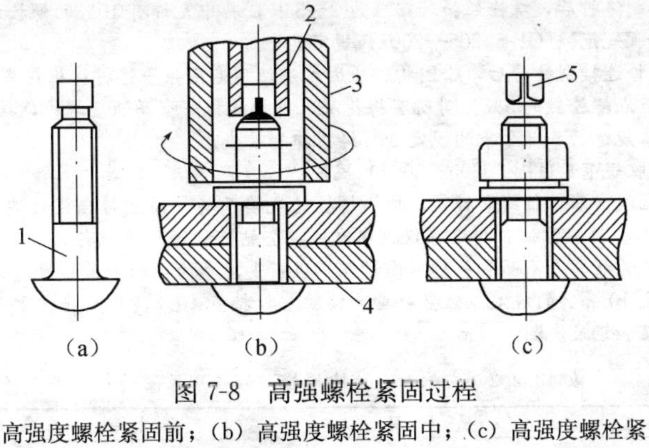

图 7-8　高强螺栓紧固过程

(a) 高强度螺栓紧固前；(b) 高强度螺栓紧固中；(c) 高强度螺栓紧固后

1—高强度螺栓；2—小套筒；3—大套筒；4—母材；5—掉下的梅花头

❶ 《钢结构工程施工质量验收规范》(GB 50205—2001) 规定：

2.1.6　高强度螺栓连接副：高强度螺栓和与之配套的螺母、垫圈的总称。

（2）高强度螺栓施工

安装高强度螺栓时，螺栓应自由穿入孔内，不得强行敲打，以免损伤丝扣，对连接构件不重合的孔，应用钻头或绞刀扩孔或修孔，不得用气割扩孔。高强度螺栓在同一连接面上穿入方向应一致，以便于操作。❶

高强度螺栓的紧固，应分两次（即初拧和终拧）拧固，对大型节点还应分初拧、复拧和终拧。初拧、复拧、终拧后要做出不同标记，以便识别，避免重拧或漏拧，并应在48h内进行终拧扭矩检验。❷

高强度螺栓的紧固宜用电动扳手进行。扭剪型高强度螺栓初拧一般用60%～70%轴力控制，以拧掉后部梅花卡头为终拧结束。不能使用电动扳手的部位，则用测力扳手紧固，初拧扭矩值不得小于终拧扭矩值的30%。

高强度大六角头螺栓连接副终拧完成1h后，在48h内应进行终拧扭矩检查；扭剪型高强度螺栓连接副终拧后，应以目测尾部梅花头拧掉为合格❸。

第三节　钢结构单层厂房安装

钢结构单层厂房结构件包括吊车梁、桁架、天窗架、檩条、托架、各种支撑等，构件形式、尺寸、重量及安装标高都不同，因此所采用的起重设备、吊装方法等也需随之变化。

一、钢结构吊装准备工作

（一）基础准备❹

基础准备包括轴线误差测量，基础支承面的准备，支承面和支座表面标高与水平度检验，地脚螺栓位置和伸出支承面长度的量测等。

柱子基础轴线和标高的正确与否是确保钢结构安装质量的基础，应根据基础的验收资料

❶《钢结构工程施工质量验收规范》（GB 50205—2001）规定：

6.3.7　高强度螺栓应自由穿入螺栓孔。高强度螺栓孔不应采用气割扩孔，扩孔数量应征得设计同意，扩孔后的孔径不应超过1.2*d*（*d*为螺栓直径）。

❷《钢结构工程施工质量验收规范》（GB 50205—2001）规定：

6.3.5　高强度螺栓连接副终拧后，螺栓丝扣外露应为2～3扣，其中允许有10%的螺栓丝扣外露1扣或4扣。

❸《钢结构工程施工质量验收规范》（GB 50205—2001）规定：

6.3.3　扭剪型高强度螺栓连接副终拧后，除因构造原因无法使用专用扳手终拧掉梅花头者外，未在终拧中拧掉梅花头的螺栓数不应大于该节点螺栓数的5%。对所有梅花头未拧掉的扭剪型高强度螺栓连接副应采用扭矩法或转角法进行终拧并做标记，且按本规范第6.3.2条的规定进行终拧扭矩检查。

❹《钢结构工程施工质量验收规范》（GB 50205—2001）规定：

10.2.1　建筑物的定位轴线、基础轴线和标高、地脚螺栓的规格及其紧固应符合设计要求。检查数量：按柱基数抽查10%，且不应少于3个。检验方法：用经纬仪、水准仪、全站仪和钢尺现场实测。

10.2.2　基础顶面直接作为柱的支承面和基础顶面预埋钢板或支座作为柱的支承面时，其支承面、地脚螺栓（锚栓）位置的允许偏差应符合表10.2.2的规定。检查数量：按柱基数抽查10%，且不应少于3个。检验方法：用经纬仪、水准仪、全站仪、水平尺和钢尺实测。

表10.2.2　支承面、地脚螺栓（锚栓）位置的允许偏差（mm）

项　目		允许偏差
支承面	标高	3.0
	水平度	*l*/1000
地脚螺栓（锚栓）	螺栓中心偏移 5.0	
预留孔中心偏移		10.0

复核各项数据，并标注在基础表面上。

基础支承面的准备有两种作法：一种是基础一次浇筑到设计标高，即基础表面先浇筑到设计标高以下 20～30mm 处，然后在设计标高处设角钢或槽钢制导架，测准基标高，再以导架为依据用水泥砂浆仔细铺筑支座表面，如图 7-9 所示；另一种是基础预留标高，安装时做足，即基础表面先浇筑至距设计标高 50～60mm 处，柱子吊装时，在基础面上放钢垫板（不得多于 3 块）以调整标高，待柱子吊装就位后，再在钢柱脚底下浇筑细石混凝土，如图 7-10所示。后一种方法虽然多了一道工序，但钢柱容易校正，故重型钢柱宜采用此法。

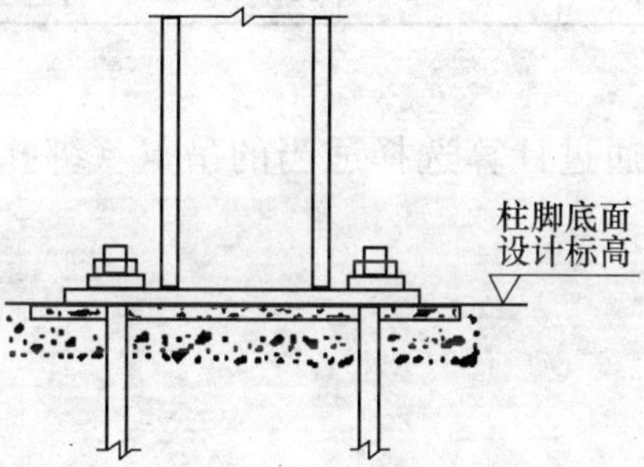

图 7-9　钢柱基础的一次浇筑法

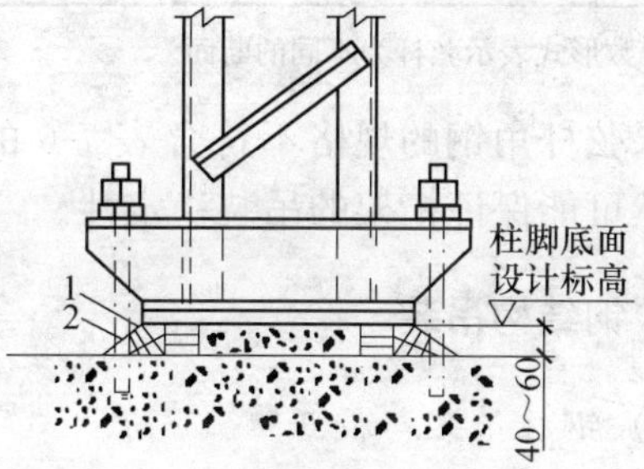

图 7-10　钢柱基础的二次浇筑法

1—调整柱子用的钢垫板；

2—柱子安装后浇筑的细石混凝土

（二）构件的检查及弹线

钢构件外形和几何尺寸正确，可以保证结构安装顺利进行。为此，在结构吊装前应仔细检查钢构件的外形和几何尺寸，如有超出规定的偏差，在吊装前应设法消除。钢构件外形尺寸主控项目的允许偏差见表 7-5。

表 7-5　钢构件外形尺寸主控项目的允许偏差（mm）

项　目	允许偏差
单层柱、梁、桁架受力支托（支承面）表面至第一个安装孔距离	±1.0
多节柱铣平面至第一个安装孔距离	±1.0
实腹梁两端最外侧安装孔距离	±3.0
构件连接处的截面几何尺寸	±3.0
柱、梁连接处的腹中心线偏移	2.0
受压构件（杆件）弯曲矢高	l/1000，且不应大于 10.0

此外，为便于校正钢柱的平面位置和垂直度、桁架和吊车梁的标高等，需在钢柱底部和上部标出两个方向的轴线，在钢柱底部适当高度处标出标高准线❶。对于吊点亦应标出，便于吊装时按规定吊点绑扎。

（三）验算桁架的吊装稳定性

吊装桁架时，如果桁架上、下弦角钢的最小规格能满足表 7-6 的规定，则不论绑扎点在

❶ 《钢结构工程施工质量验收规范》（GB 50205—2001）规定：

10.3.5　钢柱等主要构件的中心线及标高基准点等标记应齐全。检查数量：按同类构件数抽查 10%，且不应少于 3 件。检验方法：观察检查。

桁架上任何一点，桁架在吊装时都能保证稳定性。

表 7-6　保证桁架吊装稳定性的弦杆最小规格

弦杆断面	桁架跨度（m）						
	12	15	18	21	24	27	30
上弦杆	90×60×8	100×75×8	100×75×8	120×80×8	120×80×8	150×100×12 / 120×80×12	200×120×12 / 180×90×12
下弦杆	65×6	75×8	90×8	90×8	120×8	120×80×10	150×100×10

注：分数形式表示弦杆为不同的断面。

如果弦杆角钢的规格不符合表 7-6 的规定，但通过计算选择适当的吊点（绑扎点）位置，仍然可能保证桁架的吊装稳定性。

二、钢结构吊装

（一）钢柱吊装与校正❶

单层工业厂房占地面积较大，通常用自行杆式起重机或塔式起重机吊装钢柱。钢柱的吊装方法与装配式钢筋混凝土柱相似，可采用旋转吊装法及滑行吊装法。对重型钢柱可采用双机抬吊的方法进行吊装（图 7-11）。

钢柱就位后经过初校，待垂直度偏差控制在 20mm 以内，则可进行临时固定。同时起重机在固定后可以脱钩。

钢柱的垂直度用经纬仪检验，如有偏差，用螺旋千斤顶或油压千斤顶进行校正（图 7-12）。

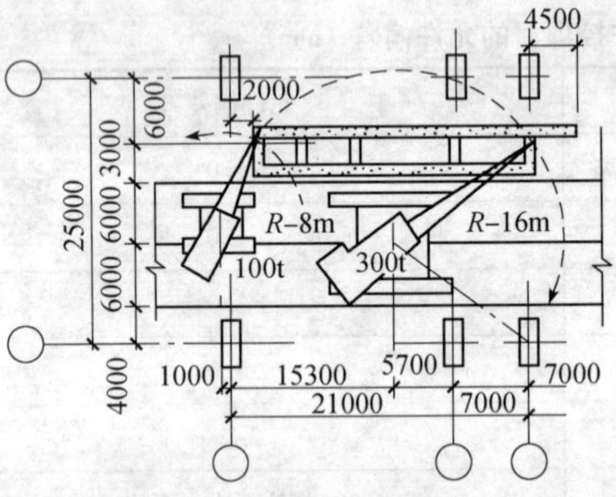

图 7-11　钢柱双机抬吊示意图

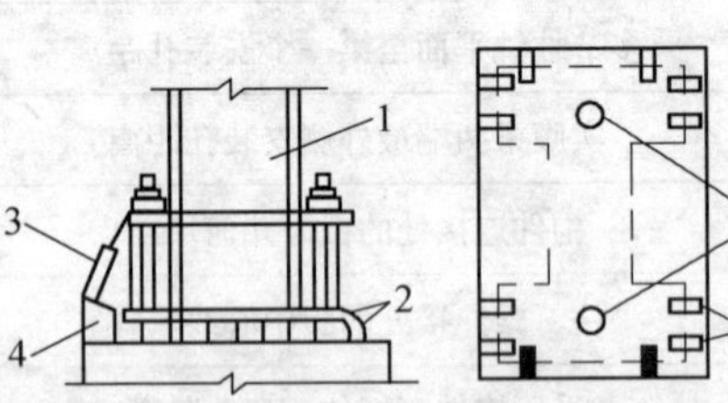

图 7-12　钢柱垂直校正及承重块布置

1—钢柱；2—承重块；3—千斤顶；
4—钢托座；5—控制标高块

❶《钢结构工程施工质量验收规范》（GB 50205—2001）规定：

10.3.6　当钢桁架（或梁）安装在混凝土柱上时，其支座中心对定位轴线的偏差不应大于 10mm；当采用大型混凝土屋面板时，钢桁架（或梁）间距的偏差不应大于 10mm。检查数量：按同类构件数抽查 10%，且不应少于 3 榀。检验方法：用拉线和钢尺现场实测。

10.3.7　钢柱安装的允许偏差应符合本规范附录 E 中表 E.0.1 的规定。检查数量：按钢柱数抽查 10%，且不应少于 3 件。检验方法：见本规范附录 E 中表 E.0.1。

10.3.8　钢吊车梁或直接承受动力荷载的类似构件，其安装的允许偏差应符合本规范附录 E 中表 E.0.2 的规定。检查数量：按钢吊车梁数抽查 10%，且不应少于 3 榀。检验方法：见本规范附录 E 中表 E.0.2。

（二）吊车梁吊装与校正

在钢柱吊装完成经调整固定于基础之后，即可吊装吊车梁。

钢吊车梁均为简支梁。梁端之间留有 10mm 左右的空隙。梁的搁置处与牛腿面之间设钢垫板，用螺栓连接。梁与制动架之间用高强螺栓连接。标高的校正可在屋盖吊装前进行，其他项目的校正宜在屋盖吊装完成后进行，因为屋盖的吊装可能引起钢柱在跨间有微小的变动。吊车梁的校正内容为：

1. 吊车梁轴线的检验，以跨距为准，采用通线法对各吊车梁逐根进行检验。亦可用经纬仪在柱侧面放一条与吊车梁轴线平行的校正基线，作为吊车梁轴线校正的依据；

2. 吊车梁跨距的检验，用钢卷尺量测，跨度大时，应用弹簧秤拉测（拉力一般为 100～200N），防止下垂；必要时应对下垂度进行校正计算；

3. 吊车梁标高校正，主要是对梁作高低方向的移动，可用千斤顶或起重机等。轴线和跨距的校正是对梁作水平方向的移动，可用撬棍、钢楔、花篮螺丝、千斤顶等。

（三）钢桁架的吊装与校正

由于桁架的跨度、重量和安装高度不同，吊装机械和吊装方法亦随之而异。钢屋架的侧面刚度较差，必要时应采取临时加固措施，如图 7-13 所示。桁架多用悬空吊装，为使桁架在起吊后不致发生摇摆，同其他构件碰撞，起吊前在离支座的节间附近应用麻绳系牢，随吊随放松，以保证其正确位置。

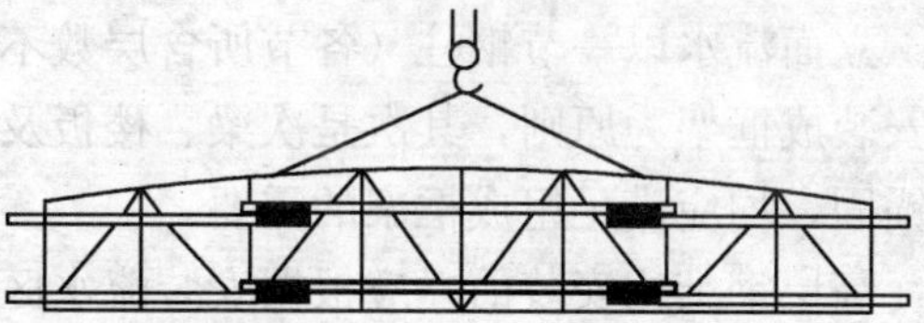
图 7-13　屋架的临时加固

钢桁架的侧向稳定性较差，如果吊装机械的起重量和起重臂长度允许时，最好经扩大拼装后进行组合吊装，即在地面上将两榀桁架及其上的天窗架、檩条、支撑等拼装成整体后，一次进行吊装。这样不但提高了吊装效率，也有利于保证吊装的稳定性。

桁架要检验校正其垂直度和弦杆的正直度。桁架的垂直度可用挂线垂球检验；弦杆的正直度则可用拉紧的测绳进行检验。钢桁架最后用电焊或高强螺栓固定。

第四节　高层钢结构安装

一、高层钢结构安装的基本要求

在高层钢结构建筑施工中，钢结构安装是一项很重要的分部工程，规模大、结构复杂、工期长、专业性强，因此要做好以下基本工作：

（1）高层钢结构安装施工前，应按照施工图纸和有关技术文件的要求，结合工期要求、现场条件等，认真编制施工组织设计，作为指导施工的技术文件。在实施中应根据客观条件变化的情况，及时进行调整和补充；

（2）在确定钢结构安装方法时，必须与土建、水电暖卫、通风、电梯等施工单位结合，做好统筹安排，综合平衡工作；

（3）高层钢结构安装用的连接材料，如焊条、焊丝、焊剂、高强螺栓、普通螺栓、栓钉和涂料等，应具有产品质量证明书，并符合设计图纸和有关规范的规定；

（4）高层钢结构工程中土建施工、构件制作和结构安装三个方面使用的钢尺，必须用同一标准进行检查和鉴定，应具有相同的精度；

(5) 高层钢结构安装时的主要工艺，如测量校正、厚钢板焊接、栓钉焊、高强螺栓节点的摩擦面加工及安装工艺等，必须在施工前进行工艺检验。在试验结论的基础上，确定各项工艺参数，编出各项操作工艺；

(6) 高层钢结构安装前，必须对构件进行详细检查，构件的外形尺寸、螺孔位置及直径、连接件位置及角度、焊缝、栓钉、高强螺栓节点摩擦面加工质量等，必须进行全面检查，符合图纸及规范规定后，才能进行安装施工；

(7) 高层建筑结构安装，应在具有高层钢结构安装资格的责任工程师指导下进行；安装用的专用机具和检测仪器，应满足施工要求，并应定期进行检验。

二、安装前的准备工作

(一) 结构安装施工流水段的划分及安装顺序❶

高层钢结构的安装，必须按照建筑物的平面形状、结构形式、安装机械的数量和位置等，合理划分安装施工流水区段。

平面流水段的划分应考虑钢结构在安装过程中的对称性和整体稳定性。其安装顺序，一般应由中央向四周扩展，以利焊接误差的减少和消除。

立面流水以一节钢柱（各节所含层数不一）为单元。每个单元以主梁或钢支撑、带状桁架安装成框架为原则，其次是次梁、楼板及大量结构构件的安装。塔式起重机的提升、顶升与锚固，均应满足组成框架的需要。

高层钢结构安装前，应根据安装流水区段和构件安装顺序，编制构件安装顺序表。表中应注明每一构件的节点型号、连接件的规格数量、高强螺栓规格数量、栓焊数量及焊接量、焊接形式等。

构件从成品检验、运输、现场核对、安装、校正，到安装后的质量检查，以及在地面进行构件组拼扩大安装单元时，统一使用安装顺序表。

(二) 柱子基础的准备、柱底灌浆

柱子地脚螺栓埋设的精度，直接影响上部钢结构的吊装质量。可采用地脚螺栓一次或两次埋设方法。

为了精确控制钢结构上部结构的标高，在钢柱吊装之前，要根据钢柱预检（其内容为实际长度、牛腿间距离、钢柱底板平整度等）结果，在柱子基础表面浇筑标高块。标高块的强度不宜小于30MPa。标高块表面须埋设厚度为16～20mm钢面板。浇筑标高块之前，应凿毛基础表面，以增强粘结。

待第一节钢柱吊装、校正和锚固螺栓固定后，要进行底层钢柱的柱底灌浆（图7-14）。灌浆前于钢柱底板四周立模板，用水清洗基础表面，排除多余的积水后灌浆。灌浆用砂浆应基本上保持自由流动，灌浆从一边进行连续灌注，灌浆后用湿草包、麻袋等遮盖养护。

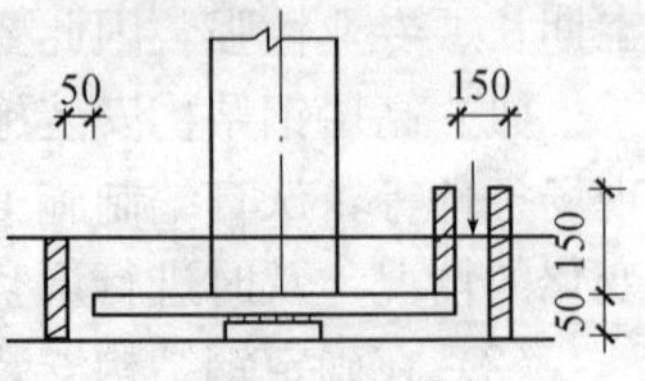

图7-14 柱底灌浆

---

❶《钢结构工程施工质量验收规范》(GB 50205—2001) 规定：

11.1.2 多层及高层钢结构安装工程可按楼层或施工段等划分为一个或若干个检验批。地下钢结构可按不同地下层划分检验批。

三、钢柱、梁吊装与校正❶

钢结构高层建筑的柱子多为宽翼缘工字形截面，高度较大的钢结构高层建筑的柱子多为箱形截面，为减少连接和充分利用起重机的吊装能力以加快吊装速度，柱子多为 3～4 层一节，节与节之间用坡口焊连接。在第一节钢柱吊装前，应检查基础上预埋的地脚螺栓，并在螺栓头处加保护套，以免钢柱就位时碰坏地脚螺栓的丝牙。

钢柱的吊点设在吊耳处（柱子制作时在吊点部位焊有吊耳，吊装完毕后再割去）。钢柱的吊装可用双机抬吊或单机吊装（图 7-15）。单机吊装时，需在柱子根部垫以垫木，以回转法起吊，严禁柱根拖地。双机抬吊时，将柱吊离地面后在空中进行回直。

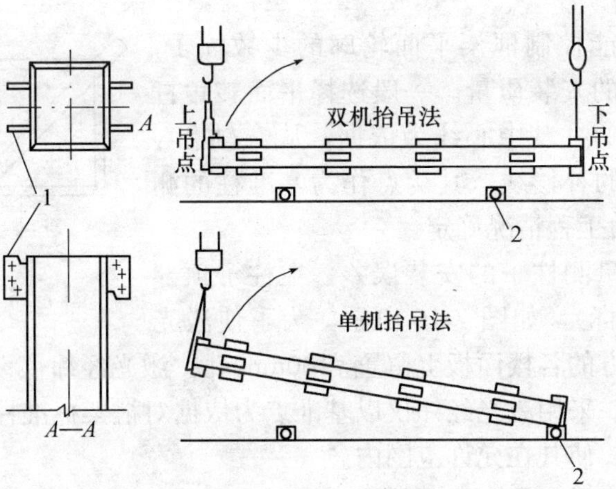

图 7-15　钢柱吊装

1—吊耳；2—垫木

❶ 《钢结构工程施工质量验收规范》(GB 50205—2001) 规定：

11.3.2　柱子安装的允许偏差应符合表 11.3.2 的规定。检查数量：标准柱全部检查；非标准柱抽查 10%，且不应少于 3 根。检验方法：用全站仪或激光经纬仪和钢尺实测。

表 11.3.2　柱子安装的允许偏差（mm）

项　目	允许偏差	图　例
底层柱柱底轴线对定位轴线偏移	3.0	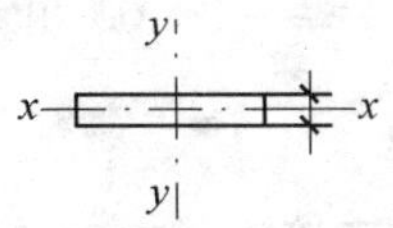
柱子定位轴线	1.0	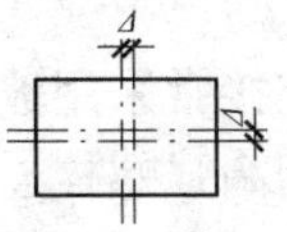
单节柱的垂直度	$h/1000$，且不应大于 10.0	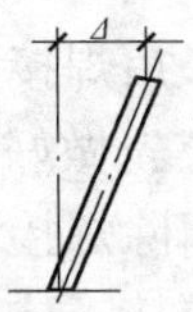

钢柱就位后，先对钢柱的垂直度、轴线、牛腿面标高进行初校，然后安设临时固定螺栓，再拆除吊索。钢柱上下接触面间的间隙，一般不得大于 1.5mm。如间隙在 1.5～6.0mm 之间，可用低碳钢垫片垫实间隙；如间隙超过 6mm，则应查清原因后进行处理。

钢梁在吊装前，应检查柱子牛腿处标高和柱子间距；主梁吊装前，应在梁上装好扶手杆和扶手绳，待主梁吊装到位时，将扶手绳与钢柱系住，以保证施工安全。

钢梁采用二点吊，一般在钢梁上翼缘处开孔作为吊点。吊点位置取决于钢梁的跨度。有时可将梁、柱在地面组装成排架后进行整体吊装，以减少高空作业，保证质量且加快吊装速度。当一节钢框架吊装完毕，即需对已吊装的柱、梁进行误差检查和校正。安装误差的测量，对于控制柱网的基准柱，用线锤或激光仪测量；其他柱子则根据基准柱子用钢卷尺测量。

所谓基准柱，是能控制框架平面轮廓的少数柱子，用它来控制框架结构的安装质量。一般选择平面转角杆为基准柱。以基准柱的柱基中心线为依据，从 x 轴和 y 轴分别引出距离为 e 的补偿线，其交点作为基准柱的测量基准点，e 值大小由工程情况确定。

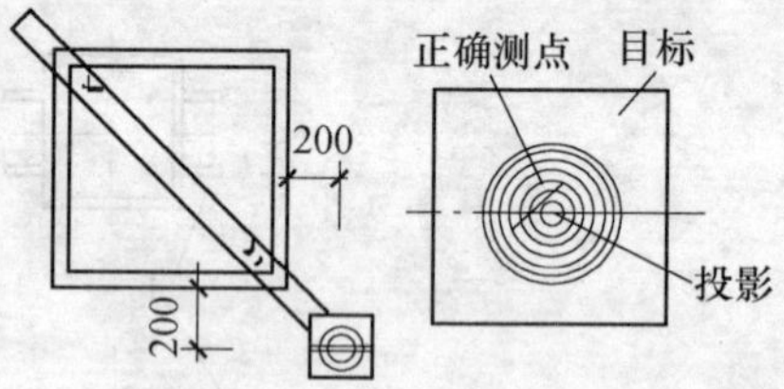

图 7-16　柱顶的激光测量目标

为了利用激光仪量测柱子的安装误差，在柱子顶部固定有测量目标（靶标），如图 7-16 所示。为了使激光束通过，在激光仪上方的各楼面板上留置 ϕ100mm 孔。激光经纬仪设置在基准点处。

进行钢柱校正时，采用激光经纬仪以基准点为依据对框架标准柱进行竖直观测，对钢柱顶部进行竖直度校正，使其在允许范围内。

柱子间距的校正，对于较小间距的柱，可用油压千斤顶或钢楔进行校正（图 7-17a）；对于较大间距的柱，则用钢丝绳和神仙葫芦进行校正（图 7-17b）。

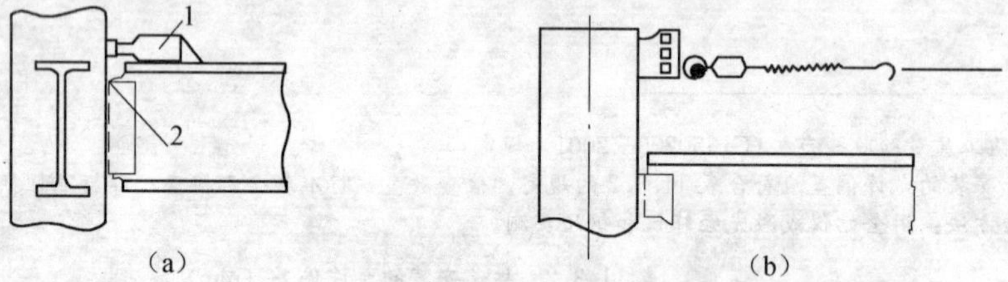

图 7-17　柱子间距校正

(a) 用油压千斤顶或钢楔校正；(b) 用神仙葫芦校正

1—油压千斤顶；2—钢楔

四、构件间连接

钢柱之间的连接常采用坡口电焊连接。主梁与钢柱间的连接，一般上、下翼缘用坡口电焊连接，而腹板用高强螺栓连接；次梁与主梁的连接基本上是在腹板处用高强螺栓连接，少量再在上、下翼缘处用坡口电焊连接。柱与梁的焊接顺序：先焊接顶部柱、梁节点，再焊接底部柱、梁节点，最后焊接中间部分的柱、梁节点。

坡口电焊连接应先做好准备（包括焊条烘焙、坡口检查、设电弧引入、引出板和钢垫板，并点焊固定，清除焊接坡口、周边的防锈漆和杂物，焊接口预热）。柱与柱的对接焊接，采用二人同时对称焊接，柱与梁的焊接亦应在柱的两侧对称同时焊接，以减少焊接变形和残余应力。

对于厚板的坡口焊，在底层多用直径 4mm 焊条焊接，中间层可用 5mm 或 6mm 焊条，盖面层多用直径 5mm 焊条。三层应连续施焊，每一层焊完后及时清理。盖面层焊缝搭坡口两边各 2mm，焊缝余高不超过对接焊体中较薄钢板厚的 1/10，但也不应大于 3.2mm。焊后当气温低于 0℃时，用石棉布保温使焊缝缓慢冷却。焊缝质量检验均按二级检验。

高强螺栓连接两个连接构件的紧固顺序是：先主要构件，后次要构件。工字形构件的紧固顺序是：上翼缘→下翼缘→腹板。同一节柱上各梁柱节点的紧固顺序是：柱子上部的梁柱节点→柱子下部的梁柱节点→柱子中部梁柱节点。每一节点安设紧固高强螺栓顺序是：摩擦面处理→检查安装连接板（对孔、扩孔）→临时螺栓连接→高强螺栓紧固→初拧→终拧。

五、安全施工措施

钢结构高层和超高层建筑施工，应采取有效措施保证施工安全。

1. 在钢结构吊装时，为防止人员、物料和工具坠落或飞出造成安全事故，需铺设安全网。安全网分平面网和竖网，如图 7-18 所示。安全网设置在梁面以上 2m 处，当楼层高度小于 4.5m 时，安全平网可隔层设置；安全平网要求在建筑平面范围内满铺。

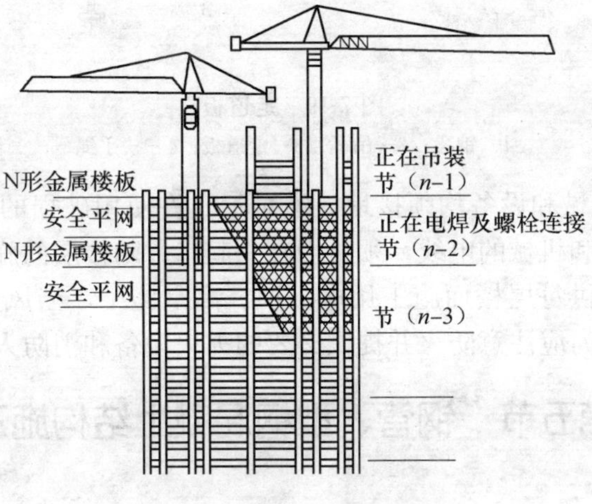

图 7-18　安全平网和竖网

安全竖网铺设在建筑物外围，防止人和物飞出造成安全事故，竖网铺设的高度一般为两节柱的高度。

2. 为便于施工登高，吊装柱子前要先将登高钢梯固定在钢柱上，为便于进行柱梁节点紧固高强螺栓和焊接，需在柱梁节点下方安装挂篮脚手架。

3. 为便于接柱施工，在接柱处要设操作平台，平台固定在下节柱的顶部。钢结构施工时所需用的设备需随结构安装面逐渐升高，为此需在刚安装的钢梁上设置存放设备的平台。设置平台的钢梁必须将紧固螺栓全部紧固拧紧。

4. 在柱、梁安装后而未设置浇筑楼板用的压型钢板时，为便于柱子螺栓等施工的方便，需在钢梁上铺设适当数量的走道板。图 7-19 所示为上海锦江饭店分馆钢结构吊装时采用的走道板布置和构造。

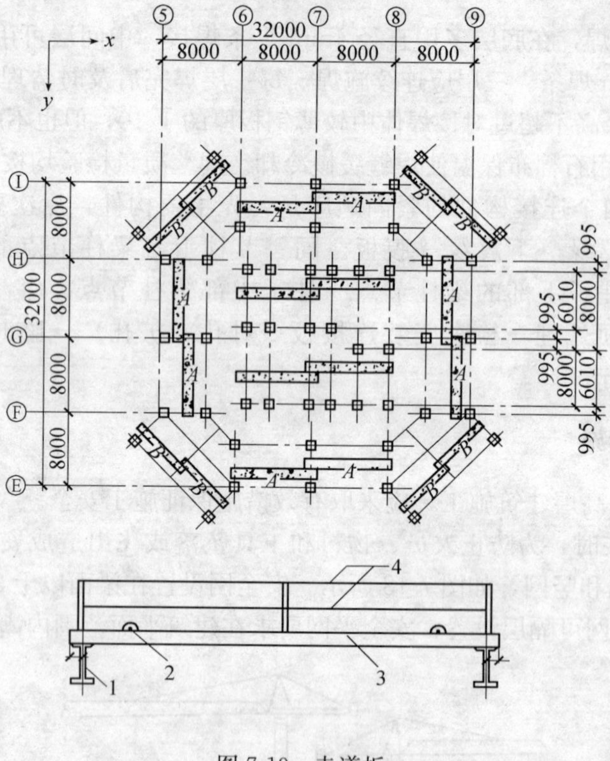

图 7-19　走道板

1—钢梁；2—吊耳；3—走道板；4—扶手绳

5. 施工用的电动机械和设备均须接地，绝对不允许使用破损的电线和电缆，严防设备漏电。施工用电器设备和机械的电线，须集中在一起，并随楼层的施工而逐节升高；每层楼面须分别设置配电箱，供每层楼面施工用电需要。高空施工，当风速达到 15m/s 时，所有工作均须停止。施工时尚应注意防火并提供必要的灭火设备和消防人员。

第五节　钢管、型钢混凝土结构施工

一、钢管混凝土结构施工

钢管混凝土即将普通混凝土填入薄壁圆形钢管内而形成的组合结构，如图 7-20 所示。钢管混凝土可借助内填混凝土增强钢管壁的稳定性，又可借助钢管对核心混凝土的约束作用，使核心混凝土处于三向受压状态，从而使核心混凝土具有更高的抗压强度和抗变形能力。近年来，随着理论研究的深入和新施工工艺的发展，工程应用日益广泛。钢管混凝土结构按照截面形式的不同可以分为矩形钢管混凝土结构、圆钢管混凝土结构和多边形钢管混凝土结构等，其中矩形钢管混凝土结构和圆钢管混凝土结构应用较广。

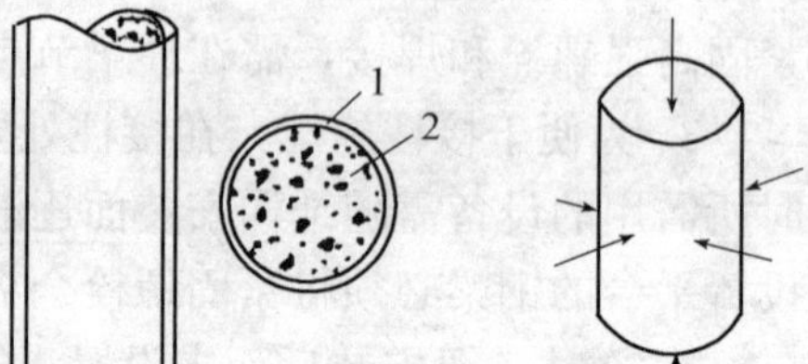

图 7-20　钢管混凝土

1—钢管；2—混凝土

近 20 年来，钢管混凝土结构逐渐被应用于建筑结构尤其是高层建筑结构中，随着建筑物高度的增加，钢管高强混凝土和钢管超高强混凝土结构的应用也将会得到快速的发展。一般地，我们把混凝土强度等级在 C50 以下的钢管混凝土称为普通钢管混凝土；混凝土强度等级在 C50 以上的钢管混凝土称为钢管高强混凝土；混凝土强度等级在 C100 以上的钢管混凝土称为钢管超高强混凝土。

钢管混凝土即由钢管对混凝土实行套箍强化的一种套箍混凝土，其他形式的套箍混凝土如图 7-21 所示。它们是借助密排的螺旋形箍筋、方格钢筋网和复合方形箍筋等来实现混凝土的套箍强化。

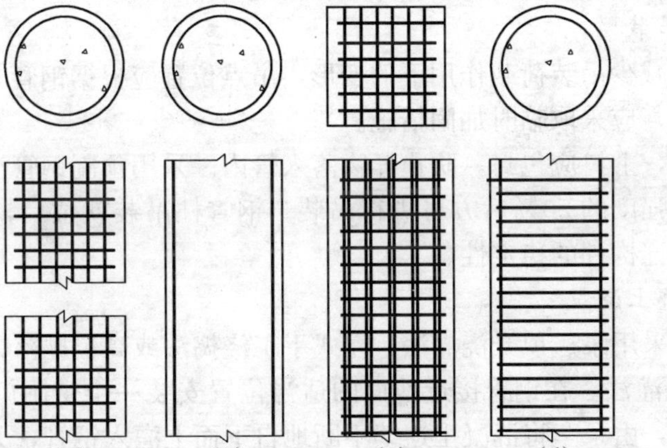

图 7-21　套箍混凝土

(a) 螺旋式和环形箍；(b) 钢管；(c) 横向方格钢筋网；(d) 预应力螺旋钢丝

钢管混凝土最适合大跨、高层、重载和抗震抗爆结构的受压杆件。钢管可用直缝焊接的钢管、螺旋形缝焊接钢管和无缝钢管。钢管直径不得小于 100mm，壁厚不宜小于 4mm。钢管外径与壁厚之比 D/t 宜限制在 $85\sqrt{\frac{235}{f_y}}$～20 之间，f_y 为钢材屈服强度。对于承重柱，为使其用钢量与一般混凝土相近，可取 $D/t=70$ 左右；对于桁架，为使自重与钢结构相近，可取 $D/t=25$ 左右。为减小变形，钢管混凝土结构的混凝土强度等级不宜低于 C30。

（一）钢管制作❶

钢管可用卷制焊接钢管，焊接时长直焊缝与螺旋焊缝均可。卷管方向应与钢板压延方向一致。卷管内径对 Q235 钢不应小于钢板厚度的 35 倍；对 16Mn 钢不应小于钢板厚度的 40 倍。卷制钢管前，应根据要求将板端开好坡口。坡口端应与管轴严格垂直。焊接钢管的焊条型号，应与主体金属强度相适应。钢管混凝土结构中的钢管对核心混凝土起套箍作用，焊缝应达到与母材等强。焊缝质量应满足《钢结构工程施工质量验收规范》(GB 50205—2001) 中二级焊缝的要求。

（二）钢管柱拼接组装

根据运输条件，柱段长度一般以不长于 12m 为宜。钢管对接应严格保持焊后肢管平直，应特别注意焊接变形对肢管的影响，一般宜用分段反向焊接顺序，分段施焊应尽量保持对称。肢管对接间隙应适当放大 0.5～2.0mm，以抵消收缩变形。焊接前，小直径钢管采用点

❶ 《钢管混凝土结构设计与施工规程》(CECS 28—1990) 规定：

7.1.1　按设计要求有工厂提供的钢管应有出厂合格证。由施工单位自行卷制的钢管，其钢板必须平直，不得使用表面锈蚀或受过冲击的钢板，并应有出厂证明书或实验报告单。

焊定位；大直径钢管可另用附加钢筋焊于钢管外壁作临时固定，固定点的间距以 300mm 为宜，且不少于 3 点；钢管对接焊接过程中如发现电焊定位处的焊缝出现微裂缝，则该微裂缝部位须全部铲除重焊。为确保连接处的焊缝质量，可在管内接缝处设置附加衬管，宽度为 20mm，厚度为 3mm，且与管内壁保持 0.5mm 的膨胀间隙，以确保焊缝的质量。

格构柱的肢管与腹杆连接尺寸和角度必须准确。腹杆与肢管连接处的间隙应按板全展开图进行放样。焊接时，根据间隙大小选用合适的焊条直径。肢管与腹杆的焊接次序应考虑焊接变形的影响。所有钢管构件必须在所有焊缝检查后方能按设计要求进行防腐处理。

（三）钢管柱吊装

吊装时应注意减少吊装荷载作用下的变形，吊点位置应根据钢管本身的强度和稳定性验算后确定。必要时，应采取临时加固措施。

吊装钢管柱时，上口应包封，防止异物落入管内。采用预制钢管混凝土构件时，应待管内混凝土达到设计强度的 50%后方可进行吊装。钢管柱吊装就位后，应立即进行校正并加以临时固定，以保证构件的稳定性。

（四）管内混凝土浇筑

管内混凝土可采用泵送顶升浇灌法、立式手工浇捣法或高位抛落无振捣法。

1. 泵送顶升浇灌法。在钢管接近地面的适当位置安装一个带闸门的进料支管，直接与泵车的输送管相连，由泵车将混凝土连续不断地自下而上灌入钢管，无须振捣。钢管直径宜大于或等于泵径直径的两倍。

2. 立式手工浇捣法。混凝土自钢管上口浇筑，用振捣器振捣。管径大于 350mm 者用内部振动器，每次振动时间不少于 30s，一次浇筑高度不宜超过 2m。当管径小于 350mm 时，可用附着在钢管上的外部捣动器捣实。外部捣动器的位置应随混凝土浇灌的进展加以调整。外部捣动器的工作范围，以钢管横向振幅不小于 0.3mm 为有效。振幅可用百分表实测。振捣时间不小于 1min。一次浇灌的高度不应大于振捣器的有效工作范围和 2～3m 柱长。

3. 立式高位抛落无振捣法。利用混凝土下落时产生的动能达到振实混凝土的目的。它适用于管径大于 350mm，高度不小于 4m 的情况。对于抛落高度不足 4m 的区段，应用内部振动器振实。

混凝土浇筑宜连续进行，需留施工缝时，应将管口封闭，以免水、油和杂物落入。当浇筑至钢管顶端时，可使混凝土稍为溢出，再将留有排气水的层间横隔板或封顶板紧压在管端，随即进行点焊。待混凝土达到 50%设计强度时，再将层间横隔板或封顶板按设计要求进行补焊。管内混凝土的浇筑质量，可用敲击钢管的方法进行初步检查，如有异常，可用超声脉冲技术检测。对不密实的部位，可用钻孔压浆法进行补强，然后将钻孔补焊封牢。

二、型钢混凝土结构施工

由混凝土包裹型钢做成的结构称为型钢混凝土结构。型钢混凝土中的型钢，除采用轧制型钢外，还广泛采用焊接型钢，配合使用钢筋和钢箍。型钢混凝土可做成多种构件，能组成各种结构，可代替钢结构和钢筋混凝土结构应用于工业和民用建筑中。

型钢分为实腹式和空腹式两种。实腹式型钢可用型钢或钢板焊成，常用截面形式为工字形、I形、[形、T 形、十字形等和矩形及圆形钢管。空腹式构件的型钢由缀板或缀条连接角钢或槽钢组成，空腹式构件较节省材料。图 7-22 为实腹式和空腹式型钢混凝土柱和梁的横截面图。

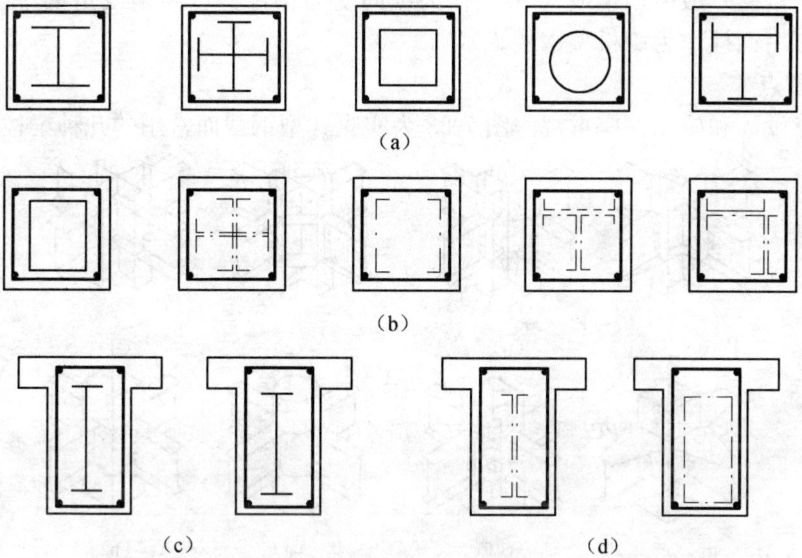

图 7-22 型钢混凝土柱、梁截面

(a) 实腹式型钢混凝土柱截面；(b) 空腹式型钢混凝土柱截面；
(c) 实腹式型钢混凝土梁截面；(d) 空腹式型钢混凝土梁截面

（一）型钢混凝土优点

型钢混凝土中型钢不受含钢率的限制，构件的承载能力可以高于同样外形的钢筋混凝土构件的承载能力 1 倍以上，因而可以减小构件截面；型钢在混凝土浇筑之前已形成钢结构，具有较大的承载能力，能承受构件自重和施工荷载，可将模板悬挂在型钢上，模板不需设支撑，简化支模，加快施工速度。在高层建筑中，型钢混凝土不必等待混凝土达到一定强度就可以继续施工上层，可缩短工期。由于无临时立柱，为进行设备安装提供了可能；型钢混凝土结构的延性比钢管混凝土结构明显提高，尤其是实腹式型钢，因而此种结构具有良好的抗震性能。型钢混凝土结构较钢结构在耐久性、耐火性等方面均胜一筹。

（二）型钢混凝土结构构造

1. 型钢混凝土梁❶

型钢混凝土梁的实腹式型钢一般为工字形，可用轧制工字钢和 H 型钢。但大多是用钢板焊制的，焊成的截面可根据需要设计，上下翼缘不必相等，沿梁全长也不必强求一律，以充分发挥材料的性能为前提。有时用两根槽钢做成实腹式截面，便于穿过管道或剪力墙的钢筋。空腹式型钢截面一般用角钢焊成桁架，腹杆可用小角钢或圆钢，圆钢以直径不宜小于其长度的 1/40。当上下弦杆间距大于 600mm 时，腹杆宜用角钢。框架梁的型钢，应与柱子的型钢做成刚性连接。梁的自由端要设置专门的锚固件，将钢筋焊在型钢上，或用角钢、钢板做成刚性支座。

2. 型钢混凝土柱

型钢多用钢板焊接而成，十字形截面用于中柱，T 字形截面用于边柱，L 形截面用于角

❶ 《型钢混凝土组合结构技术规程》(JGJ 138—2001) 规定：

10.0.1 型钢混凝土结构中型钢的制作必须采用机械加工；并宜由钢结构制作厂承担；制作者应根据设计和施工详图，编制制作工艺书。

柱。空腹式型钢柱一般由角钢或T型钢作为纵向受力构件，以圆钢或角钢作腹杆形成桁架型钢柱，也可用钢板作为缀板型钢柱。

3. 梁柱节点

梁柱节点设计和施工都应重视。图7-23为实腹式型钢截面常用的几种梁柱节点形式。

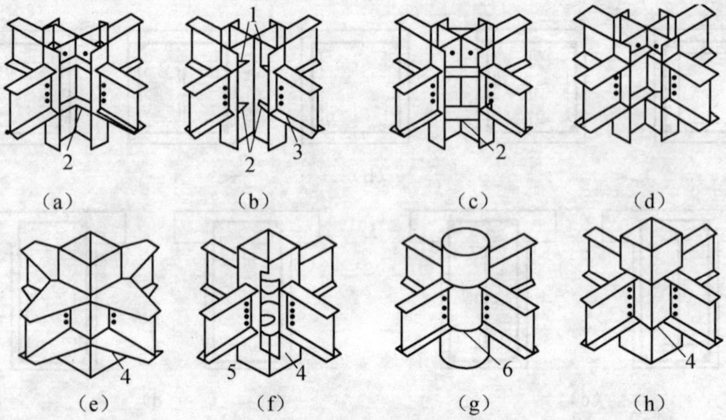

图7-23 实腹式型钢梁柱节点

(a) 水平加劲板式；(b) 水平加角加劲板式；(c) 垂直加劲板式；(d) 梁翼缘贯通式；
(e) 外隔板式；(f) 内隔板式；(g) 加劲环式；(h) 贯通隔板式
1—主筋贯通孔；2—加劲板；3—箍筋贯通孔；4—隔板；5—留孔；6—加劲环

(三) 型钢混凝土结构施工

1. 型钢和钢筋施工❶

型钢骨架施工遵守钢结构的有关规范和规程。安装柱的型钢骨架时，先在上、下型钢骨架连接处进行临时连接，纠正垂直偏差后再进行焊接或高强螺栓固定，然后在梁的型钢骨架安装后，要再次观测和纠正因荷载增加、焊接收缩或螺栓松紧不一而产生的垂直偏差。

为使梁柱接头处的钢筋贯通且互不干扰，加工柱的型钢骨架时，在型钢腹板上要预留穿钢筋的孔洞，而且要相互错开，如图7-24所示。预留孔洞的孔径，既要便于穿钢筋，又不要过多削弱型钢腹板，一般预留孔洞的孔径较钢筋直径大4～6mm为宜。❷

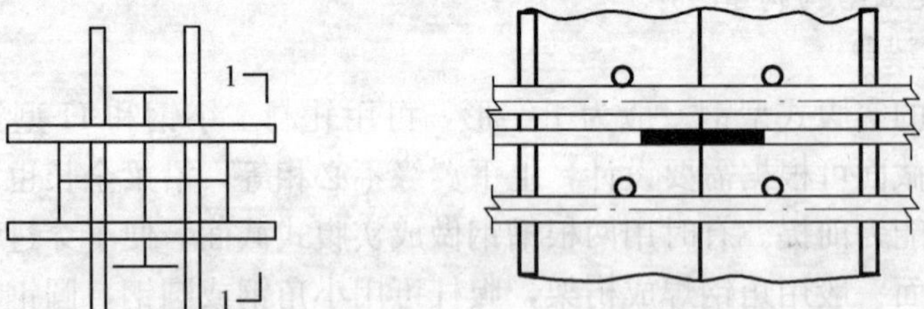

图7-24 梁柱接头处穿钢筋预留孔的位置

❶ 《型钢混凝土组合结构技术规程》(JGJ 138—2001) 规定：

10.0.4 钢结构的安装应严格按图纸规定的轴线方向和位置定位，受力和孔位应正确；吊装过程中应使用经纬仪严格效准垂直度，并及时定位。安装的垂直度、现场吊装误差应符合现行国家标准《钢结构工程施工质量验收规范》(GB 50205—2001) 的规定。

❷ 《型钢混凝土组合结构技术规程》(JGJ 138—2001) 规定：

10.0.10 型钢钢板制孔，应采用工厂车床制孔，严禁现场用氧气切割开孔。

在梁柱接头处和梁的型钢翼缘下部，由于浇筑混凝土时有部分空气不易排出，或因梁的型钢翼缘过宽妨碍浇筑混凝土，为此要在一些部位预留排除空气的孔洞和混凝土浇筑孔，如图 7-25 所示。

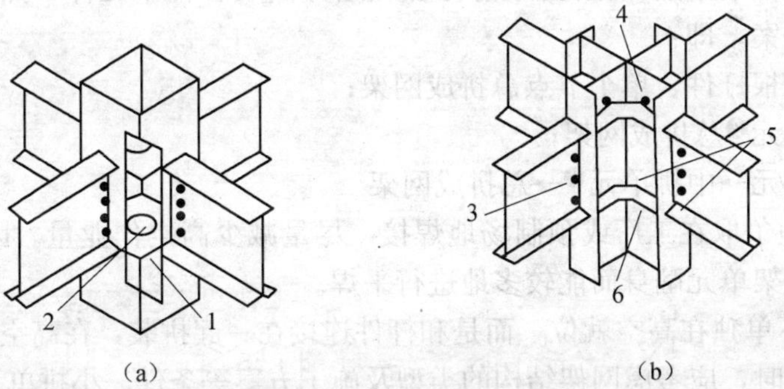

图 7-25　梁柱接头处预留孔洞位置

1—柱内加劲肋板；2—混凝土浇筑孔；3—箍筋通过孔；
4—梁主筋通过孔；5—排气孔；6—柱腹板加劲肋

型钢混凝土结构的钢筋绑扎，与钢筋混凝土结构中的钢筋绑扎基本相同。由于柱的纵向钢筋不能穿过梁的翼缘，因此柱的纵向钢筋只能设在柱截面的四角或无梁的位置。

在梁柱节点部位，柱的箍筋从型钢梁腹板上已留好的孔中穿过，然后将分段箍筋用电弧焊焊接。不宜将箍筋焊在梁的腹板上，因为节点处受力较复杂。❶

2. 模板安装与混凝土浇筑

施工中可利用型钢骨架来承受混凝土的重量和施工荷载，可降低模板费用，加快施工。可将梁底模用螺栓固定在型钢梁或角钢桁架的下弦上，可完全省去梁下的支撑。楼盖模板可用钢框木模板和快拆体系支撑，达到加速模板周转的目的。

施工时有关型钢骨架的安装，应遵守钢结构有关的规范和规程。至于型钢混凝土结构的混凝土浇筑，应遵守有关混凝土施工的规范和规程。在梁柱接头处和梁型钢翼缘下部等混凝土不易充分填满处，要仔细进行浇筑和捣实，浇筑时要保证其密实度和防止开裂。

第六节　网架钢结构吊装

网架不仅具有跨度大、覆盖面积大、结构轻、省料经济等特点，同时还有良好的稳定性和安全性。尤其是大型的文化体育中心多数采用网架结构。国内如长春体育馆、上海体育馆、上海游泳馆和辽宁体育馆，都别具风采。网架结构建筑结构新颖，造型雄伟壮观，场内没有一根柱子，视野开阔。

网架结构的形式较多，如双向正交斜放网架、三向网架和蜂窝形四角锥网架等。网架的选型可视工程平面形状和尺寸、支撑情况、跨度、荷载大小、制作和安装情况等因素综合进行分析确定。

网架钢结构根据其结构形式和施工条件的不同，可选用高空散装法、整体吊装法或高空

❶ 《型钢混凝土组合结构技术规程》（JGJ 138—2001）规定：

10.0.5　施工中应确保现场型钢柱的拼接和梁柱节点连接的焊接质量，其焊缝质量应满足一级焊缝等级要求。

滑移法等方法进行安装。❶

一、网架结构的施工原则

1. 合理分割，即把网架根据实际情况合理地分割成各种单元体，然后拼成整个网架。一般有下列几种方案，即：

（1）直接由单根杆件、单个节点总拼成网架；

（2）由小拼单元❷总拼成网架；

（3）由小拼单元→中拼单元❸→总拼成网架。

2. 尽可能多地争取在工厂或预制场地焊接，尽量减少高空作业量。因为这样可以充分利用起重设备将网架单元翻身而能较多地进行平焊。

3. 节点尽量不单独在高空就位，而是和杆件连接在一起拼装，在高空仅安装杆件。

划分小拼单元时，应考虑网架结构的类型及施工方案等条件。小拼单元一般可划分为平面桁架型或锥体型两种。划分时应作方案比较以确定最优者。图 7-26 所示为斜放四角锥网架两种划分方案的实例。其中（a）方案的工厂焊接工作量占总工作量约 35%，而（b）方案却占 70%左右。桁架系网架的小拼单元，应该划分成平面桁架型小拼单元。

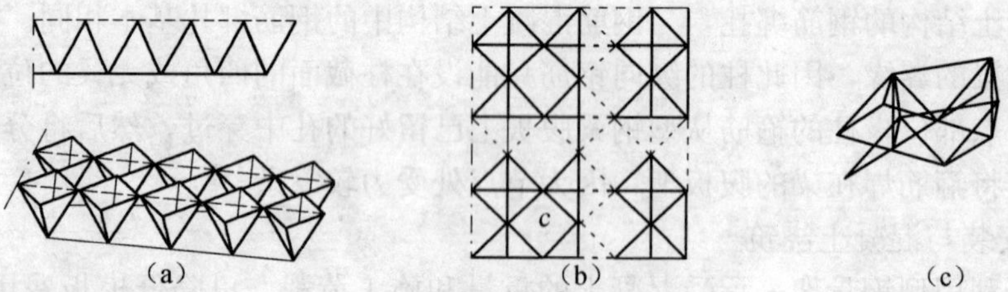

(a) (b) (c)

图 7-26　小拼单元划分方案举例

（a）桁架型小拼单元；（b）锥体型小拼单元；（c）单元立体图

小拼单元应在专门的拼装模架上焊接，以确保几何尺寸的准确性。❹ 小拼模架有平台型（图 7-27a、b）和转动型（图 7-27c）两种。平台型模架仅作定位焊用，全面施焊应将单元体

---

❶《网架结构设计与施工规程》（JGJ 7—91）规定：

5.1.5　网架的安装方法应根据网架受力和构造特点，在满足质量、安全、进度和经济效果的要求下，结合当地的施工技术条件综合确定。网架的安装方法及适用范围如下：

1. 高空散装法适用于螺栓连接节点的各种类型网架，并宜采用少支架的悬挑施工方法；

2. 分条或分块安装法适用于分割后刚度和受力状况改变较小的网架，如两向正交、正放四角锥、正放抽空四角锥等网架。分条或分块的大小应根据起重能力而定；

3. 高空滑移法适用于正放四角锥、正放抽空四角锥、两向正交正放等网架。滑移时滑移单元应保证成为几何不变体系；

4. 整体吊装法适用于各种类型的网架，吊装时可在高空平移或旋转就位；

5. 整体提升法适用于周边支承及多点支承网架，可用升板机、液压千斤顶等小型机具进行施工；

6. 整体顶升法适用于支点较少的多点支承网架。

❷《钢结构工程施工质量验收规范》（GB 50205—2001）规定：

2.1.4　小拼单元：钢网架结构安装工程中，除散件之外的最小安装单元，一般分平面桁架和锥体两种类型。

❸《钢结构工程施工质量验收规范》（GB 50205—2001）规定：

2.1.5　中拼单元：钢网架结构安装工程中，由散件和小拼单元组成的安装单元，一般分条状和块状两种类型。

❹《网架结构设计与施工规程》（JGJ 7—91）规定：

5.2.5　小拼单元的允许偏差应符合下列规定：

1. 小拼单元为单锥体时：弦杆长、锥体高为±2.0mm；上弦对角线长度为±3.0mm；下弦节点中心偏移为±2.0mm；

2. 小拼单元不为单锥体时，节点中心允许偏移为 2.0mm；

3. 小拼单元为平面桁架时，尺寸允许偏差应符合《钢结构工程施工质量验收规范》（GB 50205—2001）的有关规定。

吊运至现场进行；而转动型模架则单元体全在此模架上进行焊接，由于模架可转动，因而焊接条件好，易于保证质量。

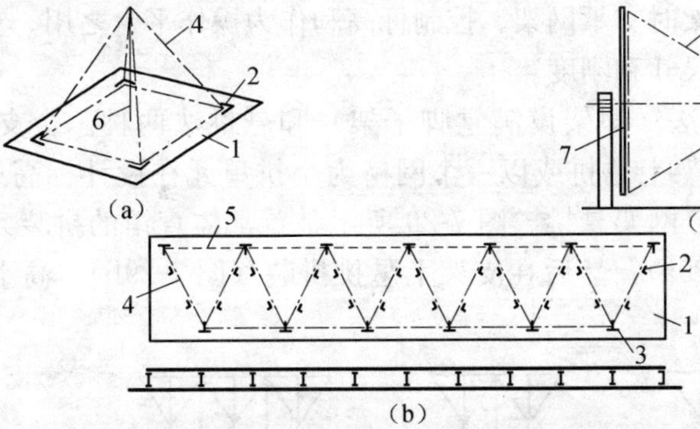

图 7-27 小拼单元拼装模架

(a)、(b) 平台型模架；(c) 转动型模架

1—拼装平台；2—定位角钢；3—搁置节点槽口；4 —网架；

5—临时加固杆；6—标杆；7—转动模架；8—支架

为保证网架在总拼过程中具有较少的焊接应力和便于调整尺寸，合理的总拼顺序应该是从中间向两边或从中间向四周发展（图 7-28a、b），它具有以下优点：

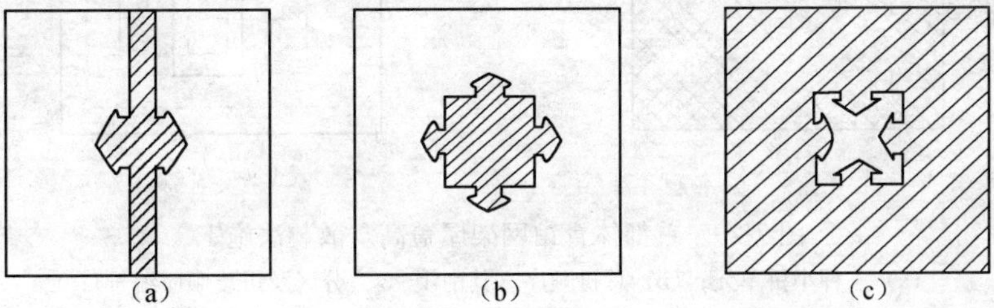

图 7-28 总拼顺序示意图

(a) 由中间向两边发展；(b) 由中间向四周发展；

(c) 由四周向中间发展（形成封闭圈）

(1) 可减少一半的累积偏差；

(2) 保持一个自由收缩边，大大减少焊接收缩应力；

(3) 向外扩展边便于铆工随时调整尺寸。

总拼时严禁形成封闭圈，因为在封闭圈中焊接（图 7-28c）会产生很大的焊接收缩应力。

网架焊接时一般先焊下弦，使下弦收缩而略上拱，然后焊接腹杆及上弦。如先焊上弦，则易造成不易消除的人为挠度。

二、高空散装法

钢网架采用高空拼装法进行安装，是先在设计位置处搭设拼装支架，然后用起重机把网架构件分件（或分块）吊至空中的设计位置，在支架上进行拼装。它在拼装过程中始终有一部分网架悬挑着，当网架悬挑拼接成为一个稳定体系时，不需要设置任何支架来承受其自重和施工荷载。当跨度较大，拼接到一定悬挑长度后，设置单肢柱或支架，支承悬挑部分，以减少或避免因自重和施工荷载而产生的挠度。其优点是可以采用简易的运输设备，有时不需大型起重设备；其缺点是拼装支架用量大，高空作业多。

高空散装法适用于非焊接连接（螺栓球节点或高强螺栓连接）的网架。

拼装支架是在拼装网架时支承网架、控制标高和作为操作平台之用。支架的数量和布置方式，取决于安装单元的尺寸和刚度。

高空散装法分全支架法（即架设满堂脚子架）和悬挑法两种。全支架法可以一根杆件、一个节点的散件在支架上总拼或以一个网格为小拼单元在设计标高进行总拼❶。为了节省支架，总拼时可以部分网架悬挑。图 7-29 所示是首都体育馆的拼装方法，预先用角钢焊成三种小拼单元（图 7-29a），然后在支架上悬挑拼装（图 7-29b）。高空拼装采用高强螺栓连接。

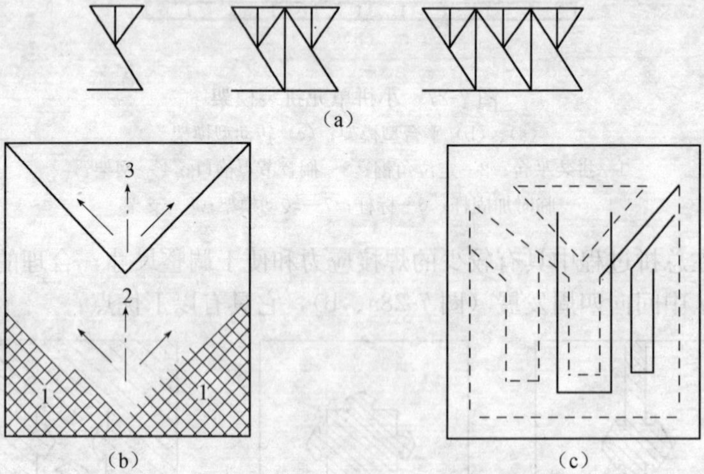

图 7-29　首都体育馆网架屋盖高空散装法施工

(a) 三种小拼单元；(b) 总拼顺序（其中 1～3 为分区及拼装顺序编号）；

(c) 拼装支架平面布置（虚线部分为支架范围，粗黑线为塔式起重机轨道）

（一）支架设置

支架既是网架拼装成型的承力架，又是操作平台支架。所以，支架搭设位置必须对准网架下弦节点。支架一般用扣件脚手架搭设。它应具有整体稳定性和在荷载作用下有足够的刚度的特点；支架本身的弹性压缩、接头变形、地基沉降等引起的总沉降值应控制在 5mm 以下。因此，为了调整沉降值和卸荷方便，可在网架下弦节点与支架之间设置调整标高用的千斤顶。拼装支架必须牢固，设计时应对单肢稳定、整体稳定进行验算，并估算沉降量。其中单肢稳定验算可按一般钢结构设计方法进行。

（二）支架整体沉降量控制

支架的整体沉降量包括钢管接头的空隙压缩、钢管的弹性压缩、地基的沉陷等。如果地基情况不良，要采取夯实加固等措施，并且要用木垫板以分散支柱传来的集中荷载。高空拼装法对支架的沉降要求较高（不得超过 5mm），应给予足够的重视。大型网架施工，必要时可进行试压，以取得所需的资料。拼装支架不宜用竹或木制，因为这些材料容易变形并易

❶《网架结构设计与施工规程》(JGJ 7—91) 规定：

5.3.1　当采用小拼单元或杆件直接在高空拼装时，其顺序应能保证拼装的精度，减少积累误差。悬挑法施工时，应先拼成可承受自重的结构体系，然后逐步扩展。网架在拼装过程中应随时检查基准轴线位置、标高及垂直偏差，并应及时纠正。

燃，故当网架用焊接连接时禁用。

（三）支架的拆除

网架拼装成整体并检查合格后，即拆除支架，拆除时应从中央逐圈向外分批进行，每圈下降速度必须一致，应避免个别支点集中受力，避免因拆除原因引起网架受力突变破坏。对于大型网架，每次拆除的高度可根据自重挠度值分成若干批进行❶。

（四）拼装操作

总的拼装顺序是从建筑物一端开始向另一端以两个三角形同时推进，待两个三角形相交后，则按人字形逐榀向前推进，最后在另一端的正中合拢。每榀块体的安装顺序，在开始两个三角形部分是由屋脊部分开始分别向两边拼装，两三角形相交后，则由交点开始同时向两边拼装，见图 7-30。

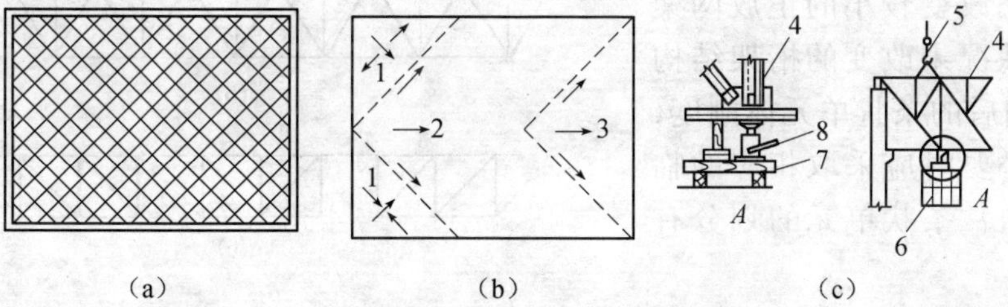

图 7-30　高空散装法安装网架

（a）网架平面；（b）网架安装顺序；（c）网架块体临时固定方法

1、2、3—安装顺序；4—第一榀网架块体；

5—吊点；6—支架；7—枕木；8—液压千斤顶

吊装分块（分件）用 2 台履带式或塔式起重机进行，拼装支架用钢制，可局部搭设做成活动式，亦可满堂红搭设。分块拼装后，在支架上分别用方木和千斤顶顶住网架中央竖杆下方进行标高调整，其他分块则随拼装随拧紧高强螺栓，与已拼好的分块连接即可。

当采取分件拼装，一般采取分条进行，顺序为：

支架抄平、放线→放置下弦节点垫板→按格依次组装下弦、腹杆、上弦支座（由中间向两端，一端向另一端扩展）→连接水平系杆→撤出下弦节点垫板→总拼精度校验→油漆。

每条网架组装完，经校验无误后，按总拼顺序进行下条网架的组装，直至全部完成。

本法不需大型起重设备；对场地要求不高，但需搭设大量拼装支架；高空作业多。

适于非焊接连接（如螺栓球节点、高强螺栓节点等）的各种网架的拼装，不宜用于焊接球网架的拼装，因焊接易引燃脚手板，操作不够安全。同时高空散装，不易控制标高、轴线和质量，工效降低。

三、分条分块法

分条分块法是高空散装的组合扩大。为适应起重机械的起重能力和减少高空拼装工作量，将屋盖划分为若干个单元，在地面拼装成条状或块状扩大组合单元体后，用起重机械或设在双肢柱顶的起重设备（钢带提升机、升板机等），垂直吊升或提升到设计位置上，拼装

❶《网架结构设计与施工规程》（JGJ 7—91）规定：

5.3.3　在拆除支架过程中应防止个别支撑点集中受力，宜根据各支撑点的结构自重挠度值，采用分区分阶段按比例下降或用每步不大于 10mm 的等步下降法拆除支撑点。

成整体网架结构的安装方法。适于分割后刚度和受力状况改变较小的各种中、小型网架，如双向正交正放、正放四角锥、正放抽空四角锥等网架。对于场地狭小或跨越其他结构、起重机无法进入网架安装区域时尤为适宜。

（一）单元组合体的划分❶

条状单元组合体的划分，是沿着屋盖长方向切割。对桁架结构是将一个节间或两个节间的两榀或三榀桁架组成条状单元体；对网架结构，则将一个或两个网格组装成条状单元体。切割组装后的网架条状单元体往往是单向受力的两端支承结构。这种安装方法适用于分割后的条状单元体，在自重作用下能形成一个稳定体系，其刚度与受力状态改变较小的正放网架或刚度和受力状况未改变的桁架结构类似。网架分割后的条状单元体刚度，要经过验算，必要时应采取相应的临时加固措施。通常条状单元的划分有以下几种形式：

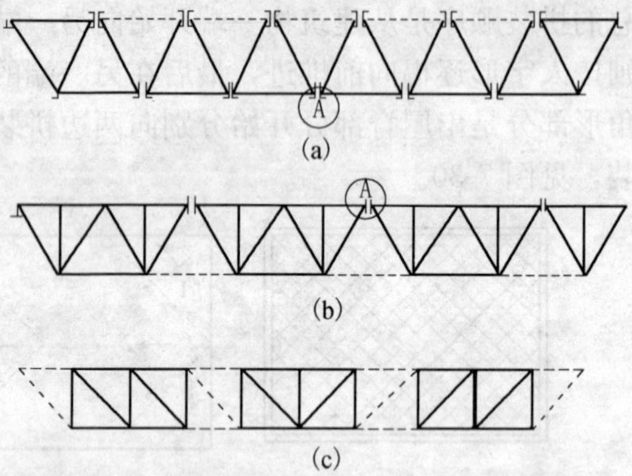

图 7-31　网架条（块）状单元划分方法

(a) 网架下弦双角钢分在两单元；(b) 网架上弦用部分式安装；(c) 网架单元在高空中拼装 注：Ⓐ表示剖分式安装节点

1. 网架单元相互靠紧，把下弦双角钢分在两个单元上，见图 7-31（a），此法可用于正放四角锥网架；

2. 网架单元相互靠紧，单元间上弦用剖分式安装节点连接，见图 7-31（b）。此法可用于斜放四角锥网架；

3. 单元之间空一节间，该节间在网架单元吊装后再在高空拼装见图 7-31（c），可用于两向正交正放或斜放四角锥等网架；

分条（分块）单元，自身应是几何不变体系，同时还应有足够的刚度，否则应加固。对于正放网架而言，在分割成条（块）状单元后，自身在自重作用下能形成几何不变体系，同时也有一定的刚度，一般不需要加固。但对于斜放类网架，在分割成条（块）状单元后，由于上弦为菱形结构可变体系，因而必须加固后才能吊装，图 7-32 所示为斜放四角锥网架上弦加固方法。

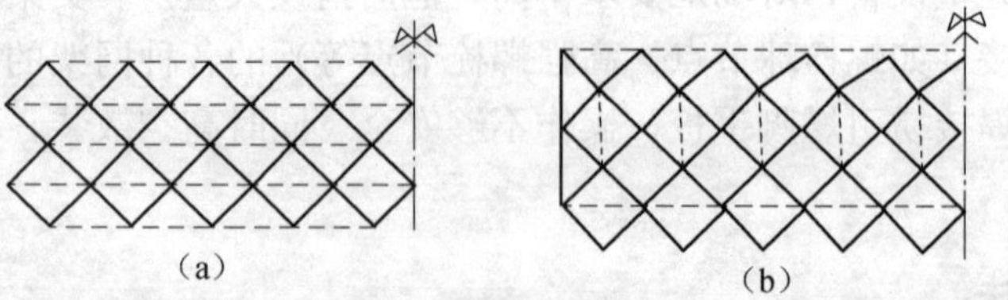

图 7-32　斜放四角锥网架上弦加固（虚线表示临时加固杆件）示意图

(a) 网架上弦临时加固件采用平行式；(b) 网架上弦临时加固件采用间隔式

---

❶ 《网架结构设计与施工规程》(JGJ 7—91) 规定：

5.2.6　分条或分块的网架单元长度不大于 20m 时，拼接边长度允许偏差为±10mm；当条或块的长度大于 20m 时，拼接边长度允许偏差为±20mm。

5.4.1　将网架分成条状单元或块状单元在高空连成整体时，网架单元应具有足够刚度并保证自身的几何不变性，否则应采取临时加固措施。

（二）块状单元组合体的划分

块状单元组合体的分块，一般是在网架平面的两个方向均有切割，其大小视起重机的起重能力而定。切割后的块状单元体大多是两邻边或一边有支承，一角点或两角点要增设临时顶撑予以支承。也有将边网格切除的块状单元体，边网格留在垂直吊升后再拼装成整体网架，如图 7-33 所示。

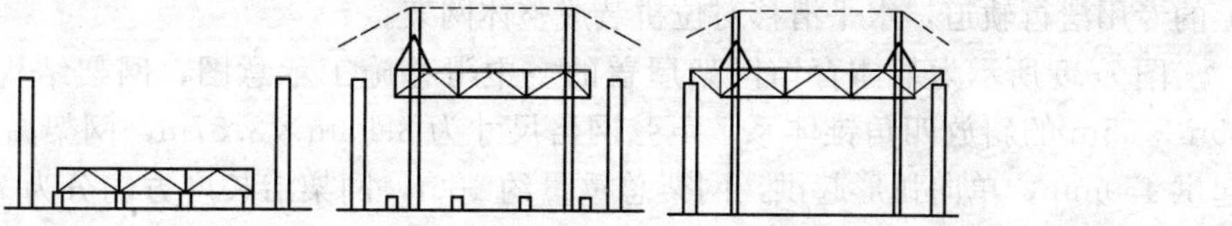

图 7-33　网架吊升后拼装边节间

(a) 网架在室内砖支墩上拼装；(b) 用独脚拔杆起吊网架；

(c) 网架吊升后将边节各杆件及支座拼装上

（三）拼装操作

吊装有单机跨内吊装和双机跨外抬吊两种方法，见图 7-34（a）、(b)。图 7-35（c）在跨中下部设可调立柱、钢顶撑，以调节网架跨中挠度。吊上后即可将半圆球节点焊接和安设下弦杆件，待全部作业完成后，拧紧支座螺栓，拆除网架，下立柱，即告完成。

（四）网架挠度控制

网架条状单元在吊装就位过程中的受力状态属平面结构体系，而网架结构是按空间结构设计的，因而条状单元在总拼前的挠度要比网架形成整体后该处的挠度大，故在总拼前必须在合拢处用支撑顶起，调整挠度使与整体网架挠度符合。块状单元在地面制作后，应模拟高空支承条件，拆除全部地面支墩后观察施工挠度，必要时也应调整其挠度。

（五）网架尺寸控制

条（块）状单元尺寸必须准确，以保证高空总拼时节点吻合或减少积累误差，一般可采取预拼装或现场临时配杆等措施解决。同时应该注意保证条（块）状单元制作精度和起拱，以免造成总拼困难。

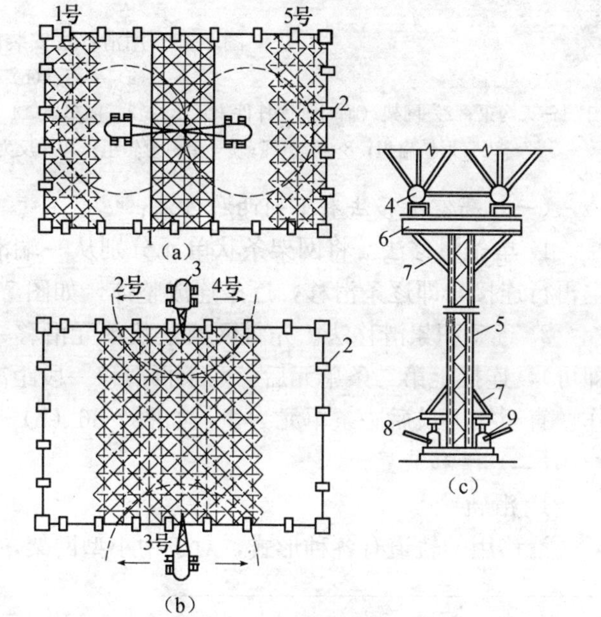

图 7-34　分条分块法安装网架

(a) 吊装 1 号、5 号段网架作业；

(b) 吊装 2 号、4 号、3 号段作业；(c) 网架跨中挠度调节

1—网架；2—柱子；3—履带式起重机；4—下弦钢球；5—钢支柱；6—横梁；7—斜撑；8—升降顶点；9—液压千斤顶

本法高空作业较高空散装法减少，所需起重设备较简单，不需大型起重设备，可与室内其他工种平行作业，可缩短总工期，用工省、劳动强度低、减少高空作业、施工速度快、费用低。缺点是需搭设一定数量的拼装平台，容易造成轴线的积累偏差，一般要采取试拼装、套拼、散件拼装等措施来控制。

四、高空滑移法

高空滑移法是将网架条状单元组合体在建筑物上空进行水平滑移对位总拼的一种施工方法。适用于网架支承结构为周边承重墙或柱上有现浇钢筋混凝土圈梁等情况。可在地面或支架上进行扩大拼装条状单元，并将网架条状单元提升到预定高度后，利用安装在支架或圈梁上的专用滑行轨道，水平滑移对位拼装成整体网架。

图 7-35 所示为某体育馆网架屋盖的空中滑移施工示意图，网架结构采用平面尺寸为 45m×55m 的斜放四角锥体系，下弦网格尺寸为 3.93m×3.57m，网架高 3.2m，短跨方向起拱 450mm，单向弧形起拱，网架总重量约 106t，网架沿长度方向分为 7 条，沿跨度方向又分为两条，每条的尺寸为 22.5m×7.86m，重 7～9t，单元在空中直接拼装。

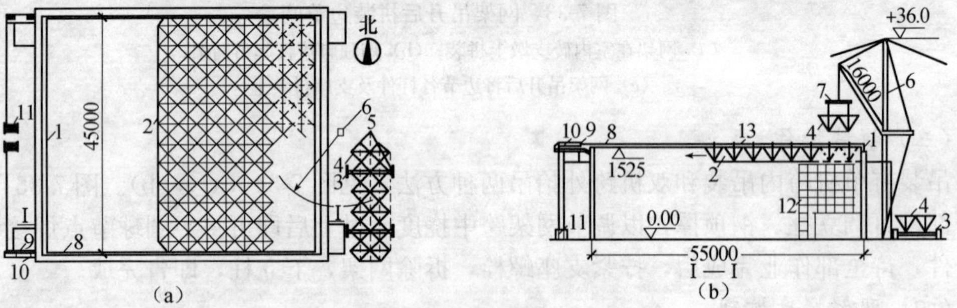

图 7-35　用滑移法安装网架结构实例

(a) 平面；(b) 剖面

1—天沟渠；2—网架（临时加固杆件未示出）；3—拖车架；4—网架分块单元；5—临时加固杆件；6—悬臂桅杆；7—工字形铁扁担；8—牵引绳；9—牵引滑轮组；10—反力架；11—卷扬机；12—脚手架；13—拼装节点

（一）高空滑移法有下列两种方法：❶

1. 单条滑移法。将网架条状单元分别从一端滑到另一端就位安装，各条之间分别在高空再行连接，即逐条滑移，逐条连成整体，如图 7-36（a）所示。

2. 逐条积累滑移法。先将网架条状单元滑移一段距离后（能连接上第二条单元的宽度即可），连接上第二条单元后，两条再滑移一段距离（宽度同上），再接第三条。如此循环操作，直至接上最后一条单元为止，如图 7-36（b）所示。

（二）滑移装置

1. 滑轨❷

滑移用的轨道有各种形式，对于中小型网架，滑轨可用圆钢、扁铁、角钢及小型槽钢制

---

❶《网架结构设计与施工规程》(JGJ 7—91) 规定：

5.5.1　高空滑移可采用下列两种方法：

1. 单条滑移法。分条的网架单元在事先设置的滑轨上单条滑移到设计位置后拼接；

2. 逐条积累滑移法。分条的网架单元在滑轨上逐条积累拼接后滑移到设计位置。高空滑移法可利用已建结构物作为高空拼装平台。如无建筑物可供利用时，可在滑移开始端设置宽度约大于两个节间的拼装平台。有条件时，可以在地面拼成条或块状单元吊至拼装平台上进行拼装。

❷《网架结构设计与施工规程》(JGJ 7—91) 规定：

5.5.2　滑轨可固定于钢筋混凝土梁顶面的预埋件上；轨面标高应高于或等于网架支座设计标高。滑轨接头处应垫实，若用电焊连接应锉平高出轨面的焊缝。当支座板直接在滑轨上滑移时，其两端应做成圆导角，滑轨两侧应无障碍。摩擦表面应涂润滑油。

5.5.3　当网架跨度较大时，宜在跨中增设滑轨，滑轨下的支承架应符合本规程第 5.3.2 条的要求。

作，对于大型网架可用钢轨、工字钢、槽钢等制作。滑轨可用焊接或螺栓固定在梁上。

2. 导向轮❶

导向轮主要是作为安全保险装置之用，一般设在导轨内侧，在正常滑移时导向轮与导向轨脱开，其间隙为 10～20mm，只有当同步差超过规定值或拼装误差在某处较大时，两者才碰上，见图 7-37。

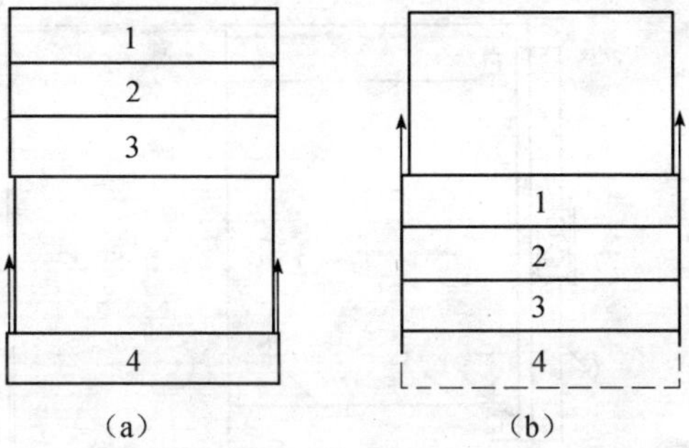

图 7-36　高空滑移法分类

(a) 单条滑移法；(b) 逐条积累滑移法

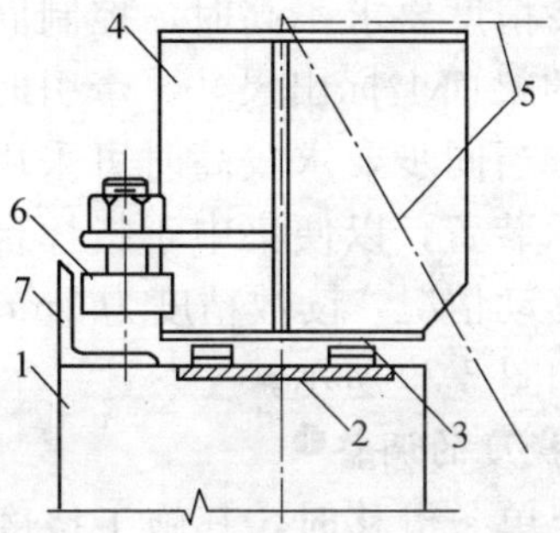

图 7-37　轨道与导轮设置

1—天沟梁；2—预埋钢板；3—轨道；4—网架支座；5—网杆件中心线；6—导轮；7—导轨

(三) 拼装操作

滑移平台由钢管脚手架或升降调平支撑组成，见图 7-38，起始点尽量利用已建结构物，如门厅、观众厅，高度应比网架下弦低 40cm，以便在网架下弦节点与平台之间设置千斤顶，用以调整标高，平台上面铺设安装模架，平台宽应略大于两个节间。

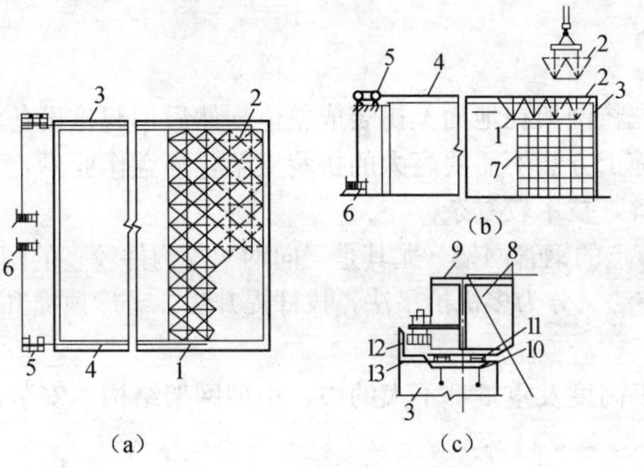

图 7-38　高空滑移法安装网架

(a) 高空滑移平面布置；(b) 网架滑移安装；(c) 支座构造

1—网架；2—网架分块单元；3—天沟梁；4—牵引线；5—滑轮组；6—卷扬机；7—拼装平台；8—网架杆件中心线；9—网架支座；10—预埋铁件；11—型钢轨道；12—导轮；13—导轨

网架先在地面将杆件拼装成两球一杆和四球五杆的小拼构件，然后用悬臂式桅杆、塔式或履带式起重机，按组合拼接顺序吊到拼接平台上进行扩大拼装。先就位点焊拼接网架下弦

---

❶ 《网架结构设计与施工规程》(JGJ 7—91) 规定：
5.5.4　当设置水平导向轮时，可设在滑轨的内侧，导向轮与滑道的间隙应在 10～20mm 之间。

方格，再点焊立起横向跨度方向角腹杆。每节间单元网架部件点焊拼接顺序，由跨中向两端对称进行，焊完后临时加固。牵引可用慢速卷扬机或绞磨进行，并设减速滑轮组。牵引点应分散设置，滑移速度应控制在 1m/min 以内，并要求做到两边同步滑移。当网架跨度大于 50m，应在跨中增设一条平稳滑道或辅助支顶平台。

（四）同步控制

当拼装精度要求不高时，控制同步可在网架两侧的梁面上标出尺寸，牵引时同时报滑移距离。当同步要求较高时可采用自整角机同步指示装置，以便集中于指挥台随时观察牵引点移动情况，读数精度为 1mm。该装置的安装如图 7-39 所示。

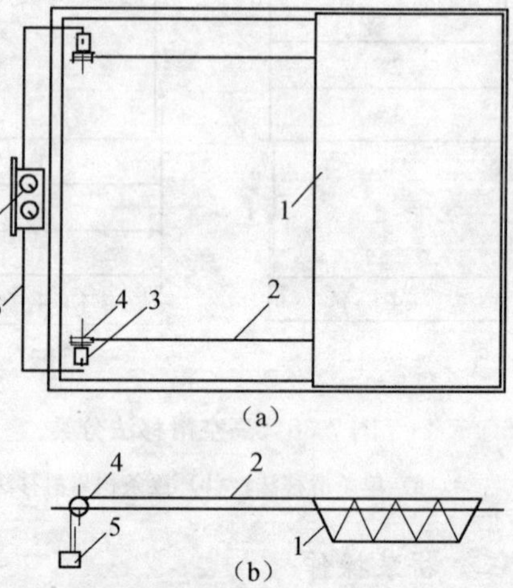

图 7-39 自整角机同步指示器示意

(a) 平面；(b) 立面

1—网架；2—钢丝；3—自整角机发送机；4—转盘；5—平衡重；6—导线；7—自整角机接收机及读数度盘

（五）挠度的调整❶

当网架单条滑移时，其施工挠度的情况与分条分块法完全相同；当逐条积累滑移时，网架的受力情况仍然是两端自由搁置的主体桁架。因而滑移时网架虽仅承受自重，但其挠度仍较形成整体后为大，因此在连接新的单元前，都应将已滑移好的部分网架进行挠度调整，然后再拼接。在滑移时应加强对施工挠度的观测，随时调整。

五、整体安装法❷

整体安装法就是先将网架在地面上拼装成整体，然后用起重设备将其整体提升到设计位置上加以固定。这种施工方法不需要高大的拼装支架，高空作业少，易保证焊接质量，但需要起重量大的起重设备，技术较复杂。

整体安装法对球节点的钢管网架（尤其是三向网架等构件较多的网架）较适宜。根据所用设备的不同，整体安装法又分为多机抬吊法、拔杆提升法、千斤顶提升法与千斤顶顶升法等。

（一）多机抬吊法

多机抬吊法适用于高度及重量都不大的中、小型网架结构。安装前先在地面上对网架进

---

❶《网架结构设计与施工规程》(JGJ 7—91) 规定：

5.5.5 网架滑移可用卷扬机或手扳葫芦牵引。根据牵引力大小及网架支座之间的系杆承载力，可采用一点或多点牵引。

5.5.6 在滑移和拼装过程中对网架应进行下列验算：当跨度中间无支点时，杆件内力和跨中挠度值；当跨度中间有支点时，杆件内力、支点反力及挠度值。

当网架滑移单元由于增设中间滑轨引起杆件内力变号时，应采取临时加固措施以防失稳。

❷《网架结构设计与施工规程》(JGJ 7—91) 规定：

5.6.1 网架整体吊装可采用单根或多根拔杆起吊，也可采用一台或多台起重机起吊就位。当采用多根拔杆方案时，可利用每根拔杆两侧起重机滑轮组中产生水平分力不等原理推动网架移动或转动进行就位。当采用单根拔杆方案时，对矩形网架，可通过调整缆风绳使拔杆吊着网架进行平移就位；对正多边形或圆形网架可通过旋转拔杆使网架转动就位。

5.6.2 在网架整体吊装时，应保证各吊点起升及下降的同步性。提升高差允许值（是指相邻两拔杆间或相邻两吊点组的合力点间的相对高差）可取吊点间距离的 1/400，且不宜大于 100mm，或通过验算确定。

5.6.6 当采用多根拔杆吊装时，拔杆安装必须垂直，缆风绳的初始拉力值宜取吊装时缆风绳中拉力的 60%。

行错位拼装（即拼装位置与安装轴线错开一定距离，以避开柱子的位置），然后用多台起重机（多采用履带式起重机或汽车式起重机）将拼装好的网架整体提升到柱顶以上，在空中移位后落下就位固定，如图 7-40 所示。

网架拼装的关键是控制好网架框架轴线支座的尺寸和起拱要求。

多机抬吊的关键是各台起重机的起吊速度须一致，否则有的起重机会超负荷致使网架受扭，焊缝开裂。为此，起吊前要测量各台起重机的起吊速度，以便起吊时掌握，或每两台起重机的吊索用滑轮穿通。

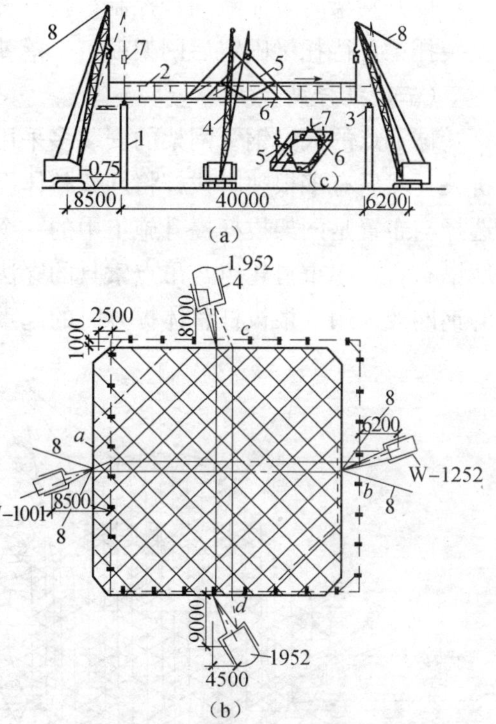

图 7-40　多机抬吊钢网架

(a) 立面图；(b) 平面图

1—柱子；2—网架；3—弧形铰支座；4—起重机；5—吊索；6—吊点；7—滑轮；8—缆风绳

（二）电动螺杆提升法

电动螺杆提升法是利用升板工程施工使用的电动螺杆提升机，将在地面上拼装好的钢网架整体提升至设计标高，其优点是不需大型吊装设备，施工简便。

用电动螺杆提升机提升钢网架，只能垂直提升不能水平移动，为此，设计时要考虑在两柱之间设托梁，网架的支点坐落的托梁上。由于网架提升时不进行水平移动，所以网架拼装不需错位，可在原位进行拼装。

提升梁安装在支承网架的柱子上，提升网架时的一切荷载均由柱子承担，因此，保证结构在施工时的稳定性很重要。图 7-41 和图 7-42 所示为某体育馆网架用电动螺杆提升法整体提升的工程实例。

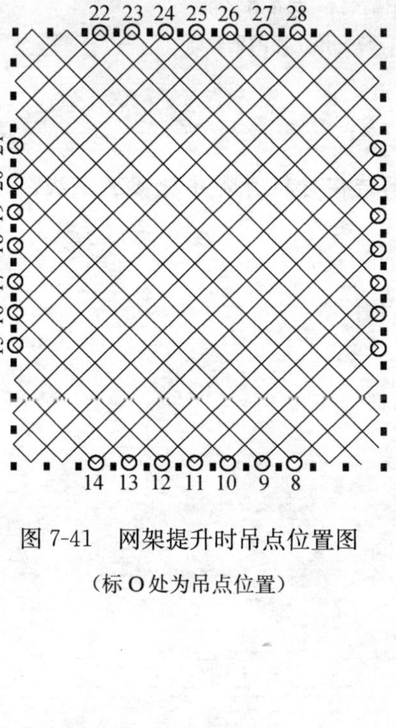

图 7-41　网架提升时吊点位置图

(标 O 处为吊点位置)

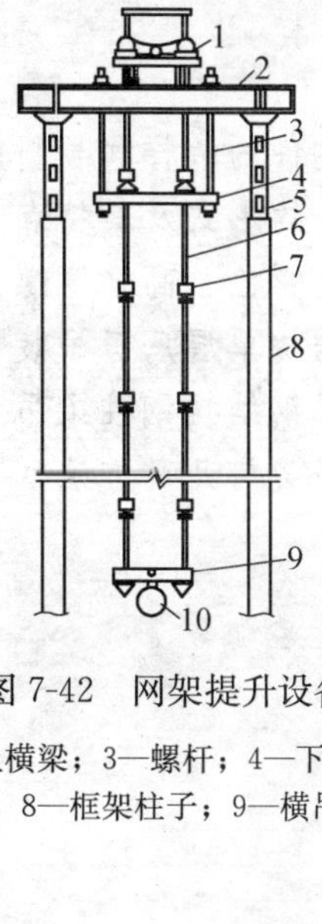

图 7-42　网架提升设备

1—提升机；2—上横梁；3—螺杆；4—下横梁；5—短钢柱；6—吊杆；7—接头；8—框架柱子；9—横吊梁；10—支座钢球

提升网架时要注意同步控制，提升过程中随时纠正提升差异，待网架提升到托梁以上时安装托梁，待托梁固定后网架就可下落就位。

（三）拔杆提升法

球节点的大型钢管网架的安装多采用拔杆提升法，用此法施工时，网架先在地面上错位拼装，然后有多根独脚拔杆将网架整体提升到柱顶以上，空中移位，落位安装。起重设备的选择与布置是网架拔杆提升施工中的一个重要问题，包括：拔杆选择与吊点布置，缆风绳与地锚布置，起重滑轮组与吊点索具的穿法，卷扬机布置等。图 7-43 为某体育馆直径 124.6m 的钢网架采用 6 根拔杆整体提升时的起重设备布置图。

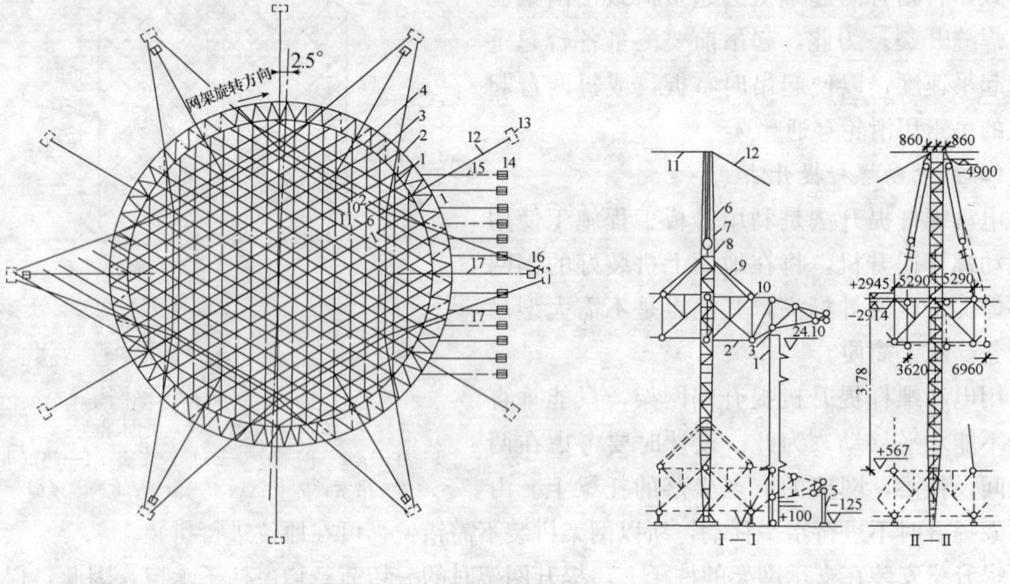

图 7-43　圆形网架屋盖拔杆吊升法示意

1—柱；2—网架；3—摇摆支座；4—留待提升以后再焊的杆件；
5—拼装用小钢柱；6—独脚拔杆；7—8 门滑轮组；8—铁扁担；9—吊索；10—吊点；
11—平缆风绳；12—斜缆风绳；13—地锚；14—起重卷扬机；
15—起重钢丝绳；16—校正用的卷扬机；17—校正用的钢丝绳

思考题

1. 钢结构构件的放样和号料应注意什么问题？钢结构材料有哪几种切割方法？
2. 试述焊缝的形式及其特点。
3. 试述普通螺栓、高强度螺栓的连接应注意哪些问题？
4. 试述钢结构单层厂房吊装前基础的准备工作。
5. 试述高层钢结构钢柱梁吊装工艺及校正方法。
6. 钢网架吊装有几种方法，各有什么特点？

第八章 道路与桥梁工程施工

第一节 路基工程施工

一、概述

路基是在天然地表面下按照道路的设计线形（位置）、设计横断面（几何尺寸）和一定技术要求开挖或堆填而成的岩土结构物，承受由路面传递下来的行车荷载。它既是线路的主体又是路面的基础，要求具有足够的强度、稳定性和耐久性。

（一）路基的类型

根据路基设计标高与天然地面的不同，可将路基横断面形式分为填方路基（路堤）、挖方路基（路堑）和半填半挖路基三种类型，见图 8-1。

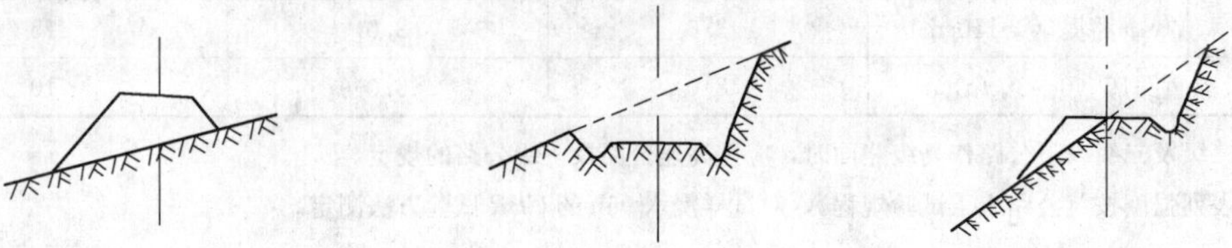

（a）　　（b）　　（c）

图 8-1　路基横断面形式

（a）路堤；（b）路堑；（c）半填半挖路基

（二）路基的基本施工方法

路基的施工方法有：人工及简易机械化、机械化、水力机械化和爆破等几种。选择施工方法，应根据工程性质、工程数量、施工期限以及可能获得的人力和机械设备等条件来考虑。前两种方法见第一章内容。

1. 水力机械化施工。使用水泵、水枪等水力机械，是机械化施工的一种。主要用于有充足水源和电源的集中性土方工程。

2. 爆破法施工。可用手工打眼工具，也可用机械。主要用来震松岩石、坚土、冻土，开挖路堑或采集石料。是一般公路特别是山区公路施工不可缺少的施工方法。

二、路基工程施工

路基施工机械包括铲土运输机械（推土机、铲运机、平地机）、挖掘与装载机械（挖掘机、装载机）、工程运输车辆和压实机械。

（一）路堤填筑

1. 路堤填筑应注意的问题

（1）路堤基底的处理

路堤基底是路堤填料与原地面的接触部分，为使两者结合紧密，避免路堤沿基底发生滑动或路堤沉陷，须对基底进行清理❶

(2) 填料的选择

一般的土石都可作为路堤填料，当有多种料源时应选择挖取方便、易压实、强度高、水稳性好的土料。填方材料的强度应符合表 8-1 的规定。

淤泥、沼泽土、冻土、含残余树根和易于腐烂物质的土，以及含水量超过规定的土，不得作为填料，需要时应采取技术措施。

含盐量超过规定的强盐渍土和过盐渍土不能作为高等级公路的填料，膨胀土除非表层用非膨胀土封闭，一般也不宜作为高等级公路的填料。工业废渣（如粉煤灰、钢渣）是较好的填料，但使用前应检验有害物质含量，以免污染环境。

表 8-1　路基填方材料最小强度和最大粒径表

项目分类（路面底面以下深度）		填料最小强度（*CBR*）（%）		填料最大粒径（cm）
		高速公路及一级公路	二级及二级以下公路	
路堤	上路床（0～30cm）	8.0	6.0	10
	下路床（30～80cm）	5.0	4.0	10
	上路堤（80～150cm）	4.0	3.0	15
	下路堤（>150cm）	3.0	2.0	15
零填及路堑路床（0～30cm）		8.0	6.0	10

注：1. 二级及二级以下公路作高级路面时，应按高速公路及一级公路的规定。

2. 表列强度按《公路土工试验规程》，对试样浸水 96h 的 *CBR* 试验方法测定。

2. 路堤填筑方式

(1) 水平分层填筑

水平分层填筑，即按照横断面全宽分成水平层次，逐层向上填筑。

采用不同土质填筑路堤时，正确的水平分层填筑应遵循以下规定：不同土质应分层填筑，透水性差的土填筑在下层，其表面应做成不小于 4%的横坡，以保证上层透水性填土的水分及时排除；为防止相邻两段用不同土质填筑的路堤在交接处发生不均匀变形，交接处应做成斜面（图 8-2）。

---

❶ 《公路路基设计规范》(JTGD 30—2004) 规定：

3.3.5　地基表层处理

1. 稳定斜坡上地基表层的处理，应符合下列要求：

(1) 地面横坡缓于 1 : 5 时，在清除地表草皮、腐殖土后，可直接在天然地面上填筑路堤；

(2) 地面横坡为 1 : 5～1 : 2.5 时，原地面应挖台阶，台阶宽度不应小于 2m。当基岩面上的覆盖层较薄时，宜先清除覆盖层再挖台阶；当覆盖层较厚且稳定时，可予保留。

2. 地面横坡陡于 1 : 2.5 地段的陡坡路堤，必须验算路堤整体沿基底及基底下软弱层滑动的稳定性，抗滑稳定系数不得小于《公路路基设计规范》(JTGD 30—2004) 表 3.6.8 的规定值，否则应采取改善基底条件或设置支挡结构物等防滑措施。

3. 当地下水影响路堤稳定时，应采取拦截引排地下水或在路堤底部填筑渗水性好的材料等措施。

4. 应将地基表层碾压密实。在一般土质地段，高速公路、一级公路和二级公路基底的压实度（重型）不应小于 90%；三、四级公路不应小于 85%。路基填土高度小于路面和路床总厚度时，应将地基表层土进行超挖并分层回填压实，其处理深度不应小于重型汽车荷载作用的工作区深度。

5. 在稻田、湖塘等地段，应视具体情况采取排水、清淤、晾晒、换填、加筋、外掺无机结合料等处理措施。当为软土地基时，其处理措施应符合《公路路基设计规范》(JTGD 30—2004) 第 7.6 节的规定。

不正确的填筑方案指：未水平分层，有反坡积水，夹有冻土块和粗大石块，以及有陡坡斜面等，基本特点是强度不均匀和排水不利。

(2) 竖向填筑

图 8-3 所示竖向填筑是指沿路中心线方向逐步向前深填。当路线跨越深谷陡坡地形，难以水平分层填筑时使用。竖向填筑由于填土过厚难以压实，应采用高效能压实机械。

(3) 混合填筑

受地形限制或堤身较高，不能按前两种方法自始至终填筑时，可采用混合填筑法，即路堤下层用竖向填筑，而上部用水平分层填筑，如图 8-4 所示。

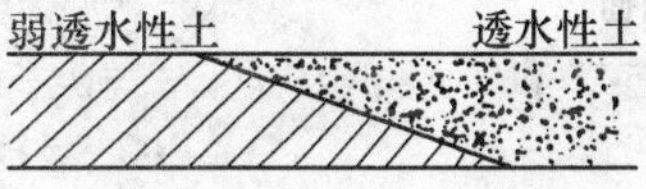

图 8-2 不同土质路堤接头

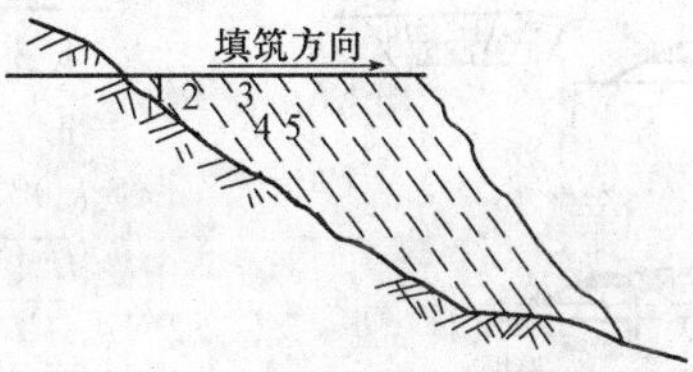

图 8-3 竖向填筑法

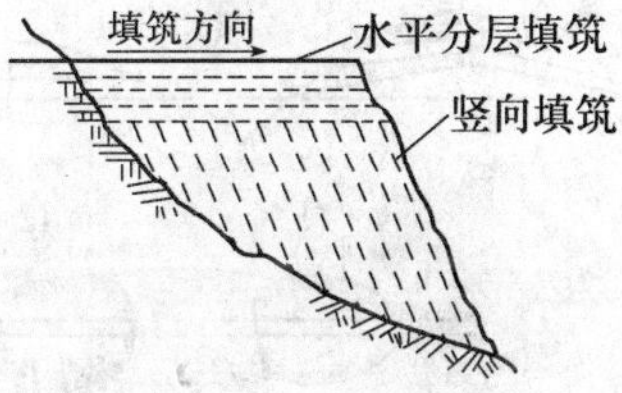

图 8-4 混合填筑法

(二) 路堑开挖

路堑施工就是按照要求进行挖掘，挖出的土作为路堤填料或弃土。处于地壳表层的路堑边坡，暴露于大气中，受到自然、人为因素的影响，比路堤边坡更容易破坏和失稳，其稳定性与施工方法关系密切。

1. 路堑开挖注意事项

(1) 开挖土方不得乱挖超挖。严禁掏洞取土，在不影响边坡稳定的情况下，采用爆破施工时，应经过设计审批。

(2) 路堑开挖前应首先处理好排水，并根据断面的土层分布、地形条件、施工方法，以及土方利用和废弃情况等综合考虑，力求做到运距短、占地少。

(3) 注意边坡稳定，及时设置必要的支挡工程。

(4) 有效地扩大工作面，以利提高生产效率，保证施工安全。

(5) 开挖中，对适用的土、砂、石等材料，在经济合理的情况下，应尽量利用作混凝土集料、路面材料、填方填料，及施工砌筑料等。

2. 土质路堑的开挖

(1) 横向挖掘法

从路堑一端或两端按横断面全宽向前开挖的方式称为横挖法，适用于较短的路堑。当路堑深度不大时，可一次挖到设计标高（图 8-5a）；路堑深度较大时，可分几个台阶进行开挖（图 8-5b）。各层要有独立的出土道和临时排水设施，以免相互干扰，影响工效。

(2) 纵向挖掘法

沿路堑纵向将高度分成不大的层次开挖的方法称为纵挖法，适用于较长的路堑开挖。如果路堑的宽度和深度均不

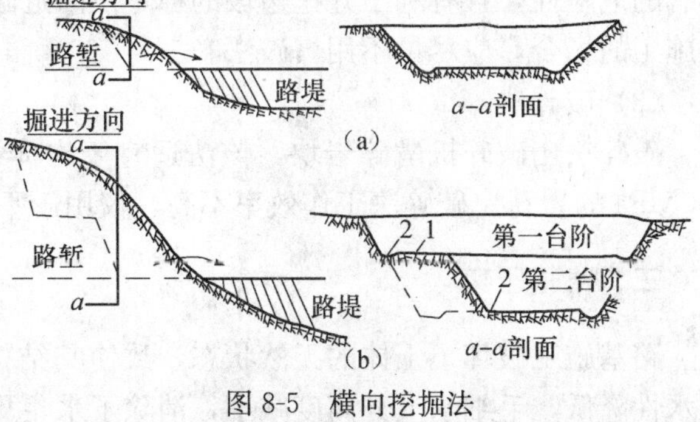

图 8-5 横向挖掘法

(a) 一层横向全宽挖掘法；(b) 多层横向全宽挖掘法

1—第一台阶运土道；2—临时排水沟

大，可按照横断面全宽纵向分层挖掘，称为分层纵挖法（图 8-6a）；如果路堑的宽度和深度均比较大，可沿纵向分层、每层先挖出一条通道，然后开挖两旁，称为通道纵挖法（图8-6b）；如果路堑很长，可在适当位置将路堑一侧横向挖穿，将路堑分为几段同时开挖，称为分段纵挖法（图 8-6c），适用于傍山长路堑。

（3）混合法

当路线纵向长度和挖深都很大时，宜采用混合式开挖法，即将横挖法和通道纵挖法混合使用。先沿路堑纵向挖通道，然后沿横向坡面挖掘，以增加开挖坡面，如图 8-7 所示。

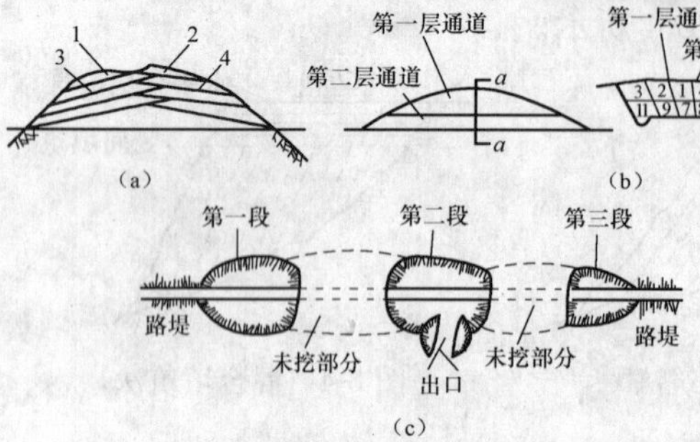

图 8-6　纵向挖掘法

（a）分层纵挖法（图中数字为挖掘顺序）；

（b）通道纵挖法（图中数字为拓宽顺序）；（c）分段纵挖法

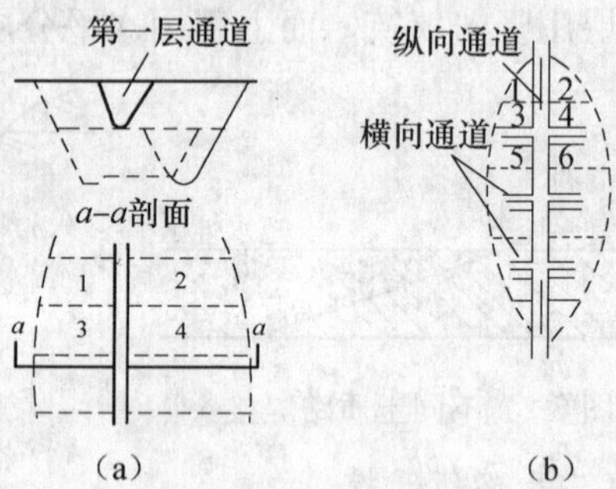

图 8-7　混合挖掘法

（a）横面和平面；（b）平面纵横通道

注：箭头表示运土与排水方向，数字为工作面数

3. 岩石路堑的开挖

岩石路堑通常采用爆破法开挖，有条件时宜采用松土法开挖，局部情况亦可采用破碎法开挖。

（1）爆破法

爆破法开挖利用炸药爆炸时产生的热量和高压，使岩石或周围介质受到破坏或移动，特点是施工速度快、减轻繁重的体力劳动、提高生产率，但必须由经过专业培训并取得爆破证书的施工人员施爆。爆破方法包括表面爆破、浅孔爆破、深孔爆破、光面爆破和预裂爆破。爆破施工主要工序包括炮位选择、凿岩（钻孔）、装药与堵塞、起爆和清方、测定爆破效果。

（2）松土法

松土法是充分利用岩体自身存在的各种裂面和结构面，用推土机牵引的松土器将岩体翻碎，再用推土机或装载机与自卸汽车配合，将翻松了的石块搬运出去。松土法避免了爆破法具有的危险性，且有利于开挖边坡的稳定及附近建筑物的安全。从发展趋势看，能采用松土法施工的场合，应尽量不用爆破法。

（3）破碎法

破碎法用破碎机凿碎岩块，该法适宜于岩体裂缝较多、岩块体积较小、抗压强度低于100MPa 的岩石。破碎法工作效率不高，仅用于不能使用爆破法和松土法施工的局部场合。

三、路基压实

路基施工破坏了土体的天然状态，致使其结构松散、经路基压实后、土体密实度提高，透水性降低，毛细水上升高度减小，消除了水集聚侵蚀软化路基及冻胀引起的不均匀变形。提高了路基的强度和稳定性。

（一）压实施工

1. 填方地段基底的压实

高速公路、一级公路和二级公路路堤基底的压实度不应小于85%；当路堤土高度小于路床厚度（80cm）时，基底的压实度不宜小于路床的压实度标准。

2. 土方路堤的压实

碾压前应对填土层的松铺厚度、平整度和含水量进行检查，符合要求后方可进行碾压。用铲运机、推土机和自卸汽车推运土料填筑时，应平整每层填土，且自中线向两边设置2%～4%的横向坡度。高速公路、一级公路路基填土压实宜采用振动式压路机或者采用35～50t轮胎式压路机。当采用振动压路机碾压时，第一遍应静压，然后先慢后快，先弱振后强振。碾压机械的行驶速度，开始时宜慢速，最大速度不宜超过4km/h；碾压时直线段由两边向中间，小半径曲线段由内侧向外侧，纵向进退式进行；横向接头的轮迹应有一部分重叠，对振动式压路机一般重叠0.4～0.5m；对三轮压路机一般重叠后轮宽的1/2，前后相邻两区段（碾压区段之前的平整预压区段与其后的检验区段）宜纵向重叠1.0～1.5m。应达到无漏压、无死角，确保碾压均匀。当采用夯锤压实时，首遍各夯位宜紧靠，如有间隙不得大于15cm，次遍夯位应压在首遍夯位的缝隙上，如此连续夯实直至达到规定的压实度。

（二）路基压实标准

衡量路基的压实程度是工地实际达到的干容重与室内标准击实试验所得的最大干容重的比值，即压实度或称压实系数。压实度应不小于表8-2的规定。

表8-2 路基压实度标准

填挖类别	路床顶面以下深度（m）	路基压实度（%）		
		高速公路、一级公路	二级公路	三级公路、四级公路
零填及挖方	0～0.30	—	—	≥94
	0～0.80	≥96	≥95	—
填　方	0～0.80	≥96	≥95	≥94
	0.80～1.50	≥94	≥94	≥93
	>1.50	≥93	≥92	≥90

注：1. 表列数值以重型击实试验法为准。
2. 特殊干旱或特殊潮湿地区的路基压实度，表列数值可适当降低。
3. 三级公路修筑沥青混凝土或水泥混凝土路面时，其路基压实度采用二级公路标准。

（三）压实质量的检查和评价

压实过程中，施工单位的检测人员应经常检查每一层的密实度是否符合要求，路基压实度试验方法可采用灌砂法、环刀法、灌水法（水袋法）或核子密度适度仪法。各种方法具体操作见《公路土工试验规程》。压实度的评定以一个工作班完成的路段压实层为检验评定单元比较恰当，检验评定段的压实度大于压实度的标准值，则为合格。

四、路基排水设施施工

（一）路基地面排水设施

路基地面排水设施的作用是将可能停滞在路基范围内的地面水迅速排除，并防止路基范

围外的地面水流入路基内。❶

1. 边沟❷

挖方地段和填土高度小于边沟深度的填方地段均应设置边沟，用以汇集和排除少量地面水。边沟断面形式有梯形、三角形和矩形，如图 8-8 所示。

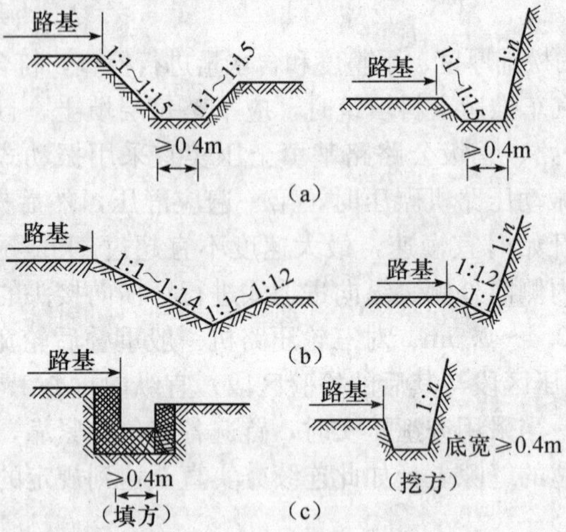

图 8-8　边沟断面形式

(a) 梯形；(b) 三角形；(c) 矩形

边沟施工时，为防止边沟漫溢或冲刷，应分段设出水口，分段长度不超过 300m，三角形边沟不超过 200m。平曲线处施工应注意沟底纵坡的前后平顺衔接。土质地段沟底纵坡超过 3%时应采用沟底抹面、浆（干）砌片石、混凝土预制块等进行加固。

2. 截水沟❸

设在路堑坡顶外或山坡路堤上方，用以拦截上方流来的地面水，减轻边沟的负担。断面

---

❶《公路路基设计规范》(JTG D30—2004) 规定：

4.1.1　公路路基排水设计应防、排、疏结合，并与路面排水、路基防护、地基处理以及特殊路基地区（段）的其他处治措施相互协调，形成完善的排水系统。

4.1.2　路基排水设计应遵循总体规划、合理布局、少占农田、环境保护的原则，并与当地排灌系统协调。

4.1.3　排水困难地段，可采取降低地下水位、设置隔离层等措施，使路基处于干燥、中湿状态。

4.1.4　施工场地的临时性排水设施，应尽可能与永久性排水设施相结合。各类排水设施的设计应满足使用功能要求，结构安全可靠，便于施工、检查和养护维修。

❷《公路路基设计规范》(JTG D30—2004) 规定：

4.2.4　边沟

1. 边沟断面形式及尺寸应根据地形地质条件、边坡高度及汇水面积等确定。

2. 边沟沟底纵坡宜与路线纵坡一致，并不宜小于 0.3%。困难情况下，可减小至 0.1%。

3. 路堑边沟的水流，不应流经隧道排出。

4. 边沟有可能产生冲刷时，应进行防护。

❸《公路路基设计规范》(JTG D30—2004) 规定：

4.2.5　截水沟

1. 截水沟应根据地形条件及汇水面积等进行设置。挖方路基的堑顶截水沟应设置在坡口 5m 以外，并宜结合地形进行布设。填方路基上侧的路堤截水沟距填方坡脚的距离，应不小于 2m。在多雨地区，视实际情况可设一道或多道截水沟。

2. 截水沟断面形式应结合设置位置、排水量、地形及边坡情况确定，一般情况下，沟底纵坡不宜小于 0.3%。

3. 截水沟的水流应排至路界之外，不宜引入路堑边沟。

4. 截水沟应进行防渗加固。

形式一般为梯形，横坡较陡时可做成石砌矩形。如图 8-9 所示。

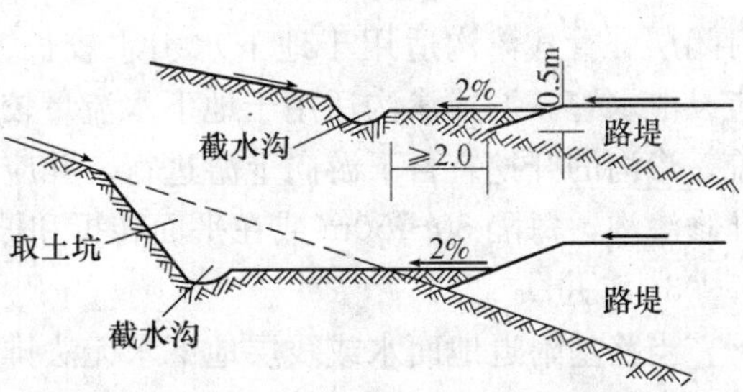

图 8-9　山坡路堤上方截水沟

3. 排水沟❶

排水沟作用是将边沟、截水沟、取土坑或路基附近的积水引入就近桥涵或沟谷中去。其横断面一般采用梯形，尺寸大小应经过水力计算选定。

4. 跌水和急流槽

跌水与急流槽是路基地面排水沟渠的特殊形式，用于纵坡大于 10%，水头高差大于 1.0m 的陡坡地段。跌水和急流槽一般采用矩形，用浆砌片石或混凝土修筑，进口部分始端和出口部分终端的裙墙应埋入冻结线以下。

5. 拦水带

为避免高路堤边坡被路面汇集的雨水冲坏，可在路肩上做拦水带，将水流拦截至挖方边坡或在适当地点设急流槽引离路基。

（二）路基地下排水设施

1. 盲沟❷

用以拦截流向路基的层间水或降低地下水位，防止毛细水上升至路基工作区范围内，形成水分积聚而造成冻胀和翻浆，危及路基的强度和稳定性。其断面为矩形或梯形，内部用颗粒状材料填满，顶部和底面一般设厚 30cm 以上的不透水层。

2. 渗沟

为了切断、拦截有害的含水层和降低地下水位，保证路基的稳定，需修建渗沟排除地下水。渗沟有填石渗沟、洞式渗沟和管式渗沟三种（图 8-10），三种渗沟均应设排水层（或管、洞）、反滤层和封闭层。填石渗沟适用于渗流不长的路段，常为矩形或梯形，底部和中间用较大碎石或卵石填筑，碎石或卵石的两侧和上部，按一定比例分层填中、粗砂或砾石等较细颗粒的粒料作反滤层，顶部用草皮或土工合成防渗材料作

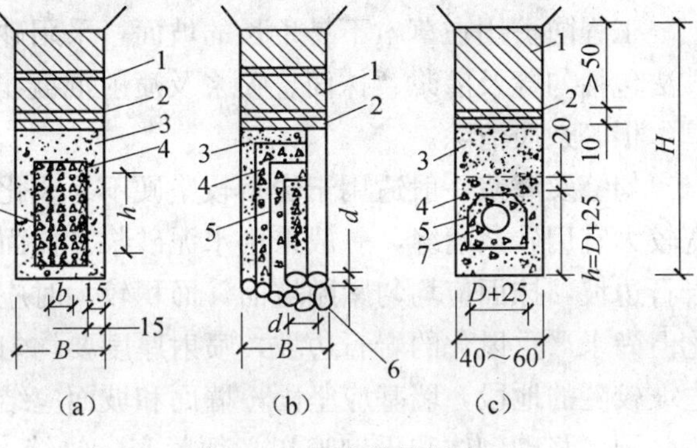

图 8-10　渗沟结构图式

（a）盲沟式；（b）洞式；（c）管式

1—黏土夯实；2—双层反铺草皮；3—粗砂；4—石屑；5—碎石；6—浆砌片石沟洞；7—预制排水管

---

❶ 《公路路基设计规范》（JTG D30—2004）规定：

4.2.6　排水沟

1. 将边沟、截水沟、取（弃）土场和路基附近低洼处汇集的水引向路基以外时，应设置排水沟。

2. 排水沟断面形式应结合地形、地质条件确定，沟底纵坡不宜小于 0.3%，与其他排水设施的连接应顺畅。易受水流冲刷的排水沟应视实际情况采取防护、加固措施。

❷ 《公路路基设计规范》（JTG D30—2004）规定：

4.3.3　暗沟（管）

1. 暗沟（管）用于排除泉水或地下集中水流。

2. 暗沟沟底的纵坡不宜小于 1%，条件困难时亦不得小于 0.5%，出水口处应加大纵坡，并应高出地表排水沟常水位 0.2m 以上，寒冷地区的暗沟，应做防冻保温处理或将暗沟设在冻结深度以下。

封闭层。管式渗沟适用于地下水引水较长、流量较大的地区，当其长度为100～300m时，应设泄水管。洞式渗沟适用于地下水流量较大的地段，洞壁宜采用浆砌片石，洞顶用盖板覆盖。渗沟的开挖宜自下游向上游进行，并应随挖随即做渗沟和迅速回填，以免塌方。为检查维修渗沟，每隔30～50m或在平面转折和坡度由陡变缓处设置检查井。

3. 渗井

当路基附近地面水或浅层地下水无法排除，影响路基稳定时，可设置渗井，将地面水或地下水经渗井通过不透水层中的钻孔流入下层的透水层中排除。渗井直径50～60cm，井内填充材料按层次在下层透水范围内填碎石或卵石，填充料应层次分明，不得粗、细材料混杂填塞，井壁和填充料之间设反滤层，井顶加筑混凝土盖。

五、路基防护❶

公路路基在水流、波浪、雨水、风力及冰冻等自然因素影响下，可能导致边坡坍塌、路基损坏等病害，因此必须进行防护。

（一）坡面防护

1. 植物防护

植物防护一般采用种草、铺草皮、种植灌木。种草适于边坡稳定、坡面轻微冲刷的路堤与路堑边坡；铺草皮适用于土质边坡，可采用平铺、叠铺、方格式等方式铺设；植树主要用在堤岸边的河滩上，用来降低流速，促使泥沙淤积，防水直接冲刷路堤。

2. 工程防护

工程防护用在草木不易生长的坡面，采用砂石、水泥、石灰等矿质材料进行防护。防护方法包括勾缝及灌浆、抹面、喷浆及喷射混凝土、护面墙等。施工前应将松动石块、泥土、草木根等杂质清除。

勾缝及灌浆一般适用于岩石较坚硬不易风化的路堑边坡，节理裂缝多而细者用勾缝，缝宽较大宜用砂浆灌缝，一般采用水泥砂浆。抹面适用于易风化而表面比较完整，尚未剥落的岩石边坡，抹面应均匀紧贴坡面，面积较大时应留伸缩缝。喷浆和喷射混凝土，适用于易风化但尚未严重风化的岩石边坡，喷射厚度要均匀。护面墙一般用于软质岩层或破碎岩石挖方边坡较陡的地段，墙基应坚固，墙面和坡面应结合紧密，墙顶与边坡间缝隙应封严，砌体石质坚硬，浆砌砌体和干砌咬扣必须紧密、错缝，严禁通缝、叠砌、贴砌和浮塞，每隔10～15m设一伸缩缝。

（二）冲刷防护施工

沿河路基，直接受到流水冲刷，为了保证路基稳定牢固，应采取冲刷防护措施，常用形式有以下两种。

---

❶ 《公路路基设计规范》（JTG D30—2004）规定：

5.1.1 各级公路应根据当地气候、水文、地形、地质条件及筑路材料分布情况，采取工程防护和植物防护相结合的综合措施，防治路基病害，保证路基稳定，并与周围环境景观相协调。

5.1.2 路基坡面防护工程应在稳定的边坡上设置，防护类型的选择应综合考虑工程地质、水文地质、边坡高度、环境条件、施工条件和工期等因素的影响，对于路基稳定性不足和存在不良地质因素的路段，应注意路基边坡防护与支挡加固的综合设计。

5.1.4 在地下水较为发育路段，应注意路基边坡防护与地下排水措施的综合设计。在多雨地区，用砂类土、细粒土等填筑的路堤，应采取坡面防护与截排水的综合措施，防止边坡冲刷破坏。

5.1.6 路基施工过程中应注意边坡临时防护措施，边坡临时防护工程宜与永久防护工程相结合。

1. 直接防护

直接防护是一种加固岸坡的防护措施。常用方法包括植物防护、抛石防护、干（浆）砌片石护坡、石笼防护等。

植物防护同坡面防护所述基本相同。抛石防护应在枯水季节施工，石料性质、粒径以及抛石堆的顶宽、边坡、结构形式及长度应按设计规定执行。采用干（浆）砌片石护坡施工时，铺砌自下而上进行，砌块交错嵌紧，严禁浮塞，砂浆在砌体内必须饱满、密实，不得有悬浆，各部位连接紧密，水不得进入坡岸背面，分段施工时每隔 10～15m 设一伸缩缝。石笼防护应注意编笼采用镀锌铁丝，基角部分宜采用箱形笼，边坡宜用圆筒形笼，笼装石块直径应大于笼网孔径，较大石块置于边部，小的在中部，安置石笼应做到位置准确、搭接衔接稳固、紧密，保证整体性。

2. 间接防护

间接防护采用导流结构物改变水流方向，使水流轴线方向偏离路基岸边或减低防护处的流速起到对路基的安全保护作用。导流结构物有丁坝、顺坝、格坝等。施工应按设计要求并符合水工构造物有关规定，严格掌握工程质量标准。

六、挡土墙

挡土墙是用于支挡路基填土或山坡土体的构造物，在公路工程中广泛应用，种类较多，按结构形式分为重力式、衡重式、悬臂式、扶壁式、锚杆式、柱板式、加筋式等。这里仅阐述挡土墙常用构造的一般施工方法，具体到每一种类型可参阅有关文献。

挡土墙的基础应满足基础工程的有关要求。挡土墙一般应设排水设施，以疏干墙后土体，排水措施主要有：设置地面排水沟，截留地面水；墙背回填土的上部应以相对不透水的土夯实封闭，防止地表水下渗；对路堑挡土墙墙趾前的边沟应予以铺砌加固，以防边沟水渗入，软化地基；墙身设置泄水孔，排除墙后积水。为防止泄水孔堵塞，墙后填料为渗水土时，在泄水孔进水端应设置反滤层。

为避免地基不均匀沉陷和由于温度变化或硬化收缩引起墙体开裂，需设沉降缝和伸缩缝，一般将二者合并设置，每隔 10～15m 一道，缝宽 2～3cm，缝内沿墙的内、外、顶三边填塞沥青麻筋或沥青木板，填深不小于 0.15m；当墙后为岩石路堑或填石路堤时，可设置空缝。混凝土整体浇筑的挡土墙，浇筑间断处应设置施工缝。

第二节　路面工程施工

路面工程的结构层由面层、基层、底基层、垫层等多层结构组成，见图 8-11。

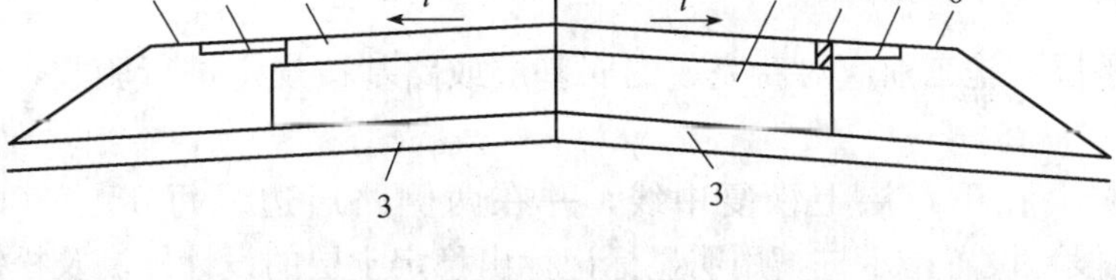

图 8-11　路面结构层次划分示意图

i—路拱横坡度；1—面层；2—基层（有时包括底基层）；

3—垫层；4—路缘石；5—加固路肩；6—土路肩

1. 面层是直接承受车轮荷载反复作用和各种自然因素影响，并将荷载传递到基层以下的结构层，因此，它应满足表面功能性和结构性的使用要求。面层可为单层、双层或三层。双层结构称为表面层、下面层；若采用三层结构称为表面层、中面层、下面层。

表面层应具有平整密实、抗滑耐磨、稳定耐久的服务功能，同时应具有高温抗车辙、抗低温开裂、抗老化等品质。旧路面可加设磨耗层以改善表面服务功能。

中、下面层应密实、基本不透水，并具有高温抗车辙、抗剪切、抗疲劳的力学性能。

2. 基层是主要承重层，应具有稳定、耐久、较高的承载能力。基层可为单层或双层，双层称为上、下基层，无论是沥青混合料或粒料类基层，还是半刚性基层、刚性基层，均要求具有相对较高的物理力学性能指标。

3. 底基层是设置在基层之下，并与面层、基层一起承受车轮荷载反复作用的次要承重层，因此，对底基层材料的技术指标要求可比基层材料略低，底基层也可分为上、下底基层。

4. 垫层是设置在底基层与土基之间的结构层，起排水、隔水、防冻、防污及减少层间模量比、降低半刚性底基层拉应力的作用。

以上是路面结构层的基本组成，各级公路应根据具体情况设置必要的结构层，但是，对三、四级公路最少也不得低于两层，即面层和基层。不同面层的适用范围见表 8-3。

表 8-3　路面面层类型及适用范围

面层类型	适用范围
沥青混凝土	高速公路、一级、二级、三级、四级
水泥混凝土	高速公路、一级、二级、三级、四级
沥青贯入、沥青碎石、沥青表面处治	三级、四级公路
砂石路面	四级公路

一、路面基层（底基层）施工

常用的基层有以下两类：一类是半刚性基层，包括水泥稳定类、石灰稳定类、石灰工业废渣稳定类基层等；一类是柔性基层，包括级配型粒料基层（如级配碎（砾）石）、嵌锁型粒料基层（如泥结碎石、填隙碎石）以及沥青碎石。下面介绍半刚性基层施工。

在粉碎的或原状松散的土（包括各种粗、中、细粒土）中掺入适量的无机结合料（水泥、石灰、工业废渣等）和水，经拌和、压实及养生后，当其抗压强度符合规定要求时，称为半刚性基层，也叫做稳定土基层。半刚性基层的施工方法分为路拌法和厂拌法。

（一）路拌法施工

路拌法常用的施工机械有粉料撒布机、稳定土拌和机、推土机、平地机、装载机和压路机。

1. 准备下承层。施工前应对新完成的底基层或路基按规定进行验收，达到标准后，方可铺筑基层。

2. 施工放样。在下承层上恢复中线，并在两侧路肩边缘每 15～20m（直线段）或 10～15m（曲线段）设置指示桩，用明显标记标出稳定土层的设计标高及松铺厚度的位置。

3. 备料。可以利用土基或老路面的上部材料，也可利用料场土，根据材料配合比，确定各路段的干燥集料数量、每车集料的堆放距离、每袋结合料的摊铺面积。

4. 摊铺土料。摊铺土料前，应在土基上洒水湿润，选用合适的机具将土均匀摊铺在预定宽度上，表面应力求平整，并有规定的路拱，如有超尺寸颗粒和其他杂物应及时清除。摊铺一层要检验松铺厚度是否满足预计要求。

5. 洒水闷料。如土料（含粉碎的老路面）含水量过小，应在土层上洒水闷料，洒水要均匀，一般至少闷料一夜。

6. 摆放和摊铺结合料。根据每袋结合料的纵横间距，将结合料摆放，并用刮板均匀摊开，注意使每袋结合料摊铺面积相等。摊铺完后混合料表面应无空白位置，也没有结合料过分集中地点。

7. 拌和洒水。应采用专用稳定土拌和机进行拌和，其深度应达到稳定层底部并宜侵入下承层 5～10mm，以利于上下层粘结，严禁在拌合层底部留有素土夹层。在没有专用拌和机械的情况下，对稳定细粒土和中粒土可用农用旋转耕作机与多铧犁或平地机配合进行拌和，或用缺口圆盘耙与多铧犁或平地机配合进行。

拌和时由两侧向中心进行，每次拌和应重叠 10～20cm，防止漏拌。拌和过程中若混合料含水量较少，应用喷管式洒水车补充加水并湿拌，拌和后的混合料应颜色一致，没有灰条、灰团和花面。

8. 整型。混合料拌和均匀后，立即用平地机初步整型。在直线段，平地机由两侧向路中心进行刮平；平曲线段平地机应由内侧向外侧进行刮平。在初平的路段上，用拖拉机、平地机或轮胎压路机快速碾压一遍，以暴露潜在的不平整。每次整型时都应按照规定的坡度和路拱进行，并特别注意接缝顺适平整。

9. 碾压。碾压应在最佳含水量的±1%范围内进行，压实度达到表 8-4 的要求。

表 8-4　稳定土基层压实度要求

种类 ＼ 压实度	基层		底基层	
	高速、一级公路	二级和二级以下公路	高速公路、一级公路	二级和二级以下公路
水泥稳定中粒和粗粒土	98	97	96	95
水泥稳定细粒土	—	95	95	93
石灰稳定中粒和粗粒土	—	97	96	95
石灰稳定细粒土	—	93	95	93
石灰工业废渣稳定中粒土和粗粒土	98	97	96	95
石灰工业废渣稳定细粒土	—	95	95	93

各种稳定土结构层应用 12t 以上压路机碾压。用 12～15t 三轮压路机碾压时，每层压实厚度不应超过 15cm，用 18～20t 的三轮压路机不超过 20cm；压实厚度超过上述规定，应分层铺筑，每层最小压实厚度为 10cm。

直线段上，由两侧路肩向中心碾压；平曲线段上，由内侧路肩向外侧路肩进行碾压。碾压时应重叠 1/2 轮宽，后轮必须超过两段的接缝处，后轮压完路面全宽时，即为一遍，一般需 6～8 遍。碾压速度头两遍 1.5～1.7km/h 为宜，以后宜采用 2.0～2.5km/h。

碾压结束前用平地机再终平一次，使其纵向顺适，路拱和超高符合设计要求。终平时必须将局部高出部分刮平并扫出路外；对于局部低洼之处，不再进行找补，留待铺筑上层时处理。

10. 接缝处理。在两工作段的搭接部分，前一段拌和整形后，留5～8m不进行碾压，待后一段施工时，将前段留下未压部分一起再进行拌和、碾压。

11. 养生。保湿养生时间不少于7d。水泥稳定类混合料碾压完成后，即刻开始养生，二灰稳定类在碾压完成后第二或第三天开始养生。养生期结束，立即铺筑面层或做下封层。

（二）厂拌法施工

厂拌法就是采用集中厂拌和摊铺机摊铺。实践证明，采用厂拌法可提高工程质量，加快工程进度，因此条件具备时应尽可能采用。拌和生产中，含水量应略大于最佳含水量，使混合料运到现场摊铺碾压时的含水量不小于最佳含水量。运输过程中，如运距较远，车上混合料应覆盖以防水分损失过多。

混合料摊铺应采用摊铺机进行，如有粗细颗粒离析现象，应用机械或人工补充拌和。厂拌设备、运输车辆及摊铺机的生产能力应互相协调，以保证施工的连续性。摊铺后的整形、碾压、养护与路拌法施工相同。

二、沥青路面面层施工❶

（一）概述

沥青路面是用沥青材料作结合料粘结矿料修筑面层，与各类基层和垫层所组成的路面结构。沥青路面按强度构成原理，分为密实型和嵌挤型两大类；按施工工艺分为层铺法与拌和法；按技术特性分为沥青混凝土、热拌沥青碎石、乳化沥青碎石、沥青表面处治和沥青贯入式等。

对沥青路面材料的要求是：

1. 沥青。高速公路、一级公路和城市快速路、主干路的沥青路面，选用符合“重交通道路石油沥青技术要求”的沥青或改性沥青。其他道路选用符合“中、轻交通道路石油沥青技术要求”的沥青或改性沥青。乳化沥青应符合“道路乳化沥青技术要求”的规定。煤沥青不宜用于沥青面层，仅作为透层沥青。

---

❶ 《公路沥青路面施工技术规范》（JTG F40—2004）规定：

4.1.1 沥青路面使用的各种材料运至现场后必须取样进行质量检验，经评定合格后方可使用，不得以供应商提供的检测报告或商检报告代替现场检测。

4.1.2 沥青路面集料的选择必须经过认真的料源调查，确定料源应尽可能就地取材。质量符合使用要求，石料开采必须注意环境保护，防止破坏生态平衡。

4.1.3 集料粒径规格以方孔筛为准。不同料源、品种、规格的集料不得混杂堆放。

4.2.2 沥青路面采用的沥青标号，宜按照公路等级、气候条件、交通条件、路面类型和在结构层中的层位及受力特点、施工方法等，结合当地的使用经验，经技术论证后确定。

4.2.3 沥青必须按品种、标号分开存放。除长期不使用的沥青可放在自然温度下存储外，沥青在储罐中的贮存温度不宜低于130℃，并不得高于170℃。桶装沥青应直立堆放，加盖苫布。

4.2.4 沥青在贮运、使用及存放过程中应有良好的防水措施，避免雨水或加热管道蒸气进入沥青中。

4.3.1 乳化沥青适用于沥青表面处治路面、沥青贯入式路面、冷拌沥青混合料路面，修补裂缝，喷洒透层、粘层与封层等。

4.3.3 乳化沥青类型根据集料品种及使用条件选择。阳离子乳化沥青可适用于各种集料品种，阴离子乳化沥青适用于碱性石料。乳化沥青的破乳速度、黏度应根据用途与施工方法选择。

4.4.1 液体石油沥青适用于透层、粘层及拌制冷拌沥青混合料。根据使用目的与场所，可选用快凝、中凝、慢凝的液体石油沥青。

4.4.3 液体石油沥青在制作、贮存、使用的全过程中必须通风良好，并有专人负责，确保安全。基质沥青的加热温度严禁超过140℃，液体沥青的贮存温度不得高于50℃。

4.5.3 煤沥青严禁用于热拌热铺的沥青混合料。作其他用途时的贮存温度宜为70～90℃，且不得长时间贮存。

2. 填料❶。主要是指0.075mm以下的粉料。矿粉必须采用石灰岩或岩浆岩中的强基性岩石等憎水性石料磨细的矿粉，应洁净、干燥，能自由地从矿粉仓流出，质量应符合规范要求。

3. 矿料❷。粗、细集料均应洁净干燥、无风化、无有害杂质，粗集料还应具有一定硬度和强度、良好的颗粒形状。细集料可用天然砂、机制砂和石屑，并有适当的颗粒级配。矿料规格和质量应符合《公路沥青路面施工技术规范》(JTG F40—2004) 之要求。

4. 纤维❸。在沥青混合料中掺加的纤维稳定剂宜选用木质素纤维、矿物纤维等，其性能指标应符合规定要求。

---

❶《公路沥青路面施工技术规范》(JTG F40—2004) 规定：

4.10.2 拌和机的粉尘可作为矿粉的一部分回收使用。但每盘用量不得超过填料总量的25%，掺有粉尘填料的塑性指数不得大于4%。

4.10.3 粉煤灰作为填料使用，用量不得超过填料总量的50%，粉煤灰的烧失量应小于12%，与矿粉混合后塑性指数应小于4%，其余质量要求与矿粉相同。高速公路、一级公路的沥青面层不宜采用粉煤灰作填料。

❷《公路沥青路面施工技术规范》(JTG F40—2004) 规定：

4.8.1 沥青层用粗集料包括碎石、破碎砾石、筛选砾石、钢渣、矿渣等，但高速公路和一级公路不得使用筛选砾石和矿渣。粗集料必须由具有生产许可证的采石场生产或施工单位自行加工。

4.8.2 粗集料应该洁净、干燥、表面粗糙，质量应符合本规范表4.8.2的规定。当单一规格集料的质量指标达不到表中要求，而按照集料配合比计算的质量指标符合要求时，工程上允许使用。对受热易变质的集料，宜采用经拌和机烘干后的集料进行检验。

4.8.3 粗集料的粒径规格应按本规范表4.8.3的规定生产和使用。

4.8.4 采石场在生产过程中必须彻底清除覆盖层及泥土夹层。生产碎石用的原石不得含有土块、杂物，集料成品不得堆放在泥土地上。

4.8.7 破碎砾石应采用粒径大于50mm、含泥量不大于1%的砾石轧制。

4.8.8 筛选砾石仅适用于三级及三级以下公路的沥青表面处治路面。

4.8.9 经过破碎且存放期超过6个月以上的钢渣可作为粗集料使用。除吸水率允许适当放宽外，各项质量指标应符合表4.8.2的要求。钢渣在使用前应进行活性检验，要求钢渣中的游离氧化钙含量不大于3%，浸水膨胀率不大于2%。

4.9.1 沥青路面的细集料包括天然砂、机制砂、石屑。细集料必须由具有生产许可证的采石场、采砂场生产。

4.9.2 细集料应洁净、干燥、无风化、无杂质，并有适当的颗粒级配，其质量应符合本规范表4.9.2的规定。细集料的洁净程度，天然砂以小于0.075mm含量的百分数表示，石屑和机制砂以砂当量（适用于0～4.75mm）或亚甲蓝值（适用于0～2.36mm或0～0.15mm）表示。

4.9.3 天然砂可采用河砂或海砂，通常宜采用粗、中砂，其规格应符合本规范表4.9.3的规定，砂的含泥量超过规定时应水洗后使用，海砂中的贝壳类材料必须筛除。开采天然砂必须取得当地政府主管部门的许可，并符合水利及环境保护的要求。热拌密级配沥青混合料中天然砂的用量通常不宜超过集料总量的20%，SMA和OGFC混合料不宜使用天然砂。

4.9.4 石屑是采石场破碎石料时通过4.75mm或2.36mm的筛下部分，其规格应符合本规范表4.9.4的要求。

4.9.5 机制砂宜采用专用的制砂机制造，并选用优质石料生产。

❸《公路沥青路面施工技术规范》(JTG F40—2004) 规定：

4.11.2 纤维应在250℃的干拌温度不变质、不发脆，使用纤维必须符合环保要求，不危害身体健康。纤维必须在混合料拌和过程中能充分分散均匀。

4.11.3 矿物纤维宜采用玄武岩等矿石制造，易影响环境及造成人体伤害的石棉纤维不宜直接使用。

4.11.4 纤维应存放在室内或有棚盖的地方，松散纤维在运输及使用过程中应避免受潮，不结团。

4.11.5 纤维稳定剂的掺加比例以沥青混合料总量的质量百分率计算，通常情况下用于SMA路面的木质素纤维不宜低于0.3%，矿物纤维不宜低于0.4%。纤维掺加量的允许误差宜不超过±5%。

（二）沥青表面处置路面❶

沥青表面处治是用沥青和细粒矿料铺筑的一种薄层面层，厚度不超过 3cm。由于处治层很薄，一般不起强度作用，主要是用来抵抗行车的磨损，增强防水性，提高平整度，改善路面的行车条件。适用于三级及三级以下公路、城市道路的支路、县镇道路、各级公路的施工便道以及在旧沥青面层上加铺的罩面层或磨耗层。沥青表面处治施工采用的机械有沥青洒布机、集料撒布机和压路机等，施工方法可采用层铺法。

层铺法施工是按照洒布沥青和铺撒矿料的层次多少划分工序，可分为单层式、双层式和三层式三种。单层式为洒布一次沥青，铺撒一次矿料，厚度为 1.0～1.5cm；双层式为洒布两次沥青，铺撒两次矿料，厚度为 2.0～2.5cm；三层式是洒布三次沥青，铺撒三次矿料，厚度为 2.5～3.0cm。施工时一般采用所谓“先油后料”法，即先洒布一层沥青，后铺撒一层矿料。

双层式沥青表面处治施工程序为：备料→清理基层→洒透层沥青→洒布第一层沥青→铺撒第一层矿料→碾压→洒布第二层沥青→铺撒第二层矿料→碾压→初期养护。

单层式和三层式沥青表面处治的施工程序与双层式相同，仅需相应地减少或增加一次洒布沥青、铺撒矿料和碾压工序。

层铺法施工各工序要点如下：

1. 清理基层。沥青表面处治之前，应将路面基层清扫干净，使基层的矿料大部分外露，并保持干燥。对有坑槽、不平整的路段应先修补和整平。如基层强度不足，应先予以补强。

2. 洒布沥青。在透层沥青充分渗透，或在已做透层或封层并已开放交通的基层清扫后，就可以洒布沥青。沥青的洒布温度应根据气温及沥青标号选定，一般石油沥青为 130～170℃，煤沥青为 80～120℃，乳化沥青可在常温下洒布，如加温不得超过 60℃。沥青洒布要均匀，不应有空白或积聚现象。沥青的洒布可以采用汽车洒布机，也可采用手摇洒布机。

3. 铺撒矿料。洒布沥青后，应趁热铺撒矿料，按规定用量一次撒足。矿料铺撒要均匀，局部有缺料或过多处，应适当找补或扫除。

4. 碾压。铺撒矿料后，立即用 6～8t 钢筒双轮压路机从路边向路中心碾压 3～4 遍，每次轮迹重叠约 300mm。碾压速度开始不宜超过 2km/h，以后可适当增加。

5. 初期护养。碾压结束后即可开放交通，但应控制车速不超过 20km/h，并控制车辆行驶的路线。对局部泛油、松散、麻面等现象，应及时修整处理。

（三）沥青贯入式路面❷

沥青贯入式路面是在初步碾压的矿料层上洒布沥青，再分层铺撒嵌缝料、洒布沥青和碾

---

❶ 《公路沥青路面施工技术规范》(JTG F40—2004) 规定：

6.1.2 沥青表面处治宜选择在干燥和较热的季节施工，并在最高温度低于 15℃时期到来之前半个月及雨季前结束。

6.2.2 在清扫干净的碎（砾）石路面上铺筑沥青表面处治时，应喷洒透层油。在旧沥青路面、水泥混凝土路面、块石路面上铺筑沥青表面处治路面时，可在第一层沥青用量中增加 10%～20%，不再另洒透层油或粘层油。

6.2.3 层铺法沥青表面处治路面宜采用沥青洒布车及集料撒布机联合作业。沥青洒布车喷洒沥青时应保持稳定速度和喷洒量，并保持整个洒布宽度喷洒均匀。小规模工程可采用机动或手摇的手工沥青洒布机洒布沥青。洒布设备的喷嘴应适用于沥青的稠度，确保能成雾状，与洒油管成 15°～25°的夹角，洒油管的高度应使同一地点接受 2～3 个喷油嘴喷洒的沥青，不得出现花白条。

❷ 《公路沥青路面施工技术规范》(JTG F40—2004) 规定：

7.1.3 沥青贯入式路面最上层应撒布封层料或加铺拌合层。沥青贯入层作为连接层时，可不撒表面封层料。

7.3.2 乳化沥青贯入式路面必须浇洒透层或粘层沥青。沥青贯入式路面厚度小于或等于 5cm 时，也应浇洒透层或粘层沥青。

压，并借助于行车压实而成的沥青路面。由于沥青贯入式路面是一种多孔隙结构，为了防止路表水的浸入和增强路面的水稳定性，在面层的最上层必须加铺封层。沥青贯入式路面适用于二级及二级以下公路、城市道路的次干路及支路，也可作为沥青路面的连接层。厚度宜为4～8cm，但乳化沥青贯入式路面的厚度不宜超过5cm。

沥青贯入式路面采用的机械有摊铺机、沥青撒布机、压路机。施工宜选择在干燥和较热的季节，并在雨季及日最高温度低于15℃到来以前半个月结束，使面层通过开放交通碾压成型。层铺法沥青贯入式路面施工程序为：整修和清扫基层→浇洒透层或粘层沥青→铺撒主层矿料→第一次碾压→洒布第一次沥青→铺撒第一次嵌缝料→第二次碾压→洒布第二次沥青→铺撒第二次嵌缝料→第三次碾压→洒布第三次沥青→铺撒封面矿料→最后碾压→初期养护。

对沥青贯入式路面的施工要求与沥青表面处治基本相同。当直接加铺沥青混合料拌合层时，应紧跟贯入层施工，使上下成为整体。贯入部分采用乳化沥青时，应待其破乳、水分蒸发且成型稳定后方可铺筑拌合层。乳化沥青贯入式路面施工顺序同沥青表面处治。

（四）热拌热铺沥青混合料路面施工

热拌沥青混合料路面是矿料与沥青在热态下拌和、热态下铺筑施工成型，适用于各等级道路，包括沥青混凝土、沥青碎石和抗滑表层等类型，施工过程可分为沥青混合料的拌制与运输及现场铺筑两个阶段。

1. 沥青混合料的拌制与运输

热拌沥青混合料可采用间歇强制式拌和机和连续式拌和机拌制。

间歇强制式拌和机的特点是冷矿料的烘干、加热以及与热沥青的拌和，是先后在不同设备中进行的，其中集料的烘干与加热是连续进行的，而混合料的拌制则是间歇进行，由搅拌器强制拌和。

连续滚筒式拌和设备的特点是集料烘干、加热及沥青的搅拌在同一个滚筒内完成，即集料烘干与加热后未出滚筒就被沥青裹覆，从而避免了粉尘的飞扬和逸出，其拌和方式是非强制式的，具有结构简单、投资少、能耗低、污染少等优点，但必须确保原材料是均匀一致的，否则很难保证配合比。

为保证混合料的质量，沥青与矿料的加热温度应调节到能使拌合的沥青混合料出厂温度符合表8-5的要求，改性沥青混合料施工温度在此基础上提高10～20℃。经拌和后的混合料应均匀、无花白料、无结团成块或严重的粗细料分离现象，不符合要求时不得使用，并应及时调整。

表8-5 热拌沥青混合料的施工温度（℃）

施工工序		石油沥青的标号			
		50号	70号	90号	110号
沥青加热温度		160～170	155～165	150～160	145～155
矿料加热温度	间歇式拌和机	集料加热温度比沥青温度高10～30			
	连续式拌和机	矿料加热温度比沥青温度高5～10			
沥青混合料出料温度		150～170	145～165	140～160	135～155
混合料贮料仓贮存温度		贮料过程中温度降低不超过10			
混合料废弃温度　高于		200	195	190	185
运输到现场温度　不低于		150	145	140	135

续表

施工工序		石油沥青的标号			
		50号	70号	90号	110号
混合料摊铺温度 不低于	正常施工	140	135	130	125
	低温施工	160	150	140	135
开始碾压的混合料内部温度 不低于	正常施工	135	130	125	120
	低温施工	150	145	135	130
碾压终了的表面温度 不低于	钢轮压路机	80	70	65	60
	轮胎压路机	85	80	75	70
	振动压路机	75	70	60	55
开放交通的路表温度	不高于	50	50	50	45

注：1. 沥青混合料的施工温度采用具有金属探测针的插入式数显温度计测量。表面温度可采用表面接触式温度计测定。当采用红外线温度计测量表面温度时，应进行标定。

2. 表中未列入的130号、160号及30号沥青的施工温度由试验确定。

沥青混合料用自卸汽车运至工地，运料车每次使用前后必须清扫干净，在车厢板上涂一薄层防止沥青粘结的隔离剂或防粘剂。运量应较拌和能力或摊铺速度有所富余。

2. 铺筑

(1) 准备工作

铺筑前对基层或旧路面的厚度、密实度、平整度等各项指标进行检查。为使面层与基层粘结好，在面层铺筑前4～8h，在粒料类的基层洒布透层沥青；若为旧路面，铺筑前应洒布一层粘层沥青。为控制混合料的摊铺厚度，基层准备好后进行测量放样，沿路面中心线和1/4路面宽度处设置样桩，标出松铺厚度。采用自动找平摊铺机时，还应放出引导摊铺机运行走向和标高的控制基准线。

(2) 摊铺作业

热拌沥青混合料应采用沥青摊铺机摊铺，摊铺机主要由基础车（发动机与底盘）、供料设备（料斗、输送装置和闸门）、工作装置（螺旋摊铺器、振捣器和熨平装置）及控制系统等部分组成，工作过程见图8-12。

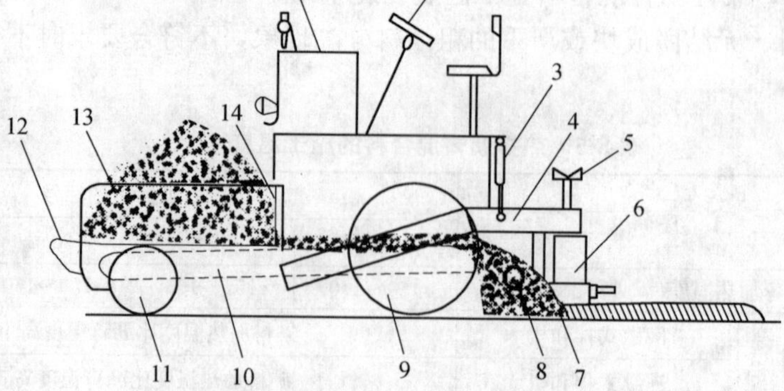

图8-12 摊铺机工作过程简图

1—控制台；2—方向盘；3—悬挂油缸；4—侧臂；5—熨平器调整螺旋；
6—熨平板；7—振捣器；9—螺旋摊铺器；8—驱动轮；10—刮板输送器；
11—方向轮；12—推滚；13—料斗；14—闸门

混合料从自卸汽车上卸入摊铺机的料斗中，经由刮板输送到摊铺室，再由螺旋摊铺器横向摊开，随着机械的行驶，被摊开的混合料又被振捣器初步捣实，再由熨平板根据摊铺厚度修成适当的横断面，并加以熨平。

摊铺机必须缓慢、均匀、连续不间断地摊铺，不得随意变换速度或中途停顿，以提高平整度，减少混合料的离析，摊铺速度宜控制在2～6m/min的范围内。

3. 压实

沥青混合料摊铺后，应趁热及时碾压。压路机应以慢而均匀的速度碾压，碾压速度应符合表8-6的规定，碾压温度应符合表8-5的要求。碾压过程分为初压、复压和终压三个阶段。

表8-6 压路机碾压速度（km/h）

压路机类型	初压		复压		终压	
	适宜	最大	适宜	最大	适宜	最大
钢筒式压路机	2～3	4	3～5	6	3～6	6
轮胎压路机	2～3	4	3～5	6	4～6	8
振动压路机	2～3 （静压或振动）	3 （静压或振动）	3～4.5 （振动）	5 （振动）	3～6 （静压）	6 （静压）

初压是压实的基础，目的是整平和稳定混合料，同时为复压创造有利条件。初压紧跟摊铺机后碾压，宜采用钢轮压路机静压1～2遍。碾压时应将压路机的驱动轮面向摊铺机，从外侧向中心碾压，在超高路段则由低向高碾压，在坡道上应将驱动轮从低处向高处碾压。

复压是整个压实过程中的关键，目的是使混合料密实、稳定、成型，应紧跟在初压后开始，且不得随意停顿。当采用三轮钢筒式压路机时，总质量不宜小于12t，相邻碾压带宜重叠后轮的1/2宽度，并不应少于200mm。复压遍数4～6次，压至稳定，且表面无显著轮迹为止。

终压是消除轮迹、缺陷和保证面层有较好平整度的最后一步，终压应紧接在复压后进行，可选用双轮钢筒式压路机或关闭振动的振动压路机碾压2～4遍。

4. 接缝施工

接缝包括纵向接缝和横向接缝（工作缝）。

纵向接缝有热接缝和冷接缝两种。热接缝施工一般使用两台以上摊铺机成梯队同步摊铺，此时相邻摊铺带的混合料处于压实前的热状态，所以纵向接缝易于处理，且连接强度好。冷接缝指新铺层与经过压实后的冷铺层进行搭接，搭接宽度约为3～5cm，摊铺新铺层时，对已铺层带接缝边缘进行铲修垂直，新铺层与已铺层松铺厚度相同。

横向接缝对路面平整度影响很大。高速公路和一级公路的表面层横向接缝应采用垂直的平接缝，平接缝宜趁尚未冷透时用凿岩机或人工垂直刨除端部层厚不足的部分，使工作缝成直角连接。以下各层及其他等级公路的各层均可采用自然碾压的斜接缝，沥青层较厚时也可做阶梯形接缝。

三、水泥混凝土路面施工

（一）概述

水泥混凝土路面是一种刚性路面，包括普通混凝土、钢筋混凝土、连续配筋混凝土、预应力混凝土、装配式混凝土、钢纤维混凝土、碾压混凝土和混凝土小块铺砌等面层板和基（垫）层所组成的路面。目前应用最广泛的是普通混凝土路面。对组成混凝土的材料要求是：

1. 水泥❶

特重、重交通路面宜采用旋窑生产的道路硅酸盐水泥，也可采用旋窑生产的普通硅酸盐水泥；中、轻交通的路面可采用矿渣硅酸盐水泥；参照国内外对路用水泥的规定，一般水泥标号为 42.5 级以上。

2. 集料❷

粗集料应选用质地坚硬、耐久、洁净的碎石、碎卵石和卵石，各项指标应符合规定，且有良好的级配。细集料采用质地坚硬、耐久、洁净的天然砂、机制砂或混合砂，各项指标和级配应符合要求。

3. 水

混凝土搅拌和养生用水应清洁、宜采用饮用水。使用非饮用水硫酸盐含量不超过 2700mg/L，食盐量不超过5000mg/L，pH 值不得小于 4 且不得含有油污、泥和其他有害杂质。

4. 外加剂❸

可改善混凝土的性能，外加剂应经过配合比试验符合规定的要求。

---

❶ 《公路水泥混凝土路面施工技术规范》（JTG F30—2003）规定：

3.1.2 水泥进场时每批量应附有化学成分、物理、力学指标合格的检验证明。

3.1.4 采用机械化铺筑时，宜选用散装水泥。散装水泥的夏季出厂温度：南方不宜高于 65℃，北方不宜高于 55℃；混凝土搅拌时的水泥温度：南方不宜高于 60℃，北方不宜高于 50℃，且不宜低于 10℃。

3.1.5 当贫混凝土和碾压混凝土用作基层时，可使用各种硅酸盐类水泥。不掺用粉煤灰时，宜使用强度等级 32.5 级以下的水泥。掺用粉煤灰时，只能使用道路水泥、硅酸盐水泥、普通水泥。水泥的抗压强度、抗折强度、安定性和凝结时间必须检验合格。

❷ 《公路水泥混凝土路面施工技术规范》（JTG F30—2003）规定：

3.3.1 高速公路、一级公路、二级公路及有抗（盐）冻要求的三、四级公路混凝土路面使用的粗集料级别应不低于Ⅱ级，无抗（盐）冻要求的三、四级公路混凝土路面、碾压混凝土及贫混凝土基层可使用Ⅲ级粗集料。有抗（盐）冻要求时，Ⅰ级集料吸水率不应大于 1.0%；Ⅱ级集料吸水率不应大于 2.0%。

3.4.1 高速公路、一级公路、二级公路及有抗（盐）冻要求的三、四级公路混凝土路面使用的砂应不低于Ⅱ级，无抗（盐）冻要求的三、四级公路混凝土路面、碾压混凝土及贫混凝土基层可使用Ⅲ级砂。特重、重交通混凝土路面宜使用河砂，砂的硅质含量不应低于 25%。

3.4.4 在河砂资源紧缺的沿海地区，二级及二级以下公路混凝土路面和基层可使用淡化海砂，缩缝设传力杆混凝土路面不宜使用淡化海砂；钢筋混凝土及钢纤维混凝土路面和桥面不得使用淡化海砂。

❸ 《公路水泥混凝土路面施工技术规范》（JTG F30—2003）规定：

3.6.1 供应商应提供有相应资质外加剂检测机构的品质检测报告，检验报告应说明外加剂的主要化学成分，认定对人员无毒副作用。

3.6.2 引气剂应选用表面张力降低值大、水泥稀浆中起泡容量多而细密、泡沫稳定时间长、不溶残渣少的产品。有抗冰（盐）冻要求地区，各交通等级路面、桥面、路缘石、路肩及贫混凝土基层必须使用引气剂；无抗冰（盐）冻要求地区，二级及二级以上公路路面混凝土中应使用引气剂。

3.6.3 各交通等级路面、桥面混凝土宜选用减水率大、坍落度损失小、可调控凝结时间的复合型减水剂。高温施工宜使用引气缓凝（保塑）（高效）减水剂；低温施工宜使用引气早强（高效）减水剂。选定减水剂品种前，必须与所用的水泥进行适应性检验。

3.6.4 处在海水、海风、氯离子、硫酸根离子环境或冬季洒除冰盐的路面或桥面钢筋混凝土宜掺阻锈剂。

5. 接缝材料

接缝材料包括填缝料、接缝板、接缝钢筋三类，具体要求应符合公路水泥混凝土路面接缝材料的要求❶

（二）施工工艺及要求

1. 混凝土面层铺筑

目前我国水泥混凝土路面采用5种施工方式：滑模摊铺施工、三辊轴摊铺施工、轨道摊铺施工、小型机具施工和碾压摊铺混凝土施工。

（1）滑模摊铺机铺筑

滑模摊铺机具有分料、振捣、成型、熨平、打传力杆等功能，同时还设有纵横向自动找平装置。在摊铺运行过程中，能一次完成面层的摊铺、密实、整平等多道工序作业，摊铺机行走作业之后路面即成型。滑模摊铺机工作简图见图8-13。首先由螺旋摊铺器1把堆积在基层上的水泥混凝土左右横向摊开，刮平器2进行初步刮平，然后振捣器3进行捣实，随后刮平板4振捣后整平，形成密实而平整的表面，再利用振动式振捣板5对混凝土层振实和整平，最后用光面带6光面。其他主要配套机械和机具有钢筋加工机具、测量仪器、搅拌装置、运输车、布料设备、振捣器、抗滑构造施工机械、切缝机械、石磨机、灌缝机及洒水车等。

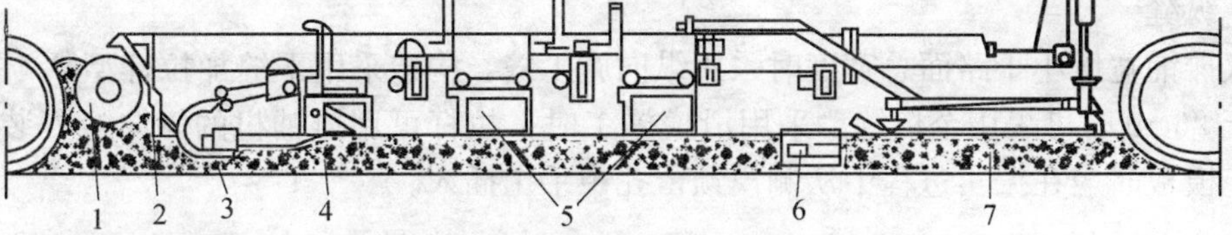

图8-13　滑模式摊铺机摊铺过程示意图

1—螺旋摊铺器；2—刮平器；3—振捣器；
4—刮平板；5—振动平板；6—光面带；7—混凝土

操作滑模摊铺机应缓慢、匀速、连续不间断地作业。严禁料多追赶、随意停机等待、间歇摊铺。摊铺速度应根据拌和物稠度、供料多少和设备性能控制在1.5～3.0m/min之间。

（2）三辊轴机组铺筑

三辊轴机组是一种中型施工设备，比较适用于我国二、三、四级公路及县乡公路混凝土路面的施工。其施工配套机具包括三辊轴整平机，搅拌设备、振捣机、拉杆插入机、饰面工具、运输车等。其中三辊轴整平机为三辊轴机组的主导设备，其主体部分为一根起振密、摊

---

❶《公路水泥混凝土路面施工技术规范》（JTG F30—2003）规定：

3.9.1　应选用能适应混凝土面板膨胀和收缩、施工时不变形、弹性复原率高、耐久性好的胀缝板。高速公路、一级公路宜采用塑胶、橡胶泡沫板或沥青纤维板；其他公路可采用各种胀缝板。

3.9.2　填缝材料应具有与混凝土板壁粘结牢固，回弹性好，不溶于水，不渗水，高温时不挤出，不流淌，抗嵌入能力强，耐老化龟裂，负温拉伸量大，低温时不脆裂，耐久性好等性能。填缝料有常温施工式和加热施工式两种，常温施工式填缝料主要有聚（氨）酯、硅树脂类，氯丁橡胶、沥青橡胶类等。加热施工式填缝料主要有沥青玛琋脂类、聚氯乙烯胶泥类、改性沥青类等。高速公路、一级公路应优选使用树脂类、橡胶类或改性沥青类填缝材料，并宜在填缝料中加入耐老化剂。

3.9.3　填缝时应使用背衬垫条控制填缝形状系数。背衬垫条应具有良好的弹性、柔韧性、不吸水、耐酸碱腐蚀和高温不软化等性能。背衬垫条材料有聚氨酯、橡胶或微孔泡沫塑料等，其形状应为圆柱形，直径应比接缝宽度大2～5mm。

铺、提浆作用的偏心振动轴和两根起驱动整平作用的圆心轴。施工时采用前进振动、后退静滚的方式，其作业单元长度宜为 20～30m，与振捣工序的时间间隔不超过 10min。

三辊轴机组的施工流程为：布料机具布料→排式振捣机振捣→拉杆安装→人工找补→三辊轴整平→（真空脱水）→（精平饰面）→拉毛→切缝→养生→（硬刻槽）→填缝。

（3）轨道式摊铺机铺筑

轨道摊铺机的混凝土摊铺方式有刮板式、箱式或螺旋式三种。施工时首先在基层上安装轨道和钢模板，然后用布料机将自卸车倾卸在基层上的水泥混凝土料堆均匀地摊铺在模板范围之内，当摊铺机在轨道上行驶时，通过摊铺器将事先初步均匀的混凝土进一步摊铺整平，并在机械自重作用下对路面进行初压。并用振捣梁或振捣板对混凝土表面进行振捣，最后用整平机或抹光机进行整平和表面修整。余下工序如表面修正拉毛、切缝清缝、养生填缝等工序有人工或专用机械设备完成。

（4）碾压混凝土施工

碾压混凝土施工流程为：碾压混凝土拌和→运输→卸入沥青摊铺机→沥青摊铺机摊铺→打入拉杆→钢轮压路机初压→振动压路机复压→轮胎压路机终压→抗滑构造处理→养生→切缝→填缝。

2. 接缝施工

接缝设计和施工是水泥路面使用性能优劣的关键技术和难点，应引起足够的重视。

（1）纵缝

一次摊铺宽度小于路面总宽度时采用纵向施工缝，构造采用平缝加拉杆型❶（图 8-14）。板厚大于 26cm 时可采用企口缝。采用滑模施工时，拉杆可用摊铺机的侧向拉杆装置插入，采用固定模板时应在振实过程中从侧模预留孔中手工插入。

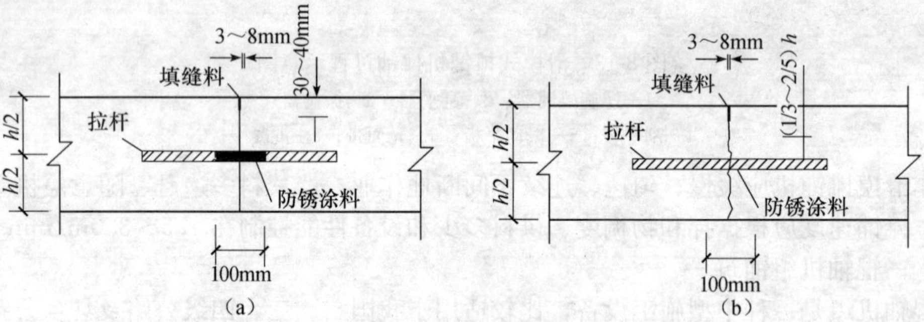

图 8-14　纵缝构造

（a）纵向施工缝；（b）纵向缩缝

当一次铺筑宽度大于 2 个以上车道时，应设纵向假缩缝，可用机械自动插入，并用切缝法施工。一次摊铺宽度大于 4.5m 时设假缝拉杆形纵缝，即锯切纵向缩缝。纵缝位置应按车道宽度设置，并在摊铺过程中以专用的拉杆插入装置插入拉杆。

（2）横向施工缝

每天摊铺结束或摊铺中断时间超过 30min 时，应设置横向施工缝，其位置宜与胀缝或

---

❶《公路水泥混凝土路面施工技术规范》(JTG F30—2003) 规定：

9.1.1　插入的侧向拉杆应牢固，不得松动、碰撞或拔出。若发现拉杆松脱或漏插，应在横向相邻路面摊铺前，钻孔重新植入。当发现拉杆可能被拔出时，宜进行拉杆拔出力（握裹力）检验。

缩缝重合，确有困难不能重合时，施工缝应采用设螺纹传力杆的企口缝形式。横向施工缝应与路中心线垂直。横向施工缝在缩缝处采用平缝加传力杆型，见图8-15。

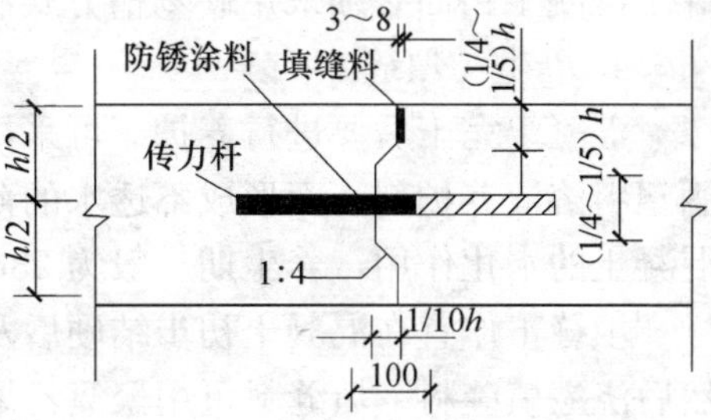

图 8-15　横向施工缝构造示意图

（3）横向缩缝

缩缝应按 5m 板长等间距布置，中、轻交通量的路面可采用不设传力杆的假缝，如图 8-16（a）所示，在特重和重交公路、收费广场、邻近胀缝或路面自由端的 3 条缩缝应采用假缝加传力杆型，传力杆施工可采用前置钢筋支架法或传力杆插入装置法，支架法构造见图 8-16（b）。

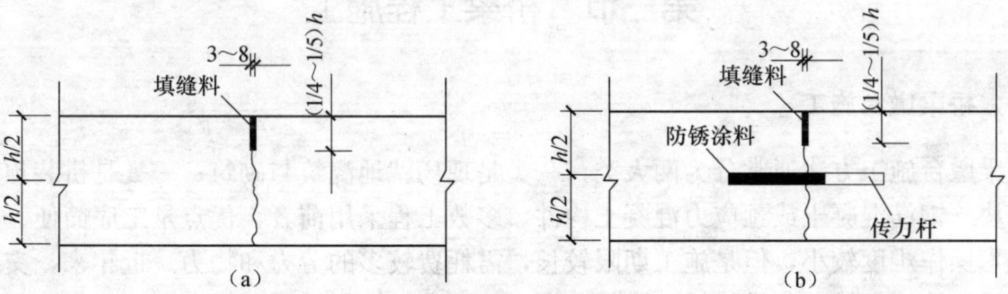

图 8-16　横向缩缝构造

（a）假缝型；（b）假缝加传力杆型

（4）胀缝

普通混凝土路面的胀缝应设置胀缝补强钢筋支架、胀缝板和传力杆，胀缝构造见图8-17。胀缝应采用前置钢筋支架法施工，也可采用预留一块面板，高温时再封铺。前置法施工应预先加工、安装和固定胀缝钢筋支架，并在使用手持振捣棒振实胀缝板两侧的混凝土后再摊铺。宜在混凝土未硬化时，剔除胀缝板上部的混凝土，嵌入（20～25）mm×20mm 的木条，整平表面。胀缝板应连续贯通整个路面板宽度。

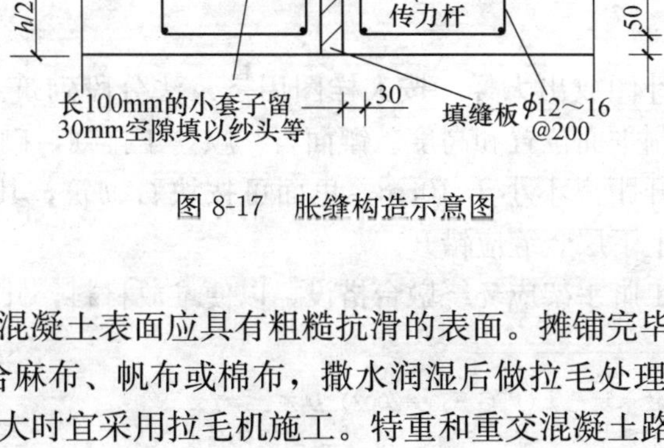

图 8-17　胀缝构造示意图

3. 抗滑构造施工

为保证行车安全，混凝土表面应具有粗糙抗滑的表面。摊铺完毕或精平表面后，宜使用钢支架托挂 1～3 层叠合麻布、帆布或棉布，撒水润湿后做拉毛处理。工程量小时可使用人工齿耙拉槽，工程量较大时宜采用拉毛机施工。特重和重交混凝土路面宜采用硬刻槽，即在完全凝固的面层上用锯缝机锯出横向防滑槽。凡使用圆盘、叶片式抹面机整平后的路面、钢纤维混凝土路面必须采用硬刻槽方式制作抗滑沟槽。

4. 养生与填缝

混凝土完工后要进行养护。可采用潮湿养生，至少需 14d。也可采用混凝土表面均匀喷洒塑料溶液养护剂，而形成不透水的薄膜粘附于表面，从而阻止混凝土中水分的蒸发，保证混凝土的水化作用，养生期一般为 28d。

填缝工作宜在混凝土初步结硬后及时进行。填缝前，首先将缝隙内泥砂杂物清除干净，然后浇灌填缝料。填缝料可用聚氯乙烯类填缝料或沥青玛瑶脂等。

5. 开放交通❶

待混凝土强度达到设计强度时，方可开放交通。

第三节　桥梁工程施工

一、桥梁墩台施工

桥梁墩台施工方法通常分为两大类：一类是现场就地浇筑与砌筑；一类是拼装预制的混凝土砌块、钢筋混凝土或预应力混凝土构件。多数工程采用前者，优点是工序简便、机具较少、技术操作难度较小，但是施工期限较长，需耗费较多的劳力和物力。近年来，交通建设迅速发展，施工机械（起重机械、混凝土泵送机械及运输机械）也随之有了很大进步，采用预制装配构件建造桥梁墩台的施工方法有新的进展，其特点是既可确保施工质量、减轻工人劳动强度，又可加快工程进度、提高工程效益，对施工场地狭窄，尤其对缺少砂石地区或干旱缺水地区等建造墩台更有着重要意义。

（一）就地浇筑与砌筑施工

就地浇筑是一种古老的施工方法，由于施工需用大量的模板支架，一般仅在小跨径或交通不便的边远地区采用。随着桥梁结构形式的发展，出现了一些变宽桥、弯桥等复杂的预应力混凝土结构，又由于近年来临时钢构件和万能杆件系统的大量应用，在其他施工方法都比较困难或经过比较施工方便、费用较低时，也有在大中桥梁中采用就地浇筑的施工方法。如上海市区高架道路，其中的简支箱梁、连续箱梁，大多采用就地浇筑施工。

在支架上砌筑施工多用于石拱桥、混凝土预制块等圬工拱桥的施工。因为砌筑施工需要在桥位搭设较强大的拱架，然后在拱架上进行砌筑，所以施工工期长、劳动力需要量大、辅助设备材料用量大，通常只在小跨径桥梁、交通不便的边远地区和盛产石料的地区使用。

1. 石砌墩台施工

墩台砌筑前应按设计图放出大样，按大样图用挤浆法分段砌筑。砌筑时应计算砌筑层数，选好石料，严格控制平面位置和高度。镶面石一顺一丁排列，砌缝横平竖直，缝宽不大于 2cm，上下层竖缝错开距离不小于 10cm。里面可按块石砌筑，其平缝宽度不大于 3cm，竖缝宽度不大于 6cm，上下层竖缝应错开。

砌石时所采用的施工脚手架应环绕墩台搭设，以便堆放材料，并支承施工人员砌镶面定

❶ 《公路水泥混凝土路面施工技术规范》(JTG F30—2003) 规定：

9.3.6　混凝土板养生初期，严禁人、畜、车辆通行，在达到设计强度 40%后，行人方可通行。在路面养生期间，平交道口应搭建临时便桥。面板达到设计弯拉强度后，方可开放交通。

位行列及勾缝。脚手架的类型根据墩台高度的不同选用，6m 以下墩台一般采用固定式轻型脚手架，25m 以下墩台选用简易活动脚手架，墩台较高时则多采用悬吊脚手架。

石砌墩台施工应注意以下事项：

（1）墩台砌筑前将基础顶面冲刷干净；

（2）墩台表层常用块石砌筑，内部用片石填腹；

（3）同一层砌筑顺序是：桥墩先砌上下游圆头石或分水尖，桥台先砌四个转角，然后挂线砌筑中部表层，最后填砌腹部；

（4）挤浆法砌筑时，横向缝和竖缝的砂浆均应布满；

（5）石料砌前应洗净湿润，砌筑表面应勾缝砌完后按自然法进行养护；

（6）墩台的顶帽（盖梁）一般用混凝土或钢筋混凝土灌注。支撑垫石位置、标高和帽栓孔眼的位置都应特别注意，其偏差必须满足施工规范要求。

2. 混凝土墩台

混凝土墩台的施工与混凝土构件施工方法相似，它对混凝土结构的模板要求也与其他钢筋混凝土构件的模板要求相同。根据施工经验，当墩台高度小于 30m 时采用固定模板施工；当高度大于等于 30m 时采用滑动模板施工。

墩台混凝土的浇筑❶应注意以下事项：

（1）一般墩台及基础混凝土，应在整个平面范围内水平分层进行浇筑。当平截面过大，不能在前层混凝土初凝或能重塑前浇筑完成次层混凝土时，可分块进行浇筑。分块平均面积不宜小于 $50m^2$，每块高度不以超过 2m。块与块间的竖向接缝面应与基础平截面短边平行，与平截面长边垂直。上下邻层混凝土间的竖向接缝，应错开位置做成企口，并按施工缝处理；

（2）为了节省水泥，墩台大体积施工中可采用片石混凝土。其填放石块的数量，不应超过混凝土体积的 25%，石块的最小尺寸不易小于 15cm。石块应均匀分布，两石块的净距不小于 10cm，以便内部插入式振捣器进行振捣操作。石块距结构顶面和侧面的间距应不小于 15cm，且不得与钢筋接触。为了加强混凝土灌注层间的结合和灌注工作中断时，在前层接缝面上应埋入接茬石块，应使其体积露出混凝土外一半左右；

（3）采用滑升模板浇筑墩台混凝土时，宜采用低流动度、半干硬性混凝土进行分层浇筑，各段应浇筑到距模板上口不小于 10～150mm 的位置为止。可掺入一定数量的早强剂以加速模板提升，在滑升中需防止千斤顶或油管接头在混凝土或钢筋处漏油。混凝土脱模强度

---

❶ 《公路桥涵施工技术规范》（JTJ 041—2000）规定：

11.6.2　墩台混凝土的浇筑

1. 对墩台基底的处理，除应符合第 4 章天然地基的有关规定外，尚应符合下列规定：

（1）基底为非黏性土或干土时，应将其润湿；

（2）基面为岩石时，应加以润湿，铺一层厚 20～30mm 水泥砂浆，然后于水泥砂浆凝结前浇筑第一层混凝土。

2. 一般墩台及基础混凝土，应在整个平截面范围内水平分层进行浇筑。

3. 较大体积的混凝土墩台及其基础，在混凝土中埋放石块时应符合下列规定：

（1）可埋放厚度不小于 150mm 的石块，埋放石块的数量不宜超过混凝土结构体积的 25%；

（2）应选用无裂纹、无夹层且未被烧过的、具有抗冻性能的石块；

（3）石块的抗压强度不应低于 30MPa 及混凝土的强度；

（4）石块应清洗干净，应在捣实的混凝土中埋入一半左右；

（5）石块应分布均匀，净距不小于 100mm，距结构侧面和顶面的净距不小于 150mm，石块不得接触钢筋和预埋件；

（6）受拉区混凝土或当气温低于 0℃时，不得埋放石块。

宜为 0.2～0.5MPa。

（二）装配式墩台[1]施工

装配式墩台适用于山谷架桥、跨越平缓无漂流物的河沟、河滩等的桥梁，特别是在工地干扰多、施工场地狭窄、缺水与砂石供应困难地区，其效果更为显著。装配式墩台的优点是：结构形式轻便，建桥速度快，圬工省，预制构件质量有保证等。目前经常采用的有砌块式、柱式和管节式或环圈式墩台等。

1. 砌块式墩台施工

砌块式墩台的施工大体上与石砌墩台相同，只是预制砌块的形式因墩台形状不同有很多变化。这种施工方法可节省混凝土数量，节省木材和大量铁件，施工进度快，且砌缝整齐美观。

2. 柱式墩台施工

装配式柱式墩即将桥墩分解为若干轻型部件，在工厂或工地集中预制，再运送到现场装配成桥梁。其形式有双柱式、排架式、板凳式和钢架式等。图 8-18 为排架式柱式墩构造示意。施工工序为预制构件、安装连接与混凝土填缝养护等。其中拼装接头是关键工序，常用的拼装接头有：

（1）承插式接头。将预制构件插入相应的预留孔中，插入长度一般为 1.2～1.5 倍的构件宽度，底部铺设 2cm 厚的砂浆，四周以半干硬性混凝土填充，常用于柱与基础接头连接；

（2）钢筋锚固接头。构件上预留钢筋或型钢，插入另一构件的预留槽中，或将钢筋互相焊接，再灌注半干硬性混凝土，多用于立柱与顶帽处的连接；

（3）焊接接头。将预埋在构件中的

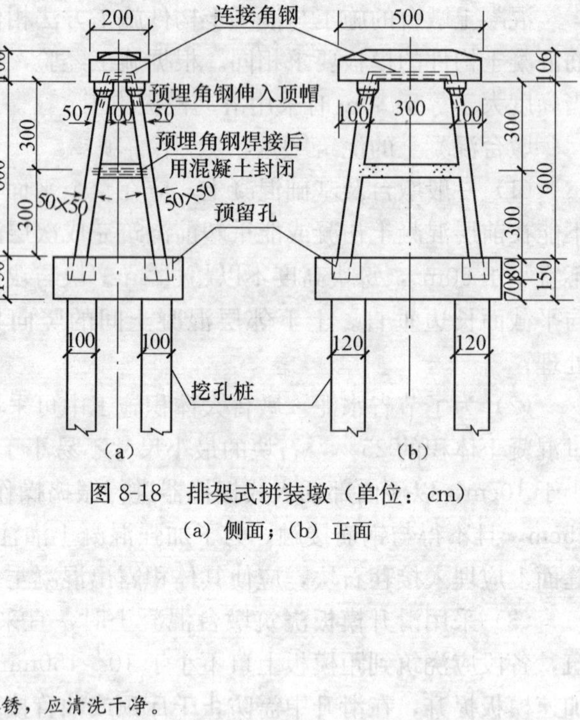

图 8-18　排架式拼装墩（单位：cm）

(a) 侧面；(b) 正面

---

[1] 《公路桥涵施工技术规范》(JTJ 041—2000) 规定：

15.6.4　装配式墩台及基础安装

1. 砌块式墩台安装技术要求

(1) 砌块在使用前必须浇水湿润，表面如有泥土、水锈，应清洗干净。

(2) 基底应加清理，非砾类土地基应加铺薄层砂砾夯平，预制块安装前必须坐浆，基础预制块安装时，应水平放落，如放落不平，位置不对，应吊起重放，不得用撬棍拨移，以免造成基底凹陷。

(3) 各砌层的砌块应安放稳固，砌块间应砂浆饱满，粘结牢固，不得直接贴靠或脱空。

(4) 安装高度每升高 1m 左右时应抹平，并测量纵横向轴线，以控制砂浆缝厚度、标高及平面位置。

(5) 砌筑上层砌块时，应避免振动下层砌块；砌筑工作中断后恢复砌筑时，已砌筑的砌层表面应加以清扫和湿润。

(6) 桥墩破冰体镶面的砌筑按本规范第 13.3.4 条的规定执行。

(7) 砂浆的技术要求请参照本规范第 13.2.3 条的规定执行。

2. 柱式墩台安装技术要求

(1) 墩、台柱式构件与基础顶面的预留槽洞应编号，并检查各个墩、台高度和基底标高是否符合要求，否则应进行调整。基座槽洞四周与柱边的空隙不得小于 20mm。

(2) 墩、台柱吊入基座洞就位时，柱身竖直度或倾斜度以及平面位置符合设计要求后，再将楔子塞入槽洞打紧。对重大、细长的墩柱，尚需用风缆或撑木固定，方可摘除吊钩。

(3) 在墩、台柱顶安装盖梁前，应先检查梁口预留槽眼位置是否符合要求，否则应先修凿。

(4) 柱身与盖梁安装完毕并检查符合要求后，可在基底座槽洞空隙与盖梁槽眼处灌注稀砂浆，待其硬化后，拆除楔子、支撑及风缆，再在楔子孔中灌填砂浆。

铁件与另一构件的预埋铁件用电焊连接，外部再用混凝土封闭。这种接头易于调整误差，多用于水平连接杆与立柱的连接；

（4）扣环式接头。相互连接的构件按预定位置预埋环式钢筋，安装时柱脚先放置在承台的柱芯上，上下环式钢筋互相错接，扣环间插入U形短钢筋焊牢，四周再绑扎钢筋一圈，立模浇筑外围接头混凝土。要求上下扣环预埋位置正确，施工较为复杂；

（5）法兰盘接头。在相连接构件两端安装法兰盘，连接时用法兰盘连接，要求法兰盘预埋位置必须与构件垂直。接头处可不用混凝土封闭。

二、梁桥施工

（一）简支梁的施工

简支梁最常用的施工方法是预制安装法。预制安装就是将一孔梁分成多片在工厂（场）预制，然后运至桥位处，进行现场架设的施工方法。这种方法的主要优点是：上、下部结构可平行施工，工期短；工厂生产易于组织管理，结构质量容易保证；混凝土收缩徐变的影响小。但是，这种方法需要有预制场地和必要的运输、吊装设备。

预制梁可在专业的桥梁预制场内生产，也可在桥位处的预制场内进行。由于运输长度和重量的限制，中、小跨径的预制梁通常在桥梁预制厂生产，而大跨径的梁段在桥位预制场内生产。

预制梁的安装是装配式桥梁施工中的关键工序。简支梁构件的架设，包括起吊、纵移、横移、落梁等工序。从架梁的工艺类别来分，有陆地架设、浮吊架设和利用安装导梁或塔架、缆索的高空架设等。每一类架设工艺中，按起重、吊装等机具的不同，又可分为各种独具特色的架设方法。

1. 陆地架设法

（1）自行式吊车架梁法（图8-19a）

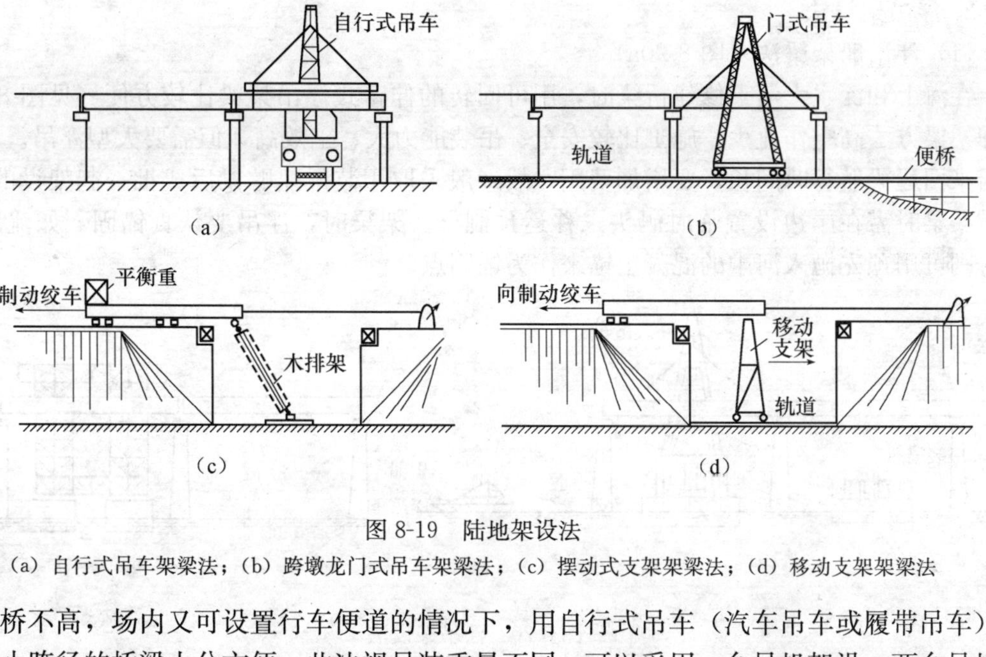

图8-19　陆地架设法

（a）自行式吊车架梁法；（b）跨墩龙门式吊车架梁法；（c）摆动式支架架梁法；（d）移动支架架梁法

在桥不高，场内又可设置行车便道的情况下，用自行式吊车（汽车吊车或履带吊车）架设中、小跨径的桥梁十分方便。此法视吊装重量不同，可以采用一台吊机架设、两台吊机架设、吊机和绞车配合架设等方法。其特点是机动性好，不需要动力设备，架梁速度快。一般吊装能力为150～1000kN，国外已出现4100kN的轮式吊车。

(2) 跨墩门式吊车架梁法（图8-19b）

对于桥不太高、架桥孔数多，且沿桥墩两侧铺设轨道不困难时，可以采用一台或两台跨墩门式吊车来架梁。此时，除了吊车行走轨道外，在其内侧尚应铺设运梁轨道，或者设便道用拖车运梁。梁运到后，就用门式吊车起吊、横移，并安装在预定位置。当一孔架完后，吊车前移，再架设下一孔。

在水深不超过5m、水流平缓、不通航的中小河流上，也可以搭设便桥并铺轨后用门式吊车架梁。

(3) 摆动式支架架梁法（图8-19c）

本法是将预制梁沿路基牵引到桥台上并稍悬出一段，悬出距离根据梁的截面尺寸和配筋确定。从桥孔中心河床上悬出的梁端底下设置人字扒杆或木支架，前方用牵引绞车牵引梁端。此时支架随之摆动而到对岸。为防止摆动过快，应在梁的后端用制动绞车牵引制动。

摆动式支架架梁法较适宜于桥梁高跨比稍大的场合。当河中有水时也可用此法架梁，但需在水中设一个简单小墩，以供设立木支架用。

(4) 移动支架架梁法（图8-19d）

此法是在架设孔的地面上，顺桥轴线方向铺设轨道，其上设置可移动支架，预制梁的前端搭在支架上，通过移动支架将梁运移到要求的位置后，再用龙门架或人字扒杆吊装；或者在桥墩上设枕木垛，用千斤顶卸下，再将梁横移就位。

利用移动支架架设，设备较简单，但可安装重型的预制梁；无动力设备时，可使用手摇卷扬机或绞盘，移动支架进行架设。但不宜在桥孔下有水、地基过于松软的情况下使用，为保证架设安全，一般也不适宜桥墩过高的场合。

2. 浮吊架设法

(1) 浮吊船架梁法（图8-20a）

在海上和深水大河上修建桥梁时，用可回转的伸臂式浮吊架梁比较方便（见图8-20a)。这种架梁方法高空作业少、施工比较安全、吊装能力大、工效高，但需要大型浮吊。鉴于浮吊船来回运梁航行时间长，要增加费用，故一般采取用装梁船贮梁后成批一起架设的方法。浮吊架梁时需在岸边设置临时码头来移运预制梁。架梁时，浮吊要认真锚固。如流速不大时，则可用预先抛入河中的混凝土锚来作为锚固点。

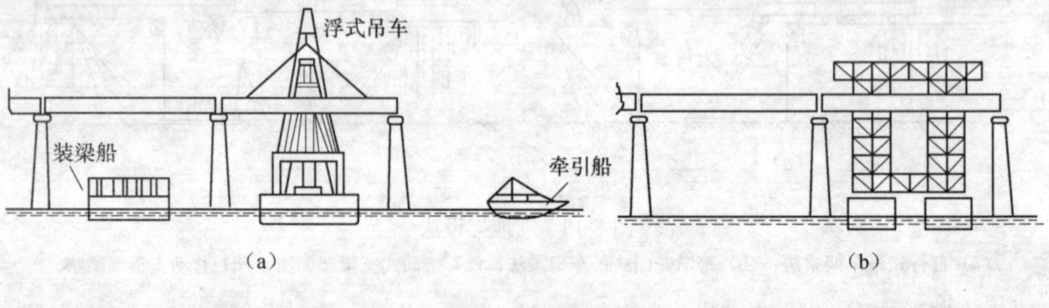

图8-20 浮吊架设法

(a) 浮吊船架梁法；(b) 固定式浮吊架梁法

(2) 固定式浮吊架梁法

在缺乏大型伸臂式浮吊时，也可用钢制万能杆件或贝雷钢架拼装固定式的悬臂浮吊进行架梁（图 8-20b）。架梁前，先从存梁场吊运至河边栈桥，再由固定式悬臂浮吊接运并安放稳妥，然后用托轮将重载的浮吊托运至待架桥孔处，并使浮吊初步就位。将船上的定位钢丝绳锚系在桥墩上，慢慢调整定位，在对准梁位后落梁就位。

不足之处是每一片梁浮吊都要托至河边栈桥处去取梁，这样不但影响架设的速度，而且也增加了浮吊来回托运的经济耗费。

3. 高空架设法

(1) 联合架桥机架梁法

此法适合于架设中、小跨径的多跨简支梁桥，其优点是不受水深和墩高的影响，并且在作业过程中不阻塞通航。

联合架桥机由一根总长大于两倍桥跨的钢导梁，两套门式吊机和一个托架（又称蝴蝶架）三部分组成（图 8-21）。导梁顶面铺设轨道供运梁平车和托架行走，门式吊机顶横梁上设有吊梁用的行走小车，为了不影响架梁的净空位置，其立柱底部还可做成在横向内倾斜的小斜腿，这样的吊车俗称拐脚龙门架。

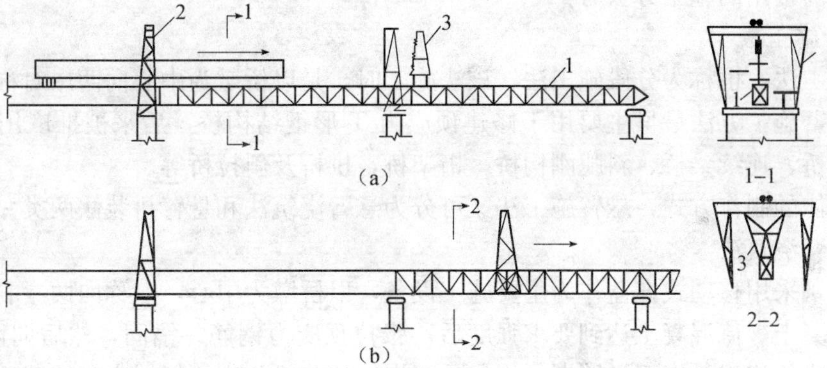

图 8-21　联合架桥机架梁法

1—钢导梁；2—门式吊机；3—托架（运送门式吊车用）

架梁操作步骤如下：

1) 在桥头拼装钢导梁，铺设钢轨，并用绞车纵向拖拉就位。

2) 拼装托架和门式吊机，用托架将两个门式吊机移运至架梁孔的桥墩（台）上。

3) 由平车轨道运送预制梁至架梁孔位，将导梁两侧可以安装的预制梁用两个门式吊机起吊、横移并落梁就位（图 8-21a）。

4) 将导梁所占位置的预制梁临时安放在已架设的梁上。

5) 用绞车纵向拖拉导梁至下一孔后，将临时安装的梁架设完毕。

6) 在已架设的梁上铺接钢轨后，用托架顺次将两个门式吊车托起并运至前一孔的桥墩上（图 8-21b）。

如此反复，直至将各孔梁全部架设好为止。

(2) 自行式吊车桥上架梁法

在梁的跨径不大、重量较轻、且预制梁能运到桥头引道上时，直接用自行式伸臂吊车（汽车吊或履带吊）来架梁甚为方便（图 8-22a）。此法架梁时，横向尚未连成主体，必须核算吊车通行和架梁工作时承载能力。

(3)“钓鱼法”架梁法

利用设在一岸的扒杆或塔柱用绞车牵引预制梁前端，扒杆上设复式滑车。梁的后端用制动绞车控制，就位后用千斤顶落梁。此法适于架设小跨径梁。(图 8-22b)

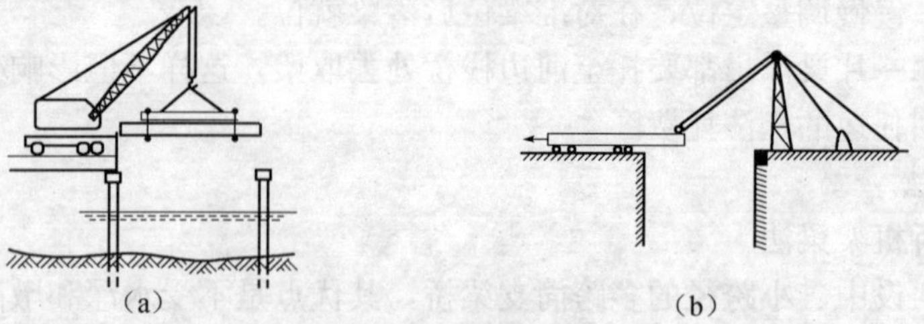

图 8-22 小跨径梁的架设

(a) 自行式吊车桥上架梁；(b)“钓鱼法”架梁法

(二) 悬臂体系和连续体系梁桥施工

悬臂体系和连续体系梁桥的结构和重量一般都比简支梁要大，其受力特点也与简支梁有所不同。目前常用的施工方法有：

1. 悬臂施工法

悬臂施工法，也称为分段施工法，该法施工时，是以桥墩为中心向两岸对称的、逐节悬臂接长。悬臂施工方法最早主要用于修建预应力 T 形钢结构桥，后来被推广用于预应力混凝土悬臂梁桥、连续梁桥、斜腿刚构桥，桁架桥，拱桥及斜拉桥等。

按照梁体的制作方式，悬臂施工法又可分为悬臂浇筑法和悬臂拼装法两类。

(1) 悬臂浇筑法

悬臂浇筑采用移动式挂篮作为主要施工设备，以桥墩为中心，对称向两岸利用挂篮逐段浇筑梁段混凝土，待混凝土达到要求强度后，张拉预应力钢筋并锚固，然后向前移动挂篮，进行下一节段的施工，直至悬臂端为止。悬臂浇筑的节段长度要根据主梁的截面变化情况和挂篮设备的承载能力来确定，一般可取 2～8m。每个节段可以全截面一次浇筑，也可以先浇筑梁底板和腹板，再安装顶板钢筋及预应力管道，最后浇筑顶板混凝土，但需注意由混凝土龄期差而产生的收缩、徐变次内力。悬臂浇筑施工的周期一般为 6～10m，依节段混凝土的数量和结构复杂的程度而定。合龙段是悬臂施工的关键部位。为了控制合龙段的准确位置，除了需要预先设计好预拱度和进行严密的施工监控外，还要在合龙段中设置劲性钢筋定位，采用超早强水泥，选择最合适的梁的合龙温度（宜在低温）及合龙时间（夏季宜在晚上），以提高施工质量。

(2) 悬臂拼装

悬臂拼装法施工是在工厂或桥位附近将梁体沿轴线划分成适当长度的块件进行预制，然后用船或平车从水上或从已建成部分桥上运至架设地点，用活动吊机向墩柱两侧对称均衡地拼装就位，张拉预应力筋并锚固。重复上述工序直至拼装完悬臂梁全部块件为止。

2. 逐孔施工法

逐孔施工法是中等跨径预应力混凝土梁长桥较常采用的一种施工方法，它使用一套设备从桥梁的一端逐孔施工。桥愈长，施工设备的周转次数愈多，其经济效益愈高。采用逐孔施工的主要特点在于施工能连续操作，可以使桥梁结构选择最佳的施工接头位置和合理的结构形式。同时，由于连续施工，也便于使用接长的预应力索筋，不仅简化了施工操作，而且可按最优的位置布置索筋，节省高强材料。

逐孔施工法从施工技术方面可分为三种类型：

(1) 用临时支承组拼预制节段逐孔施工。它是将每一桥跨分成若干节段，预制完成后在临时支承上逐孔组拼施工；

(2) 使用移动支架逐孔现浇施工。此法亦称移动模架法，它是在可移动的支架、模板上完成一孔桥梁的全部工序，即模板工程、钢筋工程、浇筑混凝土和张拉预应力筋等工序，待混凝土有足够强度后，张拉预应力筋，移动支架、模板，进行下一孔梁的施工。由于此法是在桥位上现浇施工，可免去大型运输和吊装设备，桥梁整体性好；同时它又具有在桥梁预制厂生产的特点，可提高机械设备的利用率和生产效率；

(3) 采用整孔吊装或分段吊装逐孔施工。这种施工方法是早期连续梁桥采用逐孔施工的唯一方法。近年来，由于起重能力增强，使桥梁的预制构件向大型化方向发展，从而更能体现逐孔施工速度快的特点，可用于混凝土连续梁和钢连续梁桥的施工中。

3. 顶推法施工

顶推施工法可以说是从钢桥架设中的纵向拖拉法发展而来的。顶推法用水平千斤顶取代了卷扬机和滑车，用板式滑动取代了滚筒。这些取代改善了由于卷扬机和滑车组在启动时造成的冲击和滚筒的线支承作用引起的应力集中。

预应力混凝土连续梁桥采用顶推法施工在世界各国颇为盛行。它是在台后开辟预制场地，分节段预制梁身并用纵向预应力钢筋将各节段连成整体，然后通过水平与竖向液压千斤顶的联合作用，借助不锈钢板与聚四氟乙烯模压板组成的滑动装置将梁逐孔向对岸推进。这样分段预制，逐段顶推，待全部顶推就位后，落梁、更换正式支座，完成桥梁施工。

顶推装置的另一种方法为拉杆式，通常采用两个水平千斤顶分别固定在墩（台）顶部箱梁左右腹板的两侧，在梁的底板下面设置滑板和滑块。拉杆式不需每次循环起顶，对梁体不产生附加力，而且可以做到自动连续顶推。但顶推力通过拉杆传递给梁，梁体内需预埋连接零件，每次循环后需拆移拉杆上的拉锚器。拆移拉杆时，有时会出现高空作业。

根据顶推装置布置不同，可有单点顶推与多点顶推。集中设在一处的为单点顶推，将总的顶推力分散到多个桥墩上的为多点顶推。

顶推装置是采用集中的单点顶推方式还是多点的分散方式，应根据施工单位的设备情况及桥墩的刚度情况确定。单点方式设备数量少，易于集中控制和同步，但要求的功率大，传递给墩台的水平力也大。分散方式则相反。

顶推法施工可以省去大量脚手架，不中断桥下交通，可集中管理指挥，高空作业少，施工安全可靠，可以使用简单的设备建造多跨长桥。特别适合于水深、桥高以及高架道路的中等跨径、等截面的直桥或曲线桥梁施工。

(1) 单点顶推法

顶推的装置集中在主梁预制场附近的桥台或桥墩上，前方墩各支点上设置滑动支承。顶推装置如前所述又可分为两种：一种是依赖水平与竖向千斤顶的联合作用使梁顶推前进，其方法是在竖向千斤顶的顶部与梁底之间放橡胶垫板（或粗齿垫板），利用竖向千斤顶将梁顶起后，启动水平千斤顶推动竖顶（推头）使其前进，一个行程推完后，退回千斤顶重复上述步骤继续进行。这种方式的全部操作可在墩台顶上进行，传力直接，但不能连续顶推，且对梁体受力不利。另一种则是拉杆顶推装置。

滑道支承设置在墩上的混凝土临时垫块上，它由光滑的不锈钢板与组合的聚四氟乙烯滑块组成滑道。顶推时，组合的聚四氟乙烯滑块在不锈钢板上滑动，并在前方滑出，通过在沿道后方不断喂入滑块，带动梁身前进。

（2）多点顶推法

在每个墩台上设置一对小吨位的水平千斤顶，将集中的顶推力分散到各墩上。由于利用水平千斤顶传给墩台的反力，平衡梁体滑移时在桥墩上产生的摩阻力，从而使桥墩在顶推过程中承受较小的水平力。因此可以在柔性墩上采用多点顶推施工。同时多点顶推所需的顶推设备吨位小，容易获得，所以我国在近年来用顶推法施工的预应力混凝土连续梁桥，较多地采用了多点顶推法。

多点顶推施工的关键在于同步，因为顶推水平力是分散在各桥墩上，一般均需通过中心控制室控制各千斤顶的出力等级，保证同时启动、同步前进、同时停止和同时换向。为保证在意外情况下能及时改变全桥的运动状态，各机组和观测点上需设置急停按钮。由于千斤顶传力时间差的影响，将不可避免地引起桥墩沿纵向摆动，同时箱梁的悬出部分可能上下振动。这些因素对施工极其不利，要尽量减少其影响。

多点顶推与集中单点顶推比较，可以免去大规模的顶推设备，能有效地控制顶推梁的偏离，顶推时对桥墩的水平推力可以减到很小，便于结构采用柔性墩。在弯桥采用多点顶推时，由各墩均匀施加顶力，同样能顺利施工。采用拉杆式顶推系统，免去在每一循环顶推过程中用竖向千斤顶将梁顶起使水平千斤顶复位的操作，简化了工艺流程，加快顶推速度。但多点顶推需要较多的设备，操作要求也比较高。

三、拱桥施工

拱桥的施工从方法上大体可分为有支架施工、无支架缆索吊装施工、转体施工等。

（一）有支架施工

传统的拱桥施工方法是搭设拱架，在拱架上现浇或组拼拱圈。石拱桥和钢筋混凝土拱桥（现浇混凝土拱桥和混凝土预制块砌筑的拱桥）都采用有支架的施工方法修建，有时也用于大跨度钢筋混凝土拱桥的施工中。其主要施工工序有材料的准备、拱圈放样（包括石拱桥拱石的放样）、拱架制作与安装、拱圈和拱上建筑的砌筑等。

1. 备料

拱桥材料的选择应该满足设计和施工有关规范的要求。对于石拱桥，石料的准备是决定石拱桥施工进度的一个重要环节，特别是料石拱圈，拱石规格繁多，耗费劳动力就很多，为了加快桥梁建设进度、降低桥梁造价、减少劳动力消耗，可以采用小石子混凝土砌筑片石拱，也可用大河卵石砌筑拱圈等多种方法来修建拱桥。

2. 拱圈及拱架放样

石拱桥的拱石要按照拱圈的设计尺寸进行加工，为了保证尺寸准确，就要制作拱石样板。小跨径圆弧等截面拱圈，可按计算确定拱石尺寸后，用木板制作样板，一般不需要实地放出主拱大样。大中跨径悬链线拱圈则要在样台上将拱圈按 1∶1 的比例放出大样，然后用木板或锌铁皮在样台上按分块大小制作样板，并注明拱石编号，以便加工。主拱圈放样完毕后，有时还需要在样台上放出拱架主要构件的大样。

样台必须保证施工期间不发生大的变形，以便施工过程中对样板进行复查，一般可以用现成的球场或晒场作样台。常用的放样方法是直角坐标法。

3. 拱架

拱架是有支架施工建造拱桥必不可少的辅助结构，在整个施工期间，用以支承全部或部分拱圈和拱上建筑的重量，并保证拱圈的形状符合设计要求。因此，要求拱架具有足够的强度、刚度和稳定性。

拱架的种类很多，按使用材料的不同可分为木拱架、钢拱架、竹拱架、竹木拱架及“土牛拱胎”（即先在桥下用土或砂、卵石填筑一个“土胎”，然后在上面砌筑拱圈，砌成之后再将填土清除即可）等形式。目前常采用的拱架形式是木拱架和钢拱架。在选择拱架形式后，要对拱架构件的强度进行验算，另外还要对拱架的受弯构件进行挠度验算。拱架在承受荷载后，将产生弹性变形和非弹性变形。另外当拱圈砌筑完毕，强度达到要求而卸落拱架后，拱圈由于承受自重、温度变化及墩台位移等因素影响，将产生弹性下沉。为了使拱轴线符合设计要求，必须在拱架上预留施工拱度❶，以便能抵消这些可能发生的垂直变形。

4. 拱圈的施工

拱圈的施工一般可根据跨度的大小、构造形式等分别采用不同繁简程度的施工方法，以使在灌（砌）筑过程中，拱架受力均匀、变形量小，不使已施工的拱圈产生裂缝，并且施工过程尽可能简单。

（1）连续灌筑法

在拱的跨度较小时，按拱圈的全宽和全厚，自两端拱脚向拱顶对称的连续灌筑，并且在拱脚处混凝土初凝前全部完成。否则，须在拱脚处预留隔缝，并最后灌筑隔缝混凝土。

（2）分段灌筑法

一般当拱的跨度大于16m左右时，为避免因拱架不均匀变形而导致拱圈产生裂缝，以及为减少混凝土的收缩应力，应利用分段灌筑法施工。分段的长度约为6.0～15.0m，视灌筑能力、拱架结构和跨度大小而定。分段位置应使拱架受力对称均匀，一般分段点应设在拱架支点、节点处及拱顶、拱脚处。

一般在分段点处设间隔缝，其宽度为50～100cm左右，以利施工操作和钢筋连接。为缩短拱圈合龙和拱架拆除的时间，间隔缝内混凝土的强度，可采用比拱圈高一个等级的半干硬混凝土。

填充间隔缝混凝土，应在拱圈分段混凝土强度达到70%设计强度后进行。且应由两拱脚向拱顶对称进行，最后填充拱顶和两拱脚间隔缝。封拱合龙温度一般宜接近当地的年平均温度。

（3）分环灌筑法

为减轻拱架的负担，箱形截面拱圈一般采用分环、分段的灌筑方法施工。若底板分段灌筑合龙后，再灌筑上面一环（腹板和顶板，或仅为腹板和隔板），则合龙后的底板可与拱架共同受力。

---

❶ 《公路桥涵施工技术规范》（JTJ 041—2000）规定：

9.4.2 施工预拱度和沉落支架和拱架应预留施工拱度，在确定施工拱度值时，应考虑下列因素：

1. 支架和拱架承受施工荷载引起的弹性变形；
2. 超静定结构由于混凝土收缩、徐变及温度变化而引起的挠度；
3. 承受推力的墩台，由于墩台水平位移所引起的拱圈挠度；
4. 由结构重力引起梁或拱圈的弹性挠度，以及1/2汽车荷载（不计冲击力）引起的梁或拱圈的弹性挠度；
5. 受载后由于杆件接头的挤压和卸落设备压缩而产生的非弹性变形；
6. 支架基础在受载后的沉陷。

(4) 钢管混凝土灌筑

钢管混凝土拱桥施工，一般采用节段悬拼法或转体施工法安装钢管拱，然后灌筑钢管混凝土。钢管拱既是灌筑混凝土的支架和模板，又是钢管混凝土拱的组成部分。

钢管混凝土拱多采用泵送混凝土。在钢管上应每隔 30m 左右设一排气孔，以减小管内空气压力，有助于空气的排出，加强管内混凝土的密实度。

另外，施工时混凝土中应加入适量的减水剂和微膨胀剂，以提高混凝土的和易性，并减小混凝土凝结时的收缩。

5. 拱上建筑的施工

拱桥上部结构由主拱圈和拱上建筑组成。主拱圈是拱桥的主要承重结构。由于拱圈是曲线形，一般情况下车辆都无法直接在弧面上行驶，所以在桥面与主拱圈之间需要有传递压力的构件或填充物，以使车辆能在平顺的桥道上行驶。桥面系和这些传力构件或填充物统称为拱上结构或拱上建筑。按照拱上建筑采用的不同构造方式，可将拱桥分为实腹式和空腹式两种。拱上建筑的施工，应在拱圈合龙❶、施工强度达到设计强度的 30%以上时进行。若拱架先松离拱圈，则应在施工强度达到 70%后进行。

对于实腹式拱上建筑，应由拱脚向拱顶对称地砌筑。当侧墙浇筑好以后，再填筑拱腹填料。对空腹式拱桥，一般是在腹拱墩浇筑完成后就卸落主拱圈的拱架，然后再对称均匀地砌筑腹拱圈，以免由于主拱圈不均匀下沉导致拱圈开裂。

6. 拱架的卸落

为了使拱架所承受的重量能够逐渐地转移到由拱圈自身承受，安装拱架时应在适当的位置安放卸落拱架的专用设备，以保证拱架能均匀卸载。常用的卸落设备有木楔、砂筒和千斤顶。卸落时间❷必须待拱圈混凝土达到一定强度后才能进行，为了保证拱圈或整个上部结构逐渐均匀降落，以便使拱架所支承的桥跨结构重量逐渐转移给拱圈来承担，因此拱架不能突

---

❶ 《公路桥涵施工技术规范》(JTJ 041—2000) 规定：

13.4.4 拱圈合龙及拱上结构砌筑的技术要求

1. 拱圈封拱合龙时的温度、砂浆强度和封拱方法应符合设计规定，设计无规定时，应符合下列规定：

(1) 封拱合龙宜在接近当地年平均温度或 5～15℃时进行；

(2) 分段砌筑的拱圈应待填塞空缝的砂浆强度达到设计强度的 50%后进行，采用刹尖封顶的拱圈应待砂浆强度达到设计强度 70%后进行；

(3) 封拱合龙前用千斤顶施加压力的方法调整拱圈应力时，砂浆强度应达到设计强度。

❷ 《公路桥涵施工技术规范》(JTJ 041—2000) 规定：

9.5.1 拆除期限的原则规定

1. 模板、支架和拱架的拆除期限应根据结构物特点、模板部位和混凝土所达到的强度来决定。

(1) 非承重侧模板应在混凝土强度能保证其表面及棱角不致因拆模而受损坏时方可拆除，一般应在混凝土抗压强度达到 2.5MPa 时方可拆除侧模板。

(2) 芯模和预留孔道内模，应在混凝土强度能保证其表面不发生塌陷和裂缝现象时，方可拔除，拔除时间可按第 12.4.4 条的有关规定确定。采用胶囊作芯模时，其拔除时间可按第 9.5 条的规定办理。

(3) 钢筋混凝土结构的承重模板、支架和拱架，应在混凝土强度能承受其自重力及其他可能的叠加荷载时，方可拆除，当构件跨度不大于 4m 时，在混凝土强度符合设计强度标准值的 50%的要求后，方可拆除；当构件跨度大于 4m 时，在混凝土强度符合设计强度标准值的 75%的要求后，方可拆除。

如设计上对拆除承重模板、支架、拱架另有规定，应按照设计规定执行。

2. 石拱桥的拱架卸落时间应符合下列要求：

(1) 浆砌石拱桥，须待砂浆强度达到设计要求，或如设计无要求，则须达到砂浆强度的 70%；

(2) 跨径小于 10m 的小拱桥，宜在拱上建筑全部完成后卸架；中等跨径的实腹式拱，宜在护拱砌完后卸架；大跨径空腹式拱，宜在拱上小拱横墙砌好（未砌小拱圈）时卸架；

(3) 当需要进行裸拱卸架时，应对裸拱进行截面强度及稳定性验算，并采取必要的稳定措施。

然卸除，而应按照一定的卸架程序进行。

一般卸架程序是：对于满布式拱架的中小跨径拱桥，可从拱顶开始，逐渐向拱脚对称卸落，对于大跨径拱圈，为了避免拱圈发生“M”形的变形，也有从两边 $L/4$ 处逐次对称地向拱顶均匀地卸落。卸架时宜在白天气温较高时进行，这样的条件对卸落拱架工作较方便。

（二）无支架缆索吊装施工

在峡谷或水深流急的河段上，或在通航河道上，不能断航施工时，或在洪水季节施工并受漂流物影响等条件下修建拱桥，宜采用无支架施工。可根据桥梁规模、河流、地形及设备等条件选用扒杆、龙门架、塔式吊机、浮吊、缆索吊装等方式进行吊装。缆索吊装由于具有跨越能力大、水平和垂直运输机动灵活、适用性广、施工比较稳妥方便等优点，在拱桥施工中被广泛采用。缆索吊装对于加快桥梁施工速度，降低桥梁造价等方面起到很大作用。

1. 缆索吊装设备

缆索吊装设备主要由主索、工作索、塔架和锚固装置等四个基本部分组成。其中包括主索、起重索、牵引索、结索、扣索、缆风索、塔架（包括索鞍）、地锚、滑车（轮）、电动卷扬机或手摇绞车等设备和机具。

2. 吊装方法

缆索吊装施工工序为：在预制场预制拱肋（箱）和拱上结构，将预制拱肋和拱上结构通过平车等运输设备移运至缆索吊装位置，将分段预制的拱肋调运至安装位置，利用扣索对分段拱肋进行临时固定，吊装合龙段拱肋，对各段拱肋进行轴线调整，主拱圈合龙，拱上结构安装。

3. 加载程序

当拱肋吊装合龙成拱，要在裸拱上加载，其目的是拱肋各个截面在整个施工过程中，都能满足强度和稳定的要求，并在保证施工安全和成拱质量的前提下，尽量减少施工工序，便于操作，加快施工进度。

加载程序一般服从以下原则：

（1）中、小跨径拱桥，当拱肋的截面尺寸满足一定的要求时，可不作施工加载程序设计，按有支架施工方法对拱上结构做对称、均衡的施工。

（2）大、中跨径的箱形拱桥或双曲拱桥，一般多按分环、分段、均衡对称加载的总原则进行设计。在拱的两个半跨上，按需要分成若干段，并在相应部位同时进行相等数量的施工加载。但对于坡拱桥，需注意其特点，一般应使低拱脚半跨的加载量稍大于高拱脚半跨的加载量。

（3）在多孔拱桥的两个相邻孔之间，必须均衡加载。两孔的施工进度不能相差太远，以免桥墩承受过大的单向推力而产生过大的位移，造成施工进度快的一孔的拱顶下沉，相邻孔的拱顶上冒，而导致拱圈开裂。

装配式的混凝土、钢筋混凝土拱圈、钢管混凝土拱拱肋（桁架）以及装配式的桁架拱和刚构拱都可采用无支架缆索吊装施工法进行架设安装。

（三）转体施工法

桥梁转体施工是在河流的两岸或适当的位置，利用地形或使用简便的支架先将半桥预制完成，之后以桥梁结构本身为转动体，使用一些机具设备，分别将两个半桥转体到桥位轴线位置合龙成桥。转体施工一般适用于单孔或三孔的桥梁。

转体的方法可以采用平面转体、竖向转体或平竖结合转体，目前已应用在拱桥、梁桥、斜拉桥、斜腿刚架桥等不同桥型上部结构的施工中。用转体施工法建造大跨径桥，可不搭设费用昂贵的支架，减少安装架设工序，把复杂的、技术性强的高空作业和水上作业变为岸边的陆上作业，不但施工安全、质量可靠，而且在通航河道或车辆频繁的跨线立交桥的施工中可不干扰交通、不间断通航、减少对环境的损害、减少施工费用和机具设备，是具有良好的技术经济效益和社会效益的桥梁施工方法之一。

1. 平面转体施工

就是按照拱桥设计标高在岸边预制半拱，当结构混凝土达到设计强度后，借助设置于桥台底部的转动设备和动力装置在水平面内将其转动至桥位中线处合龙成拱。由于是平面转动，因此，半拱的预制标高要准确。通常需要在岸边适当位置先做模架，模架可以是简单支架，也可做成土牛胎模。

平面转体可分为有平衡重转体和无平衡重转体。有平衡重转体一般以桥台背墙作为平衡重，并作为桥体上部转体用拉杆的锚碇反力墙，用以稳定转动体系和调整重心位置。为此，平衡重部分不仅在桥体转动时作为平衡重量，而且也要承受桥梁转体重量的锚固力。无平衡重转体不需要有一个作为平衡重的结构，而是以两岸山体岩土锚洞作为锚碇来锚固半跨桥梁悬臂状态时产生的拉力，并在立柱上端做转轴，下端设转盘，通过转动体系进行平面转体。

2. 竖向转体施工

竖向转体施工是在桥台处先竖向预制半拱，然后在桥位平面内绕拱脚将其转动合龙成拱。根据河道情况、桥位地形和自然环境等方面的条件和要求，竖向转体施工有两种方式：一是竖直向上预制半拱，然后向下转动成拱。其特点是施工占地少，预制可采用滑模施工，工期短，造价低。需注意的是在预制过程中尽量保持位置垂直，以减少新浇混凝土重力对尚未结硬混凝土的弯矩，并在浇筑一定高度后加设水平拉杆，以避免拱形曲率影响，产生较大的弯矩和变形。二是在桥面以下俯卧预制半拱然后向上转动成拱。

3. 平竖结合转体

由于受到河岸地形条件的限制，拱桥采用转体施工时，可能遇到既不能按设计标高预制半拱，也不可能在桥位竖平面内预制半拱的情况。此时，拱体只能在适当位置预制后既需平转又需竖转才能就位，这种平竖结合的方式与前述相类似，但其转轴构造较为复杂。

（四）悬臂施工法

悬臂施工法包括悬臂浇筑和悬臂拼装两种形式。

1. 悬臂浇筑

就是指拱圈、拱上立柱和预应力混凝土桥面板等齐头并进，边浇筑边构成溜架的方法。施工时，用预应力筋临时作为桁架的斜拉杆和桥面板的临时明索，将桁架锚固在后面的桥台上。采用此法施工时，施工误差会对整体工程质量产生很大影响，故必须对施工测量、材料强度及混凝土的浇筑等进行严格的检查和控制。尤其对斜拉预应力钢筋，必须严格测定每根的强度，观测其受力情况，必要时予以纠正和加强。

2. 悬臂拼装

这种方法是将拱圈的各个组成部分（侧板、上下底板等）事先预制，然后将整孔桥跨的拱肋和上弦拉杆组成桥架拱片，将桥跨分成几段（一般 3 段到 7 段）再用横系梁和临时风钩将两个桥架拱片组装成框钩，每节框钩整体运至桥孔，由两端向跨中逐段悬臂拼装合龙。悬伸出去的拱体通过上弦拉杆和锚固装置固定于墩、台上。也可以是将拱圈的各个组成部分分别在拱圈上悬臂组拼成拱圈，然后利用立柱与临时斜杆和上弦拉杆组成桁架体系，逐节拼装，直至合龙。

四、钢桥的施工

钢桥是指上部主要结构是由钢材组成的桥梁。有板梁桥、桁梁桥、桁拱桥、箱拱桥、悬索桥、斜拉桥等。钢材与混凝土组合构成的桥称为组合式桥，包括钢与混凝土组合梁桥、型钢混凝土结构桥和钢管混凝土桥等。钢桥施工是指通过铆接、焊接或高强度螺栓连接，把工厂生产的钢桥构件或杆件组装成钢桥，并架设安装到桥位上。

钢桥所用材料的性能及各部件的制作组装均应满足《公路桥涵设计规范》（JTJ 041—2000）的要求。

钢桥的施工方法有很多，前面介绍的浮运架设法、顶推架设法、支架架设、缆索吊机拼装法和转体施工法、自行式吊机或门式吊机整孔架设法都适合于钢桥的架设，下面着重介绍适合于钢桥架设的另两种方法：拖拉架设法和悬臂拼装架设法。

（一）拖拉架设法

拖拉架设法与顶推滑移法相似，只是顶推滑移法采用聚四氟乙烯板减少摩擦系数，用千斤顶顶推或拽拉；而拖拉架设法是用辊轴或滑箱减少摩擦系数，用卷扬机拖拉。

拖拉架设法是在路堤上、支架上或已拼好的钢梁上进行拼装，并在钢梁下设上滑道，在路堤、支架和墩台顶面设置下滑道。上、下滑道之间根据施工设计的需要，放置一定数量的滚轴、滚筒箱或四氟滑块，通过滑车组、绞车等牵引设备，沿桥轴纵向拖拉钢梁至预定的桥跨，最后拆除附属设备，落梁就位。

拖拉架设法的优点是钢梁的拼装工作多在路堤上或支架上进行，工作条件好，容易保证质量；高空作业少，比较安全；拼装工作可与墩台、基础施工同时进行，可合理安排劳力，缩短工期；用于多跨架梁时，较快速、经济；用于跨线桥或临时抢修桥梁可不中断桥下交通。但是桥头需要预拼场地、备用拖拉设备、滑道等，拖拉时梁体应力大，且与运营时应力相反，故对杆件应力应详细验算，进行必要的加固。桥墩所受水平荷载的应力及变形也需加以核算，采取适当的措施。

（二）悬臂拼装架设法

悬臂拼装架设法具有完全不影响桥下通航、通车；辅助工程量少；钢梁组拼后不需做大幅度的升降或纵、横位移的优点。同时也有悬臂拼装时，杆件所受应力较大，需要加固的杆件较多，约需多用钢梁总量7%的钢料，且不能回收利用；其组拼及装卸工作量也较繁重的缺点。悬臂拼装法有以下几种形式：

1. 全悬臂拼装。跨中不设临时支墩，为减少悬臂拼装长度，常在前方桥墩一侧设立墩旁托架，或在墩顶钢梁上设立塔架和斜拉吊索；

2. 半悬臂拼装。在桥孔内设立一个或几个临时支墩，以减小悬臂长度，使悬臂弯具大为减少。凡河中能设立临时支墩的均宜采用半悬臂拼装。如靠近桥台的河滩多属浅滩，建临时支墩或支架较省工省料，可先用支架法组拼一段钢梁作为平衡重，用半悬臂方式悬拼其余节段，待拼装成一跨桁梁后，再利用此跨钢梁作为平衡梁，改用全悬臂方式组拼下一跨的钢梁；

3. 中间合龙悬臂拼装。从桥跨两端相向悬臂拼装，在跨间适当位置合龙的方式。这种方法的特点是悬臂较短，拼装应力、下挠度、平衡重和振动等均较小。但是要求提高施工精确度，且合龙计算复杂，调整工作量大，并需要较多的墩顶调节设施；

4. 平衡式悬臂拼装。从桥孔中的某个桥墩开始，按左右两侧大体平衡的原则，同时向左右两侧对称悬臂拼装。桥墩顶面的钢梁节段应具有可靠的稳定性，使能承担悬拼期内可能产生的不平衡弯矩。通常在墩顶埋设锚杆承受拉力，或在桥墩两侧建立牛腿式墩旁托架，或加长墩顶钢梁节段支托距离。

五、斜拉桥施工

斜拉桥主要由主梁、索塔和斜拉索三大部分组成。主梁有钢主梁、混凝土主梁、钢-混凝土结合梁（在钢主梁上用混凝土桥面板代替钢桥面板）、钢-混凝土混合梁（在中孔大跨以钢梁为主，两侧边跨采用预应力混凝土梁）；索塔可以采用钢结构或钢筋混凝土结构，由于索塔是以受压为主的压弯构件，混凝土材料能发挥其承压的优点，且养护维修费用少。因此，趋向采用混凝土材料；斜拉索一般采用高强材料（高强钢丝或钢绞线）制成。斜拉桥中荷载传递路径是：斜拉索的两端分别锚固在主梁和索塔上，将主梁的恒载和车辆荷载传递至索塔，再通过索塔传至地基。斜拉桥的施工包括基础施工、主梁施工、索塔施工、斜拉索施工。其中基础施工与其他类型的桥梁没有什么两样，故不作讲述。

（一）索塔施工[1]

索塔的构造远比一般桥墩复杂，塔柱可以是倾斜的，塔柱之间可能有横梁，塔内需设置前后交叉的管道以备斜拉索穿过锚固，塔顶有塔冠并需设置航空标志灯及避雷器，沿塔壁需设置检修攀登步梯，塔内还可能建设观光电梯。因此塔的施工必须根据设计、构造要求统筹兼顾。

钢索塔施工一般为预制吊装，混凝土索塔施工大体上可分为搭架现浇、预制吊装、滑升模板浇筑等几种方法，兹分述于下：

1. 搭架现浇。这种方法工艺成熟，无须专用的施工设备，能适应较复杂的断面形式，对锚固区的预留孔道和预埋件的处理也较方便，但是比较费工、费料、速度慢。

2. 预制吊装。这种方法要求有较强的起重能力和专用的起重设备，当桥塔不是太高时，可以加快施工进度，减轻高空作业的难度和劳动强度。

3. 滑模施工。这种方法的最大优点是施工进度快，适用于高塔的施工。塔柱无论是竖直的或是倾斜的都可以用这个方法，但对斜拉索锚固区预留孔道和预埋件的处理要困难些。在各个工程中有称为爬模，或称为提模，其构造大同小异。所谓滑模是指模板沿着所浇筑的混凝土由千斤顶（螺旋式或液压式）带动而向上滑升，它要求所浇筑的混凝土强度必须达到模板滑升所必需的强度。提模则是拆模后把模板挂在支架上，模板随着支架的提升而上升。支架的提升是在塔的四周设置若干组滑车组，其上端与塔柱内预埋件连接，下端与支架的底

---

[1] 《公路桥涵施工技术规范》（JTJ 041—2000）规定：

19.2.1　索塔的施工可视其结构、体形、材料、施工设备和设计要求综合考虑选用适合的方法。裸塔施工宜用爬模法，横梁较多的高塔宜采用劲性骨架挂模提升法。

19.2.2　索塔施工，除设置相应的塔吊外，还应设置工作电梯及安全通道。

19.2.3　斜拉桥施工时应避免塔梁交叉施工干扰。必须交叉施工时应根据设计和施工方法采取保证塔梁质量和施工安全的措施。

19.2.4　索塔横梁施工时应根据其结构、重量及支撑高度设置可靠的模板和支撑系统，考虑弹性和非弹性变形、支承下沉、温差及日照的影响。必要时应设支承千斤顶调控。体积过大的横梁可两次浇筑。

19.2.5　斜塔柱施工时，必须对各施工阶段塔柱的强度和变形进行计算，应分高度设置横撑，使其线形、应力、倾斜度满足设计要求并保证施工安全。

框连接，支架随拉动手拉葫芦而徐徐上升。

（二）主梁施工

一般说来，混凝土梁式桥施工中的任一种合适的方法，如支架上拼装或浇筑，顶推法或平转法等，都有可能在混凝土斜拉桥上部结构的施工中采用。由于斜拉桥梁体尺寸较小，各节间有拉索，还可以利用索塔来架设辅助钢索，因此更为有利于采用各种无支架施工法。其中悬臂施工法是混凝土斜拉桥施工中普遍采用的方法。另外，斜拉桥与其他梁桥相比，主梁高跨比很小，梁体十分纤细，抗弯能力差，所以考虑施工方法，必须充分利用斜拉桥结构本身特点，在施工阶段就充分发挥斜拉索的效用，尽量减轻施工荷载，使结构在施工阶段和运营阶段的受力状态基本一致。

（三）拉索的施工

随着拉索跨径的增大、拉索数量的增多，对斜拉索材料和制作水平的要求也越来越高，为了保证质量，拉索要求在工厂制作。并采取临时防护措施和永久防护措施来防止拉索产生锈蚀，影响使用。

1. 拉索放索和移动

拉索的制作在工厂完成后，成盘状运至施工场地，选用立式转盘或水平转盘放索，同时选用合适的方式（滚筒法、移动平车法、导索法、垫层法、驳船移动法）托移拉索在桥面移动。

2. 拉索安装

视张拉端设于塔还是设于梁，如果是前者，则先在梁部安装；反之，则先在塔部安装。塔部安装张拉端的方法有吊点法、吊机安装法、脚手架法、钢管法。梁部安装张拉端的方法有分布牵引法、桁架床法。对于两端皆为张拉端的可选择其中适宜的方法。

脚手架法、钢管法和桁架床法都要求在悬挂斜拉索的位置搭设支架，安装复杂，速度慢，只适应低塔稀索的情况，下面着重介绍吊点法、吊机安装法和分布牵引法。

安装斜拉索前，应计算出克服索自重所需的拖曳力，以便选择卷扬机、吊机和滑轮组配置方式。

安装张拉端，先要计算出安装索力，由理论分析可知，当失跨比小于 0.15 时，可以用抛物线代替悬链线来计算曲线长度。

(1) 吊点法。主要利用卷扬机组安装，可分为单点起吊和多点起吊。

由于单吊点法施工简便、安装迅速，柔软的拉索安装多采用单点起吊。当拉索上到桥面以后，便可从索塔孔道中放下牵引绳，连接拉索的前端，在离锚具下方一定距离设一个吊点，索塔吊桥用型钢组成支架，配置转向滑轮。当锚头提升到索孔位置时，采用牵引绳与吊绳相互调节，使锚头位置准确，牵引至索塔孔道内就位后，将锚头固定。

(2) 吊机安装法。采用索塔施工时的提升吊机，用特制的扁担梁捆扎拉索起吊。拉索前端由索塔孔道内伸出的牵引索引入索塔拉索锚孔内，下端用移动式吊机提升。吊机法操作简单迅速，不易损坏拉索，但要求吊机有较大的起重能力。

(3) 分部牵引法。根据拉索在安装过程中索力传递的特点，分别采用不同工具，将拉索安装到位。首先采用大吨位的卷扬机将索张拉端从桥面提升到预留孔外，然后用穿心式千斤顶将其引至张拉锚固面。在这个阶段前半部，根据索力逐渐增大的情况，采用宝塔式刚性张拉杆分部牵引。其特点是：牵引功率大，辅助施工少，桥面无附加荷载，便于施工。

3. 斜拉索的张拉

斜拉索的张拉作业，是在斜拉索引架完毕后导入一定的拉力，使斜拉索开始受力而参与工作。斜拉索的张拉作业大致有以下5种：

(1) 用千斤顶直接张拉。这是最常用也是最简便的方法。此法是在斜拉索的梁端或塔端的锚固点处装设千斤顶直接张拉斜拉索。采用此法时，设计中要考虑千斤顶所需的最小工作净空。目前，国内几乎都是采用液压千斤顶直接张拉斜拉索的施工工艺；

(2) 用临时钢索将主梁前端拉起的方法。此法依靠主梁伸出前端的临时钢索，先将主梁向上吊起。待斜拉索在此状态下锚固完毕后，再放松临时钢索，使斜拉索中产生拉力。实际上是将临时钢索中的拉力以大于1倍的数值转移到需要张拉的斜拉索中去。

此法虽可省去大规模的机具设备，但仅靠临时钢索，有时很难满足主梁前端所需的上移量。因此常在最后还需用其他方法来补充斜拉索的拉力。所以此法较少采用；

(3) 用千斤顶将塔顶鞍座顶起的方法。安装塔顶鞍座时，先将鞍座放置在低于设计高度的位置上。待斜拉索引架到鞍座上之后，再用千斤顶将鞍座顶高到设计标高，由此使斜拉索得到所需的拉力。当斜拉索长度很大时，采用此法进行张拉，有时鞍座的顶高量达2m之多；

(4) 梁先架设在高于设计标高位置上的方法。主梁的架设标高，先高于设计位置，待全部斜拉索安装锚固后，再用放松千斤顶落梁，并由此使斜拉索中得到所需的拉力；

(5) 在膺架上将主梁前端向上顶起的方法。此法实际上与(2)法相似，仅仅是向上拉与向上顶的区别而已。但此法只适用于主梁可用膺架架设的斜拉桥。主梁前端在水面上时，也可采用浮吊，将主梁前端吊起或借助于驳船的浮力，完成此项使命的方法。当然也可以在驳船上将主梁前端顶高。

4. 索力量测与控制

斜拉索的索力正确与否，是斜拉桥设计施工成败的关键之一，必须有可靠的方法准确量测索力。目前常用的索力量测方法有压力表测定法、压力传感器测定法和频率法等三种。斜拉桥的施工控制问题主要是索力的控制问题。索力的控制一般采用分次到位法。

六、悬索桥施工

悬索桥是以受拉缆索为主要承重构件的桥梁结构。它由缆索（主缆）、索塔（包括基础）、锚碇、吊杆、加劲梁、鞍座及桥面结构等几部分组成（图8-23）。当设计的桥梁跨度在600m及以上时，悬索桥总是优先考虑的桥型。其主要原因是以高强钢丝作为主要承拉结构的悬索桥具有跨越能力大、受力合理、最能发挥材料强度等特点，同时还以整体造型流畅美观和施工安全快捷等优势而备受推崇。悬索桥的施工主要包括锚碇、塔、主缆和加劲梁的制作和安装。

图8-23　悬索桥主要构造

（一）锚碇施工

锚碇是主缆锚固装置的总称，由混凝土锚块（含钢筋）（图 8-24）及支架、锚杆、鞍座（散索鞍）等组成。主缆由空中成束的形式进入锚碇，要经过一系列转向、展开、锚固的构件。锚碇是悬索桥的主要承重构件，要抵抗来自主缆的拉力，并传递给地基。锚碇分为重力式锚碇和隧道式锚碇两种结构形式。重力式锚碇依靠其巨大的重力来抵抗主缆拉力，重力式锚块混凝土的浇筑，应按大体积混凝土❶浇筑。施工中要根据施工单位的能力和温度控制的可行方案对锚块进行平面分仓和竖向分层。施工时按照一定的施工计划分期分层进行浇筑和养护。注意水热化影响，防止锚块产生裂缝。锚块与基础应形成整体。隧道式锚碇❷的锚体嵌入岩体内，借助基岩抵抗主缆拉力，只适合在基岩坚实完整的地区，其他情况下多采用重力式锚碇。隧道式锚块应注意隧道中排水和防水措施。

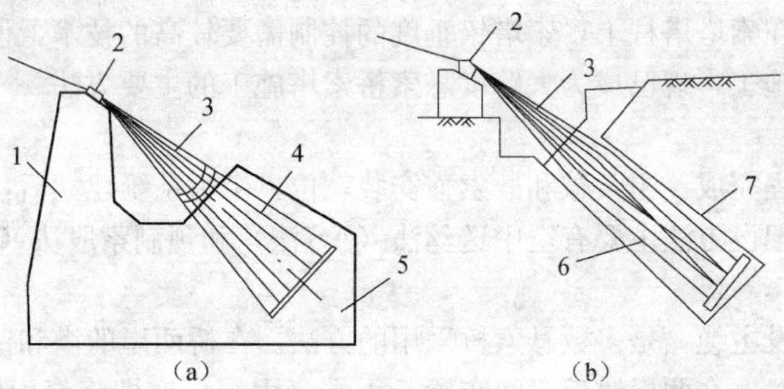

图 8-24 锚碇的形式

(a) 重力式；(b) 隧道式

1—散索鞍座；2—散索鞍；3—索股；4—锚固构架；5—锚块；6—隧道；7—眼杆

（二）塔的施工

塔从材料上来分有钢筋混凝土塔和钢塔。钢筋混凝土塔的施工与斜拉桥塔身基本相同，

---

❶ 《公路桥涵施工技术规范》（JTJ 041—2000）规定：

18.2.3 重力式锚碇锚体混凝土施工

1. 大体积混凝土施工须采取下列措施进行温度控制，防止混凝土开裂。

(1) 采用低水化热品种的水泥。对于普通硅酸盐水泥应经过水化热试验比较后方可使用。

(2) 采用下列方法降低水泥用量、减少水化热：掺入质量符合要求的粉煤灰和缓凝型外掺剂，粉煤灰用量一般为水泥用量的 30%～40%；混凝土可按 60d 的设计强度进行配合比设计。

(3) 降低混凝土入仓温度。可对砂石料加遮盖，防止日照；采用冷却水作为混凝土的拌和水等。

(4) 在混凝土结构中布置冷却水管，混凝土终凝后开始通水冷却降温。设计好水管流量、管道分布密度和进水温度，使进出水温差控制在 10℃左右，水温与混凝土内部温差不大于 20℃。

2. 大体积混凝土施工时应注意以下问题：

(1) 大体积混凝土应采用分层施工，每层厚度可为 1～1.5m。后一层混凝土浇筑前需对已浇好的混凝土面进行凿毛、清除浮浆，确保混凝土结合面粘结良好。层间间歇宜为 4～7d；

(2) 根据锚碇的结构形式、大小等采取分块施工，块与块之间预留湿接缝，槽缝宽度宜为 1.5～2m，槽缝内宜浇筑微膨胀混凝土；

(3) 混凝土浇筑完后应按照规定覆盖并洒水进行养护。当气温急剧下降时须注意保温，并应将混凝土内外温差控制在 250℃以内。

❷ 《公路桥涵施工技术规范》（JTJ 041—2000）规定：

18.2.4 隧道式锚碇在隧道开挖时应采用小型爆破，并不得损坏周围岩体。开挖后应正确支护并进行锚体灌筑。

18.2.5 隧道式锚碇混凝土施工应符合以下要求：

1. 锚体混凝土必须与岩体结合良好，宜采用微膨胀混凝土，防止混凝土收缩与拱顶基岩分离；

2. 混凝土浇筑完毕后，必须采取混凝土养生措施，确保混凝土的质量；

3. 洞内应具备排水和通风条件。

下面主要介绍钢塔的施工。钢塔在国外的悬索桥中采用的较多，代表性的施工方法有浮吊、塔吊和爬升式吊机三种。

1. 浮吊法

将索塔整体一次起吊的大体积架设方法。该法可缩短工期，但对应于浮吊起重能力、起吊高度有限，使用时以 80m 以下高度的索塔为宜。

2. 塔吊法

在索塔旁安装与索塔完全独立的塔吊进行索塔架设。由于索塔上不安装施工用的机械设备，因而施工方便，施工精度易于控制，但塔吊及其基础费用较高。

3. 爬升式吊机法

先在已架设部分的塔柱上安装导轨，使用可沿导轨爬升的吊机吊装的架设方法。这种方法爬升式吊机支持在索塔塔柱上，索塔铅垂度的控制需要较高的技术，但吊机本身较轻，又可用于其他桥梁的施工，现已成为大跨度悬索桥索塔施工的主要方法。

（三）主缆架设

锚碇、索塔工程完成，主索鞍和散索鞍安装就位，牵引系统建立后，就可以进行主缆架设工作了。主缆的架设方法主要有空中送丝法（AS 法）和预制索股法（PWS 法）。

1. 空中送丝法

空中送丝法架设主缆，是多数悬索桥采用的方法。在桥两岸的塔和锚碇等都已安装就绪后，沿主缆设计位置，在两岸锚碇之间布置一无端牵引绳，亦即将牵引绳的端头连接起来，形成从这一岸到那岸的长绳圈。将送丝轮扣牢在这牵引绳上某处，且将缠满钢丝的卷筒放在一岸的锚碇旁，从卷筒中抽出钢丝头，暂时固定在某靴跟（可编号为 A）处，称这一钢丝头为“死头”。继续将钢丝向外抽，由死头、送丝轮和卷筒将正在输送的丝形成一个钢丝套圈，用动力机驱动牵引绳，于是送丝轮就带着钢丝送向对岸。在钢丝套圈送到对岸时，就用人工将套圈从送丝轮上取下，套到其对应的靴跟（可编号为 A′）上。图 8-25 为进丝工艺示意图。随着牵引绳的驱动，送丝轮又被带回这岸，取下套圈套在靴跟 A 上，然后又送向对岸。这样进行上百次，当其套在两岸对应靴跟（例如 A 及 A′）的丝数达到一丝股钢丝的设计数目时，就将钢丝“活头”剪断，并将该“活头”同上述暂时固定的“死头”用钢丝连接器连起来。这样，一根丝股的空中编制就完成了。空中送丝法的主缆每一丝股内的钢丝根数约为

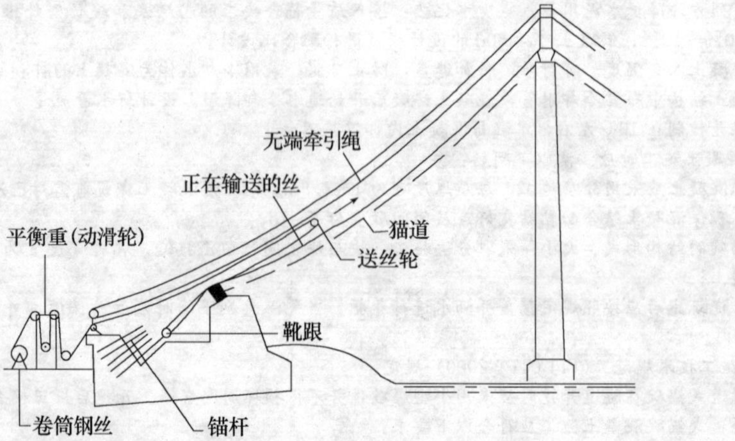

图 8-25　送丝工艺示意图

300～600 根，再将这种丝股配置成六角形或矩形并挤紧而成为圆形。它的施工必须设置脚手架（猫道）、配备送丝设备，还需有稳定送丝的配套措施。为使主缆各钢丝均匀受力，必须对钢丝长度和丝股长度分别进行调整．还应及时进行紧缆和缠丝。

2. 预制股束法

预制股束法架设主缆的过程同空中送丝法一样，但在猫道之上要设置导向滚轮以支持绳股，如图 8-26 所示。在猫道上设置若干个猫道门架安装门架导轮组，牵引索通过这些导轮组，牵引索上固接有拽拉器，通过主（副）牵引卷样机的收（放）索或放（收）索，使牵引索带动拽拉器穿过导轮组做往复运动。索股前端与拽拉器相连，使得索股前端约 30m 长悬在空中运行，而索股后段则支承在导向滚轮上运行。此方式也可用于空中送丝法。

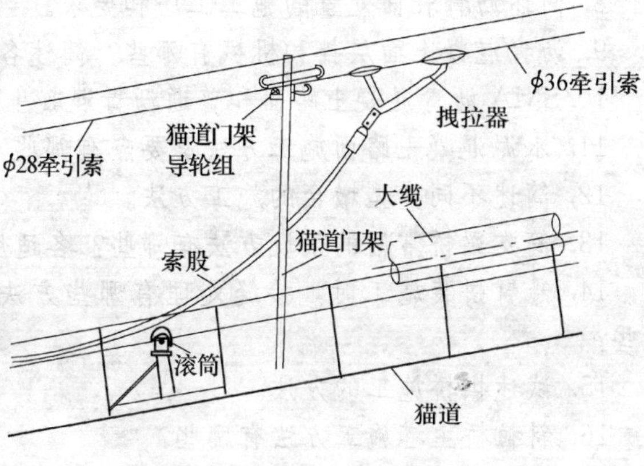

图 8-26 门架拽拉器牵引

（四）加劲梁架设

加劲梁架设的主要工具是缆载起重机。架设顺序可以从主跨跨中开始，向桥塔方向逐段吊装；也可以从桥塔开始，向主跨跨中及边跨岸边前进。但无论采用哪种方法，均须考虑主缆变形对加劲梁线形的影响。故有条件时，应在施工前进行加劲梁施工架设的模型试验，或架设过程模拟计算。根据试验和计算资料，验证或修正架设工序。一般在架设中，为使加劲梁的线形能适应主缆变形，架上的各加劲梁节段之间不应马上做刚性连接，可在上弦先做铰结连接、而下弦暂不连接。待某一区段或全桥加劲梁吊装完毕，再做永久性连接。加劲梁从跨中向两侧主塔推进的施工步骤，一般分为下面 4 个阶段：

1. 加劲梁从主跨中央开始架设，当加劲梁节段的重量逐段加于主缆时，梁的线形不断变化，所以，梁段间的连接仅做施工临时连接，以避免梁段的过分变形；
2. 边跨加劲梁开始架设，以减小塔顶水平位移；
3. 主塔处加劲梁段合龙；
4. 加劲梁所有接头封合。

此架设方法的优点是：靠近塔柱的梁段，是主缆在最终线形时就位的，这样，靠近塔柱的吊索索夹的最后夹紧，可推迟到塔顶处主缆仅留有很小永久角变阶段，所以能减小主缆内的次应力。

加劲梁从主塔向跨中架设方法的施工步骤正好与上述相反。这种架设方法有利于施工操作和管理。这是因为此方法中施工操作和管理人员可以很方便地从塔墩到桥面，而且可以很方便地在主跨和边跨之间往返。而在前述方法中，工作人员必须通过狭窄的空中猫道才能到达主跨内已被架好的加劲梁段上。

思考题

1. 路基典型的横断面形式有哪几种类型？
2. 路堤填筑方法有哪几种？各种方法的施工要求是什么？
3. 土质路堑开挖方法有哪几种？各种方法的施工要求是什么？

4. 简述填方路堤压实的方法及要求。

5. 试述路基排水设施及各种设施的施工要求。

6. 试述半刚性基层的特点及施工工序。

7. 简述级配碎（砾）石基层的施工程序和要求。

8. 简述沥青表面处置的施工工序和要求。

9. 沥青混凝土面层拌和机械有哪些？简述各拌和机械的施工要点。

10. SMA 沥青混凝土路面和普通沥青混凝土路面施工有何不同？

11. 水泥混凝土路面施工方法及要点有哪些？

12. 简述不同类型墩台的施工方法。

13. 简支梁桥常用的架设方法有哪些？各适用于什么情况？

14. 悬臂拼装施工时，接缝处理有哪些方法？悬臂浇筑施工时，墩梁临时固结措施有哪些？

15. 试述拱桥施工的方法。

16. 斜拉桥主塔施工方法有哪些？

17. 简述悬索桥中主缆平行钢绞线的架设方法。

第九章　防水工程

防水工程在土木工程施工中占有重要地位，防水工程质量的好坏，直接影响到土木工程的使用功能、寿命。防水工程按其构造作法分为结构自防水和防水层防水两大类。按防水材料分为柔性防水，如卷材防水、涂料防水等；刚性防水，如刚性材料防水层防水、结构自防水等。按防水部位又分为屋面防水、地下工程防水。

第一节　地下工程防水施工

地下建筑埋置在土中，皆不同程度地受到地下水或土体中水分的作用。一方面地下水对地下建筑有着渗透作用，而且地下建筑埋置越深，渗透水压就越大；另一方面地下水中的化学成分复杂，有时会对地下建筑造成一定的腐蚀和破坏作用。因此地下建筑应选择合理有效的防水措施，以确保地下建筑的安全耐久和正常使用。

根据《地下防水工程质量验收规范》（GB 50208—2002），地下工程防水等级分为 4 级，见表 9-1。地下防水按其构造可分为：地下构件自身防水和采用不同材料的附加防水层防水两大类。

表 9-1　地下工程防水等级标准

防水等级	标　准
1 级	不允许渗水，结构表面无湿渍
2 级	不允许漏水，结构表面可有少量湿渍。工业与民用建筑：湿渍总面积不大于总防水面积的 1‰，单个湿渍面积不大于 0.1m²，任意 100m² 防水面积不超过 1 处。其他地下工程：湿渍总面积不大于总防水面积的 6‰，单个湿渍面积不大于 0.2m²，任意 100m² 防水面积不超过 4 处
3 级	有少量漏水点，不得有线流和漏泥砂。单个湿渍面积不大于 0.3m²，单个漏水点的漏水量不大于 2.5L/d，任意 100m² 防水面积不超过 7 处
4 级	有漏水点，不得有线流和漏泥砂。整个工程平均漏水量不大于 2L/（m²·d），任意 100m² 防水面积的平均漏水量不大于 4L/（m²·d）

一、结构自防水

结构自防水是以调整结构混凝土的配合比或掺外加剂的方法来提高混凝土的密实度、抗渗性、抗蚀性，满足设计对地下建筑的抗渗要求，达到防水的目的。

结构自防水混凝土一般分为普通防水混凝土、外加剂防水混凝土和膨胀剂防水混凝土三大类。外加剂防水混凝土又分为引气剂防水混凝土、减水剂防水混凝土、三乙醇胺防水混凝土、氯化铁防水混凝土。各种防水混凝土的适用范围，见表 9-2。

表 9-2　各种防水混凝土的适用范围

种类		最高抗渗压力（MPa）	特点	适用范围
普通防水混凝土		＞3.0	施工简便，材料来源广	适用于一般工业与民用建筑及公共建筑的地下防水工程
外加剂防水混凝土	引气剂防水混凝土	＞2.2	抗冻性好	适用于北方高寒地区抗冻性要求较高的防水工程及一般防水工程，不适用于抗压强度大于20MPa或耐磨性要求较高的防水工程
	减水剂防水混凝土	＞2.2	拌合物流动性好	适用于钢筋密集振捣困难的薄壁型防水构筑物，也适用于对混凝土凝结时间（促凝或缓凝）和流动性有特殊要求的防水工程（如泵送混凝土）
	三乙醇胺防水混凝土	＞3.8	早期强度高，抗渗等级高	适用于工期紧迫，要求早强及抗渗性要求较高的防水工程及一般防水工程
	氯化铁防混凝土	＞3.8		适用于水中结构的无筋少筋厚大防水混凝土工程及一般地下防水工程、砂浆修补抹面工程。薄壁结构上不宜使用
膨胀剂或膨胀水泥防水混凝土		＞3.8	密实性好，抗裂性好	适用于地下工程和地上防水构筑物、山洞、非金属油罐和主要工程的后浇缝

（一）结构防水混凝土

结构防水混凝土是通过控制材料选择、混凝土拌制、浇筑、振捣的施工质量以减少混凝土内部的空隙和消除空隙间的连通，最后达到防水要求。

1. 原材料

水泥品种应按设计要求选用，其强度等级不应低于 32.5 级。要求抗水性好、泌水小、水化热低，并具有一定抗腐蚀性。在不受侵蚀介质和冻融作用时，宜采用普通硅酸盐水泥、火山灰硅酸盐水泥和粉煤灰硅酸盐水泥，若选用矿渣硅酸盐水泥，则必须掺用高效减水剂；在受侵蚀性介质作用的条件下，应按介质的性质选用相应的水泥；在受冻融作用的条件下，应优先选用普通硅酸盐水泥，不宜采用火山灰质硅酸盐水泥和粉煤灰硅酸盐水泥，不得使用过期或受潮结块水泥。

细集料要求颗粒均匀、圆滑、质地坚实，含泥量不得大于 3％的中粗砂，泥块含量不得大于 1％。砂的粗细颗粒级配适宜，平均粒径 0.4mm 左右。

粗集料要求组织密实、形状整齐，含泥量不得大于 1％。颗粒的自然级配适宜，粒径宜为 5～40mm，且吸水率不大于 1.5％。

2. 制备

在保证振捣的密实前提下水灰比尽可能小，不得大于 0.55。混凝土坍落度不宜大于 50mm，泵送时坍落度宜为 100～140mm。混凝土坍落度的实测值与设计值的允许偏差见表 10-3。水泥用量在一定水灰比范围内，每立方米混凝土水泥用量不得小于 300kg。掺用活性掺合料时，水泥用量不得少于 280kg，但亦不宜超过 400kg。粗集料选用卵石时砂率宜为 35％，粗集料为碎石时砂率宜为 35％～40％。水泥与砂的比例应控制在 1∶2～1∶2.5。除此之外，还应考虑设计对抗渗的要求，通过初步配合比计算、试配和调整，最后确定出施工配合比。在试验室试配时，应考虑试验室条件与实际施工条件的差别，应将设计抗渗等级提高 0.2MPa，有时还要采用掺外加剂的方法来满足防水的要求。

3. 外加剂防水混凝土

外加剂防水混凝土是在混凝土中渗入一定的有机或无机的外加剂，改善混凝土的性能，提高混凝土的密实性和抗渗性，从而达到防水目的。由于外加剂种类较多，各自的性能、效果及适用条件不尽相同。常用的外加剂防水混凝土有：三乙醇胺防水混凝土，加气剂防水混凝土，减水剂防水混凝土，氯化铁防水泥凝土。

(1) 加气剂防水混凝土。在混凝土拌合物中加入加气剂后，会产生大量微小、密闭、稳定而均匀的气泡，使其粘滞性增大，不易松散离析，显著地改善了混凝土的和易性，还可以使毛细管的形状及分布发生改变、切断渗水通路，从而提高了混凝土的密实性和抗渗性。加气剂防水混凝土适用于对抗渗性和抗冻性要求较高的工程结构，特别适合寒冷地区使用。

引气剂是一种具有憎水作用的表面活性物质，能显著降低混凝土拌合水的表面张力，改善和易性，增加粘滞性，减少沉降泌水和分层离析，弥补混凝土结构的缺陷，其抗冻性可比普通混凝土提高 3～4 倍，适宜于在寒冷地区或冰冻环境下使用。目前常用的引气剂有松香酸钠和松香热聚物，另外还有烷基磺酸钠、烷基苯磺酸钠等。当混凝土含气量应控制在 3%～5%，此时可获得较高的抗渗性和抗冻性。相应引气剂最佳掺量为：松香酸钠0.01%～0.03%，松香热聚物 0.01%；水灰比宜控制在 0.5～0.6 之间；水泥用量为 250～300kg/m³，砂率为 28%～35%。砂石级配、坍落度与普通混凝土要求相同。

(2) 减水剂防水泥凝土。减水剂是一种表面活性剂，它以分子定向吸附作用将凝聚在一起的水泥颗粒絮凝状结构高度分散解体，并释放出其中包裹的拌和水，使在坍落度不变的条件下，减少了拌和用水量；此外，由于高度分散的水泥颗粒能充分水化，使水泥石结构更加密实，从面提高了混凝土的密实性和抗渗性。减水剂防水泥凝土适用于一般防水工程及对施工工艺有特殊要求的防水工程。常用的减水剂有 MF 或木质素磺酸钙、多环芳香族磺酸钠、糖蜜等。采用木钙、糖蜜为水泥质量的 0.2%～0.3%；在保持混凝土和易性不变的情况下，减水剂可使混凝土用水量减少 10%～20%，混凝土强度提高 10%～30%，抗渗性可提高 1 倍以上。

1) MF 为棕褐色粉末，是多环芳香族磺酸盐甲醛缩合物的一个品种，属阴离子型的高效表面活性物质，易溶于水，具有减水、早强、增强作用，减水性能良好。MF 在使用时会生成较大气泡，故需用高频振捣器或平板振捣器排除气泡以保证混凝土的质量。同类减水剂还有 NNO、FDN 和 UNF 等。

2) 木钙为棕色粉末，是木质素磺酸钙的简称，系造纸厂副产品。无毒可燃、易溶于水，但分散作用不及 NNO、MF 等高效减水剂，温度较低时，强度发展缓慢，有缓凝作用，故掺量不宜过多，且应与早强剂复合使用。

(3) 防水剂防水混凝土

1) 掺入氯化铁防水剂

先按配比要求称取所需用量的氯化铁防水剂，再用 80%以上的拌和水稀释，搅拌均匀后，用氯化铁水溶液拌和砂浆或混凝土，最后加入剩余的水；严禁将氯化铁防水剂直接倒入水泥砂浆或混凝土拌合物中搅拌，也不能在防水基层面上涂刷纯防水剂。氯化铁掺量以水泥重量的 3%为宜，如采用氯化铁砂浆抹面，掺量可增至 5%；应使用专门用于防水混凝土的外加剂氯化铁，不得使用化学试剂氯化铁。氯化铁混凝土采用蒸汽养护的最高温度不应超过 50℃；渗入氯化铁防水剂的普通细石混凝土坍落度宜为 30～50mm。当采用机械搅拌时，必须先注入水泥及粗细集料，而后再注入氯化铁溶液，以免搅拌机遭受腐蚀。搅拌时间不少于 2min。

2）掺入三乙醇胺防水剂

应先将三乙醇胺用水、氯化钠和亚硝酸钠按配比要求配制成三种不同配方的三乙醇胺防水剂溶液（不同的配方适应不同的工程需要），然后和拌合用水掺合均匀后一起加入搅拌机，50kg 水泥约加 2kg 三乙醇胺防水剂溶液。

三乙醇胺防水剂对水泥的水化起加快作用，水化生成物增多，水泥石结晶变细、结构密实，因此提高了混凝土的抗渗性、抗渗压力可提高 3 倍以上。其抗渗性良好，且具有早强和强化作用，施工简便、质量稳定。适合工期紧，要求早强及抗渗的地下防水工程。

三乙醇胺防水剂对不同品种的水泥具有较强的适应性，特别能改善矿渣水泥的泌水性和粘滞性。故对于要求低水化热的防水工程，以使用矿渣水泥为好。

（二）结构防水混凝土施工

1. 结构防水混凝土施工工艺要求

(1) 模板应平整且拼缝严密不漏浆，模板支撑应牢固稳定，结构内的钢筋或绑扎钢丝不得接触模板，以免水沿其缝隙渗入。当需要对拉螺栓固定模板时，应在预埋套管或螺栓上加焊止水环，阻止渗水通路。

(2) 绑扎钢筋时，应按设计要求留足保护层，不得有负误差。留设保护层应以相同配合比的细石混凝土或水泥砂浆制成垫块，严禁钢筋垫钢筋或将钢筋用铁钉、铅丝直接固定在模板上，以防止水沿钢筋侵入。砂浆垫块可制成圆形和方形，如图 9-1 所示。其厚度 h 应根据刚性防水层的厚度、钢筋网片的厚度、保护层的厚度（10～15mm）来确定。砂浆垫块可用与所浇筑混凝土同性质的混凝土或砂浆制成。

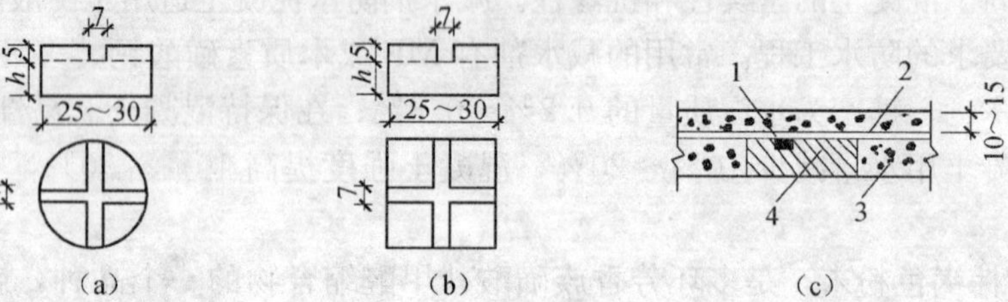

图 9-1　砂浆垫块

(a) 圆形垫块；(b) 方形垫块；(c) 刚性防水层

1—钢筋网片；2—保护层；3—底层；4—砂浆垫块

(3) 应采用机械搅拌防水混凝土。搅拌时间不应少于 120s；对掺入外加剂的混凝土，应根据外加剂的技术要求确定搅拌时间。

(4) 在运输过程中，应采取措施防止混凝土拌合物产生离析。如出现离析，则必须进行二次搅拌。当坍落度损失后不能满足施工要求时，应加入原水灰比的水泥浆或二次掺加减水剂进行搅拌，严禁直接加水搅拌。

(5) 混凝土浇筑应分层，每层厚度不宜超过 30～40cm，相邻两层浇筑时间间隔不应超过 2h，夏季要适当缩短。在浇筑地点须检查坍落度，每工作班至少检查两次。

(6) 防水混凝土必须采用高频机械振捣，振捣时间宜为 10～30s，以混凝土泛浆和不冒气泡为准。必须依次振捣密实，避免漏振、欠振和超振。掺加引气剂或引气型减水剂时，应采用高频插入式振捣器振捣密实。

(7) 防水混凝土的养护对其抗渗性能影响极大，特别是早期湿润养护更为更要，一般在混凝土进入终凝（浇筑后 4～6h）即应覆盖，浇水湿润养护不少于 14d。防水混凝土不宜采用电热养护和蒸汽养护。

2. 施工缝留置

地下室混凝土墙体用传统施工方法进行浇筑，往往因浇筑面积太大，不可避免地会产生收缩裂缝而造成渗漏。如用小流水段施工法浇筑，每次浇筑的混凝土墙体长度较短，只有 15～18m，这样可使混凝土的收缩应力都集中在施工缝处，对大量的施工缝进行可靠的防水处理成为关键，所以在解决防裂的同时要解决防渗问题。

施工缝有水平和垂直两种。工程中多用水平施工缝，垂直施工缝尽量利用变形缝。留施工缝必须征求设计人员的同意，留在弯矩最小、剪力也最小，且施工方便的位置。地下室墙体与底板之间的施工缝，应在高出底板表面 300mm 的墙体上；地下室顶板、拱板与墙板的施工缝，应留在拱板、顶板与墙交接处之下 150～300mm 处。

水平施工缝皆为墙体施工缝，现行规范只推荐平面交接施工缝，构造如图 9-2 所示。水平施工缝浇混凝土前，应将其表面浮浆和杂物清除，先铺净浆，再铺 30～50mm 厚的 1∶1 水泥砂浆或涂刷混凝土界面处理剂，并及时浇筑混凝土。当选用的遇水膨胀止水条应具有缓胀性能，其 7d 的膨胀率不应大于最终膨胀率的 60%，这主要是为逢雨天或清理杂物时水冲之后留够操作时间；遇水膨胀止水条应牢固地安装在缝表面或预留槽内；采用埋入防水止水带时，应确保位置准确、固定牢靠❶。

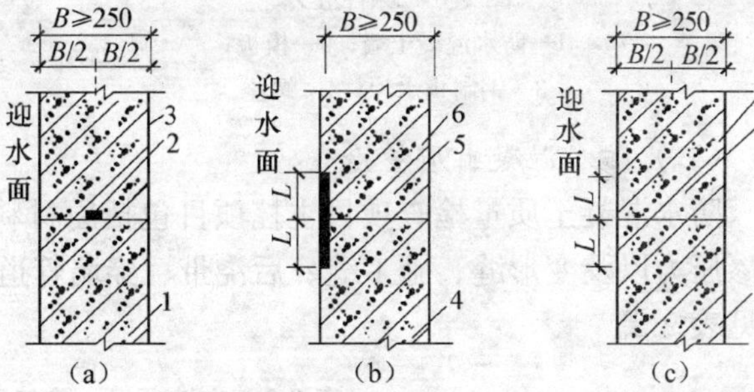

图 9-2　施工缝构造形式

(a) 防水基本构造（一）；(b) 防水基本构造（二）（外贴止水带 $L \geqslant 150$；外涂防水涂料 $L=200$；外抹防水砂浆 $L=200$）；(c) 防水基本构造（三）（钢板止水带 $L \geqslant 100$；橡胶止水带 $L \geqslant 125$；钢边橡胶止水带 $L \geqslant 120$）

1—先浇混凝土；2—遇水膨胀止水条；3—后浇混凝土；4—先浇混凝土；5—外贴防水层；6—后浇混凝土；7—先浇混凝土；8—中埋止水带；9—后浇混凝土

3. 防水混凝土试块的留置

(1) 防水混凝土的抗压强度试件按混凝土验收规范规定留置。

(2) 防水混凝土抗渗试件为每连续浇筑 500m^3 应留置一组，且每项工程不得少于两组。采用预拌混凝土的抗掺试件留量组数，视结构的规模要求而定。

(3) 防水混凝土抗渗性能，应采用标准条件下养护混凝土抗渗试件的试验结果评定。试件应在浇筑地点制作。

4. 贯穿铁件处理

地下建筑施工中墙体模板的穿墙螺栓，穿过底板的基坑围护结构等，均是贯穿防水混凝

❶ 《地下防水工程质量验收规范》(GB 50208—2002) 附录 A 规定：

表 A. 0. 4-1 止水带尺寸

止水带公称尺寸	极限偏差	
厚度 B	4～6mm	+1，0
	7～10mm	+1.3，0
	11～20mm	+2，0
宽度 L (%)		3

土的铁件。地下水较易沿铁件与混凝土的界面向地下建筑内渗透。为保证地下建筑的防水要求。可在铁件上加焊一道或数道止水铁片，延长渗水路径、减小渗水压力，达到防水目的，如图 9-3、图 9-4 所示。

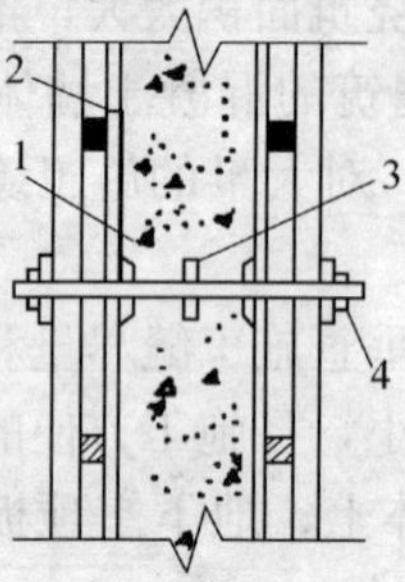

图 9-3　螺栓止水

1—防水混凝土墙；2—模板；3—钢制止水片；4—螺栓

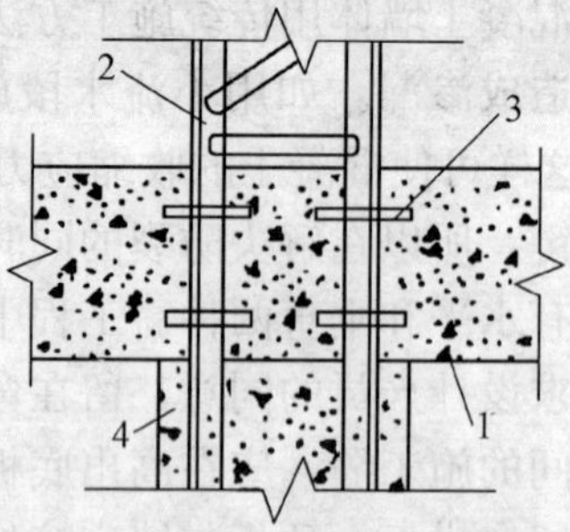

图 9-4　竖向钢支撑加止水片

1—防水钢筋混凝土底板；2—竖向支撑；3—止水片；4—竖向支撑灌注桩

（三）防水混凝土质量检查

防水混凝土质量检查项目主控项目包括原材料、配合比、坍落度；混凝土的抗压强度、抗渗压力以及变形缝、施工缝、后浇带、穿墙管道、预埋件和构造等。其施工要求和检验方法见表 9-3。

表 9-3　主控项目、施工要求及检验方法

序　号	主控项目	施工要求	检验方法
1	原材料、配合比、坍落度	必须符合设计要求	检查出厂合格证、质量检验报告、计量措施和现场抽样试验报告
2	抗压强度、抗渗压力	必须符合设计要求	检查混凝土抗压、抗渗试验报告
3	变形缝、施工缝、后浇带、穿墙管道、预埋件和构造	符合设计和施工验收规范要求，严禁有渗漏	观察检查、检查隐蔽工程验收记录

二、水泥砂浆防水层施工

水泥砂浆防水层包括普通防水砂浆、掺外加剂或掺合料防水砂浆和聚合物防水砂浆等，宜采用多层抹压法施工。水泥砂浆防水层适用于埋置深度不大，使用时不会因结构沉降，温度、湿度变化以及受震动等原因而产生有害裂缝的防水工程。

（一）材料要求❶

1. 水泥

常用的水泥品种有普通硅酸盐水泥、硅酸盐水泥、特种水泥，不同品种、不同强度等级

❶ 《地下防水工程质量验收规范》（GB 50208—2002）规定：

4.2.3　水泥砂浆防水层所用的材料应符合下列规定：

1. 水泥品种应按设计要求选用，其强度等级不应小于 32.5 级，不得使用过期或受潮结块水泥；

2. 砂宜采用中砂，粒径 3mm 以下，含泥量不得大于 1%，硫化物和硫酸盐含量不得大于 1%；

3. 水应采用不含有害物质的洁净水；

4. 聚合物乳液的外观质量，无颗粒、异物和凝固物；

5. 外加剂的技术性能应符合国家或行业标准一等品以上的质量要求。

的水泥不得混用。

2. 外加剂

(1) 无机铝盐防水剂

无机铝盐防水剂系以无机铝为主体，掺入多种无机金属盐类，混合组成黄色液体。此类防水剂加入水泥砂浆后，能与水泥和水起作用，在砂浆凝结硬化过程中生成水化氯铝酸钙、水化氯硅酸钙等晶体物质，填补砂浆中的空隙，从而提高了砂浆的密实性和防水性能。

(2) 有机硅防水剂

它是一种小分子水溶性混合物，易被弱酸分解，在空气中的二氧化碳和水作用下，能生成甲基硅氧烷，进一步缩聚成网状甲基硅树脂防水膜，是一种憎水性物质。渗入基层内可堵塞水泥砂浆内部的毛细孔，增强密实性，提高抗渗性，从而起到防水作用。

(3) 补偿收缩抗裂型防水剂

它是继U型混凝土膨胀剂后专用于水泥砂浆防水层的外加剂，如FS和UWA，与UEA相比，它的抗渗性好，且具有抗裂性。

3. 聚合物乳液

聚合物品种繁多，有天然和合成橡胶胶乳、热塑性及热固性树脂乳液（如氯丁胶乳）。其特性及掺入量直接影响聚合物防水砂浆的各项性能。

4. 普通水泥砂浆防水层的配合比[1]

(二) 砂浆防水层施工

水泥砂浆防水层，一般要抹2～3道防水净浆、二道防水砂浆，如图9-5所示。

其工艺流程：结构层→涂刷第一道防水净浆→铺抹底层防水砂浆→搓毛→涂刷第二道防水净浆→铺抹面层防水砂浆→二道收压→……→素水泥浆压光→养护。

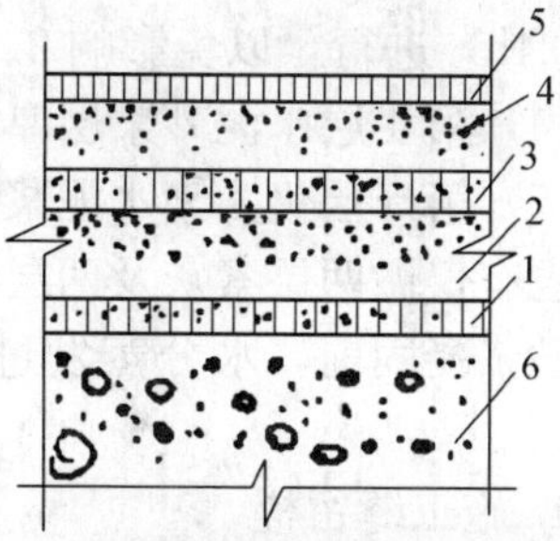

图9-5 多层抹面水泥砂浆防水层

1、3—素灰层2mm；2、4—砂浆层4～5mm；5—水泥浆1mm；6—结构基层

1. 基层处理

基层处理必须使基石表面保护潮湿、清洁、平整、坚实、粗糙，利于与防水层粘结牢固。水泥砂浆防水层基层混凝土强度等级应不低于C15；砌体结构砌筑用的砂浆强度等级不应低于M7.5。基层处理时，必须浇水充分湿润。

(1) 新建混凝土工程，在模板拆除后立即将表面打毛，并冲洗干净；旧工程补做防水层时、应先将表面凿毛，清理整平后再冲水洗刷。

(2) 无论新旧工程，当遇到基层凹凸不平时，应根据不同情况分别进行修补处理。用白

---

[1] 《地下防水工程质量验收规范》(GB 50208—2002) 规定：

表4.2.2 普通水泥砂浆防水层的配合比

名 称	配合比（质量比）		水灰比	适用范围
	水 泥	砂		
水泥浆	1	—	0.55～0.60	水泥砂浆防水层的第一层
水泥浆	1	—	0.37～0.40	水泥砂浆防水层的第三、五层
水泥砂浆	1	1.5～2.0	0.40～0.50	水泥砂浆防水层的第二、四层

灰砂浆或混合砂浆砌筑的砌体，需将砖缝剔成 1mm 深的直角沟槽。

2. 砂浆、净浆制备

(1) 防水砂浆应采用机械搅拌，以保证水泥浆的匀质性。搅拌时先将水泥和砂投入砂浆搅拌机内干拌均匀，然后再加入已溶于防水剂的定量用水，搅拌 1～2min。拌制时应严格掌握水灰比。

(2) 防水净浆的配制是将防水剂置于桶中，再逐渐加入水，搅拌均匀，然后加入水泥，反复拌匀。每次调制的防水砂浆和防水净浆应在初凝前用完。

3. 防水层施工工艺

防水层施工，务必做到分层交替抹压密实，才能保证防水层具有较高的抗渗防水性能。

(1) 第 1 层素水泥浆，水灰比为 0.3～0.4，稠度为 7cm 的水泥浆，厚 2mm 分两次抹压密实。基层浇水润湿后，先均匀刮抹 1mm 厚素灰作为结合层，并用铁抹子往返用力刮抹 5～6遍，然后再抹 1mm 厚的素灰找平层，厚度要均匀，抹完后，用湿毛刷或排笔蘸溶于防水剂的水在素灰层表面依次均匀涂刷一遍，以堵塞和填平毛细孔道，增加不透水性。

(2) 第 2 层水泥砂浆层厚 5～7mm，配合比为 1∶2～1∶2.5（水泥∶砂）、水灰比为 0.4～0.45，稠度为 8.5cm 水泥砂浆，在素灰初凝时进行，即当素灰干燥到用手指能按入水泥浆层 1/4～1/2 时进行。抹压要轻，以免破坏素灰层，但也要使水泥砂浆层压入素灰层约 1/4 左右，以使第 1、2 层结合牢固。水泥砂浆初凝前，用扫帚将表面扫成横条纹。

(3) 施工时如果第 2 层表面析出有游离氢氧化钙形成的白色薄膜，则需要用水冲洗并刷干净再进行第 3 层，第 3 层素灰层厚 2mm，待第 2 层水泥砂浆凝固并具有一定强度后（一般隔 24h）进行，以免影响 2、3 层之间的粘结，形成空鼓。

(4) 第 4 层水泥砂浆层厚 5～7mm，操作方法同第 2 层水泥砂浆。

(5) 第 5 层仍为素水泥浆，厚 1mm，水灰比为 0.4～0.5。

也有仅做两层素灰及两层砂浆层的“四层作法”，但在第 4 层抹完后不扫条纹，而是在水泥砂浆凝固前，水分蒸发过程中，分次用铁抹子抹压 5～6 遍，以增加密实性，最后再压光。

4. 施工缝留槎

水泥砂浆防水层各层应紧密贴合，每层宜连续施工，如必须留施工缝时，留槎应符合下列规定；

(1) 平面留槎采用阶梯坡形槎，接槎要依层次顺序操作，层层搭接紧密，见图 9-6。接槎位置一般宜在地面上，也可在墙面上，但须离开阴阳角处 200mm。

(2) 基础层与墙面防水层转角留槎，见图 9-7。

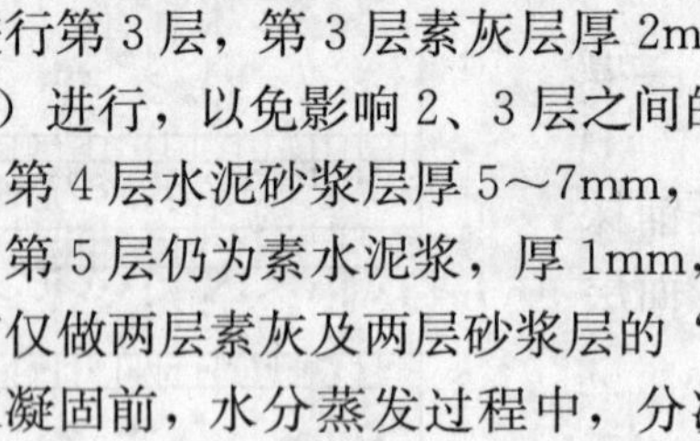

图 9-6　平面留槎示意图

1—砂浆层；2—水泥浆层；3—围护结构

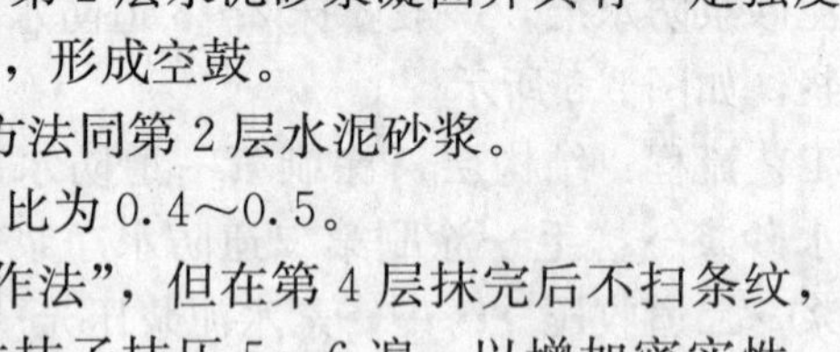

图 9-7　转角留槎示意图

(a) 第一步；(b) 第二步

1—围护结构；2—水泥砂浆防水层；3—混凝土垫层

5. 施工注意事项

施工时应注意素灰层与砂浆层应在同一天内完成，切实做好素灰抹面、水泥砂浆揉浆及收压三道关键工序。

（1）素灰抹面时，素灰层要薄而均匀。

（2）水泥砂浆揉浆，其作用是使水泥砂浆与素灰相互渗透结合牢固，即保护素灰层又起到一定的防水作用。具体作法：先薄薄地抹上一层水泥砂浆，用铁抹子来回用力压实，使其渗入素灰层。

（3）水泥砂浆收压时需掌握三点：①砂浆不宜过湿；②收压不宜过早，但也不能迟于初凝；③用铁板抹压而不能用边口刮压。

（4）接槎处施工时，应先在老槎面上涂刷一道防水剂或水泥净浆，再分层接缝，最后一层表面应提浆压光。

（5）结构阴阳角处的防水层，需抹成圆弧，阴角直径 50mm，阳角直径 10mm。

（6）水泥水化反应的速度与温度有直接关系，低温条件下施工，水泥水化反应速度慢，水泥砂浆强度增长也就缓慢。当温度低于 5℃的条件下施工时，水泥砂浆强度的增长受到显著影响。当施工温度高于 35℃或在夏期烈日照射下施工，水泥砂浆防水层的水分易迅速蒸发，形成互相连通的毛细孔道，造成渗水通路；同时，过快的水分蒸发，会造成水泥砂浆早期失水，影响水泥充分水化，从而降低了抗渗性能。另外，施工温度过高，当浇水养护时，防水层表面骤然冷却，容易造成温差裂缝。因此，施工温度不宜低于 5℃，也不宜高于 35℃或在烈日照射下施工。

（7）刚性抹面防水层要保证早期不失水，并保持在潮湿环境下充分养护。水泥砂浆终凝后即可洒水养护。开始喷洒养护一段时间后可以用水管浇水。夏季用草袋覆盖，浇水养护。防水层施工后严禁践踏，必须在养护完毕后，才可进行其他工序。养护的环境温度不宜低于 5℃，养护时间不应少于 14d。

三、卷材防水层

卷材防水层的优点是：防水性能较好，尤其是有良好的韧性，能适应结构振动和微小变形，不致被拉裂，并能抵抗酸、碱、盐溶液的侵蚀。但卷材机械强度低、吸水率大、耐久性差，发生渗漏时难于修补，热施工操作复杂，劳动条件差、耗能多。尽管如此，目前卷材防水层在国内仍占有一定的地位。

（一）卷材防水层总厚度[1]

卷材防水层为一层或二层，高聚物改性沥青防水卷材厚度不应小于 3mm。单层使用时，

[1] 《地下防水工程质量验收规范》（GB 50208—2002）规定：

4.2.3 防水卷材厚度

<table>
<tr><th>防水等级</th><th>设防道数</th><th>合成高分子防水卷材</th><th>高聚物改性沥青防水卷材</th></tr>
<tr><td>1 级</td><td>三道或三道以上设防</td><td rowspan="2">单层：不应小于 1.5mm；
双层：每层不应小于 1.2mm</td><td rowspan="2">单层：不应小于 4mm；
双层：每层不应小于 3mm</td></tr>
<tr><td>2 级</td><td>二道设防</td></tr>
<tr><td rowspan="2">3 级</td><td>一道设防</td><td>不应小于 1.5mm</td><td>不应小于 4mm</td></tr>
<tr><td>复合设防</td><td>不应小于 1.2mm</td><td>不应小于 3mm</td></tr>
</table>

厚度不应小于 4mm，双层使用时，总厚度不应小于 6mm；合成高分子防水卷材单层使用时，厚度不应小于 1.5mm，双层使用时，总厚度不应小于 2.4mm。

卷材防水层用于建筑物地下室，应铺设在结构主体底板垫层至墙体顶端的基面上，在外围形成封闭的防水层，且应铺设在混凝土结构主体的迎水面上。

（二）材料要求

1. 卷材❶

卷材防水层应选用高聚物改性沥青类或合成高分子类防水卷材，其卷材外观质量、品种规格应符合现行国家标准或行业标准。

（1）高聚物改性沥青防水卷材

以合成高分子聚合物改性沥青为涂盖层，纤维毡、纤维织物或塑料薄膜为胎体，粉状、粒状、片状或塑料膜为覆面材料制成可卷曲的防水材料，称为高聚物改性沥青防水卷材。如 SBS 改性沥青防水卷材、APP 改性沥青防水卷材、SBR 改性沥青防水卷材、聚氯乙烯（PVC）改性煤焦油防水卷材、再生橡胶改性沥青防水卷材、改性沥青聚乙烯胎防水卷材等。

1）SBS 改性沥青防水卷材。SBS 改性沥青防水卷材属弹性体沥青防水卷材中有代表性的品种，系采用纤维毡为胎体，浸涂 SBS 改性沥青，上表面撒布矿物粒、片料或覆盖聚乙烯膜，下表面撒布细砂或覆盖聚乙烯膜所制成可卷曲的片状防水材料。有玻纤毡胎 SBS 改性沥青卷材和聚酯无纺布胎 SBS 改性沥青卷材。

2）APP 改性沥青防水卷材。APP 改性沥青防水卷材，属塑性体沥青防水卷材，是采用纤维毡或纤维织物为胎体，浸涂 APP 改性沥青，上表面撒布矿物粒、片料或覆盖聚乙烯膜，下表面撒布细砂或覆盖聚乙烯膜所制成的可卷曲片状防水材料。有玻纤毡胎 APP 改性沥青卷材、麻布胎 APP 改性沥青卷材和聚酯无纺布 APP 改性沥青卷材。

3）SBR 改性沥青防水卷材。SBR 改性沥青防水卷材、是采用玻纤毡或聚酯无纺布为胎体，浸涂 SBR 改性沥青，上表面撒布矿物料、片料或覆盖聚乙烯膜，下表面撒布细砂或覆盖聚乙烯膜所制成的可卷曲片状防水材料。有玻纤毡胎 SBR 改性沥青卷材和聚酯无纺布胎 SBR 改性沥青卷材。

4）再生橡胶改性沥青防水卷材。再生橡胶改性沥青防水卷材，是采用聚酯纤维无纺布或原纸为胎体，浸涂再生橡胶改性沥青，表面涂、撒矿物粉、粒料或覆盖聚乙烯膜所制成的可卷曲片状防水材料。

5）聚氯乙烯（PVC）改性煤焦油防水卷材。聚氯乙烯（PVC）改性煤焦油防水卷材，系采用原纸、纤维毡或纤维织物为胎体，浸涂 PVC 改性煤焦油，表面涂、撒矿物粉、粒料或覆盖聚乙烯膜所制成的可卷曲片状防水材料。

6）改性沥青聚乙烯胎防水卷材。改性沥青聚乙烯胎防水卷材，是以聚乙烯膜为胎体，以氧化改性沥青、丁苯橡胶改性沥青或高聚物改性沥青为涂盖层，表面覆盖聚乙烯薄膜，经滚压成型水冷新工艺加工制成的可卷曲片状防水材料。

（2）合成高分子防水卷材

❶ 《地下防水工程质量验收规范》（GB 50208—2002）规定：

4.3.2 卷材防水层应采用高聚物改性沥青防水卷材和合成高分子防水卷材。所选用的基层处理剂、胶粘剂、密封材料等配套材料，均应与铺贴的卷材材性相容。

合成高分子防水卷材是以合成橡胶、合成树脂或它们两者的共混体为基料，加入适量的化学助剂和填充剂等，采用橡胶或塑料的加工工艺所制成的可卷曲片状防水材料。有三元乙丙橡胶防水卷材、聚氯乙烯-橡胶共混防水卷材、增强氯化聚乙烯防水卷材和聚氯乙烯防水卷材。

1）三元乙丙橡胶防水卷材。三元乙丙橡胶防水卷材简称EPODM，是以乙烯、丙烯和双环戊二烯等两种单体共聚合成的三元乙丙橡胶为主体，掺入适量的丁基橡胶、软化剂、补强剂、填充剂、促进剂和硫化剂等，经过配料、密炼、拉片、过滤、热炼、挤出或压延成型、硫化、检验、分卷、包装等工序加工制成可卷曲的高弹性防水材料。具有耐老化、使用寿命长、拉伸强度高、延伸率大、对基层伸缩或开裂变形适应性强以及重量轻、可单层施工等特点。

2）氯化聚乙烯-橡胶共混防水卷材。氯化聚乙烯-橡胶共混防水卷材，是以氯化聚乙烯树脂和合成橡胶共混为主体，加入适量的硫化剂、促进剂、稳定剂、软化剂和填充剂等，经过加工制成的高弹性防水卷材。这种防水卷材兼有塑料和橡胶的特点，它不但具有氯化聚乙烯所特有的高强度和优异的耐臭氧、耐老化性能，而且具有橡胶类材料的高弹性、高延伸性以及良好的低温柔韧性能。

3）增强氯化聚乙烯防水卷材。增强氯化聚乙烯防水卷材，是以氯化聚乙烯树脂为主体，以玻璃纤维网格布为增强材料，经压延、复合、取卷、检验、包装等工序加工制成的可卷曲防水材料。这种防水卷材，具有高强度、耐臭氧、耐老化、易粘结和尺寸稳定性较好等特点，适用于基层变形较小的地下室等工程防水。在条件允许时，最好采用空铺法、点粘法、条粘法施工防水层。

4）聚氯乙烯防水卷材。聚氯乙烯防水卷材，是以聚氯乙烯树脂（PVC）为主要原料，掺入适量的改性剂、抗氧剂、紫外线吸收剂、着色剂、填充剂等，经捏合、塑化、挤出压延、整形、冷却、检验、分卷、包装等工序加工制成可卷曲的防水材料。这种卷材具有抗拉强度较高、延伸率较大、耐高低温性能较好等特点，而且热熔性能好。卷材接缝时，既可采用冷粘法，也可以采用热风焊接法，使其形成接缝粘结牢固、封闭严密的整体防水层。该品种属于聚氯乙烯防水卷材中的增塑型（P型）。

2. 胶粘剂

（1）必须使用与卷材材性相容的胶粘剂。粘贴石油沥青卷材应用石油沥青胶粘剂，不得使用焦油沥青胶粘剂。沥青胶粘剂的软化点，应比基层及防水层周围介质的可能最高温度高出20～25℃，且最低不应低于40℃。

（2）用于粘贴卷材的胶粘剂可分为基层与卷材粘贴的胶粘剂及卷材与卷材搭接的胶粘剂两种。按其组成材料又可分为改性沥青胶粘剂和合成高分子胶粘剂。胶粘剂的质量应符合下列要求：

1）高聚物改性沥青卷材间的粘结剥离强度不应小于8N/10mm；

2）合成高分子卷材胶粘剂的粘结剥离强度不应小于15N/10mm，浸水168h后的粘结剥离强度保持率不应小于70％。

（3）基层处理剂：基层处理剂是为了增强防水材料与基层之间的粘结力，在防水层施工之前，预先涂刷在基层上的涂料。常用的基层处理剂有冷底子油及与各种高聚物改性沥青卷材和合成高分子卷材配套的底胶（基层处理剂），主要包括：冷底子油、氯丁胶BX-12胶粘剂、稀释剂、氯丁胶沥青乳液等。

（4）沥青胶结材料（玛琋脂）：用一种或两种标号的沥青按一定配合量熔合，经熬制脱水、掺入适当品种和数量的填充材料如石灰石粉、白云石粉、滑石粉、云母粉、石英粉、石棉粉、木屑粉等（填充量为10%～25%），作为胶结材料。

（三）卷材防水层施工

1. 施工方法

主体结构卷材铺贴层数，视水压大小和防水要求而定，一般最大水头大于或等于3m时为3层，3～6m时为4层，6～12m时为5层。铺贴方法有外防外贴法和外防内贴法两种。

（1）外防外贴法

如图9-8所示，先铺贴底层卷材，四周留出卷材接头，然后浇筑构筑物底板和墙身混凝土，待侧模拆除后，再铺设四周防水层，最后砌保护墙。

（2）外防内贴法

如图9-9所示，先在主体结构四周砌好保护墙，然后在墙面与底层铺贴防水层，再浇筑主体结构的混凝土。

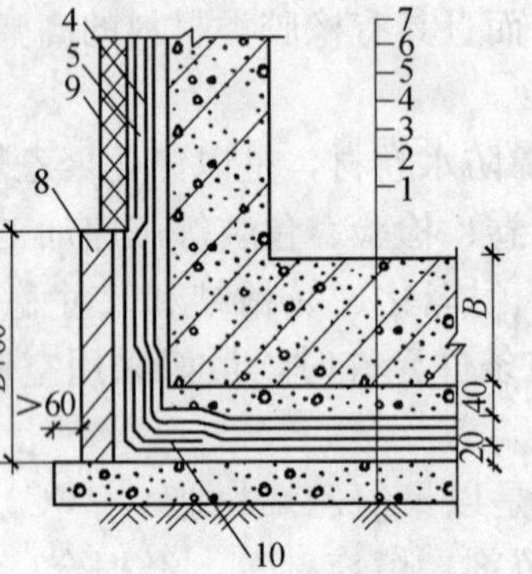

图9-8　卷材防水层外防外贴法

1—素土夯实；2—混凝土垫层；
3—20厚1∶2.5补偿收缩水泥砂浆找平层；
4—卷材防水层；5—油毡保护层；
6—40厚C20细石混凝土保护层；7—钢筋混凝土结构层；
8—永久性保护墙抹20厚1∶3水泥砂浆找平层；
9—5～6mm厚聚乙烯泡沫塑料片材或40mm厚聚苯乙烯泡沫塑料保护层；10—附加防水层；B—底板厚度

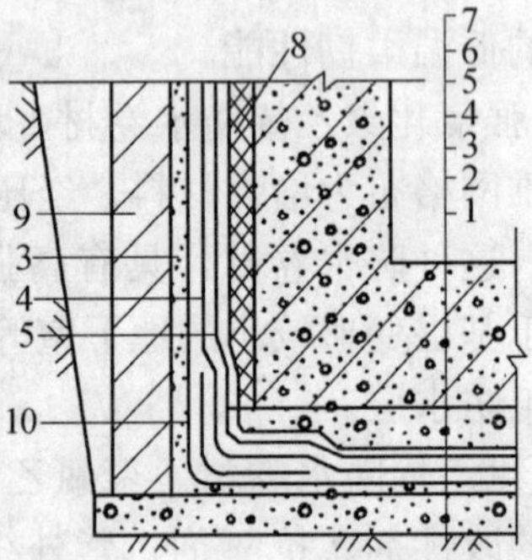

图9-9　卷材防水层外防内贴法

1—素土夯实；2—混凝土垫层；
3—20厚1∶2.5补偿收缩水泥砂浆找平层；
4—卷材防水层；5—油毡保护层；
6—40厚C20细石混凝土保护层；
7—钢筋混凝土结构层；
8—5～6mm厚聚乙烯泡沫塑料保护层；
9—永久性保护墙体；10—附加防水层

2. 施工工艺

（1）基层处理

卷材防水层应铺贴在整体混凝土结构或水泥砂浆找平层的基面上。基面应符合下列规定：

1）必须平整牢固。用2m长直尺检查，基面与直尺间最大空隙不应超过5mm，且每米长度内不得多于一处，空隙处只允许有平缓变化。

2）表面应清洁干燥。

3）铺贴卷材前，应在基面上涂刷基层处理剂，当基面较潮湿时，应涂刷湿固化型胶粘剂或潮湿界面隔离剂。基层处理剂配制与施工应符合下列规定：

①基层处理剂应与卷材及胶粘剂的材性相容。

②基层处理剂可采取喷涂法或涂刷法施工，喷、涂应均匀一致、不露底，待表面干燥

后，方可铺贴卷材。

（2）卷材铺贴

1）采用热熔法或冷粘法铺贴卷材，应符合下列规定❶：

①底板垫层混凝土平面部位的卷材且采用空铺法或点粘法，其他与混凝土结构相接触的部位应采用满粘法；

②采用热熔法施工高聚物改性沥青卷材时，幅宽内卷材底表面加热应均匀，不得过分加热或烧穿卷材。采用冷粘法施工合成高分子卷材时，必须采用与卷材材性相容的胶粘剂，并应涂刷均匀；

③铺贴时应展平压实，卷材与基面和各层卷材间必须粘结紧密；

④铺贴立面卷材防水层时，应采取防止卷材下滑的措施；

⑤卷材接缝必须粘贴封严，接缝口应用材性相容的密封材料封严，宽度不成小于10mm；

⑥在立面与平面的转角处，卷材的接缝应留在平面上，距立面不小于600mm。

2）铺贴高聚物改性沥青卷材应采用热熔法；铺贴合成高分子卷材采用冷粘法施工。

①热熔法是利用火焰加热卷材底面，熔化后铺贴并压实；该法施工方便、粘贴牢固，使用广泛，可在环境温度不低于－10℃时施工。

铺贴时，先将卷材放在确定的铺贴位置上，打开1m左右长度，用专用火焰喷枪或汽油喷灯的火炬烘烤卷材的底面，沥青熔融后粘贴固定在基层表面。端部固定后，将未粘贴部分卷好，用火炬对准油毡卷与基层表面夹角，并保持喷枪嘴距角顶0.5m左右，边熔融卷材和基层，边向前缓慢滚铺，随即用压辊压实。滚铺时，卷材两侧应有沥青溢出。每卷（块）铺贴后，检查接缝质量，粘结不牢处重新热熔，粘牢封严。

②冷粘法是利用改性沥青冷胶粘剂粘贴卷材。该法温度不低于5℃时施工，不需现场配料、加热，施工方便安全、速度快。

铺贴时，把搅拌均匀的冷胶粘剂均匀涂刷在基层上，涂刷宽度略大于卷材幅宽，厚度1mm左右。干燥10min后，按顺序铺设油毡，并用压辊由中心向两侧滚压，排出空气，使卷材与基层粘牢。对粘结不严密的部位，重新涂冷胶粘剂粘贴。

3）采用外防外贴法铺贴卷材防水层时，应符合下列规定：

①铺贴卷材应先铺平面，后铺立面，交接处应交叉搭接；

②临时性保护墙应用石灰砂浆砌筑，内表面应用石灰砂浆做找平层，并刷石灰浆。如用

---

❶ 《地下防水工程质量验收规范》（GB 50208—2002）规定：

4.3.5 两幅卷材短边和长边的搭接宽度均不应小于100mm。采用多层卷材时，上下两层和相邻两幅卷材的接缝应错开1/3幅宽，且两层卷材不得相互垂直铺贴。

4.3.6 冷粘法铺贴卷材应符合下列规定：

1. 胶粘剂涂刷应均匀，不露底，不堆积；

2. 铺贴卷材时应控制胶粘剂涂刷与卷材铺贴的间隔时间，排除卷材下面的空气，并辊压粘结牢固，不得有空鼓；

3. 铺贴卷材应平整、顺直，搭接尺寸正确，不得有扭曲、皱折；

4. 接缝口应用密封材料封严，其宽度不应小于10mm。

4.3.7 热熔法铺贴卷材应符合下列规定：

1. 火焰加热器加热卷材应均匀，不得过分加热或烧穿卷材；厚度小于3mm的高聚物改性沥青防水卷材，严禁采用热熔法施工；

2. 卷材表面热熔后应立即滚铺卷材，排除卷材下面的空气，并辊压粘结牢固，不得有空鼓、皱折；

3. 滚铺卷材时接缝部位必须溢出沥青热熔胶，并应随即刮封接口使接缝粘结严密；

4. 铺贴后的卷材应平整、顺直，搭接尺寸正确，不得有扭曲。

模板代替临时性保护墙时，应在其上涂刷隔离剂；

③从底面折向立面的卷材与永久性保护墙的接触部位，应采用空铺法施工。与临时性保护墙或围护结构模板接触的部位，应临时贴附在该墙上或模板上，卷材铺好后，其顶端应临时固定，如图 9-10 所示；

④当不设保护墙时，从底面折向立面的卷材的接茬部位应采取可靠的保护措施；

⑤主体结构完成后，铺贴立面卷材时，应先将接茬部位的各层卷材揭开，并将其表面清理干净，如卷材有局部损伤，应及时进行修补。卷材接茬的搭接长度，高聚物改性沥青卷材为 150mm，合成高分子卷材为 100mm，当使用两层卷材时，卷材应错茬接缝，上层卷材应盖过下层卷材；

⑥卷材的甩茬、接茬作法，如图 9-11 所示。

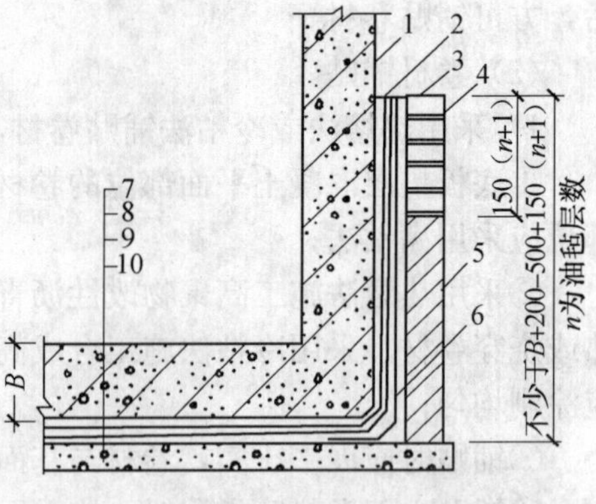

图 9-10　临时性保护墙铺设卷材示意图

1—围护结构；2—永久性木条；3—临时性木条；4—临时保护墙；5—永久性保护墙；6—卷材加强层；7—保护层；8—卷材防水层；9—找平层；10—混凝土垫层

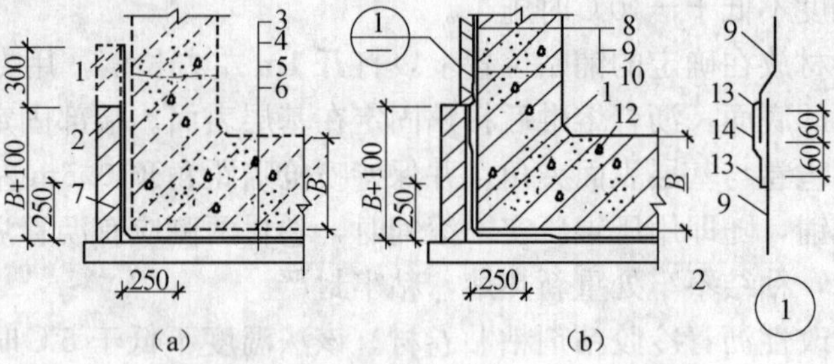

图 9-11　卷材防水层甩茬、接茬作法

(a) 甩茬；(b) 接茬

1—临时保护墙；2—永久保护墙；3—细石混凝土保护层；4—卷材防水层；5—水泥砂浆找平层；6—混凝垫层；7—卷材加强层；8—结构墙体；9—卷材防水层；10—卷材保护层；11—卷材加强层；12—结构底板；13—密封材料；14—盖缝条

4）当施工条件受到限制时，可采用外防内贴法铺贴卷材防水层，并应符合下列规定：

①主体结构的保护墙内表面应抹 1∶3 水泥砂浆找平层，然后铺贴卷材，并根据卷材特性选用保护层；

②卷材宜先铺立面，后铺平面。铺贴立面时，应先铺转角，后铺大面。

5）特殊部位处理：

①阴阳角处应做成圆弧或 45°（135°）折角，其尺寸视卷材品质确定。

②在转角处、阴阳角等特殊部位，应增贴 1～2 层相同的卷材，宽度不宜小于 500mm。

6）卷材防水层经检查合格后，应及时做保护层。

四、涂料防水层

防水涂料是以高分子合成材料为主体，在常温下呈无固定型黏稠状液态，经涂布后，通过溶剂的挥发或水分的蒸发，或反应固化后在结构物表面结成坚韧防水膜的物料总称。涂料防水层包括无机防水涂料和有机防水涂料。无机防水涂料可选用水泥基防水涂料、水泥基渗透结晶型涂料。有机涂料可选用反应型、水乳型、聚合物水泥防水涂料。

无机防水涂料宜用于结构主体的背水面，有机防水涂料宜用于结构主体的迎水面。用于背水面的有机防水涂料应具有较高的抗渗性、与基层有较强的粘结性，且应在阴阳角及底板增加一层胎体增强材料。

（一）防水涂料种类

1. 有机防水涂料

有机防水涂料主要为合成树脂类、合成橡胶类及橡胶沥青类。此外聚合物水泥防水材料应用也日益增多。按涂料固化后形成涂膜的原理可分为挥发型和反应型。

（1）挥发型防水涂料

1）溶剂型

将成膜的高分子材料溶解于有机溶剂中，通过溶剂挥发，高分子材料固结成膜。其特点是干燥快、结膜致密，但有一定的环境污染。其产品如氯丁橡胶类、再生橡胶沥青、SBS改性沥青以及树脂类的丙烯酸酯、聚氯乙烯等。

2）水乳型

将成膜的高分子材料或高分子聚合物通过表面活性剂的作用稳定地悬浮于水中形成乳液，通过水分挥发而固结成膜。其特点是可在潮湿基面上施涂，但干燥较慢。其产品如氯丁橡胶沥青、水乳型再生橡胶沥青、硅橡胶以及树脂类的丙烯酸酯、丁苯等。

（2）反应型防水涂料

将成膜的高分子材料，以底分子量预聚物形式存在，现场通过固化剂后形成高分子的聚合物而固结成膜。其特点是涂膜致密、防水抗渗和弹性均好。其产品如聚氨酯。

（3）聚合物水泥复合涂料

在主要成膜材料高分子聚合物中加入少量无机活性粉料（如水泥及石英砂），通过水分挥发及无机水酸性材料水化而固结成膜。其特点是干燥快、潮湿基面可施涂、体积收缩小，其产品如丙烯酸酯、乙烯醋酸乙烯、氯丁橡胶等聚合物的水泥复合涂料。

2. 无机防水涂料

（1）聚合物改性水泥基防水涂料

水泥为基料加上聚合物组成。现场可拌制成稠状物。施涂后水泥发生水化反应，聚合物与水泥结成膜层，具有防水抗渗性能，其产品如PYXON涂层材料。

（2）水泥基渗透结晶型防水涂料

以硅胶盐类水泥、石英砂粉料为基料，掺入活性化学物质组成。施涂后除硅酸盐类水化成膜外，其特点是以水为载体渗透至混凝土中，在混凝土微孔及毛细管中传输、充分发生水化，形成不溶于水的结晶体，起到防水的作用。其性能较优，国内正在推广。

（二）防水涂料的选择

1. 防水涂料品种的选择应符合下列规定：

（1）潮湿基层宜选用与潮湿基面粘结力大的无机涂料或有机涂料，或采用先涂水泥基类无机涂料而后涂有机涂料的复合涂层；

（2）冬季施工宜选用反应型涂料，如用水乳型涂料，温度不得低于5℃；

（3）埋置深度较深的重要工程、有振动或有较大变形的工程宜选用高弹性防水涂料；

（4）有腐蚀性的地下环境宜选用耐腐蚀性较好的反应型、水乳型、聚合物水泥涂料并做刚性保护层。

2. 涂料防水层所选用的涂料应符合下列规定：

具有良好的耐水性、耐久性、耐腐蚀性及耐菌性；无毒、难燃、低污染；无机防水涂料应具有良好的湿干粘结性、耐磨性和抗刺穿性；有机防水涂料应具有较好的延伸性及较大适应基层变形能力。

3. 防水涂料厚度。

《地下防水工程质量验收规范》（GB 50208—2002）规定防水涂料厚度见表 9-4。

表 9-4　防水涂料厚度（mm）

防水等级	设防道数	有机涂料			无机涂料	
		反应型	水乳型	聚合物水泥	水泥基	水泥基渗透结晶型
1级	三道或三道以上设防	1.2～2.0	1.2～1.5	1.5～2.0	1.5～2.0	≥0.8
2级	二道设防	1.2～2.0	1.2～1.5	1.5～2.0	1.5～2.0	≥0.8
3级	一道设防	—	—	≥2.0	≥2.0	—
	复合设防	—	—	≥1.5	≥1.5	—

（三）防水涂料施工

1. 涂料防水层的施工方法

（1）外防外涂法施工

外防外涂法指涂料直接涂在地下室侧地板上（迎水面），再在外侧做保护层。这种作法是在底板防水层完成后，转角处涂在永久性保护墙上，待侧墙板主体结构完成后，再涂抹外侧涂料，接头留在水久性保护墙上，见图 9-12。

（2）外防内涂法施工

外防内涂法是指涂料涂在永久性保护墙上，涂料上做砂浆保护层，然后施工侧墙板主体结构。永久性保护墙加支撑后可做外模板，见图 9-13。

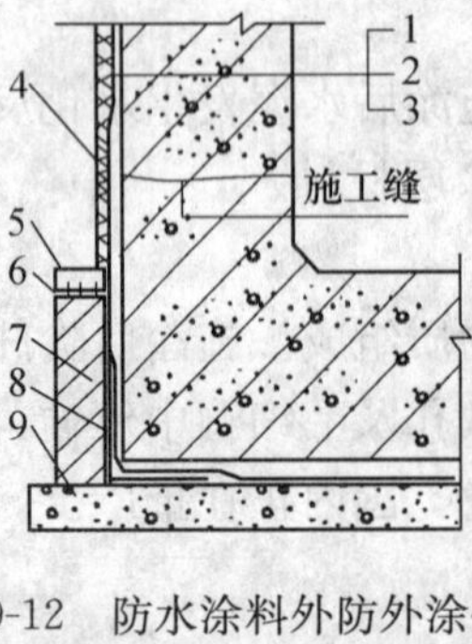

图 9-12　防水涂料外防外涂作法

1—结构墙体；2—涂料防水层；3—涂料保护层；4—涂料防水加强层；5—涂料防水层搭接部位保护层；6—涂料防水层搭接部位；7—永久保护墙；8—涂料防水加强层；9—混凝土垫层

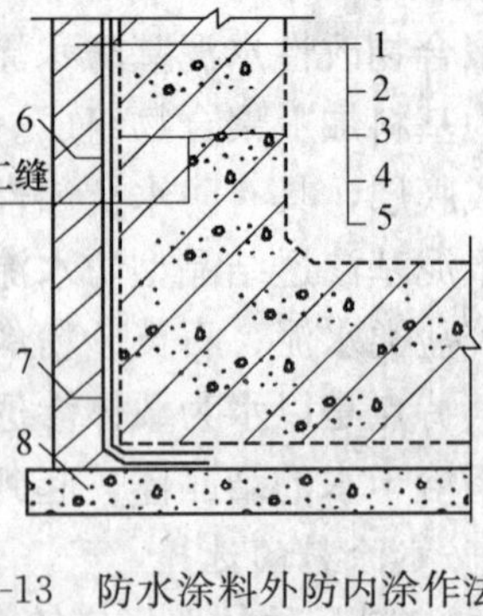

图 9-13　防水涂料外防内涂作法

1—结构墙体；2—涂料防水层；3—涂料保护层；4—砂浆找平层；5—保护墙；6—涂料防水层加强层；7—涂料防水层加强层；8—混凝土垫层

2. 涂料防水层的施工应符合下列规定：

（1）涂料涂刷前应先在基面上涂一层与涂料相容的基层处理剂；

（2）涂膜应多遍完成，涂刷应待前遍涂层干燥成膜后进行；

（3）每遍涂刷时应交替改变涂层的涂刷方向，同层涂膜的先后搭茬宽度宜为 30～50mm；

（4）涂料防水层的施工缝（甩槎）应注意保护，搭接缝宽度应大于 100mm，接涂前应将其甩茬表面处理干净；

（5）涂刷程序应先做转角处、穿墙管道、变形缝等部位的涂料加强层，后进行大面积涂刷；

（6）涂料防水层中铺贴的胎体增强材料，同层相邻的搭接宽度应大于 100mm，上下层接缝应错开 1/3 幅宽。

3. 聚氨酯防水涂料施工

聚氨酯防水涂料是双组分反应固化型的防水涂料。其中甲组分是含端异氰酸酯基(—NCO)的聚氨基甲酸酯预聚物，乙组分是含有多羟基或胺基的固化剂及促进剂、填充剂等助剂的混合物。甲乙组分按一定比例混合、涂布固化后，形成柔软、耐水和富有弹性的整体防水层。

聚氨酯防水涂膜的拉伸强度不低于 1.65MPa，断裂时的伸长率大于 350%，不透水性为 0.3MPa×30min，表干时间不超过 4h，实干时间不超过 12h。其地下防水构造与卷材防水基本相同，涂膜总厚度应为 1.2～2.0mm，在阴、阳角等薄弱部位应做增强处理。

（1）施工准备

施工前，主要应做好材料、机具及基层处理等准备工作。

1）材料。应根据设计要求进场，并检查质量和抽样复检。聚氨酯甲组分为黄色黏稠状预聚体，乙组分为黑、红、白、黄或咖啡色膏状固化液。其辅助材料常用磷酸或苯磺酰氯作缓凝剂、二月桂酸二丁基锡作促凝剂、二甲苯作稀释剂和工具清洗剂、玻璃纤维布或涤纶无纺布作局部增强材料。

2）机具。应配备 300～500W 电动搅拌器；直径 450～500mm 搅拌筒（两个）；50kg 磅秤及油漆筒、橡胶刮板、塑料刮板、铁皮刮板、油漆刷、滚刷、高压吹风机、油工刀、墩布、条帚等涂刷和清扫工具。

3）基层处理。涂膜防水要求基层表面必须坚实、平整、清洁、干燥。

①混凝土基础垫层表面应抹 20mm 厚 1∶3 水泥砂浆或无机铝盐防水砂浆（无机铝盐防水剂掺量为水泥用量 5%～10%）等，要抹平压光，不得有空鼓、开裂、起砂、掉灰等缺陷。

②混凝土立墙如有孔眼、蜂窝、麻面及凸凹处应进行剔补，并用掺膨胀剂的水泥砂浆或乳胶水泥腻子填充刮平。若立墙为砖砌体，应待其沉降等变形完成后，抹 20mm 厚水泥砂浆或防水砂浆。

③穿墙管道、洞口、变形缝、埋件、穿墙螺栓等防水薄弱部位均应按要求做好处理，并经检查验收合格。各阴阳角处均应做成半径 10～20mm 的圆角。

④基层上的尘土、油污、砂粒及各种杂物均应清理干净。防水层施工前用墩布擦净晾干或用风机吹净。

⑤防水层施工时，必须保持基层干燥，含水率应不大于 9%。

（2）施工工艺

涂膜地下防水也宜采用外涂防水作法。按地下结构与防水层的施工程序不同，分为外涂法和内涂法，其施工顺序与卷材的外贴法和内贴法基本相同。

涂膜防水的主要工艺流程如下：

基层清理→涂布底胶、细部增强处理→刮第一道涂膜层→刮第二道涂膜层→……→刷最后涂膜层→保护层施工。

1）涂布底胶

底胶的功能是提高涂膜与基层的粘结强度，隔绝基层潮气，防止涂膜起鼓脱落、出现针眼气孔等缺陷。因此，必须在基层满涂一道，其用量为0.15～0.2kg/m²。

底胶配制是将聚氨脂涂料的甲料和专供底胶用的乙料按1∶3～1∶4的重量比混合并搅拌均匀。若无专供底胶用的乙料，也可用甲料、乙料与稀释剂按1∶1.5∶2比例配制。

施工时，先在阴阳角、管根等薄弱部位涂一遍底胶，然后再用长把滚刷在基层上全面、均匀涂布。涂后应干燥固化4h以上，手感不粘时方可做下道工序。

2）局部增强处理

底胶固化干燥后，在阴阳角、施工缝等处做增强处理。其作法是，用配制好的防水涂料粘贴一层玻璃纤维布或涤纶布，固化后再进行整体防水层处理。

3）防水涂膜层施工

①调配聚氨酯防水涂料。将甲料、乙料按其规定的比例分别称重后，依次倒入搅拌筒，用转速100～500r/min的电动搅拌器搅拌5min左右即可使用。要配比准确、混合均匀、随配随用。

②平面涂膜施工。在局部增强处理部分基本干燥固化后，开始进行第一道涂膜施工。方法是将拌好的涂料倒在底层上，用塑料或橡胶刮板涂刮，使其均匀一致。用量为1.5kg/m²，涂层厚度为1.3～1.5mm。第一道涂层干燥后（一般间隔24h），同法涂刮第二道涂层，但涂刮方向与第一道垂直，用量为1kg/m²，涂层厚度为0.7～1mm。两层成膜总厚度应为1.5～2mm。若用玻璃丝布或化纤无纺布加强时，应在涂刮第二道前进行粘贴，搭接宽度应不少于100mm。

③立面涂膜施工。在局部增强处理干燥后，用滚刷分4次涂刷。每次涂布量为0.6kg/m²左右，涂膜总厚度不小于1.5mm。各道涂层应相互垂直涂刷，间隔时间不少于5h，以固化不粘手为准。如条件允许也可采用喷涂方法，但要掌握好厚度和均匀度。

④注意问题。当采用内涂法施工时，应先刷立面，后刮平面。采用外涂法施工时，应在垫层上第一道涂层固化前，立即在涂层收头处贴一道宽300mm的玻璃丝布，第二道涂层应连同玻璃丝布上一起涂刮，并做好保护层。结构墙体完工后，清除玻璃丝布上的保护层，沿外墙面水平方向刮涂一道带状涂层，将玻璃丝布粘贴于外墙面上，然后再大面积涂布防水层。

4）保护层施工[1]

①平面。涂膜固化、检验合格后，用聚氨酯涂料或404胶点粘一层油毡隔离保护层后，浇细石混凝土保护层。

②立面。内涂法时可粘贴5～6mm厚聚乙烯泡沫塑料片材做软保护层，也可在表面涂层干燥前粘粗砂或麻丝，干燥后抹10～20mm厚1∶3水泥砂浆保护层。外涂法可粘贴泡沫塑料片材、板材或粘贴一层油毡后砌保护墙。

---

[1] 《地下防水工程质量验收规范》（GB 50208—2002）规定：

4.3.8 卷材防水层完工并经验收合格后应及时做保护层。保护层应符合下列规定：

1. 顶板的细石混凝土保护层与防水层之间宜设置隔离层。
2. 底板的细石混凝土保护层厚度应大于50mm。
3. 侧墙宜采用聚苯乙烯泡沫塑料保护层，或砌砖保护墙（边砌边填实）和铺抹30mm厚水泥砂浆。

第二节　卷材防水屋面施工

屋面防水是防止雨、雪水对屋面的间歇性浸透，保证建筑物的寿命并使其各种功能正常发挥的一项重要工程。屋面防水工程根据建筑物的性质、重要程度、使用功能及防水层耐用年限要求等，分为 4 个等级。工程中按不同的等级进行设防，以不同的防水材料和构造层次来满足防水要求❶。

防水屋面的种类包括：卷材防水屋面、涂膜防水屋面、刚性防水屋面及瓦屋面等。对于重要的或特别重要的工业与民用建筑、高层建筑（为 1 级、2 级防水屋面）常采用两种或三种作法构成多道复合防水屋面。下面介绍几种常用屋面防水的施工。

一、卷材防水屋面

卷材防水是屋面防水的主要作法，适用于屋面防水的各个等级，其构造见图 9-14。

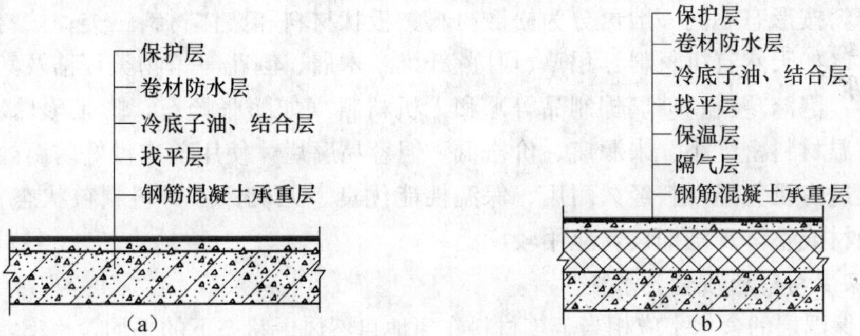

图 9-14　卷材屋面构造层次示意图

（a）不保温卷材屋面；（b）保温卷材屋面

---

❶ 《屋面工程质量验收规范》（GB 50207—2002）规定：

3.0.1　屋面工程应根据建筑物的性质、重要程度、使用功能要求以及防水层合理使用年限，按不同等级进行设防，并应符合表 3.0.1 屋面防水等级和设防要求。

表 3.0.1　屋面防水等级和设防要求

项　目	屋面防水等级			
	Ⅰ	Ⅱ	Ⅲ	Ⅳ
建筑物类别	特别重要或对防水有特殊要求的建筑	重要的建筑和高层建筑	一般的建筑	非永久性的建筑
防水层合理使用年限	25 年	15 年	10 年	5 年
防水层选用材料	宜选用合成高分子防水卷材、高聚物改性沥青防水卷材、金属板材、合成高分子防水涂料、细石混凝土等材料	宜选用高聚物改性沥青防水卷材、合成高分子防水卷材、金属板材、合成高分子防水涂料、高聚物改性沥青防水涂料、细石混凝土、平瓦、油毡瓦等材料	宜选用三毡四油沥青防水卷材、高聚物改性沥青防水卷材、合成高分子防水卷材、金属板材、高聚物改性沥青防水涂料、合成高分子防水涂料、细石混凝土、平瓦、油毡瓦等材料	可选用二毡三油沥青防水卷材、高聚物改性沥青防水涂料等材料
设防要求	三道或三道以上防水设防	二道防水设防	一道防水设防	一道防水设防

卷材防水屋面是指利用胶结材料采用各种形式粘贴卷材进行防水的屋面。具体施工有哪些层次，根据设计要求而定。

卷材防水屋面常用材料同第一节，卷材防水屋面的施工顺序为：

找坡及保温层施工→找平层施工→防水层施工→保护层施工。其中找坡及保温层应根据设计要求的材料作法，在结构完成后及时进行施工，以保护结构。

二、保温层构造

保温隔热施工技术与防水施工技术一起成为屋面工程的两大施工技术，两者的施工质量都关系到屋面工程的防水质量。

（一）保温材料的品种

屋面保温材料应选用吸水率低，表观密度和导热系数较小，并具有一定强度，便于运输、搬运和施工的散体和块体材料。

保温材料按形态不同一般可分为松散材料、板状材料和整体材料三类；按材质不同可分为有机材料（如天然有机材料：稻草、甘蔗纤维、木屑、刨花等植物类秆秸及其制成品；人造有机材料：泡沫塑料、玻璃棉制品等）和无机材料（如膨胀蛭石、膨胀珍珠岩等）两类。天然有机保温材料密度小、来源广、价格低，但容易腐烂，使用前应做好防腐处理；无机保温材料和人造有机保温材料经久耐用、保温性能优良。无机保温材料颗粒状态下可以散铺，也可制成板材或整体现浇铺设，应用较广泛。

（二）保温材料的质量要求❶

封闭式保温层的含水率应相当于该材料在当地自然风干状态下的平均含水率，当用有机胶结材料时不得超过 5%，用无机胶结材料时不得超过 20%。保温材料的导热系数一般随含水率的增大而增大，即含水率的升高将导致保温性能的下降。试验结果显示，含水率每增加 1%，其导热系数相加增大 5%左右，含水率从干燥状态增加到 20%时，其导热系数几乎增大一倍。

三、屋面保温层施工❷

屋面保温层施工应符合规范规定，保温层可设置在防水层下，也可设置在防水层上。设在防水层上部的保温层宜做保护层，设在防水层下部的保温层应做找平层。保温层的厚度以及除保温层以外的屋面各层材料的热阻值应按有关规定进行设计。

干铺的保温层可在负温度下施工；用热沥青粘结的整体现浇保温层和粘贴的板状材料保温层在气温低于－10℃时不宜施工；用水泥、石灰或乳化沥青胶结的整体现浇保温层和用水泥砂浆粘贴的板状材料保温层在气温低于 5℃时不宜施工；雨天、雪天、五级风及其以上时不得施工。施工中途下雨、下雪应采取有效的遮盖措施，以防止保温层内部含水率增加而降低保温效果。

---

❶ 《屋面工程质量验收规范》（GB 50207—2002）规定：

4.2.3　屋面保温层干燥有困难时，应采用排气措施。

❷ 《屋面工程质量验收规范》（GB 50207—2002）规定：

4.2.10　保温层的铺设应符合下列要求：

1. 松散保温材料：分层铺设，压实适当，表面平整，找坡正确。
2. 板状保温材料：紧贴（靠）基层，铺平垫稳，拼缝严密，找坡正确。
3. 整体现浇保温层：拌合均匀，分层铺设，压实适当，表面平整，找坡正确。

（一）松散材料保温层施工

松散材料保温层适用于平屋顶，不适用于有较大震动或易受冲击的屋面。

1. 常用材料

一般有干铺膨胀蛭石、膨胀珍珠岩、高炉熔渣等。

2. 施工要求：

（1）铺设松散材料保温层的基层应平整、干燥和干净。

（2）松散材料保温层含水率应符合设计要求。

（3）松散保温材料应分层铺设并压实。每层虚铺厚度不宜大于150mm，压实程度与厚度经试验确定。压实后不得直接在保温层上行车或堆放重物，施工人员宜穿软底鞋。

当屋面坡度较大时，为防止保温材料下滑，应采取防滑措施。可沿平行于屋脊的方向按虚铺厚度的要求，用砖或混凝土每隔1m左右构筑一道防滑带。

（4）松散材料保温层施工完后，应及时进行下一道工序的施工。由于松散材料易吸水，所以一般不用于倒置式屋面，如不得以采用，则应在保温层与保护层之间增设一道附加防水层，以阻断雨水渗入松散材料保温层。保温层在防水层下的屋面，应及时进行找平层及防水层的施工，中途避免淋雨；在雨季施工时，保温层应采取遮盖措施，防止雨淋。如松散材料保温层渗入雨水，找平层做好后水汽又不易排出，则对找平层和防水层都会产生不利影响，严重的会起鼓，甚至开裂，失去防水作用。

（5）采用铺压法施工，即将松散保温材料按试验规定的虚铺厚度摊铺到结构层上，刮平，然后按要求适当压实到设计规定的厚度。铺压时不得过分压实，以免影响保温效果。

（二）板状材料保温层施工

板状保温材料适用于带有一定坡度的屋面。由于是事先加工预制，故一般含水率较小，不仅保温效果好，而且对柔性防水层质量的影响小，因此适用于整体封闭式保温层。

1. 常用材料

有水泥膨胀蛭石板、水泥膨胀珍珠岩板、沥青膨胀蛭石板、沥青膨胀珍珠岩板、加气混凝土板、泡沫混凝土板、矿棉板、岩棉板、聚苯板、聚氨酯泡沫塑料板等。

2. 施工要求

（1）板状材料保温层的基层应平整、干燥和干净。

（2）干铺的板状保温材料应紧靠在需保温的基层表面上，并应铺平垫稳、贴严、粘牢。分层铺设的板块，上下层接缝应相互错开缝隙，板间缝隙应采用同类材料嵌填密实，并应符合下列要求：

1）当采用玛琋脂及其他胶结材料粘贴时，板状保温材料相互间及与基层之间应满涂胶结材料，使之互相粘牢。采用冷玛琋脂粘贴时应搅拌均匀，稠度太大时可加少量溶剂稀释。

2）当采用水泥砂浆粘贴板状保温材料时，板间缝隙应采用体积比配合比宜为1∶1∶10（水泥∶石灰膏∶同类保温材料的碎粒）的保温灰浆填实并勾缝。

（3）具体作法。采用铺砌法进行铺设，可干铺，也可粘贴。

（4）粘贴的板状保温材料应贴严、粘牢。

（三）整体现浇（喷）保温层施工

整体现浇保温层适用于平屋顶或坡度较小的屋顶。此种保温层由于是现场拌制增加了现场的湿作业，保温层的含水率也较大，易导致卷材防水层起鼓，一般用于非闭式保温层。

1. 常用材料

一般多为水泥膨胀蛭石和水泥膨胀珍珠岩，对于一些小型的屋面或冬季施工时，也可用沥青膨胀蛭石或沥青膨胀珍珠岩。

2. 施工要求

（1）水泥膨胀蛭石、水泥膨胀珍珠岩保温层的施工要求：

1）不宜用于封闭式保温层，因水泥膨胀蛭石、水泥膨胀珍珠岩作保温层时，施工中的用水量很大，含水率高达100%以上，并且在水分还没蒸发时就抹找平层，故严重影响保温效果，并导致柔性防水层起鼓。如不得已需采用封闭式保温层，则应采用排汽措施，使保温层中的水分通过排汽道从排汽孔中排出，以提高其保温性能和保证防水层的使用质量。排汽道应纵横贯通，排汽道、排汽孔、大气三者应连通，排汽孔的数量应根据基层的潮湿程度和屋面的构造确定，一般屋面面积每 $36m^2$ 宜设置一个，排汽孔按防水材料的要求做好防水处理。

2）水泥膨胀蛭石、水泥膨胀珍珠岩板块易破碎，导致保温性能降低，所以提倡人工搅拌，不宜采用机械搅拌。拌和时，应先将水泥和膨胀蛭石或膨胀珍珠岩以配合比为1∶10～1∶12（水泥∶膨胀蛭石或膨胀珍珠岩）干拌均匀，然后以1∶1.55～1∶1.7的水灰比加水搅拌均匀，稠度以手握成团不散为宜，随拌随铺，并随即做找平层（铺设一段保温层抹一段找平层，这样找平层在做完后可避免出现开裂现象）。

3）铺设前应将清理干净的基层浇水湿润。虚铺的厚度应根据试验确定，一般虚铺厚度为设计厚度的1.3倍左右，虚铺后用木拍轻轻拍实抹平至设计厚度。铺抹时应分仓，每仓宽度宜为700～900mm，可用木条分格。

（2）沥青膨胀蛭石、沥青膨胀珍珠岩保温层的施工要求：

1）沥青膨胀蛭石、沥青膨胀珍珠岩粘结所用的热沥青玛瑞脂的加热温度和使用温度与石油沥青纸胎油毡施工方法中的熬制温度与使用温度相同。铺设前，将膨胀蛭石或膨胀珍珠岩在100～120℃的温度范围内进行预热，使其干燥并有利于粘结。

2）沥青膨胀珍珠岩、沥青膨胀蛭石在和热沥青玛瑞脂或冷沥青玛瑞脂拌和时，具有很大的黏性，不易搅拌均匀，宜用机械搅拌，并应色泽一致，无沥青团。

3）沥青膨胀蛭石、沥青膨胀珍珠岩的铺设压实程度应根据试验确定，铺设的厚度应符合设计要求。施工前，用水平仪找好坡度，并做出标志；铺设时用铁滚子反复滚压至设计规定的厚度；最后用木抹子找平抹光，使保温层表面平整。

4）硬质聚氨酯泡沫塑料应按配比准确计量，发泡厚度均匀一致。

（四）倒置式保温屋面施工

倒置式屋面适用于有保温要求的工业与民用建筑。其保温层设在防水层之上，对防水层起到了保护作用，可使防水层免受外界气候的直接侵蚀，这对延缓防水层的老化期、延长使用寿命是非常有利的。随着新型保温材料的推广使用，倒置式屋面的防水保温形式将会逐渐得到推广。

四、屋面找平层施工❶

（一）留设分格缝

为了防止找平层凝固后产生干缩裂缝，宜对大面积找平层留设分格缝。特别是装配式预

---

❶ 《屋面工程质量验收规范》（GB 50207—2002）规定：

4.2.6 找平层宜设分格缝，并嵌填密封材料。分格缝应留设在板端缝处，其纵横缝的最大间距：水泥砂浆或细石混凝土找平层，不宜大于6m；沥青砂浆找平层，不宜大于4m。

制钢筋混凝土板屋面和加气混凝土板材轻型屋面，其板缝接缝部位容易产生结构变形，使找平层在接缝部位产生位移裂缝，所以，在预制板支承边的板端缝处宜设分格缝，缝宽宜为20mm。在对找平层进行基层处理时，要在分格缝槽内及其两侧各200mm范围内涂刷基层处理剂，待基层处理剂表干后，在缝槽内嵌填密封材料；待密封材料表干后，再在分格缝上单边点粘不少于100mm的附加卷材，以增强防水层对基层变形的适应能力。对于弹性较好的合成高分子防水卷材，亦可不嵌填密封材料。

如屋面保温层和找平层干燥有困难时，宜采用排汽屋面，此时找平层设置的分格缝可兼作排汽道。适当加宽分格缝的宽度，一般为40mm，以利于排出潮气。保温层通过排汽道上设置的排汽孔与大气相连通，排汽孔必须做好防水处理。对于常年处在高湿状态下的保温屋面还应设置隔汽层。

（二）技术要求

找平层可采用水泥砂浆、细石混凝土或沥青砂浆，其质量的好坏直接影响到卷材防水层和基层的粘结强度。如施工不好，出现诸如表面不平、排水坡度不准确、积水、表面酥松、起砂、起皮、裂缝等，将会导致防水层开裂而发生渗漏。

用水泥砂浆找平时宜掺入微膨胀剂，并在抹平收水后二次压光。水泥砂浆、细石混凝土找平层抹平终凝后，应视情况分别采用浇水、覆盖浇水、蓄水、喷涂养护剂、涂刷冷底子油等方法进行充分养护，使砂浆中的水泥充分水化；对高低不平部位或凹坑处，可用掺水泥重量20%的建筑胶的水泥砂浆、掺水泥重量10%的UEA的1:2～1:2.5水泥砂浆或用阳离子氯丁胶乳水泥砂浆顺平。

1. 找平层的厚度和技术要求，见表9-5。

表9-5　找平层的厚度和技术要求

<table>
<tr><th>类　别</th><th>基层种类</th><th>厚度（mm）</th><th>技术要求</th></tr>
<tr><td rowspan="3">水泥砂浆找平层</td><td>整体混凝土</td><td>15～20</td><td rowspan="3">1:2.5～1:3（水泥：砂）体积比
水泥强度等级不低于32.5级</td></tr>
<tr><td>整体或板状材料保温层</td><td>20～25</td></tr>
<tr><td>装配式混凝土板，松散材料保温层</td><td>20～30</td></tr>
<tr><td rowspan="2">细石混凝土找平层</td><td>松散材料保温层</td><td>30～35</td><td rowspan="2">混凝土强度等级不低于C20</td></tr>
<tr><td>整体混凝土</td><td>15～20</td></tr>
<tr><td>沥青砂浆找平层</td><td>装配式混凝土板，整体或板状材料保温层</td><td>20～25</td><td>1:8（沥青：砂）质量比</td></tr>
</table>

2. 当找平层的基层采用装配式钢筋混凝土板时，应符合下列规定：

板端、侧缝采用细石混凝土灌缝，其强度等级不应低于C20；板缝宽度大于40mm时，板缝内应设置构造钢筋；板端缝应进行密封处理。

3. 分格木条。分格缝的木条宜制成梯形截面。平缝式分格木条的截面高度也可与刚性防水层的厚度相同；凸缝式分格木条的截面高度也可比刚性防水层高50～70mm。将分格缝兼作排汽道时，梯形截面的上、下底可各增加5～10mm。分格木条的表面应刨光，并在施工前用水浸泡至基本呈饱和状态，然后在截面两侧涂刷废机油或脱模剂。预留凹槽木条与分格缝木条的处理方法相同。

（三）细部构造处找平层的作法

基层与突出屋面结构（女儿墙、山墙、天窗壁、变形缝、烟囱等）的交接处和基层的转角处，找平层应做成圆弧形，圆弧的半径，沥青防水卷材：100～150mm；高聚物改性沥青防水卷材：50mm；合成高分子防水卷材：20mm。并用附加卷材、防水涂料、密封材料做附加增强处理，然后才能铺贴防水层。内部排水的水落口周围，找平层应做成略低的凹坑，直径 500mm 范围内坡度不应小于 5%。

（四）屋面坡度

(1) 找平层的排水坡度应符合设计要求。坡度不宜超过 25%，否则应采取防止卷材下滑的措施。

(2) 平屋面的排水坡度。结构找坡不应小于 3%；材料找坡宜为 2%。一般情况下，平屋面宜由结构找坡；当用材料找坡时，可用轻质材料或保温层找坡。

(3) 天沟、檐沟的坡度。纵向找坡不应小于 1%，沟底水落差不得超过 200mm。天沟、檐沟排水路径不得流经变形缝和防火墙。

五、卷材防水层施工

（一）卷材防水屋面常用材料同本章第一节，卷材厚度选用应符合表 9-6 的规定

表 9-6 卷材厚度选用表

屋面防水等级	设防道数	合成高分子防水卷材	高聚物改性沥青卷材	沥青防水卷材
Ⅰ级	三道或三道以上设防	不应小于 1.5mm	不应小于 3mm	—
Ⅱ级	二道设防	不应小于 1.2mm	不应小于 3mm	—
Ⅲ级	一道设防	不应小于 1.2mm	不应小于 4mm	三毡四油
Ⅳ级	一道设防	—	—	二毡三油

（二）卷材防水施工方法

卷材防水目前常见的施工方法有热施工、冷施工和机械固定三大类，施工时应根据不同的设计要求、材料情况、工程具体作法等选定合适的方法。固定点应密封严密。

1. 卷材防水屋面的施工方法和适用范围可参考表 9-7。

表 9-7 卷材防水屋面施工方法和适用范围

工艺类别	名 称	作 法	适用范围
热施工工艺	热熔法	采用火焰加热器熔化热熔型防水卷材底部的热熔胶进行粘结的方法	有底部热熔胶的高聚物改性沥青防水卷材
	热风焊接法	参与热空气焊枪加热防水卷材搭接缝进行粘结的方法	合成高分子卷材搭接缝焊接
冷施工工艺	冷粘法	参与胶凝剂举行卷材与基层、卷材与卷材的粘结，而不需要加热的施工方法	合成高分子防水卷材、高聚物改性沥青防水卷材
	自粘法	采用带有自粘胶的防水卷材，不用热加工，也不需涂刷胶结材料，而直接进行粘结的方法	带有自粘胶的合成高分子卷材及高聚物改性沥青防水卷材
机械固定工艺	机械定压法	采用镀锌钢钉或铜钉等固定卷材防水层的施工方法	多用于木基层上铺设高聚物改性沥青防水卷材
	压埋法	卷材与基层大部分不粘结，上面采用卵石等压埋，但搭接缝及周边要全粘	用于空铺法、倒置式屋面

2. 卷材防水层施工方法要点

(1) 基层处理剂的喷涂

喷涂基层处理剂前要首先检查找平层的质量和干燥程度并加以清扫，符合要求后才可进行，在大面积喷、涂前，应用毛刷对屋面节点、周围边、拐角等部位先行处理。

(2) 卷材铺贴一般方法及要求

1) 铺设方向

卷材的铺设方向应根据屋面坡度和屋面是否有振动、应符合以下规定：

①屋面坡度小于3%时，卷材宜平行屋脊铺贴；

②屋面坡度在3%～15%时，卷材可平行或垂直屋脊铺贴；

③屋面坡度大于15%或屋面受震动时，沥青防水卷材应垂直屋脊铺贴，高聚物改性沥青防水卷材和合成高分子防水卷材可平行或垂直屋脊铺贴；

④上下层卷材不得相互垂直铺贴。

2) 搭接

铺贴油毡应采用搭接方法，上下两层及相邻两幅油毡的搭接缝均应错开。各层油毡的搭接宽度按规范确定。平行于屋脊搭接缝，应顺流水方向搭接；垂直于屋脊的搭接缝应顺主导风向搭接。搭接宽度见表9-8。

表9-8 卷材搭接宽度

卷材种类 \ 铺贴方法		短边搭接		长边搭接	
		满粘法	空铺、点粘、条粘法	满粘法	空铺、点粘、条粘法
高聚物改性沥青防水卷材		80	100	80	100
合成高分子防水卷材	胶粘剂	80	100	80	100
	胶粘带	50	60	50	60
	单缝焊	60，有效焊接宽度不小于25			
	双缝焊	80，有效焊接宽度10×2+空腔宽			

3) 卷材与基层的粘贴方法

卷材与基层的粘结方法可分为满粘法、点粘法、条粘法和空铺法等形式。通常都采用满粘法，而条粘、点粘和空铺法更适合于防水层上有重物覆盖或基层变形较大的场合，是一种克服基层变形拉裂卷材防水层的有效措施。

(3) 高聚物改性沥青卷材热熔法施工方法要点同地下防水工程。

3. 卷材保护层施工方法要点

卷材铺设完毕，经检查合格后，应立即进行保护层的施工，及时保护防水层免受损伤。保护层的施工质量对延长防水层使用年限有很大影响。刚性保护层与女儿墙、山墙之间应预留宽度为30mm的缝隙，并用密封材料嵌填严密。常用的保护层方式有：

(1) 浅色、反射涂料保护层

浅色、反射涂料目前常用的有铝基沥青悬浊液、丙烯酸浅色涂料或在涂料中掺入铝料的反射涂料，可在现场就地配制，反射涂料应与卷材粘结牢固，厚薄均匀，不得漏涂。

(2) 细砂、云母及蛭石保护层

细砂、云母或蛭石主要用于非上人屋面的涂膜防水层的保护层，使用前应先筛去粉料。云母或蛭石保护层不得有粉料，撒铺应均匀，不得露底，多余的云母或蛭石应清除。

(3) 预制板块保护层

预制板块保护层的结合层可以采用砂或水泥砂浆。板块铺砌前应根据排水坡度要求挂线，以满足排水要求，保护层铺砌的块体应横平竖直。块体材料保护层应留设分格缝，分格面积不宜大于100m^2，分格缝宽度不宜小于20mm。

(4) 水泥砂浆保护层

保护层施工前，应根据结构情况每隔4～6m设置纵横分格缝。铺设水泥砂浆时，应随铺随拍实，并用刮尺找平，终凝前用铁抹子压光保护层。保护层表面应平整，不能出现抹压的痕迹和凹凸不平的现象，排水坡度应符合设计要求。保护层用的水泥砂浆体积比配合比一般为水泥：砂＝1∶2.5～1∶3。

(5) 细石混凝土保护层

细石混凝土整浇保护层施工前，也应在防水层上铺设一层隔离层，并按设计要求留设分格缝，设计无要求时，每格面积不大于36m²，分格缝宽度为20mm。一个分格内的混凝土应尽可能连续浇筑、不留施工缝、混凝土应密实、表面抹平压光。

第三节 涂膜防水屋面施工❶

涂膜防水屋面是由各类防水涂料经重复多遍地涂刷在找平层上，静置固化后，形成无接缝、整体性好的涂膜防水层，主要适用于防水等级为Ⅲ级、Ⅳ级的屋面防水。考虑到涂膜防水层的耐久年限较短，因此对做一道设防的涂膜厚度作了严格的规定；另外，内于涂膜的整体性好，对屋面细部构造、防水节点和任何不规则的屋面均能形成无接缝的防水层，且施工方便，所以涂膜防水层又可作为Ⅰ级、Ⅱ级屋面多道设防中的一道防水层。涂料按其稠度有厚质涂料和薄质涂料之分，施工时有加胎体增强材料和不加胎体增强材料之别，具体作法视屋面构造和涂料本身性能要求而定（图9-15）。

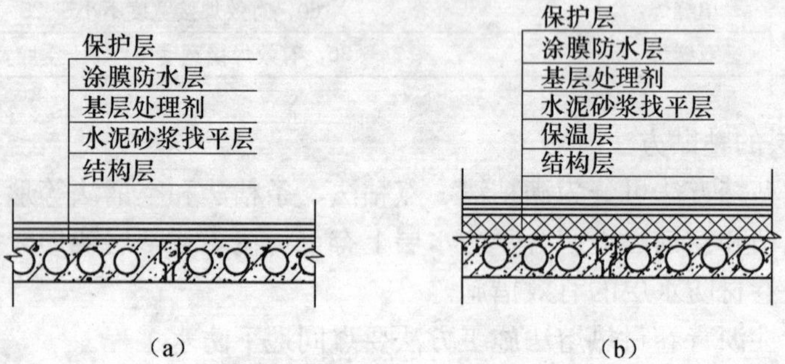

图9-15 涂膜防水屋面构造图

(a) 无保温层涂膜屋面；(b) 有保温层涂膜屋面

一、涂膜防水屋面找平层施工要点

涂膜防水屋面是将液态的防水涂料，在干燥的环境下涂布在屋面找平层上，并转化为固态的防水膜；如成膜不好，就会影响整个屋向防水的质量，因此对基层、细部构造的要求比

---

❶ 《屋面工程质量验收规范》(GB 50207—2002) 规定：

5.3.3 防水涂膜施工应符合下列规定：

1. 涂膜应根据防水涂料的品种分层分遍涂布，不得一次涂成；
2. 应待先涂的涂层干燥成膜后，方可涂后一遍涂料；
3. 需铺设胎体增强材料时，屋面坡度小于15%时可平行屋脊铺设，屋面坡度大于15%时应垂直于屋脊铺设；
4. 胎体长边搭接宽度不应小于50mm，短边搭接宽度不应小于70mm；
5. 采用二层胎体增强材料时，上下层不得相互垂直铺设，搭接缝应错开，其间距不应小于幅宽的1/3；

5.3.13 涂膜防水层与基层应粘结牢固，表面平整，涂刷均匀，无流淌、皱折、鼓泡、露胎体和翘边等缺陷；

5.3.10 涂膜防水层不得有渗漏或积水现象。检验方法：雨后或淋水、蓄水检验。

卷材防水屋面更为严格。

如果找平层表面凸凹不平或局部隆起，在做涂膜防水层时就容易出现涂膜厚薄不匀，使凸起部位涂膜厚度减薄，影响涂膜的耐久性；而凹陷部位涂膜厚度增厚，容易产生皱纹，因此规定找平层的平整度用 2m 长直尺检查，缝隙不应超过 5mm。对于高低不平部位或凹坑处，可用掺水泥重量 20％建筑胶的水泥砂浆、掺水泥重量 10％UEA 的 1∶2～1∶2.5 水泥砂浆或用阳离子氯丁胶乳水泥砂浆顺平。

坡度应按设计要求。如果坡度过小，甚至出现倒坡，则会使屋面排水不畅或长期积水，使涂膜长期浸泡在水中；对一些水乳型的涂膜如长期泡水，就可能出现“再乳化”现象，降低了防水层的功能。

找平层表面应压实平整，不得有酥松、起砂、起皮等现象。如找平层表面酥松、强度过低、裂缝过大，就容易使涂膜与其粘结不牢而成为渗漏的主要原因之一。

广义地来说，基层要求干燥，但溶剂型防水涂料对基层含水率的要求要比水乳型防水涂料严格。溶剂型涂料必须在干燥的基层上施工，以避免产生涂膜鼓泡的质量问题。

除此之外，采用水泥砂浆找平层时，宜掺入微膨胀剂；施工时，宜分两次铺抹；找平层转角处应抹成圆弧形，其半径不宜小于 50mm；找平层应设分格缝，内嵌填密封材料，缝宽宜为 20mm，并应留设在板的支承边，与板端缝对齐，均匀顺直，其间距不宜大于 6mm。

二、涂膜防水层施工

（一）屋面防水涂膜厚度

涂膜厚度选用应符合表 9-9 的规定。

表 9-9　涂膜厚度选用表

屋面防水等级	设防道数	高聚物改性沥青防水涂料	合成高分子防水涂料
Ⅰ级	三道或三道以上设防	—	不应少于 1.5mm
Ⅱ级	二道设防	不应小于 3mm	不应小于 1.5mm
Ⅲ级	一道设防	不应小于 3mm	不应小于 2mm
Ⅳ级	一道设防	不应小于 2mm	—

（二）涂膜防水层方法

1. 防水涂料施工方法

涂膜防水层的施工方法及其适用范围见表 9-10。

表 9-10　涂膜防水层的施工方法及其适用范围

施工方法	具体作法	适用范围
抹压法	涂料用刮板刮平后，待其表面收水而尚未结膜时，再用铁抹子压实抹光	用于流动性差的沥青基厚质防水涂膜施工
涂刷法	用棕刷、长柄刷、圆滚刷蘸防水涂料进行涂刷	用于涂刷立面防水层和节点部位细部处理
刮涂法	用胶皮刮板涂布防水涂料，先将防水涂料倒在基层上，用刮板来回，使其厚涂刮，使其厚薄均匀	用于黏度较大的高聚物改性沥青防水涂料和合成高分子防水涂料在大面积上的施工
机械喷涂法	将防水涂料例入设备内，通过喷枪将防水涂料均匀喷出	用于黏度较小的高聚物改性沥青防水涂料和合成高分子防水涂料在大面积上的施工

防水涂料可用长把滚刷、油漆刷、高浓度喷涂机等涂布工具进行，涂布后一遍涂料应在先涂的涂层干燥成膜后进行，分层分遍涂布逐渐达到所规定的厚度，不得一次涂成，否则厚质涂料上下层涂膜的收缩和干燥时间不一致，易使涂膜开裂；薄质涂料容易造成流淌，使高部位越淌越薄，低部位则堆积。施工时，分块涂布的块与块之间应采用搭接涂刷，搭接涂刷的宽度宜为 80～100mm。每遍及相邻两遍间涂刷的方向应相互垂直。

2. 胎体增强材料铺贴方法

在屋面坡度小于 15%的基层上，胎体增强材料可平行于屋脊铺设；在屋面坡度大于 15%的基层上，为防止胎体增强材料下滑，应垂直于屋脊铺设。平行于屋脊铺贴的胎体增强材料应顺水搭接，垂直于屋脊铺贴的胎体增强材料应顺风搭接，长边的搭接宽度不得小于 50mm，短边的搭接宽度不得小于 70mm。采用二层胎体增强材料时，由于胎体材料的纵、横向延伸率不一致，所以上下层不得互相垂直铺设，从而使整体防水层有一致的延伸率。搭接缝应错开，其间距不应小于幅宽的 1/3，避免重缝。铺贴时，应从屋面标高最低处的檐沟、檐口、天沟、女儿墙根部逐渐铺向屋面标高最高处的屋脊。

（三）涂膜防水施工工艺

涂膜防水的施工顺序应按“先高后低，先远后近”的原则进行。遇高低跨屋面时，一般先涂布高跨屋面，后涂布低跨屋面；相同高度屋面上，要合理安排施工段，先涂布距上料点远的部位，后涂布近处；同一屋面上先涂布排水较集中的水落口、天沟、檐口等节点部位，再进行大面积涂布。

1. 合成高分子防水涂料防水施工

合成高分子防水涂料是通过人工涂布或机械喷涂于找平层，固化后形成具有一定厚度的涂膜达到防水的目的。一般可用浅色涂料做外露防水层的保护层，亦可用水泥砂浆、细石混凝土或块体材料做保护层。

2. 高聚物改性沥青防水涂料防水施工

高聚物改性沥青防水涂料分为溶剂型和水乳型两类，根据屋面工程防水等级的要求，可采用一布三～四涂、二布四～六涂、三布五～六涂、多布多涂或纯涂膜施工工艺。高聚物改性沥青涂膜防水层可用浅色涂料、细砂、云母、蛭石散体材料或砂浆、细石混凝土、块材刚性材料做保护层。

（1）清理找平层并检查干燥度。对于有裂缝的新旧屋面找平层，当裂缝宽度小于 1mm 时，可用涂料腻子（重量比，涂料：滑石粉＝100：100～1：120 或涂料：水泥＝100：120～1：180）嵌填刮平，再在其表面用高聚物改性沥青防水涂料粘贴一条宽为 50～80mm 的胎体增强材料，如图 9-16 所示；当裂缝宽度较大时，可将裂缝稍微凿宽，清扫干净后再嵌填橡胶改性沥青嵌缝膏或其他密封材料，然后在其表面用橡胶改性沥青涂料粘贴一条宽为 80～100mm 的胎体增强材料，如图 9-17 所示。

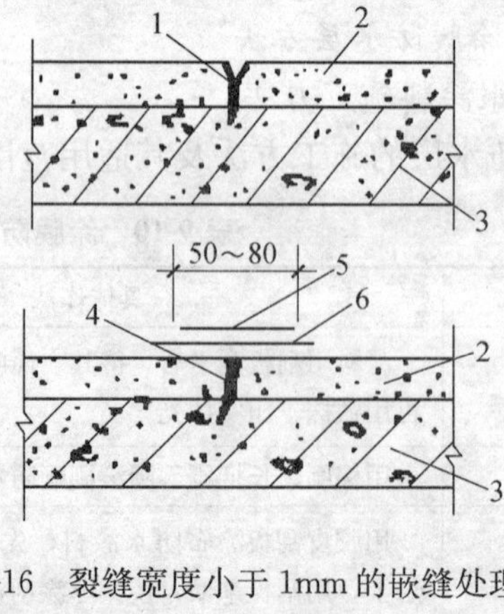

图 9-16 裂缝宽度小于 1mm 的嵌缝处理构造

1—原裂缝；2—找平层；3—屋面板；4—腻子嵌填材料；5—胎体增强材料；6—橡胶改性沥青涂料

(2) 细部构造增强处理。应先用橡胶改性沥青等密封材料、胎体增强材料、溶剂型高聚物改性沥青防水涂料在水落口、天沟、变形缝、阴阳角等细部构造部位，按细部构造防水作法的要求进行一布二涂、二布三涂附加增强层的铺贴。

(3) 涂布基层底涂料。先在平整、干燥的找平层表面用底涂料（在涂料中加入35%～50%的溶剂搅拌均匀而成的较稀涂料）均匀有序地涂刷一遍。底涂料的涂布可用长把滚刷进行滚涂，涂层的厚度约为0.2mm。

(4) 涂布防水层。底涂料表干后即可涂布防水层，可采用长把滚刷或橡皮刮板。

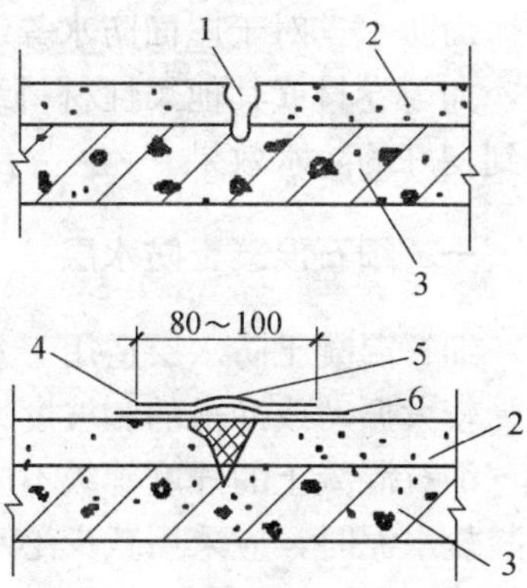

图 9-17　较宽裂缝嵌缝处理构造
1—较宽缝隙；2—找平层；3—屋面板；4—嵌填密封材料；5—胎体增强材料；6—橡胶改性沥青涂料

对于稳定性较好的现浇钢筋混凝土屋面或结构变形已趋于稳定的旧屋面，防水层可采用纯涂膜（四涂、六涂、八涂）或一布多涂的形式，涂布的遍数越多，每遍涂层的用量应越少。每遍涂层的用量不得超过1kg/m²，形成的厚度在0.3～0.5mm之间，屋面的阴阳角等转角及立面的涂层，应薄涂多遍。如采用一布多涂的涂膜防水形式，则宜在涂布第一道涂料时及时铺贴胎体材料。铺贴时，可先在铺贴位置的基层表面和已铺胎体表面按胎体材料的宽度（包括搭接宽度）弹出基准线，这样涂布时使涂布宽度稍微超出一些基准线，以保证胎体材料的底面全部粘有涂料。第一遍涂层表干后（约24h）即可涂布第二遍涂层，剩余涂层的涂布遍数，应以涂膜实干后（约7d）的厚度达到设计所规定的值为止；胎体表面涂层的涂刷不应少于两遍，其厚度不应小于1mm。

对于结构易发生变形的新建屋面或装配式屋面，应视情况可采用一布四涂、二布四～六涂、三布五～六涂或多布多涂带胎体增强材料的涂膜防水形式。胎体材料应在涂布完第一遍涂层后即进行铺贴；下一层胎体应在上一层胎体表面的涂层表干后涂刷又一遍涂层时进行铺贴；最上层胎体涂层的涂刷亦不应少于两遍，厚度不应小于1mm。

(5) 涂膜防水层末端收头处理。参见细部构造防水作法。

(6) 检查涂膜防水层施工质量。涂布结束静置固化至实干（约7d）后，进行质量检查。

(7) 设置保护层。用配制好的丙烯酸酯铝粉涂料或掺入其他颜料的丙烯酸酯装饰涂料满蘸于长把滚刷，均匀地滚涂在涂膜防水层表面，饰面颜色应均匀一致，不得有漏涂现象；或在已检查合格的防水层表面涂布最后一遍涂料，边涂布边撒布细砂、云母或蛭石等散体材料，筛去粉料。撒布后自然干燥一周左右，再将未被粘住的细砂等散体材料及时清扫干净。

如在施工中未做防水试验，则可在做完保护层后，再进行淋水或蓄水试验。

第四节　刚性防水屋面施工

刚性防水屋面是用普通细石混凝土、补偿收缩混凝土、块体刚性材料等做屋面的防水层。补偿收缩混凝土采用微膨胀技术，使混凝土致密，堵塞渗水通道，使用越来越广泛；块体刚性防水技术比较成熟，已被广泛推广应用。

刚性防水层，其材料来源广泛、价格便宜、耐水性好，但所用材料的表现密度大、抗拉强度低、极限拉应变小，当结构产生位移变形时，易产生裂缝，受混凝土或砂浆干缩、温差变形也易产生裂缝。所以，刚性材料防水主要适用于防水等级为Ⅲ级的一般工业与民用建筑的屋面防水。对于屋面防水等级为Ⅰ级和Ⅱ级的重要建筑物，可作为多道设防中的一道防水层，如与卷材或其他柔性材料组合成复合防水层，采取刚柔结合、相互弥补的防水措施，将起到良好的防水效果。

一、细石混凝土防水层

细石混凝土防水层适用于Ⅰ～Ⅲ级的屋面防水，不适用于设有松散材料保温层的屋面以及受较大振动或冲击的和坡度大于15%的建筑屋面。

细石混凝土的强度等级不应小于C20，细石混凝土不得使用火山灰质水泥；当采用矿渣硅酸盐水泥时，应采用减少泌水性措施。粗集料含泥量不应大于1%，细集料含泥量不应大于2%。混凝土水灰比不应大于0.55；每立方米混凝土水泥用量不得少于330kg；含砂率宜为35%～40%；灰砂比宜为1∶2～1∶2.5。

细石混凝土防水层是由细石混凝土或掺入减水剂、防水剂等非膨胀性外加剂的细石混凝土浇筑而成。掺入减水剂、防水剂的混凝土，其密实性和抗渗性能都得到明显的提高。混凝土中掺加膨胀剂、减水剂、防水剂等外加剂时，应按配合比准确计量，投料顺序得当，并应用机械搅拌，机械振捣。

细石混凝土防水层的厚度不应小于40mm，并应配置双向钢筋网片。钢筋网片在分格缝处应断开，其保护层厚度不应小于10mm。防水层与立墙及突出屋面结构等交接处，均应做柔性密封处理；防水层与基层间宜设置隔离层。防水层的分格缝，应设在屋面板的支承端、屋面转折处、防水层与突出屋面结构的交接处，其纵横间距不宜大于6m。分格缝内应嵌填密封材料。

二、补偿收缩混凝土防水层

由掺入微膨胀剂的细石混凝土浇筑成的防水混凝土称为补偿收缩混凝土。用于屋面时称为补偿收缩混凝土防水屋面。

U型混凝土膨胀剂水泥、粗、细集料和水按材料质量要求的相关规定选用，其余材料与细石混凝土防水施工所需材料相同。其中U型混凝土膨胀剂（简称UEA）是用硫酸铝、氧化铝、硫酸铝钾、硫酸钙等无机化合物特制而成的抗裂防水混凝土外加剂，不含有害物质，不污染环境，对水质无影响的白色粉末。

微膨胀剂的掺入，使混凝土产生适量膨胀，在钢筋和邻位限制下，在钢筋混凝土中建立起一定的预压应力（自应力），这一应力大致能抵消混凝土在收缩时产生的拉应力，使收缩得到补偿，从而防止或减少混凝土产生裂缝，并能使混凝土致密，提高混凝土的抗裂性和抗渗性。

1. 拌制补偿收缩混凝土。UEA补偿收缩混凝土的强度等级不应低于C30，水灰比不大于0.5，每立方米混凝土水泥用量应不少于360kg，含砂率宜为35%～40%，灰砂比应为1∶2～1∶2.5，坍落度宜为1～2cm。UEA在混凝土中的加入量由配筋率大小和水泥强度等级来确定，当用于屋面防水层时，一般可取11%～13%。

按配比准确称量后拌制，不得估量加材，如采用人工拌制少量U型混凝土，则必须先将水泥、U型膨胀剂和砂子充分干拌均匀后，再加石子与水拌和至均匀；如采用强制式搅拌机或一般自落式搅拌机搅拌时，U型膨胀剂和水泥应同时加入，连续搅拌时间不应少于3min。

2. UEA 补偿收缩混凝土的厚度一般为 40～50mm；勾缝采用 1∶2UEA 水泥砂浆，且砂浆中水泥用量的 15%用 UEA 膨胀剂来替换。

3. 混凝土养护可采用蓄水养护或覆盖浇水养护。蓄水养护时，可在屋面四周用黏土堆筑一道或数道拦水坝，蓄水高度以不超过 100mm 为宜；覆盖浇水养护时，浇水次数应勤，始终保持覆盖物的湿润。

三、块体刚性材料防水层

块体刚性材料铺砌的防水层是以掺入防水剂、微膨胀剂的防水砂浆为底层防水层，以黏土砖等块体材料为中间骨架层，再以防水砂浆为面层防水层的整体防水层。

防水砂浆一般可分为防水剂水泥砂浆、补偿收缩防水砂浆（掺入微膨胀剂）和聚合物防水砂浆三种。

思 考 题

1. 屋面防水工程分为几级，分类的标准是什么？
2. 找平层为什么要留置分格缝，如何留置？
3. 卷材防水屋面施工方法和适用范围？
4. 涂膜防水屋面施工方法和适用范围？
5. 地下防水层的卷材铺贴方案各有什么特点？
6. 防水混凝土工程施工中应注意哪些问题？
7. 地下防水工程分为几级，分类的标准是什么？

第十章 建筑装饰工程

建筑装饰工程施工是对建筑或建筑空间进行设计、加工和再加工的施工行为。建筑装饰工程的作用是：优化环境，创造使用条件；保护结构体，延长使用年限；美化建筑空间，增强艺术效果；综合处理，协调建筑结构与设备之间的关系。

建筑装饰工程根据工程部位的不同分为室内装饰和室外装饰；根据施工工艺的不同，又可分为抹灰工程、饰面工程、涂料工程、楼地面工程、门窗工程、吊顶工程、裱糊工程、轻质隔墙工程和玻璃幕墙工程等。

建筑装饰工程的特点是：工程量大、用工多、工期长、手工操作多、机械化程度低，且新型装饰材料日新月异，装饰的标准越来越高，所占工程造价的比重也越来越大。

第一节 抹灰工程

把灰浆涂抹在建筑物的墙面、顶棚、楼地面等部位的装饰工程称为抹灰工程。按使用的材料和装饰效果，可分为一般抹灰和装饰抹灰。

一、一般抹灰工程

一般抹灰为采用石灰砂浆、混合砂浆、水泥砂浆、聚合物水泥砂浆、膨胀珍珠岩水泥砂浆、麻刀灰、纸筋灰、粉刷石膏等材料进行涂抹的施工。

1. 一般抹灰工程的组成

抹灰层的组成一般分为底层、中层与面层。底层主要起粘结作用，并对基层进行初步找平；中层的作用是找平；面层（又称罩面）是使表面光滑细致，起装饰作用。抹灰采取分层进行，目的是为了增强层间的粘结，保证质量。如果一次抹得太厚，由于内外收水快慢不同，易产生开裂，甚至空鼓脱落。抹灰层的平均总厚度根据具体部位及基层材料而定。钢筋混凝土顶棚抹灰厚度不大于 15mm；内墙普通抹灰厚度不大于 20mm，高级抹灰厚度不大于 25mm；外墙抹灰厚度不大于 20mm；勒脚及突出墙面部分不大于 25mm。

2. 一般抹灰工程的分类

按建筑物标准、质量要求及操作工序，一般抹灰工程分为普通抹灰和高级抹灰，当设计无要求时，按普通抹灰验收，如表 10-1 所示。

表 10-1 一般抹灰的分类

级 别	适用范围	作法要求
高级抹灰	适用于大型公共建筑物、纪念性建筑物（如剧院、礼堂、宾馆、展览馆等和高级住宅）以及有特殊要求的高级建筑等	一层底灰，数层中层和一层面层。阴阳角找方，设置标筋，分层赶平、修整，表面压光。要求表面应光滑、洁净、颜色均匀、无抹纹，分格缝和灰线应清晰美观

续表

级　别	适用范围	作法要求
普通抹灰	适用于一般居住、公用和工业建筑（如住宅、宿舍、教学楼、办公楼）以及建筑物中的附属用房，如汽车库、仓库、锅炉房、地下室、储藏室等	一层底灰，一层中层和一层面层（或一层底层，一层面层）。阳角找方，设置标筋，分层赶平、修整，表面压光。要求光滑、洁净、接槎平整，分格缝应清晰

3. 抹灰基体的表面处理❶

抹灰前，对砖石、混凝土等基层表面的灰尘、污垢、油渍等应清除干净，并将墙面上的施工孔洞、管线沟槽、门窗框缝隙堵塞密实，抹灰前基体一定要洒水湿润，砖基体一般使砖面渗水深度达8～10mm左右，混凝土基体使水渗入混凝土表面2～3mm。基体为混凝土、加气混凝土、灰砂砖和煤矸石砖时，在湿润的基体表面还需刷TG胶或108胶的水泥浆一道，从而封闭基体的毛细孔，使底灰不至于早期脱水，以增强基体与底层灰的粘结力。在不同结构基层的交接处，应先铺钉一层金属网或纤维布，并绷紧牢固（金属网与各基层的搭接宽度不应小于100mm），以防抹灰层由于两种基层材料胀缩不同而产生裂缝。

4. 一般抹灰施工工艺

(1) 墙面抹灰

1) 找规矩，弹准线。对普通抹灰，先用托线板全面检查主体墙面的垂直、平整程度，根据检查的实际情况并根据抹灰等级和抹灰总厚度，决定墙面抹灰厚度（最薄处一般不小于7mm）。对高级抹灰，先将房间规方，小房间可以一面墙做基准，用方尺规方即可；如房间面积较大，要在地面上先弹出十字线，以作为墙角抹灰准线，在离墙角约10cm左右，用线坠吊直，在墙面弹一立线，再按房间规方十字线及墙面平整程度弹出墙角抹灰准线，并在准线上下两端挂通线作为抹灰饼、冲筋的依据。

2) 贴灰饼。首先用与抹底层灰相同的砂浆做墙体上部的两个灰饼，其位置距顶棚约200mm，灰饼大小一般50mm见方，厚度根据墙面平整、垂直程度决定。然后根据这两个灰饼用托线板或线坠找垂直，做墙面下角两个标准灰饼（高低位置一般在踢脚线上方200～250mm处），厚度以垂直为准，再在灰饼附近墙缝内钉上钉子，拴上小线挂好通线，并根据通线位置加设中间灰饼，间距1.2～1.5m，如图10-1所示。

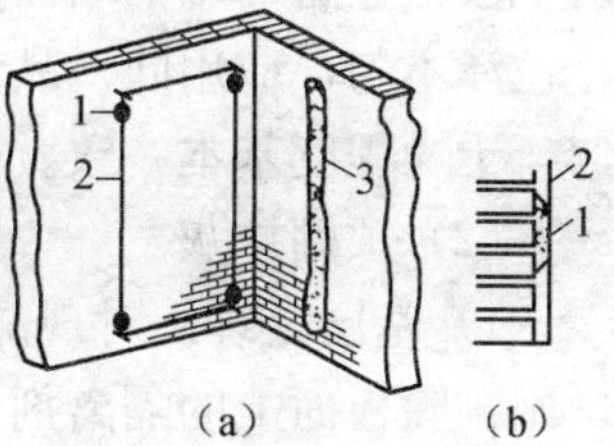

图10-1　挂线做灰饼及冲筋图
(a) 灰饼、标筋位置示意图；
(b) 灰饼剖面示意图
1—灰饼；2—引线；3—标筋

3) 设置标筋（即冲筋）。待灰饼砂浆基本进入终凝，抹底层灰的砂浆将上、下两灰饼之间抹一条宽约100mm的灰梗，用刮尺刮平，厚度与灰饼一致，用来作为墙面抹灰的标准，此即为冲筋，如图10-1所示。还应将标筋两边用刮尺修成斜面，使其与抹灰层接槎平顺。

❶《建筑装饰装修工程质量验收规范》(GB 50210—2001) 规定：

4.2.2　抹灰前基层表面的尘土、污垢、油渍等应清除干净，并应洒水润湿。检验方法：检查施工记录。

4.2.4　抹灰工程应分层进行。当抹灰总厚度大于或等于35mm时，应采取加强措施。不同材料基体交接处表面的抹灰，应采取防止开裂的加强措施，当采用加强网时，加强网与各基体的搭接宽度不应小于100mm。检验方法：检查隐蔽工程验收记录和施工记录。

4）阴、阳角找方。普通抹灰要求阳角找方，对于除门窗外还有阳角的房间，则应首先将房间大致规方，其方法是先在阳角一侧做基线，用方尺将阳角先规方，然后在墙角弹出抹灰准线，并在准线上下两端挂通线做灰饼。高级抹灰要求阴阳角都要找方，阴阳角两边都要弹出基线。为了便于做角和保证阴阳角方正，必须在阴阳角两边做灰饼和标筋。

5）做护角。室内外墙面、柱面和门窗洞口的阳角抹灰要求线条清晰、挺直，要防止碰坏，该处应用1∶2水泥砂浆做暗护角，护角高度不应低于2m，每侧宽度不小于50mm。

6）抹底层灰。当标筋稍干后，刮尺操作不致损坏时，即可抹底层灰。抹底灰前，先应对基体表面进行处理（如前所述）。应自上而下地在标筋间施抹底灰，随抹随用刮尺齐着标筋刮平。刮尺操作用力要均匀，不准将标筋刮坏或使抹灰层出现不平的现象。待刮尺基本刮平后，再用木抹子修补、压实、搓平、搓毛。

7）抹中层灰。待底层灰凝结，达7～8成干后（用手指按压不软，但有指印和潮湿感），即可抹中层灰，依冲筋厚以填抹满砂浆为准，随抹随用刮尺刮平压实，再用木抹子搓平。中层灰抹完后，对墙的阴角用阴角抹子抹平。中层砂浆凝固前，也可在层面上交叉划出斜痕，以增强与面层的粘结。

8）抹面层灰（也称罩面）。中层灰干至7～8成后，即可抹面层灰。如中层灰已干透发白，应先适度洒水湿润后，再抹罩面灰。用于罩面的常有麻刀灰、纸筋灰，有时也用水泥砂浆面层和石膏面层。麻刀灰和纸筋灰用于室内白灰墙面，抹灰时，用钢皮抹子把灰抹在墙面上，一般由阴角或阳角开始，从左向右进行，最好两人配合，一人在前面竖向抹灰，一人在后面跟着横向抹平、压光。压平后，用排笔蘸水横刷一遍，使表面色泽一致，再用塑料抹子压实收光（钢皮抹子收光容易压出锈迹），表面达到光滑、色泽一致，不显接槎为好。

室外抹灰常用水泥砂浆罩面。由于面积较大，为了不显接槎、防止抹灰层收缩开裂，一般应设置分格缝，留槎位置应留在分格缝处。由于大面积抹灰罩面抹纹不易压光，在阳光照射下极易显露而影响墙面美观，故水泥砂浆罩面宜抹成毛面，并用排笔蘸水横刷一遍。为防止色泽不匀，应用同一品种与规格的原材料，由专人配料，采用统一的配合比，底层浇水要匀，干燥程度基本一致。

（2）顶棚抹灰

1）基层处理。对现浇钢筋混凝土楼板，先清除板底浮灰、砂石和松动的混凝土，用钢丝刷刷除板面上的隔离剂，随之用清水冲洗干净，再满刮一遍TG胶或108胶水泥浆一道，作为结合层。

2）找规矩。顶棚抹灰一般不做灰饼和标筋，而是根据50cm水平线在靠近顶棚四周的墙面上弹一条水平线以控制抹灰层厚度，并作为抹灰找平的依据。

3）底、中层抹灰。先抹2mm厚底灰，紧跟着抹中层砂浆，厚度为6mm左右，抹后用软刮尺刮抹顺平，再用木抹子搓平，顶棚管道的周围用小抹子顺平。

4）面层抹灰。当中层灰至六、七成干时，即可抹罩面灰。罩面灰分两遍成活，约2mm厚。第一遍罩面灰越薄越好，紧跟抹第二遍，要找平。待罩面灰稍干，再用塑料抹子顺抹纹压实、压光。

5. 一般抹灰工程质量

一般抹灰工程质量的允许偏差如表10-2所示。

表 10-2 一般抹灰的允许偏差和检验方法

项次	项目	允许偏差（mm）		检验方法
		普通抹灰	高级抹灰	
1	立面垂直度	4	3	用 2m 垂直检测尺检查
2	表面平整度	4	3	用 2m 靠尺和塞尺检查
3	阴阳角方正	4	3	用直角检测尺检查
4	分格条（缝）直线度	4	3	拉 5m 线，不足 5m 拉通线，用钢直尺检查
5	墙裙、勒脚上口直线度	4	3	拉 5m 线，不足 5m 拉通线，用钢直尺检查

注：1. 普通抹灰，本表第 3 项阴角方正可不检查。
2. 顶棚抹灰，本表第 2 项表面平整度可不检查，但应平顺。

二、装饰抹灰工程

装饰抹灰与一般抹灰的区别在于两者具有不同的装饰面层，其底层和中层的作法基本相同，装饰抹灰罩面是用水泥、石灰砂浆等抹灰的基本材料，利用不同的施工操作方法将其做成饰面层。它质感丰富、颜色多样、艺术效果鲜明，具有一般抹灰无法比拟的优点。按装饰面层的不同，装饰抹灰的种类有干粘石、水刷石、水磨石、斩假石、拉毛灰、拉条灰、假面砖、喷砂、喷涂、滚涂、弹涂及彩色抹灰等。

1. 装饰抹灰施工工艺

（1）干粘石

一般多用于建筑物外墙面、檐口、腰线、窗楣、窗套、门套、柱子、阳台、雨篷等处，但碰撞易掉，故离室外地坪高度 1m 以下，不宜采用干粘石。

干粘石施工时，应先将中层水泥砂浆洒水湿润后，粘分格条，接着按格抹水泥砂浆粘结层（厚约 4～6mm）。粘结层抹平后，应立即将配有不同颜色的中、小八厘石子甩在粘结层上，并随即用铁抹子将石子拍入粘结层，拍平压实。石子嵌入砂浆的深度不小于粒径的1/2，但不得拍出灰浆，影响美观。如发现饰面上的石子有不匀或过稀现象时，一般不宜补甩，应将石子用抹子或手直接补粘。

当抹压石子工序完成后，就要起出分格条（有的施工单位用塑料或铝合金分格条作为永久装饰条不起出），并用素灰将格缝修补平直、颜色一致。待砂浆具有一定强度后，应洒水进行养护。

（2）水刷石

主要用于室外的装饰抹灰，具有外观稳重、立体感强、无新旧之分的特点，能使墙面达到天然美观的艺术效果。

底层和中层抹灰操作要点与一般抹灰相同，抹好的中层表面要划毛。中层砂浆抹好后，弹线分格，粘分格条。中层砂浆 6～7 成干时（终凝之后），先浇水湿润，紧接着薄刮水灰比为 0.37～0.40 水泥浆一遍作为结合层，随即抹水泥石粒浆或水泥石灰膏石粒浆。应边抹边用铁抹子压实压平，待稍收水后再用铁抹子整面，将露出的石子尖棱轻轻拍平使表面平整密实。待面层凝固尚未硬化（用手指捺上无压痕）时，即用刷子蘸清水自上而下刷掉面层水泥浆，使石子露出灰浆面 1～2mm 高度。最后用喷水壶由上往下将表面水泥浆洗掉，使外观石粒清晰、分布均匀、紧密平整、色泽一致，不得有掉粒和接槎痕迹。水刷石完成第二天起要经常洒水养护，养护时间不少于7d。

(3) 斩假石

又称剁斧石，是仿制天然石料的一种建筑饰面，一般用于小面积的外装饰工程。

施工时底层与中层表面应划毛，涂抹面层石子浆前，要认真浇水湿润中层抹灰，并满刮水灰比为0.37～0.40的纯水泥浆一道，接着将拌好的1∶1.25水泥石屑浆罩面，待收水后用抹子压实。

抹完后应采取防晒措施，洒水养护2～3d（其强度应控制在5MPa）后开始试斩，如石子不脱落，即可用剁斧将面层剁毛。斩剁前，应先弹线，相距约10cm，按线操作，以免剁纹跑斜。斩剁时必须保持面层湿润，如面层过于干燥，应予撒水，但斩剁完部分不得撒水。斩剁时应由上而下进行，先仔细剁好四周边缘和棱角，再斩中间部分。在墙角、柱子等处，宜横向剁出边条或留有15～20mm宽的窄小条不剁。剁完后用钢丝刷顺斩纹刷净墙面尘土。

(4) 假面砖

假面砖是用手工操作，用氧化铁红、氧化铁黄等颜料（其质量配合比为水泥∶石灰膏∶氧化铁黄∶氧化铁红∶砂＝5∶1∶(0.3～0.4)∶0.06∶9.7）抹成模拟面砖的效果。其作法是：先用1∶1的水泥砂浆抹3mm厚打底；接着用上述配比混合砂浆抹面，厚3～4mm。面层稍收水后，用靠尺板用铁梳子或铁辊由上向下划纹，深度不超过1mm。然后根据面砖的宽度用铁钩子沿靠尺板横向划沟，深度以露出垫层灰为准，划好后将飞边砂砾扫净。

(5) 水磨石

现制水磨石主要用于地面装饰工程，其特点是：表面平整光滑、外观美、不起灰，又可按设计和使用要求做成各种彩色图案，整体性好，坚固耐久，但其现场施工湿作业工序多，周期长。水磨石地面面层应在完成顶棚和墙面抹灰后再开始施工。

施工时，先用1∶3水泥砂浆打底（厚12mm），然后按设计要求粘好分格用铜条、塑料条或玻璃条。将底层湿润后刷一遍与面层颜色相同的水灰比为0.4～0.5的水泥浆作为粘结层，紧接着铺设1∶2或1∶2.5的水泥石子浆，铺设厚度要高出分格嵌条1～2mm，要铺平整，用滚筒滚压密实，待水泥浆全部压出后，再用抹子抹平。在滚压过程中，如发现表面石子偏少，可在水泥浆较多处补撒石粒并拍平，增加美观。铺完面层1d后进行洒水养护，常温下养护5～7d。

开磨前应先试磨，以表面石粒不松动为准。普通水磨石面层磨光遍数应不少于三遍。第一遍粗磨，磨至石子外露，磨平、磨匀，全部分格嵌条外露；磨后将泥浆冲洗干净，用同色水泥浆满涂抹，以填补砂眼，洒水养护2～3d再磨。第二遍磨的方法同第一次，要求消去磨痕，磨到光滑为止；磨光后再补上一次浆，养护2～3d再磨。第三遍磨，要求达到表面石子粒径显露、平整光滑、无砂眼细孔。用水冲洗后晾干，涂抹草酸溶液一遍。当为高级水磨石面层时，在第三遍磨光后，经满浆、养护，继续进行第四遍、第五遍磨光。

磨完后还需上蜡，方法是在面层上薄薄地涂一层蜡，稍干后用钉有细帆布或麻布的木块代替金刚石，装在磨石机的磨盘上研磨几遍，直到光滑亮洁为止。上蜡后铺锯末进行养护。

(6) 拉毛灰

拉毛灰是在抹灰的中层上，抹上水泥砂浆或水泥石灰砂浆，然后用拉毛工具（棕刷子、铁刷子等）将砂浆拉成波纹、斑点、小猫耳朵等形状而做成装饰面层。其种类较多，如拉长毛、短毛，拉粗毛和细毛，特点是具有吸声作用，故可用于剧场、礼堂、电影院等。

拉毛灰的施工方法是一人先抹罩面灰浆，另一人紧跟在后用硬毛鬃刷往墙上垂直拍拉，拉出毛头。拉毛时应在同一个平面上，不准中断留槎，以做到色调一致不露底。

2. 装饰抹灰工程的质量要求❶

第二节　饰面工程

饰面工程是指把饰面材料镶贴或安装到基体表面上以形成装饰层。饰面材料的种类很多，但基本上可分为饰面板和饰面砖两大类。就施工工艺而言，前者以采用构造连接方式的安装工艺为主，后者以采用直接粘贴的镶贴工艺为主。

一、饰面板安装

饰面板工程是将天然石材、人造石材、金属饰面板等安装到基层上，以形成装饰面的一种施工方法。建筑装饰用的天然石材主要有大理石和花岗石两大类，人造石材一般有人造大理石（花岗石）和预制水磨石饰面板。金属饰面板主要有铝合金板、塑铝板、彩色涂层钢板、彩色不锈钢钢板、镜面不锈钢饰面板等。

1. 大理石（花岗石、预制水磨石）饰面板施工

(1) 湿作业法施工

---

❶ 《建筑装饰装修工程质量验收规范》(GB 50210—2001) 规定：

4.3.3　装饰抹灰工程所用材料的品种和性能应符合设计要求。水泥的凝结时间和安定性复验应合格。砂浆的配合比应符合设计要求。

检验方法：检查产品合格证书、进场验收记录、复验报告和施工记录。

4.3.5　各抹灰层之间及抹灰层与基体之间必须粘结牢固，抹灰层应无脱层、空鼓和裂缝。

检验方法：观察；用小锤轻击检查；检查施工记录。

4.3.6　装饰抹灰工程的表面质量应符合下列规定：

1. 水刷石表面应石粒清晰、分布均匀、紧密平整、色泽一致，应无掉粒和接槎痕迹；

2. 斩假石表面剁纹应均匀顺直、深浅一致，应无漏剁处；阳角处应横剁并留出宽窄一致的不剁边条，棱角应无损坏；

3. 干粘石表面应色泽一致、不露浆、不漏粘，石粒应粘结牢固、分布均匀，阳角处应无明显黑边；

4. 假面砖表面应平整、沟纹清晰、留缝整齐、色泽一致，应无掉角、脱皮、起砂等缺陷。

检验方法：观察；手摸检查。

4.3.9　装饰抹灰工程质量的允许偏差和检验方法应符合表 4.3.9 的规定。

表 4.3.9　装饰抹灰的允许偏差和检验方法

项次	项目	允许偏差 (mm)				检验方法
		水刷石	斩假石	干粘石	假面砖	
1	立面垂直度	5	4	5	5	用 2m 垂直检测尺检查
2	表面平整度	3	3	5	4	用 2m 靠尺和塞尺检查
3	阳角方正	3	3	4	4	用直角检测尺检查
4	分格条（缝）直线度	3	3	3	3	拉 5m 线，不足 5m 拉通线，用钢直尺检查
5	墙裙、勒脚上口直线度	3	3	—	—	拉 5m 线，不足 5m 拉通线，用钢直尺检查

1）传统湿作业法

即绑扎固定灌浆法。此法是先在主体结构上焊接或绑扎钢筋骨架，然后将石材与钢筋骨架固定，最后在缝隙内灌水泥砂浆或细石混凝土固定，如图10-2 所示。

其施工工艺流程为：

钻孔、剔槽→穿丝→绑扎钢筋→板材安装→灌浆→嵌缝。

2）改进的湿作业法

即 U 形钉固定灌浆法。这种方法不用绑扎钢筋骨架，基体处理完之后，利用 U 形钉将板材紧固在基体上，然后分层灌浆，如图 10-3 所示。

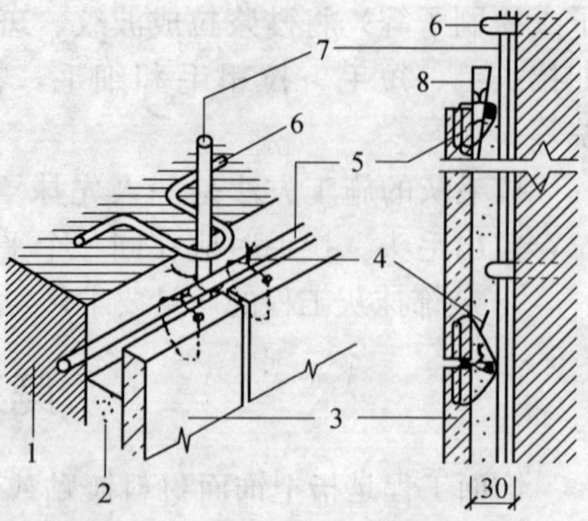

图 10-2　饰面板传统安装方法

1—墙体；2—水泥砂浆；3—饰面板；4—钢丝；5—横筋；6—铁环；7—立筋；8—定位木楔

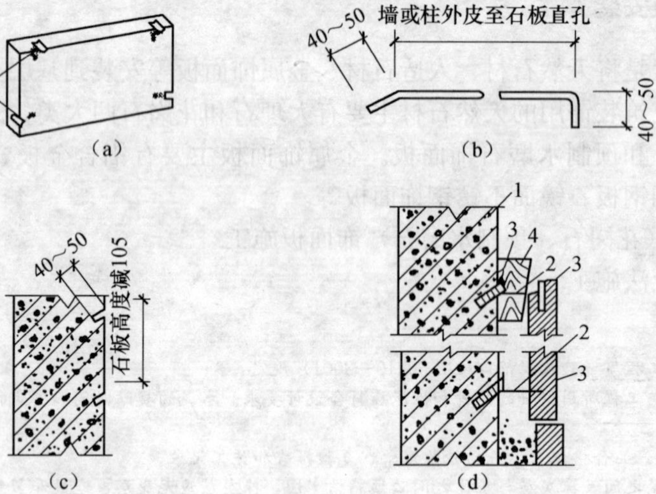

图 10-3　传统安装法改进工艺

(a) 石板钻直孔；(b) U 形钉；(c) 基体钻斜孔；(d) 石板就位、固定示意图

1—基体；2—U 形钉；3—硬木小楔；4—大头木楔

其具体施工工艺如下：

基底处理→石板钻孔→主体结构钻孔→板材安装、固定→灌浆→嵌缝。

(2) 干挂法施工

湿作业施工方法在外墙温差较大时，易引起饰面板脱落，而且灌浆中的盐碱等色素对石材的渗透污染，会影响装饰质量和观感效果。近几年发展起来的饰面板干挂工艺有效地克服了湿作业的通病。

干挂工艺是用螺栓和连接件将石材挂在建筑结构的外表面，石材与结构之间留出 40～50mm 的空隙，其构造如图10-4所示。该工艺与湿作业工艺比较，免除了灌浆工序，可缩短工期，减轻建筑物的自重，提高抗震性能。其具体施工

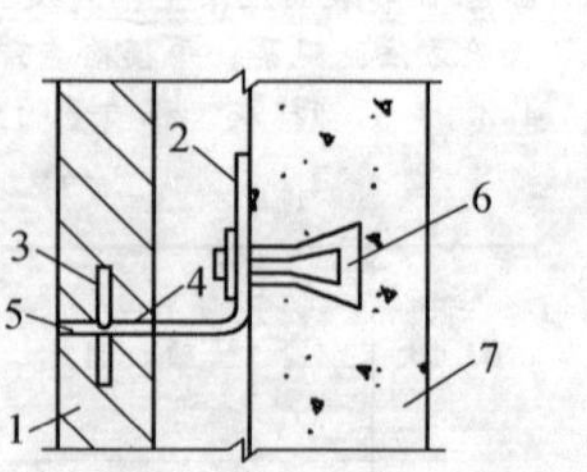

图 10-4　不锈钢连接件干挂工艺节点

1—饰面板；2—不锈钢连接件；3—不锈钢锚固针；4—缓冲垫；5—嵌缝油膏；6—不锈钢膨胀螺栓；7—混凝土墙

工艺如下：

1）石材钻孔。钻孔后孔内的石屑应及时清理干净。

2）基体处理、弹线和挂线。清理结构表面，用经纬仪打出大角两个面的垂直控制线，弹出安装石材的位置线和分块线，并挂上竖向钢丝线。

3）在结构上定位钻孔，下膨胀螺栓。

4）支底层饰面板托架，安装连接件。

5）安装固定石材。先安装底层石材，把连接件上的不锈钢锚固针插入板材的接孔中，调整面板，当确定位置准确无误后，即可紧固螺栓，然后用环氧树脂或密封膏堵塞连接孔。最后用1∶2.5的白水泥砂浆灌于底层面板内20cm高。

底层石板安装完毕后，经检查合格可依次循环安装上面各层面板，每层应注意上口水平、板面垂直。

6）贴防污条、嵌缝。沿面板边缘贴4cm宽的纸带型不干胶带，边沿要贴齐、贴严，在大理石板间缝隙处嵌弹性背衬条，最后在背衬条外用嵌缝枪把中性硅胶打入缝内，打胶时用力要均匀，走枪要稳而慢。胶面要用不锈钢小勺刮平，嵌底层石板缝时，要注意不要堵塞流水管。

7）清理石板表面，刷罩面剂。把石板表面的防污条掀掉，用棉丝将石板擦干净，用棉丝沾丙酮擦净余胶，再刷罩面剂。要求无气泡、不漏刷、刷均匀、平整。

2. 金属饰面板的安装

（1）铝合金饰面板安装

铝合金饰面板具有强度高、重量轻、结构简单、装拆方便、耐燃防火、耐腐饰等优点，可用于内外墙装饰及吊顶等。其施工工艺如下：

1）吊直、套方、找规矩、弹线。

2）固定骨架的连接件。固定形式有两种：①先预埋铁件后焊接；②在结构上打膨胀螺栓连接。现场多用第二种方式。

3）固定骨架。骨架是由横竖杆件拼成，主要材质为铝合金和型钢，也可用方木做骨架。应预先进行防腐处理，骨架安装位置要准确，结合要牢固。

4）铝合金饰面板安装。将饰面板用螺钉直接拧固在骨架上。如采用后条扣压前条的构造方法，可使前块板条的固定螺钉被后块板条扣压遮盖，从而达到使螺钉全部暗装的效果，既美观，又对螺钉起保护作用。如图10-5所示。

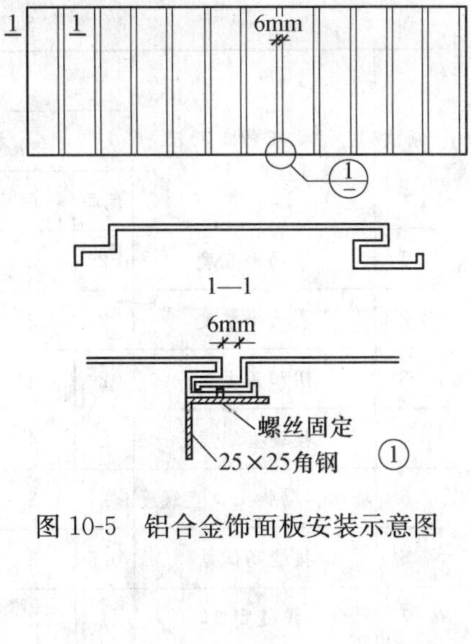

图10-5　铝合金饰面板安装示意图

（2）塑铝板建筑饰面安装

塑铝板为当代新型室内、外墙体高档装修材料之一，系以铝合金片与聚乙烯复合材复合加工而成。其安装方法一般有无龙骨贴板法、轻钢龙骨贴板法和木龙骨贴板法，后两种方法均为在墙体表面先安装龙骨后安装纸面石膏板，最后粘贴塑铝板。无龙骨贴板法的施工工艺为：

1）墙体表面处理，刷108胶素水泥浆一道。

2）墙体表面抹12mm厚1∶0.3∶3水泥砂浆找平层。

3）粘贴纸面石膏板。将粘结石膏粉糊摊布于墙面之上，立即将纸面石膏板上墙就位，用力压实。

4）纸面石膏板表面处理。先进行板缝处理；再满刮腻子一遍找平表面；干后用砂纸打平打光，清除浮尘，涂封闭乳胶漆一道；干后再喷涂酚醛清漆∶汽油＝1∶3防潮底漆一遍。

5）粘贴塑铝板。在塑铝板背面及纸面石膏底板表面均匀涂布强力胶粘剂一层，待胶粘剂稍具黏性时，将塑铝板上墙就位，拍平压实。

6）板缝处理，封边、收口。

3. 饰面板安装的质量要求❶

二、饰面砖镶贴工艺

饰面砖包括釉面砖、外墙面砖、陶瓷锦砖、玻璃锦砖等。饰面砖应镶贴在湿润、干净、平整的基层（找平层）上。为保证基层与基体粘结牢固，应对不同基体采用不同处理方法。

1. 釉面砖镶贴

釉面砖正面挂釉，又叫瓷砖或釉面瓷砖，有白色、彩色和印花等多种，形状有正方形和长方形两种，在转弯及结束部位均另有阳角条、阴角条、压顶条等配件砖。其表面光

❶《建筑装饰装修工程质量验收规范》(GB 50210—2001）规定：

8.2.2　饰面板的品种、规格、颜色和性能应符合设计要求，木龙骨、木饰面板和塑料饰面板的燃烧性能等级应符合设计要求。检验方法：观察；检查产品合格证书、进场验收记录和性能检测报告。

8.2.3　饰面板孔、槽的数量、位置和尺寸应符合设计要求。检验方法：检查进场验收记录和施工记录。

8.2.4　饰面板安装工程的预埋件（或后置埋件）、连接件的数量、规格、位置、连接方法和防腐处理必须符合设计要求。后置埋件的现场拉拔强度必须符合设计要求。饰面板安装必须牢固。检验方法：手扳检查；检查进场验收记录、现场拉拔检测报告、隐蔽工程验收记录和施工记录。

8.2.5　饰面板表面应平整、洁净、色泽一致，无裂痕和缺损。石材表面应无泛碱等污染。

8.2.6　饰面板嵌缝应密实、平直，宽度和深度应符合设计要求，嵌填材料色泽应一致。

8.2.7　采用湿作业法施工的饰面板工程，石材应进行防碱背涂处理。饰面板与基体之间的灌注材料应饱满、密实。检验方法：用小锤轻击检查；检查施工记录。

8.2.8　饰面板上的孔洞应套割吻合，边缘应整齐。检验方法：观察。

8.2.9　饰面板安装的允许偏差和检验方法应符合表8.2.9的规定。

表8.2.9　饰面板安装的允许偏差和检验方法

项次	项目	允许偏差（mm）							检验方法
		石材			瓷板	木材	塑料	金属	
		光面	剁斧石	蘑菇石					
1	立面垂直度	2	3	3	2	1.5	2	2	用2m垂直检测尺检查
2	表面平整度	2	3	—	1.5	1	3	3	用2m靠尺和塞尺检查
3	阴阳角方正	2	4	4	2	1.5	3	3	用直角检测尺检查
4	接缝直线度	2	4	4	2	1	1	1	拉5m线，不足5m拉通线，用钢直尺检查
5	墙裙、勒脚上口直线度	2	3	3	2	2	2	2	拉5m线，不足5m拉通线，用钢直尺检查
6	接缝高低差	0.5	3	—	0.5	0.5	1	1	用钢直尺和塞尺检查
7	接缝宽度	1	2	2	1	1	1	1	用钢直尺检查

滑、美观、易于清洗，且防潮耐碱，多用于室内卫生间、浴室、水池、游泳池等处作为饰面材料。

其镶贴工艺如下：

(1) 选砖。釉面砖镶贴前应经挑选，要做到颜色均匀、尺寸一致，边缘整齐，棱角不得损坏，无缺釉、脱釉、裂纹、夹心及扭曲、凹凸不平等现象。并在清水中浸泡（以瓷砖吸足水不冒泡为止）后阴干备用，釉面砖的吸水率不得大于18%，抗折强度应达2～4MPa，以保证镶贴后不致发生后期开裂。

(2) 抹底灰。基层应扫净，浇水湿润，用水泥砂浆打底，厚7～10mm，找平划毛，打底后养护1～2d方可镶贴。

(3) 找规矩，弹控制线。镶贴前，墙面的阴阳角、转角处均需拉垂直线，并进行找方，阳角要双面挂垂直线，画出纵、横皮数，沿墙面进行预排。排列方法有直缝排列和错缝排列两种。接缝宽度应符合设计要求，一般宽约为1～1.5mm。并做好镶贴厚度标志，间距一般为1.5～1.6m。

(4) 镶贴釉面砖。镶贴时先浇水湿润底层，根据弹线稳好平尺板，作为镶贴第一皮瓷砖的依据。镶贴顺序为自下而上，从阳角开始，使不成整块的留在阴角或次要部位。如墙面有突出的管线、灯具、卫生器具支承物等，应用整砖套割吻合，不得用非整砖拼凑镶贴。

粘结层常用厚约7～10mm的聚合物水泥砂浆，施工时，将粘结砂浆均匀刮抹在瓷砖背面，逐块粘贴于底层上，用小铲把轻轻敲击，使之贴实粘牢。并要用靠尺随时检查平直方正情况，修正缝隙。凡遇缺灰、粘结不密实等情况时，应取下瓷砖重新粘贴，不得在砖口处塞灰，以防止空鼓。

(5) 擦缝。贴后用同色水泥擦缝，最后用棉丝擦干净或用稀盐酸溶液刷洗瓷砖表面，并随即用清水冲洗干净。

2. 陶瓷锦砖镶贴

陶瓷锦砖旧称“马赛克”，是以优质瓷土烧制而成的小块瓷砖，由于规格小，不宜分块铺贴，故出厂前工厂按各种图案组合将陶瓷锦砖反贴在314mm见方护面纸上。陶瓷锦砖具有美观大方、拼接灵活，自重较轻、装饰效果好等特点，常用作地面及室内、外墙面饰面材料。

其镶贴工艺如下：

(1) 绘制大样图。镶贴前，应按照设计图纸要求及图纸尺寸核实墙面的实际尺寸，根据排砖模数和分格要求，绘制出施工大样图，加工好分格条，并对陶瓷锦砖统一编号，便于镶贴时对号入座。

(2) 基层处理。基层上用厚10～12mm的水泥砂浆打底，找平划毛，洒水养护。

(3) 找规矩，弹线。

(4) 镶贴陶瓷锦砖。在湿润的底层上刷素水泥浆一道，再抹一层厚3mm的1∶1水泥砂浆作粘结层，用靠尺刮平抹子抹平。同时将陶瓷锦砖底面朝上铺在木垫板上，用1∶1水泥细砂干灰填缝，再刮一层1～2mm厚的素水泥浆，随即将托板上的陶瓷锦砖纸板对准分格线贴于底层上，并拍平拍实。

(5) 揭纸。待水泥砂浆初凝后，用软毛刷将护纸刷水润湿，约半小时后揭纸，并检查缝的平直大小，校正拨直，使其间距均匀，边角整齐。

(6) 擦缝。粘贴48h后，用素水泥浆擦缝，待嵌缝材料硬化后用棉丝将表面擦净或用稀盐酸溶液刷洗，并随即用清水冲洗干净。

3. 饰面砖安装的质量要求❶

第三节 涂饰工程

涂饰工程是指将涂料施涂于结构表面，以达到保护、装饰及防水、防火、防腐蚀、防霉、防静电等目的的一种饰面工程。其耐久性略差，但维修、更新很方便。

一、建筑涂料饰面工程的基层处理

1. 混凝土和砂浆抹灰基层表面处理

涂料工程施工前，应将基层表面的缺棱掉角处，用1∶3的水泥砂浆或聚合物水泥砂浆修补；表面麻面及缝隙应用腻子填齐补平；基层表面上的灰尘、污垢、砂浆流痕和粘附物应该清除干净，做到平整、光滑。

2. 木基层表面处理

涂料木制品的基本要求是：平整光滑、少节疤、棱角整齐、木纹颜色一致等。一般木制品表面都应用腻子刮平，然后用不同型号的砂纸打磨光，以达到表面平整的要求。

3. 金属基层表面处理

对金属基层表面处理的要求是：表面平整，无尘土、油污、锈斑、焊渣、毛刺和旧涂层等。金属表面应刷防锈漆，在刷涂料时，金属表面不得有湿气，以免水分蒸发造成涂膜起泡。

二、建筑涂料施工

涂料在施涂前及施涂过程中，必须充分搅拌均匀，如需稀释应用该种涂料所规定的稀释剂稀释。

1. 刷涂

刷涂是用毛刷、排笔等将涂料涂饰在物体表面上的一种施工方法。刷涂顺序一般是先左后右、先上后下、先边后面、先难后易。刷涂时，其刷涂方向和行程长短均应一致，接槎最好在分格缝处。刷涂一般不少于两遍，较好的饰面为三遍。第一遍浆的稠度要小些，前一遍涂层表干后才能进行后一遍刷涂，前后两遍间隔时间与施工现场的温度、湿度有密切关系，

---

❶ 《建筑装饰装修工程质量验收规范》(GB 50210—2001) 规定：

8.3.4 饰面砖粘贴必须牢固。检验方法：检查样板件粘结强度检测报告和施工记录。

8.3.5 满粘法施工的饰面砖工程应无空鼓、裂缝。检验方法：观察；用小锤轻击检查。

8.3.7 阴阳角处搭接方式、非整砖使用部位应符合设计要求。检验方法：观察。

8.3.8 墙面突出物周围的饰面砖应整砖套割吻合，边缘应整齐。墙裙、贴脸突出墙面的厚度应一致。

8.3.11 饰面砖粘贴的允许偏差和检验方法应符合表8.3.11的规定。

表8.3.11 饰面砖粘贴的允许偏差和检验方法

项次	项目	允许偏差 (mm)		检验方法
		外墙面砖	内墙面砖	
1	立面垂直度	3	2	用2m垂直检测尺检查
2	表面平整度	4	3	用2m靠尺和塞尺检查
3	阴阳角方正	3	3	用直角检测尺检查
4	接缝直线度	3	2	拉5m线，不足5m拉通线，用钢直尺检查
5	接缝高低差	1	0.5	用钢直尺和塞尺检查
6	接缝宽度	1	1	用钢直尺检查

通常不少于 2～4h。

2. 喷涂

喷涂是利用压力或压缩空气将涂料涂布于墙面的机械化施工方法。其特点是：涂膜外观质量好、工效高，适合于大面积施工，并可通过调整涂料的稠度、喷嘴的大小及排气量而获得不同质感的装饰效果。

在喷涂施工中，涂料稠度、空气压力、喷射距离、喷枪运行中的角度和速度等方面均有一定的要求。涂料稠度必须适中，空气压力在 0.4～0.8MPa 之间选择，喷射距离一般为 40～60cm，喷枪运行中喷嘴中心线必须与墙面垂直，喷枪运行速度要保持一致。一面墙要一气喷完，外墙也要争取到分格缝处再停歇。

3. 滚涂

是利用滚筒蘸取涂料并将其涂布到物体表面上的一种施工方法。这种涂饰层可形成明晰的图案、花色纹理，具有良好的装饰效果。

滚涂时应从上往下、从左往右进行操作，不够一个滚筒长度的留到最后处理，待滚涂完毕的墙面花纹干燥后，以遮盖的办法补滚。若是滚花时，滚筒每移动一次位置，应先将滚筒花纹的位置校正对齐，以保持图案一致。

滚涂过程中若出现气泡，解决的方法是用稀胶料调整或等待涂料稍微收水后，再用蘸浆较少的滚筒复压一次，消除气泡。

4. 弹涂

弹涂是利用弹涂器通过转动的弹棒将涂料弹到结构表面上的一种施工方法。

弹涂时，先调整和控制好浆门、浆量和弹棒，开动电机，使机口垂直对正墙面，保持适当距离（一般为 30～50cm），按一定手势和速度，自上而下、自右（左）而左（右），循序渐进，要注意弹点密度均匀适当，接头不明显。

三、涂饰工程的质量要求❶

---

❶《建筑装饰装修工程质量验收规范》(GB 50210—2001) 规定：

10.1.5 涂饰工程的基层处理应符合下列要求：

1. 新建筑物的混凝土或抹灰基层在涂饰涂料前应涂刷抗碱封闭底漆；

2. 旧墙面在涂饰涂料前应清除疏松的旧装修层，并涂刷界面剂；

3. 混凝土或抹灰基层涂刷溶剂型涂料时，含水率不得大于 8%；涂刷乳液型涂料时，含水率不得大于 10%。木材基层的含水率不得大于 12%；

4. 基层腻子应平整、坚实、牢固，无粉化、起皮和裂缝；内墙腻子的粘结强度应符合《建筑室内用腻子》(JG/T 3049) 的规定；

5. 厨房、卫生间墙面必须使用耐水腻子。

10.2.4 水性涂料涂饰工程应涂饰均匀、粘结牢固，不得漏涂、透底、起皮和掉粉。检验方法：观察；手摸检查。

10.2.6 薄涂料的涂饰质量和检验方法应符合表 10.2.6 的规定。

表 10.2.6 薄涂料的涂饰质量和检验方法

项次	项目	普通涂饰	高级涂饰	检验方法
1	颜色	均匀一致	均匀一致	观察
2	泛碱、咬色	允许少量轻微	不允许	
3	流坠、疙瘩	允许少量轻微	不允许	
4	砂眼、刷纹	允许少量轻微砂眼，刷纹通顺	无砂眼，无刷纹	
5	装饰线、分色线直线度允许偏差	2mm	1mm	拉 5m 线，不足 5m 拉通线，用钢直尺检查

第四节　楼地面工程

一、地面的构造及其子分部工程、分项工程的划分

（一）地面的构造

地面是建筑物底层地面（地面）和楼层地面（楼面）的总称，故也称楼地面，主要由基层和面层两大基本构造层组成，基层部分包括结构层和垫层。为了能满足一定的使用功能，还需增设结合层、找平层、填充层、隔离层等附加构造层。规范中把附加构造层也归类于基层中。地面的构成层次示意如图 10-6 所示。

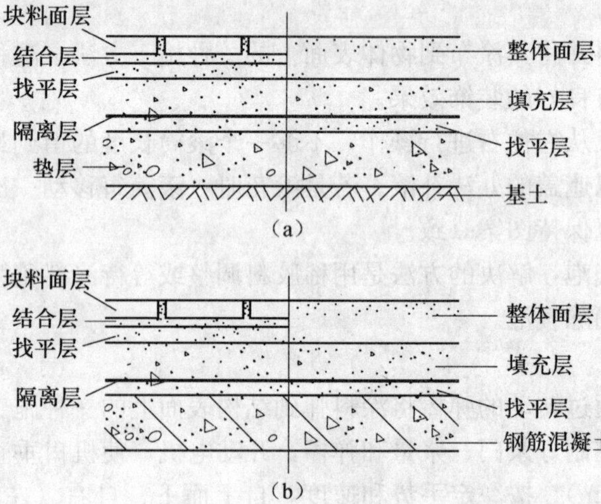

图 10-6　地面构造层次示意图

(a) 地面；(b) 楼面

（二）建筑地面子分部工程、分项工程的划分❶

---

❶ 《建筑地面工程施工质量验收规范》(GB 50209—2002) 规定：

3.0.1　建筑地面工程、子分部工程、分项工程的划分，按表 3.0.1 执行。

表 3.0.1　建筑地面子分部工程、分项工程划分表

分部工程	子分部工程		分项工程
建筑装饰装修工程	地　面	整体面层	基层：基土、灰土垫层，砂垫层和砂石垫层、碎石垫层和碎砖垫层、三合土垫层、炉渣垫层、水泥混凝土垫层、找平层、隔离层、填充层
			面层：水泥混凝土面层、水泥砂浆面层、水磨石面层、水泥钢（铁）屑面层、防油渗面层、不发火（防爆的）面层
		板块面层	基层：基土、灰土垫层，砂垫层和砂石垫层、碎石垫层和碎砖垫层、三合土垫层、炉渣垫层、水泥混凝土垫层、找平层、隔离层、填充层
			面层：砖面层（陶瓷锦砖、缸砖、陶瓷地砖和水泥花砖面层）、大理石面层和花岗石面层、预制板块面层（水泥混凝土板块、水磨石板块面层）、料石面层（条石、块石面层）、塑料板面层、活动地板面层、地毯面层
		木、竹面层	基层：基土、灰土垫层，砂垫层和砂石垫层、碎石垫层和碎砖垫层、三合土垫层、炉渣垫层、水泥混凝土垫层、找平层、隔离层、填充层
			面层：实木地板面层（条材，块材面层）、实木复合地板面层（条材，块材面层）、中密度（强化）复合地板面层（条材面层）、竹地板面层

二、基层施工❶

基层施工包括基土、垫层、找平层、隔离层、填充层、结合层等的施工。

（一）基土施工

基土是底层地面垫层下的土层，是承受由整个地面传来荷载的地基结构层。按设计标高开挖后的原状土层，如为碎石类土、砂土或黏性土中的老黏土和一般黏性土等，均可作为基土层。如为淤泥、淤泥质土和杂填土、冲填土以及其他高压缩性土等软弱土层，则应按照设计要求采取换土、机械夯实或加固等措施，认真做好基土层处理工作，以保证地面工程的质量。

基土施工应严格按照《建筑地面工程施工质量验收规范》（GB 50209—2002）的有关规定进行。填土土质应控制在最优含水量的状况下施工，应分层填土，分层压实。经夯实后的基土表面应平整，标高应符合设计要求。基土施工完后，应及时施工其上垫层或面层，防止基土被破坏。

---

❶《建筑地面工程施工质量验收规范》（GB 50209—2002）规定：

4.1.5 基层标高、坡度、厚度等应符合设计要求。基层表面应平整，允许偏差应符合表4.1.5的规定。

表4.1.5 基层表面的允许偏差和检验方法（mm）

项次	项目	允许偏差												检验方法
		基土	垫层					找平层			填充层		隔离层	
						毛地板								
		土	砂、砂石、碎石、碎砖	灰土、三合土、炉渣、水泥混凝土	木搁栅	拼花实木地板、拼花实木复合地板面层	其他种类面层	用沥青玛𤥎脂做结合层铺设拼花木板、板块面层	用水泥砂浆做结合层铺设板块面层	用胶粘剂做结合层铺设拼花木板、塑料板、强化复合地板、竹地板面层	松散材料	板、块材料	防水、防潮、防油渗	
1	表面平整度	15	15	10	3	3	5	3	5	2	7	5	3	用2m靠尺和楔形塞尺检查
2	标高	0 −50	±20	±10	±5	±5	±8	±5	8	±4	±4		±4	用水准仪检查
3	坡度	不大于房间相应尺寸的2/1000，且不大于30												用坡度尺检查
4	厚度	在个别地方不大于设计厚度的1/10												用钢尺检查

（二）垫层施工

垫层是承受并传递地面荷载于基土上的构造层，包括灰土垫层、砂垫层和砂石垫层、水泥混凝土垫层、碎石垫层和碎砖垫层、三合土垫层、炉渣垫层等。

（1）灰土垫层施工

灰土垫层是采用熟化石灰与黏土（或粉质黏土、粉土）按一定比例或按设计要求经拌和后铺设在基土层而成，其厚度不应小于100mm。灰土拌合料要随拌随用，不得隔日夯实，也不得受雨淋，如遭受雨淋浸泡，应将积水及松软灰土除去，晾干后再补填夯实。垫层铺设完毕，应尽快进行面层施工，防止长期暴晒。

（2）砂垫层和砂石垫层施工

砂垫层和砂石垫层是分别采用砂和天然砂石铺设在基土层上而成，如用人工级配的砂石，应按一定比例拌合均匀后使用。砂垫层厚度不应小于60mm；砂石垫层厚度不应小于100mm。垫层应分层摊铺，摊铺均匀后，可采用平振法、插振法、水撼法、夯实法、碾压法等方法使其密实，压实后的密实度应符合设计要求。

（3）混凝土垫层

水泥混凝土垫层的厚度不应小于60mm。浇筑混凝土垫层前，应清除基层的淤泥和杂物。在墙上弹出控制标高线，垫层面积较大时，可采用细石混凝土或水泥砂浆做找平墩控制垫层标高。铺设前，将基层湿润，并在基底上刷一道素水泥浆或界面结合剂，随刷随铺混凝土。用表面振捣器振捣密实后，用木抹子将表面槎平，还应加强养护工作。

垫层施工时应严格按照《建筑地面工程施工质量验收规范》（GB 50209—2002）的有关规定进行质量控制。

（三）找平层施工❶

找平层是在各类垫层上或钢筋混凝土板上以及填充层上铺设，起着整平、找坡或加强作用的构造层。找平层应采用水泥砂浆、水泥混凝土拌合料铺设。找平层铺设完毕后应及时养护，混凝土强度达到1.2MPa以上时，方准施工人员在其上行走。

（四）隔离层施工❷

隔离层是防止建筑地面上各种液体（主要指水、油、腐蚀性和非腐蚀性液体）侵蚀作用以及防止地下水和潮气渗透到地面而增设的构造层。仅防止地下潮气渗透到地面的可称作防潮层。隔离层应采用防水卷材、防水涂料等铺设而成。

---

❶《建筑地面工程施工质量验收规范》(GB 50209—2002) 规定：

4.9.7 水泥砂浆体积比或水泥混凝土强度等级应符合设计要求，且水泥砂浆体积比不应小于1∶3（或相应强度等级）；水泥混凝土强度等级不应小于C15。

4.9.8 有防水要求的建筑地面工程的立管、套管、地漏处严禁渗漏，坡向应正确、无积水。

4.9.9 找平层与其下一层结合牢固，不得有空鼓。

4.9.10 找平层表面应密实，不得有起砂、蜂窝和裂缝等缺陷。

❷《建筑地面工程施工质量验收规范》(GB 50209—2002) 规定：

4.10.4 铺设防水隔离层时，在管道穿过楼板面四周，防水材料应向上铺涂，并超过套管的上口；在靠近墙面处，应高以面层200～300mm或按设计要求的高度铺涂。阴阳角和管道穿过楼板面的根部应增加铺涂附加防水隔离层。

4.10.5 防水材料铺设后，必须蓄水检验。蓄水深度应为20～30mm，24h内无渗漏为合格，并做记录。

4.10.8 厕浴间和有防水要求的建筑地面必须设置防水隔离层。楼层结构必须采用现浇混凝土或整块预制混凝土板，混凝土强度等级不应小于C20；楼板四周除门洞外，应做混凝土翻边，其高度不应小于120mm。施工时结构层标高和预留孔洞位置应准确，严禁乱凿洞。

4.10.12 隔离层与其下一层粘结牢固，不得有空鼓；防水涂层应平整、均匀，无脱皮、起壳、裂缝、鼓泡等缺陷。

（五）填充层施工

填充层是在建筑地面上起隔声、保温、找坡或敷设管线等作用的构造层，可采用松散、板块、整体保温材料和吸声材料等铺设而成。松散材料可采用膨胀蛭石、膨胀珍珠岩、炉渣、水渣等铺设；板块材料可采用泡沫塑料板、膨胀珍珠岩板、膨胀蛭石板、加气混凝土板等铺设；整体材料可采用沥青膨胀蛭石、沥青膨胀珍珠岩、水泥膨胀珍珠岩和轻集料混凝土等拌合料铺设。

（六）结合层施工

结合层是面层与下一层相连接的中间层，是指水泥砂浆、沥青胶结料或胶粘剂等。通过结合层将整体面层（或板块面层）与垫层（或找平层）连接起来，以保证建筑地面工程的整体质量，防止面层出现起壳、空鼓等缺陷。

三、面层施工

1. 整体面层施工❶

整体面层包括水泥混凝土面层、水泥砂浆面层、水磨石面层、水泥钢（铁）屑面层、防油渗面层、不发火（防爆的）面层等。

水泥砂浆面层是地面作法中最常用的一种整体面层。铺设前，先刷一道含4%～5%的108胶水泥浆，随即铺抹水泥砂浆，用刮尺赶平，并用木抹子压实，在砂浆初凝后终凝前用铁抹子反复压光三遍。砂浆终凝后覆盖草帘、麻袋，浇水养护，养护时间不应少于7d。水泥砂浆面层施工时应严格按照《建筑地面工程施工质量验收规范》（GB 50209—2002）的有

❶ 《建筑地面工程施工质量验收规范》（GB 50209—2002）规定：

5.1.2 铺设整体面层时，其水泥类基层的抗压强度不得小于1.2MPa；表面应粗糙、洁净、湿润并不得有积水。铺设前宜涂刷界面处理剂。

5.1.4 整体面层施工后，养护时间不应小于7d；抗压强度应达到5MPa后，方准上人行走；抗压强度应达到设计要求后，方可正常使用。

5.1.6 整体面层的抹平工作应在水泥初凝前完成，压光工作应在水泥终凝前完成。

5.1.7 整体面层的允许偏差应符合表5.1.7的规定。

表5.1.7 整体面层的允许偏差和检验方法

项次	项目	允许偏差						检验方法
		水泥混凝土面层	水泥砂浆面层	普通水磨石面层	高级水磨石面层	水泥钢(铁)屑面层	防油渗混凝土和不发火(防爆的)面层	
1	表面平整度	5	4	3	2	4	5	用2m靠尺和楔形塞尺检查
2	踢脚线上口平直	4	4	3	3	4	4	拉5m线和用钢尺检查
3	缝格平直	3	3	3	2	3	3	

5.3.1 水泥砂浆面层的厚度应符合设计要求，且应不小于20mm。

5.3.4 面层与下一层应结合牢固，无空鼓、裂纹。

5.3.5 面层表面的坡度应符合设计要求，不得有倒泛水和积水现象。

5.3.6 面层表面应洁净，无裂纹、脱皮、麻面、起砂等缺陷。

5.3.7 踢脚线与墙面应紧密结合，高度一致，出墙厚度均匀。

关规定进行质量控制。

2. 板块面层施工

板块面层包括砖面层（陶瓷锦砖、缸砖、陶瓷地砖和水泥花砖面层）、大理石面层和花岗石面层、预制板块面层（水泥混凝土板块、水磨石板块面层）、料石面层（条石、块石面层）、塑料板面层、活动地板面层、地毯面层等。

(1) 板块面层施工工艺流程：

选板→试拼→弹线→试排→铺板块面层→灌缝、擦缝→养护→打蜡（当面层为大理石或花岗石时有此工序）。

1）选板。对板块逐块认真挑选，有翘曲、拱背、宽窄不一、不方正的挑出来，用在适当部位或剔除。

2）试拼。在正式铺设前，应先对色、拼花，并编号。试拼中将色板好的排放在显眼部位，花色和规格较差的铺砌在较隐蔽处。

3）弹线。根据施工大样图，在房间的主要部位弹互相垂直的控制线，用以检查和控制板块的位置，控制线可以弹在基层上，并引至墙面底部。还应将找平层的标高弹在四周墙上，以便拉线控制铺灰厚度和平整度。

4）试排。在房间内的两个互相垂直的方向，铺设两条干砂，起标筋作用，其宽度大于板块，厚度不小于 30mm。根据试拼板编号及施工大样图，结合房间实际尺寸，把板块排好，以便检查板块之间的缝隙，核对板块与墙面、柱、洞口等部位的相对位置。当尺寸不足整块倍数时，将非整板块用于边角处。

5）铺板块。铺砌前将板块浸水湿润，晾干后表面无明水时，方可使用。先将找平层洒水湿润，均匀涂刷素水泥浆（水灰比为 0.4～0.5），涂刷面积不要过大，铺多少刷多少。为了找好位置和标高，应从门口开始铺贴，纵向先铺 2～3 行砖，以此为标筋拉纵横水平标高线，铺时应从里向外退着操作，人不得踏在刚铺好的砖面上。凡有柱子的大厅，宜先铺砌柱子与柱子中间的部分，然后向两边展开。安放时四角同时往下落，用橡皮锤或木锤轻击木垫板（不得用木锤直接敲击块料），根据水平线找平，铺完第一块向两侧和后退方向顺序镶铺。如发现空隙，应将块料板掀起，用砂浆补实再行安装。

6）灌缝、擦缝。板块与板块之间，接缝要严密，缝宽不大于 1mm，纵横缝隙要顺直。在铺砌后 1～2 昼夜进行灌浆擦缝。根据块料颜色，选择相同颜色矿物颜料和水泥拌和均匀调成 1∶1 稀水泥浆，用浆壶徐徐灌入块料之间的缝隙，分几次进行，并用长把刮板把流出的水泥浆向缝隙内喂灰。灌浆时，多余的砂浆应立即擦去，灌浆 1～2h 后，用棉丝团蘸原稀水泥浆擦缝，与板面擦平，同时将板面上水泥浆擦净。

7）养护。面层施工完毕后，封闭房间，派专人洒水养护不少于 7d。

8）贴踢脚板。可采用灌浆法和粘贴法两种。两种方法都要试排，使踢脚板的缝隙与地面块料板接缝对齐为宜。墙面和附墙柱的阳角处，应采取正面板盖侧面板，或者切割成 45°斜面碰角连接。

9）打蜡。待砂浆强度达到 70MPa 后，用油石分遍浇水磨光，最后用 5%浓度草酸清洗，再打蜡。打蜡应在大理石（或花岗石）地面和踢脚板均做完，其他工序也完工，不再上人，准备交付使用时再进行，要达到光滑洁净。

(2) 地毯面层施工

地毯铺设广泛，适用于宾馆、酒店、写字间、办公用房和高级住宅以及有特殊要求的楼地面工程。具有保暖、隔热、防滑、消声、防潮、有弹性、脚感舒适、行走方便、豪华高雅、施工简便、干作业、进度快等优点，不足之处是价格昂贵，耐磨、耐燃、耐污染等性能不如硬质地面好。铺设方法有固定式和活动式两种。

1）固定式铺设

①用胶粘剂粘结

适用于单层无弹性衬垫的地毯。作法是：把胶刷在基层上，然后粘结地毯。刷胶有满刷胶和局部刷胶两种。在人们行走少的房间，可局部刷胶；走动频繁的地段，对地毯磨损较大，基层上应满刷胶。刷胶后静置一会再铺地毯效果较好。地毯裁割要整齐，在拼缝处的基层上刮一层胶，将地毯拼接严密。使用时间长了这种拼缝容易翘边，将地毯的两个侧边缝合，连成整体，可避免地毯边缘卷曲。

②用倒刺板条固定法

适用于有弹性衬垫的地毯。作法是：清理基层，在地面弹出地毯的铺设基准线和分格定位线。沿房间四周距墙边 10～20mm，用高强水泥钉将倒刺板条固定于基层上，倒刺钉要略倒向墙一侧，与水平面成 60°～75°，并将衬垫采用点粘法粘在地面基层上，衬垫铺在倒刺木条之内，如图 10-7 所示。然后从房间一边开始，将裁好的地毯向一边展开，注意不要使衬垫起皱移位。用撑平器双向撑开地毯，在墙边用木锤敲打，使木条上的倒刺钉尖刺入地毯。四周钉好后，固定收口条或门口压条后，用吸尘器清扫干净。

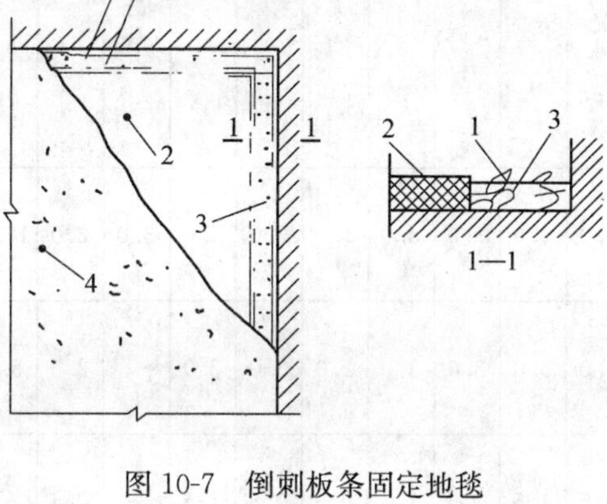

图 10-7　倒刺板条固定地毯

1—倒刺钉@40；2—泡沫塑料衬垫厚 10；

3—木条 25×8；4—地毯

此法适用于不常翻起地毯或不经常搬家具的情况。

2）活动式铺设

把地毯明摆浮搁在基层上，不需将地毯同基层固定的一种铺设，此法铺设简单，易于更换。一般用于下列情况：

①装饰性的工艺地毯，多采取活动式铺设；

②室内四周有较多的家具和设备以及临时性的住房；

③方块地毯一般平放在基层上，不加任何固定。

地毯面层的铺设宜在室内装饰其他工程项目基本完工后进行。厕浴间、厨房等潮湿场所相邻的地毯面层连接处，应做防水（防潮）处理。

（3）板块面层施工质量控制❶

3. 木、竹面层施工

木、竹面层包括实木地板面层、实木复合地板面层、中密度（强化）复合地板面层、竹地板面层等。这里主要介绍实木地板面层的施工。

---

❶《建筑地面工程施工质量验收规范》(GB 50209—2002) 规定：

6.1.5 板块的铺砌应符合设计要求，当无设计要求时，宜避免出现板块小于1/4边长的边角料。

6.1.7 板块类踢脚线施工时，不得采用石灰砂浆打底。

6.1.8 板、块面层的允许偏差应符合表6.1.8的规定。

表6.1.8 板、块面层的允许偏差和检验方法（mm）

项次	项目	允许偏差											检验方法
		陶瓷锦砖面层高级水磨石板、陶瓷地砖面层	缸砖面层	水泥花砖面层	水磨石板块面层	大理石面层和花岗石面层	塑料板面层	水泥混凝土板块面层	碎拼大理石、碎拼花岗石面层	活动地板面层	条石面层	块石面层	
1	表面平整度	2.0	4.0	3.0	3.0	1.0	2.0	4.0	3.0	2.0	10.0	10.0	用2m靠尺和楔形塞尺检查
2	缝格平直	3.0	3.0	3.0	3.0	2.0	3.0	3.0	—	2.5	8.0	8.0	拉5m线和用钢尺检查
3	接缝高低差	0.5	1.5	0.5	1.0	0.5	0.5	1.5	—	0.4	2.0	—	用钢尺和楔形塞尺检查
4	踢脚线上口平直	3.0	4.0	—	4.0	1.0	2.0	4.0	1.0	—	—	—	拉5m线和用钢尺检查
5	板块间隙宽度	2.0	2.0	2.0	2.0	1.0	—	6.0	—	0.3	5.0	—	用钢尺检查

6.2.9 砖面层的表面应洁净、图案清晰、色泽一致、接缝平整、深浅一致、周边顺直。板块无裂纹、掉角和缺楞等缺陷。

6.2.13 面层表面坡度应符合设计要求，不倒泛水、无积水；与地漏、管道结合处应严密牢固，无渗漏。

6.3.7 大理石、花岗石面层的表面应洁净、平整、无磨痕，且应图案、色泽一致，接缝均匀，周边顺直，镶嵌正确，板块无裂纹、掉角、缺楞等缺陷。

6.8.8 地毯表面应平服，拼缝处粘贴牢固、严密平整、图案吻合。

6.8.9 地毯表面不应起鼓、起皱、翘边、卷边、显拼缝、露线和无毛边，绒面毛顺光一致，毯面干净，无污染和损伤。

(1) 实木地板面层的特点及适用范围

实木地板面层具有弹性好、导热系数小、干燥、易清洁和不起尘等性能，是一种较理想的建筑地面材料，可采用单层木板面层或双层木板面层铺设。单层木板面层是在木搁栅上直接钉企口木板，适用于办公室、会议室、高档旅馆及住宅；双层木板面层是在木搁栅上先钉一层毛地板，再钉一层企口木板，其面层坚固、耐磨、洁净美观，但造价高，适用于室内体育训练、比赛、练习用房和舞厅、舞台等公共建筑。

(2) 铺设方法

实木地板面层铺设方法有空铺和实铺两种方式。底层木地板一般采用空铺方法施工，而楼层木地板可采用空铺也可采用实铺方法进行施工。

空铺法是将木搁栅搁于墙体的垫木上，木搁栅之间加设剪刀撑，木板面层在木板下面留有一定高度的空间，以利通风换气，使木板和搁栅保持干燥而不至于腐烂；实铺法是将木板面层铺钉在固定于基层上的木龙骨上，木龙骨之间常用炉渣等隔声材料填充，并加设横向木撑，木材部分均必须做防腐、防蛀处理。其构造作法如图 10-8 所示。

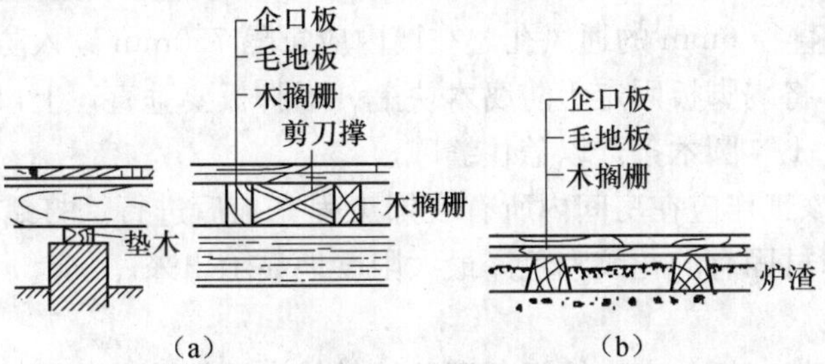

图 10-8 木板面层构造作法示意图

(a) 空铺式；(b) 实铺式

(3) 施工工艺

其工艺流程为：清理基层，弹线→铺设木搁栅→铺设面层实木地板→镶边→地面磨光→安装踢脚板→油漆打蜡。

1) 清理基层，在基层上弹出木搁栅中心控制线，并弹出标高控制线。

2) 铺设木搁栅。将木搁栅逐根就位，用预埋的 $\phi4$ 钢筋或 8 号铁丝将木搁栅固定牢，要严格做到整间木搁栅面标高一致。在木搁栅之间加设横向木撑，然后用炉渣、矿棉毡、珍珠岩、加气温凝土块等（具体材料按设计要求）填平木搁栅之间空隙，要拍平拍实。空铺时钉以剪刀撑固定木搁栅。

3) 铺设面层实木地板：

①单层木板面层。在木搁栅上直接钉直条面板，侧面带企口，面板应与木搁栅方向垂直铺钉，且要注意使木地板的心材（髓心）朝上。在企口凸榫处斜着钉暗钉，每块板不少于 2 个钉。钉的长度应为板厚的 2～2.5 倍，钉头送入板中 2mm 左右，斜向入木，钉子不易从木板中拔出，使地板坚固耐用。剩最后一块用无榫地板条，加胶平接以明钉固定。

②双层木板面层。在木搁栅上先钉一层毛地板，再钉一层企口面板。毛地板条与木搁栅成 30°或 45°斜角方向铺钉，面板应与木搁栅方向垂直铺钉，这样避免上下两层同缝，增加地板的整体性。毛地板接头必须在搁栅上不得悬挑，接头缝留 2～3mm，接头要错开。毛地板与木搁栅用圆钉固定，钉长为板厚的 2～2.5 倍，每块毛地板与木搁栅处钉 1 个钉子。毛

地板的含水率应严格控制并不得大于12%。在毛地板上先铺一层沥青油纸或油毡隔潮（是否设置防潮层依设计要求），然后将企口板钉在毛地板上，如图10-9所示。

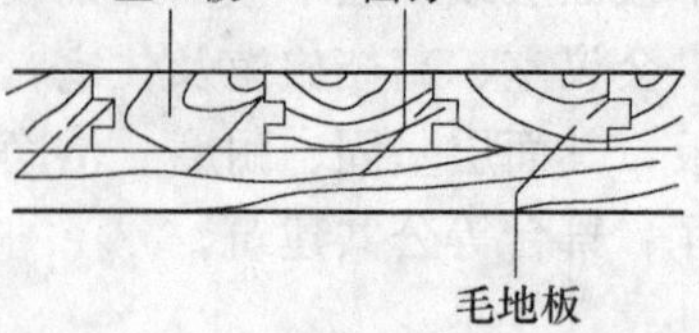

图10-9 企口板钉设

4）镶边。根据具体设计要求，在周边所留镶边空隙内进行镶边（具体设计图中无镶边要求者，本工序取消）。

5）地板磨光。地面磨光用磨光机，磨时不应磨的太快，磨深不宜过大，一般不超过1.5mm，要多磨几遍，直到符合要求为止。

6）安装踢脚板。当房间设计为实木踢脚板时，踢脚板应预先刨光，在靠墙的一面开成凹槽，并每隔1m钻直径6mm的通风孔，在墙内应每隔750mm砌入防腐木砖，在防腐木砖外面钉防腐木块，再将踢脚板固定于防腐木块上。踢脚板要垂直，上口呈水平线，在踢脚板与地板交角处，钉上1/4圆木条，以盖住缝隙。

7）油漆打蜡。该工作应在房间内所有装饰工程完工后进行。打蜡可用地板蜡，以增加地板的光洁度，使木材固有的花纹和色泽最大限度地显示出来。

（4）粘结法施工

粘结法施工是将加工好的实木地板条用胶结材料直接粘贴在楼地面基层上。粘铺木地板用胶要符合设计要求，并进行试铺，符合要求后再大面积展开施工。铺贴时要用专用刮胶板将胶均匀地涂刮于楼地面基层上及木地板表面，待胶不粘手时，将地板按定位线就位粘贴，并用小锤轻敲，使地板条与基层粘牢。涂胶时要求涂刷均匀，厚薄一致，不得有漏涂之处。地板条应铺正、铺平、铺齐，并应逐块错缝排紧粘牢。板与板之间不得有任何松动、不平、缝隙及溢胶之处。

实木地板面层施工时应严格按照《建筑地面工程施工质量验收规范》（GB 50209—2002）的有关规定进行质量控制❶。

第五节 门窗工程

门窗按材料分为木门窗、金属门窗（包括钢门窗、铝合金门窗、涂色镀锌钢板门窗等）和塑料门窗等。木门窗应用最早且最普遍，但目前越来越多地被钢门窗、铝合金门窗和塑料门窗所取代。

---

❶《建筑地面工程施工质量验收规范》（GB 50209—2002）规定：

7.2.3 铺设实木地板面层时，其木搁栅的截面尺寸、间距和稳固方法等均应符合设计要求。木搁栅固定时，不得损坏基层和预埋管线。木搁栅应垫实钉牢，与墙之间留出30mm的缝隙，表面应平直。

7.2.4 毛地板铺设时，木材髓心应向上，板间缝隙不应大于3mm，与墙之间应留8～12mm空隙，表面应刨平。

7.2.5 实木地板面层铺设时，面板与墙之间应留8～12mm缝隙。

7.2.10 实木地板面层应刨平、磨光，无明显刨痕和毛刺等现象；图案清晰、颜色均匀一致。

7.2.12 拼花地板接缝应对齐，粘、钉严密；缝隙宽度均匀一致；表面洁净，胶粘无溢胶。

一、铝合金门窗

铝合金门窗是用经过表面处理的型材，通过下料、打孔、铣槽、攻丝和制窗等加工过程而制成的门窗框料构件，再与连接件、密封件和五金配件一起组装而成。铝合金门窗按其构造和开启方式可分为推拉门（窗）、平开门（窗）、回转门（窗）、固定窗、悬挂窗和纱窗等。

铝合金门窗多在工厂加工制作，但由于其易于切割、组装，制作工艺简单，所以为了保证制作质量，也可在现场制作。

（一）铝合金门窗安装

铝合金门窗安装一般都采用后塞口法先安装门窗框，后安装门窗扇，因此门窗框加工尺寸略小于洞口尺寸，门窗框与洞口之间的空隙，应视不同的饰面材料而定。以饰面层与门窗框边缘正好吻合为准，不可让饰面层盖住门窗框。

铝合金门窗框安装的时间，应选择在主体结构基本结束后进行。安装前，应先在洞口弹出门、窗位置线。按弹线确定的位置将门窗框就位，先用木楔临时固定，待检查立面垂直、左右间隙、上下位置等符合要求后，将门窗框与墙体连接固定，固定方法如图 10-10 所示。

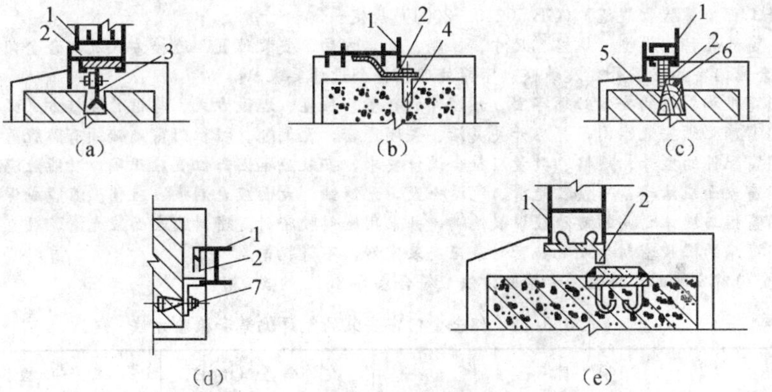

图 10-10　铝合金门窗框与墙体连接方式

(a) 预留洞燕尾铁脚连接；(b) 射钉连接；

(c) 预埋木砖连接；(d) 膨胀螺钉连接；(e) 预埋铁件焊接

1—门窗框；2—连接铁件；3—燕尾铁脚；4—射（钢）钉；

5—木砖；6—木螺钉；7—膨胀螺钉

铝合金门窗框安装固定后，应及时处理框与洞口的间隙，如设计无规定，应采用矿棉条或玻璃丝毡条分层填塞，缝隙表面留 5～8mm 深的槽口，填嵌密封油膏或在门窗两侧做防腐处理后填 1∶2 水泥砂浆。

铝合金门窗扇的安装，宜在室内外装修基本结束后进行，以免土建施工时将其损坏。安装推拉门窗扇时，应先装室内侧门窗扇，后装室外侧门窗扇；安装平开门窗扇时，应先把合页按要求位置固定在铝合金门窗框上，然后将门窗扇嵌入框内临时固定，调整合适后，再将门窗扇固定在合页上，必须保证上、下两个转动部分在同一轴线上。

最后安装玻璃。小块玻璃用双手操作就位，若单块玻璃尺寸较大，可使用玻璃吸盘就位。玻璃就位后，即以橡胶条固定，然后在橡胶条上注入密封胶。也可以直接用橡胶衬条封缝、挤紧，表面不再注胶。

（二）铝合金门窗安装工程质量检验❶

二、塑料门窗

塑料门窗是由硬质塑料制造，其造型美观、线条挺拔清晰、表面光洁，而且防腐、密封、隔热，不需进行涂装维护，但容易老化和变形，为此可在其间加筋、加钢，例如目前应用的塑钢门窗（内衬增强型钢），在门窗行业中迅速崛起，在建筑上得到越来越广泛的应用。

（一）塑料门窗的安装

塑料门窗，一般都是在专门的工厂进行加工制作，组装好后送往施工现场安装。塑料门窗进场后应存放在有靠架的室内并与热源隔开以免受热变形。

门窗框的尺寸应比洞口尺寸略小，两者之间需留 20mm 左右间隙，待检查无误后方可安装。塑料门窗安装前，先装五金配件及固定件。由于塑料型材是中空多腔的，材质较脆，因此不能用螺丝直接锤击拧入，应先用手电钻钻孔，后用自攻螺丝拧入。

---

❶ 《建筑装饰装修工程质量验收规范》（GB 50210—2001）规定：

5.3.2 金属门窗的品种、类型、规格、尺寸、性能、开启方向、安装位置、连接方式及铝合金门窗的型材壁厚应符合设计要求。金属门窗的防腐处理及填嵌、密封处理应符合设计要求。

5.3.3 金属门窗框和副框的安装必须牢固。预埋件的数量、位置、埋设方式、与框的连接方式必须符合设计要求。

5.3.4 金属门窗扇必须安装牢固，并应开关灵活、关闭严密，无倒翘。推拉门窗扇必须有防脱落措施。

5.3.5 金属门窗配件的型号、规格、数量应符合设计要求，安装应牢固，位置应正确，功能应满足使用要求。

5.3.6 金属门窗表面应洁净、平整、光滑、色泽一致，无锈蚀。大面应无划痕、碰伤。漆膜或保护层应连续。

5.3.8 金属门窗框与墙体之间的缝隙应填嵌饱满，并采用密封胶密封。密封胶表面应光滑、顺直，无裂纹。

5.3.9 金属门窗扇的橡胶密封条或毛毡密封条应安装完好，不得脱槽。

5.3.12 铝合金门窗安装的允许偏差和检验方法应符合表 5.3.12 的规定。

表 5.3.12 铝合金门窗安装的允许偏差和检验方法

项次	项目		允许偏差（mm）	检验方法
1	门窗槽口宽度、高度	≤1500mm	1.5	用钢尺检查
		＞1500mm	2	
2	门窗槽口对角线长度差	≤2000mm	3	用钢尺检查
		＞2000mm	4	
3	门窗框的正、侧面垂直度		2.5	用垂直检测尺检查
4	门窗横框的水平度		2	用 1m 水平尺和塞尺检查
5	门窗横框标高		5	用钢尺检查
6	门窗竖向偏离中心		5	用钢尺检查
7	双层门窗内外框间距		4	用钢尺检查
8	推拉门窗扇与框搭接量		1.5	用钢直尺检查

5.6.7 带密封条的玻璃压条，其密封条必须与玻璃全部贴紧，压条与型材之间应无明显缝隙，压条接缝应不大于 0.5mm。

5.6.8 玻璃表面应洁净，不得有腻子、密封胶、涂料等污渍。中空玻璃内外表面均应洁净，玻璃中空层内不得有灰尘和水蒸气。

5.6.9 门窗玻璃不应直接接触型材。单面镀膜玻璃的镀膜层及磨砂玻璃的磨砂面应朝向室内。中空玻璃的单面镀膜玻璃应在最外层，镀膜层应朝向室内。

塑料门窗框与墙体的连接方法主要为连接件法，其作法是先将门窗放入洞口内，调整至横平竖直后，用木楔临时固定，然后将固定在门窗框靠墙一面的锚固铁件用螺钉或膨胀螺丝固定在墙上。

塑料门窗框与洞口墙体间的缝隙，应用泡沫塑料条或油毡卷条等填塞。填塞不宜过紧，以免框架变形。门窗框四周的内外接缝应用密封材料嵌填严密，也可以采用硅橡胶嵌缝，不宜采用嵌填水泥砂浆的作法，不论采用何种填缝方法，均要求做到嵌填封缝材料能承受墙体与框间的相对运动而保持密封性能，且嵌填封缝材料不应对塑料门窗框有腐蚀、软化作用。

（二）塑料门窗安装工程的质量检验❶

第六节　吊顶工程

吊顶又称顶棚、天花板，是室内装饰工程的一个重要组成部分，具有保温、隔热、隔声和吸声作用，也是安装照明、暖卫、通风空调、通讯和防火、报警管线设备的隐蔽层。其形式有直接式和悬吊式两种。吊顶按结构形式分为明龙骨吊顶、暗龙骨吊顶、金属装饰板吊顶、开放式吊顶和整体式吊顶（灰板条吊顶）。本节主要介绍前两种。

---

❶《建筑装饰装修工程质量验收规范》(GB 50210—2001) 规定：

5.4.2　塑料门窗的品种、类型、规格、尺寸、开启方向、安装位置、连接方式及填嵌密封处理应符合设计要求，内衬增强型钢的壁厚及设置应符合国家现行产品标准的质量要求。

5.4.3　塑料门窗框、副框和扇的安装必须牢固。固定片或膨胀螺栓的数量与位置应正确，连接方式应符合设计要求。固定点应距窗角、中横框、中竖框 150～200mm，固定点间距应不大于 600mm。

5.4.4　塑料门窗拼樘料内衬增强型钢的规格、壁厚必须符合设计要求，型钢应与型材内腔紧密吻合，其两端必须与洞口固定牢固。窗框必须与拼樘料连接紧密，固定点间距应不大于 600mm。

5.4.11　玻璃密封条与玻璃及玻璃槽口的接缝应平整，不得卷边、脱槽。

5.4.12　排水孔应畅通，位置和数量应符合设计要求。

5.4.13　塑料门窗安装的允许偏差和检验方法应符合表 5.4.13 的规定。

表 5.4.13　塑料门窗安装的允许偏差和检验方法

项次	项目		允许偏差（mm）	检验方法
1	门窗槽口宽度、高度	≤1500mm	2	用钢尺检查
		＞1500mm	3	
2	门窗槽口对角线长度差	≤2000mm	3	用钢尺检查
		＞2000mm	5	
3	门窗框的正、侧面垂直度		3	用 1m 垂直检测尺检查
4	门窗横框的水平度		3	用 1m 水平尺和塞尺检查
5	门窗横框标高		5	用钢尺检查
6	门窗竖向偏离中心		5	用钢直尺检查
7	双层门窗内外框间距		4	用钢尺检查
8	同樘平开门窗相邻扇高度差		2	用钢直尺检查
9	平开门窗铰链部位配合间隙		+2；−1	用塞尺检查
10	推拉门窗扇与框搭接量		+1.5；−2.5	用钢直尺检查
11	推拉门窗扇与竖框平行度		2	用 1m 水平尺和塞尺检查

一、吊顶的组成

吊顶主要由吊杆（吊筋）、龙骨（搁栅）和饰面板（罩面板）三部分组成。

（一）吊杆

吊杆是吊顶与基层连接的构件，属于吊顶的支承部分。对现浇钢筋混凝土楼板、一般在混凝土中预埋 $\phi6$ 钢筋（吊环）或 8 号镀锌铁丝作为吊杆，也可采用余属膨胀螺丝、射钉固定钢筋（钢丝、镀锌铁丝）作为吊杆，如图 10-11 所示。坡屋顶可用长杆螺栓或 8 号镀锌铁丝吊在屋架下弦作吊杆，吊杆间距为 1.2～1.5m。

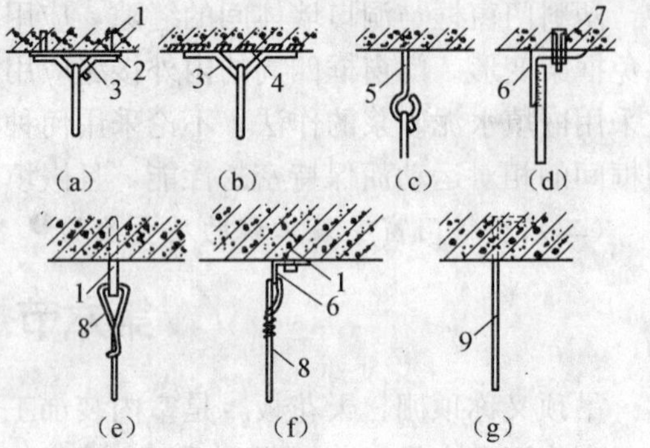

图 10-11　吊杆固定

(a) 射钉固定；(b) 预埋件固定；(c) 预埋 $\phi6$ 钢筋吊环；(d) 金属膨胀螺丝固定；(e) 射钉直接连接钢丝（或 8 号铁丝）；(f) 射钉角铁连接法；(g) 预埋 8 号镀锌铁丝

1—射钉；2—焊板；3—$\phi10$ 钢筋吊环；4—预埋钢板；5—$\phi6$ 钢筋；6—角钢；7—金属膨胀螺丝；8—铝合金丝（8 号、12 号、14 号）；9—8 号镀锌铁丝

（二）龙骨（搁栅）

龙骨是固定饰面板的构件，并将承受饰面板的重量传递给支承部分。吊顶龙骨有木质龙骨、金属龙骨（轻钢龙骨、铝合金龙骨）两类。木质龙骨多用于民用住宅吊顶，而公用建筑吊顶多为金属龙骨。

轻钢龙骨与铝合金龙骨吊顶的主龙骨断面形状有 U 形、T 形、L 形等。截面尺寸取决于荷载大小，其间距尺寸应考虑次龙骨的跨度及施工条件，一般采用 1～1.5m。主龙骨与屋顶结构、楼板结构多通过吊杆连接。U 形龙骨安装示意图如图 10-12 所示。LT 形铝合金龙骨安装示意图如图 10-13 所示。

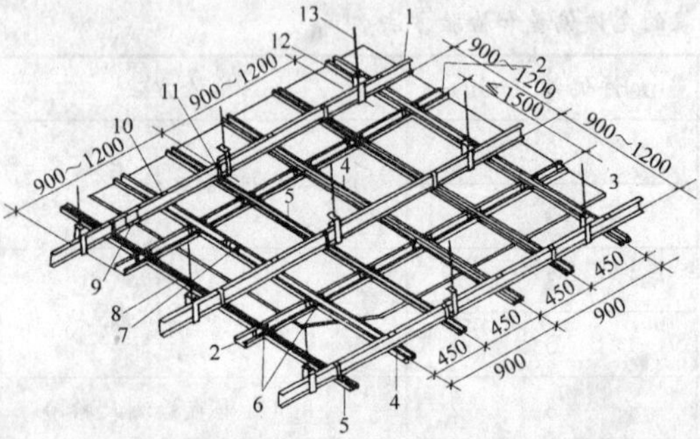

图 10-12　U 形龙骨吊顶示意图

1—BD 大龙骨；2—UZ 横撑龙骨；3—吊顶板材；4—UZ 龙骨；5—UX 龙骨；6—UZ_3 支托连接；7—UZ_2 连接件；8—UX_2 连接件；9—BD_2 连接件；10—UZ_1 吊挂；11—UX_1 吊挂；12—BD_1 吊件；13—吊杆 $\phi8$～10

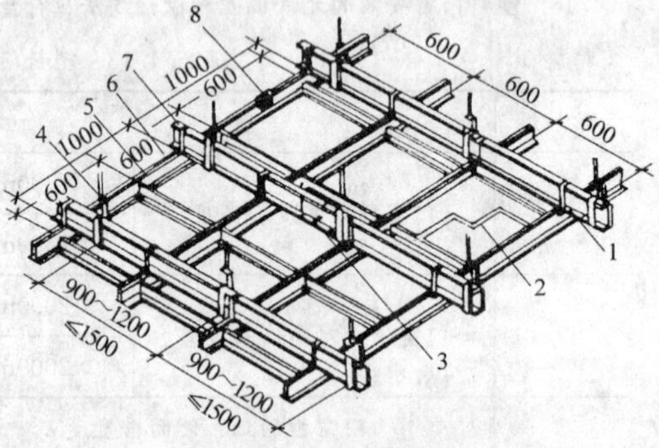

图 10-13　LT 形铝合金龙骨吊顶

1—龙骨吊顶；2—吊顶板材；3—主龙骨连接件；4—主龙骨吊件；5—横撑龙骨；6—LT23 龙骨；7—主龙骨；8—龙骨连接件

（三）饰面板

饰面板是顶棚的装饰层，使顶棚达到既具有吸声、隔热、保温、防火等功能，又具有美化环境的效果。按材料不同可分为石膏饰面板、钙塑泡沫板、胶合板、纤维板、矿棉板、PVC 饰面板、金属饰面板等。

二、吊顶类型

（一）明龙骨吊顶

明龙骨吊顶也称为活动式吊顶，是将饰面板明摆浮搁在轻钢龙骨或铝合金龙骨上，便于更换。龙骨可以是外露的，也可以是半露的。由于不考虑上人，所以在悬吊体系方面比较简单，通常用镀锌铁丝或伸缩式吊杆悬吊。

（二）暗龙骨吊顶

暗龙骨吊顶也称为隐蔽式吊顶，是指龙骨不外露，饰面板表面呈整体的形式。饰面板与龙骨的固定有三种方式：用螺钉拧在龙骨上；用胶粘剂粘在龙骨上；将饰面板加工成企口形式，用龙骨将饰面板连接成一体，使用最多的是第一种。

（三）金属装饰板吊顶

金属装饰板吊顶，包括各种金属条板、金属方板和金属搁栅安装的吊顶。它是以加工好的金属条板卡在铝合金龙骨上，或是用螺钉（或自攻螺钉）将金属条板、方板、搁栅固定在龙骨上。这种金属板安装完毕，不需要在表面再做其他装饰。

（四）开敞式吊顶

开敞式吊顶的饰面是敞开的。吊顶的单体构件，一般同室内灯光照明的布置结合起来，有的甚至全部用灯具组成吊顶，并加以艺术造型，使其变成装饰品。

三、吊顶施工工艺

施工工艺流程为：

弹线→固定吊杆→安装边龙骨→安装主龙骨→安装次龙骨→安装饰面板→安装压条

操作工艺为：

（一）弹线

从墙上的水准线（50线）量至吊顶设计高度加上一层饰面板的厚度，用粉线沿墙（柱）弹出水准线，即为吊顶次龙骨的下皮线。同时，按吊顶平面图，在混凝土顶板弹出主龙骨的位置，并标出吊杆的固定点。

（二）固定吊杆

采用膨胀螺栓（或图10-11所示的方法）固定吊杆。吊顶灯具、风口及检修口等处应设附加吊杆。

（三）安装边龙骨

边龙骨的安装应按设计要求弹线，沿墙（柱）上的水平龙骨线把L形镀锌轻钢条用自攻螺丝固定在预埋木砖上；如为混凝土墙（柱），可用射钉固定，射钉间距应不大于吊顶次龙骨的间距。

（四）安装主龙骨

主龙骨应吊挂在吊杆上，间距900～1000mm。主龙骨应平行房间长向安装，同时应起拱，起拱高度为房间跨度的1/200～1/300。主龙骨的悬臂段不应大于300mm，否则应增加吊杆。主龙骨的接长应采取对接，相邻龙骨的对接接头要相互错开。跨度大于15m以上的吊顶，应在主龙骨上，每隔15m加一道大龙骨，并垂直主龙骨焊接牢固。主龙骨挂好后应及时调整其位置标高。

（五）安装次龙骨

次龙骨应紧贴主龙骨安装。次龙骨间距300～600mm。用T形镀锌铁片连接件把次龙骨固定在主龙骨上时，次龙骨的两端应搭在L形边龙骨的水平翼缘上。

（六）饰面板安装

饰面板的安装方法有：

1. 搁置法。将饰面板直接放在T形龙骨组成的格框内。有些轻质饰面板，考虑刮风时会被掀起（如空调口、通风口附近）、可用卡子固定。如矿棉板、金属饰面板的安装可采用此法。

2. 嵌入法。将饰面板事先加工成企口暗缝，安装时将T形龙骨两肢插入企口缝内。如金属饰面板的安装可采用此法。

3. 粘贴法。将饰面板用胶粘剂直接粘贴在龙骨上。如石膏板、钙塑泡沫板、矿棉板的安装可采用此法。

4. 钉固法。将饰面板用钉、螺丝、自攻螺丝等固定在龙骨上。如石膏板、钙塑泡沫板、胶合板、纤维板、矿棉板、PVC饰面板、金属饰面板等的安装可采用此法。

5. 卡固法。多用于铝合金吊顶，板材与龙骨直接卡接固定，如图10-14所示。

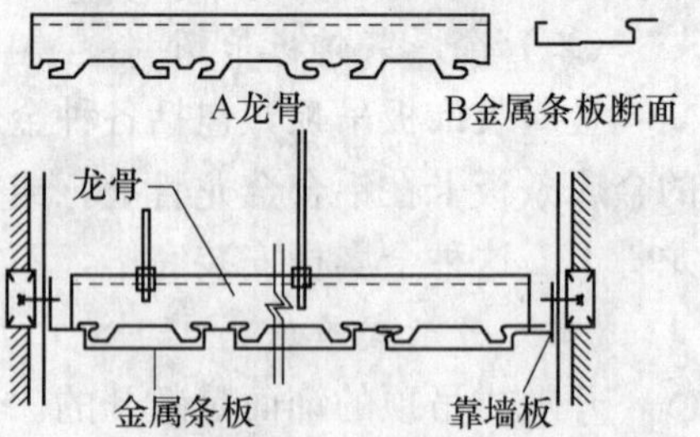

图10-14　铝合金吊顶卡固法固定

四、吊顶工程质量要求[1]

第七节　幕墙工程

现代建筑，尤其是高层建筑的外墙面装饰常常采用幕墙，常用的有玻璃幕墙和金属幕墙，此外还有石材幕墙（干挂工艺）。

玻璃幕墙是由玻璃板作墙面板材，与金属构件组成的，悬挂在建筑物主体结构上的非承

[1] 《建筑装饰装修工程质量验收规范》(GB 50210—2001) 规定：

6.1.9　吊顶工程中的预埋件、钢筋吊杆和型钢吊杆应进行防锈处理。

6.1.10　安装饰面板前应完成吊顶内管道和设备的调试及验收。

6.1.11　吊杆距主龙骨端部距离不得大于300mm，当大于300mm时，应增加吊杆。当吊杆长度大于1.5m时，应设置反支撑。当吊杆与设备相遇时，应调整并增设吊杆。

6.1.12　重型灯具、电扇及其他重型设备严禁安装在吊顶工程的龙骨上。

6.2.2　吊顶标高、尺寸、起拱和造型应符合设计要求。

6.2.4　暗龙骨吊顶工程的吊杆、龙骨和饰面材料的安装必须牢固。

6.2.5　吊杆、龙骨的材质、规格、安装间距及连接方式应符合设计要求。金属吊杆、龙骨应经过表面防腐处理；木吊杆、龙骨应进行防腐、防火处理。

6.2.8　饰面板上的灯具、烟感器、喷淋头、风口篦子等设备的位置应合理、美观，与饰面板的交接应吻合、严密。

6.2.10　吊顶内填充吸声材料的品种和铺设厚度应符合设计要求，并应有防散落措施。

6.3.3　饰面材料的材质、品种、规格、图案和颜色应符合设计要求。当饰面材料为玻璃板时，应使用安全玻璃或采取可靠的安全措施。

6.3.4　饰面材料的安装应稳固严密。饰面材料与龙骨的搭接宽度应大于龙骨受力面宽度的2/3。

6.3.7　饰面材料表面应洁净、色泽一致，不得有翘曲、裂缝及缺损。饰面板与明龙骨的搭接应平整、吻合，压条应平直、宽窄一致。

6.3.9　金属龙骨的接缝应平整、吻合、颜色一致，不得有划伤、擦伤等表面缺陷。木质龙骨应平整、顺直，无劈裂。

重连续外围护墙体。玻璃幕墙体现了现代建筑风貌，它可应所用材料、设计造型和分格的不同，而得到多种不同的艺术效果。其主要特点是自重轻、施工方便、工期短，同时，它作为外围护构件，还具有防水、保温、隔热、气密、防火和避雷等性能，因此玻璃幕墙广泛应用于现代化高档公共建筑的外墙装饰。

一、玻璃幕墙的构造和组成

玻璃幕墙主要由饰面玻璃和固定玻璃的骨架（龙骨）组成，其构造如图 10-15 所示。

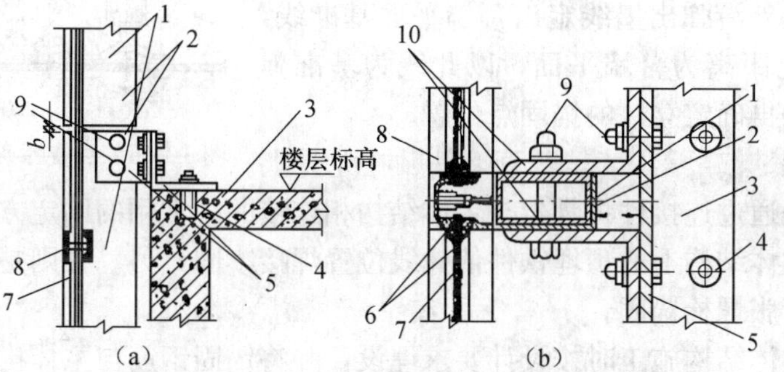

图 10-15　幕墙与楼层结构支承连接

（a）竖直剖面图；（b）水平剖面图

1—立柱；2—立柱滑动支座；3—楼层结构；4—膨胀螺栓；5—连接角钢；

6—橡胶条和密封胶；7—玻璃；8—横杆；9—螺栓；10—防腐蚀垫片

目前采用的幕墙玻璃主要有安全玻璃（包括钢化和夹层玻璃）、中空玻璃、热反射镀膜玻璃、吸热玻璃、浮法玻璃、夹丝玻璃和防火玻璃等。

玻璃幕墙所用龙骨包括立柱（竖杆）、横杆，其材料主要有槽钢、角钢和经过特殊挤压成型的铝合金型材，其规格尺寸根据幕墙骨架受力大小和设计要求确定。

二、玻璃幕墙的分类

根据安装方法的不同，玻璃幕墙可分为：

1. 明框玻璃幕墙。其玻璃镶嵌在框内，金属框架构件显露在玻璃外表面的有框玻璃幕墙。

2. 半隐框玻璃幕墙。金属框架竖向或横向构件显露在玻璃外表面的有框玻璃幕墙，即将玻璃两对边嵌在框内，另两对边用结构胶粘在框上，形成半隐框玻璃幕墙。

立柱外露，横梁隐蔽的称竖框横隐幕墙；横梁外露，立柱隐蔽的称竖隐横框幕墙。

3. 隐框玻璃幕墙。金属框架构件全部隐蔽在玻璃后面的有框玻璃幕墙，即将玻璃用结构胶粘结在框上，大多数情况下不再加金属连接件，形成大面积全玻璃镜面。

4. 全玻幕墙。又称为无金属骨架玻璃幕墙，是由玻璃板和玻璃肋构成的玻璃幕墙。为便于观光，在建筑物底层，顶层及旋转餐厅的外墙，使用玻璃板做墙，其支承结构采用玻璃肋，称之为全玻幕墙。高度不超过 4m 的全玻幕墙，可以用下部直接支承的方式进行安装，超过 4m 的宜用上部悬挂方式安装。

5. 点支承玻璃幕墙。又称为挂架式（或点式）玻璃幕墙，是由玻璃面板、点支承装置与支承结构构成的玻璃幕墙。它采用四爪式不锈钢挂件与立柱相焊接，每块玻璃四角在厂家加工钻四个 ϕ20mm 孔，挂件的每个爪与一块玻璃、一个孔相连接，即一个挂件同时与四块玻璃相连接，所以一块玻璃需要四个挂件来固定，如图 10-16 所示。

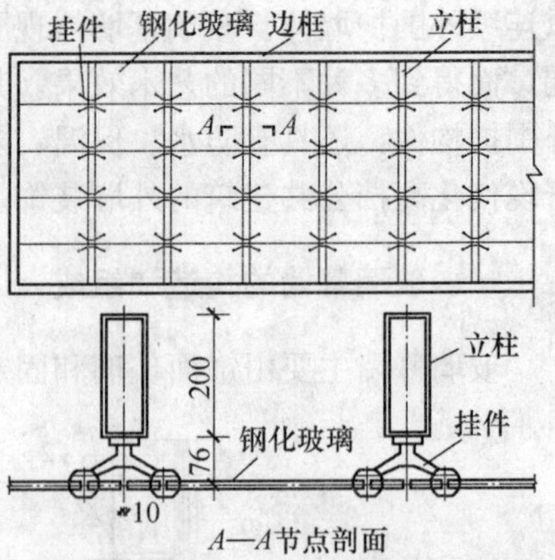

图 10-16　点支承玻璃幕墙作法示意图

三、玻璃幕墙的施工工艺

（一）定位放线

玻璃幕墙的测量放线应与主体结构测量放线相配合，其中心线和标高点由主体结构单位提供并校核准确。

放线应沿楼板外沿弹出墨线定出幕墙平面基准线，从基准线测出一定距离为幕墙平面，以此线为基准弹出立柱的位置线，再确定立柱的锚固点位置。

（二）骨架安装

骨架的固定是通过连接件将骨架与主体结构相连接的。常用的固定方法有两种：一种是将型钢连接件与主体结构上的预埋铁件依弹线位置焊接牢固，另一种则是将型钢连接件与主体结构上的预埋膨胀螺栓锚固。

预埋件应在主体结构施工时按设计要求埋设，并将锚固钢筋与主体构件主钢筋绑扎牢固或点焊固定，以防预埋件在浇筑混凝土时位置变动。膨胀螺栓的准确位置可通过放线加以保证，其埋深应符合设计要求。

1. 安装连接件

经检查，预埋件安装合格后，将连接件通过焊接或螺栓连接到预埋件上。

2. 立柱的安装

将立柱从上至下（也可从下至上）安装就位，一般每 2 层 1 根。安装时将已加工、钻孔后的立柱嵌入连接件角钢内，用不锈钢螺栓初步固定，根据控制通线对立柱进行复核，调整立柱的垂直度、平整度，检查是否符合设计分格尺寸及进出位置，如有偏差应及时调整，经检查合格后，将螺栓最终拧紧固定。

3. 横杆的安装

待立柱通长布置完毕后，将横杆的位置线弹到立柱上。横杆一般是分段在立柱上嵌入安装，如果骨架为型钢，可以采用焊接或螺栓连接；如果是铝合金型材骨架，其横杆与立柱的连接，一般是通过铝拉铆钉与连接件进行固定。骨架横杆两端与立柱连接处设有弹性橡胶垫，橡胶垫应有 20%～30%的压缩量，以适应横向温度变形的需要。安装时应将横杆两端的连接件及橡胶垫安装在立柱预定位置，并保证安装牢固、接缝严密。当安装完一层时，应进行检查、调整，校正后再固定，以保证达到质量标准的要求。

（三）玻璃安装

玻璃安装前应将表面尘土和污物擦拭干净，四边的铝框也要清除污物，以保证嵌缝耐候胶可靠粘结。热反射玻璃安装应将镀膜面朝向室内。

玻璃安装一般可采用人工在吊篮中进行，也可在室内外搭设脚手架，用手动或电动吸盘器配合安装。玻璃装入镶嵌槽，要保证玻璃与槽壁有一定的嵌入量。

（四）嵌缝

玻璃安装就位后，在玻璃与槽壁间留有的空腔中嵌入橡胶条或注入耐候胶固定玻璃。注胶后，应将胶缝用小铲沿注胶方向用力施压，将多余的胶刮掉，并将胶缝刮成设计形状，使胶缝光滑、流畅。

玻璃幕墙四周与主体之间的间隙，应采用防火的保温材料填塞，内外表面应采用密封胶连续封闭，接缝应严密不漏水。

四、玻璃幕墙安装工程的质量要求❶

第八节　轻质隔墙、裱糊与软包工程

一、轻质隔墙工程

轻质隔墙是分隔建筑物内部空间的非承重构件，具有自重轻、厚度薄、便于拆装、具有一定的刚度等优点，某些隔墙还有隔声、耐火、耐腐蚀以及通风、透光等要求。

（一）轻质隔墙的分类

轻质隔墙的种类很多，按其构造方式分为板材隔墙、骨架隔墙、活动隔墙和玻璃隔墙等。

1. 板材隔墙

常用的板材有复合轻质墙板、石膏空心条板、预制或现制的钢丝网水泥板，此外还有加气混凝土轻质板材、增强水泥条板、轻质陶粒混凝土条板等。

2. 骨架隔墙

是以轻钢龙骨、铝合金龙骨、木龙骨等为骨架，以纸面石膏板、人造木板、水泥纤维板、胶合板、木丝板、刨花板、塑料板等为墙面板的隔墙。也可在两层面板之间加设隔声层，以起到隔声的作用。

3. 活动隔墙

是地面和顶棚带有轨道，可以推拉的轻质隔墙。

4. 玻璃隔墙

是以轻钢龙骨、铝合金龙骨、木龙骨等为骨架，以玻璃为墙面板的隔墙，这种隔墙透光较好。

---

❶ 《建筑装饰装修工程质量验收规范》(GB 50210—2001) 规定：

9.2.5　玻璃幕墙与主体结构连接的各种预埋件、连接件、紧固件必须安装牢固，其数量、规格、位置、连接方法和防腐处理应符合设计要求。

9.2.6　各种连接件、紧固件的螺栓应有防松动措施；焊接连接应符合设计要求和焊接规范的规定。

9.2.8　明框玻璃幕墙的玻璃安装应符合下列规定：

1. 玻璃槽口与玻璃的配合尺寸应符合设计要求和技术标准的规定；

2. 玻璃与构件不得直接接触，玻璃四周与构件凹槽底部应保持一定的空隙，每块玻璃下部应至少放置两块宽度与槽口宽度相同、长度不小于100mm的弹性定位垫块；玻璃两边嵌入量及空隙应符合设计要求；

3. 玻璃四周橡胶条的材质、型号应符合设计要求，镶嵌应平整，橡胶条长度应比边框内槽长1.5%～2.0%，橡胶条在转角处应斜面断开，并应用粘结剂粘结牢固后嵌入槽内。

9.2.13　玻璃幕墙结构胶和密封胶的打注应饱满、密实、连续、均匀、无气泡，宽度和厚度应符合设计要求和技术标准的规定。

9.2.14　玻璃幕墙开启窗的配件应齐全，安装应牢固，安装位置和开启方向、角度应正确；开启应灵活，关闭应严密。

9.2.15　玻璃幕墙的防雷装置必须与主体结构的防雷装置可靠连接。

9.2.16　玻璃幕墙表面应平整、洁净；整幅玻璃的色泽应均匀一致；不得有污染和镀膜损坏。

9.2.19　明框玻璃幕墙的外露框或压条应横平竖直，颜色、规格应符合设计要求，压条安装应牢固。单元玻璃幕墙的单元拼缝或隐框玻璃幕墙的分格玻璃拼缝应横平竖直、均匀一致。

9.2.20　玻璃幕墙的密封胶缝应横平竖直、深浅一致、宽窄均匀、光滑顺直。

9.2.21　防火、保温材料填充应饱满、均匀，表面应密实、平整。

（二）轻质隔墙的施工工艺

以骨架隔墙和玻璃隔墙为例，介绍轻质隔墙的施工工艺。

1. 骨架隔墙施工工艺

（1）弹线

在地面和墙面上弹出隔墙的宽度线和中心线，并弹出门窗洞口的位置线。

（2）安装龙骨

先安装沿地、沿顶龙骨，与地、顶面接触处。先要铺填橡胶条或沥青泡沫塑料条，再按中距0.6～1m用射钉（或电锤打眼固定膨胀螺栓）将沿地、沿顶龙骨固定于地面和顶面。然后将预先切裁好长度的竖向龙骨，装入横向沿地、沿顶龙骨内，翼缘朝向拟安装的板材方向，校正其垂直度后，将竖向龙骨与沿地、沿顶龙骨固定好，固定方法可以用点焊，或者用连接件与自攻螺钉固定。

（3）安装墙面板

安装时，将墙面板放竖直，贴在龙骨上用电钻同时把板材与龙骨一起打孔，再拧上自攻螺丝，钉头要埋入板材平面2～3mm，钉眼应用石膏腻子抹平。墙面板应竖向铺设，长边接缝应落在竖向龙骨上，接缝处用嵌缝腻子嵌平。

需要隔声、保温、防火的应根据设计要求在龙骨一侧安装好板材后，进行隔声、保温、防火等材料的填充；一般采用玻璃丝棉或30～100mm岩棉板进行隔声、防火处理；采用50～100mm苯板进行保温处理。再封闭另一侧的板。

端部的墙面板与周围的墙或柱应留有3mm的槽口。施铺罩面板时，应先在槽口处加注嵌缝膏，然后铺板并挤压嵌缝膏使面板与邻近表层接触紧密。在丁字形或十字形相接处，如为阴角应用腻子嵌满，贴上接缝带，如为阳角应做护角。

（4）饰面施工

待嵌缝腻子完全干燥后，即可在隔墙表面裱糊墙纸，或进行涂料施工。

2. 玻璃隔墙施工工艺

（1）弹线

根据楼层设计标高水平线，顺墙高量至顶棚设计标高，沿墙弹隔断垂直标高线及天地龙骨的水平线，并在天地龙骨的水平线上画好龙骨的分档位置线。

（2）安装天地龙骨和边龙骨

1）天地龙骨安装。根据设计要求固定天地龙骨，如无设计要求时，可以用$\phi 8$～$\phi 12$膨胀螺栓或3～5寸钉子固定，膨胀螺栓固定点间距600～800mm。安装前做好防腐处理。

2）沿墙边龙骨安装。根据设计要求固定边龙骨，边龙骨应启抹灰收口槽，如无设计要求时，可以用$\phi 8$～$\phi 12$膨胀螺栓或3～5寸钉子与预埋木砖固定，固定点间距800～1000mm。安装前做好防腐处理。

（3）主龙骨安装

根据设计要求按分档线位置固定主龙骨，用4寸的铁钉固定，龙骨每端固定应不少于3颗钉子。必须安装牢固。

（4）小龙骨安装

根据设计要求按分档线位置固定小龙骨，用扣榫或钉子固定，必须安装牢固。安装小龙骨前，也可以根据安装玻璃的规格在小龙骨上安装玻璃槽。

(5) 安装玻璃

根据设计要求，将玻璃安装在小龙骨上。如用压条安装时先固定玻璃一侧的压条，并用橡胶垫垫在玻璃下方，再用压条将玻璃固定；如用玻璃胶直接固定玻璃，应将玻璃先安装在小龙骨的预留槽内，然后用玻璃胶封闭固定。

(6) 打玻璃胶

首先在玻璃上沿四周粘上纸胶带，根据设计要求将玻璃胶均匀地打在玻璃与小龙骨之间，待玻璃胶完全干后撕掉纸胶带。

(7) 安装压条

根据设计要求将压条用钉子或玻璃胶固定于小龙骨上。如设计无要求，可以根据需要选用10mm×12mm 木压条、10mm×10mm 的铝压条或 10mm×20mm 不锈钢压条。

(三) 轻质隔墙的质量要求❶

二、裱糊工程

裱糊工程就是将壁纸、墙布用胶粘剂裱糊在结构基层的表面上，进行室内装饰的一种工艺。壁纸和墙布可以造成各种色彩和质感，也可仿各种材料的纹理、图案，以增加室内装饰效果，改善和美化生活环境。

(一) 裱糊工程材料

裱糊工程材料分为壁纸和墙布两大类，常用的壁纸有普通壁纸、纺织纤维壁纸、塑料壁纸、发泡壁纸、特种壁纸等，墙布又有玻璃纤维墙布、纯棉装饰墙布、化纤装饰墙布及无纺墙布等。

(二) 裱糊施工工艺

1. 基层处理

(1) 混凝土和抹灰面基层

基层表面应清扫干净，泛碱部位，用9%的稀醋酸中和、清洗。对表面脱灰、孔洞较大的缺陷用砂浆修补平整；对麻点、凹坑、接缝、裂缝等较小缺陷，用腻子涂刮1～2遍修补填平，干固后（基层含水率不得大于8%）用砂纸磨平。为防止基层吸水过快，裱糊前用1∶1的107胶水溶液涂刷基层以封闭墙面，并为粘贴壁纸提供一个粗糙面。

(2) 木质、石膏板等基层

先将基层的接缝、钉眼等处用腻子填平，然后满刮石膏腻子一遍，用砂纸打磨平整光滑，基层的含水率不得大于12%。

---

❶《建筑装饰装修工程质量验收规范》(GB 50210—2001) 规定：

7.3.3 骨架隔墙所用龙骨、配件、墙面板、填充材料及嵌缝材料的品种、规格、性能和木材的含水率应符合设计要求。有隔声、隔热、阻燃、防潮等特殊要求的工程，材料应有相应性能等级的检测报告。

7.3.4 骨架隔墙工程边框龙骨必须与基体结构连接牢固，并应平整、垂直、位置正确。

7.3.5 骨架隔墙中龙骨间距和构造连接方法应符合设计要求。骨架内设备管线的安装、门窗洞口等部位加强龙骨应安装牢固、位置正确，填充材料的设置应符合设计要求。

7.3.7 骨架隔墙的墙面板应安装牢固，无脱层、翘曲、折裂及缺损。

7.3.9 骨架隔墙表面应平整光滑、色泽一致、洁净、无裂缝，接缝应均匀、顺直。

7.3.10 骨架隔墙上的孔洞、槽、盒应位置正确、套割吻合、边缘整齐。

7.3.11 骨架隔墙内的填充材料应干燥，填充应密实、均匀、无下坠。

7.5.5 玻璃砖隔墙砌筑中埋设的拉结筋必须与基体结构连接牢固，并应位置正确。

7.5.8 玻璃隔墙接缝应横平竖直，玻璃应无裂痕、缺损和划痕。

2. 弹线

在墙面上弹出水平、垂直线，作为裱糊的依据，保证壁纸裱糊后横平竖直、图案端正。弹线时应从墙的阳角处开始，按壁纸的标准宽度找规矩弹线，作为裱糊时的操作准线。

3. 裁纸

裱糊前应先预拼试贴，观察接缝效果，确定裁纸尺寸及花饰拼贴方法。

根据弹线找规矩的实际尺寸统一规划裁纸，并编号按顺序粘贴。裁纸时应以上口为准，下口可比规定尺寸略长 10～20mm，如为带花饰的壁纸，应先将上口的花饰对好，小心裁割，不得错位。

4. 润纸

塑料壁纸有遇水膨胀、干后收缩的特性，因此一般需将壁纸放在水槽中浸泡 3～5min，取出后抖掉明水，静置 2min，然后再裱糊。

5. 刷胶

一般基层表面与壁纸背面应同时刷胶，刷胶要薄而均匀，不裹边、不起堆，以防溢出，弄脏壁纸。基层表面涂胶宽度要比壁纸宽 20～30mm，涂刷一段，裱糊一张。如用背面带胶的壁纸，则只需在基层表面涂刷胶粘剂。

6. 裱糊

先贴长墙面，后贴短墙面，每个墙面从显眼的墙面以整幅纸开始，第一条纸都要挂垂线。

需对花的，贴每条纸均先对花，对纹拼缝由上而下进行，不留余量，先在一侧对缝保证墙纸粘贴垂直，后对花纹拼缝，对好后用板式鬃刷由上向下抹压平整，挤出的多余胶液用湿毛巾及时擦干净，上、下边多出的壁纸用刀裁割齐整。

阳角处只能包角压实，不能对接和搭接，施工时还应对阳角的垂直度和平整度严格控制。窄条纸的裁切边应留在阴角处，其接缝应为搭接缝，搭缝宽 5～10mm，要压实，无张嘴现象。大厅明柱应在侧面或不显眼处对缝。裱糊到电灯开关、插座等处应裁口做标志，以后再安装纸面上的照明设备或附件。

7. 清理修整

整个房间贴好后，应进行全面细致的检查，对未贴好的局部进行清理修整。若出现空鼓、气泡，可用针刺放气，再用注射针挤进胶粘剂，用刮板刮压密实，要求修整后不留痕迹，然后进行成品保护。

（三）裱糊工程施工质量要求❶

三、软包工程

软包工程是用于室内墙面或门的一种高级装饰方法，其面料多用锦缎、皮革等。锦缎、

---

❶ 《建筑装饰装修工程质量验收规范》(GB 50210—2001) 规定：

11.2.4　裱糊后各幅拼接应横平竖直，拼接处花纹、图案应吻合，不离缝，不搭接，不显拼缝。

检验方法：观察；拼缝检查距离墙面 1.5m 处正视。

11.2.5　壁纸、墙布应粘贴牢固，不得有漏贴、补贴、脱层、空鼓和翘边。

11.2.6　裱糊后的壁纸、墙布表面应平整，色泽应一致，不得有波纹起伏、气泡、裂缝、皱折及斑污，斜视时应无胶痕。

11.2.8　壁纸、墙布与各种装饰线、设备线盒应交接严密。

11.2.9　壁纸、墙布边缘应平直整齐，不得有纸毛、飞刺。

11.2.10　壁纸、墙布阴角处搭接应顺光，阳角处应无接缝。

皮革软包墙面或门可保持柔软、消声、温暖，适用于防止碰撞的房间及声学要求较高的房间。

（一）软包工程作业条件

混凝土和墙面抹灰已完成，基层按设计要求木砖或木筋已埋设，水泥砂浆找平层已抹完灰并刷冷底子油，且经过干燥，含水率不大于8%；木材制品的含水率不得大于12%。

水电及设备，顶墙上预留预埋件已完成。原则上是房间内的地、顶内装修已基本完成，墙面和细木装修底板做完，开始做面层装修时插入软包墙面镶贴装饰和安装工程。

大面积施工前，应先做样板间，经质检部门鉴定合格后，方可组织班组施工。

（二）软包工程施工工艺

1. 基层处理

（1）埋木砖。在结构墙中埋入木砖，间距一般控制在400～600mm之间。

（2）抹灰、做防潮层。为防止潮气使面板翘曲、织物发霉，应在砌体上先抹20mm厚1∶3水泥砂浆找平层，然后刷冷底子油，铺贴一毡二油防潮层。

（3）立墙筋，铺底板。安装50mm×50mm木墙筋，间距为450mm，用木螺钉钉于木砖上，并找平找直，然后在木墙筋上铺钉五层胶合板。如采取直接铺贴法，基层必须做认真的处理，方法是先将基层拼缝用油腻子嵌平密实、满刮腻子1～2遍，待腻子干燥后用砂纸磨平，粘贴前，在基层表面满刷清油（清漆＋香蕉水）一道。如有填充层，此工序可以简化。

门扇软包不需做底板，直接进行下道工序。

2. 找规矩、弹线

根据设计图纸要求，把房间需要软包部位的装饰尺寸、造型等通过吊直、套方、找规矩、弹线等工序，把实际设计的尺寸与造型落实到墙面、柱面或门扇上。

3. 计算用料、套裁填充料和面料

首先根据设计图纸的要求，确定软包工程的具体作法。一般作法有两种：一是直接铺贴法，此法操作比较简便，但对基层或底板的平整度要求较高；二是预制铺贴镶嵌法，此法有一定的难度，要求必须横平竖直、不得歪斜，尺寸必须准确等，故需要做定位标志以利于对号入座。

然后按照设计要求进行用料计算和底衬（填充料）、面料套裁工作。要注意同一房间、同一图案的面料必须用同一匹卷材料套裁面料。

4. 内衬及预制镶嵌块施工

（1）做预制镶嵌软包时，要根据弹好的控制线，进行衬板制作和内衬材料粘贴。衬板按设计要求选材，设计无要求时，应采用环保型多层板，按弹好的分格线尺寸进行下料制作。衬板做好后应先上墙试装，以确定其尺寸是否正确，分缝是否通直，然后取下来在衬板背面编号，并标注安装方向，在正面粘贴内衬材料。内衬材料的材质、厚度应按设计要求选用，设计无要求时，材质必须是阻燃环保型，厚度应大于10mm。内衬材料按衬板尺寸剪裁下料，四周剪裁、粘贴必须整齐，与衬板边平齐，最后用环保型胶粘剂平整地粘贴在衬板上。

（2）做直接铺贴和门扇软包时，应待墙面细木装修和边框完成，油漆作业基本完成，基本达到交活条件，再按弹好的线对内衬材料进行剪裁下料，然后直接将内衬材料粘贴在底板或门扇上。铺贴好的内衬材料表面必须平整，分缝必须顺直整齐。

5. 面层施工

面料在蒙铺之前必须确定正、反面及面料的纹理方向，同一场所必须使用同一匹面料，且纹理方向必须一致。

(1) 预制镶嵌衬板蒙面及安装。面料有花纹、图案时，应先包好一块做为基准，再按编号将与之相邻的衬板面料对准花纹后进行裁剪，面料裁剪根据衬板尺寸确定。织物面料裁剪好以后，要先进行拉伸熨烫，再蒙到已贴好的内衬材料的衬板上，从衬板的反面用U型气钉和胶粘剂进行固定。蒙好的衬板面料应绷紧、无褶皱，纹理拉平拉直，各块衬板的面料绷紧度要一致。最后将包好面料的衬板逐块检查，确认合格后，按衬板的编号对号进行试安装，经试安装确认无误后，用钉粘结合的方法（即衬板背面刷胶，再用气钉从布纹缝隙钉入，必须注意气钉不要打断织物纤维）固定到墙面、柱面底板或门扇上。

(2) 直接铺贴和门扇软包面层施工。按已弹好的分格线和设计造型，确定出面料分缝定位点，把面料按定位尺寸进行剪裁，剪裁时要注意相邻两块面料的花纹和图案必须吻合。将裁剪好的面料蒙铺到已贴好内衬材料的门扇或墙面上，把下端和两侧位置调整合适后，用压条先将上端固定好，然后固定下部和两侧。四周固定后，若设计要求有压条或装饰钉时，按设计要求钉好压条，再用电化铝帽头钉或其他装饰钉梅花状进行固定。设计采用木压条时，必须先将压条进行油漆打磨，再进行上墙安装。

6. 理边、修整

清理接缝、边沿露出的面料纤维，调整接缝不顺直处。开设、修整各设备安装孔，安装镶边条，安装贴脸或装饰物，修补各压条上的钉眼，修刷压条、镶边条油漆，最后擦拭、清扫浮灰。

7. 完成其他涂饰

软包面施工完成后，要对其周边的木质边框、墙面以及门扇的其他几个面做最后一遍油漆或涂饰，以使其整个室内装修效果完整、整洁。

(三) 软包工程质量要求❶

思考题

1. 试述装饰工程的作用、分类及特点。
2. 试述一般抹灰工程的组成、分类及各抹灰层的作用。
3. 试述一般抹灰工程的施工工艺。
4. 装饰抹灰有哪些种类？各类抹灰操作要点是什么？
5. 常用的外墙饰面板安装方法有哪些？
6. 试述建筑涂料的分类及涂料工程的特点。
7. 试述地面的构造及分类。
8. 试述铝合金门窗框以及门窗扇的合理安装时间。铝合金门窗与墙体连接方式有哪些？

---

❶ 《建筑装饰装修工程质量验收规范》(GB 50210—2001) 规定：

11.3.2 软包面料、内衬材料及边框的材质、颜色、图案、燃烧性能等级和木材的含水率应符合设计要求及国家现行标准的有关规定。

11.3.3 软包工程的安装位置及构造作法应符合设计要求。

11.3.4 软包工程的龙骨、衬板、边框应安装牢固，无翘曲，拼缝应平直。

11.3.5 单块软包面料不应有接缝，四周应绷压严密。

11.3.6 软包工程表面应平整、洁净，无凹凸不平及皱折；图案应清晰、无色差，整体应协调美观。

9. 吊顶按结构形式分为哪几种？吊顶由哪些部分组成？各部分的作用是什么？

10. 试述吊顶的施工工艺。吊顶饰面板的安装方法有哪些？

11. 玻璃幕墙分为哪几类？试述玻璃幕墙施工工艺。

12. 软包工程的作业条件是什么？试述软包工程的施工工艺。

参考文献

[1] 中国建筑工业出版社编. 新版建筑工程施工质量验收规范汇编 [S]. 北京：中国建筑工业出版社，中国计划出版社，2002.

[2] 中国建筑工业出版社编. 新版建筑工程勘察设计规范汇编 [S]. 北京：中国建筑工业出版社，中国计划出版社，2002.

[3] 上海市建筑业联合会工程建设监督委员会编. 建筑工程质量控制与验收——新版验收规范实施指南 [M]. 北京：中国建筑工业出版社，2002.

[4] 宁仁岐主编. 建筑施工技术 [M]. 北京：高等教育出版社，2002.

[5] 应惠清主编. 土木工程施工 [M]. 北京：高等教育出版社，2004.

[6] 王士川主编. 建筑施工技术 [M]. 北京：冶金工业出版社，2004.

[7] 孙震，穆静波主编. 土木工程施工技术 [M]. 北京：人民交通出版社，2004.

[8] 建筑施工手册编写组. 建筑施工手册 [M]. 第4版. 北京：中国建筑工业出版社，2004.

[9] 江正荣编著. 建筑施工计算手册 [M]. 北京：中国建筑工业出版社，2004.

[10] 型钢混凝土组合结构技术规程（JGJ 138—2001）[S]. 北京：中国建筑工业出版社，2002.

[11] 钢管混凝土结构设计与施工规程（CECS28：90）[S]. 北京：中国计划出版社，1990.

[12] 公路工程技术标准（JTG B01—2003）[S]. 北京：人民交通出版社，2004.

[13] 公路沥青路面施工技术规范（JTG F40—2004）[S]. 北京：人民交通出版社，2004.

[14] 公路水泥混凝土路面施工技术规范（JTG F30—2003）[S]. 北京：人民交通出版社，2003.

[15] 高速公路丛书编委会. 高速公路路面设计与施工 [M]. 北京：人民交通出版社，2001.

[16] 公路桥涵施工技术规范（JTJ 041—2000）[S]. 北京：人民交通出版社，2000.

[17] 范立础. 桥梁工程（上册）[M]. 北京：人民交通出版社，2003.

[18] 交通部第一公路工程总公司. 公路施工手册——《桥涵》（下册）[M]. 北京：人民交通出版社，2003.